"十二五"普通高等教育本科国家级规划教材

高等学校化工类专业新形态系列教材

化学工艺学

（第四版）

浙江大学 华东理工大学　编

单国荣 张德祥 潘鹏举 主编

中国教育出版传媒集团

高等教育出版社·北京

内容提要

　　本书为"十二五"普通高等教育本科国家级规划教材,也是面向 21 世纪课程教材。

　　本书以反应单元工艺为主线组织编写,介绍了国内外已工业化的新工艺和新技术,阐述了工艺、工程技术经济和能量回收利用的重要意义,强化了绿色发展理念和助力实现"双碳"目标,并添加了解析、拓展、装置、设备等主题的数字化学习资料以及重难点微课视频。 全书共分九章:第一章绪论,第二章化工资源及其初步加工,第三章通用反应单元工艺,第四章无机化工反应单元工艺,第五章有机化工反应单元工艺,第六章煤化工反应单元工艺,第七章精细化工反应单元工艺,第八章高分子化工反应单元工艺,第九章生物化工反应单元工艺。 每章附有习题和参考文献。

　　本书可用作化学工程与工艺专业本科生教材,也可用作化学工程等各学科研究生及从事化工设计和研究的科技人员的参考书。

图书在版编目(CIP)数据

　　化学工艺学 / 浙江大学,华东理工大学编 ;单国荣,张德祥,潘鹏举主编. -- 4 版. -- 北京 :高等教育出版社, 2025. 4. -- ISBN 978-7-04-063024-4
　　Ⅰ. TQ02
　　中国国家版本馆 CIP 数据核字第 2024JX4550 号

Huaxue Gongyixue

策划编辑	刘　佳	责任编辑	刘　佳	封面设计	王　琰	版式设计	李彩丽
责任绘图	邓　超	责任校对	刘丽娴	责任印制	存　怡		

出版发行	高等教育出版社		网　址	http://www.hep.edu.cn
社　址	北京市西城区德外大街 4 号			http://www.hep.com.cn
邮政编码	100120		网上订购	http://www.hepmall.com.cn
印　刷	北京华联印刷有限公司			http://www.hepmall.com
开　本	787 mm × 1092 mm　1/16			http://www.hepmall.cn
印　张	42.75	版　次	2001 年 6 月第 1 版
字　数	950 千字		2025 年 4 月第 4 版
购书热线	010-58581118	印　次	2025 年 4 月第 1 次印刷
咨询电话	400-810-0598	定　价	89.00 元

序

　　《化工类专业人才培养方案及教学内容体系改革的研究与实践》为教育部（原国家教委）"高等教育面向 21 世纪教学内容和课程体系改革计划"的 03–31 项目，于 1996 年 6 月立项进行。本项目牵头单位为天津大学，主持单位为华东理工大学、浙江大学、北京化工大学，参加单位为大连理工大学、四川大学、华南理工大学等。

　　项目组以邓小平同志提出的"教育要面向现代化，面向世界，面向未来"为指针，认真学习国家关于教育工作的各项方针、政策，在广泛调查研究的基础上，分析了国内外化工高等教育的现状、存在问题和未来发展。四年多来项目组共召开了由 7 校化工学院、系领导亲自参加的 10 次全体会议进行交流，形成了一个化工专业教育改革的总体方案，主要包括：

　　——制定《高等教育面向 21 世纪"化学工程与工艺"专业人才培养方案》；

　　——组织编写高等教育面向 21 世纪化工专业课与选修课系列教材；

　　——建设化工专业实验、设计、实习样板基地；

　　——开发与使用现代化教学手段。

　　《高等教育面向 21 世纪"化学工程与工艺"专业人才培养方案》从转变传统教育思想出发，拓宽专业范围，包括了过去的各类化工专业，以培养学生的素质、拓宽知识与提高能力为目标，重组课程体系。在加强基础理论与实践环节的同时，增加人文社科课和选修课的比例，适当削减专业课分量，并强调采取启发性教学与使用现代化教学手段，从而可以较大幅度地减少授课时数，以增加学生自学与自由探讨的时间，这就有利于逐步树立学生勇于思考与走向创新的精神。项目组所在各校对培养方案进行了初步试行与教学试点，结果表明是可行的，并收到了良好效果。

　　化学工程与工艺专业教育改革总体方案的另一主要内容是组织编写高等教育面向 21 世纪课程教材。高质量的教材是培养高素质人才的重要基础。项目组要求教材作者以教改精神为指导，力求新教材从认识规律出发，阐述本门课程的基本理论与应用及其现代进展，并采用现代化教学手段，做到新体系、厚基础、重实践、易自学、引思考。每门教材采取自由申请及择优选定的原则。项目组拟定了比较严格的项目申请书，包括对本门课程目前国内外教材的评述、拟编写教材的特点、配合的现代教学手段（例如，提供教师在课堂上使用的多媒体教学软件，附于教材的辅助学生自学用的光盘等）、教材编写大纲及交稿日期。申请书在项目组各校评审，经项目组会议择优选取立项，并适时对样章在各校同行中进行评议。全书编写完成后，经专家审定是否符合高等教育面向 21 世纪课程教材的要求。项目组、教学指导委员会、出版社签署意见后，报教育部审批，批准方可正式出版。

　　项目组按此程序组织编写了一套化学工程与工艺专业高等教育面向 21 世纪课程教材，共计 25 种，将陆续推荐出版，其中包括专业课教材、选修课教材、实验课教材、设计课教材以及计算机仿真实验与仿真实习教材等。本书就是其中的一种。

　　按教育部要求，本套教材在内容和体系上体现创新精神、注重拓宽基础、强调能力培养，力求适应高等教育面向 21 世纪人才培养的需要，但由于受到我们目前对教学改革的研究深度和认识水平所限，仍然会有不妥之处，尚请广大读者予以指正。

　　化学工程与工艺专业的教学改革是一项长期的任务，本项目的全部工作仅仅是一个开端。作为项目组的总负责人，我衷心地对多年来给予本项目大力支持的各校和为本项目贡献力量的人们表示最诚挚的敬意！

中国科学院院士、天津大学教授

余国琮

2000 年 4 月于天津

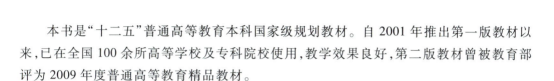

第四版前言

　　本书是"十二五"普通高等教育本科国家级规划教材。自 2001 年推出第一版教材以来,已在全国 100 余所高等学校及专科院校使用,教学效果良好,第二版教材曾被教育部评为 2009 年度普通高等教育精品教材。

　　这次出版的第四版教材,保持了第三版教材的内容体系和编写风格,仍以反应单元工艺为主线,强化了绿色发展理念和助力实现"双碳"目标,充实了近年来国内外已工业化的新工艺、新技术、新动态和新方向等内容,删除了已淘汰的旧工艺或国家明文限制发展的化工产品等内容。随着教育技术的不断进步和教学理念的持续更新,新形态教材的出版确实为传统教学模式带来了革命性的变化。本版教材中添加了大量解析、拓展、人物、前沿、装置、设备等主题的数字化学习资料以及重难点微课等多媒体内容,为师生提供了多层次、多方位的学习资源和参考路径。

　　本版教材对应教学内容仍拟定为 5 学分(85 学时),各校可根据自己制订的教学计划,选择相应的反应单元和典型产品进行教学。

　　本书由单国荣、张德祥和潘鹏举担任主编。参编人员有:浙江大学单国荣(第一、第二、第三章),潘鹏举、倪玲玲(第五、第八章),王晓钟(第七章);华东理工大学张德祥(第四、第六章);浙江科技大学黄俊(第九章)。第三版参加编写工作的黄仲九、房鼎业等教师因年事已高,未参加第四版教材的编写工作,在此,向他们为本书付出的辛勤工作表示诚挚的谢意。

　　本书在修订过程中,得到了兄弟院校许多师生的支持和帮助,得到了高等教育出版社、浙江大学、华东理工大学相关部门和领导的指导与鼎力相助,在此对他们表示衷心的感谢。

　　本书虽经我们不断努力,争取有所提高和进步,但缺点和疏漏在所难免。殷切期望各兄弟院校师生和广大读者提出宝贵意见和建议,以便改进。

编　者
2023. 10

第三版前言

本书是"十二五"普通高等教育本科国家级规划教材。自 2001 年推出第一版教材以来,已在全国 50 余所高等学校及专科院校使用,教学效果良好,经修订后的第二版教材被教育部评为 2009 年度普通高等教育精品教材。

本次出版的第三版教材,秉承了《高等教育面向 21 世纪"化学工程与工艺专业"人才培养方案》的目标和要求,保持了第一、二版教材的内容体系和编写风格,仍以反应单元工艺为主线,充实了近年来国内外已工业化的新工艺和新技术,以及石油和化学工业发展的新动态和新方向等内容,强化了绿色环保和可持续发展的理念。与此同时,还对教材作了较大幅度的精简,删除了那些已日渐淘汰的老工艺或国家明文限制发展的化工产品等内容。

本版教材对应教学内容仍拟定为 5 学分(85 学时),各校可根据自己制订的教学计划,选择相应的反应单元和典型产品进行教学。

本版教材由黄仲九、房鼎业和单国荣担任主编。参编人员有:浙江大学黄仲九(第一、第二、第五章),单国荣(第三章),王晓钟(第七章),李宝芳(第八章),梅乐和(第九章);华东理工大学房鼎业(第四章),张德祥(第六章)。此外,浙江科技学院的黄俊参与了第九章的部分编撰工作。

本书在修订过程中,得到了兄弟院校许多师生的支持和帮助,得到了高等教育出版社、浙江大学、华东理工大学的相关部门和领导的指导与鼎力相助,在此对他们表示衷心感谢。

本书虽经我们不断努力,争取有所提高和进步,但缺点和疏漏在所难免。殷切期望各兄弟院校师生和广大读者提出宝贵意见和建议,以便改进。

编　者
2015.12

第二版前言

本书是普通高等教育"十一五"国家级规划教材。本书第一版自 2001 年出版以来，已经全国 30 余所兄弟院校使用，在教学中发挥了很好的作用。为打造精品教材，我们在广泛地征求了使用学校意见的基础上结合本学科新工艺、新方法的发展，对本书第一版进行了修订。

本书在编写过程中保持了第一版的内容体系和编写风格，仍以反应单元工艺为主线，对第一版内容作了适当更新和修改，增加了能强化绿色化工和可持续发展理念的新工艺和新技术，更加重视对工程技术经济和能量回收利用的阐述，为完善教材体系，增设了"生物化工反应单元"一章。新编撰的电子教材，内容为上课用教案、习题解答和相关内容课件，均由高等教育出版社出版。

本版教材对应教学内容仍拟定为 5 学分(85 学时)，各校可根据自己制订的教学计划，选择相应的反应单元和典型产品进行教学。

本版教材由黄仲九和房鼎业担任主编。纸质教材的参编人员有：浙江大学黄仲九(第一、第二、第三、第五章)，杨健(第七章)，李宝芳(第八章)，梅乐和(第九章)；华东理工大学房鼎业(第四章)，张德祥(第六章)。此外，浙江科技学院的黄俊参与了第九章的部分编撰工作。电子教材中上课用教案和习题解答由上述相关编撰老师提供素材，课件由青岛科技大学化工学院仇汝臣老师提供，编辑和刻录由浙江大学王晓钟和戴立言两位老师完成。参加编写工作的沙兴中教授，因年事已高，未能参加第二版教材的编写工作，在此，对沙教授的辛勤工作和作出的贡献表示诚挚的谢意。

本书在修订过程中，得到了兄弟院校许多老师的支持和帮助，得到了高等教育出版社、浙江大学、华东理工大学的相关部门和领导的指导与鼎力相助，在此对他们表示衷心感谢。

本书虽经我们不断努力，争取有所提高进步，但缺点和错误在所难免，殷切期望各兄弟院校和广大读者提出宝贵意见和建议，以便改进。

编 者

2008.1

第一版前言

　　本书根据教育部"高等教育面向 21 世纪教学内容和课程体系改革计划"的《化工类专业人才培养方案及教学内容体系改革的研究与实践》项目组审定的教学基本要求编写,是面向 21 世纪课程教材。

　　新设立的化学工程与工艺专业,覆盖了现有的化学工程、化工工艺、高分子化工、精细化工、生物化工(部分)、工业分析、电化学工程和工业催化等专业,几乎包括化学工业的各个领域,还与诸如能源、环境、冶金、材料、轻工、卫生、信息等工业及技术部门有着密切的联系。作为一门专业基础课,本书理应向学生清晰地反映上述的实际情况,以期学生离开学校,走上工作岗位时就能适应我国高速增长的经济建设和蓬勃发展的科学事业的需要。

　　本书以反应单元工艺为主线组织编写,每个反应单元工艺选择 2~3 个典型产品。化学反应单元数远比化工产品数少,常用的也只有 20~30 个。讲授时,教学弹性很大,学时充裕时,可多讲几个反应单元或典型产品。学时不多时,可少讲几个反应单元或典型产品。由于同一反应单元有不少共性,学了几个典型产品后,还有触类旁通的作用。在实际生产中,反应单元仅是生产中的一个环节,为反映生产全貌,本书除重点讲述相关的反应单元外,还扼要介绍产品生产全过程。此外,本书对诸如工艺流程组织、设备选型、环保和节能等化工工艺中的关键问题组织学生进行专题讨论,以强化学生的化工工艺意识。

　　本书对应教学内容拟定为 5 学分(85 学时),待专门化课程开设后,将有可能重复的反应单元工艺教材内容少讲或不讲,此时,学分数可降至 4 或 4 以下。

　　全书共 8 章,由黄仲九、房鼎业担任主编。参加编写的有:浙江大学的黄仲九(第 1,2,3,5 章)、杨健(第 7 章)、李宝芳(第 8 章),华东理工大学的房鼎业(第 4 章)、沙兴中(第 6 章)。由华南理工大学黄仲涛教授和大连理工大学陈五平教授担任主审。

　　本书在撰写过程中,得到项目组余国琮院士的热情关怀和指导。高等教育出版社与浙江大学教务处十分关心稿件的质量和进度,并出资帮助编者顺利地完成稿件的撰写工作,两校的化工学院鼎力相助,两校有关专家和教授为初稿提出了不少宝贵的意见和建议。在此,我们表示深切的谢意。

　　由于我们编写工艺学教科书缺乏经验,缺点和错误一定不少,殷切希望各兄弟院校提出宝贵意见和建议,以便在本书修订时补充和改进。

编　者

2000.4

目　录

第一章 绪　论

一、化学工业的范围和分类

化学工业是借助化学反应使原料的组成或结构发生变化,从而制得化工产品的工业。

用作化工生产的原料,称为化工原料,可以来自自然界,也可以人工合成。例如,由食盐生产纯碱、烧碱、氯气和盐酸;由黄铁矿生产硫酸;由煤或焦炭生产合成氨、硝酸、乙炔和芳烃;由石油和天然气生产低级烯烃、芳烃、乙炔、甲醇和合成气($CO+H_2$);由淀粉或糖蜜生产酒精、丙酮和丁醇等。其中,硫酸、盐酸、硝酸、烧碱、纯碱和合成氨等无机物,乙炔、乙烯、丙烯、丁二烯、苯、甲苯、二甲苯、萘、苯酚和醋酸等有机物,经各种反应途径,可衍生出成千上万种无机或有机化工产品、高分子化工产品和精细化工产品,故又将它们称为基础化工原料。

由基础化工原料制得的结构简单的小分子化工产品称作一般化工原料。例如,各种无机盐和无机化学肥料,各种有机酸及其盐类、醇、酮、醛和酯等。它们可直接作商品出售,如氧化铁红(Fe_2O_3)、锌钡白(俗称立德粉,是硫化锌和硫酸钡的混合物)等无机盐用作颜料和染料,氟里昂(freon,甲烷和乙烷的氟、氯或溴代化合物)用作制冷剂和气雾剂,丙烯酸酯用作建筑用涂料原料,氯化石蜡用作阻燃材料,丙酮用作工业溶剂等。也可作为原料继续参与化学反应制造更大的分子或高分子化合物。例如,各种有机染料和颜料、医药、农药、合成橡胶、塑料、合成纤维等。

由基础化工原料或(和)一般化工原料合成更大的分子或高分子化合物,开始的目的产物是仿造天然产品。例如,由异戊二烯合成天然橡胶,由巨环酮或内酯合成人造麝香,由糠醛合成人造香精等。随着工农业生产的发展和人民生活水平的提高,仿制产品在数量、品种和质量上已远远满足不了市场的需要。为此,现在的合成重点已放在制取自然界没有的、性能更为优异和奇特的新型合成产品上。例如,强度高、耐高温、防腐蚀的无机材料,新型工程塑料,合成橡胶,合成纤维,各种高效、无毒、无副作用的药物等。

除利用一般的无机和有机反应外,工业上还可通过生化反应来生产化工产品。这一类产品统称生化制品。例如,利用微生物发酵和生物酶催化(又称酶促),可以制得乙醇、丙酮、丁醇、柠檬酸、谷氨酸、丙烯酰胺、各类抗生素药物、人造蛋白质、油脂、调味剂(如味精等)、食品添加剂和加酶洗涤剂等。随着科学技术的发展,利用生化反应制取的有机化工产品将越来越多。

到目前为止,已发现和人工合成的无机和有机化合物品种在 2 000 万种以上,被人们利用作为商品出售的有 8 万余种,而与工农业生产、国防建设和人们日常生活密切相关

解析

三烯三苯

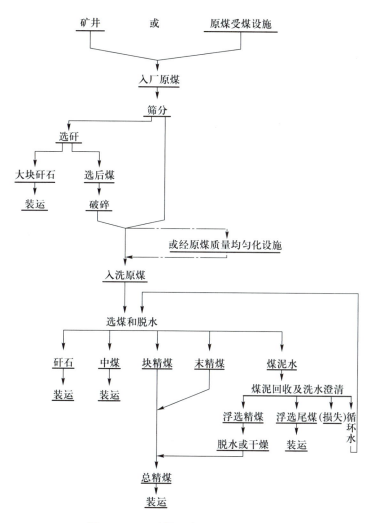

图 2-2-02 选煤厂常用的加工程序图

澄清水循环再用。北方冬天寒冷,为防止浮选得到的煤炭在装运过程中冻结,一般还设置浮选精煤火力干燥设备。

(4)生产技术检查 生产过程中各环节均要采样进行测量或化验分析,以便及时调整生产操作条件和控制产品质量。

(5)产品运销作业 将各种选煤产品,按用户要求,分别装运出售。

2. 煤的储存

煤在空气中储存时,受空气中的氧、水分和气温变化等影响,其物理性质、化学性质及工艺性质会发生一系列变化,这种变化称为煤的风化。经风化的煤发热量减少、热加工收率降低、黏结性变坏、燃烧时火焰变短等。风化过程中若热量散发不出,会促使煤层温度上升,最后可能会发生煤的自燃。因此,从防止煤的风化角度讲,煤的储存量越少越好。但为保证工厂连续生产,必须储备一定数量的煤,安全储煤方法就显得十分重要。常用的储存方法有两类,一类是尽量使煤和空气隔绝。如把煤压紧制成煤砖储存;把煤储存于惰性气体中;储存于水中;储存在半密闭的槽形煤场中等。我国采用较多的是将的产品仅 4 000 种左右,其中有的产品产量(吨位)极大,年产亿吨以上的就有硫酸、化肥和塑料等。有的则很小,每年仅需几吨甚至几千克,如染料,医药中的抗生素、干扰素等。

为了研究、开发和生产化工产品,管理好化工企业,常从学科(化学反应类型)和行业管理角度来划分化学工业的范围。

按学科分类,在历史上曾将化学工业划分为无机和有机化学工业两个部门。随着科学技术的发展,近年来化学工业已细分为无机化工、有机化工、高分子化工、精细化工和生物化工等工业部门。

无机化工常指利用无机化学反应生产化工产品的工业。例如,各类无机酸、无机碱、无机盐、无机肥料、电化学产品和稀有元素等的制造。

有机化工常指生产有机小分子化合物的工业。进行的主要反应有裂解、氧化还原、加氢-脱氢、水解-水合和羰基化等。产品有低级烯烃、醇、酸、酯和芳烃等。

高分子化工是指利用聚合和缩聚反应,生产高分子化合物(相对分子质量从几千到几百万)的工业,其中常见的产品有合成橡胶、塑料、合成纤维和其他各类高分子树脂等。

精细化工产品常指具有特定功能和特定用途、生产数量小、生产技术较复杂和产品质量要求甚高的一类化工产品。由于产品附加值高,颇受人们青睐。利用的主要反应有硝化、磺化、酯化、缩合和重氮化等。产品种类有:医药、农药、染料、颜料、涂料、表面活性剂、添加剂、炸药、助剂和溶剂、催化剂等。

生物化工是指利用生化反应制取生化制品的工业。主要反应有微生物发酵和生物酶催化。产品种类有:医用和农用抗生素、有机溶剂、调味剂和食品添加剂等。

在这里要说明一点的是,精细化工与有机化工、高分子化工和生物化工之间,不存在明显的界限。例如,某些小分子有机化合物既可视作精细化工产品,又可视作有机化工产品;精细化工产品中的涂料和高分子化工产品一样,也是经聚合或缩聚反应制得,相对分子质量也十分巨大(从几千到几万);生物化工中的某些生化制品则常被列为精细化工产品。

在化学工业的发展史上,更重视按行业划分的方法。例如,根据化学工业的定义,曾将冶金、石油炼制、制酸和碱、制皂、制革、造纸、硅酸盐、酿造食品、塑料、橡胶、纺织、氯碱、炸药等行业划为化学工业范围。随着国民经济的发展,上述行业中的冶金、纺织由于其在国民经济中的重要性而曾经单独设部,成为原冶金部和纺织部。为了行业管理方便,将制革、制皂、酿造食品和造纸归入原轻工部,将硅酸盐归入原建材部等。

现在,我国对化学工业的范围有广义和狭义两种划分方法。广义划分法不受现行管理体制的限制,将化工产品划分为 19 大类。狭义划分法参照历史状况和沿用习惯,按照现行管理体制,将化学工业划分为 20 个行业。具体划分内容见表 1-0-01。

表 1-0-01   中国化学工业范围的划分

序号	按产品划分	按行业划分
1	化学矿	化学肥料
2	无机化工原料	化学农药
3	有机化工原料	煤化工

续表

序号	按产品划分	按行业划分
4	化学肥料	石油化工
5	农药	化学矿
6	高分子聚合物	酸、碱
7	涂料及无机颜料	无机盐
8	染料及有机颜料	有机化工原料
9	信息用化学品*	合成树脂和塑料
10	化学试剂	合成橡胶
11	食品和饲料添加剂	合成纤维单体
12	合成药品	感光材料和磁性记录材料
13	日用化学品	染料和中间体
14	胶黏剂	涂料和颜料
15	橡塑制品	化工新型材料
16	催化剂及化学助剂	橡胶制品
17	火工产品	化学医药
18	其他化学产品(包括炼焦和林产化学品)	化学试剂
19	化工机械	催化剂、溶剂和助剂
20	—	化工机械

  *信息用化学品是指能接受电磁波信息的化学制品,如感光材料,紫外、红外、X 光等射线材料和接受这类波的磁性材料、记录磁带、磁盘等。

世界各国对化学工业范围的划分不尽相同,例如,美国按产品划分为 13 类,日本则按行业划分为 42 类。我国在 1998 年将原石油天然气总公司、石油化工总公司和化学工业部合并,成立从属于国家经济贸易委员会的石油和化学工业局,从已发表的资料看,表1-0-01 的名称应改为"中国石油和化学工业范围的划分",按行业划分一栏中,应增加"原油和天然气开采"和"原油加工和石油制品"两个行业;在按产品划分一栏中,应增加"原油""天然气""成品油(包括汽油、煤油和柴油)""燃料油"和"润滑油"等 5 个产品。

二、化学工业的现状和发展方向

由上述对化学工业范围的划分中,不难看出,化学工业是一个多品种、多行业、服务面广、配套性强的工业。据统计,化学工业的产品有约 60% 用于基础工业和交通运输业,30% 用于农业和轻工业,10% 用于建筑材料等其他行业。由于产品的经济效益好,需求量大,世界各国都以较快的速率发展化学工业。在美、日、德、英、法、意、俄等化学工业发达的国家,化工生产总值一般占国内生产总值(GDP)的 5%~7%;占工业总产值的 7%~10%,在各工业部门中名列 2~4 位。进入 21 世纪,最初几年化学工业增长速率并不快,2007 年爆发的全球金融危机使全球经济遭受重创,2008 年大多数发达国家的经济出现负增长,直到 2009 年第一季度后才呈现触底反弹迹象。在此期间,全球化学工业也经历了经济大萧条、需求大崩溃的阵痛。但中国的崛起和中东地区石油化工工业的蓬勃发展,给全球化学工业带来了新的发展机遇和增长动力。2010 年后,全球化学工业增长速率逐步回升,至 2019 年增长率已到 5.0%,2022 年增长率仅为 2.9%,预计 2025 年增长率将回升至 4.0%。

20 世纪 90 年代以来,由于世界经济全球化、技术更新周期日益缩短,以及全球商业竞争的日趋激烈,促使世界化学工业进行结构大调整。目的是通过资产重组、调整产品结构和优化生产要素,力求形成核心产品并扩大市场占有率,为争夺在 21 世纪竞争中的战略优势打好基础。现在,西方发达国家已将化学工业划分为以通用化学品为主和以高附加值产品为主的两大类。前者的重点是开发,通过工艺过程和催化剂的开发不断降低生产成本;后者重点是研制,通过研究、发明和开发,不断推出新的具有附加值优势的产品。为此,它们对原有企业进行资产重组,例如,ICI 公司售出基础(通用)化学品事业,同时收购了 Unilever 公司的专用化学品事业,出售价高达 30 亿~40 亿美元,收购价高达 80 亿美元。亚洲的众多发展中国家,也正在进行资产重组,以期增强实力,巩固和加强有竞争能力的产品在市场上的占有率。由于有资源、劳动力和市场这三大优势,资产重组中也吸引了不少外国大公司参加;围绕技术更新和各大化工公司的技术优势,采取合资、合作、战略联盟和兼并等方式进行调整改组,也是当今化学工业结构调整中的重要内容。例如,Shell 公司和蒙特爱迪生公司在聚烯烃方面联合成立了世界最大的聚烯烃公司——蒙特尔公司,日本三菱油化和三菱化成公司合并成立了三菱化学公司等;2018 年 8 月 16 日,中国证监会通过万华化学以 522 亿元吸收合并万华化工的重大资产重组预案,吸收合并后,万华化学成为全球领先的 MDI 生产商;2021 年 5 月 8 日,经报国务院批准,由中国中化集团有限公司与中国化工集团有限公司联合重组而成的中国中化控股有限责任公司(简称“中国中化”)正式揭牌成立。与此同时,世界各大企业(公司)都在进行内部结构调整和重组,精简机构,减少管理层次,减员增效,优化企业组织结构,提高企业经营效率。例如,德国拜耳公司,对原有的组织机构进行改造,设立一个管理控股公司,下设独立经营的若干个子公司,制定了以四项产业为支柱的发展战略,这种内部结构调整和重组,可充分发挥各个子公司协同经营的能力,亦可使公司业务同潜在的战略合伙人更加接轨,从而增强公司在市场上的灵活应变能力,提高公司的商业竞争能力。同时,那些财力较为雄厚、债务较少的大公司不畏金融危机带来的风险,趁市场萧条、价格暴跌,有些企业陷入倒闭困境之机,实现低成本并购,以此达到发展企业优良资产,优化资本结构,实现可持续发展的目的。例如,2008 年 1 月 2 日荷兰阿克苏诺贝尔公司以 162 亿美元完成了对英国 ICI 公司的收购;2009 年 4 月 1 日,美国 DOW 化学公司以 163 亿美元收购了罗门哈斯公司;2013 年 2 月澳大利亚必和必拓公司收购了美国页岩气生产商 Petrohawk 能源公司,并承担了 Petrohawk 能源公司的相应债务,交易总值达 151 亿美元;2016 年 3 月 20 日,美国涂料巨头 Sherwin-Williams 同意用约 113 亿美元现金收购同业威士伯;2017 年 6 月 8 日,中国化工集团公司宣布以 430 亿欧元完成对瑞士先正达公司的收购,这也成为中国企业最大的海外收购案;2020 年 6 月 14 日,沙特阿美完成收购沙特基础工业公司(SABIC)多数股权的交易,总计 691 亿美元。出于保障能源供应和减轻环保压力的考虑,我国的国有油气企业在国外也参与了并购活动。例如,2013 年 3 月 16 日中国石油天然气集团有限公司收购了意大利埃尼集团全资子公司埃尼东非公司 28.57%的股权,从而间接获得莫桑比克 4 区块项目 20%的权益,交易对价为 42.1 亿美元;中国海洋石油集团有限公司在 2013 年 2 月 26 日宣布,公司已完成收购加拿大尼克森石油公司的交易,收购其普通股和优先股总对价约为 151 亿美元,中国海洋石油集团有限公司由此跻身全球大型石油企业行列;2019 年 11 月 6 日,中国石油连续参股中标布兹奥斯大型在产项目和阿拉姆区块项目,继里贝拉和佩罗巴项目后,再次参与巴西深海盐下项目合作,其中布兹奥斯项目中标联合体中,中国石油天然气集团有限公司和中国海洋石油集团有限公司各占 5%,阿拉姆项目中标联合体中,中国石油天然气集团有限公司占 20%;2022 年 7 月 17 日,中国石油化工集团有限公司和中国海洋石油集团有限公司联合收购了美国马拉松石油公司在安哥拉 32 区块 20% 的权益,交易额为 13 亿美元。上述化学工业的种种调整措施,目的在于追求长期、稳定的高额垄断利润。

20 世纪 90 年代以来,化工产品的生产能力和化工技术研究开发也取得了长足的进步。化工企业重视规模经营、集约化和综合利用以期取得最大利润;化工产品讲究多品种、高质量、功能化和差别化;化工新材料也不断研制出来,如各种高强度、低质量、耐高温、具有特殊光学或电学性能的塑料、陶瓷、纤维、环氧树脂和金属的复合材料等,它们大多已能进行工业化生产;超细微技术在工业上已得到广泛应用;利用生物技术生产肥料、医药、农药、化工产品已实现工业化,生物酶催化聚合制造可生物降解塑料已进入试生产阶段;无铅汽油已在全世界得到广泛使用;洁净煤技术[如煤气化联合循环发电(IGCC)技术]已进入工业实施阶段;高温超导材料已趋实用化;纳米材料(如纳米陶瓷、纳米铜和纳米碳管等)不断发展;无机膜(如陶瓷膜等)有望用于天然气分离等。

中华人民共和国成立以来,我国的化学工业也取得了举世瞩目的成绩。在 20 世纪 80 年代前我国化学工业的发展重点是基本无机化工原料、化肥和农药,在 80 年代后发展重点转向有机化工原料及合成材料。进入 21 世纪后,前 6 年的增长速率平均为 13.0%,高于世界发达国家发展速率,2008 年后受全球金融危机及国内产业结构调整的影响,石油和化工行业由国际金融危机前的高速增长转入中高速增长,因新冠疫情影响,增长速率出现波动,2022 年增长速率仅 1.2%。2022 年石油和化工行业规模以上企业 28 760 家,产值 16.56 万亿元,是 1949 年我国化学工业总产值 3.2 亿元的 51 750 倍。已建成的大型石油化工企业有:北京燕山石油化工有限公司、扬子石油化工有限公司、大庆石油化工有限公司、中国石化齐鲁石化公司、上海石油化工股份有限公司、上海赛科石油化工有限责任公司、茂名石油化工有限公司、吉化集团有限公司、中国石化镇海炼化分公司、中国海洋石油集团有限公司等 30 余家,年产乙烯 2 900 万吨。有多种大宗商品的生产能力位居世界前列,其中乙烯、纯碱、烧碱、电石、焦炭、硫酸、合成氨、尿素、农药、染料、磷矿、磷肥、甲醇、第三代制冷剂、轮胎、玻璃纤维、聚氯乙烯树脂、氨纶、涂料等居世界第 1 位,炼油能力增加至 9.37 亿吨,位居世界第一。我国的化学工业已成为世界化学工业的重要组成部分。为适应经济全球化的潮流,增强产品的竞争能力,我国正在积极组建以跨国经营为目标,具有国际竞争力的大型企业和企业集团,并积极参与海外矿产资源的并购,为我国化学工业的发展打下坚实基础。表 1-0-02 列出了我国主要化工产品 2022 年的产量及表观消费量。

解析

产量、产能、表观消费量

表 1-0-02   我国主要化工产品 2022 年产量和表观消费量

名称	产量	名称	表观消费量
原油加工	6.76 亿吨	原油加工	7.11 亿吨
成品油	3.66 亿吨	成品油	3.33 亿吨
其中:柴油	1.91 亿吨	其中:柴油	1.81 亿吨
汽油	1.45 亿吨	汽油	1.33 亿吨
原油	2.05 亿吨	天然气	3 639.9 亿立方米
天然气	2 177.9 亿立方米	乙烯	3 088.8 万吨
乙烯	2 897.5 万吨	烧碱	3 655.9 万吨
甲醇	8 022.5 万吨	合成树脂	1.30 亿吨
硫酸	9 504.6 万吨	合成橡胶	1 361.2 万吨
烧碱	3 980.5 万吨	合成纤维	7 340.9 万吨
合成树脂	11 366.9 万吨	化肥(折纯)	5 132.9 万吨
轮胎外胎	8.56 亿条		
化肥(折纯)	5 471.9 万吨		

注:资料来源中国石油和化工联合会信息与市场部[《现代化工》2023,43(3):245-247]。

我国的化学工业发展水平与发达国家相比,还存在不小的差距。具体表现在生产规模较小,大多低于国际公认的经济规模,因而生产成本较高;大型装置和大型工业生产设备主要依靠进口,自给率低;产品品种少、功能化和差别化率低;环境污染严重和能耗较高等。因此,我国的化工产品在国际市场上的竞争力不强。为追赶世界先进水平,我国已制订了化学工业近期和中长期的发展规划,要求新建项目的生产能力一定要在经济规模以上,对现有企业通过技术改造扩大生产规模,提高经济效益。在消化吸收国外引进装置的基础上,提高装置或设备的自给能力。重视节能和环保技术并在企业中积极组织实施等。继国家科委 863 计划后,超级 863(S-863)高技术研究发展计划也已启动,争取在 2050 年前将我国的化学工业主要技术经济指标达到中等发达国家水平。

21 世纪的化学工业前景一片光明。首先环保问题将受到普遍关注。总的奋斗目标是采用化学和化工技术的方法,设计、研制、开发对人类健康、社会安全、生态环境无害的化学品及其工艺,这就是现在普遍论述的绿色化学和绿色化工的基本概念。它们又被称为可持续发展化学和化工,主要特点是实现原子经济性,即要求投入的原料分子中每个原子都能转化为对人类有用的产物,即反应没有废物,做到"零排放"。这样既可节约资源,又从源头上解决环境污染这一难题。很显然,逐步实现绿色化学和化工生产是发展循环经济和经济可持续发展的基础和必要条件。20 世纪末推出的低碳经济理念是人类实现绿色化学和化工生产,经济可持续发展的第一步。低碳经济是指碳生产力(单位质量二氧化碳排放所产出的 GDP)和人文发展均达到一定水平的经济形态,其特点是对人文发展施加了碳排放的约束。近期要求在不改变能源结构和产业结构的前提下提高能源利用率和碳生产力,实现相对的低碳排放;中长期则要求借助清洁能源替代及低碳技术应用,实现碳排放总量的绝对下降。现在,低碳经济理念已深入人心,并已具体落实在世界各国制定的国策中。为了推动绿色化学和化工生产的发展,美国前总统克林顿于1995 年 3 月 16 日宣布设立"总统绿色化学挑战奖",并于 1996 年在美国国家科学院颁发了第一届奖项,从而以新的模式来促进污染的防治和工业生态的平衡。实现低碳排放初见成效的例子有:发电厂的节能减排,高能耗的钢铁、建材、电解行业的兼并和落后产能的淘汰,对汽油、柴油质量的严格控制,洁净煤技术的全面实施等。进入21世纪,风能、太阳能、水力能、生物质能、核能、潮汐能、地热,以及洁净煤、车用新型燃料等新能源已得到大力发展;以氢、甲烷和合成气为燃料的燃料电池已开始获得广泛应用;甲烷水合物(俗称可燃冰)、非常规天然油气资源(页岩油气、致密岩油气、煤层气、油页岩、油砂、稠油等)的勘探、开采已获得突破性进展,它们将成为21世纪人类重要的能源来源之一。与此同时,世界各国的能源结构和组成开始转型,并已取得不少成绩。例如,德国扩大可再生能源的使用并逐步减少煤炭消费量,淘汰核能;美国进行非常规油气资源的大规模开采,并加强可再生能源技术的开发;我国积极参与全球气候治理,坚持多边主义,坚定维护《联合国气候变化框架公约》、《京都议定书》和《巴黎协定》及其实施细则确定的全球气候治理的框架和原则,坚持公平、"共同但有区别的责任"和各自能力的原则,推进全球气候治理进程,2018年我国单位国内生产总值(GDP)二氧化碳排放(简称碳排放强度)下降4.0%,比2005年累计下降45.8%,相当于减排52.6亿吨二氧化碳,中国已经提前达到了"2020年碳排放强度比2005年下降40%~45%"的承诺,基本扭转了温室气体排放快速增长的局面,并提出二氧化碳排放力争2030年前达到峰值,力争2060年前实现碳中和。可以预见,随着能源结构和组成的改变,它们和环境的关系也将变得越来越友好。相信到21世纪末,能够实现化学工艺及化工生产的绿色化和可持续发展。努力实现"零排放"设想的一个例子是环氧丙烷的生产。传统的生产方法有共氧化法和氯醇法,二者大约各占世界年生产能力的一半,前者虽然三废较少,但工艺流程长,基建投资大。后者有副产物及大量废水和废渣产生,每生产1 t(环氧丙烷)需要消耗1.35~1.85 t(Cl_2),副产50~150 kg(二氯丙烷),产生$CaCl_2$废渣约2 t及含有机物的废水40~80 t。氯气不但腐蚀设备,也会污染环境。美国DOW化学公司将环氧丙烷装置与氯碱电解装置相结合,已建成年产40万吨环氧丙烷的生产装置,采用烧碱作皂化剂,产生的NaCl送装置内设置的氯碱电解车间,NaCl电解生成氯气和烧碱,将二者再送回环氧丙烷生产车间。这种生产方法环氧丙烷收率可提高5%,节能5%,没有废渣,产生的废水也大为减少。环氧丙烷的绿色生产可不用氯气和烧碱,也不采用过氧化氢作氧化剂,在双极板框式电解槽中通入丙烯,在阳极上水电解产生的氧自由基与丙烯发生环氧化反应生成环氧丙烷。在阴极上,在阴极钛硅催化剂涂层的催化作用下将由阳极产生的氧分子和氢质子催化生成过氧化氢,丙烯再与后者反应生成环氧丙烷,即在阳极和阴极上都产生环氧丙烷。这种成对合成技术大幅度地节约了电能,也没有污染物产生。

粮食一直是困扰人类生存的一大难题,在21世纪将会获得彻底解决。总的目标是人类的食品将越来越多地通过化学合成来解决,而不仅仅是由土地种植得到。化学与生物学的结合及其界面学科的发展将使上述设想成为可能。21世纪初期,化肥将由目前的低浓度、单质肥向高浓度、多元化、专用肥方向发展,由速效型、低利用率向省工、省力的缓效化、高利用率方向发展,在2001年召开的第12届世界肥料大会上提出了生产缓释/控释肥料的建议。因为这种肥料有出色的农化特性,在作物生长期内,养分释放曲线与作物需肥曲线保持基本一致,因此一次性全量基肥即可满足作物整个生长期的需要,而不必多次追肥,节省劳动力并减轻施放追肥时机械对作物的伤害。现在美国、日本和中国都已制造出包覆型或包裹型粒状化肥,氮肥的利用率可达80%以上,肥效期从1个月到3年可以任意调节。为了农业发展的可持续性,有机肥和生物肥,其中特别是生物肥,将得到迅速发展,它对改良土壤和改善生态环境、提高农作物产量和质量大有好处,可以真正做到无公害。美国开发成功的一种"垦易活性生物肥",其核心是一种活性微生物,能将空气中的氮固定,还能将土壤中的不溶性磷转化为水溶性磷,改善土壤的板结。今后,农药产量不会大幅度增加,逐渐向高效、无毒方向发展,利用生物农药和基因工程技术提高农作物抗病虫害能力,已受到人们的普遍重视,不久也将大量应用在农业生产中。

在21世纪,能源的结构和组成也将有大的变化,继火力发电、核电之后,以氢、甲烷、合成气和甲醇为燃料的燃料电池将成为第三个能源。它不仅可用作工厂的动力,也可用来驱动汽车和为家庭供电、供热。随着催化剂制备技术及化工新材料的发展,太阳能发电和制氢将大规模地得到应用,成为21世纪第四个动力源,这一动力源的前景十分广阔。此外,风能和潮汐能的利用也已受到人们的重视。随着能源结构和组成的改变,能源部门对环境变得越来越友好。

化工新材料在21世纪也将得到蓬勃发展。原有的三大合成材料(塑料、合成橡胶和合成纤维),在品种、质量、性能和差别化方面都会得到很大发展。在20世纪末科学研究成果的基础上,纳米材料将在粉末冶金、石油化工、精细化工、电子工业等领域获得广泛应用,超导材料将被制成线材、带材及薄膜广泛应用在电力、化工、机械、计算机等各个部门,在节约能源和节省金属材料上发挥巨大作用;以陶瓷、金属、聚合物为基础的复合材料,高强度、高模量的纤维,以及耐高温黏合剂和密封剂等新材料将陆续问世,并将广泛应用在航空航天、化工、冶金、交通运输等工业部门;石墨烯、功能化介孔材料、储氢材料等在工农业和国防工业上也将获得广泛应用。

生物化工也将得到很大发展,不久的将来将广泛利用生物酶催化技术在比较缓和的反应条件下生产一般的化工产品;利用农副产品生产燃料乙醇、有机酸、抗生素、精细化学品的规模将越来越大,如上所述,生物农药也将获得大发展。

20世纪90年代后,发展循环经济和知识经济已成为国际社会的两大趋势。"循环经济"一词最早由美国经济学家博尔丁提出,主要指在人、自然资源和科学技术的大系统内,在资源投入、企业生产、产品消费及其废弃的全过程中,把传统的依赖资源消耗的线性增长经济,转变为依靠生态型资源循环来发展的经济。其特征是低开采、高利用、低排放、高回收。所有的物质和能源都要在这个不断进行的经济循环中得到合理和持久的利用,以把经济活动对自然环境的影响降低到尽可能小的程度。循环经济和国民经济可持续发展是紧密地联系在一起的,只有实施循环经济,才能促进国民经济可持续发展。我国经济近30年来发展迅速,但主要在资源和生态环境严重透支的条件下来实现的,以这种模式发展经济是难以为继的。为此,2005年11月国家正式启动循环经济试点工作,国家发改委提出化工发展循环经济的主要技术有:① 资源节约和替代技术;②"三废"资源综合利用和再生资源回收利用技术;③ 有毒有害原材料的替代技术;④ 延长产业链和相关产业链技术;⑤ 清洁工艺生产技术和污染治理技术等。相信不久的将来,定会收到显著的效果。

发展知识经济也是推动全球经济发展的重要手段。过去发展经济主要靠资源、靠能源,称为"物质经济",随着科学技术的发展,人类发展经济主要靠自己不断创新的知识与智慧,生产出的产品技术含量高,因此附加值也高。21世纪的化工产品不仅数量大、品种多,而且逐步"精细化",不论大宗产品还是精细化工产品,都能为不同用户提供优异性能或功能的产品,而本身消耗的原材料并不比普通产品多。

为了满足工业发展的需要,研究人员不仅应在学识上受过高层次培训,而且也应该是具有远见的科学家,并具备善于合作的能力。现在许多公司正在大力研究产业界与学术界之间的界面问题,要求大学多开设一些跨专业的课程,将科学与商业相结合,培养出的学生既具有学术水平,又具有商业头脑。

三、化学工艺学与化学工业的关系

化学工艺学是研究由化工原料加工成化工产品的化学生产过程的一门科学,内容包括生产方法的评估、过程原理的阐述、工艺流程的组织、设备的选用和设计,以及生产过程中的节能、环保和安全问题。根据化学反应类型和特点,或生产的产品的不同,化学工艺学又可细分为各种工艺学。例如,无机化工工艺学、有机化工工艺学、高分子化工工艺学、酿造工艺学、水泥工艺学、精细化工工艺学和生物化工工艺学等。

化学工艺学与化学工业的发展紧密联系在一起,而且是相互依存、相互促进的。远在上古时代,人们对淀粉和糖蜜的发酵、天然药物的加工、造纸、制革、天然染料的提取等已积累了不少生产经验,冶铜、冶铁和火药制造技术的发明,有力地推动社会生产力的发展和人类文明建设,但在这段漫长的岁月里,不可能用理论来指导生产,化学工艺学处在感性认识阶段。

12世纪我国的造纸和火药制造技术传入欧洲,推动了欧洲文化艺术和军事技术的发展。作坊式的生产方式逐渐被机械化生产所取代。随着人民物质生活水平的提高,对纺织、印染、医药、化妆品、农药和化学肥料等产品提出了越来越多和越来越高的要求,因而大大激发了人们对化学研究的热情。科学家们期盼通过科学研究解决出现在生产上和制成品上的种种问题。于是,各种化学现象被认识,各种化学定律被发现。例如,波意耳发现了气体定律,拉瓦锡发现了物质不灭定律,道尔顿提出了原子学说等。利用已获得的化学知识,人们开始阐述化学反应和化工生产过程原理,化学工艺学由此产生,化学工业已处于萌芽状态。

18世纪后,化学工业进入成长和发展期。首先建立起来的是无机化学工业,1788年路布兰提出了以芒硝($Na_2SO_4 \cdot H_2O$)、石灰石和煤为原料,经煅烧和浸取生产纯碱的方法;1859年铅室法生产硫酸获得成功;1892年电解食盐水生产氯气和烧碱的工业装置投入生产等。随着冶金和城市煤气工业的发展,在18世纪末建立了以煤焦油为原料的有机化学工业体系。利用由煤焦油中分离出来的苯、甲苯、二甲苯、苯酚、萘和蒽等有机化合物合成了一系列有机化工产品。例如,由苯经硝化制得硝基苯,继而合成苯胺和苯胺紫,后者是由人工合成的第一个天然染料;再如,以萘或蒽为原料制得蒽醌,继而开发成功了蒽醌系列染料。除染料外,药品、香料和炸药等多种有机化工产品也被大量生产出来。又例如,由苯酚合成水杨酸,继而制得阿司匹林;由苯酚合成水杨醛继而制得多种香料;由甲苯合成 TNT 炸药等。1888 年又用焦炭和生石灰制得电石,继而得到乙炔;用煤制 CO 和 H_2 获得成功。与此同时,各种反应单元开始从实验室进入中间试验车间或生产装置,并逐步建立了相应的反应单元工艺。热力学不断发展,相继发现了热力学第一、第二和第三定律,确定了化学平衡原理和化学结构概念,1869 年门捷列夫发表了元素周期律。

19 世纪末到 20 世纪 50 年代,是以煤为原料,经电石生产乙炔,继而生产出数以万计的有机化学品的时代。与此同时,各种性能优良的高分子化工产品得到开发,开始应用于工、农业生产和人民的日常生活。合成氨生产装置建成。由于战争需要,各种火工产品、人造汽油等被大量生产出来。在此期间,化学工艺学也得到了发展,建立了诸如缩合、聚合、酶反应和羰基合成等新的反应单元工艺,并对某些反应单元工艺可以作出半定量或定量的描述。热力学的发展日臻完善,化学反应动力学得到蓬勃发展,各种高效反应器相继开发出来,使各种反应单元工艺得到进一步的改良,提高了生产效率,改进了产品的质量,取得了明显的经济效益。所有这些成果都大大推动了化学工业的发展。

20 世纪 50 年代后期,开始了以石油和天然气为原料合成有机化学品的新时期。石油和天然气经热裂解可以生产出大量的低级烯烃、乙炔和芳烃,它们逐步取代电石乙炔,成为有机合成的主要原料。目前,世界上有机化工产品的 80% ~ 90% 来自石油和天然气,石油化工工业已成为现代化学工业的重要支柱。由于合成原料路线的改变,大大地促进了化学工艺学的发展,更新、更先进的反应单元相继建立。有机合成一改过去无休止试验的局面,应用了"分子设计"(合成物分子设计)理论,使合成产品快速、完美地得以实现。与此类似,催化剂的研制和开发采用了"催化剂分子设计",使催化剂的研制和开发时间大为缩短,品质大为提高。现在,以 CH_4、CO、CO_2、CH_3OH 和 H_2 为原料的碳一化学工业正在兴起,生物化工已初具规模。

进入 21 世纪,随着化学工业的发展,化学工艺学将面临诸如由于化工产品的精细化和个性化、原料路线转变,以及发展绿色化工工艺等问题的挑战,化学工艺学又将迎来大发展的好机遇。人们已经清楚地认识到,在知识经济大潮下的化工产品,不论是大宗化学品还是精细化学品,都将具备精细化和个性化的特征。为此生产厂家必须根据用户要求、资源、设备、技术和管理等条件,为精细化和个性化的化工产品专门开发一种最经济、最有效的新的化学工艺,即要求化学工艺也要精细化和个性化。化学工艺的精细化还表现在对生产控制要求更高和更精细方面。众所周知,石油是一个由多种物质组成的混合物,而煤是一个结构复杂的大分子化合物,在 21 世纪用煤和天然气替代石油生产化工产品的发展过程中,必定会产生很多新工艺和新技术;同样,为了实现绿色化工工艺,必须开发高收率、低废弃物的工艺技术,"零排放"工艺,废物再生利用和循环工艺,用可再生资源代替不可再生资源工艺,以及使生产更安全的工艺技术等。科学技术的发展也将推动化学工艺学的发展。例如,在化学合成中,将利用计算机模拟和模型化研究分子间及分子内部的热力学和动力学模型,为选择反应条件、确定控制因素和设计反应器提供完整、详尽和可靠的资料,为改进化学工艺提供可靠的依据。又例如,利用计算化学、组合化学和计算机辅助分子设计,进行化工产品的设计和合成,从而大大加快化工产品的研制过程和新的化学工艺的创立。

由以上简单叙述可知,化学工艺学和化学工程学一样,是化学工业的基础学科,它随着化学工业的发展产生、发展和壮大,反过来它的发展壮大,又促进化学工业的迅猛发展,高水平的化学工业必定有高水平的化学工艺学支撑。21世纪世界化学工业前途远大,化学工艺学也必将欣欣向荣地向前发展,并将继续对化学工业作出巨大的贡献。

第二章　化工资源及其初步加工

化学工业的原料来源很广,可来自矿产资源、海洋资源、动物、植物、空气和水,也可以取自其他工业、农业和林业的副产品等。其中矿产资源最为重要,是化学工业的主要原料来源。

矿产资源中,有化学矿、煤炭、石油和天然气等。它们在自然界中分布很不均匀,只有那些品位较高、储藏量丰富的矿藏才有工业开采价值。

由海洋资源生产化工产品还处于开创阶段,但潜力巨大,已成为 21 世纪人类获取化工产品的重要来源。

农业和林业副产品也是化学工业的原料。由于收购和储存困难,品种单调,难以建设规模较大的工业生产装置。现在,由于科学技术的进步,这一局面正在逐步得到改善。它们属可再生资源,已大量用来生产生物燃料和化工产品,因此有着良好的发展前景。

水是一种宝贵的资源,也是化工生产的重要原料,因此保护水资源,合理使用水资源,对化工生产十分重要。

2-1　化　学　矿

我国化学矿资源丰富。中华人民共和国成立以来,通过大量地质勘探,已探明储量的有 20 多个矿种,即:黄铁矿、自然硫、硫化氢气藏、磷矿、钾盐、钾长石、明矾石、蛇纹石、化工用石灰岩、硼矿、芒硝、天然碱、石膏、钠硝石、镁盐、沸石岩、重晶石、碘、溴、砷、硅藻土、天青石等。

化学矿用途十分广泛,石油和化工部门中的化肥、氯碱、无机盐和氟化工等行业都在大量使用这些资源。此外,化学矿还应用于建材、石油和天然气开采、金属冶炼、医药等国民经济工业部门。

下面介绍我国化学矿的资源特点和分布状况。

(1) 资源比较丰富,但分布不均衡　我国的萤石矿(主要成分为 CaF_2),资源储量达 2.3 亿吨,居世界第 1 位。在我国 27 个省(自治区、直辖市)均有分布,但主要分布在湖南(51%)、浙江(14%)、内蒙古(8%)、江西(7%)、福建(4%)和河南(2%)等 6 省、自治区。

我国的重晶石矿(主要成分为 $BaSO_4$)资源也十分丰富,约占世界储量(3.5 亿吨)的 41.7%,居世界第 1 位。分布广泛但不均衡。几乎所有富矿多集中在贵州和广西两省。

我国的菱镁矿(主要成分为 $MgCO_3$)可采储量是世界储量(28.49 亿吨)的 21.94%,位列俄罗斯之后居第 2 位。主要分布在河北、辽宁、安徽、山东、四川、西藏、甘肃、青海和新疆等 9 省、自治区,以辽宁资源储量最大,约占全国总储量的 85.6%,其后为山东,约占全国总储量的 9.54%。

磷矿分磷块岩、磷灰石和岛磷矿三种。我国的磷矿资源总储量约为 118 Gt,占世界磷矿资源总储量的 10%,居世界第 4 位。但分布不均衡,绝大部分集中在西南和中南地区,仅云南、贵州、四川、湖北和湖南 5 省的储量就约占全国磷矿总储量的 90%,以致形成南磷北运的局面。

拓展

资源储量、可采储量

我国黄铁矿相对集中在广东、内蒙古、安徽、四川 4 省、自治区,约占全国黄铁矿总储量的 85%。

我国的明矾石矿集中在浙江苍南、安徽庐江等几个地区。

我国钾矿主要集中分布在青海柴达木盆地,仅察尔汗盐湖就占我国钾矿资源总储量的 93.72%,云南江城、思茅占资源总储量的 5.5%。

(2)高品位矿储量比较少 我国磷矿品位偏低,已探明地质品位平均在 $w(P_2O_5) = 17\%$,$w(P_2O_5) = 30\%$ 以上的高品位磷矿比较少(只有 7.4%),因此,矿石的富集任务繁重。

我国黄铁矿含硫在 $w(S) = 35\%$ 以上的富矿也比较少,平均品位为 $w(S) = 18\%$。

因此,我国已加强矿石采矿、选矿和加工技术的研究,着眼于贫矿利用,走人工富集的道路。

(3)选矿比较困难,利用较为复杂 我国化学矿,无论是固体还是液体矿床,多属于一种或两种矿物伴生多种有益组分的综合性矿床。

我国的萤石矿在湖南的资源储量虽然丰富,但以伴生矿为主。

我国重晶石大、中型矿床以伴生矿居多。

我国的硼矿(主要成分为 $Na_2B_4O_7 \cdot 10H_2O$)主要为钙和铁的复盐。

浙江苍南、安徽庐江的明矾石[主要成分为 $KAl_3(OH)_6(SO_4)_2$]是硫、铅和锌的复盐。

我国多数盐湖固体或固-液体矿床多是钾盐、芒硝、天然碱、硼及多种盐类的混合物。

我国的磷矿资源中,以硅酸钙的胶磷矿占的比重较大。

黄铁矿资源中,凡与岩浆活动有关的矿床,大多属于综合性矿体,综合利用较为复杂。例如,湖南浏阳七宝山黄铁矿中有硫、铜、铅、锌、金、银,还伴生有铟、碲、镉和锗等。而沉积型黄铁矿则往往与煤、铝土、耐火黏土矿伴生。

综合性矿床需经复杂的采选、冶炼过程方能利用,开发初期投资较大,技术难度也大。但是一旦技术突破,其经济效益是十分可观的。

现在,我国已建成一批大型化学矿生产基地,解决了胶磷矿直接生产固体磷酸铵,以及由盐湖型卤水生产钾肥等难题,综合性矿体的综合利用也取得了不少成果。

为满足国内经济建设的需要,多年来我国还从南非进口高品位磷矿,从加拿大和中东地区进口硫黄等化学矿资源。

2-2 煤 炭

据《BP 世界能源统计(2021 年版)》称,世界煤炭剩余可采储量为 8 915 亿吨,我国约为 1 432 亿吨,继美国、俄罗斯和澳大利亚之后居第 4 位。又据我国自然资源部 2022 年 9

月 21 日发布的《2022 中国矿产资源报告》称,截至 2021 年 11 月底,查明我国的煤炭资源储量为 2 078.85 亿吨,相对集中分布于华北地区和西北地区。新疆煤炭资源储量居全国首位,占全国煤炭资源储量的 40% 以上。2021 年我国的原煤产量为 41.3 亿吨,居世界第 1 位。由以上数据可知,我国的煤炭资源极为丰富,开采潜力巨大,在化石类能源中,储量远超石油和天然气,是我国主要能源来源。20 世纪末以来,由于部分煤炭资源用于发展煤化工,进口和国产天然气增长迅速,以及非化石类能源的增加,我国的能源结构正在发生变化。例如,1978 年我国一次能源消费中燃煤占 70.7%,石油占 22.7%,天然气占 3.2%,非化石类能源占 3.4%;到 2021 年这一比例变为:燃煤占 56%,石油占 18.5%,天然气占 8.9%,非化石类能源占 16.6%(当前世界平均能源结构为燃煤占 24.4%,石油占 31%,天然气占 26.9%,非化石类能源占 17.7%)。尽管燃煤在一次能源消费中的比例逐年下降,但我国具有巨大煤炭储量的现实不会改变,在未来相当长一段时间里,燃煤在一次能源消费构成中,仍会占据主要地位。为此,采用清洁煤技术、超临界、整体煤气化联合循环发电(IGCC)、先进材料,以及信息技术等让煤炭利用率成倍提高,成本下降,使安全状况、效率和排放水平大为改善显得尤为重要。煤炭及其加工副产品用作化工原料已有相当长的历史,并为有机化学工业的发展作出过巨大的贡献,20 世纪 50 年代前,有机化工产品主要是以煤-电石-乙炔为基础组织生产的;50 年代后,原料路线转向石油和天然气。主要原因是石油和天然气开采、运输和加工方便,因而价廉易得;石油和天然气是由低相对分子质量的有机化合物组成的混合物,可以采用简单的物理(如蒸馏和萃取等)和化学(如催化裂化和催化重整等)加工方法将它们彼此分离或改变它们的结构,从而制得大量的有机化工产品。而煤是一种巨大的高相对分子质量的化合物,必须经过深度加工(如焦化、气化和液化等)才能打破它们的分子键,获得组成极其复杂的低相对分子质量化合物,想进一步制得纯品,将是十分困难的。采用从前的乙炔路线生产化工产品,生产成本比以石油和天然气为原料制得的产品要高得多,缺乏商业竞争力,因此,煤化工的发展不快。但是,地质勘探资料显示,石油资源已日趋枯竭(有人估计它的储量仅够人类今后 50~60 年的消费),未来的有机化学工业的原料将主要来自煤炭和天然气。因此,世界各国都在努力开发煤炭和天然气的化工应用技术,以期在不久的将来,能以煤炭和天然气为原料大量制取廉价优质的有机化学品。

一、煤的种类和特征

由于成煤植物和生成条件的不同,煤一般可以分为三大类:腐植煤、残植煤和腐泥煤。由高等植物形成的煤称为腐植煤。由高等植物中稳定组分(角质、树皮、孢子、树脂等)富集[一般含量都在 $w(C) = 50\% \sim 60\%$]而形成的煤称为残植煤。这两类煤都在沼泽环境中形成。腐泥煤主要由湖沼、潟湖中的藻类等浮游生物在还原环境下经过腐败分解而形成。在自然界中分布最广、最常见的是腐植煤,如泥炭、褐煤、烟煤、无烟煤就属于这一类。残植煤的分布不广,储量也不大,云南禄劝的角质残植煤,江西乐平、浙江长广的树皮残植煤,以及山西大同煤田的少量孢子残植煤夹层等属于这一类。腐泥煤的储量并不多,研究也较不完整,山东鲁西煤田有腐泥煤。属于腐泥煤类的还有藻煤、胶泥煤、油页岩等。我国南方许多省区的石煤也是属于生长在早古生代地层中的一种腐泥煤。另外,还有主要由藻类和较多腐殖质所形成的腐植腐泥煤,如山西浑源和大同,山东新汶、兖州、枣庄等地的烛煤,以及用于雕琢工艺美术品的抚顺的煤精等。

腐植煤类和腐泥煤类的主要特征示于表 2-2-01。

表 2-2-01　腐植煤类和腐泥煤类的几种主要特征

特征	腐植煤类	腐泥煤类
颜色	褐色和黑色	褐色占多数
光泽	光亮的居多	暗
用火柴燃烧	不燃烧	燃烧,有沥青味
有机化合物的氢含量	一般 $w(H)<6\%$	一般 $w(H)>6\%$,可达 11.5%
低温焦油收率	一般小于 20%	一般大于 25%

根据煤化程度的不同,腐植煤类又可分为泥炭、褐煤、烟煤及无烟煤四个大类,现将它们的特征简述如下。

（1）泥炭　又称草炭,是棕褐色或黑褐色的不均匀物质。含水量高达 $w(H_2O)=85\%\sim95\%$。经自然风干燥后水分可降至 $w(H_2O)=25\%\sim35\%$,此时相对密度可达 1.29～1.61。泥炭中含有大量未分解的植物根、茎、叶的残体,有时用肉眼就可以看出,因此泥炭中的木质素和糖类的含量较高。含碳量为 $w(C)<50\%$。此外,泥炭中还含有一种在成煤过程中开始形成的,可用碱抽出、用酸沉淀的物质（即腐殖酸）和可被某些有机溶剂抽出的酸性沥青等。

（2）褐煤　大多呈褐色或黑褐色,因而得名。无光泽,相对密度为 1.1～1.4。随煤化程度的加深,褐煤颜色变深变暗,相对密度增加,质地变得致密,水分减少,腐殖酸开始时增加,以后又减少。外表上已看不到未分解的植物组织残体,含碳量为 $w(C)=60\%\sim70\%$,热值为 23～27 MJ/kg（相当于 5 500～6 500 kcal/kg）。

（3）烟煤　灰黑色至黑色,燃烧时火焰长而多烟。不含有腐殖酸,因它已溶合成为更复杂的中性的腐殖质。硬度较大,相对密度为 1.2～1.45。多数能结焦,含碳量为 $w(C)=75\%\sim90\%$,热值为 27.2～37.2 MJ/kg（相当于 6 500～8 900 kcal/kg）。在工业生产上,为更合理地利用煤炭资源,根据煤化程度,结合煤的挥发分和黏结性,又将烟煤细分为长焰煤、气煤、肥煤、焦煤和瘦煤等。

（4）无烟煤　俗称白煤或红煤,呈灰黑色,带有金属光泽,是腐植煤类中最年老的一种煤。相对密度为 1.4～1.8。燃烧时无烟,火焰较短,不结焦,含碳量一般在 $w(C)=90\%$ 以上,热值为 33.4～33.5 MJ/kg（相当于 8 000～8 500 kcal/kg）。

应当指出,无烟煤不是腐植煤煤化程度最深的煤种,它还可转化为石墨。因石墨与煤相比,性质上有很大的差别(如有耐高温、高导热和导电性、晶体结构规整等特性,不含氢、氧、氮等杂质),也不再用作燃料和生产化工原料气的资源,因此没有将石墨归入煤类。表 2-2-02 列出上述煤类的主要特征。

表 2-2-02 各种腐植煤的主要特征

特征	泥炭	褐煤	烟煤	无烟煤
颜色	棕褐色或黑褐色	褐色或黑褐色	灰黑色至黑色	灰黑色
光泽	无	大多数暗	有一定光泽	有金属光泽
外部条带	有原始植物残体	不明显	呈条带状	无明显条带
燃烧现象	有烟	有烟	多烟	无烟
水分	多	较多	少	较少
相对密度	—	1.1~1.4	1.2~1.5	1.4~1.8
硬度	很低	低	较高	高

二、煤的化学组成和分子结构

煤中有机化合物主要由碳、氢、氧及少量氮、硫和磷等元素构成,各种煤所含的主要元素组成见表 2-2-03。

表 2-2-03 煤的元素组成

组成	泥炭	褐煤	烟煤	无烟煤
$w(C)/\%$	60~70	70~80	80~90	90~98
$w(H)/\%$	5~6	5~6	4~5	1~3
$w(O)/\%$	25~35	15~25	5~15	1~3

煤的分子结构随煤化程度的加深而越来越复杂。但都以芳核结构为主,还具有烷基侧链和含氧、含氮、含硫基团,近似组成为$(C_{135}H_{97}O_9NS)_n$。图 2-2-01 示出了某些煤种的基本结构单元。由于煤中含有大量的芳核结构,以它为原料来制取芳烃、稠环和杂环等类化合物(如苯类、酚类、喹啉、吡啶、咔唑等),要比石油方便。目前世界上由煤得到的

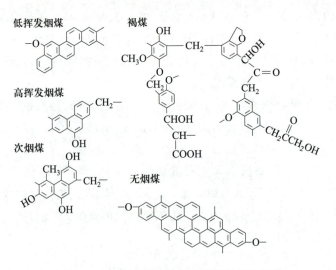

图 2-2-01 某些煤种的基本结构单元示意图
注:次烟煤是一种挥发物含量较低的烟煤

苯约占苯总产量的 25%,萘约占萘总产量的 85%,蒽、苊、芘占其总产量的 90% 以上,咔唑、喹啉均占 100%,炭黑占炭黑总产量的 25%。

三、腐植煤的生成过程

一般认为,煤的生成过程与成煤时的植物、古气候、古地理及大地构造有密切联系。现以腐植煤的生成过程为例说明之。

经研究,成煤的植物在各地质年代是不同的,其中有 3 个最大的聚煤期,它们是:

① 古生代的石炭纪和三叠纪,造煤植物主要是孢子植物;

② 中生代的侏罗纪和白垩纪,造煤植物主要是裸子植物;

③ 新生代的第三纪,造煤植物主要是被子植物。

与此相对应的成煤的气候、地理和地质条件有:

① 大地上有均匀的温度和潮湿的气候,适宜于地上的植物一代一代地繁茂生长;

② 地形的起伏易形成大的沼泽地带,有利于植物群的发展及残体堆积在水中;

③ 地壳的运动与死亡植物堆积速度相适应,使之有可能保存植物残体,并转变沉积状态。

从植物死亡到堆积转变成煤,需经过一系列的演变,大致可以分为两个阶段,即泥炭化阶段和煤化阶段。

(1)泥炭化阶段　死亡后堆积在沼泽中的植物残体,逐渐与空气隔绝而出现弱氧化环境和还原环境;植物残体在转变过程中分解出的气体、液体和细菌新陈代谢的产物促使沼泽中介质的酸度增加,抑制了好氧细菌、真菌的生存和活动;再加上植物中的防腐和杀菌成分(如酚类)的逐步积累不利于微生物的生存和活动。以上种种变化,促使厌氧细菌所参与的各种合成作用占主导地位,在泥炭中产生了新的物质。植物转变成泥炭后,植物中含有的蛋白质在泥炭中消失,木质素、纤维素等大为减少,产生了植物中原先没有的大量的腐殖酸(有时可高达 40%)。

泥炭的厚度与植物的堆积速度(一般每年只有 0.5~2 mm)及地壳变动有关,若地壳变动很小,植物生长又很茂盛,则泥炭的厚度可以很大,如由中生代、新生代第三纪的泥炭形成的煤层厚度可达 100~200 m。而现代泥炭和第四纪埋藏泥炭,一般只有几米厚,个别地区可厚达 20 m 和 30 m。

泥炭中的杂质,如硫含量,与聚积地的地理位置有关,近海的由泥炭演化得到的许多煤层,硫含量都相当高,这是因为海水中的硫酸根离子,受脱硫弧菌的作用,使硫酸盐还原成为硫化氢,后者与沉积物中的铁离子作用形成水陨硫铁($FeS \cdot nH_2O$),水陨硫铁再进一步转化成黄铁矿,后者沉积在煤层中,形成煤中的无机硫。有时硫化氢与植物分解产物作用,从而形成煤中的有机硫化合物。

聚积地环境对煤的还原程度也有影响。所谓还原程度是指煤中有机质在成煤过程中由于各种因素的影响而受到还原的程度。它与煤的元素组成、加工工艺性质和煤的分子结构特征有关。一般强还原煤的酚基和羧基含量都较低,氢键结构属于 NH—O 和 NH—N 类型,而弱还原煤的酚基和羧基含量都较高,氢键结构属于 OH—O 和 OH—N 类型。此外,强还原煤的被氧化能力较弱还原煤小,热分解强度较弱还原煤高。强还原煤,相应的泥炭是在碱性介质停滞和厌氧的还原环境中,或在聚积和埋藏速度较快的条件下形成。而弱还原煤,相应的泥炭是在地壳运动较稳定的条件下形成的。

(2) 煤化阶段　当在泥炭上面形成了岩石层顶板以后,成煤进入煤化阶段。这一阶段包括由泥炭变成褐煤→烟煤→无烟煤的整个阶段。这一系列变化是在不同深度的地壳内进行的,作用的主要因素是地壳温度、压力、作用时间等。

煤化阶段包括成岩作用阶段和变质作用阶段。一般认为从泥炭转变为褐煤是成岩作用阶段,而从褐煤开始转变为更高级煤的阶段是变质作用阶段。

当地壳下沉的速度超过植物堆积速度时,则泥炭堆积停止,黏土、泥沙堆积在泥炭上面,在长期的地质因素作用(如风化、剥蚀、搬运、沉积和固结成岩等)下逐渐形成了顶板。受温度、顶板及顶板上泥土等的压力的影响,泥炭被压实、脱水、增碳,孔隙率减少并逐渐固结,泥炭由无定形物质逐渐转化为岩石状的褐煤,故被称为成岩作用阶段。形成的褐煤不再含有大量未分解的植物组织及糖类等组分,腐殖酸也大为减少,碳含量增加,氢、氧含量降低。

变质作用阶段,受温度、压力和时间的影响煤化程度不断加深,最后得到无烟煤。一般认为温度是促使煤化程度加深的主要因素。根据热源及其作用方式,变质作用可划分成三种类型:深成变质作用、岩浆变质作用和动力变质作用。

深成变质作用是指煤在地面下较深处受地热和上覆岩系静压力的作用引起的煤的变质作用,随煤的深度的增加,这种变质作用也越明显。这种作用对煤的影响最为广泛,因此也称为"区域变质作用"。

当岩浆侵入、穿过或靠近煤层或含煤岩系时,由于受岩浆本身带来的高温、挥发性气体产生的压力的影响引起煤变质程度增高称岩浆变质作用。其中最极端的例子是天然焦的生成,我国阜新煤田和山东淄博煤田都发现有天然焦。

动力变质作用是指由于地壳构造变动促使煤发生变质作用,它主要是由压性或压扭性断裂引起的,其影响范围不大,也没有规律性。

四、选煤和煤的储存

1. 选煤

由地下矿井或露天煤矿开采出来的原煤,含有不少杂质,若直接外运,不但浪费大量运力、增加用户的利用难度,而且筛选出来的杂质会成为三废,污染周围环境。因此,需进选煤厂加工成精煤,才能送用户使用。选煤厂常用的加工程序见图 2-2-02,各主要工艺环节有:

(1) 原煤准备作业　其任务是将入厂原煤进行预处理,选出大块矸石、木块和铁器等杂物。为了达到洗选机械对入料粒度的要求,通常还要将大块原煤破碎到某个粒级。为使原煤质量均匀化,还设有如混煤、配煤和分装等设施。

(2) 选煤和脱水作业　采用淘汰选煤或重介选煤工艺,将混入煤中的矸石和煤分开,再经脱水后可得块精煤、末精煤、中煤和矸石等产品。

(3) 煤泥精选回收和洗水澄清作业　把水洗(或重介)作业中没有得到有效分选的细粒煤泥集中起来,进行浓缩后再用浮选设备精选。浮选得到的精煤和尾煤分别脱水,煤堆尽量压紧,并在上面覆盖 50 mm 厚的黏土,在夏天再喷上一层石灰,以减少对太阳光的吸收。另一类是使煤堆中空气流通以利散热。例如,在煤堆中装有风筒以增加通风。这种方法能有效防止煤的自燃,但不能减缓煤的风化,对炼焦煤的储存来说不推荐。由于方法简便,对于储存一般燃料用煤来说,采用此法还相当普遍。

五、煤炭的综合利用

1. 泥炭的综合利用

泥炭的综合利用途径主要有以下几方面:

(1)直接利用或不用化学处理而经过其他加工方法的间接利用　如做保温材料、泥炭纤维板、农用肥料,通过生化加工制农用肥料、饲料、甲烷等,用作工业废水废气处理剂,也可直接用作民用和工业燃料(最高热值可达 16.7 MJ/kg)。

(2)从泥炭中分离出有价值的产品　经水解可得单糖类水解物,进而可制得乙醇、糠醛、甲醇、乙二醇、多元醇、乙酸、草酸、丙酮、甘油及葡萄糖等。水解残渣可制活性炭。泥炭经溶剂抽提或碱抽提可制得泥炭蜡或腐殖酸。

(3)泥炭的化学处理　用浓硫酸处理可制得磺化泥炭用作离子交换剂;用生石灰处理可得纸浆,用氨水(或液氨)处理可制氨化泥炭,后者是一种含氮较高的优质肥料。泥炭也可用来制氢,在高温下氧化可制得各种有机酸。

(4)泥炭的热加工　泥炭可作气化、液化和低温干馏的原料,从泥炭分出的纤维经适度氧化,用金属盐的水溶液(如醋酸铜)浸渍,再经干燥,在惰性介质中碳化可制得金属碳纤维,用来制造导电混凝土、硬纸板等,泥炭也可制成活性炭,作为金属催化剂的载体。

2. 褐煤的综合利用

褐煤的利用也非常广泛,现简述如下:

(1)直接利用　可用作燃料、土壤改良剂、复合肥料、建筑用隔热材料、植物生长刺激剂、回收金属和稀有元素的吸附剂、铁矿石还原剂等。

(2)褐煤的热加工　褐煤可经气化、液化和炼焦制得合成气、合成液体燃料、焦炭等产品,经焙烧可制得碳素材料,经碳化和活化可制得活性炭。

(3)褐煤的化学加工　褐煤用浓、稀硝酸氧化分解可制得硝基腐殖酸,用作土壤改良剂、杀虫杀菌剂等,经重铬酸钾氧化分解可制铬腐殖酸,用作钻井泥浆的调整剂和稳定剂。褐煤经有机溶剂抽提可制得植物生长刺激剂、杀虫剂、钻井泥浆处理剂;经氟化可制得氯氟化碳油类,后者用作防爆液体和电工用油类。褐煤经水解可制得脂肪羧酸、苯酚等,此外,褐煤与 Na_2CO_3 的水溶液共煮可制得纤维纸浆。以褐煤为原料还可制得 10 多种氨基酸等。

3. 烟煤和无烟煤的综合利用

烟煤和无烟煤(其中特别是烟煤)是目前煤炭资源中经济价值最高的两类煤,与化工、发电、民用燃料关系密切。表 2-2-04 列出了它们的主要用途。

表 2-2-04 几类煤种的主要用途

煤种	主要用途	煤种	主要用途
无烟煤	民用燃料,合成氨肥、碳素材料、活性炭、磺化煤等的原料,烧制钙镁磷肥,烧石灰、水泥,直接作为还原剂、瘦剂、过滤剂等	弱黏煤	配煤炼焦,气化原料,电厂和机车燃料
		不黏煤	动力和民用燃料,气化原料
		天然焦	民用和锅炉燃料,烧石灰和砖瓦等,制造煤气、合成氨用原料
贫煤	民用、动力发电、工业锅炉的燃料,气化原料	半石墨	民用燃料,制造碳化硅、电石、电极等碳素材料的原料
瘦煤	配煤炼焦的瘦化成分	煤矸石	燃料,制造煤气、建筑材料、造型砂的原料,提炼结晶氯化铝等化工产品
焦煤	优质炼焦的原料		
肥煤	配煤炼焦成分,干馏制城市煤气的原料	石煤	燃料,制造建筑材料,提炼化工原料,肥料
长焰煤	动力,气化,民用燃料,低温干馏原料		

上面叙述的是单煤种的综合利用。现在煤炭的综合利用已朝多方向发展,而且所有煤种都能参与其中。首先考虑环保问题,通过各种途径实现节能减排,其次考虑建立多行业相结合的联合体,以期提高煤炭利用率,节约运输成本,节省投资等,最后是建立煤化工企业,对煤炭进行深度加工,生产煤制油和煤制天然气及各种化工产品以提高企业的经济效益。

为了实现煤炭的节能减排,解决燃煤对环境的污染问题,世界各国正在努力实施洁净煤技术,涉及的内容包括:

(1) 煤转化技术　包括 IGCC、城市煤气化、地下煤气化、煤液化、燃料电池、磁流体发电等;

(2) 燃烧前处理　包括高效选煤、型煤、水煤浆和油煤浆等;

(3) 燃烧中处理　包括低污染燃烧、燃烧中固硫、流化床燃烧、涡旋燃烧等;

(4) 燃烧后处理　包括烟气净化和灰渣处理与利用等。

已实施的多行业联合体有:煤矿-电力-化工-建材、煤矿-电力-煤气-化工、钢铁-炼焦-化工-煤气-建材等。正在实施的煤炭-石油共炼及煤炭-天然气-石油共炼,不但能节能减排,而且能节省投资,提高炼油厂设备利用率,从而提高企业的经济效益。

已实施的煤炭深度加工有煤气化-(F-T 合成)制液体燃料,煤气化-化工合成-低级烯烃-聚合物,煤气化-化工合成-醇、酸、酯、醚等化工产品等。

美国已建成 IGCC 发电联产氢气的装置。我国山东兖矿能源集团也已建成 IGCC 联产甲醇的示范装置。我国 2022 年煤制烯烃的年产能达到 1 772 万吨,已占我国聚乙烯和聚丙烯总产能的 23%,产能扩张迅速,之后将进一步提高能效,预计到 2025 年煤制烯烃的年产能达到 1 500 万吨。我国已建成煤制油装置 8 套,总年产能为 931 万吨,预计到 2025 年,总年产能将达到 1 200 万吨,约相当于两座年产能 1 000 万吨炼油厂。

图 2-2-03 所示为碎煤加压气化生产城市煤气联产柴油和 F-T 硬蜡工艺流程,其中 1# 硬蜡是一种珍贵的高级蜡,只能用人工合成或由煤加工提炼得到,用作抛光蜡。2# 硬蜡相当于从石油中提炼出来的微精硬蜡,市场销售很好。

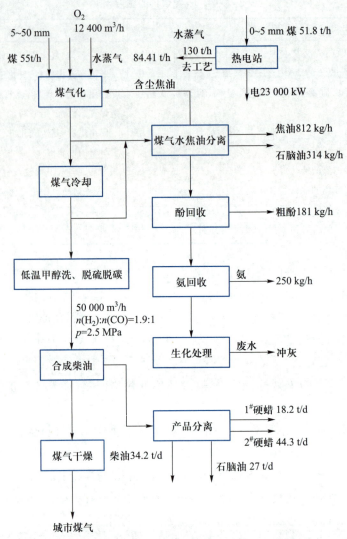

图 2-2-03   碎煤加压气化生产城市煤气联产柴油和 F-T 硬蜡工艺流程图
城市煤气:CO<4.9%[①];H$_2$ 51.4%;CH$_4$ 21%;CO$_2$ 19%;C$_n$H$_m$ 2.19%;∑S 1.3×10^{-6}
规模 30 699 m^3(标准状态)/h;压力 2.3 MPa;热值 13 878 kJ/m^3(标准状态)

2-3 石   油

石油又称原油,存在于地下多孔的储油构造中。由低级动植物在地压和细菌的作用下,经过复杂的化学变化和生物化学变化而形成。一般认为演变过程为:动植物油脂(蛋白质)→沥青基石油→环烷基石油→混合基石油→石蜡基石油。随着演变过程的推进,石油的相对分子质量下降,轻质馏分增加,含氢比例增大,即石蜡烃含量增加,环烷烃含量

---

① 气体指的是体积分数 φ,后文中气体的百分数无特别注明均指体积分数。

减少,最终石蜡烃变成低级烷烃,甚至演变成天然石油气。由此可知,地质储存年代久远的石油多为石蜡基石油;反之,则多为沥青基或环烷基石油。现已探明,石油主要储藏在中东(伊拉克、科威特、沙特阿拉伯、伊朗和阿联酋等)、加拿大、利比亚、委内瑞拉和俄罗斯等国家和地区。我国自1956年发现克拉玛依油田,以及1959年发现大庆油田以来,已探明了不少大油田,最近又发现一批亿吨级致密油大油田,但总体上讲,我国是一个贫油国家,石油产量不能满足国内消费需求,每年需要进口大量原油。2022年对外依存度已达到71.2%,从2020年对外依存度最高的73%开始逐渐回落。表2-3-01列出了2022年一些国家(地区)的石油储量、石油产量和炼油能力。

表 2-3-01 2022 年某些国家的石油储量、石油产量和炼油能力* 单位:亿吨

石油储量			石油产量			炼油能力(常压蒸馏)		
名次	国家	数量	名次	国家	数量	名次	国家	数量
1	委内瑞拉	415.7	1	美国	8.95	1	美国	8.93
2	沙特阿拉伯	366.0	2	沙特阿拉伯	5.91	2	中国**	8.46
3	伊朗	285.8	3	俄罗斯	5.48	3	俄罗斯	3.42
4	加拿大	224.4	4	加拿大	2.80	4	印度	2.50
5	伊拉克	198.7	5	伊拉克	2.20	5	韩国	1.79
6	阿联酋	152.1	6	中国	2.08	6	日本	1.64
7	科威特	139.0	7	阿联酋	1.90	7	沙特阿拉伯	1.45
8	俄罗斯	109.6	8	伊朗	1.79	8	伊朗	1.25
9	美国	108.3	9	科威特	1.50	9	巴西	1.15
10	利比亚	66.3	10	巴西	1.47	10	德国	1.06
13	中国	37.0						
世界合计		2 406.9	世界合计		46.18	世界合计		50.75

*资料来源:2022年美国《油气杂志》和《BP世界能源统计(2022版)》;

**据中国统计,2022年中国常压蒸馏能力达到9.02亿吨。

一、石油的性质、组成和分类

原油是一种有气味的黏稠液体,其色泽一般是黄到黑褐色或青色,相对密度为0.75~1.0,热值43.5~46 MJ/kg,是多种烃类(烷烃、环烷烃和芳烃等)的复杂混合物,并含有少量的硫、氧和氮的有机化合物,平均碳含量$\bar{w}(C)$=85%~87%,平均氢含量$\bar{w}(H)$=11%~14%,S、O、N含量合计为1%。

石油中所含硫化物有硫化氢、硫醇(RSH)、二硫化物(RSSR)和杂环化合物等。多数石油含硫总量小于1%,这些硫化物都有一种臭味,对设备和管道有腐蚀性。有些硫化物(如硫醚、二硫化物等)本身无腐蚀性,但受热后会分解生成腐蚀性较强的硫醇与硫化氢,燃烧后生成的二氧化硫会污染空气,硫化物还能使催化剂中毒,所以除掉油品中的硫化物是石油加工过程中的重要一环。

石油中的氮化物含量在千分之几至万分之几,胶质越多,含氮量也越高。氮化物可以分为碱性(如吡啶、喹啉等)和非碱性(如吡咯、咔唑和金属卟啉化合物等)两类。后者化学性质活泼,在空气中极易氧化缩合生成黑色的胶质,在石油炼制中,由于它们的存在

会影响轻质油品（如汽油和柴油）的储存安定性。石油中胶状物质（胶质、沥青质、沥青质酸等）对热不稳定，很容易发生叠合和分解反应，所得产物的结构非常复杂，相对分子质量也很大，绝大部分集中在石油的残渣（如渣油）中，油品越重，所含胶状物质也越多。

石油中的氧化物含量变化很大，从千分之几到百分之一，主要是环烷酸和酚类等，它们是有用的化合物，应加以回收利用，同时它们呈酸性，对设备和管道也有腐蚀性。

国际石油市场上常用的计价标准是按 API 度（或密度）和含硫量分类的，其分类标准见表 2-3-02 和表 2-3-03。

解析

石油
API 度

表 2-3-02　原油按 API 度分类标准

类别	API 度	密度（15 ℃）/g·cm^{-3}	密度（20 ℃）/g·cm^{-3}
轻质原油	>31.1	<0.869	<0.866
中质原油	31.1～22.3	0.869～0.919	0.866～0.916
重质原油	22.3～10	0.919～0.999	0.916～0.997
特稠原油	<10	>0.999	>0.997

表 2-3-03　原油按含硫量分类标准

原油类别	w（硫）/%
低硫原油	<0.5
含硫原油	>0.5

工业上也常按原油的化学组成来分类，可分为石蜡基原油、环烷基原油和中间基原油三类。

石蜡基原油的特点是烷烃含量一般 w（烷烃）>50%，密度较小，含蜡量较高，凝点高，含硫、含氮和含胶质较低。大庆原油和南阳原油是典型的石蜡基原油。

环烷基原油的特点是环烷烃和芳烃的含量较多，密度较大，凝点较低，一般含硫、含胶质、含沥青质较多，所以又称沥青基原油。胜利油田的孤岛原油和单家寺原油等属于环烷基原油。

中间基原油的性质介于上述两者之间。

1935 年由美国矿务局提出的，目前应用较多的原油分类法是把原油放在特定的简易蒸馏设备中，按照规定的条件进行蒸馏，切割出的 250～275 ℃ 和 395～425 ℃ 两个馏分分别作为第一关键馏分和第二关键馏分，测定它们的密度并以此进行分类，最终确定原油的类别。具体的分类标准分别示于表 2-3-04 和表 2-3-05。

表 2-3-04　关键馏分分类标准

关键馏分	石蜡基	中间基	环烷基
第一关键馏分	$d_4^{20}<0.821\,0$ API>40	$d_4^{20}=0.821\,0～0.856\,2$ API=33～40	$d_4^{20}>0.856\,2$ API<33
第二关键馏分	$d_4^{20}<0.872\,3$ API>30	$d_4^{20}=0.872\,3～0.930\,5$ API=20～30	$d_4^{20}>0.930\,5$ API<20

表 2-3-05 关键馏分特性分类

序号	第一关键馏分的类别	第二关键馏分的类别	原油类别
1	石蜡	石蜡	石蜡
2	石蜡	中间	石蜡-中间
3	中间	石蜡	中间-石蜡
4	中间	中间	中间
5	中间	环烷	中间-环烷
6	环烷	中间	环烷-中间
7	环烷	环烷	环烷

表 2-3-06 示出我国主要原油的一般性质。原油种类也按关键馏分特性分类法分类。

现在世界上纯粹生产液体燃料的炼油厂已很少见,原因是经济效益不理想,有时甚至还会亏损。大多数的炼油厂,都将生产燃料和生产化工产品结合起来,靠化工产品为企业提升利润,既合理利用了石油资源,又使炼油企业对环境更友好。像这样的炼油厂,一般都具有以下装置:常减压蒸馏、催化裂化、催化重整、烷基化、延迟焦化、尿素脱蜡等。20 世纪 60 年代后还出现了加氢裂化装置。图 2-3-01 示出了燃料-化工型炼油厂原油加工过程。

表 2-3-06 我国主要原油的一般性质

项目	大庆原油	大港原油	任丘原油	胜利原油(孤岛)	新疆原油	中原原油
相对密度(d_4^{20})	0.860 1	0.882 6	0.883 7	0.946 0	0.870 8	0.846 6
黏度(50 ℃)/(mPa·s)	23.85	17.37	57.1		30.66	10.32
凝点/℃	31	28	36	−2	−15	33
w(蜡)/%	25.76	15.39	22.8	7.0	—	19.7
w(沥青质)/%	0.12	}13.14	2.5	7.8	—	—
w(胶质)/%	7.96		23.2	32.9	11.3	9.5
w(残炭)/%	2.99	3.2	6.7	6.6	3.31	3.8
酸值/[mg(KOH)·g^{-1}]	0.014	—	—	—	—	—
w(灰分)/%	0.002 7	0.018	0.009 7	—	—	—
闪点/℃(开口)	34	<42	70		5(闭口)	
w(硫)/%	—	0.12	0.31	2.06	0.09	0.52
w(氮)/%	0.13	0.23	0.38	0.52	0.26	0.17
原油种类	低硫石蜡基	低硫环烷-中间基	低硫石蜡基	含硫环烷-中间基	低硫中间基	含硫石蜡基

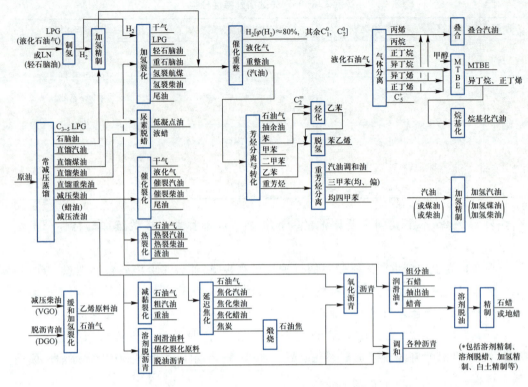

图 2-3-01   燃料-化工型炼油厂原油加工过程示意图

二、原油的预处理和常减压蒸馏

1. 原油的预处理

在油田脱过水后的原油,仍然含有一定量的盐和水,所含盐类除有一小部分以结晶状态悬浮于油中外,绝大部分溶于被油包裹的水滴中,形成较为稳定的油包水型乳化液。

原油含盐和水对后续的加工工序带来不利影响。水会增加燃料消耗和蒸馏塔顶冷凝冷却器的负荷;原油中所含无机盐主要是氯化钠、氯化钙、氯化镁等,其中以氯化钠的含量为最多,约占四分之三。这些盐类受热后易水解生成盐酸,腐蚀设备,也会在换热器和加热炉管壁上结垢,增加热阻,降低传热效果,严重时甚至会烧穿炉管或堵塞管路。由于原油中盐类大多残留在重馏分油和渣油中,所以还会影响油品二次加工过程及其产品的质量。因此,在进入炼油装置前,要将原油中的盐含量脱除至小于 3 mg/L,含水量 w(水)$<0.2\%$。

装置

原油电脱
盐罐侧
视图

由于原油与水形成的是一种比较稳定的乳化液,炼油厂广泛采用的是加破乳剂和高压电场联合作用的脱盐方法,即所谓电脱盐脱水。为了提高水滴的沉降速率,电脱盐过程是在 80~120 ℃,甚至更高(如 150 ℃)的温度下进行的。图 2-3-02 所示为二级电脱盐原理流程。原油自油罐抽出,与破乳剂、洗涤水按比例混合后经预热送入一级电脱盐罐进行第一次脱盐、脱水。在电脱盐罐内,在破乳剂和高压电场(强电场梯度为 500~1 000 V/cm,弱电场梯度为 150~300 V/cm)的共同作用下,乳化液被破坏,小水滴聚结生成大水滴,通过沉降分离,排出污水(主要是水及溶解在其中的盐,还有少量的油)。一级

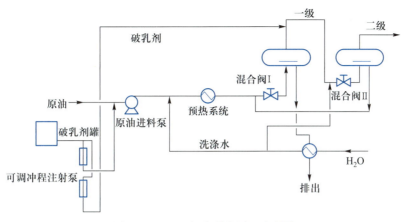

图 2-3-02　二级电脱盐原理流程图

电脱盐的脱盐效率为 90%～95%。经一级脱盐后的原油再与破乳剂及洗涤水混合后送入二级电脱盐罐进行第二次脱盐、脱水。通常二级电脱盐罐排出的水含盐量不高,可将它回流到一级混合阀前,这样既节省用水又减少含盐污水的排出量。在电脱盐罐前注水的目的在于溶解原油中的结晶盐,同时也可减弱乳化剂的作用,有利于水滴的聚集。经过两次电脱盐工序后,原油中的含盐和含水量已能达到要求,可送炼油车间进一步加工。

在加工含硫原油时,还需向经脱水和脱盐的原油中加入适量的碱性中和剂和缓蚀剂,以减轻硫化物对炼油设备的腐蚀。

随着原油日益重质化和劣质化,原油的破乳难度不断提高,能耗和污染物(废水等)排放量增加,促使原油脱水和脱盐技术不断进步。如我国齐鲁石化研究院、洛阳石化工程公司和中石化洛阳工程有限公司等联合开发成功了超声波-电脱盐组合技术,已在国内推广使用。正在研发的还有微波破乳法、磁处理法、生物法、生物破乳和普通化学破乳组合成的复合破乳法等工业技术。

2. 原油的常减压蒸馏

原油的三段汽化常减压蒸馏流程示于图 2-3-03。经脱盐、脱水后的原油,预热至 230～240 ℃进初馏塔,塔顶气经冷却冷凝后得到轻汽油(国外称"石脑油"),可用作裂解原料、溶剂或车用汽油掺和组分,当含硫量较低时,亦可用作重整原料油。未冷凝气体称为"原油拔顶气",其量占原油质量的 0.15%～0.4%,其中乙烷占 2%～4%,丙烷约 30%,丁烷约 50%,其余为 C_5 及 C_5 以上组分,可用作燃料或生产烯烃的裂解原料。初馏塔塔底油料称为拔顶油(又称拔顶原油),经常压加热炉加热至 360～370 ℃,进入常压塔,塔顶出汽油,侧线自上而下分别出煤油、轻柴油和重柴油(有的流程中,侧线还采出变压器原料油)等组分。侧线油先进入各自的汽提塔,用过热蒸汽汽提(或采用加热油品使之汽化)后,经与原油换热,再冷却到规定温度后作为产品送出装置。在常压塔的中部,设 2～3 个中段循环回流,它们与塔顶冷回流一起共同担负对塔温的控制。汽提和循环回流的设置,起到了保障油品质量和收率的作用。常压塔所产油料为与油品二次加工所得汽油、煤油和柴油区分开来,常在它们前面冠以"直馏"两字,如直馏汽油、直馏柴油等,以表示它们是由原油直接蒸馏得到的。常压塔塔底重油(又称常压渣油)在减压加热炉中加

设备工艺

原油常压蒸馏塔工艺

设备工艺

原油减压蒸馏塔工艺

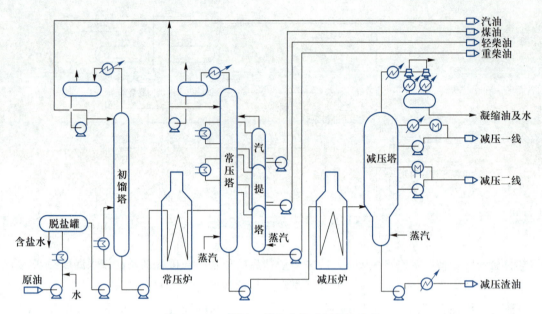

图 2-3-03　原油三段汽化常减压蒸馏流程

热到 405~410 ℃,送入减压塔。减压塔塔顶压力一般为 1~5 kPa。采用减压操作是为了避免在高温下重组分的分解(裂解)。减压塔大多开有 3~4 个侧线,根据炼油厂的加工类型(润滑油型或燃料型)不同,可生产催化裂化原料或润滑油料。润滑油型减压塔侧线设置汽提塔,以调节馏出油质量。燃料型减压塔侧线不需设置汽提塔。减压塔中上部也设置 2 个中段循环回流。为了尽量减少塔顶的油气量,有利于提高真空度,减压塔塔顶不出产品,塔顶回流由减一线油提供。塔釜得减压渣油,常用作延迟焦化和催化裂化原料。表 2-3-07 是我国一个燃料-化工型炼油厂常压蒸馏工序所控制的温度指标示例,原料是大庆原油。

表 2-3-07　燃料-化工型炼油厂常压蒸馏工序所控制的温度指标示例

控制点位置	所在塔板层数	指标/℃	油品种类	收率/%
常压塔顶	40	95~100 0.005 MPa(表)	汽油	5.0
常压一线	29~31	145~150	煤油	9.1
常压二线	17~19	267~270	轻柴油	6~7
常压三线	13~15	330~335	重柴油	6~7
常压塔底	0	345~350	重油	65~75

在我国某些炼油厂,减压塔切割的油品常用来生产润滑油,此时该塔塔顶出柴油馏分,减压一线出轻质润滑油馏分,减压二线出中质润滑油馏分,减压三线出重质润滑油馏分,塔釜为减压渣油。

所得汽油的质量指标中,最重要的是馏分组成(馏出体积分数为 10%,20%,…,90% 和干点的温度)、辛烷值和安定性。馏分组成与蒸馏塔的操作有关;安定性是指生成胶质的难易性,与原油的性质有关,若为二次加工(如催化裂化)所得汽油,还与汽油中不饱和烃含量有关;汽油的辛烷值是指汽油的抗爆震性能,它与汽油的组分有关。有些烃类,如直链烷烃,在低压缩比时,就会在发动机中产生爆震,而有些烃类,如芳烃、环烷烃、异构烷烃等,即使在高压缩比时,发动机的爆震也不大。爆震不仅会损坏发动机,还会使发动机功率降低,坐在车上的乘客也会感到很不舒服。

辛烷值

动画

发动机正常工作与爆震对比

近20年来,世界各国汽车急剧增多,汽车排放出的废气(尾气)对环境污染日益严重,人们对环境的保护也越来越重视,多次制订汽油质量新标准,不断降低能污染环境的汽油有害组分的含量。表2-3-08列出了世界燃油规范及日本、欧盟、中国车用汽油的一些重要技术指标。中国的 GB 17930—2016 即车用汽油国ⅥB标准已于2023年1月1日在全国实施。

表2-3-08 所列蒸气压是汽油挥发度的指标,其值越大,汽油蒸发的倾向越大。汽油中蒸气压较高的组分主要是轻质烃类,通过限制蒸气压,可以减少汽油因蒸发而逸散的挥发性毒物(主要是苯)和烃类(C_5 以下烃类)的量。研究表明,当汽油中芳烃的体积分数>25%后,汽车尾气中氮氧化合物(NO_x)、未燃烧烃类和一氧化碳的含量将急剧增加。芳烃中的苯是公认的致癌物质,挥发性大,在汽车尾气中是数量最多的有机毒物,因此必须从芳烃中除去。汽油中的烯烃除对汽油安定性不利外,因具有较高的光化学反应活性,能促进地面臭氧的生成,因此,其含量也应加以控制,以减少臭氧的生成量。减少烯烃还可使汽车尾气中氮氧化合物含量下降。与此相反,适当增加汽油中的氧含量,对提高汽油品质则大有好处。研究表明,随着汽油中氧含量的增加,汽车尾气中的 CO 量和未燃烧烃类量可减少。增加汽油的氧含量主要通过添加可以用作燃料的含氧化合物来实现。烷基醚[如甲基叔丁基醚(MTBE)]和烷基醇都是有机含氧化合物,它们不仅能够提供低挥发性的氧,而且由于其辛烷值高,蒸气压低,也是一种替代汽油中芳烃和轻质烯烃的理想组分。应当指出,由炼油厂所得汽油辛烷值偏低,再加上在降低汽油中有害组分时,也会导致汽油辛烷值下降。过去采用添加金属类抗爆剂[如甲基环戊二烯三羰基锰(MMT)]来提高辛烷值的途径,因环保问题已被废除。现在行之有效的提高汽油辛烷值的技术有以下两种。① 添加醚类化合物。用得最广的是 MTBE,添加量可达到汽油总量的10%。MTBE 本身的 RON 和 MON 辛烷值分别达到118和101,与汽油的互溶性很好。此外,还有乙基叔丁基醚(ETBE),其 RON 和 MON 辛烷值分别为119和103;以及甲基叔戊基醚(TAME),其 RON 和 MON 辛烷值分别为112和99。ETBE 和 TAME 因生产成本高,应用不广泛。② 改进炼油工艺和设备。如将直馏汽油切割,$C_4 \sim C_6$ 正构烷烃异构化,异丁烷烷基化;将催化轻汽油醚化生产烯烃含量低和辛烷值高的汽油;采用双提升管反应器技术,在催化裂化工艺中增产高辛烷值汽油等。

所得柴油,常用十六烷值来衡量它在内燃机中的自燃性能。考虑到环保要求,也如汽油一样,制定了各种指标。表2-3-09列出了世界燃油规范和中国车用柴油重要技术指标。表中世界燃油规范Ⅳ类标准已成为正式标准。中国 GB 19147—2016 即车用柴油国Ⅵ标准于2019年1月1日在全国实施。

解析

十六烷值

表2-3-08　世界燃油规范及日本、欧盟、中国车用汽油重要技术指标

项目	世界燃油规范（2006）				日本 JIS K2202			欧盟 EN228			中国 GB 17930			
	I类	II类	III类	IV类	2004	2007	2012	2004	2008	2012	2006	2011	2013	2016(B)
硫含量/($\mu g \cdot g^{-1}$) ≤	1 000	150	30	10	50	10	10	50/10	10	10	150	50	10	10
烯烃含量/% ≤	50	18	10	10				18	18	18	30	28	24	15
芳烃含量/% ≤	50	40	35	35				35	35	35	40	40	40	35
苯含量/% ≤	5.0	2.5	1.0	1.0	1.0	1.0	1.0	1.0	1.0	1.0	1.0	1.0	1.0	0.8
氧含量/% ≤	2.7	2.7	2.7	2.7	1.3	1.3	1.3	2.7	2.7	2.7	2.7	2.7	2.7	2.7
密度（15℃）*/($kg \cdot m^{-3}$)	715~780	717~770	715~770	715~770	≤783	≤783	≤783	720~775	720~775	720~775		720~775	720~775	720~775
蒸气压**/kPa	45~60	45~60	45~60	45~60	44~78	44~78	44~78	45~60	45~60	45~60	≤88 冬 ≤72 夏	42~85（冬）（冬）	45~85（冬）40~65（夏）	45~85（冬）40~65（夏）

* 中国和日本车用汽油密度指标测定温度分别为20℃和37.8℃；

** 中国国VI即（GB 17930—2016）规定每年11月1日至4月30日蒸气压为45~85 kPa，5月1日至10月31日蒸气压为40~65 kPa。

表 2-3-09　世界燃油规范和中国车用柴油重要技术指标

项目	世界燃油规范（2002 年）				中国 GB 19147			
	Ⅰ类	Ⅱ类	Ⅲ类	Ⅳ类	2009(Ⅲ)	2013(Ⅳ)	2013(Ⅴ)	2016(Ⅵ)
十六烷值	48	53	55	55	49	49	51	51
硫含量/(mg·kg⁻¹) ≤	3 000	300	30	无	350	50	10	10
总芳烃含量*/% ≤		25	15	15	11	11	11	7
总污染物含量/(mg·kg⁻¹) ≤					—	—	—	24

＊中国的总芳烃含量以质量分数计。

三、催化裂化和加氢裂化

原油经过常减压蒸馏得到的直馏汽油，一般不超过 25%（中东地区有些国家出产的原油可大大高于此值），而且主要是直链烷烃，辛烷值低，只有 50 左右，不能直接用作发动机燃料。而有些油料如减压塔塔釜流出的渣油产量很大，约占原油质量的 30%。还有常减压馏分油、润滑油制造和石蜡精制的下脚油、催化裂化回炼油、延迟焦化的重质馏分油等，沸点在 300~550 ℃，相对分子质量较大，在工业上用处不大。因此人们就很自然地产生了利用这些油料通过裂解反应来增产汽油的想法，并建立了相应的生产装置。此外，在少数场合也利用轻质油品作裂解原料油，例如，以生产航空汽油为主要目的时，常常采用直馏粗柴油（瓦斯油）、焦化汽油、焦化柴油等作裂解原料，这样做除了可显著地增产汽油外，还可提高所得汽油和柴油的品质。

1. 热裂化

在加热和加压下进行。根据所用压力的高低，分高压热裂化（2.0~7.0 MPa，450~550 ℃）和低压热裂化（0.1~0.5 MPa，550~770 ℃）。热裂化反应，主要是把含碳原子数多的高相对分子质量的烃类裂化为碳原子数少的低相对分子质量的烃类，同时伴有脱氢、环化、聚合和缩合等反应。产品有热裂化气、热裂化汽油、煤油、残油和石油焦炭等。热裂化汽油辛烷值仍较低，只有 50 左右，安定性不好，有恶臭，装置开工周期短，因此在炼油厂中热裂化已被催化裂化所取代。

在热裂化方法中，还有一种称为减黏裂化（visbreaking）的方法，所用原料仍是重质油，目的是将重质油轻度裂化，使所得的燃料油黏度和凝固点降低，以改善其质量。亦可用来生产作为裂化原料的重油和少量轻油，操作条件比以生产汽油为目的的热裂化缓和一些，反应温度 400~500 ℃，压力 0.4~0.5 MPa。

2. 催化裂化

催化裂化装置建立的主要目的是增加汽油的产量。表 2-3-10 示出了某些国家和地区汽油组分构成比较。由表 2-3-10 可见，我国汽油组分构成中催化裂化汽油占 74.1%，美国则占 38%。由此可知，催化裂化装置在炼油企业的重要性。催化裂化所采用的原料如上所述。工业上常将用作催化裂化原料的重质油料统称为"蜡油"。由于使用催化剂，裂化反应可以在较低的压力（常压或稍高于常压）下进行。

装置

催化裂化
装置图

表 2-3-10 某些国家和地区汽油组分构成比较

汽油组分	欧洲 （2002 年）	美国 （2002 年）	日本 * 1#(2#) （2002 年）	中国 （2003 年）
催化裂化汽油/%	32	38	25(55)	74.1
重整汽油/%	45	24	35(25)	14.6
烷基化油/%	6	14	20(0)	0.5
异构化油/%	11	5		
含氧化合物**/%	4	4	7(7)	1.0
其他***/%	2	15	13(13)	9.8

* 日本 1#汽油 RON 为 96;2#汽油 RON 为 89;

** MTBE,TAME,ETBE 等;

*** 直馏汽油、拔头油、C$_4$ 等。

　　由于使用了催化剂,与热裂化相比,烷烃分子链的断裂在中间而不再在末端,因此产物以 C$_3$、C$_4$ 和中等大小的分子(即从汽油到柴油)居多,C$_1$ 和 C$_2$ 的收率明显减少。异构化、芳构化(如六元环烷烃催化脱氢生成苯)、环烷化(如烷烃生成环烷烃)等的反应在催化剂作用下,得到加强,从而使裂解产物中异构烷烃、芳香烃和环烷烃的含量增多,使裂化汽油的辛烷值提高。在催化剂作用下,氢转移反应(缩合反应中产生的氢原子与烯烃结合成饱和烃的反应)更易进行,使得催化汽油中容易聚合的二烯烃类大为减少,汽油安定性较好。当然,催化裂化和热裂化一样,也会发生聚合、缩合反应,从而使催化剂表面结焦。由于进行的裂解、缩合(脱氢)、芳构化等反应都是吸热的,因此从总体上说,和热裂化一样,催化裂化也是吸热的。

　　催化裂化反应器有固定床、移动床和流化床三类,现在多采用流化床反应器,因此称为流化催化裂化(FCC)。流化床反应器又可细分为等高并列式、高低并列式和同轴式三种。等高并列式流化床采用无定形硅酸铝催化剂,活性低,由于在流化床中停留时间长,返混严重,转化率不高。若要提高转化率,会引发激烈的二次反应。若采用活性高的分子筛催化剂,因停留时间长,二次反应十分严重,使催化裂化汽油收率明显下降。20 世纪 70 年代后,高低并列式和同轴式流化床催化裂化反应器相继开发成功。开始采用的是稀土 Y 型分子筛催化剂,随后又开发成功适用于渣油催化裂化的抗重金属、耐高温、再生性能好的半合成分子筛催化剂,以及有利于提高催化裂化汽油辛烷值的超稳 Y 型分子筛催化剂。

　　高低并列式和同轴式流化床反应器,油气和催化剂之间发生的催化裂化反应主要在 1 根直管(提升管)中完成,油气和催化剂混合物以活塞流流态快速(7~8 m/s,停留时间 1~4 s)通过直管,得到的油气转化率高,二次反应受到明显抑制,催化裂化汽油收率可提高 7%,生焦率降低 1%,汽油、柴油安定性好,装置的处理能力可提高 40%。同轴式流化床装置,将反应器和再生器同轴叠置,催化剂与油气在提升管中反应后,经分离器分离,已转化油气从顶部流出,催化剂从分离器下部进入汽提段,在这里用蒸气脱除催化剂带入的少量油气,最后催化剂进入再生段再生。催化剂循环量用再生段底部的塞阀调节。高低并列式提升管流化床工艺流程见图 2-3-04。相应工艺简述如下:新原料油(如减压馏分油)与回炼油浆混合后,加热至 370 ℃,以雾化状态喷入提升管反应器的下部(油浆直接进入提升管),与来自再生器的高温(650~700 ℃)催化剂接触并立即汽化,油气与雾化蒸气及预提升蒸气一起携带着催化剂以 7~8 m/s 的线速度向上流动,边流动边进行反应,在 470~510 ℃ 的温度下停留 2~4 s,然后以 13~20 m/s 的高线速度通过提升管出口,经快速分离,大部分催化剂被分出落入沉降器下部,油气携带少量催化剂经两级旋风分离器分出夹带的催化剂后进入集气室,通过沉降器顶部的出口进入分馏系统。

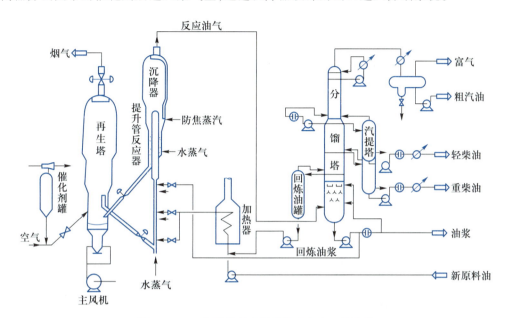

微课

催化裂化装置中催化剂在反应器和再生器之间的流动

图 2-3-04 高低并列式提升管流化床工艺流程

积炭催化剂由沉降器进入其下面的汽提段,用过热水蒸气脱除吸附在催化剂表面上的少量油气,再经待生斜管、待生单动滑阀进入再生器,与来自再生器底部的空气接触形成流化床层,进行再生反应,放出的热量可使流化床密相段温度维持在 650~680 ℃,再生器顶部压力为 0.15~0.26 MPa(表),床层线速度为 0.7~1.0 m/s。再生后的催化剂含碳量 $w(C)<0.2\%$,经淹流管、再生斜管及再生单动滑阀返回提升管反应器循环使用。

烧焦产生的烟气,经再生器稀相段进入两级旋风分离器分出携带的大部分催化剂后,烟气经集气室和双动滑阀排入烟囱。

流程中的单动滑阀,其作用是在发生事故时,切断反应器和再生器,防止催化剂倒流,开停工时,不使催化剂和空气进入反应器,开工时调节催化剂循环量,正常操作时处于完全开启状态;双动滑阀用以调节再生器的压力,使之与反应器保持一定的压差。

鉴于现行提升管反应器存在提升管过长造成过度裂化使目的产物收率减少,催化剂在提升管后半段因严重失活而不能有效发挥催化作用,不能实现大剂油比操作,不同原料在同一反应器中存在恶性竞争等缺点,在 21 世纪初,开发成功称为 TSRFCC 的两段提升管催化裂化技术,工艺流程简图示于图 2-3-05。TSRFCC 技术的第一段提升管只进新鲜原料,目的产物从段间抽出作为最终产品以保证收率和质量。而循环油单独进入第二段提升管,这样可以优化不同反应物的反应条件;同时新鲜原料排除了油浆的干扰,大大增加了反应物分子与催化剂活性中心的有效接触。对油浆而言,不再有新鲜原料和先期所产汽、柴油与之竞争,反应机会也会大大增加,从而可以提高转化深度,改善产品分布,实现短反应时间和大剂油比操作。经过多年运作,与传统的催化裂化技术相比,TSRFCC 技术具有极强的操作灵活性,可显著提高装置的加工能力和目的产品收率,同时可增加柴汽比,提高柴油的十六烷值,有效降低汽油的烯烃含量,显著提高丙烯等低碳烯烃收率等。

21 世纪初,中国石化集团石油化工科学研究院成功开发了多产异构烷烃的流化床催化裂化技术(MIP),原理流程示于图 2-3-06。它以烯烃为联结点,将传统的提升管反应器分成串联在一起的两个变径提升管反应器,构成两个反应区。在第一反应区主要进行原料烃类催化裂化生成烯烃的反应,操作方式与 FCC 相似,即高温、短接触时间和高剂油比。达到在短时间内让较重的原料裂化,生成较多的烯烃。同时

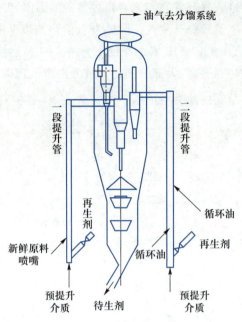

图 2-3-05   两段提升管催化裂化技术
TSRFCC 的工艺流程简图

还可减少汽油中低辛烷值组分正构烷烃的量,对提高汽油的辛烷值有利。第二反应区由于烯烃生成异构烷烃时既有平行反应又有连串反应,且反应温度低对其生成有利,操作采用低反应温度和长反应时间,促使烯烃生成异构烷烃和芳烃。与传统的 FCC 工艺相比,MIP 可使汽油中烯烃降至 35% 以下,轻质油(汽油+柴油)收率提高 1.4%,尤其柴油收率可提高 2.67%。

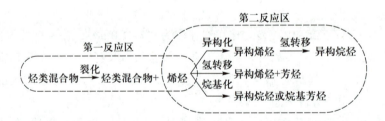

图 2-3-06   烃类催化裂化与转化生成异构烷烃和芳烃理想反应途径

此外,中国石化集团石油化工科学研究院又开发成功汽油组成达到欧(Ⅲ)标准并能增产丙烯的催化裂化工艺(即 MIP-CGP 工艺),现在 MIP 工艺和 MIP-CGP 工艺都在国内得到广泛应用。

催化裂化产物主要是气体(称为催化裂化气)和液体。固体产物(焦炭)生成量不多,且在催化剂再生器中已被烧掉。催化裂化气收率为原料总质量的 10%~17%,其中乙烯含量为 3%~4%,丙烯为 13%~20%,丁烯为 15%~30%,烷烃约占 50%,具体组成举例如表 2-3-11 所示。据统计,一个处理能力为 $1.2×10^6$ t/a 的催化裂化装置,可副产乙烯 5 000~7 000 t,丙烯 38 000 t,异丁烯 12 000 t,正丁烯 45 000 t,剩余约 50% 的烷烃,是生

产低级烯烃的裂解原料。因此,催化裂化气实际上是一个很有经济价值的化工原料气源。在国内外的大中型炼油厂中,都建有分离装置,将催化裂化气中的烯烃逐个地分离出来,经进一步提纯后用作生产高分子的单体或有机合成原料。

表 2-3-11　催化裂化气组成举例

组成	φ/%	组成	φ/%	组成	φ/%	组成	φ/%
H_2	0.1	C_3H_8	7.0	$n-C_4H_8$	9.2	$n-C_5H_{12}$	6.3
CH_4	3.2	C_3H_6	20.3	$i-C_4H_8$	6.2	$i-C_5H_{12}$	2.9
C_2H_6	4.1	$n-C_4H_{10}$	4.6	反-2-丁烯	8.5		
C_2H_4	2.9	$i-C_4H_{10}$	18.4	顺-2-丁烯	6.0		

催化裂化所得液体产品以催化裂化汽油居多,占裂解原料总质量的40%~50%,我国催化裂化汽油的典型组成见表 2-3-12。由表 2-3-12 可见,汽油中芳烃含量比较低[w(芳烃)<25%],苯含量也大大低于 1%[w(苯)= 0.35%],但烯烃含量严重超标,w(烯烃)= 39.63%,为达到国家颁布的汽油标准,尚需在原料、操作和催化剂上作出种种努力以降低汽油中烯烃的含量。在催化裂化汽油中因有芳烃、环烷烃和异构烷烃,辛烷值可达到 70~90,如表 2-3-10 所示,已成为我国车用汽油的主要组分。

表 2-3-12　我国催化裂化汽油的典型组成

项目	w/%										
	C_4	C_5	C_6	C_7	C_8	C_9	C_{10}	C_{11}	C_{12}	C_{13}	合计
烷烃	0.81	7.03	7.28	5.82	4.94	3.54	3.02	2.55	1.33	0.06	36.38
烯烃	3.50	10.66	9.26	7.65	4.94	2.50	0.51	0.61			39.63
环烷烃			1.33	2.17	1.67	1.87	0.67	1.14			8.85
芳烃			0.35	1.63	4.41	5.04	3.59				15.02
合计	4.31	17.69	18.22	17.27	15.96	12.95	7.79	4.3	1.33	0.06	

催化裂化柴油占裂化原料油总质量的 30%~40%,其中轻柴油的质量占柴油总质量的 50%~60%。催化裂化柴油中含有大量芳烃(主要是 C_8 以上重质芳烃),是抽提法回收芳烃的原料。经抽提后,可大大提高柴油的十六烷值,改善柴油的品质。抽提所得芳烃中含有甲基萘,经加氢脱烷基后可制萘(又称石油萘,以与焦化制得的萘相区别)。柴油中含有烯烃,安定性差,因此柴油出厂前还需经过加氢处理。

分出汽油和柴油的重质油馏分,可以仍回催化裂化装置作原料用,故它又称回炼油(因里面包含较多的催化剂微粒,容易磨损燃油泵和堵塞燃料油喷嘴,不宜作燃料使用),但因含重质芳烃多,易结焦,也不是理想的催化裂化原料油,现多用作加氢裂化原料油。

3. 加氢裂化

加氢裂化是催化裂化技术的改进。在临氢条件下进行催化裂化,可抑制催化裂化时发生的脱氢缩合反应,避免焦炭的生成。操作条件为压力 10~20 MPa,温度 300~450 ℃,可以得到不含烯烃的高品位产品,液体收率可高达 100% 以上(因有氢加入油料分子中)。原料可以是城市煤气厂的冷凝液(俗称凝析油)、重整后的抽余油、由重质石脑油分馏所得的粗柴油、减压渣油、催化裂化的回炼油等。本法的工艺特点简述如下：

（1）生产灵活性大 使用的原料油范围广，连高硫、高氮、高芳烃（如多环芳烃）的劣质重馏分都能加工，加氢裂化产品结构可根据市场需要进行调整。

（2）产品收率高，质量好 产品中含不饱和烃少，含重芳烃和非烃类杂质更少，故产品安定性好、无腐蚀。加氢裂化副产气体以轻质异构烃为主。

（3）没有焦炭沉积，所以不需要再生催化剂，因而可使用固定床反应器；总的过程是放热的，所以反应器需要冷却，而不是加热。

工业上成熟的加氢裂化催化剂有非贵金属（Ni，Mo，W）催化剂和贵金属（Pd，Pt）催化剂两种，这些金属与氧化硅-氧化铝或沸石组成双功能催化剂，催化剂的裂化功能由氧化硅-氧化铝或沸石提供，加氢功能由上述金属提供。

加氢裂化用反应器有固定床、沸腾床和悬浮床3种。固定床加氢裂化工艺中，只用1个反应器，原料的加氢精制和加氢裂化在同一反应器中进行，上段为加氢精制，下段为加氢裂化，称为一段加氢裂化流程；用2个反应器，1个为加氢精制，另1个为加氢裂化；或1个进行加氢精制和部分加氢裂化，1个加氢裂化的工艺称两段加氢裂化流程。加氢精制的目的是除去原料油中的硫、氮、氧等杂质和二烯烃等，以改善加氢裂化所得油料的质量。在两段加氢裂化的基础上又发展成单段串联加氢裂化工艺，采用抗硫抗氨催化剂，将两段加氢裂化流程中的2个反应器直接串接起来，省去了2个反应器之间原设置的脱氨塔（氨由原料中的氮化物加氢生成）。在上述流程中分馏塔所得未转化油（尾油）可以全部循环或部分循环返回反应系统继续参与反应，亦可以一次通过不返回反应系统，由此可以组合成多种加氢裂化工艺流程。为了进一步拓宽加氢裂化产品的应用范围，有利于油化联合，我国一般采用单段串联一次通过流程，尾油用作催化裂化或蒸汽裂解制乙烯的原料，已很少采用单段串联全循环流程。近年来，国外为适应高硫、高氮原料，采用无定形或含少量分子筛的中油型催化剂单段加氢裂化工艺，因它的产品分布稳定、流程简单、操作方便，已受到普遍重视。固定床加氢裂化工艺存在操作温度高、操作压力高等缺点，因而投资大、钢材消耗多、操作费用高。作为改良，出现中压加氢裂化（6.0～10.0 MPa）工艺，1986年率先在荆门炼油厂实现工业化，尔后在吉林石化建立了90万吨/年的生产装置，目前我国开发的中压加氢裂化技术已达到世界先进水平。但是由于在中压条件下芳烃加氢饱和受到热力学平衡限制，因此中压加氢裂化所产喷气燃料、柴油和尾油产品质量远达不到高压法水平，应用受到限制。但中压加氢裂化用作重质馏分油加氢改质却大有可为，为炼油企业生产清洁油品多了一种选择，发展前景看好。

除上述的固定床加氢工艺外，还有沸腾（膨胀）床、移动床和悬浮（淤浆）床加氢工艺。固定床加氢裂化技术成熟，设备、流程和操作相对简单，产品质量好，是目前世界上应用最广泛的一种生产方法。沸腾床的优点是控温好，可加工较劣质的渣油，避免了固定床可能产生的"飞温"现象及床层堵塞问题。缺点是反应器较为复杂，操作比较困难，虽然技术较为成熟，但在工业上应用不多。移动床和悬浮床尚处于开发阶段，其中能处理劣质渣油的悬浮床加氢裂化，可能会有发展前途。

我国在1992年引进Chevro公司的VRDS生产装置，产能达84万吨/年，采用孤岛减压渣油为原料，在齐鲁石化公司胜利炼油厂顺利投产，并取得较好效益，工艺流程见图

2-3-07。此外,我国在 1997 年采用 Unocal 公司的专利技术在大连西太平洋公司建成一套 2Mt/a 常压渣油加氢装置,加氢脱硫效果良好。有自主知识产权的国产化技术也取得了长足进步,1999 年采用抚顺石油化工研究院(FRIPP)和洛阳石化工程公司技术,在茂名石化公司建成一套 200 万吨/年渣油固定床加氢装置。现在新建装置大多已采用国产化技术。

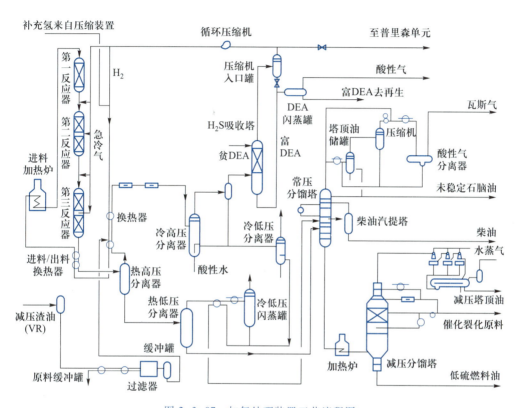

图 2-3-07 加氢处理装置工艺流程图

图 2-3-07 所示流程中,采用 3 个串联反应器的原因是因孤岛减压渣油属难处理重质原料油(Ni+V 含量达 36 μg/g,残炭含量达 19.2%)。所产尾油用作催化裂化原料油和低硫燃料油,不返回反应系统,工艺流程简述如下。

减压渣油经换热器、过滤器、缓冲罐至进料泵,经加压后,与补充氢气(新鲜氢)和循环氢气混合,然后经换热器、加热炉加热至反应温度,进入串联的反应器组。在反应器之间和反应器内床层之间设有控制反应温度的急冷氢注入点,反应器内装有不同功能的催化剂。

反应流出物经换热冷却至 370 ℃后送入热高压分离器进行气-液分离,液体降压到 2.7 MPa 后进入热低压分离器,进行溶解气闪蒸,热低压分离器的液体直接去常压分馏塔下部,气体经换热和冷却后进冷低压闪蒸罐,罐顶气体去补氢压缩机;热高压分离器的气体经换热和冷却后进入冷高压分离器,冷高压分离器的液体去冷低压分离器闪蒸出酸性气体,冷高压分离器的气体经 H₂S 吸收塔脱硫后去循环氢压缩机和氢提浓单元。冷低压分离器的液体和冷低压闪蒸罐的冷凝液一起经换热到 320 ℃后去常压分馏塔。

常压分馏塔塔顶产物是含硫不凝气体和未稳定的石脑油,侧线产品是柴油。塔底油经加热后去减压分馏塔,减压分馏塔侧线产品是优良的催化裂化原料,塔底是低硫燃料油。

产品收率和性质,见表 2-3-13。

表 2-3-13　减压渣油加氢裂化产品收率和性质

项目	9.5~160 ℃	160~350 ℃	350~538 ℃	>538 ℃
收率/%,(对进料)	2.0~2.11	11.0~12.95	32.0~38.2	44.89~48.59
相对密度(d_4^{20})	0.738 9	0.852 4	0.907 1	0.940 2
w(硫)/%	—	0.006	0.013	0.250
总氮/($\mu g \cdot g^{-1}$)	40	390	1 700	3 300
	w(烷烃):w(环烷烃): w(芳烃) = 65:25:10	倾点/℃ = −23 十六烷值=46~50		w(康氏残炭)/% = 11.5~13

表 2-3-13 中,9.5~160 ℃ 为石脑油馏分,可作为重整原料或制造乙烯的原料;160~350 ℃ 可作为优质柴油;大于 350 ℃ 馏分经减压切割,350~538 ℃ 馏分作为催化裂化原料,大于 538 ℃ 馏分可作为低硫燃料的调和料。

加氢裂化的缺点是所得汽油的辛烷值比催化裂化低,须再经重整将它的辛烷值提高,因需高压和消耗大量的氢,操作费用比催化裂化高,工业上,加氢裂化是用来作为催化裂化的一个补充,而不是代替催化裂化。例如,它可以用来加工从催化裂化得到的沸点范围在汽油以上的、含有较多多核芳烃的油料,而这些油料是很难进一步催化裂化的。

四、催化重整和芳烃抽提

重整是将轻质原料油,如直馏汽油、粗汽油等,经过热或催化剂的作用,使油料中的烃类重新调整结构,生成大量芳烃的工艺过程。采用这一工艺的初始目的也和催化裂化一样,是为了制得高辛烷值的汽油。随着有机化工的发展,对芳烃的需求量骤增,由煤干馏所得芳烃已远远不能满足市场的需要,而重整油料中芳烃的含量可达 w(芳烃)= 30%~60%,有的甚至高达 70%,比催化裂化汽油中的芳烃含量高得多,因此很自然地也就成为获取芳烃的重要途径。在美国和中国,用催化重整制得的芳烃占芳烃总量的 2/3 左右。

重整可以分热重整和催化重整两种。现在工业上用的主要是催化重整。

1. 热重整

热重整不用催化剂,用轻度热裂化方法来调整重整原料油中烃类的结构。反应温度为 525~575 ℃,压力为 2.0~7.0 MPa,裂化时间为 10~20 s。重整的目的是在高压下使低辛烷值汽油变为高辛烷值汽油。此外,还可获得较多的轻质烯烃。因此,从气体利用方面来讲,热重整是值得注意的,但与催化重整相比,所得汽油收率低、辛烷值低、稳定性差。所以,除特殊情况外,热重整已被催化重整所取代。

2. 催化重整

催化重整因长期使用铂催化剂,故又被人们称为铂重整。经研究,在铂催化剂作用下,催化重整反应主要有:

① 六元环烷烃的脱氢

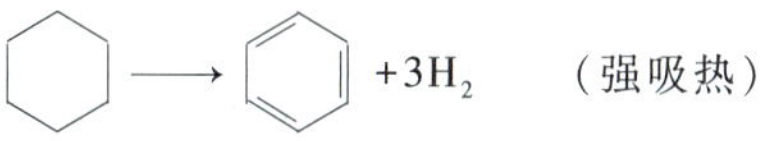

$$\text{（环己烷）} \longrightarrow \text{（苯）} +3H_2 \quad \text{（强吸热）}$$

② 五元环烷烃异构化后再脱氢

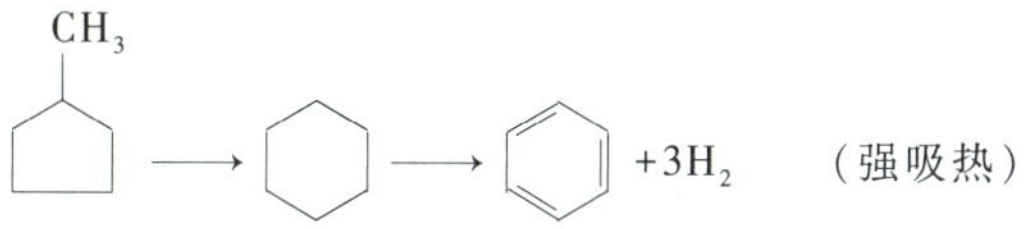

$$\text{（甲基环戊烷）} \longrightarrow \text{（环己烷）} \longrightarrow \text{（苯）} +3H_2 \quad \text{（强吸热）}$$

③ 烷烃环化后再脱氢

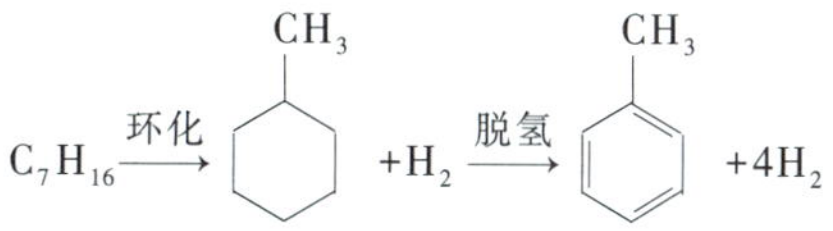

$$C_7H_{16} \xrightarrow{\text{环化}} \text{（甲基环己烷）} +H_2 \xrightarrow{\text{脱氢}} \text{（甲苯）} +4H_2$$

④ 烷烃异构化

$$C_6H_{14} \longrightarrow CH_3\text{—}\underset{CH_3}{CH}\text{—}\underset{CH_3}{CH}\text{—}CH_3$$

⑤ 加氢裂化

$$C_8H_{18}+H_2 \longrightarrow C_5H_{12}+C_3H_8$$

以上五类反应中,①,②,③三类反应都生成芳烃,所以叫做"芳构化反应"。反应①和②在铂催化剂存在下,进行得非常迅速,是我们希望发生的主要反应。另外,芳构化反应伴生大量氢气。从主要反应是一个强吸热和体积增大的反应来判断,操作应在加热和低压下进行。但低压下易造成催化剂表面结焦,使催化剂很快失活,故催化重整一般在加压下进行。

铂重整所用的原料的"族组成"(烷烃、环烷烃、烯烃和芳烃各"族"的含量比例)对生产过程和产品的影响很大,由上述化学反应知道,原料中环烷烃越多,芳烃的收率越高。反之,若烷烃多,则只适于生产高辛烷值的汽油,而不宜用来生产芳烃。因此,在生产中,若以生产高辛烷值汽油为主要目的,则宜采用80~180 ℃馏程范围的宽馏分油,若以生产芳烃为主要目的,则应选用窄馏分油。例如,想增产混合苯可选用60~140 ℃馏分油,想增产苯可选用60~90 ℃馏分油,想增产甲苯可选用85~110 ℃馏分油。由表2-3-14可见,重整原料油经过催化重整后,可得到总质量85.5%的催化重整汽油,其中芳烃的质量分数高达64.2%,因此是获取芳烃的好原料。

表 2-3-14 我国催化重整汽油典型组成和性质

性质	大庆油	性质	大庆油
密度(20 ℃)/(g·cm⁻³)	0.789 2	干点/℃	182
收率/%	85.5	族组成	
馏程/℃		w(烷烃)/%	35.2
初馏点/℃	52	w(环烷烃)/%	0.5
$w=10\%$	69	w(芳烃)/%	64.2
$w=50\%$	110	其中 w(苯)/%	18.0
$w=90\%$	149		

催化重整对原料油中的杂质含量有一定的要求。如砷、铝、钼、汞、硫和氮等都会使催化剂中毒。铂催化剂对砷特别敏感,要求原料油中含砷量不大于 1 μg·kg⁻¹。因此,在进入重整反应器前,原料油须进行加氢处理以除去这些杂质。表 2-3-15 列出了经加氢处理后重整油中杂质的含量限制,表 2-3-16 列出了我国主要原油直馏重整原料油的杂质含量。

表 2-3-15 经加氢处理后重整油中杂质的含量限制 单位:μg·g⁻¹

杂质名称	含量限制	杂质名称	含量限制
砷	<0.001	硫、氮	<0.5
铅	<10	氯	<1
铜	<10	水	<5

表 2-3-16 我国主要原油直馏重整原料油的杂质含量

	大庆	大港	胜利	辽河	华北	新疆
砷/(mg·kg⁻¹)	195*	14	90	1.5	14	133
铅/(mg·kg⁻¹)	2	4	14.5	0.2	7.9	<10
铜/(mg·kg⁻¹)	3	2.5	3.0	6.4	3.2	<10
硫/(mg·kg⁻¹)	240	17.6	138	67.1	37	37
氮/(mg·kg⁻¹)	<1	0.7	<0.5	<1	<1	<0.5

* 系初馏塔顶油分析数据,常压塔顶油含砷量在 1 000 mg·kg⁻¹ 以上。

催化重整所采用的催化剂,最早是 Pt/Al_2O_3,意即由 $w(Pt)\approx0.5\%$ 的 Pt 负载(一般用浸渍法)在 $\alpha\text{-}Al_2O_3$、$\gamma\text{-}Al_2O_3$ 或它们的混合物上制得的催化剂。为了提高催化剂的酸性,需在催化剂中添加以氟化物或氯化物状态存在的 w(卤化物)= 0.1% ~ 0.8% 的卤素。最简单的一种添加方法是用氯铂酸(H_2PtCl_6)浸渍氧化铝,生成的 $AlCl_3$ 保留在催化剂表面。提高酸度,是为了增强催化剂的异构化功能。20 世纪 70 年代后,采用双组分催化剂,其中以 Pt-Re 催化剂的应用最为广泛,此外还有铂锡、铂铱等双组分催化剂。近年来双组分催化剂又有改进,如由高 Pt 含量变成低 Pt 含量,由低铼铂比(1:1)[1]变成高铼铂比(3:1),此外还出现了三组分催化剂(如 Pt-Ir-Zn,Pt-Pb-K 等)和非 Pt 重整催化剂,但在工业上应用还不多。催化剂改进是为了延长催化剂使用寿命,减少贵金属 Pt 的用量,获得更为缓和的工艺条件和更为理想的芳烃收率及组成。

3. 芳烃抽提

催化重整油经脱戊烷等低分子烃类后,含有 w(芳烃)= 30% ~ 60%。其余的 w(非芳烃)= 40% ~ 70% 主要为烷烃和环烷烃等。选用一种抽提剂(如二乙二醇醚),它极易溶解芳烃,而不太能溶解非芳烃,将这种溶剂加入重整油料中,经搅拌、静置就可形成两相,一相富含芳烃,称抽提相,另一相主要为非芳烃,还含有少量的芳烃和抽提剂,称抽余相。可以采用间歇式多次抽提,也可采用连续抽提法。我国全部采用连续抽提法。该法的优点是生产连续化、产品质量好。用作抽提的溶剂,要有高度的选择性,即尽可能将芳烃全部抽提出来;要求与芳烃有足够的沸点差,以便在精馏时,很方便地将它们分离;还要求有足够的热稳定性、抗氧化安定性、无毒和价廉。工业用芳烃抽提剂对芳烃的溶解能力由高至低的次序为:N-甲基吡咯烷酮,四乙二醇醚>环丁砜,N-甲酰基吗啉>二甲基亚砜,三乙二醇醚>二乙二醇醚。而选择性以环丁砜和二甲基亚砜为最好,三乙二醇醚和 N-甲酰基吗啉次之,N-甲基吡咯烷酮最差。此外,环丁砜还具有密度大、沸点高、比热容小的优点。因此,在众多工业用抽提剂中,环丁砜最好,其次是 N-甲酰基吗啉和四乙二醇醚。

4. 催化重整工艺流程简述

催化重整工艺按催化剂的再生形式分为:

① 固定床半再生式 这是目前应用较广的一种催化重整工艺,催化剂再生时需停工,再生完毕后再开工。由于再生周期较长(一年左右 1 次),故称为"半再生"。该工艺具有投资少、操作费用低、适用于不同生产规模等优点。

② 固定床循环再生式 由多个固定床反应器组成,其中 1 个再生,其余参与反应,需要时切换,整个装置不需停工,可连续生产。这种工艺因投资大,现已很少采用。

③ 移动床连续再生式 反应器和再生器都是移动床,由于催化剂连续循环于反应器和再生器之间,可保证催化剂的活性和选择性一直处于良好状态,因而可得高收率、高质量的产品,使之具有更好的经济性和市场竞争力。

(1)固定床半再生式工艺 工艺流程示于图 2-3-08。工艺过程包括:

① 预脱砷和预分馏工序 将重整原料油加热到 200 ℃ 左右,通过含铜脱砷催化剂床层以脱除大部分砷,然后进入"预分馏塔",塔顶切割去 0~60 ℃ 的"重整拔头油",塔底油(60~130 ℃ 或 40~140 ℃)进入预加氢工序。我国不少炼油厂不设预脱砷装置,脱砷是在预加氢工序中完成的。

② 预加氢工序 主要作用是脱除 S,O,N,As 等杂质。预分馏塔塔底油料与富氢气(由重整过程产生)混合,加压至 2.0 MPa 后,在加热炉中加热到 320~370 ℃,进入预加氢固定床反应器,内装钼酸钴催化剂小球,氢气在反应器中的作用是加氢、带出杂质气体和导出加氢反应产生的热量。加氢后的油料经冷凝将油和尾气分开,尾气中含有 H_2S,H_2O

---

[1] 此处比例应为各组分的物质的量比或称摩尔比。

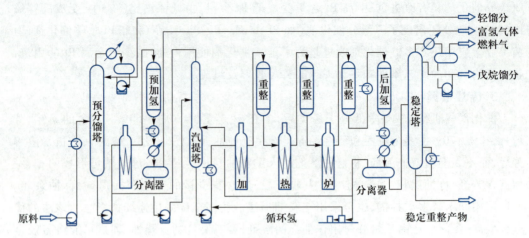

图 2-3-08   固定床半再生式工艺流程

和 NH₃ 等，用作燃料烧掉。冷凝下来的油进入汽提塔，用富氢气吹出溶于已加氢油料中的杂质气体，由此得到催化重整油料。

③ 催化重整工序   油料与富氢气混合[氢油的体积比为(1 200~1 400)∶1]，加压到氢分压达 2.0~3.0 MPa，在加热炉中加热至 485~510 ℃，进入重整固定床反应器，反应器内装填小球状或片状铂系催化剂。由于重整反应是强吸热的，所以一般由三个反应器串联，反应器之间设管式加热炉供热。主要的芳构化反应在第一个反应器中完成，故三个管式加热炉中第一个热负荷最大。反应器反应温度依次递增，从 400~450 ℃ 升到 480~500 ℃。冷凝下来的反应产物称"重整油"。

④ 后加氢工序   尽管重整是在临氢条件下进行，但仍免不了在重整油中混入部分不饱和烃，它们若混入芳烃产品中，会使芳烃变色，质量变坏，故要在和预加氢基本相同的条件下再进行一次加氢操作，这一操作称为后加氢。

⑤ 稳定系统   重整反应物经高压分离器进入稳定塔，脱去气态烃及戊烷后，可作芳烃的抽提原料或作高辛烷值汽油的掺合油料。高压分离器分出的气体是富含氢气的"重整气"，一部分继续循环使用，一部分输出系统，作为工业氢源。

我国因建设重整装置起步较晚，大多数采用较为先进的麦格纳固定床半再生重整工艺。工艺流程与图 2-3-08 类似，不同之处是循环氢采用两段混氢工艺，分别从第一、第三反应器前混合，可降低系统压降，节省压缩功，防止高温下积炭，从而延长催化剂寿命。催化剂采用分级装填，第一、第二反应器装填选择性高、抗污染能力强的等铼铂比催化剂，第三、第四反应器装填抗积炭能力强的高铼铂比催化剂，由于总体反应选择性改善，C₅ 以上产品收率、氢气收率及芳烃收率均略高于常规重整工艺。

⑥ 芳烃抽提   目前，国内外广为采用的是与催化重整相匹配的，以环丁砜为抽提剂，由美国 Shell 公司开发成功，并与 UOP 公司联合设计的 Sulfolane 工艺。对苯含量高的原料，如焦油粗苯或乙烯裂解汽油等芳烃含量大于 70%（其中苯含量高达 80%~90%）的原料，国内外大多采用以 N-甲酰基吗啉（亦有用环丁砜加助溶剂）为抽提剂的抽提蒸馏工艺，该工艺具有流程短、投资省、操作简便、能耗低等优点。中石化石油化工科学研究院开发成功的 SED 法（采用环丁砜加助溶剂为抽提剂），已在上海赛科石油化工有限责任

公司获得工业应用。Sulfolane 工艺流程示于图 2-3-09。催化重整所得含芳烃原料油在抽提塔中进行抽提,塔上部流出的抽余相(非芳烃油料),经水洗塔水洗回收抽提剂后,用作车用汽油或催化裂化原料油;抽提塔塔釜流出的富溶剂油,在抽提蒸馏塔中进一步分出非芳烃油料后,在回收塔中分出芳烃,大部分溶剂油(抽提剂)送回抽提塔,少量送溶剂再生塔。在再生塔中,在真空条件下分出轻、重组分后,与未再生的溶剂油合并;非芳烃水洗塔及分离器底部含抽提剂的水,进水分馏塔以回收抽提剂,塔顶水蒸气冷凝冷却后仍用作非芳烃洗涤水。

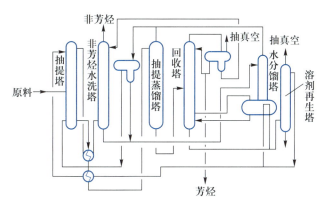

图 2-3-09　Sulfolane 工艺流程图

　　⑦ 芳烃分离　来自抽提工序的混合芳烃先经白土处理除去微量不饱和烃,然后进入精馏系统。先在初馏塔中分出非芳烃(C_5 馏分),再在苯、甲苯、二甲苯塔(该塔塔底出重苯)、第二二甲苯塔和乙苯塔中分出苯、甲苯、二甲苯、邻二甲苯、乙苯和间二甲苯-对二甲苯馏分。C_8 芳烃中,由于沸点差较小,用精馏法分离的塔板数较多。例如,若分出邻二甲苯需 100~150 块板,分出乙苯需 300~350 块板,而间位和对位二甲苯沸点差更小,不足1 ℃(间二甲苯为 139.1 ℃,对二甲苯为 138.4 ℃),已不能用精馏方法分离,工业上用得较多者是模拟移动床法。该法利用吸附剂(常用 Y 型分子筛)和解吸剂(常用甲苯或二乙基苯)在自动控制的移动床内,连续地将对二甲苯先吸附后解吸,最后与间二甲苯分离。此外,工业化的分离方法还有深冷结晶分离法和络合分离法。

　　(2) 移动床连续再生式重整工艺　它简称为连续重整工艺。主要有美国 UOP 公司的 Platformer 工艺和法国石油研究所(IFP)的 Aromiger 工艺。它们的主要差别在于反应器的布置不同。UOP 采用重叠式,IFP 采用并列式。这两种工艺均在较低的压力(0.35 MPa)和较低的氢油分子比(小于 3)下操作。移动床连续重整工艺对重整原料的处理,以及出重整反应器后重整油料的处理与固定床半再生式工艺基本相同,反应和催化剂再生部分则有明显差别。图 2-3-10 和图 2-3-11 为 UOP 工艺(第二代)的反应部分和再生部分工艺流程。经预处理的重整原料油与循环氢气混合后再与重整出料油热交换、经加热炉加热后进入重叠式移动床反应器第一段,与再生后的催化剂接触反应,因是吸热反应,油气被冷却后从第一段底部流出,经加热炉加热后进入第二段上部,依次类推,由第三段底部出来的重整油气进入后续的冷却冷凝分离系统;再生催化剂由反应器顶部进入,从反应器底部流出,进入提升连接器、用氢气将催化剂提升至再生器顶部,依

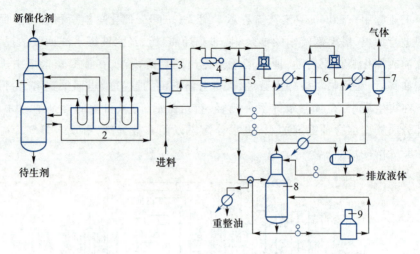

图 2-3-10   UOP 工艺(第二代)的反应部分工艺流程

1—反应器;2,9—加热炉;3—混合进料交换器;4—压缩机;5—分离器;6,7—再接触器;8—脱丁烷塔

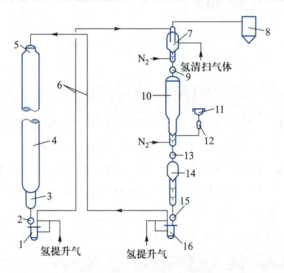

图 2-3-11   UOP 工艺(第二代)的再生部分工艺流程

1—提升连接器 1;2,15—间断阀;3—催化剂收集器;4—反应器;5—脉冲带;6—催化剂提升管线;7—分离器;

8—粉尘收集器;9,13—隔离阀;10—再生器;11—漏斗;12—催化剂填加;14—闭锁料斗;16—提升连接器 2

次通过烧焦、氧氯化、焙烧干燥区,使催化剂得到再生。再生器底部也有一个提升连接器,用氢气将催化剂提升至反应器顶部。IFP 开发的连续重整工艺,设三个并列的移动床反应器,油料加热后,从第一反应器上部进入,底部流出,再经加热从第二反应器上部进入,底部流出,依次类推,最后从第三反应器底部流出进入冷却冷凝和分离系统。催化剂从第一反应器顶部进入,流至底部提升器,用 N_2 提升至第二反应器顶部,依次类推,从第三反应器流出的催化剂进入提升器后用 N_2 提升至再生器顶部,开始再生作业。

当重整装置规模较大(如 40 万吨/年以上),以生产 BTX(苯、甲苯和二甲苯)为主要目的(如与聚酯等化纤配套),对富产氢气又有较好的利用时,采用连续重整工艺较为合适,若以生产高辛烷值汽油调和组分为目的,生产规模又不甚大时,采用固定床半再生重整工艺较为合适,这是因为连续重整工艺投资较大,生产规模较小时,经济效益并不比固定床半再生式重整工艺好。

五、延迟焦化

减压渣油、热裂化渣油及一些不好处理的各种重质油品(又称重残油),在炼油厂中常采用"焦化"的方法让它们转化为更有经济价值的轻质油品,生成的焦炭经过焙烧等工序,除去其中所含的挥发性物质后,可制得电极焦。生成的焦化气体,富含轻质烯烃,如乙烯、丙烯和丁烯等,可用作化工原料。

实现焦化的工艺过程主要有三种,即:釜式焦化、延迟焦化和流化焦化。

1. 釜式焦化

工艺过程比较简单,但比较陈旧。它是把油装到一个焦化釜中,在釜底加热,使釜内油品焦化。从釜顶引出焦化产生的油品蒸气和低分子烃类气体。焦化完成后,就可以出焦。本法的缺点很多:间歇操作,生产能力小;钢材和燃料消耗量大;清焦困难,劳动条件差等,现已日趋淘汰。

2. 延迟焦化

这是目前普遍采用的一种方法。考虑到重残油的碳氢比高,非常容易结焦的这一特点,将原料油快速加热到比较高的温度(480~500 ℃),使重残油在管式加热炉中,来不及发生焦化就被送到一个中空的容器(称焦炭塔),让加热的油品在其中反应结焦,使加热和焦化不同时发生,故称为延迟焦化。工艺流程见图 2-3-12。原料油经预热后,先进入分馏塔下部,与焦炭塔顶过来的焦化油气在塔内接触换热,原料油被加热的同时,也将原料油中的轻组分蒸发出来,过热的焦化油气则被降温到可进行分馏的温度(一般小于400 ℃),焦化油气中的沸程相当于原料油的重组分也被冷凝下来,它被称为循环油,也随原料油一起经加热至500 ℃左右,通过四通阀从焦炭塔底部进入,进行焦化反应。为防止油料在加热炉炉管中反应结焦,需向炉管内注水,产生的蒸气推动原料油在炉管内快速流动(一般为 2 m/s 以上),注水量约为原料油量的 2%;进入焦炭塔的高温原料油,

装置

延迟焦化
装置图

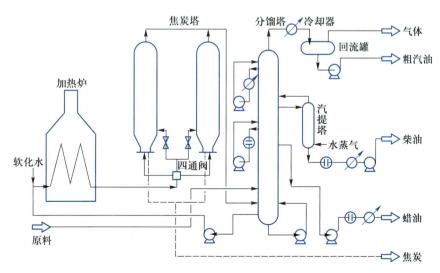

图 2-3-12 延迟焦化流程图

需在塔内停留足够长时间,以便充分进行焦化反应。反应生成的油气从焦炭塔塔顶引出进入分馏塔。被原料油冷却的焦化油气在分馏塔内经分馏得到焦化气、汽油、柴油和蜡油;焦炭塔内结焦达到一定程度后,切换到另一个焦炭塔中继续作业。原先的焦炭塔进行清焦作业,一般采用水力清焦法,用高压水(水压可达 10 MPa)从焦炭塔底部开始将焦炭打碎,焦炭从底部排出。一般设 2~4 个焦炭塔切换使用,每个焦炭塔的切换周期约 48 h,其中生焦过程约占 24 h,具体生焦时间与原料油性质及对焦炭质量要求有关。表 2-3-17 列出了延迟焦化工艺焦化产品的收率,表 2-3-18 列出了焦化富气组成。由两表可以看出,延迟焦化不仅能增产燃料油,而且焦化富气也是获取低级烯烃的宝贵原料。

表 2-3-17　延迟焦化产品的收率

产品	收率/%(对原料)	
	一般范围	抚顺石油二厂
焦化富气	6~8	7.5
汽油	10~20	16.7
轻柴油	20~30	31.8
蜡油(重柴油)	20~30	26.0
石油焦	15~20	16.2
损失	0.5~2.5	1.8

表 2-3-18　焦化富气组成

产品	延迟焦化		釜式焦化
	$w/\%$	$\varphi/\%$	$\varphi/\%$
氢	0.7	8.2	14.7
甲烷	35.7	52.5	40.6
乙烷+乙烯	23.4	18.8	14.9
丙烷	13.5	7.1	7.8
丙烯	5.0	2.8	3.7
丁烷	5.7	2.4	2.9
丁烯	3.9	1.6	1.1
C_5	6.3	2.1	6.8
O_2,N_2,CO_2	5.8	4.5	

3. 流化焦化

流化焦化原理和延迟焦化一样,即快速加热后在反应器中发生焦化反应。焦化反应器结构与石油流化床催化裂化反应器相似,所不同的是不用催化剂,而是用大小为微米级的微小焦炭粒子,这些粒子先被加热到 500 ℃ 左右后进入反应器,与反应器的油蒸气接触并进行焦化反应。气态产物从反应器顶引出,反应中生成的焦炭附着在焦炭粒子上面,当它不断增大体积及质量到一定程度就不能再行流化而从反应器底部的分离器中分出,送往一个和催化裂化再生器相似的燃烧器中,在这里焦炭颗粒部分燃烧掉,颗粒由大变小,质量由重变轻,自身也被加热,然后它们再返回反应器,如此往复循环。在燃烧器下部可取出一部分多余的焦炭。本法的特点是液体产品的收率较高、焦炭收率较低、生

产连续化、不需要繁重的清焦劳动。

2-4 天 然 气

世界上的天然气资源极其丰富,据美国《油气杂志》2022 年 12 月 1 日公布的数字显示,探明储量达 $211×10^{12}$ m^3,在一次能源消费中占 24%,仅次于石油,居第 2 位。我国天然气已探明储量达 $6.34×10^{12}$ m^3,居世界第 10 位,在国内一次能源消费中占8.9%。目前我国城市燃气用气量占天然气消费总量的 38%,工业用气消费占比达36%,发电用气占比 18%,化工用气仅占 8%。因我国天然气用作城市燃气数量激增,不但使化工用气占天然气总量比例逐年下降,还需大量进口以满足城市燃气需求,2021 年国内天然气生产量达 3 786.94 亿立方米,对外依存度达 40.14%。据国务院办公厅印发的《能源发展战略行动计划(2014—2020 年)》报告称,到 2020 年我国天然气在一次能源消费中需占 10% 以上。预计到 2030 年我国天然气在一次能源消费中占15%,天然气消费量达 6 000 亿立方米。由上叙述可知,与发达国家相比,我国的天然气化工还处在起步阶段,发展空间巨大。

一、天然气的分类和组成

天然气是埋藏在地下的可燃性气体,它可以单独存在,如四川自贡的天然气井;还可与石油和煤伴生,称为油田伴生气(油田气)和煤田伴生气(煤层气)。从组成来看,可将天然气划分为干气和湿气。

(1) 干气 主要成分是 CH_4,其次是 C_2H_6,C_3H_8 和 C_4H_{10},并含有少量的 C_5 以上重组分,CO_2,N_2,H_2S 和 NH_3 等。它稍加压缩不会有液体产生,故被称作干气。属于这一类的天然气有气田气和煤田伴生气。

(2) 湿气 除 CH_4 和 C_2H_6 等低碳烷烃外,还含有少量轻汽油,对它稍加压缩就有汽油析出来,故称湿气。属于这一类的天然气有油田伴生气。天然气的成分随产地不同而有所差异,甚至随开采的时间和气象条件的变化而变化。代表性的天然气组成如表2-4-01 所示。从表中的数据可以看出,含 C_2 以上烷烃越多,天然气的相对密度越大。表 2-4-02 示出了两种油田气的组成。

表 2-4-01 我国几种天然气的组成(φ/%)

编号	相对密度	CH_4	C_2H_6	C_3H_8	H_2S	不饱和烃	CO_2	H_2	N_2
1	0.622 2	89.99	0.19	0.10	1.46	0.03	3.1	0.07	5.01
2	0.578 3	97.55	0.54	0.15	0.50	—	1.0	0.04	1.33
3	0.561 4	97.88	0.41	0.04	0.097	—	0.295	0.12	1.18

表 2-4-02 油田气的组成(φ/%)

分类	CH_4	C_2H_6	C_3H_8	C_4H_{10}	C_5H_{12}	CO_2
干气	83.7	0.6	0.2	—	—	11.5
湿气	10.7	17.8	35.7	19.7	8.4	7.5

干气中绝大部分是甲烷,因此是制造合成氨和甲醇的好原料,由于热值很高,也是很好的燃料。湿气中乙烷以上烃类含量高,像利比亚和沙特阿拉伯油田气中乙烷体积分数分别达到 19% 和 15% 以上,对它们加适当压力会被液化,常被称为"液化石油气"(LPG),用作热裂化原料或民用燃料;C_5 以上烷烃,稍加压缩即被凝析出来,常被称为"凝析汽油",也是热裂化制低级烯烃的好原料。

二、天然气的初步加工

由天然气井、油田、煤层中产生的天然气,不宜直接用作化工原料,还需脱除有害组分,并将各组分分离,然后才能将所得各种组分合理利用。图 2-4-01 示出了通常的天然气初步加工处理工艺流程。

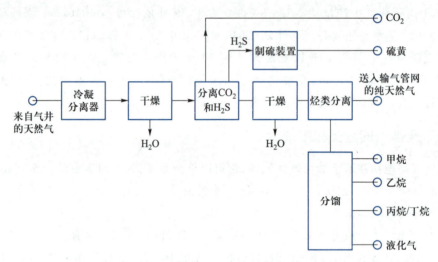

图 2-4-01　天然气初步加工处理工艺流程图

天然气中的 H_2S 是在制硫装置中转化为硫黄的,该装置常采用克劳斯工艺流程(见图 2-4-02)。在克劳斯氧化燃烧器中,于 1 200 ℃下硫化氢部分燃烧生成二氧化硫,释放出的热量可用于制造水蒸气。随后,气体进入克劳斯催化反应器,用铝土矿作催化剂,于 300～350 ℃将进料气转化为气态硫,用水喷淋冷却即析出液态硫黄。过程的反应如下:

$$H_2S + \frac{3}{2}O_2 \longrightarrow SO_2 + H_2O$$

$$\frac{SO_2 + 2H_2S \longrightarrow 3S + 2H_2O}{H_2S + \frac{1}{2}O_2 \longrightarrow S + H_2O}$$

图 2-4-02 所示的流程俗称传统克劳斯工艺流程。它一般设立 2～4 个催化反应器(又称 2～4 级转化器),硫黄回收率可分别达到 93%,95% 和 97%,尾气中 $\varphi(SO_2) = 0.8\%～1.8\%$。针对传统克劳斯工艺存在硫黄回收率低,尾气中 SO_2 过高的弊病,开发出超级克劳斯工艺和超优克劳斯工艺。超级克劳斯工艺在传统克劳斯工艺中最后一级转化器后,添加 1 个选择性催化氧化反应器(又称超级克劳斯转化器),在通入过量空气的情况下将尾气中剩余的 H_2S 选择性氧化为元素硫,可使硫黄回收率提高至 99%,故这种流程又称超级克劳斯-99 型工艺。若在转化器和选择性氧化反应器之间设立 1 个加氢还

原转化器,将尾气中的 SO_2,COS,CS_2 还原成 H_2S,则硫黄回收率可达到 99.5%,故这种流程又称超级克劳斯-99.5 型工艺。超优克劳斯工艺是在超级克劳斯-99 型工艺流程的最后一级转化器下面装填 1 层加氢还原催化剂,将硫黄回收率由 99% 提高至 99.4%,与超级克劳斯-99.5 型工艺相比,省去 1 个加氢还原转化器,投资稍省,特别适宜现有克劳斯装置的技术改造。除改进克劳斯转化器(包括催化剂)外,国内金陵石化有限责任公司还对氧化燃烧器工艺做了改进,将空气中氧含量由 21%(φ)提高到 28%(φ),在酸性气体中硫化氢含量在 90%(φ)左右,炉温不高于 1 300 ℃ 的条件下,可将酸性气体的处理量增加27%,炉前压力由改造前的 54 kPa 降至 34 kPa。过程气中的 COS 和 CS_2 等有机硫也有明显减少。上述工艺不需改造原有装置。国外也有用 28%(φ)~45%(φ)或大于 45%(φ)氧含量的富氧进行操作,但需对燃烧炉炉衬及火嘴材质进行改造;对于氧含量大于45%(φ)的富氧,过程气还需部分循环以控制炉温,因为燃烧炉炉温的上限是1 482 ℃。

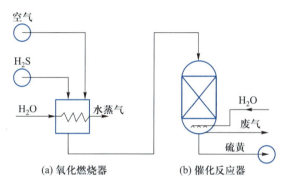

图 2-4-02　克劳斯工艺流程图

克劳斯工艺流程已广泛地应用于天然气、煤气和石油馏分加氢后所得含 H_2S 的尾气处理,是目前由 H_2S 制取硫黄的重要工艺。

由图 2-4-01 所示可以看出,天然气经加工处理后,可得到硫黄、纯天然气和低级烷烃。硫黄目前主要用来制造硫酸,纯天然气大量用作燃料,少部分用作化工原料,低级烷烃主要用作化工原料。

三、由天然气制液体燃料和燃料添加剂

天然气大量用作民用和工业用燃料。近年来,车用液体燃料(汽油和柴油)价格一路飙升,为此,由天然气制液体燃料和燃料添加剂,受到人们的高度关注,并以较快的速度形成较大的生产能力,以图缓解成品油供应紧张的局面。

天然气可直接用作汽车燃料,世界各国都在组织车队进行试验或试运行,并已积累了不少经验,但存在运输、罐装和使用等安全问题,应用受到限制;以天然气为原料先制成合成气($CO+H_2$),再经 F-T 合成制得的汽油、煤油和柴油属清洁燃料,生产技术成熟,随着催化剂性能的改进,生产成本下降,足以与由石油加工得到的液体燃料相竞争。本法存在的主要问题是投资费用高。

由天然气合成甲醇,规模大、技术成熟。甲醇可掺和在汽油和柴油中,或直接用作燃料使用。用作掺和燃料成本比单纯的汽油和柴油高,政府要补贴才可施行。直接用作燃料,热值仅为汽油的一半,且易吸水分层,一不小心容易造成发动机熄火,甲醇对金属和

橡胶还有一定的腐蚀性。此外,甲醇本身及尾气中含有的甲醛对人体有害。因此甲醇的应用也受到限制。

20世纪70年代初,美国Mobil公司开发成功由甲醇制汽油的工艺技术(MTG工艺),随后已建成100桶/天汽油的示范装置。所得汽油辛烷值高,无硫、氮等组分,属清洁油品,亦可用作燃料电池车的燃料。但生产成本较高,没有得到推广应用。

以甲醇为原料生产油品添加剂(亦可称掺和剂)已形成很大的生产能力,主要有甲基叔丁基醚(MTBE)、二甲醚和碳酸二甲酯等。甲基叔丁基醚掺入汽油后,不仅能显著提高汽油的辛烷值,而且能明显降低汽车尾气中有毒成分的排放量。二甲醚和碳酸二甲酯掺入汽油和柴油,除提高汽油和柴油的品质外,也可减轻汽油机和柴油机尾气对环境的污染。

目前,我国的甲醇主要由煤制得,相信不久的将来,大部分的甲醇将由天然气得到。

四、天然气的化工利用

图2-4-03示出了以天然气为原料通过各种化学转化制得化工产品的简单路线图。这里要重点说明的是,以CH_4,CO,CO_2和H_2为原料已形成碳一化工工业部门,这一工业部门充满活力,大有发展前途。

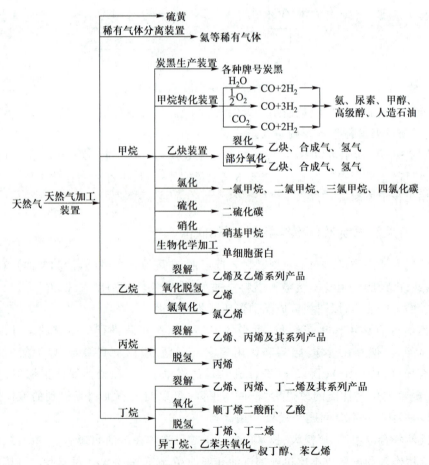

图2-4-03   由天然气制化工产品简图

2-5 非常规油气资源

非常规油气资源系指在油气藏特征、成藏机理、储存状态、分布规律,以及勘探和开发技术等方面有别于常规油气资源的烃类资源。可分为非常规石油资源和非常规天然气资源两大类。属于非常规石油资源的有:致密砂岩油、页岩油、稠油、油沙、油页岩和天然沥青等;属于非常规天然气资源的有:致密砂岩气、页岩气、煤层气、天然气水合物等。图 2-5-01 为油气藏分布示意图。

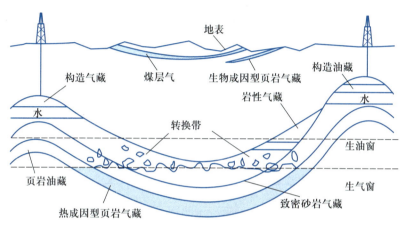

图 2-5-01　油气藏分布示意图

致密砂岩油气资源是聚集于致密砂岩和致密碳酸盐岩裂缝、孔隙及其他储集空间的石油和天然气资源;页岩油气资源是聚集于泥岩、高碳泥岩、页岩及粉砂质岩类夹层、裂缝、孔隙及其他储集空间的石油和天然气资源。在成藏过程中,地表浅层动植物遗骸等有机化合物,受微生物作用强烈,易形成生物成因型页岩气藏而无石油生成。在地层深处(3 000 m 左右),由于受热和压力作用,易生成热成因型油、气共生的页岩油气藏。致密砂岩油气藏和页岩油气藏都分布在盆地内厚度较大,分布较广的烃源地层中,但每个油气藏的范围都较小,即包含的油、气量不大,且周边岩缝的渗透率很小,彼此的油气资源很难运移,像常规油气资源那样打竖井(垂直井)的方式开采难度大、效率低、成本高,很难进行商业性开采。直到 21 世纪初,美国依靠水力压裂法和水平钻井法两项成熟技术,以及完善的管网设施,才实现了大规模的商业性开采,由此在世界范围内爆发了所谓的"页岩气革命"。美国的天然气和石油产量因而猛进,于 2009 年取代俄罗斯成为世界上最大的天然气生产国,于 2016 年取代沙特阿拉伯成为全球最大的石油生产国。现在,美国已成为一个能源独立的国家。美国的"页岩气革命"不仅解决了美国的能源需求,而且为振兴美国实体经济提供了强劲的动力。低廉的天然气和石油价格,降低了美国石油和化工行业的生产成本,提高了美国石化产品在国际上的竞争力,也为石油和化工行业引进了大量投资,从而带动就业机会的增长。

煤系地层中以腐殖质为主的有机质,包括高度集中在煤层和分散于暗色沉积物中的有机质产生的天然气称为煤成气。留存在煤层、炭质页岩和泥岩中的那部分煤成气称为煤层气。煤矿通常采用抽吸法排放煤层气(俗称瓦斯气),它与空气的混合物称为矿井气,矿井气是利用煤层气的主要形式。另外,采用地面钻井方法也可开采部分煤层气。由于煤炭储量巨大,居化石类能源之首,因此产生的煤层气数量也相当可观。

据美国能源信息署(EIA)2022年评估,全球页岩油技术可采资源量为541.65亿吨,主要分布在北美、中亚、中东、中国、拉美、北非、东欧等国家和地区,其中我国页岩油技术可采资源量为44.1亿吨,仅次于俄罗斯(117.75亿吨)和美国(91.06亿吨),居世界第3位。又据资料报道,我国致密砂岩油可采资源量为20亿~25亿吨,表2-5-01列出了世界上主要产气国的常规气资源量、储量和非常规气资源量。

表 2-5-01　世界上主要产气国的常规气资源量、储量和非常规气资源量表

国家	天然气可采资源量/10^{12} m³		2013年天然气可采常规气剩余储量/10^{12} m³	2013年产气量/10^8 m³	储采比
	常规	非常规页岩气			
俄罗斯	107.24	8.07	31.3	6 048	51.7
美国	40.43	32.88	9.3	6 876	13.6
中国	39.00~39.20	31.57	3.3	1 171	28.0
伊朗	35.37		33.8	1 666	202.9
加拿大	13.75	16.23	2.0	1 548	13.1
沙特阿拉伯	13.73		8.2	1 030	79.9

表2-5-02列出了中国与美国非常规气可采资源量、可采储量及年产气量对比。

表 2-5-02　中国与美国非常规气可采资源量、可采储量及年产气量对比表

天然气类型	可采资源量/10^{12} m³		可采储量/10^{12} m³		2013年产气量/10^8 m³	
	中国	美国	中国	美国	中国	美国
致密砂岩气	9~13	13	1.15	5	420	1 370
页岩气	31.57	32.88	0.026 7	4.51	2	3 228
煤层气	10.9	3.46	0.202 5	0.35	30	约 415

我国对非常规气的研究和勘探开发比美国滞后,但从我国与美国致密砂岩气、页岩气和煤层气的可采资源量和可采储量对比情况来看(表2-5-02),尽管2013年上述3类气产量差别很大,但两国的可采资源量相近,说明我国今后上述3类气开发潜力很大,是我国天然气工业持续发展的重要支撑。

油砂又称"焦油砂""重油砂"或"沥青砂",是一种黏土、水、石油、沥青等的混合物,外观似黑色糖蜜。开采方法与传统石油完全不同,油砂是"挖掘"石油,而非"抽取"石油。它是用已露出或近地表的重质残余石油浸染过的砂岩,系沥青基原油在运移过程中失掉轻质组分后的产物,其中沥青含量为10%~12%,沙和黏土等占80%~85%,其余为3%~5%的水。分离出来的油砂沥青,具有密度高、黏度高、碳氢比高及金属含量高等特点。全世界油砂可采资源量达4 000亿吨,相当于常规油气资源可采储量的68%。加拿大、俄罗斯、委内瑞拉、美国和中国资源丰富,其中加拿大艾伯塔省最多,约占全世界油砂可采资源量的45.8%,我国的油砂资源量居世界第5位,初步估算有近千亿吨,可采储量

达 100 亿吨,预计到 2050 年,产能将达到 1 800 万吨。

油页岩又称煤油页岩或油母页岩,是腐泥煤类中的藻煤与黏土岩或泥灰岩相结合的产物,有机物质含量可高达 66%,平均为 6% ~ 12%,呈淡褐色至暗褐色,可按层分裂成薄片。世界油页岩资源量折算成页岩油约为 5 000 亿吨,我国油页岩储量居世界第 4 位,查明地质资源量折算成页岩油为 410 亿吨。现在世界上每年生产经干馏得到的页岩油约为 140 万吨,其中我国为 78 万吨,其他生产国有爱沙尼亚、巴西、澳大利亚等。油页岩的利用以采用干馏法生产页岩油为主,还有的国家利用油页岩燃烧产生的蒸汽发电。

天然气水合物是由水和天然气在中、高压和低温条件下混合形成的类冰笼形结晶化合物,因其外观像冰,遇火即可燃烧,故又被称为"可燃冰"。它的组成可用 $CH_4 \cdot nH_2O$ 表示,其成分为 CH_4,C_2H_6,C_3H_8 和 C_4H_{10} 等同系物及 CO_2,N_2 和 H_2S 等,但主要成分为甲烷,故又常被人们称为甲烷水合物。分解 1 单位体积的天然气水合物最多可产生 164 单位体积的甲烷气。广泛分布于世界各大洋和内陆湖、海的底部及极地冻土带,与常规天然气相比,天然气水合物储量极大,陆地资源量达 2.83×10^{15} m³,海洋资源量达 8.5×10^{16} m³,是常规天然气储量的 1 000 倍或现有天然气、煤炭、石油全球储量的两倍以上。被人们誉为 21 世纪继煤炭、石油和天然气之后的第 4 代能源的最佳候选(第 4 代能源构成可能是核聚变能、氢能和天然气水合物)。我国天然气水合物的资源量也很大,单南海天然气水合物的资源量就达 700 亿吨油当量,约为我国陆上油、气探明资源总量的 1/2。但天然气水合物分布区域较分散,一次钻探效率较低,因而生产成本较高。另外,天然气水合物的物理形态在常温常压下不稳定,易分解外泄,若失控容易造成环保灾难,产生的温室效应约为 CO_2 的 21 倍。储存地域因地形、地貌发生改变或受到震动,容易发生天然气水合物的猛烈分解,酿成地震、海啸、海底滑坡等地质灾害,从而大大增加可燃冰的开采难度。因前景十分诱人,各国都投入人力、物力,进行勘探和开发。

综上所述,非常规油气资源储量巨大,是"后石油时代"重要的替代能源,而且多为清洁能源,对环保十分有利;非常规油气资源又为发展石油和化学工业提供了充足的廉价原料,促进了经济发展,改善了人们的生活品质。因此,它们的开采和利用将会对人类社会的进步作出巨大的贡献。

2-6 其他化工资源

一、农林副产品的综合利用

农林副产品等生物资源属再生资源,取之不尽,用之不竭,有广阔的发展前途。但长期以来,没有能得到充分利用,也没有形成大规模生产能力,究其原因,有以下几点:

(1)由农林副产品加工成化工成品,原料和产品的质量比大,原料的收购、运输和储存有很多困难,难以进行大规模工业生产。例如,生产 1 t 糠醛,需 12 t 玉米芯或 20 t 油茶壳,生产 1 t 酒精,需 5 t 的粮食或淀粉物质,像酒精生产还与人争粮,发展自然受到限制。

(2)农林副产品收购有季节性,一年的原料需在 1~2 个月内备足,故仓储要做得很大,管理不善易发生霉变,造成原料的损失。

（3）我国有不少缺煤地区，常年用某些农林副产品作燃料，致使这些农林副产品收购价较高，工厂难以承受，只能少生产或不生产。

（4）石油化工或煤化工的发展，使原先由农林副产品制造的某些产品缺乏竞争力。例如，由石化企业可大量而廉价地生产酒精、丙酮和丁醇等，致使以粮食或淀粉为原料的溶剂厂难以生存。

尽管如此，只要引导得当，农林副产品综合利用仍大有可为。有人预测，在未来的岁月里，和煤一样，农林副产品是一个潜在的化工产品的原料基地，从现在开始，就应当重视农林副产品的开发和利用。

农林副产品的综合利用已有悠久历史。例如，早有人由木材干馏制取甲醇、醋酸和丙酮；由淀粉类物质或糖蜜酿酒、酿醋；由玫瑰花、茉莉花等提取香精。规模较大、已工业化生产的部分重要化工产品示于图 2-6-01。

产品

农副产品
转化示例

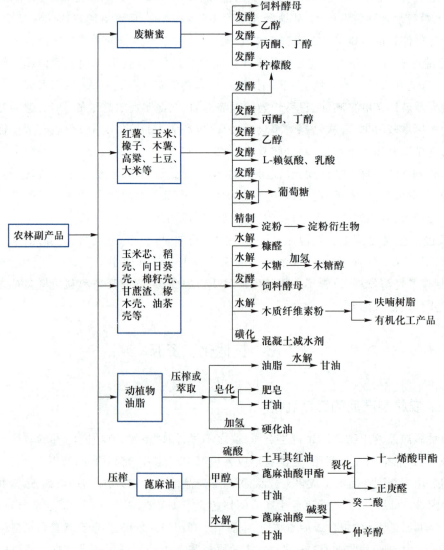

图 2-6-01　由农林副产品制得的部分重要化工产品

此外,由多种植物的花朵中提取香精,由某些植物的茎、叶中提取染料,由某些植物的茎、根提取药材等都有小规模工业生产。

二、海洋化工资源

辽阔的海洋也蕴藏着丰富的化工资源,已得到工业应用的有:海盐的制造,碘、钾盐和镁盐的提取,海洋生物制药,制高级油脂及制革等。现在,对海洋资源的开发已引起人们的高度重视,以海洋资源为基础的海洋化工正在形成,相信在 21 世纪,海洋化工资源必将为化学工业的发展作出重大贡献。

 习题

1. 煤、石油和天然气在开采、运输、加工和应用诸方面有哪些不同?

2. 什么叫车用汽油辛烷值? 通过哪些途径可以提高车用汽油辛烷值?

3. 为多产芳烃,在催化重整中要控制哪些工艺参数?

4. 查阅有关文献资料,评论一下非常规油气资源的发展前景,以及开采上可能遇到的困难。

5. 除课文已叙述之外,试举两个以农副产品为原料生产化工产品的例子,简单地描述一下它们的生产过程。

 参考文献

[1] 路甬祥. 清洁、可再生能源利用的回顾与展望. 科技导报,2014,32(28/29): 15-26.

[2] Piel W J. Ethers will play key role in "clean" gasoline blends. Oil&Gas J,1989,87 (49):40-44.

[3] Gilman R H. Capital outlays for gasoline reformulation canbe minimized. Oil&Gas J, 1990,88(36):44-49.

[4] 吉田高年,琢岛宽,植野稹夫. 石油と碳の化学. 2 版. 东京:共立出版社株式会社,1984(昭和 60 年).

[5] 中国石油和化学工业联合会. 2014 年石油和化工行业经济运行报告. 中国石油和化工,2015(3):14-19.

[6] 朱玉琴,司云航,朱忆宁,等. 我国车用汽油标准现状及发展趋势. 天然气化工 (C1 化学与化工),2014,39(6):77-81.

[7] 洪定一. 炼油与石油化学工业技术进展(2009). 北京:中国石化出版社,2009.

[8] 黄风林. 石油天然气化工工艺. 北京:中国石化出版社,2011.

[9] 吴指南. 基本有机化工工艺学. 修订版. 北京:化学工业出版社,1990.

[10] 赵仁殿,金彰礼,陶志华,等. 芳烃工学. 北京:化学工业出版社,2001.

[11] 陈绍洲,常可怡. 石油加工工艺学. 上海:华东理工大学出版社,1997.

［12］何选明.煤化学.2版.北京:冶金工业出版社,2010.

［13］戴金星,吴伟,房忱琛,等.2000年以来中国大气田勘探开发特征.天然气工业,2015,35(1):1-9.

［14］胡徐腾.走向炼化技术前沿.北京:石油工业出版社,2004.

［15］山红红,李春义.催化裂化技术进步近况.当代石油化工,2006,14(1):29-31.

［16］周正明.我国碳一化学中长期科技战略发展规划建议.化工生产与技术,2006,13(1):61-64,9.

［17］汪家铭.超级克劳斯硫磺回收技术浅析及展望.化肥工业,2009(4):16-19,22.

［18］王庆伟,张元元.中国重晶石矿产现状及可持续发展对策研究.现代化工,2014,34(12):5-7.

［19］唐尧,陈春琳,熊先孝.中国萤石矿地质特征及资源储备体系构建初探.现代化工,2014,34(11):1-4.

第三章　通用反应单元工艺

3-1　氧　　化

利用氧化反应,将氧原子引进化合物内,或由化合物中除去氢原子,以制取化工产品的想法已成为化学工业中生产诸如硫酸、硝酸、醇、酮、醛、酸和环氧化物等的重要方法。能输送氧或夺取氢原子的物质称为氧化剂,最廉价最常用的氧化剂是空气和氧气。此外,如硝酸、重铬酸盐、次氯酸盐、过氧化物等也广为采用。氧化反应常在气相或液相下进行,为加快反应速率,提高目的产物的收率及缓和反应条件,一般都使用催化剂,此时的反应称为催化氧化。

一、概述

1. 氧化反应的分类

（1）按作用物与氧的反应形式来分类　氧化反应主要有以下九类:

① 氧原子直接引入作用物的分子内。

例如:

$$SO_2 + \frac{1}{2}O_2 \longrightarrow SO_3$$

$$CH_2 {=\!=} CH_2 + \frac{1}{2}O_2 \longrightarrow CH_3CHO$$

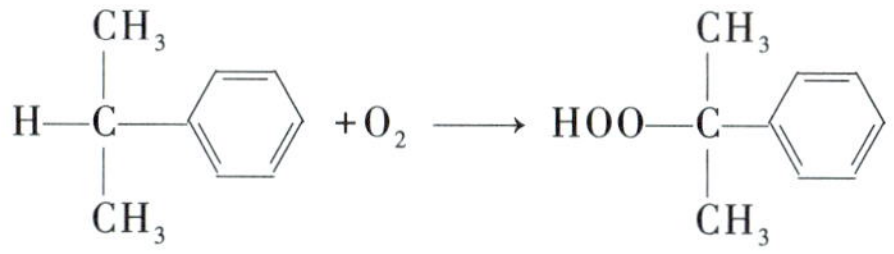

（过氧化氢异丙苯）

② 作用物分子只脱去氢,氢被氧化为水（称作氧化脱氢）。

例如:

$$C_2H_6 + \frac{1}{2}O_2 \longrightarrow C_2H_4 + H_2O$$

$$CH_3CHOHCH_3 + \frac{1}{2}O_2 \longrightarrow CH_3COCH_3 + H_2O$$

③ 作用物分子脱氢（氢被氧化为水）,并同时添加氧。

例如:

$$CH_2 {=\!=} CH{-}CH_3 + O_2 \longrightarrow CH_2 {=\!=} CH{-}CHO + H_2O$$

（丙烯醛）

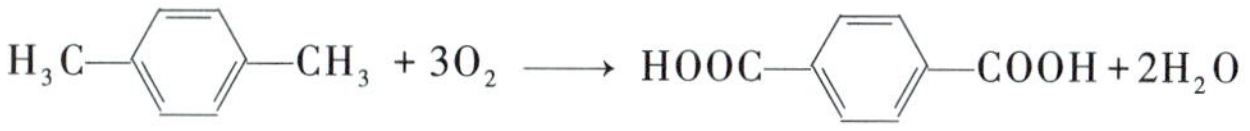

（对苯二甲酸）

④ 两个作用物分子共同失去氢,氢被氧化为水(称作氧化偶联)。

例如:

$$CH_2=CH-CH_3+NH_3+\frac{3}{2}O_2 \longrightarrow CH_2=CH-CN+3H_2O$$
(丙烯腈)

$$2C_6H_5CH_3+O_2 \longrightarrow C_6H_5CH=CH-C_6H_5+2H_2O$$
(1,2-二苯乙烯)

⑤ 碳-碳键部分氧化,作用物分子脱氢和碳键的断裂同时发生(称作部分降解氧化)。

例如:

$$\langle\rangle+\frac{9}{2}O_2 \longrightarrow \begin{matrix} HC-C=O \\ \parallel \quad\quad >O \\ HC-C=O \end{matrix} +2CO_2+2H_2O$$

$$CH_3CH=CH_2+O_2 \longrightarrow CH_3CHO+HCHO$$

⑥ 碳-碳键完全氧化(称作完全降解氧化)。

例如:

$$C_2H_6+\frac{7}{2}O_2 \longrightarrow 2CO_2+3H_2O$$

$$C_2H_5OH+3O_2 \longrightarrow 2CO_2+3H_2O$$

⑦ 间接氧化。

例如:

$$CH_4+H_2O \longrightarrow CO+3H_2$$

$$CH_4+2H_2O \longrightarrow CO_2+4H_2$$

⑧ 氮-氢键的氧化。

例如:

$$NH_3+\frac{5}{4}O_2 \longrightarrow NO+\frac{3}{2}H_2O$$

⑨ 硫化物的脱氢或氧化。

例如:

$$H_2S+\frac{1}{2}O_2 \longrightarrow S+H_2O$$

$$CS_2+3O_2 \longrightarrow CO_2+2SO_2$$

(2)按反应相态分类　在工业上氧化反应按相态来区分,可分为气液相氧化(习惯上称为液相氧化)和气固相氧化(固相为催化剂,气相为反应物及空气或纯氧)。对相同的相态,其反应机理、设备类型、生产流程组织、反应系统的优化方法,以及其他工程问题(如防爆、反应热能利用等)往往十分类似,对较深入地研究反应工程与工艺的内在联系也很有用处。事实上,欲开发一个液相氧化或气固相氧化工艺,开发初期往往采用了相同相态下其他氧化反应的成果和经验,这样做常可能收到事半功倍的效果。

2. 氧化反应的共同特点

(1)氧化反应是一个强放热反应,尤其是完全氧化反应,释放出的热量比部分氧化反应要大 8~10 倍。故在氧化过程中,应严格控制反应温度,及时移走反应热。若释放出的反应热不及时移走,会使反应温度升高,反应速率加快,释放出比原先更多的热量,这又会进一步促使反应温度的上升。这一恶性循环的结果,不仅会损害催化剂的活性和对反应的选择性,还会酿成爆炸事故。表3-1-01列出了某些烃类与空气混合后的爆炸极限。氧化反应的这一特点,在氧化反应器的设计上必须引起高度重视,除考虑足够的传热面积(如在外部加夹套、内部装冷却盘管等)和传热系数,以移走热量之外,设备上还必须开设防爆口,装上安全阀或防爆膜。反应温度最好能自动控制,至少装上自动报警系统。工业上在操作中常用在原料气中掺入惰性气体(如水蒸气、氮气、二氧化碳等)的办法稀释作用物,以减少反应激烈程度,控制反应热的生成。

表3-1-01 某些烃类与空气混合的爆炸极限

爆炸极限	φ(烃)/%								
	乙炔	乙烯	丙烯	n-丁烯	丁二烯	苯	甲苯	邻二甲苯	萘
下限	2.3	3~3.5	2.0	1.7	2.0	1.4	1.27	1.0	0.9
上限	82	16~29	11.1	9.0	11.5	9.5	7.0	6.4	5.9

(2)氧化反应途径多样,生成的副产物也多,这给后续的分离工序造成一定的困难,工艺流程的组织也会复杂一些。

(3)从热力学趋势看,烃类氧化成二氧化碳和水的倾向性很大。因此,在氧化反应中,控制不当容易造成深度氧化,导致原料和氧化中间产物(它往往是我们所需要的)的损失。为此必须选择性能优良的催化剂并及时终止氧化反应。

3. 氧化剂

按照 Fieser 的分类方法,氧化剂可以分为八种。

(1)氧或空气 它们是最廉价的氧化剂。过去以空气为主,后改用氧气作氧化剂的日益增多,这是因为制氧虽需增加空气分离设备和动力消耗,但可使氧化反应器体积减小,放空的反应尾气量减少,避免或减少了随惰性气体一起排放出去的原料气的损失,经过经济方面的综合平衡,采用氧气作氧化剂往往更有利。

(2)氧化物 金属氧化物有三氧化铬(CrO_3)、四氧化锇(OsO_4)、四氧化钌(RuO_4)、氧化银(Ag_2O)和氧化汞(HgO)等;非金属氧化物有二氧化硒(SeO_2)、三氧化硫(SO_3)和三氧化二氮(N_2O_3)等。

(3)过氧化物 有过氧化铅(PbO_2)、过氧化锰(MnO_2)、过氧化氢(H_2O_2)和过氧化钠(Na_2O_2)等。

(4)过氧酸 无机过氧酸有过氧硫酸(H_2SO_5)和过氧碘酸(HIO_4)等;有机过氧酸有过氧苯甲酸($C_6H_5CO_2OH$)、三氟过氧乙酸(CF_3CO_2OH)、过氧乙酸(CH_3CO_2OH)和过氧甲酸(HCO_2OH)等。它们的氧化能力的顺序为

$$CF_3CO_2OH \geqslant HCO_2OH > CH_3CO_2OH > C_6H_5CO_2OH$$

(5)含氧盐 有高锰酸盐(如高锰酸钾)、重铬酸钾、氯酸盐(如氯酸钾)、次氯酸盐、硫酸铜和四醋酸铅等。

(6)含氮化合物 常用的有硝酸、赤血盐[$K_4Fe(CN)_6$]和硝基苯。

(7)卤化物 金属卤化物有氯化铬酰(CrO_2Cl_2)和氯化铁;非金属卤化物只有 N-溴

代丁二酰亚胺 $\left(\begin{array}{c}CH_2CO \\ | \qquad NBr \\ CH_2CO\end{array}\right)$。

（8）其他氧化剂　有臭氧、发烟硫酸、熔融碱和叔丁醇铝［Al［OC（CH₃）₃］₃］等。

以上氧化剂在使用过程中,往往需配用相应的催化剂来提高氧化反应的速率和选择性。有些氧化剂亦可用作氧化催化剂,如四氧化锇可以用作过氧化氢的氧化催化剂,氧化银可以用作氧气（或空气）的氧化催化剂等。

4. 作用物的分子结构与氧化难易的关系

作用物的分子结构与它被氧化的难易有密切的关系。现以有机化合物的合成为例说明之,它们的一些规律可以帮助对某些氧化反应及其生成物的理解。

（1）碳氢化合物的 C—H 键的氧化活性依下列顺序递减:

$$叔\,C—H > 仲\,C—H > 伯\,C—H$$

这是因为叔 C—H 键键能最小,最容易受攻击;

（2）具 C=C 和 C=O 双键时,以 α 位的 C—H 键较易被氧化

这是因为 α 位的 C—H 键受双键的作用,易受攻击的缘故;

（3）醛类中 $\left(\begin{array}{c}H \\ | \\ —C=O\end{array}\right)$ 的 C—H 键容易被氧化成过氧酸,这是因为氧的电负性大,双键电子云偏向氧端,使 C 端略呈正电性,此时 C—H 键易插入氧;

（4）苯核相当安定,不容易被氧化;

（5）烷基芳烃的侧链中,α 位易被氧化;

（6）烷基芳烃中,有第二取代基存在时,烷基的氧化会受其影响。

5. 反应热的合理利用

氧化反应是强放热反应,释放出的热量若能合理利用,对节约工厂能源、降低生产成本有重要意义。现将反应热的合理利用方式简单介绍如下。

对反应温度在 300 ℃以上者,比较好的办法是利用反应热副产中、高压水蒸气,过热后用来带动空气压缩机的透平和其他大功率泵,当然也可以用来发电。然后将背压抽出的 0.5~1.5 MPa 压力的水蒸气用于装置的加热,其反应热合理利用的原则流程见图 3-1-01。中、高压水蒸气在进入透平前一定要过热,以免在透平中产生液滴,使叶轮穿孔甚至断裂,一般过热几十度。在列管式固定床中可以用熔盐来过热,流化床反应器则可在浓相段加设水蒸气过热管,以免为此专门设置水蒸气过热加热炉。

为了利用大量低位废热（如低压水蒸气和 80~100 ℃ 的热水等）,近年来有人正在研究采用沸点低于 100 ℃ 的工作介质来带动透平,工作介质有丁烷、氟里昂等。它们用进

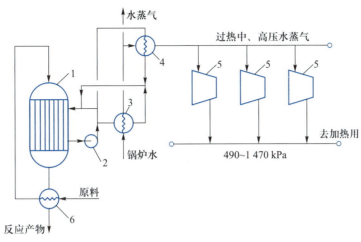

图 3-1-01　反应热合理利用的原则流程图
1—反应器；2—泵；3—废热锅炉；4—水蒸气过热器；5—透平；6—换热器

料泵加压进入气体发生器，用低位废热来蒸发，得到的高压工作介质蒸气用来带动透平做功，透平可以是背压型或全凝型，从透平出来的低压工作介质蒸气用水冷凝成液体，再进入进料泵循环。这些系统比水蒸气透平复杂，所以费用较高，目前尚未普遍采用。有些工厂利用上述工作介质作高温分离塔塔顶冷凝器的冷却剂，汽化后用作低温分离塔塔釜再沸器的供热源，也收到了很好的节能效果。

氧化尾气常具有一定压力（如 0.3~1 MPa），在放空前可考虑使用膨胀透平来利用其能量，以带动鼓风机或泵。尾气压力越高，数量越大，利用膨胀透平的效果就越好。

现代化工企业往往由多个分厂或车间组成，氧化工段反应热的利用可与整个化工企业统筹考虑，使热能的综合利用更为合理。

鉴于工业上以氧气或空气作氧化剂的场合最多，也最重要，在以后的论述中我们将主要阐明用氧气或空气作氧化剂的氧化过程。

二、二氧化硫催化氧化制硫酸

硫酸是无机化学工业中最重要的产品之一。主要用途是制造化肥，它消费硫酸总产量的 70% 左右，其中的磷肥消费硫酸总产量的 60% 以上。事实上，有不少硫酸生产装置是为磷肥厂配套而建设的。硫酸的其他用途有：提铀、炼钛、石油精制和烷基化、金属清洗、木材水解、合成洗涤剂、医药、染料、炸药、香料，以及三大合成材料等；生产硫酸的原料主要有硫黄、有色金属冶炼烟气（其中铜冶炼烟气占有色金属冶炼烟气制酸量的 50% 以上）、硫铁矿和石膏（包括制磷酸时副产的磷石膏）。为消除 H_2S 对大气的污染，用含 H_2S 的天然气、炼厂气、各种烟气或尾气制酸也受到世界各国的重视。就世界范围而言，生产硫酸的主要原料是硫黄，约占硫酸总产量的 60%，其次是冶炼烟气，约占 30%，硫铁矿仅占 6%，其他占 4%。我国硫黄资源贫乏，过去相当长一段时间里，主要用硫铁矿制酸（约占总酸量的 80% 左右），从 20 世纪 90 年代开始，因从国外进口硫黄制酸成本低，建厂投资省，环境污染小，以及国际硫黄售价不断下滑等原因，我国建成了一批 10 万~80 万吨/年的硫黄制酸装置,使硫黄制酸比例不断上升,这种上升幅度到 2011 年逐渐趋近 50%。同时,由于国家重视对大气污染的治理,要求冶炼企业对废酸、废气中的 SO_2 和 H_2S 加以回收和利用,使烟气制酸比例大大提高。据统计,2022 年我国硫酸总产量为 95 Mt,位居世界第一位。其中,硫黄制酸占 44.1%,有色金属冶炼烟气制酸占 37.6%,硫铁矿制酸占 17.0%,其他占 1.3%。

硫酸纯品是一种无色透明的油状液体,工业品因含有杂质,呈淡黄色、黄色乃至棕色。品种有 $w(H_2SO_4)=75\%\sim78\%$ 的稀硫酸,$w(H_2SO_4)=93\%$ 或 98%(俗称 93 酸和 98 酸)的浓硫酸,以及含游离 SO_3 的体积分数 $\varphi(SO_3)=20\%$ 或 65%(俗称 105 酸和 115 酸)的发烟硫酸。硫酸有强烈的腐蚀作用,浓硫酸遇水会释放出大量热量,对棉、麻、木材等或人的皮肤会有强烈的脱水作用,发烟硫酸还会释放出大量 SO_3 污染环境,因此硫酸在生产、储运,以及使用时要注意安全,谨防发生生产和人身伤害事故。

1. 生产方法和工艺过程

在硫酸生产历史上,出现过三种生产方法,即塔式法、铅室法和接触法。

(1) 塔式法和铅室法 是古老的生产方法。在中间装填瓷圈的塔型结构的设备或中空的铅室中进行,所用催化剂是二氧化氮,氧化过程可用下列反应式表示:

$$SO_2 + NO_2 + H_2O == H_2SO_4 + NO$$
$$SO_2 + N_2O_3 + H_2O == H_2SO_4 + 2NO$$
$$2NO + O_2 == 2NO_2$$
$$NO_2 + NO == N_2O_3$$

由此制得的硫酸的质量分数 $w(H_2SO_4)=65\%\sim75\%$,仅用作生产肥料(如过磷酸钙等),工业应用因浓度不高而受到限制。而且含硝化物硫酸对设备的腐蚀相当严重。目前,世界上用本法生产硫酸的工厂已很少,我国也于 1993 年关闭了最后一家塔式法硫酸制造厂。

(2) 接触法 在 20 世纪 50 年代后建厂,现在基本上取代了塔式法和铅室法。该法是将焙烧制得的 SO_2 与固体催化剂(开始是铂,后改用 V_2O_5,现为含铯钒催化剂)接触,在焙烧炉气中剩余氧的参与下[通常还需配入适当空气或富氧空气以控制 $\varphi(O_2)/\varphi(SO_2)$ 值恒定],SO_2 被氧化成 SO_3,后者与水作用可制得浓硫酸[$w(H_2SO_4)=98.5\%$]和发烟硫酸[含游离 $\varphi(SO_3)=20\%$ 左右]。

接触法生产硫酸经过以下四个工序。

① 焙烧矿石(或硫黄) 制备 SO_2 化学反应式如下:

$$4FeS_2 + 11O_2 == 2Fe_2O_3 + 8SO_2(硫铁矿焙烧)$$
$$S + O_2 \longrightarrow SO_2\uparrow(硫黄焙烧)$$

硫铁矿分普通硫铁矿[其中大部分为黄铁矿,亦含有白铁矿、磁铁矿,含量 $w(硫)=25\%\sim53\%$]、浮选硫铁矿[与有色金属伴生,含量 $w(硫)=32\%\sim40\%$]和含煤硫铁矿[是煤矿的杂质,含量达 $w(硫)=40\%$]三种,主要成分有 FeS,FeS_2,Fe_2O_3,Fe_3O_4 和 FeO 等,矿物中还含有铅、镁、钙、钡的碳酸盐,砷、硒、铜、银、金等化合物。在氧含量过剩的情况下,为使矿物中的硫全部转化成 SO_2,焙烧温度需在 600 ℃ 以上,此时烧渣中,铁主要以

Fe_2O_3 存在(尚有少量 Fe_3O_4)。上述碳酸盐分解生成氧化物后又与炉气中 SO_3 反应生成硫酸盐。砷和硒的化合物转化为氧化物,在高温下升华逸入炉气中成为对制酸有害的杂质。矿石中的氟化物在焙烧过程中转变成气态 SiF_4,也进入炉气中。此外,工业上还有在弱氧化气氛中焙烧矿石,目的在于获得主要成分是具有磁性的 Fe_3O_4 的铁精砂[一般含 w(铁)>55%]的磁性焙烧。有以回收矿渣中有色金属为目的,在空气过剩量很大(过剩系数为 1.5~2.0)情况下的焙烧,此时有色金属钴、铜和镍等以硫酸盐形式存在于矿渣中,而铁则以 Fe_2O_3 形式存在,工业上称为硫酸化焙烧。还有以回收砷为目的的脱砷焙烧等。上述三种焙烧方法,在本书 4-1 节中再行详述。

矿石的焙烧过去采用多层式机械焙烧炉,生产能力小,回收矿石中的硫不完全。现在广泛采用沸腾焙烧炉,矿石粉碎至粒度为 6 mm 左右,炉膛温度 680~720 ℃,炉顶温度在 900~950 ℃,生产能力是机械焙烧炉的 2.5 倍以上。对原料的适应性也比机械焙烧炉强,但炉气含尘量高(标准状态下达 200~300 g/m^3,是机械焙烧炉的 20~30 倍),动力消耗大。

② 炉气精制　目的是除去各种杂质,如三氧化二砷、二氧化硒、氟化氢、矿尘、水蒸气和酸雾等。其中三氧化二砷使钒催化剂中毒和催化剂中的钒逃逸,二氧化硒使钒催化剂中毒和使成品酸带色,氟化氢(由 SiF_4 水解产生)则会腐蚀设备。它们在低温下(30~60 ℃)很容易用水或酸洗涤炉气而除去。炉气净化有水洗流程和酸洗流程两种,水洗流程会产生大量废水[5~15 t(废水)/t(成品硫酸)],故现在多用酸洗流程[废水量<0.2 t(废水)/t(成品硫酸)]。经冷却除尘的炉气用稀酸洗涤,稀酸可循环使用,多余者可外送(如送磷肥厂)。

近年来,我国利用冶炼烟气的制酸厂和少数小型硫酸厂,采用热浓酸[$w(H_2SO_4)$=93%的硫酸]洗涤流程,炉气冷至 270~300 ℃后即进入热酸塔用热浓酸逆流洗涤,炉气中绝大部分硫酸蒸气以液滴形式进入浓酸中,生成的酸雾(一种悬浮在气流中的含酸微小水滴)大为减少,可省去电除雾器,设备可用铸铁制造,SO_3 不受损失,但 As_2O_3、SeO_2 和 HF 不能脱除干净,应用受到限制。

③ 转化　精制后的炉气,借助钒催化剂,利用炉气中剩余的氧气(或补充少许空气)将二氧化硫氧化为三氧化硫。通常,SO_2 的转化率可达 99% 以上。

④ 吸收　用硫酸[$w(H_2SO_4)$ = 98.5%]吸收 SO_3 制得商品级浓硫酸或发烟硫酸。用浓硫酸吸收 SO_3 比用水吸收 SO_3 更容易,而且不会产生酸雾。若工厂需生产工业级(w = 98.5%)硫酸,只需将吸收后的浓硫酸加水稀释到 w = 98.5%,一部分用作吸收剂返回吸收塔,一部分作产品出售。若生产发烟硫酸[w(硫酸) = 104.5%,含游离 $\varphi(SO_3)$ = 20%],则将 SO_3 气先通入发烟硫酸塔,用浓硫酸吸收,达到产品所需求的游离 SO_3 量后,排出作产品出售,吸收尾气再送去制 w = 98.5% 的浓硫酸。

上述四个工序中,SO_2 转化为 SO_3 最为关键,这是因为 SO_2 不能自动被氧氧化为 SO_3,必须使用催化剂,而催化剂的性能及消耗定耗又直接影响到 SO_2 的利用率和生产成本。

2. 二氧化硫催化氧化的反应机理

二氧化硫的氧化属气固相催化氧化反应,当无催化剂时,反应活化能是 209 kJ/mol,反应不易进行,在钒催化剂上反应时,反应活化能降至 92~96 kJ/mol。催化氧化机理由四个步骤构成。

① 钒催化剂上存在着活性中心,氧分子吸附在它上面后,O═O 键遭到破坏甚至断裂,使氧分子变为活泼的氧原子(或称原子氧),它比氧分子更易与 SO_2 反应。

② SO_2 吸附在钒催化剂的活性中心,SO_2 中的 S 原子受活性中心的影响被极化。因此很容易与原子氧结合在一起,在催化剂表面形成络合状态的中间物种。

③ 这一络合状态的中间物种,性质相当不稳定,经过内部的电子重排,生成了性质相对稳定的吸附态物种。

$$催化剂·SO_2·O \longrightarrow 催化剂·SO_3$$
$$(络合状态中间物种) \quad (吸附态物种)$$

④ 吸附态物种在催化剂表面解吸而进入气相。

经研究,在上述四个步骤中,第一步骤(即氧分子均裂变成氧原子)进行得最慢,整个反应的速率受这个步骤控制,故将它称为 SO_2 氧化为 SO_3 的控制阶段(或称控制步骤)。

以上我们讨论了在催化剂上发生的反应(称为表面反应),实际上影响 SO_2 氧化成 SO_3 的反应速率的还有另一些因素。例如,气流中的氧分子和 SO_2 分子扩散到催化剂外表面的速率,催化剂外表面上的氧分子和 SO_2 分子进入催化剂内表面(催化剂微孔中)的速率,SO_3 从催化剂内表面扩散到外表面的速率,以及 SO_3 从催化剂外表面扩散到气流的速率,包括表面反应在内,其中最慢者将成为整个化学反应的控制步骤。在工业生产中,应尽量排除或减弱扩散阻力,让表面反应成为控制步骤,此时采用高效催化剂就会对生产产生巨大的推动作用。

3. 二氧化硫催化氧化工艺过程分析

(1) 平衡转化率   平衡转化率是反应达到平衡时的 SO_2 转化率,常用 x_e 表示。在实际操作中,化学反应不会达到平衡程度(这需要花费很长的时间),所得到的转化率总比平衡转化率小,两者差距往往被用来作为评判实际生产中有多少改进余地的一个重要指标。

SO_2 氧化成 SO_3 是一个放热的、体积缩小的可逆反应:

$$SO_2(气) + \frac{1}{2}O_2(空气) \Longrightarrow SO_3(气) \quad \Delta H^{\ominus}(298\ K) = -98\ kJ/mol$$

经过实验验证,它的平衡常数 K_p 值可根据质量作用定律得到

$$K_p = \frac{p^*(SO_3)}{p^*(SO_2)·p^{*0.5}(O_2)} \tag{3-1-01}$$

反应的平衡常数与温度的关系服从范托夫定律,可用式(3-1-02)表示如下:

$$\lg K_p = \frac{4\ 905.5}{T} - 4.645\ 5 \tag{3-1-02}$$

不同温度下的平衡常数值列于表 3-1-02。

表 3-1-02 不同温度下的平衡常数

温度/℃	K_p	温度/℃	K_p	温度/℃	K_p	温度/℃	K_p
400	442.9	450	137.4	525	31.48	600	9.37
410	345.5	475	81.25	550	20.49	625	6.57
425	241.4	500	49.78	575	13.70	650	4.68

达到平衡时,平衡转化率 x_e 可由下式求得:

$$x_e = \frac{p^*(SO_3)}{p^*(SO_2) + p^*(SO_3)} \quad\quad (3-1-03)$$

由式(3-1-01)和式(3-1-03)我们可以得到:

$$x_e = \frac{K_p}{K_p + \sqrt{1/p^*(O_2)}} \quad\quad (3-1-04)$$

若以 a, b 分别表示 SO_2 和 O_2 的起始摩尔分数,p 为反应前混合气体的总压力,以 1 mol 混合气为计算基准,通过物料衡算可得到氧的平衡分压为

$$p^*(O_2) = \frac{b - 0.5\,ax_e}{1 - 0.5\,ax_e} \cdot p \qu\quad (3-1-05)$$

将式(3-1-05)代入式(3-1-04)得到:

$$x_e = \frac{K_p}{K_p + \sqrt{\dfrac{1 - 0.5\,ax_e}{p(b - 0.5\,ax_e)}}} \qu\quad (3-1-06)$$

式(3-1-06)中等式两边都有 x_e,故要用试差法来计算 x_e。

由式(3-1-06)知,影响平衡转化率的因素有:温度、压力和气体的起始浓度。当炉气的起始组成 $\varphi(SO_2)$ 为 7.5%,$\varphi(O_2)$ 为 10.5%,$\varphi(N_2)$ 为 82%时,用式(3-1-06)可计算出不同压力、温度下的平衡转化率 x_e,结果示于表 3-1-03。

表 3-1-03 平衡转化率与温度和压力的关系

$t/℃$	p/MPa					
	0.1	0.5	1.0	2.5	5.0	10.0
400	0.991 5	0.996 1	0.997 2	0.998 4	0.998 8	0.999 2
450	0.975 0	0.982 0	0.992 0	0.994 6	0.996 2	0.997 2
500	0.930 6	0.967 5	0.976 7	0.985 2	0.989 4	0.992 5
550	0.849 2	0.925 2	0.945 6	0.964 8	0.974 8	0.982 0
600	0.726 1	0.852 0	0.889 7	0.926 7	0.946 8	0.961 6

由表 3-1-03 的数据可以看出平衡转化率随反应温度的上升而减小,因此在操作时希望尽可能降低反应温度。压力对平衡转化率的影响与温度相比要小得多,特别在 400~450 ℃ 范围内压力对平衡转化率的影响甚微,因此可以考虑在常压或低压下进行操作。

利用式(3-1-06)还可计算得到在 0.1 MPa 总压力下不同起始浓度的平衡转化率,表 3-1-04 示出了这些数据。

表 3-1-04　起始浓度不同时的平衡转化率

$t/$ ℃	$a = 7$ $b = 11$	$a = 7.5$ $b = 10.5$	$a = 8$ $b = 9$	$a = 9$ $b = 8.1$	$a = 10$ $b = 6.7$
400	0.992	0.991	0.990	0.988	0.984
450	0.975	0.973	0.969	0.964	0.952
500	0.934	0.931	0.921	0.910	0.886
550	0.855	0.849	0.833	0.815	0.779
560	0.834	0.828	0.810	0.790	0.754

由表 3-1-04 可见,随着炉气中 SO_2 浓度的上升和 O_2 含量的下降,平衡转化率对温度的变化越来越敏感,要想提高生产能力(即提高炉气中 SO_2 的浓度),直接导致的后果是平衡转化率的下降,在其他操作条件相同的情况下,由于浓度推动力的减小实际转化率也会随着下降,使吸收塔后尾气中残留的 SO_2 增加。要想保持尾气中 SO_2 的低水平,只有降低炉气中 SO_2 的浓度或降低炉气的反应温度,但后者造成反应速率下降,反应时间增加,这两种调控方法都会导致生产能力的下降。因此,SO_2 和 O_2 的起始浓度的选择要慎重。

(2)反应速率　经过实验研究,在钒催化剂上,二氧化硫氧化的动力学方程式为

$$\frac{\mathrm{d}x}{\mathrm{d}t} = \frac{273}{273+t} \frac{k'}{a} \left(\frac{x_e - x}{x} \right)^{0.8} \left(b - \frac{1}{2} ax \right) \tag{3-1-07}$$

由式(3-1-07)可以看出影响反应速率的因素有:反应速率常数 k'、平衡转化率 x_e、瞬时转化率 x 和气体起始组成 a 和 b。而 k' 和 x_e 由温度决定,它们是温度的函数。表 3-1-05 列出了在钒催化剂上,二氧化硫的反应速率常数与温度的关系。因此反应速率可以看成是温度和炉气起始组成的函数。在实际生产中,炉气起始组成变化不大。式(3-1-07)中的 a 和 b 可看作常数,将某一温度下的 k' 值和 x_e 值代入式(3-1-07),同时固定转化率 x 的值,我们就可由式(3-1-07)得到该温度下的反应速率,改变温度又可得到另一个反应速率值,由此我们就可制得图 3-1-02[图中的炉气组成为 $\varphi(SO_2) = 7\%$,$\varphi(O_2) = 11\%$ 和 $\varphi(N_2) = 82\%$]。由图 3-1-02 可见,在一定的瞬时转化率下得到的反应速率-温度曲线有一最大值,此值对应的温度称为某瞬时转化率下的最适宜温度。将各最大值连成一条 A-A 曲线后,可以看出转化率越高,则对应的最适宜温度越低;在相同的温度下,转化率越高则反应速率越低,因此转化率和反应速率之间就出现矛盾,要求反应速率大(这可增大生产能力),转化率就小,反应就不完善,反之要求转化率高,反应速率势必小,反应完全,但生产能力减少。在特定转化率下出现最适宜温度的原因是因为在低温时(如 420 ℃左右)利用升温促使 k' 增大导致反应速率增加的影响比由于升温引起平衡转化率下降导致反应速率降低的影响为大,反应速率净值随温度的升高而增加,曲线向上。当温度超过最适宜温度后,平衡转化率的降低对反应速率的影响超过反应温度对反应速率的影响,反应速率净值随温度的升高而下降,曲线向下。为了解决上述矛盾,工厂实际生产中,让炉气在不同温度下分段反应,先在 410～430 ℃一段反应,利用起始 SO_2 浓度较高、传质推动力较大这一优势,将 70%～75% 的 SO_2 转化为 SO_3。然后进入第二段,在 450～490 ℃下快速反应,将 SO_2 转化率提高至 85%～90%。最后进入第三段,在 430 ℃反应,

将 SO_2 转化率提高到 97%~98%。若此时再想提高 SO_2 的转化率,可让炉气进入第四、第五段,在更低温度下反应,但因反应速率缓慢,花费的反应时间比前几段要多,而且最终转化率很难达到 99% 以上。为缩短反应时间,提高 SO_2 的转化率,现在工业上广泛采用将经三段转化后的炉气进入吸收塔,用浓硫酸将 SO_3 吸收掉,然后进入下一个转化器(反应器),进行第二次转化,此时对可逆反应 $SO_2 + \dfrac{1}{2}O_2 \rightleftharpoons SO_3$ 而言,由于 SO_3 被吸收,SO_2 转化成 SO_3 的传质推动力大增,SO_2 的转化率提高,出第二转化器的炉气最后进入第二吸收塔将生成的 SO_3 吸收掉,出塔尾气中的 SO_2 含量大多可达到国家排放标准(小于 $300\ \mu L \cdot L^{-1}$)。前述的只通过一次转化的工艺称为"一转一吸"工艺,采用二次转化,二次吸收的工艺称为"二转二吸"工艺,这一工艺可将 SO_2 的总转化率提高到 99.7%~99.9%,

表 3-1-05 SO_2 在钒催化剂上的反应速率常数

$t/℃$	k'	$t/℃$	k'	$t/℃$	k'
390	0.25	440	0.87	525	4.6
400	0.34	450	1.05	550	7.0
410	0.43	460	1.32	575	10.5
420	0.55	475	1.75	600	15.2
430	0.69	500	2.90		

这不仅最大限度地利用了 SO_2 资源,而且也大大降低了硫酸厂尾气的治理难度,减轻了尾气对大气的污染。在"二转二吸"工艺中,有的第一次转化分三段,第二次转化分二段,这种流程称为"3+2"流程,与此相仿,工业上还有"3+1""2+1""2+2"和"4+1"流程等。现在一般认为当进转化炉的炉气中 $\varphi(SO_2) < 8.5\%$ 时,选用"3+1"流程为宜,若 $\varphi(SO_2) = 8.5\% \sim 11\%$ 或更高时,选用"3+2"流程为宜,对浓度高达 $\varphi(SO_2) = 22\% \sim 25\%$ 的某些冶炼烟气而言,一般先将它预转化并稀释至 $\varphi(SO_2) = 12\%$ 左右后再用"3+2"流程生产硫酸。现在国内已有人提出采用"三转三吸"流程解决超高浓度 SO_2 制酸的设想。

（3）起始浓度和 $n(O_2)/n(SO_2)$ 值[①]   在硫酸工业发展初期,广泛采用"一转一吸"工艺,考虑到催化剂用量(它直接影响生产成本)和总转化率等因素,SO_2 的起始浓度定在 $\varphi(SO_2) = 7.0\%$,此时 $n(O_2)/n(SO_2)$ 值约 1.5。采用

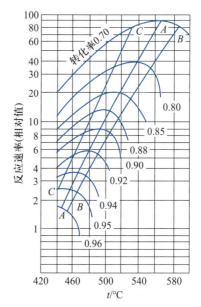

图 3-1-02   在不同转化率下,二氧化硫氧化反应速率与温度的关系

微课

二氧化硫
转化工艺
的原因

[①] O_2/SO_2 值一般指 $n(O_2)/n(SO_2)$ 比值,对于气体,此比值也等于体积分数比 $\varphi(O_2)/\varphi(SO_2)$,本书中若不指明则为 O_2 与 SO_2 的物质的量比(摩尔比)。

"二转二吸"工艺后,允许SO_2起始浓度大幅度提高,从而使生产装置的生产能力增加。经实验研究,发现$n(O_2)/n(SO_2)$的值与总转化率之间有密切关联,在一定条件下,只要能保证固定的$n(O_2)/n(SO_2)$值,就可获得同样的转化率,而并不受原料变化的影响。但采用不同的工艺,$n(O_2)/n(SO_2)$值与总转化率的对应关系是不同的,同一个$n(O_2)/n(SO_2)$值采用了"3+2"流程所对应的总转化率要大于"3+1"流程,而"3+1"流程要大于"2+2"流程,具体关系如图 3-1-03 所示。由图 3-1-03 可见,要达到总转化率为 99.7%的标准(此时尾气中SO_2浓度$\leqslant 300\ \mu L \cdot L^{-1}$),"3+2"流程$n(O_2)/n(SO_2)$值为 0.78,"3+1"流程$n(O_2)/n(SO_2)$值为 1.06,"2+2"流程$n(O_2)/n(SO_2)$值为 1.18。由于硫酸生产环保要求的不断提高[目前国标要求现有制酸企业尾气中$\varphi(SO_2)\leqslant 0.03\%(300\ \mu L \cdot L^{-1})$,新建企业尾气中$\varphi(SO_2)\leqslant 0.014\%(140\ \mu L \cdot L^{-1})$],但我国现有的"二转二吸"工艺绝大多数仍采用"3+1"流程,因此环保达标生产压力较大。采用"3+2"流程或将原来的"3+1"流程改成"3+2"流程是制酸企业工艺调整的方向;同时,"3+2"流程转化器进口的SO_2浓度[$\varphi(SO_2)>9\%$]较高,转化率能长期达到 99.7%,尾气中$\varphi(SO_2)<0.03\%(300\ \mu L \cdot L^{-1})$,$SO_2$含量明显降低。

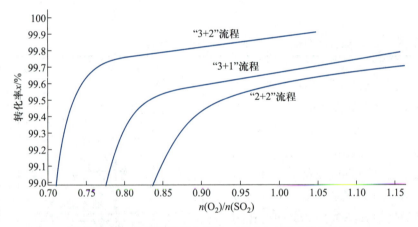

图 3-1-03   三种流程转化率与$n(O_2)/n(SO_2)$值的关系

(4) 催化剂   研制耐高温高活性催化剂对硫酸生产相当重要。普通催化剂允许起始的$\varphi(SO_2)$在 10%以下,若能提高它们的耐热性,在高温下仍能长期地保持高活性,就可允许大大提高起始的$\varphi(SO_2)$,不但能增加生产能力,降低生产成本,而且能获得满意的SO_2转化率,省去吸收塔尾气的治理工序。在我国推广"3+2"流程,技术关键也在于催化剂。因为随着起始的$\varphi(SO_2)$的提高,放出热量增加,导致转化温度明显上升,普通催化剂就忍受不了。在转化器一段,炉气温度不高,要求催化剂在较低温度(如 360 ℃)下就有高活性,这类催化剂的作用是"引燃"。从第一层下部起,转化反应进入正常反应区,使用在高温下仍能长期保持高活性的催化剂,起"主燃"作用。现在国内广为采用的是 S101—2H 型、S107—1H 型和 S108—H 型三种催化剂,它们为环状钒催化剂。比较先进的有 S101—2H(Y)型和 S107—1H(Y)型,它们是菊花环钒催化剂,床层阻力降比前者小,抗堵能力比前者强;堆密度小、强度高这两个指标已达到国际先进水平。上述二系列催化剂化学成分基本相同,主催化剂为V_2O_5,助催化剂为K_2O、K_2SO_4、TiO_2、MoO_3 等,载体为硅胶、硅藻土及其混合物。其中 S107—1H 型和 S107—1H（Y）型,起燃温度 360~370 ℃,正常使用温度 400~580 ℃,适宜作"引燃层"催化剂;S101—2H 型和 S101—2H（Y）型起燃温度 380~390 ℃,正常使用温度 420~630 ℃,适宜作"主燃层"催化剂。美国孟山都环境化学公司开发成功 LP—120 型、LP—110 型和 Cs—120 型催化剂,丹麦托普索公司开发成功 VK—48 型和 VK—58 型催化剂,德国巴斯夫（BASF）公司开发成功 04—110 型、04—111 型和 04—115 型催化剂,其中 Cs—120 型、VK—58 型和 04—115 型是含铯催化剂（一种含 K-Cs-V-S-O 等成分的多组分催化剂）,起燃温度低（350~380 ℃）,使用温度上限达 650 ℃,性能优良,但价格较贵（约为普通型的 2.5 倍）,适宜于作"引燃层"催化剂。用作"主燃层"催化剂的主要成分是 V_2O_5,K_2O 和 Na_2O,不含铯,起燃温度 370~380 ℃,使用温度上限为 650 ℃,它们多为环形催化剂。其中的 LP—120 型,使用寿命可长达 10 年。04—115 型虽用作"引燃层"催化剂,但它抗高温的能力十分强,在 650 ℃下连续运转 9 个月,活性没有任何影响,而普通的"主燃层"催化剂,操作几天就已完全失活。04—115 型催化剂抗毒性能也特别好,几乎不受工艺气体中所含杂质（如微量 As 和 Pb 之类的重金属）的影响。此外,据报道,日本 6S 圆柱形催化剂的催化性能也不差。上述国外公司生产的催化剂经合理组合,装入转化器内,均允许炉气中 $\varphi(SO_2)>10\%$,而且可保证尾气中 SO_2 含量小于 300 $\mu L \cdot L^{-1}$。国内已有数家企业使用美国孟山都环境化学公司生产的催化剂,其他外国公司制造的催化剂采用得较少。

4. 硫铁矿和硫黄制酸工艺流程

视频

工业制硫酸

在硫酸生产中,冶炼烟气制酸流程与硫铁矿制酸工艺流程大致相同,这里仅介绍硫铁矿制酸和硫黄制酸工艺流程。

（1）硫铁矿制酸工艺流程 硫铁矿制酸流程有多种,图 3-1-04 所示是我国一座中型硫酸厂的生产工艺流程,该厂生产能力为 20 万吨/年,采用"3+1"流程。将 $w(S)>40\%$,$w(As 或 F)<0.15\%$ 的精硫铁矿砂,粉碎至平均粒径为 0.054 mm（20 目以上的大于 55%）加入沸腾炉,该炉下部通入空气,使硫铁矿在炉内呈沸腾状焙烧,沸腾炉中层温度（800±25）℃,上层出口温度（925±25）℃,炉气组成 $\varphi(SO_2)=11\%~12.5\%$,$\varphi(SO_3)=0.12\%~0.18\%$,其余为 N_2 和 O_2。炉气从沸腾炉上部流出进入废热锅炉,回收热量,产生 3.82 MPa 的过热水蒸气,炉气被冷却至（350±10）℃,含烟尘 290~300 g/m^3,进入旋风除尘器和电除尘器,将绝大部分的固体微粒脱除下来（电除尘的除尘效率>99.63%）,电除尘器出口含尘量约 0.1 g/m^3。炉气进入净化工段。在这里炉气经冷却塔进一步冷却后,进入洗涤塔,用 $w(H_2SO_4)=15\%$ 左右的稀硫酸洗涤炉气,进一步脱除 As,F 及其他微量杂质,稀硫酸循环使用,多余的送本厂磷酸车间作萃取磷酸用。电除雾器脱除下来的酸液仍回洗涤塔。经电除雾器（共四台,二二并联,共二级）处理后,炉气中酸雾可脱至 0.005 g/m^3。进入干吸工序,用 93% 硫酸进一步脱除炉气中的水分（<0.05 g/m^3）。进入转化器前配成的工艺气组成为 $\varphi(SO_2)=(8.5±0.5)\%$,$\varphi(O_2)=(9.0±0.5)\%$,$\varphi(N_2)=82.5\%$。转化器共分四段,第一段装 S101—2H 型和 S107—1H 型催化剂,反应温度控制在 410~430 ℃;第二段装 S101—2H 型催化剂,反应温度 460~465 ℃;第三段装 S107—1H 型催化剂,反应温度控制在 425~430 ℃;经三段转化,转化率达到 93% 左右,然后经换热和在第一吸收塔吸收 SO_3 后,再进入第四段,第四段装 S107—1H 型催化剂,反应温度

410~435 ℃,转化率达到 99.5%,然后经换热后进入第二吸收塔,在此将 SO_3 吸收,在排放出的尾气中,SO_2 含量约 454 $\mu L \cdot L^{-1}$。焙烧工序产生的矿渣和从旋风除尘器及电除尘器下来的粉尘,经冷却增湿后(图中未画出)送到钢铁厂作炼铁原料。

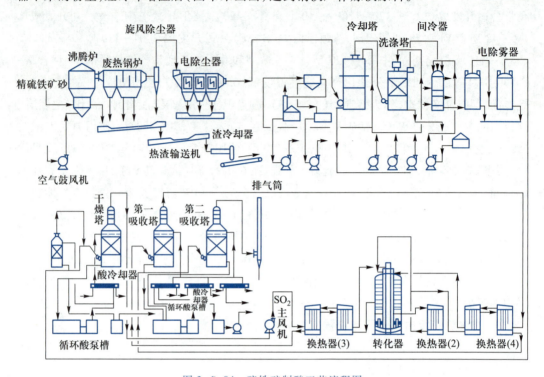

图 3-1-04　硫铁矿制酸工艺流程图

本流程只生产 $w(H_2SO_4)$ = 98.5%的浓硫酸,不生产发烟硫酸。

(2)硫黄制酸工艺流程　图 3-1-05 示出的是我国一座大型硫黄制酸厂的生产工艺流程,该厂规模为 14 万吨/年,采用"3+1"流程,转化器用催化剂为美国孟山都环境化学公司的 LP—120 型和 LP—110 型环状催化剂。

原料用液体硫黄加热至 130~150 ℃,用硫黄泵输送至焚硫炉,该炉为卧式喷雾式炉,温度为 1 000~1 050 ℃,炉气中 SO_2 浓度控制在 $\varphi(SO_2)$ = (10±0.5)%。炉气经第一废热锅炉换热后进入转化器,催化剂装填和使用情况见表 3-1-06,总转化率一般在 99.7%左右。在生产过程中,采用美国霍尼韦尔 S900 型模块的 DCS 系统进行自动化控制以降低员工劳动强度,改善劳动条件,确保生产安全可靠。本流程可生产发烟硫酸、98 酸和 93 酸三个产品,发烟硫酸可根据用户需要生产游离 SO_3 浓度不同的产品牌号。

5. 转化器简介

转化器都为固定床反应器,各段反应器的换热,有的采用内部设置换热器,有的采用外部换热器,有的采用二者结合。内部换热器焊缝处因 SO_3 腐蚀会发生气体渗漏,造成 SO_2 转化率下降,但结构紧凑使连接管道大量减少。少数转化器采用冷激式,用冷气体(如冷炉气或空气)冷激。因用冷炉气加入各段,导致 SO_2 最终转化率下降,故仅用作第一段后的冷激气,以后各段仍需用间接换热方法除去反应热。冷空气作冷激一般用在最

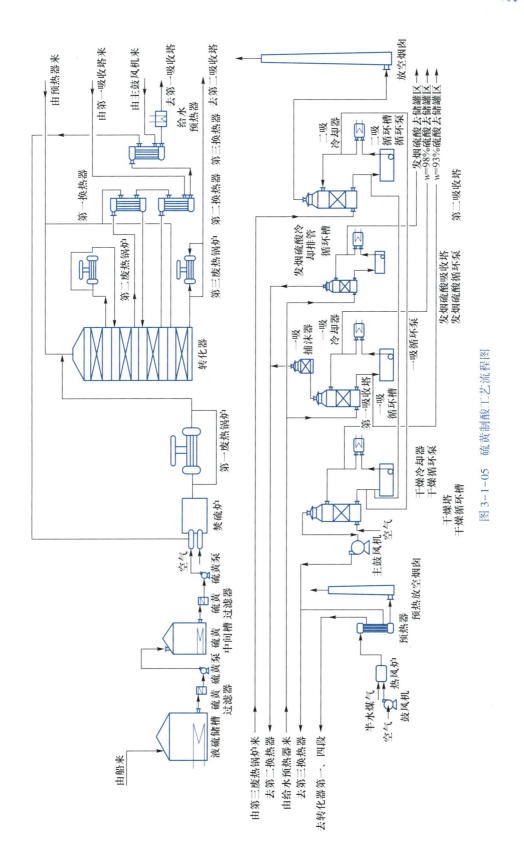

图 3-1-05 硫黄制酸工艺流程图

表 3-1-06 催化剂装填及使用情况

段	催化剂类型	装填量/m³	设计(进口/出口)温度/℃	实际(进口/出口)温度/℃
一	LP—120	15	416/600	420/600
二	LP—120	15	440/521	440/530
三	LP—110	21	440/462	440/500
四	LP—110	29	425/442	425/460

后几段,以免反应气体过度稀释造成 SO₂ 浓度过分下降导致 SO₂ 转化率下降。用硫黄制酸时,炉气不必经过湿法净化,炉气温度较高,不经预热即送入转化器,因此,各段之间可全部采用空气冷激降温。硫黄制酸亦可全部采用外部冷却换热,如图 3-1-05 所示,以利于反应温度的调节和防止气体渗漏。

图 3-1-06 示出的是硫铁矿制酸工艺流程中(见图 3-1-04)的转化器结构和转化器气体走向。它是从加拿大 Chemetics 公司引进的一台不锈钢转化器。与普通转化器相比,有如下优点:

(1)转化器采用 304 不锈钢制造,它的耐热性能比碳钢好,因此不必再衬耐火砖。

(2)转化器中心圆柱体内装有不锈钢气体换热器(为管壳式换热器),从而省去了第一催化剂床层到换热器的气体管道。

(3)催化剂床的全部侧向进气都为多孔环形进气,保证了气体沿转化器截面的良好分布。

(4)把工作状态条件最恶劣的第一段催化剂床层(该段反应最激烈,热效应最大,温升也最大)设置在转化器底部,为操作人员过筛、更换催化剂提供了方便。

由图 3-1-06 可见,除一、二段间用器内间接换热外,其余各段均采用器外间接换热。

6. 三废治理

硫酸生产中会有废渣、废液和废气(尾气)产生,有的要利用,有的则要治理。以硫铁矿为原料生产硫酸时,有大量废渣产生。沸腾炉渣和旋风除尘器下来的粉尘,其中 w(铁)>45%,可用作炼铁原料,电除尘器及净化工序稀酸沉淀池中的固体粉尘可用作水泥厂原料。某些硫铁矿炉渣中还含有丰富的 Co、Cu、Ni、Pb、Zn、Au 和 Ag 等金属,可采用炉渣氯化焙烧等方法,将它们从炉渣中分离出来,残渣仍可用作炼铁原料。回收的金属将为工厂创造更高的经济效益。此外,还有少量炉渣可用来制造硫酸铁、铁红颜料、电焊条和磁性氧化铁粉等。因此,硫酸生产中的废渣,只要综合利用得当,就不会造成环境污染。

由第二吸收塔顶排放出来的尾气,其中 $\varphi(SO_2) < 300~\mu L/L$ 时,已达到国家排放标准,可直接排入大气。超过这一标准,就要对尾气进行治理。

积极的治理方法是采用物理的或化学的方法治理尾气,将 SO₂ 从尾气中除去。目前,已开发了 200 余种烟气脱硫(FGD)技术。在各种 FGD 技术中,非再生 FGD 技术虽然存在各种各样的缺点,但因其具有工艺简单、脱硫效率高等优点,在应用上占有主导地位。图 3-1-07 示出的是美国通用电力公司(GE)的氨洗涤烟气脱硫法工艺流程简图。

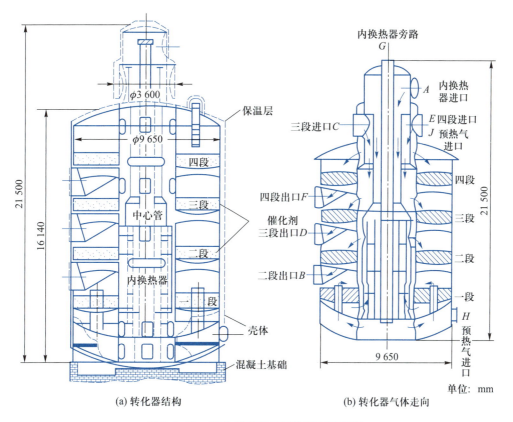

图 3-1-06　转化器结构及气体走向示意图

烟气除尘后进入预洗塔,与饱和的硫酸铵接触,进行绝热蒸发冷却,溶液增浓,有硫酸铵结晶析出。该塔不加入氨,pH<2,能有效地防止 SO_2 在预洗塔内被吸收。冷却并饱和水蒸气后的烟气,经除沫器进入吸收塔,烟气与稀硫酸铵溶液逆流接触,脱去 SO_2。在稀硫酸铵溶液循环槽内,鼓入空气,将吸收的 SO_2 转化为硫酸铵,净化后的烟气经除沫器由烟囱排放。中试结果表明,当烟气中 SO_2 含量达 6 100 μL/L 时,脱硫率高达 99%(即烟气中 SO_2 含量仅存 61 μL/L),而且烟气中氨含量接近于零(最高为 3 μL/L),所得硫酸铵结晶平均粒度为 300 μm,很容易脱水分离,经两次脱水后的产品纯度高达 99.6%。

硫酸厂废水主要来自净化焙烧炉气体的洗涤水。污水中除含微量硫酸(在焙烧炉中少量 SO_2 转化为 SO_3)外,还含有 2~30 mg(As)/L(污水),10 mg(F)/L(污水),它们在废水中的含量都大大超过污水排放标准。过去采用水洗流程,每生产 1 t 硫酸产生 10~15 t 废水,因此废水治理量很大。现在多采用封闭净化流程(即稀酸洗流程),每生产 1 t 硫酸只产生 80~100 L 废水,使得废水量大为减少。废水治理多采用中和法,常用的中和剂是石灰(或石灰石),也有用纯碱或烧碱的。石灰不仅价廉易得,而且它还与污水中所含有的大量铁离子反应生成氢氧化铁絮凝体,把废水中的重金属(如铅、镉)和砷等吸附并共沉淀,从而使污水得以净化。

7. 硫酸生产工业技术进展

（1）富氧焙烧　采用膜法富氧技术焙烧硫铁矿,可使焙烧及净化系统的炉气量减少

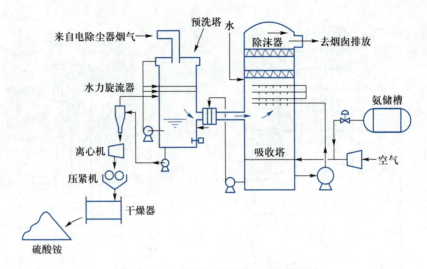

图 3-1-07　氨洗涤烟气脱硫法流程简图

32%左右,干吸和转化系统炉气量减少 20.9% ~ 23.5%。由于氧浓度提高,使沸腾炉焙烧强度提高 43%,SO₂ 催化转化的热力学平衡推动力、动力学速率均有较大提高,最终转化率可达到 99.6%,尾气中 SO₂ 排放量可减少 42%。建设一个 4 万吨/年的硫酸装置总投资可下降 11%。图 3-1-08 示出的是减压式膜分离流程。产生的富氧空气中氧含量可稳定在 $\varphi(O_2)$ = 30% 左右。

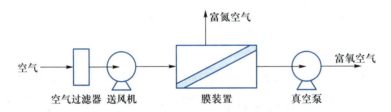

图 3-1-08　减压式膜分离流程图

（2）热管技术　热管工作原理见图 3-1-09。当加热热管的一端时,吸液芯的工作液体将受热汽化,工作液蒸气在管内两端的微小压差作用下从加热端流向较冷的一端,冷凝为液体并放出热量。工作液体在吸液芯毛细力的作用下流回受热端再次汽化,如此往复循环,形成连续的热量转移。由于热管内部的热量传递是依靠工作液体的相变及工作液蒸气流动完成的,因此热阻极小,导热效率极高。由以上叙述可知,使用时热管的一端插入供热体,另一端则插入加热体。图 3-1-10 为用于"3+1"流程转化器的热管技术,由图 3-1-10 可见,热管可以直接布置在转化器内部,结构紧凑,流程管线减少,散热损失小,与普通内部换热器相比,流体阻力也大为减小。

（3）利用 HRS 工艺回收低温热　HRS 工艺由美国 MEC 公司开发成功。采用 HRS 工艺,可回收低温位的 75% 的热能,典型工艺流程示于图 3-1-11。图中的 HRS 热量回收塔取代了传统的两转两吸工艺中的第一吸收塔（或一转一吸工艺中的吸收塔）,含 SO₃ 气体从塔底进入,由塔顶排出。该塔内装上、下两级填料层,下一级填料层上部进入的是 220 ℃、$w(H_2SO_4)$ = 99% 以上的硫酸（此浓度下的硫酸腐蚀性略有下降）,设备由专用合

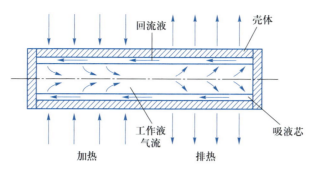

图 3-1-09 热管工作原理示意图

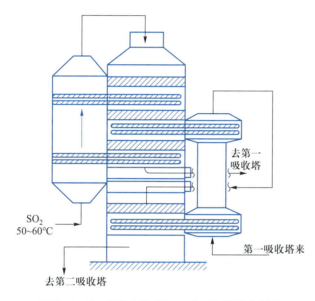

图 3-1-10 热管换热式"3+1"两次转化流程图

金制造,以保证在此酸度和温度下设备能长期稳定地运作。上一级填料层上部进入的是温度与传统工艺一样的第二吸收塔来酸,以确保 SO_3 的吸收率。两股酸汇合流入与塔相连的泵槽,然后用酸循环泵送入 HRS 锅炉,产生 0.3~1.0 MPa 的饱和蒸汽,由于酸吸收 SO_3 后浓度增加,需通过稀释器加水以维持浓度,加水后的循环酸送回 HRS 热回收塔。多余的高温酸经 HRS 加热器(加热锅炉给水)和 HRS 预热器(加热进除氧器的脱盐水)换热后去第二吸收塔泵槽。HRS 锅炉的产汽量为 0.5 t/t 酸左右,为提高热回收所得蒸汽的品级和数量,可向进口气体中喷入低压饱和蒸汽(0.3 MPa),这样可多得中压蒸汽。亦可在 HRS 工艺中增设 1 个中间汽包,用出 HRS 锅炉的中压蒸汽(1.0 MPa)直接加热高压蒸汽锅炉给水,将锅炉给水温度提高到中压蒸汽饱和温度,从而增加高压蒸汽产量。

(4)阳极保护管壳式浓硫酸冷却器 用作干燥(干吸)塔、吸收塔热浓硫酸的冷却器(酸冷器),因热浓硫酸有很强的腐蚀性,设备或管路会发生渗漏现象,破坏操作正常进行。为此我国开发了用 RS—2 型钢材制作的板式酸冷却器和带阳极保护的管壳式浓酸冷却器,后者的基本原理为:凡与浓硫酸接触的部分均为"阳极",另外设置两根从水箱处穿过管板、折流板且与换热管平行的金属棒作为"阴极",通过"电解液"(浓硫酸)形成电流回路。恒电位仪通过控制"控制参比电极电位",输出变化的阳极电流,使阳极(冷却器)处于稳定的钝化区内(浓硫酸-不锈钢体系),依靠在钝化区所形成的钝化膜阻止冷却器在浓硫酸中的腐蚀。阳极保护系统示意图如图 3-1-12 所示。

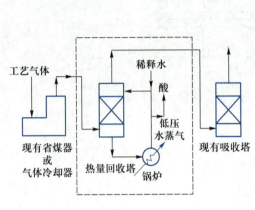

图 3-1-11　典型的 HRS 工艺流程　　　　　图 3-1-12　"酸冷器"阳极保护系统示意图

(5) 高、低浓度 SO_2 转化技术　随着富氧冶炼技术的发展,冶炼烟气 SO_2 浓度不断提高,甚至高达 26%,高浓度 SO_2 烟气制酸已成为发展趋势。国内外在这方面已经取得一些工业化成果,其中最具代表性的工艺主要有两类:一是采用在转化器一段混入部分反应后的循环烟气,如芬兰奥图泰的 LUREC 工艺;二是采用预转化的方式,如德国拜耳的 BAYQIK工艺、孟莫克预转化工艺及我国金隆铜业的预转化工艺等。以孟莫克预转化工艺为例,它采用预转化加常规的"3+1"流程,如图 3-1-13 所示,电除雾器出来的 $\varphi(SO_2) = 28\%$ 的气体进 SO_2 气体干燥塔用浓硫酸干燥,再由 SO_2 风机分两路分别送入预转化器和主转化器第一段。稀释空气进空气干燥塔用浓硫酸干燥,该塔出口干空气也不能像常规转化工艺一样从脱吸塔回到 SO_2 干燥塔进口,而是需要单独设置一台空气风机来提供压头。空气风机出口干空气与 SO_2 风机来的小部分 SO_2 气体混合,经换热升温后进入预转化器转化,转化后的气体与大部分 $\varphi(SO_2) = 28\%$ 气体混合,再经换热升温后进入主转化器第一段反应。在预转化工艺中,可以设定进预转化器的气体 SO_2 浓度与常规转化工艺转化器第一段进口处相同,通过预转化的转化率和温度等确定 SO_2 进入预转化器的比例。

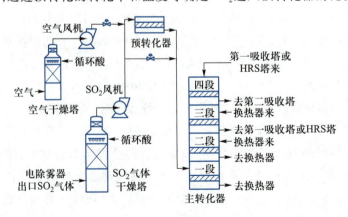

图 3-1-13　孟莫克预转化工艺流程图

由于受到冶炼工艺的限制,冶炼过程中也会产生 $\varphi(SO_2) = 0.05\% \sim 4.0\%$ 的低浓度 SO_2 烟气,国内采用三种方法处理:一是采用高、低浓度 SO_2 烟气配气制酸,二是采用 WSA 工艺制酸,三是采用吸收或吸附法回收后再制酸。

三、氨催化氧化制硝酸

硝酸和硫酸一样,也是无机化学工业中的重要产品,但它的产量比硫酸要小得多。我国 2022 年的硝酸总生产能力达 19.76 Mt,产量达 14.14 Mt,位居世界第一位。近 20 年来,由于农业用肥逐渐由氮肥调整为氮磷钾复合肥(如硝基复合肥、硝酸铵钙等),加之如二异氰酸酯、己二酸等以硝酸为原料的产品的快速增长,拉动了硝酸产能的增长;又由于双加压法关键设备"四合一"机组成功实现国产化,加快了双加压法工艺装置在国内的应用和发展,压缩了其他生产方法的市场份额,因此到 2022 年,高压法、综合法硝酸装置仅有 3 套在运行,产能占比仅 1.2%,而双加压法产能已占 95.2%。硝酸大部分用来制造肥料,如硝酸铵、氮磷钾复合肥料等,亦大量用来制造炸药、染料和医药中间体、硝酸盐和王水等,还用作有机合成原料。

硝酸是五价氮的含氧酸,纯硝酸是无色液体,相对密度 1.502 7,熔点 -42 ℃,沸点 86 ℃。一般工业品带微黄色。$w(HNO_3) > 86\% \sim 97.5\%$ 的浓硝酸又称发烟硝酸,它是溶有二氧化氮的红褐色液体,在空气中猛烈发烟并吸收水分。硝酸是强氧化剂,有强腐蚀性,在生产、使用和运输中要注意安全。与硫酸不同,硝酸与水会形成共沸混合物,共沸点与温度和压力的关系示于图 3-1-14。由图 3-1-14 可见,共沸点随压力的增加而上升,但共沸点下的硝酸浓度却基本一样。在 101.32 kPa 下共沸点温度为 120.5 ℃,相应的 $w(HNO_3) = 68.4\%$。因此,不能直接由稀硝酸通过蒸馏方法制得浓硝酸,而应该首先将稀硝酸脱水,制成超共沸酸(即浓度超过共沸点时的硝酸浓度),经蒸馏最后才能制得浓硝酸。

1. 生产方法综述

在 17 世纪,人们用硫酸分解智利硝石($NaNO_3$)来制取硝酸。硫酸消耗量大,智利硝石又要由智利产地运来,故本法目前已淘汰。1932 年建立了氨氧化法生产硝酸的工业装置,所用原料是氨和空气。氨氧化的催化剂是编织成网状的铂合金(常用铂-铑网),产品为稀硝酸[硝酸浓度为 $w(HNO_3) = 45\% \sim 62\%$]和浓硝酸[硝酸浓度为 $w(HNO_3) = 98\%$]。

(1)稀硝酸生产过程

① 氨氧化　主要反应有

$$4NH_3 + 5O_2 =\!=\!= 4NO + 6H_2O \qquad \Delta H^{\ominus}(298\ K) = -907.28\ kJ/mol$$

这是一个强放热反应。反应温度 760~840 ℃,压力 0.1~1.0 MPa,通过铂网的线速率大于 0.3 m/s,$\varphi(O_2)/\varphi(NH_3) = (1.7 \sim 2.0):1$,在以上工艺条件下,氨的氧化率可达 95%~97%。

② NO 的氧化　出氨氧化反应器(亦称氧化炉)的反应气经废热锅炉和气体冷却器分出冷凝稀酸后,在低温下(小于 200 ℃)利用反应气中残余的氧继续氧化生成 NO_2:

$$2NO + O_2 =\!=\!= 2NO_2 \qquad \Delta H^{\ominus}(298\ K) = -112.6\ kJ/mol(NO)$$

$$NO + NO_2 =\!=\!= N_2O_3 \qquad \Delta H^{\ominus}(298\ K) = -40.2\ kJ/mol(NO)$$

$$2NO_2 =\!=\!= N_2O_4 \qquad \Delta H^{\ominus}(298\ K) = -56.9\ kJ/mol(NO_2)$$

其中生成 N_2O_3 和 N_2O_4 的反应,其反应速率极快(分别为 $0.1\ s$ 和 $1\times10^{-4}\ s$),而生成 NO_2 的反应则慢得多(约 $20\ s$),因此是整个氧化反应的控制步骤。上列三个反应是可逆放热反应,反应后系统的化学计量数减少,因此降低反应温度、增加压力有利于 NO 氧化反应的进行。NO 的氧化度 $\alpha(NO)$ 与温度和压力的关系示于图 3-1-15。由图 3-1-15 可见,当温度低于 $200\ ℃$,压力为 $0.8\ MPa$ 时 $\alpha(NO)$ 接近 100%,常压时 $\alpha(NO)$ 也能达到 90% 以上。实际操作时 $\alpha(NO)$ 在 $70\%\sim80\%$,反应气即可送吸收塔进行吸收操作。

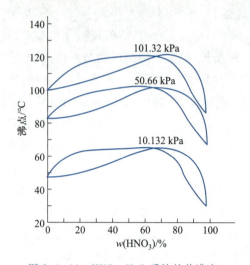

图 3-1-14　HNO_3-H_2O 系统的共沸点、
组成与压力的关系曲线

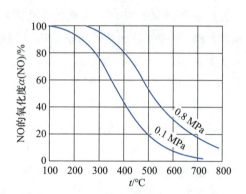

图 3-1-15　NO 的氧化度 $\alpha(NO)$
与温度、压力的关系

NO 的氧化是一个非催化氧化反应,反应时间比氨氧化反应长得多,前者为 $20\ s$ 左右,而后者仅为 $2\times10^{-4}\ s$。当氧氨比 $\gamma=1.7\sim2.0$ 时,相应的氨浓度为 $\varphi(NH_3)=11.5\%\sim9.5\%$。为加速 NO 的氧化速率,此时需配入二次空气(它又可用作漂白塔的吹出气),将反应气中氧浓度控制在 $\varphi(O_2)=7.0\%$ 左右。

③ 吸收　吸收在加压下进行。氮氧化合物中除 NO 外,其他的氮氧化合物在吸收塔内与水发生如下反应:

$$2NO_2+H_2O \Longrightarrow HNO_3+HNO_2 \qquad \Delta H^{\ominus}(298\ K)=-116.1\ kJ/mol(NO_2)$$

$$N_2O_4+H_2O \Longrightarrow HNO_3+HNO_2 \qquad \Delta H^{\ominus}(298\ K)=-59.2\ kJ/mol(N_2O_4)$$

$$N_2O_3+H_2O \Longrightarrow 2HNO_2 \qquad \Delta H^{\ominus}(298\ K)=-55.7\ kJ/mol(N_2O_3)$$

因在常温下 N_2O_3 很容易分解成 NO 和 NO_2,因此由上列第三式生成 HNO_2 的量不大,可以忽略不计。上列各式生成的 HNO_2 只有在温度低于 $0\ ℃$,以及浓度极小时方才稳定,在工业生产条件下,它会迅速分解:

$$3HNO_2 \Longrightarrow HNO_3+2NO+H_2O \qquad \Delta H^{\ominus}(298\ K)=75.9\ kJ/mol(HNO_2)$$

因此,用水吸收氮氧化物的总反应式可写成

$$3NO_2+H_2O \Longrightarrow 2HNO_3+NO \qquad \Delta H^{\ominus}(298\ K)=-136.2\ kJ/mol(NO_2)$$

即 NO_2 中 2/3 生成硝酸,1/3 变成 NO,它仍需返回到氧化系统参与氧化反应,而且由于受共沸酸浓度的限制,硝酸浓度不会很高,一般在 $w(HNO_3)=60\%$ 左右。

现有的稀硝酸生产方法有 5 种,即常压法、中压法(0.25~0.50 MPa)、高压法(0.7~1.2 MPa)、综合法(氧化为常压,吸收为加压)和双加压法(氧化为中压,吸收为高压)。

常压法氧化和吸收都在常压下进行,设备投资和动力消耗都较省,但制得的硝酸浓度不高[$w(HNO_3)$ = 45%~52%],排出的尾气中氮氧化合物 NO_x(NO, NO_2 及其他氮氧化合物的总称)含量高,要增加处理装置,经治理后才能排入大气。

中压法、高压法和双加压法(统称全压法)的氧化和吸收都在加压下进行,设备投资和动力消耗大,但制得的酸浓度高,$w(HNO_3)$ = 65%~72%,尾气中 NO_x 的含量比较低,容易处理或直接排放。其中双加压法加压方式合理,吸收率达 99.5%,尾气中 NO_x 的含量只有 180 $\mu L \cdot L^{-1}$ 左右。

综合法氧化在常压下进行,吸收在加压下进行,设备投资和动力消耗介于常压和加压之间,$w(HNO_3)$ = 65%~72%。

上述 5 种工艺的技术经济指标比较示于表 3-1-07。

表 3-1-07　5 种工艺的技术经济指标比较

项目	常压法	综合法	中压法	高压法	双加压法
氧化压力(表)/MPa	0.11~0.22	0.10	0.45	0.8~0.9	0.45
吸收压力(表)/MPa	0.098~0.18	0.35	0.40	0.7~0.8	1.10
氨氧化率/%	96~97	96~97	96	~95	96
吸收率/%	85~92	96	98	~97	~99.7
酸浓度/%	40~45	43~45	50~53	53~55	58~60
尾气中 NO_x 浓度/($\mu L \cdot L^{-1}$)	5 000~10 000 常压碱吸收	2 500 常压碱吸收	1 000~1 500 加压碱吸收	2 000~2 500	<200
处理后尾气中 NO_x 浓度/($\mu L \cdot L^{-1}$)	600~1 300	600~1 300	200~500	200	不需处理
尾气处理氨耗/($kg \cdot t^{-1}$酸)	~	8	7	7(尾气 NO_x 以 200 $\mu L \cdot L^{-1}$ 计)	0
总氨耗/($kg \cdot t^{-1}$酸)	308~330	290	293	~304	~283
铂耗/($g \cdot t^{-1}$酸)	0.06	0.06	~0.1	1.8~2.0	~0.1
投资/万元			50 kt/a 生产规模 ~2 600	50 kt/a 生产规模 2 300~2 500	100 kt/a 生产规模 8 000

由表 3-1-07 可见,常压法和综合法技术经济指标较差,1999 年我国已明文规定不允许上新的生产装置。高压法存在氨耗、铂耗和电耗高,投资大等缺点,也不宜新建生产装置。

(2)浓硝酸生产过程　生产浓硝酸有直接法、间接法和超共沸酸精馏法三种,直接法即由氨直接合成浓硝酸,基建投资较大,只在国内外大型工厂中采用。间接法是先生产稀硝酸再设法将稀硝酸中水分脱除,将浓度提高至共沸酸浓度以上,最后经蒸馏得到 $w(HNO_3)$ = 98%成品硝酸。这种生产方法适宜于中小型浓硝酸生产装置,在国内外采用比较普遍。超共沸酸精馏法是设法脱除氧化气中较多的水分,使 NO_x 直接生成超共沸酸,再经蒸馏制得浓硝酸的方法,被认为是制造浓硝酸的一种好方法。

① 直接法(又称直硝法)生产过程　直接法由氨和空气经氧化直接合成浓硝酸,生产的关键是除去反应生成的水。反应经历以下五个步骤:

a. 制 NO　氨和空气通过铂网催化剂,在高温下被氧化成 NO,并急冷至 40～50 ℃,使生成的水蒸气经冷凝而除去。

b. 制 NO₂　NO 和空气中的氧反应,生成 NO₂ 后,残余的未被氧化的 NO 和 $w(HNO_3)>98\%$ 的浓硝酸再反应,被完全氧化成 NO₂:

$$2NO + O_2 \Longrightarrow 2NO_2$$

$$NO + 2HNO_3 \xrightleftharpoons{40\ ℃} 3NO_2 + H_2O$$

c. 分出 NO₂　在低温下用浓硝酸 $[w(HNO_3)>98\%]$ 吸收 NO₂ 成为发烟硝酸,不能被吸收的惰性气体(N_2 等)排出系统另行处理。

$$NO_2 + HNO_3[w(HNO_3)>98\%] \xrightleftharpoons{-10\ ℃} HNO_3 \cdot NO_2(发烟硝酸)$$

d. 制纯 NO₂ 并冷凝聚合为液态 N_2O_4　加热发烟硝酸,使其热分解放出 NO₂,然后把这种纯的 NO₂ 冷凝成为液态 N_2O_4:

$$HNO_3 \cdot NO_2 \xrightarrow{加热} HNO_3 + NO_2$$

$$2NO_2 \xrightarrow{冷凝聚合} N_2O_4$$

e. 高压釜反应制浓硝酸　将液态 N_2O_4 与稀硝酸混合(要求稀硝酸中水分与液态 N_2O_4 成一定比例)送入高压釜,在 5.0 MPa 压力下通入氧气,N_2O_4 与水(来自稀硝酸)和氧反应直接生成 $w(HNO_3)=98\%$ 的浓硝酸。

$$2N_2O_4 + 2H_2O + O_2 \xrightarrow[65～75\ ℃]{5.0\ MPa} 4HNO_3 \qquad \Delta H^{\ominus}(298\ K) = -78.83\ kJ/mol$$

为了加快反应的进行,加入的液态 N_2O_4 应比理论量多些,这样制得的是含大量游离 NO₂(即发烟硝酸)的白色浓硝酸,将它放到漂白塔内,通入空气,把游离的 NO₂ 吹出,制得 $w(HNO_3)=98\%$ 的成品浓硝酸。NO₂ 经回收冷凝后再送到高压釜使用。

如果氨的氧化不用空气,而采用纯氧(需加水蒸气稀释以防爆炸),制得的 NO 浓度可高些,这对以后的制酸操作是有利的。但需建造制氧装置和增加动力消耗。与下面阐述的间接法相比,直接法投资大,生产成本高,尾气中 NO_x 含量亦高,需治理后才能排放。但该法能副产 N_2O_4,后者可用于军工及某些特殊行业,售价较高,可弥补生产成本高的不足。

② 间接法(又称间硝法)　间接法所用脱水剂有硫酸、硝酸镁、硝酸钙和硝酸锌等。经过多年生产实践的筛选,现在几乎全部采用硝酸镁。

硝酸镁是三斜晶系的无色晶体,变成水溶液后,随浓度的不同,可以形成多种结晶水合物,图 3-1-16 示出了 $Mg(NO_3)_2$-H_2O 系统的结晶曲线。图中 D 点是临界溶解温度,即当 $w[Mg(NO_3)_2]=57.8\%$ 时,其结晶温度为 90 ℃,此时析出 $Mg(NO_3)_2 \cdot 6H_2O$ 结晶。F 点为转熔点,即当 $w[Mg(NO_3)_2]=81.1\%$ 时,其结晶温度为 130.9 ℃,此时 $Mg(NO_3)_2$ 和

$Mg(NO_3)_2 \cdot 2H_2O$ 结晶共同析出。因此在选择硝酸镁操作温度时,应该避开这些最高点,以免溶液结晶。当 $w[Mg(NO_3)_2] >$ 67.6% 时,其结晶温度随溶液浓度增加而迅速上升,$w[Mg(NO_3)_2] > 81\%$ 时,则结晶温度直线上升,在此浓度下操作极易造成管道堵塞。因此,硝酸镁浓度太稀脱水效果固然不好,太高则也难以操作,在实际生产中一般控制在 $w[Mg(NO_3)_2] = 64\% \sim 80\%$,即不超过 80%(一般为 $w[Mg(NO_3)_2] =$ 72%),加热器出口(即吸水后稀硝酸浓度)不低于 64%。硝酸镁法浓缩原理如下:$w[Mg(NO_3)_2] = 72\% \sim 74\%$ 的硝酸镁溶液

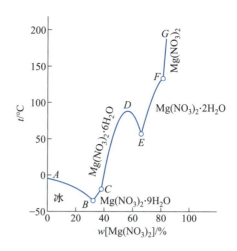

图 3-1-16 $Mg(NO_3)_2$-H_2O 系统的结晶曲线

加入稀硝酸中,便立即吸收稀硝酸中的水分,使硝酸浓度提高,$w(HNO_3) > 68.4\%$,而硝酸镁由于吸收水分,浓度下降,$w[Mg(NO_3)_2] \approx 65\%$,此时在硝酸和硝酸镁混合溶液的气相中 $\varphi(HNO_3) > 80\%$,再将后者精馏即可得到成品浓硝酸。$Mg(NO_3)_2$-HNO_3-H_2O 三元体系沸腾时所产生的 HNO_3 蒸气成分可由图 3-1-17 求得。从而确定浓缩硝酸所需的最低硝酸镁的用量。

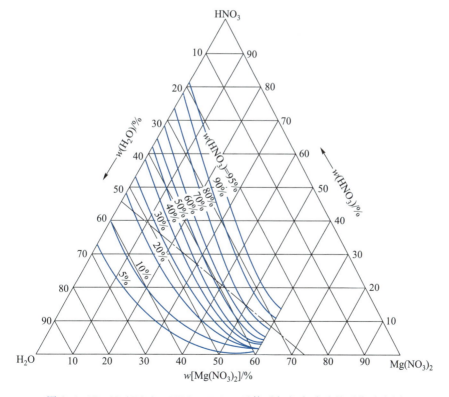

图 3-1-17 $Mg(NO_3)_2$-HNO_3-H_2O 三元体系气相中硝酸的平衡浓度图

硝酸镁的脱水在真空下进行。不同真空度下,硝酸镁水溶液的沸点见表 3-1-08。

表 3-1-08　不同真空度下硝酸镁水溶液的沸点

品种	质量分数/%	真空度/kPa					
		80.0	82.7	85.3	88.0	90.7	93.3
		沸点/℃					
纯硝酸镁	71.21	137.7	134.6	131.3	127.3	124.0	—
	73.94	145.2	142.0	138.5	135.0	131.2	127.3
含杂质的硝酸镁*	69.69	143.6	140.5	137.0	133.6	129.0	—
	71.52	147.1	143.1	139.7	136.0	132.4	—
	72.72	151.4	148.0	144.6	140.4	—	—

* 硝酸镁中的杂质主要有 $Ca(NO_3)_2$,$Al(NO_3)_3$,$Fe(NO_3)_3$ 等。

③ 超共沸酸精馏法　该法由西班牙 Espimdesa 公司开发成功,技术关键是要求氨氧化反应后气体中水分要尽量除尽[冷凝酸浓度 $w(HNO_3)<2\%$],使脱水后系统总物料中生成硝酸的浓度超过稀硝酸共沸点的浓度。脱水反应气在氧化塔中用共沸酸氧化,使 NO 转化成 NO_2,在超共沸酸吸收塔中吸收生成浓度为 $w(HNO_3)=80\%\sim90\%$ 的硝酸,再进入超共沸酸精馏塔、热酸漂白塔制得浓度为 $w(HNO_3)=98\%$ 的成品酸。本法具有可大型化、投资省、运行费用低的优点,是目前最经济的方法,排出的尾气中 NO_x 的含量在 $200\ \mu L\cdot L^{-1}$ 以下。

现将三种浓硝酸生产方法可变成本的比较示于表 3-1-09。表中(1)为超共沸酸精馏法;(2)为中压法(压力 0.45 MPa)制取稀硝酸,再用硝酸镁法制浓硝酸;(3)为双加压法(氧化 0.45 MPa,吸收 1.15 MPa)制稀硝酸,再用硝酸镁法制浓硝酸。由表 3-1-09 可见,超共沸酸精馏法可变成本最低,比中压法低 118.23 元/吨,比双加压法低 87.83 元/吨,对一个全年生产 5 万吨浓硝酸的工厂而言,超共沸酸精馏法可节约生产成本 420 万~600 万元/年。

表 3-1-09　三种浓硝酸生产方法的可变成本比较

项目	消耗量					单价 元·吨$^{-1}$	价格差/元	
	(1)	(2)	(3)	(1)-(2)	(1)-(3)		(1)-(2)	(1)-(3)
液氨/(kg·t^{-1})	285	296.67	289.5	-11.67	-4.5	1 500	-17.50	-6.75
铂/(g·t^{-1})	0.086	0.1	0.12	-0.014	-0.034	145 元·克$^{-1}$	-2.03	-4.93
脱盐水/(t·t^{-1})	1.0	1.0	0.5	0	0.5	1.6	0	0.8
循环水/(t·t^{-1})	85	215	250	-130	-165	0.15	-19.5	-24.75
低压水蒸气/(t·t^{-1})	0.181	1.9	3.65	-1.719	-3.469	50	-85.95	-173.45
中压水蒸气/(t·t^{-1})			-0.34		0.34	70		23.8
电/(kW·h·t^{-1})	434	360	56	74	378	0.3 元·度$^{-1}$	22.2	113.4
轻质氧化镁/(kg·t^{-1})		1.5	1.5	-1.5	-1.5	8.5 元·千克$^{-1}$	-12.75	-12.75
一次水/(t·t^{-1})	9	22.8	25	-13.5	-16	0.2	-2.7	-3.2
合计							-118.23	-87.83

2. 氨的接触氧化原理

(1) 氨氧化的化学平衡　氨的接触氧化随反应条件和使用催化剂的不同可生成不同的产物:

$$4NH_3 + 5O_2 \Longrightarrow 4NO + 6H_2O \qquad \Delta H^{\ominus}(298\ K) = -905.5\ kJ/mol \qquad (3-1-08)$$

$$4NH_3 + 4O_2 \Longrightarrow 2N_2O + 6H_2O \qquad \Delta H^{\ominus}(298\ K) = -1\ 103.1\ kJ/mol \qquad (3-1-09)$$

$$4NH_3 + 3O_2 \Longrightarrow 2N_2 + 6H_2O \qquad \Delta H^{\ominus}(298\ K) = -1\ 267\ kJ/mol \qquad (3-1-10)$$

除了上列反应外,还可能发生以下副反应:

氨的分解 $\qquad 2NH_3 \Longrightarrow N_2 + 3H_2 \qquad \Delta H^{\ominus}(298\ K) = 91.8\ kJ/mol$

一氧化氮的分解 $\qquad 2NO \Longrightarrow N_2 + O_2 \qquad \Delta H^{\ominus}(298\ K) = 180.3\ kJ/mol$

NH_3 和 NO 相互作用 $\qquad 4NH_3 + 6NO \Longrightarrow 5N_2 + 6H_2O \qquad \Delta H^{\ominus}(298\ K) = -1\ 804\ kJ/mol$

式(3-1-08)～式(3-1-10)三个反应在 900 ℃ 时的平衡常数,根据能斯特(Nernst)公式计算如下:

$$K_{p1} = \frac{p^4(NO) \cdot p^6(H_2O)}{p^4(NH_3) \cdot p^5(O_2)} = 1 \times 10^{53}$$

$$K_{p2} = \frac{p^2(N_2O) \cdot p^6(H_2O)}{p^4(NH_3) \cdot p^4(O_2)} = 1 \times 10^{61}$$

$$K_{p3} = \frac{p^2(N_2) \cdot p^6(H_2O)}{p^4(NH_3) \cdot p^3(O_2)} = 1 \times 10^{67}$$

所得平衡常数 K_{p1}, K_{p2}, K_{p3} 数值巨大,说明这三个反应实际上是三个不可逆反应。其中 K_{p3} 特别巨大,若没有催化剂,氨氧化结果将主要生成氮气和水蒸气。

(2) 氨氧化催化剂和催化机理　采用的催化剂都为铂合金,常用的有 Pt-Rh,Pt-Rh-Pd 二元和三元合金,有的铂合金中还加进 Co,Ni 和 Mo 等金属以降低催化剂成本和减少铂在 1 500 ℃ 高温下的挥发性消耗。通常所使用的铂丝直径为 0.040～0.10 mm,铂网上不为铂丝占据的自由面积是整个面积的50%～60%。新铂网表面光滑而且具有弹性,活性小,为此需经活化处理。方法是用氢气火焰进行烘烤,使之变得疏松、粗糙,从而增大反应接触表面积。空气中的灰尘(各种金属氧化物)和氨气中可能夹带的铁锈和油污等杂质,会遮盖在铂网表面,造成催化剂暂时中毒,H_2S 也会使铂网催化剂暂时中毒,但水蒸气对铂网无毒害,仅会降低铂网的温度。为此,原料气在混合前必须经过净化处理。即使如此,催化剂在使用 3～6 个月后仍需进行再生处理。再生方法是将铂网从氧化炉取出,浸泡在 $w(HCl) = 10\%～50\%$ 的水溶液中,在 60～70 ℃ 下恒温 1～2 h,然后分离,再用蒸馏水洗至中性,最后铂网经干燥和在氢气火焰中灼烧活化后,装入氧化炉重新参与反应。

氨催化氧化的反应机理,与 SO_2 和 O_2 在 V_2O_5 催化剂上的反应相仿,包括以下几个步骤:

① 由于铂吸附氧的能力很强,铂催化剂表面吸附的氧分子中的共价键被破坏,生成两个氧原子;

② 铂催化剂表面从气体中吸附氨分子,随后氨分子中的氮原子和氢原子与氧原子结合;

③ 进行电子的重新排列,生成一氧化氮和水分子;

④ 铂对一氧化氮和水分子的吸附能力较小,它们在铂催化剂表面脱附,进入气相中。

研究表明,气相中氨分子向铂网表面的扩散是整个催化氧化过程的控制阶段,也就是说整个反应是由外扩散控制的。

(3) 氨催化氧化的反应动力学　根据上述反应机理,捷姆金等导出 800~900 ℃下在 Pt-Rh 网上的宏观反应动力学:

$$\lg \frac{\varphi_0}{\varphi_1} = 0.951 \frac{Sm}{dV_0} \left[0.45 + 0.288 (dV_0)^{0.56} \right] \tag{3-1-11}$$

式中:φ_0——氨空气混合气中氨的体积分数,%;

　　φ_1——通过铂网后氮氧化物气中氨的体积分数,%;

　　S——铂网的比表面积(活性表面面积/铂网截面积),cm^2/cm^2;

　　m——铂网的层数;

　　d——铂丝的直径,cm;

　　V_0——标准状态下气体流量,$L \cdot h^{-1} \cdot cm^{-2}$(铂网截面积)。

在实际生产中,φ_0, S, m, d 是已知的,则通过式(3-1-11)就可求得在不同 V_0 下的 φ_1 值,从而求得反应转化率 x:

$$x = \frac{\varphi_0 - \varphi_1}{\varphi_0}$$

x 包括氨在主、副反应中的转化率,因此要比前述的氧化率大。

可利用下列公式直接计算出氨分子向铂网表面扩散的时间。

$$\tau = \frac{Z^2}{2D} \tag{3-1-12}$$

式中:Z——氨分子扩散途径的平均长度;

　　D——氨在空气中的扩散系数。

设氨在 700 ℃下氧化,所用铂丝直径为 0.009 cm,1 cm 长的铂丝数为 32 根,则 $Z = 0.010$ cm,$D = 1$ cm^2/s,由式(3-1-12)可计算得扩散时间为 0.5×10^{-4} s。实际操作中,反应温度在 800 ℃左右,扩散时间还会缩短。这一数据表明,氨氧化生成 NO 的反应速率是极快的,一般在 1×10^{-4} s 左右时间内即可完成。

(4) 氨催化氧化工艺条件的选择　氨接触氧化的工艺,首先要保证有高的氧化率,这样可降低氨的消耗和硝酸的生产成本,常压下氧化率可达 97%~98.5%,加压下氧化率也可达 96%~97%;其次是应考虑有较高的生产强度和比较低的铂消耗,最大限度地提高铂网工作时间,从而达到操作的稳定性、生产的连续性。

① 温度　氨氧化生成一氧化氮虽在 145 ℃时已开始,但到 300~400 ℃时生成量仍旧很少,主要还是生成单质氮(N_2)和水蒸气。要使一氧化氮收率达到 97%~98%,反应

温度必须不低于 780 ℃。但反应温度过高,由于一氧化氮分解,一氧化氮收率不但不升高,还会有下降的可能,而且当反应温度高于 920 ℃时,铂的损失将大大增加(主要是铂在高温下挥发加剧)。一般氨在常压下催化氧化温度控制在 780~840 ℃,加压下为 870~900 ℃。

② 压力　从反应本身看,操作压力对于一氧化氮的收率没有影响,加压氧化(如在 0.8~1.0 MPa 下操作)比常压氧化的氧化率还要低 1%~2%,但铂催化剂的生产强度却因此而大为提高。例如,常压下每千克铂催化剂每昼夜只能氧化 1.5 t 氨,而在 0.9 MPa 下可氧化 10 t 氨,同一设备生产能力可提高 5~6 倍。但压力过高,加剧了气体对铂网的冲击,铂网的机械损失(摩擦、碰撞后变成粉末)增大,因此一般采用 0.3~0.5 MPa,国外也有高达 1.0 MPa 的。

③ 接触时间　混合气体通过铂催化剂层的时间称为接触时间。为保证氨的氧化率达到最大值,接触时间不能太长(即气流线速率太小),因为这要降低设备的生产能力,而且氨容易分解成单质氮,使氧化率降低。接触时间也不能太短,太短氨来不及氧化就离开铂催化剂层,同样会使氧化率降低。生产实践证实,常压下接触时间以 1×10^{-4} s 左右为宜,加压下以 1.55×10^{-4} s 左右为宜。

④ 混合气组成　提高混合气中氧的浓度,即增加催化剂表面原子氧的浓度,不仅可强化氨氧化反应,而且也有利于一氧化氮氧化成二氧化氮。但氨氧化反应加快,反应热增多,若温度控制不好,就会烧坏催化剂,甚至会酿成爆炸事故。图 3-1-18 示出了氨氧化率与混合气配比的关系。由图可见,直线 1 表示完全按生成一氧化氮反应时的理论情况,曲线 2 表示生产实际情况。由曲线 2 可知,$\gamma = n(O_2)/n(NH_3)$ 达到 1.7 后,氧化率已递增不大,故一般将 γ 值维持在 1.7~2.2,此时氧的过剩量比理论值约高 30%。不过,当反应温度较高时,如达到 800 ℃,反应速率已足够快,γ 值可稍微低一些,取 1.5~1.6。若采用非铂催化剂,由于它的活性较小,γ 值应大于 2,以保持足够的氨氧化速率,否则氧化率会急剧降低。

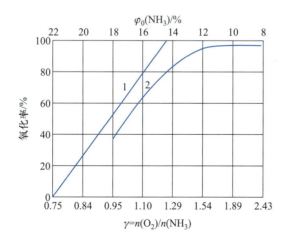

图 3-1-18　氨氧化率与氨空气混合气中氧氨比的关系

根据 γ 值就可求得混合气中 $\varphi(NH_3) = 9.5\% \sim 11.5\%$。

⑤ 爆炸及预防措施　当混合气中氨达到一定浓度时,可能会引起爆炸。NH_3-O_2-N_2 混合气的爆炸极限示于表 3-1-10。在混合气中通入水蒸气,可使爆炸极限范围变窄,甚

至消失。例如,在混合气中通入 φ(水蒸气)>10%的水蒸气时,在 45 ℃的温度下已没有爆炸危险。因此在生产中一般都加入一定量的水蒸气,这样即使将氨浓度提高到 $\varphi(NH_3)$= 13%~14%也是安全的。

为防止爆炸,必须严格控制操作条件,使气体均匀地通过铂网;合理设计接触氧化设备;添加水蒸气;消除引爆隐患(如设备应良好接地,不用铁器敲击管路和设备,不穿带铁钉的鞋,车间不准吸烟等)。

表 3-1-10 NH_3-O_2-N_2 混合气的爆炸极限 [以 $\varphi(NH_3)$/%计]

O_2-N_2 混合气中 $\varphi(O_2)$/%	20	30	40	50	60	80	100
最低	22	17	18	19	19	18	13.5
最高	31	46	57	64	64	77	82

3. 四种硝酸生产工艺流程

下面介绍四种硝酸生产工艺流程。

(1)双加压法制稀硝酸流程   本法典型的工艺流程示于图 3-1-19,现简述如下:

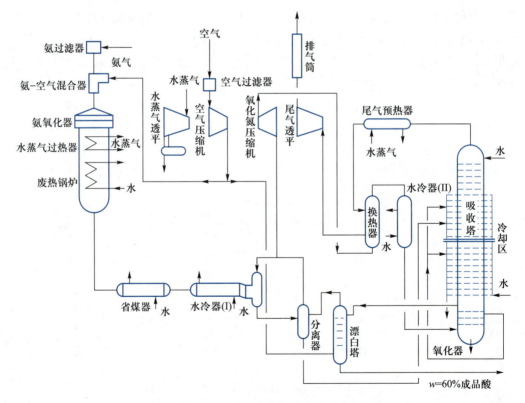

图 3-1-19   双加压法制稀硝酸流程图

① 氨的氧化和热能回收   氨和空气分别进入过滤器,以除去气体中夹带的固体粉尘和油雾等对氨氧化催化剂有害的杂质,净化后的气体经混合器混合[混合气中 $\varphi(NH_3)$ ≈ 9.5%]后进入氨氧化反应器,经与铂铑网接触,$\varphi(NH_3)$= 96%~97%的氨被氧化为一氧化氮,气体的温度也上升到约 860 ℃,此气体经氨氧化反应器下部的水蒸气过热器和废热

锅炉回收热量后出氨氧化反应器的温度约为 400 ℃。

② NO 的氧化及吸收　一氧化氮气体离开废热锅炉并经省煤器回收热量后,被冷却至约 156 ℃。当温度下降时,气体中的 NO 被氧化成 NO_2,然后进入水冷器(Ⅰ),进一步冷却至 40 ℃。在这里,氧化氮(NO_x)气体与冷凝水反应生成 $w(HNO_3) = 34\%$ 的稀硝酸。酸-气混合物经分离器分离,稀硝酸送入吸收塔。由水冷器(Ⅰ)来的氧化氮气体,与来自漂白塔的二次空气相混合后进入氧化氮压缩机,被压缩至 1.0 MPa(表)。气体经换热器被冷却至126 ℃,又经水冷器(Ⅱ)进一步冷却至 40 ℃后,氧化氮气体和冷凝酸一并送入吸收塔底部的氧化反应器继续氧化,在塔中氧化氮气体被水吸收生成硝酸,吸收塔的塔板上设有冷却盘管用以移走吸收热和氧化热,当塔内液体逐板流下时和氧化氮气体充分接触,酸浓度不断提高,在塔底部收集的 $w(HNO_3) = 65\% \sim 67\%$。

③ 漂白　自吸收塔来的 $w(HNO_3) = 65\% \sim 67\%$ 的硝酸里溶入很多氧化氮气体,被送至漂白塔顶部,用二次空气将氧化氮气体从硝酸中吹出,引出的成品酸浓度为 $w(HNO_3) = 60\%$,含 $w(HNO_2) < 0.01\%$,温度为 62 ℃,经冷却至约 50 ℃后,送往成品酸储槽。由吸收塔顶出来的尾气,经尾气预热器,被加热至约 360 ℃,热气体进入尾气透平,可回收约 60% 的总压缩功,最后经排气筒排入大气。排入大气的尾气中氧化氮含量约为 180 μL/L。

（2）直接法制浓硝酸流程　直接法制浓硝酸流程示于图 3-1-20。现简述如下:

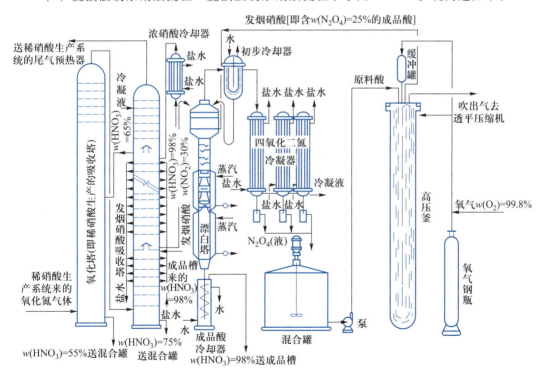

图 3-1-20　直接法制浓硝酸流程图

① 氨的接触反应和一氧化氮的初步氧化　氨在铂催化剂上被氧化成氧化氮(主要为 NO)进入氧化塔,与剩余的空气中的氧气反应,生成二氧化氮,氧化度达 90% 以上。氧化时产生的热量,用由发烟硝酸吸收塔上段(洗涤段)来的 $w(HNO_3) = 65\%$ 的硝酸带走,硝酸被稀释至 $w(HNO_3) = 55\%$,送往混合罐。

② 一氧化氮的再氧化和二氧化氮的吸收　发烟硝酸吸收塔共分三段。下段为重氧化段,气体中的一氧化氮在此被 $w(HNO_3)=98\%$ 的硝酸几乎全部氧化成二氧化氮,同时硝酸被稀释至 $w(HNO_3)=75\%$。中段为发烟硝酸吸收段,用被冷却到 -10 ℃ 的 $w(HNO_3)=98\%$ 的浓硝酸作吸收剂,浓硝酸吸收二氧化氮后成为含游离 NO_2 为 $\varphi(NO_2)=30\%$ 的发烟硝酸。发烟硝酸由中段底部送至漂白塔,反应热用筛板上盘管中的冷冻盐水带走。上段为洗涤段,以冷凝水洗涤尾气中的硝酸雾沫后成为 $w(HNO_3)=65\%$ 的稀硝酸,此酸送氧化塔。尾气中还有 $w(NO_x)=0.2\%(2\,000\ \mu L\cdot L^{-1})$ 的氧化氮,送至稀硝酸生产系统回收能量,并经治理后由烟囱排入大气。

③ 二氧化氮的解吸　含 $\varphi(NO_2)=30\%$ 游离 NO_2 的浓硝酸至漂白塔,受热解吸,释放出 NO_2。浓硝酸从塔底排出,经冷却后可供发烟硝酸吸收段循环使用。塔顶出来的是纯二氧化氮,经初步冷却器用水冷却除去酸雾后,进入四氧化二氮冷凝器,用冷冻盐水冷凝为液态四氧化二氮,送至混合罐。

④ 合成浓硝酸　混合罐中用液态四氧化二氮和各处来的稀硝酸,配成 $n(N_2O_4):n(HNO_3):n(H_2O)=7:2:1$ 的混合物,在充分搅和的情况下用泵送至高压釜,在 5.0 MPa 的压力和 70 ℃ 的温度下,混合物与纯氧反应生成浓硝酸。送入高压釜中的 N_2O_4 是过量的,所以排出的浓硝酸中 $w(N_2O_4)=25\%$(称为热酸),送至漂白塔中部解吸,最后才成为成品酸[$w(HNO_3)=98\%$ 的浓硝酸]。

(3) 间接法生产浓硝酸流程　间接法生产浓硝酸流程包括稀硝酸制造和稀硝酸浓缩两部分,前述 5 种稀硝酸生产方法都可与之配套。图 3-1-21 示出的是稀硝酸的浓缩流程,用的脱水剂是硝酸镁。现简述如下。

$w[Mg(NO_3)_2]=72\%\sim76\%$ 的浓硝酸镁溶液和稀硝酸按 $(4\sim6):1$ 的质量比在混合器 7 混合后,自提馏塔 12 顶部加入。该塔为填料塔,塔温 $115\sim130$ ℃,所需热量由设在塔下部的加热器 13 提供。$w(HNO_3)=80\%\sim90\%$ 的 HNO_3 蒸气从提馏塔顶逸出进入精馏塔 11 中,该塔也是填料塔,塔顶逸出的是温度为 $80\sim90$ ℃ 的 $w(HNO_3)=98\%$ 的 HNO_3 蒸气,经硝酸冷凝器 1 进入酸分配器 9,在这里气体经集雾器 19 用风机 23 排出至稀硝酸系统,液体一部分(2/3)作回流,一部分(1/3)进漂白塔,经漂白后得到 $w(HNO_3)=98\%$ 的成品酸;由提馏塔底部流出的稀硝酸镁溶液进入加热器 13。用 1.3 MPa 间接水蒸气加热,在 $174\sim177$ ℃ 下脱硝(脱除 NO_2)。产生的蒸气用作提馏塔的热源。出加热器 13 的稀硝酸镁 $w[Mg(NO_3)_2]=62\%\sim67\%$,用液下泵打入膜式蒸发器 16 进行蒸发。经浓缩,硝酸镁提浓到 $w[Mg(NO_3)_2]=72\%\sim76\%$ 流入浓硝酸镁储槽 22 中循环使用。由膜式蒸发器出来的蒸气,进入大气冷凝器 15 用水直接冷却,冷却水流入循环水池 21,尾气用水喷射泵 20 抽出,循环水池多余的酸水送废水处理系统。

近年来,我国的许多硝酸生产厂家对图 3-1-21 所示工艺流程作了改进,取得了良好的效果:

① 将大气冷凝器 15 由直接冷凝器冷却改为间接冷凝冷却,废水量由原先的 $140\sim180$ t(废水)/t(硝酸)降至 1.2 t(废水)/t(硝酸),废酸中 $w(HNO_3)=2.5\%$,可送稀硝酸吸收塔用作吸收用水,或送废酸处理系统处理。因量少,浓度高,中和处理设备小,效率高。

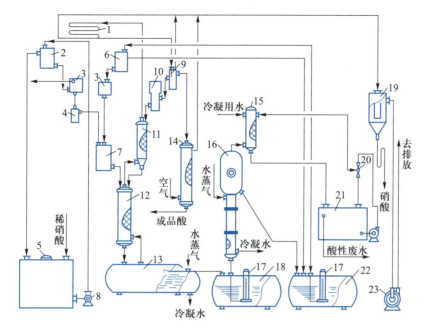

图 3-1-21　硝酸镁法浓缩稀硝酸工艺流程图

1—硝酸冷凝器;2—稀硝酸高位槽;3—流量计;4—液封;5—稀硝酸储槽;6—浓硝酸镁高位槽;
7—混合器;8—离心泵;9—酸分配器;10—回流酸流量计;11—精馏塔;12—提馏塔;13—加热器;
14—漂白塔;15—大气冷凝器;16—蒸发器;17—液下泵;18—稀硝酸镁储槽;19—集雾器;
20—水喷射泵;21—循环水池;22—浓硝酸镁储槽;23—风机

② 取消输送稀硝酸镁的离心泵 8,改用真空吸料。用离心泵送料,需消耗电力,在浓硝酸系统停车时,要求稀硝酸镁送料泵排空(否则料液冷却下来后硝酸镁会结晶析出,堵塞管路和阀件),这样不但增加稀硝酸镁的消耗,而且还会污染周围环境。改成真空吸料一旦浓硝酸系统停车,即可破坏真空,让物料自流回稀硝酸储槽 5。

③ 将漂白塔 14 改为热脱硝塔。漂白塔通空气脱硝(亦称冷脱硝)工艺虽然简单,但空气中的湿含量对浓硝酸产品浓度有影响,产生的含硝(NO_2)尾气量也很大,不易处理。现在在精馏塔上段(或旁边)增设脱硝段(或脱硝塔),利用精馏塔顶逸出的 80~90 ℃以上 HNO_3 蒸气,吹除由酸分配器流入的含硝硝酸中的 NO_2,硝酸蒸气夹带 NO_2 进入硝酸冷凝器,脱硝液体硝酸即为成品酸送出系统。

④ 将风机 23 改为水喷射泵,这样在浓硝酸生产系统就没有含硝尾气送稀硝酸系统处理,得到 $w(HNO_3) = 5.0\%$ 的稀酸,可与①同样处理。

通过上述措施,大大减少了尾气和稀酸的排放量,节约了操作费用,改善了产品质量。

(4) 超共沸酸法制浓硝酸流程　超共沸酸法制浓硝酸流程示于图 3-1-22。它分为氧化工序、吸收和精馏工序两部分。原料液氨从液氨储槽(V101)用氨泵(P102)抽出,经液氨过滤器(S103)过滤后送至次共沸吸收塔(T202)作为冷却介质,同时将液氨汽化为气氨。空气经空气过滤器(S104,S105)进入"四合一"机组(C118)空气压缩机段,出口空气压力为 0.45 MPa,经气体换热器(E115)之后,与气氨一起进入氨-空气混合器(S106),经混合过滤器(S107)进入氧化炉(R108)。在 Pt-Rh 催化剂的催化下生成 NO。

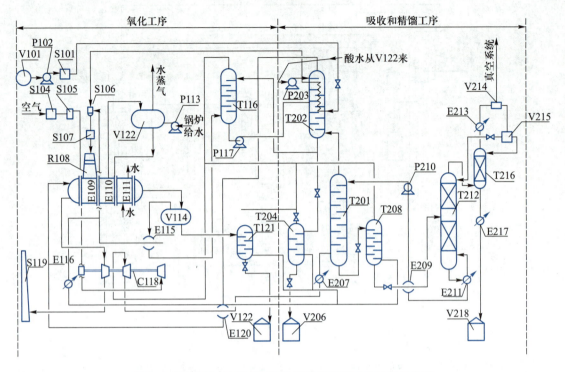

图 3-1-22   150 t/d 超共沸酸法制取浓硝酸工艺流程示意图

V101—液氨储罐;	S103—液氨过滤器;	T116—氧化塔;	E109—尾气加热器;	P102—氨泵;
V114—冷凝酸分离器;	S104—空气过滤器;	T121—酸水漂白塔;	E110—废热锅炉;	P113—锅炉给水泵;
V122—酸水储槽;	S105—空气过滤器;	T201—超共沸吸收塔;	E111—快锅冷却器;	P117—酸泵;
V206—稀硝酸储罐;	S106—氨-空气混合器;	T202—次共沸吸收塔;	E115—气体换热器;	P203—酸水泵;
V214—气-液分离器;	S107—混合过滤器;	T204—稀酸漂白塔;	E116—空气冷凝器;	P210—强酸泵;
V215—分配酸槽;	S119—烟囱;	T208—强酸漂白塔;	E120—气体换热器;	C118—"四合一"机组;
V218—成品酸储槽;		T212—真空精馏塔;	E207—水冷却器;	R108—氧化炉
		T216—热漂白塔;	E209—强酸热交换器;	
			E211—热交换器;	
			E213—浓酸冷却器;	
			E217—成品酸冷却器;	

出氧化炉的反应气温度为 820~850 ℃,经过尾气加热器(E109)、废热锅炉(E110)和快锅冷却器(E111),气体被冷却到 49 ℃,反应过程中所产生的水被冷凝。冷凝水含有少量硝酸和 NO_x 气体,经冷凝酸分离器(V114)分离之后,稀酸水去酸水漂白塔(T121)。在此,溶解于酸中的 NO_x 被送至塔底的二次空气汽提出来,汽提气与氧化塔(T116)出口气体合并。酸水经减压送至酸水储槽(V122),其中一部分经酸水泵(P203)进入次共沸吸收塔(T202)循环使用,其余送去酸水处理。

从冷凝酸分离器(V114)分离出来的气体,经气体换热器(E115)加热至 160 ℃ 进入氧化塔(T116),$w(HNO_3)$= 58% 的稀硝酸送至氧化塔的顶部,气液在氧化塔内接触,NO 被氧化成 NO_2,硝酸则被分解为 NO_2。反应后硝酸浓度降至 $w(HNO_3)$= 25%,用酸泵(P117)打入次共沸吸收塔(T202),制得 $w(HNO_3)$= 58% 的酸再循环到氧化塔(T116)。在次共沸吸收塔中 NO 继续氧化成 NO_2,NO_2 被水吸收生成硝酸,此放热反应在 1.15 MPa 下进行,塔内设有蛇管冷却器,冷却介质为液氨。液氨在 0.6 MPa 压力下汽化吸收反应热,使该塔塔顶温度控制在 20 ℃,排出的尾气中 NO_x 含量小于 200 $\mu L \cdot L^{-1}$。出塔尾气经气体换热器(E120),进入尾气加热器(E109),再进入"四合一"机组(C118)的尾气透平回收段回收能量后,经烟囱(S119)排入大气。

从氧化塔(T116)顶部出来的富 NO_2 气体与来自酸水漂白塔(T121)、稀酸漂白塔(T204)、强酸漂白塔(T208)漂白后的含 NO_x 的二次空气混合,混合气进入"四合一"机组(C118)的氧化氮气压缩段,被压缩到 1.2 MPa,然后此气体经气体换热器(E120)和水冷却器(E207)冷却后,送至超共沸吸收塔(T201)。在此,将气体中的 NO_2 吸收,而余下的气体(NO,NO_2 等)送至次共沸吸收塔(T202)再进行吸收。

由真空精馏塔(T212)底出来的 $w(HNO_3)$ = 70% 的硝酸,此浓度比共沸点的浓度(68.8%)高,经热交换器(E211)、强酸热交换器(E209),被强酸泵(P210)送进超共沸吸收塔(T201)顶部,用以吸收塔内气体中的 NO_2,生成硝酸。

离开超共沸吸收塔(T201)塔底的物料是 $w(HNO_3)$ = 80% 的硝酸,它含有部分被溶解的 NO_2,经减压至 0.4 MPa 进入强酸漂白塔(T208),在塔内用二次空气脱除 NO_2,再经减压后经强酸热交换器(E209)进入真空蒸馏塔。

$w(HNO_3)$ = 99% 的浓硝酸蒸气从真空精馏塔(T212)顶部取出,经热漂白塔(T216)、浓酸冷却器(E213)进入气-液分离器(V214)。不凝气体所夹带的 NO_x 气被真空系统抽走。冷凝的浓硝酸溶液经分离之后,进入分配酸槽(V215),一股回流入塔(T212),一股进入热酸漂白塔(T216),漂白后经成品酸冷却器(E217)去成品酸储槽(V218)。

4. 氧化炉及膜式蒸发器的结构和技术特性

(1)氧化炉 比较完善的氧化炉必须具备下列条件:

① 使氨和空气混合气能在铂网的整个截面上均匀流过;

② 能保证维持接触区域的温度;

③ 为了减少热损失,应在保持最大的接触面积下尽可能缩小体积;

④ 结构简单,易于拆卸,流体阻力要小。

现在广为采用的氧化炉是由上下两个圆锥体和中间一个圆柱体所组成的容器,锥体的角度应该满足氨-空气混合气分解均匀和铂网受热均匀,一般成 65°～75° 比较适宜。图 3-1-23 示出了这种氧化炉的结构示意图。氨-空气混合气的流向可以由上向下或由下向上,用得最普遍的是由上向下,这种流向的优点是下锥体内可用耐火砖衬里,减少了散热损失;在氧化炉与废热锅炉设计成联合装置时(见图 3-1-24),可以更加有效地回收热量;气流方向与铂网的重力方向一致,可以减少铂网的振动,降低铂的损失。上锥体设有锥形气体分布器,使气流分布均匀及避免网前形成涡流;下锥体的花板上,堆放有 $\phi25$ mm×25 mm×5 mm 的瓷环,起消除音响的作用,故称消音环;上下圆柱体用法兰连接,法兰之间设有压网圈,用来夹紧铂网;上圆柱体上装有四个视孔及分析氨的取样孔,视孔用来观察铂网灼热时的颜色,以判断温度高低及铂网受热是否均匀;在下圆柱体上有点火孔,供开工时在此伸入点火器之用。此外,尚有测温孔及分析 NO 的取样孔;氧化炉的气体导出部分的锥形表面,可以使大量的热反射到处于水平位置的催化剂上,借以保证铂网均匀地加热,并使催化区域保持足够高的温度。因此,下锥体的表面隔热及外部保温是很重要的。

氧化炉气体导出部分的材料在加压操作时,一般用耐热高铬钢制作,常压或低压时用碳钢作壳体,内衬石棉板和耐火砖。用作氧化炉气体导入部分或设备衬里的材料有铝、镍、铬镍合金和不锈钢等;氧化炉直径(指圆柱体)有 2 m,2.2 m,3 m,3.5 m 等,可单独设立,也可与废热锅炉联合设置。

图 3-1-24 为一大型氧化炉-废热锅炉联合装置。氧化炉直径为 3 m,采用 5 张铂-铑网和 1 张纯铂网组成催化剂层,在 0.35 MPa 压力下操作,NO 的氧化率可达 98%。联合装置上部为氧化炉炉头,中部为过热器,下部为立式列管式换热器。氨-空气混合气由氧化炉炉头顶部送入,经气体分布板、铝环和不锈钢环填充层,使气体均匀分布在铂网上,通过铂催化剂层进行氨的氧化,产生的大量反应热可将反应气温度升到 850 ℃,在过热器中将 228 ℃ 的饱和水蒸气加热成为 390 ℃,2.5 MPa 的过热水蒸气,反应气温度降至 745 ℃,进入下部列管式换热器,与列管间的水进行换热产生饱和水蒸气,本身温度降至 240 ℃,由换热器底部送出。该设备生产能力大,铂网的生产强度高,设备的热利用好,锅炉部分阻力小,操作方便。

最近,法国 GP 公司,又将图 3-1-24 所示装置作了如下改进:

① 氧化炉外壁设有夹套锅炉;

② 氧化炉铂网采用栏式吊框,确保受热不变形;

③ 氧化炉点火采用回转燃氢点火器,铂网加热均匀。

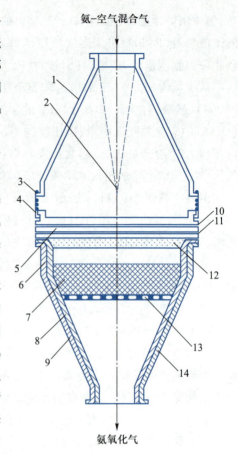

图 3-1-23   氧化炉结构示意图
1—上锥体;2—锥形气体分布器;
3—视孔;4—上圆柱体;5,12—铂催化剂层;
6—下圆柱体;7—消音环;8—绝热材料;
9—耐火砖;10—压网圈;11—托网梁;
13—花板;14—下锥体

(2)膜式蒸发器   硝酸镁法生产浓硝酸用的膜式蒸发器结构示于图 3-1-25。这一立式膜式蒸发器下部为列管式换热器。用水蒸气加热,因被加热物料 $Mg(NO_3)_2$ 稀溶液是腐蚀性介质,故蒸发器均采用不锈钢制造。$Mg(NO_3)_2$ 稀溶液由换热器底部进入列管内(管间通水蒸气加热),受热部分汽化,而且受真空抽力的影响,在管中形成一股高速向上流动的蒸气流,溶液被高速气流抽成一层薄膜,快速沿管壁向上运动同时被蒸发,最后从列管顶部出来的乳状液经桨叶式涡流分离器进行气液分离,蒸浓后的溶液由旁侧出口管引出,气体由筒体上部抽走(靠水喷射泵抽成真空,真空度为 0.093 MPa)。管内蒸气温度为 170 ℃ 左右。

5. 硝酸尾气的处理

目前,国内外硝酸尾气的处理可归纳为三大类,即:催化剂还原法、各种溶液吸收法和固体物质(如分子筛)吸附法。工业上广泛采用第 1,2 类。此外,还有少数采用稀释法。

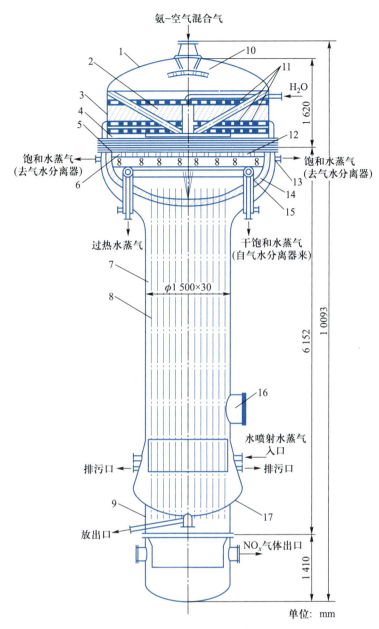

图 3-1-24　氧化炉-废热锅炉联合装置示意图

1—氧化炉炉头;2—铝环;3—不锈钢环;4—铂-铑-钯网;5—纯铂网;6—石英管托网架;7—换热器;
8—列管;9—底;10—气体分布板;11—花板;12—水蒸气加热器(过热器);13—法兰;14—隔热层;
15—上管板(凹形);16—人孔;17—下管板(凸形)

（1）催化剂还原法　可分为选择性和非选择性两种,均采用铂、钯、铑和钌等贵金属
作催化剂。

① 选择性还原法　在 250~350 ℃下进行,还原剂为 NH_3,发生以下 3 个主要反应:

$$4NH_3 + 6NO \longrightarrow 5N_2 + 6H_2O \quad \Delta H^{\ominus}(298\ K) = -1\ 809.7\ kJ/mol$$

$$8NH_3 + 6NO_2 \longrightarrow 7N_2 + 12H_2O \quad \Delta H^{\ominus}(298\ K) = -2\ 735.3\ kJ/mol$$

$$4NO + 4NH_3 + O_2 \longrightarrow 4N_2 + 6H_2O$$

此外还有极少量 NO 和 N_2O 生成。本法 NO_x 转化率可达99%，尾气中 NO_x 含量小于 $200\ \mu L \cdot L^{-1}$，$n(NH_3):n(NO_x)=1$，无过量氨。此法的缺点是需消耗大量的氨[6 kg(NH_3)/t(硝酸)]。

② 非选择性还原法　利用 H_2 和甲烷作还原剂，在 $400\sim 800$ ℃，将硝酸尾气中的 NO_x 除去。反应式可表达如下：

$$2H_2+O_2 \Longrightarrow 2H_2O \qquad (1)$$
$$H_2+NO_2 \Longrightarrow NO+H_2O \qquad (2)$$
$$2H_2+2NO \Longrightarrow N_2+2H_2O \qquad (3)$$
$$CH_4+2O_2 \Longrightarrow CO_2+2H_2O \qquad (4)$$
$$CH_4+4NO_2 \Longrightarrow 4NO+CO_2+2H_2O \qquad (5)$$
$$CH_4+4NO \Longrightarrow 2N_2+CO_2+2H_2O \qquad (6)$$

上列6式中，(1)和(4)是供热反应，(2)和(5)为脱除 NO_2 的反应(称为脱色反应)，(3)和(6)为销毁反应，如果燃料气不足，只能使 NO_2 还原为 NO 并消耗一部分 O_2。还原剂又是供热用燃料，故称为非选择性还原。本法也能将 NO_x 脱除至小于 $200\ \mu L \cdot L^{-1}$，但是要消耗大量燃料气，800 ℃ 高温尾气带走的热量应充分利用以减少热损失。

（2）溶液吸收法

① 碱液吸收法　采用纯碱或 NaOH 水溶液作吸收剂，因纯碱制作方便，价格便宜，在国内外应用比 NaOH 水溶液多。纯碱吸收的主要反应为

$$NO+3NO_2+2Na_2CO_3 \longrightarrow 3NaNO_2+NaNO_3+2CO_2$$

NO_x 的吸收率可达 $50\%\sim 80\%$，亚硝酸钠可回收利用。20世纪80年代上海化工研究院开发成功"改进碱吸收处理硝酸尾气技术"(简称配气法)。具体做法是在硝酸尾气中引进浓的 NO_x，配成 NO_2 和 NO 物质的量相当的酸尾气，用碱吸收该尾气，副产亚硝酸钠和硝酸钠产品，尾气中 NO_x 从 $2\,000\sim 8\,000\ \mu L \cdot L^{-1}$ 降至 $800\ \mu L \cdot L^{-1}$，既可改善环境，又可获得亚硝酸钠和硝酸钠产品，提高了企业的经济效益。该法适用于常压法、综合法和 0.45 MPa 全加压法硝酸生产装置。

② 亚硫酸溶液吸收法　利用硫酸尾气回收的排出液(亚硫酸铵和亚硫酸氢铵)来洗涤硝酸尾气中的 NO_x 达到较好的综合效果，吸收率可达75%以上。吸收反应如下：

$$4(NH_4)_2SO_3+2NO_2 \longrightarrow 4(NH_4)_2SO_4+N_2$$
$$2NH_4OH+2NO_2 \longrightarrow 2NH_4NO_3+N_2$$
$$2NH_4OH+N_2O_3 \longrightarrow 2NH_4NO_2+H_2O$$
$$NH_4HSO_3+NH_4OH \longrightarrow (NH_4)_2SO_3+H_2O$$

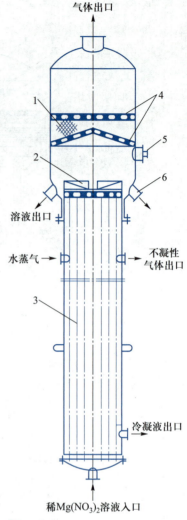

图 3-1-25　膜式蒸发器结构示意图
1—玻璃环填料；2—桨叶式涡流分离器；
3—无缝钢管；4—筛板小孔；
5—人孔；6—温度计口

上述反应中第 1 个是主要反应。由上面叙述可知,本法是企业综合治理各类尾气的中间一环,应用有一定局限性。

③ 延长吸收法　采用比一般吸收法更大的吸收容积和较低的吸收温度,以取得更好的吸收效果。此法适合高压法(如 0.6~0.8 MPa 以上全加压法),可使吸收后的 NO_x 气部分排出,部分返回吸收塔进口,本法缺点是增加了投资费用。

④ 用稀硝酸加钒盐吸收法　在硝酸中添加钒盐,用来吸收尾气中的 NO,使后者氧化、吸收生成硝酸。例如,在 $w(HNO_3) = 10\% \sim 30\%$ 硝酸中添加钒盐 $w(V_2O_5) = 2\% \sim 3\%$,逆向吸收尾气,能将含 NO_x 800~3 000 $\mu L \cdot L^{-1}$ 尾气(停留时间约 130 s)中的 NO_x 脱除90% 以上,富液用 100 ℃ 的少量空气解吸,NO_x 返回硝酸生产系统。

⑤ 硝酸吸收法　以气液体积比为 35∶1,温度 20 ℃,用 $w(HNO_3) = 20\% \sim 30\%$ 不含 NO_x 的 HNO_3 处理 $w(NO) = 1\% \sim 2\%$ 的尾气,脱除率可达 90%,用空气解吸出 NO_x,后者返回硝酸生产系统。

以上五法中,以碱液吸收法应用最为普通。

(3) 固体物质吸附法　此法用分子筛、硅胶、活性炭及离子交换树脂等固体物质作吸附剂,其中活性炭的吸附容量最高,分子筛次之,硅胶较差。分子筛不吸附 NO,所以要先将 NO 氧化成 NO_2。可用热空气和水蒸气再生分子筛,回收 NO_x,但再生周期短,在国内外未被普遍采用。

四、乙烯环氧化制环氧乙烷

低级烯烃的气相氧化都属非均相催化氧化范畴。催化剂为毫米级或微米级微粒,它们分别用于固定床或流化床反应器。

烯烃气相氧化可制得很多有用的有机化合物,其中比较重要的有乙烯环氧化制环氧乙烷、丙烯氧化偶联制丙烯腈、丙烯环氧化制环氧丙烷及丁烯氧化制顺丁烯二酸酐(俗称顺酐)等。

环氧乙烷是乙烯工业衍生物中仅次于聚乙烯而占第二位的重要有机化工产品。它除部分用于制造非离子表面活性剂、氨基醇、乙二醇醚外,大部分用来生产乙二醇,后者是制造聚酯树脂的主要原料。也大量用作抗冻剂。现在几乎所有的环氧乙烷都与乙二醇生产结合在一起。预计,2025 年世界环氧乙烷(EO)的产能将达 40.7 Mt,约 60% 用来生产乙二醇(EG),其余 40% 用作 EO(又称商品 EO)下游产品的生产。我国 2025 年 EO 总产能将达 8 Mt,其中 70% 用来生产 EG,剩余的 30% 进入下游深加工领域,主要用于生产非离子表面活性剂、聚醚/聚乙二醇、乙醇胺、胆碱和医药中间体等,其中,非离子表面活性剂消费量约占 EO 深加工用量的一半。

1. 生产方法

环氧乙烷有两种生产方法:氯醇法和直接氧化法。

(1) 氯醇法　本法于 1925 年由美国联碳公司(UCC 公司)首先实现工业化。生产过程包括两个基本反应:乙烯与次氯酸反应(俗称次氯酸化反应)和氯乙醇脱氯化氢反应(俗称皂化或环化反应)。

① 次氯酸化反应

$$HOH + Cl_2 \Longrightarrow HOCl + HCl$$

$$CH_2\!=\!CH_2 + HOCl \longrightarrow \underset{\underset{Cl}{|}\quad\underset{OH}{|}}{CH_2\!-\!CH_2}$$

主要副反应有

$$CH_2\!=\!CH_2 + Cl_2 \longrightarrow \underset{\underset{Cl}{|}\quad\underset{Cl}{|}}{CH_2\!-\!CH_2}$$

还有生成二氯二乙醚的副反应：

$$CH_2\!=\!CH_2 + Cl_2 + \underset{\underset{Cl}{|}\quad\underset{OH}{|}}{CH_2\!-\!CH_2} \longrightarrow \underset{\underset{Cl}{|}}{CH_2\!-\!CH_2}\!-\!O\!-\!\underset{\underset{Cl}{|}}{CH_2\!-\!CH_2} + HCl$$

次氯酸化反应温度为 40~60 ℃，$n(C_2H_4):n(Cl_2) = (1.1~1.2):1$，即乙烯是过量的。压力对反应没有影响，只需满足克服系统阻力就行。

② 氯乙醇的皂化(环化)反应

$$2\underset{\underset{Cl}{|}\quad\underset{OH}{|}}{CH_2\!-\!CH_2} + Ca(OH)_2 \longrightarrow 2\underset{\underset{O}{\diagdown\;\diagup}}{CH_2\!-\!CH_2} + CaCl_2 + 2H_2O$$

副反应为

$$2\underset{\underset{Cl}{|}\quad\underset{OH}{|}}{CH_2\!-\!CH_2} + Ca(OH)_2 \longrightarrow 2\underset{\underset{OH}{|}\quad\underset{OH}{|}}{CH_2\!-\!CH_2} + CaCl_2$$

当有氧化镁杂质存在时，还可能生成少量醛类：

$$2\underset{\underset{Cl}{|}\quad\underset{OH}{|}}{CH_2\!-\!CH_2} + Ca(OH)_2 \longrightarrow 2CH_3CHO + CaCl_2 + 2H_2O$$

工业上除用 $Ca(OH)_2$ 作皂化剂外，还采用 NaOH 溶液。操作中应将皂化剂缓慢加入氯乙醇中，否则，在碱性介质中生成的环氧乙烷会大量水解生成乙二醇。皂化反应压力为 0.12 MPa，温度为 102~105 ℃，在此条件下，可保证生成的环氧乙烷立即从液相逸出(环氧乙烷沸点 10.7 ℃)，避免环氧乙烷的水解。本法可以采用低浓度乙烯[w(乙烯) ≈ 50%]为原料，乙烯单耗低、设备简单、操作容易控制，有时还可联产环氧丙烷。但生产成本高[生产 1 t(产品)，需消耗 0.9 t(乙烯)、2 t(氯气)和 2 t(石灰)]，产品纯度不高，只能用来生产表面活性剂。氯气和氢氧化钙没有进入产品分子中，而是变成工业废渣，不仅浪费了氯气和石灰资源，而且还会严重污染环境。此外，氯气、次氯酸和 HCl 等都会造成设备腐蚀和环境污染。因此本法从 20 世纪 50 年代起，已被直接氧化法取代。

(2) 直接氧化法　本法于 1938 年也由美国 UCC 公司开发成功。由于受当时工业技术水平的限制，直至 20 世纪 50 年代才开始建造大型工业生产装置。1953 年美国科学设计公司(SD 公司)建成年产 2.7 万吨直接空气氧化法制环氧乙烷生产装置，1958 年美国 Shell 化学开发公司(Shell 公司)首先建成以氧气为氧化剂的年产 2 万吨环氧乙烷生产装置。现在，利用上述美国三家公司技术生产的环氧乙烷约占全世界环氧乙烷总产量的

92%。其他拥有环氧乙烷生产技术的还有日本触媒化学、意大利 Snan Progetti、德国 Huels 三家公司。由于钢铁工业和其他工业大量使用氧气,而化学工业、玻璃和食品工业越来越多地使用氮气作惰性保护气体,空气分离装置越建越多,规模也越来越大,氧气来源渠道多,价格低廉,建造的绝大多数生产环氧乙烷的工厂均采用纯氧直接氧化技术。一些原先用空气作氧化剂的环氧乙烷工厂也纷纷改用纯氧直接氧化技术。纯氧直接氧化技术的优点是由排放气体带走的乙烯量比空气法少,乙烯的消耗定额比空气法小[前者为 0.83~0.9 t(乙烯)/t(EO),后者为0.90~1.05 t(乙烯)/t(EO)],设备和管道比空气法少。就新建工厂的投资而言,若氧气从界区外输入,工厂不需建空分装置,则氧气法的投资比空气法明显降低;若工厂自建空分装置时,经测算,生产能力达到 20 万吨/年以上时,氧气法的投资仍可比空气法低。我国直接氧化法中,除 20 世纪 70~80 年代引进的少数几套空气法装置外,绝大多数亦为氧气法,新建和拟建的 EO/EG 生产装置则全部采用氧气法。

乙烯经银催化剂催化,可一步直达生成环氧乙烷。

主反应为

$$2CH_2{=}CH_2+O_2 \longrightarrow 2CH_2{-}CH_2 \qquad \Delta H^{\ominus}(298\ \text{K})=-105.3\ \text{kJ/mol}(C_2^=) \qquad (1)$$
$$O$$

副反应有

$$CH_2{=}CH_2+3O_2 \longrightarrow 2CO_2+2H_2O \qquad \Delta H^{\ominus}(298\ \text{K})=-1\ 320.5\ \text{kJ/mol}(C_2^=) \qquad (2)$$

$$CH_2{-}CH_2+\frac{5}{2}O_2 \longrightarrow 2CO_2+2H_2O \qquad (3)$$
$$O$$

$$CH_2{=}CH_2+\frac{1}{2}O_2 \longrightarrow CH_3CHO \qquad (4)$$

$$CH_2{=}CH_2+O_2 \longrightarrow 2CH_2O \qquad (5)$$

$$CH_2{-}CH_2 \longrightarrow CH_3CHO \qquad (6)$$
$$O$$

在实际生产条件下,乙醛很快被氧化生成 CO_2 和水:

$$CH_3CHO+\frac{5}{2}O_2 \longrightarrow 2CO_2+2H_2O \qquad (7)$$

因此所得反应产物主要是环氧乙烷、二氧化碳和水,生成的乙醛量小于环氧乙烷量的 0.1%,生成的甲醛量则更少。但它们对环氧乙烷产品质量影响很大,会严重妨害环氧乙烷的深度加工。因此,在工艺流程中,有专门的脱醛设备将醛脱至符合产品质量要求。从反应(1)和(2)可知,它们虽都是放热反应,但反应(2)释放出的热量是反应(1)的 12.5 倍。因此必须采用优良催化剂和严格控制操作条件(其中对选择性的控制尤为重要),使反应(2)不会太激烈。否则,若反应(2)进行较快,释放出的热量又来不及传出系统,就会导致反应温度迅速上升,产生"飞温"现象,这不仅会使催化剂因烧结而失活,甚至还会酿成爆炸事故。这一点也是直接氧化法迟迟不能进行大规模工业生产的重要原因之一。

2. 乙烯环氧化催化剂和催化氧化机理

（1）催化剂　乙烯环氧化反应对催化剂的要求首先是反应活性要好,这样可降低反应温度。这是因为生成环氧乙烷和二氧化碳反应的活化能分别为 63 kJ/mol 和 84 kJ/mol,降低温度对主反应更有利。其次是选择性要好,选择性好,意味着副反应减弱,由副反应释放出的热量减少,反应温度容易控制,产物环氧乙烷的收率可以提高。再次是使用寿命要长,银催化剂的售价相当高,延长催化剂使用寿命相当于降低工厂的生产成本。最后还要考虑催化剂的孔结构、比表面积、导热性、耐热性和强度等要符合生产的要求。银催化剂由活性组分、助催化剂和载体三部分组成,采用浸渍法,将载体浸入水溶性的有机银(如烯酮银、乳酸银或银–有机铵络合物等)和助催化剂溶液中,然后进行洗涤、干燥和热分解。这种制备方法活性组分银获得高度分散,银晶粒在载体外表面和孔壁上分布均匀,与载体结合也较牢固,能承受高空速。制得的催化剂都为中空圆柱体,银含量一般在 $w(\text{Ag}) = 10\% \sim 20\%$。

（2）催化氧化机理　乙烯在银催化剂上的氧化机理,至今仍有不少地方没有搞清楚,下面介绍的是大多数研究者认同的观点。

① 氧被银表面活性中心吸附的形态是不同的　在强活性中心上(例如,在四个邻近的清洁银原子上),氧很容易吸附上去,活化能仅约 12.54 kJ/mol,并发生解离吸附,氧分子双键均裂,形成原子氧离子:

$$O_2 + 4Ag(邻近) \longrightarrow 2O^{2-}(吸附) + 4Ag^+(邻近)$$
$$(原子氧离子)$$

当银表面缺乏四个邻近的清洁银原子时,氧分子就难吸附上去(吸附活化能约 33.02 kJ/mol),而且不发生氧分子的解离:

$$O_2 + Ag \longrightarrow O_2^-(吸附) + Ag^+$$
$$(分子氧离子)$$

在较高温度时,银原子会迁移,故又有可能形成 4 个银原子邻近的强吸附中心,氧吸附上去并发生氧分子的解离吸附,但形成困难(吸附活化能高达60.19 kJ/mol)。

$$O_2 + 4Ag(非邻近) \longrightarrow 2O^{2-}(吸附) + 4Ag^+(邻近)$$

② 乙烯与吸附氧之间的相互作用　乙烯与吸附态原子氧离子作用强烈,放出大量反应热,产物是二氧化碳和水,只有吸附态的分子氧离子才能与乙烯发生环氧化,生成环氧乙烷。

③ 吸附热　氯有较高的吸附热,它能优先占领银表面的强吸附中心,从而大大减少吸附态原子氧离子的生成,抑制了深度氧化反应。当银的表面有四分之一被氯适宜遮盖时,深度氧化反应几乎完全不会发生。

因此在生产中,在适宜温度下,加适量氯,银催化剂表面的第一种吸附状态将被完全抑制,第三种吸附态因吸附活化能很高,也可以忽略。这样乙烯便只与吸附态的分子氧离子进行选择性氧化:

$$O_2^-(吸附) + CH_2{=}CH_2 \longrightarrow \underset{\displaystyle O}{CH_2{-}CH_2} + O(吸附)$$

生成的原子氧与乙烯发生深度氧化反应生成二氧化碳和水：

$$6O(吸附) + CH_2\!=\!\!CH_2 \longrightarrow 2CO_2 + 2H_2O$$

将上面两个反应式合并，就可知 7 份乙烯中有 6 份乙烯用来合成环氧乙烷（选择性为 85.7%），剩余 1 份乙烯则生成二氧化碳和水。

近年来 Force 和 Bell 提出，吸附态的原子氧离子是乙烯选择性氧化的关键物种，它既可生成环氧乙烷，亦可生成二氧化碳和水。气相中乙烯与吸附态原子氧离子反应生成环氧乙烷，而吸附态乙烯则与吸附态原子氧离子反应生成二氧化碳和水。而添加的抑制剂二氯乙烷，除占据银表面的强活性中心外，还会挤占部分乙烯的吸附位，使吸附态乙烯的浓度下降，从而提高乙烯生成环氧乙烷的选择性。在单晶或多晶表面上用红外光谱仪测得的结果也有利于这一假设。由此推测，合成环氧乙烷的选择性有可能会超过 85.7%。事实上，有不少催化剂制造公司制造出的银催化剂，初始选择性已超过 86%。

（3）反应动力学方程　化学反应速率与参与反应的组分及其含量、温度、压力及催化剂性质等有关。通过动力学方程和给定的生产任务，可以确定反应器中催化剂的装载量；根据动力学方程和表达传递（动量、热量和质量传递等）特性的方程，可以确定反应器内各参数之间的定量关系，从而确定最佳工艺条件。因此，动力学方程是与化学反应器的设计和操作密切相关的重要基础方程。为获得一个正确的动力学方程，首先必须搞清楚特定反应的反应机理，然后在与生产实际相同的条件下（包括催化剂）测定反应速率，由此得出的动力学方程才能指导化学反应器的设计和操作的优化。

在银催化剂上进行的乙烯直接氧化反应，到目前为止，虽然进行了大量的研究工作，但由于对反应机理还没有统一的看法，因此各研究者提出的动力学方程也不一样。此外，由于催化剂的改进（如活性组分、助催化剂和载体原材料的选用，它们在催化剂中的含量，以及制备方法的变化等），也会影响动力学方程的形式。下面介绍的是苏联学者乔姆金和库利科夫提出的动力学方程式。他们认为在催化剂表面上乙烯氧化生成环氧乙烷和乙烯深度氧化为 CO_2 和水的活性中心是同一氧化物，即 $Ag_2^{(S)}O_2$。由此提出的反应机理如下：

$$ZO + C_2H_4 \begin{cases} \longrightarrow Z + C_2H_4O \\ \longrightarrow ZC_2H_4O \end{cases} \qquad (1)$$

$$ZO + C_2H_4 \longrightarrow Z + CH_3CHO \qquad (2)$$

乙醛为中间产物，它氧化生成 CO_2 和水。

$$CH_3CHO + 5ZO \longrightarrow 2CO_2 + 2H_2O + 5Z \qquad 快速(2')$$

$$2Z + 2O_2 \longrightarrow 2ZO_2 \qquad (3)$$

$$Z + ZO_2 \longrightarrow 2ZO \qquad 快速(3')$$

$$ZC_2H_4O \Longrightarrow Z + C_2H_4O \qquad (4)$$

$$ZO + C_2H_4 \Longrightarrow ZO \cdot C_2H_4 \qquad (5)$$

$$ZO + H_2O \Longrightarrow ZO \cdot H_2O \qquad (6)$$

$$ZO + CO_2 \Longrightarrow ZO \cdot CO_2 \qquad (7)$$

$Ag^{(S)}$ 表示银的表面化合物，Z 表示 $Ag_2^{(S)}O$，ZO 表示 $Ag_2^{(S)}O_2$。

作者根据上述反应机理,导出了以载于浮石上的银为催化剂,以氯为助催化剂的反应动力学方程:

$$r(\mathrm{EO}) = \frac{k_1 \cdot p(\mathrm{C_2H_4})}{A}$$

$$r(\mathrm{CO_2}) = \frac{k_2 \cdot p(\mathrm{C_2H_4})}{A}$$

$$A = L\frac{p(\mathrm{C_2H_4})}{p(\mathrm{O_2})}\left[\,1 + K_4 \cdot p(\mathrm{C_2H_4O})\,\right] + \left[\,1 + K_5 \cdot p(\mathrm{C_2H_4O}) + K_6 \cdot p(\mathrm{H_2O}) + K_7 \cdot p(\mathrm{CO_2})\,\right]$$

$$L = \frac{k_1 + 6k_2}{2k_3}$$

式中:$r(\mathrm{EO})$,$r(\mathrm{CO_2})$——生成 $\mathrm{C_2H_4O}$ 和 $\mathrm{CO_2}$ 的速率;

　　　　　　p——各组分的分压;

　　$K_4 \sim K_7$——反应(4)~(7)的平衡常数;

　　k_1,k_2,k_3——反应(1),(2),(3)的速率常数。

当乙烯浓度低于爆炸下限时,乙烯的氧化在氧过剩的情况下进行,生成环氧乙烷的速率方程式可以简化为如下形式:

$$r'(\mathrm{EO}) = \frac{k_1 \cdot p(\mathrm{C_2H_4})}{1 + K \cdot p(\mathrm{C_2H_4O})}$$

式中,k_1 和 K 为常数,在此情况下反应对乙烯是一级,对氧是零级,即氧浓度的变化对反应速率没有影响。这一方程似乎对空气氧化法较为适宜。

当乙烯处于高浓度范围,即超过爆炸上限和氧含量小时:

$$r''(\mathrm{EO}) = \frac{(k_1/L)\,p(\mathrm{O_2})}{1 + K_4 \cdot p(\mathrm{C_2H_4O})}$$

式中,k_1,L 和 K_4 是常数,反应对氧是一级,对乙烯是零级。对氧气法而言,乙烯浓度为 w(乙烯)= 15%左右,低于爆炸上限[乙烯在空气中的爆炸范围为 φ(乙烯)= 2.7%~36%]。因此反应对乙烯和 $\mathrm{O_2}$ 应均在 0~1 级。这一假设,与实验数据相当吻合。

3. 工艺条件的选择

(1) 反应温度　前已叙及,因深度氧化反应的活化能比生成环氧乙烷的主反应高,故在较低温度下反应是有利的。图 3-1-26 形象地示出了这一规律性。但反应温度不能太低,否则会导致反应速率太慢,转化率太低,没有工业意义。在实际生产中,反应温度往往取决于催化剂。能保证催化剂发挥正常的催化功能(主要指转化率和选择性)时的温度即为操作中应控制的反应温度,一般空气氧化法控制在 220~290 ℃,氧气氧化法控制在 204~270 ℃。

(2) 空速　空速有体积空速和质量空速之分。前者为单位时间内通过单位体积催化剂的物料体积,单位为 $V_{物料}/(V_{催化剂} \cdot \mathrm{h})$ 或 $V_{物料}/(V_{催化剂} \cdot \mathrm{s})$。后者为单位时间内通过单位质量催化剂的物料质量,单位为 $m_{物料}/(m_{催化剂} \cdot \mathrm{h})$ 或 $m_{物料}/(m_{催化剂} \cdot \mathrm{s})$。体积空速常用于气固相反应,质量空速常用于液固相反应。空速大,物料在催化剂床层停留时间短,若属表面反应控制,则转化率降低,选择性提高。反之,则转化率提高,选择性降低。适宜的空速与催化剂有关,应由生产实践确定。对空气氧化法而言,工业上主反应器空速一般取 7 000 h^{-1}左右,此时的单程转化率在30%~35%,选择性可达 65%~75%。对氧气氧化法而言,空速为 5 500~7 000 h^{-1},此时的单程转化率在15%左右,选择性大于 80%。

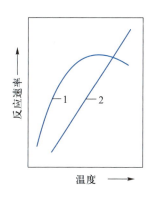

图 3-1-26　乙烯环氧化生成环氧乙烷和二氧化碳的反应速率与温度的关系
1—环氧乙烷;2—二氧化碳

(3) 反应压力　由于主、副反应都可视作不可逆反应,操作压力对反应影响不大。但工业上考虑到加压可提高反应器的生产能力,而且对后续的吸收操作是必不可少的,因此直接氧化法均在加压下进行。但压力不能太高,除会增加设备费用外,还会促使环氧乙烷聚合及催化剂表面结炭。现在,工业上广为采用的压力是1.0~3.0 MPa。

(4) 原料纯度和配比　原料气中的杂质会使催化剂中毒,反应选择性下降(如铁离子会促使环氧乙烷异构成乙醛),热效应增大(如原料气中的 H_2、C_3 以上烷烃和烯烃会发生完全氧化反应,从而释放出大量反应热),影响爆炸极限(如氩气的存在使原料气爆炸极限变宽,增加爆炸危险性)。一般要求原料乙烯中的杂质含量为

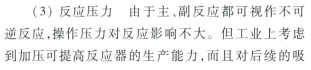

C_2	C_3 以上烃	硫化物	氯化物	H_2
<5 μL·L^{-1}	<10 μL·L^{-1}	<1 μL·L^{-1}	<1 μL·L^{-1}	<5 μL·L^{-1}

原料气的组成首先考虑的是安全生产。氧含量必须低于爆炸极限浓度,乙烯浓度也必须控制,除考虑爆炸危险外,还需考虑它因放空而造成的损失(这对空气法尤为重要)和释放的热量。对空气氧化法而言,现在有两种配比,即高氧低乙烯[$\varphi(O_2)$ = 12%~16%,φ(乙烯) = 1.8%]和低氧高乙烯[$\varphi(O_2)$ = 5.8%~7.2%,φ(乙烯) = 3.5%~5.0%]。因低氧高乙烯的生产能力大,经济效益好,采用比较广泛。为减少因增加原料乙烯的浓度而造成的放空乙烯的损失,除设置主反应器外,还增设 1~2 个副反应器,让准备放空的尾气,在副反应器中再次进行乙烯环氧化反应。用纯氧作氧化剂时,需放空的尾气量大为减少,故由空气法的连续排放改为氧气法的定期少量排放。乙烯浓度控制在 φ(乙烯) =15%~25%,O_2 浓度控制在 $\varphi(O_2)$ = 6%~8%,不需增设副反应器。

4. 氧化法工艺流程

(1) 空气氧化法　空气氧化法的工艺流程见图 3-1-27。空气经除尘、压缩后进入空气洗涤塔,在塔中部喷下 w(NaOH) = 10%~15%的氢氧化钠水溶液以除去空气中的硫化物和卤化物。经碱洗后的空气在塔上部用清水洗去夹带的碱沫,然后在混合器中与来自第一吸收塔顶的循环气混合,再在另一个混合器中与原料乙烯混合,经循环气体压缩机压缩至2.3 MPa 左右,再经换热器与反应气热交换后,温度升至 230 ℃,然后进入第一反应器。入反应器的进料组成:乙烯约为 φ(乙烯) = 4.3%,氧约为 φ(氧) = 6%,CO_2 约为

$\varphi(CO_2)=11\%$，氮约为 $\varphi(N_2)=78\%$，其余为少量的乙烷和水。反应后的物料(反应气)为 $240\sim290$ ℃，反应热通过列管外的水移走，空速 7 000 h^{-1}，乙烯转化率约 35%，选择性约 68%，单程收率约 24%。

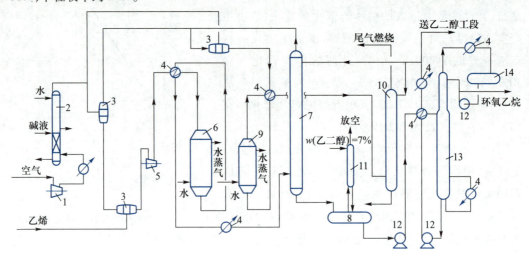

图 3-1-27　空气氧化法生产环氧乙烷流程图

1—空气压缩机；2—空气洗涤塔；3—混合器；4—换热器；5—循环气体压缩机；6—第一反应器；7—第一吸收塔；
8—环氧乙烷解吸槽；9—第二反应器；10—第二吸收塔；11—尾气洗涤塔；12—泵；13—环氧乙烷精馏塔；14—储槽

在大型工厂里副反应器有两个，可使乙烯转化率达到 95%，在经济上更为合理。

反应气经过换热降温后，进入第一吸收塔，在 2.0 MPa 压力下用含乙二醇约为 $w($乙二醇$)=7\%$ 的水吸收环氧乙烷。吸收塔釜液含环氧乙烷约为 $w($环氧乙烷$)=1.6\%$。塔顶排出的气体中乙烯约为 $\varphi($乙烯$)=3\%$，氧约为 $\varphi(O_2)=4\%$，其中 90% 作循环气与空气和原料乙烯混合后进第一反应器。余下的 10% 经补充空气后进入第二反应器。进气中乙烯约为 $\varphi($乙烯$)=2.5\%$，氧为 $\varphi(O_2)=6\%$。第二反应器的结构与第一反应器相同，都是固定床列管式反应器，也用水移走反应热。为最大限度地利用乙烯，采用降低空速 (3 500 h^{-1})的办法，乙烯转化率约为 60%，选择性约 60%，即单程收率为 36%，反应气经换热降温后进入第二吸收塔，用 $w($乙二醇$)=7\%$ 的水吸收环氧乙烷，塔釜液约为 $w($环氧乙烷$)=1.25\%$，与第一吸收塔塔釜液合并。塔顶排出的气体约为 $\varphi($乙烯$)=1\%$，经预热后与空气混合，用铂-钯/不锈钢作催化剂进行催化燃烧(图中未画出)，产生 650 ℃,1.6~1.8 MPa 的气体，进入废气透平发电，废气经降温后放空。

抑制剂常用二氯乙烷，分别在第二和第三混合器加入。

吸收液含有溶解的 $CO_2[\varphi(CO_2)\approx0.13\%]$ 及少量乙烯、氧气和氮气等，送入环氧乙烷解吸槽减压解吸，释放出的气体中含有环氧乙烷，在尾气洗涤塔中用 $w($乙二醇$)=7\%$ 的乙二醇溶液吸收，未被吸收的气体放空。

除去 CO_2 等气体后的环氧乙烷进入精馏塔，塔釜为 $w($乙二醇$)=7\%$ 的水溶液，经降温后用作第一、二吸收塔及尾气洗涤塔的吸收液，多余者送乙二醇工段蒸发回收乙二醇。塔顶蒸出物经冷凝、冷却为产品环氧乙烷，纯度为 98.5% 以上。若再经精馏和脱醛(图中未画出)可得到环氧乙烷为 $w($环氧乙烷$)=99.99\%$，醛含量小于 10 $\mu g\cdot g^{-1}$ 的高纯环氧乙烷商品。

（2）氧气氧化法　图 3-1-28 和图 3-1-29 分别是氧气法的合成工序和回收工序。

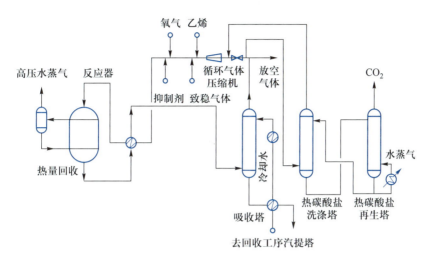

图 3-1-28　氧气法的合成工序流程图

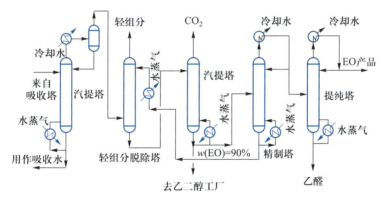

图 3-1-29　氧气法的回收工序流程图

界区外进入的加压乙烯,在循环压缩机出口加入循环气流中,在此附近的循环气管路上加入二氯乙烷抑制剂和甲烷致稳剂(起使气体爆炸极限变窄,使之更安全地作用,同时由于导热性好,使反应温度更均匀,选择性提高 2%～4%)。进料气从反应器顶部进入,压力为 1.72～2.17 MPa。氩气随氧气进入,在系统中积累,由于加入大量的甲烷致稳气体,氩气在反应系统中的浓度不会很高。多采用固定床列管式反应器,管内充填催化剂,反应放出的热量或者经由沸腾水热虹锅炉直接发生水蒸气,或者经由沸腾煤油传热间接发生水蒸气。产生的高压水蒸气常用来推动装置内的各种压缩机,由此排出的低压水蒸气则用于再沸器或者其他需水蒸气供应的地方。

出反应器的反应气经换热冷却后送入吸收塔,用循环贫水吸收环氧乙烷,塔底液为循环富水,送环氧乙烷回收工序,其中少量环氧乙烷会转化成乙二醇,可从排放的循环富水中回收乙二醇。

吸收塔塔顶气体返回循环气体压缩机升压后,再通入反应器。有一股间歇排放的吸收塔塔顶气体分流,以防止惰性气体在系统中积累过多,但也由此造成乙烯、氧气和甲烷的损失。分出的另一股吸收塔顶气体,导入热碳酸钾洗涤塔,脱除 CO₂ 后再返回反应器系统。采用汽提塔回收环氧乙烷,可在减压,也可在加压至 0.1~0.7 MPa 下操作,循环富水经加热和汽提,在汽提塔塔顶释放出了较高浓度的环氧乙烷蒸气,塔底为循环贫水,经换热后仍用作吸收液。

汽提塔塔顶气经冷凝后,进入几个塔蒸馏精制,除去伴随环氧乙烷的轻组分杂质,并使环氧乙烷脱水提浓。这些精馏塔的配置可以变动,如果汽提操作在减压下进行,则需用压缩机增压后才能进行后面的精馏操作。在流程的最后设置一个提纯塔,可将环氧乙烷中乙醛含量降至 1 μg·g⁻¹ 以下。

5. 氧化反应器简介

解析

尾烧

非均相催化氧化都是强放热反应,而且都伴随有完全氧化副反应的发生,放热更为剧烈。故要求采用的氧化反应器能及时移走反应热。同时,为发挥催化剂最大效能和获得高的选择性,要求反应器内反应温度分布均匀,避免局部过热。对乙烯催化氧化制环氧乙烷而言,由于单程转化率较低(10%~30%),采用流化床反应器更为合适,在 20 世纪 50—60 年代,世界各国均对此法进行试验,终因银催化剂的耐磨性差,容易结块,以及由此而引起的流化质量不好等问题难以解决,直到现在还没有实现工业化。催化剂被磨损不仅造成催化剂的损失,而且会造成"尾烧",即出口尾气在催化剂粉末催化下继续进行催化氧化反应,由于反应器出口处没有冷却设施,反应温度自动迅速升至 460 ℃ 以上,流程中一般多用出口气体来加热进口气体,此时进口气体有可能被加热到自燃温度,有发生爆炸的危险。

也有人采用移动床反应器,乙烯的总转化率可达到 93%,环氧乙烷收率达到 64%,但也因催化剂磨损等问题解决不了,没有能实现工业化。

解析

导生油

目前,世界上乙烯环氧化反应器全部采用列管式反应器。其结构与普通的换热器十分相近,管内装填催化剂,管间(壳程)流动的是处于沸点的冷却液(过去常用导生油,后改用煤油,近年来都采用高压下处于沸点的热水),因冷却液的沸点是恒定的,控制其沸点与反应温度之差在 10 ℃ 以下,移走的反应热转为冷却液的蒸发潜热,因为蒸发潜热很大,冷却液的流量也很大,因此能保证经反应管管壁传出的热量能及时移走,从而达到控制反应温度的目的。图 3-1-30 以加压热水为载热体的反应装置示意图。

反应管长度一般为 6.2~12.2 m。总列管数视生产规模而定,多达 3 000~20 000 根。改用沸水作冷却剂后,管径增大,例如,Shell 公司的反应管管径为 φ44.9 mm×3.0 mm,UCC 公司为 φ34.9 mm×2.75 mm,SD 公司为 φ38.1 mm×

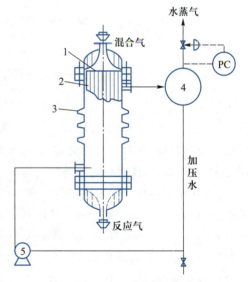

图 3-1-30 以加压热水为载热体的反应装置示意图
1—列管上花板;2—反应列管;3—膨胀圈;
4—气水分离器;5—加压热水泵

3.4 mm。由于管径增大,相应的空速降低,原料乙烯浓度提高,与常用油冷反应器比较,在环氧乙烷生产能力相同的情况下,总建造费用降低 5% ~ 10%,选择性提高0.5% ~ 1.0%。因此,在 20 世纪 80 年代后期新建的环氧乙烷装置全部采用沸水反应器。

反应器的外壳用普通碳钢制成,列管及与原料气(或反应气)相接触的部分分别用不锈钢无缝钢管(也有用渗铝管的)及含铬或含镍的钢制造,这是因为二氧化碳在操作条件下对普通碳钢有强腐蚀作用;作为催化剂活性抑制剂的二氯乙烷,在操作条件下也会少量分解生成含氯有机化合物,对普通碳钢产生腐蚀作用;银催化剂对各种杂质很敏感,不允许有设备腐蚀物落在催化剂上。

反应器上、下封头设有防爆膜和催化剂床层测温口,原料气由上封头进口进入,反应气由下封头出口流出,即气流流向与催化剂重力方向一致,以减小气流对催化剂的冲刷。

6. 安全生产技术

环氧乙烷生产车间易燃易爆物料很多,氧化反应器因"尾烧"或乙烯-氧气混合器因设计不合理等原因,都有可能酿成爆炸事故,西欧、罗马尼亚和我国等都曾发生过氧化反应器的爆炸事故。在各种有机化学品的生产中,环氧乙烷生产应当十分重视安全生产问题。除按国家规定布置车间设施、敷设电器及照明线路、配备消防用具外,还需严格生产过程控制,主要有:

(1)氧化反应器生产过程的控制 列管式反应器反应管沿径向温度分布较为均匀,这是因为采用小管径、沸腾水(加压热水)的缘故。但沿轴向温度分布就不均匀,原料气入口,由于参与反应物料浓度高,反应速率快,释放出来的反应热量大于传给冷却剂的热量,原料气温度较快地上升。与此同时,由于冷热两侧温差增加,传热速率加快,当反应产生的热量等于散失的热量,原料气温度达到最高点,这一温度称为热点,过热点后,原料气产生的反应热量小于散失热量,反应气体温度较快地下降,同时,由于冷热两侧温差减小,传热速率下降,这一因素导致反应温度下降速率变慢。催化剂在运行初期,活性高,热点位置较高(原料气由上向下流过反应管时),随着操作时间的延长,催化剂逐渐老化,热点位置也逐渐下移。氧化反应器反应管的热点温度应严加控制,热点温度过高,小则烧毁催化剂,大则会因热点附近反应温度过高,来不及将反应热传出,造成催化剂床层温度猛烈上升(俗称"飞温"),有可能酿成爆炸事故。影响热点温度高低和位置的因素有原料气入口温度、原料气起始浓度和壁温。这些操作参数,在一定范围(由小变大)内变动,对热点的影响不敏感,但达到某一水平后,再向上升高稍许,热点则会猛烈上升,例如,原料气入口温度由 200 ℃升至 230 ℃,热点温度仅提高 2 ~ 5 ℃,但当温度从 230 ℃升至 232 ℃时,虽然只升高 2 ℃,但热点温度却猛烈升高 10 ℃,从 232 ℃升至 233 ℃,虽然只升高 1 ℃,但热点温度猛烈升高 15 ℃,即此时的热点温度对原料气入口温度相当敏感,热点进入参数敏感区,进入参数敏感区最小的一点温度称为临界温度。对壁温和原料起始浓度这两个操作参数,也有参数敏感区和相应的临界温度。很显然,在敏感区操作是相当危险的。由上面讨论可知,在采用列管式固定床氧化反应器时,各操作参数的选择,不仅要考虑反应的转化率和选择性,还必须考虑参数的敏感区(最好能知道各种参数的临界值)。现在,工业上对原料气入口温度和原料气初始浓度都已加以严格控制,对冷却剂温度也已控制,一般与热点的温差小于 10 ℃,以避免进入参数敏感区。

提高催化剂的选择性,也是控制热点温度的重要措施。在氧化反应器中,主、副反应热相差12.5倍,提高反应选择性,可大幅度减少反应放热量,反应管轴向温度分布容易均匀,热点不明显。与此同时,径向温度分布则更为均匀,可允许反应管增大管径,大幅度提高单管生产能力,反应器总管数可大幅下降,从而节省设备投资。

列管式氧化反应器也有"尾烧"现象发生,从而导致爆炸事故。为此工业上要求催化剂要达到规定强度,保证长期运转中不易粉化;采用由上向下的流向以减小气流对催化剂的冲刷,从而在相当程度上减少粉尘量;有不少工业装置在气流出口处采取冷却措施(如喷入少量冷水降温),以防止"尾烧"现象的发生。

(2)混合器生产过程的控制　氧化工段另一个不安全因素是混合器。为避免混合器内氧浓度局部区域过高而发生着火和爆炸,在设计和制造中,必须使含氧气体从喷嘴高速喷出,其速率大大超过含乙烯循环气体的火焰传播速率,并使从喷嘴平行喷出的多股含氧气体各自与周围的循环气体均匀混合,从而避免产生氧浓度局部区域过高的现象,尽量缩小非充分混合区。此外,还应防止含乙烯循环气体返回到含氧气体的配管中。日本触媒化学公司提出了新型安全混合方法和相应的烃-氧混合装置。将含氧气体引入吸收塔气液接触塔盘上的吸收液中,与引入的反应生成气安全混合,然后,在吸收塔中经吸收环氧乙烷后,含乙烯、氧组分的混合气再经净化和补加乙烯,用作反应原料进入反应器反应。该公司申请的专利指出,在吸收塔中将含氧气体的入口设置在吸收塔气液接触塔盘间,含氧气体从塔盘液层底部通入混合区空间。含乙烯气体从吸收塔塔底引入,通过若干层塔盘上吸收液层逐渐上升到气体混合区,在混合区内与含氧气体混合,随后进入吸收塔顶部冷却器,再经火焰屏蔽设施后循环至反应工段,塔顶进入的吸收水吸收环氧乙烷后从塔釜送往解吸塔。这种混合方式的特点是不设置专用的混合器,而利用原有吸收塔作烃-氧混合装置。在吸收塔的塔盘上有含水的吸收液存在,即便发生局部着火燃烧,也能很快被吸收液熄灭,说明这种烃-氧混合方法是比较安全的。

7. 环氧乙烷生产中的新工艺和新技术

(1)乙烯回收技术　氧气法工艺中乙烯损失约占原料乙烯总量的1%以下,空气法工艺乙烯的损失更大,回收乙烯有很好的经济效益。美国Shell公司和日本氧气公司采用吸附技术回收乙烯。具体的做法是将准备排放的富含C_2烃的气体,先在活性炭固定床中吸附C_2烃,再用沸石分子筛变压吸附法(PSA)回收乙烯和CO_2,最后再将乙烯和CO_2分离,乙烯返回反应系统。美国SD公司采用半渗透膜将氩气从排放气中分出,富含乙烯的气体循环回反应器以减少乙烯的损失。具体的做法是将准备排放的占吸收塔顶排出气体总量0.2%~20%的气体(压力为1.7~2.4 MPa)送至半渗透膜装置分出氩气,分出氩气后的富含乙烯的气体循环回反应器。

(2)环氧乙烷回收技术　美国DOW化学公司以碳酸乙烯酯代替水作环氧乙烷的吸收剂,大大降低了能耗。由于碳酸乙烯酯与环氧乙烷具有很大亲和力,即使在较高温度(45~65 ℃)下对环氧乙烷也具有很好的吸收效果,因此用它作吸收剂无需制冷设施,吸收塔设备也因吸收剂量大为减少而缩小,又因为碳酸乙烯酯的比热容仅为水的1/3,因此在解吸过程中,能耗也大幅度减少。

意大利Snan公司开发成功用膜式吸收器等温吸收环氧乙烷的方法,简化了吸收工艺,能耗也大为降低。具体的做法是首先将由氧化反应器出来的反应生成气冷却至 5～60 ℃，再在 0.1～3 MPa 下送到膜式等温水吸收器，该设备外部附有水夹套，夹套中通冷冻水进行冷却。反应生成气中环氧乙烷组分被水吸收后，在膜式吸收器底部生成高浓度环氧乙烷水溶液，送到闪蒸器进行闪蒸，得到的无惰性气体的环氧乙烷溶液，经回收其中残留的乙烯后，可直接用作乙二醇装置的进料。该法水蒸气耗量仅为常用工艺的 43.4%，电耗量为常用工艺的 33.6%。

（3）节能技术　通常吸收所得环氧乙烷水溶液中，环氧乙烷浓度 w（环氧乙烷）= 1.5%～2.0%，故在提浓和精制中需要耗用大量能量。近年来，普遍采用环氧乙烷精馏塔的加压工艺，这样可将塔顶温度自 10～11 ℃ 提高到 47～48 ℃，塔顶蒸气不用冷冻盐水冷却冷凝，采用普通循环冷却水即可，这样既省去了冷冻设备，消耗的电能也大为减少。

（4）CO_2 回收精制技术　国内大连理工大学开发成功"吸附精馏法回收精制 CO_2 工业化技术"。利用该项技术可将化工企业（包括 EO/EG 装置）副产的 CO_2 回收和精制，所得高纯 CO_2 现已用于化学合成、生物制药、超临界萃取、啤酒饮料灌装、石油开采和消防灭火等方面。

五、丙烯氨氧化(氧化偶联)制丙烯腈

把烯烃、芳烃、烷烃及其衍生物与空气（或氧气）、氨气混合通过催化剂制成腈类化合物的方法称为氨氧化法，按氧化反应的分类，这类反应亦称氧化偶联。有代表性的，已工业化的反应主要有下列几种：

$$CH_4 + NH_3 + \frac{3}{2} O_2 \longrightarrow HCN + 3H_2O \qquad \Delta H^{\ominus}(298\ K) = -472.79\ kJ/mol$$

$$C_3H_6 + NH_3 + \frac{3}{2} O_2 \longrightarrow CH_2{=}CH{-}CN + 3H_2O \qquad \Delta H^{\ominus}(298\ K) = -518.74\ kJ/mol$$

$$C_6H_5CH_3 + NH_3 + \frac{3}{2} O_2 \longrightarrow C_6H_5CN + 3H_2O \qquad \Delta H^{\ominus}(298\ K) = -527.18\ kJ/mol$$

$$C_6H_4(CH_3)_2 + 2NH_3 + 3O_2 \longrightarrow C_6H_4(CN)_2 + 6H_2O \qquad \Delta H^{\ominus}(298\ K) = -1\ 033.45\ kJ/mol$$

研究表明，氨氧化制腈类用催化剂与烃类氧化制醛类用催化剂〔如丙烯氧化制丙烯醛、间（对）二甲苯氧化制苯二甲醛等氧化催化剂〕十分类似，氨氧化催化剂往往亦可用作烃类氧化催化剂，是由于这两类反应通过类似的历程，形成相同的氧化中间物之故。上列反应中以丙烯氨氧化合成丙烯腈最为重要，下面即以此反应为例进行讨论。

丙烯腈是丙烯系列的重要产品，就世界范围而言，在丙烯系列产品中，它的产量仅次于聚丙烯，居第二位。2022 年世界丙烯腈产能约为 8.5 Mt，我国 2022 年丙烯腈产能约为 3.8 Mt。

丙烯腈是生产聚合物的重要单体，85% 以上的丙烯腈用来生产聚丙烯腈，由丙烯腈、丁二烯和苯乙烯合成的 ABS 树脂，以及由丙烯腈和苯乙烯合成的 SAN 树脂，是重要的工程塑料。此外，丙烯腈也是重要的有机合成原料，由丙烯腈经催化水合可制得丙烯酰胺，由后者聚合制得的聚丙烯酰胺是三次采油的重要助剂。由丙烯腈经电解加氢偶联（又称电解加氢二聚）可制得己二腈，再加氢可制得己二胺，后者是生产尼龙-66 的主要单体。

由丙烯腈还可制得一系列精细化工产品,如谷氨酸钠、农药熏蒸剂、高分子絮凝剂、化学灌浆剂、纤维改性剂、纸张增强剂、固化剂、密封胶、涂料和橡胶硫化促进剂等。

丙烯腈在常温下是无色透明液体,剧毒,味甜,微臭。沸点 77.3 ℃,熔点 −83.6 ℃,相对密度 0.800 6。丙烯腈在室内允许的浓度为 0.002 mg/L,在空气中的爆炸极限为 φ(丙烯腈)= 3.05% ~ 17.5%。因此,在生产、储存和运输中,应采取严格的安全防护措施。丙烯腈分子中含有腈基和 C═C 不饱和双键,化学性质极为活泼,能发生聚合、加成、腈基和腈乙基化等反应,纯丙烯腈在光的作用下就能自行聚合,所以在成品丙烯腈中,通常要加入少量阻聚剂,如对苯二酚甲基醚(MEHQ)、对苯二酚、氯化亚铜和胺类化合物等。

1. 生产简史和生产方法评述

在生产丙烯腈的历史上,曾采用以下生产方法。

(1) 以环氧乙烷为原料的氰乙醇法　环氧乙烷和氢氰酸在水和三甲胺的存在下反应得到氰乙醇,然后以碳酸镁为催化剂,于 200 ~ 280 ℃ 脱水制得丙烯腈,收率约 75%。

$$\underset{\underset{O}{\diagdown\diagup}}{CH_2-CH_2} + HCN \xrightarrow[50\sim60\ ℃]{碱催化剂} \underset{\underset{OH\quad CN}{|\qquad|}}{CH_2-CH_2} \xrightarrow[200\sim280\ ℃]{MgCO_3} CH_2═CH-CN + H_2O$$

此法生产的丙烯腈纯度较高,但氢氰酸毒性大,生产成本也高。

(2) 乙炔法　乙炔和氢氰酸在氯化亚铜−氯化钾−氯化钠的稀盐酸的催化作用下,在 80 ~ 90 ℃ 反应得到丙烯腈。

$$CH≡CH + HCN \xrightarrow[80\sim90\ ℃]{Cu_2Cl_2-KCl-NaCl-HCl} CH_2═CH-CN$$

此法工艺过程简单,收率良好,以氢氰酸计可达 97%,但副反应多、产物精制困难、毒性大,且原料乙炔价格高于丙烯,在技术和经济上难以与丙烯氨氧化法竞争。此工艺在 1960 年前是世界各国生产丙烯腈的主要工艺。

(3) 乙醛−氢氰酸法

$$CH_3CHO + HCN \xrightarrow[10\sim20\ ℃]{NaOH} \underset{\underset{CN}{|}}{\overset{\overset{H}{|}}{CH_3-C-OH}} \xrightarrow[600\sim700\ ℃]{H_3PO_4} CH_2═CH-CN + H_2O$$

乙醛已能由乙烯大量廉价制得,生产成本比上述两法低,按理应有发展前途,但也因丙烯氨氧化法的工业化,本法在发展初期就夭折了。

(4) 丙烯氨氧化法　本法由美国 Sohio 公司首先开发成功,并于 1960 年建成了第一套工业化生产装置。

$$CH_3CH═CH_2 + NH_3 + \frac{3}{2}O_2 \xrightarrow[470\ ℃]{P-Mo-Bi-O} CH_2═CHCN + 3H_2O$$

由于丙烯已能由石油烃热裂解大量廉价制得,反应又可一步合成,生产成本低,仅为上述 3 种方法成本的 50%;不用氢氰酸,生产安全性也比上述 3 种方法好得多。就丙烯氨氧化法而言,经过世界各国 60 多年的努力,也已发展成 5 种方法,美国 Sohio 公司技术最先进,现已成为世界上生产丙烯腈的最重要方法,丙烯腈总产量的 90% 以上是用本法生产的。我国引进的丙烯腈生产装置也几乎全部采用 Sohio 技术。

（5）丙烷氨氧化法　丙烷氨氧化制丙烯腈工艺有（丙烷）直接氨氧化工艺（一步法）和丙烷脱氢后再丙烯氨氧化工艺（两步法）两种。

丙烷脱氢后再丙烯氨氧化工艺是以丙烷为原料分两步进行：丙烷脱氢生成丙烯；用传统丙烯氨氧化工艺生成丙烯腈。在第一步反应中用 Pt/Al_2O_3 作催化剂，反应温度为 617～647 ℃，反应压力为 0.2～0.5 MPa，丙烷单程转化率约 40%，丙烯选择性为 89%～91%。第二步使用 $Bi\text{-}Mo\text{-}Al\text{-}O_x$ 系催化剂，反应温度为 400～500 ℃，反应压力为 0.05～0.2 MPa，丙烯腈选择性达到 80%。但该工艺因需要增加丙烷脱氢装置，所以固定投资费用比丙烷直接氨氧化法所用费用高出 15%～20%。

丙烷直接氨氧化工艺是丙烷在催化剂作用下，同时发生丙烷氧化脱氢反应和丙烯氨氧化反应，关键在于开发使丙烷活化的催化剂。

$$CH_3CH_2CH_3 + NH_3 + 2O_2 \longrightarrow CH_2\!=\!CHCN + 4H_2O$$

英国 BP 公司、日本三菱化学公司和旭化成公司所开发的都属于这种工艺。由于催化剂性能上的差异，BP 公司和三菱化学公司的工艺流程略有不同。BP 公司工艺的催化剂以钒和锑的氧化物为基础，以锡和钛为助剂，氧化反应是在高浓度丙烷和氧不足的条件下进行，由于以氧气作为氧化剂，避免了惰性气体的加入，加之丙烷转化率较低，所以未反应的丙烷需要回收。三菱化学公司工艺的催化剂以钼、钒、碲的氧化物为基础，其中含少量铌和锑，氧化反应是在低浓度丙烷和氧过量的条件下进行，由于以空气为氧化剂，丙烷转化率较高，所以未反应的丙烷不必回收。旭化成公司的丙烷直接氨氧化工艺是将丙烷、氨和氧在装有专用催化剂的管式反应器中进行反应，其催化剂为 SiO_2 上负载 20%～60% 的钼、钒、铌或锑金属，反应中用惰性气体稀释，反应条件为 415 ℃ 和 0.1 MPa。当丙烷转化率约为 90% 时，丙烯腈选择性为 70%，收率约为 60%。利用丙烷直接氨氧化工艺，日本旭化成公司分别在泰国、沙特阿拉伯设计建设 20 万吨/年丙烯腈项目，并分别于 2011 年和 2013 年投产。

2. 丙烯氨氧化的原理

（1）化学反应　在工业生产条件下，丙烯氨氧化反应是一个非均相催化氧化反应：

$$CH_3CH\!=\!CH_2 + NH_3 + \frac{3}{2}O_2 \longrightarrow CH_2\!=\!CHCN + 3H_2O \qquad \Delta H^{\ominus}(298\ K) = -518.74\ kJ/mol(C_3^=)$$

与此同时，在催化剂表面还发生如下一系列副反应。

① 生成乙腈（CH_3CN）：

$$CH_3CH\!=\!CH_2 + \frac{3}{2}NH_3 + \frac{3}{2}O_2 \longrightarrow \frac{3}{2}CH_3CN + 3H_2O \qquad \Delta H^{\ominus}(298\ K) = -522\ kJ/mol(C_3^=)$$

② 生成氢氰酸（HCN）：

$$CH_3CH\!=\!CH_2 + 3NH_3 + 3O_2 \longrightarrow 3HCN + 6H_2O \qquad \Delta H^{\ominus}(298\ K) = -941\ kJ/mol(C_3^=)$$

③ 生成丙烯醛：

$$CH_3CH\!=\!CH_2 + O_2 \longrightarrow CH_2\!=\!CHCHO + H_2O \qquad \Delta H^{\ominus}(298\ K) = -351\ kJ/mol(C_3^=)$$

④ 生成乙醛:

$$CH_3CH\!=\!\!CH_2 + \frac{3}{4}O_2 \longrightarrow \frac{3}{2}CH_3CHO \qquad \Delta H^{\ominus}(298\ K) = -268\ kJ/mol(C_3^=)$$

⑤ 生成二氧化碳:

$$CH_3CH\!=\!\!CH_2 + \frac{9}{2}O_2 \longrightarrow 3CO_2 + 3H_2O \qquad \Delta H^{\ominus}(298\ K) = -1\ 925\ kJ/mol(C_3^=)$$

⑥ 生成一氧化碳:

$$CH_3CH\!=\!\!CH_2 + 3O_2 \longrightarrow 3CO + 3H_2O \qquad \Delta H^{\ominus}(298\ K) = -1\ 067\ kJ/mol(C_3^=)$$

上列副反应中,生成乙腈和氢氰酸的反应是主要的。CO_2,CO 和 H_2O 可以由丙烯直接氧化得到,也可以由丙烯腈、乙腈等再次氧化得到。除上述副反应外,还有生成微量丙酮、丙腈、丙烯酸和乙酸等副反应。因此,工业条件下的丙烯氨氧化过程实际上是相当复杂的。为提高丙烯的转化率和丙烯腈的选择性,研制高性能催化剂是非常重要的。

考察丙烯氨氧化过程发生的主、副反应,发现每个反应的平衡常数都很大。因此,可以将它们看作不可逆反应,反应过程已不受热力学平衡的限制,考虑反应动力学条件就可。由于所有的主、副反应都是放热的,因此在操作过程中及时移走反应热十分重要,用移走的反应热产生 3.92 MPa(绝压)水蒸气,用作空气压缩机和制冷机的动力,对合理利用能量,降低生产成本是很有意义的。

(2) 催化剂 丙烯氨氧化所采用的催化剂主要有两类,即 Mo 系和 Sb 系催化剂。Mo 系催化剂由 Sohio 公司开发,由 C—A 型已发展到 C—49 型,C—89 型和 C—49 MC 型。Sb 系催化剂由英国酿酒公司首先开发,在此基础上,日本化学公司又相继开发成功 NS—733A 型,NS—733B 型和 NS—733D 型。下面对这两类催化剂作一简单介绍。

① Mo 系催化剂 工业上最早使用的是 P-Mo-Bi-O(C-A)催化剂,其代表组成为 $PBi_9Mo_{12}O_{52}$。活性组分为 MoO_3 和 Bi_2O_3。Bi 的作用是夺取丙烯中的氢,Mo 的作用是往丙烯中引入氧或氨。因而是一个双功能催化剂。P 是助催化剂,起提高催化剂选择性的作用。这种催化剂要求的反应温度较高(460~490 ℃),丙烯腈收率 60% 左右。由于在原料气中需配入大量水蒸气,约为丙烯量的 3 倍,即 m(水蒸气)$/m$(丙烯) = 3:1,在反应温度下 Mo 和 Bi 因挥发损失严重,催化剂容易失活,而且不易再生,寿命较短,只在工业装置上使用了不足 10 年就被 C—21 型,C—41 型等代替。

C—41 型是七组分催化剂,可表示为 P-Mo-Bi-Fe-Co-Ni-K-O/SiO_2,它是前联邦德国 Knapsack 公司在 Mo-Bi 中引入 Fe 后再经改良研制而成的。我国兰州化学物理研究所曾对催化剂中各组分的作用作过研究,发现 Bi 是催化活性的关键组分,不含 Bi 的催化剂,丙烯腈的收率很低(6%~15%);Fe 与 Bi 适当的配合不仅能增加丙烯腈的收率(可达到 74%),而且有降低乙腈生成量的作用;Ni 和 Co 的加入起抑制生成丙烯醛和乙醛的副反应的作用;K 的加入可改变催化剂表面的酸度,抑制深度氧化反应。根据实验结果,适宜的催化剂组成为: $Fe_3Co_{4.5}Ni_{2.5}Bi_1Mo_{12}P_{0.5}K_e$ ($e = 0 \sim 0.3$)。C—49 型,C—89 型和 C—49MC 型也为多组分催化剂。

② Sb 系催化剂 Sb 系催化剂在 20 世纪 60 年代中期用于工业生产,有Sb-U-O,Sb-

Sn—O 和 Sb—Fe—O 等。初期使用的 Sb—U—O 催化剂活性很好,丙烯转化率和丙烯腈收率都较高,但由于具有放射性,废催化剂处理困难,使用几年后已不采用。Sb—Fe—O 催化剂由日本化学公司开发成功,即牌号为 NB—733A 型,NB—733B 型和 NB—733D 型。据文献报道,催化剂中 $n(Fe)/n(Sb)=1:1$,X 射线衍射测试表明,催化剂的主体是 $FeSbO_4$,还有少量的 Sb_2O_4。工业运转结果表明,丙烯腈收率达 75% 左右,副产乙腈生成量甚少,价格也比较便宜,添加 V,Mo,W 等可改善该催化剂的耐还原性。

表 3-1-11 列出了几种工业催化剂的反应活性数据。由表 3-1-11 可见,我国自主开发成功的 MB—86 型催化剂各项性能已与国外工业催化剂相当,达到国际先进水平。

丙烯氨氧化催化剂的活性组分本身机械强度不高,受到冲击、挤压就会碎裂,价格也比较贵。为增强催化剂的机械强度和合理使用催化剂活性组分,通常需使用载体。流化床催化剂采用耐磨性能特别好的粗孔微球形硅胶(直径约 55 μm)为载体,m(活性组分):m(载体)$=1:1$,采用喷雾干燥成型。固定床反应器用催化剂,因传热情况远比流化床差,一般采用导热性能好、低比表面积、没有微孔结构的惰性物质,如刚玉、碳化硅和石英砂等作载体,用喷涂法或浸渍法制造。

表 3-1-11　几种工业催化剂的反应活性数据

催化剂型号		C—41	C—49	C—89	NS—733B	MB—82	MB—86
单程收率/%	AN	72.5	75.0	75.1	75.1	76~78	81.4
	ACN	1.6	2.0	2.1	0.5	4.6	2.58
	HCN	6.5	5.9	7.5	6.0	6.2	5.96
	ACL[*]	1.3	1.3	1.2	0.4	0.1	0.19
	AA[**]	2.0	2.0	1.1	0.6	0	
	CO_2	8.2	6.6	6.4	10.8	10.1	7.37
	CO	4.9	3.8	3.6	3.3	3.3	6.19
丙烯转化率/%		97.0	97.0	97.9	97.7	98.5	98.7
丙烯单耗/[t(丙烯)·t^{-1}(催化剂)]		1.25	1.15	1.15	1.18	1.18	1.08

[*] 丙烯醛;

[**] 乙醛。

(3) 反应机理和动力学　丙烯氨氧化生成丙烯腈的反应机理,目前主要有两种观点。

① 两步法　可简单地用下式表示:

$$HCHO \xrightarrow{NH_3} HCN$$

$$\uparrow O_2$$

$$CH_2{=}CH{-}CH_3 \xrightarrow{O_2} CH_2{=}CH{-}CHO \xrightarrow{NH_3} CH_2{=}CH{-}CN$$

$$\downarrow O_2$$

$$CH_3CHO \xrightarrow{NH_3} CH_3CN$$

该机理认为,丙烯氨氧化的中间产物是相应的醛——丙烯醛、甲醛和乙醛,这些醛是经过烯丙基型反应中间体形成的,且这些中间体都是在同一催化剂表面活性中心上产生的,只是由于后续反应不同,导致不同种类醛的生成;然后醛进一步与氨作用生成腈。而一氧化碳、二氧化碳可从氧化产物醛继续氧化生成,也可由丙烯完全氧化直接生成。根据该机理,丙烯氧化成醛是合成丙烯腈的控制步骤。

②　一步法　　该机理也可简单地用下式表示:

$$CH_2{=}CH{-}CH_3 \begin{array}{c} \xrightarrow{k_1} CH_2{=}CH{-}CN \\[2mm] \Big\updownarrow k_3 \\[2mm] \xrightarrow{k_2} CH_2{=}CH{-}CHO \end{array}$$

一步法机理认为,由于氨的存在使丙烯氧化反应受到抑制,上式中 $k_1/k_2 \approx 40$ 表明,反应生成的丙烯腈总量的 90% 以上不经丙烯醛中间产物而直接可由丙烯生成。比较详细的反应机理可表达于后,它是由 BP 公司的 Grasselli 等人提出的,适用于 Mo-Bi 系及 Sb-Fe 系催化剂,并用氘化的中间产物做了专门的实验,证实了该机理。

按照 Grasselli 等人的观点,丙烯氧化为丙烯醛和丙烯氨氧化是按同样的 π-烯丙基机理进行的,活性中心是 Mo 的配位不饱和化合物:

$$\text{Bi} \underset{O}{\overset{O}{\diagup}} \underset{O}{\overset{O}{\diagdown}} \text{Mo}{=}O \qquad (\text{I})$$

氨加成到活性中心(I)也生成配位不饱和化合物,此中间物种可化学吸收丙烯。随后由于与 Bi 相连的氧夺取了氢原子,两种反应的协同作用结果生成 π-烯丙基络合物。这一步是反应的控制步骤。在这里,Bi 的作用是夺氢,而 Mo 的作用是往烯烃中引入氧或氨,因而 Mo-Bi 催化剂应是具备两个活性中心的双功能催化剂。

以下是丙烯氨氧化机理反应式。

$$\pi - 烯丙基络合物$$

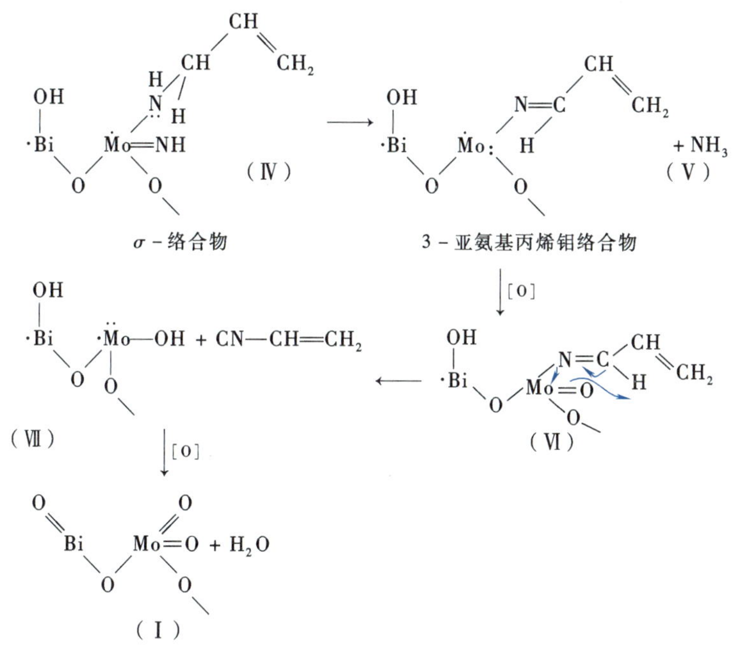

由该反应式可见,氨把 Mo 还原并与 Mo 生成配位不饱和物,该化合物将丙烯化学吸收,并由 Bi 上的氧夺取氢形成 π-烯丙基络合物(Ⅲ)。下一步,π-烯丙基络合物转化为 σ-络合物(Ⅳ),σ-络合物脱去氨形成 3-亚氨基丙烯钼络合物(Ⅴ)。(Ⅴ)氧化成(Ⅵ),脱去丙烯腈后 Mo 再氧化脱去水,并变回到起始状态。而 Bi^{3+}—O 或 Sb^{3+}—O 夺取吸附态丙烯的 α-H 是反应速率的控制步骤。

实验证实当氨和氧的浓度达到反应方程式中的计量比例后,反应速率与氨和氧的浓度无关,即反应对丙烯是一级,对氨和氧是零级。反应速率可简单地表示为

$$r = k \cdot p(C_3H_6)$$

式中：　k——反应速率常数；

$p(C_3H_6)$——丙烯的分压。

当催化剂中无磷时：$k = 2.8 \times 10^5 e^{\frac{-67\,000}{RT}}$；

当催化剂中含磷时：$k = 8.0 \times 10^5 e^{\frac{-76\,000}{RT}}$。

3. 工艺条件的选择

(1) 原料纯度和配比　采用 w(丙烯)= 92%~94% 的原料丙烯即能满足工艺要求,但对杂质气体中的某些组分含量有一定限制,应用时要严格控制。若超标,需经净化处理后才能使用。在这些杂质气体中,丙烷和其他烷烃(乙烷、丁烷等)对氨氧化反应没有影响,只是稀释了丙烯的浓度,但因含量甚少[φ(丙烷和其他烷烃)≈1%~2%],反应后又能及时排出系统,不会在系统中积累,因此对反应器的生产能力影响不大。乙烯没有丙烯活泼,一般情况下少量乙烯的存在对氨氧化反应无不利影响。丁烯及高碳烯烃化学性质比丙烯活泼,会对氨氧化反应带来不利影响,不仅消耗原料混合气中的氧和氨,而且生成的少量副产物混入丙烯腈中,给分离过程增加难度。例如:丁烯能氧化生成甲基乙烯

酮(沸点 79~80 ℃);异丁烯能被氨氧化生成甲基丙烯腈(沸点 92~93 ℃)。这两种化合物的沸点与丙烯腈的沸点接近,给丙烯腈的精制带来困难,并使丙腈和 CO_2 等副产物增加。而硫化物的存在则会使催化剂活性下降。因此,应严格控制原料丙烯的质量。

原料氨的纯度达到肥料级就能满足工业生产要求;原料空气一般需经过除尘、酸-碱洗涤,除去空气中的固体粉尘、酸性和碱性杂质后就可在生产中使用。

丙烯和空气的配比,除满足氨氧化反应的需要外,还应考虑:① 副反应要消耗一些氧;② 保证催化剂活性组分处于氧化态。为此,要求反应后尾气中有剩余氧气存在,一般控制尾气中 $\varphi(O_2) = 0.1\% \sim 0.5\%$。但氧的加入量也不宜太多,过量的氧(这意味着带入大量的 N_2)使丙烯浓度下降,影响反应速率,并使反应器生产能力下降。过量的氧能促使反应产物离开催化剂床层后继续发生气相深度氧化反应,使反应选择性下降。此外,过量的氧不仅增加空气净化的负荷,而且稀释了产物,给产物的回收增加难度。初期的 C—A 型催化剂,$n(C_3H_6) : n(空气) = 1 : 10.5$。对 C—41 型,空气用量较低,$n(C_3H_6) : n(空气) = 1 : (9.8 \sim 10.5)$。

丙烯和氨的配比,除满足氨氧化反应外,还需考虑副反应(如生成乙腈、丙腈及其他腈类等)的消耗及氨在催化剂上分解或氧化成 N_2,NO 和 NO_2 等的消耗。另外,过量氨的存在对抑制丙烯醛的生成有明显的效果,这一点可从图 3-1-31 看出。当 $n(NH_3)/n(C_3H_6)$ 小于 1,即氨的用量小于反应理论需要值时,生成的丙烯醛随氨量的减少而明显增加;当 $n(NH_3)/n(C_3H_6)$ 大于 1 后,生成的丙烯醛量很少,而丙烯腈生成量则可达到最

大值。但氨的用量也不能过量太多,这不仅增加了氨的消耗定额,而且未反应的氨要用硫酸中和将它从反应气中除去,也增加了硫酸的消耗。工业上氨的用量比理论值略高,一般为 $n(NH_3)/n(C_3H_6) = (1.1 \sim 1.15) : 1$。

丙烯和水蒸气的配比。水蒸气加入原料气中,能改善氨氧化反应的效率。首先,它作为一种稀释剂,可以调节进料组成,避开爆炸范围。这种作用在开车时更为重要,用水蒸气可以防止在达到稳定状态之前短暂出现的危险情况;水蒸气可加快催化剂的再氧化速率,有利于稳定催化剂的活性;有利于氨的吸

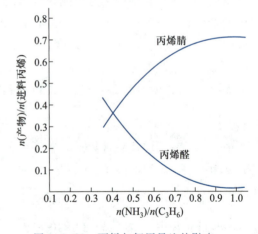

图 3-1-31　丙烯与氨用量比的影响

附,防止氨的氧化分解;有利于丙烯腈从催化剂表面的脱附,减少丙烯腈深度氧化反应的发生;水蒸气有较大的热容,可将一部分反应热带走,避免或减少反应器过热现象的发生。但水蒸气的加入会促使 P-Mo-Bi-O 系催化剂中活性组分 MoO_3 和 Bi_2O_3 的升华,催化剂因 MoO_3 和 Bi_2O_3 的逐渐流失而造成永久性的活性下降,寿命大为缩短。水蒸气的添加量与催化剂的种类有关,Mo 系早期催化剂 C—A 型,C—21 型等都需添加水蒸气,加入量一般为 $n(H_2O) : n(C_3H_6) = (1 \sim 3) : 1$。流化床用 P-Mo-Bi-O 系七组分催化剂不需添加水蒸气,因丙烯、氨和空气采取分别进料方式,可避免形成爆炸性混合物,保证安全生产;七组分催化剂活性高,对氨吸附强,催化剂中的 K 可调整表面酸

度,防止深度氧化反应的发生。在固定床反应器中,由于传热较差和为了避免原料气在预热后发生爆炸,就需添加水蒸气,其用量为 $n(H_2O):n(C_3H_6)=(3\sim5):1$。

(2)反应温度 反应温度对丙烯的转化率、生成丙烯腈的选择性和催化剂的活性都有明显影响,在初期的 P—Mo—Bi—O 催化剂上的研究表明,丙烯氨氧化反应在 350 ℃ 就开始进行,但转化率甚低,随着反应温度的递增,丙烯转化率相应地增高,如图 3-1-32 和图 3-1-33 所示。由图 3-1-32 和图 3-1-33 可见,在 460 ℃ 时,丙烯腈单程收率已达 50% 以上,在 500~520 ℃ 时收率最高,然后随着温度的升高,丙烯腈单程收率明显下降。同时,在此温度下,催化剂表面氨的分解和氧化反应也明显加剧,生成大量的 N_2,NO 和 NO_2 气体。副产物乙腈和氢氰酸在 320 ℃ 开始生成,到 420 ℃ 这两种化合物的收率达到最大值,高于此温度后,收率逐渐下降。因此,对初期的 P—Mo—Bi—O 系催化剂而言,最适宜的反应温度为 450~550 ℃,一般取 460~470 ℃,只有当催化剂长期使用而活性下降时,才提高到 480 ℃。生产中发现,反应温度达到 500 ℃ 时,有结焦、堵塞管路现象发生,而且因丙烯深度氧化,反应尾气中 CO 和 CO_2 的量也开始明显增加。因此,实际操作中应控制反应低于 500 ℃,若接近或超过 500 ℃,应当采取紧急措施(如喷水蒸气或水)降温。

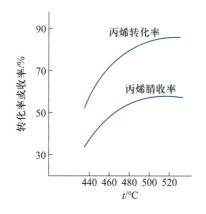

图 3-1-32 沸腾床反应器反应温度对丙烯转化率和丙烯腈收率的影响

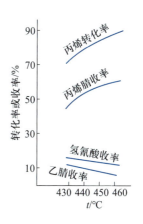

图 3-1-33 固定床反应器反应温度对合成产物收率的影响

应当指出,不同催化剂有不同的最佳操作温度范围。图 3-1-34 所示的是 C—41 型催化剂上显示出来的反应温度和丙烯腈、乙腈及氢氰酸收率的关系。由图 3-1-34 可见,最佳反应温度为 450 ℃ 左右,当反应温度高于 470 ℃ 时,丙烯腈的单程收率明显下降。

(3)反应压力 丙烯氨氧化的主、副反应化学反应平衡常数 K 的数值都很大,故可将这些反应看作不可逆反应。此时,反应压力的变化对反应的影响仅表现在动

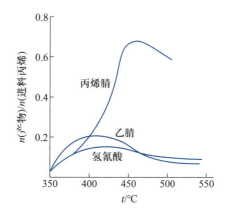

图 3-1-34 反应温度的影响曲线
$n(C_3H_6):n(NH_3):n(O_2):n(H_2O)=1:1:1.8:1$

力学上。由前述的动力学方程可知,反应速率与丙烯的分压成正比,故提高丙烯分压,对反应是有利的,而且还可提高反应器的生产能力。但在加快反应速率的同时,反应热也在激增,过高的丙烯分压使反应温度难以控制。实验又表明,增加反应压力,催化剂的选择性会降低,从而使丙烯腈的收率下降,故丙烯氨氧化反应不宜在加压下进行。对固定床反应器,为了克服管道和催化剂阻力,反应进口气体压力为 0.078~0.088 MPa(表压),对于流化床反应器,为 0.049~0.059 MPa(表压)。

(4)接触时间和空速　丙烯氨氧化反应是气固相催化反应,反应在催化剂表面进行,不可能瞬间完成,因此,保证反应原料气在催化剂表面停留一定时间是很必要的,该时间与反应原料气在催化剂床层中的停留时间有关,停留时间越长,原料气在催化剂表面停留的时间也越长。因此,确定一个适宜的停留时间是很重要的。原料气在催化剂床层中的停留时间常称接触时间,它可用下式计算:

$$接触时间(s) = \frac{反应器中催化剂层的静止高度(m)}{反应条件下气体流经反应器的线速率(m/s)}$$

接触时间与主、副反应产物单程收率及丙烯转化率的关系见表 3-1-12。由表 3-1-12 可见,对主反应而言,增加接触时间,对提高丙烯腈单程收率是有利的,对副反应而言,增加接触时间除生成 CO_2 的副反应外,其余的收率均没有明显增长,即接触时间的变化对它们的影响不大。由此可知,适当增加接触时间对氨氧化生成丙烯腈的主反应是有利的,随着丙烯转化率的提高,丙烯腈的单程收率也会增加,但过分延长接触时间,丙烯深度氧化生成 CO_2 的量会明显增加,导致丙烯腈收率降低。同时,由于氧的过分消耗,容易使催化剂由氧化态转为还原态,降低了催化剂活性,并缩短催化剂使用寿命,这是因为长期缺氧,会使 Mo^{5+} 转变为 Mo^{4+},而 Mo^{4+} 转变为 Mo^{5+} 则相当困难,即使通氧再生催化剂,也难恢复到原有的活性。另外,接触时间的延长,降低了反应器的生产能力,对工业生产也是不利的。

表 3-1-12　接触时间对丙烯氨氧化反应的影响

接触时间 s	单程收率/%					丙烯转化率 %
	丙烯腈	氢氰酸	乙腈	丙烯醛	二氧化碳	
2.4	55.1	5.25	5.00	0.61	10.0	76.7
3.5	61.6	5.05	3.88	0.83	13.3	83.8
4.4	62.1	5.91	5.56	0.93	12.6	87.8
5.1	64.5	6.00	4.38	0.69	14.6	89.8
5.5	66.1	6.19	4.23	0.87	13.7	90.9

试验条件:n(丙烯):n(氨):n(氧):n(水)=1:1:(2~2.2):3;反应温度 470 ℃;空速 0.8 m/s;催化剂 P-Mo-Bi-O。

适宜的接触时间与催化剂的活性、选择性及反应温度有关,对于活性高、选择性好的催化剂,适宜的接触时间应短一些,反之则应长一些;反应温度高时,适宜的接触时间应短一些,反之则应长一点。一般生产上选用的接触时间,流化床为 5~8 s(以原料气通过催化剂层静止高度所需的时间表示),固定床为 2~4 s。

空塔线速简称空速,是指反应混合气在反应温度、压力下,通过空床反应器的速率,可表示为

$$空塔线速(m/s) = \frac{反应条件下单位时间进入反应器的混合气体量(m^3/s)}{反应器横截面积(m^2)}$$

接触时间与空速有关,对于一定床层的催化剂而言,空速与接触时间成反比。在接触时间相同的情况下,增加空速允许增加催化剂用量和原料气投料量,从而达到增加产量的目的,而且空速的增加还有利于传热。所以工业生产中都倾向采用较高的空速操作。但空速不宜过高。过高,虽然接触时间仍可满足要求,但原料气在催化剂表面的停留时间会明显减少,结果导致丙烯转化率和丙烯腈单程收率下降。对流化床反应器而言,空速还受到催化剂密度、颗粒度和粒径分布、反应器高度和旋风分离器回收催化剂能力等的限制,空速过高,吹出的催化剂量增加,不仅造成催化剂的损失,而且还会影响反应后气体的处理,一般流化床反应器的空速采用 0.4~0.6 m/s。

4.丙烯腈生产工艺

丙烯腈生产工艺包括:丙烯腈的合成,产品和副产品的回收,产品和副产品的精制三部分。

(1)丙烯腈的合成 丙烯腈合成的工艺流程见图 3-1-35。纯度为 97%~99% 的液态丙烯和 99.5%~99.9% 的液氨,分别用水加热蒸发(水被冷却,用作吸收塔的吸收剂),再经过换热器预热到 70 ℃ 左右,经计量后两者混合,进入流化床反应器丙烯-混合气体分配管。空气经过滤器除去尘埃后压缩至 0.294 MPa 左右,经计量后进入反应器。各原料气的管路中都装有止逆阀,以防发生事故时,反应器中的催化剂和反应气体产生倒流。反应温度(出口)399~427 ℃,压力稍高于常压。反应器浓相段 U 形冷却管内通入高压软水,用以控制反应温度,产生的高压过热水蒸气(压力为 4.0 MPa 左右)用作空气压缩机和制冷机的动力,背压气还可用作后续工序的热源。反应所用催化剂可由催化剂储斗加入反应器(图中未画出),反应器内的催化剂经三级旋风分离器捕集后仍回反应段参加催化反应。反应后的气体从反应器顶部出来,在进行热交换后,冷却至 200 ℃ 左右,进入后续的回收和分离工序。在开工时,反应器处于冷态,此时,让空气进入开工炉(图中未画出),将空气预热到反应温度,再利用这一热空气将反应器加热到一定温度,待流化床运行正常,氨氧化反应顺利进行后,停开工炉,让反应器进入稳定的工作状态。为防止催化剂床层发生飞温事故,在反应器浓相段和扩大段还装有直接水蒸

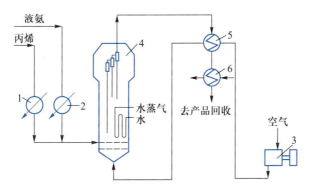

图 3-1-35　丙烯腈合成的工艺流程图

1—丙烯蒸发器;2—液氨蒸发器;3—空气压缩机;4—流化床反应器;5,6—换热器

气(或水)接口,必要时,打开直接水蒸气以降低反应器反应段的温度。

从反应器出来的物料组成,视采用的催化剂和反应条件的不同而有差异。表 3-1-13 列出了采用 C—49 型催化剂得到的一些工业生产数据。

表 3-1-13　采用 C—49 型催化剂得到的一些工业生产数据

项目	内容
生产能力	18.1 万吨/年
反应器类型	流化床(带 U 形冷却管,副产 4.137 MPa 水蒸气)
原料	丙烯纯度≥97%,液氨纯度 99.9%
工艺条件	反应温度(出口)404 ℃,反应压力(出口)0.21 MPa,接触时间 6 s,n(丙烯):n(氨):n(空气)= 1:1:10.2
反应结果 转化率 选择性	 丙烯 94%(或氨 92.8%) 丙烯腈 75%,HCN 4.76%,乙腈 1.62%,CO 2.44%,CO_2 8.56%,轻组分(主要是丙烯醛)0.54%,重组分(聚合物和氰醇)1.08%

(2)回收和分离　由表 3-1-13 可以看出,反应气组成中有易溶于水的有机化合物及不溶或微溶于水的惰性气体,因此可以用水吸收法将它们分离。在用水吸收之前,必须先将反应气中剩余的氨除去,因为氨使吸收水呈碱性。在碱性条件下易发生以下反应:

① 氨和丙烯腈反应生成胺类物质:

$$NH_3 + CH_2=CHCN \longrightarrow H_2NCH_2CH_2CN \qquad (伯胺)$$

$$H_2NCH_2CH_2CN + CH_2=CHCN \longrightarrow HN(CH_2CH_2CN)_2 \qquad (仲胺)$$

$$HN(CH_2CH_2CN)_2 + CH_2=CHCN \longrightarrow N(CH_2CH_2CN)_3 \qquad (叔胺)$$

② 在碱性介质中 HCN 与丙烯腈反应生成丁二腈:

$$CH_2=CHCN + HCN \longrightarrow NCCH_2CH_2CN$$

③ 在 NH_3 存在下,粗丙烯腈溶液中的 HCN 容易自聚,反应气温度在 30～130 ℃ 时,HCN 还会发生气相聚合。聚合物会堵塞管道,使操作发生困难。

④ 在 NH_3 存在下,丙烯醛也会发生聚合。

⑤ 溶解在水中的氨,能与反应气中的 CO_2 反应生成碳酸氢铵,在吸收液加热解吸时,碳酸氢铵又被分解为氨和 CO_2 而被解吸出来,再在冷凝器中重新化合成碳酸氢铵,造成冷凝器及管道堵塞。

因此,在吸收过程之前,用稀硫酸吸收反应气中的氨是十分必要的。反应气的酸洗脱氨和水吸收工艺流程示于图 3-1-36。氨中和塔除脱氨外,还有冷却反应气的作用,在有些流程中也称急冷塔。氨中和塔分作三段,上段设置多孔筛板,中段设置填料,下段是空塔,设有液体喷淋装置。反应气经初步冷却至 200 ℃ 左右后,由氨中和塔下部进入,与下段酸性循环水接触,把夹带的催化剂粉末、高沸物和聚合物洗下来,并中和大部分氨。

反应气增湿,温度从200 ℃急冷至84 ℃左右,然后进入中段。在这里再次与酸性循环水接触,将反应气中剩余的催化剂粉末、高沸物、聚合物和残余氨脱除干净,反应气由84 ℃进一步冷却至80 ℃左右。将温度控制在80 ℃左右的目的是在此温度下,丙烯腈、氢氰酸、乙腈等组分在酸性溶液中的溶解度极小,不会进入稀硫酸溶液造成丙烯腈等主、副产物的损失。由于温度仅从84 ℃降至80 ℃,产生的冷凝液不多,也可减轻稀硫酸溶液的处理量。为保证氨吸收完全,硫酸用量过量10%左右,为减轻稀硫酸溶液对设备的腐蚀,要求溶液的 pH 保持在5.5~6.0,pH 不宜再大,否则容易引起聚合和加成反应。

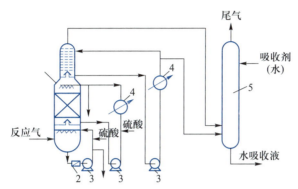

图 3-1-36　反应气的酸洗脱氨和水吸收工艺流程图
1—氨中和塔;2—过滤器;3—循环泵;4—冷却器;5—水吸收塔

反应气经氨中和塔下段和中段酸洗后进入上段,在筛板上与中性水接触,洗去夹带的硫酸溶液残沫,温度冷却至40 ℃左右。从氨中和塔顶部出来,进入水吸收塔下部。氨中和塔上部中性水因温度比较低,反应气中部分水蒸气冷凝下来,也有一部分主、副产物溶入水中,故此水一部分循环使用,一部分进入水吸收塔下部,和水吸收塔吸收水汇合后送精制工序处理。

自回收塔(又称萃取解吸塔)底来的水,经与脱氰塔釜液、成品塔(丙烯腈精馏塔)釜液、水吸收塔釜液热交换后,再冷却至35 ℃左右(有的工艺流程中冷却至4 ℃左右,丙烯腈吸收率可达99%)进入水吸收塔上部用作吸收液。反应气中的丙烯腈、乙腈和氢氰酸等溶入水中,N_2,CO_2,CO,未反应的丙烯、氧气和丙烷等,以及微量的未被吸收的丙烯腈、氢氰酸和乙腈等,由塔顶出来,经焚烧后自烟囱排入大气。

在35 ℃下,氢氰酸和乙腈能全溶于水,由丙烯腈物化性质可知,丙烯腈在水中的溶解度约为w(丙烯腈)=7.70%,因此要求有足够多的吸收水,将丙烯腈完全吸收下来,但吸收水过多,不仅稀释了丙烯腈,给后续工序增加负荷,而且会增加含氰废水量。为此,工业生产中,水吸收液中丙烯腈的浓度一般控制在w(丙烯腈)=2%~5%。

由丙烯腈在水中溶解度可知,用降低吸收温度的办法来增加吸收丙烯腈的量效果不明显。因此,生产上一般将吸收水温度定在35~40 ℃。

在某些工艺流程中,萃取解吸塔只将氢氰酸和丙烯腈从塔顶分出,塔釜含乙腈液送往乙腈解吸塔,该塔塔顶得粗乙腈,塔侧线抽出部分水用作吸收塔的吸收剂,使用这种水时,要注意下述问题:

① 必须控制水中的w(聚合物)<1%,以防在冷却降温时,聚合物从水中析出,污染和

堵塞设备及管道;

② 为防止吸收液呈酸性,需加入碳酸钠溶液调节 pH 接近中性。这不仅可减轻或免除由氨中和塔带来的酸雾和反应生成的乙酸、丙烯酸等对设备造成的腐蚀,而且也有利于氢氰酸的吸收;

③ 水吸收剂中还含有许多杂质,容易产生泡沫,影响吸收塔的吸收效果,因此需要加入聚丙二醇甘油醚等消泡剂消除泡沫。

(3) 丙烯腈的精制　丙烯腈精制的目的是分出副产物和水,获得合格的丙烯腈产品。生产合成纤维用的丙烯腈的规格为

w(丙烯腈) > 99.5%　　　　　w(丙烯醛) < 10 $\mu g \cdot g^{-1}$

w(乙腈) < 100 $\mu g \cdot g^{-1}$　　　　w(水) = 0.2% ~ 0.45%

w(氢氰酸) < 5 $\mu g \cdot g^{-1}$

杂质含量过高,对聚丙烯腈的纺丝、染色及纤维性能都有不良影响。

丙烯腈与水和氢氰酸都很容易分离,丙烯腈和水能形成共沸混合物,共沸点为 71 ℃,共沸物中丙烯腈的含量为 w(丙烯腈) = 88%,而丙烯腈与水又只能部分溶解。例如,在 30 ℃时,丙烯腈中水的溶解度仅为 3.82%,因此,将共沸混合物蒸出并冷凝后,就可得到油相和水相,油相为含 w(丙烯腈) = 90%以上的粗丙烯腈,水相为 w(水) = 90%以上。丙烯腈和氢氰酸因沸点相差较大(丙烯腈沸点为 77.3 ℃,氢氰酸沸点为 25.7 ℃),很容易用普通的蒸馏方法分离。

丙烯腈与乙腈的分离则要麻烦得多。乙腈的沸点 81.5 ℃,与丙烯腈的沸点相差约 4 ℃,其相对挥发度 α 在此温度范围内平均约 1.15,若采用普通的蒸馏方法分离,需 100 块以上的理论塔板。如果采用萃取蒸馏,如选用水作萃取剂,乙腈能与水互溶,由于乙腈的极性比丙烯腈强,水的加入使丙烯腈与乙腈之间的相对挥发度大为提高。据计算,当塔顶 w(水) = 70%时,它们的相对挥发度为 1.76;w(水) = 80%时,它们的相对挥发度达 1.8,此时仅需 40 块实际塔板,就能将丙烯腈和乙腈分离。

萃取剂可采用乙二醇、丙酮和水等,工业上一般采用水作萃取剂。原因是它具有无毒、来源充足、价格低廉等优点,分离效果也不差,能使丙烯腈和乙腈的相对挥发度增加很多。水和丙烯腈相对挥发度小,但因能形成部分互溶溶液,即使水进入塔顶丙烯腈中,也能在分层器中分离开来。用作萃取剂的水最好使用软水或蒸馏水,但在工业生产上,为减少含氰废水处理量,采用成品塔塔底水,或回收塔下部抽出水(有乙腈解吸塔的工艺中,还采用该塔塔底水)。萃取水与进料中丙烯腈的质量比[m(萃取水)/m(丙烯腈),简称萃取水比],是萃取解吸塔操作的控制因素,随着萃取水用量的增大,乙腈和丙烯腈越易分离。

丙烯腈的精制工艺流程见图 3-1-37。

回收塔(萃取解吸塔)为一复合塔,塔上部分出氢氰酸和丙烯腈,经冷却冷凝后进入分层器。油相中 w(丙烯腈) > 80%,w(氢氰酸) ≈ 10%,w(水) ≈ 8%,并含有微量其他杂质,如丙烯醛、丙酮和氰醇等。由于它们的沸点相差较大,可用精馏法分离。萃取解吸塔中部抽出乙腈水溶液,其中乙腈含量较高。本工艺取消了乙腈解吸塔,故可大大节约热能(有的工艺中回收塔不是复合塔,塔釜液中 w(乙腈) = 0.1%,需增设乙腈解吸塔将乙腈

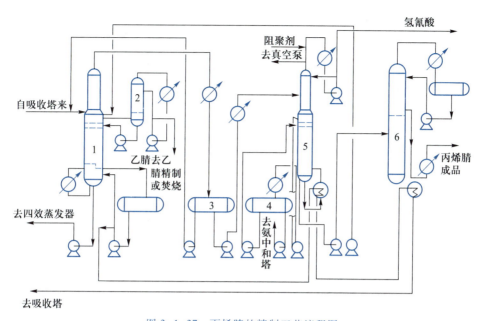

图 3-1-37　丙烯腈的精制工艺流程图
1—回收塔;2—乙腈塔;3,4—分层器;5—脱氰塔;6—成品塔

提浓)。萃取解吸塔釜液用泵送至四效蒸发系统处理,塔下段抽出一股液体,经热交换后用作吸收塔的吸收用水。

回收塔顶出来的蒸气,经冷却冷凝,在油水分离器中分出水相和油相,油相为粗丙烯腈,流入脱氰塔。由该塔塔顶可得粗氢氰酸,经氢氰酸精馏塔(图中未画出)精制,侧线可得纯度达 99.5% 的氢氰酸,塔顶不凝性气体去焚烧炉。脱氰塔(采用真空操作为好)底部的釜液用泵打入成品塔。为减少聚合,降低精馏塔操作温度,精馏塔采用真空操作,塔侧线得纯度为 99.5% 以上的成品丙烯腈。塔釜液用作回收塔的萃取剂。

由回收塔来的乙腈水溶液用泵打入乙腈塔,由塔顶分出粗乙腈。由于乙腈和水能形成共沸物,乙腈又能与水互溶,因此不能使水从共沸物中分出,必须外加脱水剂,物理和化学的分离方法并用,才能制得成品乙腈。图 3-1-38 是乙腈的精制流程。粗乙腈的精制分为以下四个步骤。

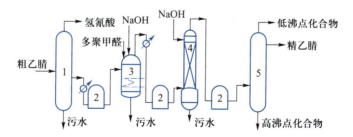

图 3-1-38　乙腈精制流程图
1—脱氢氰酸塔;2—储槽;3—化学处理槽;4—脱水塔;5—乙腈精馏塔

① 脱氢氰酸　脱氢氰酸塔塔顶为氢氰酸,送回收系统,塔中侧线为含 w(乙腈)= 70% 的乙腈水溶液,进入化学处理槽,釜液送污水处理系统。

② 化学处理　进化学处理槽的乙腈水溶液中含 $w<1\%$ 的丙烯腈、氢氰酸等化合物，在碱性条件下，乙腈中的氢氰酸和丙烯腈反应生成丁二腈，因氢氰酸含量一般比丙烯腈高些，残余的氢氰酸再与多聚甲醛（因甲醛溶液挥发性大，易污染空气，故不采用）作用生成高沸点的氰醇而除去。化学处理法速率慢，故采用间歇操作。

③ 脱水　化学处理槽蒸出的乙腈，$w(\text{水}) \approx 15\%$，在脱水塔（常为填料塔）中用 $w(\text{NaOH}) = 42\%$ 的氢氧化钠溶液连续抽提脱水，可使乙腈含水量降至 $w(\text{水}) \approx 3\%$。

④ 精馏　脱水塔出来的乙腈进入乙腈精馏塔，塔顶蒸出低沸点化合物和乙腈与水的共沸物，塔釜为高沸点化合物（丙腈和高碳腈等），送三废治理系统，塔侧线得纯度为 99% 以上的乙腈成品。

回收塔釜液用泵送至四效蒸发系统，将含氰水逐级提浓，蒸发凝液送氨中和塔上部，作中性洗涤水用，提浓液少部分送去焚烧，大部分进入氨中和塔中部，以提高主、副产品的收率。采用四效蒸发系统，可提高工艺水循环回收率，减少含氰废水的处理量。

在回收和精馏系统中，由于丙烯腈、丙烯醛和氢氰酸等都易自聚，聚合物会堵塞塔盘（或填料）、管路等，影响正常生产，故在有关设备的物料中必须加阻聚剂。丙烯腈的阻聚剂为对苯二酚、连苯三酚或其他酚类，成品中留存少量水也能起阻聚作用。氢氰酸在碱性条件下才聚合，故需加酸性阻聚剂。由于氢氰酸在气相和液相中都能聚合，所以在气相和液相中均需加阻聚剂，一般气相阻聚剂用二氧化碳，液相用乙酸等。在氢氰酸的储槽中可加入少量磷酸作稳定剂。

5. 合成反应器及其研究动态

（1）固定床反应器　丙烯腈合成固定床反应器属内部循环列管式固定床反应器，结构示意于图 3-1-39。使用的载热体是由 KNO_3、$NaNO_2$ 和少量 $NaNO_3$ 组成的熔盐。用旋桨式搅拌器强制熔盐循环，使反应器上部和下部熔盐的温差仅为 4 ℃，并使熔盐吸收的热量及时传递给水冷换热构件，此构件可通入饱和水蒸气，加热后产生副产高温过热水蒸气，用作工艺用热能能源。催化剂装在列管内，管内径为 25 mm，长度为 2.5～5 m。一台反应器往往有多达 1 万根以上的管子。原料气体由列管上部进入，为了缓和进口段的反应速率，不使催化剂因遇上高浓度原料气反应过猛，造成催化剂上层局部区域温度过高，在反应管上部充填一段活性差的催化剂或在催化剂中掺入一些惰性物质以稀释催化剂。为增大列管内气体流速，强化传热效率，近年来倾向于采用较大管径（直径为 38～42 mm）的管子，同时相应增加管子的长度，以弥补因增大管径造成的换热面积的不足。进料气体采用自上而下的走向可以避免催化剂床层因气速变化而受到的冲击，破碎的催化剂也

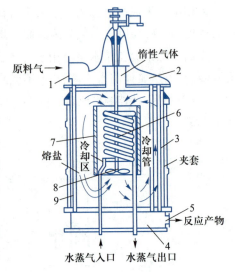

图 3-1-39　以熔盐为载热体的列管式固定床反应器示意图

1—原料气进口；2—上头盖；3—催化剂列管；
4—下头盖；5—反应气出口；
6—载热体冷却器；7—防爆片；
8—搅拌器；9—笼式冷却器

不易被气流带走。催化剂一般制成直径 3~4 mm、长 3~6 mm 的圆柱体,或压成片状。催化剂载体为没有微孔结构的导热性能优良的惰性物质,如刚玉、碳化硅和石英砂等。

固定床反应器中流体流动属活塞流,转化率比较高,催化剂固定不动,不易磨损,可在高温和高压下操作,但对丙烯氨氧化反应而言,催化剂需在适宜的温度范围内才能获得最佳的催化效果,这一点列管式固定床反应器很难办到;由于不能充分发挥各部分催化剂的作用,反应器的生产能力比较低。此外,诸如催化剂装卸更换困难,反应器体积庞大,又需用熔盐作载热体,不但增加了辅助设备,熔盐还对碳钢设备有一定的腐蚀作用等,因此,世界上丙烯腈合成反应器采用固定床反应器的并不多。

（2）流化床反应器　图 3-1-40 所示为 Sohio 丙烯氨氧化流化床反应器,因采用细粒子催化剂,又称 Sohio 细粒子湍流床反应器,生产能力为 2.5 万吨/年,采用 C-41 型催化剂。粒径分布为 0~44 μm 的占 25%~45%,44~88 μm 的占 30%~60%,大于 88 μm 的占 15%~30%。内部构件由空气分布板、丙烯和氨分配管、U 形散热管和旋风分离器组等组成。空气分布板、丙烯和氨分配管均为管式分布器,空气分布板均匀开孔,丙烯和氨分配管的开孔可以是等距离的,也可以是不等距的。两个分布器之间的距离为 0.53 m。在反应器浓相段内设有 68 组 U 形散热管,其中 60 组为冷却管,8 组为过热水蒸气管;稀相段内无任何构件;旋风分离器由三级四组构成,第一级旋风分离器两组并联。分离出来的催化剂微粒经下料管返回反应部分;筒体分两大段,直径较细的称反应段,包括浓相和稀相两个部分,直径较粗的称扩大段,作用是回收被夹带的粒子。一般不设冷却构件,仅设回收催化剂微粒的旋风分离器组。

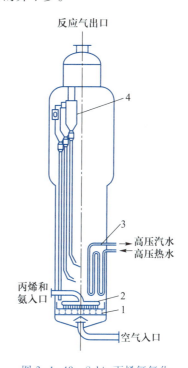

图 3-1-40　Sohio 丙烯氨氧化流化床反应器示意图

1—空气分布板;2—丙烯和氨分配管;
3—U 形散热管;4—旋风分离器组

流化床中的气体分布板有三个作用:① 支承床层上的催化剂;② 使气体均匀分布在床层的整个截面上,创造良好的流化条件;③ 导向作用。气流通过分布板后,造成一定的流动曲线轨迹,加强了气固系统的混合与搅动,可抑制气固系统"聚式"流化的原生不稳定性的恶性引发,有利于保持床层良好的起始流化条件和床层的稳定操作。生产实践证明,对自由床或浅床,如果气流分布板设计不合理,对流化床反应器的稳定操作影响甚大。

丙烯和氨分配管与空气分布板之间有适当的距离,形成一个催化剂的再生区,可使催化剂处于高活性的氧化状态。丙烯和氨气与空气分别进料,可使原料混合气的配比不受爆炸极限的限制,比较安全,因而不需要用水蒸气作稀释剂,这对保持催化剂活性和延长催化剂寿命,以及对后处理过程减少含氰污水的排放量都有好处。

6. 丙烯腈生产中的废水和废气处理

在丙烯腈生产中,有大量的工业污水产生,这些污水中含有氢氰酸、乙腈、丙烯腈和丙烯醛等有毒物质,如不经处理直接排放,会污染水源,对人体和动植物造成危害。因此,国家对含氰废水的排放有严格的规定,一定要将它们治理达到标准后,才准许排放。在工厂排出口的水质应符合表 3-1-14 的规定。由表 3-1-14 可知,工厂排出的污水中,氰化物(以游离氰根计)仅为 0.5 mg/L(即 0.5 $\mu g \cdot g^{-1}$)。

表 3-1-14　废水排放指标

序号	有害物质或项目名称	最高允许排放浓度 mg·L^{-1}	序号	有害物质或项目名称	最高允许排放浓度 mg·L^{-1}
1	pH	6~9	8	有机磷	0.5
2	悬浮物(水力排灰洗煤水、水力冲渣、矿水)	500	9	石油类	10
3	生化需氧量(5 天 20 ℃)	60	10	铜及其化合物	1(按铜计)
4	化学耗氧量(重铬酸钾法)	100	11	锌及其化合物	5(按锌计)
5	硫化物	1	12	氟的无机化合物	10(按氟计)
6	挥发性酚	0.5	13	硝基苯类	5
7	氰化物(以游离氰根计)	0.5	14	苯胺类	3

丙烯腈装置的废水来源主要是反应生成水和工艺过程用水。因反应条件和采用的催化剂不同,各主、副反应物的单程收率不会一样,生成水量也会有所差别。通常合成 1 t(丙烯腈)产生 1.5~2.0 m³(反应生成水)。工艺过程用水包括分离合成产物过程用的吸收水和萃取水,反应器用的稀释水蒸气(有些催化剂不用),和蒸馏塔用的直接水蒸气(最终冷凝成水)。在提纯丙烯腈、乙腈、氢氰酸的加工过程中需将水分离、排放。这些排放水中有含氰毒物、聚合物、无机物(硫酸铵、催化剂粉尘等),在排放前都需要经过处理。例如,氨中和塔釜液经废水塔处理后,含丙烯腈 100~300 mg/L,乙腈 100~200 mg/L,氢氰酸 1 000~1 500 mg/L,化学需氧量 20 000~30 000 mg/L,总有机物量达 w(总有机物)= 5%。来自乙腈精制系统及清洗设备的废碱液中,w(乙腈)= 1.0%~1.5%,w(氢氧化钠)= 2.0%~2.5%,w(其他)= 1.5%~2.0%。

减少废水量对废水治理极为有利,是防治污染的有效措施。上海石油化工总厂化工二分厂通过改进氨中和塔(由一级氨中和塔改成三级式氨中和塔)可回收 50% 的反应生成水作工艺过程用水,从而减少了废水量。另外,该厂又设法让循环工艺用水的循环使用比达到 90%~95%,这也大大减少了废水的排放量。这些工作对丙烯腈的工业生产是很有意义的。

由于丙烯腈生产中各设备排放出来的污水成分不同,将它们分别处理比较有利。

氨中和塔(急冷塔)产生的硫酸铵污水,先经废水塔回收丙烯腈等有机化合物,再通过沉降分离除去催化剂粉末和不溶性的固体聚合物,由于这部分污水有毒物质含量高、杂质多,处理比较困难,故直接送焚烧炉烧掉。燃烧时,用中压水蒸气雾化,以重油作辅助燃料,炉内温度保持在 800~1 000 ℃。因污水中含有硫酸铵,燃烧中又转化成二次污染物二氧化硫,为了不造成二次污染,需经二氧化硫吸收处理后排放。

来自乙腈精制系统及清洗设备的碱性污水,其中乙腈含量较高,用焚烧方法处理比较合适。

由于碱对一般的污水焚烧炉的耐火材料有腐蚀作用,故应专门设置碱性污水焚烧炉。

当废水量较大,氰化物(包括有机氰化物)含量较低时,则可用生化方法处理。近年来广泛采用生物转盘法。生物转盘由固定在同一横轴上的间距很近的圆盘组成,可以隔成数级,放入盛污水的氧化槽中,圆盘一半浸在污水中,一半露在大气中。用电动机带动横轴使圆盘慢慢转动,圆盘上先挂好生物膜,污水不断地从氧化槽底进入氧化槽,污水中有机物吸附在生物膜上,当转到大气中,被盘片带起的污水薄膜,沿着生物膜往下流淌,空气中氧不断溶入水膜中,微生物吸收水膜中的氧,在酶催化下,有机物氧化分解。微生物又以有机物为营养,进行自身繁殖,老化的生物膜不断脱落,新的生物膜不断产生,脱落的生物膜随净化好的水流从氧化槽上部流出。本法的优点是不会造成二次污染。据报道,总氰(以—CN 计)含量为 50 ~ 60 mg/L 的丙烯腈污水,用本法处理后,—CN 的脱除率为 99%,可达到排放标准。

除上述的生化处理法外,在丙烯腈废水处理中,还经常采用以下物理的、化学的处理方法。

(1)加压水解法 是利用有的有机物质在加压下很快与水作用而分解的性质,以达到除去这种有机物的目的,但并不降低化学需氧量(COD)。有机腈和无机氰化物都可以用此法处理。例如:

$$HCN + 2H_2O \longrightarrow HCOOH + NH_3$$
$$CH_2{=}CHCN + 2H_2O \longrightarrow CH_2{=}CHCOOH + NH_3$$
$$CH_3CN + 2H_2O \longrightarrow CH_3COOH + NH_3$$

结果—CN 被破坏,变成低毒或无毒物质。

北京化工研究院曾用此法在上海高桥石油化工公司进行了工业试验,可将—CN 浓度为 200 ~ 1 900 mg/L 的含氰污水,经加压水解后达到 0.1 ~ 2 mg/L 的水平,起到了预处理降解毒性、稳定水质的作用,为后续生化处理创造了有利条件。

(2)活性炭吸附法 经过生化处理或物理和化学方法处理以后的石油化工废水往往还具有一定的化学需氧量和含氮、磷等杂质,如排入水域,将促进藻类疯长,使水中氧含量明显减少,致使鱼类及其他水生生物因缺氧而死亡,水发生恶臭。因此,这些污水排入水域前,用活性炭吸附进行三级处理,可使废水不带色、气味,水中的有机物可以除去,达到排放标准。含有某些重金属的污水,也可采用本法处理。用过的活性炭可以用溶剂、酸或碱洗涤,水蒸气活化和加热等方法再生。

(3)湿空气氧化法 将废水中的含氮化合物通过湿空气催化氧化成亚硝酸盐/硝酸盐和氨,调节亚硝酸盐/硝酸盐与氨的比例,使之转化为硝酸铵,最后通过热脱氮反应将后者转化为 N_2 和 O_2。N_2 排放,O_2 回收后再利用。脱去氮化物的净化水对环境已无任何危害。

丙烯腈生产中的废气处理,近年来都采用催化燃烧法。这是一种对含低浓度可燃性有毒有机化合物废气的重要处理方法。将待处理的废气和空气混合后,通过负载型金属催化剂,使废气中含有的可燃有毒有机化合物在较低温度下发生完全氧化反应,产物为无毒的 CO_2,H_2O 和 N_2。催化燃烧后的尾气温度可升至 $600\sim700\ ℃$,将它送入废气透平,利用其热能发电,随后再由烟囱排入大气。

六、其他重要氧化工艺简介

1. 乙烯均相络合催化氧化制乙醛

以 $PdCl_2\text{-}CuCl_2$ 为催化剂在水溶液中对烯烃进行氧化,生成相应的醛或酮的方法称为瓦克(Wacker)法。这是一种液相氧化法,由于反应在液相中进行,使用的又是络合催化剂,故又称作均相络合催化氧化法。氧化最容易在最缺氢的碳原子上进行,对乙烯而言,两个碳原子都具有两个氢,氧化时双键打开同时加氧,得到乙醛:

$$CH_2\!\!=\!\!CH_2(气) + \frac{1}{2}O_2(气) \longrightarrow CH_3CHO(液) \qquad \Delta H^{\ominus}(298\ \text{K}) = -243.6\ \text{kJ/mol}$$

丙烯最缺氢的是第二个碳原子,双键打开后就得到丙酮,而不是丙醛:

$$CH_3\!\!-\!\!CH\!\!=\!\!CH_2 \xrightarrow{\quad\frac{1}{2}O_2\quad} CH_3\!\!-\!\!CO\!\!-\!\!CH_3$$

同理,用 1-丁烯或 2-丁烯为原料均可得到甲乙酮:

$$CH_2\!\!=\!\!CH\!\!-\!\!CH_2\!\!-\!\!CH_3 \xrightarrow{\quad\frac{1}{2}O_2\quad} CH_3\!\!-\!\!CO\!\!-\!\!CH_2\!\!-\!\!CH_3$$

$$CH_3\!\!-\!\!CH\!\!=\!\!CH\!\!-\!\!CH_3 \xrightarrow{\quad\frac{1}{2}O_2\quad} CH_3\!\!-\!\!CH_2\!\!-\!\!CO\!\!-\!\!CH_3$$

以此类推,由 1-戊烯可制得 n-甲丙酮,由 1-己烯可制得 n-甲丁酮,由 1-庚烯可制得 n-甲戊酮,由 1-辛烯可制得 n-甲己酮。但氧化速率随碳原子数的增多而减缓,例如,取乙烯反应速率为 1,则丙烯为 0.33,1-丁烯为 0.25,2-丁烯则为 0.1。这可能与分子的位阻效应有关。

在瓦克法中,以乙烯制乙醛最为重要。用瓦克法制丙酮在技术经济方面难以与丙烯自氧化法和异丙醇法竞争,只有日本有 2~3 个工厂在进行生产,用此法丙酮的收率为 92%~94%,副产 $w(正丙酸)=0.5\%\sim1.5\%$,$w(氧化物)=2\%\sim4\%$,$w(CO_2)=0.8\%\sim1.4\%$ 和 $w(其他)=0.5\%\sim1.5\%$ 等。用瓦克法由丁烯制甲乙酮则未见工业化报道。

乙醛是重要的有机合成中间体,大量用来制造醋酸、醋酐和过醋酸,还用来制造乳酸、季戊四醇、1,3-丁二醇、丁烯醛、正丁醇、2-乙基己醇、三氯乙醛、三羟甲基丙烷等。现在,由于乙烯供应偏紧,价格不断上涨,由乙烯经乙醛制醋酸的生产路线生产成本比甲醇低压羰基合成法高得多,装置的生产能力正在逐渐萎缩;由乙烯经乙醛制醋酐也因生产成本高,装置腐蚀严重,已遭淘汰。因此,化工市场上的乙醛需求不旺。

用瓦克法生产乙醛的反应如下:

烯烃氧化　　　　　　　$$CH_2\!\!=\!\!CH_2 \xrightarrow{\quad PdCl_2 + H_2O \quad} CH_3CHO + Pd + 2HCl$$

Pd 的氧化
$$Pd + 2HCl + \frac{1}{2}O_2 \longrightarrow PdCl_2 + H_2O$$

第二个反应的反应速率比第一个的低得多,上述的催化循环难以正常进行,为此可在第二个反应中添加铜盐作助催化剂,构成以下反应:

$$Pd + 2CuCl_2 \longrightarrow PdCl_2 + 2CuCl$$

$$2CuCl + 2HCl + \frac{1}{2}O_2 \longrightarrow 2CuCl_2 + H_2O$$

工业上有将烯烃氧化和 Pd 的氧化合在一起的一步法,有将它们分开在两个反应器中分别进行的二步法。

在 Pd 的均相络合催化剂的作用下,生成乙醛的选择性较高,副产物消耗的乙烯仅占乙烯总量的 4% 左右,主要副反应有:

① 平行副反应 主要副产物是氯乙烷和氯乙醇:

$$CH_2{=}CH_2 + HCl \longrightarrow CH_3CH_2Cl$$

$$2HCl + \frac{1}{2}O_2 \longrightarrow Cl_2 + H_2O$$

$$CH_2{=}CH_2 + Cl_2 + H_2O \longrightarrow ClCH_2CH_2OH + H^+ + Cl^-$$

② 连串副反应 主要副产物有氯乙醛、乙酸和氯乙酸、烯醛和树脂状物质等:

$$CH_3CHO + HCl + \frac{1}{2}O_2 \longrightarrow CH_2ClCHO + H_2O$$

$$CH_2ClCHO + HCl + \frac{1}{2}O_2 \longrightarrow CHCl_2CHO + H_2O$$
$$\quad\quad\quad\quad\quad\quad\quad\quad HCl + \frac{1}{2}O_2$$
$$\quad\quad\quad\quad\quad\quad\quad\quad \longrightarrow CCl_3CHO + H_2O$$

$$CH_3CHO + \frac{1}{2}O_2 \longrightarrow CH_3COOH$$

$$CH_2ClCHO + \frac{1}{2}O_2 \longrightarrow CH_2ClCOOH \text{ 等}$$

$$CH_3CHO + CH_3CHO \longrightarrow CH_3CH{=}CHCHO + H_2O$$

$$CH_3CHO + CH_2ClCHO \longrightarrow CH_3CH{=}\overset{\textstyle Cl}{\underset{\textstyle |}{C}}CHO + H_2O \text{ 等}$$

此外,还有甲烷氧衍生物和草酸铜等副产物生成,还会发生深度氧化(生成 CO_2 和 H_2O)副反应。草酸可能由三氧乙醛水解和氧化生成,它与催化剂溶液中的 Cu^+ 反应生成草酸铜沉淀。由于 Cu^+ 的消耗,使催化剂活性下降,为此在反应过程中必须不断补充 HCl,并将催化剂溶液加热再生,以分解草酸铜沉淀:

$$CuCl_2 + CuC_2O_4 \longrightarrow 2CuCl + 2CO_2\uparrow$$

副反应中生成的不溶性黑色树脂状物质在催化剂溶液中积聚,也会降低催化剂的活性,一般要求 <20 g/L,超过此值时,要用过滤法将其除去。

乙烯均相络合催化氧化制乙醛的反应原理可以描述如下:

首先烯烃和水分子取代钯配位络合物中的氯阴离子并生成 π-络合物的中间物种：

$$PdCl_2 + 2HCl \rightleftharpoons H_2PdCl_4 \rightleftharpoons 2H^+ + PdCl_4^{2-} \tag{1}$$

$$PdCl_4^{2-} + CH_2{=\!=}CH_2 \rightleftharpoons \pi - \overset{CH_2}{\underset{CH_2}{\|}} \rightarrow PdCl_3^- + Cl^- \tag{2}$$

$$\pi - \overset{CH_2}{\underset{CH_2}{\|}} \rightarrow PdCl_3^- + H_2O \rightleftharpoons \pi - \overset{CH_2}{\underset{CH_2}{\|}} \rightarrow PdCl_2 \cdots OH_2 + Cl^- \tag{3}$$

式（3）中的 π-络合物是弱酸，它会迅速解离。

$$\pi - \overset{CH_2}{\underset{CH_2}{\|}} \rightarrow PdCl_2 \cdots OH_2 + H_2O \rightleftharpoons \left[\pi - \overset{CH_2}{\underset{CH_2}{\|}} \rightarrow PdCl_2OH \right]^- + H_3O^+ \tag{4}$$

$$\left[\pi - \overset{CH_2}{\underset{CH_2}{\|}} \rightarrow PdCl_2OH \right]^- + H_2O \rightleftharpoons \left[\pi - \overset{CH_2}{\underset{CH_2}{\|}} \rightarrow \overset{Cl}{\underset{OH}{Pd}}{-}Cl \cdots H_2O \right]^- \tag{5}$$

式（5）中的 π-络合物经内部电子重新排列，π-络合物异构成 σ-络合物。羟基离子攻击乙烯的一个不饱和碳原子，同时氢离子向邻近的碳原子迁移。

$$\left[\overset{Cl}{\underset{Cl}{H_2O{\rightarrow}Pd}}\overset{CH_2}{\underset{\overset{|}{H}}{\overset{\|}{O}}CH_2} \right]^- \rightleftharpoons \left[\overset{Cl}{\underset{Cl}{H_2O{\rightarrow}Pd}}{-}CH_2{-}\overset{H}{C}HOH \right]^- = Pd^0Cl_2^{2-} + CH_3CHO + H_3O^+$$

$$\tag{6}$$

由于 σ-络合物的非均质分解（或异裂）而生成乙醛。Pd—Cl 键的异裂反应是不可逆的。零价钯络合物不稳定，很快分解放出金属钯：

$$Pd^0Cl_2^{2-} \longrightarrow Pd^0 + 2Cl^- \tag{7}$$

根据乙烯氧化机理，用氯化钯进行乙烯氧化的反应动力学方程如下：

$$r = -\frac{d[C_2H_4]}{dt} = k\frac{[C_2H_4][PdCl_4^{2-}]}{[H^+][Cl^-]^2} \tag{8}$$

氯离子含量对反应速率有重要影响，反应速率与氯离子浓度的平方成反比。因此，减少氯离子浓度可使反应速率增加。但是发现，当氯离子不够时会生成铜的羟基氯化物 $Cu(OH)Cl$，它对零价钯的氧化活性低，难以将零价的 Pd^0 氧化。因此，在催化剂盐 $[PdCl_2, CuCl_2, Cu(OH)Cl]$ 溶液中，离子浓度应是 $[Cl^-]:[Pd^{2+}]>100:1$ 和 $1 \leqslant [Cl^-]:[Cu^{2+}] \leqslant 2$。工业生产中催化剂溶液的组成一般为：$PdCl_2$ 含量 $0.25 \sim 0.45$ g/L，总铜含量 $65 \sim 70$ g/L，$Cu^+/\sum Cu$ 为 $45\% \sim 50\%$，pH 为 $0.8 \sim 1.2$。控制 pH 的原因是 pH 高，易生成草酸铜沉淀，从而降低催化剂的催化活性；pH 低，易生成黑色树脂状不溶物，也会使催化剂活性降低。

一步法的工艺流程示于图 3-1-41。以纯氧为氧化剂，反应器操作温度约为 130 ℃，压力约为 0.3 MPa。为安全计，气体混合物组成必须处在爆炸范围以外，因此氧约为 φ（氧）=

7%,乙烯约为φ(乙烯)= 50%。使用过量乙烯,能保证当乙烯单程转化率为30%~40%时,O_2能全部转化掉。以$PdCl_2$-$CuCl_2$水溶液为催化剂。采用鼓泡床塔式反应器,反应后物料不论气体、液体和催化剂全部上升进入分离器,经分离器分离,将气体和反应液分开。气体经冷却塔冷却、水洗塔洗涤,回收绝大部分乙醛(尾气中乙醛含量小于100 $\mu L \cdot L^{-1}$),大部分返回反应系统继续参与反应,少量排放至火炬烧掉。洗涤塔下部流出的粗乙醛进入粗乙醛储槽。粗乙醛在轻组分蒸馏塔中分出低沸点物氯甲烷、环氧乙烷及溶解的乙烯和CO_2等。最终蒸馏塔塔顶出纯度为99.7%以上的精乙醛,侧线出丁烯醛等副产物。在反应中,有不溶性树脂和固体草酸铜留在反应液中,数量一多不仅污染催化液,而且使铜离子浓度下降,结果会影响催化剂活性。为此,操作中抽出少量在再生塔中再生,再生塔先通入氧和加入一定量盐酸,使一价铜氧化成二价铜,然后升温至170 ℃,借助催化液中Cu^{2+}的氧化作用将草酸铜分解,放出CO_2并生成Cu^+。再生后的催化液送回反应器。该流程选择性为95%左右,催化剂生产能力约为150 kg(乙醛)/$[m^3$(催化剂)$\cdot h]$。

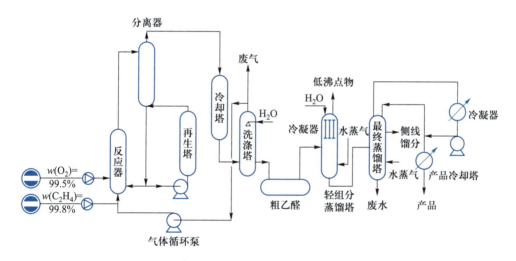

图 3-1-41 纯氧和乙烯一步法生产乙醛的工艺流程图

二步法工艺流程见图3-1-42。采用两台反应器,第一个反应器只通乙烯,不通空气,在100~105 ℃,0.81~0.91 MPa下操作,此时乙烯几乎全部参与反应,不需循环。经闪蒸塔进行气液分离后,气相进后续工序,进行精制,获得乙醛产品。液体进入第二个反应器(图上的氧化器),用空气氧化催化液,使Cu^+成为Cu^{2+}。与一步法一样,催化剂也需再生,故流程中设有再生塔。氧化器反应温度100~110 ℃,压力1.0~1.2 MPa。该法乙烯单程收率95%~99%,产品乙醛收率94.5%。

两种方法各有优缺点,如一步法对原料要求甚高,又要有空分装置,但少一个反应器,系统中没有氮气,设备可做得小一些,流程短,操作压力也比二步法低。一般认为,选择何种生产方法与当地资源和工业条件有关。当地有纯乙烯和氧气可供利用,则采用一步法为好,若无此条件则采用二步法为宜,但需解决好副产品氮气的利用问题,以便降低生产成本。因为系统中有HCl,O_2和$CuCl_2$存在,两种方法的防腐问题要引起高度重视,设备大多需用钛钢制造,输送催化液的泵也要选用钛泵。

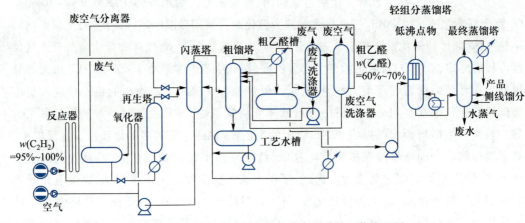

图 3-1-42   空气和乙烯二步法生产乙醛的工艺流程图

2. 异丙苯液相自氧化合成苯酚和丙酮

在液相氧化反应中,有一类有机化合物的氧化机理具有自由基链反应特征,在没有催化剂存在下当链引发产生的自由基浓度达到某一定值时,链反应即能自动加速地进行下去,这类反应称为自氧化反应。自由基积累至某一程度所需时间称为诱导期,诱导期可以很短,如几秒、几分,这时不需用催化剂帮忙来缩短诱导期,但有些自氧化反应的诱导期很长,需几小时甚至几天,这对工业生产影响甚大,故就需采用催化剂来缩短链引发产生自由基的过程。自氧化反应工业上主要用来生产有机酸和过氧化物,如条件控制适宜,也可使反应停留在中间阶段从而获得醇、醛和酮等中间氧化物。对合成酸、酮和醇类化合物常用的催化剂是醋酸或环烷酸的过渡金属盐类,有时还需添加一些促进剂来促进催化剂的催化活性,它们起助催化剂的作用。对合成过氧化合物,因其自身能分解产生自由基引发链反应,从理论上讲可以不用催化剂。重要的自氧化产品及其生产条件示于表 3-1-15。采用的氧化剂通常为空气或氧气,它们需溶入催化液后才能参加氧化反应,实际的反应区域是整个催化液的体相而不是气液相接触表面,因此这类反应可以归入均相催化氧化一类。

表 3-1-15   催化自氧化的重要氧化产品

原料	主要氧化产品	催化剂	反应条件
丁烷	醋酸和甲乙酮	醋酸钴	167 ℃左右,6 MPa,醋酸作溶剂
轻油	醋酸	丁酸钴或环烷酸钴	147~177 ℃,5 MPa
高级烷烃	高级脂肪酸	高锰酸钾	117 ℃左右
高级烷烃	高级醇	硼酸	167 ℃左右
环己烷	环己醇和环己酮	环烷酸钴	147~157 ℃
环己烷	环己醇	硼酸	167~177 ℃
环己烷	己二酸	醋酸钴,促进剂乙醛	90 ℃,醋酸作溶剂
甲苯	苯甲酸	环烷酸钴	147~157 ℃,303 kPa
对二甲苯	对苯二甲酸	醋酸钴,促进剂乙醛或	117 ℃左右,3 MPa,醋酸作溶剂
		醋酸钴,促进剂溴化物	217 ℃左右,3 MPa,醋酸作溶剂
乙苯	过氧化氢乙苯		147 ℃左右

续表

原料	主要氧化产品	催化剂	反应条件
异丙苯	过氧化氢异丙苯		107 ℃左右
乙醛	醋酸	醋酸锰	67 ℃左右,152~505 kPa
乙醛	醋酸,醋酐	醋酸钴,醋酸锰	45 ℃左右,醋酸乙酯作溶剂
异丁烷	过氧化氢异丁烷		107~127 ℃,0.5~3 MPa

在表 3-1-15 中列出的某些有机过氧化物,如过氧化氢乙苯,过氧化氢异丙苯和过氧化氢异丁烷等,相对于其他过氧化物而言,它们还比较稳定,不易分解,这是因为在这些烃分子中叔 C—H 键 $\left[\begin{array}{c} R-\overset{|}{\underset{|}{C}}-H \end{array}\right]$ 解离能最小(伯 C—H 键的解离能为 422.9~435.4 kJ/mol,叔 C—H 键解离能为 381.0 kJ/mol),最易受到攻击,由此而生成的过氧化物相对地也较稳定。如 $C_6H_5-\overset{\underset{\displaystyle CH_3}{|}}{\underset{\underset{\displaystyle CH_3}{|}}{C}}-OOH$ 和 $(CH_3)_3COOH$ 等就比较稳定,可以制备得到,又如

$C_6H_5-\overset{\underset{\displaystyle CH_3}{|}}{\underset{\underset{\displaystyle H}{|}}{C}}-OOH$,虽是仲 C—H 键位置,因受苯基的影响也比较稳定,但其稳定性已比前两个差些。这些稳定的过氧化物,在工业上都有重要的用处,例如:

① 分解为酚并联产酮:

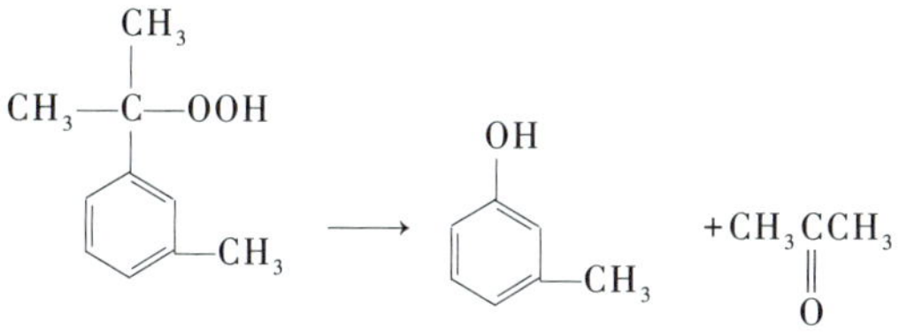

目前,全世界苯酚总产量的 90% 和丙酮总产量的 60% 以上是用上列的方法生产的。

② 作为环氧化剂与丙烯反应生成环氧丙烷并联产苯乙烯或叔丁醇:

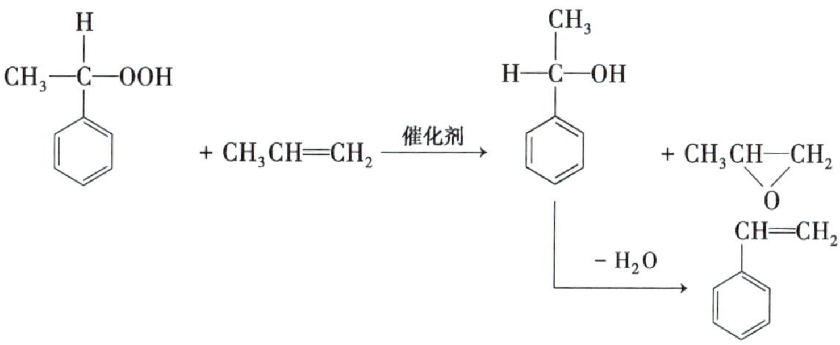

$$CH_3\text{-}\underset{\underset{CH_3}{|}}{\overset{\overset{CH_3}{|}}{C}}\text{-}OOH + CH_3CH\!=\!CH_2 \xrightarrow{\text{催化剂}} CH_3\text{-}\underset{\underset{CH_3}{|}}{\overset{\overset{CH_3}{|}}{C}}\text{-}OH + CH_3CH\text{-}CH_2$$

目前,全世界环氧丙烷总产量的 40% 左右是用上列的方法制造的。

此外,过氧化氢乙苯经分解可制得甲基苯甲醇和苯乙酮等。

现以异丙苯法制苯酚和丙酮为例说明自氧化的基本原理及生产过程。

异丙苯是由苯和丙烯经烷基化反应制得的。催化剂常用的有无水三氯化铝和负载在硅藻土上的磷酸催化剂。异丙苯绝大部分用来生产苯酚和丙酮,其他的工业用途不多。生产方法有 UOP 法、MonSanto 法和 SD 法。

由异丙苯生产苯酚和丙酮,必须经过两个阶段,第一阶段由异丙苯经过自氧化生成过氧化氢异丙苯(简称 CHP),CHP 是一种有机过氧化物,化学性质非常活泼,遇到硫酸即可分解成苯酚和丙酮。在遇到碱(特别是强碱)、热或与某些化学品(如四氧化三铁)接触时会剧烈分解,因此在制备 CHP 时要特别注意安全。第二阶段是由 CHP 分解制取苯酚和丙酮。

(1) 反应原理 异丙苯和氧反应生成 CHP 的反应式如下:

$$\underset{CH_3}{\overset{CH_3}{\bigcirc}}\text{-}\overset{\overset{CH_3}{|}}{\underset{\underset{CH_3}{|}}{C}}\text{-}H + O_2 \longrightarrow \underset{CH_3}{\overset{CH_3}{\bigcirc}}\text{-}\overset{\overset{CH_3}{|}}{\underset{\underset{CH_3}{|}}{C}}\text{-}O\text{-}O\text{-}H$$

和一般的自由基链反应一样,由链引发、链增长和链终止三步组成。

① 链引发 链引发可能有以下三种形式:

a. 由引发剂引发(以 In 代表引发剂分子)

$$In_2 \longrightarrow 2In\cdot$$
$$In\cdot + RH \longrightarrow R\cdot + HIn$$

b. 由异丙苯的分解或脱氢(R 代表异丙苯基)

$$RH \longrightarrow R\cdot + H\cdot$$
$$RH + O_2 \longrightarrow R\cdot + HO_2\cdot$$

c. 由 CHP 分解引发

$$ROOH \longrightarrow RO\cdot + HO\cdot$$
$$RO\cdot + RH \longrightarrow ROH + R\cdot$$
$$HO\cdot + RH \longrightarrow R\cdot + H_2O$$

在氧化反应中到底按照哪一种方式进行,要由具体条件来决定。

② 链增长

$$R\cdot + O_2 \longrightarrow R\text{-}O\text{-}O\cdot$$
$$ROO\cdot + RH \longrightarrow ROOH + R\cdot$$

③ 链终止 链终止由多种原因引起:

$$R \cdot + H \cdot \longrightarrow RH$$

$$ROO \cdot + H \cdot \longrightarrow ROOH$$

$$R \cdot + R \cdot \longrightarrow R-R$$

除上述情况以外,氧化反应抑制剂(如微量苯酚)的存在也是链终止的一个原因:

$$R \cdot + C_6H_5OH \longrightarrow RH + C_6H_5O \cdot$$

$$ROO \cdot + C_6H_5OH \longrightarrow ROOH + C_6H_5O \cdot$$

新生的自由基 $C_6H_5O \cdot$ 比原先的自由基 $R \cdot$ 和 $ROO \cdot$ 活性低,从而使链反应终止。

除主反应外,还发生下列副反应:

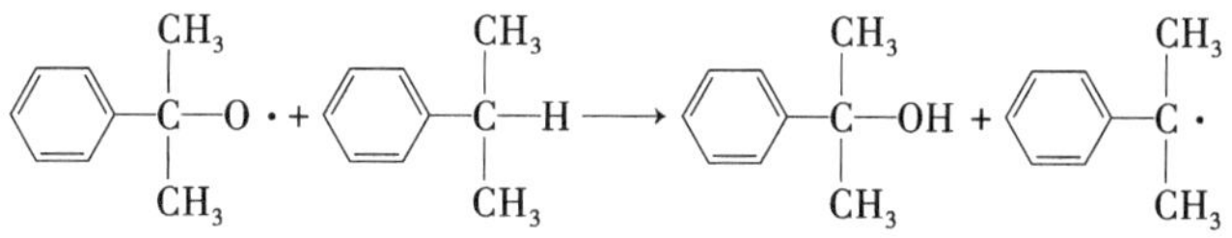

(二甲基苄醇)

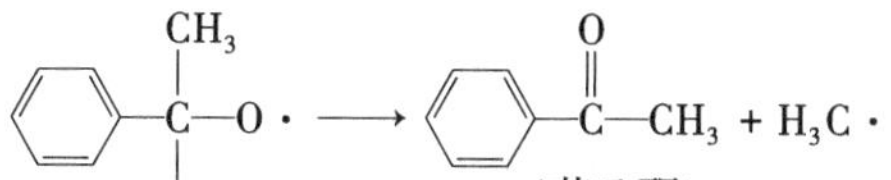

(苯乙酮)

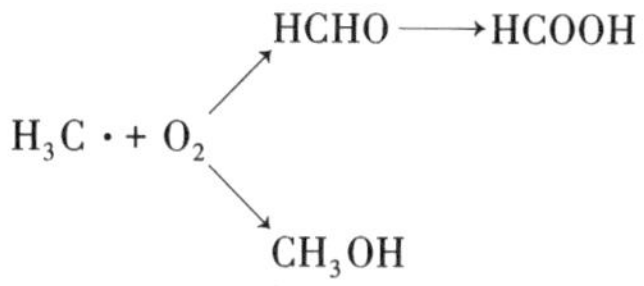

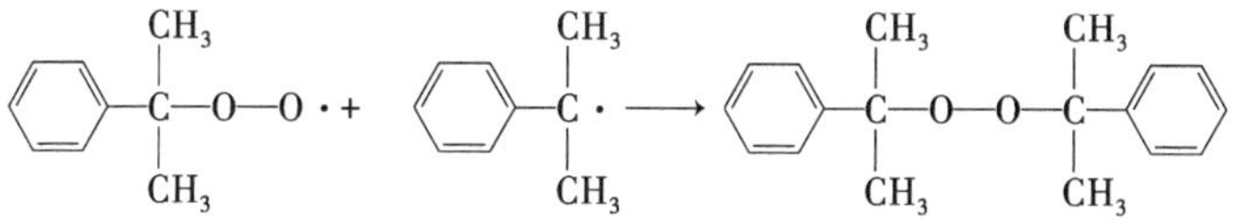

[过氧化二异丙苯(DCP)]

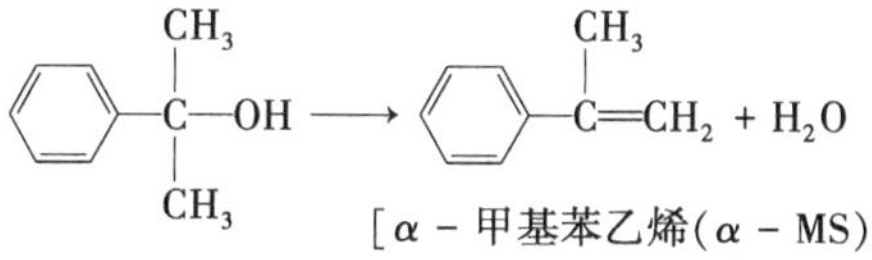

[α - 甲基苯乙烯(α - MS)]

异丙苯自由基链反应,在工业上链引发是采用 CHP 分解的方式进行的,在这一前提下,根据静态原理可以导出 CHP 的生成速率方程:

异丙苯的反应速率
$$-\frac{dc_i}{dt} = kc_i c_H^{\frac{1}{2}}$$

当 CHP 浓度甚低[如 $w(CHP)<40\%$],可以假设只生成两种副产物(苯乙酮和二甲基苄醇)。

副产物的生成速率
$$\frac{dc_{MA}}{dt} = k' c_H$$

由此得到 CHP 的生成速率为

$$\frac{dc_H}{dt} = kc_i c_H^{\frac{1}{2}} - k' c_H$$

式中：c_i——异丙苯浓度，mol/L；

　　　c_H——CHP 浓度，mol/L；

　　　c_{MA}——苯乙酮和二甲基苄醇浓度之和。

在工业生产中常用 CHP 的钠盐（CHP—Na）作为异丙苯氧化反应的引发剂，加入量为异丙苯总量的 0.5% ～ 1.5%，加入 CHP—Na 后，诱导期消失，而且反应进行很快，在 110 ℃反应时，CHP 积累速率可以达 $w(CHP) = (3\% \sim 5\%) \cdot h^{-1}$。

CHP—Na 由浓度为 $w(CHP) = 80\%$ 的 CHP 与浓度为 $w(NaOH) = 10\% \sim 20\%$ 的 NaOH 水溶液反应制得。

此外，正在开发的引发剂有：过渡金属离子络合物、过渡金属盐及过渡金属离子的多聚金属卟啉等。

为防止副产物有机酸（如甲酸、苯甲酸等）促进 CHP 分解，工业上常加入碳酸钠，反应液的 pH 应控制在 6~8。

（2）氧化工艺条件

① 反应温度　反应温度对反应速率影响很大，在 60 ℃时反应速率接近于零，但随着温度的升高，CHP 分解反应速率也加快，所以适宜的反应温度是由转化率、选择性和单位反应体积的生产能力所决定的，目前工业上温度控制在 95～105 ℃，这时的反应选择性可以达到 90%～95%。

② 压力　目前工业上采用的反应压力大都为 0.4～0.6 MPa。压力本身对反应速率影响不大，但因是强放热反应，可以利用液体蒸发来撤除反应热，并产生低压水蒸气。压力降低，蒸发量太大，这时为了保持反应温度就需要加热，对热量利用也不利。

美国 UOP/Ailied 工艺采用低压工艺，压力接近常压，这对设备制造和提高生产能力（反应器可以做得大一些）有好处，但要求反应温度降至 85 ℃左右以减少加热用水蒸气量。

③ 氧分压　研究表明，在氧分压为 0.006 5～0.065 MPa 时，氧化速率与氧分压的 0.2 次方成正比，所以提高氧分压对反应有利。但与此同时还须考虑反应的安全问题，要求反应器尾气中 $\varphi(O_2) = 4\% \sim 6\%$，以避开爆炸范围，据此可推算出空气加入量。

④ 原料纯度　原料中杂质会消耗自由基或促进 CHP 的分解，有些杂质虽然对反应没有影响，但会影响产品苯酚和丙酮的质量（如由丁苯氧化生成的 2-苯基-2-丁烯），所以也应严格限制。工业异丙苯规格见表 3-1-16。

表 3-1-16　工业异丙苯规格

项目	纯度	乙苯	丁苯	溴值	苯酚	α-MS	硫
指标	>99.9%	<500 $\mu g \cdot g^{-1}$	<500 $\mu g \cdot g^{-1}$	<50	<10 $\mu g \cdot g^{-1}$	<200 $\mu g \cdot g^{-1}$	<1 $\mu g \cdot g^{-1}$

（3）分解工艺条件　CHP 在酸催化下发生分解反应，生成苯酚和丙酮：

此外,还有生成二甲基苄醇、甲基苄酮 $\left(\underset{\text{（含苯环）}}{\overset{\displaystyle O}{\underset{\displaystyle CH_3}{\overset{\displaystyle \parallel}{C}-CH_3}}}\right)$、枯酚、$\alpha\text{-MS}$、$\alpha\text{-MS}$ 二聚体和亚

异丙基丙酮等副产物。

CHP 分解用催化剂常用的是硫酸,还有用 SO_2 和离子交换树脂作催化剂的。

CHP 分解的工艺条件为:

① 硫酸用量　提高硫酸用量反应速率明显加快,但副产物也明显增多。所以在工业装置内硫酸用量取小值,一般在 $w(H_2SO_4)=0.07\%\sim0.2\%$。

② 反应温度　一般采用较低的反应温度,主要考虑的因素是苯酚的收率和移热方式。采用分解液外循环移热方式时,一般控制在 $50\sim60$ ℃,采用丙酮蒸发移热时,反应温度是反应器中混合物的沸点,一般为 80 ℃左右。

③ 停留时间　CHP 酸分解的主、副产物化学活性都较高,如果物料在反应器内停留时间过长,它们相互间继续反应会生成更多副产物。目前工业反应器的平均停留时间约为 0.5 h。

④ 含水量　水由原料(硫酸、丙酮等)带入及副反应产生。水对 CHP 分解速率影响很大,随水含量增加,CHP 的分解速率迅速下降,这可从在不同含水量时,分解液残留 CHP 含量的变化清楚地看出。水含量也影响分解反应的总收率,当水含量在 $w(水)=0.5\%\sim10\%$ 时,水含量与分解的主、副反应速率常数都呈线性关系,但在水含量 $w(水)\leqslant0.5\%$ 时,水含量的变化对主反应速率的影响明显大于对副反应的影响。工业上,据此确定适宜的水含量,在以丙酮为介质,硫酸为催化剂的条件下为 $w(水)=1\%\sim1.4\%$。

(4) 工艺流程　异丙苯法生产苯酚和丙酮的工艺流程可分为氧化、提浓、分解、分解液分离和产品精制四部分。图 3-1-43 为氧化工艺流程,图 3-1-44 和图 3-1-45 为 CHP 分解工艺流程。

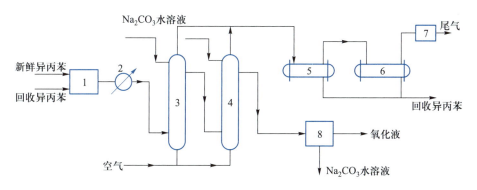

图 3-1-43　氧化工艺流程示意图
1—异丙苯储槽;2—预热器;3,4—氧化塔;5,6—冷凝器;7—尾气处理系统;8—分层罐

图 3-1-43 中的原料包括由烃化系统送来的异丙苯和从提浓工序和回收工序提纯精制后的异丙苯,混合后经碱洗、换热进入氧化塔 3 的下部,空气也从氧化塔 3 底部送入,作用物和空气平行向上流动,从塔上部侧线 $[w(CHP)\approx15\%]$ 流出进入氧化塔 4 下部,此塔底部送入补充空气,与氧化液一起向上平行流动,从该塔上部侧线流出的氧化液 $w(CHP)=25\%$,送入分层罐 8,从罐底排出水和碳酸钠,分层罐 8 上部采出的反应液送氧

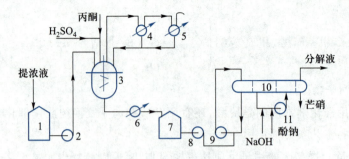

图 3-1-44　CHP 分解工艺流程示意图（丙酮蒸发移热）
1—浓 CHP 储罐；2,8,9,11—离心泵；3—分解反应器；
4,5—冷凝器；6—冷却器；7—分解液中间罐；10—中和罐

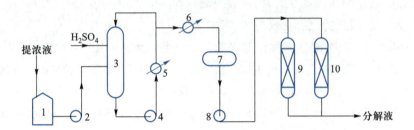

图 3-1-45　CHP 分解工艺流程示意图（外循环散热）
1—浓 CHP 储罐；2,4,8—离心泵；3—分解反应器；
5—外循环冷却器；6—分解液冷却器；7—中间罐；9,10—离子交换柱

化液提浓工序。氧化塔 3 和 4 的塔顶尾气经冷却冷凝回收异丙苯后，送尾气处理系统。

图 3-1-44 是以丙酮为介质的 CHP 分解工艺流程。来自提浓工序的提浓液 $[w(\mathrm{CHP})=80\%$ 左右$]$ 用泵送入分解反应器 3，丙酮和硫酸经过计量，控制一定的比例加入 3 中，分解反应器是一个带搅拌的釜式反应器，反应热靠丙酮蒸发移走，蒸发出的丙酮蒸气，经冷凝和冷却后返回分解反应器。反应液从釜底流出，经冷却后进入中间罐，再用离心泵 8 将其送到分解液循环离心泵 9 的入口，与从中和罐 10 来的芒硝（Na_2SO_4）水溶液混合，经分解液循环离心泵 9 循环返回中和罐 10。通过这一个循环实现利用芒硝水溶液抽提分解液中的硫酸。抽提到芒硝水溶液中的硫酸用酚钠或氢氧化钠中和。中和后的分解液从中和罐 10 上部采出，送产品分离精制工序。含酚废水（亦含芒硝）从下部放到酚水处理工序。中和罐是一个内设三块隔板的卧式储罐。

图 3-1-45 是采用外循环散热的 CHP 分解流程。分解反应器为一槽型反应器，提浓液与硫酸在槽内混合反应，反应液用泵作体外冷却循环，少量采出经冷却后送入分解液中间槽。循环液量与采出液量之比为 10:1 或更高，以便将反应温度维持在 60 ℃ 左右。采出的含硫酸分解液用泵经阳离子交换柱进行中和（有两根离子交换柱，切换使用），流出的分解液送后续工序。

分解液中除苯酚和丙酮外，如前所叙，还有很多副产物，甚至在精馏过程中由于相互反应，还会生成新的副产物，有些副产物还会与苯酚形成二元或三元共沸体系，再加上工业上对苯酚和丙酮纯度要求甚高，因此，丙酮和苯酚的精制难度较大。

丙酮精制采用 53~67 kPa 压力，真空蒸馏虽然有利丙酮与水的分离，但丙酮沸点太

低,难以采用。丙酮精制中脱除醛类比较困难,一般采用化学法,用 NaOH 促使醛类缩合而除去。有时也辅以物理法,另设一个脱醛塔,在高回流比(如 300 或更高)下,将残留醛类脱除。

苯酚精制也有化学法、物理法两大类。当对苯酚纯度要求不高(如普通工业级苯酚),大多采用共沸精馏法,若纯度要求很高,则需再设萃取精馏工序或用化学法(利用催化剂将杂质自身或与苯酚缩合变成重组分)作进一步精制。

表 3-1-17 和表 3-1-18 示出了我国工业用合成苯酚和工业用丙酮的质量指标。

表 3-1-17　工业用合成苯酚的部分质量指标（GB/T 339—2019）

项目	指标		
	优等品	一等品	合格品
结晶点/℃	≥40.6	≥40.5	≥40.2
w（苯酚）/%	≥99.95	≥99.85	≥99.75
w（水）/%	≤0.05		—

表 3-1-18　工业用丙酮的质量指标（GB/T 6026—2013）

项目	指标		
	优等品	一等品	合格品
色度（铂–钴）	≤5	≤5	≤10
密度（20 ℃）/(g·cm^{-3})	0.789 ~ 0.791	0.789 ~ 0.792	0.789 ~ 0.793
沸程（101.3 kPa,温度范围包括 56.1 ℃）/℃	≤0.7	≤1.0	≤2.0
w（蒸发残渣）/%	≤0.002	≤0.003	≤0.005
酸度（以乙酸计）/%	≤0.002	≤0.003	≤0.005
高锰酸钾试验时间（25 ℃）/min	≥120	≥80	≥35
w（水）/%	≤0.30	≤0.40	≤0.60
w（甲醇）/%	≤0.05	≤0.3	≤1.0
w（丙酮）/%	≥99.5	≥99.0	≥98.5
w（苯）/(mg·kg^{-1})	≤5	≤20	—

图 3-1-46 示出由苯和丙烯经烷基化,再经自氧化制苯酚和丙酮的主要工艺过程。

应当指出,虽然异丙苯法是目前世界上生产苯酚的主要方法,生产能力占苯酚总产量的 92% 以上,但因联产丙酮,有其一定的局限性。这是因为每生产 1 t 苯酚要联产 0.62 t 丙酮,苯酚需求旺盛,而丙酮则是滞销产品,为增加苯酚产量,必须事前落实好丙酮销路。为此,日本已开发成功一种新工艺,将过剩的丙酮重新转化为丙烯,用作烷化原料。不仅解决了丙酮的销售困难,而且也减少了原料丙烯的消耗,收到了良好的经济效益。

已实现工业化的苯酚生产方法还有甲苯氧化(又称甲苯–苯甲酸)法。反应分两步进行,第 1 步甲苯在 130~140 ℃,0.8~1.0 MPa,空气为氧化剂,可溶性钴盐［溴化钴,加入

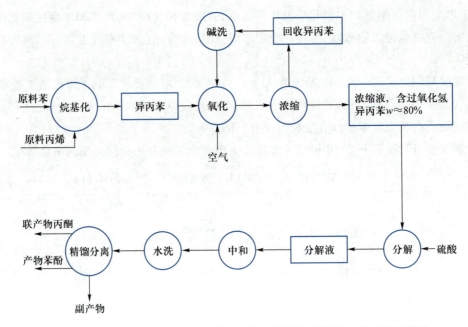

图 3-1-46　苯和丙烯经烷基化,再经自氧化制苯酚、丙酮的主要过程示意图

量 $w(Co\ 盐)=0.1\%\sim0.3\%$] 为催化剂的工艺条件下,液相氧化生成苯甲酸;第 2 步是在 Cu^{2+}、空气和蒸气存在下熔融的苯甲酸转化成苯酚和 CO_2,产品收率以甲苯计约为 68%。此法的最大优点是只生产苯酚,缺点是苯酚收率低,生产 1 t 苯酚需消耗 1.45 t 甲苯,0.3 kg 钴和 3 kg 铜,国际市场上甲苯的价格高于苯,因而甲苯氧化法生产成本比异丙苯法高,现在只有美国、荷兰和日本等少数几个国家建有生产装置,生产能力仅占世界苯酚总生产能力的 4% 左右。

　　美国孟山都环境化学公司和俄罗斯 Boreskov 催化剂研究院合作开发了由苯直接制苯酚而不产生丙酮联产物的一步法工艺,采用以沸石为载体的催化剂,苯和一氧化氮通过催化剂层生成苯酚,收率可达 99%(异丙苯法收率为 93%),该工艺没有副产物或只有很少废物,被认为是一种清洁化工工艺,原料一氧化氮由己二酸生产的废气中获得。该方法的研究重点是开发高效催化剂,已经研究了以一氧化二氮、过氧化氢、氢气/氧气、氧气等为氧化剂合成苯酚的方法,有些工艺已进行了中试验证,并具有工业化应用前景。

讨论课一　工艺流程的组织

以本节教材内容为主,补充收集有关资料讨论:

1. 同一原料生产相同产品按不同工艺条件组织的工艺流程;

2. 不同原料生产相同产品组织的工艺流程;

3. 在工艺流程组织中如何具体体现工艺流程的先进性和合理性。

要求:

(1) 简述列举的工艺流程;

(2) 指出该工艺流程的特点(或优缺点)。

3-2 氢化和脱氢

氢化(hydrogenation)系指氢气与化合物之间进行的化学反应。通常在催化剂存在下进行,是还原反应的一种。它又可细分为加氢和氢解(hydrogenolysis)两大类。前者氢分子进入化合物内,使化合物还原,或提高不饱和有机化合物的饱和度,例如,棉籽油、鱼油等经加氢可变为饱和的硬化油;后者又称为破坏加氢,在加氢的同时有机化合物分子发生分解,此时氢分子一部分进入生成物大分子中,另一部分进入裂解所得的小分子中,例如,煤粉、重质石油馏分经氢解变为轻质油料,含硫、氧、氮的有机化合物经氢解变为烃类、硫化物、水和氨等。

脱氢(dehydrogenation)系指从化合物中除去氢原子的过程,是氧化反应的一个特殊类型。它可以在加热而不使用催化剂的情况下进行,称为加热脱氢,也可在加热又使用催化剂的情况下进行,称为催化脱氢。

加氢和脱氢是一对可逆反应,即在进行加氢的同时,也发生脱氢反应。究竟在什么条件(温度、压力等)下有利于加氢和脱氢,可由热力学计算求得平衡转化率后来判断。一般而言,加氢过程中反应系统分子总数减少,而且释放热量。因此,加压和降低反应温度对加氢有利。反之,脱氢过程中反应系统分子总数是增加的,而且吸收热量。因此,减压和升高反应温度对脱氢有利。现在已找到提高脱氢平衡转化率的方法,即在脱氢时加入少量氧,让它与脱出的氢反应生成水,可使脱氢平衡转化率接近100%。此时氢与氧化合释放出的热量,足以用来维持脱氢反应所需的温度,无需另设加热设备。这种称作氧化脱氢的工艺已在工业上得到广泛的应用。

加氢和氢解,如由氢气与氮气制造合成氨,一氧化碳与氢制造甲醇,苯酚(或苯)加氢制造环己醇(或环己烷),硝基苯加氢制造苯胺,以及前述的煤粉和重质石油馏分氢解制造轻质油料等,在国民经济中均有重要意义。

脱氢是获得烯烃或二烯烃的主要途径。例如,由乙烷经脱氢可制得乙烯,由丁烷或丁烯脱氢可制得丁二烯等。它们是聚合物最重要的单体。此外像甲醇脱氢制甲醛,异丙醇脱氢制丙酮等,到目前为止仍是制造甲醛和丙酮的重要工业生产方法。

氢化和脱氢在反应机理、使用催化剂等方面有不少共同之处,本节将它们合并在一起讲述。

一、概述

1. 氢化

氢化通常在加压下进行,增加压力对提高平衡转化率和反应速率都有利。但在实际使用中,会受到经济和技术方面(如需消耗高的压缩功率和需用耐压设备、管路)的限制。

氢化是一个放热过程,表 3-2-01 示出了一些化合物的氢化热。通常认为消耗 1 mol 氢分子放出的热量越多,则氢化反应越容易进行。

表 3-2-01   一些化合物的氢化热

化合物	加氢产物	放热量 kJ/mol	消耗 1 mol H_2 分子所放出的热量 kJ
$CH\equiv CH$	$CH_2=CH_2$	177.1	177.1
$C_6H_5NO_2$	$C_6H_5NH_2$	418.7	139.6
$CH_2=CH_2$	C_2H_6	136.5	136.5
RNO_2(R 为烷基)	RNH_2	376.8	125.6
羰基化合物	醇	~83.7	~83.7
苯	环己烷	208.5	69.5

氢化催化剂大致可分为金属催化剂、合金催化剂、金属氧化物和硫化物催化剂及均相络合催化剂。金属催化剂,如 Pt,Pd,Ru,Ni,Co,Fe 和 Cu 等,它们通常负载于载体上(如负载在 SiO_2、Al_2O_3、活性炭、硅藻土及沸石上),不仅仍具有高的催化活性,节约金属,而且利用载体的各种性能,使催化剂更能符合工业生产的要求。金属催化剂容易中毒,故对原料中的杂质(如 S,N,As,P,Cl 及重金属等)有严格的限制。合金催化剂可分为骨架催化剂和熔铁催化剂两类。骨架催化剂是由 Ni,Co,Fe 等金属与金属铝先制成合金,再用碱液除去铝,制得多孔、高比表面的催化剂。常用的有骨架镍和骨架钴催化剂,它们的催化活性很高,在空气中会自燃。熔铁催化剂是由 Fe-Al-K 等组成的合金,制成后经破碎筛分即可使用,主要用作合成氨催化剂。金属氧化物和硫化物催化剂,如 $CuCrO_2$,$CaO-MoO_3-Al_2O_3$,WS_2 和 NiS 等,它们的加氢活性比金属催化剂低,故需较高的反应温度和压力,但加氢操作容易控制,金属硫化物催化剂还具有强抗硫中毒的特性。均相络合催化剂,如 $RhCl(P\Phi_3)_3$,$RuCl(H)(P\Phi_3)_3$,$[Co(CN)_5]^{3-}$ 等(Φ 代表苯基,$P\Phi_3$ 代表三苯基膦),加氢活性高,选择性强,反应在常温常压下就能进行,但需用贵金属 Rh 和 Ru,催化剂与产品较难分离,催化剂容易流失,增加生产成本又污染了产品。目前已研究出将络合催化剂固定在载体上(载体可以是无机物或有机聚合物)的方法,被称作为均相络合催化剂的固体化,可望克服均相络合催化剂的上述缺点。

工业上氢化可在气相也可在液相中进行。气相氢化常采用固定床和流化床反应器,反应热可通过器外冷却或反应器内设置冷却构件移走,因氢化热比氧化热小得多,有时也采用冷原料气与反应气分段混合(即常称的冷激)来降低反应温度。气相氢化增加氢分压可以提高氢化反应速率,增加作用物浓度,也可提高氢化反应速率,反应级数为 0~1级。有少数情况,作用物的浓度(或分压)对氢化反应速率的影响是负面的。液相氢化通常在鼓泡床、移动床和流化床反应器中进行。由于有液相存在,反应热的移走比较方便。但因要保持在反应温度下呈液相,操作压力比气相法要高一些。反应在液固(催化剂为固体)表面进行,此时,增加氢分压,有利于氢的溶解,因而也可提高氢化反应速率。为满足反应温度下呈液相的需要,往往要另加溶剂,此时不同溶剂对氢化反应的转化率和选择性会产生不同程度的影响,为此,选择适宜溶剂对液相氢化而言相当重要。

2. 脱氢

升温和降压对脱氢有利,所需温度与催化剂的脱氢活性及反应物分子中 C—H 键断裂能有关。表 3-2-02 示出 C—C 键和 C—H 键断裂能的一些数据。

表 3-2-02　C—C 键和 C—H 键断裂能

分子	断裂的键	断裂能 kJ/mol	分子	断裂的键	断裂能 kJ/mol
$C_6H_5CH_2$—CH_3	C—C	314	·CH=CH—H	C—H	163
C_2H_5—H	C—H	402	$HOCH_2$—H	C—H	385
n-$C_3H_7CH_2$—H	C—H	423	RO—H	O—H	419
CH_2=CH—H	C—H	435	CH_3—CH_2O·	C—C	42
·CH_2CH_2—H	C—H	155	$C_6H_5CH_2$—H	C—H	264
CH_3—CH_3	C—C	348	CH_3CHO· ｜ H	C—H	88
·CH_2—CH_3	C—C	389			

除了上述的脱氢和裂解反应外,还会产生聚合结焦的副反应,这是因为半脱氢中间物种和脱氢产物若在催化剂表面停滞过久(如这些物种在催化剂表面吸附太强,脱附困难)就会发生这类副反应。例如:

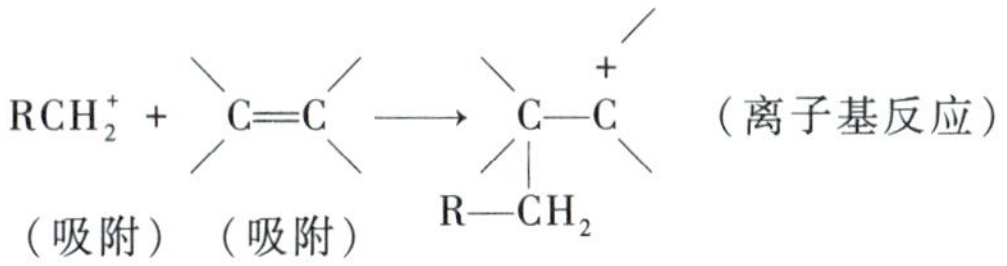

$$RCH_2^+ + \ \text{C=C} \longrightarrow \text{C—C}^+ \quad (\text{离子基反应})$$
（吸附）　（吸附）　R—CH_2

或

$$RCH_2^· + \ \text{C=C} \longrightarrow \text{C—C}^· \quad (\text{自由基反应})$$
　　　　　　　　　　　R—CH_2

$$\text{C=C} + \text{C=C} \longrightarrow \text{C—C}^·$$
（吸附）　　（吸附）　　C—C

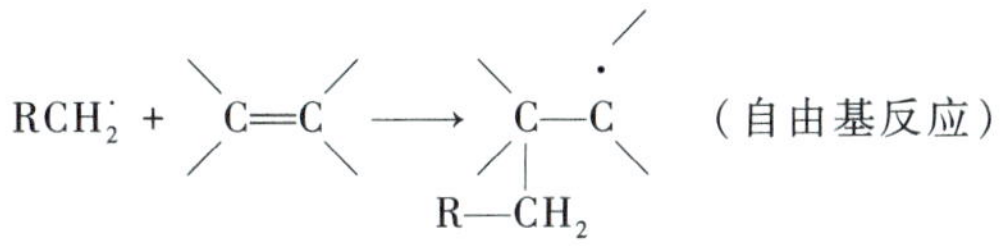

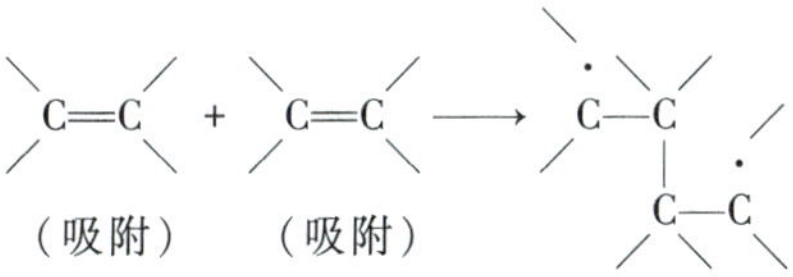

如果产物是二烯烃类,则更易发生聚合结焦。例如:

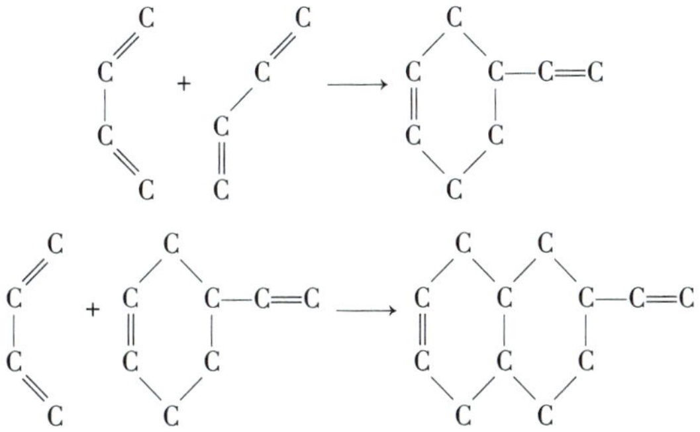

由于在催化剂活性中心上覆盖了大分子结焦物,将影响催化剂的催化活性和使用寿命,因此需要对结焦副反应加以抑制。常用的办法是在脱氢催化剂中加助催化剂 K_2O, K_2CO_3 或 MgO 等。它们的主要作用是:稀释催化剂表面的脱氢活性中心,并将活性组分分割成较独立的微小区域;这类助催化剂呈碱性,可中和一部分活性过强的活性中心(通常为强酸中心),抑制裂解;碱性成分的增加亦有利于中间体 RCH_2^+ 迅速脱去第二个氢而形成结构稳定的产物,也有利于产物烯烃的脱附,还可以促进水蒸气清除结焦的反应:

$$C + H_2O \xrightarrow{K_2O} CO + H_2$$

此外,在工业上为防止聚合结焦也常采用降低原料气压力或添加水蒸气稀释反应物的办法。水蒸气不仅有利于清焦,而且还因为 H_2O 分子的竞争吸附可大大减弱烯烃在吸附中心上的吸附,减少聚合结焦副反应的发生。

综上所述,脱氢反应的反应速率取决于键断裂能的大小和催化剂的活性,而反应压力则不仅要满足热力学上的要求,而且还需考虑如何防止结焦副反应的发生。

脱氢催化剂和加氢催化剂在种类和组成上十分相似,有一些催化剂,在加氢时使用,在脱氢时也可使用,这是因为催化剂在催化正反应的同时,也催化逆反应。即催化剂不能改变化学反应的平衡,平衡产物取决于反应条件(如温度、压力等)。但最佳加氢催化剂是不是就是最佳脱氢催化剂呢?研究表明又往往不是,其中的原因通常与工艺条件有关。例如,铜是加氢很好的催化剂,但脱氢时,若反应温度过高就不能应用,因为铜原子或铜微晶在高温下易迁移,形成活性很小的铜小颗粒,可使催化剂失活。

脱氢催化剂可以分为以下三类:

① 金属 金属以铂活性最大,其次是钯、铑、铜、铬、铁、镍、钒等。例如,在铜催化下,乙醇脱氢生成乙醛,丙烯醇脱氢生成丙烯醛等。

② 金属氧化物 它们大多为半导体,因此有人用电子理论来解释它们的加氢或脱氢催化活性。主要有 ZnO,NiO,Al_2O_3,Fe_2O_3,Cr_2O_3,CaO,V_2O_5,Mo_2O_3,$CoMoO_4$ 等。例如,在氧化铁催化下,乙基苯脱氢生成苯乙烯的反应等。该类催化剂用得较多者有氧化铬-氧化铝系列催化剂和氧化铁系列催化剂。

③ 金属盐类 金属盐类应用的有碳酸钾、碱土金属磷酸盐等。例如,磷酸钙-镍盐用作丁烯脱氢生成丁二烯的催化剂,碳酸钾用作烷基苯脱氢的催化剂等。

二、氢的来源

氢气有多种工业来源。

① 水电解制氢 在工业上曾被广为采用。我国有不少制造双氧水的工厂,糠醛加氢制糠醇及木糖加氢制木糖醇的工厂采用本法来取得氢气。本法生产成本高,电能消耗大,只有在少数电力资源充沛,电价低廉的地方(如小水电站附近)才适用。此外,氯碱工厂电解 NaCl 溶液在制得氯气和烧碱的同时也可得到氢气。

② 副产氢气的回收 焦炉煤气中含氢 φ(氢) = 60% 左右,石油热裂解气经深冷分离可得到纯度较高的氢气,石油炼厂铂重整装置和某些脱氢装置等的副产氢气,它们也是重要的工业氢源,可直接用作加氢的氢源(例如,催化重整装置副产的氢气

可直接用作油品加氢的氢源），或经提纯后用作高纯氢源。例如，焦炉煤气经变压吸附可制得纯氢。

③ 由煤制氢 在历史上曾是主要的制氢方法。先将煤或焦炭等固体燃料在高温下与空气和水蒸气作用，生成含氢煤气，用脱硫剂脱除硫化氢，将 CO 变换成 CO_2 后压缩至 1.8 MPa，用加压水洗去大量 CO_2（亦可用吸收剂吸收 CO_2，经解吸后可得到工业级 CO_2 气源），再经进一步压缩至 12.0 MPa，用铜氨液洗涤除去残余的 CO 和 CO_2 后，可得到纯净的氢氮混合气（工厂中称为精炼气），它是合成氨的原料气。煤或焦炭用氧气和水蒸气作气化剂，可制得氢，一氧化碳和二氧化碳的混合气，它可用作合成甲醇的原料气。若将这种混合气（工业上常称为合成气）中的 CO 和 CO_2 转化为氢，则最终可制得纯氢。

④ 由气态烃和轻油转化制氢 这是目前主要的制氢方法。原料多为天然气，也有用石脑油的。现在全世界有 90% 以上的合成气是用天然气制得的。据测算在相同的生产能力下，其投资约为煤的 50%，重油的 67%。

解析

合成气

由气态烃和轻油转化制氢，常采用水蒸气转化法和部分氧化法。

a. 水蒸气转化法 在高温和镍催化剂作用下，烃类原料与水蒸气进行转化反应，生成 H_2，CO 和 CO_2。以甲烷气为例可表示如下：

$$CH_4 + H_2O \Longrightarrow CO + 3H_2$$
$$CH_4 + 2H_2O \Longrightarrow CO_2 + 4H_2$$
$$CO + H_2O \Longrightarrow CO_2 + H_2$$

上列三个反应都是吸热反应，需从反应器外部获得热量，常采用固定床管式反应器。反应温度 800 ℃ 左右，压力 2.0 MPa。表 3-2-03 列出了以天然气为原料所得混合气体的组成。该种气体可用于合成氨、合成甲醇及合成其他有机化合物。序号 4 是合成甲醇用的合成气，另配入了 CO_2。

表 3-2-03 以天然气为原料所得混合气体的组成（$\varphi/\%$）

序号	CO_2	CO	H_2	CH_4	N_2	序号	CO_2	CO	H_2	CH_4	N_2
1	0.3	31.9	67.1	0.6	0.1	3	2.6	34.5	61.4	0.3	1.2
2	0.5	32.0	65.6	0.2	1.7	4	11.22	13.12	70.36	4.68	0.62

b. 部分氧化法 将原料烃在供氧不足的情况下进行部分氧化反应：

$$CH_4 + \frac{1}{2}O_2 \longrightarrow CO + 2H_2$$

进料中 $n(C) : n(O)$ 之比要求接近化学计量数，即 1 : 1。该法的优点是对原料烃的限制较小，自身供热。缺点是需纯氧作氧化剂，要建立一个空气分离装置为之配套，生产成本比水蒸气转化法高，因此目前世界上水蒸气转化法比部分氧化法应用更为广泛。表 3-2-04 列出了不同烃类原料用部分氧化法所得合成气组成，反应温度 1 400～1 500 ℃，系非催化反应。

表 3-2-04   不同烃类原料用部分氧化法制得的合成气组成(φ/%)

原料	H_2	CO	CO_2	CH_4	N_2	S
天然气	60.9	34.5	2.8	0.4	1.4	
石脑油	51.6	41.8	4.8	0.4	1.4	70×10^{-6}
重燃料油	46.1	46.9	4.3	0.4	1.4	0.9

近十多年来,由于石油价格飞涨和石油深加工技术的进步,以天然气、轻油(石脑油)、重质油、煤制氢的格局有了很大的变化,轻油和重质油制氢已不具备市场竞争能力,原有生产装置通过改造,制氢原料已改为天然气或煤,即所谓的"油改气"和"油改煤"。

由上述两法制得的合成气,含有二氧化碳、硫化物及炭黑等,需精制脱除。经精制的合成气称粗合成气,视目的产物的不同,还需进行配气,即将 CO 和 H_2 的物质的量 [即 $n(CO)$ 和 $n(H_2)$]调整到需要的比例。五种类型的合成气组分及其配比如下:

合成气组成和配比	主要用途
$n(H_2) : n(N_2) = 3 : 1$	合成氨
$n(H_2) : n(CO) = 2 : 1$	甲醇
[或 $n(H_2) : n(CO_2) = 3 : 1$]	
$n(H_2) : n(CO) = 1 : 1$	羰基合成
$n(CO)$ 或 $n(CO) + n(H_2O)$	光气、甲酸、草酸、丙酸、新戊酸及丙烯酸酯类
$n(H_2)$	H_2O_2,各种还原和氧化过程

由合成气制工业级氢气,还需将 CO 变换成 H_2。图 3-2-01 示出的是烃类水蒸气转化制氢流程。经过脱硫预处理的原料气与水蒸气混合进入转化炉,炉内设有一定数量的反应管,内装镍催化剂。操作压力约 2.0 MPa,反应温度800 ℃。由转化炉出来的气体经废热锅炉回收热量,尔后在水急冷器中冷却到 380~400 ℃,然后进入 CO 中温变换反应器。在铁-铬或钴-铜催化剂作用下,CO 的含量降到 $\varphi(CO) = 3\%$ 左右,由 CO 中温变换反应器出来的气体经换热器换热及冷却器冷却,温度降至 180~200 ℃,进入 CO 低温变换反应器,在铜-锌催化剂作用下,使 CO 含量降到 $\varphi(CO) = 0.3\%$ 左右,由 CO 低温变换反应器出来的气体,在吸收塔中用环丁砜-乙醇胺溶液除去气体中的 CO_2,使其含量降至 $\varphi(CO_2) = 0.3\%$ 以下。所得粗氢气再经过水洗以回收夹带的环丁砜-乙醇胺溶液,然后加热到 300 ℃进入甲烷化反应器。在 Ni-Al$_2$O$_3$ 催化剂作用下,粗氢气中残余的 CO,CO_2 与氢气反应生成甲烷,制得 φ(氧化物)<0.1% 的工业氢气。此工业氢气可用于加氢合成或加氢精制。用量最大者当数合成氨,它消耗氢气总产量的 50% 左右。

由成分为 $w(C_2) = 26\%$,$w(C_4) = 70\%$,其他 C_1,C_3,C_5 组分占 w(其他)= 4% 的液化石油气,经水蒸气转化,变换和净化后,制得的工业氢气组成为

$$\varphi(H_2) = 98\% \qquad \varphi(CO + CO_2) \leqslant 20 \ \mu L \cdot L^{-1}$$

$$\varphi(CH_4) = 2\% \qquad \varphi(H_2O) \leqslant 10 \ \mu L \cdot L^{-1}$$

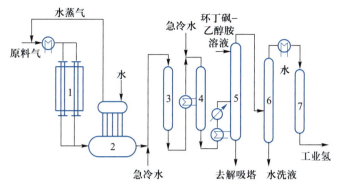

图 3-2-01　烃类水蒸气转化制氢流程图
1—转化炉；2—废热锅炉；3—CO中温变换器；4—CO低温变换器；
5—CO$_2$吸收塔；6—水洗塔；7—甲烷化反应器

三、氮加氢制合成氨

目前全球合成氨生产能力已过 220 Mt/a，我国的生产能力达 65 Mt/a，居全球第 1 位。合成氨主要用来生产氮肥，还有少量（约占氨量的 10%）用于制造硝酸、纯碱、含氮无机盐、制药、氨基塑料、聚酰胺、丁腈橡胶等产品，亦广泛用作冷冻剂。

1. 反应原理

氨合成的化学反应式为

$$N_2 + 3H_2 \underset{催化剂}{\overset{300\sim600\ ℃,8\sim45\ MPa}{\rightleftharpoons}} 2NH_3$$

或

$$\frac{1}{2}N_2 + \frac{3}{2}H_2 \underset{催化剂}{\overset{300\sim600\ ℃,8\sim45\ MPa}{\rightleftharpoons}} NH_3$$

反应热焓为
$$\Delta H(18\ ℃) = -92\ kJ/mol$$
$$\Delta H(659\ ℃) = -111.2\ kJ/mol$$

其平衡常数可由下式求得：

$$K_p = \frac{p(NH_3)}{p^{0.5}(N_2) \cdot p^{1.5}(H_2)} \qquad (3\text{-}2\text{-}01)$$

高压下的平衡常数不仅与温度和压力有关，而且与气体组成有关。在 30~60 MPa 范围内，氢-氮-氨系统的化学平衡常数应用逸度代替分压来求算：

$$K_f = \frac{f(NH_3)}{f^{0.5}(N_2) \cdot f^{1.5}(H_2)} \qquad (3\text{-}2\text{-}02)$$

式中：　　　　　　　K_f——用逸度表示的平衡常数。
$f(N_2)$，$f(H_2)$，$f(NH_3)$——氮、氢和氨在纯态和平衡温度及总压下的逸度。

$$f_i = \gamma_i \cdot p_i$$

式中：f_i——气体组分 i 的逸度；
　　　γ_i——气体组分 i 的逸度系数；
　　　p_i——气体组分 i 的分压。

由此可得

$$K_f = \frac{\gamma(NH_3)}{\gamma^{0.5}(N_2) \cdot \gamma^{1.5}(H_2)} \cdot \frac{p(NH_3)}{p^{0.5}(N_2) \cdot p^{1.5}(H_2)} = K_\gamma K_p \qquad (3\text{-}2\text{-}03)$$

式中：

$$K_\gamma = \frac{\gamma(NH_3)}{\gamma^{0.5}(N_2) \cdot \gamma^{1.5}(H_2)}$$

K_γ 为用实际气体的逸度系数 γ 表示的平衡常数校正值。

由式(3-2-03)可知，要求得高压下的 K_p，必须先求得 K_f 和 K_γ。

K_f 可按下式计算得到：

$$\lg K_f = \frac{2\,250.322}{T} - 0.853\,40 - 1.510\,49 \lg T - 25.898\,7 \times 10^{-5} T$$

$$+ 14.896\,1 \times 10^{-8} T^2 \qquad (3\text{-}2\text{-}04)$$

由(3-2-04)式可知，K_f 仅是温度的函数，与压力无关，随温度升高而降低，表3-2-05示出不同温度下的 K_f 值。

表 3-2-05　不同温度下的 K_f 值

T/K	298.16	300	400	500	600	700	800	900	1 000
K_f	677	606	5.682	0.300 8	0.039 87	0.009 048	0.002 908	0.001 181	0.000 596 2

K_γ 可由逸度图表中查得各气体组分的逸度系数后求得，也可由实验测定，在压力小于60 MPa时计算值与实验值相当符合。表 3-2-06 示出由实验测得的氨合成的 K_γ 值。由 K_f 和 K_γ 值求得的 K_p 值示于表 3-2-07。由表 3-2-07 可见，高压和较低的反应温度对氨的合成是十分有利的。相对而言，温度的影响比压力更大。在合成氨工业发展初期曾采用 70~100 MPa 的高压来提高氨合成的转化率。这给设备制造和操作安全带来不少的困难。后来经过不断改进，特别是催化剂的更新，使反应压力和温度不断下降。工业上合成氨有三种方法：

高压法	45 MPa 以上	500~600 ℃
中压法	20~35 MPa	470~550 ℃
低压法	8~15 MPa	350~430 ℃

表 3-2-06　氨合成的 K_γ 值（实验值）　　　　　单位：MPa^{-1}

p/MPa	400 ℃	425 ℃	450 ℃	475 ℃	500 ℃
1.01	0.990	0.991	0.992	0.993	0.994
5.07	0.958	0.958	0.965	0.970	0.978
10.01	0.907	0.918	0.929	0.941	0.953
30.4	0.744	—	0.757	0.765	0.773

续表

p/MPa	400 ℃	425 ℃	450 ℃	475 ℃	500 ℃
60.8	0.457	—	0.512	0.538	0.578
101	0.212	—	0.285	0.334	0.387

表 3-2-07　氨合成的平衡常数 K_p 与温度和压力的关系　　　　　单位:MPa⁻¹

$t/℃$	p/MPa					
	0.101 3	10.13	15.20	20.27	30.39	40.53
350	0.259 1	0.297 96	0.329 33	0.352 70	0.423 46	0.513 57
400	0.125 4	0.138 42	0.147 42	0.157 59	0.181 75	0.211 46
450	0.064 086	0.071 31	0.074 939	0.078 99	0.088 35	0.099 615
500	0.036 555	0.039 882	0.041 570	0.043 359	0.047 461	0.052 259
550	0.021 302	0.023 870	0.024 707	0.025 630	0.027 618	0.029 883

　　高压法已遭淘汰,国内外大型合成氨厂[生产能力 30 万吨(氨)/年以上]都采用低压法,若使用国产低温高活性催化剂,设计压力多选用 15 MPa。我国的中型合成氨厂大多采用中压法,一般采用国产催化剂,设计压力多选用 30 MPa。

　　氨合成是可逆反应,反应达到平衡时的氨浓度称为平衡氨浓度,用 $x^*(\text{NH}_3)$ 表示,它与平衡常数 K_p、总压、氢氮比[用 $\gamma = n(\text{H}_2)/n(\text{N}_2) = \varphi(\text{H}_2)/\varphi(\text{N}_2)$ 表示]和惰性气体含量 x_i 有关,其关系式可表达为

$$\frac{x^*(\text{NH}_3)}{(1-x^*(\text{NH}_3)-x_i)^2} = K_p \cdot p \frac{\gamma^{1.5}}{(\gamma+1)^2} \tag{3-2-05}$$

当 $\gamma = 3$,$x_i \approx 0$ 时,上式可简化为

$$\frac{x^*(\text{NH}_3)}{(1-x^*(\text{NH}_3))^2} = 0.325\,K_p \cdot p \tag{3-2-06}$$

这样,由温度和压力就能计算出 $x^*(\text{NH}_3)$,计算结果示于表 3-2-08。

表 3-2-08　不同温度和压力下的平衡氨浓度($\gamma = 3$, $x_i \approx 0$)

$t/℃$	p/MPa						
	1.013 3	3.039 9	5.066 5	10.133 0	30.399 0	60.798 0	101.330 0
200	50.66	67.56	74.38	81.54	89.94	95.37	98.29
250	28.34	47.22	56.33	67.24	81.38	90.66	96.17
300	14.73	30.22	39.41	52.04	70.96	84.21	92.55
350	7.41	17.78	25.23	37.35	59.12	75.62	87.46
400	3.85	10.15	15.27	25.12	47.00	65.20	79.82

续表

$t/℃$	p/MPa						
	1.013 3	3.039 9	5.066 5	10.133 0	30.399 0	60.798 0	101.330 0
450	2.11	5.86	9.15	16.43	35.82	53.71	69.69
500	1.21	3.49	5.56	10.61	26.44	42.15	57.47
550	0.76	2.18	3.45	6.82	19.13	31.63	41.16
600	0.49	1.39	2.26	4.52	13.7	23.10	31.43
650	0.33	0.96	1.53	3.11	9.92	16.02	20.70
700	0.23	0.68	1.05	2.18	7.28	12.60	12.87

由(3-2-05)式可知,当温度、压力及惰性气体含量一定时,要使 $x^*(NH_3)$ 为最大时的条件为 $\dfrac{d}{d\gamma}\left[\dfrac{\gamma^{1.5}}{(\gamma+1)^2}\right]=0$。即

$$\frac{1.5\gamma^{0.5}(\gamma+1)^2-2\gamma^{1.5}(\gamma+1)}{(1+\gamma)^4}=\frac{(\gamma+1)\gamma^{0.5}[1.5(\gamma+1)-2\gamma]}{(1+\gamma)^4}=0$$

式中:$(\gamma+1)$,$\gamma^{0.5}$ 和 $(1+\gamma)^4$ 均不为零,欲使等式成立只有使 $1.5(\gamma+1)-2\gamma=0$,由此解得 $\gamma=3$。即当氢氮比等于化学计量数比时,平衡氨的体积分数最大。图 3-2-02 示出在 500 ℃时,不同氢氮比时的平衡氨的体积分数 $\varphi^*(NH_3)$。由图 3-2-02 可以看出,同一氢氮比,平衡氨的体积分数随压力的升高而增加;同一压力下氢氮比为 $\gamma=3$ 时,平衡氨的体积分数最大。考虑到高压下气体混合物的非理想性质对 K_p 值的影响,$\varphi^*(NH_3)/\%$ 为最大时的氢氮比应较 3∶1 略低,大约在 2.68∶1 到2.90∶1之间变动,由于在这个最优条件下的平衡氨浓度仅比氢氮比为 3∶1 时大 0.1 左右,因此并不具有实际意义。

由式(3-2-05)可知,惰性气体含量(x_i)对平衡氨浓度是有影响的,具体的变化趋势示于图 3-2-03。由图 3-2-03 可见,惰性气体对平衡氨浓度的影响还是相当大的。随着惰性气体含量的增加,平衡氨浓度很快下降,合成反应推动力减小,转化率变小,导致生产能力下降。因此,在生产中要选择一个合理的惰性气体含量,并用排放少量合成气的办法稳定惰性气体在合成气中的含量。

自 20 世纪发明由磁铁矿与适量助催化剂[如 $w(Al_2O_3)=$ 2%~4%,$w(K_2O)=0.5\%~0.8\%$,$w(CaO+MgO)=3\%~4\%$ 等]混合制备熔铁合成氨催化剂以来,经研究确认,最好的催化剂组成 $n(Fe^{2+})/n(Fe^{3+})≈0.5$,与磁铁矿中 $n(Fe^{2+})$ 和 $n(Fe^{3+})$ 比例相接近。当今世界各国生产的催化剂(俗称传统催化剂)的母体组成均为 $w[(Fe_3O_4),(Fe^{2+}/Fe^{3+})]=0.4~0.8$。有了这一研究结果,在

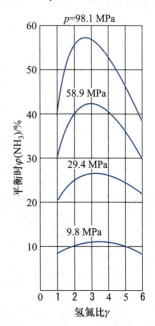

图 3-2-02　500 ℃时平衡氨的体积分数与氢氮比的关系

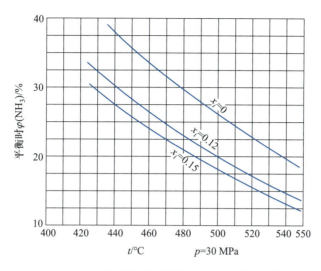

图 3-2-03　惰性气体对平衡氨浓度的影响曲线

相当长的一段时间里,研究重点移至助催化剂上,以助催化剂的调变作用来改善催化剂性能,例如,有人在熔铁催化剂中添加 $w(Co)=15\%$ 的 Co,在低于 400 ℃时,比活性是无钴催化剂的 3 倍。英国 ICI 公司有关专利披露了该公司合成氨催化剂的组成($w/\%$)如下:

Fe$_3$O$_4$	CoO	CaO	K$_2$O	Al$_2$O$_3$	MgO	SiO$_2$
余额	5.2	1.9	0.8	2.5	0.2	0.5

该催化剂与无钴催化剂相比,在 4.0 MPa 压力下,不同温度下的比活性(以无钴催化剂为 100):

450 ℃	400 ℃	350 ℃
134	144	160

我国中原化肥厂采用英国 ICI 公司的 AM-V 合成氨工艺,使用的就是含钴的 ICI74-1 型催化剂,操作压力 10.0 MPa,温度 450 ℃左右,空速 5 000 h^{-1},氨净值 $\varphi(NH_3)=10\%\sim 11\%$。除添加钴外,还有添加稀土的催化剂,效果也很好。浙江工业大学在 1985 年突破母体定型论的观点,采用具有维氏体(Wustite,Fe$_{1-x}$O,$0.04\leqslant x\leqslant 0.10$)结构的 FeO 为熔铁催化剂的母体化学成分,研制出 FeO 基氨合成催化剂,它具有低温活性高,还原容易的特点,已在国内多家合成氨厂使用,效果良好。近年来,日本、英国和意大利等国研制出负载钌(Ru)或以钌的羰基化合物[Ru$_3$(CO)$_{12}$]为母体的钌催化剂,载体为石墨化炭、活性炭、Al$_2$O$_3$ 或 SiO$_2$,也有将钌酸钾(KRuO$_4$)浸渍在石墨上制成催化剂的。现在已实现工业化的仅 KBR 公司 1 家,该公司开发成功的 KAAP 工艺,使用的氨合成塔内设置 4 个床层,第 1 床层装填熔铁催化剂(其量占催化剂总量的 50%),第 2~4 床层装填钌催化剂,反应压力 9 MPa,出口氨量 $\varphi(NH_3)\approx 21.7\%$(净氨值达 18%以上),建成 2 套装置,生产能力均为 1 850 t/d。正在研究和开发的钌催化剂还有 Ba-Ru/MgO,Ba-Ru/BN 等。此外,尚在开发的非熔铁催化剂有 Fe$_3$Mo$_3$N,Co$_3$Mo$_3$N,Ni$_2$Mo$_3$N 和 Cs/Co$_3$Mo$_3$N 等,经实验室验证,

它们的催化活性比熔铁催化剂高得多(通常为2~4倍),稳定性亦好。

　　合成氨用熔铁催化剂由熔融法制得,即将精选的磁铁矿与助催化剂一起在电炉中炼制,制成的固熔体经破碎和筛选,大、中型合成塔采用粒度为6~13 mm不规则颗粒状催化剂,小型合成塔采用粒度为2.2~3.3 mm不规则颗粒状催化剂。

　　研究表明,在氢气作用下,铁还原成活性铁(又称α-Fe)。合成氨的催化机理可表达如下:

$$N_2 + [K-Fe] \longrightarrow N_2[K-Fe] (N_2 的活化吸附)$$

$$N_2[K-Fe] \longrightarrow 2N[K-Fe] (N_2 解离为 N)$$

$$2N[K-Fe] + H_2 \longrightarrow 2NH[K-Fe] (生成 NH)$$

$$2NH[K-Fe] + H_2 \longrightarrow 2NH_2[K-Fe] (生成 NH_2)$$

$$2NH_2[K-Fe] + H_2 \longrightarrow 2NH_3[K-Fe] (生成 NH_3)$$

$$2NH_3[K-Fe] \longrightarrow 2NH_3 + [K-Fe] (NH_3 脱附)$$

　　在这些步骤中,氮在催化剂表面上的活化吸附速率最慢,故是氨合成的控制步骤。对氮的活化吸附能力,太弱固然不好,太强不利于氮的解离,而α-Fe对氮的吸附及解离刚好符合反应要求,这就是为什么合成氨工业一直沿用铁系催化剂的根本原因。就上述的钌催化剂而言,经研究发现,与铁一样,N_2在钌催化剂上的活化吸附是合成氨反应的控制步骤,但H_2的吸附对N_2的活化吸附有强烈的抑制作用,为此在操作时需降低H_2/N_2比,像KAAP工艺中除降低H_2/N_2比外,还让原料气先与熔铁催化剂反应,目的就是部分消除H_2对N_2的活化吸附的抑制作用。研究还发现钌催化剂对NH_3的脱附抑制比熔铁催化剂小,有利于NH_3的脱附,因而可得到较高的氨收率。

　　经实验研究,氨合成反应的本征反应动力学方程可表达如下:

$$r(NH_3) = \frac{d[NH_3]}{dt} = k_1 \cdot p_{N_2} \left[\frac{p^3(H_2)}{p^2(NH_3)} \right]^{\alpha} - k_2 \left[\frac{p^2(NH_3)}{p^3(H_2)} \right]^{\beta}$$

式中：　　　　　　$r(NH_3)$——氨的生成速率;

　　　　　　　k_1, k_2——正逆反应的反应速率常数;

$p(H_2), p(N_2), p(NH_3)$——氢、氮、氨的分压力,MPa;

　　　　　　　α, β——由实验测得的常数。对熔铁催化剂$\alpha = \beta = 0.5$。

　　上式适用于1.0~50 MPa范围,内扩散的影响没有计入。

　　大量的研究工作表明,工业反应器内的气流条件足以保证气流与催化剂颗粒外表面的传递过程能强有力地进行。因此,外扩散阻力可忽略不计。但反应气流在催化剂微孔内的扩散阻力(即内扩散阻力)却不容忽略,即内扩散速率对反应有影响,图3-2-04示出不同粒度催化剂对出口氨的体积分数与温度的关系。由图3-2-04可见,反应温度低于380 ℃时,出口氨的体积分数受粒度影响较小,超过380 ℃时,在催化剂活性温度范围内,温度越高,出口氨的体积分数受粒度影响越显著。由此可知,径向反应器由于采用小颗粒催化剂,虽然接触时间比轴向反应器少,但内扩散阻力小,有利于氨的合成反应,故仍能得到高的转化率。

　　内扩散的阻滞作用通常用内表面利用率ξ表示。实际的氨合成速率应是内表面利

用率 ξ 与化学动力学速率 $r(NH_3)$ 的乘积。内表面利用率 ξ 的数值与催化剂粒度及反应条件有关。通常情况下,温度越高,内表面利用率越小;氨含量越大,内表面利用率越大;催化剂粒度增加,内表面利用率大幅度下降。

2. 工艺条件的选择

由上述原理,可定出合成氨的最佳工艺条件,主要包括操作压力、温度、空速、气体组成和入塔气中氨含量等。

（1）压力　从化学平衡和反应速率两个方面考虑,提高操作压力对反应都是有利的,它不仅能提高设备的生产能力,还可简化氨的分离流程。但对设备的材质和加工提出了更高的要求,操作中催化剂易压碎,这会增加

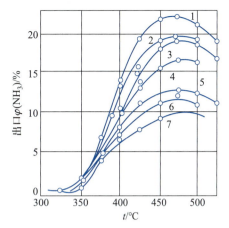

图 3-2-04　不同粒度催化剂出口氨的体积分数与温度的关系（30.4 MPa,30 000 h^{-1}）
1—0.6 mm；2—2.5 mm；3—3.75 mm；4—6.24 mm；
5—8.03 mm；6—10.2 mm；7—16.25 mm

反应气体的流动阻力和影响催化剂的使用寿命,操作安全性亦差。因此目前都在设法降低操作压力。为保证具有较高的平衡氨浓度,在降低压力的同时,要求催化剂在比较低的反应温度下即有较高的反应活性。

（2）温度　要求随压力的下降而降低。但受催化剂制约,一般多选用催化剂活性较高,且能长期稳定运转时的温度作为操作温度,并要求催化剂床层温度分布均匀。操作中,反应初期因催化剂反应活性好,反应温度可以控制低一点,随着催化剂使用时间的增长,催化剂的活性下降,反应温度可以控制高一点。

氨合成是一个弱放热反应,因而沿轴向反应温度在不断升高,此时必须将反应热连续地或间断地除去。众所周知,放热可逆反应的最优反应温度与浓度有关,在某一反应物浓度下,必存在能获得最大反应速率的最优反应温度（反应速率可用转化率 x 来度量）,因此,在合成反应器轴向随浓度变化方向,存在最优温度分布曲线,操作时最好能将操作温度沿最优温度线进行。大型合成氨厂,常采用冷激式反应器,将催化剂分成数段,段与段之间用冷原料气和反应气混合以降低反应气温度,反应气的 $x\text{-}T$ 图示于图 3-2-05。图中平衡温度线是指将 x 视作 x_e 时,即系统处于平衡状态时对应的温度。由图 3-2-05 操作曲线可知,开始时进料温度为 A,进反应器后,让温度超出最优温度线至 B 点,再通过冷原料

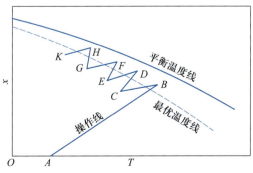

图 3-2-05　中间冷激式多段绝热反应的 $x\text{-}T$ 图

气降温,至 C 点后,进入下一段催化剂床层,温度逐渐升高,反应速率加快,转化率 x 变大,达到 D 点,此时由于温度过高,已偏离最优温度线,不在最佳状态下操作,这时又要进行第二次冷激。根据以上叙述,采用多段冷激,并控制加入的冷原料气量,就能将操作温度控制在最优温度线附近,使反应在最佳状态下进行。

（3）空速 是反应气在催化剂床层停留时间的倒数。空速大,单位体积催化剂处理的气量大,能增加生产能力。但空速过大,催化剂与反应气体接触时间太短,部分反应物未参与反应,就离开了催化剂表面,进入气流,导致反应速率下降,另外,气量增大,使设备负荷、动力消耗增大,氨分离不完全。因此空速亦有一个最适宜的范围。每个空速有一个最适宜的温度,它们亦与氨的体积分数之间存在对应关系,见表 3-2-09。一般对中压法（30 MPa）选用10 000 h^{-1},对低压法（15 MPa）选用 5 000 h^{-1}为宜。

表 3-2-09 空速与反应温度和氨的体积分数的关系

空速/h^{-1}	$\varphi(NH_3)/\%$				
	$t=425\ ℃$	$t=450\ ℃$	$t=475\ ℃$	$t=500\ ℃$	$t=525\ ℃$
15 000	14.5	19.6	21.6	23.0	19.3
30 000	11.7	14.6	17.7	18.8	16.7
45 000	9.4	12.7	15.2	16.5	15.7
60 000	8.0	11.2	13.3	14.6	14.6

（4）气体组成 操作中合成气中的惰性气体会积累起来,为保持惰性气体在合成气中含量稳定,合成气需少量排放（排放气包括放空气和弛放气两部分）,排放量约占新鲜补充原料气的 $\varphi(排放)=10\%$。一般中压法维持惰性气体（CH_4+Ar）的量为 $\varphi($惰性气体$)=16\%$,低压法为 $\varphi($惰性气体$)=8\%$左右。

（5）入塔气中氨含量 入塔气中的氨是由于氨分离不可能非常彻底而随循环气带入的。若入塔气中氨含量高,氨净值（出口氨含量与进口氨含量之差）就小,使生产单位产品的循环气量增多,耗费的压缩功增加。而想降低入塔气中的氨含量,则又会增加分离氨所需的电能消耗,因此入塔气中氨含量存在一个适宜值。一般中压法入塔气中氨含量 $\varphi(NH_3)=3.2\%\sim3.8\%$,低压法为 $\varphi(NH_3)=2.0\%\sim3.2\%$。

现代合成氨厂,采用纯氧制氢,氮气由空气深冷分离装置（简称空分装置）制得,最后按工厂实际操作需要配成合成用原料气,虽增加了空分装置的投资和操作费用,但用配气方式制得原料气将更科学和更合理。

3. 工艺流程的评析

世界各国采用的工艺流程颇多。图 3-2-06 示出的是我国中型合成氨厂（生产能力为合成氨 10~12 万吨/年）合成系统的工艺流程图。该流程操作压力 32 MPa,反应温度450 ℃左右,空速 15 000~17 000 h^{-1},氨净值 $\varphi(NH_3)=11\%$［设计值为 $\varphi(NH_3)=14\%$］。流程简述如下:合成气（新鲜原料气和循环气的混合气）经冷凝器 1 和氨蒸发器 2 冷却冷凝（温度为 0~8 ℃）,气中大部分氨被冷凝下来。在Ⅱ氨分离器 3 中分出液氨的低温合成

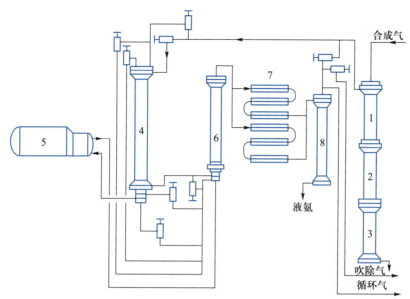

图 3-2-06　我国中型合成氨厂合成系统工艺流程示意图

1—冷凝器；2—氨蒸发器；3—Ⅱ氨分离器；4—氨合成塔；5—废热锅炉；
6—气-气换热器；7—合成气水冷却器；8—Ⅰ氨分离器

气在冷凝器 1 中与进料合成气热交换，温度上升至 10~40 ℃（进料合成气被冷却至 10~20 ℃），进合成塔 4，该塔为一轴径向合成塔，用冷激和层间间接换热方式控制反应温度，出塔气体进入废热锅炉 5、气-气换热器 6（冷合成气与出塔气体热交换）、合成气水冷却器 7 被逐步冷却至 30~40 ℃，出塔气中的氨被冷却冷凝，然后在 Ⅰ 氨分离器 8 分出液氨，此时的出塔气大部分用作循环气，少量用作弛放气（吹除气）排出系统。

我国的大型合成氨工厂，大多从国外引进成套技术和设备，有凯洛格（Kellogg）四床层轴向激冷技术和丹麦托普索径向塔技术。这两项技术与国外现有技术相比，存在氨净值低 $[\varphi(NH_3)=9\%~11\%]$、压力降大（0.6~0.7 MPa）的缺点。托普索 S-100 型还存在催化剂筐丝网易损坏，催化剂容易泄漏等缺点。现在世界上比较先进的有布朗三塔三废锅氨合成圈、伍德两塔两废锅氨合成圈、托普索 S-250 型氨合成圈和卡萨里轴径向氨合成工艺等四种。

布朗三塔三废锅氨合成圈的工艺流程示于图 3-2-07。图上详细标注了各设备的温度和压力等操作参数。布朗三塔三废锅氨合成圈主要由 3 个绝热氨合成塔和 3 个废锅组成。塔内有催化剂筐套，气体由外壳体与筐体间环隙从底部向上流过，再由上向下轴向流过催化剂床。该流程以天然气为原料，生产能力 1 000 t（NH_3）/ d，合成压力 15 MPa，最终出口合成气中含氨量为 $\varphi(NH_3)=21\%$，反应副产 12.5 MPa 高压水蒸气。由于事先已将新鲜补充原料气用深冷净化法处理，其中的 CH_4，H_2O，CO_2，CO 和 Ar 等气体已脱除，氢氮比也得到调整，故合成系统没有弛放气排放。

伍德两塔两废锅氨合成圈流程示于图 3-2-08，流程中合成塔（1）有两个催化剂层，并设置双层内换热器，径向流动。据称这种结构使反应温度的分布十分接近最优的反应温度，气体循环量和压力降小，投资和能耗节省，副产高压水蒸气多。原料为石油渣油，合成塔压力 16 MPa,合成塔(1)出口温度473 ℃,合成塔(2)出塔气温度为 442 ℃,经废锅、水冷和氨冷后,分出合成气中的大部分氨,分氨后的合成气(即循环气)大部分去合成气压缩机,少量吹出气(即弛放气)送氢回收系统。设计氢氮比为 2.8:1,入塔气中氨含量 $\varphi(NH_3)=3.5\%$,最终出塔气含氨 $\varphi(NH_3)=22.8\%$,分氨温度 0 ℃,副产 10.2 MPa 高压蒸汽,产量 1.54 t/t(NH$_3$)。

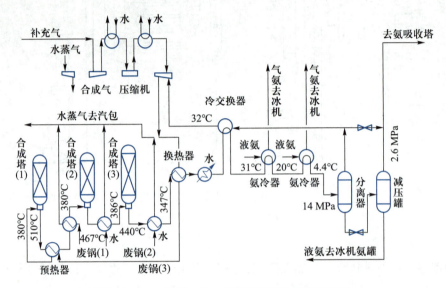

图 3-2-07   布朗三塔三废热锅炉氨合成圈流程图

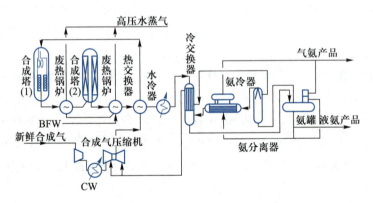

图 3-2-08   伍德两塔两废锅氨合成圈示意图

　　托普索两塔两废锅氨合成圈(简称 S-250 系统)流程示于图 3-2-09。图上注有温度和压力等操作参数的具体数值。托普索 S-250 系统由无下部换热的 S-200 型塔和 S-50 型塔串联组成。采用 1.5~3.0 mm 颗粒催化剂,S-200 型径向塔阻力仅 0.2 MPa,S-50 型塔阻力约 0.1 MPa。与大颗粒催化剂相比,催化活性要高 25%。催化剂床间间接冷却,免除了激冷气稀释反应气的不利因素。该系统还包括:① 废锅和锅炉给水回收废热;② 合成塔进出气换热器、水冷器、氨冷器和冷交换器、氨分离器及新鲜气氨冷器等。以天然气为原料。

　　卡萨里轴径向氨合成工艺流程示于图 3-2-10。来自循环压缩机的原料气进入换热器 E-3,被来自锅炉给水预热器 E-2 的气体加热至 180~240 ℃,进入合成塔 R-1,在催

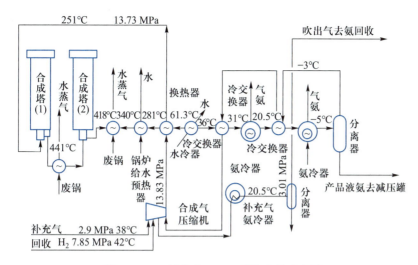

图 3-2-09 托普索 S-250 系统流程示意图

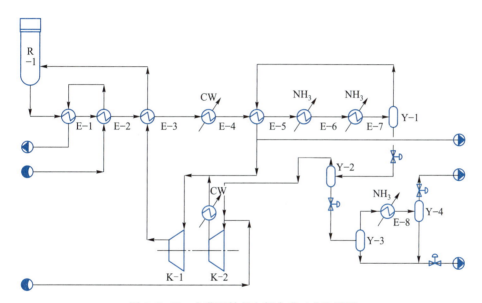

图 3-2-10 卡萨里轴径向氨合成工艺流程图

R-1—合成塔；E-1—废锅；E-2—锅炉给水预热器；E-3—换热器；E-4—水冷器；E-5—换热器；
E-6，E-7，E-8—氨冷器；K-1—循环气压缩机；K-2—原料气压缩机；Y-1~Y-4—氨分离器

化剂作用下进行反应，出口处氨的体积分数为 19%~22%。出合成塔的合成气，温度为 400~450 ℃，经废锅 E-1 和锅炉给水预热器 E-2 回收热量，产生 10 MPa 高压水蒸气［每生产 1 t(氨)可产 1 t 以上高压水蒸气］。由 E-2 流出的合成气进入换热器 E-3 的壳程，被管程的循环气冷却，再送往水冷器 E-4，部分氨被冷凝下来，气液合成气混合物进入换热器 E-5，被来自氨分离器 Y-1 的冷循环气冷却，然后进入两级氨冷器 E-6，E-7，在E-7 中，液氨在-10 ℃下蒸发，将气液合成气混合物冷却冷凝至 0 ℃，采用两级氨冷的目的是为了降低氨压缩的能耗。液氨在氨分离器 Y-1 中被分离，气液合成气混合物变成冷循环气，它经 E-5 升温至 30 ℃后进入循环压缩机。液氨经减压后送往氨库或生产装置，弛放气由 E-5 出口引出送往氢回收装置，用低温冷冻法或膜分离法进行分离，回收其中的氢。

合成塔为叠合式催化剂床的立式合成塔,第1催化剂床内气体基本上以轴向方式流动,第2催化剂床内是以径向流动,能成功地获得低压力降。塔内操作压力14.78 MPa,进(出)塔气体温度182(422)℃,氨净值$\varphi(NH_3) \geqslant 14\%$。卡萨里技术已在我国10多个中型合成氨厂应用,操作实践表明,该技术具有催化剂和热能利用率高,节能效果好,操作、安装、维修简单,安全可靠等优点。

以上4种氨合成圈各有特色,从技术改造的角度来讲,卡萨里轴径向氨合成工艺更好些,因为不需要增加合成塔,在原塔上进行改造,投资少、合成转化率高、能耗低、操作压力低(8~18 MPa),可采用活性好的小颗粒(粒度1.5~3.0 mm)催化剂。从新建厂的角度来讲,布朗和伍德氨合成圈较好,因为是一次性投资,投资省、能耗低。我国涪陵、合江和锦西三个厂已引进布朗工艺(用天然气为原料)。伍德合成圈工艺能耗最低[28.8 GJ/t(NH$_3$)],大庆石化总厂已引进该技术,原料为石油渣油。表3-2-10示出4个合成圈的对比。

表3-2-10　4种合成圈的对比

项目	布朗	伍德	托普索(S-250)	卡萨里
塔数	3	2	2	1
塔型	轴向	径向	径向	轴径向
废锅	3	3	2	1
催化剂床数	3	3	3	3
净化方法	冷却	液氨法	热法	

4. 排放气中氢的回收技术

为了保持合成循环气中惰性气体含量稳定,需要经常排放少量气体。此气体除惰性气体外,还含有大量的有效氢氮气,将其中的氢回收,可增加氨的产量降低合成氨的能耗[节能约0.58×10^6 kJ/t(NH$_3$)]。回收方法有中空纤维膜分离、变压吸附和深冷分离三种,其中中空纤维膜分离法投资省、效果好,在三种方法中占有明显的优势。

1979年美国孟山都公司开发成功选择性渗透膜技术[又称普里森(Prism)中空纤维渗透技术],并成功应用于合成氨工业。现在我国也能生产中空纤维膜N$_2$-H$_2$分离器。

中空纤维膜是以聚砜、二甲基乙酰胺为原料加工成中空内腔的纤维丝,再涂以高渗透性聚合物,具有选择性渗透特性。由于水蒸气、氢、氨和二氧化碳渗透较快,而甲烷、氮、氩、氧和一氧化碳等渗透较慢,这样就使渗透快的与渗透慢的分离。中空纤维丝的外径通常是500~600 μm,内径为200~300 μm,做成3~6 m长的纤维束装入耐高压金属壳体内,纤维束一端被密封,另一端用特殊配方的环氧树脂黏结在一起。此膜分离器直径为10~20 cm(图3-2-11),加压排放气从侧面入口进入分离器壳程,由于不同气体分子在中空纤维丝内、外壁两侧压差的差异,使氢通过膜壁并渗透入中空腔内,从中空丝口敞开的一端排出,其他气体由分离器顶部排出,从而回收了大部分的氢气。

图3-2-12为中空纤维膜回收氢流程示意图。由于中空纤维暴露在含有200 μL·L^{-1}氨

的气氛中会失效,故在回收氢气前先将排放气用水进行洗涤,使排放气中的氨含量降至 200 μL·L^{-1}以下。然后经加热器加热到 30~40 ℃,进入串联排列的膜分离器。分离器台数取决于排放气量,氢回收率可达95%,氢气纯度为90%以上,国内已应用于部分大、中、小型合成氨厂。

深冷分离(净化)法在一些大型合成氨厂也得到广泛应用。该法脱除惰性气体有两条途径:① 让新鲜补充原料气先经深冷分离处理,脱除惰性气体后,再加入合成系统。因此,合成系统就不需排放弛放气;② 由合成系统排放的弛放气,用深冷分离法回收 H$_2$ 后将弛放气排放。很显然,深冷分离法生产成本和设备投资比中空纤维膜分离法高,仅适宜在大型合成氨厂使用。

5. 各种合成塔的比较

合成塔是氨合成的关键设备。图3-2-13示出的是美国凯洛格公司的多层轴向冷激式合成塔,其性能见表 3-2-11,该塔外筒像热水瓶胆,在缩口部位密封以解决大塔径密封困难。内件包括四层催化剂、层间气体混合装置(冷激管口挡板)及列管式换热器。原料气体由塔底封头接管 1 进

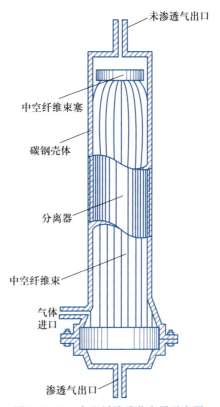

图 3-2-11　中空纤维膜分离器示意图

入塔内,向上流经内、外筒之环隙以冷却外筒,气体穿过催化剂筐缩口分别向上流过换热器 11 与上筒体 12 的环形空间,折流向下穿过换热器 11 的管间,被加热到 400 ℃ 左右入第一层催化剂,经反应后温度升到 500 ℃ 左右,在第一、二层间反应气与来自接管 5 的冷激气混合降温,然后进入第二层催化剂。以此类推,最后气体由第四层催化剂底部排出,折

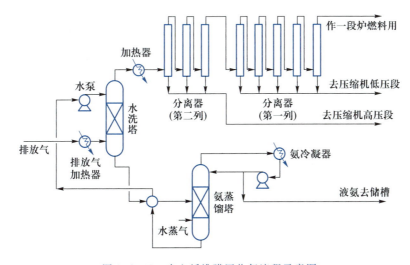

图 3-2-12　中空纤维膜回收氢流程示意图

流向上穿过中心管9、换热器11的管内,换热后经波纹接管13流出塔外。该塔的优点是:用冷激气调节反应温度,操作方便,结构简单,筒体上开设人孔,装卸催化剂方便,缺点是瓶式结构虽有利于密封,但在焊接合成塔封头前,必须将内件装妥。日产 1 000 t（NH₃）的合成塔总重达 300 t,运输和安装均较困难。

图 3-2-14 是托普索公司的径向冷激式合成塔简图。上述的凯洛格公司的氨合成塔,气体流向都为轴向,而本塔气体流向则是径向的。反应气体从塔顶接口进入,向下流经内外筒之间的环隙,再进入换热器的管间,冷副线由塔底封头接口进入,二者混合后沿中心管进入第一段催化剂床层,气体沿径向呈辐射状流经催化剂层后进入环形通道,在此与塔顶接口来的冷激气混合,再进入第二段催化剂床层,从外部沿径向向内流动,最后由中心管外面的环形通道下流,经换热器管内从塔底接口流出塔外。

微课

氨合成塔
内气体
走向

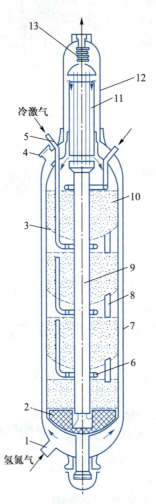

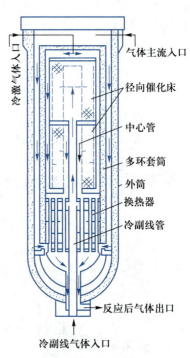

图 3-2-13　多层轴向冷激式合成塔示意图

1—塔底封头接管；2—氧化铝球；3—筛板；4—人孔；
5—冷激气接管；6—冷激管；7—下筒体；8—卸料管；
9—中心管；10—催化剂筐；11—换热器；12—上筒体；
13—波纹接管

图 3-2-14　托普索公司的径向冷
激式合成塔简图

表 3-2-11　年产 30 万吨多层轴向冷激式合成塔参数

公称生产能力/[t(NH₃)·d⁻¹]		1 000		
操作压力/MPa		14.4		
进塔气量/(m³·h⁻¹)(标准状态下)		622 300		
空速/h⁻¹		9 700		
进塔 φ(惰气)/%		13.3		
进塔气温/℃		141		
出塔气温/℃		284		
最大压力降/MPa		1.0		
催化剂生产强度/(t·m⁻³·d⁻¹)		15.6		
筒体内径/mm		2 950		
催化剂量/m³		64.4		
换热器换热面积/m²		630		
催化剂层	一层	二层	三层	四层
进口温度/℃	410	430	413	426
出口温度/℃	496	460	447	455
进口 φ(NH₃)/%	2.1	6.9	8.4	9.9
出口 φ(NH₃)/%	8	9.5	10.5	12.0
冷激气占总气量/%	65~67	13~14	10~13	7~10
催化剂量/m³	9.2	12.0	17.9	25.3

与轴向冷激式合成塔比较,其优点是气体呈径向流动,流速低,即使采用小颗粒催化剂,压力降仍然较小(只有轴向的 10%~30%),因而可以允许提高空速,增加塔的生产能力。通常采用粒度为 1.6~2.6 mm 催化剂,其比表面积大,内扩散影响小,有利于催化反应进行,从而可以提高氨净值,亦有利于催化剂的还原。由于压力降低,可采用离心式压缩机,降低动力消耗。该塔存在问题是如何有效地保证气体均匀流经催化剂床层而不会偏流,更不允许发生短路,因为对充分利用催化剂不利。根据这一点,径向塔不适用于小型塔。为了克服上述缺点,可在催化剂筐外设双层圆筒,与催化剂接触的一层均匀开有大量小孔,另一层圆筒开孔率很低,当气流以高速穿过此层圆筒时,受到一定的阻力,以使气体均匀分布。另外在上下两段催化剂层中,仅在一定高度上装设多孔圆筒。催化剂装填高出多孔圆筒,以防止催化剂床层下沉时气体短路。

图 3-2-15 所示是我国近年自行开发的中型合成氨用轴径向氨合成塔结构示意图(对应的工艺流程见图 3-2-06)。该塔轴向层中间设置一菱形分布器(冷激器),把轴向层分为两层;轴径向层之间设置层间换热器;径向层下部设置下部换热器。入塔气体经塔壁环隙及塔外气-气换热器换热后分四股进入合成塔。第 1 股为主线,经下部换热器换

热后进入第一轴向层;第2股为副线,不经下部换热器换热直接进入第一轴向层,用来调节第一轴向层温度;第3股为层间换热气,利用层间换热器间接换热,用来调节径向层温度;第4股为冷激气,由冷气和热气混合后,调节第二轴向层温度。该塔外径为 $\phi1\ 200$ mm,设计能力 8 万吨(NH$_3$)/年,实际生产能力大于 10 万吨(NH$_3$)/ 年。与国内中型合成氨装置其他类型塔比较,具有温度调节容易、热利用率高、阻力降小及安装、检修和装卸催化剂方便等优点。

图 3-2-16 所示为卡萨里轴径向氨合成塔内件示意图。这是一种轴径混流型或称混合流动型合成塔,由三层催化剂叠合而成,床层顶层不封闭,层与层之间密封简单,又能拆开,装卸催化剂较为方便。催化剂用金属丝网包裹后装在内、外筒壁的环隙内,内、外筒壁按一定间距钻孔。外筒壁开圆孔,起气体分布器作用。内筒壁上端不开孔,强迫气体作轴径向流动,内筒壁上开的是桥型(凸型)多孔壁洞,除起均布气流作用外,还对气流起缓冲作用,5%~10%的气流进入轴径向流动区,其余进入径向流动区,高压空间利用率可达70%~75%。装填的是阻力低、收缩小的球形催化剂,可以获得低压力降,因此可在低压合成系统正常工作,氨合成率也相当高。

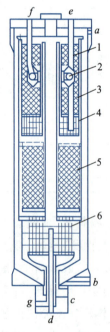

图 3-2-15　轴径向氨合成塔结构示意图
1—第一轴向层;2—菱形分布器;3—第二轴向层;
4—层间换热器;5—径向层;6—下部换热器;
a——次进口;b——次出口;c—二次进口主线;
d—副线进口;e—层间换热气;f—冷激气;g—二次出口

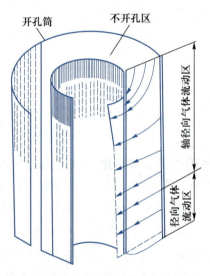

图 3-2-16　卡萨里轴径向氨合成塔
内件示意图

此外,比较先进的合成塔还有凯洛格公司的卧式合成塔、球形合成塔和绝热冷激−内冷复合式两次氨合成塔等。卧式合成塔外形为一卧式瓶胆,具有上述径向合成塔的优点,不需要高大厂房框架和大型起重吊装设备,对基础也没有特殊要求,但占地面积较大;球形合成塔在国外常用。按外形可分为单球、联球及单球组合氨合成塔。按内件结构又可分为内冷式和绝热式两种。球形合成塔耐压,消耗钢材少,制造成本低,高度低,安装、维修时不要大型起重吊装设备和高大框架,工厂投资省。球形合成塔特别适用于大型氨合成装置。绝热冷激-内冷复合式两次氨合成塔把单层轴向催化剂分成上、下两层,换热器分成内、外两个,成为两段串联式合成塔,一次合成后的高温气体经换热降温后由塔底引出,进入一次氨分离系统,分离氨后返回合成塔进行二次合成。由于将氨分离再合成,生产能力提高40%,单位氨循环气量可减少60%,但工艺流程长,合成塔结构复杂,可靠性差,除适用于有两个以上氨合成系统的工厂,当循环机能力不足时的改造外,一般较少采用。

6. MEAP 和 LCA 合成氨生产总流程及其技术经济评价

合成氨生产包括原料气制取、原料气净化和氨的合成三个基本生产过程。由于采用的原料(如天然气、重油、渣油和煤等)不同,生产流程会有所不同,进入 20 世纪 70 年代后,节能在生产中得到重视,各种流程都加进了节能的系统和设备,由此演变出的流程则更多,且更具个性。其中比较著名的流程有:美国凯洛格公司的 MEAP 工艺,美国布朗公司的深冷净化工艺,英国 ICI 公司的 AM-V 工艺,以及德国伍德公司的 Uhde 低能耗工艺等,它们的共同特点是在流程中各个环节都考虑节能,采用新型催化剂,弛放气回收氢等。表 3-2-12 示出了这些节能型合成氨工艺的特点和吨氨能耗。

表 3-2-12 节能型合成氨工艺特点和吨氨能耗

	公司	凯洛格	布朗	ICI
	工艺	MEAP	深冷净化	AM-V
一段转化	$n(H_2O)/n(C)$	3.2	2.7	2.75
	$t/℃$	805	700	740
一段转化	p/MPa	3.6 ① 提高原料天然气温度至 600 ℃ ② 提高过热水蒸气温度至 510 ℃ ③ 回收烟气余热供预热燃烧空气用	3.1 温和转化,出口残余 $\varphi(CH_4) = 30\%$	3.4 ① 中度转化,出口残余 $\varphi(CH_4) = 16\%$ ② 用冷凝液饱和原料天然气 ③ 回收烟气余热供预热燃烧空气
燃气透平	驱动工艺空气压缩机	可采用	采用	采用
二段转化	残余 $\varphi(CH_4)/\%$ 添加过量空气 $\varphi(空气)/\%$	<0.5 提高工艺空气温度至 816 ℃	1.6 50	1.0 20~30
脱碳	物理吸收 化学吸收	Selexol 法 低热耗本菲尔法	低热耗本菲尔法或 MDEA 法	Selexol 法 低热耗本菲尔法或 MDEA 法

续表

公司		凯洛格	布朗	ICI
工艺		MEAP	深冷净化	AM-V
最终净化	过量氮		合成回路前深冷分离	合成回路中深冷分离
氨合成	分子筛干燥	采用	采用	采用
	合成塔	卧式(带换热器)	三个绝热塔	径向塔
	p/MPa	14.5	15	8~10
	催化剂	Fe系	Fe系	Fe-Co系
	弛放气回收	中空纤维膜分离器或深冷分离	深冷分离	合成回路设氢回收副产高压水蒸气或预热锅炉给水
	反应热利用	副产高压水蒸气	副产高压水蒸气	
能耗 $\overline{GJ \cdot t^{-1}(NH_3)}$		28.4~30.0	28.4~29.3	28.4~29.3

1988年英国ICI公司采用了"技术概念上领先的合成氨工艺"(Leading Conception Ammonia Process,简称LCA),建成两套日产450 t(NH_3)的装置,生产实践证明,在中型生产规模的合成氨装置上也可做到与当代大型合成氨装置相当的节能水平,吨氨能耗为29.13×10^6 kJ,这是继20世纪60年代凯洛格公司实现单系列、大型化、低能耗装置后的又一次重大突破。LCA工艺的主要特点见表3-2-13。

表3-2-13 LCA、凯洛格公司的合成氨工艺的比较

项目	LCA工艺	凯洛格公司的工艺	
		传统	MEAP
规模/[t(NH_3)·d^{-1}]	450	1 000	1 000
一段转化炉型式	管壳式	方箱炉	方箱炉
转化管承受的压力差/MPa	<0.2	3.2	3.7
天然气一段转化 $n(H_2O)/n(C)$	2.5	3.5	3.2
燃料天然气/[kJ·$t^{-1}(NH_3)$]	0	16.74×10^6	10.47×10^6
二段转化空气过量系数/%	20	0	0
原料气净化	变换、变压吸附、甲烷化	热法净化	热法净化、分子筛干燥
氨合成压力/MPa	8.2	15	15
氨合成反应热回收	副产水蒸气	预热锅炉冷水	副产水蒸气
高压水蒸气压力/MPa	6	10	12.2
能耗/[kJ·$t^{-1}(NH_3)$]	29.3×10^6	$(37.66~39.77) \times 10^6$	29.3×10^6

① 采用新型催化剂。一段转化采用适应低水碳比的转化催化剂；一氧化碳变换采用 ICI 公司的 71-3/71-4 型催化剂，以确保在低汽气比变换反应过程中不产生其他副反应；氨合成采用 ICI 公司开发的 Fe-Co 系高活性催化剂，在 7~8 MPa 压力下完成氨合成反应和氨的分离。

② 采用以对流传热为主的管式转化器（Gas Heated Reformer，简称 GHR）代替结构复杂、体积庞大、以辐射传热为主的一般转化炉。在转化器的管内充填转化催化剂，管外利用二段转化炉加入过量空气后的高温转化气加热，既可节省大量耐压 4 MPa 的高 Ni-Cr 合金钢，而且也省略了传统流程的烟气余热回收系统。

③ 采用水冷列管式变换炉代替传统流程中的高、低温变换炉。并通过饱和热水器回收变换反应热，用作天然气的增湿，转化及变换反应所需的水蒸气，大部分亦由此供给。

④ 采用分子筛变压吸附工艺脱除过量的氮及 CO_2，CO，甲烷和氩，代替常规的溶液脱碳与深冷分离脱除过量氮，从而简化气体净化流程。

⑤ 流程中传动设备减少，而且采用电力驱动机泵，因而可消除大型氨厂中只有待高压水蒸气系统水蒸气量充足稳定才能开好合成氨装置的弊端。

⑥ 操作容易，投产时间短。例如，从导入原料天然气到产出产品氨仅需 19 h，正常操作从冷态开车到产氨仅需 12 h。

LCA 工艺流程示于图 3-2-17，与凯洛格公司的工艺比较见表 3-2-13。

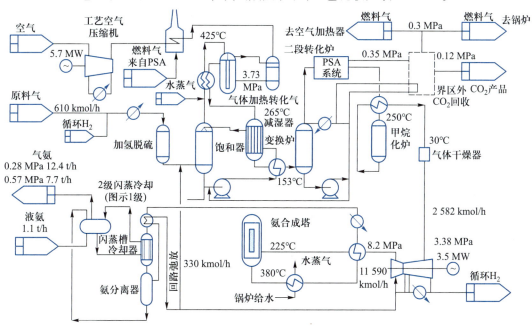

图 3-2-17　LCA 工艺流程图

由表 3-2-13 可见，LCA 工艺的吨氨能耗与凯洛格公司的 MEAP 工艺相当，比传统的凯洛格工艺则要低得多。LCA 工艺氨合成压力只有 8.2 MPa，比凯洛格工艺要低。LCA 工艺不消耗燃料天然气，而凯洛格工艺则要消耗燃料天然气。前述的 LCA 工艺的一些特点，在表 3-2-13 中也有体现。这说明 LCA 工艺的确是一种突破传统工艺框框，在经济上带来很大效益的新工艺。

四、苯加氢制环己烷

环己烷主要(占总产量 90% 以上)用来生产环己醇、环己酮及己二酸,后三者是制造尼龙-6 和尼龙-66 的重要原料。环己烷还用作树脂、油脂、橡胶和增塑剂等的溶剂。

环己烷可从环烷基原油所得的汽油馏分中提取,但产量有限,纯度不高,要制得 99.9% 以上高纯环己烷相当困难。

用作尼龙原料的高纯度的环己烷主要由苯加氢制得。生产规模相当大,消费的苯占苯总产量的第二位。

工业上苯加氢生产环己烷有气相法和液相法两种。虽然美国杜邦公司早已开发成功气相加氢工艺,但大多数工厂仍采用液相加氢工艺,例如,美国 UOP 公司、法国石油研究所(IFP)等。气相法虽然具备催化剂与产品容易分离的优点,但投资费用高,原料(苯和氢气)消耗定额大。

1. 反应原理

(1) 化学反应　在反应条件下,苯与氢可发生下面各种反应:

$$\text{苯} + 3H_2 \rightleftharpoons \text{环己烷} \ (g) \qquad \Delta H^{\ominus}(298 \text{ K}) = -208.1 \text{ kJ/mol} \qquad (1)$$

$$\text{环己烷} + nH_2 \longrightarrow \text{裂解产物} \qquad (2)$$

$$\text{环己烷} \rightleftharpoons \text{甲基环戊烷}(CH_3) \qquad (3)$$

$$\text{苯} + nH_2 \longrightarrow C + CH_4 \qquad (4)$$

反应(1)若为气相法固定床,用还原 Ni 作催化剂,反应温度 65~250 ℃,压力 0.5~3.5 MPa;若为液相加氢,采用骨架 Ni 或还原 Ni 为催化剂,反应温度 160~220 ℃,压力 2.7 MPa左右,环己烷收率在 99% 以上。反应(2)和(4)在 250 ℃ 左右的低温下不显著,它们可能是由第Ⅷ族金属催化的氢解型机理引起的,也可能是由双功能催化剂的加氢裂解型机理引起的。双功能催化剂为具有加氢催化活性的某些金属(如 Pt,Pd 或 Ni)负载在酸性载体(SiO_2 或 SiO_2-Al_2O_3)上构成,在载体上往往存在强酸中心,它对反应(2)和(4)有明显促进作用。因此,选择非酸性载体可以避免这种加氢裂解作用。反应(3)是环己烷的异构化,它往往被酸催化,在 200 ℃下,异构化反应达到平衡时环己烷生成甲基环戊烷的转化率为 68%,将温度升高到 300 ℃时其转化率达 83%,因此也必须选择不会引起这种异构化反应的催化剂。在 Ni 催化剂上,250 ℃时才开始产生甲基环戊烷。

(2) 热力学平衡　由反应(1)可知,苯加氢生成环己烷的反应是一个放热的体积(化学计量数)减小的可逆反应。在 127 ℃ 时的平衡常数为 7×10^7,在 227 ℃ 时为 1.86×10^2。氢压和温度对环己烷中苯的平衡浓度的影响示于图 3-2-18。由图 3-2-18 可见,低温和高压对反应是有利的。相反,反应(2)和(4)则受到抑制。环己烷异构化反应是一个等化学计量数反应,压力对反应影响不大。温度对反应(3)平衡的影响示于图 3-2-19。由图 3-2-19 可知,甲基环戊烷的平衡浓度随温度的提高而上升。为抑制这一副反应,也要求催化剂在较低温度下就有高的苯加氢活性,而且在催化剂上不存在酸性中心。

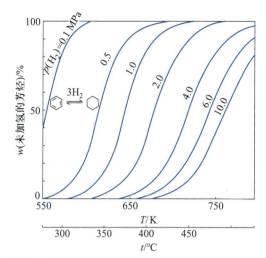

图 3-2-18 氢压和温度对环己烷中苯的平衡浓度的影响曲线

（3）催化剂和催化机理 对苯加氢有催化活性的金属有:Rh,Ru,Pt,W,Ni,Fe,Pd 和 Co 等。常用金属按活性排列为

$$Pt>Ni>Pd$$

加氢活性的比例为

$$k(Pt) ： k(Ni) ： k(Pd) = 18 ： 7 ： 1$$

这表明铂的活性比镍高 2.6 倍。但铂的价格为镍的几百倍,因此选择镍作为催化剂活性

组分更经济。如前所述,苯加氢有气相和液相两种方法,对液相加氢而言,要求催化剂是细微颗粒(粉末,粒度为 20～100 μm),能悬浮在反应液中进行液固相加氢反应。考虑到反应要求低温高活性,而且苯环加氢比烯、炔加氢困难,工业上都选用骨架镍催化剂。用这种催化剂在 3.5 MPa 的压力和不产生副反应的温度(200 ℃)下,反应速率很容易达到每克(镍)每分钟转化 0.15 mol (苯)的水平。骨架镍催化剂的制备过程为:先由

镍和铝 $\left[\dfrac{m(镍)}{m(铝)} = 1\right]$ 在 1 500～1 600 ℃下制成镍铝

合金,然后研磨至粒度为 0.04～0.25 mm 的颗粒,再用氢氧化钠浸出铝,最后经洗涤和干燥得到高活性、多孔和高强度的骨架镍催化剂。由于活性

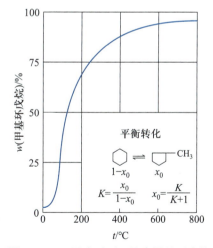

图 3-2-19 温度对环己烷中甲基环戊烷的平衡浓度的影响曲线

高,在空气中极易自燃,故一般将它浸在乙醇中出售或经表面钝化处理变成不自燃的干燥粉末后出售。成品为黑色粉末,$w(镍) = 65 \%$,松密度为 2.4 g/cm³;苯的气相加氢催化剂为负载型镍催化剂,要求载体有足够的强度承受工业条件下的机械应力,有足够的比表面积和适宜的孔径分布,能负载足够数量的镍盐(氧化镍)。此外,还要求载体对副反

应没有催化活性。符合上述条件,工业上应用的载体有高纯度氧化铝球($\phi 2 \sim 4$ mm)、SiO_2 和硅藻土等,比表面积 210 m^2/g,松密度 0.91 g/cm^3,孔隙度 0.4 cm^3/g。现在,工业上应用较多的液相催化剂牌号为法国的 NiPS2 型,气相催化剂牌号为法国的 LD143 型,它们都是由法国石油研究所开发成功。除上述镍催化剂外,也有采用 Ni-Pd 催化剂、硫化镍和硫化钯催化剂。硫化物催化剂虽然不怕原料苯中硫化物的毒害,但要求高温(450 ℃)和高压(31.0 MPa)。

关于催化加氢反应机理,即使像乙烯加氢这样一个简单的反应,认识也不一致。分歧主要集中在:① 氢是否也发生化学吸附;② 作用物在催化剂表面是发生单位(独位)吸附还是多位吸附;③ 氢与吸附在催化剂表面的作用物分子是怎样反应的。以苯加氢生成环己烷为例,就提出了两种不同的机理,一种认为苯分子在催化剂表面发生多位吸附,形成 ，然后发生加氢反应,生成环己烷。近年来又提出了另一种观点,认为苯分子只与催化剂表面一个活性中心发生化学吸附(即独位吸附),形成 π-键合吸附物,然后吸附的氢原子逐步加到吸附的苯分子上,即

$$C_6H_6 + H \longrightarrow C_6H_7 + *$$

$$C_6H_7 + H \longrightarrow \cdots\cdots C_6H_{12}$$

$$C_6H_{12} \longrightarrow C_6H_{12} + *$$

上述两种反应机理,还留待进一步实验验证。

(4) 反应动力学　比利时鲁汶大学的动力学学派专门研究过在镍催化剂上苯加氢的反应动力学。研究表明,在骨架镍催化剂催化下,苯在高压、液相、温度低于 200 ℃下加氢,苯的转化率从低升至 90% 以上,反应对苯为零级,当转化率在95% 以上时,对苯的反应级数变得接近于 1。就氢而言,在所研究的压力范围内对氢为零级反应。实验结果示于图3-2-20。这一实验结果可用苯和氢之间的非竞争吸附来解释,并可用下列速率方程式表示:

$$r = \frac{k b_B c_B}{1 + b_B c_B + b_c c_c} \left[p(H_2) \right]^0$$

式中:b_B——苯的吸附系数;

　　b_c——环己烷的吸附系数;

　　c_B——苯的浓度;

　　c_c——环己烷的浓度;

　$p(H_2)$——氢分压。

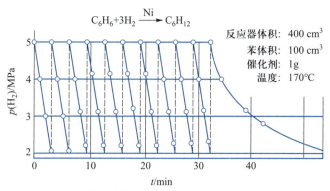

图 3-2-20　液相苯加氢反应动力学级数的实验测定曲线

直到转化率为 90% 都观察到对苯为零级反应这一现象说明苯在催化剂上强烈吸附,在 0~90% 这一范围内 r 等于 k,活化能接近 54.36 kJ/mol。

对芳烃在高转化率下的反应级数还没有确切的解释。有可能是因为,在苯浓度很低时,$b_B c_B$ 项与 $(1+b_c c_c)$ 相比变得可以忽略不计,也有可能是扩散阻力造成的。

对气相催化加氢,经实验测定,有如下动力学方程:

$$r=kp(H_2)^{0.5}（反应温度<100\ ℃）$$
$$r=kp(苯)^{0.5}\cdot p(H_2)^3（反应温度>200\ ℃）$$

上列第二式表明,当反应温度大于 200 ℃,氢压力的变化对反应速率十分敏感。

2. 工艺条件的选择

（1）原料的精制　原料氢气可来源于合成气、石脑油催化重整气、石油烃蒸气热裂解气,以及甲苯烷基化装置来气体。其中的氢可在 $\varphi(氢)=57\%\sim96\%$ 波动。原料氢气中水和 CO 会使催化剂中毒,可通过甲烷化让 CO 转变为对催化剂无毒害的甲烷。接着进行干燥以除去由甲烷化产生的水分。要求水分不得超过反应温度下水在环己烷中的溶解度,若超过,产生的游离水会导致催化剂聚结和失活。氢气中的硫（主要是 H_2S）太高,如超过 $5\ \mu L\cdot L^{-1}$,则也要用碱液吸收精制后方可投入装置使用。苯中的硫化物含量要严格控制,在反应条件下,硫化物会与催化剂反应,生成镍的硫化物和硫醇盐,例如,就噻吩而言,有下面的反应:

$$C_4H_9SH \rightleftharpoons (C_4H_9)_2S$$

镍的硫醇盐和镍的硫化物都没有活性。当镍吸附其质量的 0.5%~2% 的硫时,就会完全失活。为保护催化剂的活性,延长催化剂的使用寿命,要求原料苯中硫含量小于 $5\mu g\cdot g^{-1}$。

（2）反应温度　液相加氢反应温度控制在 180~200 ℃,气相加氢反应温度稍高,采用贵金属催化剂和列管式反应器时为 220~370 ℃,采用绝热式反应器和镍催化剂时为 200~350 ℃。在上述温度范围内,催化剂已具有足够快的反应速率,而副反应则不十分明显。

（3）操作压力　液相法一般维持在 2.0~3.0 MPa,以保证主反应器中液相的稳定。在此压力下,由液相蒸发带走的反应热约占总反应热的 20%,其余80%由器外换热器移走。气相法操作压力为 3.0~3.5 MPa。

（4）空速　IFP 的 NiPS2 型骨架镍催化剂性能优良,在硫含量为 1 $\mu g \cdot g^{-1}$ 时,1 kg（镍）可以加氢 10 t(苯),在质量空速（WHSV）为 5 的条件下操作,不添加新鲜催化剂的周期寿命可长达 2 000 h。苯的转化率在反应开始时可达99.99%,周期末降至 95%。

3. CST 反应器在苯加氢工艺中的应用

气相法有列管式和绝热式两种。液相法,如 IFP 法苯加氢工艺采用两个化学反应器。主反应器选用连续搅拌槽式（CST）反应器。为使催化剂很好地悬浮在反应液中,并使反应热用器外换热器及时移走,除采用氢气鼓泡外,反应液还用泵在换热器和反应器之间作强制循环,以保持固、液、气三相的良好接触。采用 CST 反应器的优点是可以利用自体制冷作用排除反应热量,反应温度也容易控制,不足之处是它属于全返混流反应器,转化率不可能很高。由前述反应原理可知,当转化率在 95% 以下时,反应对苯为零级,此时反应速率很快,对 CST 反应器,转化率达到 95% 以上并非难事,再加上它有上述优点,因此选用它作为液相加氢反应器是合适的。工业级环己烷要求苯含量小于 1 000 $\mu g \cdot g^{-1}$,即环己烷纯度在99.9%以上。因此,除 CST 反应器外,还需增设一台反应器对反应液作进一步加氢处理。此时若再增设一台 CST 反应器显然不合适,所需设备多,反应时间长而且转化率达到 99.9%以上仍有一定难度。比较合适的是增设一台称为精制反应器的气相加氢反应器,它属活塞流反应器,转化率可以很高,由于加氢负荷小［只有 w（苯）= 5%］,使用催化剂量少,设备也可做得较小。此外,从观察小反应器中温度的变化还可发现主反应器催化剂活性是否正常,若催化剂失活严重,精制反应器因加氢负荷明显增高,温度会迅速上升。

图 3-2-21 示出了 IFP 法苯加氢工艺的方块图。由图 3-2-21 可知,氢气中的 CO 经甲烷化反应,脱除率可达 97%以上（CO 残留量为 300 $\mu L \cdot L^{-1}$）；环己烷经精制反应器后,含苯约为 20 $\mu g \cdot g^{-1}$。

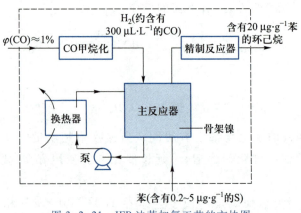

图 3-2-21　IFP 法苯加氢工艺的方块图

4. 工艺流程

（1）气相法工艺流程　气相法有 Bexane，ARCO，UOP，Houdry 和 Hytoray 等法。其中 Houdry 法采用绝热式反应器，Bexane 法采用列管式反应器。Bexane 法的工艺流程示于图 3-2-22。采用以氧化铝为载体的铂催化剂，反应压力2.5~3.0 MPa，反应温度 370 ℃，

反应热大部分通过器外循环，与原料气进行热交换，尔后再经废热锅炉热交换后除去。可副产 1 MPa 的蒸汽，出反应器的气体经急冷冷却到 220 ℃，以防止发生环己烷异构为甲基环戊烷的副反应。在此条件下，苯几乎可全部转化为环己烷。为保证苯中水含量<100 mg·kg^{-1}，以防止贵金属催化剂中毒，特设 1 个苯脱水塔。对原料氢气的纯度要求不高，$\varphi(H_2)\geqslant$75% 即可，但要严格控制 H$_2$ 中的 O$_2$ 含量 $\leqslant$20 mL·m^{-3}。Bexane 法已建有多套生产装置，我国南京东方化工有限公司的一套装置，生产能力为 6.0 万吨/年。

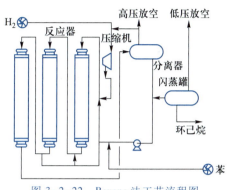

图 3-2-22　Bexane 法工艺流程图

（2）液相法工艺流程　图 3-2-23 示出了 IFP 法苯加氢生产环己烷工艺流程。进料中 n(氢)/n(苯)=3.5：1 或更大，以环己烷计的收率在 99%以上。采用 IFP 法生产环己烷装置，正在运转的有几十套，我国辽阳石油化纤公司的一套装置生产能力达 4.5 万吨/年。

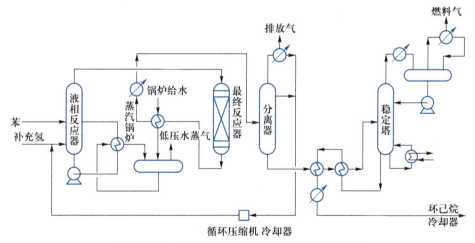

图 3-2-23　IFP 法苯加氢生产环己烷工艺流程图

表 3-2-14 示出上述两种生产方法的消耗定额。

表 3-2-14　Bexane 法和 IFP 法的消耗定额

项目	Bexane 法	IFP 法
苯/kg	940.0	930.5
氢（以 100%计）/kg	77.0	73.0
电能/(kW·h)	20	69.0

续表

项目	Bexane 法	IFP 法
中压蒸汽/kg	—	96.0
冷却水/m³	50.0	—
副产低压蒸汽/(kg·h⁻¹)	350.0	938

五、乙苯脱氢制苯乙烯

苯乙烯是用于生产各种弹性体、塑料和树脂的重要单体。2022 年全球消费总量达到 42.9 Mt,但至今增长不快。我国 2022 年苯乙烯产量为 14.2 Mt,自给率超过 85%。

1. 工艺路线的评述

现代苯乙烯生产装置不论采用乙苯脱氢法还是乙苯和丙烯共氧化(亦称自氧化)法,都需用原料乙苯,乙苯生产往往是苯乙烯生产装置的一个组成部分。工厂的技术经济评价和工艺技术也常将乙苯生产考虑在内,因此,本节对苯乙烯生产方法的评述也包括乙苯部分。

(1)乙苯生产方法评述　乙苯可由炼油厂有关生产装置(如催化重整、催化裂化和热裂解)得到的 C_8 芳烃馏分中获得[占 C_8 芳烃的 w(乙苯)= 15%~25%],但量少(不足乙苯总生产量的 10%),乙苯与关键组分对二甲苯沸点差仅为 2.2 ℃,分离和精制难度较大。工业上分离乙苯的精馏塔实际塔板数达 300~400 块(相当于理论板数 200~250 块),三塔串联,塔釜压力 0.35~0.4 MPa,回流比 50~100,得到的乙苯纯度在 99.6% 以上。

90% 以上的乙苯是由苯与乙烯经烷基化(工厂中常称烃化)制得的:

$$\text{苯} + CH_2\!=\!CH_2 \longrightarrow \text{乙苯}$$

副产物有二乙苯和多乙苯,它们可经分离、提纯作为化工产品出售,例如,二乙苯可用来生产二乙烯苯,后者用作合成树脂的交联剂和改性剂;亦可经烷基转移反应,与苯作用生成乙苯。

现在,生产乙苯的方法有下列四种:传统 $AlCl_3$ 液相法、均相 $AlCl_3$ 液相法、分子筛气相法和 Y 型分子筛液相法。

传统 $AlCl_3$ 液相法在 1935 年就开发成功,现在使用最广的是 UCC/Badger 工艺。$AlCl_3$ 溶解于苯、乙苯和多乙苯的混合物中,生成络合物,并与液态苯形成液、液两相反应体系。在同一反应器中,进行烷基化反应的同时,二乙苯和多乙苯与苯发生烷基转移反应。乙烯的转化率接近 100%,烷基化反应收率 97.5%,每生产 1 t 乙苯副产焦油 1.8~2.7 kg。催化剂、苯及多乙苯等可循环使用。

此法反应介质腐蚀性强,设备需考虑防腐问题;对原料中的杂质含量要求严格,$AlCl_3$ 用量大,物耗、能耗很高,环境污染严重,副产焦油量大。优点是工艺流程简单,操作条件要求较低,烷基化反应与烷基转移反应在同一反应器中完成。此法已日趋淘汰。

均相 $AlCl_3$ 液相法又称 M/L(Monsanto/Lummus)均相烷基化法。属传统 $AlCl_3$ 液相

法的改良方法。催化剂和干燥苯处于均一相中,由于反应体系保持均相,可加速烷基化反应,催化剂用量少,是传统 AlCl₃ 液相法的 1/4,副产焦油比传统 AlCl₃ 液相法少 2/3,反应器虽仍设一台,但将它设计为双层圆筒型,内筒进行烷基化反应,控制反应温度较高,乙烯完全反应,外筒进行烷基转移反应。多乙苯生成率低,烷基化反应收率增至 99%,但此法仍存在 AlCl₃ 腐蚀、环境污染、设备投资较高等缺点。我国有不少传统 AlCl₃ 液相法乙苯制造工厂,可利用此法进行改造,花费资金不多,收到的经济效益和社会效益却很大。

分子筛气相法是 20 世纪 70 年代由 Mobil 和 Badger 公司开发成功,又称 M/B 工艺,采用新型分子筛催化剂,完全避免了 AlCl₃ 催化剂带来的一系列问题。本法中使用的 ZSM-5 型分子筛是一种合成多孔分子筛催化剂,催化性能好,对乙苯的选择性可达 99.5%,反应器为塔式反应器,由六段催化剂床层串联组成,苯在高温(400 ℃左右)和中压(1.2~1.6 MPa)下以气相与乙烯进入反应器顶部床层,并在每个床层补充进料,进行气相烷基化反应,$m(苯)/m(乙烯) = 18.5$,乙烯转化率 99.8%,苯循环。回收后的多乙苯进入烷基转移反应器进行烷基转移反应,烷基转移反应器规模较小,操作条件为:压力 0.6~0.7 MPa,温度 441~445 ℃,$n(苯)/n(多乙苯) = (1~1.51):1$,苯单程转化率为 15%,乙苯收率达 98%,催化剂有效期为 2 年,再生周期一年以上。烷基转移反应器催化剂可在不中断生产情况下再生。此法的催化剂用量少、寿命长,无催化剂循环,无腐蚀,不需处理催化剂废液,无污染。乙苯收率高;物耗、能耗低;可副产水蒸气;流程短、投资少。我国大庆石油化工总厂,广州乙烯股份有限公司已引进此法的工艺技术。

Y 型分子筛液相法是 20 世纪 80 年代由 Lummus,Unocal,UOP 三家公司联合开发成功,又称 L/U/U 工艺。该法采用 Y 型分子筛催化剂,催化活性高,寿命可长达 3 年以上,选择性较好,结焦率低。烷基化反应器分二段床层,苯与乙烯以液相进行烷基化反应,各床层处于绝热状态,反应温度 255~270 ℃,压力 3.7~4.4 MPa,反应体系保持液相 $m(苯)/m(乙烯) = 19.5$,苯的单程转化率为 16.2%,乙烯全部反应,苯循环。多乙苯进入烷基转移反应器进行烷基转移反应,反应压力 3.7 MPa,温度 220~275 ℃,$n(苯)/n(多乙苯) = 7:1$,乙苯收率 99% 以上。该法优点是无腐蚀、三废少;副产少、乙苯收率高、纯度高;催化剂寿命长、性能好;能耗、物耗低;反应条件比较缓和;投资少。我国吉林化学工业股份有限公司已引进这一工艺技术。

表 3-2-15 示出了上述四种方法的工艺条件。表 3-2-16 示出了四种方法技术经济指标。

表 3-2-15 四种乙苯生产方法工艺条件对比

项目	传统 AlCl₃	均相 AlCl₃	M/B	L/U/U
催化剂类型	AlCl₃	AlCl₃	ZSM-5	Y 型分子筛
烷基化反应器				
压力/MPa	0.1~0.15	0.7~0.9	1.2~1.6	3.7~4.4
温度/℃	95~130	140~200	390~410	255~270
烷基转移反应器				

续表

项目	传统 AlCl$_3$	均相 AlCl$_3$	M/B	L/U/U
压力/MPa	—	—	0.6~0.7	3.7
温度/℃	—	—	441~445	220~275
催化剂寿命/年	一次损耗	一次损耗	2	3
n(苯)/n(乙烯)	2.9~3.3	1.3	5.7	6

表 3-2-16 四种乙苯生产方法的技术经济指标对比(以每吨乙苯计)

项目	传统 AlCl$_3$	均相 AlCl$_3$	M/B	L/U/U
乙烯单耗/kg	273	263	259	259
苯单耗/kg	764	734	704	716
催化剂单耗/kg	8~12	2~3	0.01	0.07
副产焦油/kg	2.2	0.9	3	5.8
水蒸气/t	1.3	−0.8	−0.7	−2.1
燃料/10^{4}J	6.47	2.09	1.46	3.77
电能/10^{7}J	9.4	3.2	3.2	0.14

由表 3-2-15 和表 3-2-16 可见,无论原料消耗还是能量消耗,M/B 法和 L/U/U 法均比传统 AlCl$_3$ 液相法和均相 AlCl$_3$ 液相法好。M/B 法和 L/U/U 法相比,后者是液相操作,反应温度比 M/B 法低 100 多摄氏度,在能耗上有明显优势。因此二者的竞争将会越来越激烈。

(2)苯乙烯生产方法评述 现在工业上苯乙烯主要用两种方法生产:

① 乙苯脱氢法

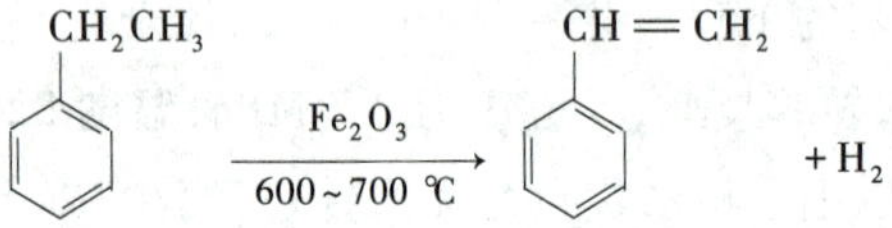

本法工艺成熟,苯乙烯收率达 95% 以上。全世界苯乙烯总产量的 90% 左右是用本法生产的。近十年来,在原先乙苯脱氢法的基础上,又发展了乙苯脱氢-氢选择性氧化法,可使乙苯转化率明显提高,苯乙烯选择性也上升了 4~6 个百分数(92%~96%),被认为是目前生产苯乙烯的一种好方法。

② 乙苯与丙烯共氧化(自氧化)法 乙苯先氧化成过氧化氢乙苯,然后与丙烯进行环氧化反应制得苯乙烯并联产环氧丙烷:

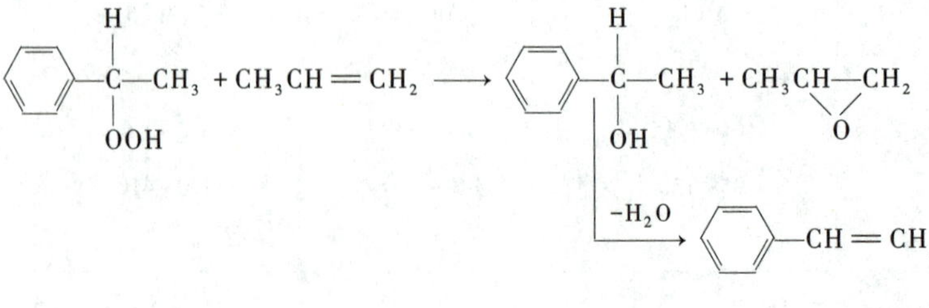

本法俗称 Halcon 法,生产的苯乙烯约占世界苯乙烯总产量的 10%,优点是能耗低,可联产环氧丙烷,因此综合效益好。但工艺流程长,经济规模(即能盈利的最小生产规模)大,联产两种产品受市场制约大。

③ 其他生产方法　日本东丽公司开发 Stex 法,从裂解汽油中萃取分离出苯乙烯,纯度大于 99.7%,但产量有限。

美国 DOW 化学公司以丁二烯为原料生产苯乙烯:

$$2CH_2 = CH - CH = CH_2 \xrightarrow{\text{二聚}} \text{乙烯基环己烯}$$

$$\text{乙烯基环己烯} \xrightarrow{\text{脱氢}} C_6H_5CH = CH_2 + H_2$$

本法苯乙烯总收率在 90% 以上,成本较低。

乙烯和苯经氧化偶联也可生产苯乙烯:

$$\text{苯} + CH_2 = CH_2 + \frac{1}{2}O_2 \xrightarrow{\text{醋酸钯}} \text{苯乙烯} + H_2O$$

以甲苯为原料生产苯乙烯:

$$2C_6H_5CH_3 + 2PbO \xrightarrow[540\sim650\ ℃]{\text{常压}} C_6H_5CH = CHC_6H_5 + 2Pb + 2H_2O$$

$$C_6H_5CH = CHC_6H_5 + CH_2 = CH_2 \longrightarrow 2C_6H_5CH = CH_2$$

$$2Pb + O_2 \longrightarrow 2PbO$$

或

$$2C_6H_5CH_3 + 2CH_3OH \xrightarrow[\text{离子交换的分子筛催化剂}]{\text{碱或碱土金属}} C_6H_5C_2H_5 + C_6H_5CH = CH_2 + 2H_2O + H_2$$

以上诸法除萃取分离法已被某些工厂采用外,其余的因技术经济原因没有得到推广应用。

2. 工艺原理

(1) 化学反应　主反应:

$$\text{苯}-C_2H_5 \rightleftharpoons \text{苯}-CH = CH_2 + H_2 \qquad \Delta H^{\ominus}(900K) = 125.14\ kJ/mol$$

由于苯环比较稳定,在通常的铁系或锌系催化剂作用下,苯环不会被脱氢。脱氢只能发生在侧链上。

乙苯脱氢副反应主要有裂解和加氢裂解两种:

$$2\,\text{苯}-C_2H_5 \longrightarrow \text{苯}-CH_3 + \text{苯}-CH = CH_2 + CH_4$$

$$\text{苯}-C_2H_5 \longrightarrow \text{苯} + C_2H_4 \qquad \Delta H^{\ominus}(298K) = 105\ kJ/mol$$

$$\text{苯}-C_2H_5 \longrightarrow 7C + CH_4 + 3H_2$$

$$\text{〔苯环〕}-C_2H_5 + H_2 \longrightarrow \text{〔苯环〕}-CH_3 + CH_4 \qquad \Delta H^{\ominus}(298K) = -54.4 \text{ kJ/mol}$$

$$\text{〔苯环〕}-C_2H_5 + H_2 \longrightarrow \text{〔苯环〕} + C_2H_6 \qquad \Delta H^{\ominus}(298K) = -31.5 \text{ kJ/mol}$$

在水蒸气存在时：

$$\text{〔苯环〕}-C_2H_5 + 2H_2O \longrightarrow \text{〔苯环〕}-CH_3 + CO_2 + 3H_2$$

苯乙烯、乙烯等不饱和物在高温下会聚合、缩合产生焦油和焦，它们会覆盖在催化剂表面使催化剂活性下降。副产物有甲苯 [w(甲苯) = 3.5% 左右] 和苯 [w(苯) = 1% 左右] 及 C_2H_6，CH_4，H_2，CO_2 和碳(焦)等。

（2）热力学分析　从平衡常数与温度的关系式：

$$\frac{\mathrm{dln}K_p}{\mathrm{d}T} = \frac{\Delta H}{RT^2}$$

判断，脱氢反应是一个吸热反应，ΔH 为正值，因此平衡常数 K_p 随温度的上升而增大，故可采用提高温度的办法来增大平衡常数及平衡转化率。表 3-2-17 示出了乙苯脱氢反应的平衡常数与温度的关系。

表 3-2-17　乙苯脱氢反应的平衡常数与温度的关系

T/K	700	800	900	1 000	1 100
K_p	3.3×10^{-2}	4.71×10^{-2}	3.75×10^{-1}	2.00	7.87

乙苯脱氢裂解副反应，也是一个吸热反应，随温度的上升，平衡常数也会增大，因此与主反应在热力学上存在竞争。加氢裂解副反应则是一个放热反应，随温度上升平衡常数是减小的，但即使温度高达 700 ℃，它的平衡常数仍很大，与乙苯脱氢相比在热力学上仍占绝对优势。但加氢裂解副反应要有氢存在时才能进行，而氢是由乙苯脱氢产生的，因此加氢裂解副反应受到乙苯脱氢的制约。与此同时，由于加氢裂解消耗氢，也会对主反应产生影响。图 3-2-24 示出了乙苯脱氢主、副反应平衡常数随温度的变化曲线，据此可将在特定温度下得到的平衡常数作一比较。

乙苯脱氢反应是分子数增加的反应，故降低压力有利于提高平衡转化率。由主反应可求得

$$K_p = \frac{p_S p_{H_2}}{p_{EB}}$$

设 x_e 为乙苯(EB)的平衡转化率，总压为 p，则反应达到平衡时，乙苯、苯乙烯(S)及 H_2 的分压分别为 $(1-x_e)p/(1+x_e)$，$x_e p/(1+x_e)$，$x_e p/(1+x_e)$，故

$$K_p = \frac{x_e^2}{1-x_e^2} p$$

$$\frac{K_p}{p} = \frac{x_e^2}{1-x_e^2}$$

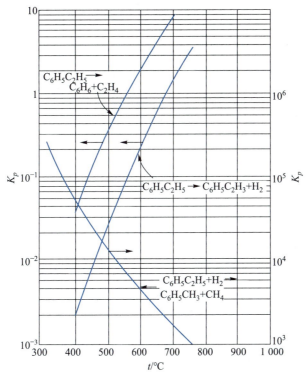

图 3-2-24　乙苯脱氢主副反应平衡常数比较

或

$$x_e = \sqrt{\frac{K_p}{K_p + p}}$$

由上式可知,降低总压 p 可增大平衡转化率 x_e。

　　工业上,乙苯脱氢反应除采用低压或负压外,还采用惰性气体作稀释剂来降低烃的分压,以提高平衡转化率。常用的稀释剂是水蒸气,它不仅提高了乙苯脱氢反应的平衡转化率,还可消除催化剂表面的结焦。有时也用作载热体,供给乙苯脱氢所需的热量。图 3-2-25 示出了乙苯平衡转化率与 n(水蒸气)/n(乙苯)用量的关系。由图 3-2-25 可知,水蒸气用量比增加,乙苯平衡转化率随之增加,但达到 10 以后,增加缓慢,再提高水蒸气用量比,效果不十分明显,能耗却大幅上升,故在选用水蒸气用量比时,必须作综合考虑。

　　(3)催化剂和催化原理　目前,国内外乙苯脱氢制苯乙烯最常用的是铁系催化剂。此外还有采用锌系催化剂的。催化剂市场基本上被四大集团公司所占有,它们是:Süd Chemie Group 南方化学集团、Criterion 催化剂公司、BASF 公司和 DOW 化学

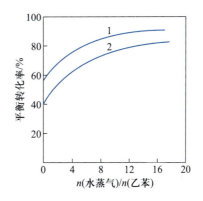

图 3-2-25　乙苯平衡转化率与
n(水蒸气)/n(乙苯)用量的关系
1—总压 101.3 kPa(温度 900 K);
2—总压 202.6 kPa(温度 900 K)

公司。Süd Chemie Group 南方化学集团公司开发了 Styromax 系列催化剂,1994—1995 年间陆续取代了美国 USI 公司的 G-84C 催化剂,市场占有率达 65% 左右,居第 1 位。现正在应用的是 Styromax Plus-5 型催化剂,它的基本组分是 Fe-K-Mg+添加物。适用的水油比为 $m(水蒸气)/m(乙苯)=(1.3～1.7):1$,寿命 30 个月。Styromax-6 型催化剂适用低水油比操作,选择性更高。Criterion 催化剂公司市场占有率约为 20%,居第 2位,目前推广应用的是 Flexi Cat Gold 系列催化剂,基本组分为 Fe-K+添加物。其中的 Flexi Cat Gold 和 Flexi Cat Gold HS 两种催化剂,前者具有高活性,后者具有良好的选择性,常在工业装置上组合使用,适合于 $m(水蒸气)/m(乙苯)=(1.19～1.70):1$ 时使用,寿命亦可达 30 个月。BASF 公司开发的是 S6 系列催化剂,基本组分为 Fe-K-Mg-Ce-W-Ca,其中的 S6-36,适合于 $m(水蒸气)/m(乙苯)=(1.3～1.7):1$ 时使用,寿命长达 24 个月。BASF 公司生产的催化剂主要供内需,外销甚少。DOW 化学公司生产的催化剂,也是主要供内需,外销甚少。该公司生产的 D-0239E 催化剂组分为 Fe-K-Mg-Ce-Mo-Ca,适用于 $m(水蒸气)/m(乙苯)=(1.1～1.7):1$ 时使用,寿命长达 24 个月。我国对乙苯脱氢催化剂的研究和开发也十分活跃,有一批催化剂的性能已达到国际先进水平,并拥有自主的知识产权,已被国内几十家生产企业采用。例如,兰州化学公司的无铬铁系 345、355 型催化剂,厦门大学的无铬 XH-04 和 XH-08 型催化剂,上海石油化工研究院的无铬 GS-5 型、GS-10 型和 GS-11 型催化剂等。

乙苯脱氢催化剂的开发始于 20 世纪 30 年代,至今已有近百年的历史,早期铁系催化剂的主要组分为 Fe-K-Cr。Fe 和 K 是必不可少的组分,在催化剂制备过程中它们会形成活性相 $KFeO_2$,是催化活性的主要来源,氧化钾还能催化水煤气反应:

$$C+H_2O \xrightarrow{K_2O} CO+H_2$$

从而清除催化剂表面的结炭。氧化铬是高熔点金属氧化物,它的作用是提高催化剂的热稳定性,还可能起着稳定铁的价态的作用。但 Cr 有毒,在制备和使用过程中会污染环境。1974 年第 1 个不含铬的催化剂 G-64C 面世,它以钼、锌或锡替代铬,随后高选择性的无铬催化剂 G-84C 被开发出来,它成为 20 世纪 80—90 年代最重要的乙苯脱氢催化剂之一。经研究,催化剂中加入铈,可使苯乙烯的生成率(即选择性)提高,这是因为氧化铈以微晶状态分布在活性相表面,它有很强的储放氧的能力,晶格氧活性高,同时在脱氧反应条件下还可部分还原产生 Ce^{3+}/Ce^{2+} 离子偶,并通过氧化还原过程,不断由水蒸气向活性相输送晶格氧,提高活性相 $KFeO_2$ 促进氧转移脱氢的能力。而钼的加入可减少苯和甲苯的产生,即可抑制乙苯加氢裂解副反应,因而提高了苯乙烯的选择性。

乙苯脱氢反应要求在低压或负压下进行。研究还表明,催化剂颗粒内扩散阻力对催化反应也有明显影响,为此各大催化剂制造公司对催化剂颗粒的大小和形状都做了研究,例如,BASF 公司将催化剂制成截面为星状和十字状,以及蜂窝状等构型,试图降低床层压力降,消除催化剂颗粒内扩散阻力。

催化脱氧反应机理有自由基机理和离子机理两种,对乙苯脱氢使用的氧化铁系催化

剂而言,据研究属自由基机理,此时反应物以均裂方式脱去氢原子。如:

$$
\begin{array}{c}
\underset{\underset{\text{M}}{|}}{\text{R—CH}_2}\text{—}\underset{\underset{\text{N}}{|}}{\overset{\overset{\text{R}'}{|}}{\text{CH—H}}} \longrightarrow \text{R—CH}_2\text{—}\overset{\overset{\text{R}'}{|}}{\underset{\underset{\text{M}}{\vdots}}{\text{CH}}}+\underset{\underset{\text{N}}{|}}{\text{H}}
\end{array}
$$

$$
\underset{\underset{\overset{|}{\text{N}}}{\underset{\text{H}}{|}}}{\text{R—CH}}\text{—}\underset{\underset{\text{M}}{|}}{\overset{\overset{\text{R}'}{|}}{\text{CH}}} \longrightarrow \text{RCH}{=}\text{CHR}'+\text{H}+\dot{\text{M}}
$$

$$
\underset{\underset{\text{N}}{|}}{\text{H}}\quad\underset{\underset{\text{N}}{|}}{\text{H}} \longrightarrow 2\dot{\text{N}}+\text{H}_2
$$

式中,$\dot{\text{M}}$代表催化剂上金属原子或离子,$\dot{\text{N}}$可代表催化剂上的金属原子或离子,亦可代表催化剂表面上存在的氧原子$[\text{O}]$或$\cdot\text{O}^-$。这些自由基或相当于自由基的金属原子或离子$\dot{\text{M}}$,均可使 C—H 键发生均裂脱氢。按上述机理要求催化剂能提供具有未配对电子的活性中心$\dot{\text{M}}$或$\dot{\text{N}}$,而且它们还需有颇大的成键能力和大多分布在催化剂表面,以便可与 C—H 键上的氢原子接触和作用。满足这种机理要求的脱氢催化剂有金属(如 Pt,Ni,Cu 等)催化剂、氧化物催化剂和硫化物催化剂。

也有人认为氧化铁催化剂在反应条件下可能以 Fe_3O_4 形式存在,含有 Fe^{2+},Fe^{3+} 及氧缺位。该反应的微观过程是乙苯的苯环首先在 $\text{Fe}^{2+}(\text{Fe}^{3+})$ 上进行 $\sigma\text{-}\pi$ 型络合吸附,并以苯环大 π 键电子对 $\text{Fe}^{2+}(\text{Fe}^{3+})$ 的 σ-给予为主,使苯环带上部分正电荷 δ^+,苯环的共轭大 π 键可因超共轭效应使侧基 α-碳上的氢活化,α-氢与吸附位邻近的晶格氧键连,形成—OH,而 β-氢的脱除可按直接脱氢和氧转移脱氢两条途径进行。

(4)反应动力学 乙苯在氧化铁系催化剂上脱氢的动力学图式如下所示。

可按双位吸附机理来描述其反应动力学方程,主反应的速率方程为

$$
r=r_1-r_{-1}=\frac{k_1\lambda_{\text{EB}}\left(p_{\text{EB}}-\dfrac{p_{\text{S}}p_{\text{H}}}{K'}\right)}{(1+\lambda_{\text{EB}}p_{\text{EB}}+\lambda_{\text{S}}p_{\text{S}})^2}
$$

$$
K'=\frac{\lambda_{\text{EB}}}{\lambda_{\text{S}}\lambda_{\text{H}}}K_p
$$

式中： r——主反应苯乙烯的净生成速率；

k_1——表面反应速率常数；

p_{EB}, p_S, p_H——分别为乙苯、苯乙烯和氢的分压；

K_p——主反应的平衡常数；

$\lambda_{EB}, \lambda_S, \lambda_H$——分别为乙苯、苯乙烯和氢的吸附系数。

由于 λ_{EB} 远比 λ_S 小，上列方程中分母项可改为 $(1+\lambda_S p_S)^2$，对脱氢起阻滞作用的主要是产物苯乙烯。

脱氢反应在等温床和绝热床中进行，研究发现，内扩散阻力不容忽略，图 3-2-26 和图 3-2-27 分别示出了反应初期催化剂粒度对乙苯脱氢反应速率和选择性的影响。由这两图可以看出，采用小颗粒催化剂不仅可提高脱氢反应速率，也有利于选择性的提高。所以工业脱氢催化剂的颗粒不宜太大，一般粒度为 3.18 mm 和 4.76 mm 的条形催化剂。在制备时应添加孔径调节剂以改进催化剂的孔结构。氧化铁系催化剂在使用一段时间后会慢慢老化，随着催化剂活性的下降，反应转为表面反应控制步骤，内扩散的影响不明显甚至会消失。

3. 工艺条件的选择

脱氢反应过程所需控制的主要操作参数有反应温度、操作压力、水蒸气和乙苯的用量比，以及乙苯液空速。

（1）反应温度   由于反应是吸热的，提高反应温度对热力学平衡和反应速率都有利。但在高温下，裂解、聚合等副反应的反应速率增加更快，导致反应选择性下降，催化剂因表面结焦，活性下降，速率加快，再生周期缩短。但反应温度的确定与采用的催化剂种类、使用时间、反应器类型（绝热式或等温式），以及操作压力等有关，一般在 560~650 ℃。

（2）操作压力   在上述热力学分析中，已对操作压力作了阐述，低压或负压对操作是有利的，为降低乙苯分压，采用添加稀释剂（如水蒸气）也是可行的办法，而且因系统总压大于大气压，反应安全性可提高，但此时要求催化剂具有耐水性（否则只能在低压或负压下操作），并尽可能降低反应器的阻力。

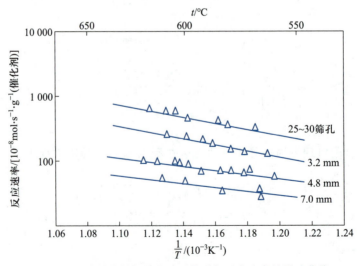

图 3-2-26   催化剂的粒度对乙苯脱氢反应速率的影响曲线

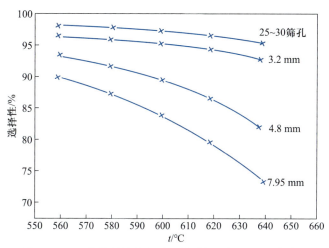

图 3-2-27 催化剂的粒度对乙苯脱氢选择性的影响曲线

（3）水蒸气和乙苯的用量比 根据早期工业生产实践，绝热反应器的 $m($水蒸气$)/m($乙苯$) = 2.42 : 1$ 左右，等温多管反应器所需水蒸气量比绝热反应器少一半左右，这是因为后者靠管外烟道气供热的缘故。现在，催化剂经过不断改进，水油比已明显下降，一般为 $m($水蒸气$)/m($乙苯$) = (1.1 \sim 2.2) : 1$。等温多管反应器水油比为 $m($水蒸气$)/m($乙苯$) = (1.1 \sim 1.7) : 1$。

（4）乙苯液空速 乙苯液空速小，在催化剂床层停留时间长，转化率高，但由于连串副反应的竞争，使选择性下降，催化剂表面结焦量增加，再生周期缩短。空速过大，转化率低，未转化的原料回收循环量大，若是绝热式反应器，水蒸气的消耗也将明显增加。现在工业上一般采用的液空速为 $0.4 \sim 0.6 \ \mathrm{h}^{-1}$。

4. 乙苯催化脱氢和乙苯脱氢-氢选择性氧化工艺流程

目前已工业化的乙苯脱氢制苯乙烯工艺有乙苯催化脱氢和乙苯脱氢-氢选择性氧化工艺两种，后者是一种新工艺，正在全世界推广应用。

（1）催化脱氢工艺

① 多管等温反应器乙苯脱氢工艺流程 工艺流程示于图 3-2-28。原料乙苯蒸气和

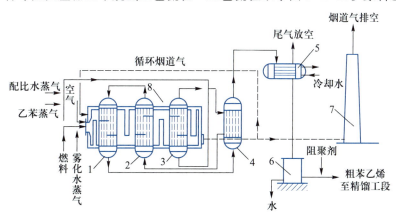

图 3-2-28 多管等温反应器乙苯脱氢工艺流程图

1—脱氢反应器；2—第二预热器；3—第一预热器；4—换热器；5—冷凝器；6—粗乙苯储槽；7—烟囱；8—加热炉

一定量水蒸气以 m(水蒸气)/m(乙苯)=(1.04~1.56):1 混合后,经第一预热器、换热器和第二预热器预热至 540 ℃左右,进入反应器进行催化脱氢反应,反应后的脱氢产物离开反应器的温度为 580~600 ℃,经与原料气热交换回收热量后,进入冷凝器进行冷却冷凝,冷凝液分去水后送粗苯乙烯储槽,不凝气体中 $\varphi(H_2)$=90%左右,其余为 CO_2 和少量 C_1 和 C_2,一般用作燃料气,也可作工业氢源。

微课

乙苯脱氢等温反应器烟道气走向

多管等温反应器列管中装有催化剂,脱氢反应所需热量通过管壁(见图 3-2-29)由高温烟道气供给,为使高温烟道气温度均匀而且不会很高,常抽出部分烟道气循环使用。

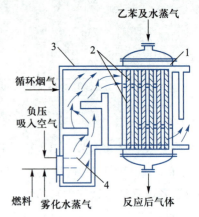

与后面叙述的绝热反应器乙苯脱氢工艺流程相比,多管等温反应器进口温度低,利用乙苯浓度高的有利条件获得较高转化率,并行副反应也不太激烈,因而选择性好;出口温度高,保证转化率仍较大,副反应因乙苯消耗也将有所减弱,出口温度控制适宜,聚合和缩合等连串副反应也不太会激烈。因此,等温反应比绝热式优越,转化率和选择性都较高,一般单程转化率可达 40%~45%,苯乙烯的选择性达 92%~95%。但为使径向反应温度均匀,管径受到限制(100~185 mm),装填的催化剂量有限,要形成较大生产能力需要数千根反应管,反应

图 3-2-29　乙苯脱氢等温反应器示意图
1—多管反应器;2—圆缺挡板;
3—耐火砖砌成的加热炉;4—燃烧喷嘴

器结构复杂,还需大量的特殊合金钢材,故反应器造价高。因此本工艺在工业上应用不普遍,大型生产厂家很少采用。

②绝热式反应器脱氢工艺流程　图 3-2-30 示出了早期采用的单段绝热反应器乙苯脱氢工艺流程。循环乙苯和新鲜乙苯与占蒸气总量 10% 的水蒸气混合后,与高温脱氢产物进行热交换被加热到 520~550 ℃,再与过热到 720 ℃的其余 90% 的过热水蒸气混合,进入脱氢反应器,脱氢产物离开反应器时的温度为 585 ℃左右,经热交换回收热量后,再进一步冷却冷凝,冷凝液分离去水后,进粗苯乙烯储槽,尾气中 $\varphi(H_2)$=90%左右,可用作燃料气或工业氢源。因最终加热乙苯原料气的是过热水蒸气,水蒸气用量比前述的等温反应器工艺大近一倍。操作的工艺条件为:操作压力 138 kPa 左右,m(水蒸气)/

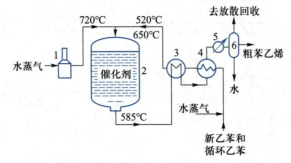

图 3-2-30　绝热反应器乙苯脱氢工艺流程图
1—水蒸气过热炉;2—脱氢反应器;3,4—换热器;5—冷凝器;6—分离器

$m($乙苯$) = 2.42 : 1$ 左右,乙苯液空速(LHSV)$0.4 \sim 0.6 \ m^3 / [h \cdot m^3 ($催化剂$)]$。由于仅由过热水蒸气一次供热,反应器进口温度过高,出口温度偏低(相差约 65 ℃),如上分析,这样的温度分布对反应是不利的,因此单段绝热式工艺单程转化率仅为 35% ~ 40%,选择性也较低,约为 90%。此外,由于使用大量水蒸气,冷凝冷却用水量甚大,冷凝下来的工艺水也很多,这些工艺水中含有少量芳烃和焦油,需经处理后,重新用于产生水蒸气循环使用,因此本工艺能耗也相当大。

单段绝热反应器脱氢工艺的优点是绝热反应器结构简单,制造费用低,生产能力大,一只大型单段绝热反应器苯乙烯的生产能力可达 6 万吨/年。为克服上述缺点,降低原料乙苯单耗和能耗,20 世纪 70 年代以来在反应器和脱氢条件方面作了许多改进,收到了较好的效果,现简述如下。

a. 采用单段绝热反应器　采用几个单段绝热反应器串联使用,反应器间设加热炉,进行中间加热以补充热量和提升反应气体进入下一段时的温度。图 3-2-31 为我国自行设计的二段(中间加热)绝热式减压脱氢工艺流程,采用国产 GS-05 型乙苯脱氢催化剂、轴径向脱氢反应器。乙苯经乙苯预热器(E101)预热至 80 ~ 90 ℃后和配料水蒸气混合,温度达 140 ~ 150 ℃,进乙苯再热器(E102)和脱氢气热交换后温度升至 400 ~ 450 ℃,再进入静态混合器(M101)和来自加热炉(F101)的过热水蒸气(700 ℃)进行混合,达到 590 ~ 630 ℃进入第一反应器(R101),R101 的脱氢气进中间再热器(E103)和来自 F101 的 800 ~ 850 ℃的过热水蒸气进行热交换,脱氢气温度升至 600 ~ 630 ℃进入第二反应器(R102)。第二反应器的脱氢气经 E102 和废热锅炉(EX102)后,送后冷系统和物料回收系统。主要操作参数:第一反应器(进口/出口)温度为 635 ℃/615 ℃,压力 0.07 MPa;第二反应器(进口/出口)温度为 640 ℃/620 ℃,压力 0.05 MPa;$m($水蒸气$)/m($乙苯$) = (1.3 \sim 1.8) : 1$;乙苯液空速 $0.4 \sim 0.5 \ h^{-1}$。主要技术指标为:乙苯单程转化率 62%;苯乙烯选择性 95%;$m($水蒸气$)/m($乙苯$) = (1.3 \sim 1.5) : 1$;物耗 $m($乙苯$)/m($苯乙烯$) = 1.15 : 1$。

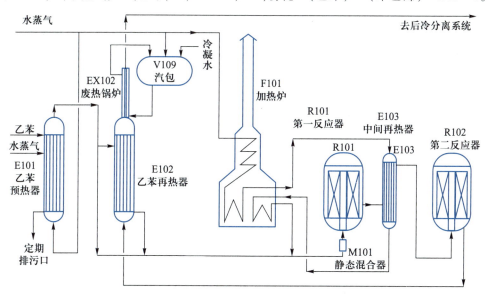

图 3-2-31　减压脱氢工艺流程示意图

图 3-2-32 所示为几个单段绝热反应器串联使用的另一种形式(多段式绝热反应器)。采用一台反应器,将催化剂分成几段,段与段之间通入过热水蒸气加热,提升进入下一段反应器的温度。图 3-2-32 右侧示出了经水蒸气提温后,沿床层高度温度的变化情况。采用多段绝热床层串联使用后,与单段绝热床层相比,进口温度降低,出口温度升高,有利于乙苯转化率和苯乙烯选择性的提高,单程转化率可达 65%~70%,选择性 92% 左右。

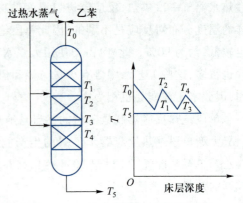

图 3-2-32　多段式绝热反应器及温度
分布曲线

b. 采用分别装入高选择性和高活性(高转化率)的两段绝热反应器　第一段装入高选择性催化剂[如含 $w(\mathrm{Fe_2O_3})=49\%-w(\mathrm{CeO_2})=1\%-w(焦磷酸钾)=26\%-w(铝酸钙)=20\%-w(\mathrm{Cr_2O_3})=4\%$ 的催化剂]以减少副反应,提高选择性。第二段装入高活性催化剂[如含 $w(\mathrm{Fe_2O_3})=90\%-w(\mathrm{K_2O})=5\%-w(\mathrm{Cr_2O_3})=3\%$ 的催化剂],以克服温度下降带来的反应速率下降的不利影响,结果可使乙苯单程转化率提高到 64.2%,选择性达到 91.6%,水蒸气消耗量由单段的 6.6 t(水蒸气)/t(苯乙烯),降至 4.5 t(水蒸气)/t(苯乙烯),生产成本降低 16%。

c. 采用多段径向绝热反应器　上述轴向填充床绝热反应器,采用小颗粒催化剂,可提高反应的转化率和选择性,但气体阻力增加,操作压力相应提高,对乙苯脱氢不利,制约了反应的转化率和选择性的进一步提高。图 3-2-33 为三段绝热式径向反应器,每一段都由混合室、中心室、催化剂室和收集室组成,乙苯蒸气与一定量过热水蒸气先进入混合室,充分混合后由中心室通过钻有细孔的钢板制圆筒壁,喷入催化剂层,脱氢产物经钻有细孔的钢板制外圆筒,进入由反应器的环形空隙形成的收集室。然后再进入第二混合室与过热水蒸气混合,经同样过程后直至反应器出口。这种反应器阻力降很小,制造费用虽比轴向催化床高,但仍比等温反应器便宜,水蒸气用量低于一段绝热式反应器,乙苯单程转化率可达 60% 以上,选择性也高。

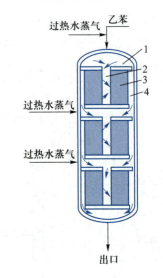

d. 其他　有些工艺同时选用绝热反应器和等温反应器技术,发挥等温和绝热的优点;有些工艺采用三段绝热反应器,使用不同催化剂。操作条件为:反应温度 630~650 ℃,压力 50.6~131.7 kPa(绝压),$m($水蒸气$)/m($乙苯$)=(1.04~2.08):1$,最终单程转化率达 77%~93%,选择性 92%~96%。

通过以上种种改进措施,提高了乙苯的转化率和苯乙烯的选择性,水蒸气用量也大为减少。

图 3-2-33　三段绝热式径向
反应器示意图
1—混合室;2—中心室;
3—催化剂室;4—收集室

（2）乙苯脱氢-氢选择性氧化工艺　1985 年日本三菱公司应用 UOP 公司的乙苯脱氢-氢选择性氧化工艺（简称 Styro-Plus 工艺），建设了一个 5 000 t/a 苯乙烯生产装置，至今生产情况良好，标志着这一工艺技术工业化成功。随后，此工艺与其他先进工艺一起汇集为 SMART 工艺。本法的实质，是用部分氧化方法，将脱氢反应生成的氢气氧化生成水。

$$H_2 + \frac{1}{2}O_2 \longrightarrow H_2O \qquad \Delta H^{\ominus}(298\ K) = -242\ kJ/mol$$

反应放出的大量热量用于加热初步脱氢后被冷却下来的反应物料，使过热水蒸气的消耗大为降低[从原先的 m（水蒸气）/m（反应物）=（1.7~2.0）:1 降至 m（水蒸气）/m（反应物）=（1.1~1.2）:1]，由于氢的消耗，使化学平衡向生成苯乙烯方向移动，从而大大提高乙苯的单程转化率。表 3-2-18 示出了 Styro-Plus 工艺与乙苯脱氢工艺的比较。

表 3-2-18　Styro-Plus 工艺与乙苯脱氢工艺的比较

指标	乙苯脱氢工艺	Styro-Plus 工艺
反应器入口温度/℃	600	615
压力（绝压）/MPa	0.14	0.056
单程转化率/%	70	82.5
选择性/%	94	95.5
m（水蒸气）/m（乙苯）	1.5~2.0	1.1~1.7

Styro-Plus 工艺三段式反应器系统工艺流程示于图 3-2-34。它与传统乙苯催化脱氢法相似，不同之处是它采用了如图 3-2-35 所示的 Styro-Plus 多段式反应器。该反应器顶部为脱氢催化剂床层，乙苯和过热水蒸气由此进入反应器并呈辐射流状流动（由中心流向器壁）以与催化剂床层充分接触。在第一层床层进行初步脱氢后，反应气进入第二段。该段装填二层催化剂，上层为数量较少的氧化催化剂层（以 Pt 为催化活性组成，Sm 和 Li 为助催化剂，氧化铝为载体的高效氧化催化剂），下层为脱氢催化剂层。

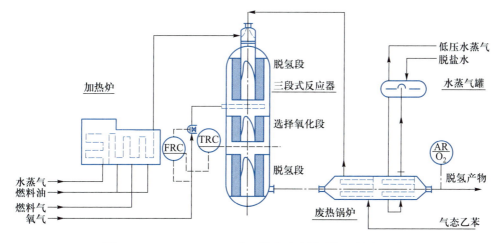

图 3-2-34　Styro-Plus 工艺三段式反应器系统工艺流程图

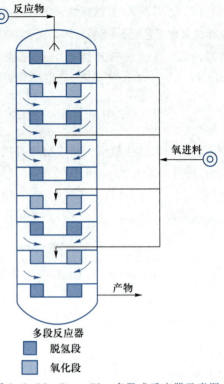

图 3-2-35　Styro-Plus 多段式反应器示意图

含氧气体(一般用空气,亦可以用氧气)在靠近氧化层的地方引入反应器并与反应流股均匀混合后流过氧化层,氧化放出热量将反应流股加热至规定温度,然后进入下面的脱氢层,其余各段以此类推,由于各段物流温差小,脱氢催化反应可在优化条件下进行。反应中可将氢气转化掉 75%～85%。

属于催化剂氢-氧选择性氧化工艺的还有 SMART 工艺。它是由 UOP 公司开发成功的 Styro-Plus 工艺与 Lummus,Monsanto 和 UOP 三家公司联合开发成功的 Lummus/UOP 乙苯绝热脱氢技术的集成。该工艺采用三段式反应器,一段进行催化脱氢反应,然后在流出的物料中加入一定量氧气或空气及水蒸气,混合后进入第二段。二段中装填有高选择性氧化催化剂和脱氢催化剂,氧和氢反应产生的热量使反应物料升温,氧全部消耗,烃无损失。二段出口物料进入三段,在此完成脱氢反应。在脱氢反应条件为:温度 620～645 ℃、压力 0.03～0.13 MPa、m(水蒸气)/m(乙苯)=(1～2):1 时,乙苯转化率为 85%,苯乙烯选择性为 92%～96%。该工艺技术具有以下优点:

① 脱氢产生的氢气大部分被氧化掉,使反应向生成苯乙烯的方向移动,乙苯单程转化率可达 80% 以上,乙苯循环量因而可大幅度减少;生成苯和甲苯的副反应因而得到抑制;氧化反应热可提升反应物料的温度,因而不需要中间换热器和相关管线,节约了能量和设备投资费用。

② 可用于原生产装置的改造。改造容易,费用亦低。

目前世界上至少已有 5 套生产装置采用此工艺进行工业化生产,一些拟建装置大多准备采用此工艺技术。

现正在研究乙苯氧化脱氢法制苯乙烯,采用既有脱氢又有氧化功能的催化剂,脱氢和氧化同时进行,转化率达 40%～50%,但深度氧化比较厉害,试验还处于实验阶段。

5. 脱氢液的分离和精制

脱氢产物粗苯乙烯(也称脱氢液或炉油),除含有目的产物苯乙烯外,还含有尚未反应的乙苯和副产物苯、甲苯及少量焦油;具体组成因脱氢方法和操作条件不同而异,表 3-2-19 示出了不同工艺得到的粗苯乙烯组成。由表 3-2-19 可见,各组分沸点差较大,可用精馏方法分离,其中乙苯-苯乙烯的分离是最关键部分,两者沸点差小(约 9 ℃),加之苯乙烯在温度高时易自聚,除加阻聚剂(二硝基苯酚、叔丁基邻苯二酚等)外,塔釜温度需控制在 90 ℃ 以下,因此必须采用减压操作。为减小塔的阻力降,现采用 Linde 公司开发成功的压力降小、效率高的筛板塔,能用一台精馏塔分离,不仅简化了流程,水蒸气用量也可减少一半。Lummus/Monsanto 绝热床脱氢制苯乙烯工艺中,粗苯乙烯的分离和精制流程示于图 3-2-36。

表 3-2-19 不同工艺得到的粗苯乙烯组成

组分	沸点/℃	组成 w/%		
		等温反应器脱氢	二段绝热反应器脱氢	三段绝热反应器脱氢
苯乙烯	145.2	35~40	60~65	80.9
乙苯	136.2	55~60	30~35	14.66
苯	80.1	1.5 左右	1.5 左右	0.88
甲苯	110.6	2.5 左右		3.15
焦油		少量	少量	少量

脱氢反应液经一系列换热、降温、冷却后进入分离罐,将粗产品与水分离,粗产品去精馏单元,水相去汽提塔;精馏单元设有四个塔和一个薄膜蒸发器。乙苯/苯乙烯分离塔在真空下操作并注入阻聚剂,塔底得粗苯乙烯,塔顶馏出物料中含有乙苯、苯、甲苯等;粗苯乙烯进入苯乙烯精馏塔,塔顶得苯乙烯产品,塔釜去薄膜蒸发器(图中未画出)、蒸发器顶部出料为苯乙烯,返回苯乙烯精馏塔下部。蒸发器底部出料为焦油,用作燃料;含有乙苯和轻组分的物料进入乙苯回收塔,塔底得回收乙苯,它与新鲜乙苯混合后用作脱氢反应器进料。乙苯回收塔顶气相冷凝后用作苯/甲苯分离塔进料,该塔塔顶馏出苯,返回乙苯单元用作烃化原料,塔底出甲苯,作为副产品送出界区外。

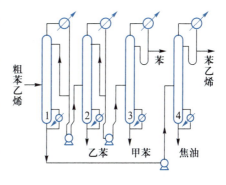

图 3-2-36 粗苯乙烯的分离和精制流程
1—乙苯蒸出塔;2—苯、甲苯回收塔;
3—苯、甲苯分离塔;4—苯乙烯精馏塔

苯乙烯成品储槽要求没有水、无铁锈,因为有水时铁锈会与阻聚剂反应,使成品带色,并有加速聚合的危险;储槽中阻聚剂加入量一般为 5~15 μg·g^{-1};成品槽环境温度不宜高,保存期也不宜过长。

6. 脱氢反应器的改进

脱氢反应器是乙苯脱氢工艺的核心,整个工艺是围绕它来展开的。在脱氢工艺流程的叙述中,我们已对各反应器的结构作了简要介绍,以下阐述这些反应器的近期发展和改进,最后介绍一种处在实验阶段的乙苯脱氢多孔膜反应器。

Lurgi 等公司 1985 年实现等温反应器一步法等温脱氢新工艺的工业化,使用 Na_2CO_3-K_2CO_3 熔盐加热,温度可调。该法与原先的等温反应器相比,m(水蒸气)/m(乙苯)比例可进一步减小,转化率和选择性可进一步提高,因而生产成本比原先的等温反应器低,具有一定的发展前景。

轴向绝热反应器阻力大,操作压力难以进一步降低,上海石油化工研究院将它改成轴径向反应器,操作压力从原来单台反应器的 0.138 MPa 降至 0.05~0.07 MPa,这对提高脱氢反应速率是非常有利的。

径向绝热反应器阻力小,在负压下操作,可采用比轴向催化床层用催化剂更小的催化剂颗粒,虽然接触时间比轴向床少,但因颗粒小,反应表面积大,反应速率并没有降低。在上述条件下反应转化率和选择性均较高,由于结构紧凑,有效地防止了热脱氢反应,减少了聚合物生成量。

国内外对利用热管技术改进多管等温反应器进行了实验室研究,取得了多项研究成果。采用工质是钾或钠的热管,蒸发段可用烟道气或电加热,冷凝段深入乙苯脱氢催化剂内部,供给脱氢所需热量。热管反应器的乙苯转化率比列管式等温反应器提高 10%~13%,生产能力提高 69%,能耗节约达 20% 以上。表 3-2-20 列出了这两种反应器的操作指标比较。合理的大型化装置结构还需进一步研究,因此本法的工业化还有待时日。

表 3-2-20　两种反应器的操作指标比较

项目	列管式等温反应器	热管反应器
乙苯转化率/%	40~50	50~58
苯乙烯收率/%	95	95~97
反应器生产能力 kg(苯乙烯)/[h·m^{-3}(催化剂)]	210	355
反应温度/℃	580	在狭窄的最佳温度区间内

3-3　电　解

电解(electrolysis)是利用在作为电子导体的电极与作为离子导体的电解质的界面上发生的电化学反应进行化学品的合成、高纯物质的制造,以及材料表面处理的过程。通电时,电解质中的阳离子移向阴极,吸收电子,发生还原作用,生成新物质;电解质中的阴离子移向阳极,放出电子,发生氧化作用,亦生成新物质。例如,电解熔融氯化钠:

$$NaCl \longrightarrow Na^+ + Cl^-$$

阴极:

$$Na^+ + e^- \longrightarrow Na$$

阳极:

$$2Cl^- - 2e^- \longrightarrow Cl_2$$

电解过程中能量变化的特征是电能转化为电解产物蕴藏的化学能。

根据目的和目标产物的不同,电解过程可作如下分类:

电解 ┌ 电解制造 ┌ 电解提取 ┌ 水溶液电解质,如 Zn,Mn 和 Cr 等
　　　│　　　　 │　　　　　└ 熔融盐电解质,如 Al,Mg 和 Na 等
　　　│　　　　 └ 电解合成 ┌ 无机产物,如 NaClO$_3$,MnO$_2$ 和 PbO$_2$ 等
　　　│　　　　　　　　　　 └ 有机产物,如己二腈和对氟苯甲醛等
　　　└ 电解精炼,如 Cu,Pb,Ni 和 Al 等

电解制造是指利用电解方法制造化学物质的过程。产物是单质者,称为电解提取(亦称电解冶金)。水溶液电解质大多是金属氯化物或硫酸盐的水溶液,电解效率高,操作条件较简单,能制得化学活性不甚高的金属,如 Zn,Mn 和 Cr 等。对活泼金属,如碱金属、碱土金属、稀土金属、铝,以及钛等,由于电解时易析出氢而难以得到,故常采用熔融盐为电解质的电解方法,如 Na,Mg 和 Al 等的制造。产物是化合物的,称为电解合成。它可分为无机电合成(无机电解合成)和有机电合成(有机电解合成)两大类。无机电合成中,要数氯碱工业(由食盐水通过电解生产氯气、氢气和烧碱的工业部门)最为重要。此外,还可以制备许多其他无机化合物,特别是一些常规化学方法不易制备的强氧化剂或具有很高反应活性的无机化合物,如高锰酸钾、过氧化氢、铬酸、过二硫酸($H_2S_2O_8$)和铁氰化钾[$K_3Fe(CN)_6$]等。有机电合成按电极表面发生的有机反应类别,可细分为阳极电合成法(如电化学环氧化反应、电化学卤化反应、苯环及苯环上侧链基团的电氧化反应、杂环化合物的电氧化反应,以及含氮、硫化合物的电氧化反应等),阴极电合成法(如阴极二聚和交联反应、有机卤化物的电还原反应、羰基化合物的电还原反应、硝基及己腈基化合物的电还原反应等),以及成对电合成法(阳极和阴极上可同时合成同一产品或不同目的产品)。按电极反应在整个有机合成中的地位和作用,有机电合成又可分为直接和间接有机电合成法两类。直接有机电合成法有机合成反应直接在电极表面完成。间接有机电合成法有机物的氧化(还原)反应采用传统的化学方法进行,但氧化剂(还原剂)反应后以电化学方法再生,然后循环使用。例如,采用 Mn^{3+}/Mn^{2+} 为电解媒后,蒽经氧化制蒽醌;采用 Ce^{4+}/Ce^{3+} 为电解媒质,萘经氧化制萘醌等。反应过程中电解媒质中的高价离子参与氧化反应,被还原为低价离子后在阳极上放电再转化为高价离子。氧化反应可以在电解槽中进行,亦可在电解槽外的反应器中进行,因而间接电合成有槽内式和槽外式两种操作方式。常用的电解媒质有金属离子、非金属离子、有机化合物及金属有机化合物等。目前用得最多的是金属离子电解媒质。

　　电解精炼是利用电解方法将金属粗品提炼成精品的过程。例如,以粗铜为原料(阳极)通过电解得到纯铜(精铜)的过程称为铜的电解精炼。与之类似,还有 Pb,Ni,Al 和 Fe 等金属的电解精炼等。

　　除上面叙述的电解制造和电解精炼外,在纳米材料的电化学合成方面,电解工艺也卓有成效。例如,可以获得晶粒尺寸在 1~100 nm 的多种纳米晶体材料(包括金属、合金、半导体、纳米金属线、纳米叠层膜,以及其他复合镀层),投资成本较低,收率也较高,工艺灵活,容易实现产业化。

　　本节分别以食盐水电解制氯气和烧碱(无机电合成),以丙烯腈电解偶联制己二腈和以己二酸一甲酯经电解缩合制癸二酸(有机电合成)为例阐述电解合成原理和电解工艺过程。

　　电解工业在国民经济中起着重要作用,许多有色金属(如钠、钾、镁和铝等)和稀有金属(如锆和铪等)的冶炼,某些金属(如铜、锌和铅等)的精炼,某些基本化学工业产品(如氢、氧、氯、氟、烧碱、氯酸钾、过氧化氢、己二腈、四乙基铅等)的制造,以及电镀、电抛光、阳极氧化等工艺都是通过电解来实现的。

　　但电解消耗的电能相当可观,用电解法制得的产品成本往往比其他生产方法高。因此有些电解工艺,例如,由水制造氢气和氧气已日趋淘汰。电解工厂一定要建在电力充沛的地区(最好建在大型水电站附近),以免影响其他工业部门的生产。生产过程产生的三废也应妥善处理,以防污染环境。

一、基本概念

1. 离子的放电顺序

在电解质溶液中阴离子或阳离子都不止一种。例如,用隔膜法电解食盐水溶液时,阴离子有 Cl^- 和 OH^-,阳离子有 Na^+ 和 H^+,通电后它们都向相应的电极迁移,但离子放电有一定顺序,即按一定的析出电位大小进行。在上例中,阴极的析出电位 H^+ 为 -1.2 V,Na^+ 为 -2.6 V,H^+ 虽在电解质中含量甚少,因析出电位比 Na^+ 高,仍能由阴极呈气态析出。阳极的析出电位 Cl^- 为 1.52 V,OH^- 为 2.06 V,因此在阳极上析出的只能是 Cl_2。

2. 法拉第电解定律

法拉第在 1834 年提出的电解定律可表达为:在电解中,96 485 C 的电荷量产生 $\dfrac{1}{Z}$ mol 的化学变化。例如,96 485 C 会产生 1.007 g 的氢,会从银盐的溶液中沉积 107.870 g 的银,从铜盐的溶液中沉积 63.54 g/2 = 31.77 g 的铜,从铝盐的溶液中沉积 26.981 5 g/3 = 8.994 g 的铝等。

因 1 C = 1 A·s,故 1 法拉第电荷量可用 26.8 A·h 来表示,若需在电极上析出质量为 M 的物质,则所需电荷量为

$$Q = \frac{ZM}{A_r} \cdot F$$

式中:Q——得到质量为 M 物质所需的电荷量,A·h;

$\quad$ M——需要得到的物质的质量,g;

$\quad$ Z——离子价数;

$\quad$ F——1 法拉第电荷量,等于 96 485 C 或 26.8 A·h;

$\quad$ A_r——相对原子质量。

因为电荷量 $Q = I\tau$,故上式又可表达为

$$I\tau = \frac{ZM}{A_r} \cdot F$$

$$M = \frac{I\tau A_r}{Z \cdot F} = \frac{I\tau A_r}{26.8 \cdot Z}$$

式中:τ——电流通过时间,h。

有时也用电化当量 K 来计算电荷量。电化当量 K 定义为 1 A·h 电荷量所析出物质的质量。例如,在阴极上析出 Cl_2 的电化当量为

$$K = \frac{35.5}{26.8} = 1.323 \; [g/(A \cdot h)]$$

由此,上式生产质量为 M 的物质所需的电荷量可表示为

$$Q = \frac{M}{K}$$

3. 分解电压、过电压和电压效率

（1）分解电压 又称分解电势和分解电位。假设一电池反应达到化学平衡：

$$a\mathrm{A} + b\mathrm{B} \rightleftharpoons c\mathrm{C} + d\mathrm{D}$$

若在电池内有 $\frac{1}{Z}$ mol 物质变化，电池电动势为 E，它与自由能变化（ΔG）之间的关系可表示为

$$E = -\frac{\Delta G}{ZF} = E^{\ominus} - \frac{RT}{ZF}\ln\frac{a_{\mathrm{C}}^{c} a_{\mathrm{D}}^{d}}{a_{\mathrm{A}}^{a} a_{\mathrm{B}}^{b}}$$

式中： $E^{\ominus}$——各组分活度为 1 时的标准电动势；

$a_{\mathrm{A}}, a_{\mathrm{B}}, a_{\mathrm{C}}, a_{\mathrm{D}}$——分别为平衡时物质 A，B，C，D 的活度。

此反应的逆反应需要的电压即为理论分解电压。化学反应达到平衡时：

$$E_{\mathrm{r}} = \frac{\Delta G}{ZF} = -E$$

式中：E_{r}——理论分解电压。

（2）过电压 又称超电压或过电位。一般而言，电解质溶液的电阻是很小的。在强烈搅拌以消除电解质离子浓度差的条件下，测得的电极电位与理论分解电压的差称为该电极的过电压。影响过电压的因素很多，如电极材料、电极表面状态、电流密度、温度、电解时间的长短、电解质的性质和浓度，以及电解质中的杂质等。析出气体，如氢、氧等时，产生的过电压相当大，而析出金属则除 Fe，Co 和 Ni 外，产生的过电压一般均很小。电极表面粗糙，电解的电流密度降低，以及电解液的温度升高，可以降低电解时的过电压。其中，电极材料对过电压的影响最大。表 3-3-01 示出了过电压与电极材料的关系。

（3）电压效率 电解槽两极上所加的电压称为槽电压。它包括：理论分解电压 E_{r}，过电压 E_{O}，电流通过电解液的电压降 ΔE_{L} 和通过电极、导线、接点等的电压降 ΔE_{R}，即

$$E_{槽} = E_{\mathrm{r}} + E_{\mathrm{O}} + \Delta E_{\mathrm{L}} + \Delta E_{\mathrm{R}}$$

表 3-3-01 过电压（H_2，O_2，Cl_2）与电极材料的关系（25 ℃）

电极产物		H_2（1 mol·L^{-1} H_2SO_4）			O_2（1mol·L^{-1} NaOH）			Cl_2（NaCl 饱和溶液）		
电流密度/（A·m^{-2}）		10	1 000	10 000	10	1 000	10 000	10	1 000	10 000
电极材料	海绵状铂	0.015	0.041	0.048	0.40	0.64	0.75	0.005 8	0.028	0.08
	平光铂	0.24	0.29	0.68	0.72	1.28	1.49	0.008	0.054	0.24
	铁	0.40	0.82	1.29	—	—	—	—	—	—
	石墨	0.60	0.98	1.22	0.53	1.09	1.24	—	0.25	0.50
	汞	0.70	1.07	1.12	—	—	—	—	—	—

理论分解电压 E_r 对槽电压 $E_槽$ 之比,称为电压效率 η_E。即

$$\eta_E = E_r / E_槽 \times 100\%$$

η_E 值一般在 $45\% \sim 60\%$。

4. 电流效率、电流密度和电能效率

（1）电流效率　在实际生产过程中,由于有一部分电流消耗于电极上产生的副反应和漏电现象,电流不能 100% 被利用,所以不能按前述的法拉第电解定律来精确计算所需的电荷量。工业上常用同一电荷量所得实际产量与理论计算所得量之比来表示电流效率 η_I。

$$\eta_I = \frac{实际产量}{理论产量} \times 100\%$$

电解食盐水溶液时,它的电流效率可分为氯的电流效率、碱的电流效率和氢的电流效率,其中最重要的是氯的电流效率。影响析氯反应的副反应有两类,一类是电极/溶液界面发生的电化学副反应（见本节后面的叙述）,使部分氯转化为副产物,另一类是没有电子参加的溶液中的副反应（如氯溶入电解液生成次氯酸和盐酸）,也消耗了部分的氯,从而使氯的电流效率降低。表 3-3-02 示出某些电解过程的电流效率。

表 3-3-02　某些电解过程的电流效率

电解过程	电流效率	电解过程	电流效率
NaOH 溶液电解生产 O_2 和 H_2	>99%	食盐水电解生产氯酸钠	90%
食盐水电解生产 Cl_2 和 H_2	90% ~ 96%	醋酸电解生产乙烷	85%
熔融 NaOH 电解生产金属 Na	80%		

（2）电流密度　电流密度系指电极面上单位面积通过的电流强度,单位为 $A \cdot cm^{-2}$。在实际生产中为了控制分解电压,需采用合理的电流密度。某些电解过程所需的电流密度如表 3-3-03 所示。

表 3-3-03　某些电解过程的电流密度

电解过程	电流密度/$(A \cdot cm^{-2})$	电解过程	电流密度/$(A \cdot cm^{-2})$
电解精制铜	0.015	隔膜法生产 NaOH	0.12 ~ 0.24
电解精制铝	1.5	水银法生产 NaOH	0.15
电解水	0.07	离子膜法生产 NaOH	0.1 ~ 0.4

（3）电能效率　为电压效率与电流效率的乘积,可表达为

$$\eta = \eta_E \cdot \eta_I$$

也可写成

$$\eta = \frac{生产 1\ t(产品)理论电能消耗}{生产\ 1\ t(产品)实际电能消耗}$$

虎克（Hooker）电解槽的电能效率为 $64\% \sim 75\%$。

也有用生产单位物质（质量）所需的电能来表示电能效率的。某些电解过程的电能

效率示于表 3-3-04。这种表示方法没有直接揭示能量(或电能)的有效利用率,还需与理论值比较才能得出结果,但它便于横向比较,同类电解槽或不同电解槽的优劣,考察此值就一目了然。

表 3-3-04 某些电解过程的电能效率

电解过程	电能效率 $\overline{kW \cdot h \cdot kg^{-1}}$	电解过程	电能效率 $\overline{kW \cdot h \cdot kg^{-1}}$
电解萃取铜	2.03	电解 NaOH 溶液生产 O_2	6.61
离子膜法生产 NaOH	2.75	电解熔融 NaOH 生产 Na	10.46
水银法生产 NaOH	3.30	电解 NaOH 溶液生产 H_2	51.54
水银法生产 Cl_2	3.74		

5. 空时收率

空时收率是指单位体积的电解槽在单位时间内所得产物的物质的量,其单位常用 $mol \cdot L^{-1} \cdot h^{-1}$ 表示。它是衡量电解槽生产能力的指标,与单位体积电解槽内通过的有效电流成正比,即和电流密度、电流效率、单位体积内的电极面积三者的乘积成正比。增大电板面积与电解槽体积的比值,可提高电解槽的生产能力。

二、食盐水电解制氯气和烧碱

氯碱工业是利用电解食盐水溶液来生产氯气、烧碱和氢气的工业部门。目前市场上供应的氯气和烧碱绝大部分是用电解法生产的。

用食盐水电解制造氯气和烧碱有三种方法:隔膜法、汞阴极法和离子交换膜法。其中的汞阴极法虽然生产出的氯气和烧碱的质量较好,能耗也低,但因汞对环境的污染难以消除,现已淘汰。离子交换膜法各项技术经济指标明显优于隔膜法,已成为当代氯碱生产的发展方向,新建氯碱企业均采用离子交换膜法进行生产。2022 年我国烧碱产能为 46.6 Mt,世界第一,其中离子膜法烧碱产量占烧碱总产量的 99.7%。

氯气和烧碱是整个化学工业的基础产品之一,应用十分广泛。因此氯碱工业在化学工业中占有重要地位。氯气和烧碱在电解过程中同时生成,为使氯碱工业具有最大的经济效益,氯气和烧碱的需求平衡十分重要。例如,若工业部门对氯气的需求量有较大增长时,也必须为烧碱的出路作出妥善安排,否则大量过剩的烧碱积压在工厂仓库里,会给氯碱工厂带来不少麻烦,甚至会使有些氯碱工厂倒闭。

食盐水溶液的电解在阴阳极上进行的电化反应有

阳极 Cl^- 放电 $2Cl^- \Longrightarrow Cl_2 + 2e^-$

阴极 H^+ 放电 $2H_2O \Longrightarrow 2H^+ + 2OH^-$

$$2H^+ + 2e^- \Longrightarrow H_2$$

留在溶液中的 OH^- 与 Na^+ 形成 NaOH 溶液,整个阴极反应可写成

$$2H_2O + 2Na^+ + 2e^- \Longrightarrow 2NaOH + H_2 \uparrow$$

总的电解反应可表达为

$$2Na^+ + 2Cl^- + H_2O \xrightarrow{\text{直流电}} 2NaOH \overset{\text{阴极}}{} + H_2 \uparrow \overset{\text{阳极}}{} + Cl_2 \uparrow$$

如上所述,除主反应外,在两极也会有副反应发生。

微课

电解食盐水阳极和阴极副反应

1. 隔膜法工艺过程

（1）电解槽的结构和性能　食盐水电解工艺中,利用电解槽内隔膜将阳极产物(氯气)和阴极产物(氢气和烧碱)分开的电解生产工艺称为隔膜电解法。电解原理见图 3-3-01。浓度为 310~330 g/L 的精盐水进入阳极室生产氯气,Na^+ 及剩余的 NaCl 溶液以一定流速(至少要大于 OH^- 向阳极的迁移速率)通过隔膜进入阴极室以保持阴极室的电中性。由阴极室流出的是含 130~150 g 和 160~210 g(NaCl)/L 的稀碱液。电解槽阳极过去多用石墨,现在普遍采用的是在纯钛上镀上 RuO_2-TiO_2 混合物及催化剂(Pt, Ir, Co_3O_4, PbO_2 等)的金属阳极(商品名 DSA)。在大型高负荷隔膜电解槽中还广泛采用扩张阳极(商品名 EDSA,装有弹簧,组装时可收缩和扩张)。与石墨阳极相比,金属阳极具有析氯过电压低,耐氯腐蚀,氯气纯度高,电流效率高,使用寿命长,以及电解槽密封性能好等优点。而且槽电压也较低,可降低能耗 10% 以上,提高设备生产能力 50% 左右。隔膜过去是将由石棉纤维和碱溶液混合形成的浆液,借助真空吸附在铁阴极网袋上制成,现在广泛采用的是改性隔膜,它是在上述浆液中添加适量氟树脂(如四氟乙烯、聚多氟偏二氯乙烯、聚全氟乙烯-丙烯等)和少量非离子型表面活性剂,搅匀,真空抽吸而制成隔膜,再在 95 ℃ 下干燥,在低于树脂分解温度下熔融让石棉纤维与树脂均匀浸润,冷却后牢牢黏在一起,形成坚韧,具有弹性,形状固定的隔膜。与普通石棉隔膜相比,厚度薄,膜电压降低,阳、阴极间距小(3 mm 左右),而且具有一定机械强度,安装时不易碰坏,寿命可长达 1~2 年。用作阴极的网袋也由铁改为软钢或不锈钢。为降低氢超电压,常采用喷砂的办法让软钢表面变得粗糙,或将不锈钢网袋在 130 ℃ 下用质量分数 w(烧碱)= 70% 的烧碱处理,让其表面溶出部分 Cr,形成富 Ni 的多孔状表面。

电解槽有水平式和立式隔膜电解槽两种,现在广泛使用的是立式隔膜电解槽,结构示意于图 3-3-02。

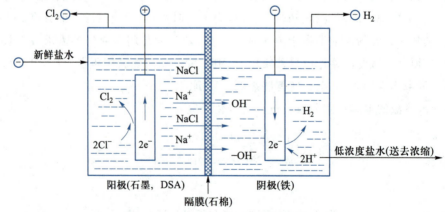

图 3-3-01　隔膜法电解原理示意图

我国绝大多数隔膜法氯碱厂采用 Hooker 电解槽或在此基础上改进的 MDC 隔膜电解槽。图 3-3-03 所示为 Hooker 电解槽的结构示意图。电解槽采用下接线,通过槽底 1 接

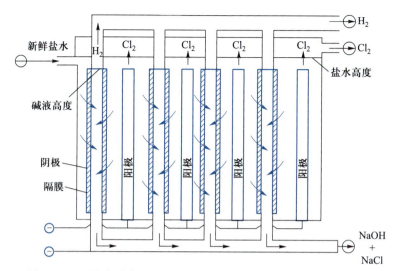

图 3-3-02　具有垂直电极和充满阴极室的立式隔膜电解槽结构简图

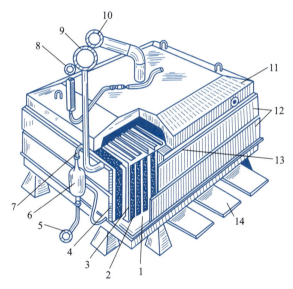

图 3-3-03　Hooker 电解槽结构示意图

1—槽底;2—梳状阴极;3—阳极;4—阴极区;5—排碱管道;6—断电器;7—导氢管道;8—盐水管道;
9—氢收集管;10—氯收集管;11—槽盖;12—阴极母线;13—外壳;14—阳极母线

入阳极 3。在梳状阴极 2 表面沉积有石棉隔膜。盐水由管道 8 进入,碱液经断电器 6 导入排碱管道 5,氢气则沿管道 7 进入收集管 9,氯气从电解槽排出进入收集管 10。电流借助阴极母线 12 经外壳接入阴极。梳状阴极的结构示意于图 3-3-04。国外广泛采用的还有 Glamor 电解槽(为复极式电解槽)和 Hooker-Uhde 电解槽等。图 3-3-05 为 Glamor 电解槽总貌图。

　　(2)工艺流程　工艺流程示于图 3-3-06。可分为盐水精制、电解、氯气和氢气处理、液氯、碱液蒸发及固碱制造等工序。原盐有海盐、湖盐、井盐和矿盐四种。盐水精制包括化盐、精制、澄清、过滤、重饱和、预热、中和、盐泥洗涤等过程。化盐在化盐桶中进行。化盐用水从底部分布器进入,原盐从顶部连续加入,逆流接触,控制温度 50~60 ℃,

停留时间大于30 min,粗饱和盐水从桶上部出口溢出。精制在精制反应器中进行,在加入的 $BaCl_2$,Na_2CO_3 及回收盐水中带入的 NaOH 的作用下,粗盐水中的 SO_4^{2-},Ca^{2+},Mg^{2+} 等杂质生成 $BaSO_4$,$CaCO_3$ 和 $Mg(OH)_2$ 等沉淀。Na_2CO_3 和 NaOH 加入量应略大于反应理论需要量,$BaCl_2$ 的加入量以反应后盐水中 SO_4^{2-} 小于 5 g/L 的标准加以控制。

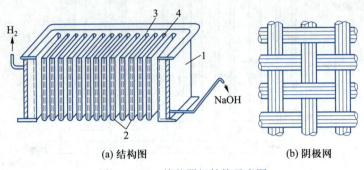

(a) 结构图　　　　　　　(b) 阴极网

图 3-3-04　梳状阴极结构示意图

1—阴极室;2—梳子;3—阴极区;4—阳极区

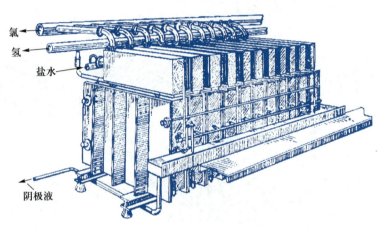

图 3-3-05　Glamor 电解槽总貌图

利用电解槽来的氢气预热盐水,氢气冷却后,经氢气压缩机压缩、干燥后外送。预热盐水再经重饱和槽盐层制成精制饱和盐水,具体质量指标为

$$\rho(NaCl) \geqslant 315 \text{ g/L}$$
$$\rho(SO_4^{2-}) \leqslant 5 \text{ g/L}$$
$$\rho(Ca^{2+} + Mg^{2+}) \leqslant 5 \text{ mg/L}$$
$$pH = 7.0 \sim 8.0$$

进槽盐水如采用酸性盐水时,在 pH 调节槽中加盐酸调节 pH = 3~5。

电解槽精制盐水入口温度为 75~80 ℃,电解槽内因部分电能转化为热能而维持在 95 ℃左右。阳极室保持 20~30 Pa 的负压,当系统能保持密封而氯气不致泄漏时,某些工厂也采用正压操作;除控制阳极室的液面高于隔膜外,还必须控制阴极室氢气压力,以免氢气渗漏入氯气,发生电解槽爆炸事故。从阴极上引出的氢气纯度一般可达 99%(干基),为防空气混入,氢气输送管道应保持正压操作。

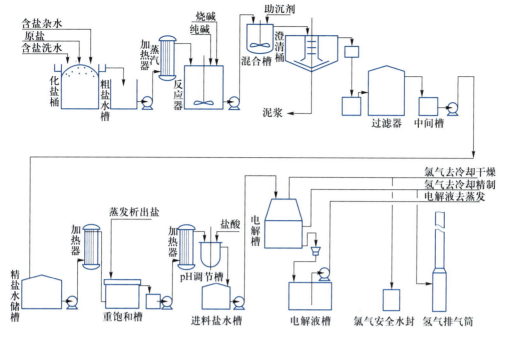

图 3-3-06　隔膜法电解制氯碱工艺流程示意图

由电解槽引出的氯气冷却后,用浓硫酸脱水干燥,然后压送往液氯工序或其他氯产品生产工序。

为防止氯气外逸,设有氯气事故泄漏洗涤器。

由电解槽流出的稀碱液,含有大量 NaCl,在稀碱液蒸发浓缩工序中,NaCl 呈结晶析出,经过分离后制成盐泥浆供盐水重饱和使用。稀碱液经浓缩可制得含 $w(NaOH) = 50\%$ 的液碱商品或桶碱、片碱和粒碱等固体烧碱商品。

由电解槽流出的稀碱液中含有 $NaClO_3$,它不仅影响产品质量,而且会腐蚀蒸发设备。脱除的方法是在稀碱液中加入联氨:

$$2NaClO_3 + 3N_2H_4 \longrightarrow 2NaCl + 3N_2 + 6H_2O$$

联氨还是腐蚀抑制剂,在高温下可与碱液中的溶解氧结合,起到保护蒸发设备免受腐蚀的作用。

隔膜法与离子膜法相比存在以下缺点:

① 所得碱液稀,约 10% 左右,需浓缩至 30% 或 50% 才能作商品出售,蒸汽消耗达 5 t/t 产品(以 30% 烧碱液计),而且产品含盐多,质量差;

② 电解槽电阻高,电流密度低(约 $0.2\ A \cdot cm^{-2}$),电流效率低,消耗的电能大;

③ 隔膜法存在石棉绒污染环境问题,需进行防治。

2. 离子交换膜法工艺过程

(1) 工艺原理　本法采用的阴极、阳极材料和隔膜法相同,只是用离子交换膜代替隔膜法的石棉(或改性)隔膜。离子交换膜具有很好的选择性,只有一价阳离子(Na^+, H_3O^+)能通过薄膜进入阴极室,在此放电产生 H_2 和 OH^-,而 OH^- 不能通过薄膜进入阳极室(膜两边 OH^- 的浓度差可达 $10\ mol \cdot L^{-1}$),阳极室仅将 Cl^- 还原为 Cl_2,Cl^- 和未分解的大部分的 NaCl 不能通过薄膜进入阴极室,因此,精制食盐水进入阳极室经电解后,淡盐水仍由阳极室流出,离子交换膜法电解原理见图 3-3-07。

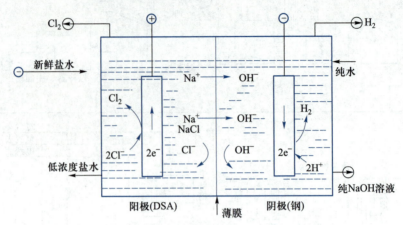

图 3-3-07　离子交换膜法电解原理图

　　离子交换膜是四氟乙烯同具有离子交换基团的全氟乙烯基醚单体的共聚物。制成膜后,再用聚四氟乙烯织物增强。膜的溶胀度、机械强度、化学稳定性基本上符合工业生产要求,使用寿命在两年以上。离子交换基团有磺酸基团(—SO_3H)、羧酸基团(—COOH)、季酸基团

$\left[\begin{array}{c}| \\ —C—OOH \\ |\end{array}\right]$、磺酰胺基团(—$SO_2NHR$)和磷酸基团(—$PO_3H_2$),已工业化的离子膜有全氟

磺酸膜[如杜邦公司的 Nafion 膜,结构为

$$\begin{array}{c}—(CF_2—CF_2)_x(CF—CF_2)_y— \\ | \\ O—CF_2—CF—O—CF_2CF_2—SO_2OH \\ | \\ CF_3\end{array}$$；日

本旭化成公司的旭化成全氟磺酸膜等]、全氟羧酸膜[如日本旭硝子公司的 Flemion 膜,结构为

$$\begin{array}{c}—(CF_2—CF_2)_x(CF—CF_2)_y— \\ | \\ O—CF_2CF_2CF_2—COOH\end{array}$$　等]、全氟磺酰膜,以及目前广为采用的全氟羧酸-磺

酸复合膜(有用层压法制得的复合膜,如 Nafion 901 膜,以及由用化学处理所得的复合膜,如旭化成公司生产的膜和日本德山曹达公司的 Nesepta-F 膜)等。

　　离子交换膜法电解时当阴极室 NaOH 浓度提高时,OH^-从阴极向阳极渗透的趋势加强,导致电流效率降低。例如,用全氟磺酸膜时,当达到 $w(NaOH)=20\%$ 时,电流效率已降至80%以下。不同的膜,对阻止 OH^- 渗透的能力是不同的,例如,用乙二胺改性的全氟磺酸膜,当 $w(NaOH)=28\%\sim30\%$ 时,电流效率仍能保持在 90% 左右。全氟羧酸膜,当 $w(NaOH)=40\%$ 时,电流效率为90%;当 $w(NaOH)=35\%$ 时,电流效率可达96%。全氟羧酸-磺酸复合膜既具有全氟羧酸膜阻止 OH^- 迁移性能好,电流效率高的优点,又具有全氟磺酸膜电阻小,化学性能稳定,氯气中氢含量少,膜使用寿命长的优点,因而是一种优良的离子交换膜。

　　离子交换膜的工作原理示意图如图 3-3-08 所示。由图 3-3-08 可见,在膜的微孔中挂着磺酸基团,其上有可交换的 Na^+,阳极电解液(盐水)中有大量 Na^+,通过离子交换

将磺酸基上的 Na⁺ 交换下来,后者通过微孔,进入阴极电解液,而带负电的 Cl⁻ 和 OH⁻ 因受磺酸根基团的静电排斥作用,很难通过微孔。根据上面的叙述可知,若精制盐水中含有较多的多价阳离子(如 Ca^{2+},Mg^{2+},Al^{3+},Fe^{3+} 等),由于它们很容易占有多个磺酸基团,增加了精制盐水中的 Na⁺ 进行离子交换及渗过膜微孔的难度。因此,在工业上常将食盐水作二次精制处理,以将多价阳离子脱除至允许含量以内。

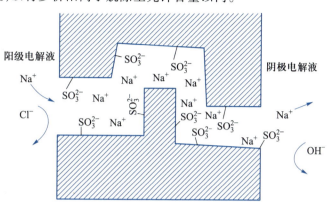

图 3-3-08 离子交换膜的工作原理示意图

图 3-3-09 示出了离子交换膜电解槽单槽结构。单槽由钢制框架 1 构成,阳极面内部用钛覆盖层 2。阳极由贴紧的电极基板(钛板)和外伸阳极 6 的钻孔钛板组成。后者用钛电流引片 5 与电极基板 4 相固定,电极基板 4 的另一面用爆炸法与钢板紧密接触后再焊接,其上面用钢制电流引片 8 固定外伸的钻孔阴极 7,单槽借助支撑榫固定在电解槽上,电解槽是复极式压滤式结构,由 88 个单槽组成。所示结构由日本旭硝子化学公司设计,并在日本得到广泛应用。

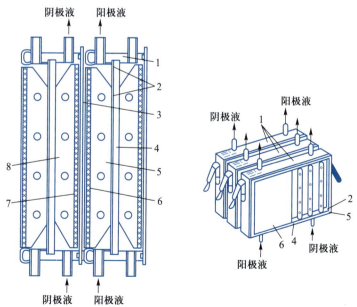

图 3-3-09 离子交换膜电解槽单槽结构示意图

1—钢制框架;2—钛覆盖层;3—隔膜;4—电极基板;5—钛电流引片;6—外伸阳极;
7—外伸阴极;8—钢制电流引片

（2）工艺流程 离子交换膜法电解制氯碱工艺流程见图 3-3-10。分一次盐水精制、二次盐水精制、电解、碱液蒸发等工序。一次盐水精制同隔膜电解法，但从澄清出来的一次精制盐水还有一些悬浮物，它们会妨碍二次盐水精制中螯合塔的正常操作（一般要求盐水中悬浮物小于 $1\ mg\cdot L^{-1}$），因此还需进入盐水过滤器，常用的过滤器有涂有助滤

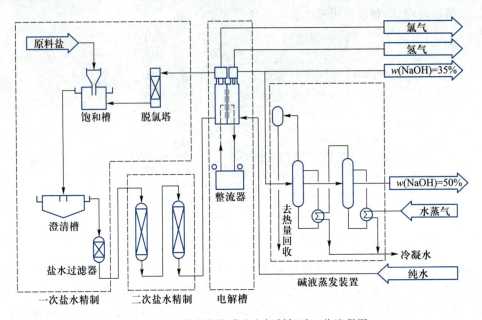

图 3-3-10 离子交换膜法电解制氯碱工艺流程图

剂 α-纤维素的碳素管和聚丙烯管过滤器，以及叶片式过滤器。二次盐水精制在两台或三台串联的螯合树脂塔中进行。常用的螯合树脂有氨基磷酸型螯合树脂（如 Duolite ES467，能将 Ca^{2+} 脱至 $20\ \mu g\cdot L^{-1}$，脱除能力顺序为 $Mg^{2+}>Ca^{2+}>Sr^{2+}>Ba^{2+}$），亚氨基二乙酸型螯合树脂（如日本三菱化成工业株式会社生产的 CR-10 型）。此外，日本三井东压化学公司还开发成功 OC-1048 型阳离子交换树脂，可将 Ca^{2+} 脱除至 $0.05\ mg\cdot L^{-1}$ 以下。

3. 技术经济和质量指标

三种电解方法的技术经济指标示于表 3-3-05。

表 3-3-05 三种电解方法的技术经济指标比较

项目	隔膜法	汞阴极法	离子膜法
投资/%	100	100~90	85~75
能耗/%	100	95~85	80~75
运转费用/%	100	105~100	95~85
烧碱质量			
$w(NaOH)/\%$	10~12	50	32~35
$w(碱)=5\%$ 中含盐/$(mg\cdot L^{-1})$	10 000	约 30	约 30
$w(碱)=50\%$ 中含汞/$(mg\cdot L^{-1})$	无	0.03	无

表 3-3-06 列出了我国工业用液氯质量指标。

表 3-3-07 列出了我国工业用氢氧化钠质量指标。

表 3-3-06 我国工业用液氯的质量指标（GB 5138—2021）

项目	指标	
	优等品	合格品
$\varphi(Cl_2)/\%$	≥99.8	≥99.6
$w(水)/\%$	≤0.005	≤0.005
$w(NCl_3)/\%$	≤0.002	≤0.003
$w(蒸发残渣)/\%$	按用户要求	按用户要求

表 3-3-07 我国工业用氢氧化钠的质量指标（GB 209—2018）

项目	固体		液体		
	I	II	I	II	III
$w(NaOH)/\% \geq$	98.0	70.0	50.0	45.0	30.0
$w(Na_2CO_3)/\% \leq$	0.8	0.5	0.5	0.4	0.2
$w(NaCl)/\% \leq$	0.05	0.05	0.05	0.03	0.008
$w(Fe_2O_3)/\% \leq$	0.008	0.008	0.005	0.003	0.001

三、其他重要电解合成工艺

1. 丙烯腈电解偶联法制己二腈

己二腈主要用来制造己二胺：

$$NC—(CH_2)_4—CN + 4H_2 \longrightarrow H_2N—(CH_2)_6—NH_2$$

己二胺是生产尼龙-66 的主要原料。尼龙属聚酰胺类聚合物，在工业、民用及国防上需求量甚大。现在，己二腈主要由己二酸经胺化和脱水制得：

$$HOOC(CH_2)_4COOH + 2NH_3 \longrightarrow H_4NOOC(CH_2)_4COONH_4$$

$$H_4NOOC(CH_2)_4COONH_4 \xrightarrow{-H_2O} NC(CH_2)_4CN$$

此外，工业上还用丁二烯为原料，与氢氰酸反应制己二腈的方法。近五十年来，由于丙烯能大量廉价地由烃类热裂解而制得，以及丙烯腈的生产规模的扩大，由丙烯腈经电解偶联制己二腈已实现工业化，而且被认为是一种较有发展前途的工业生产技术。

（1）工艺原理　丙烯腈电解偶联法又称丙烯腈直接电解加氢二聚法，电化学反应如下：

阳极
$$H_2O - 2e^- \longrightarrow \frac{1}{2}O_2 + 2H^+$$

阴极
$$2CH_2=CHCN + 2H^+ + 2e^- \longrightarrow NC(CH_2)_4CN$$

总的电解反应为

$$2CH_2=CHCN + H_2O \underset{}{\overset{直流电}{\rightleftharpoons}} \underset{(阳极)}{\frac{1}{2}O_2} + \underset{(阴极)}{NC(CH_2)_4CN}$$

丙烯腈在阴极上氢化二聚分为三步。第一步，丙烯腈结合两个电子和一个氢质子，生成丙烯腈阴离子：

$$CH_2{=}CHCN + 2e^- + H^+ \longrightarrow [CH_2CH_2CN]^-$$

第二步是形成的丙烯腈阴离子与丙烯腈反应生成二聚阴离子：

$$[CH_2{=}CH_2CN]^- + CH_2{=}CHCN \longrightarrow [NCCH(CH_2)_3CN]^-$$

第三步为二聚阴离子与氢质子反应生成己二腈：

$$[NCCH(CH_2)_3CN]^- + H^+ \longrightarrow NC(CH_2)_4CN$$

此外，电解中还发生生成丙腈和重组分等的副反应。

（2）电解槽　生产己二腈采用带有电解液强烈循环的复极式压滤式电解槽，结构示意于图3-3-11。这种电解槽的主要部件是由耐有机溶剂的塑料（聚丙烯、氟塑料等）制成的电极板1。板的侧面凹口内分别安装阴极2和阳极3，两电极用金属销钉4相连接。电极板体内有溶液进出沟5用于导进或导出溶液至阳极和阴极室。沟具有分配孔洞6，溶液沿孔洞均匀分布在电极室。每个电极板夹在两个隔膜架7之间，后者也是用塑料制成的。隔膜架的中部压装隔膜8。电解槽两端安装面板9，且各有一个电极。

工业电解槽由25~30个单槽组装而成，每个单槽面积大小约1 m²。线性负载为1.0~2.0 kA。

电解槽用的隔膜现在多采用磺化聚乙烯离子交换膜。阴极要求采用具有较高氢过电位的材料，如铅、镉和石墨等。目前大多采用镉阴极，因为它可以在较长的使用期内获得较高的、稳定的己二腈收率。阳极在隔膜式电解槽中采用$w(银)=1\%{\sim}2\%$的铅合金，在无隔膜电解槽中，采用具有较低析氧过电位的材料，如磁铁矿或铁。此时，为阻止铁被腐蚀，于电解液中需加入少量乙二胺四乙酸，铁阳极的损耗为0.8~1.0 mm（铁）/a，丙烯腈在这些阳极上的氧化不明显。

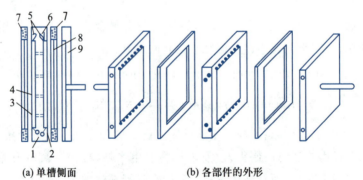

(a) 单槽侧面　　　　　　　(b) 各部件的外形

图3-3-11　带有电解液强烈循环的复极式压滤式电解槽的单槽示意图
1—电极板；2—阴极；3—阳极；4—连接销钉；5—溶液进出沟；
6—分配孔洞；7—隔膜架；8—隔膜；9—具有接线的端面板

上述的电解槽不仅适用于丙烯腈的电解偶联，也适用于可用电化学方法合成的其他有机化合物。

（3）工艺条件

① 电解液组成　采用$w(磷酸钾)=10\%{\sim}15\%$的磷酸钾溶液作为丙烯腈进行电解偶联的本底电解液。后者还需加入磷酸使溶液的pH保持在8.5~9.0。为获得己二腈的高收率，操作应在具有较差给质子能力的介质中进行，为降低双电层中质子的浓度，溶液中还需加入四烷基铵阳离子（最有效的是四乙基铵阳离子），它会更紧密地覆盖在电极表

面,从双电层中取代出水分子,从而抑制水电离出过多的氢质子。丙烯腈加入量是大大过量的[丙烯腈在溶液中的饱和浓度约为 w(丙烯腈)= 5%],因而电解液形成本底溶液和丙烯腈两相。在复相介质中实现己二腈的制造,不仅可以增大己二腈的质量收率(见图 3-3-12)和电流效率,而且丙烯腈具有萃取己二腈的功能,使生成的己二腈及时转移到有机相(丙烯腈)中,从而可省去从水相(本底溶液)中分离己二腈的工序。

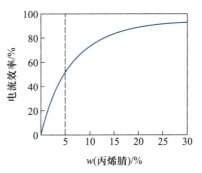

图 3-3-12　水相中丙烯腈含量对己二腈收率的影响曲线(虚线表示丙烯腈的溶解度)

② 电流密度　最佳电流密度取决于使用的电极材料。己二腈在石墨和铅阴极上获得最高收率时的电流密度为 $0.6\sim0.8\ \mathrm{kA\cdot m^{-2}}$,在镉阴极上则可达 $2\ \mathrm{kA\cdot m^{-2}}$。

③ 电解温度　电解在 $30\sim50\ ℃$ 下进行,温度不能高于 $50\ ℃$,高于此温度,副反应加剧,会影响己二腈的收率和产品纯度。

(4) 工艺流程　有隔膜式电解槽和无隔膜电解槽两种工艺流程,前者应用较普通。

图 3-3-13 示出了采用隔膜式电解槽制造己二腈的工艺流程,由日本旭硝子化学公司开发成功。

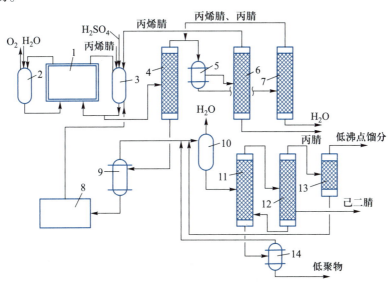

图 3-3-13　隔膜式电解槽制造己二腈工艺流程
——日本旭硝子化学公司工艺流程图
1—电解槽;2—阳极液容器;3—阴极液容器;4—汽提塔;5,9—弗洛连斯容器(倾析器);
6—丙烯腈蒸出塔;7—挥发物自水层蒸出塔(水汽提塔);8—阴极液纯化装置;10—蒸发器;
11—低聚物析出塔;12—己二腈除去挥发物的塔;13—己二腈自轻馏分中析出塔;14—低聚物收集器

由本底电解液与丙烯腈形成的乳化液在电解槽和阴极电解液槽之间进行不断的循环,一部分溶解在阴极电解液中的丙烯腈通过阴极表面发生电解加氢二聚反应生成己二腈。

一部分阴极电解液送入汽提塔 4,蒸出低沸点馏分,内含丙烯腈、丙腈和水的共沸物,在弗洛连斯容器(又称倾析器)5 中加以分离,上面有机层在丙烯腈蒸出塔 6 分出丙腈和丙烯腈,后者返回电解系统。倾析器下层水相排入水汽提塔 7,蒸出溶于水的有机物,后者返回倾析器 5。汽提塔 4 釜液流入弗洛连斯容器(倾析器)9。将己二腈半成品与阴极水溶液加以分离,己二腈半成品在蒸发器 10 内脱水干燥,并在低聚物析出塔 11,自己二腈除去挥发物的塔 12 及己二腈自轻馏分中析出塔 13 中分别分出低聚物、低沸点物后,制得高纯度的己二腈。

该工艺流程的缺点是使用隔膜式电解槽,它需要照顾两个循环,即阳极循环和阴极循环。

图 3-3-14 所示的是无隔膜电解槽制己二腈的工艺流程。磷酸钾水溶液、磷酸四基铵和丙烯腈分别从计量槽 1~3 经计量后进入由电解槽 4、冷却器 5 和离心泵组成的循环回路。水相和有机相的体积比 $V(水相):V(有机相)=1:0.5$。溶液的循环速率约 0.2 m/s,以保证溶液在电极间隙间丙烯腈与水相呈乳状液。随着电解的进行,丙烯腈不断地从计量槽 3 流入电解槽 4。

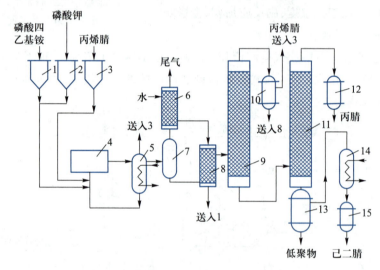

图 3-3-14　无隔膜电解槽制己二腈的工艺流程图
1,2,3—计量槽;4—电解槽;5—冷却器;6,8—洗涤塔;7—相分离器;9,11—精馏塔;
10—丙烯腈-水共沸物收集器;12—丙腈收集器;13—蒸馏釜;14—冷凝器;15—己二腈收集器

电解过程中部分水被分解,因此需从计量槽 1 不断定量地加入磷酸四乙基铵溶液。磁铁矿阳极腐蚀形成磷酸铁,消耗磷酸,因此对电解槽内循环的水相要定期(五昼夜至少一次)分析其中磷含量,并及时从计量槽 2 补入磷酸钾。借助相分离器 7 自循环液流中分出含 $w(己二腈)=30\%$,$w(丙腈)=0.5\%\sim3.0\%$,$w(四乙基铵盐)\approx0.1\%$ 和 $w(丙烯腈)\approx67\%$ 的有机相。

有机相在洗涤塔中用水洗涤以分离出季铵盐(它溶于水),后者返回电解系统。洗涤水先经过洗涤塔 6,吸收来自电解槽的气体产物,特别是丙烯腈蒸气。然后再流入洗涤塔(为填料塔)8 洗涤有机化合物。自该塔上部流出的有机相在精馏塔 9 进行精馏并在收集器 10 中分离出未参与电化学反应的丙烯腈(纯度约为 96%),后者返回电解系统。因为电解在水介质中进行, 故返回的丙烯腈无需脱水。此外返回的丙烯腈中还存在少量 $[w(丙腈)\approx3\%]$丙腈,它对电解过程也不会产生不良影响,因而也不必将它们分离。收集器 10 下层为水相,含 $w(丙烯腈) \approx 7.0\%$ 的丙烯腈,送往洗涤塔 8 以提取季铵盐。精馏塔 9 塔釜液除己二腈及其低聚物外,还有 $w(丙腈) \approx 9\%$ 的丙腈,在精馏塔 11 中,在 54 kPa 下,将丙腈从塔顶蒸出,塔釜液[含 $w(己二腈) \approx 94\%$]流入蒸馏釜 13,在 1.3 kPa 的真空条件下将高纯己二腈蒸出,己二腈纯度大于 99%。

采用隔膜式电解槽工艺消耗丙烯腈为 1.1 t(丙烯腈)/t(己二腈),电能 4 000 kW·h/t(己二腈),水蒸气为 5 t(水蒸气)/t(己二腈),阳离子交换膜寿命为 1 年以上。无隔膜电解槽工艺,消耗 1.15 t(丙烯)/t(己二腈),电能 3 000 kW·h/t(己二腈),因此两种工艺都具有商业竞争能力。

丙烯腈电解偶联法制己二腈,在美国、英国和日本都已建有工业装置,但由于丁二烯直接氰化法生产己二腈技术的发展,2022 年丙烯腈电解偶联法生产己二腈产能约占世界己二腈总产能的 27%,且比例会不断缩小。

2. 癸二酸的电合成

癸二酸是生产尼龙-1010 的主要原料,也大量用来生产耐寒增塑剂(癸二酸二丁酯和癸二酸二辛酯),还用作环氧树脂固化剂癸二酸酐的原料。

现在工业上癸二酸由蓖麻油经皂化、酸化和裂化等工序制得,由于蓖麻油是从蓖麻籽中提取出来的,生产成本较高。

苏联开发成功癸二酸电合成工艺。由己二酸一甲酯经电解缩合制得癸二酸二甲酯:

$$2CH_3OOC(CH_2)_4COOH \xrightarrow{\text{电合成}} CH_3OOC(CH_2)_8COOCH_3 + 2CO_2 + H_2$$

癸二酸二甲酯经水解制得癸二酸:

$$CH_3OOC(CH_2)_8COOCH_3 + H_2O \longrightarrow HOOC(CH_2)_8COOH + 2CH_3OH$$

因此,由己二酸生产癸二酸需经过三个步骤,第一步为己二酸与甲醇反应生成己二酸一甲酯,第二步己二酸一甲酯经电化学缩合生成癸二酸二甲酯,第三步癸二酸二甲酯水解生成癸二酸。

(1)工艺原理 研究表明,己二酸一甲酯缩聚的电化学反应在阳极上进行,在有机溶剂介质如甲醇中,缩聚物收率要比水中高,因为在这种情况下,只有很少一部分电流消耗在溶剂的氧化上。在高正电位下,阳极的氧化表面开始吸附羧酸离子以置换水分子,因而放电顺序发生改变,由水分子的放电改为羧酸离子的放电:

$$RCOO^- \longrightarrow RCOO\cdot + e^-$$

生成的羧酸自由基,在阳极表面处于吸附状态,它会脱去羧基,继而进行自由基二聚化生成缩聚物:

$$RCOO\cdot \longrightarrow R\cdot + CO_2$$
$$2R\cdot \longrightarrow R—R$$

在甲醇溶液中,己二酸一甲酯的解离度很低,不利于羧酸离子的生成,因此实际的电解液中还需加入纯碱(Na_2CO_3),将己二酸一甲酯部分中和生成己二酸一甲酸钠盐,由此很容易得到羧酸离子:

$$CH_3OOC(CH_2)_4COONa \rightleftharpoons CH_3OOC(CH_2)_4COO^- + Na^+$$

因此,实际的电解过程,不会产生氢气。

电解液为 $w($己二酸一甲酯$) = 46\%$ 的甲醇溶液,如上所述,为提高羧酸基团的解离度,还需加入 $w(Na_2CO_3) = 10\%$ 左右的纯碱,并控制含水量为 $0.15\% \sim 2.5\%$,以减少析出 O_2 的副反应。

升高温度不会降低癸二酸二甲酯的收率,而且能明显提高溶液的电导,对电解是有利的,但受甲醇沸点所限制。

在获得高正电压的前提下,最经济的电流密度为 $2 \sim 3 \text{ kA} \cdot \text{m}^{-2}$,选用的阳极材料为铂。

在上述条件下,电解槽的电流效率为 75%,癸二酸二甲酯的收率为 82%。

(2)电解槽　用于合成癸二酸二甲酯的箱式电解槽结构示于图 3-3-15。它是一个不锈钢制矩形电解槽体 1,其中固定一组电极 2。它由交替的阳极和阴极钻孔板组成。阴极板由不锈钢或钛制成,阳极则由焊上铂箔的钛板制成。槽盖上有

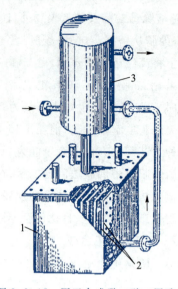

图 3-3-15　用于合成癸二酸二甲酯的电解槽示意图

1—电解槽体;2—电极组;3—外伸的冷却器

接管,用于导出液-气乳状液。后者沿着垂直管道进入位于电解槽上方 $2 \sim 3 \text{ m}$ 高处的外伸冷却器 3。在冷却器内甲醇蒸气被冷凝,气体与液体分离。气体(主要是 CO_2 和空气)排入大气,而液体沿管道返回电解槽。电解槽中溶液用空气搅拌,以防酯类在阴极表面附近与碱液发生皂化反应。工业电解槽的负载为 $12 \sim 15 \text{ kA}$。

(3)工艺流程　由己二酸制癸二酸的工艺流程示于图 3-3-16。己二酸、甲醇和回收的己二酸混合物进入酯化器 1。反应温度 $200 \sim 220 \text{ ℃}$,压力 $0.9 \sim 1.48 \text{ MPa}$。酯化生成己二酸一甲酯后的物料经节流在蒸馏釜 2 中蒸出甲醇和水。二者送入精馏塔 13 以制取无水甲醇,无水甲醇返回酯化系统。

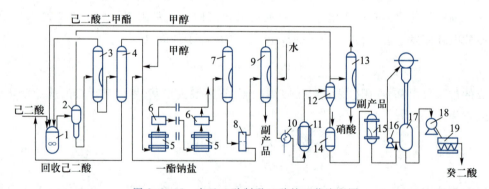

图 3-3-16　由己二酸制癸二酸的工艺流程图

1—酯化器;2—蒸馏釜;3,4,7,9,13—精馏塔;5—串联电解槽;6—相分离器;8—分离器;
10—加热器;11—连续操作的高压水解釜;12—蒸馏釜;14—己二酸一甲酯水解装置;15—过滤器;16—泵;
17—真空结晶器;18—真空过滤器;19—沸腾干燥器

己二酸酯的混合物(有一甲酯和少量二甲酯)和未反应的己二酸由蒸馏釜 2 下部送入两个串联使用的真空精馏塔 3,塔 3 中蒸出的己二酸二甲酯返回酯化系统,塔 3 釜液送精馏塔 4,在此塔蒸出己二酸一甲酯,未反应的己二酸自塔底返回酯化系统。

己二酸一甲酯送入两个串联使用的电解槽 5,含有己二酸一甲酯钠盐的甲醇溶液(即电解液)在铂阳极上进行癸二酸二甲酯的合成。每个串联电解槽与用于气-液分离的相分离器 6 组合成套,液相部分由相分离器 6 送入精馏塔 7,在 30~85 ℃ 和真空(5.9 kPa)条件下蒸出甲醇后,釜液进入分离器 8,分成有机相和水-盐相两层,水-盐相经蒸发浓缩(图中未画出)后返回电解系统。有机相进入精馏塔 9,塔釜排出己二酸二甲酯、戊酸酯和烯戊酸酯等副产物,塔顶馏出粗癸二酸二甲酯,后者加水后在加热器 10 中加热后进入连续操作的高压水解釜 11 进行水解。水解完毕后的油-水混合物经节流后在蒸馏釜 12 蒸出甲醇等轻组分,后者在精馏塔 13 中精馏,塔顶出甲醇,它返回酯化系统,塔釜为轻组分副产物。蒸馏釜 12 的釜液流入连续操作的水解装置 14,用 $w(\mathrm{HNO_3}) = 0.1\%~0.5\%$ 硝酸作催化剂使癸二酸一甲酯和二甲酯及副产物完全水解。随后,所得癸二酸溶液用活性炭纯化,经过滤器 15 过滤,送入真空结晶器 17 结晶。癸二酸晶体在真空过滤器 18 分离析出,最后在沸腾干燥器 19 中干燥。

 讨论课二　化工生产的三废治理

以硫酸、硝酸、丙烯腈和氯碱生产为主,收集资料讨论:
1. 化工生产中的废气治理;
2. 化工生产中的废水治理;
3. 化工生产中的废渣治理。

 习题

1. 氧化反应有哪些特点?这些特点与工艺流程的组织有什么具体的联系?
2. 二氧化硫催化氧化生成三氧化硫,为什么要在不同温度条件下分段进行?
3. 硝酸生产中,氧化炉的哪些构件是为满足工艺要求而设置的?
4. 简述环氧乙烷生产中车间的安全问题。
5. 丙烯腈反应器改进的方向及目前遇到的困难是什么?
6. 氨合成有多种工艺流程,试说说它们的主要特点。
7. 评价一个工艺过程的主要技术经济指标有哪些?
8. 简述离子膜法电解原理。

 参考文献

[1] 冯元琦. 中国的硫源和硫肥. 硫酸工业,1995(3):3-6,12.

[2] 王颖,蒋进,古成龙. 随瓮福硫酸技术考察团赴美、欧四国考察印象. 硫酸工业,

1994(1):3-16.

[3] 古成龙. 铜陵 200 kt/a 硫酸装置的国产化和设备引进. 硫酸工业,1994(4):3-10.

[4] 张超林. 论"3+2"式两次转化工艺氧硫比与转化率的关系. 硫酸工业,1994(2):10-16.

[5] 张向阳. 阳极保护冷却器在硫酸生产中的应用. 湖北化工,1995,25(4):46-47.

[6] 唐文骞. 超共沸酸精馏法制浓硝酸. 化工设计,1997(3):11-15.

[7] 化学工业出版社组织编写. 硝酸. 见:化工生产流程图解. 北京:化学工业出版社,1992:52-58.

[8] Brian J O,Joseph V P. Can developments keep ethylene oxide viable? Hydrocarbon Processing,1984,63(3):55-61.

[9] 张翔宇. 环氧乙烷/乙二醇工艺技术比较. 化工设计,2006,16(3):7-12.

[10] 汪寿建. 氨合成工艺及节能技术. 北京:化学工业出版社,2001:25-66.

[11] 黄仲九. 丙烯腈. 见:张旭之,等. 丙烯衍生物工学. 北京:化学工业出版社,1995:111-165.

[12] 红枫. 国外合成氨催化剂的生产和技术进展. 化工文摘,2003(9):53-54.

[13] 李明,李斌. 国内外苯乙烯生产技术进展. 化工文摘,2004(4):44-47.

[14] Westerterp K R,Kuczynskl M. Retrofit methanol plants with this coverter system. Hydrocarbon Processing,1986,65(11):80-83.

[15] 王祝祁. 苯乙烯引进技术评析. 石油化工,1997,26(3):197-203.

[16] 张有谟. 2000 年世界离子膜法氯碱工业前景. 江苏化工,1996,24(1):4-9.

[17] 方度,蒋兰荪,吴正德. 氯碱工艺学. 北京:化学工业出版社,1999.

[18] 吴指南. 基本有机化工工艺学. 北京:化学工业出版社,1990.

[19] 库特利雅夫采夫 HT,等. 应用电化学. 陈国亮,等译. 上海:复旦大学出版社,1992:130-216.

[20] 周文华,杨辉荣,方岩雄. 有机电合成技术进展. 辽宁化工,2003,32(4):175-177.

[21] 顾平道,庄琛,李英娜. 热管化学反应器的应用研究进展. 化工文摘,2004,(3):34-35.

[22] 王恒秀. 化工百科全书. 第 18 卷:乙醛. 北京:化学工业出版社.

[23] Richard N. Styrene catalyst developments. Hydrocar Engin,2004(11):47-50.

[24] 李玉芳. 苯酚生产技术进展. 化工文摘,2004(3):37-39.

[25] 郭智生,黄卫华. 有色冶炼烟气制酸技术的现状及发展趋势. 硫酸工业,2007(2):12-21.

[26] 徐晓燕,申屠华德,张志孝. 两转两吸转化工艺流程的选择及工艺参数的确定. 硫酸工业,2007(3):4-8.

[27] 纪罗军. "十一五"我国硫酸工业回顾及"十二五"展望(一)——有色金属冶炼与烟气制酸. 硫酸工业, 2011,(2):1-11.

[28] 丁华. 孟莫克高浓度 SO_2 预转化工艺介绍. 硫酸工业,2011,(2):16-19.

[29] 唐文骞,张友森. 我国硝酸产能过剩状况分析及对策. 中氮肥,2014,(1):1-5.

[30] 黄金霞,陆书来,纪立春. 2013 年丙烯腈生产与市场分析. 化学工业,2014,32(4):36-40,47.

第四章　无机化工反应单元工艺

　　无机化工是以天然资源为原料生产硫酸、硝酸、盐酸、磷酸等无机酸,纯碱、烧碱等无机碱,合成氨和化肥,以及无机盐等化工产品的工业。无机化学工业包括硫酸工业、纯碱工业、氯碱工业、合成氨工业、化肥工业和无机盐工业等部门。

　　硫酸工业的主要产品有浓硫酸、发烟硫酸、液态三氧化硫、液态二氧化硫等。硫酸生产中涉及硫铁矿的焙烧、硫黄的焚烧等固体原料加工过程,气体净化过程,二氧化硫催化氧化过程和三氧化硫吸收过程等单元工艺。

　　纯碱工业的主要产品是碳酸钠、碳酸氢钠与氯化铵等。纯碱生产中涉及母液吸氨过程、氨盐水碳化过程、碳酸氢钠的煅烧过程、母液冷析盐析过程等单元工艺。

　　氯碱工业的主要产品是烧碱(氢氧化钠)、氯气、氢气和盐酸等。烧碱生产中涉及食盐水的电解、电解液蒸发浓缩、氢气和氯气合成氯化氢等单元工艺。

　　合成氨工业的主要产品是氨。氨生产中涉及天然气、石脑油蒸气转化过程,渣油部分氧化过程,煤气化过程,合成氨原料气脱硫、脱碳净化过程和氨的合成过程等。

　　化肥工业的主要产品是氮肥、磷肥和钾肥。氮肥涉及氨的化学加工;磷肥涉及磷矿石的酸解过程和热法加工过程;钾肥涉及钾矿的酸解、碱解与复分解过程。

　　无机盐工业产品繁多,大多无机盐产品都涉及矿物的化学加工,如硼矿、钡矿、钾矿、硅石、萤石、锰矿、铬矿、钼矿、钛矿、锌矿、铝土矿、锶矿等的化学加工。

　　无机化工反应的单元工艺中有一些单元工艺,如氧化、加氢、脱氢、电解等,已在通用反应单元工艺中阐述。本章主要介绍与无机化工各类产品均有密切关系的化学矿物的固相加工单元工艺。

　　化学矿物的固相加工单元工艺有三种类型。一是"湿法"化学加工,即用酸、碱对矿物进行化学浸取,使其从不溶性物质转化为可溶性物质。二是"热法"化学加工,即采用焙烧、煅烧或烧结的方法对固相原料进行化学加工。三是采用复分解或置换反应工艺,使固相原料发生化学转化。

　　无机化工中化学矿物的固相加工生产化工产品的生产流程一般包括以下过程:

　　(1)原料准备　化学矿物首先应加以破碎、磨细与筛分处理,必要时还要对矿物作精选处理,选矿的方法有手选、磁选和浮选等。

　　(2)化学矿的热处理　采用焙烧、煅烧和烧结工艺对矿物进行热法化学加工。

　　(3)化学矿的浸取　用合适的溶剂对矿物进行浸取,使有效组分从固相转移到溶液中来,浸取过程可以是物理浸取或化学浸取。

　　(4)过滤　浸取过程中有效组分进入溶液,而其余物质仍留在固相中,需进行过滤将它们分离。常用的过滤设备有压力式过滤、真空式过滤和离心式过滤。

（5）溶液的精制　滤液中还可能残留溶解性杂质，需进行精制和提纯，精制的方法有蒸馏、吸附、液液萃取、离子交换、膜分离、沉淀和结晶等单元操作过程。

（6）蒸发　用水蒸气加热物料，采用2~3效真空蒸发装置，使溶剂汽化，提高溶液的浓度。

（7）结晶　溶液在蒸发或结晶过程中，使产品从溶液中结晶出来。对工业结晶产品的要求是颗粒粗大、均匀。为此要控制好溶液的过饱和度、搅拌速率和冷却速率。结晶过程在冷却式结晶器、蒸发式结晶器、真空式结晶器、盐析结晶器或塔式结晶器中进行。

（8）干燥　为防止湿物料的结块或有效组分的分解，需用热空气或烟道气为加热介质对产品进行干燥。

鉴于上述单元过程中，不少过程是物理过程，如破碎、过滤、筛分、结晶、干燥等已在化工原理中阐述，本章主要介绍化学矿物加工为无机化工产品中的典型单元反应工艺过程——焙烧、煅烧、烧结、浸取等，以及复分解过程。

4-1　焙烧与煅烧

焙烧与煅烧是两种常用的化工单元工艺。焙烧是将矿石、精矿在空气、氯气、氢气、甲烷、一氧化碳和二氧化碳等气流中不加或配加一定的物料，加热至低于炉料的熔点，发生氧化、还原或其他化学变化的单元过程，常用于无机盐工业的原料处理中，其目的是改变物料的化学组成与物理性质，便于下一步处理或制取原料气。煅烧是在低于炉料熔点的适当温度下，加热物料，使其分解，并除去所含结晶水、二氧化碳或三氧化硫等挥发性物质的过程。两者的共同点是都在低于炉料熔点的高温下进行，不同点为前者是原料与空气、氯气等气体及添加剂发生化学反应，后者是物料发生分解反应，失去结晶水或挥发组分。

一、焙烧与工业应用

1. 焙烧的分类与工业应用

矿石、精矿在低于熔点的高温下，与空气、氯气、氢气等气体或添加剂起反应，改变其化学组成与物理性质的过程称为焙烧。在无机盐工业中它是矿石处理或产品加工的一种重要方法。

焙烧过程根据反应性质可分为以下五类，每类都有许多实际工业应用。

（1）氧化焙烧　硫化精矿在低于其熔点的温度下氧化，使矿石中部分或全部的金属硫化物变为氧化物，同时除去易于挥发的砷、锑、硒、碲等杂质。硫酸生产中硫铁矿的焙烧是最典型的应用实例。硫化铜、硫化锌矿的火法冶炼也用氧化焙烧。

硫铁矿（FeS_2）焙烧的反应式为

$$4FeS_2 + 11O_2 = 2Fe_2O_3 + 8SO_2 \uparrow$$
$$3FeS_2 + 8O_2 = Fe_3O_4 + 6SO_2 \uparrow$$

生成的 SO_2 就是硫酸生产的原料，而矿渣中 Fe_2O_3 与 Fe_3O_4 都存在，到底哪一个比例大,要视焙烧时空气过剩量和炉温等因素而定。一般工厂,空气过剩系数大,含 Fe_2O_3 较多;若温度高,空气过剩系数较小,渣呈黑色,且残硫较高,渣中 Fe_3O_4 多。焙烧过程中,矿中所含铝、镁、钙、钡的硫酸盐不分解,而砷、硒等杂质转入气相。

硫化铜(CuS)精矿的焙烧分半氧化焙烧和全氧化焙烧两种,分别除去精矿中部分或全部硫,同时除去部分砷、锑等易挥发杂质。过程为放热反应,通常无需另加燃料。半氧化焙烧用以提高铜的品位,保持形成冰铜所需硫量;全氧化焙烧用于还原熔炼,得到氧化铜。焙烧多用流态化沸腾焙烧炉。

锌精矿中的硫化锌(ZnS)转变为可溶于稀硫酸的氧化锌也用氧化焙烧,温度 850~900 ℃,空气过剩系数 1.1~1.2,焙烧后产物中 90% 以上为可溶于稀硫酸的氧化锌,只有极少量不溶于稀酸的铁酸锌($ZnO \cdot Fe_2O_3$)和硫化锌。

有时,氧化焙烧过程中除加空气外,还加添加剂,矿物与氧气、添加剂共同作用。如铬铁矿化学加工的第一步是纯碱氧化焙烧,工业上广泛采用。原料铬铁矿[要求 $w(Cr_2O_3) > 35\%$],在 1 000~1 150 ℃下氧化焙烧为六价铬:

$$2Cr_2O_3 + 2Na_2CO_3 + 3O_2 == 2Na_2Cr_2O_7 + 2CO_2 \uparrow$$

(2)硫酸化焙烧　使某些金属硫化物氧化成为易溶于水的硫酸盐的焙烧过程,主要反应有

$$2MeS + 3O_2 \longrightarrow 2MeO + 2SO_2$$
$$2MeO + SO_2 + O_2 \longrightarrow MeO \cdot MeSO_4$$
$$MeO \cdot MeSO_4 + SO_2 + O_2 \longrightarrow 2MeSO_4$$

式中:Me 为金属。例如,一定组成下的铜的硫化物,在 600 ℃下焙烧时,生成硫酸铜;在 800 ℃下焙烧时,生成氧化铜。所以控制较高的 SO_2 气氛及较低的焙烧温度,有利于生成硫酸盐;反之,则易变为氧化物,成为氧化焙烧。

对锌的硫化矿及其精矿,用火法冶炼时,用氧化焙烧;用湿法处理时,采用硫酸化焙烧。

(3)挥发焙烧　将硫化物在空气中加热,使提取对象变为挥发性氧化物,呈气态分离出来,例如,火法炼锑中将锑矿石(含 Sb_2S_3)在空气中加热,氧化为易挥发的 Sb_2O_3:

$$2Sb_2S_3 + 9O_2 \longrightarrow 2Sb_2O_3 \uparrow + 6SO_2 \uparrow$$

此反应从 290 ℃开始,至 400 ℃可除去全部硫。

(4)氯化焙烧　借助于氯化剂(如 Cl_2,HCl,$NaCl$,$CaCl_2$ 等)的作用,使物料中某些组分转变为气态或凝聚态的氯化物,从而与其他组分分离。金属的硫化物、氧化物或其他化合物在一定条件下大都能与化学活性很强的氯反应,生成金属氯化物。金属氯化物与该金属的其他化合物相比,具有熔点低、挥发性高、较易被还原、常温下易溶于水及其他溶剂等特点。并且各种金属氯化物生成的难易和性质上存在明显区别。化工生产中,常利用上述特性,借助氯化焙烧有效实现金属的分离、富集、提取与精炼的目的。视原料性质及下一步处理方法的不同,可分为中温氯化焙烧与高温氯化焙烧,前者是使被提取的金属氯化物在不挥发条件下进行,所产生的氯化物用水或其他溶剂浸取而与脉石分离;后者是被提取的金属氯化物在能挥发的温度下进行,所形成的氯化物呈蒸气状态挥发,

与脉石分离,然后冷凝回收。此法用于菱镁矿($MgCO_3$)与金红石(TiO_2)的氯化,以生产镁和钛,也用于处理黄铁矿烧渣,综合回收铜、铅、锌、金、银等。

氯化离析焙烧是氯化焙烧的一种特例,在矿石中加入适量的碳质还原剂(如精煤或焦炭)和氯化剂,在弱还原气氛中加热,使矿石中难选的金属生成氯化物挥发,再在炭粒表面还原为金属,并附着在炭粒上,随后用选矿方法富集,制成精矿。此法可用于某些难选或低品位的氧化矿(如氧化铜矿)。

在无机盐生产中,新建的钛白粉(TiO_2)装置多采用氯化法。金红石矿或钛铁矿渣与适量的石油焦混合后,加入流态化炉中,通入氯气在 800～1 000 ℃ 下进行氯化,其反应式为

$$TiO_2+(1+\beta)C+2Cl_2 \longrightarrow TiCl_4+2\beta CO+(1-\beta)CO_2$$

式中:β 为排出炉气中 $\varphi(CO)/\varphi(CO+CO_2)$ 的比值。纯 $TiCl_4$ 是无色透明液体,但此过程所得粗 $TiCl_4$ 含有杂质,将杂质分离后,可制金属 Ti 或 TiO_2。

(5) 还原焙烧　将氧化矿预热至一定温度,然后用还原气体(含 CO、H_2、CH_4 等)使其中某些氧化物部分或全部还原,以利于下一步处理。例如,贫氧化镍矿预热到 780～800 ℃,用混合煤气还原,使铁的高价化合物大部分还原为 Fe_3O_4,少量还原为 FeO 及金属铁,镍与钴的氧化物还原成易溶于 $NH_3-CO_2-H_2O$ 溶液的金属镍和钴。

磁化焙烧也属于还原焙烧,其目的是将弱磁性的赤铁矿(Fe_2O_3)还原为强磁性的磁铁矿(Fe_3O_4),以便于磁选,使之与脉石分离。

无机盐生产中,重晶石(主要含 $BaSO_4$)的化学加工主要采用还原焙烧法,是生产各种钡化合物最经典、最重要、使用最广的方法。还原焙烧所用重晶石矿的品位要高,一般 $w(BaSO_4)>98\%$,$w(SiO_2)<2\%$,否则将影响产品质量。重晶石与煤粉在转炉中,于 1 000～1 200 ℃ 的高温下,还原焙烧成硫化钡(俗称黑灰),反应式为

$$BaSO_4+2C \longrightarrow BaS+2CO_2$$

经浸取分离所得的硫化钡溶液,可进而制成其他钡化合物。亦可用氢气、甲烷、天然气代替煤粉进行还原焙烧,在悬浮炉中还原重晶石,该法可强化还原过程。

2. 焙烧过程的物理化学基础

(1) 焙烧过程热力学　焙烧过程中有气体产物产生,一般为不可逆反应。研究焙烧过程热力学主要是根据相图确定反应产物的相区。

焙烧过程中发生许多反应。以方铅矿焙烧为例,总反应式为

$$2PbS+3O_2 \longrightarrow 2PbO+2SO_2$$

此为全脱硫焙烧,或完全程度的氧化焙烧。对锌、铜、铁也能写出类似的完全焙烧反应式。

若焙烧温度较低,则形成硫酸盐:

$$PbS+2O_2 \longrightarrow PbSO_4$$
$$2PbO+2SO_2 \longrightarrow 2PbSO_4$$

温度较高时,氧化物可被硫化物还原得到金属:

$$2PbO + PbS \longrightarrow 3Pb + SO_2$$

可以采用控制温度和氧势(即压力)以得到所需的氧化态。以锌精矿而言,因最后要用碳还原,故需要氧化焙烧尽可能将硫除净。而对浸出之矿石,目的是形成尽可能的水溶性硫酸盐。

研究焙烧热力学时,还要注意气相中会生成三氧化硫(Me 为金属离子):

$$SO_2 + 1/2O_2 \Longrightarrow SO_3$$
$$MeSO_3 \Longrightarrow MeO + SO_2$$

在一定反应条件下,反应的产物到底是氧化物还是硫酸盐要由 $\lg[p(SO_2)/MPa]$ - $\lg[p(O_2)/MPa]$ 的优势图来判断,由相图来确定产物组成。

温度为 1 000 K 的 Ni-O-S 优势区域图,见图 4-1-01。在总压为 0.1 MPa 下,若气体组成为 $\varphi(O_2) = 3\% \sim 10\%$,$\varphi(SO_2) = 3\% \sim 10\%$,则所得区域见小方形 A,此时稳定的固相是 $NiSO_4$。若气体组成为 $\varphi(O_2) = 1\%$,$\varphi(SO_2) = 1\%$,则为 B 点,此时 NiO 是稳定的。对于图中的 C 点,相应的 $p(SO_2) = 0.25$ Pa,$p(O_2) = 5$ Pa,要求压力如此之小,在工业生产中是不可能形成的。

温度为 950 K 时焙烧铜、钴的硫化矿能产出纯度为 97% 的可溶性铜与纯度为 93.5% 的可溶性钴。焙烧炉气体分析为 $\varphi(SO_2) = 8\%$,$\varphi(O_2) = 4\%$,将 950 K 的铜与钴优势区域图重叠于图 4-1-02。表示在工业焙烧铜钴矿石的作业点(点 A)恰好在 $CoSO_4$,$CuSO_4$ 区域中。如果需要在浸取时,将铜与钴分离,焙烧条件可控制在点 B,则会生成不溶于水的氧化铜与可溶的氧化钴,此分离操作也已在工业中应用。

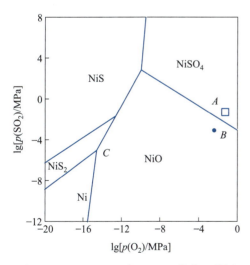

图 4-1-01 1 000 K 时 Ni-O-S 优势区域图

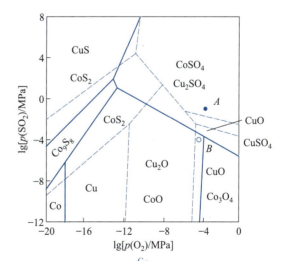

图 4-1-02 950 K 时 $\dfrac{Co}{Cu}$-S-O 重叠优势区域图

也可用温度对平衡的影响来移动优势区域位置以便产生出所需之最终产品。

(2)焙烧过程动力学与影响焙烧速率的因素 焙烧过程是气-固相非催化反应过程,由于颗粒之间无微团混合,所以反应速率的考察对象是颗粒本身。宏观反应过程包括气膜扩散(外扩散)、固膜扩散(又称产物层扩散或灰层扩散,内扩散)及在未反应芯表面上的化学反应。目前研究宏观反应速率最常用的是收缩未反应芯(又称缩芯)模型,当颗粒大小不变或颗粒大小改变时,当反应控制、内扩散控制或外扩散控制时,可以推导出不同的反应速率公式,详见化学反应工程专著。这类宏观反应速率公式还不能得心应手地用于设计,设计工作仍多停留在经验或半经验的状态。

焙烧炉生产能力的大小,取决于焙烧反应速率,反应速率越快,在一定的残留指标下,单位时间内焙烧的固体矿物就越完全,矿渣残留就低。在实际生产中不仅要求焙烧的矿物量多,而且要求烧得透,即排出的矿渣中残留要低。影响焙烧速率的因素很多,有温度、粒度、氧含量等。

① 温度的影响　一般来说,温度越高,焙烧速率也越快。以硫铁矿氧化焙烧为例,当温度达到硫铁矿着火点以上才开始燃烧。各种硫铁矿的着火点要看它的矿物组成、杂质特性及粒度大小。硫铁矿的理论焙烧温度可达 1 600 ℃,但沸腾焙烧炉一般维持焙烧温度为 800~900 ℃,多余的热量需要移走,包括设置冷却装置或废热锅炉。虽然硫铁矿的焙烧速率是随着温度增高而加快,但工厂生产中并不是把温度无限制提高,而是控制在一定范围内,这主要是受到焙烧物的熔结和设备损坏的限制。例如,FeS 和 FeO 能够组成熔点为 940 ℃的低熔点混合物,远离它们各自熔点而熔结。一旦熔结成铁,焙烧速率会显著下降,烧结过程迅速恶化,操作不当引起结疤。为了防止焙烧过程中的熔结现象,各生产厂都采取有效冷却措施,严格控制温度。

② 固体原料粒度影响　焙烧过程是一个气-固相非催化反应过程,焙烧速率在很大程度上取决于气-固相间接触表面的大小,接触表面大小主要取决于原料的粒度,即它的粉碎度。当粒度小时,空气中的氧能较易地和固体颗粒表面接触,并易于达到被焙烧的颗粒内部,生成的二氧化硫气体也能很快离开,扩散到气流主体中去。如果矿石粒度过大,除接触面减少外,还在未反应芯外部,生成一层致密的产物层,阻碍氧气继续向中心扩散,生成的二氧化硫也不能很快离开,造成在炉中停留时间内,原料矿中的硫来不及燃烧透,使排出的矿渣中硫含量增高。

实际生产中是否要求矿石越小越好呢？也不是。粒度过小,不但会增加矿石被粉碎磨细的工作量,而且会增加除尘处理的工作量,故一般在沸腾焙烧中使用的固体颗粒平均粒度在 0.07~3.0 mm。

③ 氧气含量的影响　气体中氧的含量对固体原料的焙烧速率也有很大影响。因为金属硫化物矿物的焙烧速率,取决于氧通过遮盖在颗粒表面的产物层向内扩散的速率,如果进入焙烧炉气体中的氧含量少,则单位时间内氧分子向矿粒内部扩散分子就要少,金属矿物的焙烧速率就要慢些。所以在金属矿物焙烧时必须搅动矿粒,使矿物表面更新、改善矿粒间接触情况、促使氧气达到被焙烧物料的表面上,以提高焙烧速率。沸腾炉焙烧时,用空气直接搅动矿料,使矿石在流化状态下焙烧,单位反应表面积大,气-固接触充分,焙烧过程能以极快速率进行。

3. 典型氧化焙烧工艺——硫铁矿焙烧制硫酸原料气

硫铁矿是硫化铁矿物的总称,它包括主要成分为 FeS_2 的黄铁矿与主要成分为 $Fe_nS_{n+1}(n \geqslant 5)$ 的磁硫铁矿。纯粹的黄铁矿 $w(硫) = 53.45\%$,磁硫铁矿 $w(硫) = 36.5\% \sim 40.8\%$。硫铁矿有块状与粉状两种。块状硫铁矿是专门从矿山开采供制酸使用的含硫量符合工业标准的原矿;粉状硫铁矿包括专为制硫酸而开采的、经过浮选符合工业标准的硫精矿。对于块矿,在焙烧前要经过破碎、筛分等作业,一般不需进行干燥;对于粉矿,在焙烧前需进行干燥、破碎与筛分。

硫铁矿焙烧的主要化学反应是 FeS_2 的氧化,它分两步进行,首先是 FeS_2 的热分解,尔后为分解产物的氧化:

$$2FeS_2 \longrightarrow 2FeS+S_2(g)$$
$$S_2(g)+2O_2 \longrightarrow 2SO_2 \uparrow$$
$$2FeS+3O_2 \longrightarrow 2FeO+2SO_2 \uparrow$$
$$2FeO+0.5O_2 \longrightarrow Fe_2O_3$$

实际上焙烧炉中过剩空气较少,故矿渣中的铁有 Fe_2O_3 和 FeO 两种形态,Fe_2O_3 与 FeO 的比例取决于炉中氧的分压。

硫铁矿焙烧总的反应式为

$$4FeS_2+11O_2 \Longrightarrow 2Fe_2O_3+8SO_2 \uparrow$$
$$3FeS_2+8O_2 \Longrightarrow Fe_3O_4+6SO_2 \uparrow$$

硫铁矿的焙烧是强烈放热反应,除可供反应自热外,还需要移走反应余热。在空气中焙烧黄铁矿获得含 SO_3 的炉气,理论最高浓度为 $\varphi(SO_3)=16.2\%$。现代硫铁矿的焙烧都采用沸腾焙烧技术。

硫铁矿焙烧工艺流程见图 4-1-03。焙烧工序的主要设备有沸腾焙烧炉、废热锅炉和电除尘器。沸腾焙烧炉出口炉气约 900 ℃,经废热锅炉降温至 350 ℃。炉气中矿尘部分在废热锅炉中沉降,其余大部分在旋风除尘器中除去,剩余矿尘在电除尘器中再除去。送往净化工序的气体含尘量 <0.2 g/m³。当电除尘器具有更高捕集效率时,也可不用旋风除尘器。所有矿渣(矿灰)经矿渣增湿器喷水增湿,降温至 80 ℃ 以下,以便运输。

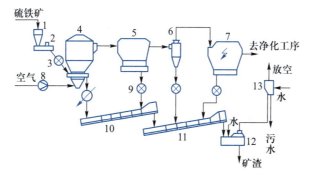

图 4-1-03　硫铁矿焙烧工艺流程图
1—储矿斗;2—皮带秤;3—给料器;4—沸腾焙烧炉;5—废热锅炉;6—旋风除尘器;7—电除尘器;
8—空气鼓风机;9—星形推灰线;10,11—链式运输机;12—矿渣增湿机;13—蒸汽洗涤器

4. 典型氯化焙烧工艺——氯化法制钛白粉

钛白粉(TiO_2)是一种重要的无机化工产品,在涂料、油墨、造纸、塑料、橡胶、化纤、陶瓷等工业中有重要用途。

钛白粉的生产工艺有硫酸法和氯化法两种工艺路线。硫酸法工艺路线长,生产过程中有大量的废气排放,污染严重。氯化法是钛白粉生产的主要方向。氯化法工艺简单,20世纪50年代末实现工业化,由于其流程紧凑合理,"三废"少,产品质量高,现在氯化法钛白粉产量已超过硫酸法。

氯化法钛白粉生产对原料的要求比硫酸法高,要使用 $w(TiO_2)=90\%\sim95\%$ 的天然金红石矿。主要工艺过程有天然金红石矿的氯化焙烧制取四氯化钛,四氯化钛的氧化及钛白粉的表面处理三个部分。

(1) 天然金红石矿的氯化焙烧　氯化通常在沸腾炉中进行。先用空气使干燥的金红石矿粉流态化,并加热至650 ℃左右,然后加入焦炭粉,待温度升至900 ℃时,用氯气替代空气入炉。金红石矿与氯气、焦炭粉发生如下反应:

$$TiO_2(天然金红石矿)+2C+2Cl_2 \longrightarrow TiCl_4+2CO$$

从氯化焙烧炉出来的气体含有 $TiCl_4$,还含有其他杂质。气体冷却到200 ℃左右,大部分杂质冷凝在炉灰上沉降下来,气体经过进一步冷却,冷凝为液态粗 $TiCl_4$,经提纯后送往氧化炉。由于 $TiCl_4$ 的沸点与 $FeCl_3$ 、 $AlCl_3$ 、 $SiCl_4$ 等的沸点不同,可采用精馏法将粗 $TiCl_4$ 进行提纯,得到高浓度的液态 $TiCl_4$ 。

(2) $TiCl_4$ 的氧化　 $TiCl_4$ 的氧化反应是一个气相反应,温度在1 400~1 500 ℃,反应时间只需几毫秒,不像硫酸法焙烧时间要几个小时。

$$TiCl_4+O_2 \longrightarrow TiO_2+2Cl_2$$

进氧化炉前,液态 $TiCl_4$ 先汽化并预热至90~100 ℃,氧气也要预热至此温度,两者同时喷入氧化炉,进行快速强放热反应。反应在几毫秒内发生,为避免生成的 TiO_2 晶体在高温下长大并相互黏结而结疤,初生的 TiO_2 晶体不可碰器壁,且需急剧降温,以极高流速通过冷却套管冷却至600 ℃左右。反应产物经旋风分离器进一步冷却后,用袋滤器将 TiO_2 收集下来,含氯尾气经处理后返回氯化焙烧使用。 $TiCl_4$ 氧化时需加入 $AlCl_3$ 作为成核剂(晶种), $AlCl_3$ 随 $TiCl_4$ 一同汽化,混合后进入氧化炉内。 $TiCl_4$ 在氧气中燃烧所放出的热量还不足以使物料上升到氧化反应的温度,需要外供热量帮助升温。

$TiCl_4$ 的氧化是一个技术难度很高的高温反应,其难度在于:高温下 $TiCl_4$ 腐蚀性很强,在1 000 ℃高温下对材料的防腐蚀要求很高; $TiCl_4$ 与氧气喷入反应器的速率达10 m/s,这种高速混合有很大的难度;而且在几微秒的时间内控制 TiO_2 晶体颗粒大小也是很困难的事情,此外还要防止 TiO_2 在器壁上结疤。

(3) 钛白粉的表面处理　生成的钛白粉还要用无机或有机表面处理剂进行处理。无机表面处理剂中铝、硅包膜用得最多,以提高钛白粉产品的耐候性与在不同介质中的分散性能;有机表面处理剂有乙醇胺、丙二醇、三羟甲基丙烷等,以提高钛白粉产品在不同介质中的润湿性能。

5. 焙烧设备

焙烧过程的主产物如果是固体物料,应使其物理化学性质适合后续作业,而且要提供适宜的物理状态。用反射炉焙烧的金属,如铜,焙烧后的物料应是细粉料。相反,鼓风炉炼铅,必须是一定大小的烧结块;焙烧过程的主产物如是气体,在粉尘与杂质含量方面有一定的要求。工业主要焙烧技术有炉膛焙烧、飘悬焙烧、沸腾焙烧与烧结焙烧。

（1）炉膛焙烧 在一直立多膛炉中进行,有8~12层炉床。矿石由顶部加入,并由炉膛内一层层向下降落,此时硫化矿颗粒与上升气流接触进行焙烧。内壁衬以耐火砖,在中心轴上连接旋转耙臂随轴转动,矿石被耙推向外缘或内缘之开孔,降至下一层。转动耙臂需冷却。每天可焙烧块矿炉料100~200 t,通常过程是自热的,炉料的氧化足以提供热能。

（2）飘悬焙烧 由炉膛焙烧炉改进而来。对炉膛焙烧的研究发现,氧化主要发生在与炉气接触的矿石表面,特别是由一层降落到另一层的瞬间,据此开发出飘悬焙烧。焙烧在类似拆除中间几层的多膛炉中进行,精矿通常是湿的;在上部一、二层干燥后,穿过燃烧室下落,焙烧矿下落并汇集于底层后从炉内卸出。此过程中燃烧量不足,需燃烧辅助燃料以维持焙烧温度。

（3）沸腾焙烧 又称流态化焙烧,是固体流态化技术在化工、冶金中的应用。沸腾焙烧炉中,矿石粒子在悬浮状态下进行焙烧,床层由上升的气流及运动着的烧渣粒子群所构成,气体与固体粒子在床层中剧烈湍动,加快了气-固两相间传递过程,因此焙烧强度高,且床层温度均匀。

化工行业应用沸腾焙烧炉对金属硫化物(包括浮选矿或经破碎的块矿等)进行氧化焙烧,硫酸化焙烧、磁化焙烧等作业,过程中都有二氧化硫气体产生。伴随金属硫化物的氧化,有反应热放出,大多数反应能自热进行。产生的烧渣用作冶金原料,产生的二氧化硫气体用于制造硫酸。

沸腾炉的出现给硫酸工业与有色冶金工业的矿物焙烧带来重大变革。1982年,当时世界上容积最大的沸腾焙烧炉设在西班牙帕洛斯厂的硫酸装置内,其炉床面积为123 m^2,容积为2 800 m^3,设计能力为1 000 t(H_2SO_4)/d。2011年中国紫金矿业青海公司建成了炉床面积150 m^2的世界最大沸腾焙烧炉,年产硫酸40万吨。

沸腾焙烧炉结构见图4-1-04。炉体为钢壳衬保温砖,内层衬耐火砖,为防止冷凝酸腐蚀,钢壳外面有保温层;炉子的下部是风室,设有空气进口管,其上是空气分布板。空气分布板上是耐火混凝土炉床,埋设有许多侧面开有小孔的风帽。炉膛中部为向上扩大的圆锥体,上部焙烧空间的截面积比沸腾层截面积要大,以减少固体粒子吹出。沸腾层中装有与余热锅炉循环泵连接的冷却管,炉体还有加料口、矿渣出口、炉气出口、二次空气进口、点火口等接管,炉顶设有防爆孔。

沸腾焙烧炉分直筒型炉与扩大型炉两种。直筒型炉多用于有色金属精矿的焙烧,其焙烧强度低。我国大部分铜精矿与锌精矿沸腾炉、美国多尔型沸腾炉均属此类型。上部扩大的异径炉早期用于破碎块矿的焙烧,后来发展到用于多种浮选矿的焙烧,德国的鲁奇型沸腾炉属此类型。

沸腾焙烧炉的主要操作条件是焙烧强度、沸腾

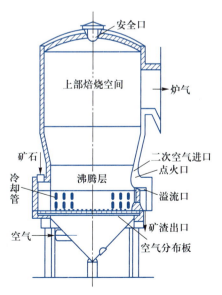

设备

152 m^2 沸腾焙烧炉

图 4-1-04 沸腾焙烧炉示意图

层高度、沸腾层温度及炉气成分等:

① 焙烧强度　习惯上以 t[折合成 w(硫)= 35%的矿]/(m^2·d)计算。焙烧强度与沸腾层操作气速成正比,气速一般在 1~3 m/s,焙烧不太细的浮选矿,焙烧强度为 15~20 t/(m^2·d);焙烧通过 3 mm×3 mm 筛孔的破碎块矿时,焙烧强度为 30 t/(m^2·d)。

② 沸腾层高度　炉内排渣溢流堰离风帽的高度可看作是沸腾层高度,一般为 0.9~1.5 m,相应的风室压力为 0.1~0.15 Pa(表压)。

③ 沸腾层温度　随硫化矿物及焙烧方法不同而异。黄铁矿氧化焙烧为850~950 ℃,铜、钴、镍等精矿硫酸化焙烧为 640~700 ℃,锌精矿氧化焙烧为1 070~1 100 ℃,锌精矿硫酸化焙烧为 900~930 ℃。

④ 炉气成分。空气是焙烧的反应剂与流化介质,黄铁矿焙烧时,空气用量略多于化学计量,炉气中$\varphi(SO_2)$= 13%~13.5%,$\varphi(SO_3)$<0.1%。而硫酸化焙烧时,空气过剩系数较大,故炉气中 SO_2 浓度低,而 SO_3 含量较高。

沸腾焙烧炉与块矿多膛炉相比,具有如下特点:① 焙烧强度高数十倍至数百倍以上;② 矿渣残留低;③ 可以焙烧低品位矿;④ 炉气中 SO_2 浓度高,SO_3 浓度低;⑤ 在硫化矿焙烧过程中可以回收大量热能,产生中压水蒸气,其中 35%~45%的水蒸气是通过沸腾层中的冷却管获得;⑥ 炉床温度均匀;⑦ 结构简单,无转动部件,投资省,维修费用少;⑧ 自动化程度高,操作费用低;⑨ 开车迅速而方便,停车引起的空气污染少。但沸腾焙烧炉炉气带尘较多,空气鼓风机动力消耗较大。

沸腾焙烧炉仍在不断强化,出现了一些新的进展:① 进一步提高焙烧强度。新开发的高气速返渣沸腾焙烧炉、双层沸腾炉与熔渣炉是增加生产能力、减小设备容积的新型设备。富氧焙烧、纯氧焙烧和加压法的应用,也在很大程度上强化了焙烧过程。② 余热的进一步利用。如熔渣炉在 1 200 ℃下操作,为设置高压水蒸气废热锅炉创造了条件,1 t 普通硫铁矿可得 0.7 t 以上水蒸气,相当于 500 MJ 左右的热能。③ 生产自动化,使炉温、加料量、加空气量、炉气成分检测等项目都采用自动控制,从而在最佳条件下进行。④ 烧渣的综合利用。高品位硫铁矿直接用作炼铁原料,并能提炼有色金属与贵金属。低品位矿料进行磁化焙烧,渣进行磁选后,提高铁的品位,同时有利于其他金属的提炼。

二、煅烧与工业应用

将固体物料在低于熔点的温度下加热分解,除去二氧化碳、水分或三氧化硫等挥发性物质的过程,称为煅烧。

1. 煅烧的工业应用

煅烧在工业上应用广泛。

(1)制备固体原料或气体原料　化学工业中常通过煅烧制备固体原料或气体原料,例如,在制碱工业中煅烧石灰石生成氧化钙与二氧化碳,CO_2 是纯碱工业的原料,CaO 在索尔维制碱法中用于回收 NH_3。由于制碱工业对这两种原料要求很高,所以对煅烧过程的设计也有严格的限制;在合成氨厂采用碳化煤球制气时,也要用石灰窑煅烧石灰石生成二氧化碳;在无机盐工业中煅烧碳酸镁生成氧化镁,后者用作耐火材料的原料。

（2）通过煅烧生成产品　在纯碱制造过程中,无论是路布兰法、索尔维法或联合制碱法,都是先制成碳酸氢钠,再由碳酸氢钠煅烧得到碳酸钠;在碳酸钾制造过程中,无论是离子交换法、路布兰法或电解法,都是先制成碳酸氢钾,再煅烧成碳酸钾。在无机盐工业中煅烧过程应用很广泛,如二氧化钛生产中,由偏钛酸煅烧成二氧化钛产品;白云石煅烧制得氧化镁;过氧化钡、许多金属的氧化物均可由相应金属的硝酸盐、碳酸盐、硫酸盐或氢氧化物煅烧而得;在某些浸渍型催化剂的生产过程中,载体浸渍了稀土金属的硝酸盐溶液,经高温煅烧才能得到产品。

2. 煅烧的物理化学基础

煅烧过程是不可逆反应过程,反应物是固体,生成物是另一种固体及气体。

$$aA(s) \Longrightarrow sS(s) + gG(g)\uparrow$$

可将煅烧过程中分解反应的自由能表达为温度的函数,产物的分压力达0.1 MPa时的分解温度是最低分解温度。

可按缩芯模型(颗粒大小不变或颗粒大小改变的缩芯模型)研究煅烧过程的动力学,求出未反应芯的推进深度与分解温度和分解时间的关系,以确定完全分解时间。

某些无机盐产品在煅烧过程中会发生晶形转变或其他物性变化,因而影响产品质量,这也应加以注意。

（1）石灰石煅烧的基本原理

① 石灰石主要成分为 $CaCO_3$,$w(CaCO_3) = 95\%$ 左右,此外尚含少量 $MgCO_3$,SiO_2,Fe_2O_3,Al_2O_3 等,主要反应是

$$CaCO_3 \longrightarrow CaO + CO_2$$

根据热力学数据,这一反应的

$$\Delta S^\ominus_{289K} = S^\ominus_{298K}(CaO) + S^\ominus_{298K}(CO_2) - S^\ominus_{298K}(CaCO_3) = 160.8 \text{ J/(mol·K)}$$

$$\Delta H^\ominus_{298K} = \Delta H^\ominus_{298K}(CaO) + \Delta H^\ominus_{298K}(CO_2) - \Delta H^\ominus_{298K}(CaCO_3) = 18 \text{ kJ/mol}$$

根据 $d(\Delta H^\ominus) = \Delta C_{p,m} dT$,及 $d(\Delta S^\ominus) = \Delta C_{p,m} dT/T$,将三物质的摩尔定压热容数据代入,用试差法或图解法可求得 $T = 1\,180$ K 时,分解后理论上 CO_2 分压为 0.1 MPa。

② 实际温度比上述要高,因为在 1 180 K 时石灰石分解速率太慢。矿石分解速率以反应面(已生成的 CaO 与其内部 $CaCO_3$ 的分界面)向内推进速率表示,研究表明该速率与矿石大小无关,与温度 $t(℃)$ 的关系为

$$\lg[r] = 0.003\,145\,t - 3.308\,5$$

由此可见高温可以缩短煅烧时间。在一定温度下,不同大小的矿石所需完全煅烧时间如图 4-1-05 所示。但提高温度也有限制,不能使固体物料挂壁或结疤,实践证明,石灰石煅烧温度控制在 940~1 200 ℃为宜。

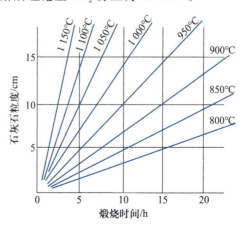

图 4-1-05　原料粒度与煅烧温度、煅烧时间的关系曲线

③ 煅烧是吸热反应,需燃烧焦炭或烟煤,燃料在窑中要燃烧完全,以提供最多的热量,操作中要严格控制空气用量,以使窑气中 $\varphi(CO)<0.6\%$,$\varphi(O_2)<0.3\%$。

(2) 重碱($NaHCO_3$)煅烧基本原理　重碱是不稳定化合物,常温下可以分解,升高温度将加速分解。

$$2NaHCO_3 \longrightarrow Na_2CO_3 + CO_2 \uparrow + H_2O \uparrow$$

平衡常数 $K=p(CO_2)p(H_2O)$,所以 $p(CO_2)=p(H_2O)=\sqrt{K}$,K 随温度升高而增大。可用类似石灰石煅烧的热力学方法求算理论分解温度。实验得出某些温度下的分解压力,见表 4-1-01。

表 4-1-01　$NaHCO_3$ 平均分解压力与温度的关系

$t/℃$	30	50	70	90	100	110	120
分解压力/mmHg*	6.2	30.0	120.4	414.3	731.1	1 252.6	1 274.6

*1 mm Hg = 133.32 Pa。

由表 4-1-01 可见,当温度在 100~101 ℃时,分解压力已达 0.1 MPa,可使 $NaHCO_3$ 完全分解。因此实际上的煅烧温度为 165~190 ℃。

在煅烧过程中,除以上分解反应和重碱中游离水分受热变成水蒸气外,重碱过滤洗涤未净而残留的 NH_4HCO_3,$(NH_4)_2CO_3$,NH_4Cl 也会发生分解反应。这些副反应的发生,不仅消耗了热量,而且使系统中循环的氨量加大,增加了氨耗,还发生

$$NH_4Cl + NaHCO_3 \longrightarrow NaCl + NH_3 + CO_2 + H_2O$$

的反应,残留的 $NaCl$,会影响产品质量。因此在重碱过滤工序中,洗涤是十分重要的。

(3) 偏钛酸的煅烧　用硫酸法制造二氧化钛是国内常用的方法,大致上可分为下面五个步骤。① 酸解:把钛铁矿用硫酸加热浸取,得到含硫酸钛及硫酸铁的溶液。② 净化:除去溶液中的不溶解的杂质,以及大部分溶解的硫酸铁,铁的去除用冷冻法,使其成为绿矾析出。③ 水解:硫酸钛溶液加热水解,使钛以偏钛酸形式自溶液中沉淀析出。④ 煅烧:偏钛酸在高温下分解,释出水与三氧化硫,成为二氧化钛。⑤ 成品处理:二氧化钛的磨粉、检验与包装。

煅烧时发生的反应是

$$10 H_2TiO_3 \cdot SO_3 \longrightarrow 10TiO_2 + 10H_2O \uparrow + SO_3 \uparrow$$

偏钛酸所含水分有两种形态:结合在分子内部的及附着在粒子之间的。分子外部的水分可在 100~200 ℃下由蒸发除去;结合水分必须在更高温度下释出,由热力学分析可知,硫酸钛的各种水解产物,在 200~300 ℃范围内放出水分,而 SO_3 则需在 500~800 ℃时才释出。

煅烧过程中同时发生二氧化钛晶态的变化,二氧化钛有金红石、锐钛矿及板钛矿三种晶态,锐钛矿及板钛矿不太稳定,加热至一定温度会转变为金红石。偏钛酸煅烧时,究竟生成哪一种晶态,与煅烧的时间、温度、水解液种类及偏钛酸中的杂质有关。一般从硫酸钛浓溶液水解得到的沉淀,经煅烧后生成的是锐钛型二氧化钛,在 950 ℃保持 2 h 晶态不变;而用稀溶液水解产物煅烧后,至850 ℃经过 1 h 就转化为金红石。若在硫酸钛水解

时加入金红石型晶核,就可得到金红石型二氧化钛。

二氧化钛的颜料性质,往往因煅烧得到改善。以折射率为例,煅烧前的沉淀为 1.8,在 400 ℃时转变为 2.55,在 950 ℃时转变为 2.71。第一个转折点是偏钛酸转化为锐钛型二氧化钛,第二个转折点是锐钛型二氧化钛转化为金红石型二氧化钛。

制造颜料用二氧化钛时,要求成品有高遮盖力、着色力与不透明性。这些性质往往随着煅烧温度的升高而得到改善。在 900 ℃以上煅烧时,由于转化为金红石型二氧化钛,遮盖力及着色力大大提高,但在此温度下产品会变色。若能采用促进剂,即使在 850~900 ℃时,在短时间内即能发生转化,并能防止产品变色。所用的促进剂可以是钠、钾的氢氧化物、硫酸盐、硝酸盐或碳酸盐,也可以是硫酸铝、硫酸镁,其量一般在 w(促进剂)= 0.5%已足够,由此得到的产物颜色洁白,有光泽,遮盖力强,且吸收油量低,pH 测定接近中性。

3. 石灰石煅烧——混料竖式窑

目前石灰石的煅烧大多采用混料竖式窑,其优点是生产能力大,上料下灰完全机械化,窑气浓度高,热利用率高,石灰质量好。

石灰煅烧窑结构见图 4-1-06。窑身用普通砖或钢板制成,内衬耐火砖,两层之间填装绝热材料,以减少热量损失。从窑顶往下可划分三个区:预热区、煅烧区与冷却区。预热区在窑的上部,占总高的 25%左右,其作用是利用从煅烧区上来的热窑气,将石灰石及燃料预热并干燥,以回收余热,提高热效率。煅烧区位于窑的中部,经预热后的混料在此进行煅烧,完成石灰石分解过程。为避免过烧结瘤,该区温度不应超过 1 350 ℃。冷却区位于窑的下部,约占总高的 25%,其主要作用是预热进窑空气,使热石灰冷却,这样既回收了热量又可起到保护窑篦的作用。至于配料比例、石灰石块度大小、风压、风量及加料出料速率等,都是保持石灰煅烧窑正常操作的主要条件,应予以严格控制。

窑的高度必须适合石灰石块度,在窑体直径不变的情况下,石灰石块度为 40~100 mm,窑身高度在 18 m 左右。窑身直径可根据生产能力来选择,每平方米的面积可煅烧 16.0~19.0 t(石灰石)/d。

石灰煅烧窑的加料与出料要精心设计。对加料装置的要求是:物料要尽量做到连续进窑,进料要均匀,石灰石与焦炭的分布要均匀。在石灰窑中,物料应该是在稳流状态中从上而下移动,尽可能是平推流,沿整个断面均匀分布,以达到良好的运行。对出料的要求是:运行连续稳定,保持燃烧用的空气在整个断面上分布均匀,出料装置要坚固耐用,安全可靠。

标志石灰窑工作情况的主要指标有:每座窑的生产能力及强度,碳酸钙的分解率及窑的热效率。

4. 重碱煅烧——回转煅烧炉

煅烧重碱($NaHCO_3$)生成纯碱、煅烧偏钛酸生成钛白粉等所用设备多为回转煅烧炉,又分为外热式与内热式两种。

(1)外热式煅烧炉 见图 4-1-07,为一圆筒形回转设备,炉体用锅炉钢板焊成,两端装有滚圈,架卧在两对托轮上,后托轮有凸缘,用以固定炉体,不使其后串及脱轨。炉体转速 5~6 r/min,炉中有一条固定在两端的链条,链条与刮板相连,后者用以刮去炉壁

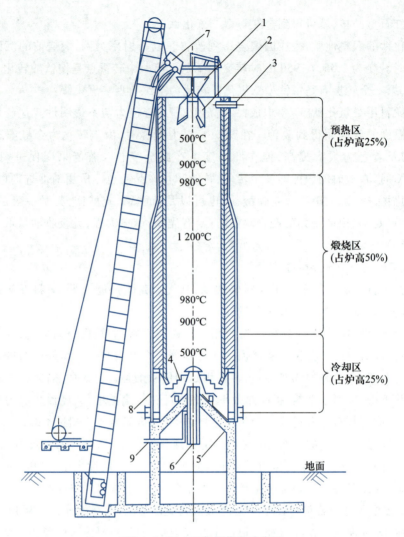

图 4-1-06　石灰煅烧窑示意图

1—漏斗；2—分石器；3—出气口；4—出灰转盘；5—四周风道；
6—中央风道；7—吊石罐；8—出灰口；9—风压表接管

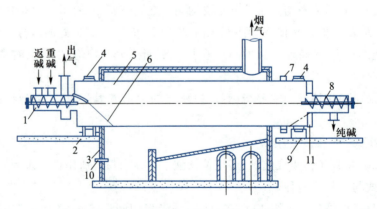

图 4-1-07　外热式煅烧炉示意图

1—进料螺旋输送机；2—前托轮；3—炉灶；4—滚圈；5—炉体；6—链条；
7—齿圈；8—出料螺旋输送机；9—后托轮；10—重油喷嘴；11—出碱口

附着物并搅拌打碎物料。固体物料(如重碱与返碱)经过进料螺旋输送机运送,并搅拌均匀入炉,进料螺旋输送机外壳上有返料与新料加入口及炉气出口。

出料螺旋输送机将炉尾出料斗中产品取出,其上有测温装置,操作人员依据温度判断煅烧情况,并决定取出物料量。

外热式煅烧炉可以煤或重油为燃料。采用重油为燃料,虽可减轻繁重体力劳动,但因受炉结构限制,生产能力低,炉体易损坏,热效率差,逐渐被内热式水蒸气煅烧炉代替。

(2)内热式水蒸气煅烧炉 卧式圆筒形,见图 4-1-08。由炉体部分、进料部分、出料部分、加热部分及传动部分组成。

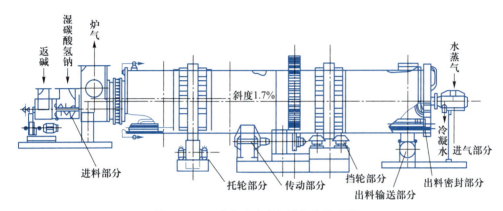

图 4-1-08 内热式水蒸气煅烧炉示意图

炉体由普通钢板卷焊而成,前后有两个滚圈,架在托轮上,使炉体向后倾斜 1.5% ~ 2.0%。托轮负荷大,采用滚动轴承。在炉尾端的滚圈上装有挡轮,防止炉体轴向窜动。炉尾滚圈附近装有齿轮圈,通过减速机、浮动联轴器由电动机带动回转。进料、出料部分采用端面填料密封,以防碱粉及炉气逸出或空气漏入。炉体内靠近炉尾出料口设有挡灰圈,以保持炉内一定的存料量。炉体内充填系数,即固体物料所占容积与炉内有效容积之比为(0.2~0.3):1。

拓展

新型自身返碱蒸汽煅烧炉系统

进出料均用螺旋输送机,进料螺旋输送机用空心叶片,出料螺旋输送机用实心叶片,运输机能力要与生产能力适应。

炉内加热管以同心圆排列,由管架支撑于炉体上,加热管外壁装有散热片以增大传热面积。为避免入炉物料在加热管上结疤,近炉头一端 2~4 m 为光管。水蒸气室在炉尾,接有随炉旋转的空心夹套进气轴,外有支承在弹性支架上的进气箱,进气轴与进气箱之间采用石墨填料密封,填料箱外有水夹套冷却。

内热式水蒸气煅烧炉与外热式煅烧炉相比,具有以下优点:① 生产能力大,为同一直径与长度外热式煅烧炉的 2~3 倍,占地面积与建筑费用省;② 热利用率高,内热式水蒸气煅烧炉可达 70% ~75%,而外热式煅烧炉仅有 45% ~55%;③ 寿命长,不受直接火焰,用普通钢板制成,维护费低;④ 劳动条件好,炉体外有保温层,对环境影响少。

目前内热式水蒸气煅烧炉又有新的进展,出现了自身返料、抛料机加料式水蒸气煅烧炉。自身返料比炉外返料简化了流程,抛料机加料比螺旋输送机更能使固体进料分散度好。

4-2 浸 取

浸取是应用溶剂将固体原料中可溶组分提取出来的单元过程。进行浸取的原料是溶质与不溶性固体的混合物,其中溶质是可溶组分,而不溶固体称为载体或惰性物质。

一、浸取的工艺与设备

浸取广泛用于化学工业,特别是无机盐工业和磷肥工业,以获取具有应用价值组分的浓溶液或用来除去不溶性固体中所夹杂的可溶性物质。大多数金属矿物是多组分的,需要用浸取才能分离出所需的金属,如用硫酸或氨溶液从含铜矿物中得到铜,用氰化钠溶液从含金矿石中提取金。无机盐工业中铬、硼、钛、钡等盐类均需从矿石中浸取而得。用浸取法还可提取或回收铝、钴、锰、锌、镍等。以天然物质为原料,还可用浸取法得到有机物质,如食品工业中用温水从甜菜中提取食糖,用溶剂从花生、大豆中提取食油等。

表 4-2-01 列举了一些化学工业中的浸取过程。

表 4-2-01 化工浸取过程举例

产物	原料	溶剂
磷酸	磷矿石	硫酸、硝酸、盐酸
钛白	钛矿石	硫酸
重铬酸钠	铬矿	硫酸、三氯化镁
五氧化二钒	钒矿	氢氧化钠
氧化铝	铝矾土	氢氧化钠
铜镍钴盐	铜镍钴硫化矿	氨
铜镍钴盐	铜镍钴氧化矿	酸、氨、硫酸铵溶液
稀土盐类	稀土矿	热硫酸
金、银	金、银氧化矿	氰化物

表 4-2-02 列举了一些典型的浸取操作实例。

表 4-2-02 化工典型浸取操作实例

浸取方法	原料	原料粒度/mm	浸取时间/h	浸取率
悬浮搅拌	磷矿	0.35	5	约95%
悬浮搅拌	铜矿	<0.85	4~8	约95%
加压悬浮搅拌	硫化镍矿	<0.3	2	约98%
渗滤浸取	铜矿	6	120	约80%
堆浸	铜矿	碎矿	2 880	约20%

1. 浸取的基本概念

（1）浸取类型　浸取按溶剂种类可分为① 酸浸取，又称酸解，浸取剂有硫酸、硝酸、盐酸、亚硫酸及其他无机酸与有机酸；② 碱浸取，又称碱解，浸取剂有氢氧化钠、氢氧化钾、碳酸钠、氨水、硫化钠、氰化钠及有机碱类；③ 水浸取，浸取剂为水；④ 盐浸取，浸取剂有氯化钠、氯化铁、硫酸铁、氯化铜等无机盐类。

浸取按是否发生化学反应可分为非反应浸取与反应浸取两类，反应浸取中又可分为配合浸取、氧化浸取、还原浸取、氯化浸取等。

按浸取条件可将浸取分为常温或高温浸取，常压或加压浸取。

（2）浸取剂的选择　浸取剂又称溶剂，浸取剂的选择条件是① 浸取剂对溶质的浸取应具有选择性，以减少浸取液精制费用；② 对溶质的饱和溶解度大，可得到高浓度浸取液，再生时消耗的能量小；③ 要考虑浸取剂的物性，从浸取剂回收看，沸点应低一些，如在常压下操作，沸点将成为浸取温度上限，浸取液的黏度、密度对扩散系数、固液分离、搅拌的动力消耗均有影响；④ 浸取剂的价格、毒性、燃烧性、爆炸性、腐蚀性等有关性质。

（3）固体的预处理　为了使固体原料中溶质能够很快接触溶剂，需进行预处理，预处理包括粉碎、研磨、切片或造型。对某些矿物还需进行煅烧或焙烧。预处理是浸取前的重要工序。

将原料粉碎、磨细，可增加其与浸取剂接触的表面积，使浸取速率显著提高。但由于粉碎费用昂贵，所以要考虑一个经济合理的颗粒大小。对于溶质在载体中均匀分布，溶质易渗透的情况，过细的粉碎并不经济，也无必要，因为浸取操作是在搅拌槽中进行的，保持固体粒度在溶剂中能较好悬浮即为合适。

（4）浸取条件　反应浸取从化学反应工程角度看，属于液固反应，对于这类液固浸取，浸取速率受以下因素影响：温度、浸取剂浓度、粒度、孔隙率、搅拌等。

反应的浸取速率随温度上升而增加，然而对扩散控制的过程，温度对浸取速率的影响不很明显，升高温度，浸取速率提高不多，但却明显增加了杂质含量，不如选取适当浸取温度为宜。如对铜矿的反应浸取，温度取 29.5 ℃ 为宜，超过此温度，浸取速率提高不多，而浸出液中杂质含量却明显增加。

浸取速率随浸取剂浓度增加而增加。但有时提高浓度并不能显著提高浸取速率，相反却增加了其他组分的溶解。如酸解矿物时，为避免杂质过多浸出，要控制酸度。

浸取速率随矿石粒度减小而增加，因为颗粒越小，液-固两相接触表面积越大。但粒度太小，将会增加粉碎成本。粒度太大，浸取时间增加。

在浸取过程中，如果过程是液相扩散控制的，那么搅拌对浸取速率有较大影响。若过程为反应控制，则搅拌对浸取速率影响不大，但也须充分搅拌避免固体沉降。

此外影响浸取速率的还有矿浆密度、浸取物的物理化学性质。而浸取时间主要由有用组分回收率和杂质最小污染程度决定。

一般说来，上述影响因素的最佳值可以通过实验确定。反应浸取的设计现在还不太成熟，通常可按液-固相反应处理。

浸取后一般先除去悬浮物质，然后进行过滤，获取的是澄清的浸取液。工业上由浸取液回收有用物质的处理方法有以下几种：① 结晶法；② 吸附法；③ 离子沉淀法；④ 金属沉淀法；⑤ 气体沉淀法；⑥ 离子浮选与沉淀浮选法；⑦ 离子交换法；⑧ 溶剂萃取法；⑨ 固体或液体阴极电积法等。这些回收方法的选择主要取决于浸取液的物化性质、处理方法的技术经济指标，以及因地制宜等因素。

2. 几种典型浸取过程

（1）酸浸取　以酸为浸取剂的浸取过程，亦称酸解，所发生的化学反应是酸与矿物的复分解反应。酸浸取所用的酸可以是无机酸或有机酸，无机酸主要是硫酸、硝酸、盐酸，有时也用氢氟酸、亚硫酸、王水等。有机酸如醋酸、草酸、蚁酸和其他烷基酸。

硫酸是弱氧化酸，沸点高，在常压下浸取温度高，能使浸取过程强化，设备防腐也较易解决，是处理金属氧化矿物的主要溶剂。硫酸也能溶解碳酸盐、磷酸盐、硫化物等。因此是应用最广泛的溶剂之一。浸取过程中所发生的主要反应是

$$MeO+H_2SO_4 \Longequal MeSO_4+H_2O$$
$$MeS+H_2SO_4+1/2O_2 \Longequal MeSO_4+H_2O+S$$

硝酸是强氧化剂，反应能力强，但易挥发、价格贵，一般不单独用作浸取剂，仅用为氧化剂。

盐酸能与金属、金属氧化物及某些硫化物作用生成可溶性金属氯化物。

酸解过程在无机盐工业中应用广泛，举例如下。

① 硼矿化学加工　硼矿粉在 90 ℃、常压下被硫酸分解以生成硼酸。

② 萤石化学加工　萤石（氟化钙）在 200～250 ℃下被硫酸分解制取氢氟酸，反应过程通常在立式预反应槽与卧式外加热反应转炉中进行：

$$CaF_2+H_2SO_4 \longrightarrow CaSO_4+2HF$$

③ 铬酸酐生产　将重铬酸钠 $[w(Na_2Cr_2O_7)=98\%]$ 与浓硫酸放入带有框式搅拌器的钢制反应器中混合，加热至 190 ℃进行酸解反应：

$$Na_2Cr_2O_7+2H_2SO_4 \longrightarrow 2CrO_3+2NaHSO_4+H_2O$$

④ 氯化钡生产　将重晶石（主要是硫酸钡）矿粉与煤粉加入转炉中于950～1 000 ℃下焙烧得硫化钡熔体，用热水于螺旋浸取器中连续浸取，得硫化钡溶液，再与盐酸在反应器中反应，制得氯化钡。

此外，铝土矿被硫酸、硝酸或盐酸分解制取铝盐，菱锌矿被硫酸分解制取硫酸锌，磷矿石被硫酸分解生产过磷酸钙等都是酸浸取的实际应用。

酸解过程中所用的酸，常使反应生成物之一为酸性气体，另一为新的固相结晶；同时必须考虑新固相结晶的成核条件和生长条件，以避免新固相包裹矿石颗粒。例如，硫酸分解磷矿制取过磷酸钙时，硫酸浓度不宜过高，否则硫酸钙在矿粉表面上形成致密的薄壳，以致酸解反应不完全。酸与矿粉配比不同，可生成不同产品。例如，硫酸分解钛铁矿时，因配比不同，可以生成硫酸钛或硫酸氧钛。

酸解过程通常是不可逆放热反应，分解率较高，放出的热量可使物料温度升高，因而使反应速率加快。有些酸解反应有一个起始反应温度，然后借助自热加速反应，硫酸分

解钛铁矿即属此例。

影响矿物或盐类酸解率和酸解速率的主要因素有：

① 粒度　固体粒度越小,则酸解率和酸解速率越高。

② 温度　温度升高则大多数物质的溶解度和扩散系数增加,溶液黏度减小,酸解速率提高。当温度受酸液沸点限制时,酸解过程须在加压下进行。

③ 搅拌作用　搅拌能增加液固相的相对运动速率,使扩散阻力减小,还可防止颗粒沉降。

④ 孔隙率　固体物料孔隙率越大,越容易酸解。

⑤ 悬浮液的液固比　液固比越大,酸解速率也越高。

酸解设备有机械搅拌槽式反应器、空气鼓泡槽式反应器、回转筒式反应器、板式浸取塔、增稠浸取器和螺旋浸取器等。过程可以间歇地或连续地进行。

（2）碱浸取　以碱为浸取剂的浸取过程,亦称碱解,通常用于对矿石进行加工的无机盐生产过程中。有机化合物被碱分解的过程也称碱解。碱性物质一般是钠、钾的氢氧化物、碳酸盐、重碳酸盐,钙的氧化物、氢氧化物及氨等。碱性物质可以单独或混合使用。

无机盐工业中多用烧碱或纯碱溶液,在水蒸气加热条件下加工矿物或盐类,使其分解,以浸取出有用组分。典型实例如下。

① 硼砂生产　在水蒸气加热下,用纯碱与硼矿反应,使其分解为可溶性硼酸盐和不溶性碳酸盐,加以分离。反应在 $4 \sim 6$ 个串联的碳酸化分解塔中进行：

$$2(MgO \cdot B_2O_3) + Na_2CO_3 + CO_2 \longrightarrow Na_2B_4O_7 + 2MgCO_3$$

② 泡花碱（硅酸钠）生产　把硅石粉与烧碱溶液加入加压釜中,在高温下反应,生成硅酸钠。反应在立式搅拌釜中进行：

$$SiO_2 + 2NaOH \longrightarrow Na_2SiO_3 + H_2O$$

③ 溶浸法制氟化钠　将萤石、纯碱、石英砂混合后在 $800 \sim 900$ ℃下焙烧,然后用水浸取,再结晶,干燥后即得成品。反应在转炉中进行,焙烧产物在搅拌浸取器中浸取。

$$CaF_2 + Na_2CO_3 + SiO_2 \longrightarrow 2NaF + CaSiO_3 + CO_2$$

氨是铜、镍、钴氧化矿的有效溶剂,氨可与这些金属形成稳定的络离子,扩大了 Cu^{2+},Ni^{2+},Co^{2+} 在浸取液中的稳定区域,降低了铜、镍、钴的氧化还原电位,使其较易转入溶液中。

在有氧存在时,镍或钴与氨作用生成 $Ni(NH_3)_4^{2+}$,$Co(NH_3)_4^{2+}$,例如：

$$Ni + 4NH_3 + CO_2 + \frac{1}{2}O_2 = Ni(NH_3)_4CO_3$$

对铜或铜氧化矿也可进行氨浸取：

$$CuO + 2NH_4OH + (NH_4)_2CO_3 = Cu(NH_3)_4CO_3 + 3H_2O$$

$$Cu + Cu(NH_3)_2CO_3 = Cu_2(NH_3)_2CO_3$$

生成的亚铜氨络离子可被空气中的氧氧化为铜氨络离子,再重新浸取金属铜：

$$Cu_2(NH_3)_2CO_3 + (NH_4)_2CO_3 + 2NH_4OH + \frac{1}{2}O_2 === 2Cu(NH_3)_2CO_3 + 3H_2O$$

氨浸法的特点是能选择性浸出铜、镍、钴,而不溶解其他杂质,对含铁高或以碳酸盐矿为主的铜、镍矿物宜用氨浸法。

硫化钠作为浸取剂也是碱浸取过程,硫化钠是砷、锑、锡、汞的良好浸取剂,如硫化锑在氢氧化钠和硫化钠的溶液中,浸取率可达99%以上。这是因为硫化钠可以和砷、锑、锡、汞的硫化物作用,生成稳定的金属硫离子络合物,如

$$Sb_2S_3 + S^{2-} \longrightarrow 2SbS_2^-$$

为防止硫化钠水解,在浸取剂中常添加氢氧化钠。

氰化钠的浸取是提取金、银广泛使用的方法,金、银等金属的电极电位很高,能与CN^-形成络合物,降低了金、银的氧化还原电位,从而使金、银转入溶液中:

$$2Au + 4NaCN + 2H_2O \longrightarrow 2NaAu(CN)_2 + 2NaOH + H_2$$

影响矿物或盐类碱浸取的碱解率和反应速率的因素主要有碱类物质和矿物的配比、反应温度、反应时间、操作压力、搅拌强度等。由于多在溶液中进行浸取,原料颗粒大小与碱液浓度也应控制。

碱浸取一般在槽式反应器中进行,有时也采用塔式反应器,如搅拌釜、空气鼓泡槽、板式浸取塔等。碱浸取时可用直接水蒸气加热或夹套间接加热,过程可以间歇、批量或连续进行。

（3）盐浸取　用盐作为浸取剂的浸取过程,根据盐在浸取过程中的作用,可分为两类:

① 盐仅作添加剂,只发生复分解反应,增加浸取液中某组分溶解度,如

$$PbSO_4 + 2NaCl === PbCl_2 + Na_2SO_4$$

$$PbCl_2 + 2NaCl === Na_2(PbCl_4)$$

② 盐作为氧化剂,浸取过程中发生氧化还原作用,如$FeCl_3$,$Fe_2(SO_4)_3$,$NaClO$等。高价铁盐是理想氧化剂,由于其氧化还原电位较高,可广泛用于硫化矿和氧化矿的浸取:

$$MeS + 8Fe^{3+} + 4H_2O === Me^{2+} + 8Fe^{2+} + SO_4^{2-} + 8H^+$$

$$MeS + 2Fe^{3+} === Me^{2+} + 2Fe^{2+} + S$$

3. 浸取设备

液固浸取操作包括固体原料中溶质在溶剂中溶解的过程和残渣与浸取液的分离过程,后一过程往往不能分离完全,因此为了回收浸取后残渣中吸附的溶质,还需反复洗涤。

浸取设备有间歇式、半连续式、连续式。按固体原料的处理方式,可分为固定床、移动床、分散接触式;按溶剂与固体原料的接触方式,可分为多级接触型、单级接触型与微分接触型。

在选择设备时,要根据所处理固体原料的形状、颗粒大小、物理性质、处理难易,以及所需费用大小决定,处理量大时,一般用连续设备。

（1）渗滤浸取器

① 分批操作渗滤器

粗大颗粒固体可由固定床或移动床设备的渗滤器浸取。在渗滤器中装入待浸取固体，然后用溶剂渗滤、浸渍并间歇排泄滤液。槽内应放颗粒均匀的固体，这样才有最大的空隙率，使床层阻力降低和沟流少。槽的底部安装多孔板或木格子，固体原料堆放其上，浸取槽可用金属、水泥、木材，内衬沥青、铅板、耐酸砖等制成圆形或方形，固体颗粒小时，可放上滤布。当床层压力降过高时，或为了避免溶剂的蒸发损失时，可以采用密封的渗滤器，溶剂可用泵循环通过各槽。

渗滤器也可联组操作，图 4-2-01 为多个间歇渗滤器所组成的渗滤器组，可用于制糖工业中，也用于药物的提取中。在制糖工业中，用几个至十几个渗滤器联组，以 71~77 ℃ 的热水从甜菜中提取糖，糖的收率可达 95%~98%，最终浸取液的浓度达 $w(糖)=12\%$。

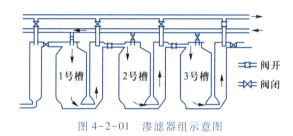

图 4-2-01　渗滤器组示意图

② 连续操作渗滤器

a. Rotocel 浸取器　由美国 Kellogg 公司开发，处理能力大。美国采用大容量连续浸取的 Rotocel 浸取器每天可处理物料 18 000 t。我国在大豆处理和菊花晶处理中也采用此类浸取器。

设备示意图见图 4-2-02，类似于间歇逆流多级接触浸取器组，浸取器隔开成 20 个相等的扇形单元，整个槽在圆形轨道上慢慢旋转。固体物料连续地从某一固定地点加入，此后就受到多股溶剂喷淋，每一股溶剂浓度依次比前面一股要稀，而物料排出前再用纯溶剂洗涤。各单元底板有翻板，浸取终了时，浸取残渣都将落下。浸取槽外侧装有密封罩，以防溶剂蒸气外逸。

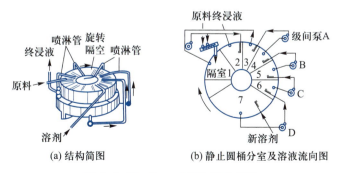

(a) 结构简图　　(b) 静止圆桶分室及溶液流向图

图 4-2-02　Rotocel 浸取器示意图

b. Bollman 浸取器　如图 4-2-03 所示，是一种移动床式连续浸取器，它包含一连串带孔的料斗，其安排的方式就如斗式提升机，料斗安装在密封设备中。固体加到向下移动的那一边顶部料斗,再从向上移动的顶部料斗排出。溶剂喷淋在即将排出的固体物料上,并经料斗下流,以达逆向流动。然后,再使溶剂以并流方式与下移料斗接触。典型的 Bollman 浸取器每小时转一圈,每斗可装 360 kg 物料,处理能力大,每天可处理固体物料 50~500 t。

c. Kennedy 浸取器   如图 4-2-04 所示,由一组槽子串联组成,固体受叶轮带动,由一槽输送到另一槽,而溶剂流向相反,因而是逆流浸取。

(2) 分散固体浸取器

① 搅拌槽

a. 粗粒原料搅拌式浸取槽   又分为卧式、立式与回转式等类型,见图 4-2-05。卧式与立式搅拌槽与搅拌反应釜相似,可用蒸汽夹套、蒸汽盘管或直接蒸汽加热。回转式浸取槽与回转式干燥器类似,工业中广泛采用的是具有外夹套蒸汽加热的水平圆筒形。

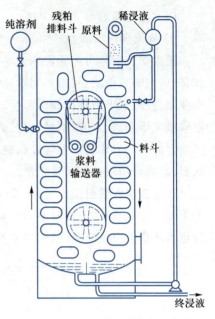

图 4-2-03   Bollman 浸取器示意图

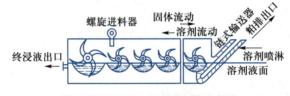

图 4-2-04   Kennedy 浸取器示意图

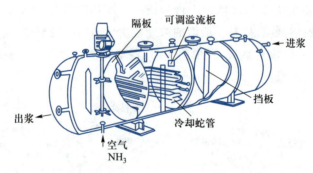

图 4-2-05   粗粒原料搅拌式浸取槽示意图

b. 细粒原料搅拌式浸取槽   在浸取槽中,用搅拌使细粒原料悬浮在溶剂中,经过一定时间浸取抽提后,在同一槽中或在另一槽中使固体粒子沉降,或用过滤方式使固液分离,搅拌形式有机械搅拌与空气搅拌两种。

图 4-2-06 为空气搅拌的 Pachuca 槽,用于金银矿氰化法提取或氯化锌的浸取。槽用木材、金属、水泥或铅制造,设备费低廉,适宜长期操作。在槽的中部,从锥形底至液面附近有一根垂直管,下部吹入空气,悬浮液与空气在管内急剧上升,悬浮液在垂直管外侧

向槽底部流动,造成循环。

② 螺旋输送浸取器

如图 4-2-07 所示,在一个 U 形组合的浸取器中,分装三组螺旋输送固体,在螺旋线表面上开孔,溶剂可以通过孔进入另一螺旋中,以达到与固体逆流接触。螺旋转速以固体排出口达到紧密程度为好。也有双螺旋浸取器,其水平部分的螺旋用于浸取,倾斜部分的螺旋用于洗涤、脱水和排出浸取过的固体。

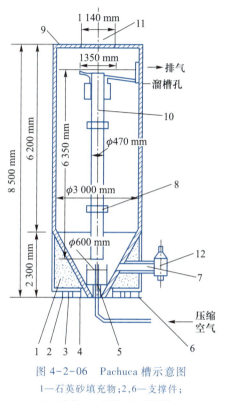

图 4-2-06 Pachuca 槽示意图
1—石英砂填充物;2,6—支撑件;
3—底板;4—锥底;5—进气管;
7—排浆管;8—包铅铁箍;9—顶盖;
10—提升管;11—加料口;12—旋塞

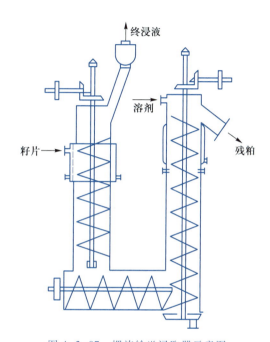

图 4-2-07 螺旋输送浸取器示意图

二、浸取的工业应用实例

1. 硫酸浸取磷矿制磷酸

用硫酸浸取磷矿制磷酸(湿法磷酸)是磷酸生产中应用最广泛的方法,在技术上最成熟,经济上最合理,其产量在磷酸产量中占绝对优势。

(1)生产原理

① 化学反应 硫酸浸取分解磷矿是液固相反应过程,反应式为

$$Ca_5F(PO_4)_3 + 5H_2SO_4 + nH_2O \longrightarrow 3H_3PO_4 + HF + 5CaSO_4 \cdot nH_2O$$

反应过程中为避免磷矿颗粒表面被硫酸钙包裹,延缓或阻碍反应的进行,实际上是用循环磷酸料浆来分解磷矿,即用磷酸与硫酸的混酸来分解磷矿。

反应分两步进行,第一步是磷矿与磷酸生成磷酸一钙,第二步是磷酸一钙再与硫酸反应生成磷酸与硫酸钙:

$$Ca_5F(PO_4)_3 + 7H_3PO_4 \longrightarrow 5Ca(H_2PO_4)_2 + HF$$

$$Ca(H_2PO_4)_2 + H_2SO_4 + nH_2O \longrightarrow 2H_3PO_4 + CaSO_4 \cdot nH_2O$$

磷矿中所含杂质对湿法磷酸的生产工艺过程和产品质量有显著影响。

a. 氟　磷矿中的氟在酸解时会生成 HF,再与磷矿中活性 SiO_2 形成氟硅酸。氟存留在磷酸中会增大磷酸溶液的腐蚀性,大部分氟以 SiF_4 形态逸出,回收加工为氟盐,并且消除了污染。

b. SiO_2　磷矿中含有少量 SiO_2,有利于生成的 HF 转化为挥发性低和腐蚀性弱的氟硅酸。若 SiO_2 过高,会增大设备、管道和搅拌浆的腐蚀,并增加料浆黏度,降低分离硫酸钙时的过滤强度。

c. 碳酸盐　磷矿中通常会有少量石灰石等碳酸盐矿物,其主要成分为 $CaCO_3$,$MgCO_3$。CaO 在酸解时生成 $CaSO_4$,增大硫酸的消耗定额;MgO 全部进入磷酸溶液中,中和掉磷酸中的第一个氢离子,并增加溶液黏度,对结晶、过滤、浓缩过程不利。碳酸盐分解时放出 CO_2,使溶液形成泡沫,造成逸出损失。

d. 铁、铝化合物　磷矿中的铁、铝杂质会增大磷酸溶液的黏度,降低酸的质量,并于浓缩时在设备中结垢,并可能与磷酸形成淤渣,造成 P_2O_5 损失。

e. 钾、钠化合物　磷矿中钾、钠离子首先与氟硅酸反应生成氟硅酸钾、钠,会在反应、过滤及浓缩系统的设备与管线中结垢,在储存系统中形成淤渣,导致装置开车率下降与 P_2O_5 损失增大。

f. 锶、镧等稀土金属化合物　磷灰石在矿中的稀土金属氧化物对半水物硫酸钙转化为二水物起延缓作用。

g. 氯、碘　氯和碘是萃取磷酸中最不希望存在的杂质,它们会使磷酸溶液具有极强的腐蚀性。应避免这两种杂质进入磷酸生产系统。

② 硫酸钙的晶形和生产方法分类　在湿法磷酸生产过程中,根据液相中磷酸与硫酸的浓度及系统的温度不同,有三种硫酸钙的水合物结晶与溶液处于平衡状态,它们是二水物 $CaSO_4 \cdot 2H_2O$(二水石膏)、半水物 $\alpha\text{-}CaSO_4 \cdot 0.5H_2O$($\alpha$-半水石膏)和无水物 $CaSO_4\,\mathrm{II}$(硬石膏 II)。它们的化学组成与晶系的物性见表 4-2-03。

表 4-2-03　硫酸钙结晶化学组成及物性

结晶形态	晶系	密度	折射指数		化学组成/%		
			n_g	n_p	$w(SO_3)$	$w(CaO)$	$w(H_2O)$
$CaSO_4 \cdot 2H_2O$	单斜晶系	2.32	1.530	1.520	46.6	32.5	20.9
$\alpha\text{-}CaSO_4 \cdot 0.5H_2O$	六方晶系	2.73	1.534	1.559	55.2	38.6	6.2
$CaSO_4\,\mathrm{II}$	斜方晶系	2.52	1.614	1.571	58.8	41.2	0

湿法磷酸生产方法往往以硫酸钙出现的形态来命名。工业上有下述几种湿法磷酸生产方法:

a. 二水物法制湿法磷酸　这是目前世界上应用最广泛的方法,有多槽流程和单槽流程,其中又分无回浆流程与有回浆流程,以及真空冷却流程与空气冷却流程。二水物法制湿法磷酸一般含 $w(P_2O_5) = 28\% \sim 32\%$,磷总收率 93% ~ 97%。二水物法磷的总收率较低,原因是该法洗涤不完全;少量磷酸溶液进入硫酸钙晶体空穴中,磷酸一钙结晶后与硫酸钙结晶层交替生长;磷矿颗粒表面形成硫酸钙膜使磷矿萃取不完全。

b. 半水-二水物法制湿法磷酸　先使硫酸钙形成半水物结晶,后再重结晶为二水物。这样可使硫酸钙晶格中的 P_2O_5 全部释放出来,P_2O_5 总收率达 98% ~ 98.5%,同时提高了磷石膏纯度,扩大了它的应用。半水-二水物法流程根据产品酸的浓度又可分为稀酸流程和浓酸流程两种。前者半水物结晶不过滤直接水化为二水物再过滤分离,产品酸含 $w(P_2O_5) = 30\% \sim 32\%$;后者从半水物料浆分出产品酸,含 $w(P_2O_5) = 45\%$,滤饼送入水化槽重结晶为二水物。

c. 二水-半水物法制湿法磷酸　P_2O_5 总收率达 99%。磷石膏含结晶水少,有利于制造硫酸与水泥,产品酸含 $w(P_2O_5) = 35\%$ 左右。

d. 半水物法制湿法磷酸　可得含 $w(P_2O_5) = 40\% \sim 50\%$ 的高浓度磷酸。

③ $CaSO_4 - H_3PO_4 - H_2O$ 体系相平衡

硫酸钙的各种水合物及其变体在水中的溶解度如图 4-2-08 所示。除二水物外,溶解度均随温度升高而降低。

由图可见,二水物与无水物 Ⅱ 在水中溶解度最小,40 ℃ 时两者溶解度曲线相交,说明低于 40 ℃ 时二水物是稳定固相,高于 40 ℃ 时,无水物 Ⅱ 是稳定固相,在 40 ℃ 时二者可以互相转换并保持 $CaSO_4 \cdot 2H_2O \Longrightarrow CaSO_4 \, Ⅱ + 2H_2O$ 的平衡关系。其他水合物及其变体溶解度高,均为介稳固相,最终将转变为二水物或无水物 Ⅱ。

二水物与 α-半水物溶解度曲线相交于 97 ℃,此时两者可互相转换并保持 $CaSO_4 \cdot 2H_2O \Longrightarrow \alpha-CaSO_4 \cdot 0.5\,H_2O + 1.5\,H_2O$ 的平衡关系,但此时平衡是介稳平衡,最终都将转变为无水物Ⅱ。图 4-2-09

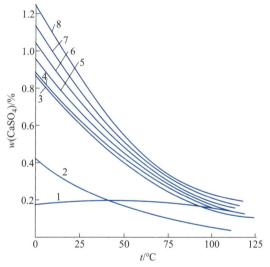

图 4-2-08　硫酸钙的各种水合物及其变体在水中的溶解度曲线

1—$CaSO_4 \cdot 2H_2O$;2—$CaSO_4 \, Ⅱ$;3—$\alpha-CaSO_4 \, Ⅲ$;
4—$\beta-CaSO_4 \, Ⅲ$;5—$\alpha-CaSO_4 \cdot 0.5H_2O$;
6—$\beta-CaSO_4 \cdot 0.5H_2O$;7—脱水后的 $\alpha-CaSO_4 \cdot 0.5H_2O$;
8—脱水后的 $\beta-CaSO_4 \cdot 0.5H_2O$

拓展

两步法湿法磷酸联产 α-半水石膏

为 $CaSO_4 - H_3PO_4 - H_2O$ 系统高温图。由图可见,在 $CaSO_4 - H_3PO_4 - H_2O$ 体系中,硫酸钙只有两种稳定的晶体——二水物和无水物Ⅱ。其稳定区分别在 $CaSO_4 \cdot 2H_2O \Longrightarrow CaSO_4 \, Ⅱ + 2H_2O$ 转化平衡曲线(实线)的下侧区域Ⅰ与上侧区域Ⅱ,Ⅲ。α-半水物在 $CaSO_4 \cdot 2\,H_2O \Longrightarrow \alpha-CaSO_4 \cdot 0.5\,H_2O + 1.5H_2O$ 转化平衡曲线(点划线)的上侧区域Ⅲ是介稳定的,二水物在两条转化曲线(实线与点划线)之间的区域Ⅱ是介稳定的。由此图可确定二水物法和半水物法制湿法磷酸的工艺条件。二水物法生产磷酸的浓度及相应的温度应处在区域 II 中,即在介稳平衡曲线下方,因为此区域中二水物是介稳定的,而 α-半水物是不稳定的。半水物生产磷酸的浓度和相应的温度应处在区域 III 中,即在介稳平衡曲线的上方,因为此区域中 α-半水物是介稳定的,而二水物是不稳定的。

④ 磷矿在磷酸-硫酸混合溶液中的浸取和分解过程　磷矿被磷酸-硫酸的混酸浸取和分解是液固相非催化反应过程,浸取酸应需通过液膜,再通过生成物硫酸钙所形成的固膜,扩散到反应界面上才能进行反应。不同的磷矿,孔隙率不同,比表面积不同,扩散对宏观速率的影响也不相同。

湿法磷酸生产中,磷矿的分解与硫酸钙的结晶是同时进行的,随着液相中硫酸浓度的增高,析出的硫酸钙结晶覆盖在磷矿颗粒表面上形成膜的趋势越大,将延缓磷矿分解反应的进行,使磷矿分解不完全,造成 P_2O_5 的损失。研究表明,在无晶种的情况下,溶液中硫酸钙的表观溶度积与平衡溶度积之比大于 2.5 时,矿粒就会被生成的硫酸钙所包裹。因此,为使磷矿分解完全,在稳定的工艺条件下进行浸取是非常重要的。

通常使用的磷矿粉粒度为:>160 μm 的占 20%~30%,125~160 μm 的占 30%~40%,80~125 μm 的占 40%。反应活性高的磷矿,粒度可以稍粗些;反之,要求粒度细一些。

⑤ 硫酸钙的结晶　从图 4-2-09 可知,目前各种湿法磷酸的生产方法都是在无水物 II 是稳定变体的条件下进行的,而实际生成的晶体都是介稳定性的二水物和 α-半水物。这是因为,在二水物和 α-半水物生产控制的条件下,它们转变为稳定的无水物 II 是非常缓慢的。

湿法磷酸生产过程中,制得粒大、均匀、稳定的二水物和 α-半水物硫酸钙结晶以便于过滤分离和洗涤干净,是十分重要的问题。

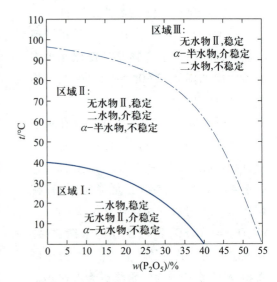

图 4-2-09　$CaSO_4$-H_3PO_4-H_2O 系统高温图
黑线—$CaSO_4 \cdot 2H_2O \Longrightarrow CaSO_4\ II + 2H_2O$ 热力学平衡图;
蓝线—$CaSO_4 \cdot 2H_2O \Longrightarrow \alpha\text{-}CaSO_4 \cdot 0.5H_2O +$
1.5H_2O 介稳平衡曲线

拓展

溶剂萃取净化法磷酸的制备方法

(2) 生产工艺条件

湿法磷酸制造工艺由两个主要部分组成:磷酸与硫酸的混酸浸取并分解磷矿生成磷酸与硫酸钙;硫酸钙晶体的分离与洗净。湿法磷酸生产工艺希望达到最大的 P_2O_5 利用率和最低的硫酸用量。这就要求在磷矿浸取与分解工序中磷矿分解率要高,并尽可能减少由于磷矿粉被包裹和 HPO_4^{2-} 同晶取代 SO_4^{2-} 所造成的 P_2O_5 损失。在分离工序要求硫酸钙晶体粒大、均匀、稳定,过滤强度和洗涤效率高,减少 P_2O_5 损失。

① 液相 SO_3 浓度　液相 SO_3 浓度表示液相中游离硫酸含量,它对磷矿的浸取分解、硫酸钙晶核形成、晶体成长与结晶形态,以及 HPO_4^{2-} 的晶格取代有影响。在二水物法制湿法磷酸时,SO_3 控制在 $\rho(SO_3) = 0.015 \sim 0.025$ g/mL。矿种不同,液相 SO_3 浓度范围也有一定差异。

② 反应温度 提高反应温度,可提高反应速率,提高分解率,降低液相黏度,同时又降低了硫酸钙在溶液中的过饱和度,有利于形成粗大的晶体和提高过滤强度。但温度过高,会生成不稳定的无水物,使过滤困难。而且温度升高,杂质溶解度也相应增大,影响产品质量。二水物流程反应温度控制在 65~80 ℃,半水物流程控制在 95~105 ℃。生产中常采用空气冷却或真空闪蒸冷却除去料浆的多余热量,并希望在生产操作中温度波动幅度不要太大。

③ 料浆中 P_2O_5 浓度 反应料浆中 P_2O_5 浓度稳定,可以保证硫酸钙溶解度不大和过饱和度稳定,控制料浆中 P_2O_5 浓度的手段是控制进入系统的水量,实际上是控制洗涤滤饼而进入系统的水量。

④ 料浆中固含量 料浆的固含量体现在料浆的液固比。固含量过高,料浆黏度高,对料浆分解与晶体长大不利。提高液相含量会改善操作条件,但降低设备生产能力。二水物流程液固比为(2.5~3)∶1,半水物流程液固比为(3.5~4)∶1。若磷矿中镁、铁、铝杂质高,液固比应适当高一些。

⑤ 回浆 返回料浆可提供晶种,防止局部游离硫酸浓度过高,并可降低过饱和度和减少新生晶核,以获得粗大、均匀的硫酸钙晶体。实际生产中,回浆量为加入物料量的100~150 倍。

⑥ 反应时间 反应时间即指物料在反应槽中的停留时间,由于硫酸分解磷矿的反应速率较快,反应时间取决于硫酸钙晶体的成长时间,一般控制在 4 h 左右。

⑦ 料浆搅拌 反应过程中要采取有效搅拌措施,这有利于颗粒表面更新和消除局部区域游离硫酸浓度过高,还可防止包裹现象和消除泡沫。搅拌强度不应过高,以免晶体破碎。

(3) 生产工艺流程

湿法磷酸的生产工艺均须具有以下几个基本工序:

① 磷矿的磨碎 采用干磨或湿磨方法将磷矿研磨至所需细度。研磨矿粉的细度原则上应与其特性和所选用的生产工艺流程相匹配。在磨机选择上,大型生产装置选用球磨与棒磨,它们既可用于干磨也可用于湿磨;中小型装置选用弹性较大的环辊式或辊式干湿磨机。

② 磷矿的浸取 在激烈搅拌和料浆高速循环的条件下进行硫酸分解磷矿的反应。反应系统的目的在于获得尽可能高的磷矿分解率和制得性能稳定、颗粒均匀粗大的硫酸钙结晶。对于二水物生产工艺,反应系统可以采用多槽串联,也可采用单槽或多格单槽。对于半水物和再结晶的生产工艺,必须采用多槽反应系统。

③ 料浆的冷却 磷矿的分解属放热过程,为使反应在适宜温度下进行,必须对料浆进行冷却。消除反应热的方法有两种:鼓风冷却和真空闪蒸冷却。两种方法的电耗接近,但两者相比,鼓风冷却的效果受周围环境的温度与湿度影响大,同时含氟尾气量大,对环境的污染也大。真空闪蒸冷却不受周围环境温度与湿度影响,无需对排放物进行处理,对环境污染少,因此应用日益普及,该法缺点是设备与管线易结垢,需定期清理。

④ 料浆的过滤 反应系统所制得的料浆中,固相以硫酸钙结晶为主,此外还有酸不

溶物,未反应的磷矿及从液相中重新析出的氟硅酸盐等固体杂质。普遍采用具有逆流洗涤的真空过滤机分离磷酸和固相物。过滤系统所追求的目标是:获得尽可能洁净的滤酸;达到尽可能高的 P_2O_5 回收率;尽可能避免滤酸损失;装置的可靠性与运转率高。过滤机是整个湿法磷酸生产装置中机械结构最复杂、价格上最昂贵的装备,约占二水物法装置投资的一半左右。有三种类型的真空过滤机可供选择:橡胶带式真空过滤机、盘式真空过滤机和转台式真空过滤机。

⑤ 回磷酸系统　将洗涤液与部分滤液配制成回磷酸,返回反应系统,以维持反应料浆所需的液固比。

⑥ 湿法磷酸的浓缩　二水物法制湿法磷酸的质量分数为 $w(P_2O_5)=28\%\sim30\%$,半水物法或半水-二水物法磷酸浓度较高,但作为商品磷酸进行长期运输时需浓缩至 $w(P_2O_5)=52\%$。大中型湿法磷酸生产企业中一半均自配硫酸生产装置,可综合利用硫酸的副产水蒸气发电后的低势能背压气作热源。采用真空蒸发浓缩磷酸。结垢问题是湿法磷酸浓缩过程能否长期、稳定运行的关键所在,在有游离硫酸存在的条件下,结垢的主要组成是硫酸钙、氟硅酸钾、磷酸铁等,生产过程中要采用有效措施延缓与阻止结垢。

⑦ 含氟气体的吸收　生产过程中所逸出的氟化物应进行吸收,使之符合环保规定。

⑧ 再结晶系统　对半水物-二水物流程或二水物-半水物流程,需将硫酸钙的结晶进行转化。回收的 P_2O_5 返回反应系统,滤饼作副产物使用。

为了充分利用中低品位磷矿资源,浸取磷酸中杂质含量高,需要研究湿法磷酸净化和副产磷石膏高值利用。

净化方法主要有化学净化和物理净化。化学净化法包含化学沉淀和氧化-沉淀法,用于脱氟、脱硫和脱金属阳离子;物理净化法包括溶剂萃取、溶剂沉淀、离子交换、冷却结晶和物理吸附法等,以提高磷酸含量和产品品质,再经深度脱氟、脱砷,可生产食品级、医药级磷酸产品。

装置

开阳年产
40 万吨
湿法净化
磷酸

2. 钾石盐溶浸-结晶法生产氯化钾

钾盐矿多为氯化物体系,钾石盐矿是分布最广的钾盐矿。钾石盐矿的主要组成是 KCl,NaCl,次要组成是光卤石(KCl·MgCl·6H₂O)、钾芒硝($Na_2SO_4·3K_2SO_4$)、钾石膏($K_2SO_4·CaSO_4·H_2O$)、钾镁矾($K_2SO_4·MgSO_4·4H_2O$)等。

溶浸-结晶法利用钾石盐矿中各组分在不同温度下的溶解度差异生产氯化钾。杂质较多的钾石盐矿一般用此法生产氯化钾。

(1)溶浸-结晶法的基本原理

溶浸-结晶法生产氯化钾的基本原理是:在高温下用对氯化钠饱和的母液来浸取钾石盐矿石,溶解氯化钾进入浸取液,氯化钠则留在残渣中。浸取液冷却,KCl 析出结晶,与母液分离;母液再加热返回溶浸工序去溶解矿石。

图 4-2-10 中,E_{25},E_{100} 分别为 25 ℃,100 ℃下 KCl-NaCl 的共饱和点,$a_{25}E_{25}$,$E_{25}b_{25}$ 和 $a_{100}E_{100}$,$E_{100}b_{100}$ 分别为 25 ℃,100 ℃的 KCl 与 NaCl 溶解度线。若将钾石盐视为 KCl-NaCl 二盐混合物,忽略其他少量杂质组成,设 s 为钾石盐的组成点。由图可见,100 ℃时共饱和溶液 E_{100},冷却到 25 ℃时处于 KCl 结晶区,有 KCl 固相析出,而液相落在 CE_{100} 的

延长线与 $a_{25}E_{25}$ 的交点 n 处。过滤除去 KCl 后,重新把溶液 n 加热到 100 ℃,与钾石盐 s 混合为 k 点。因 k 点在 100 ℃ NaCl 结晶区内,因 KCl 不饱和,则被溶解,于是留下固相 NaCl 而得共饱和溶液 E_{100}。过滤除去 NaCl 后将共饱和溶液 E_{100} 重新冷却循环。

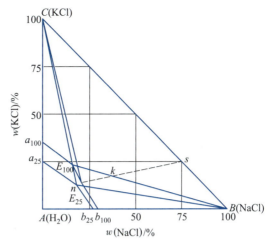

图 4-2-10 25 ℃下 KCl-NaCl-H$_2$O 系统的溶解度图

钾石盐中所含的其他少量盐类,在循环过程中会逐渐累积,使上述 KCl-NaCl-H$_2$O 系统溶解度发生变化,影响 KCl 的溶解度和结晶的工艺条件。当积累到一定程度后,就会使 KCl 产品纯度下降,此时就必须对 KCl 增加洗涤,甚至必要时进行重结晶。在这种情况下,应该从系统中排出一部分 KCl 母液。

(2) 溶浸-结晶法生产氯化钾的工艺流程

溶浸-结晶法生产氯化钾的工艺流程,见图 4-2-11。

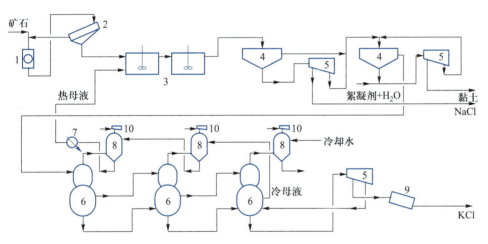

图 4-2-11 溶浸-结晶法生产氯化钾工艺流程图

1—破碎机;2—筛;3—螺旋溶浸槽;4—增稠器;5—离心机;6—真空冷却结晶器;
7—加热器;8—大气冷凝器;9—干燥器;10—蒸汽喷射泵

① 矿石的溶浸 矿石破碎至粒度为 5~10 mm 送入螺旋溶浸槽(图 4-2-11),用母液进行浸取。溶浸温度为 105 ℃,以直接水蒸气加热。浸取后的粗粒盐用料提升机输出,同时用少量水对盐渣进行逆流淋洗。浸取后的细粒盐和黏土随浸取液一起排出浸取槽,添加絮凝剂在沉降槽内保温沉降。沉降槽底流中约含 50% 的固体。用真空转鼓过滤机分离和洗涤。若固渣量较大,需进行 2~3 段过滤、洗涤。

② 冷却与结晶 降低浸取液温度可析出 KCl 结晶,这是热溶结晶法中很重要的过程。氯化钾冷却结晶应用最广的有料浆循环 DTB(draft tabe baffle)型和清液循环 OSL 型真空结晶器。为了回收浸取液的热能,一般用 3~7 级结晶器。级数越多,回收热量越多,

但设备投资过多,也不利。

在现代化工厂中,KCl 结晶大都采用真空结晶器,具有以下优点:a. 由于绝热蒸发,结晶热可用于蒸发溶液,可提高 KCl 质量;b. 取消了绝热表面,避免了在绝热表面上结晶,延长了蒸发器的生产周期和提高了生产能力;c. 可获得均匀而粗大的晶体,有利于后续工序的分离、洗涤、干燥、包装、储存等;d. 结构简单,便于防腐,操作容易,投资费用较低。

③ 干燥　结晶母液经离心机分离,分离出来的粗粒 KCl 含水量 $w(水)=1\%\sim3\%$,细粒 KCl 含水 $w(水)=6\%\sim9\%$,需要干燥才能符合产品标准。干燥设备有转筒干燥机、流化床干燥机和气流干燥机等。流化床干燥与气流干燥生产强度高,已得到广泛应用。流化床干燥比较适合粗粒结晶的干燥,气流干燥适合细粒结晶的干燥。

④ 造粒　上述溶浸-结晶法得到的 KCl 产品粒度,一般可符合产品标准要求。但近年来由于多元掺合肥料的发展,希望氮磷钾三种肥料都制成 $2\sim4$ mm 的粒度,再根据需要掺合复配成各种比例的氮磷钾肥料。造粒后的 KCl 长期堆放不结块,易散布施肥,流失少。KCl 造粒一般采用双辊机械压制成一定厚度的片状物料,再经破碎筛分成粒度为 $2\sim4$ mm 的颗粒产品。

3. 明矾石用氨浸法制钾氮混肥

明矾石是一种重要的钾盐矿,其主要组成为 $KAl_3(SO_4)_2(OH)_6$,天然明矾石中含 SiO_2,Fe_2O_3,TiO_2 等杂质。且其中一部分钾离子被钠离子所取代。明矾石矿中一般 $w(K_2O)=5\%\sim7\%$。明矾石先经高温焙烧成脱水熟料,再用氨浸法生产钾氮混肥。

（1）明矾石的焙烧

由于明矾石矿是非水溶性矿物,化学反应性能差,必须对其进行焙烧、脱水,以提高其化学反应性能,再用各种溶剂进行加工。

明矾石加热至 $520\sim550$ ℃有一强烈吸热反应,这是明矾石的脱水引起的:

$$2KAl_3(SO_4)_2(OH)_6 \longrightarrow K_2SO_4 \cdot Al_2(SO_4)_3 \cdot 2Al_2O_3 + 6H_2O$$

加热至 650 ℃,$K_2SO_4 \cdot Al_2(SO_4)_3 \cdot 2Al_2O_3$ 就分解为 Al_2O_3 和 $K_2SO_4 \cdot Al_2(SO_4)_3$。再加热至 750 ℃,发生 Al_2O_3 结晶化的放热反应。温度继续升高,在 $770\sim820$ ℃又出现吸热反应,这是由于 $Al_2(SO_4)_3$ 分解,放出 SO_3:

$$K_2SO_4 \cdot Al_2(SO_4)_3 \longrightarrow K_2SO_4 + Al_2O_3 + 3SO_3$$

当加热到 $1\,000$ ℃,K_2SO_4 与 Al_2O_3 反应生成 $KAlO_2$,放出 SO_3:

$$K_2SO_4 + Al_2O_3 \longrightarrow 2KAlO_2 + SO_3$$

如果在还原气氛中焙烧明矾石,就可以使焙烧温度降到 $520\sim580$ ℃,并可得到反应活性良好的明矾石熟料。

$$K_2SO_4 \cdot Al_2(SO_4)_3 \cdot 2Al_2O_3 + 3CO \longrightarrow K_2SO_4 + 3Al_2O_3 + 3SO_2 + 3CO_2$$

（2）明矾石氨浸法生产钾氮混肥

经焙烧后的明矾石熟料用氨水浸取:

$$K_2SO_4 \cdot Al_2(SO_4)_3 \cdot 2Al_2O_3 + 6NH_4OH \longrightarrow K_2SO_4 + 3(NH_4)_2SO_4 + 2Al(OH)_3 + 2Al_2O_3$$

K_2SO_4 和 $(NH_4)_2SO_4$ 进入溶液, $Al(OH)_3$, Al_2O_3 及原矿中的 SiO_2, Fe_2O_3, TiO_2 等杂质进入残渣。氨碱法用烧碱溶液提取残渣中的 $Al(OH)_3$ 和 Al_2O_3, 使其转化为 $NaAlO_2$ 进入溶液:

$$Al(OH)_3+Al_2O_3+3NaOH \longrightarrow 3NaAlO_2+3H_2O$$

氨酸法用硫酸溶液提取残渣中的 $Al(OH)_3$ 和 Al_2O_3, 使其转化为 $Al_2(SO_4)_3$ 进入溶液:

$$2Al(OH)_3+2Al_2O_3+9H_2SO_4 \longrightarrow 3Al_2(SO_4)_3+12H_2O$$

明矾石的焙烧预处理过程对浸取影响很大,焙烧脱水越完全,明矾石中有效成分的浸出率越高。

氨浸过程是一放热过程,可使料浆温度升高 30~40 ℃,浸取温度一般维持在 75 ℃,氨水浓度应为理论浓度的 100%~110%,浸取时间为 40~60 min, SO_3 浸出率约为 90%, K_2O 的浸出率约为 92% 以上。氨浸过程中浸取液的 pH 为 7~8。pH 过低,表示氨量过低,明矾石中 SO_3 不易浸出,且 $Al_2(SO_4)_3$ 会水解造成过滤困难;pH 过高,表示氨用量过大,蒸发过程中氨损失加大。

氨浸法工艺流程见图 4-2-12。图中同时表示了氨碱法与氨酸法两种过程。

① 原料预处理与用氨浸取 明矾石破碎至粒度在 7 mm 以下,在回转窑中于 575 ℃ 下焙烧,冷却后粉碎至 60 目,送入氨浸槽。

用氨水对焙烧后的熟料进行浸取。氨浸液中含 K_2SO_4、$(NH_4)_2SO_4$ 及少量 Na_2SO_4 和微量铁、钙等杂质。过滤后的氨浸液用硫酸中和成微酸性,以防氨挥发,送往蒸发结晶即得钾氮混肥,经干燥后就成为产品,其中 K_2SO_4 和 $(NH_4)_2SO_4$ 的质量比为 3:7。

② 氨碱法处理氨浸残渣 氨浸残渣的利用是取得经济效益的关键。氨碱法用高温和高浓度的烧碱溶液溶解残渣中的 Al_2O_3 生成铝酸钠;在低温下加入 $Al(OH)_3$ 晶种,铝酸钠就分解为三水软铝石 $[Al(OH)_3]$ 析出。当氨浸残渣用 $\rho(NaOH)=180$ g/L 的烧碱溶液浸取时,Al_2O_3 和 $Al(OH)_3$ 就溶解在溶液中,分离去残渣后得粗 $NaAlO_2$ 溶液。由于溶液中含可溶性硅酸钠,需送入脱硅槽中,加入晶种生成硅渣除去。脱硅后的料浆进行液固分离后,得铝酸钠溶液,送入分解槽,降温并通空气搅拌,使铝酸钠分解:

$$NaAlO_2+2H_2O \longrightarrow Al(OH)_3\downarrow +NaOH$$

晶浆过滤脱水,得 $Al(OH)_3$ 固体,除部分返回分解槽作晶种外,大部分煅烧成 Al_2O_3,作为电解制金属铝的原料。

$Al(OH)_3$ 母液和洗涤液混合物送去蒸发,析出 Na_2CO_3(由烧碱液吸收空气中 CO_2 生成)和 Na_2SO_4(由明矾石带来),分离后,母液返回浸取氨浸残渣。

氨碱法所得钾氮混肥 $w(K_2SO_4)>25\%$, $w[(NH_4)_2SO_4]\leqslant68\%$, $w(游离酸)\leqslant0.3\%$, $w(水中不溶物)\leqslant0.5\%$, $w(水)\leqslant0.5\%$。

③ 氨酸法处理氨浸残渣 氨酸法处理氨浸残渣是用水调成悬浆,送入反应器加热,并通入 SO_2 气体,此时氨浸残渣中的 $Al(OH)_3$ 与 SO_2 作用生成亚硫酸铝:

$$2Al(OH)_3+3SO_2 \longrightarrow Al_2(SO_3)_3+3H_2O$$

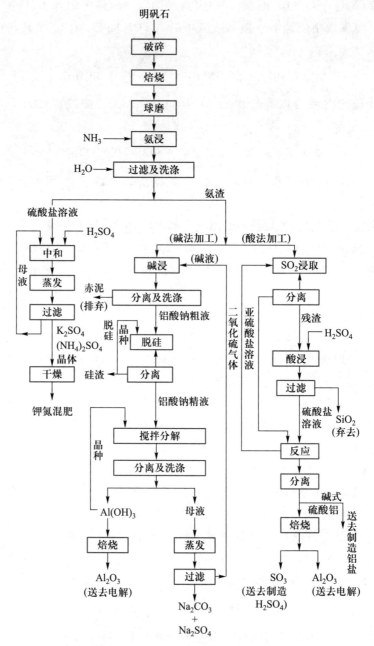

图 4-2-12 明矾石氨浸法工艺流程图

清液为 $Al_2(SO_3)_3$ 溶液。残渣中仍有未反应的 $Al(OH)_3$ 和未洗净的 $Al_2(SO_3)_3$,在沸点温度下,用硫酸处理,此时渣中的 $Al_2(SO_3)_3$ 和 $Al(OH)_3$ 变成 $Al_2(SO_4)_3$,放出的 SO_2 返回用于浸取氨渣。

过滤除去 SiO_2 后得到 $Al_2(SO_4)_3$ 溶液,与 $Al_2(SO_3)_3$ 溶液混合,在反应器中煮沸,生成碱式 $Al_2(SO_4)_3$ 和 $Al(OH)_3$ 的混合溶液,放出 SO_2 循环使用。经增稠与过滤后得到的碱式 $Al_2(SO_4)_3$ 送去制取铝盐,或煅烧制成 Al_2O_3 作为电解金属铝的原料,放出的 SO_3 回收用于制酸。

4-3 复 分 解

在钾肥、复肥、无机盐工业中,不同离子的两种盐在液相或液固相中进行离子交换,生成另外两种盐的反应过程称为复分解过程。复分解广义范畴还包括酸和盐、碱和盐进行离子交换生成新的酸和盐、碱和盐的过程。酸和盐、碱和盐的复分解过程分别称为酸解、碱解,已在上节浸取过程中阐述。

一、复分解反应过程原理

在复分解反应中,反应物和生成物被称为交互盐对,反应通式为

$$AX+BY \Longleftrightarrow BX+AY$$

式中:A,B 代表阳离子;X,Y 代表阴离子。这种体系在相图上称为四元体系,可用 AX-BY-H_2O 体系或 $A^+,B^+/X^-,Y^-$-H_2O 体系表示。例如:

$$KCl+NaNO_3 \Longleftrightarrow KNO_3+NaCl$$

可写为 KCl-$NaNO_3$-H_2O 体系或 $K^+,Na^+/Cl^-,NO_3^-$-H_2O 体系。

利用四元体系相图可对复分解过程中的溶解、结晶、加热、冷却、蒸发、稀释等操作进行分析,确定合理流程和操作条件,以获得所需产品。四元体系系统由干盐图及水图组成,$K^+,Na^+/Cl^-,NO_3^-$-H_2O 四元交互盐对的相图是其中典型的一例,见图 4-3-01。

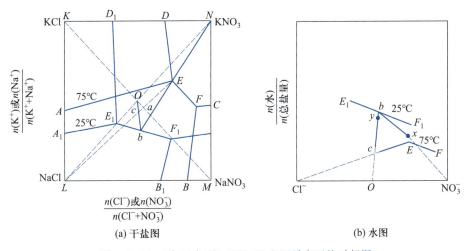

(a) 干盐图 (b) 水图

图 4-3-01 $K^+,Na^+/Cl^-,NO_3^-$-H_2O 四元交互盐对相图

干盐图表示出四种盐在不同温度下的结晶区,如 *DEFCN* 为 75 ℃下 KNO_3 结晶区,*LAEFB* 为 75 ℃下 NaCl 结晶区。以摩尔分数为单位,*EF* 和 E_1F_1 分别为 75 ℃和 25 ℃下相应的三盐共饱和点。水图纵坐标表示体系的水含量,以 n(水)/n(总盐量)为单位,纯水坐标在无穷远处,这实际上是一个底面为正方形的长方体作坐标空间,来表示盐的溶解度和水含量。

从干盐图上可见,75 ℃下三盐共饱和点 E 的溶液冷却到 25 ℃时析出 KNO_3 结晶,溶

液组成为 b。从水图上可知，为了使 b 落在 25 ℃ 的 E_1F_1 线上，E 溶液要加水至 x，加水量为 $(x-E)$。25 ℃ 下溶液加入 $n(KCl):n(NaNO_3)=1:1$ 的混合物，其组成落在干盐图上的 c 点。将 c 点溶液加热到 75 ℃，NaCl 结晶析出，溶液落到 E 点。在水图上，为了满足循环过程的水平衡，溶液 b 必须先蒸发至浓度 y，蒸发水量为 $(b-y)$。上述循环过程在干盐图上以 $EbcE$ 表示，在水图上以 $ExbycE$ 表示。

利用复分解反应制取所需产品，一般要求作为反应物的两种盐在水中的溶解度比较大，作为生成物的盐溶解度比较小，且在一定范围内能成为固体析出。根据生成物状态也有三种情况：① 析出的固体结晶就是固体产品，如 KCl 和 NaNO$_3$ 的复分解，在低温下析出 KNO$_3$ 固体结晶；② 复分解所得溶液需进一步加工才能得到产品，如 $(NH_4)_2CO_3$ 与 CaSO$_4$ 在复分解时，需将 CaCO$_3$ 沉淀分离后的溶液进行蒸发，才能得到 $(NH_4)_2SO_4$ 产品；③ 生成物的两种盐均是沉淀，它们的混合物就是产品，如 ZnSO$_4$ 和 BaS 在复分解时，生成 ZnS，BaSO$_4$ 两种盐的沉淀混合物，经过滤、洗涤和高温灼烧，而成为白色颜料锌钡白（立德粉）。

盐在水溶液中的饱和浓度与温度有关。除了生成物是溶解度很小的盐外，在复分解反应过程中，原料盐的一次利用率（即转化率）通常不会很高，需将分离固体结晶后的母液循环使用，以提高原料利用率。

利用复分解反应生产钾肥、复肥或无机盐，一般在带有机械搅拌的槽式反应器中进行，操作可以是间歇的，也可以是连续的。复分解反应生产产品过程中，还常用到过滤、结晶等化工单元操作。

二、复分解的工业应用实例

1. 复分解法生产硝酸钾

硝酸钾可用作复肥，由于它含有钾、氮两种营养元素，吸湿性又小，故是一种比较理想的肥料。硝酸钾也是一种重要无机盐，用于生产玻璃和制造火药，也可用于食品工业。

硝酸钾在水中的溶解度随温度而急剧变化，如 20 ℃ 时每 100 g 水中溶解 31.5 g，114 ℃（沸点）时溶解 312 g。硝酸钾溶解度的这种急剧变化性质是用 KCl 和 NaNO$_3$，复分解来制造 KNO$_3$ 的依据。上节已通过 $K^+,Na^+/Cl^-,NO_3^--H_2O$ 四元相图来分析了 KNO$_3$ 的生产原理。

硝酸钾生产工艺流程见图 4-3-02。工业上硝酸钾往往与硝酸钠联合生产。此时先用 Na$_2$CO$_3$ 溶液吸收硝酸生产中的氮氧化物尾气，使其生成 NaNO$_2$-NaNO$_3$ 溶液，用硝酸将其转化为 NaNO$_3$ 溶液，经过滤，并蒸发到 $\rho(NaNO_3)=600\sim700$ g/L，送入反应器中，同时徐徐向反应器中加 KCl 粉末。也可先将 KCl 粉末溶解在含有 NaNO$_3$ 的稀热母液中，然后徐徐加入反应器。反应器内设有蒸汽盘管可供加热。为了加速复分解反应进行，并防止 NaCl 固体堵塞反应器，需通空气或设置机械搅拌器搅拌。复分解反应进行 4 h，使过程后期温度升至 120 ℃ 左右，然后将料浆送入布袋过滤器过滤，并用冷水洗涤 NaCl 滤饼，NaCl 为副产品。母液连同洗水送入储槽，此处温度应保持在 90 ℃ 以上，以防 KNO$_3$ 结晶，并加入少量 NH$_4$NO$_3$ 以除去其中的 Na$_2$CO$_3$，NaNO$_2$，生成的气体排入大气：

$$Na_2CO_3+2NH_4NO_3 \longrightarrow 2NH_3\uparrow+CO_2\uparrow+H_2O+2NaNO_3$$

$$NaNO_2+NH_4NO_3 \longrightarrow NaNO_3+N_2\uparrow+2H_2O$$

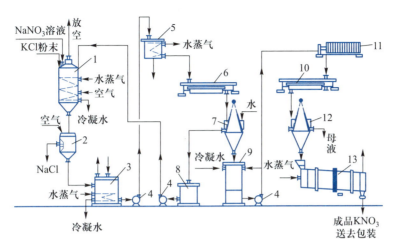

图 4-3-02　硝酸钾生产工艺流程图

1—反应器;2—过滤器;3—KNO₃溶液储槽;4—泵;5—高位槽;6,10—结晶器;

7,12—离心机;8—母液储槽;9—溶解槽;11—压滤机;13—回转干燥机

将溶液送入结晶器冷却到 25~30 ℃,析出 KNO_3 结晶,用离心机分离之,母液返回反应器;固体为 $w(KNO_3)=94\%~96\%$,$w(NaCl)<6\%$ 的粗制品。

若要制造更纯的产品,应进行重结晶。将粗制品用冷水洗涤,然后送入溶解槽用蒸汽冷凝液溶解,并用蒸汽加热,所得溶液送入压滤机除去各种固体杂质,然后送入结晶器再结晶。再结晶的 KNO_3 用离心机分离母液,然后到回转干燥机中用热空气干燥。重结晶产生的母液可回系统使用。

2. 复分解法生产硫酸钾

某些忌氯作物,不能用 KCl 作肥料,必须提供 K_2SO_4 或其他无氯钾肥。K_2SO_4 可用 $K_2SO_4\cdot2MgSO_4$(无水钾镁矾)、Na_2SO_4(芒硝)或 $MgSO_4\cdot7H_2O$(泻利盐)和 KCl 复分解制得。

无水钾镁矾常与 NaCl 成为混合物存在,由于 NaCl 在水中溶解速率比无水钾镁矾快得多,可用水将 NaCl 从钾镁矾矿石中洗除。除去 NaCl 的无水钾镁矾与氯化钾进行复分解反应:

$$K_2SO_4\cdot2MgSO_4+4KCl \Longleftrightarrow 3K_2SO_4+2MgCl_2$$

复分解的反应条件可用 K^+,Mg^{2+}/Cl^-,SO_4^{2-}-H_2O 系统相图来进行讨论。图 4-3-03 为系统在 25 ℃ 的相图。图中 L 为无水钾镁矾($K_2SO_4\cdot2MgSO_4$),S 为钾镁矾($K_2SO_4\cdot2MgSO_4\cdot4H_2O$)及软钾镁矾($K_2SO_4\cdot MgSO_4\cdot6H_2O$),$K$ 为钾盐镁矾($KCl\cdot2MgSO_4\cdot6H_2O$)的组成点。若 a 点为无水钾镁矾 L 和氯化钾 B 的混合液,当其水含量也比较合适时,由于其落在 K_2SO_4 结晶区内,就可析出 K_2SO_4,而得溶液 P。将 K_2SO_4 过滤后,溶液 P 在高温下蒸发,液相点组成沿着共饱和线 PE 向 E 移动,先后析出钾镁矾、钾盐镁矾和氯化钾结晶,分离出固体的母液返回复分解,母液 E 用于回收 $MgCl_2$。

拓展

单体最大
硫酸钾
项目

以芒硝（Na_2SO_4）与氯化钾为原料复分解制 K_2SO_4 时，也分两步进行。第一步用第二步来的共饱和溶液（25 ℃钾芒硝、硫酸钾、氯化钾的三盐饱和液）和芒硝配成混合溶液，调节水量后析出钾芒硝晶体。第二步是在固液分离后将钾芒硝和氯化钾配成混合液，调节水量后得到 K_2SO_4 固体与母液，固液分离后，母液循环至第一步，K_2SO_4 经干燥即为产品。

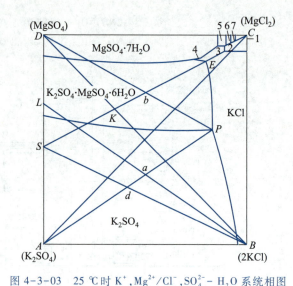

图 4-3-03　25 ℃时 K^+，Mg^{2+}/Cl^-，SO_4^{2-} – H_2O 系统相图

1—$MgCl_2 \cdot 6H_2O$ 结晶区；2—$KCl \cdot MgCl_2 \cdot 6H_2O$ 结晶区；
3—$KCl \cdot MgSO_4 \cdot 3H_2O$ 结晶区；
4—$K_2SO_4 \cdot MgSO_4 \cdot 4H_2O$ 结晶区；5—$MgSO_4 \cdot 6H_2O$ 结晶区；
6—$MgSO_4 \cdot 5H_2O$ 结晶区；7—$MgSO_4 \cdot H_2O$ 结晶区

3. 其他复分解反应过程

（1）复分解反应生成的固体结晶即为产品——重铬酸钾

重铬酸钾是一种强氧化剂，可用于制造炸药、火柴、试剂和制造其他铬盐。目前工业上重铬酸钾采用重铬酸钠与氯化钾复分解法制造，反应式为

$$Na_2Cr_2O_7 + 2KCl \Longleftrightarrow K_2Cr_2O_7 + 2NaCl$$

工艺流程见图 4-3-04。原料为工业氯化钾和重铬酸钠二水物，将重铬酸钠用铬酸钾母液及洗液稀释，加热至沸腾，再加入氯化钾进行反应，反应过程中加入少量氯酸钾将溶液中少量 Cr^{3+} 氧化为 Cr^{6+}，然后用 NaOH 碱液调节 $pH = 4$，使杂质 Fe^{3+}，Al^{3+} 形成氢氧化物沉淀，再加入少量硫酸铝絮凝剂，保温熟化，澄清，将氢氧化铝、氢氧化铁分离。清液送结晶器冷却析出 $K_2Cr_2O_7$，结晶，过滤，用冷水洗去附着的氯化物，干燥后即得 $K_2Cr_2O_7$ 成品。滤液即重铬酸钾母液蒸发时析出 NaCl 结晶。过滤洗涤得 NaCl。滤液返回用于稀释重铬酸钠母液。

（2）复分解反应所得溶液进一步加工得产品——石膏转化法制硫酸铵

以天然石膏或磷石膏为原料［硫酸浸取磷矿的副产物，$w(CaSO_4) > 97\%$］，与碳酸铵（氨水吸收二氧化碳）进行复分解反应，可制硫酸铵。反应式为

$$CaSO_4 + (NH_4)_2CO_3 \Longleftrightarrow (NH_4)_2SO_4 + CaCO_3$$

原料石膏磨成细粉（90%通过 300 目）和水配成料浆。气体法是将氨气与二氧化碳直接通入石膏料浆；液体法是先在 0.2 MPa 下在碳化塔内用氨水吸收二氧化碳，制成碳酸铵再与石膏反应。采用磷石膏时，在和碳酸铵反应前，最好先用搅拌器将滤饼浆化，在过滤机中进行水洗和脱水，除去杂质。

$CaSO_4$ 和 $(NH_4)_2CO_3$ 在反应器中的反应时间 4～6 h，产生的料浆经过滤，分离出 $CaCO_3$，母液经蒸发结晶，生成的晶体经离心机分离，再经干燥得到 $(NH_4)_2SO_4$ 产品。

本法的特点是不耗硫酸，可供资源缺乏，有天然石膏或磷石膏的地方制造硫酸铵，副

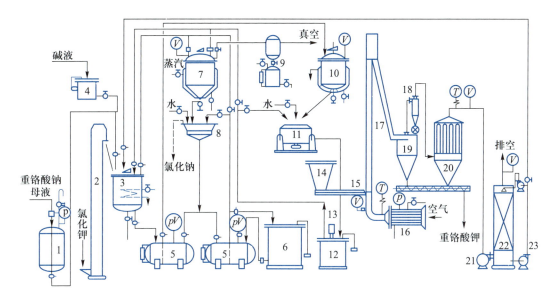

图 4-3-04　复分解法制重铬酸钾工艺流程图

1—重铬酸钠母液槽；2—提升机；3—反应器；4—液碱槽；5—扬液器；6—洗液槽；7—蒸发器；
8—过滤器；9—除沫器；10—结晶器；11—离心机；12—重铬酸钾母液槽；13—液下泵；14—料斗；
15—喂料机；16—加热器；17—干燥器；18，19—分离器；20—袋式过滤器；21—风机；
22—洗涤塔；23—泵

产碳酸钙可用于生产农用石灰或生产硝酸铵钙。本法的缺点是溶液较稀，浓缩时需耗大量水蒸气。

（3）复分解反应生成的两种盐混合物为产品——锌钡白

锌钡白也叫立德粉，是由等物质的量的 $BaSO_4$ 和 ZnS 所组成的一种共沉淀混合物，分子组成为 $BaSO_4 \cdot ZnS$。用除去了杂质的 BaS 与等物质的量的纯净的 $ZnSO_4$ 水溶液反应得到锌钡白，反应式为

$$BaS + ZnSO_4 \longrightarrow BaSO_4 \cdot ZnS \downarrow$$

有时为得到的沉淀较细，可使 BaS 稍过量。所得共沉淀混合物经离心机分离、洗涤后，在低温下干燥，并在还原气氛下焙烧。若产品纯度较高，焙烧温度为 800 ℃ 左右；若产品中含 $w(NaCl + BaCl_2) = 2\% \sim 3\%$ 的 NaCl，$BaCl_2$ 杂质，焙烧温度控制在 $650 \sim 700$ ℃。焙烧后立即用冷水骤冷，粒子爆裂，在经湿式粉碎、水选、除去粗粒、过滤、干燥得到产品。

除钛白粉外，立德粉是用量最大的白色颜料。立德粉作为白色颜料产品，还要进行改性，如加粉碎助剂以改善分散性能与提高细度，加生石灰等浆状物来改善白度和耐污染性等。

 习题

1. 焙烧和煅烧有哪些相同和不同之处？试写出焙烧和煅烧化学反应式各一条。

2. 采用哪些措施可提高矿物的浸取速率？书中介绍的各类浸取器的共同点和特点是什么？

3. 在湿法磷酸生产中,可采用哪些措施来提高磷的总收率? 在诸多生产方法中,你认为哪种比较好? 为什么?

4. 查阅有关资料补充说明生产硫酸钾还有哪些方法。

 参考文献

[1] 中国大百科全书:化工卷. 北京:中国大百科全书出版社,1987.

[2] 陈五平. 无机化工工艺学:(二)硫酸与硝酸. 2 版. 北京:化学工业出版社,1989:11-24.

[3] 化工百科全书:第一卷. 北京:化学工业出版社,1991:278-283.

[4] 化工百科全书:第十五卷. 北京:化学工业出版社,1997:507-508.

[5] 陈五平. 无机化工工艺学:(四)纯碱与烧碱. 北京:化学工业出版社,1980:11-16,66-76.

[6] 陈家镛. 化学工程手册上卷:第 15 篇,萃取与浸取. 2 版. 北京:化学工业出版社,1996:122-152.

[7] 陈五平. 无机化工工艺学:(三)化学肥料. 北京:化学工业出版社,1980:189-215,30-63.

[8] 化工百科全书:第十卷. 北京:化学工业出版社,1995:546-552.

第五章 有机化工反应单元工艺

5-1 烃类热裂解

一、概述

裂解又称裂化,系指有机化合物受热分解和缩合生成相对分子质量不同的产品的过程。按照是否采用催化剂,可分为热裂解和催化裂化;按照存在的介质,又可分为加氢裂化、氧化裂化、加氨裂化和蒸气裂化等。

在工业上烃类热裂解最为重要,是生产低级烯烃(乙烯、丙烯、丁烯和丁二烯)的主要方法。相应的生产装置已成为石油化学工业的基础。

氧化裂化是由甲烷制乙炔气的主要方法,也是由重质烃制取混合烯烃、汽油、柴油和合成气的重要方法。

加氢裂化除用于由重质油制取轻质燃料油外,还可由煤制造人造天然气。

由有机酸酯经裂解生成酸、酮和醇,由酯类加氨裂化生成腈,例如,由 α- 及 β-萘甲酸乙酯经加氨裂化生成 α- 及 β-萘腈等。

由卤代烷烃经热裂解可制得卤代烯烃。例如,由二氯乙烷经裂解制氯乙烯,由一氯二氟甲烷经裂解制四氟乙烯等。

因此,裂解作为一个化工反应单元工艺,在工业上有着广泛的用途。

烃类热裂解采用的原料,目前主要是轻质烃,如气态烃、石脑油、轻柴油、粗柴油和减压柴油等。重质烃,如重油、渣油、原油闪蒸馏分油和原油等,用作裂解原料,技术经济指标不甚理想,还需进一步改进。

由于使用轻质烃,目前采用的裂解炉99%是管式裂解炉。烃类热裂解是一个断链反应,在850 ℃左右进行,需供给热量,因此,热裂解炉实质上是一个管式加热炉。出裂解炉的裂解气,温度约800 ℃,仍能继续进行化学反应,带出的热量巨大,需要回收利用。因此,现在工业上一般在裂解炉后连上一个急冷废热锅炉,这是一个间接式换热器,能将裂解气急冷以终止化学反应并回收热量。产生的水蒸气在裂解炉对流段过热后可用来发电,或推动蒸汽透平,或用作本装置其他供热设备的热源。出急冷废热锅炉的裂解气直接分别用油和水洗涤,进一步降温和除去重质馏分后送裂解气分离工序。

进入分离工序的裂解气,组成十分复杂,有:氢气、$C_1 \sim C_4$ 烷烃、$C_2 \sim C_4$ 烯烃和芳烃,还含有少量水分、酸性气体(H_2S 和 CO_2)、炔烃和 CO 等。因此,首先要对裂解气净化,以脱除上述杂质,然后才能进入分离系统将 C_5 以下各种烷烃和烯烃分离。裂解气的分离目前世界上主要采用深度冷冻(工业上将-100 ℃以下的冷冻称深度冷冻,简称深冷)分离方法,在加压和冷却条件下将裂解气冷却到-101 ℃(又称高压法,压力为 2.942 MPa)或-140 ℃左右(又称低压法,压力为 0.686 MPa),使乙烯以上烷烃和烯烃冷凝为液体,与甲烷和氢气分开,然后再用精馏塔利用它们之间的沸点差,逐个将乙烯、乙烷、丙烯、丙烷及 C_4 馏分分开,从而得到聚合级高纯乙烯和聚合级高纯丙烯。由于操作处于深冷阶段,获取单位冷量所耗的功比获取单位热量所耗功要大得多,冷剂的温度越低,获取单位冷量耗用的功也越大。因此,冷量的回收和利用就成为深冷分离法的技术关键。如何回收和利用冷量、降低能耗,成为必须考虑的主要因素之一。

烃类热裂解生产工艺工业化至今已有 80~90 年的历史,由于它在有机化学工业中的重要地位,发展迅速,取得了不少工业成就,具体表现在以下几个方面:

(1)原料多样化　现在,热裂解采用的原料种类越来越多。例如,生产乙烯的原料由原先的以炼厂气和石脑油为裂解原料,逐步发展到重质油。例如,轻柴油、柴油、减黏柴油。催化裂化技术工业化后还可采用更重质地的烃类作为裂解原料。裂解原料的多样化,让世界各国可根据本国的资源状况,采用适宜的原料,建立相应的裂解装置来生产烯烃和芳烃,可避免或减少裂解原料的进口,并使本国油料得到更为合理的利用。

(2)裂解方式多样化　由轻质烃裂解制烯烃和芳烃,早先只采用热裂解这一工艺。为提高裂解温度和减少停留时间,以增加烯烃,特别是乙烯的收率,都采用提高裂解炉温度的措施。但受材质的限制(目前裂解管能忍受的最高温度为 1 150 ℃),再想进一步提高裂解管温度来强化传热效果难度很大。为此,各国都在设法搞内部部分供热的办法弥补炉管传热的限制,并已取得一定的成绩,但还没能实现工业化或虽已实现工业化,技术经济指标还难以与现有的裂解方式相竞争。其中比较著名的方法有:过热水蒸气法、部分氧化法、加氢裂化法和催化裂化法等。过热水蒸气法消耗的水蒸气量是现有裂解法的2~3 倍,能耗较高;部分氧化法裂解后产物比现有裂解法更多,分离困难;加氢裂化法使部分乙烯和丙烯转化为乙烷和丙烷,乙烯和丙烯收率较低,为进一步利用乙烷和丙烷还需另设一个热裂解炉,操作复杂。被认为最有发展前途的是催化裂化法,它可采用减压柴油为原料,在主要成分为 $Ca_{12}Al_{14}O_{33}$ 及 $Ca_3Al_2O_3$ 的催化剂存在下,用固定床或流化床进行催化裂化反应,不仅能提高烯烃和芳烃收率,而且因仍用水蒸气作稀释剂,高温下水蒸气在催化剂表面可生成活性基团 H^* 和 OH^*,既可加速裂解反应,又能促进水煤气反应,可大大减少炉管内的结炭。催化裂化在由乙烷制乙烯,由丙烷制丙烯的试验上,也取得了显著成果。例如,乙烷经催化裂化,转化率可达 50%,生成乙烯的选择性达 65%~75%;丙烷经催化裂化,丙烯的收率可高达 80%。

(3)裂解炉炉型不断更新　管式裂解炉的炉型在几十年中有了很大发展,从早期的方箱式管式裂解炉开始,已工业化的炉型有:Lummus 公司的垂直管双面辐射管式炉(即 SRT 炉,它已由 SRT-Ⅰ型发展到 SRT-Ⅶ型)、Kellogg 公司的毫秒裂解炉、斯通-韦勃斯特公司的超选择性(USC)裂解炉、KTI 公司的 GK 型裂解炉、Linde 公司的 Lscc 型裂解炉等。它们都在如何提高烯烃收率,如何进一步提高裂解温度和缩短裂解时间,如何让同一裂解炉可以使用多种原料等方面动足了脑筋,取得了各有特色的成果。我国已引进上述的全部炉型,这为今后热裂解炉的国产化创造了极为有利的条件。我国经过二十多年的努力,已开发成功 CBL 系列裂解炉技术,从 CBL-Ⅰ型发展到 CBL-Ⅶ型,每台生产能力从最初的 2 万吨/年发展到 20 万吨/年,原料可用从乙烷到加氢尾油的各种油料,共建 117 台,总生产能力达 1 153 万吨/年乙烯。重质烃的裂解炉炉型也有发展,从开始的蓄热式炉,继而是砂子裂解炉,一直到现在正在进行工业化试验的固定床和流化床催化裂化炉。

(4)废热锅炉多样化、高效化 废热锅炉有终止裂解气进行二次裂解和回收裂解气能量的两大功能,要求在极短时间内将高温(800 ℃左右)裂解气冷却下来。在设计时,为避免或减少裂解气中聚合物、焦油和焦炭沉积在冷却管的管壁上,要求裂解气有高的质量流速;要求用高压水蒸气使炉管壁保持较高温度;要求用尽量短的停留时间以抑制二次反应;要求压力降小于 6.9 kPa。最早使用的是美国 FW 公司的 DSG 型急冷废热锅炉,随后又出现美国 SW 公司的 USX 型,联邦德国 Schmidt 公司的 Schmidt 型、Prima Borsig公司的 Borsig 型,日本三菱公司的 M-TLX 型等 5 种,其中 Schmidt 型急冷废热锅炉在欧洲、美国、日本应用较为普遍。国内上述 5 种急冷废热锅炉也都有引进,这为今后的国产化创造了良好的条件。

(5)能量回收更趋合理 在裂解部分除进一步提高急冷废热锅炉和烟道气的热量回收外,还在动脑筋将裂解炉与燃气轮机相结合,以利用燃气轮机排气中 60% ~75% 的热量来提高裂解炉的热效率;分离部分采用复叠制冷、冷箱和热泵技术来合理利用冷量,减少制冷用能耗。

本节主要讲述轻质烃的热裂解和分离原理及工艺过程。

二、烃类热裂解原理

1. 烃类的热裂解反应

烃类热裂解的过程十分复杂,已知的化学反应有脱氢、断链、二烯合成、异构化、脱氢环化、脱烷基、叠合、歧化、聚合、脱氢交联和焦化等,裂解过程中的主要中间产物及其变化可以用图 5-1-01 作一概括说明。按反应进行的先后顺序,可以将图 5-1-01 所示的反应划分为一次反应和二次反应,一次反应即由原料烃类热裂解生成乙烯和丙烯等低级烯烃的反应;二次反应主要是指由一次反应生成的低级烯烃进一步反应生成多种产物,直至最后生成焦或炭的反应。二次反应不仅降低了低级烯烃的收率,而且还会因生成的

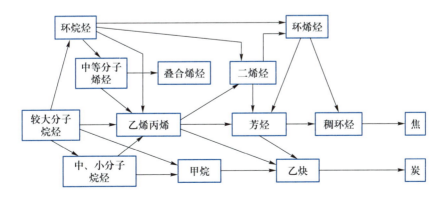

图 5-1-01 烃类热裂解过程中一些主要中间产物及其变化示意图

焦或炭堵塞管路及设备,破坏裂解操作的正常进行,因此二次反应在烃类热裂解中应设法加以控制。

现将烃类热裂解的一次反应分述如下。

(1)烷烃热裂解   烷烃热裂解的一次反应主要有:

① 脱氢反应: $R{-}CH_2{-}CH_3 \rightleftharpoons R{-}CH{=}CH_2 + H_2$

② 断链反应: $R{-}CH_2{-}CH_2{-}R' \longrightarrow R{-}CH{=}CH_2 + R'H$

不同烷烃脱氢和断链的难易,可以从分子结构中键能数值的大小来判断。一般规律是同碳原子数的烷烃,C—H键键能大于C—C键键能,故断链比脱氢容易。烷烃的相对稳定性随碳链的增长而降低,因此,相对分子质量大的烷烃比相对分子质量小的容易裂解,所需的裂解温度也就比较低。脱氢难易与烷烃的分子结构有关,叔氢最易脱去,仲氢次之,伯氢最难。带支链的C—C键或C—H键,较直链的键能小,因此支链烃容易断链或脱氢。裂解是一个吸热反应,脱氢比断链需供给更多的热量。脱氢为一可逆反应,为使脱氢反应达到较高的平衡转化率,必须采用较高的温度。低分子烷烃的C—C键在分子两端断裂比在分子链中央断裂容易,较大相对分子质量的烷烃则在分子键中央断裂的可能性比在两端断裂的大。

(2)环烷烃热裂解   环烷烃热裂解时,发生断链和脱氢反应,生成乙烯、丁烯、丁二烯和芳烃等烃类。带有侧链的环烷烃,首先进行脱烷基反应,长侧链先在侧链中央的C—C链断裂一直进行到侧链全部与环断裂为止,然后残存的环再进一步裂解,裂解产物可以是烷烃,也可以是烯烃。五元碳环比六元碳环稳定,较难断裂。由于伴有脱氢反应,有些碳环,如六元碳环则部分转化为芳烃。脱氢生成芳烃的反应优先于断链生成烯烃的反应,因此,当裂解原料中环烷烃含量增加时,乙烯收率会下降,丁二烯、芳烃的收率则会有所增加。

(3)芳烃热裂解   芳烃的热稳定性很高,在一般的裂解温度下不易发生芳烃开环反应,但能进行芳烃脱氢缩合、侧链断裂和脱氢反应:

脱氢缩合反应,如:

又如:

继续脱氢缩合生成焦油直至结焦。

侧链断裂反应,如:

又如:

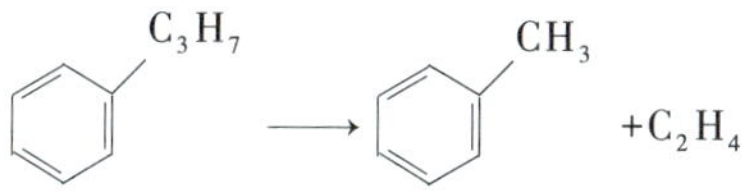

$$C_3H_7 \longrightarrow CH_3 + C_2H_4$$

脱氢反应,如:

$$C_2H_5 \longrightarrow CH{=}CH_2 + H_2$$

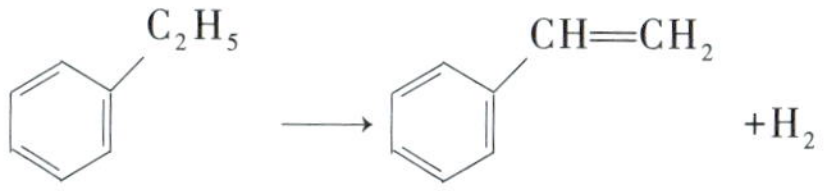

（4）烯烃热裂解　天然石油中不含烯烃,但石油加工所得的各种油品中则可能含有烯烃,它们在热裂解时也会发生断链和脱氢反应,生成低级烯烃和二烯烃:

$$C_nH_{2n} \longrightarrow C_mH_{2m} + C_{m'}H_{2m'}(m+m'=n)$$

$$C_nH_{2n} \longrightarrow C_nH_{2n-2} + H_2$$

它们除继续发生断链及脱氢外,还可发生聚合、环化、缩合、加氢和脱氢等反应,结果生成焦油或结焦。

烯烃脱氢反应所需温度比烷烃更高,在通常的热裂解温度下,反应速率甚慢,因此生成的炔烃甚少。

此外,低相对分子质量的烷烃和烯烃在通常的热裂解温度下还会发生裂解,生成碳和氢气。虽然反应自发性很大（可用 $\Delta G^{\ominus}$ 判断）,但反应速率常数甚小,因此这类反应不明显。

根据以上讨论,各种烃类热裂解反应规律可简单地归纳为:

直链烷烃裂解易得乙烯、丙烯等低级烯烃,相对分子质量越小,烯烃总收率越高;异构烷烃裂解时烯烃收率比同碳原子数的直链烷烃低,随着相对分子质量增大,这种差别减小;环烷烃热裂解易得芳烃,含环烷烃较多的裂解原料,裂解产物中丁二烯、芳烃的收率较高,乙烯收率则较低;芳烃不易裂解为烯烃,主要发生侧链断裂和脱氢缩合反应;烯烃热裂解易得低级烯烃,少量脱氢生成二烯烃,后者能进一步反应生成芳烃和焦;在高温下,烷烃和烯烃还会发生分解反应生成少量的碳。

烃类的二次反应比一次反应更复杂。生成的高级烯烃还会进一步裂解成低级烯烃,低级烯烃相互间聚合或缩合可转化为环烷烃、芳烃、稠环芳烃直至转化为焦。烯烃加氢变为烷烃,脱氢变为二烯烃或炔烃;芳烃经脱氢缩合转化为稠环芳烃,再进一步转化为焦;烷烃会进一步裂解成低级烷烃,最后转化成碳和氢。因此二次裂解的结果是使一次反应所得的低级烯烃转化为用途不大的裂解产物,使低级烯烃收率明显下降,生成的焦炭会沉积在裂解炉炉管壁上,增加传热热阻和流体阻力,有时甚至会发生因炉管热阻太大烧穿炉管,裂解气外泄并燃烧及爆炸事故。为此,在工业生产中定期清焦是必不可少的。

2. 烃类热裂解反应机理

经过长期研究,已明确烃类热裂解反应机理属自由基链反应机理,反应分链引发、链增长（又称链传递）和链终止 3 个过程,为一连串反应。现以乙烷裂解为例,说明热裂解反应机理。

乙烷的链反应经历以下 7 个步骤。

（1）$CH_3—CH_3 \rightleftharpoons 2\dot{C}H_3$

然后发生链转移和链增长：

（2）$\dot{C}H_3+CH_3—CH_3 \rightleftharpoons CH_4+CH_3—\dot{C}H_2$

（3）$CH_3—\dot{C}H_2 \rightleftharpoons H·+CH_2=CH_2$

（4）$H·+CH_3—CH_3 \rightleftharpoons H_2+CH_3—\dot{C}H_2$

链终止是自由基相互结合：

（5）$2\dot{C}H_3 \rightleftharpoons C_2H_6$

（6）$\dot{C}H_3+CH_3—\dot{C}H_2 \rightleftharpoons C_3H_8$

（7）$2CH_3—\dot{C}H_2 \rightleftharpoons C_4H_{10}$

研究结果表明，乙烷裂解主要产物是氢、甲烷和乙烯，这与反应机理是相符合的。乙烷裂解的特点是引发形成的乙基自由基 $CH_3—\dot{C}H_2$ 产生自由基 $H·$，而自由基 $\dot{C}H_3$ 仅在起始阶段有少量生成。

3. 烃类热裂解反应动力学

经研究烃类热裂解的一次反应可视作一级反应：

$$r = \frac{-\mathrm{d}c}{\mathrm{d}t} = kc$$

式中：r——反应物的消失速率，mol/（L·s）；

　　　c——反应物浓度，mol/L；

　　　t——反应时间，s；

　　　k——反应速率常数，s^{-1}。

当反应物浓度由 $c_0 \rightarrow c$，反应时间由 $0 \rightarrow t$，将上式积分可得

$$\ln \frac{c_0}{c} = kt$$

以转化率 x 表示时，因裂解反应是分子数增加的反应，故反应物浓度可表达为

$$c = \frac{c_0(1-x)}{\alpha_V}$$

式中：α_V——体积增大率，它随转化率的变化而变化。

由此可将上列积分式表示为另一种形式：

$$\ln \frac{\alpha_V}{1-x} = kt$$

已知反应速率常数随温度的变化关系式为

$$\lg k = \lg A \frac{E}{2.303\,RT}$$

因此，当 α_V 已知，反应速率常数已知，则就可求出转化率 x。某些低相对分子质量的烷烃及烯烃裂解的 A 和 E 值见表 5-1-01。已知反应温度，查出此表中相应的 A 和 E 值，就能

算出在给定温度下的 k 值。

表 5-1-01 几种低相对分子质量烷烃和烯烃裂解时的 A 和 E 值

化合物	$\lg A$	$E/(\mathrm{J \cdot mol^{-1}})$	$E/(2.303\,R)$
C_2H_6	14.673 7	302 290	15 800
C_3H_6	13.833 4	281 050	14 700
C_3H_8	12.616 0	249 840	13 050
$i-C_4H_{10}$	12.317 3	239 500	12 500
$n-C_4H_{10}$	12.254 5	233 680	12 300
$n-C_5H_{12}$	12.247 9	231 650	12 120

为了求取 C_6 以上烷烃和环烷烃的反应速率常数，常将其与正戊烷的反应速率常数关联起来：

$$\lg\left(\frac{k_i}{k_5}\right) = 1.5\lg n_i - 1.05$$

式中，k_5 为正戊烷的反应速率常数，s^{-1}；n_i、k_i 分别为待测烃的碳原子数和反应速率常数。也可用图 5-1-02 进行估算。

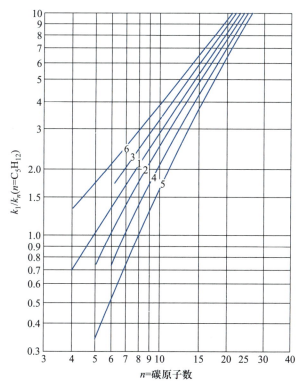

图 5-1-02 碳氢化合物相对于正戊烷的反应速率常数曲线

1—正烷烃；2—异构烷烃，一个甲基连在第二个碳原子上；3—异构烷烃，两个甲基连在两个碳原子上；
4—烷基环己烷；5—烷基环戊烷；6—正构伯单烯烃

4. 烃类热裂解工艺条件讨论

（1）裂解原料　烃类裂解原料大致可以分为两大类：第 1 类为气态烃，如天然气、油田伴生气和炼厂气；第 2 类为液态烃，如轻油、柴油、重油、原油闪蒸油馏分和原油等。

气态烃原料价格便宜，裂解工艺简单，烯烃收率高，其中尤以乙烷、丙烷为优；但来源有限、运输不便，远远满足不了工业的需要。液态烃原料资源丰富，便于储存和运输，虽然乙烯收率比气态烃低，但能获得较多的丙烯、丁烯和芳烃。因此液态烃，其中特别是轻油是目前世界上广泛采用的裂解原料。表 5-1-02 列出了不同原料在管式炉内裂解的主要产物收率。表 5-1-03 列出了生产 1 t（乙烯）所需原料量及联副产物量。

表 5-1-02　不同原料在管式炉内裂解的主要产物收率　　　　　　单位：%

裂解原料	主要产物					裂解原料	主要产物				
	乙烯	丙烯	丁二烯	混合芳烃	其他		乙烯	丙烯	丁二烯	混合芳烃	其他
乙　烷	84.0	1.4	1.4	0.4	12.8	全沸程石脑油	31.7	13.0	4.7	13.7	36.9
丙　烷	44.0	15.6	3.4	2.8	34.2	抽余油	32.9	15.0	5.3	11.0	35.8
正丁烷	44.4	17.0	4.0	3.4	30.9	轻柴油	28.3	13.5	4.8	10.9	42.5
轻石脑油	40.3	15.8	4.9	4.8	34.2	重柴油	25.0	12.4	4.8	11.2	46.6

表 5-1-03　生产 1 t（乙烯）所需原料量及联副产物量

指标	乙烷	丙烷	石脑油	轻柴油
需原料量/t	1.30	2.38	3.18	3.79
联产品/t	0.299 5	1.38	2.60	2.79
其　中				
m（丙烯）/t	0.037 4	0.386	0.47	0.538
m（丁二烯）/t	0.017 6	0.075	0.119	0.148
m[BTX（三苯）]/t	—	0.095	0.49	0.50

拓展

不同裂解原料的水蒸气稀释比

（2）压力　裂解反应是体积增大、反应后分子数增多的反应，减压对反应是有利的。

但是裂解不允许在负压下操作，因易吸入空气，酿成爆炸等意外事故。为此常将裂解原料和水蒸气混合，使混合气总压大于大气压，而原料烃的分压则可进一步降低。混入水蒸气还有以下好处：水蒸气可事先预热到较高的温度，用作热载体将热量传递给原料烃，避免原料烃因预热温度过高，易在预热器中结焦的缺点，混入水蒸气也有助于防止碳在炉管中的沉积。

$$C+H_2O \longrightarrow CO+H_2$$

因此，在大多数的裂解装置中，烃类原料一般都和水蒸气混合后才进行裂解。

（3）裂解温度　提高裂解温度，有利于乙烯收率的增加。在烃类链反应中，链引发、β-断裂(直链烃第 2 和第 3 个碳原子之间碳链的断裂)和链终止的反应活化能分别为 350 kJ/mol,45 kJ/mol 和 0 kJ/mol。提高裂解温度可增大链引发速率常数,产生的自由基增多。β-断裂反应速率常数也增大,但与前者相比增大的程度较小。对链终止反应,温度升高则没有影响。链引发和 β-断裂反应速率常数的增大,都对增产乙烯有利。

在石脑油裂解技术中的一个重要进展就是裂解管材质的改进(如应用 25Cr35Ni 不锈钢为基础的改性材料),允许裂解温度由 750 ℃ 提高至 900 ℃,乙烯收率可从 20% 左右提高到 30%。但若再进一步提高裂解温度,一方面对裂解管材质会提出更高的要求,另一方面为减少二次反应,必须减少烃类原料气在裂解管中的停留时间和改进急冷器(或废热锅炉)的结构,让裂解气能得到迅速冷却以终止二次反应。此外,在高温下分解反应加剧,生成的碳将明显增多,从而使裂解管更易堵塞,这对用诸如煤油、粗柴油等作裂解原料时,矛盾将更为突出。最后还需考虑裂解产物的分布,裂解温度过高,乙烯产量虽有所增加,但丙烯和丁烯的收率则会下降。

(4)停留时间　裂解原料在反应高温区的停留时间,如上所述,与裂解温度有密切关系。裂解温度越高,允许停留的时间则越短;反之,停留时间就要相应长一些。目的是以此控制二次反应,让裂解反应停留在适宜的裂解深度上。表5-1-04示出了石脑油在管式炉中裂解时,裂解温度与停留时间对裂解产物的影响。由表5-1-04可见,裂解温度高,停留时间短,相应的乙烯收率提高,但丙烯收率下降。

表 5-1-04　石脑油裂解温度与停留时间对裂解产物的影响

实验条件及产物收率	实验号			
	1	2	3	4
停留时间/s	0.7	0.5	0.45	0.4
w(水蒸气)/w(石脑油)	0.6	0.6	0.6	0.6
出口温度/℃	760.0	810.0	850.0	860.0
乙烯收率/%	24.0	26.0	29.0	30.0
丙烯收率/%	20.0	17.0	16.0	15.0
w(裂解汽油)/%	24.0	24.0	21.0	19.0
汽油中 w(芳烃)/%	47.0	57.0	64.0	69.0

三、由烃类热裂解制低级烯烃和芳烃

1. 裂解产品

低级烯烃通常指乙烯、丙烯、丁烯、异丁烯和丁二烯。由石油烃热裂解制得的芳烃主要是苯、甲苯、二甲苯和萘。这些烯烃和芳烃都是有机合成重要的基础原料,在石油化工中具有举足轻重的地位。由它们制得的有机化合物分别示于表5-1-05、表 5-1-06、表 5-1-07 和表 5-1-08 中。

图片

烃类裂解
与分离

表 5-1-05　乙烯系统主要产品

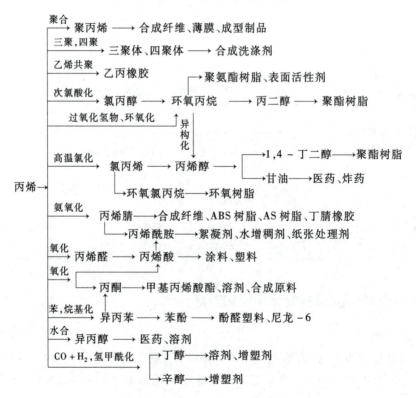

表 5-1-06　丙烯系统主要产品

表 5-1-07　碳四烃系统的主要产品

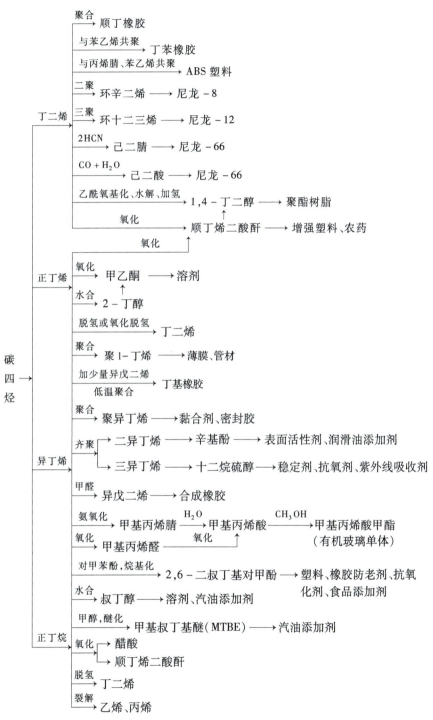

表 5-1-08   芳烃系统主要产品

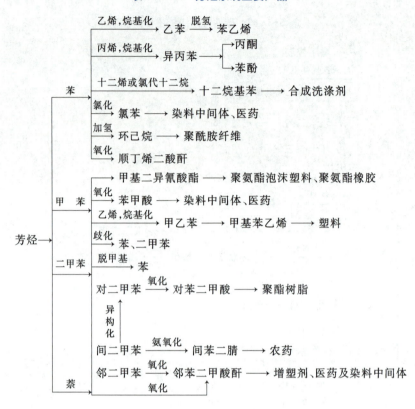

乙烯、丙烯、丁烯主要靠石油烃热裂解制得,而芳烃除部分从石油烃热裂解制得外,大部分来自石油烃的催化重整。煤焦化所得煤焦油经蒸馏,也可获得部分芳烃。

2. 裂解工艺

（1）由天然气生产烯烃　天然气中除甲烷外,还含有少量乙烷、丙烷、C_4 及 C_4 以上烃类,而用作裂解原料的仅是乙烷、丙烷和正丁烷。因此,必须将甲烷及 C_4 以上重质烃类从天然气中分出,常用的分离方法有油吸收法、深冷分离法或超吸附法。由天然气生产烯烃的流程见图 5-1-03,图中裂解气的分离和精制,我们将在后面阐述。从天然气装置中分离出的甲烷气,若用来生产乙炔,则伴有部分乙烯生成,因此甲烷也可看作生产乙烯的原料。

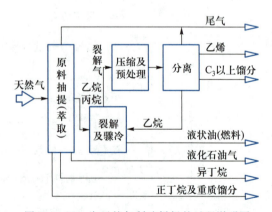

图 5-1-03   由天然气制造烯烃的过程说明图

（2）由炼厂气生产烯烃　炼厂气是炼油厂各生产装置（如常减压、催化裂化）所产气体的总称。常将它们汇总后送气体车间处理,首先分出已有的乙烯、丙烯、丁烯和丁二烯等气体,剩余的气态烃则作裂解原料。有时为了提高乙烯或丙烯的收率,也有将乙烷和丙烷分出，单独送裂解炉裂解的。现在，正丁烷和异丁烷也是重要的工业原料，常将它们从炼厂气中分出，而不再用作裂解原料。由炼厂气制造低级混合烯烃的流程示于图 5-1-04。

（3）由液态烃生产烯烃　常用的原料有石脑油（粗汽油）、轻油、直馏汽油、轻柴油等。现在，有些国家因轻质液态烃来源困难或价格较贵，也采用部分重质油，如重柴油、渣油、

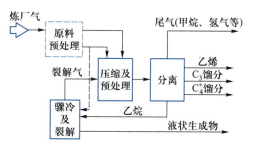

图 5-1-04　由炼厂气生产烯烃的流程图

重油或原油作裂解原料。由液态烃生产烯烃是目前制取乙烯、丙烯等低级烯烃的主要方法。

图 5-1-05 所示为轻柴油裂解装置的工艺流程。

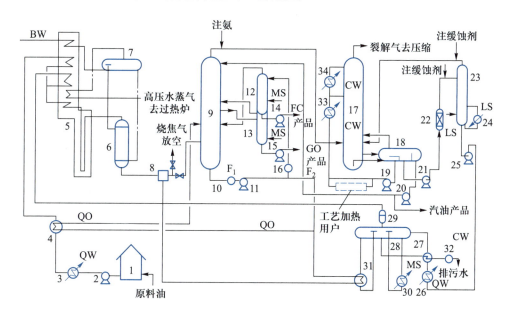

图 5-1-05　轻柴油裂解装置工艺流程图

1—原料油储罐；2—原料油泵；3—原料油预热器；4—原料油预热器；5—裂解炉；6—急冷换热器；7—汽包；
8—急冷器；9—油洗塔（汽油初馏塔）；10—急冷油过滤器；11—急冷油循环泵；12—燃料油汽提塔；
13—裂解轻柴油汽提塔；14—燃料油输送泵；15—裂解轻柴油输送泵；16—燃料油过滤器；17—水洗塔；
18—油水分离器；19—急冷水循环泵；20—汽油回流泵；21—工艺水泵；22—工艺水过滤器；
23—工艺水汽提塔；24—再沸器；25—稀释水蒸气发生器给水泵；26—预热器；27—预热器；
28—稀释水蒸气发生器汽包；29—分离器；30—中压水蒸气加热器；31—急冷油加热器；
32—排污水冷却器；33，34—急冷水冷却器；QW—急冷水；CW—冷却水；MS—中压水蒸气；
LS—低压水蒸气；QO—急冷油；FC—燃料油；GO—裂解轻柴油；BW—锅炉给水

原料油经预热后进入裂解炉，在预热段（对流段）与稀释水蒸气混合后进入辐射段进行裂解，出裂解炉的裂解气进入急冷换热器冷却以终止裂解反应，再去油急冷器用急冷油进一步冷却，然后进入油洗塔（汽油初馏塔）。急冷换热器产生 11 MPa 的高压水蒸气，再过热至 447 ℃后供水蒸气透平使用。急冷油和裂解气一起进入油洗塔，塔顶出 H₂、气

态烃、裂解汽油和稀释水蒸气,塔侧线出裂解轻柴油馏分,经汽提塔脱除轻组分后,作为裂解轻柴油产品,因它含有大量烷基萘,是制萘的好原料,常称为制萘馏分。油洗塔塔釜出重质燃料油,经汽提除去轻组分后,大部分用作循环急冷油。

油洗塔塔顶出料进入水洗塔,将稀释水蒸气和裂化汽油冷凝下来。经分离,水重新循环使用,裂化汽油作产品送出。

除去绝大部分水和汽油的裂解气,温度约 40 ℃,送分离装置的压缩工序。

3. 裂解炉

裂解炉炉型有许多种,比较古老的,至今还在国内一些工厂使用的有蓄热式裂解炉,它与生产乙炔的蓄热炉相仿,是间歇操作的,分单筒、双筒和三筒三种,用得比较普遍的是双筒式蓄热炉。它的操作又分顺向和逆向两种,其中以逆向操作的居多。所谓顺向是燃烧后的烟道气与裂解气的流向相同,逆向则两者的流向相反。使用的原料较广,气态烃和液态烃可用,轻质烃和重质烃亦可用。一般采用的是重油,因为它比较便宜。但本法生产率低,热效率亦低,只在小型石油化工厂使用。

现在国内外广泛采用的是管式裂解炉。这是一种外部加热的管式反应器,由炉体和裂解炉两大部分组成。裂解反应在一根细长的管中进行,围绕着如何提高热效率和如何防止二次反应的发生,对管式炉的结构作了不少改进,形成了多种管式裂解炉的炉型。比较著名,在乙烯生产装置上用得比较多的,有下列五种炉型,现扼要介绍如下。

（1）SRT 型裂解炉　图 5-1-06 为垂直管双面辐射型管式炉中比较典型的一种炉型,简称 SRT-Ⅲ裂解炉,由 Lummus 公司开发成功。左边为正视图,右边为侧视图,一个炉子有 4 组裂解管。可以用气态烃和轻质液态烃作原料,裂解温度 800~900 ℃,停留时间越短,所需裂解温度越高。SRT(short residence time)型裂解炉已由 SRT-Ⅰ型发展到 SRT-Ⅶ。其间,在 21 世纪初推出的 SRT-X 型炉,将辐射炉管由传统的沿辐射段炉膛长

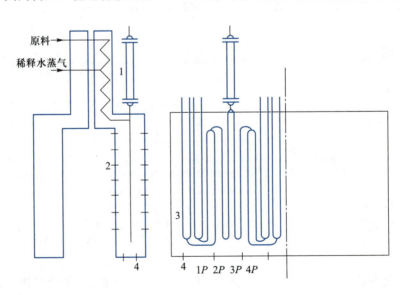

图 5-1-06　SRT-Ⅲ型裂解炉示意图

1—对流室;2—辐射室;3—炉管组;4—烧嘴

$1P\phi89$ mm(64);$2P\phi114$ mm(89);$3P,4P\phi178$ mm(146);总长 48.8 m

度方向布置,改为与其垂直方向布置。目前推出的 SRT-Ⅶ(8-1)型 2 程管双炉膛裂解炉,采用全底部供热。由于减少管程(由 SRT-Ⅰ型的 6 程管减少至 SRT-Ⅶ型的 2 程管)反应时间由 0.6~0.7 s 缩短至 0.2 s 左右。此外,SRT 型炉还在炉管结构上作了改进。例如,采用异型管技术以降低炉管出口侧的压头损失,在炉管内设置翅片以增加传热效果,加快一次反应速率,减少二次反应和结炭等。近来,气体原料多采用 SRT-Ⅱ(4-2-1-1-1-1)型 6 程管裂解炉或 SRT-Ⅲ(4-2-1-1-1)型 4 程管裂解炉,停留时间为 0.4 s 左右,液体原料多采用 SRT-Ⅵ(4-1)型 2 程管裂解炉或 SRT-Ⅶ(8-1)型 2 程管裂解炉,停留时间为 0.2 s 左右。

(2)毫秒裂解炉 Kellogg 公司的毫秒型炉,停留时间仅0.045~0.1 s,是普通裂解炉停留时间的(1/6)~(1/4)。以石脑油为裂解原料时,乙烯单程收率可达32%~34.4%,裂解炉系统见图 5-1-07。炉管布置见图 5-1-08,其辐射管为单程直管,管内径为 24~38 mm,管长为 10~13 m。原料烃和稀释水蒸气混合物在对流段预热至物料横跨温度后,通过横跨管(共两根)和猪尾管(起均布流体作用)由裂解炉底部送入辐射管,物料由下向上流动,由辐射室顶部出辐射管进入第一废热锅炉。毫秒裂解炉,由于停留时间短、裂解温度高,因此裂解所得产品中炔烃收率大幅度提高,比停留时间为 0.3~0.4 s 的普通裂解炉高出 80% 以上,甲基乙炔和丙二烯等的收率可增加近 1 倍。这为后续的裂解气分离带来一定的麻烦,C_2 馏分和 C_3 馏分的加氢脱炔必须大大加强。此外,清焦周期大为缩短,普通裂解炉为 40~45 天,毫秒裂解炉则为 12~15 天,对提高生产率不利。1998 年 Kellogg

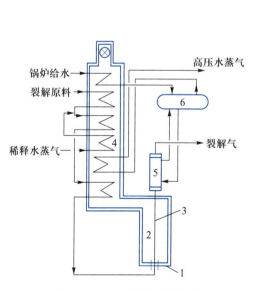

图 5-1-07 毫秒裂解炉示意图

1—烧嘴;2—辐射段;3—裂解管;4—对流段;
5—急冷换热器;6—汽包

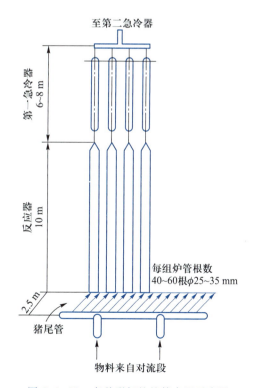

图 5-1-08 毫秒裂解炉管布置示意图

公司和 Brown & Root 公司合并成立 KBR 公司,开发的裂解炉亦命名为 KBR 裂解炉(简称 SC 炉),已有 SC-1,SC-2 和 SC-4 三种炉型,与 Kellogg 公司开发成功的毫秒裂解炉相比,停留时间更短,反应选择性更好,裂解温度为 880~900 ℃,可适应乙烷~石脑油的各种裂解原料。

　　(3)超选择性 USC 型裂解炉　超选择性 USC 型裂解炉由 S&W 公司设计制造,裂解炉系统图示于图 5-1-09。该系统由裂解炉(USC)、一级急冷器(USX)和二级急冷器(TLX)三部分组成。S&W 公司认为,在低烃分压的条件下停留时间对裂解选择性的影响远比烃分压的影响更为显著。停留时间与质量流速成反比,与辐射盘管长度成正比。由于质量流速的提高受阻力降的限制,因此,缩短停留时间最有效的途径就是缩短辐射盘管的长度。在给定的裂解深度和质量流速下,只有通过缩小辐射管直径,增加表面热强度才能达到此目的。辐射盘管直径缩小,在相同的生产能力下,意味着辐射盘管的数量要增加,辐射盘管有 W 型和 U 型两种,与 SRT 型炉不同,它们均为不分支变径管。每台 USC 型炉有 16 组、24 组或 32 组管,每组 4 根,呈 W 型,4 程 4 次变径,直径依次为 63.5 mm,69.9 mm,76.2 mm,82.9 mm,管长 43.9 m,停留时间 0.35 s;U 型辐射盘管为 2 程 2 次变径,直径依次为 51 mm,63.5 mm,管长 26.9 m,停留时间 0.2~0.25 s。虽然 U 型辐射盘管管径比 W 型的小,每根长度也比 W 型的短,因而处理能力比 W 型小,但裂解选择性更高,故多被乙烯装置采用。USC 型裂解炉原料为乙烷到柴油之间的各种烃类。用轻柴油作裂解原料时,乙烯收率 w(乙烯)= 27.7%,丙烯收率 w(丙烯)= 13.65%,可以 100 天不清焦;每两组辐射盘管共用 1 个一级急冷器,然后将裂解气汇总进入一台二级急冷器。一、二级急冷器共用 1 个汽包,产生 10 MPa 的高压蒸汽。

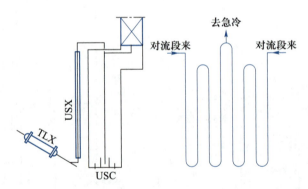

图 5-1-09　USC 型裂解炉系统图

　　(4)GK 型裂解炉　荷兰 KTI 公司的 GK 型裂解炉,已由 GK-Ⅰ 发展到 GK-Ⅴ型。各种 GK 型裂解炉分支变径管大体上均保持沿管长截面积不变。各种 GK 型裂解炉分支变径管的结构见图 5-1-10。GK-Ⅱ型为混排多程分支变径管,一般为 6 程,前 4 程为双排小管径炉管,5,6 程为单排大管径炉管,停留时间为 0.4~0.5 s。GK-Ⅲ为单排 4 程分支变径管,1,2 程为 4 根小管径炉管(如 ϕ98 mm×65 mm),3,4 程为 2 根大管径炉管(如 ϕ138 mm×8 mm),停留时间缩短至 0.4 s 以下。GK-Ⅳ型为混排 4 程分支变径管,1,2 程为 4 根双排小管径管,第 3 程为 2 根管径稍大的单排管,第 4 程为 1 根大管径单排管,停留时间在 0.3 s 以下。GK-Ⅴ型采用双程分支变径管,第 1 程为 2 根小管径辐射盘管(如

$\phi59$ mm），第 2 程为 1 根大管径炉管（如 $\phi83$ mm），停留时间在 0.2 s 左右，因而裂解选择性明显得到改善。

（5）LSCC 型裂解炉　　Linde 公司的 LSCC 裂解炉（现在改称为 Pyrocrack 型裂解炉），有 LSCC4-2，LSCC2-2 和 LSCC1-1 三种炉型，它们的结构见表 5-1-09。LSCC4-2 型为 6 程混排分支变径管，前 4 程为 2 根内径为 64 mm 的双排管，5,6 程为 1 根内径为 135 mm 的单排管，每根管长为 55 m，停留时间 0.4 s 左右。LSCC2-2 型为 4 程混排分支变径管，前 2 程为内径 78 mm 的双排管，3,4 程为内径为 112 mm 的单排管，每根长 36～42 m，停留时间 0.26～0.38 s。LSCC1-1 型第 1 程为 2 根内径为 43 mm 的炉管，第 2 程为 1 根内径

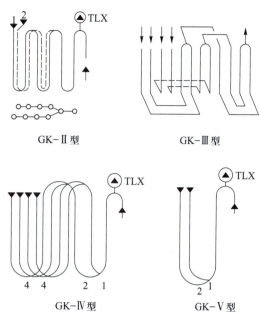

图 5-1-10　KTI 的 GK 型裂解炉盘管

为 62 mm 的炉管，盘管总长 17～19 m，停留时间为 0.16～0.2 s，属双程分支变径管，沿管长方向截面积大体不变。与 LSCC4-2 型相比，由于停留时间明显缩短，裂解选择性因而得到明显提升。除炉管排布上有所创新外，Linde 公司还推出了双辐射段共用 1 个对流段的双辐射裂解炉，可在同一台裂解炉上同时进行 2 种裂解原料的热裂化操作，提高了生产的灵活性。

表 5-1-09　不同炉型的结构特性

炉型	LSCC4-2	LSCC2-2	LSCC1-1
炉管构型			

为了强化传热，防止炉管结焦以延长裂解炉清焦时间，除对炉管的排布进行不断改进外，还对炉管的材质和形状做了很多研发工作，并取得了丰硕的成果。S&W 公司正在开发陶瓷裂解炉技术，采用 5～15 m 长的陶瓷管替代金属管，可以从根本上避免炉管结焦。IFP 和 Gaz de France 公司开发了可允许工艺温度超过 1 000 ℃而不催化结焦，乙烷转化率可超过 90% 的高温陶瓷管裂解炉，而传统裂解工艺乙烷转化率仅为 65%～70%。陶瓷裂解炉工艺还有一些工程问题没有解决，至今未见工业化报道。在炉管形状改进方面有日本三菱公司开发成功椭圆管，Lummus，Kellogg，Exxon 公司开发成功梅花管，日本

久保田公司开发成功内翅片管等。国内燕山石化与中国石化北京化工研究院、沈阳金属研究所共同开发成功裂解炉扭曲管强化传热技术。用作辐射段的炉管是一种管内带扭曲片的精密整铸管,可将管内流体由原先的活塞流改为旋转流,对管壁有一个强烈的横向冲刷作用,从而减薄边界滞留层,强化传热,减缓管内壁结焦。试验表明,辐射段炉管壁温可同比下降 20 ℃,运行周期从 50 天延长到 105 天,该工艺技术已在辽阳石化、扬子石化和燕山石化等多种炉型上进行试验,效果显著。

工业生产上,为防止结焦,还采取在原料或蒸汽中加入抗结焦添加剂、对炉管壁进行临时或永久性涂覆防结焦添加剂等措施,均对延长裂解炉运行周期有明显效果。

拓展
管式炉的结焦与清焦

目前,管式裂解炉不能用重质烃(重柴油、重油、渣油等)为原料,主要原因是在裂解时,炉管易结焦,造成清焦操作频繁,生产中稍有不慎,还会堵塞炉管,酿成炉管烧裂等事故;若采用高温短停留工艺,对炉管材质的要求很高,也不容易解决。管式炉裂解法虽还存在不足,有待于不断改进和完善,但它仍将是生成乙烯的主要方法。

4. 裂解气的分离

裂解气是一个组分很复杂的混合物,这些组分的沸点相差很大,现在多采用精馏法来分离。为了得到聚合级的乙烯和丙烯,有些精馏塔的温度是相当低的。而像混合芳烃这样的产物,沸点则比较高,裂解气冷却到 100 ℃ 左右,它们就能从气相中凝析出来,形成液体产物,因此真正进入深冷分离系统的裂解气主要是 C_5 以下的烃类。

进入分离系统的裂解气,其分离过程可以概括成三大部分:

① 气体净化系统 包括脱除酸性气体、脱水、脱一氧化碳(用催化剂将 CO 和 CO_2 转化成甲烷,即常说的甲烷化)和脱炔。酸性气体不仅会腐蚀设备和管路,而且还会使脱炔催化剂中毒。乙炔和丙二炔的存在不仅使高纯乙烯和丙烯聚合时采用的催化剂中毒,而且还会在系统里自聚,生成液体产物绿油。水分和 CO_2 在低温下会结冰、堵塞管路,因此必须将它们除去。

拓展
气体净化系统

② 压缩和冷冻系统 将裂解气加压、降温,为分离创造条件。

③ 精馏分离系统 用一系列精馏塔将 H_2,CH_4,乙烯,丙烯,C_4 及 C_5 馏分等分出。

进入分离系统的物料组成见表 5-1-10。表中的 $C_4'S$ 和 $C_5'S$ 表示混合 C_4 组分和混合 C_5 组分。$C_6 \sim (204 ℃)$ 馏分中富含芳烃,是抽提芳烃的重要原料。由表 5-1-10 可以看出,不同的裂解原料得到的裂解气组成是不同的。为获得较多乙烯,最好的裂解原料是乙烷,为获得较多的丙烯和 C_4 混合烃,最好的原料是石脑油和轻柴油。表 5-1-11 列出了低级烃类的主要物理常数,它们在后续的精馏工序中是十分有用的。

表 5-1-10 典型裂解气组成(裂解气压缩机进料)

裂解原料	乙烷	轻烃	石脑油	轻柴油	减压柴油
转化率/%	65	—	中深度	中深度	高深度
φ/%					
H_2	34.00	18.20	14.09	13.18	12.75
$CO+CO_2+H_2S$	0.19	0.33	0.32	0.27	0.36
CH_4	4.39	19.83	26.78	21.24	20.89

续表

裂解原料	乙烷	轻烃	石脑油	轻柴油	减压柴油
C_2H_2	0.19	0.46	0.41	0.37	0.46
C_2H_4	31.51	28.81	26.10	29.34	29.62
C_2H_6	24.35	9.27	5.78	7.58	7.03
C_3H_4		0.52	0.48	0.54	0.48
C_3H_6	0.76	7.68	10.30	11.42	10.34
C_3H_8		1.55	0.34	0.36	0.22
$C_4'S$	0.18	3.44	4.85	5.21	5.36
$C_5'S$	0.09	0.95	1.04	0.51	1.29
$C_6 \sim (204\,℃)$	—	2.70	4.53	4.58	5.05
H_2O	4.36	6.26	4.98	5.40	6.15
平均相对分子质量	18.89	24.90	26.83	28.01	28.38

表 5-1-11　低级烃类的主要物理常数

名称	分子式	沸点/℃	临界温度/℃	临界压力/MPa	名称	分子式	沸点/℃	临界温度/℃	临界压力/MPa
氢	H_2	−252.5	−239.8	1.307	异丁烷	$i\text{-}C_4H_{10}$	−11.7	135	3.696
一氧化碳	CO	−191.5	−140.2	3.496	异丁烯	$i\text{-}C_4H_8$	−6.9	144.7	4.002
甲烷	CH_4	−161.5	−82.3	4.641	丁烯	C_4H_8	−6.26	146	4.018
乙烯	C_2H_4	−103.8	9.7	5.132	1,3-丁二烯	C_4H_6	−4.4	152	4.356
乙烷	C_2H_6	−88.6	33.0	4.924	正丁烷	$n\text{-}C_4H_{10}$	−0.50	152.2	3.780
乙炔	C_2H_2	−83.6	35.7	6.242	顺-2-丁烯	C_4H_8	3.7	160	4.204
丙烯	C_3H_6	−47.7	91.4	4.600	反-2-丁烯	C_4H_8	0.9	155	4.102
丙烷	C_3H_8	−42.07	96.8	4.306					

（1）分离方法　将净化后的裂解气进行分离和精制主要有以下 2 种方法：

① 深冷分离法　采用−100 ℃左右的低温将烃类按沸点不同逐个用精馏方法分离出来。这一方法产品收率高、质量好，是目前生产聚合级烯烃的主要方法，但其能耗较大、流程复杂。

② 其他分离方法　主要有吸收（精馏）法、吸附分离法和络合物分离法等。吸收（精馏）法以系统自产的 C_3、C_4 或芳烃作吸收剂，在−70 ℃下将 H_2 和 CH_4 分出，然后再用精馏法将 C_2 以上各组分逐个分出。该法能耗低，设备投资省，但乙烯收率低，纯度达不到聚合级标准，只能用作有机合成原料。吸附分离法采用活性炭作吸附剂，在移动床中进行吸附和解吸作业，已建有中试装置，未见工业化报道。络合物分离法采用某些金属盐

作络合剂,将混合烯烃从裂解气中分出,因得到的是混合烯烃,仍需用低温工艺将它们逐个分出,优点不突出,虽建有工业装置,但没能得到推广应用。

（2）分离流程　在深冷分离法中,按馏分切割不同,已有如图 5-1-11 所示的几种分离流程。其中的 A,是按 C_1,C_2,C_3,…顺序进行切割分馏,通常称为顺序分离流程,B 和 D 为前脱乙烷和前脱丙烷馏分流程,它们因加氢(脱炔)工序的位置不同,又分为前加氢和后加氢流程,如 B,C(或 D,E)。而顺序分离流程一般是按后加氢的方案进行组织的。

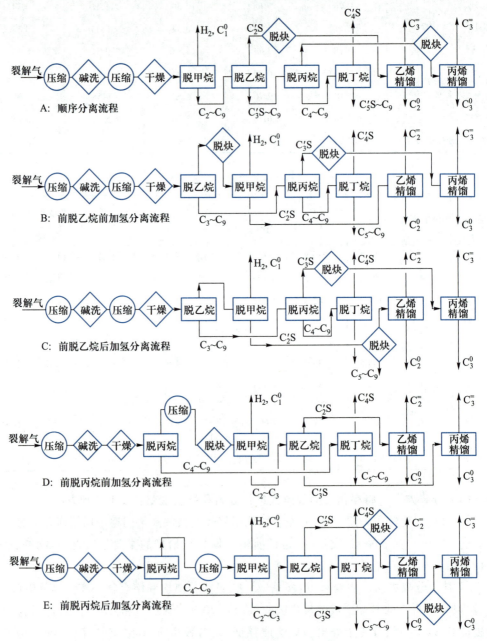

图 5-1-11　裂解气分离流程分类示意图

3 种分离流程各塔操作条件示于表 5-1-12。

表 5-1-12 典型深冷分离流程工艺操作条件比较

项目	顺序流程			前脱乙烷流程			前脱丙烷流程		
代表方法	Lummus 法			Linde 法			三菱油化法		
流程顺序	压缩→脱甲烷→甲烷化→脱乙烷→加氢→乙烯塔→脱丙烷→C₃加氢→丙烯塔→脱丁烷			压缩→脱乙烷→加氢→脱甲烷→乙烯塔→脱丙烷→丙烯塔→脱丁烷			压缩→脱丙烷→脱丁烷→压缩→加氢→脱甲烷→脱乙烷→丙烯塔→乙烯塔		
操作条件	顶温/℃	底温/℃	p/Pa	顶温/℃	底温/℃	p/Pa	顶温/℃	底温/℃	p/Pa
脱甲烷塔	-96	7	$3.04×10^6$	-120		$1.16×10^6$	-96.2	7.4	$3.15×10^6$
脱乙烷塔	-11	72	$2.32×10^6$		10	$3.11×10^6$	-74	68	$2.80×10^6$
乙烯塔	-30	-6	$1.86×10^6$			$2.17×10^6$	-28.6	-5	$2.06×10^6$
脱丙烷塔	17	85	$8.34×10^6$			$1.76×10^6$	-19.5	97.8	$1.00×10^6$
丙烯塔	39	48	$1.65×10^6$			$1.15×10^6$	44.7	52.2	$1.86×10^6$
脱丁烷塔	45	112	$4.41×10^5$			$2.40×10^6$	45.6	109.1	$5.34×10^6$

由表 5-1-12 可见,脱甲烷塔塔顶温度有的是-96℃,有的是-120℃,这是脱甲烷塔采用不同压力操作之故。脱甲烷塔的操作条件(主要是温度和压力)除保证将氢和甲烷与其他组分分离外,还必须尽量少含乙烯,以提高乙烯的收率。升高塔的压力,对减少乙烯随甲烷和氢气逸出是有好处的。若设定塔顶乙烯逸出量,那么升高压力则可提高乙烯的露点温度,即塔顶温度可提高;反之,压力降低,则塔顶温度应降低。例如,当进塔裂解气中 $n(H_2)/n(CH_4) = 2.36$ 时,如限定脱甲烷塔塔顶气体中 $\varphi(乙烯) < 2.31\%$,操作压力由4.0 MPa降至0.2 MPa,所需塔顶温度由-98℃降至-141℃。因此,从避免采用过低制冷温度考虑,应尽量采用较高的操作压力。但压力达到 4.4 MPa 时,由图 5-1-12 可见,塔底甲烷对乙烯的相对挥发度已接近于1,已难以进行甲烷和乙烯分离。现在,工业上将操作压力为 3.0~3.2 MPa 称为高压脱甲烷;采用 1.05~1.25 MPa 称为中压脱甲烷(表 5-1-12 中 Linde 法就属于这一类型);采用0.6~0.7 MPa 时,称为低压脱甲烷。表 5-1-13 出示了高压脱甲烷和低压脱甲烷的能耗比较。由表 5-1-13 可

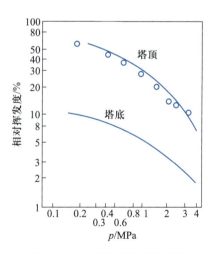

图 5-1-12 甲烷对乙烯相对挥发度与压力的关系

以看出,降低脱甲烷塔操作压力可以降低能耗(例如,年产 45 万吨乙烯装置采用低压法脱甲烷工艺,可降低能耗 3 790 kW)和提高乙烯回收率,但需增设甲烷制冷系统,使工艺流程复杂化,投资也会有所增加。值得一提的是,高压脱甲烷工艺,对裂解原料的适应性强,液化天然气、液化石油气、石脑油、轻油、柴油和加氢裂化尾油等都可以用,而低压脱甲烷工艺为提供足量的甲烷用作回流,要求甲烷/乙烯比值较大,适用的裂解原料为石脑

油、加氢裂化尾油和轻柴油等,工艺技术的应用受到原料的制约。此外,Technip 公司曾采用中压脱甲烷工艺,节能效果也较明显,此工艺正在积极开发中。

表 5-1-13　高压脱甲烷和低压脱甲烷方法的比较［300 kt(乙烯)/a］

名称		高压脱甲烷		低压脱甲烷	
		10^6 kJ/h	kW	10^6 kJ/h	kW
裂解气压缩机四段		—	3 249	—	3 246
裂解气压缩机五段		—	3 391	—	3 139
干燥器进料冷却(+18 ℃)		9.13	354	3.85	149
乙烯塔再沸器冷量回收(−1 ℃)		—	—	1.13	96
冷量	−40 ℃	6.07	942	3.81	591
	−55 ℃	1.84	519	—	—
	−75 ℃	4.90	1 721	4.61	1 624
	−100 ℃	2.18	979	1.51	675
	−140 ℃	—	—	1.26	953
脱甲烷塔	−102 ℃	4.19	1 874	—	—
冷凝器	−140 ℃	—	—	0.71	550
脱甲烷塔再沸器回收冷量(+18 ℃)		−13.02	−506		
脱甲烷塔	−1 ℃	—	—	−2.05	−160
塔底回收	−26 ℃	—	—	−1.72	−218
排气中回收−75 ℃冷量				−1.05	−369
塔釜泵		—	—	—	110
甲烷压缩			395		382
合计			12 918		10 768
差额					−2 150

3 种分离流程中,顺序分离流程技术比较成熟,对裂解原料适应性强。为避免丁二烯损失一般采用后加氢,但流程较长,裂解气全部进入深冷系统,制冷量较大。前脱乙烷分离流程一般适合于分离含重组分较少的裂解气,由于脱乙烷塔塔釜温度较高,重质不饱和烃易于聚合,故也不宜处理含丁二烯较多的裂解气。脱炔可采用后加氢,但最宜用前加氢,因可减少设备。操作中的主要问题在于脱乙烷塔压力及塔釜温度较高,会引起二烯烃聚合,发生堵塞。前脱丙烷分离流程因先分去 C_4 以上馏分,使进入深冷系统物料量减少,冷冻负荷减轻,适用于分离较重裂解气或含 C_4 烃较多的裂解气。可采用前加氢或后加氢,前者所用设备较少,应用较多。

现在,上述分离流程经过不断改进,在降低能耗,增加操作稳定性,以及提高乙烯收率和投资回报率等方面,取得了不少成绩。而我国乙烯装置的原料来源和种类变化较大,要求操作弹性也比较宽,在选用分离流程时,要综合考虑原料来源、能耗、投资、生产成本,以及国内相关部门和操作人员对该流程的掌握程度等因素。

四、乙烯工厂能量的合理利用

乙烯工厂裂解工序有很多热能可供回收和利用,分离工序有很多冷量需回收和利用,因此,能量的合理利用已成为乙烯工厂主要技术经济指标之一。表5-1-14示出了1个年产25万吨乙烯工厂能量的供给和回收统计。由表中可知,裂解原料越重,需供给的能量也越多。因为重质裂解原料油花费在预热、汽化、升温和稀释水蒸气上的热量比轻质烃多。热能回收有3条途径,急冷废热锅炉能回收30%的高能位热量,用以发电或驱动水蒸气透平;烟道气回收50%~60%低能位热量,主要用作预热原料和过热水蒸气;初馏塔系统回收10%~20%的低能位热量,用作热源。

表 5-1-14   年产 25 万吨乙烯工厂能量的供给和回收统计

裂解原料	能量供给/(GJ·h^{-1})							能量回收/(GJ·h^{-1})			
	原料预热和汽化	辐射段升温和反应热	稀释水蒸气	裂解气压缩	冷冻	其他	合计	急冷换热器	初分馏塔	热烟道气	合计
乙烷	102.1	237.8	56.1	139.0	154.0	15.9	704.9	138	17	285	439
丙烷	153.2	239.4	58.2	164.1	188.4	89.6	892.9	109	71	268	448
石脑油	203.4	340.7	115.9	133.9	136.9	44.4	975.3	222	109	410	741
粗柴油	322.7	380.1	300.1	133.9	137.3	44.4	1 316.1	264	180	452	896

在裂解气的深冷分离中广泛采用蒸气压缩法制冷和节流法制冷两种方法。在蒸气压缩法中,并不是所有冷剂经压缩后,用水冷却就能被液化的。例如,乙烯的临界温度为9.9 ℃,经压缩,不能用 20 ℃的水冷却液化,而需要用冷冻盐水、氨、丙烯等作冷剂才能使乙烯逐步液化。对分离装置而言,用丙烯更合理,因可自产,不需另设一套冷冻盐水或氨冷冻装置。又如,为使甲烷液化,首先必须用水让丙烯液化,再用液态丙烯将乙烯液化,再用液态乙烯使甲烷液化,最后得到低温度级别的冷剂,这就称作复叠制冷。各冷剂的制冷温度范围和单位能量消耗见图5-1-13。由图 5-1-13 可见,为制得低温度级别的冷剂,单位能量的消耗会明显增加,少用低温度级别的冷剂,能收到节能的明显效果。由上分析可知,若最终只利用最低温度级别的一种冷剂,所花费的压缩功是十分大的,用作冷剂会出现大马拉小车式不合理局面,因此是不可取的。所谓节流制冷,是利用焦耳-汤姆逊

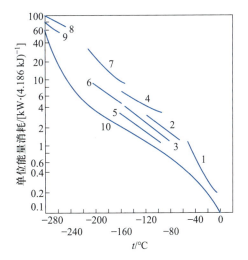

图 5-1-13   冷剂制冷温度范围与
单位能量消耗的关系

1—NH$_3$;2—C$_2$H$_4$;3—C$_2$H$_4$(电力回收);4—CH$_4$;
5—CH$_4$(用膨胀机);6—空气(用膨胀机);
7—N$_2$;8—H$_2$;9—H$_2$(用膨胀机);
10—逆行卡诺循环(环境温度 300 K)(1 kcal=4.186 kJ)

效应,将高压气体膨胀(通过阀门减压即可达此目的),因真实气体的分子间势能提高,在与环境绝热的条件下,分子动能减小,即表现为温度下降,在裂解气中,一部分沸点较高的组分,就会被冷凝和液化。在工业生产中,实际上这两种制冷方法常常结合在一起,产生出一个个不同温度级别的冷剂(或热剂),满足裂解气不同分离过程的需要,并做到合理使用冷剂(或热剂),减少分离装置的能耗。以下举分离流程中常见的几个制冷流程,说明它们的运转原理。

① 复叠制冷　图 5-1-14 所示为甲烷-乙烯-丙烯复叠制冷系统流程简图,丙烯的冷剂为水,最后得到的是-160 ℃温度级的冷量(冷剂为甲烷)。这是裂解气分离中最基本的制冷流程,其他制冷流程由它演化而成。

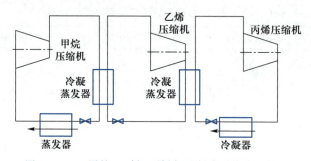

图 5-1-14　甲烷-乙烯-丙烯复叠制冷系统流程简图

② 多级制冷循环　图 5-1-15 为可获得不同温度级别的丙烯制冷系统。由图 5-1-15可见,丙烯压缩机为三段压缩机,每一段分离器通过节流都可产生气、液两相,液相用作冷源(可有 4 个温度级别的冷剂),可应用在需要冷剂的相应场合。

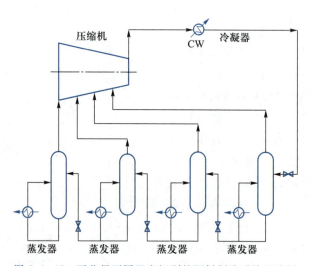

图 5-1-15　可获得不同温度级别的丙烯制冷系统示意图

③ 热泵　把热量从低温热源送向高温热源的机器称作热泵。图 5-1-16 示出了四种形式。(a)图所示为制作冷剂来冷却塔顶物料的流程,消耗压缩功,没能节省能量。(b)图为闭式热泵,即冷剂自成体系,不与精馏物料相混。流程中虽然消耗了压缩功,但却节省了冷剂的冷量,并向塔釜输送热量,节省了塔釜再沸器所需加热量,也不需另外的

加热剂。(c)和(d)为开式热泵,即冷剂部分回流,部分作塔顶产品送出,或冷剂热蒸气作加热剂直接进入精馏塔塔釜与塔釜物料混合,(c)和(d)或省去了塔顶冷凝器,或省去了塔釜再沸器,也起到节能作用。

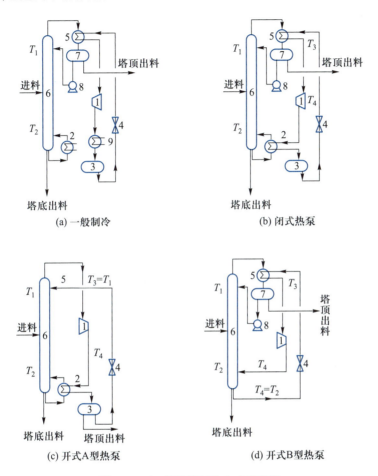

图 5-1-16　精馏塔制冷方式示意图

1—压缩机;2—再沸器;3—冷剂储罐;4—节流阀;5—塔顶冷凝器;
6—精馏塔;7—回流罐;8—回流泵;9—冷剂冷凝器

④ 中间冷凝器和中间再沸器　在精馏段设置中间冷凝器可利用冷冻温度比塔顶冷凝器高的廉价的冷剂,节省塔顶冷凝温度低的冷剂的用量,从而节省能耗。与此相仿,在提馏段可设置中间再沸器,可以利用温度比塔釜再沸器稍低的廉价的加热剂作热源加热塔釜液,可节省温度稍高的热剂的用量,从而节省能耗。而所谓的冷剂和热剂,可以在复叠制冷各分离罐液体或气体中选定,用不着另建一套制造冷剂和热剂的系统。

⑤ 冷箱　它是利用节流制冷,分离甲烷和氢气并回收乙烯的一个装置,为防止散热,常装在一个绝热的方形容器中,俗称冷箱。

乙烯工厂能量的合理利用除上面阐述的内容之外,还有两项在这里值得一提。在提高裂解炉的热效率方面,美国和日本等国纷纷采用裂解炉-燃气轮机联合工艺技术,将燃气轮机的排气作为裂解炉燃烧用空气[其中含氧量 w(氧)= 15%~17%],可有效利用燃气轮机排气中所含的 60%~75%的燃料气燃烧热,使裂解炉的燃料消耗量减少 8%~

12%。在裂解气分离部分,由 S&W 公司推出的 ARS 专利技术是多种节能技术的组合,将一些简单但却十分可靠的单项技术相结合,以显著减少整个深冷分离区的冷量需求,该技术组合包括分馏分凝器、预脱甲烷塔、脱甲烷塔、膨胀再压缩机等,由于分馏分凝器实现了激冷和预分馏功能的结合,使得流程结构紧凑,直接体现出了设计的经济性。ARS 专利技术已由 S&W 公司应用在前脱丙烷前加氢的工艺流程中,由于节能效果显著,受到人们的普遍重视。

5-2　氯　　化

在有机化合物分子中引入一个或几个卤原子的反应称为卤化。它又细分为氟化、氯化、溴化和碘化等。

工业上氯化最重要,其次是氟化。通过氯化和氟化,可以制得很多有机高分子聚合物的单体、有机合成中间体、有机溶剂、环氧烷类、醇和酚类、医药、农药。另外,氯代烷烃还用作烷基化剂,氟里昂还用作气雾剂和制冷剂等。而溴化和碘化主要用作制药、染料、有机溶剂、制冷剂和催化剂等精细化学品的制造,生产规模和产量均比氯化和氟化小得多。

本节仅阐述氯化原理及典型产品的工艺过程。

一、概述

1. 氯化反应的分类

(1) 按反应类型分类　从作用物与卤化剂的反应形式来分类,氯化反应可以分为以下 4 类:

① 取代氯化　取代(置换)可以发生在脂肪烃的氢原子上:

$$RH \xrightarrow[-HCl]{+Cl_2} RCl$$

$$CH_2{=}CH_2 \xrightarrow{+Cl_2} CH_2ClCH_2Cl \xrightarrow{-HCl} CH_2{=}CHCl$$

亦可发生在芳香烃的苯环和侧链的氢原子上:

$$C_6H_5CH_3 \xrightarrow[-HCl]{+Cl_2} \begin{cases} C_6H_5CH_2Cl \\ ClC_6H_4CH_3 \end{cases}$$

脂肪烃和芳香烃取代氯化的共同特点是,随着反应时间的增长、反应温度的提高或通氯量的增加,氯化深度会加深,产物中除一氯产物外,还会生成多氯化物,这一倾向气相氯化比液相氯化更明显。因此,氯化的结果往往得到的是多种氯化产物。对芳香烃侧链的取代反应,为提高侧链氯化物的收率,需抑制苯环上氢原子的取代氯化反应。为此,原料烃和氯气中不允许有铁和铝等杂质及水分存在,因为它们会催化苯环上氢原子的取代氯化反应。采用过滤方法可除去铁和铝等杂质,加入少量 PCl_3 可除去反应液中的水分。

除烃外,其他化合物也可发生取代氯化反应。例如:

$$ROH \xrightarrow{+HCl} RCl + H_2O$$

$$RCOOH \xrightarrow{+SOCl_2} RCOCl + SO_2 + HCl$$

$$CH_3CHO + 3Cl_2 \longrightarrow CCl_3CHO + 3HCl$$

② 加成氯化 此时氯能够加成到脂肪烃和芳香烃的不饱和双键和三键上,生成含氯化合物。该反应可在 $FeCl_3$、$ZnCl_2$ 及 PCl_3 等非质子酸为催化剂下进行,并放出热量。

$$\diagdown C=C \diagup \xrightarrow{+Cl_2} \diagdown CCl—CCl \diagup$$

$$—C \equiv C— \xrightarrow{+2Cl_2} —CCl_2—CCl_2—$$

$$\hexagon \xrightarrow{+3Cl_2} C_6H_6Cl_6$$

由于不饱和烃的反应活性比饱和烃高,故反应条件(主要是反应温度)比饱和烃的取代氯化要缓和得多。因此,有时比较弱的卤化剂也能参与加成氯化反应。例如:

$$\diagdown C=C \diagup \xrightarrow{+HCl} \diagdown CH—ClC \diagup$$

$$—C \equiv C— \xrightarrow{+HCl} —CH=ClC—$$

$$H_2C=CH_2 \xrightarrow{+Cl_2+H_2O} CH_2Cl—CH_2OH + HCl$$

除与烃类发生加成氯化,氯气还可与一氧化碳反应生成光气:

$$CO \xrightarrow{+Cl_2} COCl_2$$

此时 CO 可视作不饱和物(它应有 4 个价键只利用了 2 个),它与氯气的反应可看作加成反应。

③ 氧氯化 这是介于取代氯化和加成氯化之间的一种氯化方法。对烷烃和芳香烃(包括侧链上的氢)而言,发生的主要是取代氯化,对烯烃则主要发生氯的加成氯化生成二氯代烷烃,其中最重要的是乙烯氧氯化生成 1,2-二氯乙烷(简称二氯乙烷):

$$H_2C=CH_2 + 2HCl + \frac{1}{2}O_2 \xrightarrow{CuCl_2} \underset{\underset{Cl \quad Cl}{|\quad\;|}}{H_2C—CH_2} + H_2O$$

在氯苯生产史上,也曾用氧氯化法来生产氯苯:

$$\hexagon + HCl + \frac{1}{2}O_2 \longrightarrow \hexagon—Cl + H_2O$$

这一方法能消耗生产中副产的 HCl,提高氯的利用率和免除副产 HCl 给工厂带来的销售和综合利用问题,以及对周围环境的污染问题。

④ 氯化物裂解 属于这种方法的有以下反应。

脱氯反应:

$$Cl_3C—CCl_3 \longrightarrow Cl_2C{=}CCl_2 + Cl_2$$

脱氯化氢反应:

$$ClCH_2—CH_2Cl \longrightarrow H_2C{=}CHCl + HCl$$

在氯气作用下 C—C 键断裂(氯解):

$$Cl_3C—CCl_3 \xrightarrow{+Cl_2} 2CCl_4$$

高温裂解(热裂解):

$$Cl_3C—CCl_2—CCl_3 \xrightarrow{高温} CCl_4 + CCl_2{=}CCl_2$$

由上列各反应式可以看出,氯化物裂解是获取氯代烯烃的重要手段。氯解在工业上又常称全氯化,因为氯解所得产物是分子链比较短而且已完全氯化的烃类。利用这一反应可以将制造氯代烃和氯乙烯过程中的残渣或残液转化为有用的四氯化碳和四氯乙烯。

(2)按促进氯化反应的方式分类   按促进氯化反应的方式不同,工业上采用的氯化方法主要有下列 3 种。

① 热氯化法   该方法是以热能激发氯分子,使其解离成氯自由基,进而与烃类分子反应而生成各种氯衍生物。一般在气相中进行,所需反应温度与烃类分子结构有关(即与C—H键断裂能有关)。例如,丁烷热氯化温度约为 250 ℃,而甲烷热氯化为 400 ℃。热氯化的活化能较高,约为 125 kJ/mol。高温下的气相热氯化反应还伴有诸如分子结构破坏、脱氯化氢和环化等副反应,副产物品种多,数量亦多。工业上,甲烷氯化制取甲烷氯衍生物、丙烯氯化制 2-氯丙烯等一般都采用热氯化法。

② 光氯化法   该方法以光子激发氯分子,使其解离成氯自由基,进而实现氯化反应。光氯化法常在液相中进行,反应条件比较缓和。光源为水银灯、石英灯和日光灯等,光线辐射波长为 0.3~0.5 μm,反应器常用石英或玻璃制成,考虑到受光照深度的限制,常用几台反应器串联共同完成光氯化反应。光氯化反应的活化能较小,约为 42 kJ/mol,是热氯化的 1/3。工业上采用光氯化的有:二氯甲烷在紫外线照射下氯化生成三氯甲烷和四氯化碳;苯在紫外线照射下氯化生成"六六六";甲苯在日光灯照射下氯化生成氯化苄等。

③ 催化氯化   该方法是利用催化剂降低反应活化能,从而促使氯化反应的进行。可分为均相催化(催化剂深入原料或反应液中)氯化和非均相催化氯化两种。所用的催化剂都是金属卤化物,主要有:氯化铁、氯化铜、氯化铝、三氯化锑、五氯化锑、氯化汞等。例如,苯氯化中,只需微量氯化铁催化剂$\left[\text{苯质量的}\dfrac{m(\text{氯化铁})}{m(\text{苯})}=0.01\%\right]$,它溶于苯中,故苯的氯化属均相催化氯化。像乙炔与氯化氢加成制备氯乙烯,催化剂活组分为 $HgCl_2$,常将它负载在活性炭、硅藻土等载体上,故这一氯化反应即为非均相催化氯化。催化氯化可在液相中进行,也可在气相中进行。在气相中进行催化氯化时,由于催化剂的作用,与热氯化相比,不但反应条件缓和,而且反应的选择性亦高。

2. 氯化反应机理

氯化反应机理大体上可以分为自由基链反应机理和离子基反应机理两种。氧氯化反应机理目前尚未有定论,将在后续的氯乙烯生产工艺中作简要介绍。

（1）自由基链反应机理　属于这一反应机理的有热氯化和光氯化两类。反应包括链引发、链增长（链传递）和链终止 3 个阶段,是一个连串反应过程。

脂肪烃的取代氯化反应机理可表达如下:

$$链引发 \qquad Cl_2 \xrightarrow{\text{热、光或催化剂}} 2Cl\cdot$$

$$链增长 \qquad Cl\cdot + RH \longrightarrow R\cdot + HCl$$

$$R\cdot + Cl_2 \longrightarrow RCl + Cl\cdot$$

$$链终止 \qquad 2R\cdot \longrightarrow R{-}R$$

$$R\cdot + Cl\cdot \longrightarrow RCl$$

$$2Cl\cdot \longrightarrow Cl_2$$

$$R\cdot + 器壁 \longrightarrow 非自由基产物$$

脂肪烃的加成氯化反应机理可表达如下:

$$链引发 \qquad Cl_2 \longrightarrow 2Cl\cdot$$

$$链增长 \qquad Cl\cdot + CH_2{=}CH_2 \longrightarrow ClCH_2CH_2\cdot$$

$$ClCH_2CH_2\cdot + Cl_2 \longrightarrow ClCH_2CH_2Cl + Cl\cdot$$

$$链终止 \qquad 2R\cdot \longrightarrow R{-}R$$

$$R\cdot + Cl\cdot \longrightarrow RCl$$

$$2Cl\cdot \longrightarrow Cl_2$$

$$R\cdot + 器壁 \longrightarrow 非自由基产物$$

苯的气相热氯化和芳烃侧链的光氯化,也属自由基反应机理。芳烃侧链取代氯化除可用光引发氯自由基外,亦可用引发剂引发氯自由基。常用的引发剂有过氧化苯甲酰、偶氮二异丁腈等。

（2）离子基反应机理　催化氯化大多属于离子基反应机理,常用的是非质子酸催化剂,如 $FeCl_3$,$AlCl_3$ 等。烃类双键和三键上的加成、烯烃的氯醇化(次氯酸化)、氢氯化(以 HCl 为氯化剂的氯化反应)及氯原子取代苯环上的氢的催化氯化都属于这类反应机理。现以苯的取代氯化反应为例说明这一反应机理。

苯的取代氯化反应的历程有两种观点。第一种观点认为可能是催化剂使氯分子极化解离成亲电试剂氯正离子,它对芳核发生亲电进攻,生成 σ-中间络合物,再脱去质子而得到环上取代的氯化产物:

$$Cl_2 + FeCl_3 \Longleftrightarrow [Cl^+FeCl_4^-]$$

$$\begin{array}{c}\text{苯} + [Cl^+FeCl_4^-] \xrightarrow{\text{慢}} \text{络合物} + FeCl_4^- \xrightarrow{\text{快}} \text{氯苯} + HCl + FeCl_3\end{array}$$

在这种机理中,催化剂和氯形成一种极性络合物,它起向苯分子提供 Cl^+ 的作用。

第二种观点认为首先由氯分子进攻苯环,形成中间络合物,催化剂的作用则是从中间络合物中除去氯离子:

$$\text{(苯)} + Cl_2 \longrightarrow \overset{H}{\underset{Cl^- — Cl}{\overset{+}{\bigcirc}}}$$

$$\overset{H}{\underset{Cl^- — Cl}{\overset{+}{\bigcirc}}} + FeCl_3 \longrightarrow \overset{H}{\underset{Cl}{\overset{+}{\bigcirc}}} + FeCl_4^-$$

$$\overset{H}{\underset{Cl}{\overset{+}{\bigcirc}}} \xrightarrow{-H^+} \bigcirc — Cl$$

$$FeCl_4^- + H^+ \longrightarrow FeCl_3 + HCl$$

研究发现,水分对催化剂的反应活性有明显影响,水分太多,如 $w(水) > 0.2\%$,它会将催化剂从反应液中萃取出来,反应因反应液中催化剂太少而被迫停止。水分也不能绝对没有,当水分小于 $50\ \mu g \cdot g^{-1}$ 时,催化反应进行十分缓慢,因此有人推测,真正有反应活性的催化剂是 $FeCl_3 \cdot H_2O$ 的复合物。

3. 氯化剂

向作用物输送氯的试剂称为氯化剂。工业上采用的有氯气、盐酸(氯化氢)、次氯酸和次氯酸盐、光气(又称碳酰氯 $COCl_2$)、$SOCl_2$、$POCl_3$,金属和非金属氯化物等。其中最重要、工业上经常用到的氯化剂是氯气、盐酸(氯化氢)、次氯酸和次氯酸盐。

氯气在气相氯化中一般就能直接参与反应,不需要催化剂。由于反应活性高,氯化产物比较复杂,主产物(目的产物)的收率一般较低。在液相氯化中,由于受反应温度的限制,氯气需要光照或催化剂才能进行氯化反应,但目的产物的收率较高,反应条件缓和,容易控制。

氯化氢的反应活性比氯气差,一般要在催化剂存在下才能进行取代和加成反应。重要的反应有:乙炔加成氯化制氯乙烯,烷烃、烯烃和芳烃的氧氯化,甲醇取代氯化制一氯甲烷等。

次氯酸和次氯酸盐的反应活性比氯化氢的强,比氯气的弱,重要的反应有乙烯次氯酸化反应制氯乙醇,由乙醛与次氯酸钠反应合成三氯乙醛等。

此外,$SOCl_2$ 曾被用来制备氯苯,三氯化磷、五氯化磷和三氯氧磷($POCl_3$)被用来由烷基酸制备烷基酰氯($RCOCl$)等。它们在医药合成中常被用作氯化剂。但它们的反应活性很高,遇水或遇空气反应激烈,甚至还会发生爆炸或燃烧。因此在储存和使用中要注意安全。

值得一提的是,很多金属氯化物,如三氯化锑、五氯化锑、氯化铜、氯化汞等,它们本身是氯化剂,具有输送氯的功能,而且还是其他氯化剂(如氯化氢等)的氯化催化剂。

二、乙烯氧氯化制氯乙烯

氯乙烯是最重要的单体之一,主要用于生产聚氯乙烯。聚氯乙烯是世界五大通用合成树脂品种之一。就产量而言,在乙烯系列高聚物中,聚氯乙烯仅次于聚乙烯居第 2 位。氯乙烯也能与 1,1-二氯乙烯、醋酸乙烯、丙烯酸甲酯、丁二烯和丙烯腈等共聚。此外,氯乙烯还用作冷冻剂。

1. 氯乙烯生产方法评述

在氯乙烯生产历史上，曾出现过以下 4 种生产方法，早期采用乙炔法，目前氧氯化法占主导。

（1）乙炔法　这是 20 世纪 50 年代前氯乙烯的主要生产方法。乙炔和 HCl 在汞催化剂存在下，一步反应生成氯乙烯：

$$HC\!\equiv\!\!CH + HCl \xrightarrow[100\sim180\ ℃]{HgCl_2/活性炭} CH_2\!\!=\!\!CHCl$$

乙炔转化率 97%～98%，氯乙烯收率 80%～95%，主要的副产物是 1,1-二氯乙烷，它是由氯乙烯与过量的氯化氢经加成反应生成的。反应中为保证催化剂 $HgCl_2$ 不被乙炔还原成低价汞盐（Hg_2Cl_2）或金属汞，氯化氢是过量的，过量以不超过 15% 为宜。乙炔法技术成熟，反应条件缓和，设备简单，副产物少，收率高。因为用氯化氢作原料，适合在以氯化氢为副产物的企业（如氯碱生产企业）组织生产。本法的主要缺点是乙炔价格贵；催化剂含汞有毒，不仅损害工人身体健康，还会污染环境。

我国至今尚有 63.4% 的氯乙烯是由以乙炔为原料生产出来的。这是因为我国煤炭资源比石油丰富，用价廉的煤炭生产电石继而制取乙炔，经济性良好。同时我国中小型氯碱生产企业众多，用乙炔法与之配套生产氯乙烯，生产上也相当灵活。但我国为保持乙炔法的强大生命力必须充分利用好资源优势，并加大环保投入力度，将乙炔法产生的环境污染（特别是汞污染）降至最低限度。将石油或天然气进行高温裂解得到含乙炔的裂解气，经提纯后得到高浓度乙炔，与氯化氢反应生成氯乙烯，称之为石油乙炔法，与电石乙炔法相比，原料来源丰富，成本低，可大规模生产，但基建投资费用高。

（2）乙烯法　这是 20 世纪 50 年代后发展起来的生产方法。乙烯与氯经加成反应生成二氯乙烷：

$$CH_2\!\!=\!\!CH_2 + Cl_2 \xrightarrow[40\sim50\ ℃]{FeCl_3} CH_2Cl\!\!-\!\!CH_2Cl$$

二氯乙烷再在 500～550 ℃ 下热裂解或在 1.0 MPa，140～145 ℃ 下经碱分解制得氯乙烯：

$$CH_2Cl\!\!-\!\!CH_2Cl \xrightarrow{\triangle} CH_2\!\!=\!\!CHCl + HCl$$

乙烯已能由石油烃热裂解大量制造出来，价格比乙炔便宜，催化剂毒害比氯化汞小得多。但氯的利用率只有 50%，另一半氯以氯化氢的形式从热裂解气中分离出来后，由于含有有机杂质，色泽和纯度都达不到国家标准，它的销售和利用问题就成为工厂必须解决的技术经济问题。近年来，Monsanto/Kellogg 公司合作开发成功 Partec 工艺。该工艺将二氯乙烷裂解产生的氯化氢，用氧（或空气）氧化成水和氯气。氯气循环使用，生成的废水中只含有微量无机物，可用简单的中和法处理，虽然设备费和操作费用均比后述的氧氯化法高，但可免除氧氯化法产生的含有机化合物废水的处理，以及含原料二氯乙烷及其他有机化合物的尾气处理，故而对环境更友好。

（3）联合法　是上述两法的改良，目的是用乙炔来消耗乙烯法副产的氯化氢。本法等于在工厂中并行建立两套生产氯乙烯的装置，基建投资和操作费用会明显增加，有一半烃进料是价格较贵的乙炔,致使生产总成本上升,乙炔法的引入仍会带来汞的污染问题,因此本法也不甚理想。

(4)氧氯化法　这是1个仅用乙烯作原料,又能将副产氯化氢消耗掉的好方法。现已成为世界上生产氯乙烯的主要方法。乙烯与氯化氢和氧反应生成1,2-二氯乙烷,再裂解生成氯乙烯和氯化氢。由于该法采用氯化氢作为氯化剂,不仅价格比氯气低,而且解决了氯化氢的利用问题。

$$C_2H_4 + 2HCl \xrightarrow[250\sim350\ ℃]{O_2,CuCl_2/KCl} CH_2ClCH_2Cl + H_2O$$

乙烯转化率约95%,二氯乙烷收率超过90%。还可副产高压水蒸气供本工艺有关设备利用或用作发电。由于在设备设计和工厂生产中始终需考虑氯化氢的平衡问题,不让氯化氢多余或短缺,故这一方法又称为乙烯平衡法。很显然,这一方法原料价廉易得、生产成本低、对环境友好,但仍存在设备多、工艺路线长等缺点,需要进一步改进。

(5)正在开发中的方法　主要有:

① 乙烷氧氯化法　该法将乙烷、氧气(或空气)及氯化氢导入熔盐浴中,在450~650 ℃,1.0~3.5 MPa及熔融态 KCl-Cu₂Cl₂-CuCl₂ 的催化下,同时发生氯化、裂解和氧氯化3个反应。氯乙烯的收率按乙烷计为80%,按氯计为95%,但乙烷单程转化率仅为28%左右,产物组成复杂,且乙烷需循环使用。该法 EVC 和 Monsanto 公司技术领先。国内也有单位在开发,研究的重点是催化剂和氧氯化反应器。

② 乙炔二氯乙烷重整催化法　该法将二氯乙烷脱氯化氢和乙炔与氯化氢加成进行耦合,乙炔与氯化氢加成反应属放热反应,而二氯乙烷脱氯化氢为吸热反应,将两者耦合,形成总体的微放热效应,可大大节约供热用燃料和冷却水用量,达到了节能和减排的效果。在乙炔:二氯乙烷摩尔比为1:(1~4),反应温度为250~320 ℃,压力为0.1~20 MPa,反应时间为0.2~20 min 时,采用活性炭负载钡盐的催化剂,乙炔一次转化率可达70%,氯乙烯选择性可达90%。此法最大的优势是避免使用含汞催化剂,因而是一种清洁生产方法。有人设想,若将装置建在天然气产地,用由天然气中分离出的乙烷进行选择性氧化脱氢,生产乙烯联产乙炔,乙烯氯化后所得二氯乙烷与乙炔催化重整生产氯乙烯,可降低聚氯乙烯生产成本500~600美元/吨。这种低成本的节能环保型生产方法值得提倡。

表 5-2-01 示出了上述各种氯乙烯生产工艺的经济比较。

表 5-2-01　不同氯乙烯生产工艺的经济比较

生产工艺	氧氯化法	Partec 工艺(乙烯法)	乙烷氧氯化法*	乙炔法
生产能力/(kt·a⁻¹)	590	590	590	160
投资费用/百万美元装置投资	315.2	256.6	397.5	92.8
其他项目投资	78.8	64.2	99.4	23.2
资金总额	394.0	320.8	496.9	116.0
生产成本/(美元·t⁻¹)原料	570	557	278.68	725
公用事业成本	99	144	86	88

生产工艺	氧氯化法	Partec 工艺(乙烯法)	乙烷氧氯化法*	乙炔法
可变成本	669	701.55	588.81	812.58
直接固定成本	21	24	24	42
分摊固定成本	19	17	23	20
生产现金成本	708	742	605	874
不可预见成本	54	45	66	53
全生产成本	762	786	671	927

* 乙烷氧氯化法所列数据为估计值。

由表 5-2-01 可见,氧氯化法在生产成本上占有一定优势。

表 5-2-02 示出了三种氯乙烯生产方法的原料消耗。

表 5-2-02   三种氯乙烯生产方法的原料消耗   单位:t/t(氯乙烯)

方法	乙炔	乙烯	氧气	氯化氢
乙炔法	0.416	—		0.584
联合法	0.208	0.224	0.568	—
氧氯化法	—	0.448	0.568	—

2. 氧氯化法工艺原理

氧氯化法在工业上最成功的应用就是由乙烯和氯化氢生产二氯乙烷,它为氧氯化法在其他氯化领域中的应用展现了良好前景。

(1)化学反应   由乙烯用氧氯化法生产氯乙烯包括乙烯氯化、乙烯氧氯化和二氯乙烷裂解 3 个工序。在这里仅讨论乙烯氧氯化部分。

氧氯化的主反应为

$$CH_2{=\!\!=}CH_2 + 2HCl \xrightarrow[250\sim350\ ℃]{O_2,CuCl_2/KCl} CH_2ClCH_2Cl+H_2O$$

氧氯化的主要副反应有 2 种。

① 乙烯的深度氧化

$$C_2H_4+2O_2 \longrightarrow 2CO+2H_2O$$
$$C_2H_4+3O_2 \longrightarrow 2CO_2+2H_2O$$

② 生成副产物氯乙烷和 1,1,2-三氯乙烷

$$C_2H_4+HCl \longrightarrow CH_3CH_2Cl$$
$$CH_2ClCH_2Cl \xrightarrow{-HCl} CH_2{=}CHCl \xrightarrow[氧氯化]{HCl+O_2} ClCH_2CHCl_2$$

此外,尚有少量的各种饱和或不饱和的一氯或多氯衍生物生成,如三氯甲烷、四氯化碳、氯乙烯、1,1,1-三氯乙烷、顺-1,2-二氯乙烯等,但总量不多,仅为 1,2-二氯乙烷生成

量的 1%。

（2）反应机理　关于乙烯氧氯化反应的机理尽管在国内外已作了许多研究工作，但至今仍未有定论，主要有以下两种机理。

① 氧化还原机理　日本学者藤堂、官内健等认为，氧氯化反应中，通过氯化铜的价态变化向作用物乙烯输送氯。反应分以下 3 步进行：

$$C_2H_4 + 2CuCl_2 \longrightarrow C_2H_4Cl_2 + Cu_2Cl_2$$

$$Cu_2Cl_2 + \frac{1}{2}O_2 \longrightarrow CuCl_2 \cdot CuO$$

$$CuCl_2 \cdot CuO + 2HCl \longrightarrow 2CuCl_2 + H_2O$$

第 1 步是吸附的乙烯与氯化铜反应生成二氯乙烷并使氯化铜还原为氯化亚铜，该步是反应的控制步骤；第 2 步是氯化亚铜被氧化为氯化铜和氧化铜的络合物；第 3 步是该络合物与氯化氢作用，分解为氯化铜和水。

提出此机理的依据是：a. 乙烯单独通过氯化铜催化剂时有二氯乙烷和氯化亚铜生成；b. 将空气或氧气通过被还原的氯化亚铜时可将其全部转变为氯化铜；c. 乙烯浓度对反应速率影响最大。

因此，让乙烯转变为二氯乙烷的氯化剂不是氯，而是氯化铜，后者是通过氧化还原机理将氯不断输送给乙烯的。

② 乙烯氧化机理　根据氧氯化反应速率随乙烯和氧的分压增大而加快，而与氯化氢的分压无关的事实，美国学者 Carrubba R V 提出如下机理：

$$HCl + a \Longleftrightarrow HCl(a)$$

$$\frac{1}{2}O_2 + a \Longleftrightarrow O(a)$$

$$C_2H_4 + a \Longleftrightarrow C_2H_4(a)$$

$$C_2H_4(a) + O(a) \Longleftrightarrow C_2H_4O(a) + a$$

$$C_2H_4O(a) + 2HCl(a) \Longleftrightarrow C_2H_4Cl_2 + H_2O(a) + 2a$$

$$H_2O(a) \Longleftrightarrow H_2O + a$$

式中：a 表示催化剂表面的吸附中心；$HCl(a)$，$O(a)$，$C_2H_4(a)$ 表示 HCl，O 和 C_2H_4 的吸附态物种，反应的控制步骤是吸附态乙烯和吸附态氧的反应。

氧氯化早期研究中还有人提出，氯化氢在氯化铜催化下氧化生成氯气，再由氯气与乙烯反应生成二氯乙烷的反应机理。

（3）反应动力学　根据上述反应机理，在氯化铜为催化剂时由实验测得的动力学方程式为

$$\gamma = kp_c^{0.6} p_h^{0.2} p_O^{0.5}$$

$$\gamma = kp_c p_h^{0.3}（氧的浓度达到一定值后）$$

式中：p_c，p_h，p_O 分别表示乙烯、氯化氢和氧的分压。

由上列 2 个动力学方程式可以看出，乙烯的分压对反应速率的影响最大，通过提高乙烯的分压可有效地提高 1,2-二氯乙烷的生成速率。相比之下，氯化氢分压的变化对反

应速率的影响则小得多。氧的分压超过一定值后,对反应速率没有影响;在较低值时,氧分压的变化对反应速率的影响也是比较明显的。这两个动力学方程式与前述的两种反应机理基本上是吻合的。

（4）催化剂 早期的研究表明,金属氯化物可用作氧氯化催化剂,其中以氯化铜的活性为最高,工业上普遍采用的是负载在 $\gamma-Al_2O_3$、硅酸铝上的氯化铜催化剂。催化剂上铜的含量对反应转化率和选择性都有影响,铜含量增加,转化率提高,但深度氧化生成 CO_2 的量增加,经实验确定,铜含量 $w(铜)=$ 5% ~ 6%即可,此时,氯化氢转化率可接近100%,生成 CO_2 的量不多。这种单组分催化剂虽有良好的选择性,但氯化铜易挥发,反应温度越高,氯化铜的挥发流失量越大,催化剂活性下降越快,寿命越短。为了阻止或减少氯化铜催化剂活性组分的流失,在催化剂中添加了第 2 组分氯化钾,变成双组分催化剂,虽然反应活性有所降低,但催化剂的热稳定性却有明显提高。这很可能是氯化钾与氯化铜形成了不易挥发的复盐或低熔混合物,因而防止了氯化铜的流失。为了提高双组分催化剂的活性,在催化剂中加入稀土金属氯化物,如氯化铈、氯化镧等,既提高了催化活性,又提高了催化剂的寿命,催化剂也就由双组分变为多组分。

氧氯化反应器有固定床和流化床两种,采用固定床时,已成型的 $\gamma-Al_2O_3$ 载体用浸渍法将活性组分浸渍上去,经干燥和通空气活化,即可投入使用。对流化床催化剂,用 $\gamma-Al_2O_3$ 微球浸渍活性组分,亦可将硅铝酸溶胶与活性组分混合后加入胶凝剂,用喷雾干燥法成型制备流化床微球催化剂。

（5）工艺条件的选择

① 反应温度 在铜含量为 $w(铜)=12\%$ 的 $CuCl_2/\gamma-Al_2O_3$ 催化剂上研究了反应温度对反应速率、选择性和乙烯深度氧化副反应的影响,结果如图5-2-01、图 5-2-02 和图 5-2-03 所示。由图 5-2-01可见,开始阶段反应速率随温度的升高而迅速上升,到 250 ℃后逐渐减慢,到 300 ℃后开始下降。因此,反应温度不是越高越好,而是有一个适宜范围。由图 5-2-02可见,反应选择性在温度上升的开始阶段,也随温度的升高而上升,在 250 ℃ 左右达到最大值后逐渐下降,这说明,就选择性而言,也有一个适宜范围。图 5-2-03 示出的是乙烯深度氧化副反应与反应温度的关系。图上曲线表明,270 ℃前,随反应温度的升高,乙烯深度氧化副反应的速率增长还比较

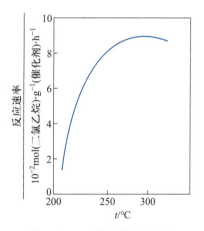

图 5-2-01 反应温度对反应速率的影响曲线

缓慢,270 ℃后,乙烯深度氧化副反应速率则快速增长。从催化剂的使用角度来看,随着反应温度的升高,催化剂活性组分 $CuCl_2$ 因挥发流失的量增加,催化剂失活的速率加快,使用寿命缩短。从操作安全角度来看,由于乙烯氧氯化是强放热反应,反应热可达251 kJ/mol,反应温度过高,主、副反应,特别是乙烯深度氧化副反应释放出的热量增加,若不能及时从反应系统中移走,由于系统热量的积累,会促使反应温度进一步升高。如此恶性循环,导致发生爆炸或燃烧事故。因此,在满足反应活性和选择性的前提下,反应

温度应当越低越好。具体的反应温度由选用的催化剂决定,对 $CuCl_2$-KCl/γ-Al_2O_3 催化剂而言,流化床使用的温度为 205~235 ℃,固定床为 230~290 ℃。

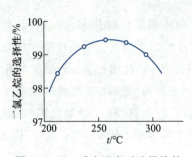

图 5-2-02　反应温度对选择性的
影响曲线(以氯计)

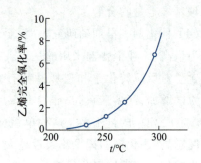

图 5-2-03　反应温度对乙烯深度氧化
副反应的影响曲线

② 反应压力　高压对氧氯化法的反应速率和选择性有不利影响,但在实际的操作温度下,在 1.0 MPa 以下,压力对反应速率和选择性几乎没有什么影响。因此,选用常压或低压操作均可。考虑到加压可提高设备利用率及对后续的吸收和分离操作有利,工业上一般都采用在低压下操作。

③ 配料比　乙烯、氯化氢和氧气的理论配比为 $n(乙烯):n(氯化氢):n(氧气)=$ 1 : 2 : 0.5。乙烯、氯化氢和空气之比必须保证使乙烯过量 3%~5%。氧也应稍微过量以保证催化剂氧化还原过程的正常进行。但氯化氢不能过量,因为过量的氯化氢会吸附在催化剂表面使催化剂颗粒胀大,使密度减小。如果采用流化床反应器,由于催化剂颗粒胀大会使床层急剧升高,甚至还会发生节涌现象。乙烯不能过量太多,否则会使乙烯深度氧化反应加剧,尾气中 CO 和 CO_2 增多,反应选择性下降;氧过量太多,也会促使乙烯深度氧化反应的加剧。在原料配比中还要求原料气的组成在爆炸极限范围外,以保证安全生产。工业上采用的原料气配比通常为 $n(乙烯):n(氯化氢):n(氧气)=1.05:2:0.75$。

④ 原料气纯度　采用的空气只需经过滤、洗涤和干燥,除去少量固体杂质、SO_2、H_2S 及水分后即能应用。氯化氢气体由二氯乙烷裂解工序来,常含有乙炔。为此,氯化氢气体与氢气混合后先在一个加氢反应器中脱炔,控制乙炔含量在 200 μL/L 以下,然后才能进入氧氯化反应器。原料乙烯中的乙炔、丙烯和 C_4 烯烃的含量必须严格控制,因它们比乙烯活泼,也会发生氧氯化反应,生成四氯乙烯、三氯乙烯、1,2-二氯丙烷等多氯化物,给产品的提纯增加难度。同时它们也更容易发生深度氧化反应,释放出的热量会促使反应温度的上升,给反应带来不利影响。一般要求原料乙烯中乙烯含量在 $w(乙烯)=$ 99.95% 以上。表 5-2-03 示出的是我国氯乙烯用原料乙烯的规格。

表 5-2-03　我国氯乙烯用原料乙烯的规格

组分	指标	组分	指标
$w(C_2H_4)$	99.95%	CS_2	100 μL·L^{-1}
CH_4+C_2H_6	500 μL·L^{-1}	S(按 H_2S 计)	5 μL·L^{-1}
C_2H_2	10 μL·L^{-1}	H_2O	15 μL·L^{-1}

⑤ 停留时间　停留时间对氯化氢转化率有影响。实验表明,停留时间达 10 s 时,氯化氢的转化率才能接近 100%,但停留时间过长,转化率会稍微下降,这是因为 1,2-二氯乙烷裂解产生氯化氢和氯乙烯之故。停留时间过长不仅使设备生产能力下降,而且副反应也会加剧,导致副产物增多,反应选择性下降。

3. 平衡型氯乙烯生产工艺流程

图 5-2-04 所示为 PPG 化学工业公司氧氯化法生产氯乙烯的工艺流程,由于二氯乙烷热裂解产生的氯化氢全部在氧氯化反应中消耗掉,故又称为平衡型氯乙烯生产工艺流程。流程由三大工艺组成:乙烯液相加成氯化生成 1,2-二氯乙烷;乙烯气相氧氯化生成 1,2-二氯乙烷;1,2-二氯乙烷热裂解生成氯乙烯。

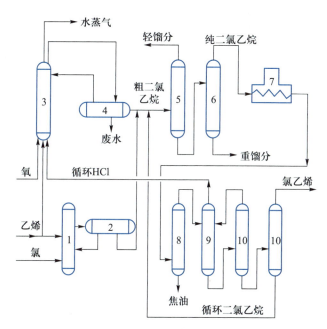

图 5-2-04　PPG 化学工业公司氧氯化法生产氯乙烯的工艺流程图
1—直接氯化反应器;2—气液分离器;3—氧氯化反应器;4—分离器;5—脱轻馏分塔;
6—脱重馏分塔;7—裂解炉;8—急冷塔;9—氯化氢回收塔;10—氯乙烯精馏塔

乙烯液相加成氯化的反应条件为:反应温度 50 ℃ 左右;催化剂为 FeCl$_3$,它在氯化液中的浓度维持在 250~300 μg·g^{-1}[或 $w(\mathrm{FeCl_3})$ = 0.025% ~ 0.03%];乙烯与氯气的比 n(乙烯)∶n(氯气)= 1.1∶1,即乙烯是过量的。

乙烯气相氧氯化的反应条件为:反应温度 225 ~ 290 ℃;压力为 1.0 MPa;采用 CuCl$_2$/γ-Al$_2$CO$_3$ 或改良的 CuCl$_2$-KCl/γ-Al$_2$O$_3$ 为催化剂,催化剂中铜的质量分数为 5% ~ 6%[折算成 $w(\mathrm{CuCl_2})$ = 11% ~ 13%];n(乙烯)∶n(氯化氢)∶n(氧)= 1∶2∶0.5。

由加成氯化和氧氯化生成的粗二氯乙烷进入脱轻组分塔和脱重组分塔。轻组分中含有微量氯化氢气体,需经洗涤后方可利用。重组分中含有较多的二氯乙烷,需经减压蒸馏回收二氯乙烷后作进一步处理。所得二氯乙烷纯度很高,可达 99% 左右。进入热裂解炉,操作条件为:温度 430~530 ℃,压力 2.7 MPa,催化剂为浮石或活性炭。反应转化率可达 50% ~ 60%,氯乙烯选择性为 95%,热裂解产物在氯化氢回收塔蒸出纯度达 99.8% 的氯化氢,内含炔烃,若有必要,还需经加氢脱炔后才能用作氧氯化原料;在氯乙烯精馏塔中,塔顶馏出纯度为99.9%的成品氯乙烯,塔釜二氯乙烷内含有热裂解生成的重组分,送二氯乙烷精制工序处理。

本流程中采用氧气而不是空气作氧化剂,优点是:反应后多余的乙烯经冷却、冷凝和分离后仍可回氧氯化反应器循环使用,乙烯利用率比空气作氧化剂时高。空气作氧化剂时尾气中乙烯浓度低,仅为φ(乙烯)= 1%左右。用焚烧法处理时需消耗燃料,用氧气作氧化剂时,排出的尾气数量很小,但其中乙烯浓度高,用焚烧法处理不需外加燃料。由于配置的原料气中不含氮气,乙烯在原料气中的浓度提高,有利于提高反应速率和提高催化剂的生产能力,反应器也可做得小一些,从而节省设备制造费用。氧气作氧化剂时由于尾气数量少,不需用溶剂吸收、深冷的办法来回收尾气中少量二氯乙烷,简化了流程,减少了设备投资费用。对固定床反应器而言,氧气作氧化剂时,热点不明显,因而1,2-二氯乙烷的选择性高,氯化氢的转化率亦高,而空气作氧化剂时则相反。表5-2-04列出了两者的比较结果。

表 5-2-04　固定床乙烯氧氯化结果比较

乙烯转化为各物料的选择性/%	空气作氧化剂	氧气作氧化剂
1,2-二氯乙烷	95.11	97.28
氯乙烷	1.73	1.50
$CO+CO_2$	1.78	0.68
1,1,2-三氯乙烷	0.88	0.08
其他氯衍生物	0.50	0.46
HCl 的转化率/%	99.13	99.83

现在,有不少大型化工企业都建有空气分离装置,氧气的供应已不存在问题,这为氧气作氧化剂的乙烯氧氯化法提供了发展良机。氧气氧氯化法的消耗定额[以生产1 t(二氯乙烷)为基准]为:乙烯(纯度100%)287 kg,氯化氢(纯度100%)742 kg,氧气(纯度100%)177 kg。

图5-2-05所示为氧氯化法生产氯乙烯的物料平衡图。

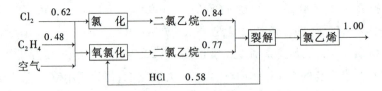

图 5-2-05　氧氯化法生产氯乙烯的物料平衡图*

*图中的数字是各种物料的实际质量分数

4. 氧氯化反应器

乙烯氧化生产1,2-二氯乙烷是强放热气固相催化氧化反应,不论是用空气氧氯化还是用氧气氧氯化,都可采用固定床或流化床反应器。

（1）固定床氧氯化反应器　这种反应器结构与普通的固定床反应器基本相同，内置多根列管，管内填充颗粒状催化剂，原料气自上而下流经催化剂层进行催化反应。管间用加压热水作载体，副产一定量的中压水蒸气。

固定床反应管存在热点，局部温度过高使反应选择性下降，活性组分流失加快，催化剂使用寿命缩短，为使床层温度分布比较均匀，热点温度降低，工业上常采用三台固定床反应器串联：氧化剂空气或氧气按一定比例分别通入三台反应器。这样每台反应器的物料中氧的浓度较低，使反应不致太剧烈，也可减少因深度氧化生成的 CO 和 CO_2 的量，而且也保证了混合气中氧的浓度在可燃范围以外，有利于安全操作。

（2）流化床氧氯化反应器　流化床反应器反应温度均匀，不存在热点，且可通过自控装置控制进料速率，使反应器温度控制在适宜范围内。因此对提高反应选择性有较大好处。反应产生的热量可用内设的换热器及时移走。流化床氧氯化反应器的构造示意于图 5-2-06。

空气（或氧气）从底部进入，经多喷嘴板式分布器均匀地将空气（或氧气）分布在整个截面上。在板式分布器的上方设有乙烯和氯化氢混合气体的进口管，此管连接有与空气分布器具有相同数量喷嘴的分布器，而且其喷嘴恰好插入空气分布器的喷嘴内。这样就能使两股进料气体在进入催化剂床层之前在喷嘴内混合均匀。采用氧气-乙烯-氯化氢分别进料的方式，可防止在操作失误时发生爆炸。

在反应段内设置了一定数量的直立冷却管组，管内通入加压热水，借水的汽化以移出反应热，并副产中压水蒸气。在反应器上部设置三组三级旋风分离器，用以回收反应气夹带的催化剂。催化剂的磨损量每天约为催化剂总量的 0.1%，需补充的催化剂自气体分布器上部用压缩空气送入反应段。

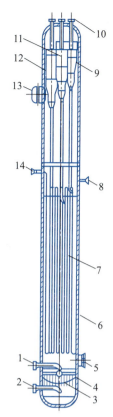

图 5-2-06　流化床氧氯化反应器构造示意图
1—乙烯和氯化氢入口；
2—空气入口；3—板式分布器；
4—管式分布器；5—催化剂入口；
6—反应器外壳；7—冷却管组；
8—加压热水入口；
9,11,12—旋风分离器；
10—反应气出口；13—人孔；
14—高压水蒸气出口

由于氧氯化反应有水产生（乙烯深度氧化反应也有水产生），如反应器的一些部位保温不好，温度过低，当达到露点温度时，水就会凝结出来，溶入氯化氢气体生成盐酸，将使设备遭受严重腐蚀。因此反应器的保温相当重要。另外，若催化剂表面黏附氧化铁时，氧化铁会转化为氯化铁，它能催化乙烯的加成氯化反应，生成副产物氯乙烷（CH_3CH_2Cl）。因此，催化剂的储存和输送设备及管路不能用铁质材料。

三、环氧氯丙烷的合成

环氧氯丙烷是无色、有刺激性气味的油状液体，用途十分广泛，是合成甘油的中间体，也是合成环氧树脂、氯醇橡胶的原料，还用来制造增塑剂、阻燃剂、纸张湿强度剂、表面活性剂和医药等，此外，环氧氯丙烷还用作溶剂。自美国 Shell 公司于 1948 年开发成功氯丙烯法以来,该法至今仍是世界上生产环氧氯丙烷的主要生产方法。但在20世纪80年代,苏联科学院和日本昭和电工株式会社各自开发成功醋酸烯丙酯法(又称烯丙醇法),日本昭和电工株式会社于1985年实现了工业化,各项技术经济指标表明,该法要明显优于氯丙烯法,打破了氯丙烯法三十多年一统天下的局面。处于开发阶段,尚未工业化的其他方法还有:美国DOW化学公司的丙烯醛法、日本旭川公司的丙酮法、日本三井东压化学公司的有机过氧化氢法和索尔维公司的氯丙烯直接环氧化法等。我国研究人员也对氯丙烯直接环氧化法作了深入研究,开发成功"烯烃直接环氧化的悬浮催化蒸馏工艺方法"专利技术,完成了氯丙烯直接环氧化悬浮催化蒸馏工艺的小试研究。氯丙烯直接环氧化法不但有较好的技术经济性,同时还是清洁生产工艺,发展前途远大。

鉴于氯丙烯法能耗高,污染物排放量大,在国家发改委《产业调整指导目录(2011年版)》中已将它列为限制发展类项目,而近年来随着国内生物柴油产量激增,副产甘油量也大幅增加的现实状况,有人建议用甘油来生产环氧氯丙烷,称为"甘油法"。优点是反应条件缓和(氯化温度约为140 ℃),污染物排放大幅减少,还能同时消耗烧碱和氯气,产生的高浓度氯化钠废水(超过200 g·L^{-1})采用盐水回注方式处理,可以实现含盐废水零排放,符合绿色、低碳、清洁的化工生产要求。但本法受制于甘油的来源,目前还难以建设规模较大的生产装置。

1. 氯丙烯法生产环氧氯丙烷工艺

(1)工艺过程　氯丙烯法又称丙烯高温氯化法,工艺过程包括:丙烯高温氯化、氯丙烯次氯酸化、二氯丙醇皂化和产品精制等部分,各工艺过程的主要化学反应如下。

丙烯高温氯化:

$$CH_3CH{=}CH_2 + Cl_2 \xrightarrow{470\ ℃} CH_2CH{=}CH_2 \underset{|}{\ } + HCl + 108.85\ kJ/mol$$
$$\quad\quad\quad\quad\quad\quad\quad\quad\quad Cl$$

氯丙烯次氯酸化:

$$CH_2CH{=}CH_2 + Cl_2 + H_2O \longrightarrow CH_2CH\ CH_2 + CH_2{-}CH{-}CH_2$$
$$|\quad\quad\quad\quad\quad\quad\quad\quad\quad |\ \ |\ \ |\quad\quad |\quad |\ \ |$$
$$Cl\quad\quad\quad\quad\quad\quad\quad\quad\quad Cl\ Cl\ OH\quad Cl\ OH\ Cl$$
$$\quad\quad\quad\quad\quad\quad\quad\quad\quad\quad (w=70\%)\quad\quad (w=30\%)$$

1,2-二氯丙醇皂化:

$$CH_2CH\ CH_2 + \frac{1}{2}Ca(OH)_2 \longrightarrow CH_2{-}CH{-}CH_2Cl + \frac{1}{2}CaCl_2 + H_2O$$
$$|\ \ |\ \ |\quad\quad\quad\quad\quad\quad\quad\quad\quad \underset{O}{\diagdown\ \diagup}$$
$$Cl\ Cl\ OH$$

经过四十多年的努力,该工艺过程已达到生产装置大型化、生产工艺连续化和操作自动化。

(2)生产原理及工艺条件分析

① 氯丙烯的合成　根据烯烃氯化规律,由丙烯在低温气相氯化时,主要发生丙烯的加成氯化,生成1,2-二氯丙烷。但在高温时,如大于300 ℃,则主要发生丙烯的取代氯化,生成氯丙烯。反应温度以450~500 ℃为宜,因反应温度过高,氯丙烯上的氢会继续被氯取代,生成2,3-二氯丙烯。丙烯双键碳原子上的氢也会被取代生成1-氯丙烯和2-氯

丙烯。在更高温度时,还会发生氯丙烯的氯解反应,生成碳和氯化氢。由上述副反应生成的烯烃,在高温下会发生聚合和缩合反应,形成高沸物和焦油,反应温度越高,这种倾向越大,不仅使氯丙烯收率明显降低,还会因生成的炭和焦油堵塞设备和管道,被迫停产清理。即使在正常温度下操作,也必须定期清焦,以保证生产顺利进行。

丙烯在高温下的取代氯化亦会逐级进行,生成多氯化物的倾向十分明显,工业上抑制多氯化物生成的措施是增大丙烯和氯气的摩尔比。此时氯气的转化率可达100%,这不仅可以提高氯气的利用率,而且也简化了后处理工序。但丙烯回收设备的负荷及能耗的增加也是十分可观的。平衡这两个因素,现在工业上普遍采用的 n(丙烯):n(氯气)=(4~5):1。

丙烯的预热温度对氯丙烯的收率也有明显影响,这是因为丙烯氯化反应机理随反应温度升高由加成氯化转变为取代氯化。适宜的预热温度范围为280~400 ℃。由于气相热氯化反应属自由基链反应,一旦引发,很快就能完成。若丙烯与氯气混合不均匀,造成局部氯气过浓,此处氯化反应猛烈,温度飙升,会生成较多的多氯化物和其他副产物。因此,混合器的结构颇为重要,现正在研究和不断改进中。

反应压力和停留时间对氯丙烯收率也有影响,生产实践证明,当反应压力高于0.1 MPa(表)时,副产物明显增多,结炭现象也趋严重。这是因为压力增高,有利于主、副产物之间的接触,使它们相互之间反应的机会增加之故。停留时间过短,1,2-二氯丙烷的生成量会增多,这是因为由于停留时间过短,1,2-二氯丙烷来不及转化为氯丙烯。停留时间过长,增加了主、副产物相互反应的机会,同样会降低氯丙烯的收率。因此生产中多在小于0.1 MPa(表)压力下操作,停留时间控制在2~4 s。表5-2-05列出了丙烯氯化法典型的操作条件。

表5-2-05 丙烯氯化法典型操作条件

项目	数值
丙烯预热温度/℃	390~410
反应温度/℃	500~520
n(丙烯)/n(氯气)进料配比	5
产物收率(以氯气计)/%	
氯丙烯	80
2-氯-1-丙烯	2.5
1-氯-1-丙烯	0.5
二氯化物	16
多氯化物	1.0

② 二氯丙醇的合成　氯气与水反应生成次氯酸,然后与氯丙烯发生加成氯化反应生成二氯丙醇,由于次氯酸(HOCl)中的Cl或OH都可与双键中的任一碳原子相连,故二氯丙醇有两种异构体:

$$Cl_2 + H_2O \longrightarrow HOCl + HCl$$

$$2CH_2{=}CHCH_2Cl + 2HOCl \longrightarrow \underset{\underset{Cl\quad OH}{|\quad\ \ |}}{CH_2{-}CH{-}CH_2Cl} + \underset{\underset{OH\quad Cl}{|\quad\ \ |}}{CH_2{-}CH{-}CH_2Cl}$$

$$\begin{array}{cc}(1,3\text{-}二氯\text{-}2\text{-}丙醇) & (2,3\text{-}二氯\text{-}1\text{-}丙醇)\\ w=30\% & w=70\%\end{array}$$

氯气还可直接参与反应,生成一系列副产物:

$$CH_2{=}CHCH_2Cl + Cl_2 \longrightarrow CH_2ClCHClCH_2Cl$$

$$(三氯丙烷)$$

$$CH_2{=}CHCH_2Cl + CH_2ClCHClCH_2OH + Cl_2 \longrightarrow CH_2ClCHClCH_2OCH_2CHClCH_2Cl + HCl$$

$$[四氯丙醚(对称体)]$$

$$CH_2{=}CHCH_3 + CH_2ClCHOHCH_2Cl + Cl_2 \longrightarrow (CH_2Cl)_2CHOCH(CH_2Cl)_2 + HCl$$

$$[四氯丙醚(对称体)]$$

$$CH_2{=}CHCH_3 + CH_2ClCHOHCH_2Cl + Cl_2 \longrightarrow (CH_2Cl)_2CHOCH_2CHClCH_2Cl + HCl$$

$$[四氯丙醚(非对称体)]$$

由上列众多副反应知,氯气不能过量,否则会导致二氯丙醇收率下降。氯丙烯也不能过量太多,因它参与副反应,也会使二氯丙醇收率下降,根据日本旭硝子公司的经验,n(氯丙烯)与n(氯气)的比为 1.003:1,此时二氯丙醇的收率约为 90%。

生成三氯丙烷的副反应在液相或气相中都能进行,但因液相中氯与水作用生成次氯酸,氯直接与氯丙烯发生加成氯化反应生成三氯丙烷的机会甚少,因此采用低温操作。例如,低于 50 ℃,让氯气在液相中的溶解度增加,让氯丙烯挥发量减少,都能降低气相中氯气和氯丙烯的量,从而抑制了生成三氯丙烷的副反应。

三氯丙烷难溶于水,极易形成有机相,一旦形成有机相,溶于其中的氯丙烯与氯气就立即反应生成四氯丙醚。因此在操作中应控制反应产物的浓度,并采用多级串联反应器,分段加入氯气,以抑制副反应,提高反应收率。

该过程含水,盐酸对设备和管路的腐蚀应当引起高度重视。

③ 环氧氯丙烷的制取　主反应:

$$\left.\begin{array}{l}CH_2ClCHClCH_2OH\\ \text{或}\\ CH_2ClCHOHCH_2Cl\end{array}\right\} + 0.5Ca(OH)_2 \longrightarrow CH_2ClCH\underset{O}{\diagdown}CH_2 + 0.5CaCl_2 + H_2O$$

副反应:

$$CH_2ClCH\underset{O}{\diagdown}CH_2 + 0.5Ca(OH)_2 + H_2O \longrightarrow CH_2OHCHOHCH_2OH + 0.5CaCl_2$$

二氯丙醇的两个异构体在皂化(环化)中都能转变为环氧氯丙烷。皂化的关键是尽量防止环氧氯丙烷的进一步水解或缩合。为此,必须尽快让生成的环氧氯丙烷以气体形态离开反应区,采用提高温度和水蒸气汽提的办法可以达到这一目的。加入的 $Ca(OH)_2$,既要中和盐酸,又要提供一定碱度保证二氯丙醇皂化完全。因此,$Ca(OH)_2$ 是过量的,但不能过量太多,否则皂化液碱度太大容易引起环氧氯丙烷水解生成丙三醇,一

般控制 n(氢氧化钙)：n(二氯丙醇+盐酸) = (1.10~1.15)：1。皂化温度一般在 98~100 ℃。

生产中大多采用反应精馏型的板式反应器,在其下部通入水蒸气将生成的环氧氯丙烷迅速从反应介质中吹出,以减少环氧氯丙烷在反应液中的停留时间,提高反应收率。

生产中也可采用 NaOH 作皂化剂,但成本较高,采用 Ca(OH)₂ 作皂化剂虽然价格低廉,但易使反应器结垢,必须定期用酸除垢,排出的废水中有 CaCl₂,会沉积下来造成环境污染。

氯丙烯法可副产杀虫剂 D-D 混剂,它是 1,3-二氯丙烯和 1,2-二氯丙烷的混合物,在氯丙烯合成工序生成。因 1,2-二氯丙烷会污染地下水,曾被禁止使用,经过各生产厂家的努力,已制得 w(1,3-二氯丙烯) = 96%,1,2-二氯丙烷甚少的新型 D-D 混剂[原来的 D-D 混剂 w(1,2-二氯丙烷) = 25%~30%],可直接用作杀灭地下害虫的农药,从而提高了工厂的经济效益。

(3) 工艺流程　图 5-2-07 所示是日本旭硝子公司的生产工艺流程。它分为氯丙烯的合成与精制、二氯丙醇的合成、环氧氯丙烷的合成与精制 3 个部分。

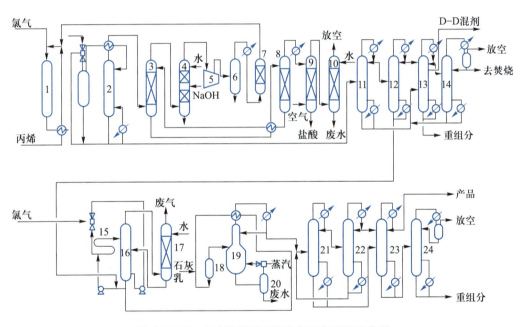

图 5-2-07　日本旭硝子公司生产工艺流程示意图

1—氯化反应器；2—预馏塔；3—HCl 吸收塔；4—丙烯洗涤塔；5—循环压缩机；6—分离器；7—干燥器；
8—HCl 汽提塔；9—除害塔；10—尾气洗涤塔；11—分离塔；12—氯丙烯精制塔；13—D-D 精制塔；
14—回收塔；15—氯醇化反应器；16—二氯丙醇循环槽；17—洗涤塔；18—预反应器；19—汽提塔；
20—闪蒸罐；21—粗馏塔；22—回收塔；23—精制塔；24—回收塔

① 氯丙烯的合成与精制　液态丙烯经汽化和预热后,与氯气按严格的配比[n(C₃H₆)：n(Cl₂) = 4：1]在一特制的混合器中高速喷射混合后进入反应器,在 400~500 ℃,0.08 MPa(表)的条件下进行反应。反应产物经与丙烯和热油 3 次换热冷却到 30 ℃后进入文丘里洗涤器。洗涤除去重组分后的气体,再与预馏塔塔顶物料换热后进入预馏塔。预馏塔塔顶分离出的未反应丙烯和 HCl,送往盐酸精制系统处理;塔釜的有机氯

化物与文丘里洗涤器分离出的重组分一起进入分离塔,在此除去 1,2-二氯丙烷等高沸物,然后再送入氯丙烯精制塔。精制塔塔釜得到的精制氯丙烯,送入中间储槽供制备二氯丙醇用。分离塔塔釜流出的高沸物再进入 D-D 精制塔,由该塔侧线得到副产品 D-D 混剂,塔顶和塔釜的高、低沸物与氯丙烯精制塔分离出的低沸物一起送往废油焚烧装置进行处理。

预馏塔塔顶分离出的未反应丙烯和 HCl 进入 HCl 吸收塔用水吸收气体中的 HCl,塔釜得到质量分数约 28% 的盐酸溶液,将其汽提和精制后得到 $w(HCl) = 35\%$ 的盐酸副产品;塔顶的气体进入丙烯洗涤塔,经水和稀碱液洗涤除去丙烯中微量的 HCl,再经压缩、冷却、干燥除去气体中的水分后,循环去反应器回收利用。

② 二氯丙醇的合成　氯丙烯与氯气按照 $n(氯丙烯):n(氯气) = 1.003:1$ 的配比,分三段经喷嘴加入二氯丙醇循环槽的循环管线中,以使氯丙烯和氯气全部溶解在水溶液中,然后混合进入三级管式反应器进行充分的反应。三级反应器的操作温度分别为 30 ℃,38 ℃ 和 46 ℃,二氯丙醇的浓度分别控制在 $w(二氯丙醇) = 1.4\%$,$w(二氯丙醇) = 2.8\%$ 和 $w(二氯丙醇) = 4.2\%$。反应产物经循环槽依次溢流到下一级的二氯丙醇缓冲罐,最后一级反应器的二氯丙醇水溶液供制备环氧氯丙烷使用。

反应中所需要的水经计量后加入二氯丙醇循环槽,循环槽上部的气体中含有少量的氢气,为防止发生爆炸,需送入一定量的空气进行稀释,经稀释的废气水洗后送往焚烧装置,洗涤水则送回循环槽作为补充水加以利用。

③ 环氧氯丙烷的合成与精制　二氯丙醇溶液经预热后,与 $w(石灰乳) \approx 20\%$ 的石灰乳混合,按石灰乳微过量的配比送入预反应器进行反应,然后再进入汽提塔继续反应,直到使二氯丙醇全部转化为环氧氯丙烷。汽提塔底部通入新鲜水蒸气,将环氧氯丙烷迅速汽提出塔,以阻止其转化为丙三醇。汽提塔的釜液进入闪蒸罐,用蒸汽喷射器回收有机化合物后再送往废水处理装置。

汽提塔塔顶分馏出的粗环氧氯丙烷先进入粗馏塔分出低沸物,然后再进入精制塔,由精制塔塔顶得到环氧氯丙烷成品。粗馏塔分离出的低沸物进入回收塔回收环氧氯丙烷后,塔顶的轻组分送往废油焚烧装置。精制塔的釜液经分离回收环氧氯丙烷后,再送入分相器分相,其水相去二氯丙醇缓冲槽,油相送往废油焚烧装置进行处理。

日本旭硝子生产工艺主要技术经济指标示于表 5-2-06。

表 5-2-06　日本旭硝子生产工艺主要技术经济指标(以每吨环氧氯丙烷计)

项目	单位	消耗定额	项目	单位	消耗定额
丙烯(聚合级)	t	0.66~0.69	工业水	m^3	50
氯气(纯度 100%)	t	2.09~2.22	冷却水	m^3	520~570
NaOH(纯度 100%)	t	0.03	氮气	m^3	30
$Ca(OH)_2$(纯度 100%)	t	1.10~1.13	副产物		
电	kW·h	1 030~1 070	$w(盐酸) = 35\%$ 的盐酸	t	1.10~1.50
水蒸气	t	10.5~11.5	D-D 混剂	t	0.14~0.17

2. 醋酸丙烯酯法生产环氧氯丙烷工艺

（1）工艺原理　工艺过程分为 4 个步骤。

① 乙酰氧基化反应

主反应：

$$CH_2{=}CHCH_3 + CH_3COOH + 0.5O_2 \xrightarrow[\text{催化剂}]{\text{气相}} CH_2{=}CHCH_2OOCCH_3 + H_2O$$

（醋酸丙烯酯）

副反应：

$$CH_2{=}CHCH_3 + 4.5O_2 \longrightarrow 3CO_2 + 3H_2O$$

日本昭和电工醋酸丙烯酯工序的技术指标如表 5-2-07 所示。

表 5-2-07　日本昭和电工醋酸丙烯酯工序的技术指标

项目	技术指标	项目	技术指标
反应器类型	列管式固定床反应器	反应器出料压力/MPa(绝)	0.25
反应器材质	316SS/CS	进料配比	n（丙烯）：n（氧）：n（醋酸）：n（循环气）：n（水）= 25：4.9：5.3：50.8：14
催化剂	Pd–Cu(OAc)$_2$–KOAc/SiO$_2$		
催化剂寿命/年	3~4	丙烯单程转化率/%	~17
空速/h^{-1}	2 400	醋酸丙烯酯的选择性/%	95.7
反应温度/℃	175~180	二氧化碳的选择性/%	4.0
反应器进料压力/MPa(绝)	0.6	其他副产物的选择性/%	0.3

② 水解反应　醋酸丙烯酯水解为烯丙醇：

$$CH_2{=}CHCH_2OOCCH_3 + H_2O \rightleftharpoons CH_2{=}CHCH_2OH + CH_3COOH$$

（烯丙醇）

　　水解反应是一个可逆反应。用强酸性离子交换树脂作催化剂，在 60~80 ℃下进行。原料、反应物和水之间能形成共沸物（见表 5-2-08），在回收醋酸丙烯酯时，会将烯丙醇带入醋酸丙烯酯中，影响水解化学平衡，使醋酸丙烯酯转化率降低。为此，日本昭和电工株式会社采用萃取工艺，将烯丙醇从醋酸丙烯酯中萃取出来。另外，因烯丙醇与水能形成共沸物，分离需消耗一定能量，该公司不经分离，将它直接送氯化工序。

表 5-2-08　醋酸丙烯酯水解反应液/组分的沸点和共沸点

物质名称	沸点/℃	共沸物组成	共沸点/℃
AAL	97	AAL–AAC–水	82.6
水	100	AAC–水	83
AAC	104	AAL–水	88.9
醋酸	118.2	AAL–AAC	95.1

注：AAL—烯丙醇；AAC—醋酸丙烯酯。

③ 氯化反应

$$CH_2=CHCH_2OH + Cl_2 \xrightarrow{\text{HCl/H}_2\text{O}} CH_2ClCHClCH_2OH$$
$$(2,3-二氯-1-丙醇)$$

反应条件为:温度 0~10 ℃,压力 0~0.3 MPa(表),烯丙醇的转化率可达 100%。在反应液中加入盐酸,可大大降低醚类副反应的生成,2,3-二氯-1-丙醇收率可达 90%~97%。在回收氯化氢时,发现二氯丙醇与盐酸水溶液有分层现象。因此,只需将氯化氢蒸至出现分层时,二氯丙醇即可与盐酸水溶液分离,后者仍回反应器继续使用。

④ 环氧氯丙烷的合成

主反应:

$$CH_2ClCHClCH_2OH + 0.5Ca(OH)_2 \longrightarrow CH_2ClCH—CH_2 + 0.5CaCl_2 + H_2O$$
$$\diagdown O \diagup$$

副反应:

$$CH_2ClCH—CH_2 + 0.5Ca(OH)_2 + H_2O \longrightarrow CH_2OHCHOHCH_2OH + 0.5CaCl_2$$
$$\diagdown O \diagup$$

这一工序与氯丙烯法基本一样。但也有两点差异:首先,氯丙烯法皂化用的原料为 1,3-二氯-2-丙醇和 2,3-二氯-1-丙醇,而且以前者为主(占 70%),反应速率快,而醋酸丙烯酯法仅是 2,3-二氯-1-丙醇皂化,反应速率要比 1,3-二氯-2-丙醇慢得多,需适当延长反应时间;其次,氯丙烯法用的是二氯丙醇的稀溶液,而醋酸丙烯酯法则是浓溶液,为了提高汽提塔的汽提效率、降低能耗,皂化使用浓石灰乳液[w(石灰乳)= 10%~50%],$n[Ca(OH)_2]:n(2,3-二氯-1-丙醇)=(1~1.5):1$,反应温度 60~100 ℃,环氧氯丙烷选择性 95%~98%,$n(水蒸气):n(2,3-二氯-1-丙醇)=(1~2.5):1$。

(2) 工艺流程 日本昭和电工工艺流程示于图 5-2-08。

① 醋酸丙烯酯/烯丙醇的合成与精制工序 新鲜丙烯与循环丙烯气体混合后进入醋酸汽化器,与汽化的新鲜醋酸和循环醋酸物料一起预热后,再与补充的 O_2 和稀释水蒸气混合,随后进入氧化反应器系统。在装填有钯催化剂和助催化剂的氧化反应器内,在175~180 ℃、0.8 MPa(表)的操作条件下,丙烯转化为醋酸丙烯酯和水,部分丙烯转化为 CO_2 和 H_2O 及一些轻、重组分。反应器的温度由循环热水控制,即加压的水通过反应器的壳程移去反应热,在外置的废热锅炉中产生低压水蒸气。

氧化反应器的反应产物与反应器进料气进行换热后,经冷却、冷凝再进入气液分离罐,分离罐顶部的气体进入循环气洗涤塔,用循环水洗去残留的醋酸和其他有机化合物,洗涤塔的釜液与分离罐的液相混合后去醋酸丙烯酯溶解槽。洗涤塔塔顶气体经循环气压缩机压缩,并经 CO_2 吸收塔除去 CO_2 气体后,再与新鲜丙烯混合重新利用。

分离罐的液体和洗涤塔的釜液一起进入醋酸丙烯酯溶解槽,经预热后进入两级醋酸丙烯酯水解反应器系统。在不锈钢水解反应器内,醋酸丙烯酯通过强酸性离子交换树脂催化剂,反应生成烯丙醇和副产品醋酸。反应器的操作温度为 50~90 ℃。

最后一级水解反应器的反应液进入共沸物分离塔,烯丙醇、未转化的醋酸丙烯酯和水以共沸物的形式由塔顶抽出,冷凝后倾析分成水相和有机相。有机相去萃取塔。共沸

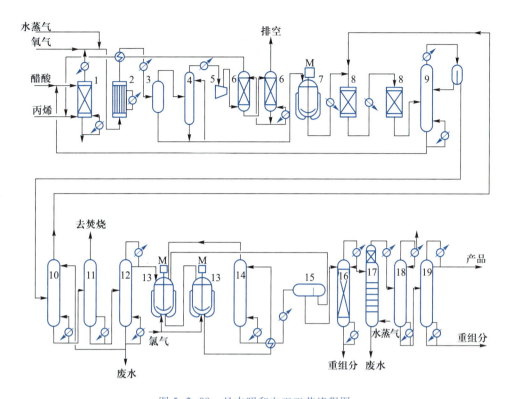

图 5-2-08　日本昭和电工工艺流程图

1—醋酸汽化器；2—氧化反应器；3—分离罐；4—洗涤塔；5—循环气压缩机；6—CO₂ 吸收塔；
7—醋酸丙烯酯溶解槽；8—水解反应器；9—共沸物分离塔；10—萃取塔；11—轻组分塔；
12—精制塔；13—氯化反应器；14—盐酸汽提塔；15—分相器；16—二氯丙醇精制塔；
17—皂化反应器；18—轻组分塔；19—精制塔

物分离塔的釜液为醋酸水溶液,该溶液一部分去洗涤塔,另一部分返回醋酸汽化器。萃取塔塔顶抽出醋酸丙烯酯和水,冷凝后循环回水解反应器系统,萃取塔的釜液进入轻组分塔,分离出轻组分后再进入烯丙醇精制塔。由精制塔塔顶馏出的烯丙醇水溶液送至氯化工序,精制塔塔釜排出的水部分返回萃取塔,部分排出界区。

　　② 烯丙醇氯醇化和精制工序　精制的烯丙醇溶液与氯气逆向进入串联的两个衬玻璃的搅拌槽式氯化反应器内。为抑制副产物的生成,加入一定量的氯化氢作介质,并控制较低的反应温度(约 0 ℃),在此条件下烯丙醇和氯气发生加成反应,生成 2,3-二氯-1-丙醇。反应产物进入盐酸汽提塔,在此塔除去氯化氢气体,然后在分相器内分相。含二氯丙醇的有机相进入二氯丙醇精制塔,得到的二氯丙醇去皂化反应工序,水相和盐酸汽提塔汽提出的氯化氢气体则返回氯化反应器。

　　精制的二氯丙醇与石灰乳混合后进入皂化反应器,二氯丙醇脱氯化氢生成环氧氯丙烷,由反应器的底部通入新鲜水蒸气将环氧氯丙烷迅速汽提出塔,然后经冷却、冷凝后进入两塔精制系统。先由轻组分塔塔顶除去含水的低沸物,然后在精制塔塔顶得到环氧氯丙烷成品,釜液和轻组分塔分出的低沸物送去焚烧。

3. 氯丙烯法和醋酸丙烯酯法技术经济评价

　　两种环氧氯丙烷工业生产方法的技术经济评价,见表 5-2-09。

表 5-2-09 两种环氧氯丙烷工业生产方法的技术经济比较

项目	氯丙烯法	醋酸丙烯酯法
丙烯消耗/[t·t^{-1}(产品)]	0.66	0.59
氯气消耗/[t·t^{-1}(产品)]	2.10	0.89
氢氧化钙消耗/[t·t^{-1}(产品)]	1.12	0.65
醋酸消耗/[t·t^{-1}(产品)]	—	0.03
氧气消耗/[t·t^{-1}(产品)]	—	0.36
能耗	高	较低
三废排放		
环氧氯丙烷收率/%	70~75	90
相对产品成本	1.14	1
三废治理占总投资/%	15~20	<10
设备维修占总投资/%	5	1~2

从表 5-2-09 可以看出,醋酸烯丙酯法产品收率高,原材料消耗及能耗低,因而生产成本低。这是一种有发展前途的生产工艺路线。但该工艺反应步骤多,第 1 步和第 2 步反应中都有醋酸存在,需用不锈钢设备。需要说明的是,氯丙烯法的工艺和技术经济指标也在不断改进。例如,有资料报道,采用氯丙烯法的某些装置环氧氯丙烷的收率已可达 84%左右。

5-3 烷 基 化

烷基化是指利用取代反应或加成反应,在有机化合物分子中的氮、氧、碳、金属或非金属硅、硫等原子上引入烷基(R—)或芳烃基[如苄基(C$_6$H$_5$CH$_2$—)]的反应。主要引入的烷基有甲基、乙基、丙基、丁基、戊基、己基、十二烷基、十八烷基、丙烯基及十八烯基等。常用烯烃、卤代烷烃、卤代芳烃(如一氯苯、苯氯甲烷)、硫酸烷酯(如硫酸二甲酯)和饱和醇(如甲醇和乙醇)等作为烷基化剂。

烷基化反应的生成物品种甚多,用途广泛,有的品种生产规模相当大。例如,2012 年全世界的烷基化汽油生产能力已达 90.34 Mt/a,成为高辛烷值汽油的主要来源之一。由苯和乙烯或丙烯经烷基化可制得乙苯或异丙苯,乙苯脱氢可得到苯乙烯,它是合成高聚物的重要单体;异丙苯经自氧化可得到苯酚和丙酮。由苯和十二烷基烯(或十二氯代烷烃)经烷基化可制得十二烷基苯,它是生产合成洗涤剂的主要原料。上述烷基化产品的世界产量都在 10 Mt/a 以上。此外,烃类经烷基化制得的醚类(如甲基叔丁基醚、甲基叔戊基醚和苯乙醚等)、胺类(如二甲苯胺)、金属烷基化物(如烷基铝)等,在制药、染料、香料、炸药、汽油添加剂、催化剂和合成洗涤剂等方面都有广泛的应用。因此,烷基化也是制取精细化学品的重要途径。

一、由异丁烷和烯烃合成烷基化汽油

在脂肪烃与烯烃的烷基化反应中,数烷基化汽油的生产最为重要。烷基化工业装置在第二次世界大战初期由美国首先建成,所得油料辛烷值高(RON 为 92.9~95,MON 为 91.5~93),敏感性小,而且具有理想的挥发性和清洁的燃烧性,不含烯烃和芳烃,硫含量极低,因而是汽油的理想调和组分。烷基化汽油占汽油总量的比例,美国 2012 年为 6.4%,而我国尚不足 1%。影响我国烷基化汽油发展的制约因素是原料异丁烷的来源问题,目前主要靠催化裂化装置制得,今后还应考虑从天然气、加氢裂化等工业装置中获取。

生产烷基化汽油的方法分为直接烷基化法和间接烷基化法两大类。前者的主要工艺有由丁烷与丁烯(也可包含丙烯和戊烯)在液态强酸的催化下生成烷基化汽油的工艺和有以轻重整油与丙烯、乙烯等低碳烯烃进行烷基化反应,生成烷基化汽油的工艺。后者将轻重整油中的苯转化为有高辛烷值的烷基芳烃,从而达到降低苯含量和增加烷基化汽油辛烷值的目的。该法还提升了重整装置的操作灵活性,可加工全馏分石脑油,提高氢气产量和汽油辛烷值。这种称为 BenzOUT 的工艺已在工业上得到推广应用。间接烷基化工艺是以异丁烯为原料,先进行二聚生成异辛烯,再进行加氢,得到以异辛烷为主要组分的烷基化汽油,它比由丁烯和丁烷合成的烷基化汽油的辛烷值更高,蒸气压更低,由于采用固体酸催化剂,生产工艺对环境友好。这种称为 InAlk 的工艺已实现工业化。

由异丁烷与烯烃(丙烯、n-丁烯、i-丁烯及碳数更高的烯烃)经烷基化生成 C_7、C_8 或更高碳数的异构烷烃的工艺,常用的催化剂有硫酸和氢氟酸。因而工业上常称为硫酸法和氢氟酸法。全世界 48% 的烷基化产能采用硫酸法,52% 采用氢氟酸法。氢氟酸法虽然生产工艺和技术指标比硫酸法稍好,但对环境的污染比硫酸法更严重。在日本和欧洲有不少采用氢氟酸法的生产装置,因氢氟酸对环境的污染得不到有效防治而被迫处于关停状态。在我国,烷基化老生产装置多为氢氟酸法,大多处于关停状态,能继续运转的主要是硫酸法烷基化生产装置。究其原因,主要是废硫酸的治理已获得突破性进展,烷基化装置产生的绝大多数废硫酸都能再生回用,环境污染问题已能基本解决。

本节主要阐述硫酸法的工艺原理和过程。氢氟酸法的相关内容请参阅本书第一版,以及由耿英杰撰写的《烷基化生产工艺与技术》专著。

1. 化学反应原理

(1)化学反应 异丁烷与烯烃的化学反应可表述如下。

在反应条件下,硫酸或氢氟酸不能催化异丁烷和乙烯的烷基化反应。异丁烷与丙烯反应主要生成 2,3-二甲基戊烷(RON 为 91):

$$
\underset{\text{(异丁烷)}}{\overset{\displaystyle CH_3}{\underset{\displaystyle CH_3}{H_3C-\overset{|}{\underset{|}{CH}}}}} + \underset{\text{(丙烯)}}{H_2C\!=\!CH\!-\!CH_3} \longrightarrow \underset{\text{(2,3-二甲基戊烷)}}{\overset{\displaystyle CH_3\ \ CH_3}{H_3C-\overset{|}{CH}-\overset{|}{CH}-CH_2-CH_3}}
$$

异丁烷与1-丁烯反应时,首先1-丁烯异构化生成2-丁烯,然后再进行烷基化反应,主要生成2,2,4-三甲基戊烷、2,3,4-三甲基戊烷和2,3,3-三甲基戊烷(RON 为 100~106):

$$
\begin{array}{c}
\underset{\text{(异丁烷)}}{\overset{\text{CH}_3}{\underset{\text{CH}_3}{\text{H}_3\text{C—CH}}}} + \underset{\text{(1-丁烯)}}{\text{CH}_2\text{CH}_2\text{CH}=\text{CH}_2} \\
\downarrow \\
\underset{\text{(异丁烷)}}{\overset{\text{CH}_3}{\underset{\text{CH}_3}{\text{H}_3\text{C—CH}}}} + \underset{\text{(2-丁烯)}}{\text{CH}_3\text{CH}=\text{CHCH}_3}
\end{array}
\longrightarrow
\left\{
\begin{array}{l}
\text{H}_3\text{C—C—CH}_2\text{—CH—CH}_3 \quad \text{(2,2,4-三甲基戊烷)} \\
\text{H}_3\text{C—CH—CH—CH—CH}_3 \quad \text{(2,3,4-三甲基戊烷)} \\
\text{H}_3\text{C—CH—C—CH}_2\text{—CH}_3 \quad \text{(2,3,3-三甲基戊烷)}
\end{array}
\right.
$$

异丁烷与异丁烯反应生成2,2,4-三甲基戊烷(即异辛烷)(RON 为 100):

$$
\underset{\text{(异丁烷)}}{\overset{\text{CH}_3}{\underset{\text{CH}_3}{\text{H}_3\text{C—CH}}}} + \underset{\text{(异丁烯)}}{\overset{}{\underset{\text{CH}_3}{\text{H}_3\text{C—C}=\text{CH}}}} \longrightarrow \underset{\text{(2,2,4-三甲基戊烷)}}{\overset{\text{CH}_3}{\underset{\text{CH}_3}{\text{H}_3\text{C—C—CH}_2\text{—CH—CH}_3}}}
$$

除上述主反应外,还能发生裂解、叠合、异构化、歧化和缩聚等副反应,生成众多的低沸点和高沸点副产物。为了抑制副反应,常需要使异丁烷大大过量,在氢氟酸法中,n(异丁烷):n(烯烃)=(8~15):1;在硫酸法中,n(异丁烷):n(烯烃)=(4~12):1。

(2) 反应机理　液体强酸(浓硫酸或氢氟酸)催化异丁烷与丁烯进行烷基化反应的机理见图5-3-01。首先1-丁烯经异构化生成2-丁烯,然后2-丁烯分子中的双键与具有高酸强度的 H⁺反应,生成仲碳正离子,后者异构为稳定性更好的叔碳正离子。叔碳正离子与异丁烯反应生成 C_8 碳正离子,最后 C_8 碳正离子与异丁烷分子通过氢转移反应生成目的产物2,2,4-三甲基戊烷(2,2,4-TMP)和一个叔碳正离子,叔碳正离子重新参与催化循环。催化反应的前两步为链引发步骤,产生亲电质点 $\overset{\text{C}}{\underset{\text{C}}{\text{C}^+\text{—C}}}$、少量异丁烯和正丁烷。催化反应的后两步属链增长(或称链传递)步骤,生成目的产物的同时,亲电质点 $\overset{\text{C}}{\underset{\text{C}}{\text{C}^+\text{—C}}}$ 得到重生,链反应继续进行下去,直至原料丁烯消耗殆尽。

除催化反应中生成的少量异丁烯外,2-丁烯的 2 个顺、反异构体也会参与链增长反

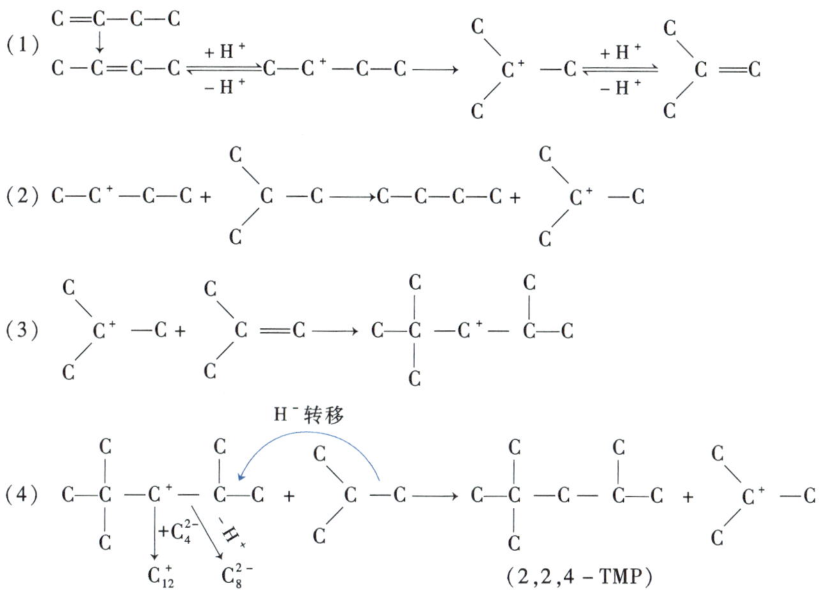

图 5-3-01　液体强酸催化的烷基化反应机理

应,生成目的产物 2,3,4-TMP 和 2,3,3-TMP。因此,由异丁烷与正丁烯进行的催化烷基化反应得到的烷基化汽油的主要组分是上述的 TMP 的 3 个异构体;若由异丁烷和异丁烯进行烷基化反应,由上列反应机理可知,得到的烷基化汽油的主要组分仅为 2,2,4-TMP;

若由异丁烷与丙烯进行烷基化反应,在链引发阶段先生成亲电质点 $\overset{C}{\underset{C}{\text{C}}}\text{C}^+$,继而它与异丁

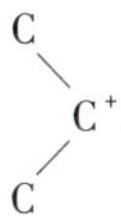

烷反应生成丙烷和亲电质点 $\overset{C}{\underset{C}{\text{C}}}\text{C}^+\text{—C}$,后者在链增长反应中与丙烯反应生成含 7 个碳原

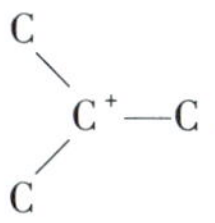

子的 2,3-二甲基戊烷,它成为所得烷基化汽油的主要组分。为防止液体强酸催化烯烃的聚合副反应,要求烷基化反应在较低温度(10~30 ℃)下进行,在此温度下,发生烯烃聚合反应的可能性很小。

2. 催化剂

常用硫酸或氢氟酸作催化剂。

(1)硫酸　用作烷基化催化剂的硫酸 $w(\mathrm{H_2SO_4}) = 86\% \sim 96\%$。当循环酸 $w(\mathrm{H_2SO_4})$ <85% 时,需要更换新酸。硫酸浓度不能太低,以保证反应的顺利进行。硫酸浓度又不能太高,因具有氧化性,会促使烯烃氧化。同时,在浓酸中烯烃的溶解度比烷烃高得多,使 n(烷)/n(烯)严重失调,副反应激烈,副产物增多。为了增加硫酸与原料烃类的接触面,在反应器内需使催化剂与作用物处于良好的乳化状态,并适当提高酸与烃的比例以利于提高烷基化产物的收率和质量。反应系统中 $\dfrac{V(催化剂)}{V(反应总体积)} = 40\% \sim 60\%$。

(2)氢氟酸　氢氟酸沸点低(19.4 ℃),对异丁烷的溶解度及溶解速率均比硫酸大,副反应少,因而目的产物的收率较高。氢氟酸浓度一般保持在 $w(HF)=90\%$ 左右,水分在 $w(水)<2\%$。在连续运转中,由于生成有机氟化物和水,因而会降低氢氟酸的浓度,使催化活性下降,并使烷基化汽油质量下降,故催化剂需用蒸馏方法再生。

(3)其他   正在进行工业化试验的有固体酸催化剂:分子筛、杂多酸、烷基氯化铝,以及固体超强酸等。此外,国内外对离子液体(熔点低于 100 ℃ 的一类熔融盐),尤其是酸性离子液体作为溶剂/催化剂,用于异构化、烷基化等烃类转化反应进行了深入研究,它们是一种新型的、对环境友好的催化剂。其优点是:① 与固体酸相似,没有挥发性,因而对环境友好;② 与无机酸相似,具有流动性好、酸性位密度高和酸强度分布均匀的特点;③ 通过改变和修饰离子液体正、负离子的结构,可以实现多相反应体系的优化,如增强底物的溶解性,简化产物的分离,促进离子液体的循环使用等。典型的离子液体正、负离子的构成见表 5-3-01。离子液体催化剂尚处在实验开发阶段,离工业应用尚有一段距离。

表 5-3-01   典型离子液体正、负离子的构成*

正离子	负离子
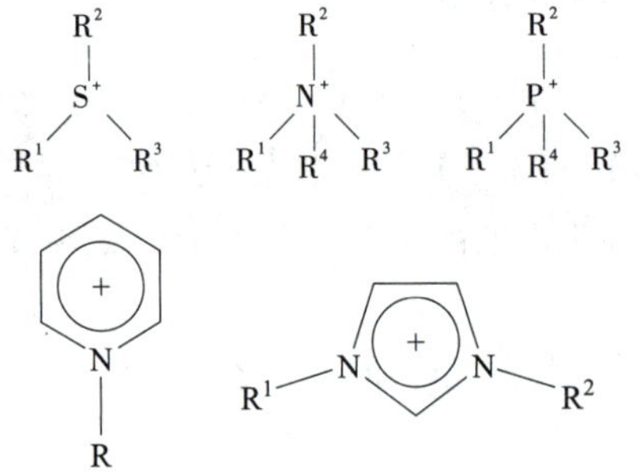 (结构式)	$[BF_4]^-$,$[PF_6]^-$,$[SbF_6]^-$,$[CF_3SO_3]^-$,$(CF_3SO_3)_2N^-$,$CF_3CO_2^-$,$CH_3CO_2^-$,$[Cl/AlCl_3]^-$,$[Cl/AlBr_3]^-$,$[Cl/AlI_3]^-$,$[Cl/CuCl]^-$,$[Cl/FeCl_3]^-$,$[AlCl_3Et]^-$,$[NO_3]^-$,$[NO_2]^-$,$[HSO_4]^-$,$[SO_4]^{2-}$

* 若 $R^1=CH_3$,$R^2=C_4H_9$,则为 $[C_{4min}]^+$;若 $R^1=CH_3$,$R^2=H$,则为 $[H_{min}]^+$;若 $R^1=CH_3$,$R^2=C_2H_5$,则为 $[C_{2min}]^+$。

3. 工艺条件的选择

影响硫酸法烷基化工艺的主要因素有:

① 酸烃分散状况   烷基化反应中,一般认为控制步骤是异丁烷向酸相的传质速率,因此,搅拌速率,或者酸烃乳化程度是一个非常重要的操作变量。现在,同心或偏心卧式物料循环反应器[如斯特拉科(Stratco)反应器]中的搅拌器转速一般在 500～600 r/min,若能增至 680 r/min,乳化将更理想,烷基化汽油质量将进一步提高。

② 烷烯比   在酸烃乳化良好的前提下,提高 $n(烷)/n(烯)$(称为烷烯比),如前所述,能抑制副反应,烷基化汽油的质量和收率都会提高,在较高烷烯比的条件下(如大于20～100),烷基化汽油的辛烷值渐渐接近 100,此时酸耗也会明显减少。但回收异丁烷的负荷明显增加,消耗在分离、输送上的能量明显增多,操作费用上升,所用设备的投资费用也增高。因此,工业上常采用的进料烷烯比为(5～20):1(称为外比)。因有大量异丁烷循环,在反应器内烷烯比可达到(300～1 000):1(称为内比)。

③ 反应温度   硫酸法烷基化要求比较低的反应温度,一般在 2～18 ℃。为此,反应

器中需设置冷却盘管用冷剂来控制反应温度。烷基化反应温度过低，会降低化学反应速率，物料黏度增加造成酸烃乳化不良，导致烷基化汽油质量变差，收率降低。但若反应温度过高，则会导致副反应激烈，副产物增多。

④ 硫酸浓度　前已叙及，应控制在 $w(H_2SO_4) = 86\% \sim 96\%$。

⑤ 反应停留时间　反应停留时间大约需要 5 min，它与反应条件和反应器内件（主要是搅拌桨和转速）有关，具体时间在操作中根据经验确定。

4. 生产过程和工艺流程

现在采用的硫酸法烷基化反应器有两大类，有靠反应物异丁烷自蒸发制冷的阶梯式反应器，有立式氨闭路循环制冷和卧式反应流出物制冷的斯特拉科反应器。目前应用最广的是采用卧式斯特拉科反应器和利用反应流出物制冷的工艺流程，如图 5-3-02 所示。

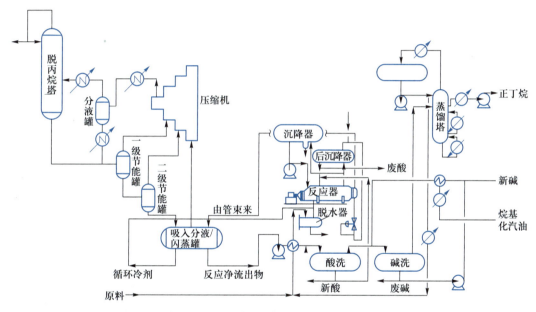

图 5-3-02　反应流出物制冷的工艺流程图

原料中除含有按配比混合的烯烃和异丁烷外，还含有丙烷和正丁烷，以及水分和硫化物等杂质，事先须脱水、脱除 H_2S 和硫醇。硫化物的存在不仅多消耗硫酸，而且会促进聚合及其他副反应的发生。净化后的原料和循环异丁烷合并后与反应流出物换热，温度由约 38 ℃降至 11 ℃左右。这时有少量水析出，在脱水器脱水后与循环冷剂（异丁烷）合并进入斯特拉科反应器。该反应器为一卧式压力容器，有一个内循环管、一个取走反应热的管束和一个混合螺旋桨。在螺旋桨的驱动下，形成酸烃乳化液，进行烷基化反应，并在螺旋桨的排出侧，一部分乳化液引入酸沉降器，进行酸烃分离，沉降在底部的硫酸用乳化液泵送回反应器。另一部分乳化液进入后沉降器，底部硫酸取出一部分作废酸送系统外处理，后沉降器上层为液态烃，与酸沉降器上层液态烃汇合后，经节流制冷后温度降至 −7 ℃，气液混合物进入反应器管束，用作反应冷剂，移走反应热。出管束的气液混合物进入吸入分液/闪蒸罐，进行气液分离，液相部分用泵抽出作反应产物，经酸洗、碱洗后送蒸馏塔,该塔塔顶出循环异丁烷,上部侧线出正丁烷,塔釜出烷基化汽油。采用酸洗的目的是除去反应中生成的硫酸酯(除去率可达98%以上),让它与新酸一起返回反应器重新被利用(可进一步与硫酸反应生成烷基化汽油),残余的硫酸酯则用碱水解;在吸入分液/闪蒸罐分出的气体,经压缩机增压,再经冷却液化,在脱丙烷塔中分出丙烷,塔底液相和分液罐液相汇合后经二级节流制冷,液相(主要是异丁烷)进入吸入分液/闪蒸罐另一侧,用作循环冷剂,一级节能罐和二级节能罐气体分别进入压缩机3段和2段。丙烷的馏出量以与进入系统的丙烷量持平为宜,若装置中丙烷含量太少,对提高系统压力、降低压缩机的压缩比,由此降低功率消耗是不利的。

5. 反应器

硫酸法烷基化工艺中应用较多、也较先进的是斯特拉科反应器。它的剖面图示于图5-3-03。

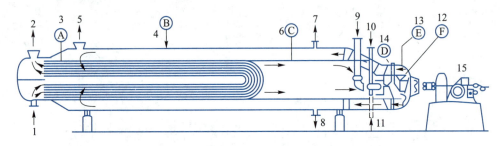

图5-3-03　斯特拉科卧式烷基化反应器剖面示意图
1—冷剂入口;2—冷剂出口;3—管束A;4—反应器壳体B;5—反应混合物去沉降器;
6—循环套筒C;7—安全阀管嘴;8—排液管嘴;9—循环酸入口;10,11—烃入口;
12—搅拌叶片F；13—水力头E;14—扩散叶片D;15—驱动器

外壳是一个卧式的压力容器,内部包括一个套筒、管束和搅拌叶轮。烃类原料由上、下两个进料口进入反应器,在搅拌叶轮前汇合后向着叶轮喷入反应器,高速运转的叶轮处在反应器头部缩径处,使反应器内部的物料由于叶轮吸力、管束阻力、线速率差等而造成一些流液的空穴,从而使得酸烃获得比较好的分散和混合。混合的乳液物流在头部折返,沿着套筒和壳体的环隙流向冷却管束一端,在管束的头部再折返进入套筒内部,重新流向搅拌叶轮叶片,形成一个高速循环的物流。由于反应器分散混合效果很好,反应器内任何两点的温差不大于0.56 ℃。酸烃分散是由转动的搅拌叶片和固定的扩散叶片共同完成的。高速循环则是由提高驱动器的功率来实现的。

近年来Lummus公司开发的CDAlky新工艺采用一种带特殊填料的立式反应器,以分配器和填料相结合的方式实现酸烃混合,避免了采用常规搅拌设备,并取消了酸洗和碱洗过程,可使硫酸循环量降低50%,反应温度降低到-3 ℃,因而提高了烷基化的选择性和烷基化汽油的辛烷值。

6. 废酸的处理

硫酸法烷基化装置的每吨烷基化汽油酸耗在77~102 kg(硫酸),一个年产100 kt(烷基化汽油)的装置,一年将消耗近10 kt(硫酸),产生近10 kt(废酸)。废酸中虽然只有w(烃类) = 5%左右,其余w(游离硫酸) = 90%左右,但除去这5%烃类却并不容易,目前绝大多数工厂还是采用将废酸焚烧重新制成硫酸的办法,工艺流程见图5-3-04。燃烧炉的外壳均为钢板,内部装有耐火砖,炉子为卧式,在炉体的内部设有若干块挡板,与制硫黄所用的克劳斯炉相似。

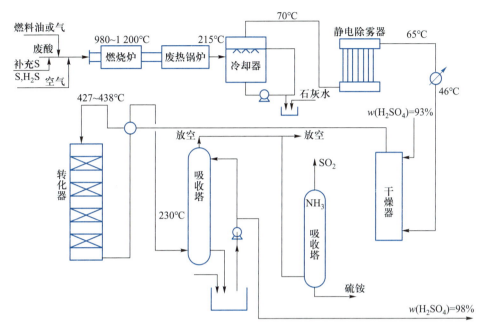

图 5-3-04　典型的废酸回收流程图

二、甲基叔丁基醚的合成

烷基以取代醇类或酚类—OH 基中的氢原子或以与环醚上的氧原子相结合的方式,可生成脂肪族醚类和芳香族醚类化合物。这类反应虽属烷基化范畴,但产物为醚类化合物,故又常称为醚化反应。常见的脂肪族醚类有单醚和混合醚、甲基纤维素和乙基纤维基、乙二醇-乙醚和二乙二醇-乙醚、平平加、甲基叔丁基醚等,芳香族醚类有苯甲醚、β-萘基甲基醚、二苯甲醚等,其中生产吨位最大者要数甲基叔丁基醚。

甲基叔丁基醚(MTBE)是用作汽油添加剂醚类的主要产品,稍为次要的醚类还有甲基叔戊基醚(TAME)、乙基叔丁基醚(ETBE)、乙基叔戊基醚(TAEE)和二异丙基醚(DIPE)等。汽油中添加上述醚类后,不仅能提高汽油的辛烷值(MTBE 本身的 MON 值可达 101,RON 值可达 118),改善汽车的行车性能,而且还能降低排气中 CO 含量。生产成本(达相同辛烷值汽油)仅为烷基化汽油的 80%。现在,MTBE 除主要用作汽油添加剂外,还用来经裂解制取高纯异丁烯。

虽然在美国有少数几个州出现 MTBE 渗透到地下水污染环境而遭到非议,但美国大多数州及欧洲经济发达地区都认为 MTBE 对环境污染并不严重,可以让 MTBE 作为优良的汽油添加剂继续使用。我国汽油中添加 MTBE 的量很小,仅占汽油量的 1%~2%,距离允许添加量 11%(控制氧含量 2.7%)很远。在生产高标号清洁汽油时,MTBE 能有效地替代烯烃和芳烃(后两者因会造成环境污染,在汽油中的含量已受到严格限制)来提高汽油的辛烷值,因此增建 MTBE 装置,提升 MTBE 产能势在必行。但 MTBE 是否污染环境,它的危害性等问题仍需引起足够重视,需长期监控,以便及时发现问题,采取有力的环境保护措施将 MTBE 对环境的毒害降至最低。

除了作汽油添加剂,MTBE 还是良好的反应溶剂和试剂,如异戊烯、甲醇、苯酚的烷基化等都用 MTBE 作为溶剂;制备叔丁胺、三甲基乙酸、叔丁醇、叔丁氧基乙酸,为其他精细化工提供优质原料等;利用制备 MTBE 的可逆反应——MTBE 的裂解,可将 C_4 混合烃中的正异丁烯分离,从而可制得高纯度的异丁烯。

生产 MTBE 的原料为甲醇和异丁烯。甲醇供应不存在问题,异丁烯的供应则相当紧张,限制了 MTBE 产能的扩大,而炼油厂副产的异丁烷在工业上和民用上还找不到合适的用途。因此,将异丁烷脱氢制异丁烯的工业生产装置应运而生。1990 年世界上有 11% 的 MTBE 来自异丁烷,近年来异丁烷脱氢制异丁烯的生产装置的产能已增至原来的 1.5 倍以上。

为了既能降低汽油中烯烃的含量,又能提高汽油辛烷值,醚化工艺得到了进一步发展。以催化裂化轻汽油为原料,与甲醇按一定比例混合,并在适当的反应温度、压力和催化剂等条件下,使甲醇与汽油中的 $C_4 \sim C_6$ 叔碳烯烃进行醚化(即烷基化)反应,得到甲基叔丁基醚(MTBE)、甲基叔戊基醚(TAME)和甲基叔己基醚(MTHE)等醚类物质,从而提高汽油品质。在国内,中国石油天然气股份有限公司兰州石化分公司已于 2012 年 11 月建成处理能力达 500 kt/a 的生产装置,生产出合格的醚化汽油产品。

1. 反应原理

(1)化学反应　　MTBE 通常是由甲醇与异丁烯在磺化离子交换树脂的催化下合成的:

$$CH_3OH + (CH_3)_2C = CH_2 \Longleftrightarrow (CH_3)_3COCH_3 \quad \Delta H^{\ominus}(298\ \text{K}) = -36.52\ \text{kJ/mol}$$

主要副反应有

$$2CH_3-\underset{\underset{CH_3}{|}}{C}=CH_2 \longrightarrow CH_3-\underset{\underset{CH_3}{|}}{\overset{\overset{CH_3}{|}}{C}}-CH_2-\underset{\underset{CH_3}{|}}{C}=CH_2 \quad \Delta H^{\ominus}(298\ \text{K}) = 69.34\ \text{kJ/mol}$$

(二异丁烯)

$$CH_3-\underset{\underset{CH_3}{|}}{C}=CH_2 + H_2O \longrightarrow (CH_3)_3COH \quad \Delta H^{\ominus}(298\ \text{K}) = 35.03\ \text{kJ/mol}$$

(异丁醇)

$$2CH_3OH \longrightarrow (CH_3)_2O + H_2O \quad \Delta H^{\ominus}(298\ \text{K}) = -23.5\ \text{kJ/mol}$$

(二甲醚)

此外,还有少量甲基仲丁基醚(MSBE)生成。这些副产物会影响产物 MTBE 的纯度和质量,也会产生一定量的三废,因此要尽量在适宜的反应条件下进行醚化反应,以减少副反应的发生。此外,为让磺化离子交换树脂发挥正常的催化作用,要求原料中的金属阳离子(如 Na^+, K^+, Ca^{2+}, Mg^{2+} 等)的含量小于 $1\ \mu g \cdot g^{-1}$(通常原料中金属离子含量为 $1 \sim 2\ mg \cdot g^{-1}$),不含碱性物质及游离水等。因此,原料在进入醚化反应器前要设法除去上述有害杂质。

（2）反应机理　异丁烯和甲醇进行的烷基化反应,属亲电加成反应机理。异丁烯是烷基化剂,在酸性催化剂催化下,它首先转化为碳正离子:

$$CH_3-\underset{\underset{CH_3}{|}}{C}=CH_2 + H^+ \longrightarrow CH_3-\underset{\underset{CH_3}{|}}{\overset{+}{C}}-CH_3$$

然后碳正离子与甲氧基阴离子发生醚化反应,生成目的产物 MTBE:

$$CH_3-\underset{\underset{CH_3}{|}}{\overset{\overset{CH_3}{|}}{C^+}} + CH_3O^- \longrightarrow CH_3-\underset{\underset{CH_3}{|}}{\overset{\overset{CH_3}{|}}{C}}-OCH_3$$

这是有机化合物分子中氧引入烷基的烷基化反应,甲醇为烷基化底物。在丁烯的异构体中由叔碳原子构成双键的异丁烯的碱性最强,形成的碳正离子最稳定,而 1-丁烯和 2-丁烯的碱性则稍差,而且存在空间位阻,因此以混合 $C_4^=$ 为原料,异丁烯与甲醇烷基化选择性很高,而其他丁烯则基本上不发生烷基化反应。

（3）催化剂　甲醇与异丁烯合成 MTBE 的催化剂可分为 4 类:无机酸、酸性阳离子交换树脂、酸性分子筛及杂多酸催化剂。

无机酸因其对设备腐蚀性强、废酸处理困难、产物较难分离、废水量大而遭淘汰。

酸性阳离子交换树脂主要是磺化苯乙烯和二乙烯苯的共聚物,属大孔强酸性单功能离子交换树脂,常用的国外牌号是 Ambeilyst-15(A-15),国内牌号是 S 型和 D 型。在此单功能基础上改进,负载上钯、铀以及ⅧB族金属元素的称为三功能催化剂。该催化剂能使反应选择性增大,催化剂寿命延长,产品质量好,清洁无色,MTBE 的收率也相应提高,但是仍存在稳定性较差、腐蚀设备等缺点。

酸性分子筛催化剂主要是具有中孔结构的 ZSM-5 型和 ZSM-11 型,该类催化剂热稳定性好,反应选择性高,不易受物系酸性的影响,寿命长,易于活化和再生。

杂多酸催化剂是将磷钨酸等杂多酸固载于大孔阳离子交换树脂上,具有较大的比表面积和高质子酸强度,如 $H_4SiW_{12}O_{40}/A-15$ 和 $H_3SiW_{12}O_{40}/A-15$,它们的异丁烯转化率分别达到 40% 和 38%,对 MTBE 的选择性分别为 99.7% 和 99.8%。而单纯的 A-15 其异丁烯的转化率只有 11%,选择性为 100%。此外该催化剂基本上不腐蚀设备。

2. 合成技术分类

甲醇与异丁烯之间发生的醚化反应,甲醇是烷基化底物,异丁烯是烷基化剂。在实际生产中,常以 C_4 混合烃作烷基化剂,其中 w(异丁烯)= 10% ~ 50%,其余为正丁烷和正丁烯等惰性组分。由于醚化反应进行得很完善,异丁烯转化率很高,反应尾气稍经分离就可得到纯度很高的正丁烯,用于有机合成或高聚物单体。因此,按照异丁烯在 MTBE 装置中达到的转化率及下游配套工艺的不同,合成 MTBE 技术可分为三种类型,见表 5-3-02。表中的标准转化型对异丁烯的转化没有严格的限制,剩余的异丁烯仍可用作烷基化装置的有用组分,不会造成浪费,正丁烯也是有用组分,烷基化对它的浓度没有严格限制。

表 5-3-02　MTBE 技术的三种类型

类型	异丁烯转化率/%	w(残余异丁烯)/%	下游用户	备注
标准转化型	97~98	2~5	烷基化	俗称炼油型
高转化型	99	0.5~1	丁烯氧化脱氢	化工型
超高转化型	99.9	0.1	聚合物单体	化工型

3. 工艺条件的讨论

影响醚化反应的主要因素有：n(甲醇)与 n(异丁烯)的比值、异丁烯浓度、反应温度、空速和反应压力，现简要分析如下。

（1）n(甲醇)和 n(异丁烯)的比值　n(醇)/n(烯)不仅影响转化率，而且对生成 MTBE 的选择性也有影响。通常采用甲醇稍过量，以保证异丁烯的高转化率，但也不宜太大，当 n(醇)/n(烯)>2 时，对 MTBE 收率的影响已很小。工业上采用的 n(醇)：n(烯)=（1.05~1.2)：1。

（2）异丁烯浓度　异丁烯浓度不同的 C_4 馏分，在醚化过程中，反应速率也不同，浓度高反应速率快，但对异丁烯转化率影响却不大。然而当异丁烯的质量分数低于 10%，转化率会急剧下降。异丁烯浓度与转化率关系见图 5-3-05。

（3）反应温度　在一定的 n(醇)/n(烯)下，反应温度不仅影响反应速率，而且也影响转化率、选择性和催化剂寿命。反应温度太低，虽对醚化反应的化学平衡有利，但反应速率慢，反应时间长。反应温度过高，副反应激烈，平衡转化率也降低，影响到反应选择性和催化剂使用寿命。生产实践证明，反应温度的适宜范围为 40~80 ℃(相应的平衡转化率为 95.8%~94.6%)。催化剂随使用时间的延长，活性会越来越低，需要及时提高反应温度来维持反应活性。对工业反应器而言，新装、中期、后期和末期较好的反应温度范围分别为：60~65 ℃，65~70 ℃，70~75 ℃和 75~80 ℃。

（4）空速　研究结果表明，不论原料中异丁烯含量如何变化，空速在 3~5 h^{-1}，催化剂活性均相当好，异丁烯均可达到平衡转化率。在异丁烯的质量分数为 30%~50% 时，将空速提高至 15 h^{-1}，转化率降低仍不明显。现在，工业上选取空速范围为 3~15 h^{-1}。

（5）反应压力　试验表明，只要反应区的压力能把反应物维持在液相状态，再增加压力，对反应转化率和选择性的影响不大。但在工业生产装置上选择压力还需考虑系统的阻力降及分离系统所需的操作压力，一般可在 1.0~2.0 MPa 内选择。现在，有些生产装置采用混相固定床工艺或混相反应蒸馏（MRD)工艺，要求在气液混相条件下(即在沸点温度下)进行醚化反应。为此，操作压力应调整至 0.7 MPa 左右。

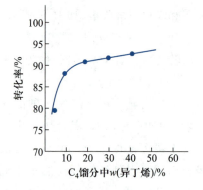

图 5-3-05　异丁烯浓度与转化率的关系

反应温度 70 ℃，压力 1.7 MPa，空速 10 h^{-1}，n(甲醇)：n(异丁烯)= 1.20：1，D-003 型催化剂

4. 生产过程和工艺流程

（1）标准转化型（炼油型）生产过程和工艺流程　图5-3-06所示为与下游烷基化配套的标准转化型工艺流程。

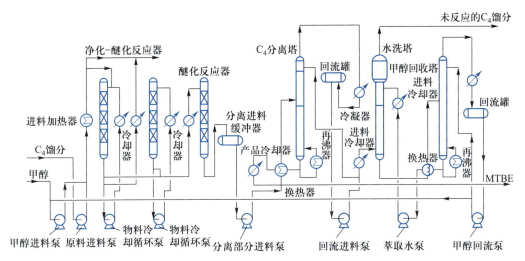

图 5-3-06　标准转化型工艺流程图

① 原料净化和反应　原料净化的目的是除去原料中的金属阳离子。净化采用与醚化催化剂相同型号的离子交换树脂。净化器除主要起原料净化作用外，还可起一定的醚化反应作用。所以，净化器实际上是净化-醚化反应器。装置设两台净化-醚化反应器，轮流切换使用。C4馏分和甲醇按比例混合，加热到40~50 ℃后从上部进入净化-醚化反应器，反应压力1~1.5 MPa，采用物料外循环方式移走醚化反应热。由于对异丁烯转化率要求较低，只需90%~92%，故设置一台醚化反应器，并在较低温度下操作。n（甲醇）：n（异丁烯）=（1~1.05）：1。若需提高异丁烯转化率，n（甲醇）：n（异丁烯）应增至1.2：1，而且需设两台醚化反应器，并在反应器间设蒸馏塔，用来除去第1反应器中生成的 MTBE，以免除它在第2反应器中发生生成甲醇和异丁烯的醚化逆反应，有利于提高异丁烯的转化率。

② 产品分离　由于甲醇在水中的溶解度大，在一定条件下又能与 C4 馏分或 MTBE 形成共沸物，以及考虑到反应时醇烯比的不同，工业上采用两种分离流程。

a. 前水洗流程　反应产物先经甲醇水洗塔除去甲醇，然后再经分馏塔分出 C4 混合馏分和 MTBE。甲醇水溶液送往甲醇回收塔进行甲醇与水的分离。

b. 后水洗流程　如图5-3-06所示，国内基本上采用此工艺流程。反应产物先经 C4 分离塔进行 MTBE 与甲醇-C4 混合馏分共沸物的分离，塔底为 MTBE 产品。共沸物进入水洗塔，用水抽提出甲醇以实现甲醇与 C4 馏分的分离。从水洗塔塔底出来的甲醇水溶液进入甲醇回收塔，塔顶出来的甲醇返回反应系统重新使用，从塔底出来的含微量甲醇的水大部分送往水洗塔循环使用，少部分排出装置以免水中所含甲醇和其他杂质积累。当装置采用的醇烯比不大 [n（甲醇）：n（异丁烯）≈（1.0~1.05）：1]，反应产物中的残余甲醇在一定压力下可全部与未反应的 C4 馏分形成共沸物时，可采用后水洗分离流程。

所得 MTBE 产品的质量分数大于 98%,研究法(RON)辛烷值为 117,马达法(MON)为 101。

(2) 超高转化型生产过程和工艺流程　图 5-3-07 所示为法国石油研究院(IFP)开发成功的超高转化型生产工艺流程。可采用各种异丁烯含量的 C_4 馏分作原料,主反应器采用上流筒式外循环膨胀床,催化剂为阳离子交换树脂。根据对异丁烯转化率的要求,可选用一段或二段工艺,二段和一段工艺的区别在于增加二段反应器和第二脱 C_4 馏分塔,异丁烷转化率可达 99.9%。

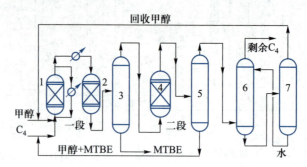

图 5-3-07　IFP 超高转化型工艺流程图
1—主反应器;2—补充反应器;3—第一脱 C_4 馏分塔;4—二段反应器;
5—第二脱 C_4 馏分塔;6—水洗塔;7—甲醇回收塔

新鲜和循环甲醇与 C_4 馏分由反应器底部加入,从主反应器顶部出来的物料一部分进入补充反应器中继续反应,另一部分通过冷却器换热后循环到主反应器底部,以调节和控制主反应器温度和反应物料浓度。从补充反应器底部出来的物料进入第一脱 C_4 馏分塔,塔底出 MTBE 产品,塔顶为 C_4 馏分和甲醇共沸物,再进入第二醚化反应器(二段反应器)进一步反应,异丁烯总转化率可达 99.9%。二段反应器出来的物料进入第二脱 C_4 馏分塔,塔底为 MTBE 和甲醇,循环到主反应器中,塔顶为含甲醇的 C_4 馏分,经水洗塔、甲醇回收塔可得到基本上不含异丁烯的 C_4 馏分和甲醇,甲醇循环回主反应器底部。

该工艺有以下特点:

① 采用上流筒式膨胀床反应器,与列管式固定床反应器相比,造价低,装卸催化剂容易,可防止催化剂颗粒黏结,床层阻力降低。反应器内催化剂处于运动状态,反应热分布均匀,可防止床层过热。减少副反应和延长催化剂使用寿命。

② 主反应器中催化剂负荷大,而且最易受原料中阳离子的毒害而失活。本工艺可设两个主反应器,当一个反应器内催化剂失活时,可切换另一个反应器。

③ 异丁烯转化率高,操作容易、灵活,可适应不同异丁烯含量的 C_4 馏分。

(3) 催化蒸馏 MTBE 工艺　该工艺把反应器和蒸馏塔组合在一起,实现反应和蒸馏在同一设备内进行,所用原料为催化裂化 C_4 馏分。有 $n(甲醇)/n(异丁烯)>1$ 的 MTBE 流程和 $n(甲醇)/n(异丁烯)<1$ 的 MTBE-Plus 流程,如图 5-3-08 和图 5-3-09 所示。图 5-3-08 中的水洗塔主要除去 C_4 馏分中的铵盐等杂质,保护床主要除去 Na^+、K^+、Ca^{2+} 和 Mg^{2+} 等杂质。由于催化反应与蒸馏同在一个区域发生,生成的 MTBE 能迅速离开反应区,使化学平衡向生成 MTBE 方向进行。异丁烯的转化率可达 99% 以上,$w(MTBE)\geqslant$

98%。图 5-3-09 所示流程,因 n(甲醇)$/n$(异丁烯)<1,甲醇全部转化,不存在甲醇回收问题,工艺流程大为简化。

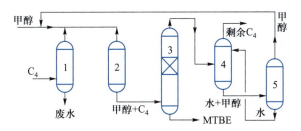

图 5-3-08 催化蒸馏 MTBE 工艺流程图
1—水洗塔;2—保护床;3—催化蒸馏塔;
4—甲醇水洗塔;5—甲醇回收塔

催化蒸馏 MTBE 工艺特点有:

① 将反应与蒸馏相结合,将放出的反应热用来分离产物,有明显的节能效果,水、电、水蒸气消耗为其他工艺的 60%~70%;由于反应产物很快离开反应区,有利于平衡向生成 MTBE 方向进行,异丁烯的转化率高。

② 催化剂采用特殊的"捆包"和支撑,不和设备直接接触,对设备无腐蚀。但催化剂装卸复杂,要求催化剂有足够长的使用寿命,要求原料中阳离子含量降低到 1 μg·L^{-1}。因此,原料预处理较复杂。

③ 只需一个反应器,省去了一个反应器和一个中间脱 C$_4$ 馏分塔。因而设备投资较省。

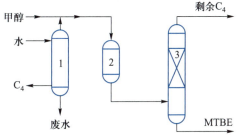

图 5-3-09 MTBE-Plus 工艺流程图
1—C$_4$ 水洗塔;2—保护床;3—催化蒸馏塔

(4)混相反应蒸馏工艺 又称 MRD 工艺,由我国齐鲁石化公司研究院等单位在混相反应工艺基础上开发成功,具有国际先进水平。分炼油型和化工型两种。炼油型工艺的反应塔中部是混相反应段,上部和下部分别为精馏段和提馏段,催化剂装填容易,投资省,能耗低,异丁烯转化率可达 90%~98%;化工型是将炼油型工艺中的反应器上部的精馏段改为催化蒸馏段,异丁烯和甲醇先在混相反应段内预反应,此时的异丁烯的总转化率可达 90%~95%,然后再在催化蒸馏反应段进行深度转化,使异丁烯的转化率达到 99.5%以上,并得到可用于化工的高纯正丁烯。混相反应蒸馏工艺在沸点条件下操作,醚化反应热通过反应液蒸发移出,不需设置外循环冷却系统。进入反应蒸馏段的气液混合物为精馏段和提馏段提供了热量,不需增设供热设备(如再沸器等),如前所述,催化蒸馏工艺又为反应物和产物迅速撤离反应区创造了良好的条件,打破了化学平衡,从而得到异丁烯的高转化率和纯度很高的产物 MTBE(它可用作制取高纯异丁烯的原料),并减少副反应的发生。因而这一工艺的优点是十分明显的,为便于操作和控制,国内也有将混相反应与催化蒸馏分别在两个塔内单独进行的。

5. 催化精馏塔

催化反应精馏塔一般可分为 3 部分,上部为精馏段,中部为反应段,下部为提馏段。

图 5-3-10 示出了 CATAFRACT 公司 MP-Ⅱ 型催化精馏塔的结构示意图。图 5-3-11 是该塔催化剂装填方法示意图。精馏段和提馏段可采用板式塔盘(如浮阀塔),亦可装填填料(如波纹填料)。催化剂粒径为 0.3~1.0 mm,垒堆在一起不但阻力大,反应液(气-液)与催化剂的接触也不好。为此该公司采用把催化剂包装在玻璃丝布包或不锈钢丝网小包中,再将它们有规则地垒堆,以降低气液阻力,增大反应接触表面,这种垒堆方法比较麻烦,费用大,有待进一步改进。

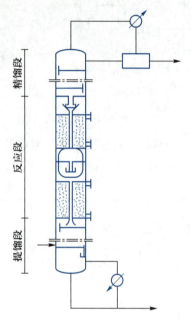

图 5-3-10　CATAFRACT 公司 MP-Ⅱ型
催化精馏塔结构示意图

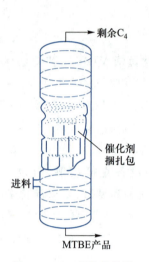

图 5-3-11　催化精馏塔
催化剂装填方法示意图

5-4　水解和水合

一、概述

水解系指无机或有机化合物与水作用起分解反应的过程。水中的氢原子加入一个产物中,羟基(—OH)则加入另一个产物中,例如:

$$KCN + H\!\!-\!\!OH \Longrightarrow HCN + KOH$$

$$C_5H_{11}Cl + H\!\!-\!\!OH \Longrightarrow HCl + C_5H_{11}OH$$

在无机化学中,水解实际上是酸碱中和反应的逆反应。在有机化学中,水解的范围要广泛得多,例如,由卤代烷烃经水解制醇,脂类水解制羧酸,酯类水解制羧酸和醇,淀粉水解制葡萄糖,蛋白质水解制味精,油脂水解制脂肪酸等。

水解是由天然物质制造有机化工产品的重要方法,生产规模也相当大。例如,1992 年全世界用天然油脂来生产脂肪酸的生产能力已达 2.90 Mt/a 左右。又如,用酶发酵法将淀粉、薯类经水解制取乙醇、丙酮和丁醇的生产规模也比较大,生产能力高达几万乃至数十万吨/年。此外,利用水解还可制取很多精细化学品,如染料、药物和表面活性剂等。

由于水解作用的结果,使产物之一引入羟基(—OH),故水解有时又称为羟基化。

水解分为纯粹水解(如重氮盐的水解、硫酸烷酯的水解和由格利雅试剂水解制醇和醛等)、酸水解、碱水解、碱熔融水解(如苯磺酸与氢氧化钠共熔生成苯酚的反应)和酶水解 5 种,常用的水解剂有酸、碱和酶。由于采用的水解剂不同,水解机理也不同。现以酯类和卤代烷烃的水解为例说明之。

在碱(通常用氢氧化钠)催化下,酯类水解机理可表示为

$$OH^- + \underset{\underset{R'}{|}}{\overset{\overset{O}{\|}}{C}}-OR \underset{慢}{\rightleftharpoons} \left[HO\cdots\underset{\underset{R'}{|}}{\overset{\overset{O}{\|}}{C}}\cdots OR \right]^- \underset{慢}{\rightleftharpoons} HO-\underset{\underset{R'}{|}}{\overset{\overset{O}{\|}}{C}} +OR^- \underset{快}{\rightleftharpoons} R'COO^- + ROH$$

$$R'COO^- + Na^- \longrightarrow R'COONa$$

在酸催化下,酯类水解机理可表示为

$$H_2O + \underset{\underset{R'}{|}}{\overset{\overset{O}{\|}}{C}}-OR \underset{快}{\overset{H^+慢}{\rightleftharpoons}} H_2O^+\cdots\underset{\underset{R'}{|}}{\overset{\overset{O^-}{|}}{C}}-OR \overset{H^+}{\rightleftharpoons} H_2O^+\cdots\underset{\underset{R'}{|}}{\overset{\overset{O}{\|}}{C}} +HOR$$

$$R'COOH_2^+ \underset{慢}{\overset{快}{\rightleftharpoons}} R'COOH + H^+$$

由上述两种反应机理可见,在碱催化下,由于 $R'COO^-$ 与钠离子作用生成更为稳定的 $R'COONa$,可使水解反应更趋完全。氢氧化钠在反应过程中被消耗,并生成相应的钠盐。用酸作催化剂,虽能加快反应速率,但受平衡限制,酯类不可能全部转化为酸和醇。

卤代烷烃的水解实质上是由 OH^- 取代 X^- 的亲核取代反应,可能有以下两种反应机理。

$$R-X + H_2O \longrightarrow R-OH + HX$$

机理一:双分子反应机理

$$OH^- + R-X \rightleftharpoons [HO-R-X]^- \longrightarrow HOR + X^-$$

机理二:单分子反应机理

$$RX \rightleftharpoons R^+ + X^- (慢)$$

$$R^+ + OH^- \rightleftharpoons ROH (快)$$

水合又称水化,系指将水分子加入反应物分子内的过程。有两种加入方式,一种是反应物与一定数量的水分子化合,形成含水分子的物质(称为水合物或水化物)。例如:

$$CuSO_4 + 5H_2O \longrightarrow CuSO_4 \cdot 5H_2O$$

另一种是有机化合物分子中的双键或三键在催化剂作用下加添水分子的过程。

例如：

$$CH_2{=}CH_2 + H_2O \longrightarrow CH_3CH_2OH$$

$$CH{\equiv}CH + H_2O \longrightarrow CH_3CHO$$

由于烯烃中的仲碳原子和叔碳原子比伯碳原子活泼，除乙烯外，其他烯烃经水合只能得到仲醇和叔醇，例如：

$$CH_2{=}CH_2 + H_2O \longrightarrow CH_3CH_2OH$$

乙醇（伯醇）

$$CH_3{-}CH{=}CH_2 + H_2O \longrightarrow CH_3\underset{\underset{OH}{|}}{CH}{-}CH_3$$

异丙醇（仲醇）

$$CH_3{-}\underset{\underset{CH_3}{|}}{\overset{\overset{CH_3}{|}}{C}}{=}CH_2 + H_2O \longrightarrow CH_3{-}\underset{\underset{OH}{|}}{\overset{\overset{CH_3}{|}}{C}}{-}CH_3$$

叔丁醇（叔醇）

因此，乙醇以外的所有伯醇都不能用水合方法制取，而必须借助于其他的合成途径。例如，正丁醛经加氢可制得正丁醇，或借羰基合成法由烯烃来制取直链和含有侧链的伯醇。

水合不会使原料受到损失，在工业上的应用比水解多。例如，由烯烃制醇，乙炔制乙醛，环氧乙烷制乙二醇，腈类制胺（如由丙烯腈制丙烯酰胺）等水合工艺均有重要的工业意义。

二、油脂水解制甘油和脂肪酸

1. 工艺原理

油脂（天然油脂的简称）是各种脂肪酸甘油酯的总称，水解可得脂肪酸和甘油，是工业上获取脂肪酸的重要途径。由于油脂是由多种脂肪酸甘油酯组成的混合物，随油脂种类的不同，其组成会有很大的差别。因此，油脂水解可以得到以 1~2 种脂肪酸为主的多种脂肪酸。

油脂水解可用酸或碱作水解剂，化学反应可用以下两式表示：

$$
\begin{array}{l}
C_{17}H_{35}COO{-}CH_2 \\
C_{17}H_{35}COO{-}CH \\
C_{17}H_{35}COO{-}CH_2
\end{array}
+ 3H_2O \underset{}{\overset{H_2SO_4}{\rightleftharpoons}} 3C_{17}H_{35}COOH +
\begin{array}{l}
CH_2{-}OH \\
CH{-}OH \\
CH_2{-}OH
\end{array}
$$

或

$$
\begin{array}{l}
C_{17}H_{35}COO{-}CH_2 \\
C_{17}H_{35}COO{-}CH \\
C_{17}H_{35}COO{-}CH_2
\end{array}
+ 3NaOH \rightleftharpoons 3C_{17}H_{35}COONa +
\begin{array}{l}
CH_2{-}OH \\
CH{-}OH \\
CH_2{-}OH
\end{array}
$$

一般认为油脂水解反应是分阶段进行的,每阶段都为双分子反应,即一分子油脂和一分子水反应生成一分子脂肪酸和一分子二甘酯。一分子二甘酯又和一分子水反应生成一分子脂肪酸和一分子单甘酯。一分子单甘酯再和一分子水反应生成一分子脂肪酸和一分子甘油,这才完成油脂的水解反应,最终的产物是三分子脂肪酸和一分子甘油。

油脂水解速率取决于温度。在低温时,油脂水解速率极慢,要用催化剂来加速水解反应,随着反应温度的升高,水解反应速率加快,在高温时(200 ℃以上),即使没有催化剂,水解速率也是很快的。高温不仅使反应物碰撞机会增多,反应速率加快,而且能促进水的解离,生成更多的氢离子和氢氧根离子,成为油脂水解的催化剂。高温增大了油在水中的溶解度,增大了油脂与水的接触面积。因此,适宜的水解温度不仅能增加水解速率,而且不需添加水解催化剂。但水解温度不能过高,例如,不能超过260 ℃,因这时除主反应外,还会发生油脂或甘油的裂解、聚合等副反应,使脂肪酸收率下降,产品色泽加深、气味加重。

在超过100 ℃的温度下进行油脂水解时,因水在100 ℃沸腾,为保持水呈液态,反应系统必须加压。温度越高,需要的压力也越大,而加压本身对水解反应的影响则不大。

2. 生产过程和工艺流程

油脂水解方法很多,已工业化的有酸化法、分解剂法、皂化-酸化法、分批热压触媒法、热压无触媒法、高温无触媒水解法和酶分解法。发展趋势是常压→低压→中压→高压,有触媒→无触媒,分批间歇→连续式。由于环境污染问题,现代工艺已不用触媒水解法,目前较先进的方法有热压无触媒法和高温无触媒法。

热压无触媒法(又称中压法)可分为间歇法和连续法两种,图5-4-01和图5-4-02为这两种方法的工艺流程。热压无触媒间歇法的水解温度为200~240 ℃,相应的压力为2~3.5 MPa,一般进行两次水解,油脂水解率可达95%以上。将油脂、淡甘油水打入配料罐T-1,均匀混合后用泵送入热压釜C-1,通入3.0 MPa直接水蒸气加热,当水解率达到85%左右时,停止送入水蒸气,静置分层,从热压釜C-1底部排出w(甘油)=15%的甘油水,经降压器S-1降压后,S-1上层油脂经冷却进入储罐T-3,由此返回配料罐T-1。S-1下层甘油水,流入储罐T-5;T-1在配入新鲜水后再返回C-1,重新水解,直至水解率达95%以上。甘油水经降压器S-1、中间分层锅T-2、甘油水储罐T-5,最后送甘油回收车间。脂肪酸经分离器S-1、分层器T-2,最后进入储罐T-4。这种水解法每天可处理油脂7~16 t。热压无触媒连续水解法用2~3个热压釜串联连续水解。油脂和水在三只串联的热压釜系统中保持逆向流动,油脂进入1号热压釜C-1,而新鲜水进入最后一只热压釜C-3。甘油水从C-1釜底部进入分离器S-1,经闪蒸脱水后进入储罐K-1;脂肪酸从C-3釜顶部进入分离器S-2,经闪蒸脱水后进入储罐K-2。由S-1,S-2闪蒸脱出的水经冷凝冷却后再重新利用。水解温度230 ℃左右,压力3.0 MPa,水解率可达96%~98%,w(甘油)=12%~15%,一天可处理油脂40 t。

单塔式高压无触媒连续水解法是目前世界上最先进的油脂水解方法。每套装置处理能力可以达到$(5~6)\times 10^{4}$ t/a。此法反应温度250~260 ℃,压力5.5~6.0 MPa。油脂从

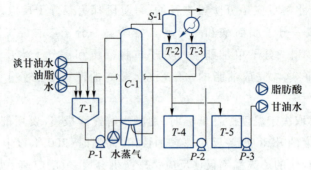

图 5-4-01   热压无触媒间歇水解工艺流程图

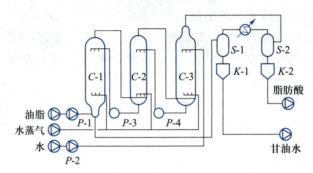

图 5-4-02   热压无触媒连续水解工艺流程图

塔底进入,水从塔顶进入,通过分布器使水分散成微细液滴。6.0 MPa 高压水蒸气分别从上、中、下三点进入水解塔,维持塔内 250 ℃的反应温度,油脂与水逆向接触,逐步进行水解反应。水把甘油洗出,变成甘油水从塔釜引出,甘油的 w(甘油)$\approx$15% 左右。脂肪酸从塔顶引出,油脂从塔底进入升到塔顶,历时 1~3 h,水解率高达 98%~99%。工艺流程见图 5-4-03。

热压无触媒水解工艺与高压无触媒水解工艺,我国都有引进装置。有关厂家对两法作了仔细的技术经济评估,认为高压无触媒水解工艺生产率高,能耗低,造价低,有明显的优越性。另据有关

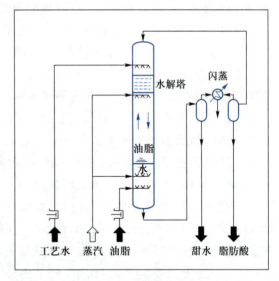

图 5-4-03   单塔式高压无触媒连续水解法工艺流程图

资料报道,当对具有高度不饱和脂肪酸的油脂进行水解时,采用低温(100 ℃)、低压下的间歇式催化水解法是最适宜的。此法虽存在水解时间长(20~24 h),水解率低(90%~92%),甘油水中含有硫酸等诸多缺点,但水解过程对高度不饱和脂肪酸的结构破坏最小。

三、环氧乙烷水合制乙二醇

乙二醇是重要的乙烯下游产品之一,全球84%的乙二醇(EG)用来生产聚酯纤维、薄膜和瓶类容器等聚酯系列产品,其余16%用于生产汽车防冻剂及除冰剂、表面涂料、表面活性剂、增塑剂、不饱和聚酯树脂、乙二醇醚等产品。国内供需矛盾突出,发展空间巨大。

1. 乙二醇生产方法综述

乙二醇有多种生产方法,但沿着节能减排,进行绿色化工生产,乃至实现"零排放"工艺的演进,脉络清晰,为今后的化工产品的开发和化工工艺的进步树立了一个榜样。下面对案例作一综述,希望对广大的化学工作者有所帮助。

(1) 以乙烯为原料合成乙二醇的生产方法

① 环氧乙烷(EO)直接水合法

$$CH_2\!-\!CH_2 + H_2O \xrightarrow[1.4\sim2.0\ MPa]{90\sim200\ ℃} CH_2\!-\!CH_2$$
$$\underset{O}{\diagdown\diagup} \qquad\qquad\qquad\qquad \underset{OH}{|}\ \ \underset{OH}{|}$$

反应中生成乙二醇(EG)的量 $w(EG)\approx90\%$,副产物的量 $w(副产物)\approx10\%$,主要有二乙二醇醚(DEG,又名二甘醇)和三乙二醇醚(TEG,又名三甘醇)。

本法是目前世界各国广为采用的生产方法。存在乙二醇选择性低,耗水量大,能耗高,装置投资大等缺点。

② 环氧乙烷催化水合法 该法采用氟磺酸、离子交换树脂、季铵型酸式碳酸盐阴离子交换树脂,以及负载于离子交换树脂上的多羧酸衍生物等作为水合用催化剂,可明显降低工艺耗水量,节约能源,提高乙二醇的选择性,同时可节省EO/EG装置15%的投资。美国Shell公司已完成单管试验和中试,计划在日本现有生产装置上实现工业化生产。

③ 碳酸乙烯酯(EC)水解合成法

$$CH_2\!-\!CH_2 + CO_2 \xrightarrow{催化剂} O\!=\!C\underset{O-CH_2}{\overset{O-CH_2}{\diagup\diagdown}}$$

$$O\!=\!C\underset{O-CH_2}{\overset{O-CH_2}{\diagup\diagdown}} + H_2O \xrightarrow{催化剂} CH_2\!-\!CH_2$$

第一步由环氧乙烷和 CO_2 合成碳酸乙烯酯的反应早在20世纪70年代就实现了工业化。2002年日本三菱化学公司开发成功有机膦均相络合催化剂,结构式为 $(R1)_4P^+X^-$,其中R1为烷基和芳基基团,X为卤素基团。该催化剂可同时用作上述酯化和水解的催化剂,乙二醇的选择性超过99%,既可降低环氧乙烷的消耗量,又可删除二乙二醇醚和三乙二醇醚的分离和精制设备,节约了投资费用。采用的 $n(H_2O):n(EO)=(1.2\sim1.5):1$,接近化学计量值,可大大降低能耗。反应采用低温低压工艺,压力仅为直接水合法的一半。日本三菱化学公司提供催化剂制造技术,美国Shell公司提供合成工艺技术,创建成

Shell/Mcc 联合工艺。这一成套技术已转让给我国台湾地区中国人造纤维公司。

④ 乙二醇和碳酸二甲酯联产法

$$CH_2\text{—}CH_2 + CO_2 \xrightarrow{\text{催化剂}} O\text{=}C\begin{matrix}O\text{—}CH_2\\|\\O\text{—}CH_2\end{matrix}$$

$$O\text{=}C\begin{matrix}O\text{—}CH_2\\|\\O\text{—}CH_2\end{matrix} + 2CH_3OH \xrightarrow{\text{催化剂}} O\text{=}C\begin{matrix}OCH_3\\OCH_3\end{matrix} + CH_2\text{—}CH_2 \atop \quad OH \quad OH$$

第一步生成碳酸乙烯酯的工艺技术如前所述,已实现工业化。第二步醇解生成碳酸二甲酯和乙二醇的工艺技术及催化剂世界各大公司(如美国的 DOW 化学公司、Toxaco 公司,英国的 GP 公司和德国的拜耳公司)都在进行研究和开发,相信不久的将来会有所突破。本法最吸引人的地方有:原料中的原子全部进入有用产品中,原子利用率达 100%,属"零排放"清洁工艺;产物碳酸二甲酯是公认的"绿色"化工产品,除用来合成各种酯外,可替代剧毒品光气和硫酸二甲酯,合成各种有机化工产品,亦可用作燃油添加剂(掺和剂)以减少燃油燃烧尾气对大气的污染;反应所需 CO_2 来自 EO/EG 装置本身,既利用了 CO_2 资源,又减少装置 CO_2 的排放量,对环保十分有利。因此,有人认为本法代表了今后乙二醇生产的发展方向。

⑤ 乙烯直接合成法

哈尔康(Halcon)法:

$$2CH_2\text{=}CH_2 + O_2 + 3CH_3COOH \xrightarrow[107\sim130\,\text{℃}]{0.12\ \text{MPa}} CH_3COOCH_2CH_2OOCCH_3 + CH_3COOCH_2CH_2OH$$

$$CH_3COOCH_2CH_2OOCCH_3 + CH_3COOCH_2CH_2OH + 3H_2O \longrightarrow 2CH_2\text{—}CH_2 + 3CH_3COOH \atop \qquad OH \quad OH$$

以 TeO_2/HBr 或醋酸锰/KI 为催化剂。生成的双酯和单酯水解生成乙二醇和醋酸。以乙烯计的摩尔收率为 94%,高于以环氧乙烷直接水合法的收率。但投资和能耗比环氧乙烷直接水合法高,再加上醋酸对设备的腐蚀严重,催化剂的再生和回收等问题也没有很好解决,致使已开工生产的 0.36 Mt/a 生产装置被迫停产关闭。

帝人(Teijin)法,又称乙烯氧氯化法:

$$CH_2\text{=}CH_2 + TiCl_3 + H_2O \longrightarrow ClCH_2CH_2OH + TiCl + HCl$$

$$ClCH_2CH_2OH + H_2O \longrightarrow HOCH_2CH_2OH + HCl$$

催化剂再生:

$$TiCl + 2CuCl_2 \longrightarrow 2CuCl + TiCl_3$$

$$2CuCl + 2HCl + \frac{1}{2}O_2 \longrightarrow 2CuCl_2 + H_2O$$

该法的优点是乙烯消耗定额很低[0.47 kg(C_2)/kg(EG)],能一步合成乙二醇,但反应液腐蚀性强,产物与催化剂溶液分离困难。至今未见工业化报道。

仓敷人丝法:

$$CH_2\!\!=\!\!CH_2 + CH_3COOH + \frac{1}{2}O_2 \longrightarrow CH_3COOCH_2CH_2OH$$

$$CH_3COOCH_2CH_2OH + H_2O \longrightarrow HOCH_2CH_2OH + CH_3COOH$$

此法与哈尔康法类似,但产物以乙二醇单酯为主。以氯化钯–硝酸盐为催化剂,乙二醇的收率也颇高,但也存在醋酸腐蚀问题和催化剂回收和利用问题,难以实现工业化。

(2) 以合成气为原料合成乙二醇的生产方法　目前由合成气制乙二醇尚处在开发阶段,但发展前景良好,已受到人们高度关注。

① 直接合成法

$$2CO + 3H_2 \xrightarrow[190\sim240\ ℃]{350\ MPa} HOCH_2CH_2OH$$

反应需在高压(350 MPa)下进行,副产甲醇多,铑(Rh)催化剂回收率低(90%),难以实现工业化生产。

② 间接合成法

氧化偶联法:

$$2CO + \frac{1}{2}O_2 + 2ROH \longrightarrow (COOR)_2 + H_2O$$

$$(COOR)_2 + 4H_2 \longrightarrow \underset{\underset{OH}{|}}{CH_2}\!-\!\underset{\underset{OH}{|}}{CH_2} + 2ROH$$

反应首先生成草酸二酯,再加氢生成乙二醇和醇。醇类常用甲醇、乙醇和正丁醇。第一步反应分液相法和气相法两种,液相法于 1978 年由日本宇部兴产公司首先实现工业化,采用的醇类是正丁醇,以 Pd/C 为催化剂,反应温度 90 ℃,压力 9.8 MPa,生成草酸二丁酯。随后日本宇部兴产公司又开发成功气相法,并于 1992 年实现工业化。采用 Pd/Al$_2$O$_3$ 为催化剂,反应温度 80～150 ℃,压力 0.5 MPa。草酸二甲酯的收率可达到 98%。草酸酯的加氢采用铜铬系催化剂,在 3 MPa、225 ℃ 下进行气相加氢制得乙二醇,收率为 95%。但加氢工艺至今还未实现工业化。中国科学院福建物质结构研究所联合江苏丹化集团有限责任公司、上海金煤化工新技术有限公司打通了由气相法制草酸二酯,以及由草酸二酯经加氢制乙二醇的整个工艺流程,万吨级工业试验装置运行稳定,已通过专家鉴定。内蒙古金煤化工公司利用当地褐煤资源,已筹建年产 20 万吨乙二醇生产装置,计划到 2010 年可实现年产 15 万吨乙二醇和 10 万吨草酸的生产规模。

雪弗隆(Chevron)公司法:

$$HCHO + CO + H_2O \xrightarrow{HF} HOCH_2COOH$$

$$HOCH_2COOH + HOCH_2CH_2OH \longrightarrow HOCH_2COO(CH_2)_2OH + H_2O$$

$$HOCH_2COO(CH_2)_2OH + 2H_2 \xrightarrow{催化剂} 2HOCH_2CH_2OH$$

第一步为羟基化反应,产物为羟基乙酸,第二步为酯化反应,生成羟基乙酸乙二醇酯,第三步为加氢反应,生成 2 分子乙二醇。此工艺用乙二醇代替甲醇,可简化工艺,减少设备投资。但采用 HF 作催化剂,存在环境污染问题,而且工艺路线长、投资大,故也没有实现工业化。

甲醛二聚法:

$$2CH_2O \xrightarrow{\text{NaOH/沸石}} HOCH_2CHO$$

$$HOCH_2CHO + CH_2O \xrightarrow{\text{NaOH/沸石}} HOCH_2CH_2OH + HCOONa$$

副反应:

$$2CH_2O + NaOH \longrightarrow CH_3OH + HCOONa$$

反应中生成的羟基乙醛和乙二醇的混合物送去加氢,羟基乙醛转化成乙二醇:

$$HOCH_2CHO + H_2 \longrightarrow HOCH_2CH_2OH$$

本法反应用原料甲醛价廉易得,具有工业化潜力。但生成羟基乙醛的选择性仅为75%。产品的分离和提纯、副产物的利用颇为困难,此法尚未实现工业化。

间接法中还有甲醇和甲醛缩合法。可副产叔丁醇,在经济上也颇具吸引力,但至今也未实现工业化。

综上所述,乙二醇生产方法虽然有多种,但目前仍以环氧乙烷法为主,在不久的将来,将会出现不采用环氧乙烷为原料的,技术经济指标优于环氧乙烷法的新方法。

2. 环氧乙烷合成乙二醇工艺原理

（1）化学反应

主反应:

$$CH_2\!\!-\!\!CH_2 + H_2O \longrightarrow CH_2\!\!-\!\!CH_2 \qquad \Delta H^{\ominus}(298K) = -81.2 \text{ kJ/mol}$$

（O）　　　　　　　OH　OH

副反应:

$$CH_2\!\!-\!\!CH_2 + CH_2\!\!-\!\!CH_2 \longrightarrow CH_2\!\!-\!\!CH_2\!\!-\!\!O\!\!-\!\!CH_2\!\!-\!\!CH_2 \qquad \Delta H^{\ominus}(298K) = -146.8 \text{ kJ/mol}$$

（二甘醇）

$$CH_2\!\!-\!\!CH_2\!\!-\!\!O\!\!-\!\!CH_2\!\!-\!\!CH_2 + CH_2\!\!-\!\!CH_2 \longrightarrow CH_2\!\!-\!\!CH_2\!\!-\!\!O\!\!-\!\!CH_2\!\!-\!\!CH_2\!\!-\!\!O\!\!-\!\!CH_2\!\!-\!\!CH_2$$

（三甘醇）

三甘醇还可与环氧乙烷反应生成多甘醇。此外,在环氧乙烷水合过程中,尚可能进行以下反应:

$$CH_2\!\!-\!\!CH_2 \xrightarrow{\text{异构}} CH_3\!\!-\!\!CHO \xrightarrow{\text{氧化}} CH_3COOH$$

异构反应需在高温下进行,氧化则在碱金属或碱土金属氧化物存在时才能进行。乙醛生成量比二甘醇和三甘醇少得多,但它能氧化为醋酸,对设备有腐蚀作用。因此要求在生产中应用的工艺用水中的碱金属或碱土金属离子浓度一定要符合规定的质量指标。

（2）反应机理　环氧乙烷的水合反应在酸性和碱性催化剂下都能加速进行，但不能用碱性催化剂，因为它也能催化乙二醇生成聚乙二醇的反应。酸催化工业上也使用得不多，因为有腐蚀性，并给后处理带来困难。工业上普遍应用的是非催化加压水合工艺，即在较高温度和压力下由弱亲核试剂水攻击环氧乙烷中的氧原子，让其活化，并使环上两个碳原子呈正电性，然后与水中的 OH^- 作用生成过渡态络合物，这一络合物经内部电子重排，环破裂并释放 OH^-，生成乙二醇：

$$
\underset{O}{H_2C\!-\!\!CH_2} \xrightleftharpoons{+H_2O} \underset{\underset{HOH}{\vdots}{O}}{\overset{\delta^+}{H_2C}\!-\!\!\overset{\delta^+}{CH_2}} \xrightleftharpoons{+OH^-} \left[\,\underset{\underset{HOH}{\vdots}{O}}{H_2C\!-\!\!CH_2\cdots\overset{\delta^-}{OH}}\,\right]^-
$$

$$
\xrightarrow{-OH^-} HOCH_2\!-\!CH_2OH
$$

在水或低级醇等极性介质中，质子酸的催化按下列步骤进行：

$$
\underset{O}{H_2C\!-\!\!CH_2} \xrightarrow{+H_3O^+,\,-H_2O} \underset{\underset{HO^+}{\vdots}}{H_2\!-\!\!CH_2} \rightleftharpoons
$$

$$
\left[\,\underset{\underset{HO}{\vdots}}{H_2C\!-\!\!CH_2\cdots\overset{\delta^+}{OH_2}}\,\right]^+ \xrightarrow{H_2O} HOCH_2CH_2OH+H_3O^+
$$

非催化的环氧乙烷水合反应与酸催化一样，对环氧乙烷而言是一级反应，两者的活化能分别为 79.5 kJ/mol 和 75.4 kJ/mol，这一点说明非催化水合反应比酸催化难以进行，需在更高的反应温度（如 150~200 ℃，用酸催化为 50~100 ℃）下才能获得足够的反应速率。

我们可以把乙二醇看作弱亲核试剂（但比水强一些），因此环氧乙烷也能与乙二醇按上述非催化机理进行反应，生成二甘醇、三甘醇和多甘醇。为提高乙二醇收率，从反应机理来看，可以减小环氧乙烷在水中的浓度（即环氧乙烷与水的比值），少量的环氧乙烷被大量的水包围，使它没有多少机会再与乙二醇或二甘醇和三甘醇等发生反应。例如，当环氧乙烷与水的物质的量比由 1.5 减小到 0.054，乙二醇的收率由 15.6% 增至 93.1%。动力学研究表明，环氧乙烷水合生成各产品的速率常数之比为 $k_1:k_2:k_3:k_4=1:2.1:2.2:1.9$，其中 k_1,k_2,k_3,k_4 分别表示生成乙二醇、二甘醇、三甘醇和四甘醇的反应速率常数。这一规律也能用来解释为什么环氧乙烷浓度增高，生成二甘醇等副产物会明显增加。为抑制副反应，在用大量水稀释环氧乙烷的同时添加 $w(酸)=0.1\%~0.5\%$ 的酸（可加快生成乙二醇的反应速率常数），可使二甘醇生成量减少，高级多甘醇只有痕量存在。

3. 环氧乙烷水合工艺条件的选择

（1）原料配比　生产实践证明，无论是酸催化液相水合，还是非催化加压水合，只要 $n(水)$ 与 $n(环氧乙烷)$ 的比相同，乙二醇的收率都相当接近。

表 5-4-01 所示为不同 $n(水)$ 与 $n(环氧乙烷)$ 的比对产品分布的影响，反应条件为反应温度 90~95 ℃，环氧乙烷转化率为 95%，以及用 $w(硫酸)=0.5\%$ 作催化剂。

表 5-4-01 原料中 n(水)与 n(环氧乙烷)的比对产品分布的影响

$\dfrac{n(水)}{n(环氧乙烷)}$	水合产物所消耗的环氧乙烷占总环氧乙烷的质量分数/%			
	乙二醇	二甘醇	三甘醇	多甘醇
10.5	82.3	12.7		
7.9	77.5	17.5		
4.2	65.7	27.0	2.3	
2.1	47.2	34.5	13.0	0.3
0.61	15.7	26.0	19.8	33.5

由表 5-4-01 可见,乙二醇的选择性随原料中 n(水)与 n(环氧乙烷)的比的提高而提高,但该比值不能无限制提高。因在同等生产能力下,设备容积要增大,设备投资要增加,在乙二醇提浓时,消耗的水蒸气会增加,即工厂能耗上升。另外还须考虑副产物问题。因为二甘醇、三甘醇等也是有用化工产品,售价比乙二醇还高,适当多产二甘醇等副产品可提高工厂经济效益。根据以上两点理由,工厂将 n(水)与 n(环氧乙烷)的比定在 10~20,而且没有必要用加酸的办法来抑制副反应的发生。

(2)水合温度 在非催化加压水合的情况下,由于反应活化能较大,为加快反应速率,必须适当提高反应温度。但反应温度提高后,为保持反应体系为液相,相应的反应压力也要提高,为此对设备结构和材质会提出更高的要求,能耗亦会增加,工业生产中,通常为 150~220 ℃。

(3)水合压力 在无催化剂时,由于水合反应温度较高,为保持液相反应,必须进行加压操作,在工业生产中,当水合温度为 150~220 ℃时,水合压力相应为 1.0~2.5 MPa。

实验研究表明,在工业生产的压力范围内,压力的变化对反应速率和产品分布没有显著影响。

(4)水合时间 环氧乙烷水合是不可逆的放热反应,在一般工业生产条件下,环氧乙烷的转化率可接近 100%,为保证达到此转化率,需要保证相应的水合时间。但反应时间太长,一方面无此必要,另一方面由于停留时间过长会降低设备的生产能力。工业生产中,当水合温度为 150~220 ℃,水合压力为 1.0~2.5 MPa 时,相应的水合时间为 35~20 min。

4. 工艺流程

环氧乙烷加压水合制乙二醇工艺流程示于图 5-4-04。该流程由下列 3 部分组成。

(1)环氧乙烷加压水合制乙二醇 由环氧乙烷装置氧化工段送来的环氧乙烷与水进行预混合。混合用工艺水来自乙二醇浓缩蒸发所得二次蒸汽冷凝液、蒸发氧化装置副产乙二醇所得冷凝液,以及加热蒸汽冷凝水;从混合器出来的料液进入预热器,在此被从氧化反应器出来的反应气加热至 150 ℃左右,然后进入水合反应器,在温度为 190~200 ℃,压力为 2.02 MPa 下进行水合反应。由水合反应器出来的反应物料为含 15%~20% 乙二醇的水溶液。水合反应器内物料流动应尽量接近理想置换形态(活塞流态)以

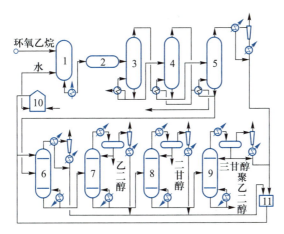

图 5-4-04 环氧乙烷加压水合制乙二醇工艺流程图

1—混合器;2—反应器;3—一效蒸发器;4—二效蒸发器;5—三效蒸发器;
6—脱水器;7—乙二醇塔;8—二甘醇塔;9—三甘醇塔;10—水罐;11—热井

减少流体发生返混。因为返混可使部分环氧乙烷因停留时间过短而来不及完全转化,也可使部分乙二醇因停留时间过长而转化为二甘醇、三甘醇等副产物。因此反应器的设计甚为重要。

（2）乙二醇的浓缩　经过水合反应,所得乙二醇溶液浓度不高,需蒸发浓缩。一般采用三效或五效蒸发与真空蒸发组成的蒸发系统来脱醛脱水。三效或五效蒸发器在压力下操作,五效蒸发器在真空下蒸发,其流程安排多采用并流,即溶液和蒸气的流向是一致的。反应料液在各效间的流动不需用泵,因后一效蒸发器的压力较前一效低,溶液借此压差即可自动地由前效流入后效。前一效的溶液沸点较后一效的高,进入后一效时呈过热状态,立即自行蒸发,可汽化更多的溶剂（即水）,汽化的溶剂即作为下一效蒸发器的加热蒸汽,称为二次蒸汽。为减少混入溶剂中的乙二醇的量,避免乙二醇的损失,通常采用引入回流的办法。即在蒸发器的顶部引入二次蒸汽的冷凝液（或另外的洗涤水）作为回流液,让它与上升的二次蒸汽逆流接触,将大部分乙二醇蒸气冷凝下来。一般控制二次蒸汽中乙二醇的含量小于 $0.05\% \sim 0.1\%$。第一效因溶液浓度低,被汽化的乙二醇的量极微,可不必用回流液回收。各效加热蒸汽的凝液经疏水器控制放出后送含醇水罐,用作水合用工艺水。分离凝液后的残气经真空装置抽走。

（3）乙二醇的精制　经蒸发浓缩后所得的乙二醇溶液,乙二醇浓度约 70%,含水 20%左右,其余为二甘醇和三甘醇等副产物。因各组分间的沸点差均较大,可用精馏方法将它们逐个分开。蒸发浓缩后的乙二醇经预热后进入脱水塔,在塔内水与二元醇类混合物分开,水自塔顶馏出,要求其中含醇量小于 1%,经冷却冷凝后部分作回流,多余部分送往含醇水罐。脱水后的二元醇混合物进入乙二醇的精馏塔,塔顶得乙二醇产品。塔釜液进入二甘醇塔,该塔塔顶得二甘醇产品,塔釜液进三甘醇塔,该塔塔顶得三甘醇产品,塔釜得缩乙二醇（聚乙二醇）产品。由于各组分沸点均较高,为避免副反应的发生,都采用减压精馏操作,各塔的负压分别靠各自的多级蒸汽喷射真空泵调控。

5. 水合反应器

塔式水合反应器的结构示于图 5-4-05。它是有上、下碟形封头的立式钢制容器,里面填充有钢管制的拉西环,并设有换热盘管。有些水合塔外部还设有加热夹套。物料从塔顶进入后,顺进料管下至塔底部,然后再由底部返流向上,从塔上部出料。从安全角度考虑,采用液体满塔操作,即在上部没有气相空间。反应液出料速率用阀门控制;内部换热盘管,在开车时通入水蒸气加热反应物料,反应不正常(如温度猛升)时可改为通循环冷却水冷却。反应器的温度可采用自动调控,以保证系统恒温操作。内部填充钢管制拉西环,目的是让水与环氧乙烷达到充分混合,使反应均匀进行,还可使水合塔内各种温度趋于均匀,如水合液中产生微量的有机酸,钢环则先被腐蚀,起到保护水合塔的作用。

水合塔虽说流体流动近似活塞流,但流体的返混也比较严重,流体返混有利于二甘醇和三甘醇等副产物的生成,使乙二醇收率降低。为此,现在有些工厂采用管式反应器,不仅设备简单、耐压,而且能有效地减少流体返混,使之更接近活塞流,以提高乙二醇的收率。

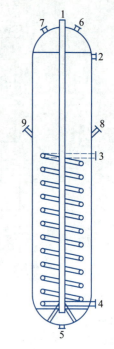

图 5-4-05   塔式水合反应器
示意图
1—原料液进料管;2—反应液出料管;
3—水蒸气入口(或冷却水出口);
4—冷凝水出口(或冷却水入口);
5—放净口;6—防爆口;7—测压口;
8,9—测温口

6. 乙二醇反应精馏技术

反应精馏是在无催化剂条件下完成化学反应,同时将反应物及产物精馏分离的一种技术。具有节省能量、设备、投资,加速反应等特点。此技术用于环氧乙烷水合制乙二醇时,可利用环氧乙烷和乙二醇之间挥发度的明显差异迅速蒸出环氧乙烷,保持反应区内低的环氧乙烷浓度,同时不断地从塔底除去乙二醇产品,有效防止环氧乙烷与乙二醇的进一步反应,从而提高总反应的选择性,而且还可利用反应热(水合热)进行精馏分离。在 $w(H_2O)/w(EO) = 0.954$ 的条件下,塔底流出物组成中乙二醇的质量分数约为95%,其余反应产物基本上是二乙二醇。华东理工大学、北京石化工程公司和北京燕山石油化工公司三家合作,在燕山石化 EO/EG 装置旁建立了一套 ϕ 300 mm,生产规模为 200 t/a 的环氧乙烷水合反应精馏中试装置,在与管式水合反应器相同的操作条件下,乙二醇的选择性由常规水合器的90%提高到95%,比管式水合器提高3.7%。

5-5 羰 基 合 成

一、概述

羰基合成(简称OXO)最初的定义是指由烯烃、一氧化碳和氢在催化剂存在下合成比原料烯烃多一个碳原子的醛的反应:

$$2RCH{=}CH_2 + 2H_2 + 2CO \xrightarrow{\text{催化剂}} RCH_2CH_2CHO + R{-}\underset{\underset{CHO}{|}}{CH}{-}CH_3$$

反应的结果可看作是一个氢原子加到双键的一个碳原子上,一个甲酰基 $\left(\begin{array}{c} O \\ \| \\ -C-H \end{array}\right)$ 则加到双键的另一个碳原子上,形成醛分子。因此,先前的羰基化反应又称氢甲酰化反应或氢醛化反应。随后,由烯烃与一氧化碳和水作用,一步合成醇的反应(例如,由丙烯一步合成丁醇)获得成功。这类反应虽然与经典的定义有差别,但其共同点都是有一氧化碳参与的络合催化反应。现在,羰基合成泛指在有机化合物中引入羰基 $\left(\begin{array}{c} \diagdown \\ C=O \\ \diagup \end{array}\right)$ 的反应。

产物除醛和醇外,还有酮、酸、酯、酸酐和酰胺等。因此,羰基化已成为获取有机化学品的重要工具。由于参与羰基化反应的有 CO,H_2 和 CH_3OH 等,它们是碳一化学工业部门的主要产品。因而,工业上羰基化往往是碳一化学工业部门开发下游产品的一个重要手段。

羰基合成自 1938 年德国鲁尔化学公司的勒伦·奥(Roulem O)由乙烯经羰基合成获得丙醛以来,取得了惊人的成就,有不少已实现了工业化。例如,由甲醇合成醋酸,由二甲胺合成二甲基甲酰胺,由丙烯合成丁醛和丁醇等,其中由甲醇经羰基合成制醋酸已成功地与乙醛氧化法相竞争,成为生产醋酸的重要方法。由丙烯经羰基合成制得正丁醛再经缩合脱水和加氢可制得 2-乙基己醇(辛醇),后者是制造塑料增塑剂的重要原料。现在羰基合成也是合成高级脂肪醇的主要方法。$C_6 \sim C_{18}$ 脂肪醇可由相应的烯烃经羰基合成制得,这些高级脂肪醇是生产合成洗涤剂和增塑剂的重要原料。煤化工生产的大宗有机化学品能与石油化工竞争的不多,到目前为止仅醋酸一个产品。下一个能与石油化工竞争的产品是通过羰基合成(又称氧化偶联)由甲醇、一氧化碳和氧合成草酸二甲酯,再经加氢制得的乙二醇。醋酸和乙二醇都是大宗有机化学品,这一原料路线的变更对今后化学工业的发展有重要意义。

二、丁醇和辛醇的合成

丁醇和辛醇(2-乙基己醇)是有机合成中间体,丁醇用作树脂、油漆和黏结剂的溶剂及制造增塑剂、消泡剂、洗涤剂、脱水剂和合成香料的原料;辛醇主要用于制造邻苯二甲酸二辛酯、癸二酸二辛酯、磷酸三辛酯等增塑剂,还用作油漆颜料的分散剂、润滑油的添加剂、杀虫剂和印染等工业的消泡剂。

丁醇和辛醇可用乙炔、乙烯、丙烯,以及粮食为原料进行生产。各种生产方法的简单过程如表 5-5-01 所示。

粮食发酵法技术经济指标比较落后,消耗粮食量大。以乙烯和乙炔为原料的乙醛缩合法步骤多,生产成本高,像乙炔法还存在催化剂汞盐对环境的污染问题,现在只有少数国家采用;以丙烯为原料的氢甲酰化法原料价格便宜、合成路线短,是目前生产丁醇和辛醇的主要方法。

以丙烯为原料经氢甲酰化生产丁醇和辛醇,主要包括下列 3 个反应过程。

(1) 在金属羰基络合物催化剂作用下,丙烯氢甲酰化合成丁醛:

$$CH_3CH{=\!=}CH_2 + CO + H_2 \longrightarrow CH_3CH_2CH_2CHO$$

解析

乙醛缩合法

（2）丁醛在碱催化剂作用下缩合为辛烯醛：

$$CH_3CH_2CH_2CHO + CH_3CH_2CH_2CHO \xrightarrow{OH^-} CH_3CH_2CH_2CH=C-CHO$$
$$\underset{C_2H_5}{|}$$

（3）辛烯醛加氢合成2-乙基己醇：

$$CH_3CH_2CH_2CH=C-CHO + H_2 \xrightarrow{镍催化剂} CH_3CH_2CH_2CH_2CH-CH_2OH$$
$$\underset{C_2H_5}{|} \qquad\qquad \underset{C_2H_5}{|}$$

表 5-5-01 丁醇和辛醇的生产路线

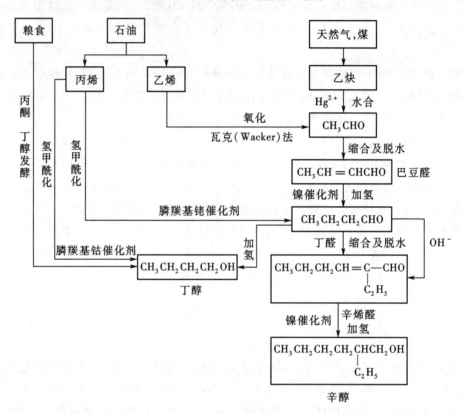

上列（1）为丙烯氢甲酰化反应，早期使用的是羰基钴催化剂，称为高压羰基合成法。要求反应压力高（20~30 MPa），且正/异丁醛比例低。改进型的膦羰基钴催化剂，虽然反应压力明显下降（5~10 MPa），但反应活性低，只能得到正丁醇单一产品，原料丙烯有10%~15%被加氢成丙烷，这两种催化剂在工业上已日趋淘汰。随后开发成功的是羰基铑催化剂，要求高压（24.7~29.6 MPa），但反应活性高，是羰基钴催化剂的100~1 000倍，烯烃转化率可达到99%以上，生成醛的选择性也大于99%。近年广泛使用的是改性膦羰基铑催化剂，称为低压羰合成法，反应压力为5.0~7.0 MPa 或 1.6~1.8 MPa，反应温度降至100~130 ℃，正/异丁醛比例也相当高。羰基钴、膦羰基钴和改性膦羰基铑催化剂的性能比较见表5-5-02。

表 5-5-02　三种氢甲酰化催化剂性能比较

催化剂	$HCo(CO)_4$	$HCo(CO)_3P(n\text{-}C_4H_9)_3$	$HRh(CO)(PPh_3)_3$
温度/ ℃	140~180	160~200	90~110
压力/MPa	20~30	5~10	1~2
催化剂浓度/%	0.1~1.0	0.6	0.01~0.1
生成烷烃量	低	明显	低
产物	醛/醇	醇/醛	醛
n(正丁醛)：n(异丁醛)	（3~4）：1	（8~9）：1	（12~15）：1

1. 正丁醛的制备

（1）化学反应

主反应：

$$CH_2=CHCH_3 + CO + H_2 \longrightarrow CH_3CH_2CH_2CHO$$

平行副反应：

$$CH_2=CHCH_3 + CO + H_2 \longrightarrow \underset{\underset{CH_3}{|}}{CH_3CHCHO}$$

$$CH_2=CHCH_3 + H_2 \longrightarrow CH_3CH_2CH_3$$

这两个反应是衡量催化剂选择性的重要指标。

连串副反应：

$$CH_3CH_2CH_2CHO + H_2 \longrightarrow CH_3CH_2CH_2CH_2OH$$

$$2CH_3CH_2CH_2CHO \longrightarrow \underset{\underset{CHO}{|}}{\overset{\overset{OH}{|}}{CH_3CH_2CH_2CHCHCH_2CH_3}}$$

（缩丁醇醛）

$$CH_3CH_2CH_2CHO + \underset{\underset{CH_3}{|}}{CH_3CHCHO} \longrightarrow \underset{\underset{CH_3}{|}}{\overset{\overset{OH}{|}}{CH_3CHCHCH}}\underset{\underset{CHO}{|}}{\overset{\overset{CH_3}{|}}{CHCH_2}}$$

（缩丁醇醛）

当丁醛过量时,在反应条件下,缩丁醇醛又能与丁醛缩合,生成环状缩醛和链状三聚物：

$$CH_3CH_2CH_2\underset{\underset{CHO}{|}}{\overset{\overset{OH}{|}}{CHCHCH_2CH_3}} + CH_3CH_2CH_2CHO \rightleftharpoons$$

$$CH_3CH_2CH_2CH—OH + CH_3CH_2CH_2CHO \longrightarrow CH_3CH_2CH_2CH—CHCH_2CH_3$$

$$\underset{CH_3CH_2CH—CHO}{|}$$

（缩丁醇醛）

（三聚物）

缩丁醇醛很容易脱水生成另一种副产物烯醛：

$$CH_3CH_2CH_2\underset{\underset{CHO}{|}}{\overset{\overset{OH}{|}}{C}}HCHCH_2CH_3 \xrightarrow{-H_2O} CH_3CH_2CH_2CH=\underset{\underset{C_2H_5}{|}}{C}CHO$$

（乙基丙基丙烯醛）

根据热力学研究,上述诸反应都为放热反应,平衡常数都很大,其中丙烯加氢生成丙烷和丙烯氢甲酰化生成异丁醛的两个副反应,平衡常数比主反应还大。因此,选择催化剂和控制合适的反应条件相当重要。

（2）催化剂和催化机理 改性膦羰基钴催化剂以铑取代钴,再加上膦基的功能,使催化剂的活性和选择性都达到了一个高水平。但铑资源十分稀缺,因此减少铑用量或研发非铑催化剂势在必行。此外,配位体三苯基膦有毒性,对人体有害,使用时要注意安全。

工厂购入的是催化剂前体（又称母体）,商品名为 ROPA,结构式为

在反应条件下,ROPA 与过量的三苯基膦和 CO,H$_2$ 反应生成一组呈平衡的络合物：

$$HRh(CO)(PPh_3)_3 \underset{-PPh_3}{\overset{+CO}{\rightleftharpoons}} HRh(CO)_2(PPh_3)_2 \underset{-PPh_3}{\overset{+CO}{\rightleftharpoons}}$$

$$HRh(CO)_3(PPh_3) \underset{-PPh_3}{\overset{+CO}{\rightleftharpoons}} HRh(CO)_4$$

其中的 HRh(CO)$_2$(PPh$_3$)$_2$ 和 HRh(CO)(PPh$_3$)$_3$ 被认为是催化剂的活性物种,三苯基膦（PPh$_3$）浓度大,对生成活性组分有利。

膦羰基铑催化机理与羰基钴基本相同,可用图 5-5-01 表示。

（3）工艺条件的讨论

① 反应温度 反应温度对反应速率、产物醛的 n（正丁醛）/n（异丁醛）和副产物的生成量都有影响,温度升高,反应速率加快,但 n（正丁醛）/n（异丁醛）随之降低,重组分和醇的生成量随之增加。因此,反应温度不宜过高,一般控制在 $100\sim110\ ℃$,并且要求反应器有良好的传热条件以防止局部反应区域的反应温度过高。

② CO 分压、H$_2$ 分压和总压力 丙烯氢甲酰化动力学方程为

$$\frac{d[醛]}{dt} = k[烯烃]^0[Rh]p(H_2)[p(CO)]^{-1}$$

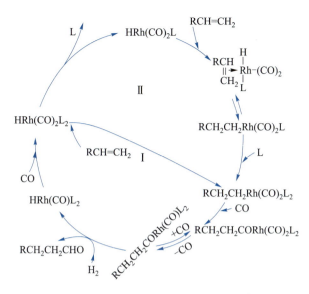

图 5-5-01 用 HRh(CO)$_2$L$_2$ 为催化剂的烯烃氢
甲酰化机理示意图

L=PPh$_3$,PBu$_3$ 等(Ph-苯基;Bu-丁基);Ⅰ为缔合路线
[烯烃加成到 HRh(CO)$_2$L$_2$ 上去生成 RCH$_2$CH$_2$Rh(CO)$_2$L$_2$];
Ⅱ为解离路线(一个配位体 L 解离后的反应过程)

由上列动力学方程知,CO 分压低,对反应速率有利。但催化剂在低 CO 分压下会分解,因此,膦羰基铑催化剂在 110~120 ℃时,需 1.0 MPa。CO 分压对 n(正丁醛)/n(异丁醛)也有影响,随着 CO 分压增加,n(正丁醛)/n(异丁醛)下降。氢分压增高,反应速率加快,烯烃转化率提高,n(正丁醛)/n(异丁醛)上升。但氢分压增高,也促进副反应,使副产物增多,结果反而使醛的收率下降。工业上一般采用 n(H$_2$)/n(CO)=1∶1。由动力学方程知道,当 n(H$_2$)/n(CO)=1∶1 时,反应速率与总压无关,但总压对 n(正丁醛)/n(异丁醛)仍有影响。对膦羰基铑催化剂而言,总压升高,n(正丁醛)/n(异丁醛)开始下降较快,但当压力达到4.5 MPa 后,下降极其缓慢。

③ 溶剂　氢甲酰化常要用溶剂。溶剂的作用有:溶解催化剂;当原料是气态烃时,使用溶剂能使反应在液相中进行,对气液间传质有利;用作稀释剂可以带走反应热以利反应温度的控制。常用的溶剂有脂肪烃、环烷烃、芳烃、各种醚类、酯、酮和脂肪醇等。工业生产中为方便起见,常用产品本身或其高沸点副产物作溶剂或稀释剂。溶剂对氢甲酰化的影响示于表 5-5-03。由表 5-5-03 可见,采用非极性溶剂能提高正丁醛的产量。

表 5-5-03　丙烯在各种溶剂中氢甲酰化结果

溶剂	2,2,4-三甲基戊烷	苯	甲苯	乙醚	乙醇	丙酮
$\dfrac{n(正丁醛)}{n(异丁醛)}$	4.6	4.5	4.4	4.4	3.8	3.6

（4）生产过程和工艺流程

由于低压法有一系列优点,下面仅阐述低压法工艺过程,以氢羰基三苯基膦铑络合物$[HRh(CO)_x(PPh_3)_y, x+y=4]$为催化剂生产正丁醛的工艺流程,见图5-5-02。生产过程可分以下工序。

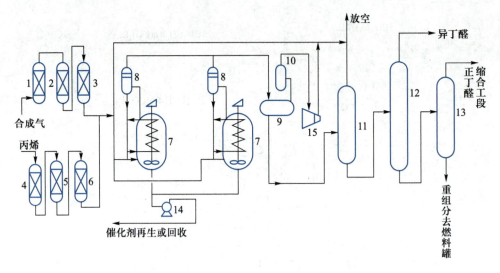

图 5-5-02   正丁醛生产流程简图

1—水洗塔;2—第一净化槽;3—第二净化槽;4—第一净化器;5—第二净化器;
6—脱氧槽;7—氢甲酰化反应器;8—雾沫分离器;9—粗产品储槽;10—气液分离器;
11—稳定塔;12—异构物塔;13—正丁醛塔;14—泵;15—压缩机

① 合成气的净化   本流程中合成气是由渣油经氧化制得的。含有氨、金属羰基化合物、氯化物、硫化物等杂质,加压到 2~3 MPa 后经水洗除去氨。然后进入第一净化槽,在氧存在下用活性炭除去羰基铁或羰基镍（它们与氧反应生成二氧化碳和氧化铁或氧化镍,生成的金属氧化物吸附在活性炭上而被除去）。再进入第二净化槽,通过硫化铂除去多余的氧$\left(H_2+\dfrac{1}{2}O_2 \xrightarrow{PtS} H_2O\right)$。用 ICl 催化剂（由英国化学工业公司制造,以高比表面积氧化铝为载体的含 Na_2O,ZnO 等组分的白色小球催化剂）脱除 HCl 等氯化物;用氧化锌脱硫（$H_2S+ZnO \longrightarrow ZnS+H_2O$）,调节到所需的温度后进入反应器。

② 丙烯的净化   丙烯中含有少量硫化物、氯化物、氧、二烯烃和炔烃等杂质,有机硫用水解法脱除:

$$CS_2+H_2O \longrightarrow H_2S+COS$$
$$COS+H_2O \longrightarrow H_2S+CO_2$$

氯甲烷或氯乙烯等有机氯与浸渍于活性炭上的铜作用生成 $CuCl_2$ 而除去:

$$RCl+Cu \longrightarrow RH+CuCl_2$$

用钯催化剂脱 O_2、二烯烃和炔烃:

$$O_2+2H_2 \xrightarrow[80\ ℃]{Pd/Al_2O_3} 2H_2O$$

$$CH_3-C\equiv CH$$
$$CH_3-CH=CH_2 \quad \bigg\} +H_2 \xrightarrow{Pd}$$
$$CH_2=C=CH_2$$

$$CH_3-CH=CH_2$$
$$CH_3-CH_2-CH_3$$
$$CH_3-CH=CH_2$$

　　纯度大于95%的液态丙烯,在第1净化阶段加入少量水,送入装有活性氧化铝的净化器,在 Al_2O_3 存在下,使 COS 等水解生成 H_2S 而除去。再在第二净化器中用氧化锌进一步脱硫;用负载铜的活性炭催化剂脱除氯化物,最后汽化后进入脱氧槽,进一步脱除氧和二烯烃后,与合成气混合,进入氢甲酰化反应器。

　　③ 正丁醛合成　由膦羰基铑催化剂生产正丁醛的低压法工艺分气相循环法和液相循环法两种,液相循环法是当今丁辛醇生产的主要技术,其中包括DAVY/DOW工艺、三菱化成工艺、鲁尔工艺和 BASF 工艺。四家工艺技术的技术经济指标示于表5-5-04。DAVY/DOW 工艺在世界上应用最为广泛,它由 UCC–DAVY–Johmsom Mattey 三家公司联合开发成功,故又称 U.D.J.法。图5-5-03示出的即是 U.D.J.法液相循环丁醛工艺流程,反应条件见表 5-5-04。

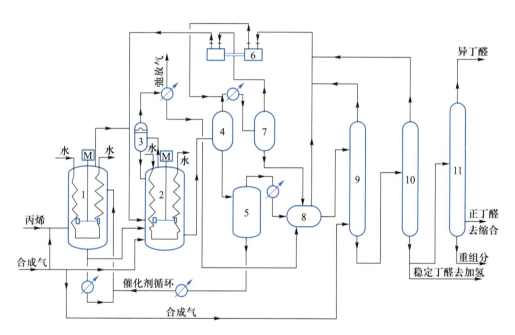

图 5-5-03　U.D.J.法液相循环丁醛工艺流程图
1,2—反应器;3—除沫器;4—闪蒸槽;5—蒸发器;6—压缩机;7—分离器;
8—缓冲槽;9—汽提塔;10—稳定塔;11—异构物塔

表 5-5-04　液相循环改性铑法工艺比较

项目名称	DAVY/DOW 工艺	三菱化成工艺	鲁尔工艺	BASF 工艺
主要原料 催化剂	丙烯、一氧化碳、氢气铑、三苯基膦	丙烯、一氧化碳、氢气铑、三苯基膦	丙烯、一氧化碳、氢气醋酸铑、三苯基膦、三磺酸钠盐	丙烯、一氧化碳、氢气铑、三苯基膦

续表

溶剂	正异构丁醛	甲苯	水	正异构丁醛、高沸物
反应压力 / MPa	1.6~1.8	≥1.7	5.0~7.0	~2.0
反应温度 / ℃	100~110	100~120	110~130	~100
正异构比例	10:1	10:1可调8:1	19:1	(8~9):1
催化剂循环方式	蒸发分离液相循环	蒸发分离液相循环	水相循环	蒸发分离液相循环
反应器型式	槽式带搅拌、2台串联	槽式、塔式、串联	内装若干个降膜蒸发器的搅拌釜	塔式(1台)
催化剂活性	高	高	高	高
异构比	较高	较高	高	较高
工艺消耗定额	低	高	低	低
操作温度压力	低	低	高	较高
工艺流程	短	长	较长	较长
设备数量	少	多	较多	较多
是否需要特殊材质	不需要	不需要	少量	不需要
维修量	小	大	小	小

经过净化的原料丙烯和合成气进入反应系统。新鲜丙烯进入第一反应器,合成气则同时进入两台反应器,经搅拌桨叶下面的气体分布器进料。第一反应器反应热的移出以外循环冷却为主,兼有内部盘管调节温度。第二反应器则仅采用内部冷却盘管控制反应温度。从反应器出来的反应生成物进入闪蒸罐,闪蒸所得气体经雾沫分离器、冷凝器和气液分离器后,气体用压缩机加压后循环回第二氢甲酰化反应器;闪蒸后所得液体,进入蒸发器,分出丁醛和催化剂。催化剂经冷却后循环回第一氢甲酰化反应器,而丁醛进入汽提塔,用合成气汽提出溶解在丁醛中的气体,然后进入稳定塔,该塔塔顶馏出气体和汽提塔塔顶馏出气体均循环回反应器。稳定塔塔釜馏出的丁醛根据需要,一部分去加氢制正丁醇和异丁醇,另一部分经异构物塔分出异丁醛后,正丁醛去缩合加氢制辛醇,异丁醛进入产品储罐。本工艺特别适宜 U.D.J. 气相循环法装置的改造,花费不多资金,可收到很好的经济效益,目前已有多家装置改造成功。新建装置投资金额,仅为高压羰基钴法的65%左右,生产成本低,对环境污染也小。现在又开发成功 UCC/DAVYMK-IV 工艺,采用新一代铑/异-44 双亚磷酸盐催化体系,发展前景良好。

2. 正丁醛缩合制辛烯醛

正丁醛缩合脱水是在两个串联的反应器中进行的。纯度为 99.86% 的正丁醛由正丁醛塔连续流入两个串联的缩合反应器,在 120 ℃,0.5 MPa 压力下用 $w(\text{NaOH}) = 2\%$

的溶液为催化剂,缩合成缩丁醇醛,并同时脱水得辛烯醛。两个反应器之间有循环泵输送物料,并保证每个反应器内各物料能充分混合均匀,使反应在接近等温的条件下进行。辛烯醛水溶液进入辛烯醛层析器,在此分为有机相和水相,有机相直接送去加氢。

3. 辛烯醛加氢制 2-乙基己醇

辛烯醛加氢采用气相加氢法。由缩合工序来的辛烯醛先进入蒸发器蒸发,气态辛烯醛与氢混合后,进入列管式加氢反应器,管内装填铜基加氢催化剂,在 180 ℃,0.5 MPa 下反应,得到 2-乙基己醇(辛醇)粗产品。

粗 2-乙基己醇先送入预蒸馏塔,塔顶馏出轻组分(含水、少量未反应的辛烯醛、副产物和少量辛醇),送间歇蒸馏塔回收有用组分。预蒸馏塔塔釜内是醇和重组分,送精馏塔。该塔塔顶馏出高纯辛醇,塔底为含辛醇的重组分,进入间歇蒸馏塔,回收辛醇。间歇蒸馏塔根据来料组分不同可分别回收乙醇、水、辛烯醛和辛醇等。余下的重组分定期排放并用作燃料。预蒸馏塔、精馏塔和间歇蒸馏塔都在真空下操作。

由正丁醛生产 2-乙基己醇的工艺流程示意于图 5-5-04。

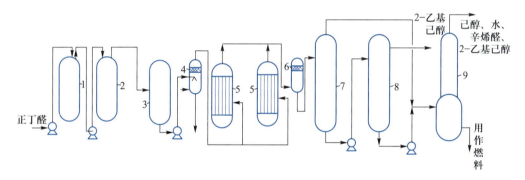

图 5-5-04 由正丁醛生产 2-乙基己醇工艺流程示意图
1,2—缩合反应器;3—辛烯醛层析器;4—蒸发器;5—加氢转化器;
6—加氢产品储槽;7—预精馏塔;8—精馏塔;9—间歇蒸馏塔

在这里需说明的是,在高压羰基法中,由正丁醛加氢制正丁醇,用的是液相加氢法,压力高达 3.0~5.0 MPa,这对高压羰基化法是适宜的,因只需利用反应系统本身的高压(羰基化压力高达 25~30 MPa)就能轻易得到如此高的加氢压力。但液相加氢法对低压法显然是不适用的,因反应系统压力不足 3.0 MPa,需经增压才能进行液相加氢。现在,工业上采用的是气相加氢法,在 115 ℃ 和 0.5 MPa 的反应条件下进行催化加氢生成正丁醇。

4. 氢甲酰化反应器

丙烯氢甲酰化反应器的结构示意于图 5-5-05。适用于低压法羰基合成。它是 1 个带有搅拌器、冷却装置(盘管)和气体分布器的不锈钢釜式反应器。设置搅拌器的目的是使物料均匀混合和强化传热效果。搅拌器有两个桨叶,功率较大,开车时采用低速搅拌,通气后改用高速搅拌,转速在 100 r/min 左右。

三、甲醇低压羰基化制醋酸

醋酸是最重要的有机酸之一,作为主要原料广泛用于生物化工、医药、纺织、轻工、食品等行业。它可由乙醛、甲醇、乙烯、乙烷,以及丁烷(或轻油)为原料制得。由于乙醛可由乙炔、乙烯和乙醇合成,故由乙醛制醋酸的方法又可细分为乙炔/乙醛法、乙烯/乙醛法,以及乙醇/乙醛法。2004 年全世界醋酸的生产能力约 9.0 Mt,其中甲醇羰基化法占 85%,乙烯/乙醛法占 10%,乙醇/乙醛法占 5%;2004 年我国的醋酸生产能力约 1.7 Mt (不包括台湾地区),其中甲醇羰基化法占 37.3%,乙烯/乙醛法占 41%,乙醇/乙醛法占 21.3%。为满足国内市场需要,从国外进口了 0.5 Mt/a 的醋酸。近年来,由于 BP 公司和 Celamese 公司在我国大办独资和合资醋酸生产企业,我国的醋酸生产能力将会严重过剩,到时由乙烯/乙醛法和乙醇/乙醛法生产的醋酸将会全面退出市场。醋酸主要用于合成醋酸乙烯、醋酸纤维、醋酸酯、金属醋酸盐等,也是制药、染料、农药、感光材料及其他有机合成的重要原料。

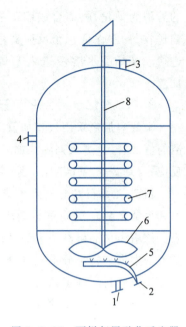

图 5-5-05　丙烯氢甲酰化反应器结构示意图
1—催化剂进、出口;2—原料进口;
3—反应物出口;4—雾沫回流管;
5—喷射环;6—叶轮;
7—冷却盘管;8—搅拌器

1. 醋酸生产方法评述

工业上生产醋酸的方法主要有 5 种:乙醛法、丁烷(或轻油)液相氧化法、乙烯直接氧化法、乙烷催化氧化联产醋酸和乙烯法,以及甲醇羰基化法。如上所述,甲醇羰基化法和乙醛法是目前生产醋酸的主要方法。

(1) 乙醛法　这是比较古老的生产方法。乙醛生产醋酸的反应式为

$$CH_3CHO + \frac{1}{2}O_2 \xrightarrow[60\sim80\ ℃]{醋酸锰} CH_3COOH$$

工艺过程为将含乙醛 $w($乙醛$) = 5\% \sim 10\%$ 的醋酸溶液通入空气或氧气氧化,催化剂为醋酸锰或醋酸钴,反应温度 50~80 ℃,反应压力 0.1~1.0 MPa。除主产物醋酸外,还有甲醛和甲酸等副产物生成。乙醛转化率 90% 以上,以乙醛计的醋酸选择性大于 94%。

现在,以乙炔为原料经乙醛合成醋酸的方法由于制乙醛时要用 $HgSO_4$ 作催化剂,会污染环境,生产装置基本上被关闭;乙烯和乙醇资源短缺,价格年年上涨,由乙烯或乙醇经乙醛制醋酸在经济上缺乏竞争力,因此生产能力正在逐渐萎缩。

(2) 丁烷(或轻油)液相氧化法　20 世纪 50 年代初在美国首先实现工业化。丁烷或轻油在 Co,Cr,V 或 Mn 的醋酸盐催化下在醋酸溶液中被空气氧化,反应温度 95~100 ℃,压力 1.0~5.47 MPa,反应产物众多,分离困难,而且对设备和管路腐蚀性强,故仅限于有廉价丁烷或液化石油气供应的地区采用。

(3) 乙烯直接氧化法　由日本昭和电工株式会社于 1997 年开发成功。乙烯可不经乙醛直接氧化为醋酸。在固定床反应器中进行,反应温度 150 ~ 160 ℃,压力

0.9 MPa,采用负载型钯催化剂,乙烯单程转化率为7.4%,醋酸、乙醛和CO_2的生成量占产物总量分别为w(醋酸)= 86.4%,w(乙醛)= 8.1%和w(CO_2)= 5.1%。经工业生产装置验证,本法适合于50~100 kt/a规模的生产装置,超过100 kt/a则其经济效益要比甲醇羰基化法差。

(4)乙烷催化氧化联产醋酸和乙烯法 由SABIC公司开发成功。已于2005年在沙特阿拉伯Yanbu地区建成一套34 kt/a工业化生产装置。以乙烷为原料,在经磷改性的钼-铌-钒酸盐催化剂[通式为$Mo_{2.5}V_{1.0}Nb_{0.32}P_x$,其中磷($x$)的选择范围为0.01~0.06]作用下可联产醋酸和乙烯。反应温度150~450 ℃,压力0.103~5.2 MPa,以乙烷计醋酸的选择性可达71%。该工艺与甲醇羰基化法相比,具有以下优点:① 更符合环保和安全标准;② 竞争能力强;③ 醋酸质量好;④ 生产成本低。其技术经济性可与甲醇羰基化法相媲美。

(5)甲醇羰基化法 以甲醇为原料合成醋酸,不但原料价廉易得,而且以甲醇计醋酸的选择性可达99%以上,副产物很少。表5-5-05列出了几种醋酸生产方法技术经济的比较。由此表不难看出,甲醇羰基化法的技术经济指标要明显优于表中所列的其他生产方法。

表5-5-05 几种醋酸生产方法技术经济比较

项目	乙醛法		低碳烷烃液相氧化法		甲醇羰基化法
	乙烯→乙醛	乙醛→醋酸	丁烷液相氧化	轻油液相氧化	孟山都法
催化剂	钯/铜盐	醋酸锰	醋酸钴	醋酸锰	铑碘配合物
温度/℃	125~130	66	150~225	200	175~245
压力/MPa	1.1	1.0	5.6	5.3	≤4.0
原料	乙烯	乙醛	正丁烷	石脑油	甲醇 CO
收率/%	95	95	57	40	99 90
原料消耗 $\dfrac{}{kg \cdot t^{-1}}$	670	770	1 076	1 450	540 530
副产品	醋酸甲酯		甲酸,丙酮等	甲酸,丙酸等	

甲醇羰基化法由BASF公司于1960年首先实现工业化,因需要很高的压力(63.7 MPa)和较高的反应温度(250 ℃),又被称为高压羰基化法。采用碘化钴为催化剂,反应活性不高,以甲醇计醋酸的选择性仅为90%。由于该法条件苛刻、腐蚀严重,因此在工业上未广泛采用。20世纪70年代BP公司利用孟山都技术开发成功孟山都/BP工艺。该工艺已成为羰基合成法生产醋酸的主导工艺技术。采用以碘化物(主要是碘甲烷)为助催化剂的铑基均相络合催化剂,反应活性高,以甲醇计的醋酸选择性可达99%以上。由于使用的压力低(3.5 MPa),故又称低压羰基化法。低压羰基化法原料便宜易得、操作条件缓和、醋酸收率高、产品质量好、工艺过程简单,是目前醋酸生产中技术经济最为先进的方法。它的缺点是反应介质有严重的腐蚀性,需要采用昂贵的特种钢材如金属锆。另外需

使用贵金属铑催化剂,它资源有限且分离回收困难。上述两种甲醇羰基化法消耗定额的比较见表 5-5-06。

表 5-5-06　两种甲醇羰基化法消耗定额的比较 [以生产 1 t(醋酸)计]

名称	高压羰基化法	低压羰基化法
甲醇/kg	610	545
一氧化碳/m³(标准状态下)	630	454
冷却水/m³	185	190
水蒸气/kg	2 750	2 200
电/(kW·h)	350	29

现在低压羰基化法朝两个方向发展,一个方向是改进现有铑基催化剂体系,通过添加高浓度的无机碘化物(主要是碘化锂)以增强催化剂体系的稳定性,从而大大降低反应液中水含量(由 14%~15%降至 4%~5%),既节省大量能量,又增加了反应装置的生产能力。为防止碘化物的流失和污染产品醋酸,又开发成功用银金属离子交换树脂从醋酸中将碘化物回收,使产品醋酸中碘化物的量(w)小于 $2×10^{-9}$,远低于传统工艺的 10^{-5} 的水平。此外还正在开发以活性炭或聚乙烯基吡啶树脂为载体的负载型铑催化剂,这不仅改善了铑催化剂的性能,醋酸收率以甲醇计可达 99%以上,而且反应液中水含量亦可降至 w(水)= 3%~8%。采用鼓泡塔反应器,消除搅拌式反应器的密封困难问题,使操作压力允许增至6.2 MPa,在保持最佳 CO 分压的前提下,可以使用低纯度 CO,从而降低了原料费用及投资成本。另一个方向是采用以金属铱(Ir)为主催化剂,铼、钌、锇等为助催化剂的非铑催化剂,该催化剂体系反应活性更高,副产物少,反应液中水含量亦可降至 w(水)= 5%以下。利用以上开发成果,已由相应的公司建立了多个 100 kt/a 以上的生产装置,估计在不久的将来还会得到迅速的发展。

2. 甲醇低压羰基化制醋酸的工艺原理

(1)化学反应　主反应:

$$CH_3OH+CO \xrightarrow[\text{175 ℃ ,3.0 MPa}]{\text{RhCl(CO)PPh}_3+\text{HI}} CH_3COOH \qquad \Delta H^{\ominus}\text{ (298 K) = } -141.25 \text{ kJ/mol}$$

HI(或 CH₃I)为助催化剂。

副反应:

$$CH_3COOH+CH_3OH \rightleftharpoons CH_3COOCH_3+H_2O$$

$$2CH_3OH \rightleftharpoons CH_3OCH_3+H_2O$$

$$CO+H_2O \longrightarrow CO_2+H_2$$

此外,尚有甲烷、丙酸(由原料甲醇中含有的乙醇羰基化生成)等副产物。

由上列副反应知,生成醋酸甲酯和二甲醚的反应是一个可逆反应。因此,在生产上可将它们返回反应器,以增产醋酸。反应中有部分 CO 因副反应转化为 CO_2,故以 CO 为基准,生成醋酸的选择性仅为 90%。

(2)催化剂和反应机理　甲醇低压羰基化制醋酸所用的催化剂由可溶性的铑络合

物和助催化剂碘化物两部分组成。参与反应的活性物种是 $[Rh(CO)_2I_2]^-$ 负离子,它由 Rh_2O_3 铑化合物与 CO 和碘化物反应得到。助催化剂可以是 HI,I_2,CH_3I,参与反应的是 CH_3I,在反应液中,I_2 和 HI 可以转化为 CH_3I,如:

$$CH_3OH+HI \Longrightarrow CH_3I+H_2O$$

由铑络合物和 HI 组成的催化系统的催化机理可表达如下:

$$Rh(CO)_2I_2+CH_3I \xrightarrow{\text{氧化加成}} \overset{\displaystyle CH_3}{\underset{\displaystyle I}{\mid}} Rh(CO)_2I_2$$

$$\boxed{CH_3COOH} \xleftarrow[-HI]{+H_2O} \quad \xleftarrow{} CO$$

$$\overset{\displaystyle COCH_3}{\underset{\displaystyle I}{\mid}} Rh(CO)_2I_2 \xleftarrow[\text{反应}]{\text{插入}} \overset{\displaystyle CH_3}{\underset{\displaystyle I}{\mid}} Rh(CO)_3I_2$$

甲醇中的 C—OH 键键能较高,难以经由氧化加成作用使 C—OH 键断裂,助催化剂 HI 的作用是使甲醇转化为键能较低的 CH_3—I,让其顺利投入后续的氧化加成反应。经研究,氧化加成的反应速率最慢,是反应的控制步骤,由此可得到动力学方程为

$$r=\frac{dc(CH_3COOH)}{dt}=kc(CH_3I)c(Rh\text{络合物})$$

反应速率常数为 $3.5\times10^6\,e^{-14.7RT}$ L/(mol·s),式中活化能的单位是 kJ/mol。

研究还发现,外界条件对反应影响甚大,例如,系统缺水,则上列图式中的最后一步就成为控制步骤;若一氧化碳分压不足,第二步(CO 嵌入)反应就成为控制步骤。

对由各种铑化合物、助催化剂和溶剂组成的反应系统作了研究,认为各种铑化合物和碘化合物的催化性能相差不大,但溶剂有明显不同。溶剂极性越强,反应速率越大,由此也间接证明催化活性物种可能是离子型的。其中以配制三氯化铑-碘化氢-水/醋酸的催化系统最为方便[系统中铑化合物的含量为 5×10^{-3} mol,碘用量为 0.05 mol,n(醋酸)$/n$(甲醇)= 1.44:1]。若系统中 n(醋酸)$/n$(甲醇)<1,则醋酸收率不高。若不加醋酸,则生成大量的二甲醚;水的量也不能太少,否则,总体反应速率就会明显下降。

(3)工艺流程 甲醇低压羰基化制醋酸的工艺流程,示于图 5-5-06,可分为反应、精制、轻组分回收、催化剂制备及再生等工序。

① 反应 反应在搅拌式反应器或鼓泡塔中进行。事先加入催化液。甲醇加热到 185 ℃从反应器底部喷入,CO 用压缩机加压至 2.74 MPa 后从反应器下部喷入。反应后的物料从塔侧进入闪蒸罐,含有催化剂的溶液从闪蒸罐底流回反应器。含有醋酸、水、碘甲烷和碘化氢的蒸气从闪蒸罐顶部出来进入精制工序。反应器顶部排放出来的 CO_2,H_2,CO 和碘甲烷作为弛放气进入冷凝器,冷凝液重新返回反应器,不凝性气体送轻组分回收工序。反应温度 130~180 ℃,以 175 ℃为最佳。温度过高,副产物甲烷和 CO_2 增多。

② 精制 由闪蒸罐来的气流进入轻组分塔,塔顶蒸出物经冷凝,凝液碘甲烷返回反

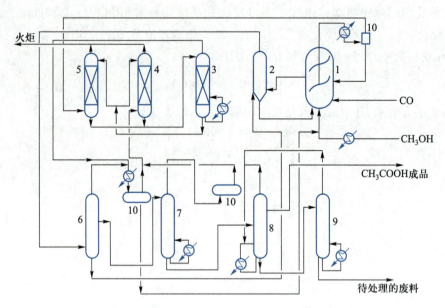

图 5-5-06   甲醇低压羰基化制醋酸工艺流程示意图
1—反应器；2—闪蒸罐；3—解吸塔；4—低压吸收塔；5—高压吸收塔；
6—轻组分塔；7—脱水塔；8—重组分塔；9—废酸汽提塔；10—分离塔

应器,不凝性尾气送往低压吸收塔;碘化氢、水和醋酸等高沸物和少量铑催化剂从轻组分塔塔底排出再返回闪蒸罐;含水醋酸由轻组分塔侧线出料进入脱水塔上部。

脱水塔塔顶馏出的水尚含有碘甲烷、轻质烃和少量醋酸,仍返回低压吸收塔;脱水塔底主要是含有重组分的醋酸,送往重组分塔。

重组分塔塔顶馏出轻质烃;含有丙酸和重质烃的物料从塔底送入废酸汽提塔;塔侧线馏出成品醋酸。其中丙酸小于 50 $\mu g \cdot g^{-1}$,水分小于 1 500 $\mu g \cdot g^{-1}$,总碘小于 40 $\mu g \cdot g^{-1}$,可供食用。

重组分塔塔底物料进入废酸汽提塔,从重组分中蒸出的醋酸返回重组分塔底部,汽提塔塔底排出的是废料,内含丙酸和重质烃,需作进一步处理。

③ 轻组分回收   从反应器顶出来的弛放气进入高压吸收塔,用醋酸吸收其中的碘甲烷。吸收在加压下进行,压力 2.74 MPa,未被吸收的废气主要含 CO,CO_2 及 H_2,送往火炬焚烧。

从高压吸收塔和低压吸收塔吸收了碘甲烷的两股醋酸富液,进入解吸塔汽提解吸,解吸出来的碘甲烷蒸气送到精制工序的轻组分冷却器,再返回反应工序。汽提解吸后的醋酸作为吸收循环液,再用作高压和低压吸收塔的吸收液。

(4)消耗定额   甲醇低压羰基化制醋酸的消耗定额如下[以生产 1 t(成品醋酸)计]:

甲醇	0.539 t	水蒸气	
CO	0.566 t	3.6 MPa	2.32 t
循环水	201.6 t	0.8 MPa	0.07 t
仪表空气（标准状态下）	21.6 m^3	氮气（标准状态下）	18.24 m^3

| 电 | 34.0 kW·h | 铑（催化剂） | 0.1 g |
| 燃料气（标准状态下） | 15.34 m³ | 碘（CH₃I 计） | 0.14 kg |

四、羰基化技术新进展

（1）催化剂改进　由于铑价格昂贵，国内外都在研究非铑羰基化催化剂，其中铂系催化剂取得的成果较大。例如，我国研制成功的 Pt-Sn-P 催化剂在 6 MPa 压力下，烯烃氢甲酰化的效果如表 5-5-07 所示。

表 5-5-07　在 Pt-Sn-P 催化剂上烯烃氢甲酰化结果

原料	转化率/%	醛选择性/%	原料	转化率/%	醛选择性/%
乙烯	>90	>95	庚烯	>85	>95
丙烯	>90	>95	辛烯	>80	>97

日本研究了螯形环铂催化剂，于 0.5~10 MPa，70~100 ℃ 下反应 3 h，烯可以 100% 转化为醛。

甲醇低压羰基化制醋酸催化剂的研究也取得很大进展，一大批非铑羰基化催化剂已研究出来，有些已投入工业应用。表 5-5-08 列出了某些催化剂的性能比较。

表 5-5-08　甲醇低压羰基化制醋酸催化体系的比较

催化体系	反应相系	催化剂	反应条件		醋酸收率/%	催化剂特点及副产物
			温度/℃	压力/MPa		
Co 系	均相	CoI-CH₃I	200~250	50~70	87	乙醛、乙醇、甲烷
Rh 系	均相	RhCl₃-CH₃I	150~220	0.1~3.0	99	活性高，副产 CO₂
	非均相	Rh/C-CH₃I	170~250	0.1~3.0	30~95	活性不稳定，副产少
Ir 系	均相	IrCl₃-CH₃I	150~200	1.0~7.0	99	活性与 Rh 相似
Ni 系	均相	Ni 化合物-CH₃I	150~330	3.0~30	50~95	CH₃I 用量多
	非均相	Ni/C-CH₃I	180~300	0.1~30	40~98	副产 CH₄、CO₂

（2）超滤技术的应用　$C_7 \sim C_{18}$ 醇可用相关的醛经加氢制得，而这些醛一般是以羰基钴为催化剂合成的。在这里不能采用膦羰基铑催化剂的原因是产物与催化剂分离相当困难。现在，俄罗斯依穆尼柯夫 H C 等人已研制出一种超滤技术，首先将催化剂制成能溶于反应液的聚合配位体。

聚苯乙烯为基体：

$$\begin{bmatrix} CH_2-CH \\ | \\ \\ PPh_2 \end{bmatrix}_n$$

聚氯乙烯为基体：

$$\left[\begin{array}{c} CH_2 - CH \\ | \\ PPh_2 \end{array} \right]_n$$

然后经络合制成与聚合物相结合的均相铑络合物。经实验证实，它们具有很高的氢甲酰化的活性，例如，用高级 α-烯烃可以制得 $w=93\%\sim97\%$ 的正构醛。让包含催化剂的反应液，通过具有一定尺寸(不让高分子均相铑络合物通过)的超滤膜，将产物和催化剂分离。应用超滤技术，既保持了均相催化剂高活性、高选择性、传热和传质效果好等优点，又保持了多相催化剂容易分离的优点。图 5-5-07 为依穆尼柯夫 Ｈ Ｃ 等人设计的工艺流程。

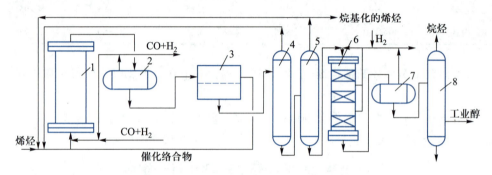

图 5-5-07　制取高级脂肪醇的工艺流程图

1—加氢甲酰化反应器；2—CO 和 H_2 分离器；3—超滤装置；4—溶剂蒸馏塔；
5—未反应烯烃的蒸馏塔；6—加氢化反应器；7—H_2 分离器；8—商品醇精馏塔

 讨论课三　各类裂解炉

以烃类热裂解炉和二氯乙烷裂解炉为主，收集资料讨论：

1. 应该向裂解炉设计者提供哪些工艺条件？

2. 现有裂解炉的结构和特点，有哪些优缺点？

3. 裂解炉在高温下操作，对材质和保温有哪些具体要求？

 习题

1. 裂解气深冷分离中，采用哪些措施来回收冷量？

2. 在两种环氧氯丙烷的生产方法中，采用了哪些氯化剂？请扼要说明相应的工艺条件。

3. 采用催化蒸馏法有哪些好处？

4. 乙二醇有哪些生产方法？你认为哪种方法最有发展前途，为什么？

5. 可采用哪些措施来提高 $n($正丁醛$)/n($异丁醛$)$ 的比例。

参考文献

［1］陈滨. 乙烯工学. 北京：化学工业出版社，1997.

［2］张旭之，王松汉. 丙烯衍生物工学. 北京：化学工业出版社，1995.

［3］李美莹. 我国盐化工行业现状分析及建议. 当代石油化工，2014，233（5）：19-23.

［4］王子宗，何细藕. 乙烯装置裂解技术进展及其国产化历程. 化工进展，2014，33（1）：1-9.

［5］永户伸幸. エピロロロヒドリ二新制造法の开发と工业化. 化学と工业，1990，43（7）：37-38.

［6］贾立山. 汽油添加剂醚类的生产工艺. 石油化工，1995，24（1）：57-63.

［7］永户伸幸. エピロロロヒドリ二新制造法の开发と工业化. 日化协月报，1987，40（11）：13-19.

［8］Sundaram K M，Fromant G F. Ind Eng Chem. Fundam，1978，17（2）：174.

［9］Damme Van. Fromant G F. Ind Eng Chem. Process Des Develop，1981，20（2）：266.

［10］汉考克 E-G. 苯及其工业衍生物. 穆光明，等译. 北京：化学工业出版社，1982.

［11］耿英杰. 烷基化生产工艺与技术. 北京：中国石化出版社，1993.

［12］Hammershalmb H U，Trendsin H F. Alkylation. Hydrocarbon Processing，1985，64（6）：73.

［13］Payne R E. A lkylation-what you should know about this process. Petroleun Refiner，1958，37（9）：316.

［14］Albrighe L F. Alkylation processes using sulfuric acid as a catalyst. Chem Eng，1963，73（17）：143-150.

［15］徐日新. 石油化学工业基础. 北京：石油工业出版社，1983.

［16］陈述卫. 烷基化装置工艺技术方案比选. 炼油技术与工程，2014，44（8）：35-37.

［17］张建芳，山红红. 炼油工艺基础知识. 北京：中国石化出版社，1994.

［18］林华. 石油化学工业技术与经济. 北京：中国石化出版社，1990.

［19］迪克曼 G，海因茨 H J. 工业油化学基础——天然油脂技术综论. 顾季寅，等译. 北京：中国轻工业出版社，1995：1-26.

［20］Reman W G，VAN K E. Process for the preparation of alkylene glycols［P］. WO9520559，1995-08-03.

［21］王子宗. 乙烯装置分离技术及国产化研究开发进展. 化工进展，2014，33（3）：523-526.

［22］李大伟，项曙光，韩方煜. 甲基叔丁基醚的生产工艺及应用进展. 河北化工，2006，29（12）：36-38.

［23］应卫勇,曹发海,房鼎业.碳一化工主要产品生产技术.北京:化学工业出版社,2004.

［24］李林,陈允玺.催化裂化轻汽油醚化技术的工业应用.炼油技术与工程,2014,44(4):17-19.

［25］刘春媚.油脂水解生产脂肪酸工艺选择.广东化工,2014,41(6):105-106.

［26］赵思远,金汉强.甲醇/一氧化碳羰基化法生产乙酸调研.化学工业与工程技术,2006,27(1):42-45.

［27］彭建林,王源平.丁辛醇液相循环改性铑法专有技术.化工文摘,2004(6):39-40.

［28］吴指南.基本有机化工工艺学.北京.化学工业出版社,1990.

第六章 煤化工反应单元工艺

煤是地球上储藏最丰富的化石燃料。我国是世界上煤炭资源较丰富的国家之一,煤炭储量远大于石油、天然气储量。截至 2019 年底,我国煤炭查明资源储量为 1.77×10^{12} t,占化石能源资源总量的 90% 以上,2022 年我国煤炭产量达 4.56×10^9 t,居世界首位。在我国一次能源的生产与消费构成中,煤炭分别约占 2/3 和 55%。

根据我国的能源资源条件、技术和经济发展水平及世界能源形势,在未来 30~50 年内,煤炭仍然是我国的主要能源。2013 年我国因燃煤排放到大气中的烟(粉)尘量达 1 278 万吨、SO_2 排放量达 2 044 万吨。煤炭利用造成的环境污染问题已经成为影响我国经济及社会发展的一个制约因素,发展以煤炭转化为核心的洁净煤技术,才可能满足我国经济可持续的发展需求。

煤化工是以煤为原料,经化学加工实现煤炭高效洁净综合利用的工业,煤化工反应单元主要包括煤的干馏、气化、液化,以及焦油加工,碳素材料,电石乙炔化工,煤基甲醇制烯烃,煤气化联合循环发电和多联产等。煤炭化学加工范畴如图 6-0-01 所示。

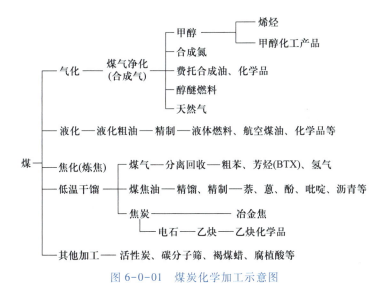

图 6-0-01 煤炭化学加工示意图

6-1 煤炭干馏

煤在隔绝空气条件下加热至较高温度时,所发生的一系列物理变化和化学反应的复杂过程,称为煤的热解,或称干馏。煤炼焦工业就是典型的例子,煤的气化和液化过程也都与煤的热解过程分不开。研究煤的热解对热加工技术有直接的指导作用,如对炼焦工业而言,可寻求扩大炼焦用煤的途径,确定合适的工艺条件和提高产品质量。另外还可指导开发新的热加工技术,如高温快速热解,加氢热解和等离子体热解等。

一、煤炭热分解

1. 煤在加热过程中发生的变化

煤在隔绝空气下加热时,煤中有机质随温度的提高而发生一系列变化,形成气态(煤气)、液态(焦油)和固态(半焦或焦炭)产物。典型烟煤受热发生的变化过程见图6-1-01。可见煤热解过程大致可分为三个阶段:

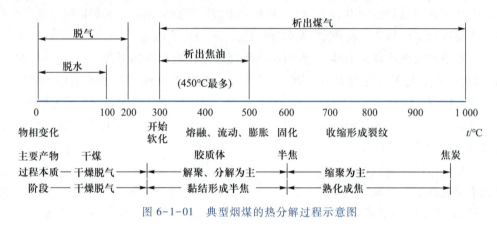

图 6-1-01　典型烟煤的热分解过程示意图

(1)第一阶段(室温~300 ℃)　此阶段,煤的外形无变化,褐煤在200 ℃以上发生脱羧基反应,近300 ℃时开始热解反应,烟煤和无烟煤在这一阶段一般没有发生变化。脱水发生在120 ℃前,而脱气(CH_4,CO_2和N_2)大致在200 ℃前后完成。

(2)第二阶段(300~600 ℃)　这一阶段以解聚和分解反应为主,煤黏结成半焦,并发生一系列变化。煤从300 ℃左右开始软化,并有煤气和焦油析出,在450 ℃前后析出的焦油量最大,在450~600 ℃气体析出的量最多。煤气成分除热解水、CO和CO_2外,主要是气态烃,故热值较高。

烟煤(特别是中等变质程度的烟煤),在这一阶段经历了软化、熔融、流动和膨胀直到再固化等一系列特殊现象,产生了气、液、固三相共存的胶质体。液相中有液晶或中间相(mesophase)存在。胶质体的数量和质量决定了煤的黏结性和成焦性的好坏。固体产物半焦与原煤相比有一部分物理指标(如芳香层片的平均尺寸和核密度等)变化不大,说明半焦生成过程中的缩聚反应还不很明显。

(3)第三阶段(600~1 000 ℃)　这是半焦聚合形成焦炭的阶段,以缩聚反应为主。挥发物主要是煤气,700 ℃后煤气成分主要是氢气。焦炭的w(挥发分)<2%,芳香晶核增大,排列规则化,结构致密、坚硬并有银灰色金属光泽,从半焦到焦炭,一方面析出大量的煤气,另一方面焦炭的密度增加,体积收缩,导致其产生许多裂纹,形成碎块。焦炭的块度和强度与收缩情况有直接关系。

若将最终加热温度提高到1 500 ℃以上,则为石墨化阶段,用于生产石墨碳素材料。

2. 煤热解的影响因素

煤热解的影响因素包括:煤的煤化程度,加热终温,升温速率,热解压力,热解气氛等加热条件。

(1)煤化程度 煤化程度是最重要的影响因素,它直接影响煤的热解开始温度、热解产物、热解反应活性和黏结性、结焦性等。煤化程度与热解开始温度的关系示于表6-1-01。由表6-1-01可见,随煤化程度增加,热解开始温度逐渐升高。各种煤中褐煤的分解温度最低,无烟煤最高。

表 6-1-01　不同煤的开始热解温度

煤种	泥炭		褐煤		烟煤		无烟煤	
开始热解温度/℃	190~200		230~260		300~390		390~400	
烟煤煤种	长焰煤	气煤	肥煤	焦煤		瘦煤		贫煤
在蒽油中开始热解温度/℃	310~320	340~350	380~390	380~390		400~410		390~400

表6-1-02是热解产物比较表,低煤化程度煤热解时,煤气、焦油和热解水收率高,煤气中CO,CO$_2$和CH$_4$含量多;中等变质程度烟煤热解时,煤气与焦油收率较高,热解水少;高变质程度的煤(贫煤以上)热解时,煤气和焦油收率很低,焦粉收率很高。

表 6-1-02　不同煤种干馏至 500 ℃时产品的平均分布

煤种	焦油 $\dfrac{}{L \cdot t^{-1}}$	轻油 $\dfrac{}{L \cdot t^{-1}}$	水 $\dfrac{}{L \cdot t^{-1}}$	煤气 $\dfrac{}{m^3 \cdot t^{-1}}$
烛煤	308.7	21.4	15.5	56.5
次烟煤 A	86.1	7.1	—	—
次烟煤 B	64.7	5.5	117	70.5
高挥发分烟煤 A	130.0	9.7	25.2	61.5
高挥发分烟煤 B	127.0	9.2	46.6	65.5
高挥发分烟煤 C	113.0	8.0	66.8	56.2
中挥发分烟煤	79.4	7.1	17.2	60.5
低挥发分烟煤	36.1	4.2	13.4	54.9

从黏结性和结焦性来看,中等变质程度烟煤中的肥煤和焦煤的黏结性和结焦性最好,能得到高强度的焦炭,而煤化程度过低或过高的煤种,其黏结性和结焦性都较差。

(2)加热终温 表6-1-03列出了三种工业干馏温度条件下,干馏产品的分布与性状。可见,随加热最终温度的升高,焦炭和焦油收率有所降低,煤气收率增加;焦油中芳烃与沥青含量增加,酚类和脂肪烃含量降低,煤气成分中氢气增加而多碳烃类减少,煤气热值降低。

表6-1-03 不同最终温度下干馏产品的分布与性状

产品分布与性状			最终温度/℃		
			600(低温干馏)	800(中温干馏)	1 000(高温干馏)
固体产物			半焦	中温焦	高温焦
产品收率		w(焦)/%	80~82	75~77	70~72
		w(焦油)/%	9~10	6~7	3.5
		煤气/[m³·t⁻¹(干煤)]	120	200	320
产品性状	焦炭	着火点/℃	450	490	700
		机械强度	低	中	高
		w(挥发分)/%	10	约5	<2
	焦油	相对密度	<1	1	>1
		w(中性油)/%	60	50.5	35~40
		w(酚类)/%	25	15~20	1.5
		w(焦油盐基)/%	1~2	1~2	~2
		w(沥青)/%	12	30	57
		w(游离碳)/%	1~3	~5	4~10
		中性油成分	脂肪烃、芳烃	脂肪烃、芳烃	芳烃
煤气主要成分		φ(氢)/%	31	45	55
		φ(甲烷)/%	55	38	25
		发热量/(MJ·m⁻³)	31	25	19
煤气中回收的轻油			汽油	粗苯-汽油	粗苯
收率/%			1.0	1.0	1~1.5
组成			脂肪烃为主	w(芳烃)=50%	w(芳烃)=90%

表6-1-04列出了煤化程度稍低的烟煤在不同干馏炉中干馏所得轻油的组成。加热终温是以低温干馏炉最低,连续式直立炉较高,焦炉最高。可见随干馏终温的升高,脂肪族、环烷烃和单烯烃含量明显下降,芳烃含量急剧上升。这与裂解的初次产物发生二次热解反应有关。在高温炼焦的温度下初次裂解产物在高温下又会发生裂解,缩合和芳构化等反应。

表6-1-04 低阶烟煤在不同干馏炉中干馏所得轻油的组成

组成/%	炉型		
	低温干馏炉	连续式直立炉	焦炉
w(芳烃)	15.56	63.04	85.26
w(环烷烃)	8.00	3.62	0.21
w(单烯烃)	16.26	2.33	1.64
w(双烯烃)	1.36	2.58	2.48
w(环烯烃)	9.55	1.16	5.37

续表

组成/%	炉型		
	低温干馏炉	连续式直立炉	焦炉
w(脂肪烃)	46.53	22.37	0.34
w(茚)	0.15	0.72	1.13
w(二硫化碳)	0.06	0.06	0.40
w(噻吩)	0.66	0.33	0.67
w(其他)	1.07	3.19	2.50

（3）升温速率　升温速率对煤的黏结性有明显的影响,焦炉内的升温速率属慢速升温,为 3 $K \cdot min^{-1}$,若提高升温速率,煤的黏结性会有明显的改善,见表 6-1-05。

表 6-1-05　升温速率对气煤胶质体温度范围的影响

升温速率/($K \cdot min^{-1}$)	开始软化温度/℃	开始固化温度/℃	胶质体温度范围/℃
3	348	424	76
5	344	450	106
7	378	474	96

随升温速率的增加,煤的胶质体温度范围扩大,表征煤黏结性好坏的膨胀度也增加,而影响焦炭强度产生裂纹的收缩度下降。这是因为煤的热解是吸热反应,当升温速率增加时,由于产物来不及挥发,部分结构来不及分解,需在更高的温度下挥发与分解,故胶质体温度范围向温度升高的方向移动并有所扩大。提高升温速率,热解初次产物发生二次热解较少,缩聚反应的深度不大,故可增加煤气与焦油的收率。

（4）热解压力　当在高于大气压力下进行热解时,煤的黏结性得到改善。我国新的煤分类法采用黏结指数 G 作为表征烟煤黏结性的一种指标,G 值越大表示煤的黏结性越强。表 6-1-06 给出了多种烟煤在加压下 G 指数的变化,可见 G 指数随压力增加而增加,这是因为裂解时产生的液体产物数量及液体产物的停留时间随压力增加而增加,从而有利于对固相的润湿作用的缘故。

表 6-1-06　黏结指数 G 与热解压力的关系

煤种	p/MPa						
	常压	0.5	1.0	1.5	2.0	2.9	4.0
伊兰	0	6.2	14.4	16.3	17.8	19.3	21.8
窑街	0.8	3.0	11.9	13.1	16.0	16.1	17.1
大同	9.0	16.2	16.5	—	17.0	—	17.3
王庄	17.5	34.5	39.8	—	42.4	52.2	—
淮北	55.7	66.9	—	—	73.1	—	—

（5）裂解气氛　在氢气氛中进行热裂解和在惰性气氛中显著不同，在加氢气氛中裂解仅需几秒就能生成更多的挥发产物，加氢热解后甲烷收率明显增加，轻质油收率提高约一倍，而干馏残炭收率明显下降。因此加氢热解已成为国内外研究从煤制取代用天然气或轻质油类（BTX）的一个重要方向。

煤长期暴露在空气中，发生缓慢氧化作用（或称风化作用），会使煤的黏结性大大降低，甚至完全被破坏。若氧化温度升高到 200 ℃，黏结性下降更快。所以工业上常用煤预氧化方法来破黏。

二、煤炭低温干馏

它主要指煤在终温 500～700 ℃ 的干馏过程。低价煤常用该方法生产液体产品。

煤低温干馏始于 19 世纪，20 世纪 30 年代的第二次世界大战期间，德国曾利用低温干馏焦油制取动力燃料。煤低温干馏可以得到煤气、焦油和半焦。此过程相当于使煤经过部分气化和液化，把煤中富氢的部分以液态和气态的能源或化工原料形式产出，是煤炭分级加工的有效方法之一。另外，煤的低温干馏技术已成为其他工艺的组成部分而得到发展，如煤的加氢干馏等。

适合于低温干馏的煤多是无黏结性的非炼焦用煤，如褐煤或高挥发分烟煤。

1. 低温干馏的产品性质

前已述及烟煤低温干馏的产品收率、组成和性质与高温干馏有很大区别，见表 6-1-03 和表 6-1-04。干馏半焦的性质列于表 6-1-07。可见半焦的反应性与比电阻比高温焦高得多，而且煤的变质程度越低，其反应性和比电阻越高。半焦的高比电阻特性，使它成为铁合金生产的优良原料。

表 6-1-07　半焦和焦炭的性质

炭料名称	孔隙率 %	反应性（1 050 ℃） $mL(CO_2) \cdot g^{-1} \cdot s^{-1}$	比电阻 $\Omega \cdot cm$	强度 %
褐煤中温焦	36～45	13.0	—	70
长焰煤半焦	50～55	7.4	6.014	66～80
英国气煤半焦	48.3	2.7	—	54.5
60%气煤配煤焦炭	49.8	2.2	—	80
冶金焦（粒度为 10～25 mm）	44～53	0.5～1.1	0.012～0.015	77～85

2. 煤低温干馏工艺

低温干馏的方法和类型很多，按加热方式有外热式、内热式和内外热结合式；按煤料的形态有块煤、型煤与粉煤三种；按供热介质不同又有气体热载体和固体热载体两种；按煤的运动状态又分为固定床、移动床、流化床和气流床等。这里仅简介几种。

（1）连续式内热立式炉　德国开发的 Lurgi 低温干馏炉如图 6-1-02 所示。煤在炉中不断下行，热气流逆向通入进行加热。粉状褐煤和烟煤需预先压块。煤在炉内移动过程分成三段：干燥段、干馏段和焦炭冷却段，故又名三段炉。用于加热的热废气分别由上、下两个独立燃烧室燃烧净煤气供给、煤在干馏炉内被加热到 500～850 ℃。一台处理

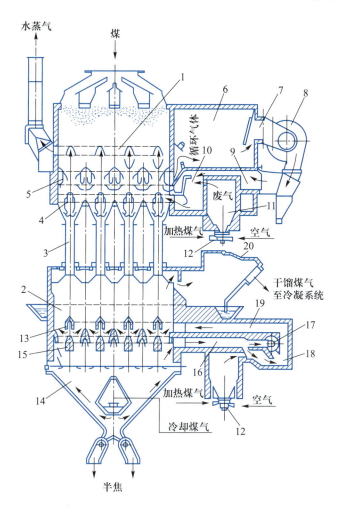

水蒸气　　煤

图 6-1-02　Lurgi 低温干馏炉示意图

1—干燥段;2—干馏段;3—连通管;4—干燥段炉排;5—引风道;6—集气室;7—挡板;8—风机;9—通风道;
10—混合室;11—干燥段燃烧室;12—燃烧器;13—干馏段炉排;14—半焦槽;15—引风道;
16—通风道;17—风机;18—混合室;19—加热煤气道;20—干馏煤气集气室

褐煤型煤 300~500 t/d 的 Lurgi 三段炉,可得型焦 150~250 t/d,焦油 10~60 t/d,剩余煤气 180~220 m³/t(煤)。

(2)固体热载体干馏法　外热式干馏装置传热慢,生产能力小。气流内热式的燃烧废气稀释了干馏的气态产物。采用固体热载体进行煤干馏,加热速率快,单元设备生产能力大,例如,美国 Toscoal 法用已加热的瓷球作为热载体,使次烟煤在 500 ℃进行低温干馏。

德国鲁奇-鲁尔煤气工艺(Lurgi-Ruhrgas,LR)采用热半焦为热载体,已建立生产装置,生产能力达 1 600 t(半焦)/d,产品半焦作为炼焦配煤原料,其干馏流程如图 6-1-03 所示。

预热的空气在气流加热管让部分半焦燃烧,使热载体达到需要的温度。沉降分离室使燃烧气体与半焦热载体分离,分离热半焦与原煤在混合器内混合,混合的煤料在炭化室内进一步进行干馏。部分热焦粉作为产品由炭化室排出,其余部分返回气流加热管循环。我国也进行了用热半焦为热载体的试验工作,并完成中试和工业试验。

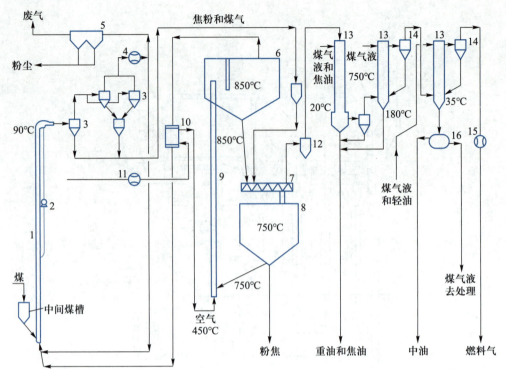

图 6-1-03　Lurgi-Ruhrgas 工艺流程图

1—干燥管;2—锤式粉碎机;3—旋风分离器;4—干燥管风机;5—电除尘器;6—沉降分离室;7—混合器;
8—炭化室;9—气流加热管;10—空气预热器;11—鼓风机;12—炭化室旋风分离器;
13—三级气体净化冷却器;14—旋风分离器;15—煤气风机;16—分离器

　　（3）加氢干馏工艺　前已述及，加氢热解可明显增加烃类气体和轻油的收率，为此已开发的工艺有 Coalcon 加氢干馏工艺与 CS-SRT 加氢干馏工艺。例如，后一工艺以生产高热值合成天然气为目的，同时可制取轻质芳烃（BTX），干馏残炭用于制氢。该工艺的煤转化率可达 60%~65%，其中 w（甲烷，乙烷）$\approx 30\%$，w（BTX）$= 8\%\sim 10\%$，w（轻油）$= 1\%\sim 3\%$。

　　不同固体热载体的热解工艺比较列于表 6-1-08。

表 6-1-08　固体热载体的煤热解工艺综合对比

热解工艺	LR	Toscoal	ETCH-175	DG	CFB 煤热解多联产
热解炉型	移动床	回转炉	移动床	移动床	循环流化床
适应原料	褐煤、油页岩	褐煤、弱黏结性煤	褐煤、泥煤	褐煤、低变质烟煤	褐煤、烟煤
进料粒度/mm	≤5	≤12.7	≤6	≤6	≤10
目标产物	半焦、焦油、煤气	半焦、焦油、煤气	半焦、焦油、煤气	半焦、焦油、煤气	焦油、煤气、电
主产品	半焦	半焦	半焦	半焦	焦油、煤气、电
工业化程度/$(t\cdot d^{-1})$	1 700	25	4 200	150	20~25

热载体类型	半焦	陶瓷球	半焦	半焦	热灰
热解温度/℃	440～490	430～540	600～625	550～650	560～640
系统热效率/%	80	75～80	80～83	82	≥85
能耗/[kW·h·t⁻¹(煤)]	≥30	≥40	≥30	≥38.5	20～45
水耗/[t·t⁻¹(煤)]	0.98	0.60	0.50	0.40	0.80
特点	气流床半焦加热,循环半焦为热载体,部分半焦燃烧	陶瓷球为热载体,卧式转窑热解	气体热载体预热原料煤,高温半焦为固体热载体	半焦为固体热载体,移动床热解,高温烟道气加热半焦	下行循环流化床与循环床锅炉耦合循环热灰作热载体
存在问题	焦油含尘量大,利用价值低	高温陶瓷球磨损严重,不适合黏结性煤	半焦混有焦渣,利用价值低	气固分离设备较多,排渣受温度影响较大	煤和高温热灰的均匀混合问题

三、煤炭高温干馏——炼焦

煤在炼焦炉中隔绝空气加热到 1 000 ℃左右,经过干馏的一系列阶段最终得到焦炭,这一过程被称为高温干馏或高温炼焦,简称炼焦。

几百年来,炼焦工业随冶金工业的发展而不断改进,因而成为煤综合利用的最为成熟的工艺。当今高炉大型化,对焦炭质量的要求越来越高,而另一方面,世界炼焦煤日益短缺,在这一对矛盾的推动下,大大促进了配煤炼焦和非炼焦煤炼焦技术的发展。

1. 焦炭的质量要求

焦炭质量的好坏对高炉生产有重要作用,焦炭在高炉中起三个作用:① 作为骨架,保持高炉的透气性;② 提供热源;③ 作铁矿石的还原剂。为此对高炉用焦的要求是:灰分低,硫和磷低,强度高,块度均匀、致密,低反应性,反应后强度高。例如,焦炭的灰分越低越好,焦炭的灰分每降低 1%,炼铁焦比可降低 2%,渣量减少 2.7%～2.9%,高炉增产 2.0%～2.5%。再如,焦炭中硫转入生铁中,使生铁呈热脆性,并加速铁的腐蚀速率,一般焦炭中的硫每增加0.1%,熔剂与焦炭的用量将分别增加 2%,高炉的生产能力降低 2%以上。所以我国一级焦炭的灰分和硫分分别要求不大于 12.0%和不大于 0.6%。高炉对焦炭质量的要求见表 6-1-09。

表 6-1-09　高炉对焦炭质量要求

焦炉类别	粒度 mm	w(灰分) %	w(硫分) %	w(挥发分) %	气孔率 %	反应性 mL(CO$_2$)·g⁻¹·s⁻¹	比电阻 Ω·cm
高炉焦炭	>25	<15	<1.0	<1.2	>42	0.4～0.6	—
铸造焦炭	>80	<12	<0.8	<1.5	>42	<0.5	—

焦炉类别	粒度 mm	w(灰分) %	w(硫分) %	w(挥发分) %	气孔率 %	反应性 $mL(CO_2)\cdot g^{-1}\cdot s^{-1}$	比电阻 $\Omega\cdot cm$
电热化学焦炭	5～25	<15	<3	<3.0	>42	>1.5	>0.2
矿粉烧结焦炭	0～3	<15	<3	<3.0	>40	>1.5	—
民用焦炭	>10	<20	<2.5	<20.0	>40	>1.5	—

　　焦炭强度包括耐磨强度和抗碎强度。我国采用米贡转鼓试验方法测定,转鼓直径1 000 mm,长度1 000 mm,每分钟25转,转4 min。取>60 mm焦样50 kg,鼓内>40 mm的焦块百分数作为抗碎强度M_{40},鼓外<10 mm的焦粉百分数作为耐磨强度M_{10}。我国的高炉用焦炭强度要求,见表6-1-10。

表 6-1-10　高炉用焦炭强度

冶金焦炭指标	w(转鼓强度指数)/%			w(热强度)/%	
	M_{25}	M_{40}	M_{10}	反应性 CRI	反应后强度 CSR
一级	≥92.0	≥82.0	≤7.0	≤30	≥60
二级	≥89.0	≥78.0	≤8.5	≤35	≥55
三级	≥85.0	≥74.0	≤10.5	—	—

2. 炼焦配煤的质量要求

　　在炼焦条件下,单种煤炼焦很难满足上述焦炭质量的要求,而且煤炭资源也不可能满足单种煤炼焦的需求,只能采用配煤办法。采用配煤技术,既要确保焦炭质量符合要求,增加炼焦化学产品的产量,又要做到合理利用煤炭资源。入炉配煤的质量指标如下。

　　(1)水分　入炉煤水分应力求稳定,控制在w(水)=10%～11%,水分过多会使结焦时间延长。

　　(2)细度　它指配煤中小于3 mm的颗粒占配煤的百分数,常规炼焦时为72%～80%,配型煤炼焦时约85%,捣固炼焦时约90%以上。且尽量减少<0.5 mm的细粉含量。

　　(3)灰分　煤料中灰分在炼焦后全部残留在焦炭中,一般要求配煤时w(灰分)<10%。配煤灰分可根据所配煤种的灰分,按加和性计算。

　　(4)硫分　煤中硫通常以黄铁矿,硫酸盐及有机硫的形式存在,煤的洗选只能除去黄铁矿中的硫。炼焦时80%～90%的煤中硫残留在焦炭中,故要求煤料中硫含量越低越好,一般配煤时w(硫)<1%。配煤的硫含量可根据所配煤种的硫含量,按加和性计算。

　　(5)配煤的煤化度　常用的煤化度指标是干燥无灰基挥发分(V_{daf})和镜质组平均最大反射率($\overline{R}_{max}$)。挥发分的测定方法简便,而反射率更确切反映煤的本来性质。在很宽的煤化度区间,两者有密切的线性相关关系,据鞍山冶金热能所对我国148种煤所作的回归分析,得到的回归方程:

$$\overline{R}_{max}=2.35-0.041\,V_{daf}\quad(相关系数\ r=-0.947)$$

配煤的挥发分可直接测定,也可按加和性计算,但是在炼焦过程中,配煤中各组分煤和热解中间产物之间存在着相互作用,测定值与计算值会有一些差异。配煤的 $\overline{R}_{\max}$ 可直接测定,也可按加和性计算,测定值与计算值一般不会有明显差异。

配煤的煤化度影响焦炭的气孔率、比表面积、光学显微结构及反应后强度。配煤煤化度指标的适宜范围是 $\overline{R}_{\max}=1.2\%\sim1.3\%$,或 $V_{\mathrm{daf}}=26\%\sim28\%$,但还应根据具体情况,并结合黏结性指标的适宜范围一并考虑。

(6)配煤的黏结性指标 这是影响焦炭强度的重要因素,根据结焦机理,配煤中各单种煤的塑性温度区间应彼此衔接和依次重叠。在此基础上,室式炼焦配煤黏结性指标的适宜范围是:以最大流动度 MF 为黏结性指标时,为 70(或 100)~ 10^3 DDPM(表示转速,以分度/分表示,360°为 100 分度,转速越快,则流动度越大),以奥亚膨胀度 b_t 为指标时,$b_t>50$;以胶质层最大厚度 y 为指标时,$y=17\sim22$ mm;以黏结指数 G 为指标时,$G=58\sim72$。配煤的黏结性指标一般不能用单种煤的黏结性指标按加和性计算。

(7)配煤的膨胀压力 配煤的膨胀压力只能由实验测定,不能从单种煤的膨胀压力按加和性计算。通常在常规炼焦配煤范围内,煤料的煤化度加深则膨胀压力增大。对同一煤料,增加煤的相对堆密度,膨胀压力也增加。

由于煤质指标检测的自动化程度的提高和计算机的广泛应用,使焦炭质量预测技术用于配煤日常管理成为可能,我国用黏结指数 G 及干燥无灰基挥发分 V_{daf} 两个指标,来预测焦炭强度 M_{40} 和 M_{10},发现当 $V_{\mathrm{daf}}<30\%$ 时,M_{40} 随 G 值增加而增加;当 $G<60$ 时,M_{10} 随 G 值增加而降低,鞍山钢铁集团公司根据多年生产数据的统计分析,得出用 V_{daf} 和 G 值预测焦炭强度的回归方程:

$$M_{40}=120.147-2.104V_{\mathrm{daf}}+0.144G \qquad (r=0.925)$$

$$M_{10}=12.794+0.452V_{\mathrm{daf}}-0.024\ 3G \qquad (r=0.886)$$

式中:配煤挥发分可由加和性计算,而 G 值用加和性计算时会有一定偏差,如各单种煤黏结性差别大时,出现偏差的可能性增加。

3. 配煤炼焦原理

配煤炼焦原理是建立在煤成焦机理基础上的,迄今为止煤成焦机理可大致归纳为三类。

(1)胶质体黏结成焦机理 煤干馏时,当黏结性煤加热到大于 350 ℃,煤的有机质开始热分解,煤结构单元上侧链断裂生成相对分子质量不等的气、液态产物和固体残煤,热解产物中的气、液、固三相形成胶质体。当温度上升到 450~550 ℃,胶质体的分解速率大于生成速率,一部分呈气态析出,另一部分则与固态发生缩聚反应形成半焦。在 550~1 000 ℃,半焦中的有机质进一步分解和缩聚,析出甲烷和氢气,碳网也随之不断增大,最终形成以碳为主的焦炭。胶质体的数量多、流动性好、软固化温度区间大的煤,黏结性好;反之,则煤的黏结性差。

对于煤化度低的不黏、弱黏煤在干馏时,其结构单元侧链长,含氧多,易断裂,热解产物的相对分子质量也小,易生成焦油蒸气和煤气逸出;其热解残煤的高分子部分核小数量多,且难于溶解在液相的低分子部分之中。因此,煤产生的胶质体流动性很差,结焦性

拓展

炼焦流程
示意图

能差。随着煤化度的加深,结构单元的侧链变短,热解产物的相对分子质量变大,芳香性增加,热稳定性增加,残煤在液相的溶解性好,胶质体的流动性随之变好。当焦煤干馏时,因热解产生的低分子部分的相对分子质量和芳香性增加,软化温度上升,热稳定性提高,所以胶质体到较高温度也不分解而保持熔融状态;另一方面,残煤的高分子部分也溶解于低分子部分,胶质体的黏度增加,流动度适当,黏结好。加上在固化成焦过程中由于焦体收缩较小,所以得到裂纹少、块度大、反应性低、强度高的焦炭。

（2）表面结合成焦机理　按煤岩学观点,煤是非均一的物质,可分离为工艺性质、光学性质和物理性质不同的各种实体。按各种实体的热性质,可分为活性物和惰性物两类。在结焦过程中,活性物形成焦炭内部的黏结物,惰性物形成焦炭内部的骨骼。由于煤粒之间的黏结是在其表面上进行的,则以活性组分为主的煤粒,相互间的黏结呈流动结合型,固化后不再存在粒子的原形;而以非活性组分为主的煤粒间的结合则呈接触结合型,固化后保留粒子的轮廓,从而决定了最后形成的焦炭质量。

（3）中间相成焦机理　1961年泰勒(Taylor)对澳大利亚一煤层进行了研究,在对热变质后的煤样进行显微镜观察时,发现了镜质组中的光学小球体。随后取煤试验,在终温为465~490℃时,将煤迅速冷却至室温后观察发现同样现象。该机理认为烟煤在热解过程中产生的各向同性胶质体中,随热解进行会形成由片状多核芳烃分子排列而成的聚合液晶,它是一种新的各向异性流动相态,称为中间相,呈圆球状;小球不断增多、长大,使之相互融并而形成复球,如此进行,直到周围母相基质黏度迅速增大后,小球体表面张力再也不能维持其球形状时,在流动相中逸出气体的压力及剪应力的作用下产生流变,成为流动态的各向异性区域固化,最终形成光学各向异性焦炭。成焦过程就是煤加热熔融生成的这种中间相,在各向同性胶质体基体中的长大、融并和固化的过程,不同的煤样表现为不同的中间相发展过程,导致最后形成不同质量和不同光学组织的焦炭。

基于上述三种成焦机理,衍生出三种配煤原理,即胶质层重叠原理,互换性原理和共炭化原理。

（1）胶质层重叠原理　配煤炼焦时除了按加和方法,根据单种煤的灰分、硫分控制配煤的灰分、硫分外,要求配煤中个单种煤的胶质体的软化区间和温度间隔能较好地搭接,使配煤在炼焦过程中能在较大的温度范围内处于塑性状态,从而改善黏结过程,并保证焦炭的结构均匀。不同变质程度的炼焦煤塑性温度区间不同,其中气煤的开始软化温度最早;肥煤塑性温度区间最宽;瘦煤固化温度最晚,塑性温度区间最窄。在配煤炼焦时,中等挥发的强黏煤起重要作用,它可以与各类煤在结焦过程中结合良好,从而获得优质焦炭。这种以多种煤互相搭配、胶质体彼此重叠的配煤原理,曾长期指导苏联和我国的配煤技术。

（2）互换性原理　根据煤岩学原理,煤的有机质可分为活性组分(黏结组分)和非活性组分(惰性组分)两类。煤的吡啶抽提物为黏结组分,要求有一定的数量,标志煤黏结能力的大小;残留部分为纤维质组分(相当于惰性组分),要求有一定的强度,它决定焦炭的强度。要制得强度好的焦炭,配煤的黏结组分和纤维质组分应有适宜的比例,而且纤维质组分应有足够的强度。当配煤的比例达不到相应要求时,可以添加黏结剂或瘦化剂的办法加以调整。

（3）共炭化原理　随着焦炭光学结构的研究,把共炭化的概念用于煤与沥青类有机物的炭化过程,以考察沥青类有机质与煤配合后炼焦对改善焦炭质量的效果。共炭化产物与单独炭化相比,焦炭的光学性质有很大差异,合适的配煤料(包括添加物存在)在共炭化时,由于塑性系统具有足够的流动性,使中间相有适宜的生长条件,或在各种煤料之间的界面上,或使整体煤料炭化后形成新的连续的光学各向异性焦炭组织,它不同于各单个煤单独炭化时的焦炭光学组织。

共炭化原理认为煤与沥青类物质共炭化时,在沥青和基础煤的界面上能形成一种由扩散相所组成的"中间光学结构",它可以强化界面的结合;不同性质的沥青对同一种煤或同一种沥青对不同性质的煤都具有不同的改质性能;好的改质黏结剂应是芳碳率适度,单元结构中有一定环烷烃,残碳率较高,含氧、硫、喹啉不溶物等低;通常低挥发分煤加沥青改质后光学组织的各向异性程度降低,高、中挥发分煤加沥青后焦炭的光学各向异性程度升高,沥青对无烟煤及煤中惰性成分基本无改质活性。

4. 煤在炭化室的成焦过程

炭化室是由两侧炉墙供热,所以结焦过程的特点是单向供热,成层结焦,而且成焦过程中的传热性能随炉料状态和温度而变化,图6-1-04给出了成层结焦过程的示意图。

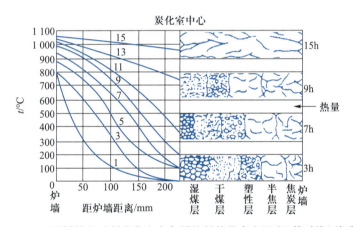

图6-1-04　不同结焦时刻炭化室内各层炉料的状态和温度(等时线)关系图

由图6-1-04可见,在同一时间,离炭化室墙面不同距离的各层炉料因温度不同而处于结焦过程的不同阶段,在装煤后7 h期间,炭化室同时存在湿煤层、干煤层、胶质体层(塑性层)、半焦层和焦炭层等五个层。焦炭总是在靠近炉墙处首先生成,而后逐渐向炭化室中心推移。当炭化室中心焦饼达到结焦温度时,炭化室结焦才结束,这时炭化室中心温度可以作为整个炭化室焦炭成熟的温度,也称炼焦最终温度,一般该温度为950~1 050 ℃。

炭化室同时进行着成焦的各个阶段,因此半焦收缩时相邻两层间存在收缩梯度,也即相邻层间温度不同,收缩值的大小不同,故存在收缩应力而引起焦饼产生裂纹。另外,由于炭化室内各部位半焦收缩时的加热速率不相同,故产生的收缩应力也不同,在靠近炉墙处,加热速率快,收缩应力大,导致焦饼产生裂纹网多,形状似菜花,常称为焦花。成熟的焦饼中心有一条焦缝,这是由于炭化室两侧同时加热,两侧同时固化收缩所致,又称为中心裂纹。

　　煤结焦过程的气态产物大部分是在塑性温度区间,特别是在固化温度以上产生的。当煤受热时在两侧形成胶质层,胶质层的透气性又差,这时干煤层热解生成的气态产物和塑性层产生的气态产物的一部分从塑性层的内侧和顶部流经炭化室顶部空间排出,这部分气体称"里行气",占气态产物总量的 10%~25%。塑性层内产生的气态产物中的大部分及半焦层内产生的气态产物则穿过高温焦炭层裂缝,沿焦饼与炭化室墙之间的缝隙向上流经炭化室顶部空间而排出,这部分气体产物称"外行气",占气态产物的75%~90%。

　　由煤层、塑性层和半焦层内产生的气态产物称为一次热解产物,一次热解产物在流经焦炭层、焦饼与炉墙间隙及炭化室顶部空间时,因受到高温作用发生二次热解反应,尤其是外行气,经受炽热焦炭时间长,二次热解程度深,对焦化产品的组成有重要影响。

5. 现代焦炉设备

　　图 6-1-05 是我国 JN60-87 焦炉示意图。焦炉由炭化室、燃烧室、蓄热室、斜道区和炉顶区所组成,蓄热室以下为基础与分烟道。煤在炭化室进行干馏,煤气在燃烧室燃烧,炭化室和燃烧室依次相间。它们的隔墙要严格防止干馏煤气泄漏,并能迅速传递干馏所需的热能。燃烧室墙面平均温度为 1 300 ℃,炭化室平均温度为 1 100 ℃,局部地区的温度还要高些。在这样的高温下,炉墙还要承受重力和干馏煤气与灰渣的侵蚀。此外还要经受煤料的膨胀压力及推焦压力。为此焦炉的炉墙都用异型硅砖砌筑,燃烧室各火道间的隔墙还起着提高结构强度的作用。为顺利推焦,炭化室水平截面呈梯形,出焦的焦侧宽度大于推焦机侧,两者差值称为炭化室锥度;燃烧室的机侧和焦侧宽度恰好与此相反,故机侧和焦侧炭化室中心距离是相同的。

设备

焦炉炉组

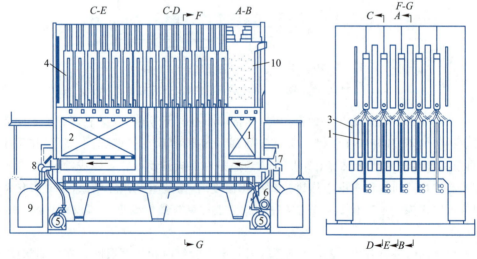

图 6-1-05　我国 JN60-87 焦炉示意图
1—空气蓄热室;2—废气蓄热室;3—贫气蓄热室;4—立火道;5—贫煤气管;6—富煤气管;
7—空气入口;8—废气出口;9—烟道;10—炭化室

　　每座焦炉的燃烧室都比炭化室多一个。燃烧室用隔墙分成若干个立火道,以便控制燃烧室温度从机侧到焦侧温度逐渐升高。一般复热式(可用焦炉煤气或发生炉煤气)焦炉,每个立火道底部有两个斜道出口和一个喷嘴。用焦炉煤气加热时,斜道口走空气,喷嘴走焦炉煤气。当用发生炉煤气(或高炉煤气),两个斜道口一个走空气,另一个走煤气。立火道间的相互连接关系有多种形式,如双联立火道式,一个上升煤气和空气,并在其中燃烧,高温废气从火道中间隔墙上方的跨越孔流入相邻火道而下降,每隔 20~30 min 换向一次。由于燃烧火焰高度是有限的,为了改善高度方向加热的均匀性,有许多办法:高低灯头、不同隔墙厚度、分段加热和废气循环。所谓分段加热,是在火道不同高度设置几个空气出口,使煤气在不同高度与空气混合燃烧。所谓废气循环是在火道隔墙下部设置循环孔,利用上升和下降气流的浮力差及火道出口的喷射力,将废气抽回上升立火道,拉长火焰。

由图 6-1-05 可见,燃烧室顶端高度低于炭化室,二者之差称为加热水平高度,这是为了降低炭化室空间温度,控制炉顶的二次热分解反应。

斜道区位于蓄热室与燃烧室之间,是连接燃烧室和蓄热室的通道。每个立火道下面有两个斜道,复热式还有一条砖煤气道。斜道区各通道中各走各的气体,压力不同,不允许窜漏。斜道区的温度为 1 000~1 200 ℃。

蓄热室位于焦炉炉体下部,其上经斜道与燃烧室相连,其下经废气盘分别与分烟道、贫煤气管道及大气相通。蓄热室内放格子砖,用以回收燃烧废气的热量,并预热贫煤气与空气。使废气温度从 1 000 ℃ 左右降至 400 ℃ 以下,而使贫煤气或空气预热到 1 000 ℃ 以上。每座焦炉蓄热室半数处于下降气流用于回收烟气显热,半数处于上升气流用来预热燃烧的空气或贫煤气,每隔 20~30 min 换向一次。

炉顶区设有装煤孔、看火孔等。蓄热室下部设有分烟道,蓄热室下降废气分别汇集到机侧或焦侧的分烟道,再进入总烟道,导入烟囱底部,借烟囱抽力排入大气。焦炉机械有加煤车、推焦机、拦焦车和熄焦车。煤由炉顶加煤车加到炭化室,炭化室两端有炉门。炼好的炙热焦炭由在机侧的推焦车推出、在焦侧沿拦焦车落入熄焦车内,然后运至熄焦塔下赤热焦炭用水熄火,然后放到焦台。当采用干法熄焦方法时,赤热焦炭运至熄焦塔内用惰性气体冷却,并回收热能。

6. 高温炼焦技术的发展

(1)焦炉的大型化与提效 高炉容积的增大也要求焦炉增加生产能力,同时焦炉大型化具有基建投资省、劳动生产率高、占地面积小、维修费用低、热工效率高和焦炭质量改善等一系列的优点,因此已成为焦炉发展的必然趋势。焦炉大型化主要是提高炭化室的高度,并适当增加长度。国内外已设计和建设了炭化室高度为 7~8 m 焦炉。现有资料综合比较分析显示,炭化室的最佳高度为7.5 m 左右,这时焦炉的单位投资费用最低,过高不仅增加投资,也给操作带来困难。表 6-1-11 是国内外一些焦炉炭化室的结构尺寸。

表 6-1-11 国内外焦炉炭化室的结构尺寸

厂名	鞍钢	北焦	宝钢	日本福山	俄罗斯	日本扇岛	兖矿大焦化
炉型	JN50	JN60	新日铁	奥托	ΠBP	斯蒂尔	凯泽斯图尔3#

续表

炭化室高/mm	5 000	6 000	6 000	6 500	7 000	7 550	7 630
炭化室中心距/mm	1 143	1 300	1 300	1 300	—	1 550	1 650
炭化室平均宽/mm	430	450	450	430	410	450	623
炭化室锥度/mm	50	60	60	70	—	76	50
炭化室全长/mm	14 080	15 980	15 700	15 430	16 000	17 090	18 560
炭化室有效容积/m³	26.84	38.5	37.7	39	41.6	52.3	78.84
炭化室装煤量/t	20.13	28.5	28.7	28.7	29.16	38	约 65

　　为提高焦炉的生产率必须强化炉墙的传热强度,缩短结焦时间,以提高生产能力。提高火道温度可以强化生产,但受到提高耐火材料耐温性能的限制。目前主要的措施是提高炉墙的热导率和减薄炉墙厚度。例如,采用致密硅砖,使热导率提高 10%~20%。有试验数据表明,炉墙厚度减薄 10 mm,结焦时间可缩短 1 h。目前国内新建的炭化室炉墙厚度为 90 mm 左右。

　　(2)炼焦新技术　为了扩大炼焦用煤来源,在配煤中增加弱黏结煤和不黏结煤的比例,是研究的主要方向。具体方法有:捣固炼焦、煤的炉外预热或干燥、配型煤和添加黏结剂等。

　　把配煤用捣固机捣实成体积略小于炭化室的煤饼后,推入炭化室炼焦,称捣固炼焦。煤饼的堆密度可由原来散装煤的 0.7~0.75 t·m⁻³ 提高到 0.95~1.15 t·m⁻³,通过这种方法可扩大气煤的用量,并使焦炭强度符合要求。

　　把煤预热到 200~250 ℃ 后装炉或把煤料干燥到 w(水分)≈5% 装炉,可增加装炉煤的堆密度,改善黏结性,这主要是由于煤粒间摩擦力减少,煤粒流动性增加的缘故;同时还可减少焦化废水量。

　　在配煤中强黏煤配入少的情况下,添加黏结剂可以增加配煤的黏结性,增加煤料在塑性阶段中液体含量,可提高炉料的黏结性。黏结剂有煤焦油沥青或石油沥青。

四、焦化产品的回收和加工

　　煤炼焦时,约有 75% 变成焦炭,还有 25% 转变成多种化学产品和煤气。回收这些化学产品,既能综合利用煤炭资源,又能减少环境污染,促进国民经济的发展。有的国家生产的焦化产品品种已达 500 种以上,我国也从焦炉煤气、粗苯和煤焦油中提炼出上百种产品。

1. 炼焦煤气的分离和利用

　　(1)煤焦化学产品的组成和收率　焦化产品的组成和收率随炼焦温度和原煤性质的不同而变化,在一般的炼焦工业生产条件下,各种产物的收率(对于煤的质量分数 w)为:焦炭 70%~78%;净焦炉煤气 15%~19%;焦油 3%~4.5%;热解水 2%~4%;苯族烃 0.8%~1.4%;氨 0.25%~0.35%;其他 0.9%~1.1%。热解水主要指煤有机质热分解生成的水。刚出炭化室的焦炉煤气称为荒煤气,荒煤气中水蒸气来自热解水及煤的物理水,荒煤气中除净煤气外的主要组成为(单位:g·m^{-3}):水蒸气 250~450;焦油气 80~120;苯族烃 30~45;氨 8~16;硫化氢 6~30;其他硫化物 2~2.5;氰化物 1.0~2.5;萘 8~12;吡啶盐基 0.4~0.6。

净煤气组成为(φ/%):H$_2$ 54~59;CH$_4$ 24~28;CO 5.5~7;N$_2$ 3~5;CO$_2$ 1~3;C$_n$H$_m$ 2~3;O$_2$ 0.3~0.7。净煤气的低热值为 17 580~18 420 kJ·m^{-3},密度为 0.45~0.48 kg·m^{-3}。

煤气收率 Q/%,焦油收率 x/% 和苯族烃收率 y/%,可分别由煤料干燥无灰基挥发分 V_{daf} 按下列方程计算:

$$Q = a\sqrt{V_{daf}} \quad (\text{气煤 } a = 3,\text{焦煤 } a = 3.3)$$
$$x = -18.36 + 1.53V_{daf} - 0.026V_{daf}^2$$
$$y = -1.6 + 0.144V_{daf} - 0.001\,6V_{daf}^2$$

(2)典型的回收与加工化学产品的流程 炼焦厂都将荒煤气进行冷却冷凝以回收焦油、氨、硫、苯族烃等化学产品,同时又净化了煤气。国内外的回收与加工流程分为正压操作和负压操作两种。

① 正压操作的焦炉煤气处理系统 图 6-1-06 是钢铁厂自用的处理系统流程图。鼓风机位于初冷器后,在风机之后的全系统均处于正压操作,此流程国内应用广泛。煤气经压缩之后温升 50 ℃,故对选用饱和器法生产硫铵(需 55 ℃)和弗萨姆法回收氨系统特别适用。

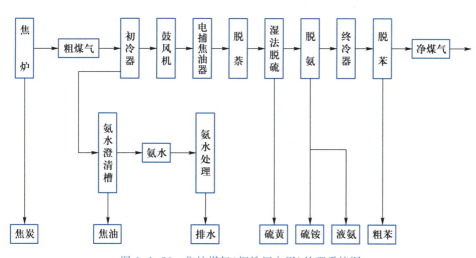

图 6-1-06 焦炉煤气(钢铁厂自用)处理系统图

② 负压操作的焦炉煤气处理系统 负压操作的区别是鼓风机放在脱苯后,无煤气终冷系统,减少了低温水用量,总能耗有所降低,缺点是煤气中各组分的分压下降,减少了吸收推动力,且要求所有设备管道加强密封,以免空气漏入。

(3)荒煤气的初步净化

① 荒煤气的初冷 焦炉煤气从炭化室上升管逸出时温度为 650~800 ℃,它的冷却分成两步,先在集气管和桥管中用 70~75 ℃ 的循环氨水喷洒,使煤气冷到 80~85 ℃,煤

气中 60% 的焦油蒸气被冷凝下来，然后再在煤气初冷器中进一步冷却到 25~35 ℃ 或低于 25 ℃。初冷工艺流程见图 6-1-07。

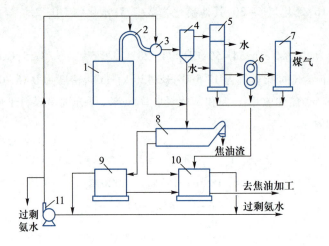

图 6-1-07　初步冷却工艺流程图
1—焦炉；2—桥管；3—集气管；4—气液分离器；5—初冷器；6—鼓风机；
7—电捕焦油器；8—油水澄清槽；9,10—储槽；11—泵

每吨煤炼焦产荒煤气 480 m³，其中煤气占 75%，水蒸气占 23.5%，焦油与苯蒸气占 1.5%。氨水喷洒量 5~6 m³/t(煤)，主要靠氨水蒸发降温，蒸发量 2%~3%。冷凝下来的是重质焦油，为了使重质焦油能在集气管内与氨水一起流动，喷洒氨水量大大过量。

入初冷器的荒煤气含 φ(水蒸气)≈50%，经初冷器可脱去总水量的 92%~95%，出初冷器煤气被水饱和。初冷器常采用立管式或横管式间冷器。管间走煤气，管内走冷却水，冷却水出口温度为 40~45 ℃，冷却水可直接排放或送凉水架冷到 25 ℃ 再循环使用。当生产浓氨水时，为使初冷器出口煤气温度低到 20 ℃，可采用两段初冷器。在第一段煤气被冷却到 45 ℃，在第二段再用 18 ℃ 低温水使煤气冷却到 20~25 ℃。

② 煤气输送　一般采用离心式鼓风机。鼓风机前最大负压为 -5~-4 kPa，机后压力为 20~30 kPa。鼓风机设置在初冷器后，具有吸入煤气体积小和处于负压操作的设备及煤气管道少等优点。

③ 焦油雾的脱除　初冷器后煤气中含焦油 2~5 g/m³，鼓风机后仍残留 0.3~0.5 g/m³，粒子也很小，大小为 1~17 μm，需进一步除去。目前广泛采用电捕焦油器，它是利用电晕原理来除去焦油雾的，电压 30~80 kV，耗电约 1 kW·h/[1 000 m³(煤气)]，脱除后焦油含量 <50 mg/m³。为安全起见，电捕焦油器设置在鼓风机的后方。

④ 萘的脱除　在鼓风机后煤气含萘量为 1.3~2.8 g/m³。焦化厂多采用填料塔焦油洗萘的方法，洗萘后煤气含萘量 <0.5 g/m³。有两种油洗萘工艺，一种是煤气的最终冷却与洗萘同时进行，简称冷法油洗萘，另一种是煤气在终冷前洗萘，简称热法油洗萘，前者洗萘温度低，除萘效果好。洗萘油的含萘量是影响洗萘效果的关键，焦油洗油允许含萘量为 w(萘)=7%~10%，若用轻柴油洗萘，其允许含萘量为 w(萘)=5%~6%。

（4）氨与吡啶的回收　初冷器后煤气中含氨量为 4~8 g(氨)/m³，沸点较低的轻吡啶的盐基(包括吡啶、甲基吡啶等)几乎全部留在煤气中。氨与吡啶都是碱性的，能溶于

酸中,发生以下反应:

$$NH_3+H_2SO_4 \Longrightarrow NH_4HSO_4$$

$$NH_4HSO_4+NH_3 \Longrightarrow (NH_4)_2SO_4$$

$$C_nH_{2n-5}N+H_2SO_4 \Longrightarrow C_nH_{2n-5}N \cdot H_2SO_4$$

为了减少盐类水解,吸收温度要低于 60 ℃,并用硫酸过量的溶液。

目前我国焦化厂主要通过生产硫酸铵回收煤气中氨,硫酸铵可用作化肥。其中多数采用饱和器法,少数采用无饱和器法,生产硫酸铵的成本高。

饱和器法生产硫酸铵的工艺流程见图 6-1-08。去除焦油雾后的煤气进入预热器预热到 60~70 ℃,然后进入饱和器。热煤气从饱和器中央煤气管进入,经泡沸伞穿过母液层鼓泡而出,经饱和器后,煤气中含氨 0.02~0.03 g(氨)/m³,含吡啶盐基 0.015~0.05 g(吡啶盐基)/m³,然后进入除酸器,分离出夹带的酸雾后进入后一工序。硫酸铵结晶沉于饱和器的锥底部,用泵送到结晶槽,结晶槽溢流母液又回到饱和器,硫酸铵结晶浆液用离心机分出结晶,结晶含水 1%~2%,经干燥脱水后送往仓库。正常操作时,母液中 w(硫酸)= 4%~6%,生产吡啶时母液温度 55~60 ℃。

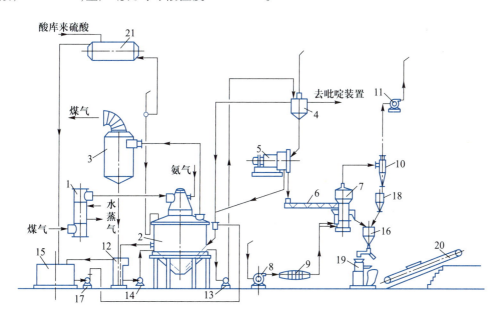

图 6-1-08 饱和器法生产硫酸铵的工艺流程图

1—煤气预热器;2—饱和器;3—除酸器;4—结晶槽;5—离心机;6—螺旋输送机;7—沸腾干燥器;8—送风机;
9—热风机;10—旋风分离器;11—排风机;12—满流槽;13—结晶泵;14—循环泵;15—母液储槽;16—硫酸铵储斗;
17—母液泵;18—细粒硫酸铵储斗;19—硫酸铵包装;20—胶带运输机;21—硫酸高置槽

无水氨生产工艺流程见图 6-1-09。

煤气由空喷吸收塔底部进入,塔顶喷下 50~55 ℃的贫磷铵液。吸收塔底部排出的富液大部分用于循环,取富液总量的 3%~4% 去解吸。需再生富液先在泡沫浮选除焦油器中分离出焦油泡沫,再在脱气塔脱去酸性气体,然后在解吸塔内用 1.6 MPa 直接水蒸气吹蒸,脱氨后贫液温度 196 ℃,经与富液换热后进吸收塔吸氨。解吸塔顶得到 w(氨)>18%的氨水,氨水再经精馏制取无水氨。

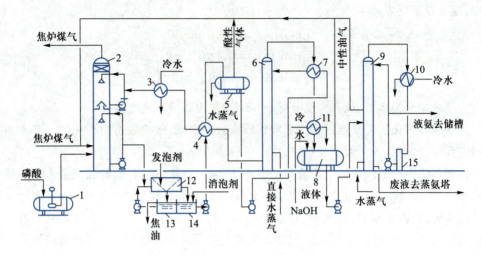

图 6-1-09　无水氨生产工艺流程图

1—磷酸槽；2—吸收塔；3—贫液冷却器；4—贫富液换热器；5—脱气器；6—解吸塔；7—氨气/富液换热器；

8—精馏塔原料槽；9—精馏塔；10—无水氨冷凝冷却器；11—氨气冷凝冷却器；12—泡沫浮选除焦油器；

13—焦油槽；14—溶液槽；15—液氨中间槽

硫酸铵饱和器中吡啶碱浓度小于 20 g(吡啶碱)/L,而在无饱和器法的母液中吡啶碱浓度为 100~150 g(吡啶碱)/L。从母液中提吡啶碱,是用氨气中和母液中的游离酸,使酸式盐变成中式盐,反应方程式为

$$C_5H_5NHHSO_4 + 2NH_3 \Longrightarrow (NH_4)_2SO_4 + C_5H_5N$$

由于进行中和反应的中和器反应温度为 100~105 ℃,所以吡啶碱和水蒸气从中和器顶部排出,经冷凝得到粗吡啶馏分,其中 w(吡啶碱)= 75%~80%,送往粗吡啶精制工段。

(5) 粗苯回收　焦炉煤气中一般含苯族烃 30~45 g(苯族烃)/m³,经脱氨后的煤气需进行苯族烃的回收。粗苯主要含苯、甲苯、二甲苯和三甲苯等组分,各主要组分均在 180 ℃前馏出,要求 180 ℃前馏出量为粗苯总量的 93%~95%,180 ℃后馏出物称为溶剂油。

① 用洗油吸收煤气中的苯族烃煤气经最终冷却塔冷却到 25~27 ℃后,依次通过两个洗苯塔,塔顶喷洒温度为 27~30 ℃的洗油,塔后煤气中苯族烃的含量一般为 2 g(苯族烃)/m³。从煤气中吸收苯族烃的工艺流程见图 6-1-10。焦油洗油是煤焦油中 230~300 ℃的馏分,石油洗油是轻柴油。吸苯塔常为填料塔,吸苯后的洗油中 w(苯)= 2.5% 称为富油,富油经脱苯装置脱苯后称为贫油,再循环使用。

② 富油脱苯,国内外广泛采用管式炉加热富油脱苯法。用管式炉加热富油到 180~190 ℃后进入脱苯塔,贫油中 w(苯)= 0.1%左右。图 6-1-11 是生产轻苯和重苯两种苯的流程。在脱苯塔用直接水蒸气脱苯,脱苯塔顶送出的粗苯蒸气经分凝器进入两苯塔,两苯塔塔顶逸出的 73~78 ℃轻苯蒸气经冷凝冷却,油水分离后,部分轻苯送回到塔顶回流,其余作为产品产出。两苯塔塔底排出重苯。

(6) 粗苯精制　粗苯中主要组分的质量分数为苯(55%~75%)、甲苯(11%~22%)、

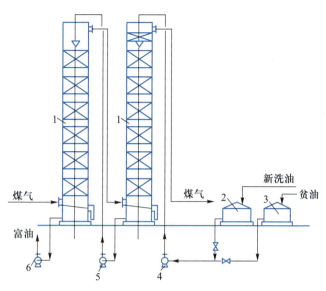

图 6-1-10　从煤气中吸收苯族烃的工艺流程图

1—洗苯塔;2—新洗油槽;3—贫油槽;4—贫油泵;5—半富油泵;6—富油泵

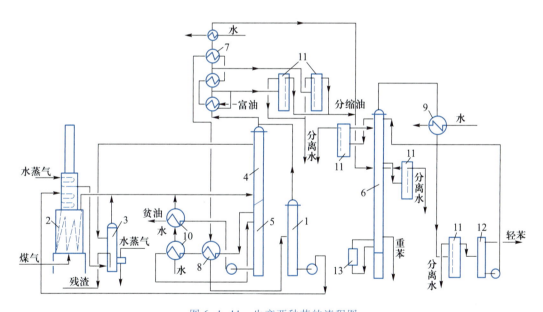

图 6-1-11　生产两种苯的流程图

1—脱水塔;2—管式炉;3—再生器;4—脱苯塔;5—热贫油槽;6—两苯塔;7—分凝器;8—换热器;
9—冷凝冷却器;10—冷却器;11—分离器;12—回流柱;13—加热器

二甲苯(2.5%~6%)、三甲苯和乙基甲苯(1%~2%),苯同系物总量占 80%~95%。此外还有不饱和化合物占 5%~15%(如环戊二烯、古马隆、茚及苯乙烯等),硫化物占 0.2%~2.0%(如 CS_2、噻吩及其同系物等),饱和烃为 0.3%~2%(如环己烷、庚烷等),以及萘、酚、吡啶等。

粗苯精制的目的是为了得到苯、甲苯和二甲苯等产品,常称 BTX。精制方法主要有酸洗精制和加氢精制,前者曾在我国焦化厂得到广泛的应用,现在逐渐被淘汰;后者用于我国大型焦化厂粗苯加工,新建的大型粗苯加工装置常采用此工艺。这里仅介绍加氢精制。

将轻苯或 BTX 混合馏分进行催化加氢净化,然后对加氢油再精制处理得到高纯度苯类产品。它不仅可产出噻吩含量 $w(噻吩)<0.0001\%$,结晶点温度高于 $5.4\ ℃$ 的纯苯,而且苯类产品收率高,无环境污染,在国内外已广泛使用。

加氢工艺主要有:

① 鲁奇法　采用 Co—Mo 催化剂,反应温度 $360\sim380\ ℃$,压力 $4\sim5\ MPa$,以焦炉煤气或纯氢为氢源,加氢油通过精馏分离,得到苯、甲苯、二甲苯和溶剂油,产品收率可达 $97\%\sim99\%$。

② 莱托法(Litol 法)　采用三氧化铬为催化剂,反应温度 $600\sim650\ ℃$,压力 $6.0\ MPa$。由于苯的同系物加氢脱烷基转化为苯,苯的收率达 114% 以上,可制得合成用苯,纯度达 99.9%。

两种加氢工艺前者为低温加氢,后者属高温加氢。下面介绍莱托法。

莱托法发生的主要反应:

a. 脱硫反应

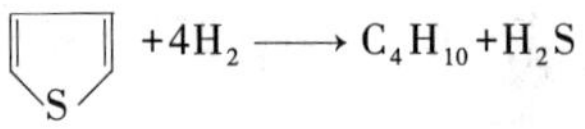

$$\text{(噻吩)} + 4H_2 \longrightarrow C_4H_{10} + H_2S$$

可使噻吩脱到 $w(噻吩) = (0.3\pm0.2)\ \mu g\cdot L^{-1}$。

b. 脱烷基反应

$$C_6H_5R + H_2 \longrightarrow C_6H_6 + RH$$

c. 饱和烃加氢裂解　烷烃与环烷烃几乎全部裂解成低分子烷烃。

$$C_6H_{12} + 3H_2 \longrightarrow 3C_2H_6$$
$$C_7H_{16} + 2H_2 \longrightarrow 2C_2H_6 + C_3H_8$$

d. 环烷烃脱氢

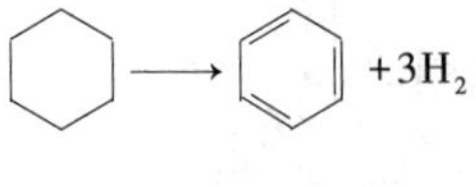

$$\text{(环己烷)} \longrightarrow \text{(苯)} + 3H_2$$

e. 不饱和烃加氢

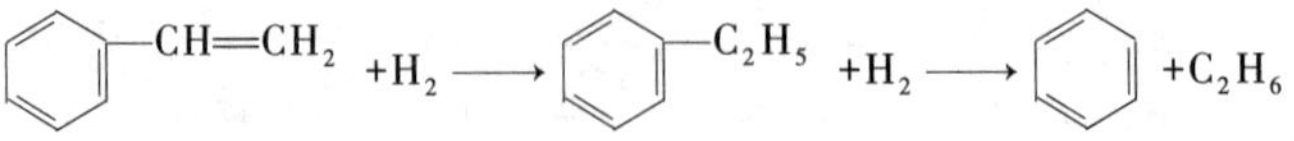

$$\text{(苯乙烯)} + H_2 \longrightarrow \text{(乙苯)} + H_2 \longrightarrow \text{(苯)} + C_2H_6$$

f. 脱氧和脱氮

$$C_6H_5OH + H_2 \longrightarrow C_6H_6 + H_2O$$
$$C_5H_5N + 5H_2 \longrightarrow C_5H_{12} + NH_3$$

因此,加氢精制可将烯烃、有机硫化物、含氮化物转化成相应的饱和烃除去。

莱托法工艺流程见图 6-1-12。它包括:粗苯预蒸馏得轻苯,轻苯加氢,加氢油精制,制氢系统。加氢过程分成两步,先用 Co—Mo 催化剂预加氢,使苯乙烯变成乙苯,再在两个加氢反应器中用催化剂 Cr_2O_3-Al_2O_3 完成加氢反应。加氢产物精制系统包括稳定塔、白土塔和苯精馏塔等。稳定塔分离掉小于 C_4 的烃类及 H_2S。白土精制去除微量不饱和化合物。苯精馏塔制得纯度为 99.9% 的纯苯。

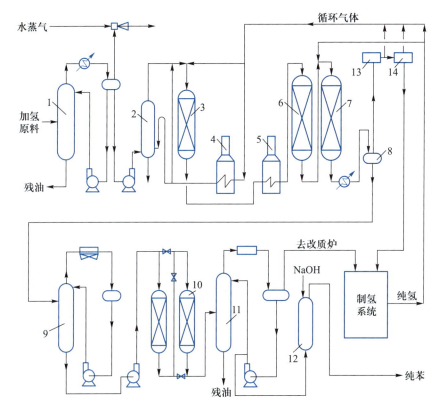

图 6-1-12　轻苯加氢精制工艺流程图
1—两苯塔；2—蒸发器；3—预反应器；4—循环气体加热炉；5—加氢原材用管式炉；6—第一加氢反应器；
7—第二加氢反应器；8—高压闪蒸器；9—稳定塔；10—白土塔；11—苯精馏塔；
12—碱处理槽；13—H_2S 脱除系统；14—氢精制系统

制氢气体是来自加氢反应器后的含氢气体，除氢外还含有 CH_4 和 H_2S 等，CH_4 是过程产物，也是制氢的原料，采用水蒸气催化重整工艺，使 CH_4 转化成 CO 和氢，CO 再变换转化为 H_2 和 CO_2。

（7）煤气中硫化氢与氰化氢的脱除　焦炉煤气中含硫量约 6 g（硫）$/m^3$，含氰化氢为 $0.5 \sim 1.5$ g（氰化氢）$/m^3$。脱硫方法分干法与湿法两种，干法占地面积大，设备笨重，一般先用湿法再用干法净化。这些方法在脱硫的同时能脱除氰化氢。

① 干法脱硫　常用的氢氧化铁干式脱硫可使焦炉煤气达到较高净化度[$1 \sim 2$ mg$/m^3$（煤气）]。干式脱硫所用脱硫剂中含 w（氧化铁）$>50\%$ 的氧化铁，其中活性氧化铁占 70% 以上，加入木屑作为疏松剂，再加入 w（熟石灰）$= 0.5\% \sim 1.0\%$ 的熟石灰，使 pH 为 $8 \sim 9$。

当含有 H_2S 的煤气通过脱硫剂时发生脱硫反应，当与空气接触并有足够水分时脱硫剂又获再生，反应式如下：

脱硫反应　　　　　　　　　　$2Fe(OH)_3 + 3H_2S \longrightarrow Fe_2S_3 + 6H_2O$

$$Fe_2S_3 \longrightarrow 2FeS+S\downarrow$$

$$Fe(OH)_2+H_2S \longrightarrow FeS+2H_2O$$

再生反应

$$2Fe_2S_3+3O_2+6H_2O \longrightarrow 4Fe(OH)_3+6S\downarrow$$

$$4FeS+3O_2+6H_2O \longrightarrow 4Fe(OH)_3+4S\downarrow$$

其中 Fe_2S_3 生成反应与两个再生反应是主要反应,最适宜的温度是 $28\sim30\ ℃$,脱硫剂水分不小于 30%,脱硫剂的 pH=8~9。当脱硫剂含 $w(硫黄)=30\%\sim40\%$ 的硫黄时需要更换脱硫剂。

② 改良 A.D.A 法　又称改良蒽醌二磺酸法,是成熟的氧化脱硫法,脱硫效率可达 99.5% 以上。脱硫液是在稀碳酸钠溶液中添加等比例的 2,6-蒽醌二磺酸和 2,7-蒽醌二磺酸(A.D.A)的钠盐而成,为了改进操作又添加了适量的酒石酸钾钠($NaKC_4H_4O_6$)及含 $w(NaVO_3)=0.12\%\sim0.28\%$ 的偏矾酸钠,故称改良 A.D.A 法。

改良 A.D.A 法工艺中发生的主要脱硫反应为

$$H_2S+Na_2CO_3 \longrightarrow NaHS+NaHCO_3$$

$$2NaHS+4NaVO_3+H_2O \longrightarrow Na_2V_4O_9+4NaOH+2S\downarrow$$

$$Na_2V_4O_9+2A.D.A(氧化态)+2NaOH+H_2O \longrightarrow 4NaVO_3+2A.D.A(还原态)$$

上述反应在脱硫塔内完成。还原态的 A.D.A 在再生塔中通入空气氧化再生为氧化态:

$$2\ \text{(还原态 A.D.A)} +O_2 \longrightarrow 2\ \text{(氧化态 A.D.A)} +2H_2O$$

（还原态 A.D.A）　　　　　　　　（氧化态 A.D.A）

此外在反应中还有:

$$NaHCO_3+NaOH \longrightarrow Na_2CO_3+H_2O$$

可见偏矾酸钠、A.D.A 和碳酸钠都可再生,供循环利用。煤气中 HCN 也能与 Na_2CO_3 反应生成 NaCN,随后又反应生成 NaCNS。

在改良 A.D.A 工艺流程中主要有脱硫塔和再生塔(或用氧化槽);硫黄可以熔融硫形式加以回收。

③ 萘醌法　这也是一种效率很高的方法,脱硫效率可达 99% 以上。有钠法与氨法两种,这里介绍 NH_3-Takahax 法。它包括湿法脱硫及脱硫废液处理(Hirohax 湿式氧化法)两部分。

脱硫液为含有 1,4-萘醌-2-磺酸铵(用作催化剂,表示成 NQ)的碱性溶液,碱源为煤气中氨,即用氨水吸收硫化氢和氰化氢。在脱硫塔进行的反应为

$$NH_4OH+H_2S \longrightarrow NH_4HS+H_2O$$

$$NH_4OH+HCN \longrightarrow NH_4CN+H_2O$$

$$NH_4HS + \text{(氧化态)} + H_2O \longrightarrow NH_4OH + S\downarrow + \text{(还原态)}$$

（氧化态）　　　　　　　　　　　　　　　　　　（还原态）

在再生塔吹入空气,在催化剂(NQ)作用下氧化再生,这时发生反应为

$$NH_4HS + 0.5O_2 \xrightarrow{NQ} NH_4OH + S\downarrow$$

$$NH_4CN + S \longrightarrow NH_4SCN$$

$$NQ(还原态) + 0.5O_2 \Longleftrightarrow NQ（氧化态）+ H_2O$$

再生时还发生副反应：

$$2NH_4HS + 2O_2 \xrightarrow{NQ} (NH_4)_2S_2O_3 + H_2O$$

$$NH_4HS + 2O_2 + NH_4OH \xrightarrow{NQ} (NH_4)_2SO_4 + H_2O$$

萘醌法流程见图 6-1-13。中间煤气冷却器由预冷段、洗萘段和终冷段三段空喷塔构成,煤气在预冷段冷却到 38 ℃后在中段用洗油洗萘,确保在终冷时无萘析出,煤气在终冷段被冷却到 36 ℃。脱硫塔把煤气中 H_2S,HCN 和 NH_3 吸收下来,在再生塔内硫氢根离子被氧化成硫黄和铵盐。经过再生的溶液从再生塔顶自流入脱硫塔循环使用。

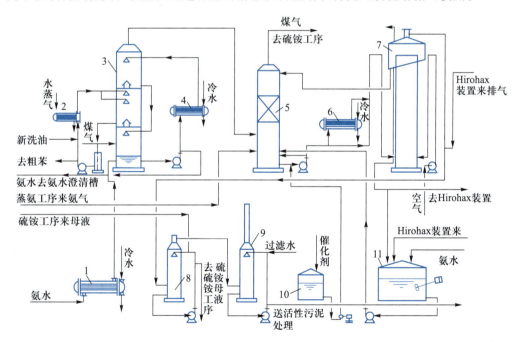

图 6-1-13　萘醌法工艺流程图

1—第一冷却器；2—吸收油加热器；3—中间煤气冷却器；4—第二冷却器；5—脱硫塔；6—吸收液冷却器；
7—再生塔；8—第一洗净塔；9—第二洗净塔；10—催化剂槽；11—吸收液槽

为了降低脱硫吸收液中硫化物与氰化物含量,从循环液中取出一部分进行废液处理。上海宝钢采用湿式氧化法(Hirohax),在反应器压力 7.5 MPa 和温度 275 ℃条件下,

使脱硫液中硫化物、含氰化物及悬浮硫等完全氧化转化成硫酸铵母液,作为硫酸铵工段的原料,不存在二次污染。

本方法利用煤气中的 H_2S,HCN 和 NH_3 互为吸收剂而共同除去。制取硫酸铵利用了煤气中的硫,可使硫酸铵工段酸耗降低 60%左右。过程中不用 Na_2CO_3,也无二次污染。但此法也存在脱硫循环液量大,废液处理需采用高温高压设备,耗电量大等缺点。

2. 煤焦油的深加工

这里讨论的是在 1 000 ℃左右煤炼焦所得的高温煤焦油,简称煤焦油。在常温下煤焦油是一种相对密度为 1.17~1.19 的黑褐色黏稠液体。

(1)煤焦油的化学组成 煤焦油组成中包括了如苯、苯酚这样低相对分子质量的简单物质,直到甚至在真空下也不易蒸发的,相对分子质量达数千的非常复杂物质,因此是一种十分复杂的混合物。煤焦油中有机化合物估计超过万种,已被鉴定的约有五百多种。煤焦油化学组成特点:① 主要是芳香族化合物,而且大多数是两个环以上的稠环芳香族化合物,而烷烃、烯烃和环烷烃化合物很少;② 还有杂环的含氧、含氮和含硫化合物;③ 含氧化合物如呈弱酸性的酚类及中性的古马隆、氧芴等;④ 含氮化合物主要包括弱碱性的吡啶、喹啉及它们的衍生物,还有吡咯类的吲哚、咔唑等;⑤ 含硫化合物是噻吩、硫酚、硫杂茚等;⑥ 煤焦油中各种烃的烷基化合物数量甚少,而且它们的含量随着分子中环数增加而减少。

虽然煤焦油中组分复杂多样,但绝大多数组分在煤焦油中的含量不高或极微。在煤焦油中含量占煤焦油总量 1%以上的组分只有 13 种,它们的主要物理性质与含量等列于表 6-1-12。

表 6-1-12 占煤焦油总量 1%以上的各组分的主要物理性质与含量

名称	分子式	结构式	相对分子质量	相对密度 d_4^{20}	沸点 ℃	熔点 ℃	折射率 n_D^{20}	$\dfrac{w}{\%}$
萘	$C_{10}H_8$		128	1.145	218	80	1.582 18	8~12 (10)
菲	$C_{14}H_{10}$		178	1.025	340	100~101	1.656 7	4.5~5.0(5)
荧蒽	$C_{16}H_{10}$		202	1.252	383.5~385.5	109	1.099 6	1.8~2.5(3.3)
芘	$C_{16}H_{10}$		202	1.277	393	148~150	—	1.2~1.8(2.1)

名称	分子式	结构式	相对分子质量	相对密度 d_4^{20}	沸点 $\dfrac{}{℃}$	熔点 $\dfrac{}{℃}$	折射率 n_D^{20}	$\dfrac{w}{\%}$
䓛	$C_{18}H_{12}$		228	—	440~448	254	—	0.65 (2.0)
蒽	$C_{14}H_{10}$		178	1.250	354	216	—	1.2~1.8(1.8)
咔唑	$C_{12}H_9N$		167	—	353~355	245	—	1.2~1.9(1.5)
芴	$C_{13}H_{10}$		166	1.203	295	115	—	1.0~2.0(2.0)
苊	$C_{12}H_{10}$		154	1.024(d^{99})	278	95.3	1.6048 (n_D^{99})	1.0~1.8(2.0)
1-甲基萘	$C_{11}H_{10}$		142	1.025	240~243	-22~-30.8	1.618	0.8~1.2(0.5)
2-甲基萘	$C_{11}H_{10}$		142	1.029	242~245	32.5~35.1	1.60263	1.0~1.8(1.5)
氧芴	$C_{12}H_8O$		168	1.0728	287~288	86	1.6079 ($n_D^{99.3}$)	0.6~0.8(1.0)
甲酚 邻位	C_7H_8O		108	1.0465	191.5	30	1.5453	0.4~0.8(0.8-1.0)
甲酚 间位	C_7H_8O		108	1.0336	202	12.3	1.5398	0.4~0.8(0.8-1.0)
甲酚 对位	C_7H_8O		108	1.0347	202.5	34.8	1.5395	0.4~0.8(0.8-1.0)

（2）煤焦油各个馏分的化学与利用　煤焦油中的组分相当多,难以将其中的组分只经一次加工就分离出来,通常是分步地把煤焦油中的有用组分逐级分离开来。分离的方法一般是蒸馏、萃取和结晶等。图 6-1-14 给出了从煤焦油分离出各主要组分的示意图。

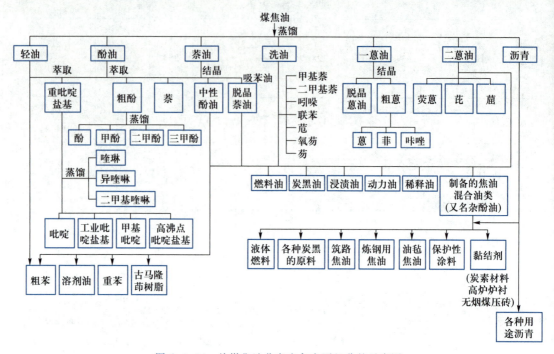

图 6-1-14　从煤焦油分离出各主要组分的示意图

由图 6-1-14 可见,煤焦油通过蒸馏切取的馏分有如下几种:

① 轻油馏分　为 170 ℃前的馏分,收率为 0.4%～0.8%,密度为 0.88～0.90 kg/L,主要含苯族烃,酚的质量分数小于 5%,还含有少量的古马隆和茚等不饱和化合物。

② 酚油馏分　为 170～210 ℃馏分,收率为 1.0%～2.5%,密度为 0.98～1.01 kg/L,含有酚和甲酚,其质量分数为 20%～30%,w(萘)＝5%～20%,w(吡啶碱)＝4%～6%,其余为酚油。

③ 萘油馏分　为 210～230 ℃馏分,收率为 10%～13%,密度为 1.01～1.04 kg/L,主要含萘,w(萘)＝70%～80%,w(酚、甲酚与二甲酚)＝4%～6%,w(重吡啶碱类)＝3%～4%,其余为萘油。

④ 洗油馏分　为 230～300 ℃馏分,收率为 4.5%～6.5%,密度为 1.04～1.06 kg/L,含甲酚、二甲酚及高沸点酚类,w(酚类)＝3%～5%,w(重吡啶碱类)＝4%～5%,w(萘)＜15%,还含有甲基萘及少量的苊、芴、氧芴等,其余为洗油。

⑤ 一蒽油馏分　为 280～360 ℃馏分,收率为 16%～22%,密度为 1.05～1.10 kg/L。w(蒽)＝16%～20%,w(萘)＝2%～4%,高沸点酚类 w(酚类)＝1%～3%,w(重吡啶碱类)＝2%～4%,其余为一蒽油。

⑥ 二蒽油馏分　初馏点 310 ℃,馏出 50%时为 400 ℃,收率为 4%～6%,密度为 1.08～1.12 kg/L,w(萘素)≤3%。

⑦ 沥青馏分　为焦油蒸馏残余物,收率为 54%～56%。

上述各焦油馏分经进一步加工,可分离制取多种产品,所提取的主要产品是:

① 萘　为无色晶体,易升华,不溶于水,易溶于醇、醚、三氯甲烷和二硫化碳,是焦油加工的重要产品。工业萘经氧化制取邻苯二甲酸酐,供生产树脂、工程塑料、塑料增塑剂、染料、医药及油漆。萘也可用于生产农药、植物生长刺激素、塑料与橡胶的防老剂等。

② 酚及同系物　酚是无色结晶,可溶于水和乙醇。酚广泛用于生产树脂、工程塑料、染料、油漆和医药等。甲酚可用于生产合成树脂、增塑剂、防腐剂、防老化剂和香料等。

③ 蒽　蒽是无色片状结晶,有蓝色荧光,不溶于水,能溶于醇、醚、四氯化碳和二硫化碳,主要用于制造蒽醌等染料,还可用于制造合成皮革鞣剂等。

④ 菲　白色带荧光的结晶,可用于制取农药等,在焦油中含量仅次于萘,其应用还有待进一步开发。

⑤ 咔唑　无色小鳞片状晶体,不溶于水,微溶于乙醇、乙醚、丙酮、热苯及二硫化碳等,可用于制造染料和农药。

⑥ 各种油类　前述各馏分提取有关单组分产品后,留下各种油类产品。其中洗油馏分经脱二甲酚和喹啉碱类后得到洗油,主要用作回收苯类的溶剂。提取粗蒽结晶后的一蒽油可用作配制防腐油,其他油类可用于制造油漆的溶剂等。

⑦ 沥青　可用于制造屋顶涂料、防潮层、筑路,生产沥青焦和电极沥青等。

可见煤焦油产品应用广泛。目前世界煤焦油年产量约 2 000 万吨,其中 70% 进行加工精制。国外先进的煤焦油加工厂已从中提取 200 多种产品,德国可从煤焦油制得 500 种不同的化学品。为了从煤焦油中提取量少价高的产品,煤焦油加工趋向于集中加工、大型化生产方向发展。

（3）煤焦油的分离加工工艺

① 焦油加工前的准备　由本厂生产的粗焦油及外厂来焦油均送入油库进行质量均合、初步脱水和脱盐。焦油储槽内设有水蒸气加热器,使焦油温度维持在 70~80 ℃,经静置 36 h 以上,可使焦油中的水初步脱至 $w(水)=2\%\sim3\%$。在焦油蒸馏前的管式炉加热可使焦油最终脱水,$w(水)<0.5\%$。

焦油中的铵盐,受热后会分解,生成游离氨,反应式为

$$NH_4Cl \xrightarrow{220\sim250\ ℃} HCl+NH_3$$

HCl 会严重腐蚀管道和设备,因此需除去。焦油中的水实际是氨水,其中所含挥发性铵盐随脱水除去,而绝大部分固定铵盐仍留在脱水焦油中。生产上采取的脱盐措施是加入质量分数为 8%~12% 的碳酸钠溶液,使焦油中固定铵盐含量小于 0.01 g(固定铵盐)/kg(焦油)。

② 连续焦油蒸馏　目前大型的焦油加工均采用管式炉连续式装置进行焦油蒸馏,常采用一次蒸发操作。焦油在管式炉中很快加热到某一温度,在此温度下,由于加热设备内压力增高,低沸点组分不能完全蒸发,处于过热状态。然后将此焦油引入蒸发器内,由于蒸发空间突然扩大、压力急剧降低,焦油中沸点较低的组分闪蒸,即一次蒸发而分成气液平衡的两相。液相由底部排出,气相进入馏分塔,最后从馏分塔塔顶及各侧线引出各个馏分。

连续焦油蒸馏流程有一塔式和两塔式。一塔式流程如图 6-1-15 所示。在流程中,

原料焦油在焦油储槽中经加热静置脱水后,用泵打入管式炉对流段,在此加热到 120~130 ℃,送到一段蒸发器,进行蒸发脱水。脱水后的焦油进入无水焦油槽,再用泵打入管式炉辐射段,在此加热到 400 ℃ 左右,送入二段蒸发器的蒸发段,在二段蒸发器底部排出沥青,顶部逸出的馏分,进入馏分塔进行分馏。从馏分塔顶提取轻油馏分(95~115 ℃),在侧线自上而下分别提取酚油馏分(165~185 ℃)、萘油馏分(200~215 ℃)、洗油馏分(225~245 ℃)、一蒽油馏分(270~290 ℃),在塔底得二蒽油馏分(320~335 ℃)。这些馏分经各自的冷却器冷凝冷却,然后进入各自的中间槽。侧线引出的塔板数可根据馏分组成调节。馏分塔顶部出来的轻油和水的混合物经冷凝冷却、油水分离,轻油入中间槽,部分回流,剩余部分作为中间产品送往粗苯精制车间。馏分塔与二段蒸发器用的直接水蒸气经管式炉加热到 450 ℃ 后送入各塔的塔底。

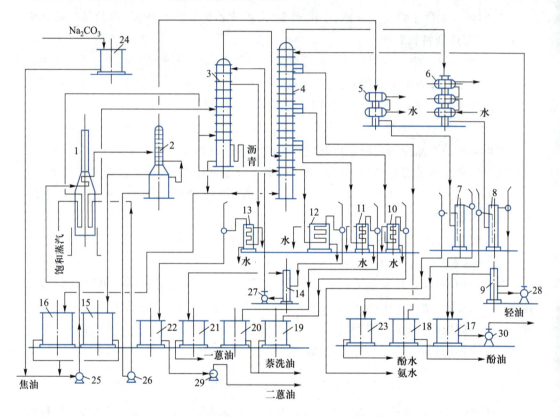

图 6-1-15　一塔式焦油蒸馏工艺流程图

1—焦油管式炉;2——段蒸发器及无水焦油槽;3—二段蒸发器;4—馏分塔;5——段轻油冷凝冷却器;
6—馏分塔轻油冷凝冷却器;7——段轻油油水分离器;8—馏分塔轻油油水分离器;9—轻油回流槽;
10—萘油埋入式冷却器;11—洗油埋入式冷却器;12—蒽油冷却器;13—二蒽油冷却器;14——蒽油回流槽;
15—无水焦油满流槽;16—焦油循环槽;17—轻油接受槽;18—酚油接受槽;19—萘油接受槽;20—洗油接受槽;
21——蒽油接受槽;22—二蒽油接受槽;23—酚水接受槽;24—碳酸钠溶液高位槽;25——段焦油泵;
26—二段焦油泵;27——蒽油回流泵;28—二蒽油回流泵;29—二蒽油泵;30—轻油泵

在一塔式减压蒸馏流程中,轻油在脱水塔分出,馏分塔塔顶得酚油,侧线分出萘油、洗油和蒽油,塔底为软沥青。脱水焦油与馏分塔塔底软沥青换热后,再经管式炉加热到 340 ℃,入馏分塔。塔顶温度 112 ℃,侧线萘油、洗油、蒽油馏分温度分别为 160 ℃,

210 ℃和270 ℃,因此操作温度比常压塔低。由于减压操作(塔顶压力控制在 13.3 kPa),可以降低加热炉出口焦油温度,节能且可防止炉管结焦。

二塔式流程的不同点在于增加了一个蒽油塔,从塔底提取二蒽油,塔顶用洗油打回流。另外,除了上述切取窄馏分外,还有在一塔式流程中切取酚萘洗三混馏分,在二塔式流程中切取萘洗二混馏分的情况。这是为了使萘集中,简化蒸馏操作及洗涤操作。

焦油连续蒸馏,应注意设法提高萘和酚的回收率。常用萘集中度及酚集中度表示。例如,萘集中度表示萘油馏分(或混合馏分)中萘量占焦油中萘量的质量分数。一塔式或二塔式流程的萘集中度在 86%~ 89%,而在切取混合馏分时,则可高于 90%。

(4)煤焦油馏分的加工 煤焦油蒸馏所得的酚油、萘油和洗油馏分都含有萘、酚类和重吡啶碱类,见表 6-1-13。

表 6-1-13 煤焦油馏分的部分组成

馏分	沸点 范围/℃	收率/% (占无水焦油)	在馏分中的质量分数/%			提取率/%	
			萘	酚类	重吡啶碱类	萘	酚类
轻油	<170	0.6*/0.42**	2.0/	0.5/2.5	0.8	0.12/	0.17/
酚油	170~210	2.5/1.84	18.0/	38.0/23.7	6.2/6.0	4.5/	52.7/
萘油	210~230	10.0/16.23	82.0/73.3	6.0/2.95	3.8/2.6	82.2/	33.0/
洗油	230~300	9.5/6.7	8.0/6.5	1.5/2.4	4.5/7.6	7.6/	7.8
一蒽油	300~360	17.4/22.7	2.5/1.8	0.7/0.64	6.7/	4.4/	6.7/
二蒽油	310~440	8.0/3.23	1.5/1.5	/0.4	—	1.2/	—

*分子为苏联生产数据;**分母为国内生产数据。

煤焦油中的酚、萘和蒽是重要的产品,这里重点介绍它们的提取方法,并扼要述及提取重吡啶碱类的方法。

① 酚类和重吡啶碱类的提取 焦油中酚的组成相当复杂,根据沸点不同分为低级酚和高级酚,前者包括酚、甲酚和二甲酚;后者包括三甲酚、烷基酚等。低级酚是重要的化工原料,已得到普遍分离提取。焦油馏分中还含有吡啶碱类,它们主要是高沸点的吡啶衍生物和喹啉衍生物,其沸点在 160℃以上,称为重吡啶碱类。

酚类与重吡啶碱类主要集中在酚油、萘油和洗油中。因为酚类呈弱酸性,对这些馏分进行碱洗就可提取酚类,而重吡啶碱类呈弱碱性,和酸能生成盐,发生的反应分别是

$$
\text{C}_6\text{H}_5\text{—OH} + \text{NaOH} \rightleftharpoons \text{C}_6\text{H}_5\text{—ONa} + \text{H}_2\text{O}
$$

$$
\text{C}_9\text{H}_6\text{N} + \text{H}_2\text{SO}_4 \rightleftharpoons \text{C}_9\text{H}_6\text{NH}^+ + \text{HSO}_4^-
$$

碱洗脱酚及酸洗脱重吡啶时用的碱和酸都是过量的,而且连续洗涤分成两段进行。例如,脱酚时,第一段用碱性酚盐洗涤,得产物中性酚盐;第二段用新碱液洗涤,生成的碱性酚盐作为第一段洗涤溶液之用。洗涤吡啶碱时也是这样分成二段。在实际连续洗涤

时按一段碱洗→一段酸洗→二段酸洗→二段碱洗的顺序进行。洗涤用碱液 w（碱）<8%～10%，w（酸）<20%～30%。

碱洗得到的酚钠盐中含有夹带的中性油，需要首先脱油，即把粗酚钠盐放在脱油塔中用水蒸气蒸吹，塔底就可得到净酚钠盐。净酚钠盐可用 CO_2 或硫酸分解，使酚游离析出。用 CO_2 分解，分解率可达 97%～99%，残留酚钠盐需用硫酸进一步分解。

把上述分解得到的粗酚和废水脱酚得到的粗酚合在一起进行精酚生产。精酚生产流程见图 6-1-16。流程中有一个脱水塔和四个连续精馏塔，为了降低操作温度，采用减压操作。粗酚通过连续精馏得到苯酚、邻甲酚、间甲酚，塔底残液作为生产二甲酚的原料，可用间歇精馏进一步分离。

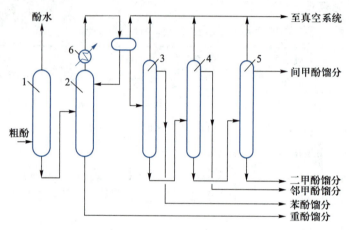

图 6-1-16　粗酚连续精馏流程图
1—脱水塔；2—两种酚塔；3—苯酚塔；4—邻甲酚塔；5—间、对甲酚塔；6—冷凝器

酸洗得到粗吡啶盐类，采用氨水法或碳酸钠法分解，粗吡啶盐基的精制包括脱水、初馏和精馏等，得到工业喹啉，浮选剂为 2,4,6-三甲基吡啶及混二甲基吡啶等。

② 工业萘与精萘的生产　全世界约 90% 的萘来自煤焦油，其中大部分用于生产 w（萘）= 95% 的工业萘，其余用于生产结晶点不低于 79.3 ℃的精萘。

焦油蒸馏得到的萘油馏分（或混合馏分）是生产工业萘的原料。一般加工步骤是：含萘馏分→碱洗→酸洗→碱洗→精馏→工业萘。碱洗去除酚类，酸洗脱吡啶碱类，最后碱洗去除游离酸和其他杂质。生产工业萘的蒸馏工艺流程示于图 6-1-17。

萘油经换热温度达 190 ℃进入初馏塔，塔顶蒸出的酚油经换热冷到 130 ℃进入回流槽，大部分回流到初馏塔顶，塔顶温度 198 ℃。塔底液分成两路，一路入萘塔，另一路经再沸器，升温到 225 ℃再循环回到初馏塔。初馏塔常压操作，而萘塔在 196～294 kPa 下操作，以提高塔顶蒸气温度，满足初馏塔再沸器热源的要求，在 225 kPa 时塔顶温度为 276 ℃。萘塔由圆筒式管式炉供热。初馏塔与萘塔均为浮阀式塔板，分别为 63 层与 73 层。w（萘）= 95% 的工业萘收率为 62%～67%，萘的回收率可达 95%～97%。

在 w（萘）= 95% 的工业萘中还含有杂环及不饱和化合物，需进一步精制。工业萘的结晶点为 77.5～78.0 ℃，而精萘应达到 79.3～79.6 ℃，纯萘的结晶点为 80.28 ℃。目前精制萘的方法有较为先进的区域熔融法、分步结晶法和催化加氢法等。区域熔融法是使晶

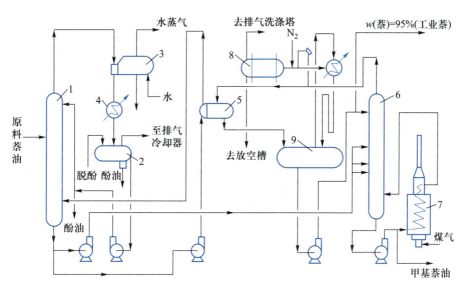

图 6-1-17　生产工业萘的蒸馏工艺流程图
1—初馏塔;2—初馏塔回流槽;3—初馏塔第一冷凝器;4—初馏塔第二冷凝器;5—再沸器;
6—萘塔;7—管式炉;8—安全阀喷出汽冷凝器;9—萘塔回流槽

体反复熔化和结晶析出,晶体纯度不断提高。工业萘经过晶析提纯,萘含量提高到 w(萘)=99% 时,再经过 20 层塔板的浮阀精馏塔提纯,这些过程是在连续操作条件下进行的。分步结晶法实际上是一种间歇式区域熔融法,由于设备简单、能耗低,工业上应用较多。催化加氢法和苯加氢精制相仿,因为粗萘中有些不饱和化合物沸点与萘很接近,难以用精馏方法分离,而催化加氢很容易去除它们。

③ 粗蒽和精蒽　将焦油蒸馏所得一蒽油馏分进行冷却结晶,从 80~90 ℃降温到 32~38 ℃,结晶过程需 12~16 h,再离心分离即可分出粗蒽结晶。粗蒽呈黄绿色糊状,其中 w(蒽)=28%~32%,w(菲)=22%~30%,w(咔唑)=15%~20%,粗蒽对一蒽油的收率为 13%~18%。

由粗蒽制取精蒽的方法目前有溶剂法和溶剂-精馏法。溶剂法是利用蒽、菲、咔唑在一定溶剂中溶解度的不同而加以分离。例如,用重苯溶解粗蒽,除去菲和芴等,经冷却结晶、过滤所得滤渣,再用重苯和糠醛的混合物溶解,除去咔唑,再经过滤即得精蒽。

溶剂-精馏法是德国采用的方法,年产量达 6 000 t。粗蒽先在蒸馏塔进行分离,塔顶产物为粗菲,从侧线切取半精蒽馏分 [w(蒽)=55%~60%] 和粗咔唑馏分 [w(咔唑)=55%~60%]。半精蒽用加热到 120 ℃ 的苯乙酮洗涤,然后经冷却结晶、离心分离、干燥即可得精蒽,精蒽纯度达 96%。此法采用精馏方法,处理量大,而且同时可得到菲、蒽、咔唑的富集馏分,所用溶剂苯乙酮是生产苯乙烯的副产品,对菲及咔唑的溶解性好,洗涤结晶一次就可得到精蒽。

(5) 沥青的加工利用　沥青的收率占煤焦油的 54%~56%,它由三环以上的芳烃,含氧、含氮和含硫杂环化合物及少量高分子多碳少氢的烃类物质组成。沥青组分的相对分子质量在 200~2 000,最高可达 3 000。根据沥青的软化点不同,分成三种:① 软沥青,软化点 40~55 ℃;② 中温沥青,软化点为 65~90 ℃;③ 硬沥青,软化点高于 90 ℃,也有软化点高于

130~150 ℃的硬沥青,用作生产低灰沥青焦。其中,中温沥青用途最广,中温沥青可用于制取油毡、建筑防水层和高级沥青漆等。为满足电炉炼钢、制铝工业和碳素工业发展的需要,高质量的改质沥青(电极沥青)受到广泛关注,改质沥青的质量标准列于表6-1-14。

表6-1-14 改质沥青的质量标准

指标	YB/T 5194—2015 一级品	YB/T 5194—2015 二级品	石家庄 焦化厂	贵铝 要求
软化点(环)/℃	105~112	105~120	109~114	100~106
甲苯不溶物(抽提法)/%	26~32	≥34	34~36	35~37
喹啉不溶物/%	6~12	6~15	12~14	9~12
β树脂/%	≥18	≥16	21~23	≥23
结焦值/%	≥56	≥54	58~59	≥57
灰分/%	≤0.30	≤0.30	0.1~0.3	≤0.3
水分/%	≤4.0	≤5.0	4~6	≤5

分析沥青组成常用溶剂分析方法,用甲苯和喹啉作为溶剂进行萃取,可将沥青分成甲苯可溶物、甲苯不溶物(TI)及喹啉不溶物(QI)。常称QI为α树脂,(TI-QI)为β树脂。β树脂是中分子芳烃聚合物,含碳量高,是非常好的黏结性组分,其数量多少体现沥青作为电极黏结剂的性能好坏。沥青经热处理后,TI和QI都增大,而且(TI-QI)值也得到增长,因黏结成分增加,沥青得到了改质,称为改质沥青。作为电极黏结剂的改质沥青,一般规定:软化点80~95 ℃(水银法);$w(TI)>32\%$;$w(QI)<12\%$;$w(β树脂)>20\%$;$w(残碳)>55\%$;$w(灰分)<0.2\%$。

目前全世界生产碳素电极和阳极炭糊所需的电极沥青,几乎全部来自煤焦油。生产电极用改质沥青有两种方法。一种是以中温沥青为材料,制取改质沥青的加压热处理法(吕格特法),沥青在搅拌下,加热温度至400 ℃左右,并在1~1.2 MPa下处理2 h,即可得到β树脂为$w(β树脂)=20\%$以上的电极沥青。另一种是以煤焦油为原料的Cherry-T法,煤焦油被加热到400~420 ℃进入反应器,保持温度400 ℃左右,并在800~900 kPa压力下保持5 h,所得到的改质沥青的β树脂为$w(β树脂)=20\%~25\%$,改质沥青收率约为60%。它主要用作超高功率电极及电解制铝的极板的黏结剂。

6-2 煤 炭 气 化

煤的气化过程是一个热化学过程。它是以煤或煤焦(半焦)为原料,以氧气(空气、富氧或纯氧)、水蒸气或氢气等作气化剂(或称气化介质),在高温条件下通过化学反应把煤或煤焦中的可燃部分转化为气体的过程。气化时所得的气体称为煤气,其有效成分包括一氧化碳、氢气和甲烷等。气化煤气可用作城市煤气、工业燃气、化工原料气(又称合成气)和工业还原气。在各种煤转化技术中,煤的气化是最有应用前景的技术之一,这不仅因为煤气化的新技术相对成熟,而且煤转化为煤气之后,通过净化处理,对环境污染可减少到最低程度。例如,煤炭多联产、煤气化联合循环发电,就是一种高效低污染的洁净煤新技术,其发展前景广阔。

一、煤炭气化原理

1. 煤气化的过程

煤的气化过程是在煤气发生炉(又称气化炉)中进行的。移动床气化时,发生炉与气化过程见图 6-2-01。发生炉是由炉体、加煤装置和排灰渣装置三大部分构成的。气化原料煤由上部加料装置装入炉膛,原料层及灰渣层由下部炉栅(又名炉箅)支撑,含有氧气与水蒸气的气化剂由下部送风口进入,经炉栅均匀分配入炉与原料层接触发生气化反应。生成的煤气由原料层上方引出,气化反应后残存的炉渣由下部的灰盘排出。发生炉用水夹套回收炉体散热。

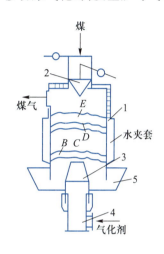

图 6-2-01 发生炉与气化过程示意图

1—炉体;2—加料装置;3—炉栅;
4—送风口;5—灰盘料层;A—灰渣;
B—氧化层;C—还原层;
D—干馏层;E—干燥层

由图 6-2-01 可见原料煤和气化剂逆向流动,气化剂由炉栅缝隙进入灰渣层,接触热灰渣后被预热,然后进入灰渣层上部的氧化层。在氧化层中气化剂中的氧与原料中的碳反应,生成二氧化碳,生成气体和未反应的气化剂一起上升,与上面炽热的原料接触,二氧化碳被碳还原,同时水蒸气也和碳反应,生成 CO 和 H_2,此层称为还原层。还原层生成的气体和剩余未分解的水蒸气一起继续上升,加热上面的原料层,使原料进行干馏,该层称为干馏层。干馏气与上升热气体混合物即为发生炉煤气、热煤气将上部原料预热干燥,进入发生炉上部空间,由煤气出口引出。在实际操作中,发生炉内进行的气化反应并不会在截然分开的区域中进行,各区域无明显的分界线。

2. 煤气化的基本化学反应

煤是一种有复杂分子结构的物质,除碳之外还有氢、氧、硫、氮等元素,煤干馏后煤焦中主要成分是碳,故这里只考虑元素碳的气化反应。表 6-2-01 列出了气化过程中发生的煤热裂解反应、均相反应和非均相反应,以及它们的热效应。

表 6-2-01 气化过程中碳的基本反应

			$\Delta H^{\ominus}$ (298 K,0.1 MPa)	
			kJ/mol	kcal/mol*
非均相反应 (气/固)	R_1 部分燃烧	$C+0.5O_2 \rightleftharpoons CO$	−123	−29.4
	R_2 燃烧	$C+O_2 \rightleftharpoons CO_2$	−406	−97.0
	R_3 碳与水蒸气反应	$C+H_2O \rightleftharpoons CO+H_2$	+119	+28.3
	R_4 Boudouard 反应	$C+CO_2 \rightleftharpoons 2CO$	+162	+38.4
	R_5 加氢气化	$C+2H_2 \rightleftharpoons CH_4$	−87	−20.9

续表

			$\Delta H^{\ominus}$ (298 K, 0.1 MPa)	
			kJ/mol	kcal/mol*
气相燃烧反应	R_6	$H_2 + 0.5O_2 \Longrightarrow H_2O$	−242.00	−57.80
	R_7	$CO + 0.5O_2 \Longrightarrow CO_2$	−283.2	−67.64
均相反应 (气/气)	R_8 均相水煤气反应	$CO + H_2O \Longrightarrow H_2 + CO_2$	−42	−10.1
	R_9 甲烷化	$CO + 3H_2 \Longrightarrow CH_4 + H_2O$	−206	−49.2
热裂解反应	R_{10}	$CH_xO_y \Longrightarrow (1-y)C + yCO + x/2H_2$	+17.4**	
	R_{11}	$CH_xO_y \Longrightarrow (1-y-x/8)C + yCO + x/4H_2 + 8CH_4$	8.1**	

* 1 cal = 4.186 8 J;

** 长焰煤 $x = 0.847, y = 0.079\ 4$。

煤中的少量元素氮和硫在气化过程中产生了含氮的和含硫的产物,主要的硫化物是 H_2S, COS, CS_2 等,主要的含氮化合物是 NH_3, HCN, NO 等。表 6-2-02 是这些化合物的生成反应。

表 6-2-02　煤气化时发生的硫和氮的基本反应

元素	反应
S	$S + O_2 \Longrightarrow SO_2$
	$SO_2 + 3H_2 \Longrightarrow H_2S + 2H_2O$
	$SO_2 + 2CO \Longrightarrow S + 2CO_2$
	$2H_2S + SO_2 \Longrightarrow 3S + 2H_2O$
	$C + 2S \Longrightarrow CS_2$
	$CO + S \Longrightarrow COS$
N	$N_2 + 3H_2 \Longrightarrow 2NH_3$
	$N_2 + H_2O + 2CO \Longrightarrow 2HCN + 1.5O_2$
	$N_2 + xO_2 \Longrightarrow 2NO_x$

上述气固相反应速度相差很大,煤热裂解反应速率相当快,在受热条件下接近瞬间完成,而煤热解固体产物煤焦(或称半焦)的气化反应速率要慢得多,图 6-2-02 是各种煤焦气化反应在常压和加压下气化反应速率的比较图。图中四根斜线是常压下煤焦分别与 O_2, H_2O, CO_2 和 H_2 反应的反应速率与反应温度关系线。可见煤焦-O_2 的反应比其他三个反应快得多,大约快 10^5 倍,煤焦-H_2O 的反应比煤焦-CO_2 的反应快一些,相差几倍,而煤焦-H_2 的反应是最慢的,约比煤焦-CO_2 的反应慢上百倍。图中也标出了测定反应速率时的压力值。可见由于反应速率与压力关系的不同,在较高压力下煤焦-H_2 的反应速率增大,和煤焦-H_2O 的反应速率差不多或还快一些。这因为煤焦-CO_2 和煤焦-H_2O 的反应在高压下对压力下来说趋于零级,而煤焦-H_2 的反应与压力呈 1~2 级关系。

3. 煤气化的分类方法

煤气化有好几种分类方法,诸如按制取煤气的热值分类有:① 制取低热值煤气方法,煤气热值低于 8 374 kJ/m³;② 制取中热值煤气方法,煤气热值 16 747 ~ 33 494 kJ/m³;③ 制取高热值煤气方法,煤气热值高于 33 494 kJ/m³。再如按气化过程供热方法分类又可分为:① 部分氧化方法,又称自热式气化方法。通过燃烧部分气化用煤来供热,一般需消耗气化用煤潜热的 15% ~ 35%,逆流式气化取低限,并流式气化取高限,这种直接供热方法是目前最普遍采用的;② 间接供热,即外热式气化方法;③ 利用气化反应释放热供热,如利用放热的加氢反应供热。又如目前最通用的分类方法是按反应器类型分类,可分为:① 移动床(固定床);② 流化床;③ 气流床;④ 熔融床(熔浴床)。

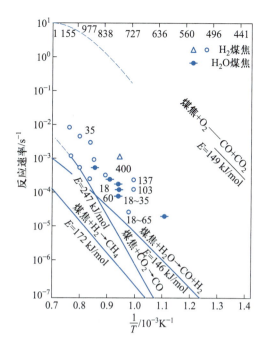

图 6-2-02 在常压和高压下煤焦气化反应速率的比较

移动床、流化床和气流床的主要区别示于图 6-2-03,图中显示了反应物和产物在反应器内流动情况及床内反应温度的分布。显然移动床属于逆流操作,气流床属于并流操作,流化床介于上述两种情况之间。

4. 煤性质对气化的影响

对于煤气化过程来说,气化用煤的性质有极为重要的影响,主要包括反应活性、黏结性、结渣性、热稳定性、机械强度、粒度组成,以及煤的水分、灰分、硫分和煤灰熔融性等。

(1)煤的反应活性 这是指在一定的条件下,煤炭与不同气化介质(如二氧化碳、氧、水蒸气和氢)相互作用的反应能力,称为反应活性,又称反应性。反应性的强弱直接影响煤在气化时的有关指标:产气率、灰渣或飞灰含碳量、氧耗量、煤气成分及热效率等。无论何种气化工艺,煤活性高总是有利的。

(2)煤的黏结性 煤受热后会相互黏结在一起。对于移动床煤气化方法,若煤料在气化炉上部黏结成大块,将破坏料层中气流的分布,严重时会使气化过程不能进行,对流化床气化法,若煤粒黏结成大颗粒或块,则会破坏正常的流化状态。适用的气化用煤是不黏结或弱黏结性煤。由于在气流床气化炉内,煤粒之间接触甚少,故可使用黏结性煤。

表示煤的黏结性指标很多。若以 G 指数表示时,$G<18$ 时可不加搅拌进行气化,$18 \leqslant G<(40~50)$ 时需加搅拌破黏装置。以上划分界限并不是严格的,对于处于界限附近的煤,要谨慎而定。另外应注意,弱黏结性煤在加压下,特别是在常压到 1 MPa 之间,其黏结性可能迅速增加,参见表 6-1-06。

(3)结渣性 煤中矿物质,在气化和燃烧过程中,由于灰分软化熔融而变炉渣的性能称为结渣性。对移动床气化炉,大块的炉渣将会破坏床内均匀的透气性,严重时炉箅

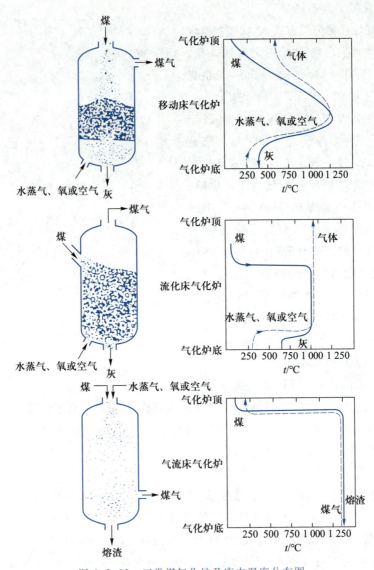

图 6-2-03　三类煤气化炉及床内温度分布图

不能顺利排渣,需用人工破渣,甚至被迫停炉。对流化床来说,即使少量的结渣,也会破坏正常的流化状况,另外在炉膛上部的二次风区的高温,会使熔渣堵塞气体出口处等。实验室测定时,取粒度为 3~6 mm 的煤样,通入空气使之燃烧,燃尽冷却后,取出灰渣称重,其中粒度大于6 mm 的渣块占灰渣总量的百分数称为结渣率。结渣率小于5%的煤为难结渣煤,而结渣率为 5%~25% 和大于 25% 分别为中等结渣煤和强结渣煤。通常用煤炭软化温度(ST)来判断煤炭是否容易结渣,煤灰软化温度越低的煤,越易结渣。移动床气化用煤要求 $ST>1\,250$ ℃;液态排渣气化炉,一般希望 $ST<1\,350$ ℃。由于灰渣的物理状态和化学组成均不同于煤中的灰分,因此仅以煤灰软化温度来判断有时并不可靠。

（4）煤灰的黏温特性　液态排渣气化炉的操作实践表明,为了正常排渣,灰渣黏度不宜超过 250 Pa·s。实验室可用高温旋转黏度计测定,测试温度范围为 1 000~1 750 ℃,由灰渣黏度与温度关系可以确定临界黏度温度 T_{cv},T_{cv} 是液态排渣炉温度控制的界限,炉温不允许降低到这一界限之下，T_{cv} 也可由煤灰组成按经验方程计算。

（5）热稳定性　煤的热稳定性指煤在加热时，是否易于破碎的性质。对于移动床气化炉来讲，热稳定性差的煤，将会增加炉内阻力和带出物量，降低气化效率。无烟煤的机械强度虽然较大，但有的热稳定性较差。

（6）机械强度　煤的机械强度是指煤的抗碎强度、耐磨强度和抗压强度等综合性的物理、机械性能。就移动床气化炉而言，煤的机械强度与飞灰带出物和气化强度有关，为保证气化炉正常运行，减少带出物量，需用机械强度高的煤。流化床和气流床气化炉对煤的机械强度没有要求。

（7）粒度分布　不同的气化工艺对煤的粒度要求不同，移动床气化炉要求粒度为 10～100 mm 的均匀块煤、流化床气化炉要求粒度为 0～8 mm 的细粒煤，气流床气化炉则要求粒度为小于 0.1 mm 的粉煤，熔融床要求粒度为小于 6 mm 的煤。不论对何种气化工艺，所用的粒度组成都会对气化产生很大影响。流化床气化时，粒度分布过宽，随气流带出的小颗粒较多。移动床气化时，粒度不均匀时，将导致炉内燃料层结构不均匀，气体阻力也不均匀，严重时使燃料层烧穿。

对移动床来说，粒度的下限取决于煤的机械强度，褐煤取 25 mm，烟煤 10～12 mm，煤最大粒度和最小粒径比为 2，一般不宜大于 4～5。

（8）燃料的水分、灰分和硫分　控制煤的水分和灰分主要是为了维持正常气化过程，取得较好的气化效率。当用氧气作气化剂时，更应控制燃料水分，否则氧耗过高。煤气化时，硫基本上以 H_2S 形式及少量有机硫（COS，CS_2 等）形式转移到煤气中去。

5. 煤气化过程的指标

在评价煤气化过程时，常用到下列几种指标，它们分别是

（1）煤气产率　每单位质量煤气化所得煤气的体积[m^3（标准状态下）/kg（煤）]。

（2）气化强度　气化炉每单位炉截面积在每小时气化的煤质量[kg（煤）/（$m^2 \cdot h$）]，或气化炉每单位容积在每小时气化的煤质量[kg（煤）/（$m^3 \cdot h$）]。

（3）气化效率　又称冷煤气效率。每千克煤气化所得冷煤气在完全燃烧时放出的热量与气化的每千克煤的发热量之比（%）。

$$\eta_{气} = \frac{Q_{气}}{Q_{燃}} \times 100\% = \frac{Q \cdot V}{Q_{燃}} \times 100\%$$

式中：$\eta_{气}$——气化效率，%；

$\quad Q_{气}$——煤气的热量，kJ/kg（煤）；

$\quad Q_{燃}$——使用燃料的发热量，kJ/kg（煤）；

$\quad Q$——煤气的热值，在标准状态下 kJ/m^3；

$\quad V$——煤气产率，在标准状态下 m^3/kg（煤）。

（4）热效率　气化热效率表示所有直接加入到气化过程中热量的利用程度。还应考虑气化过程中吹入空气和水蒸气所带入的热量。当气化过程中焦油被利用时，焦油作为可利用的热。计算中均以每千克煤为基准。

$$\eta_{热} = \frac{Q_{气} + Q_{焦油}}{Q_{燃} + Q_{鼓风}}$$

式中：$\eta_{热}$——气化过程的热效率，%；

　　　$Q_{焦油}$——焦油的发热量，kJ；

　　　$Q_{鼓风}$——气化剂带入的热量，kJ。

二、煤炭气化工艺

下面按反应器分类方法分别进行介绍。

1. 移动床煤气化

前已述及，煤的移动床气化是以块煤为原料，煤由气化炉顶加入，气化剂由炉底送入。气化剂与煤逆流接触，气化反应进行得比较完全，灰渣中残碳少。

移动床气化方法又分常压及加压两种。常压方法比较简单，但对煤种有一定要求，要用块煤，低灰熔点的煤难以使用。常压方法单炉生产能力低，常用空气-水蒸气为气化剂，制得低热值煤气，煤气中含大量的 N_2，不定量的 H_2，CO，CO_2，O_2 和少量的气体烃。加压方法是常压方法的改进和提高。加压方法常用氧气与水蒸气为气化剂，对煤种适用性大大扩大。为了进一步提高过程热效率又开发了液态排渣的加压移动床气化炉，它又是加压移动床的一种改进型式。

（1）混合发生炉煤气　采用水蒸气与空气的混合物为气化剂，制成的煤气称为混合发生炉煤气。目前这种煤气在国内应用相当广泛。

① 理想发生炉煤气　理论上，制取混合发生炉煤气是按下列两个反应进行的：

$$2C + O_2 + 3.76N_2 \Longrightarrow 2CO + 3.76N_2 + 246\,435\ \text{kJ·kmol}^{-1}(碳)$$

$$C + H_2O \Longrightarrow CO + H_2 - 118\,821\ \text{kJ·kmol}^{-1}(碳)$$

理想的发生炉煤气的组成取决于这两个反应的热平衡条件，即满足放热反应与吸热反应的热效应恒等的条件。为了达到这个条件，每 2 kmol 碳与空气反应，则与水蒸气起反应的碳应为

$$\frac{246\,435\ \text{kJ·kmol}^{-1}(碳)}{118\,821\ \text{kJ·kmol}^{-1}(碳)} = 2.07\ \text{kmol}(水)/2\ \text{kmol}(碳)$$

所以，4.07 kmol（碳）与水蒸气-空气混合物相互作用，在理论上产生的煤气量为

$$4.07\ \text{kmol} + 2.07\ \text{kmol} + 3.76\ \text{kmol} = 9.9\ \text{kmol}$$

煤气组成为

$$\varphi(CO) = 4.07\ \text{kmol}/9.9\ \text{kmol} \times 100\% = 41.1\%$$

$$\varphi(H_2) = 2.07\ \text{kmol}/9.9\ \text{kmol} \times 100\% = 20.9\%$$

$$\varphi(N_2) = 3.76\ \text{kmol}/9.9\ \text{kmol} \times 100\% = 38.0\%$$

在标准状态下煤气的收率为

$$V = \frac{9.9\ \text{kmol} \times 22.4\ \text{m}^3/\text{kmol}}{4.07\ \text{kmol}(碳) \times 12\ \text{kg}(碳)/\text{kmol}(碳)} = 4.54\ \text{m}^3/\text{kg}(碳)$$

在标准状态下煤气的热值为

$$Q = \frac{12\ 633\ \text{kJ/m}^3 \times 41.1\% + 10\ 804\ \text{kJ/m}^3 \times 20.9\%}{100\%} = 7\ 450\ \text{kJ/m}^3$$

气化效率为

$$\eta = \frac{7\ 450\ \text{kJ/m}^3 \times 4.54\ \text{m}^3/\text{kg(碳)} \times 12\ \text{kg(碳)/kmol(碳)}}{406\ 418\ \text{kJ/kmol(碳)}} \approx 100\%$$

实际上制取混合发生炉煤气,不可避免有许多热损失(如煤气带走的显热,留在灰渣中的残碳等),水蒸气分解和 CO_2 还原进行不完全,使实际的煤气组成、气化效率与理论计算值有显著差异。

② 炉内状况分析与工艺条件控制 经实测气化炉内各层的气体组成,得到图6-2-04。这是以焦炭为原料及气化强度为 50~350 kg/ $(\text{m}^2 \cdot \text{h})$ 的条件下进行的。由图6-2-04可见: a. 气化剂中的氧,经过灰渣层的预热,进入燃料层 7~10 cm(氧化层)后,就几乎全部消耗,CO_2 达最大值,并开始出现CO;b. 在氧消失后水蒸气才开始分解,这是在氧化层以上 30~40 cm 进行,同时发生 CO_2 的还原反应 R_4,气体中 H_2 和CO增加很快,这一层是在还原层的下部,可称为第一还原层;c. 第一还原层上方约 40 cm 为第二还原层,这里除了进行 CO_2 的还原反应 R_4 外,还进行均相反应 R_8;d. 在燃料层上部空

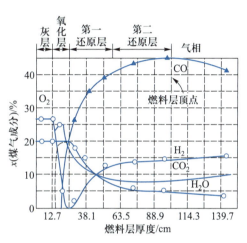

图 6-2-04　炉内各处的气体组成

间,气相中 CO 和 H_2O 含量在减少,而 CO_2 和 H_2 在增加,说明 R_8 仍在进行。

发生炉内气体温度与碳表面温度是不一样的,见图6-2-03。在氧化层碳表面温度高于煤气温度,而在还原层煤气温度高于碳表面温度,煤气温度由于吸热反应和煤的热交换由下而上逐渐降低。提高燃料床的温度将有利于 CO_2 的还原反应和水蒸气的分解反应,煤气热值也会提高,但炉温过高,不但散热损失大,煤气带出的显热损失也显著增加,更严重的问题是会引起灰渣层严重结渣。因此燃料层温度的确定是与煤中含灰的多少及灰熔点高低密切相关的。普通发生炉中燃料层的温度为 1 000~1 200 ℃。

气化剂中水蒸气的作用是很大的,水蒸气分解吸收热量,可降低炉温,防止结渣,水蒸气的分解可改善煤气的质量,使煤气热值提高,但是水蒸气气量过大,炉温太低,CO_2 还原反应速率降低,而且未分解的水蒸气量增加,热效率下降。为此水蒸气用量有一个最佳点,即不让灰结渣的最低限度。

从图6-2-05可见在水蒸气用量较少时可得到质量较好的煤气。随水蒸气用量的增加,水蒸气的绝对分解量会不断增加,但是不仅水蒸气分解率随之下降,而且煤气热值也不断下降。因此只有当燃料中灰分较高、熔点较低时,才采用提高水蒸气用量的办法,以防止结渣。

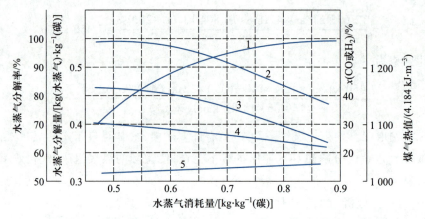

图 6-2-05　在标准状态下水蒸气消耗量与水蒸气分解率、煤气热值和组成的关系
1—水蒸气分解量；2—煤气热值；3—水蒸气分解率；4——氧化碳含量；5—氢含量

气化强度是发生炉单位横截面上的气化速率。气化强度的高低是与炉内气流速率相关的，气流速率越大，气化强度越大。气流速率过大，不但会增加燃料层阻力，还会增加带出物数量，恶化 CO_2 的还原作用。生产过程中，按发生炉空横截面积计算，气流速率一般在 0.1~0.2 m/s。

③ 实际生产指标　表 6-2-03 列出了我国典型煤种的气化指标，气化效率在 63%~80%。

表 6-2-03　我国典型煤种的气化指标

		大同煤	阳泉煤	抚顺煤	鹤岗煤	气煤焦	阜新煤	淮南煤	小龙潭褐煤
原料分析	水分 M_{ar}/%	3~5	4.12	5~6	1.69	19.52	8.0	1.47	9~28
	灰分 A_d/%	<10	23.14	7~8	17.94	12.49	12.0	16.75	6~28
	挥发分 V_{daf}/%	≥30	7.07	36~37	34.23	0.96	37.5	30.66	31~40
	硫分 S_{ad}/%		1.68	0.12	0.078		<1	2.43	0.79
	热值 Q/(MJ·kg⁻¹)	≥27.2	26.5	27.2	27.9	30.1	22.9	29.1	13.9
气化指标	干煤气组成	$\varphi(CO_2)$/%	2~4	5.5	4.2	4.4	8.8	4.0	3.8	10
		$\varphi(CO)$/%	≥28.5	25.5	28.5	28.3	26.6	28.2	28.5	23.5
		$\varphi(H_2)$/%	12	4.5	13.8	11.1	16.0	11.0	13.2	12
		$\varphi(CH_4)$/%	3~5	1.8	2.7	4	3.1	2.5	1.7	0.9
		$\varphi(C_mH_n)$/%	0.4		0.7	0.6		0.3	0.8	
		$\varphi(O_2)$/%	0.2	0.4	0.2	0.2	0.5	0.2	0.2	0.1
		$\varphi(H_2S)$/%		0.17						
		$\varphi(N_2)$/%	>50	52.1	48~53	51.4	45.0	52.8	51.8	55

续表

		大同煤	阳泉煤	抚顺煤	鹤岗煤	气煤焦	阜新煤	淮南煤	小龙潭褐煤
气化指标	煤气热值/($kJ \cdot m^{-3}$)	6 071	5 443	6 364	6 589	6 662	5 987	5 987	5 024
	煤气产率/($m^3 \cdot kg^{-1}$)	3.1	3.15	2.85	2.77	3.6	3.0	3.0	
	冷煤气效率/%	69.2	64.7	66.7	65.4	79.7	78.7	61.7	
	气化强度/($kg \cdot m^{-2} \cdot h^{-1}$)	210~260	385	358	292	214	425	420	200
消耗指标	空气耗量/($m^3 \cdot kg^{-1}$)	2.31	2.1	2.3	1.85	2.3	2.2	2.1	
	水蒸气耗量/($kg \cdot kg^{-1}$)	0.34	0.56	0.22	0.23	0.49	0.25	0.33	
	气化剂饱和温度/℃	45~65	63	48~52	60	58~60	48~55	60~63	
	煤气炉出温度/℃	≤600	550	540	550	400~500	500	550	350~550
	w(炉渣含碳)/%	≤14	18	11.3	21	10.1	11~12	15~20	

一般煤气发生炉的气化强度为 200~250 kg/($m^2 \cdot h$),经强化之后气化强度可达到 450~500 kg/($m^2 \cdot h$)。强化气化强度的办法有:a) 采用富氧空气和水蒸气的混合物或纯氧与水蒸气的混合物为气化剂,如氧气浓度提高 50%,生产能力增加一倍,而且煤气热值由 4 857 kJ/m^3 提高到 7 955 kJ/m^3;b) 提高鼓风速率,提高炉内温度,当然这要以煤气成分不恶化为前提。

④ 煤气发生炉 国内使用数量最多的是 3M13 型。图 6-2-06 是 3M13 型煤气发生炉总图。其特点是采用双滚筒连续进料方式,采用回转炉算连续排灰,炉内带有搅拌棒破黏,适用于长焰煤、气煤等弱黏结性煤种。炉内径 3 m,进风口直径 500 mm,煤气出口直径 900 mm,最大风压 4 000~6 000 Pa,耗煤 1 700~2 500 kg/h,煤气产量 5 500~8 000 m^3/(h·台),水蒸气和空气用量分别为 0.3~0.5 kg(水蒸气)/kg(煤)和 1.5~2.5 m^3(空气)/kg(煤)。

(2) 水煤气 水煤气是炽热的碳与水蒸气反应生成的煤气,它主要由 CO 和 H_2 组成,与发生炉煤气相比,含氮气很少,发热量高。燃烧时呈蓝色火焰,所以又称蓝水煤气。

碳与水蒸气反应是强吸热反应,需提供水蒸气分解所需的热量,一般采用两种方法:a. 交替用空气和水蒸气为气化剂的间歇气化法;b. 同时用氧和水蒸气为气化剂的连续气化法。间歇法使用至今,已有悠久的历史,其缺点是生产必须间歇。用氧和水蒸气为气化剂来连续生产水煤气已工业化,因间歇法在国内还有应用,故仍给予简介。

① 理想水煤气 在理想条件下,首先向发生炉送入空气,发生碳的燃烧反应:

$$C+O_2 \longrightarrow CO_2+406\ 418 \text{ kJ} \cdot kmol^{-1}(碳)$$

再送入水蒸气,发生碳与水蒸气的气化反应:

$$C+H_2O \longrightarrow CO+H_2-118\ 821 \text{ kJ} \cdot kmol^{-1}(碳)$$

在完全热平衡条件下,燃烧 1 kmol 碳所放出的热量可以分解 406 418÷118 821 =

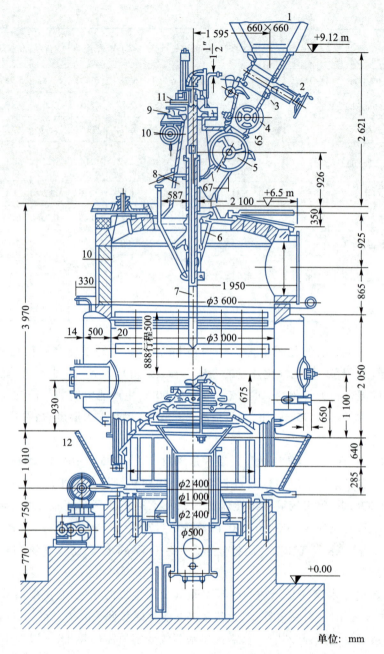

单位: mm

图 6-2-06　3M13 型煤气发生炉总图

1—料斗;2—煤斗闸门;3—伸缩节;4—计量锁煤器;5—计量锁气器;6—托板和三脚架;7—搅拌棒;
8—空心柱;9—蜗杆减速机;10—圆柱减速机;11—四头蜗杆;12—灰盘

3.42 kmol 水蒸气,因此理想水煤气生产过程,可以表示成

$$C+O_2+3.76N_2+3.42C+3.42H_2O \longrightarrow CO_2+3.76N_2+3.42CO+3.42H_2$$

水煤气生产过程间歇地进行时,分成吹风阶段和制气阶段,两个阶段产生的煤气组成等指标如下:

吹风气总量　($CO_2+3.76N_2$),组成为 $[\varphi(CO_2)=21\%,\varphi(N_2)=79\%]$;

水煤气总量 $(3.42CO+3.42H_2)$,组成为$[\varphi(CO)=50\%,\varphi(H_2)=50\%]$;

碳的总耗量 4.42 kmol,即12×4.42 kg(碳)$=53.04$ kg(碳);

计算得吹风气收率(标准状态下)为 2.01 m^3(吹风气)/kg(碳);

计算得水煤气收率(标准状态下)为 2.89 m^3(水煤气)/kg(碳);

计算得水蒸气的消耗量为 1.16 kg(水蒸气)/kg(碳);

理想水煤气热值

$$Q_{高}=0.5\times12\ 633\ kJ/m^3+0.5\times12\ 776\ kJ/m^3=12\ 704\ kJ/m^3;$$

$$Q_{低}=0.5\times12\ 633\ kJ/m^3+0.5\times10\ 804\ kJ/m^3=11\ 719\ kJ/m^3;$$

气化效率 $\eta=\dfrac{11\ 719\ kJ/m^3\times2.89\ m^3/kg(碳)\times12\ kg(碳)/kmol(碳)}{406\ 418\ kJ/kmol(碳)}\approx100\%$

② 实际水煤气生产指标 在实际生产中,在吹风阶段碳不可能完全燃烧成CO_2,在制气阶段水蒸气也不可能完全分解,系统的热损失不可能避免。因此实际生产指标与理想状况有较大的差距。实际生产指标列于表6-2-04。若和混合发生炉煤气的气化效率和热效率对比,可见水煤气的指标低得多,分别只有60%和54%左右。

表 6-2-04 水煤气实际生产指标

项目		燃料种类		项目		燃料种类	
		焦	无烟煤			焦	无烟煤
燃料	w(水分)/%	4.5	5.0	吹风煤气热值 kJ·m^{-3}	高	836.0	1 534.0
	w(灰分)/%	11.0	6.0		低	794.2	1 480
	w(固定碳)/%	81.0	83.0	吹风煤气温度/℃		600	700
	w(挥发分)(干燥无灰基)/%	2	4	干水煤气组成	$\varphi(CO_2)$/%	6.5	6.0
热值 MJ·kg^{-1}	高	28.0	30.1		$\varphi(H_2S)$/%	0.3	0.4
	低	27.6	29.4		$\varphi(O_2)$/%	0.2	0.2
消耗系数和产量	空气消耗量/(m^3·kg^{-1})	2.60	2.86		$\varphi(C_mH_n)$/%	—	—
	水蒸气消耗量/(kg·kg^{-1})	1.20	1.70		$\varphi(CO)$/%	37.0	38.5
	水蒸气分解率/%	50	40		$\varphi(H_2)$/%	50.0	48.0
	水煤气产量/(m^3·kg^{-1})	1.50	1.65		$\varphi(CH_4)$/%	0.5	0.5
	吹风煤气产量/(m^3·kg^{-1})	2.70	2.90		$\varphi(N_2)$/%	5.5	6.4
吹风煤气组成	$\varphi(CO_2)$/%	7.5	14.5	水煤气热值 MJ·m^{-3}	高	11.4	11.3
	$\varphi(H_2S)$/%	0.1	0.1		低	10.5	10.4
	$\varphi(O_2)$/%	0.2	0.2	水煤气温度/℃		550	675
	$\varphi(C_mH_n)$/%	—	—	灰渣含碳的质量分数/%		14	20
	$\varphi(CO)$/%	5.0	8.8	带出物占燃料/%		2	5
	$\varphi(H_2)$/%	1.3	2.5	焦油收率/%		—	—
	$\varphi(CH_4)$/%	—	0.2	气化效率/%		60	61
	$\varphi(N_2)$/%	75.9	73.7	热效率/%		54	53

③ **工作循环的构成** 间歇法制水煤气,主要由吹空气(蓄热)、吹水蒸气(制气)两个阶段组成,但为了节约原料,保证水煤气质量,正常安全生产,还需要一些辅助阶段,实际共有六个阶段:如图6-2-07所示。

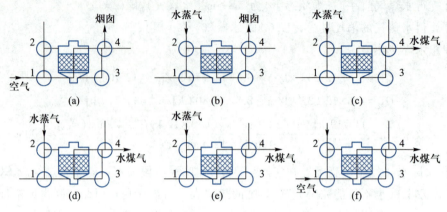

图 6-2-07 间歇水煤气生产的六循环示意图

④ **间歇法制取半水煤气和水煤气的生产流程** 由热能分析可知吹风气中显热与潜热(含 CO 可燃成分)和水煤气的显热占总热量的相当的比例,必须加以回收。图6-2-08是回收这些热能的流程。吹风气送入燃烧室时加入二次空气使其燃烧,热量蓄于燃烧室的格子砖中,用以预热下吹水蒸气。除了用燃烧室回收上吹煤气和吹风气的显热外,还用废热锅炉回收它们的显热。

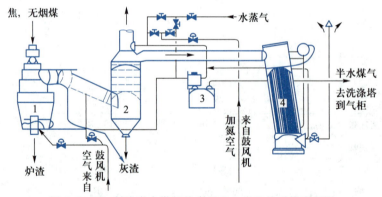

图 6-2-08 制造半水煤气的直径 3 m 发生炉系统流程图
1—煤气发生炉;2—燃烧室;3—洗气箱;4—废热锅炉

(3) 移动床加压气化 移动床加压气化的最成熟炉型是鲁奇(Lurgi)炉。它和常压移动床一样,也是自热式逆流反应器,所不同的是采用氧气-水蒸气或空气-水蒸气为气化剂,在 2.0～3.0 MPa 的压力和 900～1 100 ℃温度条件下进行的连续气化法。

鲁奇加压气化法的优点是:a) 可以用劣质煤气化,灰熔点较低,粒度较小(5～25 mm),水分较高[w(水)= 20%～30%]和灰分较高[w(灰分)= 30%～40%]的煤都可使用。特别适用于褐煤气化,因而扩大了气化用煤的范围;b) 加压气化生产能力高,用褐煤气化强度可达 2 000～2 500 kg/(m²·h),这比常压气化炉高 5 倍左右,而且不增加带出物量;c) 氧耗量低,在 2 MPa 压力下气化所需的氧量仅为常压气化的 2/3,压力增加,氧耗还可降低;d) 因是逆向气化,煤在炉内停留时间达 1 h,反应床的操作温度和炉出口煤气温度低,效率高,气化效率可达 80% ~ 90%;e) 加压气化只需压缩占煤气体积 10% ~ 15% 的氧气,这对使用加压煤气的用户来说,可以大大降低动力消耗;f) 加压煤气可以远距离输送到用户,无需设立加压站进行区域供气;g) 加压气化使气化炉及管道设备的体积大大缩小,降低金属耗量和减少投资。

① 加压下床层的分布　加压气化过程和常压相似,自上而下可分成:干燥层、干馏层、甲烷层、气化层、氧化层和灰渣层。与前面的常压移动床气化炉相比增加一甲烷层,加压为甲烷生成反应创造了条件,这时的主要甲烷化反应是

$$C+2H_2 \Longrightarrow CH_4+87\ 362\ J/mol$$
$$CO+3H_2 \Longrightarrow CH_4+H_2O+206\ 161\ J/mol$$

在甲烷层,温度较低,停留时间又长,甲烷生成量较多。

② 气化压力的影响与压力的选择　表 6-2-05 给出了在不同压力下的试验结果,以褐煤为原料,炉内气化温度为 1 000 ℃。

由此得到如下结论:a. 随压力的提高,煤气中 CH_4 和 CO_2 含量增加,H_2 和 CO 含量减少,净化后煤气热值增加,这因为甲烷化反应随压力增加而加快;b. 氧耗随压力增加而下降,这是由于甲烷化是放热反应的缘故;c. 随压力增加,水蒸气消耗量增加,而分解率大幅度下降,例如,在 2.0 MPa 时,以净煤气计的水蒸气消耗量为常压的 2.2 倍,而水蒸气分解率从常压的 65% 下降到 37% 左右,水蒸气分解的绝对量增加 20%;d. 气化炉生产能

表 6-2-05　褐煤在不同压力下的气化试验结果

指标		单位	气化压力/MPa				
			0.1	1	2	3	4
粗煤气 (干)组成	$\varphi(CH_4)$	%	2.4	6.8	12.5	17.4	24.1
	$\varphi(H_2)$	%	45.6	41.3	36.3	28.1	23.4
	$\varphi(C_mH_n)$	%	0.2	0.3	0.5	1.1	2.8
	$\varphi(CO)$	%	30.2	23.9	18.9	18.1	13.8
	$\varphi(CO_2)$	%	21.6	27.7	31.8	35.3	35.9
净煤气 (干)组成	$\varphi(CH_4)$	%	2.7	9.4	17.8	29.4	38.8
	$\varphi(H_2)$	%	58.0	56.8	53.9	44.5	37.6
	$\varphi(C_mH_n)$	%	0.3	0.4	0.7	1.7	3.1
	$\varphi(CO)$	%	39.0	33.4	27.6	24.4	20.5
净煤气发热值(在标准状态下)		kJ/m³	12 319	14 831	17 163	19 360	21 784
净煤气/粗煤气			0.784	0.723	0.682	0.664	0.641
焦油	以煤计的收率	%	4.3	6.4	8.8	10.1	11.8
	相对铝甄的收率	%	41.6	51.2	71.2	86.3	94.3
	轻质油以煤计的收率	%	0.3	1.3	2.04	2.86	4.23

续表

指标		单位	气化压力/MPa				
			0.1	1	2	3	4
氧气消耗量（在标准状态下）		$m^3(O_2)/m^3$（净煤气）	0.186	0.169	0.154	0.138	0.127
水蒸气消耗量（在标准状态下）		kg（水蒸气）/m^3（净煤气）	0.464	0.807	1.03	1.28	1.46
净煤气收率（在标准状态下）		m^3（净煤气）/kg（煤）	1.45	1.05	0.71	0.64	0.56
热效率	生成煤气热/进炉总热	%	88.2	79.5	73.9	68.2	61.5
	水蒸气分解率	%	64.7	50.3	37.5	30.1	29.0
	气化强度	kg（煤）/（m^2·h）	420	750	1 500	1 800	2 200

力随压力增加而增加。在加压下的生产强度约为常压的$\sqrt{p}$倍；e）净煤气收率随压力增加而下降。

③ 操作温度与汽氧比　炉温偏低些有利于甲烷的生成反应，但从生产能力考虑应尽可能提高气化温度。最适宜的气化温度应根据灰熔点来确定，操作温度不能超过 ST。控制温度的主要方法是改变汽氧比［单位：kg（水蒸气）/m^3（氧）］，汽氧比增加炉温下降。通常生产城市煤气时，气化层温度950~1 050 ℃，生产合成气时可提高到1 150 ℃左右。各种用煤的汽氧比变动范围是：褐煤 6~8 kg（水蒸气）/m^3（氧），烟煤 5~7 kg（水蒸气）/m^3（氧），无烟煤和焦炭 4.5~6 kg（水蒸气）/m^3（氧）。

④ 鲁奇加压气化炉及工艺流程　图 6-2-09 是第三代鲁奇加压气化炉示意图，它包括：煤锁（即煤箱）、气化炉和灰锁（即灰箱）三部分，煤通过煤锁由常压系统加到气化炉内，采用上、下阀加煤形式。排灰的灰锁与煤锁形式相似。气化炉内设有煤分布器及破黏的搅拌器。炉箅为四层宝塔型形式。

出气化炉的粗煤气温度为 450 ℃，通过喷淋式冷却器冷到 190 ℃，重质焦油被冷凝下来，粗煤气经废热锅炉再被冷到 103 ℃，冷却后的粗煤气经 CO 变换装置，可根据需要调节变换比例，然后煤气进入净化系统。常采用低

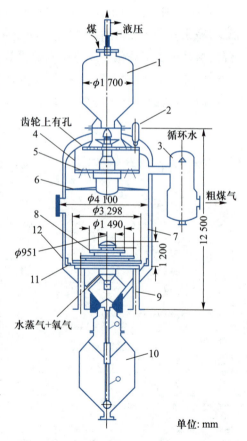

单位: mm

图 6-2-09　第三代鲁奇加压气化炉示意图
1—煤箱；2—上部传动装置；3—喷冷器；
4—裙板；5—布煤器；6—搅拌器；7—炉体；8—炉箅；
9—炉箅传动装置；10—灰箱；11—刮刀；12—保护板

温甲醇洗脱硫和脱油。典型鲁奇加压气化工艺流程简图如图 6-2-10 所示。

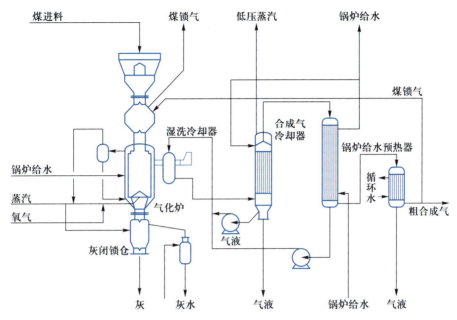

图 6-2-10　典型鲁奇气化工艺流程简图

⑤ 液态排渣鲁奇炉　固态排渣鲁奇炉的主要缺点是水蒸气用量大,分解率低。为了克服这些缺点,开发了液态排渣的技术。英国煤气公司把工业鲁奇炉炉算部分去掉,装上氧水蒸气风嘴,气化剂喷入床内燃烧层底部,喷入的气流速率足够大以形成一个处于扰动的燃烧空间,使灰渣形成流动的熔渣。熔渣通过位于中央的排渣口排入急冷室内的水中。为了造成高温,汽氧比只有 0.8～1.2 kg(水蒸气)/m³(氧)。BG/L 熔渣气化炉示意图见图 6-2-11。

采用液态排渣技术后,煤气化指标有了明显的改进:a. 气化炉生产能力提高 3～4 倍;b. 水蒸气分解率大为提高,后续系统的冷凝液量大为减少;c. 粒度小于 6 mm 的粉煤及自产的煤气水废液可制成水煤浆,喷入炉内造气,改善了环境;d. 过程热效率比固态排渣提高 6%。这因为水蒸气

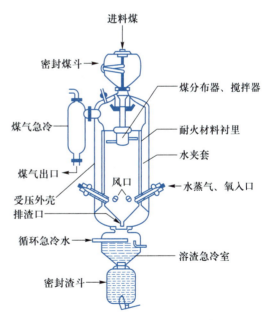

图 6-2-11　BG/L 熔渣气化炉示意图

用量减少,灰渣中碳含量 w(碳)<2%,带出物量也大为减少,缺点是氧耗高和煤气中 $\varphi(CO) = 50\% \sim 60\%$。

2. 碎煤流化床气化

发展流化床气化方法的原因是为了提高单炉的生产能力和适应采煤技术的发展,直

接使用小颗粒碎煤为原料,并可利用褐煤等高灰分劣质煤。

（1）流化床煤气化过程　流化床与移动床不同,但仍有氧化层和还原层,氧化层高度为 80~100 mm,还原层在氧化层的上面且一直延伸到全料层的上部界限。图 6-2-12 是煤在流化床中气化过程及温度分布。由图 6-2-12 可见随着离炉栅的距离的增大炉温有所下降。当氧含量下降时,CO_2 含量急剧上升,而在 CO_2 含量下降的同时,CO 含量和 H_2 含量上升。在流化床内,由于颗粒的上下运动,整个床层的温度较为均匀。对大部分煤来说,灰分开始软化的温度为 1 050~1 150 ℃。为了避免结渣,流化床的操作温度经常维持在 850~900 ℃。在这个温度下,只能用反应性好的褐煤为气化原料,才能获得质量较好的煤气。

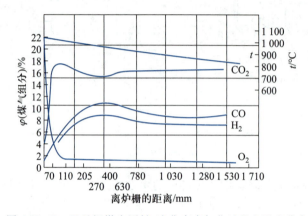

图 6-2-12　以无烟煤为原料,流化床中气化过程和温度分布

流化床由于颗粒混合充分,灰分难以分离,排出物中不可避免地含有可燃性组分。另外送入流化床的煤粒,迅速地分布于炽热颗粒之间而受到快速加热。燃料的干燥和干馏是在反应层中进行的,因而燃料受到充分均匀的加热,挥发分的分解完全,使煤气中甲烷和酚类含量很少,且不含焦油。

入炉燃料中有一部分细小颗粒及气化过程中颗粒不断缩小的煤粒会以飞灰的形式被带出燃料床,这些未气化的燃料损失相对量较大。加压流化床的带出物量就大为减少。

（2）温克勒（Winkler）煤气化工艺　温克勒煤气化方法是流化床技术发展过程中最早用于工业生产的。第一套装置于 1926 年投入运行。图 6-2-13 是该气化炉的示意图及其工艺流程。它是一个内衬耐火材料的立式圆筒形炉体,下部为圆锥形状。水蒸气和氧气（或空气）通过位于流化床不同高度上的几排喷嘴加入。其下段为圆锥形体的流化床,上段的高度为流化床高度的 6~10 倍,作为固体分离区。在床的上部引入二次水蒸气和氧气,以气化离开床层而未气化的碳。二次气化区相当于悬浮床气化,该处温度比床内操作温度高 200 ℃左右。使用低活性煤时,二次气化可显著改善碳的转化率。

颗粒粒度为 0~8 mm 的原料煤,用螺旋进料器加入炉内,气化后剩下的颗粒按颗粒大小和相对密度分离,大颗粒落下进入底部的卸灰装置,而较轻颗粒被煤气带出。大约 30% 的含半焦灰粒从底部排出,其余从上部带出。炉上部设置辐射锅炉,使气体温度下降 180~230 ℃,从而使熔化的灰粒再固化。

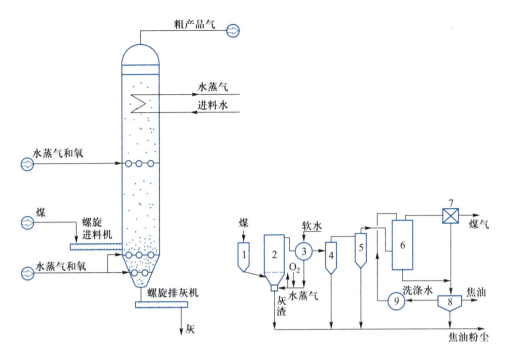

图 6-2-13　温克勒气化炉示意与工艺流程图

1—料斗;2—气化炉;3—废热锅炉;4,5—旋风除尘器;6—洗涤塔;7—煤气净化装置;
8—焦油水分离器;9—泵

典型的工业规模的温克勒炉内径 5.5 m,高 23 m,以褐煤为原料,氧/水蒸气鼓风时生产能力 47 000 m³/h,空气/水蒸气鼓风时为 94 000 m³/h,生产能力可在 25%~150% 内变化。粗煤气的出炉温度一般在 900 ℃ 左右,还含有大量粉尘,经废热锅炉回收热量后,再经两级旋风除尘器及洗涤塔,含尘量降至 5~20 mg(尘)/m³(煤气),煤气温度降至 35~40 ℃。

温克勒气化炉的优点是生产能力大,结构简单,可用小颗粒煤,煤气中无焦油等,其缺点是碳转化率低,只能使用高活性的煤,煤气质量差,带出物多,而且设备庞大。本工艺的主要缺点是操作温度和压力偏低造成的,为此发展了高温温克勒(HTW)及灰团聚气化工艺,如U-Gas 气化法和 KRW 气化法等。

(3) 高温温克勒(HTW)法　针对温克勒炉的缺点,HTW 炉主要进行的改进:

① 提高气化压力到 1 MPa　这不但降低了合成气再压缩的能量,而且提高了生产能力。例如,常压温克勒炉的气化强度是 2 120 m³(CO+H₂)/(m²·h),而在中试装置中,在 1.0 MPa 时达到了 7 700 m³(CO+H₂)/(m²·h),相当于以气化压力比 $\left(\dfrac{p_1}{p_2}\right)^{0.6}$ 的比例增加。

② 提高气化温度　使用的莱茵褐煤是一种碱性灰,即含有较多的碱土金属氧化物,加入石灰可提高灰熔点,气化温度可提高到 1 000 ℃。

③ 流化床粗粉带出物循环回到流化床气化,从而提高了碳的转化率　在 1986 年建立了生产能力达干褐煤 720 t(干褐煤)/d,生产合成气 37 000 m³/h,制取甲醇 11 万吨/年的示范装置。还采用高温温克勒气化炉建设了发电能力 30 万千瓦的 IGCC 示范装置。

用于生产甲醇合成气的 HTW 工艺,实际得到的粗煤气含 $\varphi(CO+H_2)=75\%$,合成气收率为 1 510 $m^3(CO+H_2)/t(煤)_{daf}$,碳转化率为 96%,氧耗 400 $m^3(O_2)/t(煤)_{daf}$,气化强度 5 880 $m^3(CO+H_2)/(m^2 \cdot h)$。本工艺的气化指标列于表 6-2-06。

表 6-2-06　温克勒气化工艺流程的气化指标

	指标	褐煤(1)	褐煤(2)
原料煤的分析	$w(水分)/\%$	8.0	8.0
	$w(C)/\%$	61.3	54.3
	$w(H)/\%$	4.7	3.7
	$w(N)/\%$	0.8	1.7
	$w(O)/\%$	16.3	15.4
	$w(S)/\%$	3.3	1.2
	$w(灰分)/\%$	13.8	23.7
	热值 HHV/$(kJ \cdot kg^{-1})$	21 827	18 469
煤气组成与热值	$\varphi(CO)/\%$	22.5	36.0
	$\varphi(H_2)/\%$	12.6	40.0
	$\varphi(CH_4)/\%$	0.7	2.5
	$\varphi(CO_2)/\%$	7.7	19.5
	$\varphi(N_2)/\%$	55.7	1.7
	$\varphi(C_mH_n)/\%$	—	—
	$\varphi(H_2S)/\%$	0.8	0.3
	产品气热值 HHV/$(kJ \cdot m^{-3})$	4 663	10 146
条件	水蒸气煤比/$[kg(水蒸气) \cdot kg^{-1}(煤)]$	0.12	0.39
	氧煤比/$[kg(氧) \cdot kg^{-1}(煤)]$	0.59	0.39
	空气煤比/$[kg(空气) \cdot kg^{-1}(煤)]$	2.51	—
	气化温度/℃	816~1 200	816~1 200
	气化压力/MPa	~0.098	~0.098
	炉出温度/℃	777~1 000	777~1 000
结果	煤气收率/$(m^3 \cdot kg^{-1})$	2.91	1.36
	气化强度/$(kJ \cdot m^{-3} \cdot kg^{-1})$	20.8×10^4	21.2×10^4
	碳转化率/%	83.0	81.0
	气化效率/%	61.9	74.4

（4）灰团聚流化床煤气化法　针对流化床气化碳转化率低的问题,开发了提高炉温,使煤灰在炉内形成含碳量低的团聚物排出,碳转化率可达 96%以上的气化方法。

图 6-2-14 是 U-Gas 型气化炉示意图。它是一个单段流化床气化炉。粒度为 0~6 mm 的煤通过锁斗系统加到气化炉内。床内反应温度为 955~1 095 ℃,床温由进料煤性质决定,应使煤灰团聚而不结渣。操作压力在 345~2 412 kPa 变化。气化剂由两处进入反应器:① 从分布炉算进入,维持正常的流化;② 由中心排灰装置进入,由中心进入气体的水蒸气氧比[kg(水蒸气)/m³(氧)]比较小,故床底中心区温度较高,当达到灰的初始软化温度时,灰粒选择性地和别的颗粒团聚起来。团聚体不断增大,直到它不能被上升气流托起为止。也就是说,由于气流的扰动使碳粒从团聚物中分离出来。文氏管形成的局部高温区,使未燃碳燃烧气化,又使灰粒相互黏结而团聚。控制中心管的气流速率,可达到控制排灰量的多少。中心管固体分离速率约 10 m/s,而流化床内气流速率为 1.2~2 m/s。

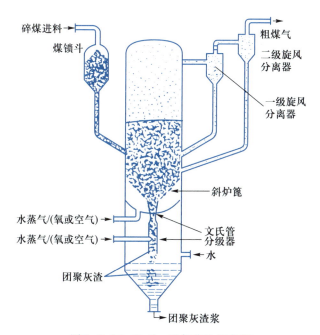

图 6-2-14　U-Gas 型气化炉示意图

提高碳转化率的另一措施是带出物经过两段旋风分离器分离后返回流化床内,第二段分出的细灰进入排灰区域,经过气化和团聚成灰渣颗粒排出。灰渣中 w(碳)<10%,碳转化率>97%。KRW 型炉采用类似的办法,使碳利用率达 90%~95%,团聚灰中 w(灰分)>90%。图 6-2-15 为具有自主知识产权的我国灰熔聚流化床粉煤气化工业示范装置工艺流程。

3. 煤的气流床气化

气流床气化炉,最为成熟的是常压操作的 Koppers-Totzek(K-T)法,在此法基础上后来又开发成功加压的 Shell 法及 Prenflo 法,这些气化炉都是干煤粉进料的。湿法进料的有属于第二代煤气化技术的德士古(Texaco)方法、Destec 法和多喷嘴水煤浆煤气化方法。

(1) 气流床气化原理　所谓气流床,又称夹带床,就是气化剂(水蒸气与氧)将粉煤夹带入气化炉进行并流气化。粉煤被气化剂夹带通过特殊的喷嘴进入反应器,瞬时着火,形成火焰,温度高达 2 000 ℃。粉煤和气化剂在火焰中作并流流动,粉煤急速燃烧和

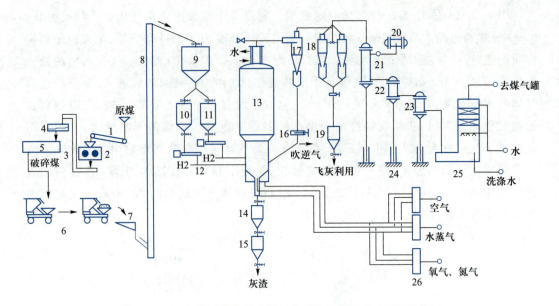

图 6-2-15　灰熔聚流化床粉煤气化工业示范装置工艺流程简图

1—皮带输送机；2—破碎机；3—埋刮板输送机；4—筛分机；5—烘干机；6—输送；7—受煤斗；8—提升机；
9—煤仓；10,11—进料平衡斗 A/B；12—螺旋进料机 A/B；13—气化炉；14,15—排灰斗；16—高温返料阀；
17——级旋风分离器；18—二级旋风分离器；19—二旋排灰斗；20—汽包；21—废热锅炉；22—蒸汽过热器；
23—脱氧水预热器；24—水封；25—粗煤气水洗塔；26—气体分气缸

气化,反应时间只有几秒,可以认为放热与吸热反应差不多是同时进行的,在火焰端部,即煤气离开气化炉之前,碳已全部耗尽。在高温下,所有的干馏产物都被分解,只含有很少量的 $CH_4[\varphi(CH_4)=0.02\%]$,而且煤颗粒各自被气流隔开,单独地裂解、膨胀、软化、烧尽直到形成熔渣,因此煤黏结性对煤气化过程没有什么影响。煤中灰分以熔渣形式排出炉外。

在部分氧化条件下,煤燃烧生成 CO_2 和 H_2O 之外还生成 CO 和 H_2 [通过部分氧化反应 $C_mH_n+(m/2)O_2=mCO+(n/2)H_2$],粉煤中剩余的碳与 CO_2,水蒸气进行气化反应,生成 CO 和 H_2,所以气化所得的煤气中含有 CO,H_2,CO_2,H_2O 四个组分,而且在高温下(1 500 ℃以上)由反应($CO+H_2O \longrightarrow CO_2+H_2$)的平衡确定煤气组成。

粉煤和气化剂进行并流气化,反应物之间的相对速率小,接触时间短,为了提高反应速率,强化生产,除了采用很高的反应温度外,还用纯氧-水蒸气为气化剂,而且粉煤磨得很细,增加反应表面积,一般要求 70% 以上的粉煤通过小于 75 μm(200 目)的筛孔。

气流床气化是粉煤部分氧化法,其最重要的反应条件是氧煤比和反应温度。通常用改变氧煤比或水蒸气煤比的方法来调节气化炉温度。氧煤比增加,反应温度增加,有利于 CO_2 还原和 H_2O 分解反应,提高碳转化率,但过高又增加 CO_2 和 H_2O 的量,故应有一个最佳的氧煤比。

（2）干法进料的气流床气化方法

① K-T 型气化炉　以前国外用煤为原料生产合成氨原料气时,大多采用 K-T 型气化炉,其结构示于图 6-2-16。两炉头气化炉的外形是水平椭球体,两端的两个炉头像截去了头的锥体。每个炉头装有相邻的两个喷嘴,并与对面的炉头的喷嘴处于同一条直线

上,以使火焰喷不到对面的炉壁,喷出的煤粉在自己的火焰区尚未燃尽时,可进入对方的火焰中气化。火焰温度达 2 000 ℃,火焰末端即炉中部温度为 1 500~1 600 ℃。进料煤中有 70% 粒度小于 70 μm,煤中大部分灰分在火焰区被熔化,以熔渣形式进入熔渣激冷槽成粒状,由出灰机移走,其余灰分被气体带走。炉温一般比灰熔点高 100~150 ℃,熔渣黏度控制在150 Pa·s 左右。后来设计的四炉头八喷嘴型气化炉,四个炉头呈十字形排列,能气化煤470 t(煤)/d,产气 35 000 m³/h。炉上部的废热锅炉回收出炉热煤气(1 400~1 500 ℃)的显热,煤气先在辐射段被冷到 1 100 ℃ 以下,然后在上部对流段冷到低于 300 ℃,废热锅炉产10 MPa 高压水蒸气。

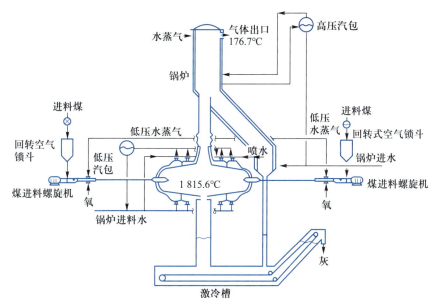

图 6-2-16   K-T 型气化炉及废热回收示意图

    K-T 型炉的主要缺点是氧耗高,而且在常压下操作,要达到高转化率是有困难的。为此 Shell 石油公司和 Koppers 公司合作开发了加压的 Shell-Koppers 法,它组合了前者在高压油气化的经验,以及 Koppers 公司在煤气化方面的经验。后来两家公司又独立进行开发,从而产生了两种干煤粉进料的加压下操作的煤气化方法:Shell 法和 Prenflo 法,两种方法基本相似。

    ② Shell 法   Shell 公司先建立了一座 400 t(煤)/d 的示范装置,定名为 SCGP-1 型。后来荷兰电力部门选用此法在比赫纳姆建立一套净发电25 万千瓦的 IGCC 示范装置,处理煤量达 2 000 t(煤)/d,操作压力 2.8 MPa,气化温度 1 500 ℃,冷煤气效率80%~83%,热效率达 94%,碳转化率 97%~98%,发电效率 43%。

    Shell 法的典型流程示于图 6-2-17。原煤经粉碎干燥至含水 w(水分)<2%,粒度90%通过 90 μm(170 目)筛孔。煤由常压煤仓进加压煤仓,粉煤用氮气浓相输送[400 kg(煤)/m³(氮气)]入气化炉。气化温度超过 1 370 ℃。熔化煤灰沿炉壁流入水浴固化,通过锁斗而排出。粗煤气用循环冷煤气激冷到 900~1 100 ℃,以避免黏性灰渣进入废热锅炉,煤气通过废热锅炉被冷到 300 ℃,然后进入除尘和水洗系统。Shell 煤气化炉在我国

已广泛应用。

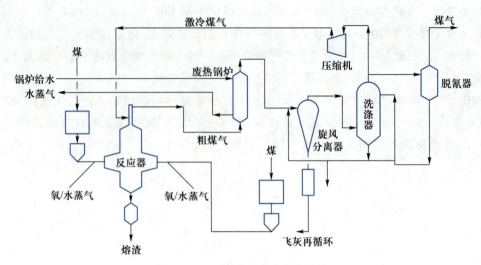

图 6-2-17　Shell 法的典型流程图

③ GSP 气化炉　GSP 气化法是 1976 年由东德 VEB Gaskombiant 的黑水泵公司开发的一下喷式加压气流床液态排渣气化炉,操作压力 2.5~3.0 MPa,用粉煤、氧气鼓风,其结构及工作原理兼备 Texaco 和 Shell 气化炉两者的特点。每天 8 t 的气化装置于 1979 年在德国的弗莱堡(Freiburg)燃料学院建成,1980 年开始运行二套 GSP 装置,气化炉容积为0.075 m³,操作压力 3 MPa,用氧-蒸汽作气化剂,实际气化能力为 100~250 kg(干煤粉)/h。第一套工业规模示范装置在黑水泵联合企业建成,1985 年投入运行,其主要参数如下。

气化粉煤量:720 t/d(最大时 30 t/h)

干煤气产量:90 万立方米/天(40 000 m³/h)

操作压力:3 MPa

氧气耗量:410 t/d(12 000~15 000 m³/h,17~21 t/h)

蒸汽需要量:144 t/d(6 t/h)

由于采用螺旋管水冷壁,允许气化温度可高达 1 600~1 700 ℃,比较适合我国高灰熔点煤的气化,为此中国神华集团与其合作在宁夏神华宁煤集团采用该气化炉,运转情况良好。其工艺流程如图 6-2-18 所示。

(3) 湿法进料的气流床气化方法　Texaco 气化炉是最成熟的第二代气流床气化炉,其后又开发成功的 Destec 气化方法,其单炉生产能力达 2 500 t/d。

① Texaco 煤气化方法　它是由美国 Texaco 公司开发的,已被 GE 公司收购,已在美国、欧洲、日本和我国建立了许多套商业化装置。目前最大的单炉容量达 3 000 t(煤)/d,用于煤制化学品。

Texaco 气化流程有激冷流程和废热锅炉流程。图 6-2-19 是激冷式流程。煤经湿磨后,与水制成水煤浆,典型的煤浆中煤的质量分数为 60% 左右。煤浆中煤粒最大粒径不超过 1 mm,粒度大于 90 μm 的不超过 30%。用高压煤浆泵送到气化炉。Texaco 炉是液态排渣炉,操作温度必须大于煤的灰熔点 FT,一般在 1 300~1 500 ℃。当灰熔点高于

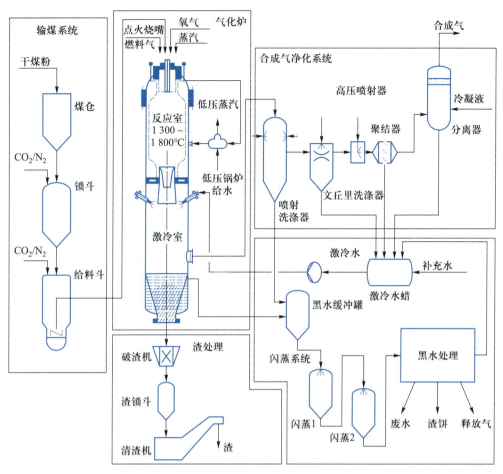

图 6-2-18　GSP 气化工艺流程图

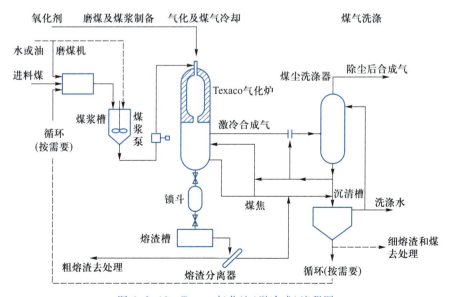

航天炉

图 6-2-19　Texaco 气化法（激冷式）流程图

1 500 ℃时,需添加助熔剂。气化压力可达到 8.0 MPa,煤在炉内气化时间在 3~10 s,氧碳比在 0.9~0.95,碳转化率为 98%~99%,冷煤气效率为 70% 左右。

激冷流程适用于制 NH_3 和 H_2,因为这种流程易于和变换反应器配套,激冷产生水蒸气可满足变换的需要。对于生产燃料煤气或用于联合循环发电,应选择废热锅炉流程。激冷流程的投资比废热锅炉流程要少很多。图 6-2-20 是用于两种流程的气化炉示意图。

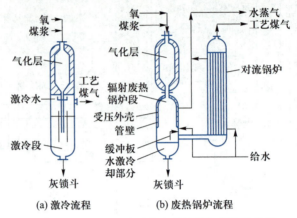

图 6-2-20　Texaco 法两种流程的煤气化炉示意图

Texaco 煤气化方法的特点是:a. 采用水煤浆进料,没有干法磨煤、煤锁进料等问题,比干法加料安全可靠,容易在高压下操作;b. 在高温、高压下气化,碳转化率高达 98%~99%,可以使用各种煤;c. 负荷适应性强,在 50% 负荷下,仍能正常操作;d. 从环境保护上讲,Texaco 煤气化方法优于其他气化方法,不但无废水生成,还可添加其他有机废水制煤浆,气化炉起焚烧炉的作用,排出的灰渣呈玻璃光泽状,不会产生公害。Texaco 煤气化方法的主要问题是因煤浆中水分高,因而氧耗高。但因它具有种种优点,已为国内外很多工厂采用,是开发煤气化技术成功的范例。

② 多喷嘴气化炉　图 6-2-21 是华东理工大学开发的多喷嘴对置式气化炉示意图。

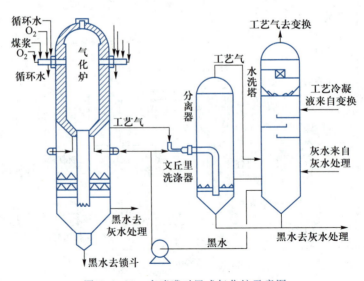

图 6-2-21　多喷嘴对置式气化炉示意图

拓展

晋华炉

多喷嘴气化炉的 4 个工艺烧嘴均采用预膜式烧嘴,其雾化夹角大,雾化效果好,又因采用对撞方式,其混合更加充分。当某一个烧嘴因制造或其他原因雾化不好时,因对撞原因,其影响也非常小。这种技术不但有效气体成分高(最高达到 85%),而且反应完全,单位煤浆产气量也较 Texaco 煤气化方法高,灰渣残碳含量低,碳转化率高。表 6-2-07 列出了在我国正在实施的大型气流床气化工艺技术参数对比。

表 6-2-07　Shell、Texaco、GSP、多喷嘴对置式工艺的气化技术参数对比

名称	Texaco	Shell	GSP	多喷嘴对置式
操作温度/℃	1 300 ~ 1 500	1 400 ~ 1 700	允许高于 1 700	1 300 ~ 1 400
操作压力/MPa	4.0 ~ 8.0	4.0	4.0	4.0 ~ 6.5
气化炉特点	水煤浆进料、顶部单喷嘴、耐火砖	干粉下部多喷嘴对喷、水冷壁	干粉顶部单喷嘴、水冷壁	水煤浆顶部多喷嘴对置进料、耐火砖
有效成分 $CO + H_2$/% (CO_2 为输送介质时)	80.0	94.5	94.5	84.9
碳转化率/%	98.0	99.5	99.5	98.8
冷煤气效率/%	70.0	80.0	80.0	—
现有工业规模/(t·d⁻¹)	2 000	500 ~ 2 000	2 000*	3 000
年产 60 万吨甲醇所需合成气的投资/万元	47 000	78 800	47 050	—

＊现规模可达 3 000 t/d。

三、其他煤气化方法概要

这里所述及的其他方法包括:① 熔融床煤气化方法;② 煤的催化气化方法;③ 煤的加氢气化方法;④ 煤的地下气化方法等。

熔融床气化方法又分熔渣床、熔盐床和熔铁床三种。国内外对熔融床先后进行过大量的研究,其中以熔渣炉和熔铁床的试验规模最大,达到 250 t(煤)/d。熔渣床还有常压与加压两种。因为种种技术和经济问题,这些试验大多已停止。

煤的催化气化方法是在气化过程中添加催化剂,加快气化反应,可以在较低温度下进行气化。煤的催化气化方法以 Exxon 方法为代表,用 K_2CO_3 为催化剂,但其规模仅 1 t (煤)/d。

加氢气化方法的目的是制取天然气,如美国的 Hygas 法[80 t(煤)/h]和德国的 HKV 法[4 ~ 10 t(煤)/h]。我国新奥集团也在开发催化加氢气化制备甲烷技术。

6-3　煤制油技术

所谓煤炭液化,是将煤中有机质大分子转化为中等分子的液态产物,其目的就是来生产发动机用液体燃料和化学品。煤炭液化有两种完全不同的技术路线,一种是直接液化,另一种是间接液化。

煤炭直接液化是指通过加氢使煤中复杂的有机高分子结构直接转化为较低分子的液体燃料,转化过程是在含煤粉、溶剂和催化剂的浆液系统中进行加氢、解聚,需要较高的压力和温度。直接液化的优点是热效率较高、液体产品收率高;主要缺点是煤浆加氢工艺过程的总体操作条件相对苛刻。

　　煤炭间接液化是首先将煤气化制合成气($CO+H_2$),合成气经净化、调整 H_2/CO,再经过催化合成为液体燃料,其优点是煤种适应性较宽,操作条件相对温和,煤灰等三废问题主要在气化过程中解决;其缺点是总效率比不上前者。煤炭液化也是我国煤代油战略的重要、有效和可行的途径之一。

一、煤炭直接加氢液化

　　1913 年德国科学家 Bergius F 发明了在高温高压下可将煤加氢液化生产液体燃料的方法,为煤炭直接液化技术的开发奠定了基础。1927 年在德国莱那(Leuna)建立了世界上第一座工业生产规模的煤直接液化厂,装置能力 10 万吨/年。此后德国又有 11 套煤直接液化装置建成投产,到 1944 年,生产能力达到 423 万吨/年,为当时德国战争提供了所需的油品。德国同时还有 9 个 F-T 合成装置投入生产,年产液体燃料近 60 万吨。其间英国、法国、意大利、中国和朝鲜等也建有类似的煤或煤焦油加氢工厂。

　　20 世纪 50 年代初期由于大量廉价石油开发,除苏联仍建有 11 套煤直接液化和煤焦油加氢装置,总生产能力为 110 万吨/年油品外,其余停建。直到 20 世纪 70 年代,两次世界石油危机的影响使美国、德国等主要发达国家又重新重视煤炭直接液化的新技术开发工作。表 6-3-01 列出了各国煤直接液化技术开发情况。

表 6-3-01　各国煤直接液化技术开发情况

国别	工艺名称	规模/$(t\cdot d^{-1})$	试验时间	地点	开发机构	现状
美国	SRCl/2	50	1974—1981	Tacoma	GULF	拆除
	EDS	250	1979—1983	Baytown	EXXOH	拆除
	H-COAL	600	1979—1982	Catlettsburg	HRI	转存
德国	IGOR	200	1981—1987	Bottrop	RAG/VEBA	改成加工重油和废塑料
	PYROSOL	6	1977—1988	SAAR		拆除
日本	NEDOL	150	1996—1998	日本鹿岛	NEDO	
	BCL	50	1986—1990	澳大利亚	NEDO	拆除
英国	LSE	2.5	1988—1992		British Coal	拆除
俄罗斯	CT-5	7.0	1983—1990	图拉市		拆除
中国	日本装置	0.1	1983—	北京	煤科总院	运行
	德国装置	0.12	1986—	北京	煤科总院	改造
	神华	6	2004—	上海	神华集团	运行
	神华	6 000	1998—	内蒙古	神华集团	运行

进入21世纪,我国煤直接液化装置的工业化示范建设更是走在世界各国前列,规模为106万吨/年的神华煤直接液化工业示范装置于2008年年底一次投料成功,目前运行良好。

1. 煤加氢液化机理

煤与石油、汽油在化学组成上最明显的差别是煤的氢含量低、氧含量高,氢碳原子比低、氧碳原子比高;两者分子结构不同,煤有机质由2~4个或更多的芳香环构成,呈空间立体结构的高分子缩聚物,而石油分子主要是由烷烃、芳烃和环烷烃等组成的混合物;且煤中存在大量无机矿物,因此,要将煤转化为液体产物,首先要将煤的大分子裂解为较小的分子,提高氢碳原子比,降低氧碳比,并脱除矿物质。

(1)煤加氢液化过程中的反应　在煤加氢液化过程中,氢不能直接与煤分子反应使煤裂解,而是与煤分子热分解生成的自由基"碎片"作用,使自由基加氢饱和而稳定下来,如果氢不够或没有,则自由基之间相互结合转变为不溶性的焦。在加氢液化过程中反应也极其复杂,是一系列顺序反应和平行反应的综合,可归纳如下。

① 煤的热解　煤被加热到一定温度,煤结构中键能最弱的部位开始断裂为自由基碎片:

$$煤 \xrightarrow{\text{热裂解}} 自由基碎片 \sum R\cdot$$

② 对自由基"碎片"的供氢　热解自由基"碎片"是不稳定的,只有与氢结合后才能稳定,其反应为

$$\sum R\cdot + H \longrightarrow \sum RH$$

供给自由基的氢源主要来自以下几方面:a. 溶解于溶剂油中的氢在催化剂作用下变为活性氢;b. 溶剂油可供给的或传递的氢;c. 煤本身可供应的氢(煤分子内部重排、部分结构裂解或缩聚放出的氢);d. 化学反应生成的氢,如 $CO + H_2O \longrightarrow CO_2 + H_2$。它们之间的相对比例随液化条件的不同而不同。

③ 脱氧、硫、氮杂原子反应　加氢液化过程中,煤结构中的一些氧、硫、氮也产生断裂,分别生成 H_2O(或 CO_2, CO), H_2S 和 NH_3 气体而被脱除。

④ 缩合反应　在加氢液化过程中,由于温度过高或供氢不足,煤热解的自由基"碎片"彼此会发生缩合反应,生成半焦和焦炭,它是煤加氢液化中不希望发生的反应。

(2)煤加氢液化的产物　煤加氢液化后得到的产物并不是单一的,而是组成十分复杂的,包括气、液、固三相的混合物。液固产物组成复杂,要先用溶剂进行分离,通常所用的溶剂有正己烷(或环己烷)、甲苯(或苯)和四氢呋喃(或吡啶)。可溶于正己烷的物质称为油,是煤液化产物的轻质部分,其相对分子质量小于300;不溶于正己烷而溶于苯的物质称为沥青烯(asphaltene),是类似石油沥青质的重质煤液化产物部分,其平均相对分子质量约为500;不溶于苯而溶于四氢呋喃的物质称为前沥青烯(preasphaltene),属煤液化产物的重质部分,其平均相对分子质量约为1 000;不溶于四氢呋喃的物质称为残渣,它由未反应煤、矿物质和外加催化剂组成,也包括液化缩聚产物半焦。一般煤加氢液化产物的溶剂分离流程如图6-3-01所示。

液化产物的收率定义如下(常以百分数表示):

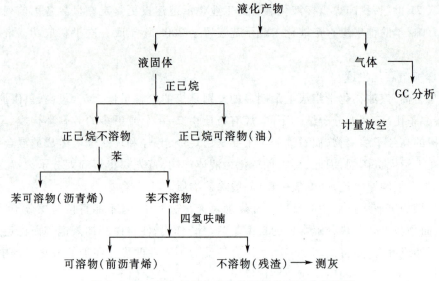

图 6-3-01　煤加氢液化产物的溶剂分离法分离流程

$$油收率 = \frac{正己烷可溶物质量}{原料煤质量(daf)} \times 100\%$$

$$沥青烯收率 = \frac{苯可溶而正己烷不溶物的质量}{原料煤质量(daf)} \times 100\%$$

$$前沥青烯收率 = \frac{四氢呋喃可溶而苯不溶物的质量}{原料煤质量(daf)} \times 100\%$$

$$煤液化转化率 = \frac{干煤质量-苯(或四氢呋喃、吡啶)不溶物的质量}{原料煤质量(daf)} \times 100\%$$

（3）煤加氢液化的反应历程　煤加氢液化反应历程如何用化学反应方程式表示，至今尚未完全统一。下面是人们公认的几种看法：① 煤不是组成均一的反应物，即存在少量易液化组分，如嵌布在高分子主体结构中的低分子化合物，也有一些极难液化的惰性成分，如惰质组等；② 反应以顺序进行为主，虽然在反应初期有少量气体和轻质油生成，不过数量不多，在比较温和条件下数量更少，所以总体上反应以顺序进行为主；③ 前沥青烯和沥青烯是液化反应的中间产物，它们都不是组成确定的单一化合物，在不同反应阶段生成的前沥青烯和沥青烯结构肯定不同，它们转化为油的反应速率较慢，需要活性较高的催化剂；④ 逆反应（即结焦反应）也有可能发生。

根据上述认识，可将煤液化的反应历程描述如下：

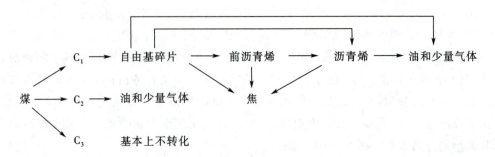

上述反应历程中 C_1 表示煤有机质的主体，C_2 表示存在于煤中的低分子化合物，C_3 表示惰性成分。此历程并不包括所有反应。图 6-3-02 示意了由煤加氢液化生成 SRC-Ⅰ，SRC-Ⅱ的反应历程。

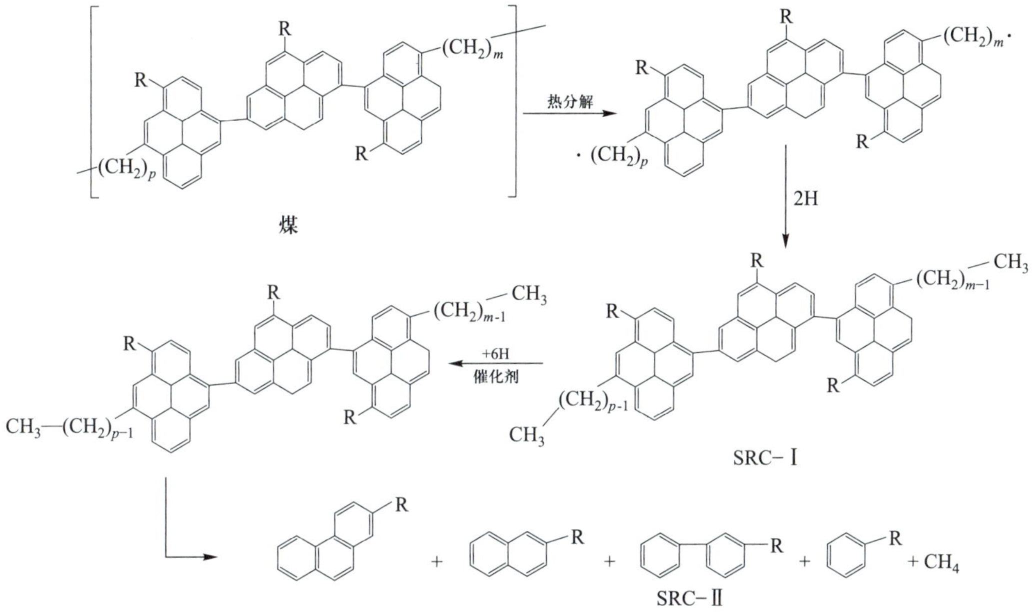

图 6-3-02　煤加氢液化生成 SRC-Ⅰ，SRC-Ⅱ的反应历程示意图

2. 几种代表性煤加氢液化工艺简介

煤加氢液化工厂的工艺流程一般将液化加氢过程分成几段来进行，即液相（糊相）加氢段、气相加氢段和产品精制段。

在煤加氢液化过程的第一阶段，所谓液相加氢段中进行裂解加氢，使煤有机大分子热解生成中等分子的自由基碎片，随之与氢结合，获得沸点为 325~340 ℃以下的产品，现称为液化粗油；同时还有氧、氮、硫化合物的初步脱除，生成水、氨及硫化氢。

煤直接液化过程的第二、第三阶段是在气相及有催化剂的固定床反应器中进行，液相加氢阶段的液态产品先通过预加氢装置，在此脱除氮、氧及硫的化合物，然后进入裂化重整装置，经精馏分离，最后获得商品汽油和柴油产品。

（1）德国直接液化新工艺——IGOR⁺工艺　德国一直在探讨改进现有工艺技术途径，设法降低合成原油的沸点范围和杂原子含量，生产饱和的煤液化粗油等。其中 DMT 等公司研究开发了将煤液化粗油的加氢精制、饱和等过程与煤糊相加氢液化过程结合成一体的新工艺技术，即煤液化粗油精制联合工艺（IGOR⁺），其工艺流程见图 6-3-03。

煤与循环溶剂再加催化剂与 H_2 一起依次进入预热器和液化反应器，反应后的物料进高温分离器，在此，重质物料与气体及轻质油蒸气分离，由高温分离器下部减压阀排出的重质物料经减压闪蒸分出残渣和闪蒸油，闪蒸油又通过高压泵打入系统，与高温分离器分出的气体及轻油一起进入第一固定床反应器，在此进一步加氢后进入中温分离器，中温分离器分出的重质油作为循环溶剂，气体和轻质油蒸气进入第二固定床反应器又一次加氢，再通过低温分离器分出提质后的轻质油产品，气体再经循环氢压机加压后循环使

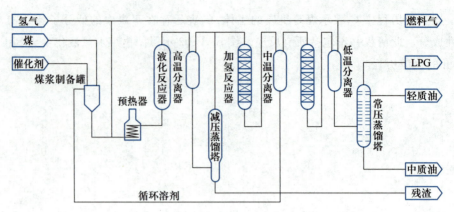

图 6-3-03　德国 IGOR$^+$工艺流程图

用。为了使循环气体中的 H_2 浓度保持在所需要的水平,要补充一定量的新鲜 H_2。液化油在此工艺经两步催化加氢,已完成提质加工过程。油中的 N 和 S 含量降到 10^{-5} 数量级。此产品可直接蒸馏得到直馏汽油和柴油,汽油只要再经重整就可获得高辛烷值产品,柴油只需加入少量添加剂即可得到合格产品。

此工艺特点:① 固液分离采用减压蒸馏,生产能力大,效率高;② 循环油不含固体,也基本上排除沥青烯,溶剂的供氢能力增强,反应压力降至 30 MPa;③ 液化残渣直接送去气化制氢;④ 把煤的糊相加氢与循环溶剂加氢和液化油提质加工串联在一套高压系统中,避免了分立流程物料降温降压又升温升压带来的能量损失,并且在固定床催化剂上还能把 CO_2 和 CO 甲烷化,使碳的损失量降到最低限度;⑤ 煤浆固体浓度大于 50%,煤处理能力大,反应器供料空速可达0.6 $\text{kg} \cdot \text{l}^{-1} \cdot \text{h}^{-1}$(daf 煤)。经过这样的改进,油收率增加,产品质量提高,过程氢耗降低,总的液化厂投资可节约 20% 左右,能量效率也有较大提高,热效率超过 60%。

(2) 氢煤法(H-Coal)　氢煤法的开发始于 1963 年,是美国能源部等资助下由碳氢化合物公司(HRI)研究开发的煤加氢液化工艺,其工艺基础是对重油进行催化加氢裂解的氢油法(H-Oil),其工艺流程如图 6-3-04 所示。

煤粉磨细到小于 60 目,干燥后与液化循环油混合,制成煤浆,经过煤浆泵把煤糊增压至20 MPa,与压缩氢气混合送入预热器预热到 350~400 ℃后,进入沸腾床催化反应器。采用加氢活性良好的钴-钼($\text{Co-Mo/Al}_2\text{O}_3$)柱状催化剂,利用溶剂和氢气的由下向上的流动,使反应器的催化剂保持沸腾状态。在反应器底部设有高压油循环泵,抽出部分物料打循环,造成反应器内的循环流动,促使物料在床内呈沸腾状态。为了保证催化剂的活性,在反应中连续抽出 2% 的催化剂进行再生,并同时补充等量的新催化剂。由液化反应器顶部流出的液化产物经过气液分离、蒸气冷凝冷却后,凝结出液体产物,气体经过脱硫净化和分离,分出的氢气再循环返回到反应器,进行循环利用。凝结的液体产物经常压蒸馏得到轻油和重油,轻油作为液化粗油产品,重油作为循环溶剂返回制浆系统。含有固渣的液体物料出反应器后直接进入闪蒸塔分离,闪蒸塔顶部物料与凝结液一起入常压蒸馏塔精馏;塔底产物通过水力分离器分成高固体液流和低固体液流。低固体液流返回煤浆混合槽,以尽量减少新鲜煤制浆所需馏分油的用量;水力分离器底流经过最终减

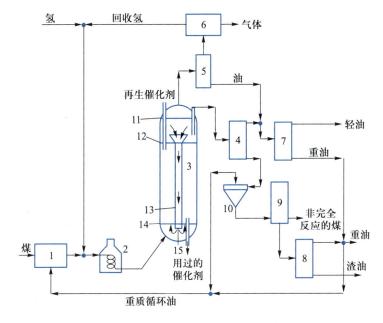

图 6-3-04 氢煤法的工艺流程图

1—煤浆制备；2—预热器；3—沸腾床催化反应器；4,9—闪蒸器；5—冷分离器；6—气体洗涤器；
7—常压蒸馏塔；8—减压蒸馏塔；10—旋流器；11—浆态反应物料的液位；
12—催化剂上限；13—循环管；14—分布板；15—搅拌螺旋桨

压蒸馏得重油和残渣,重油返回制浆系统,残渣送气化制氢,作为系统氢源,这个方法可以在较低煤进料量的条件下操作获得尽可能多的馏分油。

此工艺特点:① 氢煤法的最大特点是使用沸腾床三相反应器(浆态床)和钴-钼加氢催化剂,使反应系统具有等温、物料分布均衡、高效传质和高活性催化,有利于加氢液化反应顺利进行,所得产品质量好;② 反应器内温度保持450~460 ℃,压力为20MPa;③ 该法已完成煤处理量为 200~600 t/d 的中试运行考验,并完成 50 000 bbl/d(桶/天)规模生产装置的概念设计。后来开发了两个反应器串联工艺,又演变为HTI工艺。

HTI工艺的主要技术特征:① 用胶态 Fe 催化剂替代 Ni-Mo 催化剂,降低催化剂成本,同时胶态 Fe 催化剂比常规铁系催化剂活性明显提高,催化剂用量少,相对可以减少固体残渣夹带的油量;② 采用外循环全返混三相鼓泡床反应器,强化传热、传质,提高反应器处理能力;③ 与德国 IGOR 工艺类似,对液化粗油进行在线加氢精制,进一步提高了馏分油品质;④ 反应条件相对温和,反应温度 440~450 ℃,反应压力为 17 MPa,油收率高,氢耗低;⑤ 固液分离采用 Lummus 公司的溶剂萃取脱灰,使油收率提高约5%。

(3) 日本 NEDOL 工艺 20 世纪 80 年代,日本开发了 NEDOL 烟煤液化工艺,该工艺实际上是 EDS 工艺的改进型,在液化反应器内加入铁系催化剂,反应压力也提高到17~19 MPa,循环溶剂是液化重油加氢后的供氢溶剂,供氢性能优于 EDS 工艺。其工艺流程如图 6-3-05 所示。

日本 NEDOL 工艺过程与日本 BCL 工艺类似,它是由 5 个主要部分组成:① 煤浆制备;② 加氢液化反应;③ 液固蒸馏分离;④ 液化粗油二段加氢;⑤ 溶剂催化加氢反应。此工艺的特点:① 总体流程与德国工艺相似;② 反应温度 455~465 ℃,反应压力 17~19 MPa,

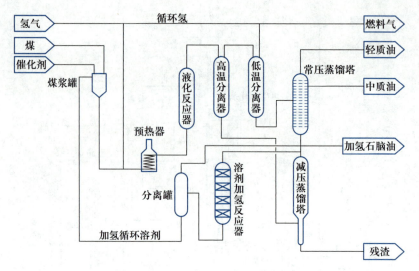

图 6-3-05　日本 NEDOL 工艺流程图

空速 0.36 t/(m³·h);③ 催化剂使用合成硫化铁或天然黄铁矿;④ 固液分离采用减压蒸馏的方法;⑤ 配煤浆用的循环溶剂单独加氢,提高了溶剂的供氢能力,循环溶剂加氢技术是引用美国 EDS 工艺的成果;⑥ 液化油含有较多的杂原子,未进行加氢精制,必须加氢提质后才能获得合格产品;⑦ 150 t/d 装置建在鹿岛炼焦厂旁边。

（4）中国神华煤直接液化工艺　中国神华集团在吸收近几年煤炭液化研究成果的基础上,根据煤液化单项技术的成熟程度,综合了国内外开发的液化工艺特点,并进行了优化,提出了如图 6-3-06 的煤直接液化工艺流程。

设备

煤液化反
应器吊装

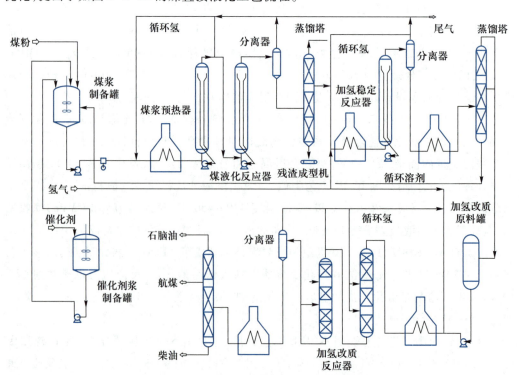

图 6-3-06　中国神华煤直接液化工艺流程图

主要工艺特点(与 HTI 工艺对比):① 采用两段反应,反应温度 455 ℃,压力 19 MPa,提高了煤浆空速;② 采用人工合成超细铁基催化剂,催化剂用量相对较少,质量分数为 1.0%(Fe/干煤),同时避免了 HTI 的胶体催化剂加入煤浆的难题;③ 取消溶剂脱灰工序,固液分离采用成熟的减压蒸馏;④ 循环溶剂部分加氢,提高溶剂的供氢能力;⑤ 液化粗油精制采用离线加氢方案。

若干代表性煤直接液化工艺的主要特征汇总于表 6-3-02。

表 6-3-02　煤直接液化 4 种主要工艺特征

工艺名称	HTI	IGOR⁺	NEDOL	中国神华
反应器类型	悬浮床	鼓泡床	鼓泡床	悬浮床
操作条件				
温度/℃	440~450	470	465	455
压力/MPa	17	30	18	19
空速/(t·m⁻³·h⁻¹)	0.24	0.6	0.36	0.702
催化剂及用量	GelCat™, 0.5%	炼铝赤泥, 3%~5%	天然黄铁矿, 3%~4%	人工合成,1.0% (Fe)
固液分离方法	临界溶剂萃取	减压蒸馏	减压蒸馏	减压蒸馏
在线加氢	有或无	有	无	无
循环溶剂加氢	部分	在线	离线	部分
试验煤	神华煤	先锋褐煤	神华煤	神华煤
转化率/%(daf 煤)	93.5	97.5	89.7	91.7
w(生成水)/%(daf 煤)	13.8	28.6	7.3	11.7
w(C₄+油)/%(daf 煤)	67.2	58.6	52.8	61.4
w(残渣)/%(daf 煤)	13.4	11.7	28.1	14.7
氢耗/%(daf 煤)	8.7	11.2	6.1	5.6

3. 煤加氢液化的影响因素

煤加氢液化反应是十分复杂的化学反应,影响加氢液化反应的因素很多,这里主要讨论原料煤、溶剂、气氛、催化剂与工艺参数等因素。

(1)原料煤　选择加氢液化原料煤,主要考虑以下 3 个指标:① 干燥无灰基原料煤的液体油收率高;② 煤转化为低分子产物的速率,即转化的难易度;③ 氢耗量。

煤中有机质元素组成是评价原料煤加氢液化性能的重要指标。一般认为,含碳量低于 85% 的煤几乎都可以进行液化,煤化度越低,液化反应速率越快。就腐植煤而言,煤加氢液化难易顺序为低挥发分烟煤、中等挥发分烟煤、高挥发分烟煤、褐煤、年青褐煤、泥炭。除煤化程度外,煤的化学组成和岩相组成对煤液化也有很大影响。从宏观煤岩组分来看,镜煤和亮煤最易液化,其次为暗煤,最难液化的组分是丝炭。

(2)溶剂　煤炭加氢液化一般要使用溶剂。溶剂的作用主要是热溶解煤、溶解氢气、供氢和传递氢作用、溶剂直接与煤质反应等。溶剂首先让固体煤呈分子状态或自由基碎片分散于溶剂中,同时将氢气溶解,以提高煤和固体催化剂、氢气的接触性能,加速加氢反应和提高液化效率。溶剂除热溶解煤和氢气外,还具有供氢和传递氢作用,溶剂的供氢作用可促进煤热解的自由基碎片稳定化,提高煤液化的转化率,同时可减少煤液化过程中的氢耗量。此外,溶剂能使煤质受热均匀,防止局部过热;溶剂和煤制成煤糊有利于泵的输送。目前主要采用煤液化中油馏分并混合部分重油,预加氢提高其供氢能力。

(3)气氛 高压氢气有利于煤的溶解和加氢液化转化率的提高。通常认为,至少在液化初期,氢从溶剂传递到煤分子中是主要反应。如果液化过程中没有供氢溶剂,氢分子可被煤中矿物质的催化组分或添加的催化剂活化,与煤热解自由基作用,使其稳定成较小分子,以实现煤的加氢液化。氢气消耗直接影响煤液化产品的成本,一般占总成本的1/3。为了降低氢气成本,对于低煤化程度煤液化可以采用($CO+H_2O$)合成气替代纯氢气,研究显示低煤化度煤与($CO+H_2O$)反应要比与H_2反应更加容易,随着煤化程度增加,($CO+H_2O$)的优势减弱,用($CO+H_2O$)作反应剂,煤的转化率与溶剂的性质、煤中矿物质成分等有关。

(4)催化剂 催化剂在煤加氢液化中的作用归纳为3点:① 活化反应物,加速加氢反应速率,提高煤液化的转化率和油收率,因此需要通过催化剂的催化作用,改变氢分子的裂解途径(氢分子在催化剂表面吸附解离),降低氢与自由基的反应活化能,增加了分子氢的活性,加速了加氢液化反应;② 促进溶剂的再加氢和氢源与煤之间的氢传递,在催化剂作用下,加速溶剂再加氢,促进了氢源与煤之间的氢传递,从而提高了液化反应速率;③ 选择性。

煤加氢液化催化剂种类很多,有工业价值的催化剂主要有3类:① 金属催化剂主要是钴、钼、镍、钨等,多用重油加氢催化剂;② 铁系催化剂,含氧化铁的矿物或铁盐,也包括煤中的含铁矿物;③ 金属卤化物催化剂,如$SnCl_2$,$ZnCl_2$等是活性很好的加氢催化剂,由于回收和腐蚀方面的困难还没有正式用于工业生产。

(5)反应温度和压力 反应温度是煤加氢液化的一个非常重要的条件,不到一定的温度,无论多长时间,煤也不能液化。在氢压、催化剂、溶剂存在条件下,加热煤糊会发生一系列的变化。首先煤发生膨胀,局部溶解,此时不消耗氢,说明煤尚未开始加氢液化。随着温度升高,煤发生解聚、分解、加氢等反应,未熔解的煤继续热熔解,转化率和氢耗量同时增加;当温度升到最佳值(420～450 ℃)范围,煤的转化率和油收率最高。温度再升高,分解反应超过加氢反应,综合反应也随之加强,因此转化率和油收率减少,气体收率和半焦收率增加,对液化不利。

氢气压力提高,有利于氢气在催化剂表面吸附,有利于氢向催化剂孔隙深处扩散,使催化剂活性表面得到充分利用,因此催化剂的活性和利用效率在高压下比低压时高。压力提高,煤液化过程中的加氢速率就加快,阻止了煤热解生成的低分子组分裂解或综合成半焦的反应,使低分子物质稳定,从而提高油收率;提高压力,还使液化过程有可能采用较高的反应温度。但是,氢压提高,对高压设备的投资、能量消耗和氢耗量都要增加,产品成本相应提高,所以应根据原料煤性质、催化剂活性和操作温度,选择合适的氢压。

(6)液固分离 煤液化产物也由气液固三相混合物,经气液分离后,获得液固混合物,液固分离技术直接影响液化操作。液化残渣的特点:① 固体颗粒粒度很细,煤液化残渣中的固体颗粒力度分布从不到1 μm 到数微米,部分悬浮于残液中,部分呈胶体状态;

② 黏度通常很高,在液化残渣中有前沥青烯和沥青烯等高黏度物质存在,以及未转化的煤在其中溶胀和胶溶等作用都会使黏度增高;③ 固体颗粒与液相之间的密度差很小。这些特点导致液化残渣固液分离的困难。

研究液固分离的方法,主要有过滤、真空闪蒸、反溶剂法和临界溶剂脱灰。当前开发的工艺倾向于采用真空闪蒸法,其优点是:循环油为蒸馏油,基本不含沥青烯,用此配置煤浆的黏度低,加氢反应性能得到改善;由于一台闪蒸塔可替代上百台离心过滤机,所以处理量大增,且不需要繁琐的过滤操作,结果使设备和操作大为简化。缺点是残渣中含有部分重油,降低了液体产物的总收率。

二、煤炭间接液化

所谓间接液化是相对于被称为直接液化的煤高压加氢路线而言,指的是先将煤气化制成合成气,然后通过催化合成,得到以液态烃为主要产品的技术。此法由德国皇家煤炭研究所的 Fischer F 和 Tropsch H 发明,所以又称为 Fischer-Tropsch(F-T)合成或费托合成。随着碳一化工的发展,间接液化的范畴也在不断扩大,如由合成气-甲醇-汽油的 MTG 技术,由合成气直接合成二甲醚和低碳醇燃料的技术也属于煤间接液化之列。这里仅讨论制取液体燃料部分。

1. 费托(F-T)合成

1923 年 Fischer F 和 Tropsch H 在 10~13.3 MPa 和 447~567 ℃ 的条件下,使用加碱的铁屑做催化剂研究 CO 和 H_2 的反应,成功得到直链烃类,接着进一步开发了一种 Co-ThO$_2$-MgO-硅藻土催化剂,降低了反应温度和压力,为工业化奠定了基础。1934 年鲁尔化学公司与 Tropsch H 签订了合作协议,建成 250 kg/d 的中试装置并顺利运转。1936 年该公司建成第一个间接液化厂,产量为 7 万吨/年。

南非于 1950 年成立南非煤油气公司,由于地处 Sasolburg,故多称 Sasol 公司。该公司分别与 Lurgi、鲁尔化学和 Kelloge 三家公司合作,用他们的煤气化(Lurgi 炉)、煤气净化(Lurgi 低温甲醇洗)和合成技术(鲁尔化学固定床和 Kelloge 气流床)于 1955 年建成 Sasol 工厂,规模为 30 万吨/年。1973 年西方石油危机后,该公司于 1980 年和 1982 年又先后建成 SasolⅡ和 SasolⅢ。目前这三家厂年消耗煤约 4 100 万吨(Ⅰ厂 650 万吨,Ⅱ和Ⅲ 3 450 万吨),是世界上规模最大的以煤为原料生产合成油和化工产品的化工厂。产品有汽油、柴油、石蜡、氨、乙烯、丙烯、聚合物、醇、醛和酮等共 113 种,总产量 710 万吨/年,其中油品占 60%。

(1) 费托合成反应　费托合成是 CO 和 H_2 在催化剂作用下,以液态烃类为主要产品的复杂反应系统。总的来讲,是 CO 加氢和碳链增长反应。

费托合成的两个基本反应为

$$CO+2H_2 \longrightarrow (-CH_2-)+H_2O \qquad \Delta H_R(227 ℃) = -165 \text{ kJ} \qquad (1)$$

$$2 CO+H_2 \longrightarrow (-CH_2-)+CO_2 \qquad \Delta H_R(227 ℃) = -204.8 \text{ kJ} \qquad (2)$$

在使用铁催化剂时,反应(1)产物水蒸气很容易再发生水煤气变换反应:

$$CO+H_2O \longrightarrow H_2+CO_2 \qquad \Delta H_R(227 ℃) = -39.8 \text{ kJ} \qquad (3)$$

这样,反应(2)实际上是反应(1)和反应(3)组合而成的。据此,可以算得每标准立方米合成气完全转化时最大转化率为 208.5 g。

费托合成反应系统的化学反应可以归纳如下几类:

① 烷烃生成反应

$$nCO+(2n+1)H_2 \longrightarrow C_nH_{2n+2}+nH_2O$$

$$2nCO+(n+1)H_2 \longrightarrow C_nH_{2n+2}+nCO_2$$

$$(3n+1)CO+(n+1)H_2O \longrightarrow C_nH_{2n+2}+(2n+1)CO_2$$

$$nCO_2+(3n+1)H_2 \longrightarrow C_nH_{2n+2}+2nH_2O$$

② 烯烃生成反应

$$nCO+2nH_2 \longrightarrow C_nH_{2n}+nH_2O$$

$$2nCO+nH_2 \longrightarrow C_nH_{2n}+nCO_2$$

$$3nCO+nH_2O \longrightarrow C_nH_{2n}+2nCO_2$$

$$nCO_2+3nH_2 \longrightarrow C_nH_{2n}+2nH_2O$$

③ 醇类生成反应

$$nCO+2nH_2 \longrightarrow C_nH_{2n+1}OH+(n-1)H_2O$$

$$(2n-1)CO+(n+1)H_2 \longrightarrow C_nH_{2n+1}OH+(n-1)CO_2$$

$$3nCO+(n+1)H_2O \longrightarrow C_nH_{2n+1}OH+2nCO_2$$

④ 醛类生成反应

$$(n+1)CO+(2n+1)H_2 \longrightarrow C_nH_{2n+1}CHO+nH_2O$$

$$(2n+1)CO+(n+1)H_2 \longrightarrow C_nH_{2n+1}CHO+nCO_2$$

⑤ 生成碳的反应

$$2CO \longrightarrow C+CO_2(歧化反应)$$

$$CO+H_2 \longrightarrow C+H_2O$$

(2) 费托合成反应的热力学分析 根据化学热力学,在通常的费托合成温度下,碳不可能与水反应直接生成液态烃类,而在煤气化温度下,CO 和 H_2 也不能生成液体烃类。这就是为什么煤必须先在高温下气化,然后在较低温度下催化合成,即间接液化的理论依据。

在费托合成中包含许多平行反应和顺序反应,相互竞争又相互依存。它们能否进行和能进行到何种程度可依据下式判断:

$$-\Delta G = RT \ln K_p$$

由热力学数据分析可以得到以下规律:① 生成烃类和二氧化碳的概率高于生成烃类和水的反应;② 从烃类化合物类型讲,烷烃最易生成,其次是烯烃、双烯烃、环烷烃和芳烃,炔烃不能生成;③ 对同一种烃类,随碳数增加,生成概率增加;④ 温度升高,对主要产物的生成均不利,尤其是多碳烃类和醇类。相对比较,温度高有利于烷烃特别是低碳烷烃的生成,温度低有利于不饱和烃和含氧化合物生成。

由热力学分析可知,在 50~350 ℃有利于形成甲烷,产物生成的概率按甲烷>饱和烃>烯烃>含氧化物的顺序降低。

（3）费托合成催化剂　费托合成只有在合适的催化剂作用下才能实现。到目前为止，费托合成催化剂主要由 Co,Fe,Ni 和 Ru 等周期表第Ⅷ族金属制成，为了提高催化剂的活性、稳定性和选择性等，除主要成分外还要加入一些辅助成分，如金属氧化物或盐类。大部分催化剂都有载体（担体），如氧化铝、二氧化硅、高岭土和硅藻土等。合成催化剂制备后只有经过（CO+H₂）或 H₂ 还原后才具有活性。使用中它容易被硫化物中毒，容易发生积炭，导致催化剂失活中毒。

催化剂对反应速率、产品分布、油收率、原料气、转化率、工艺条件，以及对原料气要求等均有直接的甚至是决定性的影响。目前费托合成工业用的铁催化剂主要有沉淀铁催化剂和熔铁催化剂两大类。前者用于固定床和浆态床合成，后者用于流化床合成。

① 沉淀铁催化剂　属低温型铁催化剂，反应温度<280 ℃，活性高于熔铁催化剂，其成分除 Fe 外，还有 Cu,K,Si 等助剂。制备方法是先将硝酸铁和硝酸铜溶液按一定比例混合配成含 $[$（40 g Fe+2 g Cu）/L$]$ 的混合溶液，为防止水解产生沉淀，HNO₃应稍微过量，加热至沸腾后，加入沸腾的 Na₂CO₃溶液，至溶液的 pH<7~8，搅拌 2~4 min，产生沉淀并析出 CO₂。然后过滤，用蒸馏水洗涤至不含碱。将所得沉淀加水调成糊状，加入定量的硅酸钾，对每 100 份 Fe 配 25 份 SiO₂。由于工业硅酸钾中，一般 SiO₂/K₂O 为 2.5。故 K₂O 过量，可向料浆中再加入精确计算的 HNO₃，重新过滤洗涤，经干燥、挤压成型、干燥至水分 3%，然后磨碎、筛分，除去>5 mm 和<2 mm 的粒子，即得粒度 2~5 mm，组成为 100Fe：5Cu：5K₂O：25SiO₂ 的沉淀铁催化剂。

② 熔铁催化剂　多以轧钢厂的轧屑或铁矿石作原料，磨碎至<16 目，添加少量助催化剂，送入敞开式电弧炉中共熔。熔融物经冷却、多级破碎至<200 目，然后在 400~600 ℃用H₂还原，Fe₃O₄几乎全部还原成 Fe（还原度 95%），在 N₂下保存。熔铁催化剂机械强度高，可在较高的空速下使用，因而生产率大为提高。

沉淀铁催化剂的比表面积较大，为 240~250 m²/g，而熔铁催化剂的比表面积很小，为 4~6 m²/g，所以后者在使用时一般只能用很细的颗粒，以增加外表面积。在工业合成条件下，铁催化剂的颗粒大小，一般为：固定床 7~14 目，流化床70~170目，浆态床<200 目。

（4）费托合成工艺　费托合成工艺有许多种，按反应器分有固定床、流化床和浆态床等；按催化剂分有铁剂、钴剂、钌剂、复合铁剂等；按主要产品分有普通费托工艺、中间馏分工艺、高辛烷值汽油工艺等；按操作温度和压力可分为高温、低温与常压、中压等。

① 固定床合成工艺　Sosal Ⅰ建厂初期选择了德国的 Arge 固定床，该反应器直径 3 m，在板上装有 2 052 根长 12 m、内径 50 mm 的管子，用于装催化剂，它的总体积40 m³，质量约35 t。管外为沸腾水，通过水的蒸发移走管内产生的反应热，产生蒸汽，蒸汽压力可选择 1.75 MPa 或 0.25 MPa。其工艺流程见图 6-3-07。

新鲜原料气和循环返回的余气升压至 2.5 MPa，其流量分别为 600 m³/$[$m³（催化剂）·h$]$ 和 1 200 m³/$[$m³（催化剂）·h$]$。原料气通过换热器与从反应器来的产品气换热后由顶部进入反应器，反应温度一般保持在 220~235 ℃。在操作周期结束时的允许的最高温度为 254 ℃，反应器底部流出熔化的石蜡。气体产物流经换热器析出热冷凝液（重质油），然后通过两个串联的冷却器，析出冷凝液，合并后在油水分离器中分成轻油和反

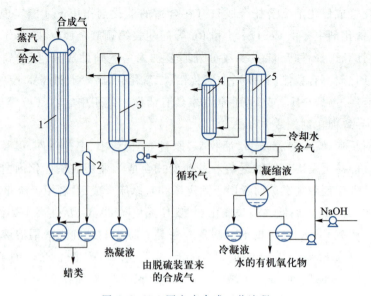

图 6-3-07　固定床合成工艺流程
1—反应器;2—蜡分离器;3—换热器;4,5—冷却器

应水。对石蜡、重质油、轻油和水分别进行处理和加工,尾气脱碳后返回。CO 转化率为 65%。

② 循环流化床合成工艺　循环流化床 Synthol 反应器是美国 Kelloge 公司根据有限的中试装置数据设计的,1955 年建成投产,但操作一直不正常。Sasol 公司经过 5 年时间的改进,才解决了所有问题,确保正常运行。但因这种反应器循环流化操作的固有缺点,如催化剂循环量大、损耗高,Sasol 公司已用称为 SAS 的固定流化床反应器成功取代。该工艺流程见图 6-3-08。

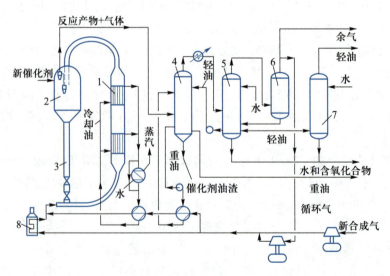

图 6-3-08　循环流化床合成工艺流程
1—反应器;2—催化剂沉降室;3—竖管;4—油洗塔;5—气体洗涤分离塔;
6—分离器;7—洗塔;8—开工炉

原料气约 160 ℃ 通过一根 1 m 直径的水平管进入反应器,与通过滑阀自竖管落下的热催化剂混合。原料气温度上升至 300~315 ℃,二者一起进入反应器提升管。原料气由新鲜合成气和循环气组成,循环比 2~3,由于合成反应为强放热反应,需及时移出反应热,反应器内设置两个冷却器,产生 1.2 MPa 蒸汽,反应器顶部出口温度维持在 340 ℃。物料通过鹅颈式连接管进入催化剂沉降分离段,通过两套两级旋风分离器将尾气与催化剂颗粒分开,落下的催化剂经过调节阀和滑动阀再进入反应系统,反应器开工率 0.8,即三个反应器平均 2.4 个在运转,反应器内温度 300~340 ℃,压力 2.0~2.3 MPa。从旋风分离器出来的产品气进入热油洗涤塔,分出热重油,后者抽出一部分用于预热原料气再回到洗涤塔,其他作产品。塔底排出的含催化剂颗粒的油浆。塔顶气体再经过后面的水冷塔和气液分离器,气体一部分作循环气一部分作余气。粗轻油再经过一次水洗,得到轻油和含有含氧化合物的水,然后进一步加工,CO 转化率 85%,产品收率约 119 g/m³(合成气)。装置材料为普通钢,只有接触有机酸的部分需要用不锈钢。

该工艺主要目的是生产最大收率的优质汽油,尽可能降低甲烷、石蜡和酸的收率。在液体产物中烯烃占 75%,烷烃占 10%,芳烃占 7%,含氧化合物占 8%。

③ 三相浆态床费托合成 浆态床催化反应器的开发始于 1938 年,由德国 Kolbel 实验室首先研究开发。1953 年德国 Rheinpreussen 公司建成日产 11.5 t 液体燃料的中试装置。1980 年前后 Sasol 公司也立项研究,进展很快。1993 年在 Sasol I 用 1 个浆态床反应器(直径 5 m)取代了原先的 3 台 Synthol 反应器,其生产能力 2 500 bbl/d。该反应器称为 Sasol Slurry Phase Distillate(SSPD)反应器。

SSPD 反应器结构如图 6-3-09 所示。其外形像塔设备,合成气在底部经气体分布板鼓泡进入浆态床反应区,以石蜡油为介质与催化剂细粉调合成浆体,反应热由冷却排管以产生蒸汽的方式移出。在维持一定料液面的前提下,排出反应产生的重质液态烃(石蜡)。这里的关键技术是进行有效液固分离,让催化剂返回反应器。气态产品和反应尾气由塔顶流出,经冷凝冷却分出轻组分和水,剩余的以 CO 和 H_2 为主的不凝性气体作循环气返回系统。Sasol 集团的子公司 SASTech R&D 浆态床半工业装置直径为 1 m,高 22 m。德国 11.5 t/d 的半工业装置直径为 1.5 m,高 8.6 m,有效容积 10 m³。

浆态床工艺特点,主要有:a. 反应器结构简单,放大容易。目前已有直径 5 m,生产能力 2 500 bbl/d 的长期运转经验,据称放大到直径 10 m 是完全可行的;b. 反应物混合好,传热好,温度均匀(ΔT 在 ±1 ℃ 以内),可实现等温操作;c. 催化剂消耗低于固定床和流化床,可少量连续更换,有利于保持催化剂活性和产品收率与质量的稳定;d. 可根据市场需要,灵活调控产物产品结构;e. 投资低,仅为同样生产能力管式固定床反应系统的 25%;f. 压力降较低,循环比少,运行成本和维修成本均低;g. 也有不足之处,如催化剂制备要求高,原料气含硫要求严,液固分离较难和传质阻力较大等。另外,在该公司研发中心有 1 台 Co 催化剂浆态床反应器直径为 1 m,高 22 m,已运行成功,具备完全商业化的条件。

Sasol II 厂和 Sasol III 厂开始采用经自己改进和放大的 16 台 Sasol Synthol 反应器,直径为 3.6 m,高 75 m,操作温度 350 ℃,压力 2.5 MPa,催化剂装填量 450 t/台,循环量 8 000 t/(台·h)。每台反应器生产能力 26 万吨/年。这种反应器与 Arge 比虽有明显优点,但还有一些不尽如人意之处,为此 Sasol 公司自行开发了固定流化床反应器(Sasol

Advanced Synthol,简称 SAS),见图 6-3-10,其优势明显。1989 年建成 8 台,直径为 5 m、高 22 m 的 SAS 反应器。1995 年设计改造了直径为 8 m,高 38 m,单台生产能力 1 500 t/d 的同类反应器。1999 年末又投产了直径为 10.7 m,高 38 m 的单台生产能力 2 500 t/d 的更大的 SAS 反应器。这两个厂的生产工艺流程可见图 6-3-11。主要产品为汽油、柴油和烯烃等化学品。

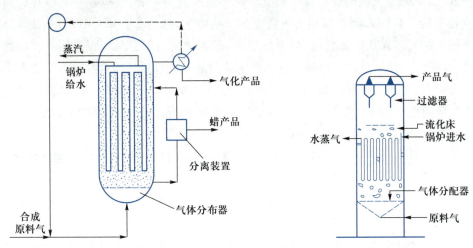

图 6-3-09   SSPD 反应器结构图   图 6-3-10   费托合成的固定流化床(SAS)反应器

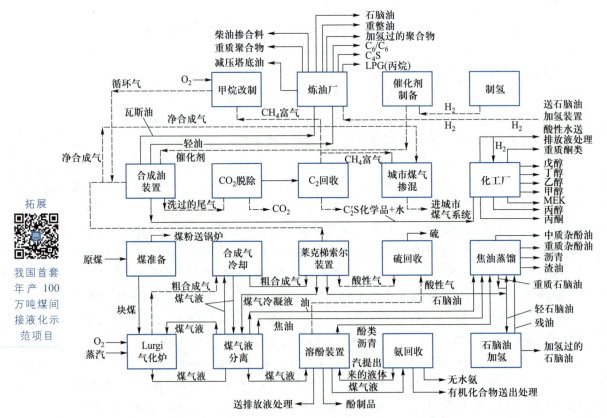

拓展

我国首套
年产 100
万吨煤间
接液化示
范项目

图 6-3-11   Sasol Ⅱ 厂和 Sasol Ⅲ 厂工艺流程

该反应器是一个底部装有气体分布器的塔,中部设冷却盘管,顶部设多孔金属过滤器用于气固分离,尽量不让催化剂带至塔外,因为催化剂气体流速不大,故密度大的铁催化剂颗粒必须很细,才能充分流化并保持一定的料位高度,形成细颗粒浓相流化的工艺特点。在反应器上部留有较大的自由空间,让大部分催化剂沉降,剩余的部分通过气固分离器分离出来并返回反应器床层。

（5）产品加工　Sasol 公司的产品可分以下六类。① 发动机燃料:汽油、柴油和煤油等;② 烯烃:乙烯、丙烯、1-戊烯和1-己烯等;③ 焦油产品:酚类、芳烃、燃料油等;④ 石蜡和润滑油;⑤ 含氧化合物:醇类、酮类、醛类和酸类;⑥ 其他:硫黄、硫铵、工业炸药、胺类、丙烯腈纤维和甲基异丁基酮等。

为增加经济效益,满足市场要求,在开发新产品方面也取得了重大进展,如合成表面活性剂用的烯烃、增塑剂用的醇类、合成润滑剂、丙烯酰胺、聚丙烯酰胺、丙烯酸、丙烯酸酯、环氧乙烷和乙氧基化合物等。

2. 甲醇转化制汽油——MTG 技术

由于间接液化产品分布广,汽油收率不高,质量也较差,Mobil 公司开发的形选催化剂 ZSM-5,成功地将甲醇转化为汽油（Methanol to Gasoline,MTG）,1986 年已在新西兰实现工业化,年产合成油 57 万吨。不过后来并未获得推广,其经济性还比不上煤的间接液化。在技术上它的优点是明显的:① 能得到高收率的优质汽油,还能生产轻质烯烃和芳烃;② 工艺过程相对于其他煤液化要简单得多,热效率高;③ 可利用成熟的煤气化、合成甲醇和炼油技术,因此技术风险小。

（1）甲醇转化为烃类的基本原理　由甲醇转化为烃类的过程也是一个十分复杂的反应系统,甲醇在一定条件下通过 ZSM-5 型沸石分子筛催化剂,发生脱水、低聚合和异构化作用转化成汽油,其总反应式可表示如下:

$$CH_3OH \underset{+H_2O}{\overset{-H_2O}{\rightleftharpoons}} CH_3OCH_3 \longrightarrow 轻质烯烃+烷烃+芳烃$$

上述反应中甲醇脱水生成二甲醚是最主要的中间反应,也是较容易的,而第二步脱水,以及接着通过:CH_2 参加的碳链增长反应（低聚合）生成小于 C_{11} 的烃类化合物,是 ZSM-5 型分子筛催化剂所特有的功能。ZMS-5 是微孔的晶型硅铝酸盐,具有一种有规则的孔隙结构。结晶中有直的和拐弯的两种通道,其通道直径为 0.5~0.6 nm,此尺寸与 C_{10} 分子的直径相当,C_{10} 以下的分子能通过 ZSM-5 型分子筛催化剂,而限制了碳链的增长。这样的产物均为 $C_5 \sim C_{10}$ 烃类,恰为汽油馏分。

（2）固定床转化工艺　固定床反应器甲醇转化成汽油工艺流程见图 6-3-12。来自甲醇厂的原料汽化,并加热至 300 ℃,首先进入二甲醚反应器,在此,部分甲醇在 ZSM-5（或氧化铝）催化剂上转化成二甲醚和水。离开二甲醚反应器的料流与来自分离器的循环气混合,循环气量与原料量之比为（7~9）:1。混合气进入反应器,压力为 2.0 MPa,温度为 340~410 ℃,在 ZSM-5 催化剂上转化为烯烃、芳烃和烷烃。在绝热条件下,温度升高 38 ℃。研究结果显示,用固定床反应器时甲醇转化率可达 100%;烃产物中的汽油收率占 85%,液化石油气占 13.6%;包含加工过程能耗在内总效率可达 92%~93%;甲醇转化成汽油的热效率为 88%。

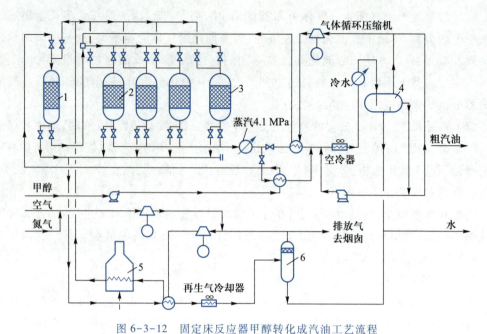

图 6-3-12 固定床反应器甲醇转化成汽油工艺流程

1—二甲醚反应器；2—转化反应器；3—再生反应器；4—产品分离器；5—开工、再生炉；6—气液分离器

（3）流化床转化工艺 Mobil 公司除了开发固定床反应器甲醇转化成汽油工艺外，还进行了流化床反应器的研究与开发工作，其工艺流程见图 6-3-13。

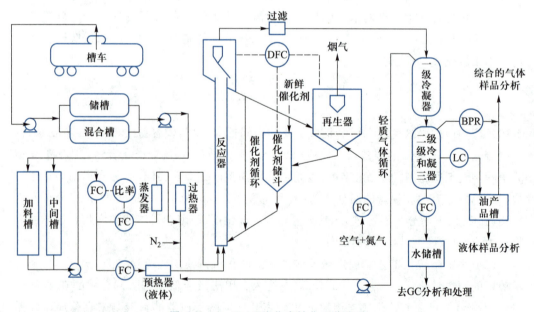

图 6-3-13 Mobil 流化床转化工艺流程

甲醇在流化床反应器中，在 Mobil 的 ZSM-5 催化剂作用下转化成汽油。反应器底部通入来自吸收塔的循环气和来自再生器的催化剂，在甲醇蒸气和循环气的推动下，呈流化状态。反应器中的部分催化剂连续进入再生器，在其中用空气烧去积炭，再生了的催化剂又回到反应器底部，完成催化剂的再生循环，保持催化剂活性稳定。

反应产物经过脱除催化剂粉尘、分离、压缩、吸收和气液分离等过程，得到产品汽油和液化气，吸收塔塔顶分出燃料气，部分作循环气回到反应器，其余部分外送。

流化床反应器比固定床反应器有明显优点，流化床可以低压操作；催化剂可以连续使用和再生，催化剂活性可以保持稳定；反应热多用于产生高压蒸汽；调整催化剂活性，可获得最佳芳烃选择性；操作费用低。

固定床和流化床的操作条件和产品情况汇总于表 6-3-03。由表 6-3-03 可见，甲醇制汽油选择性很好，汽油质量高。固定床与流化床相比，后者的气态烃，特别是烯烃的收率高于前者，汽油收率低，对异丁烷和 $C_3 \sim C_4$ 烯烃烷基化可以弥补。

表 6-3-03　固定床和流化床生产 MTG 的试验结果

操作条件		固定床	流化床	烃类产品组成（质量分数）/%		固定床	流化床
操作条件	二甲醚反应器入口温度/℃	299	—		$C_1 + C_2$	1.4	5.6
	MTG 反应器入口温度/℃	360	413		C_3^0	5.6	5.9
	MTG 反应器出口温度/℃	412	413		$C_3^=$	0.2	5.0
	循环气比（分子）	9	0		$n\text{-}C_4^0$	3.3	1.7
	催化剂空速（甲醇 WHSV）/h^{-1}	1.6	1.0		$i\text{-}C_4^0$	8.6	14.5
	反应压力/MPa	2.17	0.275		$C_4^=$	1.1	7.3
产品收率/%（甲醇质量分数）	烃类	43.66	43.5	汽油（含烷基化油）	C_5^+汽油	79.9	60.0
	水	56.15	56.0		收率/%（占烃类）	85.0	88.0
	CO, CO_2, H_2 及其他	0.19	0.3		辛烷值	95	96
	甲醚+二甲醚	0.0/100.00	0.2/100.00				

3. 中国煤间接液化工程化

国家能源集团宁煤年产 400 万吨煤间接液化项目，采用宁煤炉气化、前置废锅+两段低水汽比耐硫变换、鲁奇低温甲醇洗净化、费托合成及产品加工（用中国科学院中温浆态床费托合成、加氢精制及裂化技术），年产柴油 273.3 万吨、石脑油 98.3 万吨、液化石油气 33.3 万吨、甲醇 100 万吨、硫磺 20.2 万吨及混醇 8.5 万吨，是目前全球单体规模最大煤炭间接液化项目，于 2022 年 7 月通过竣工验收。

陕西未来能源化工有限公司依托自主知识产权的低温费托合成及系统集成核心技术，在陕西榆林建设了我国首套年产 100 万吨煤间接液化示范项目，于 2015 年 8 月实现一次投料成功，并产出优质的柴油、石脑油、液化石油气等产品。后续将建设年产 400 万吨煤间接液化装置，包括年产 200 万吨低温费托合成和年产 200 万吨高温费托合成装置。该项目的最大特点是采用兖矿集团自主开发的大型高温与低温费托合成多联产专利技术，具有全新的产品结构，除了汽油、柴油、航煤、润滑基础油等油品外，还包括芳烃、环烷烃、烯烃及链烷烃，其中丙烯、1-丁烯、1-己烯、1-辛烯、1-癸烯等含量高，占总烯烃含量的 60% 以上。

拓展

宁煤 400 万吨煤间接液化项目新进展

拓展

宁煤年产 400 万吨煤间接液化项目竣工验收

6-4　煤基化工产品与烯烃产品

一、煤制碳素制品

碳素材料作为结构材料和功能材料广泛应用于冶金、机电、化工等工业。近几十年来出现的新型碳素材料因其优异的特性而广泛用于原子能、宇航、航空等领域。

碳素材料是指从无定形碳到石墨结晶的一系列过渡态碳。主要碳素制品有:冶金用的电极和耐高温材料;电热和电化学用的电极;机电用的电刷;化工和机械工业用的不透性石墨和耐磨材料;原子能和宇航用的高纯石墨材料;用作高温结构材料和烧蚀材料的碳纤维及其复合材料,以及用于化工和环保的各种碳质吸附剂等。

1. 碳素材料的结构与性能

石墨是由六角形碳网平面以一定规律叠合而成的三维有序结构。层面内碳原子的键长为 0.142 11 nm,层面间作用力为范德华力,层间距为 0.335 38 nm。石墨晶体大部分呈六方体,少部分呈菱面体。石墨的最大特点是各向异性。实际应用的碳素材料,绝大部分是乱层石墨结构和石墨的微晶结构。碳素材料的主要特性:

(1)耐热性和抗热震性　在非氧化介质中,碳是耐热性最好的材料,其升华温度为 3 350 ℃,12 MPa 时 3 700 ℃熔化。与金属相反,机械强度随温度升高而增大,大于 2 800 ℃时才失去强度,这是其他材料难以比拟的。

碳和石墨制品由于膨胀系数低,导热系数高,又有较大的比热和体积密度,所以具有很好的抗热震性,能在高温下经受温度的剧烈变化而不遭破坏。例如,石墨的抗热震系数为 2 399,而陶瓷只有 20.11。

碳素材料的优异的热性质使它在火箭的喷嘴、燃烧室及鼻锥上发挥独特的作用。

(2)良好的导热和导电性　石墨的导热性是非金属中最好的,介于铝和软钢之间,比不锈钢、铅、硅铁好。石墨的导电性介于金属与半导体之间,层面方向的电阻率为 5×10^{-5} $\Omega \cdot cm$。

(3)良好的化学稳定性　碳素材料在非氧化介质中具有极好的化学稳定性,几乎能抵抗沸点以下的各种酸和盐溶液的腐蚀。石墨是罕有的能在任何温度下耐氢氟酸和磷酸的几种材料之一。

(4)机械性能　碳素材料的强度特性是温度越高,强度越好,是高温下的较好的机械零件的材料。碳纤维及其复合材料具有很高的比强度和比模量,如碳纤维树脂复合材料的比模量比钢和铝合金高五倍,比强度比钢和铝合金高三倍。所以它们成为人造卫星、火箭、飞机的结构材料。良好的耐磨性和自润滑性使它成为电刷、高温轴承、机械密封的重要材料。

(5)核物理性能　碳原子核散射中子的截面为俘获中子截面的 1 270 倍,石墨的减速比为 201,仅次于重水,但成本却比重水低得多,所以高纯石墨是原子反应堆良好的减速材料。

(6)吸附性能　碳素材料在宏观上是由碳骨架和孔隙两部分构成的,为多孔性物质,经过适当处理,提高吸附能力,是耐热性好、化学稳定性好的碳质吸附材料。

2. 生产原理和工艺过程

以有机化合物为原料制成各种碳素材料必须经过炭化过程。高温加热时,有机化合物的氢、氧、氮等元素被分解,碳原子不断环化、芳构化。随温度升高,碳进一步缩聚成稠环芳烃和碳网平面并相互叠合,最终经过石墨化过程生成石墨结晶。整个变化过程如图6-4-01所示。

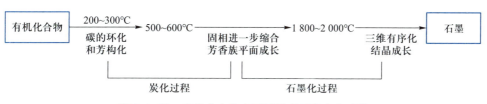

图 6-4-01　有机化合物在不同温度下的变化过程

要获得石墨结晶,有机化合物必须经过液相炭化过程,使碳原子排列呈现三维有序化。这一过程中,在 300~500 ℃ 会出现类似液晶的中间相状态,这种中间相是生成尽可能规整化石墨品格的基础,也是碳素材料可石墨化的决定性因素。

沥青、煤焦油等液相炭化时,大于 350 ℃,各组分的分子发生分解和聚合。在 400~430 ℃ 维持 1~30 h 后,当聚合的稠环芳烃相对分子质量达到 1 000~1 500,形成环数为十几到二十多个稠环芳烃时,平面状的大分子凭借分子热运动相互接近,受范德华力和分子间偶极矩的吸引相互平行叠合,在表面张力作用下形成各向异性的中间相小球。随着温度提高,时间延长,小球不断长大,相互融并成广域的中间相。中间相经过重排并在热解逸出气流作用下变形,逐步成为具有不同光学性质的半焦。

为了实现中间相转化的整个过程,要求炭化条件十分缓和,使液相处于无干扰、无温度梯度的条件下。如在恒温条件下热解,则热解温度应较低,一般在 400 ℃ 左右;如采用渐进升温热解条件,则升温速率以 5 ℃/min 为宜。石墨化是碳素材料经过 2 000 ℃ 以上高温处理的过程,使碳的乱层结构逐渐转变成三维有序的石墨结构。

（1）碳和石墨制品的工艺过程　碳和石墨制品的工艺过程如图 6-4-02 所示,主要包括以下工序。

① 原料及原料的煅烧　基本原料包括骨(架)料和黏结剂。骨料主要是石油焦、沥青焦、炭黑、天然石墨、无烟煤等。黏结剂主要有煤焦油、煤沥青及合成树脂等。

大部分骨料需预先经过煅烧,以排除水分、挥发分、提高原料密度、强度、导电性和抗氧化性。

② 配料和捏和　根据不同产品的要求确定各种骨料的种类、粒度、数量,并选择合适的黏结剂。生产核石墨、火箭喷嘴、超高功率电极必须用灰分低、强度高、易石墨化的针状焦、石油焦、沥青焦等。对纯度要求不高的产品,可以选用冶金焦、无烟煤为骨料。捏和的目的是把不同组分、不同粒度的原料捏和成宏观上均一的可塑性混合物。

③ 成型　为了制得不同形状、尺寸、密度和物理机械性能的制品,必须将混合料进行成型。成型方法有模压、挤压、振动成型、等静压成型等。

④ 焙烧　焙烧是将生坯在隔绝空气和在焦粉和黄砂的保护下,加热到 1 300 ℃ 左右

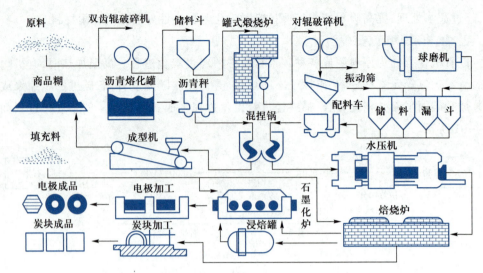

图 6-4-02　碳和石墨制品的工艺过程图

的热处理过程。其目的是使黏结剂炭化,使黏结剂和骨料更好的牢固结合,使制品获得新的物理和机械性能。

⑤ 石墨化　焙烧后的制品中,碳原子主要为两维有序排列,属于乱层结构,只有通过 2 000~3 000 ℃高温处理,才能成为三维有序的石墨晶体。

(2) 碳素纤维　碳素纤维按处理温度不同分为碳纤维(800~1 800 ℃)和石墨纤维(2 000~3 000 ℃)。因原料不同有聚丙烯氰(PAN)碳纤维、纤维素碳纤维、沥青碳纤维等。其中 PAN 碳纤维工艺最成熟,产量占首位,虽然力学性能很好,但其碱金属含量高,不能用作烧蚀材料。纤维素碳纤维以黏胶丝为原料,碱金属含量低,常用作烧蚀材料,但力学性能较差。沥青碳纤维的原料是煤和石油沥青,价廉易得,炭化收率高,虽然目前性能不及 PAN 碳纤维,但是发展方向。

无论何种碳纤维,基本的生产工艺相似,它包括原料的制备或调制、纺丝、原丝的预氧化或不熔化处理,预氧化丝的炭化和石墨化。

① PAN 碳纤维　PAN 碳纤维的原料是丙烯腈和其他单体(1%~2%)的共聚体。由于原丝的杂质、孔隙、裂纹、粗细不匀等直接影响产品的强度,所以纺丝是十分重要的工序。一般要求原丝截面呈腰子形,以利预氧化时氧的渗透和生成物的放出,使纤维的结构变化均匀。

预氧化的目的是防止原丝炭化时熔融。常用空气氧化法,其主要反应是:氧化、脱氢和环化反应。影响预氧化的因素是温度和时间。氰基的环化反应是一级反应,提高温度有利预氧化速率;但温度过高,反应太剧烈,放出的热量不易释放,会导致 PAN 热降解,一般控制在 230 ℃以下。预氧化时间根据预氧化丝的密度、含碳量、含氧量来确定。为了提高产品的力学性能,预氧化时原丝采用引力牵伸。为了防止过度牵伸造成裂纹和空隙,常用多段牵伸法。

炭化需在高纯度惰性气氛下进行,温度为 1 000~1 800 ℃,生成含碳量 w(碳)= 95%的碳纤维。在 700 ℃以前的低温区,未反应的 PAN 进一步环化,分子脱水脱氢交联;在大于 700 ℃的高温区,分子链间的交联和碳网平面进一步增大。

石墨化时由于微晶择优取向,纤维强度和模量增大。石墨化一般在纯氩气介质中进行,温度大于 2 000 ℃。

② 沥青碳纤维　沥青碳纤维的关键是原料沥青的调制和纺丝。因调制方法不同分为各相同性沥青碳纤维和中间相沥青碳纤维。目前中间相沥青碳纤维的力学性能已接近 PAN 碳纤维的力学性能,而价格只有它的 1/3。对中间相沥青碳纤维质量要求是:杂质低于千分之几,$w($中间相$)=50\%\sim70\%$,呈塑性流动,有一定反应性。中间相沥青碳纤维纺丝较困难,为此开发了模拟中间相沥青碳纤维。纺丝时分子定向的控制很重要,它与纺丝温度、喷丝孔形状、气氛温度有关。沥青纤维的不熔化处理一般在 250~400 ℃ 的氧化气氛中进行。

（3）活性炭　活性炭是由无定形碳构成的黑色多孔性固体,具有极高的比表面积。活性炭无论用作吸附剂还是催化剂载体,最基本的要求是具有良好的吸附性能和较高的机械强度。

活性炭早期以木质材料为原料,现在,大部分用煤炭制造,原料煤要求灰分低、挥发分适中、黏结性和膨胀性小、反应活性和强度高,有发达的孔隙结构。

生产颗粒活性炭首先要成型造粒。煤先粉碎、配加煤焦油、捏混然后成型。成型方法有挤条、压块、滚球等。

炭化是生产优质活性炭的重要一环,其实质是使原料和黏结剂发生热分解和热缩聚反应,生成具有一定初始孔的炭化料;炭化料具有一定的强度和挥发分含量。

活化是活性炭的关键工序,煤制活性炭常用气体活化法,活化剂为水蒸气、二氧化碳。活化反应的实质是通过碳的氧化反应生成多孔结构:具有开孔作用,打开炭化料中的封闭孔;扩孔作用,扩大孔隙直径;选择性活化生成新孔。改变活化工艺条件可以调节活性炭的孔隙率、比表面积和孔径分布。主要控制因素是活化剂种类和流量、活化温度、时间、炭化料的性状和粒度等。

碳分子筛是一种孔径分布比较均一,含有 0.4~0.5 nm 大小的超微孔结构的特种活性炭,因其孔径只有分子大小,故具有分子筛的作用。

碳分子筛的生产工艺和活性炭相似,关键在于孔径的调整。当孔径过小时,用气体活化法扩孔;当孔径过大时用热收缩法在 1 200~1 800 ℃ 煅烧,使孔径收缩,也可用堵孔法减小孔径,常用的有气相附着法和浸渍覆盖法。

此外,由煤沥青制备球形活性炭、碳电容与阳极材料也获得广泛应用。

二、电石生产

电石化学名为碳化钙（CaC_2）,是碳与金属钙化合而成。人们常说的电石是工业碳化钙,它还含有一些其他杂质,极纯的碳化钙呈天蓝色。早先电石只用于矿工点灯、金属焊接与切割。基本有机合成工业的发展,曾促进了电石工业的发展。目前电石主要有三个用途:

① 电石水解制乙炔

$$CaC_2 + 2H_2O \longrightarrow C_2H_2 + Ca(OH)_2$$

② 电石与氮气反应制取氰胺化钙

$$CaC_2 + N_2 \longrightarrow CaCN_2 + C$$

③ 生铁水与钢水的脱硫

$$CaC_2 + [S]_{Fe} \longrightarrow CaS + 2[C]_{Fe}$$

当今,由于乙炔为基础的有机合成工业的衰退,仅有几种有机化学品仍由乙炔制取,如丁炔二醇和乙炔黑。今后电石用于冶金工业脱硫将会有所增长,工业国家正要求制取无硫钢。脱硫有几种方法,如生铁水在进入转炉前,加入电石石灰-炭混合物脱硫,可使硫的质量分数从 0.02% 下降到 0.005%;另外可在电炉炼钢时或转炉炼钢后用碳化钙脱硫,这时电石可单独使用,也可和 CaSi 混合使用。

1. 电石的组成与质量标准

每千克电石在常压室温下(20 ℃或 15 ℃)加水后所放出的干乙炔气量(单位:L)叫做电石的发气量。电石的质量标准见表 6-4-01。电石组成为:$w($碳化钙$) = 85.30\%$,$w($氧化钙$) = 9.50\%$,$w($二氧化硅$) = 2.10\%$,$w($氧化铁和氧化铝$) = 1.45\%$,$w($氧化镁$) = 0.35\%$,$w($碳$) = 9.50\%$。

表 6-4-01　电石的质量标准(GB/T 10665—2004)

项目	标准		
	优等品	一等品	合格品
发气量(20 ℃,101.3 kPa)/(L·kg^{-1})　≥	300	280	260
乙炔中 φ(磷化氢)/%　≤	0.06	0.08	0.08
乙炔中 φ(硫化氢)/%　≤	0.10		
粒度(5~80 mm)* 的质量分数/%　≥	85		
筛下物(2.5 mm 以下)的质量分数/%　≤	5		

*圆括号中的粒度范围可由供需双方协商确定。

2. 电石生产原理

工业电石是由生石灰和碳素材料(焦炭、无烟煤、石油焦等)在电石炉内按如下方程制得:

$$CaO + 3C \longrightarrow CaC_2 + CO - 465 \text{ kJ/mol}$$

它是一个强吸热反应,在温度 >1 600 ℃才以显著速率进行。研究表明,此反应分两步进行:

$$CaO + C \longrightarrow Ca + CO$$
$$Ca + 2C \longrightarrow CaC_2$$

在电石炉内反应主要在 CaC_2-CaO 熔融物中进行,还发现溶解在熔融物中的 CaO 迁移到焦炭颗粒表面这一步是反应的速率控制步骤,在焦炭表面上生成的 CaC_2 马上又溶解于熔融物中。当反应温度高于 2 000 ℃,又会发生副反应:

$$CaC_2 \longrightarrow Ca + 2C$$

$$CaC_2 + 2CaO \longrightarrow 3Ca + 2CO$$

工业上操作温度为 1 800~2 100 ℃,制得的电石 $w(CaC_2) \approx 80\%$,其余为 CaO 和原料带入的杂质。

现在都采用电阻电弧炉供热,电极深深地插入炉料中,以半熔融原料为阻抗体,在电极和熔融原料之间产生一部分电弧,这种电石炉被叫做电阻型电弧炉或闭弧型电弧炉。

电极插入炉料后,炉内的反应状况见图 6-4-03。A 为炉料层,炉料在炉面上预热,以后逐渐按 B,C,D 的顺序而生成电石。B 为扩散层,是炉料和含有少量碳化钙的半熔融物,在此层中氧化钙和碳相互扩散。C 为反应层,大部分碳化钙的生成反应是在此进行的。这里也是电弧区,电弧发热量比其他部位大得多。D 为液体电石层,在此电石熔融成液体。E 是离开电极较远的硬壳层,温度较低,此层当电炉负荷增大时会缩小一些,反之又会扩大一些。F 为积渣层,此层是炉内杂质如硅铁、碳化硅等累计起来而形成的,应尽可能使这些杂质随时和电石一起排出炉外。

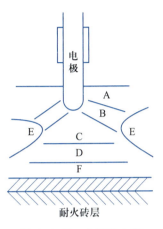

图 6-4-03 电石炉内部
反应状况示意图

3. 电石生产工艺

(1) 电石生产的原料 电石生产的原料是石灰和碳素材料。石灰是石灰石煅烧而成的,一般电石厂都有自己的石灰窑。外购石灰需防止石灰受潮消化,生产电石用的生石灰应符合下列条件:$w(CaO)>92\%$,$w(MgO)<1.6\%$,$w(生烧石灰)<5\%$,$w(过烧石灰)<5\%$。因为生烧率高会增加电耗,过烧石灰坚硬致密,活性差,降低了反应速率。

碳素材料包括焦炭、无烟煤和石油焦等,焦炭是常用的原料,未焙烧的无烟煤只能掺和在焦炭中使用。石油焦因灰分极少,且比电阻大,掺和在焦炭中使用,有利于提高电炉负荷和电石质量,降低电耗。实践已证明混合使用碳素原料的效果比较好,其组成比例如下:① 焦炭、无烟煤和石油焦按质量比为 50:30:20 的比例;② 焦炭与无烟煤按质量比为 70:30 的比例;③ 焦炭与石油焦按质量比为 70:30 的比例。总的来讲,对碳素原料的要求是:固定碳高,比电阻大,活性大,灰分、水分及挥发分要少。生产电石用焦炭应符合要求:$w(固定碳)>84\%$,$w(灰分)<15\%$,$w(挥发分)<1.5\%$,$w(水分)<1\%$。

石灰粒度对电石生产十分重要,粒度过大,接触面积小,反应慢;粒度过小炉料透气性不好,影响电石炉操作,对于 10 000~20 000 kVA 的电石炉,粒度取 5~35 mm,而对于大于 20 000 kVA 的电石炉,取粒度为 5~40 mm 的石灰,要求粒度合格率>85%。

各种碳素材料,粒度大小不同,电阻相差很大;一般粒度越小,电阻越大,操作时电极易于深入炉内,有利操作;反之粒度越大,电阻越小,电极易上升,对电石炉操作不利。对于 10 000~20 000 kVA 电石炉,粒度取 3~18 mm;对于大于 20 000 kVA 电石炉,粒度取 3~20 mm,要求粒度合格率>85%。

生石灰与碳素材料的配比对操作影响甚大。一般炉料配比是以 100 kg 石灰为基础的,再配加一定量的碳素。碳素原料多的叫高配比,高配比可制得发气量高的电石。理论计算的纯炉料配比为 $w(石灰):w(焦炭)=100:64.3$,而实际还应考虑原料中杂质含量及生产过程中的损失,由经验关系计算。

现今大型电石炉,生产 1 t 发气量为 300 L 的电石;需耗石灰 950 kg[$w(CaO)$ = 94%],焦炭 550 kg[干基,$w(灰分)$ = 10%]和电极材料 20 kg,理论耗能 2 000 kW·h/t;而实际耗能达3 000~3 300 kW·h/t。这么大的差异主要由于液体电石及炉气带走热量及系统热损失造成的。

(2)电石炉　电石炉有各种类型,按炉子的密闭状况分成开放炉、半密闭炉和密闭炉三种。密闭炉在技术上较为完善,污染少,是目前主要采用的电石炉。它的机械化和程序控制程度较高,炉料通过料管自动加料,压放电极也是由电钮进行程序压放,密闭炉的炉膛如图6-4-04所示。炉体外壳由钢板制造,并用钢横梁和钢肋加强。炉膛底内衬碳素砖和捣实的碳素;炉侧壁内衬耐火砖或捣实的耐火材料。放料炉嘴,由于温度特别高,可用增强结构或水冷形式。炉盖是以水冷梁为骨架,砌以耐火材料构成。炉盖上有

装置

电石炉

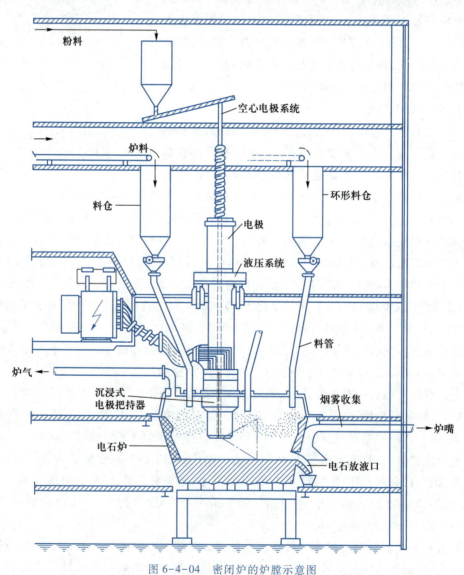

图 6-4-04　密闭炉的炉膛示意图

投料口、检查孔、测温孔、防爆孔、炉气排出口和三个电极插入口。三个电极按三相对称布置。炉体内反应空间的大小由电极直径的大小、间距及电弧作用范围来确定。如容量40 000 kVA 的电石炉,炉内径 8 210 mm,外径9 400 mm,炉深 3 110 mm,电极直径 1 350 mm。

电石炉内生成的电石,定时通过炉嘴流放出来,流入铸铁制成的电石盘,由轨道小车送到冷却工序,冷却后破碎。

（3）炉气净化设备　生产中炉气的回收量约为 400 m^3/t（电石）,炉气的组成是:$\varphi(CO)=70\% \sim 90\%$,$\varphi(H_2)=2\% \sim 6\%$,$\varphi(CO_2)=1\% \sim 3\%$,$\varphi(O_2)=0.2\% \sim 1.0\%$,$\varphi(N_2)=5\% \sim 20\%$。CO 用途很广,应加以回收利用。炉气温度 400 ~ 600 ℃,含尘量达 100 g/m^3,需净化降温。净化方法常用洗气机法或文丘里法,可使炉气先冷到室温,含尘降到 50 mg/m^3 以下。

4. 电石生产的新技术

（1）机械化出炉　采用出炉机械手或出炉机操作,使操作人员的安全和环境得到明显的改善。

（2）气烧石灰窑　利用电石厂副产炉气作为燃料来煅烧石灰石,不仅易自动控制,提高生产率,而且制得生石灰比较柔软,反应性较好。

（3）炉气的干法净化　湿法净化带来的主要问题是污水中氰化物含量高,达 20 mg（氰化物）/L 左右,目前尚无经济有效的除氰方法。干法净化是用间冷方法使炉气冷到 250 ℃以下,然后先用布袋过滤除尘,再用间冷方法冷到室温,气体经脱水脱焦油后送用户。收集的粉尘可加工成苦土石灰肥料。

（4）空心电极技术　该技术的关键是把电极中心做成空心形式,用作为粉末料直接投入电石炉熔池的管道。焦粉粒度 0 ~ 2 mm,石灰粒度 0 ~ 4 mm,配比可按需调节。粉末料占总量的 12% ~ 15%,它不但价廉,而且可以降低电极消耗一半以上,也为提高电炉效率,稳定电石生产的质量和产量创造了条件。

（5）电子计算机集中控制技术　集中控制包括工艺条件、电气参数、电极压放、空心电极和原料及配料的输送等,使电石炉操作经常处于最佳状态,保持稳产高效。

三、煤基甲醇制烯烃

低碳烯烃（这里是指乙烯和丙烯）是最重要的基本有机化工原料,也是石油化工的龙头产品。煤基甲醇制烯烃是我国煤代油的有效途径之一,这里作一简要概述。

1. 甲醇转化为低碳烯烃的化学原理

由甲醇转化为烃类的反应是一个十分复杂的反应系统,包括许多平行和顺序反应,其总反应式可表示如下:

$$CH_3OH \xrightarrow{-H_2O} CH_3OCH_3 \xrightarrow{-H_2O} C_2^= \sim C_4^= \longrightarrow 烯烃+烷烃+环烷烃+芳烃（汽油）$$

可见甲醇在具有形选功能的分子筛催化剂作用下,不但可生成低碳烯烃,也能生成其他烃类（汽油）。这就是 Mobil 公司首先开发的 MTG 过程。在这一过程中,低碳烯烃不是最终产物,而是中间产物。生成低碳烯烃的主要反应如下:

$$CH_3OCH_3 \longrightarrow 2(:CH_2)+H_2O$$

$$: CH_2 + CH_3OH \longrightarrow C_2H_4 + H_2O$$
$$2(: CH_2) + CH_3OCH_3 \longrightarrow 2C_2H_4 + H_2O$$
$$: CH_2 + C_2H_4 \longrightarrow C_3H_6$$
$$C_2H_4 + CH_3OH \longrightarrow C_3H_6 + H_2O$$
$$: CH_2 + C_3H_6 \longrightarrow C_4H_8$$
$$\cdots\cdots$$

甲醇脱水生成物烃类的反应机理至今尚未完全弄清,是首先生成乙烯还是丙烯,或是二者同时产生都有实验证明,可能随条件不同而异,这正是出现 MTO 和 MTP 两种工艺水平的根据所在。

甲醇转化反应为放热反应,在 371 ℃ 甲醇 100% 转化为混合烃类的反应热为 1 674 kJ/kg(见表 6-4-02)。

表 6-4-02　甲醇转化为烃类的反应热

反应	$\Delta H/(kJ \cdot mol^{-1})$	百分比/%
$CH_3OH \longrightarrow 0.5CH_3OCH_3 + 0.5H_2O$	10.07	22.5
$0.5CH_3OCH_3 \longrightarrow (CH_2)$烯烃$+0.5H_2O^*$	18.67	41.8
(CH_2)烯烃$\longrightarrow (CH_2)$烃类**	15.94	35.7
总 $CH_3OH \longrightarrow (CH_2)$烃类$+H_2O$	44.68	100

* $C_2 \sim C_4$ 烯烃;

** 典型的汽油烃类分布。

根据甲醇转化为烃类的动力学数据和低碳烯烃的组成,可以认为甲醇或二甲醚(A)与烯烃(B)之间的自催化反应是整个转化过程的主要步骤,即一旦有烯烃生成,就能自动加速 A 到 B 的转化,C 为烯烃进一步转化后的烃类混合物。

2. 工艺

(1) MTO 工艺　美国 UOP 公司与挪威 Hydro 公司合作开发了 MTO 工艺,建立了甲醇进料量 0.75 t/d 的小型中试装置。美国 Mobil 公司利用原来 MTG 的基础,在德国建成流化床工业装置。原计划在尼日利亚建乙烯、丙烯各 40 万吨/年,单系列甲醇 150 万吨/年的项目。我国中国科学院大连化物所在这一方面的研究也处于国际先进水平,在与中石化洛阳工程公司合作完成 1 万吨/年的工业试验装置基础上,在内蒙古包头神华集团建设了甲醇 180 万吨/年、烯烃 60 万吨/年的煤制烯烃大型工业装置,该装置与 2010 年 8 月 8 日一次投料试车成功,标志着我国率先在全球实现了煤制烯烃大规模工业化。万吨级 DMTO 试验装置流程如图 6-4-05 所示。

该实验装置采用流化床反应器和再生器,两器均附带外取热器,催化剂为 D0123,反应温度 460~520 ℃,反应压力 0.1 MPa(表压),甲醇转化率大于 99%,乙烯选择性 40%~50%,丙烯选择性 30%~37%。

为了进一步提高 MTO 中丙烯的收率,大连化物所又开发了 DMTO-II 新工艺,主要区别在于新工艺增加了 C_4 以上重组分催化裂化反应单元,生成含乙烯、丙烯等轻组分的混合烯烃,可提高低碳烯烃,尤其是丙烯的选择性,同时降低甲醇消耗,生产 1 t 轻质烯烃所

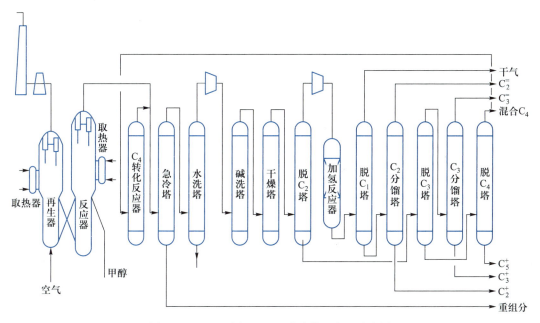

图 6-4-05   万吨级 DMTO 试验装置流程示意图

消耗甲醇量由 3 t 降至 2.6~2.7 t,乙烯和丙烯的总选择性大于 85%。DMTO-Ⅱ原则工艺流程如图 6-4-06 所示。

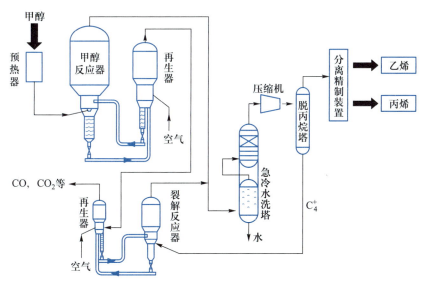

图 6-4-06   DMTO-Ⅱ原则工艺流程示意图

UOP/Hydro 两公司开发的流化床 MTO 工艺流程如图 6-4-07 所示。

该工艺采用炼油工业中常用的催化裂化连续反应-再生流化床反应器。催化剂为以 SAPO-34 为主要组分的 MTO-100,在压力 0.1~0.5 MPa 和反应温度 350~500 ℃条件下进行反应。气相产物先经热回收、脱水和脱 CO_2 后进入产品回收工段,包括碱洗、加氢、脱甲烷、脱乙烷、乙烯分馏、脱丙烷、丙烯分馏和脱 C_4 等。当反应产物中甲烷很少时,可省去脱甲烷塔。虽然以甲醇、二甲醚作原料都可以,但以二甲醚为原料更有利,一方面可

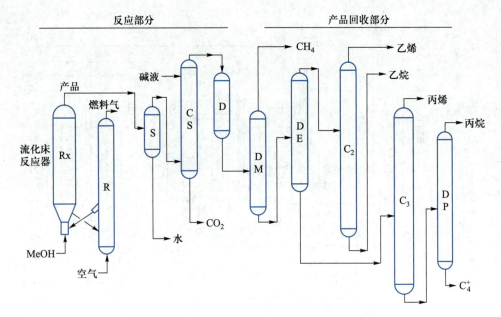

图 6-4-07   UOP/Hydro 公司的流化床 MTO 工艺流程

Rx—反应器;D—干燥塔;C₃—丙烯分离塔;R—再生器;DM—脱甲烷塔;DP—脱丙烷塔;

S—分离器;DE—脱乙烷塔;CS—碱洗塔;C₂—乙烯分离塔

节省设备投资,另一方面减少水的生成,对催化剂寿命有利。因为产物中包括乙烯、丙烯和丁烯,为满足市场需求可采用歧化工艺,如使丙烯歧化为乙烯和丁烯,或倒过来使乙烯和丁烯歧化为丙烯。

（2）MTP 工艺   德国鲁奇公司于 1990 年起开展了甲醇制丙烯的研究与开发,采用固定床工艺和南方化学公司提供的专用催化剂。鲁奇公司的 MTP 工艺流程见图 6-4-08。

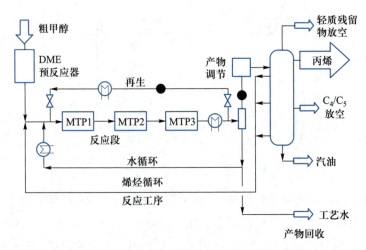

图 6-4-08   鲁奇公司的 MTP 工艺流程示意图

该工艺同样将甲醇首先脱水为二甲醚,然后将甲醇、水、二甲醚的混合物进入第一个 MTP 反应器,同时还补充水蒸气,反应在 400~450 ℃、0.13~0.16 MPa 下进行,水蒸气补充量为 0.5~1.0 kg/kg 甲醇。此时甲醇和二甲醚的转化率为 99% 以上,丙烯为烃类中的主要产物。为获得最大的丙烯收率,还附加了第二和第三 MTP 反应器。

产品气体经压缩,由标准技术除去痕量水、CO_2 和 DME。洁净的气体经进一步加工得到纯度大于 97% 的化学级丙烯。不同烯烃含量的物料返至合成回路作为附加的丙烯来源。为避免惰性物料的累积,需将少量轻烃和 C_4/C_5 馏分适当放空。汽油也是该工艺的副产物,水可作为工艺发生蒸汽,而过量水则经专门处理后供农业用水。

主反应器为带盐浴冷却系统的管式反应器,反应管典型长度为 1~5 m,内径 20~50 mm。据专利介绍,ZSM-5 沸石催化剂的硅铝比为 103∶1,比表面为 342 m^2/g,孔容 0.33 ml,孔分布 68.1% 在 14~80 nm,钠含量为 340 mg/kg。

3. 甲醇制烯烃的主要影响因素

(1)工艺条件　影响转化产物分布的主要工艺条件有温度、空速和压力等。反应温度的影响可见图 6-4-09。

试验条件为相对较低的空速,LHSV = 0.6 ~ 0.7 h^{-1},温度为 260 ~ 538 ℃,常压。由图 6-4-09 可见,在 260 ℃ 主要反应是甲醇脱水生成二甲醚,有少量烃类,主要是 C_2 ~ C_4 烯烃。在 340~375 ℃,甲醇和二甲醚的转化趋于完全,产物中出现芳烃。温度进一步升高时,初次产物发生二次反应,低碳烃和甲烷增加,甚至出现 H_2,CO 和 CO_2。

空速的影响可见图 6-4-10。甲醇转化率随空速降低而升高,中间产物二甲醚和低碳烯烃依次出现最高点,而芳烃和脂肪烃则呈缓慢上升趋势。

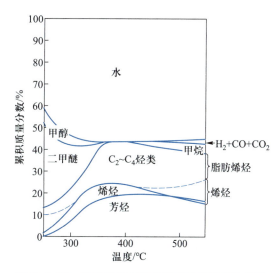

图 6-4-09　甲醇转化产物分布和反应温度的关系

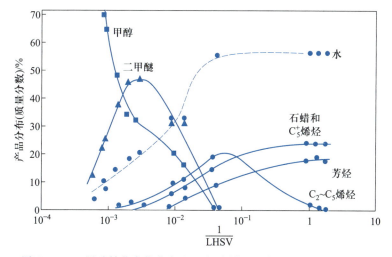

图 6-4-10　甲醇转化产物分布和空速(倒数)的关系(371 ℃,常压下)

由热力学分析可知,压力降低有利于低碳烯烃生成,从表 6-4-03 的试验结果亦可证实。可见,为得到高收率低碳烯烃,在工艺条件方面应采用较高的温度,较高的空速和尽可能低的压力。

表 6-4-03　烯烃收率与反应压力的关系[*]

甲醇分压/0.1 MPa	1.00	0.25	0.17	0.07
甲醇转化率/%	>99	>99	>99	>99
w(低碳烯烃)/%				
乙烯	3.2	12.4	17.4	21.0
丙烯	4.8	18.2	26.5	38.7
丁烯	2.2	6.3	7.6	18.5
戊烯	0.4	0.3	0.7	2.4
$C_2 \sim C_5$ 烯烃合计	10.6	37.2	52.2	80.6
甲烷	1.5	0.8	0.6	0.5
$C_2 \sim C_5$ 烷烃	43.0	39.4	24.2	15.6
C_6^+ 非芳烃	3.9	2.3	2.7	1.3
芳烃	41.0	20.2	20.3	2.0

[*] 反应条件:427 ℃,1 h^{-1}LHSV,总压 101.325 kPa,甲醇分压低于大气压时用 He 稀释。

(2) 催化剂　对甲醇制烯烃过程来说,催化剂比上述工艺条件更关键。沸石分子筛催化剂根据其细孔大小大体上可分为三类:① 小孔分子筛,如菱沸石和毛沸石等,孔径<0.5 nm,能让正构烷烃通过而异构烷烃和芳烃不能通过;② 中孔分子筛,如 ZSM-5 等,孔径 0.5~0.6 nm,能让正构烷烃和带一个甲基支链的异构烷烃通过,其余不能通过;③ 大孔分子筛,如丝光沸石和分子筛 X 等,孔径约 0.8 nm,能让更多烃类分子通过。所以对 MTO过程主要用毛沸石类小孔分子筛(表 6-4-04)。可见在表 6-4-04 条件下,毛沸石的低碳烯烃选择性最好,而 ZSM-5 和 ZSM-11 的主要产物是烷烃和芳烃,其低碳烯烃选择性远不如丝光沸石。

拓展

我国煤制烯烃技术发展现状与趋势

表 6-4-04　在不同沸石分子筛中甲醇转化为烃类原产物组成(%)[*]

产物	毛沸石	ZSM-5	ZSM-11	丝光沸石
C_1	5.5	1.0	0.1	4.5
C_2 烷	0.4	0.6	0.1	0.3
C_3 烷	1.8	16.2	6.0	5.9
C_4 烷	5.7	24.2	25.0	13.8
C_2 烯	36.3	0.5	0.4	11.0
C_3 烯	39.1	1.0	2.4	15.7
C_4 烯	9.0	1.3	5.0	9.8
C_5^+ 脂肪烃	2.2	14.0	32.7	18.6
芳烃	0	41.2(以 $C_2 \sim C_8$ 为主)	28.4	20.4(以 C_{11}^+ 为主)

[*] 反应条件 370 ℃,101.325 kPa,1 h^{-1}LHSV。

我国在这一领域的研究和产业化处于世界领先,煤基甲醇制烯烃在我国已实现大规模工业化,技术上完全成熟,像其他煤代油技术一样,其经济性受国际油价波动影响显著。

截至 2021 年底,几种煤制烯烃的典型技术主要指标对比示于表 6-4-05。

表 6-4-05   几种煤制烯烃的典型技术主要指标对比

工艺名称	所属机构	双烯单耗(甲醇)/(t·t^{-1})	双烯收率/%	甲醇转化率/%	反应器类型	催化剂	工业化程度/(单套规模 10^4 t·a^{-1})
MTO	UOP/Hydro	3	80	>99	流化床	SAPO-34	60-82
DMTO	大连化物所*	2.89	86	>99	流化床	SAPO-34	60
DMTO-Ⅱ	大连化物所	2.67	95	99.97	流化床	SAPO-34	70
SMTO	中国石化集团	2.82	81	99.8	流化床	SAPO-34	70
SHMTO	神华集团	2.89	81	>99	流化床	SAPO-34	68
MTP	Lurgi 公司	3.22-3.52	65-71	>99	固定床	ZSM-5	50
FMTP	清华大学	3.36	68	99.5	流化床	SAPO-18/34	16(示范)

＊中国科学院大连化学物理研究所简称为大连化物所。

6-5   煤制合成天然气

一、概要

煤制合成天然气,通常称为煤制天然气(coal to synthetic natural gas,coal to SNG)或煤制代用天然气(coal to substitute natural gas,coal to SNG),是指以煤为原料制取以甲烷为主要成分、符合天然气热值等标准的气体。

按照化学反应步骤的不同,煤制天然气技术可分为直接煤制天然气技术和间接煤制天然气技术。直接煤制天然气技术也被称为一步法,由美国埃克森(Exxon)公司在 20 世纪 70 年代研究开发。以正在进行商业化推广的蓝气(Bluegas)技术为例:将煤粉碎到一定粒度,与催化剂充分混合后进入流化床气化反应器,在催化剂作用下,煤与水蒸气反应,生成 CH_4,CO,H_2,CO_2,H_2S 等,粗煤气通过旋风分离器除去固体颗粒,经净化单元脱除硫化物,净化后煤气分离获得产品气 SNG,其流程如图 6-5-01 所示。

间接煤制天然气技术也被称为“两步法”煤制天然气技术,第一步指煤气化过程,第二步指煤气(合成气)甲烷化过程。即首先通过气化将煤转化为合成气(主要含 CO 和 H_2)或含一定量低碳烃的粗合成气,粗合成气经过水煤气变换调整氢碳比($H_2/C≈3.0$)、净化(脱硫、脱碳)后进行甲烷化反应,得到甲烷含量大于 94% 的 SNG。

二、煤制合成天然气原理——甲烷化

所谓甲烷化是指合成气中 CO 和 H_2 在一定的温度、压力及催化剂作用下,进行化学反应生成 CH_4 的过程。甲烷化反应是强放热、体积缩小的可逆反应,并且在反应过程中

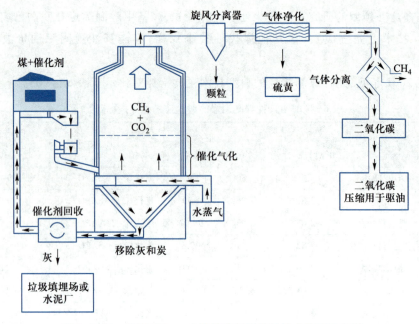

图 6-5-01　蓝气(Bluegas)直接煤制天然气技术流程示意图

可能析碳。CO 每转化 1%，温升为 70~72℃，甲烷化反应必须在催化剂的作用下才能进行。而 CO 和 H_2 之间的催化反应，属于典型的选择性催化反应，在不同的催化剂和工艺条件作用下，可以选择生成甲烷、甲醇、酚和醛，或者液态烃等不同物质。CO 和 H_2 反应生成甲烷的过程中主要发生的反应如下：

$$CO + 3H_2 \longrightarrow CH_4 + H_2O \qquad \Delta H_{298}^{\ominus} = -206.15 \ kJ \cdot mol^{-1}$$

$$CO + H_2O \longrightarrow CO_2 + H_2 \qquad \Delta H_{298}^{\ominus} = -41.16 \ kJ \cdot mol^{-1}$$

$$2CO + 2H_2 \longrightarrow CH_4 + CO_2 \qquad \Delta H_{298}^{\ominus} = -136.73 \ kJ \cdot mol^{-1}$$

$$CO_2 + 4H_2 \longrightarrow CH_4 + 2H_2O \qquad \Delta H_{298}^{\ominus} = -164.95 \ kJ \cdot mol^{-1}$$

$$C + 2H_2 \longrightarrow CH_4 \qquad \Delta H_{298}^{\ominus} = -73.7 \ kJ \cdot mol^{-1}$$

甲烷化工艺过程中可能发生的析碳反应，主要有以下 3 个反应。

CO 歧化反应：

$$2CO \longrightarrow CO_2 + C \qquad \Delta H_{298}^{\ominus} = -171.7 \ kJ \cdot mol^{-1}$$

反应温度高于 275 ℃，低于 627 ℃，是产生析碳的主要原因，

CO 还原反应：

$$CO + H_2 \longrightarrow H_2O + C \qquad \Delta H_{298}^{\ominus} = -173 \ kJ \cdot mol^{-1}$$

CH_4 裂解反应：

$$CH_4 \longrightarrow 2H_2 + C \qquad \Delta H_{298}^{\ominus} = 74.9 \ kJ \cdot mol^{-1}$$

无催化时裂解温度高于 1 500 ℃，在催化剂的作用下裂解温度会降低至 900 ℃。

由于甲烷化反应强烈放热促使催化剂迅速失活，因此，煤制天然气甲烷化的关键即是甲烷化反应温升的控制，相应甲烷化工艺基本的不同主要是温度的控制方式。代表性的甲烷化工艺有鲁奇、托普索和戴维。

三、甲烷化工艺

1. 鲁奇公司甲烷化技术

鲁奇公司作为煤制天然气行业的先行者,很早就开展了甲烷化生产天然气的研究,并经过2个半工业化试验厂的试验,证实可以生产合格的合成天然气。世界上第一家以煤生产 SNG 的大型工业化装置,美国大平原 Dakoata 就是由鲁奇公司设计的,气化原料煤采用褐煤,进甲烷化 H_2/CO 约为3,设计值为日产 $3\,540\ km^3$ 合成天然气。天然气的热值达到 $37\,054\ kJ/m^3$,该装置日处理原料煤1.8万吨,SNG产量达到 $467\ km^3/d$。

（1）鲁奇甲烷化工艺　鲁奇的传统甲烷化工艺流程如图6-5-02所示。

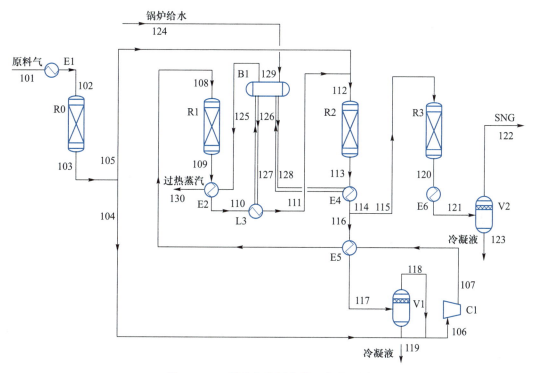

图 6-5-02　传统鲁奇甲烷化工艺流程图

B1—汽包;C1—循环压缩机;E1—原料气预热器;E2—蒸汽过热器;E3——反废热锅炉;E4—二反废热锅炉;
E5—循环换热器;E6—三反出口换热器;R0—精脱硫反应器;R1—第一甲烷化反应器;R2—第二甲烷化反应器;
R3—第三甲烷化反应器;V1—循环气分液罐;V2—产品气分液罐

在传统甲烷化工艺基础上,鲁奇公司依托德国 BASF 的新一代高温催化 G1-85 和 G1-86HT,又推出了一种高温甲烷化工艺。

（2）鲁奇工艺特点　传统鲁奇甲烷化工艺共三个甲烷化反应器,其中前两个反应器采用串、并联方式连接,主要采用循环气控制第一甲烷化反应器床层温度;采用冷循环,将第二甲烷化反应器产品气作为循环气,循环温度在 40 ℃ 左右。第一,第二甲烷化反应器出口温度为 480 ℃ 左右;进入界区的原料气中总硫含量应小于 $0.1×10^{-6}$,设置单独的精脱硫装置将原料气中总硫降至 $30×10^{-9}$,其中变换气 H_2/CO 比要求略大于3;第一、第二甲烷化反应器的产品气热能用来生产过热蒸汽,第三甲烷化反应器的产品气热能用来预热锅炉给水、除盐水等。

高温鲁奇甲烷化工艺单元构成类似于传统工艺,主要不同点在于使用高温催化剂,采用热循环,即第二甲烷化反应器的产品气用作循环气的循环温度在 60~150 ℃,第一甲烷化反应器出口温度为 650 ℃左右,第二甲烷化反应器出口温度为 500~650 ℃,由此加热的过热蒸汽温度更高,第三甲烷化反应器出口的产品气温度在 290~400 ℃,用来预热锅炉给水、除盐水等。

2. 托普索甲烷化技术

总部位于丹麦哥本哈根市郊 Lyngby 的托普索公司成立于 1940 年,其业务范围包括合成氨、氢气、蒸汽转化、甲醇、甲醛、二甲醚和甲烷化等,曾拥有 5 项甲烷化方面的专利,开发了 TREMP™ 甲烷化工艺。

(1) TREMP™ 甲烷化工艺　托普索煤制天然气的核心技术为甲烷化技术 TREMP™,托普索 TREMP™ 甲烷化基本流程中含有 3~4 个甲烷化反应器,在工艺气进入装置前设置了硫保护装置,用于对 H_2S 和 COS 物质的脱除,在第一反应器后设有压缩机循环工艺气,降低第一反应器入口的 CO 浓度,来控制反应温度,此工艺流程可以产出高品质天然气并副产高压过热蒸汽。在此基础上开发多种甲烷化工艺,图 6-5-03 为二段循环四级甲烷化工艺流程。

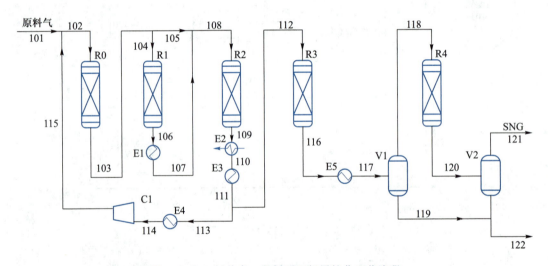

图 6-5-03　托普索二段循环四级甲烷化工艺流程

C1—循环压缩机;E1——反高压废热锅炉;E2—蒸汽过热器;E3—二反高压废热锅炉;E4—循环气换热器;
E5—三反产品气换热器;R_0—变换反应器;R_1—第一甲烷化反应器;R_2—第二甲烷化反应器;
R3—第三甲烷化反应器;R4—第四甲烷化反应器;V1—三反分液罐;V2—产品气分液罐

(2) TREMP™ 工艺特点

① 采用专用催化剂　MCR-2X 催化剂具有较宽的操作温度 250~700 ℃,其稳定性和有效性已在工业示范装置上得到有效的证明。

② 热回收率高　采用耐高温 MCR-2X 催化剂提高了反应温度,增加了热回收效率,在 TREMP™ 甲烷化反应中,反应热的 84.4% 以副产高压蒸汽得以回收,9.1% 以副产低压蒸汽得以回收,有约 3% 的反应热以预热锅炉给水的形式得以回收。

③ 高温反应 催化剂在 700 ℃以下都具有很高的活性,因此反应可以在高温下进行,这样可以减少气体循环量,降低压缩机功率,节约能耗。MCR-2X 催化剂在高温工作状态下工作,不仅可以避免羰基的形成,而且可以保持活性高、寿命长。

3. 英国戴维(DAVY)公司甲烷化技术

总部位于英国伦敦的戴维工艺技术公司创立于 19 世纪末,主要从事先进工艺技术的开发、工程设计,以及全球转让,其中一碳化工技术主要包括:甲醇合成、天然气裂解 GTL 和费托技术,以及 SNG 工艺技术。

(1)DAVY 甲烷化工艺 图 6-5-04 为需要调整氢碳比的 DAVY 甲烷化典型工艺流程图。

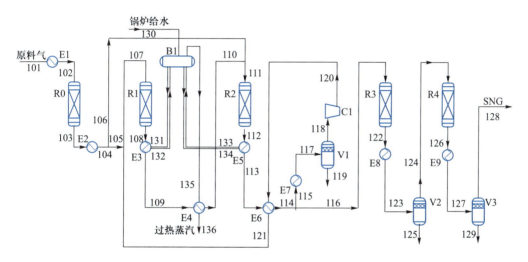

图 6-5-04 需要调整氢碳比的 DAVY 甲烷化典型工艺流程图

B1—汽包;C1—循环压缩机;E1—原料气预热器;E2—脱硫气预热器;E3— 一反废热锅炉;E4—蒸汽过热器;
E5—二反废热锅炉;E6—循环气换热器;E7—循环气冷却器;E8—三反产品气换热器;E9—四反产品气换热器;
R0—精脱硫反应器;R1—第一甲烷化反应器;R2—第二甲烷化反应器;R3—第三甲烷化反应器;
R4—第四甲烷化反应器;V1—循环气分液罐;V2—三反分液罐;V3—产品气分液罐

(2)DAVY 工艺特点 DAVY 甲烷化工艺共四个甲烷化反应器,其中前两个反应器采用串、并联方式连接,主要采用循环气控制第一甲烷化反应器床层温度;采用热循环,即第二甲烷化反应器的产品气用作循环气的循环温度在 150 ℃左右,第一、第二甲烷化反应器出口温度为 620 ℃左右;进入界区的原料气中总硫含量应小于 0.2×10^{-6},设置单独的精脱硫装置将原料气中总硫含量降至 2×10^{-8} 以下;第一、第二甲烷化反应器的产品气热能用来生产过热蒸汽,第三甲烷化反应器的出口温度约 450 ℃,第四甲烷化反应器的出口温度约 330 ℃,产品气热量用来预热锅炉给水、原料气和第四甲烷化反应器的入口气等。

四、煤制天然气工艺

美国大平原煤制天然气项目是世界上第一个煤制天然气项目,采用的原料是低阶褐煤,因此,该项目不仅开创了煤制天然气的先河,而且为褐煤的高效清洁利用开辟了一条可行路线。目前大平原煤气化厂主要产品有:合成天然气、无水氨、脱酚甲苯酸、液氮、石脑油(主要成分是苯、甲苯二甲苯等)、苯酚、二氧化碳、硫酸铵、氩气和氙气。

美国大平原煤气化厂间接煤制天然气的流程如图6-5-05所示。

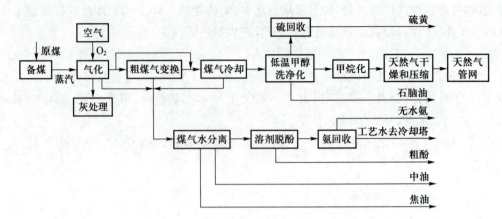

图6-5-05   间接煤制天然气流程示意图(美国大平原煤气化厂)

该厂的基本流程是以北美煤炭Coteau资产公司自有煤矿的露天褐煤矿生产的褐煤为原料,将气化产生的粗合成气经过变换和低温甲醇洗等单元的变换、净化处理后,净化合成气一路去合成氨单元作为原料,生产无水氨,除去补充锅炉烟气尾气脱硫洗涤器(FGD)所需的氨外,其余作为无水氨产品外售;另一路经过甲烷化反应生产煤制合成天然气产品,甲烷化反应使用镍催化剂。气化副产的较轻质油品经过低温甲醇洗单元分离出来作为石脑油;通过酚提纯单元将废水中的苯酚和脱酚甲苯酸进行分离提纯,生产相应副产品;通过氨回收单元回收煤气水中的氨作为副产品,FGD提供氨洗涤剂(合成氨装置的无水氨作为洗涤器氨的补充)。厂区的酸性气直接进入蒸汽锅炉焚烧,锅炉烟气中的硫化物使用FGD来回收,并产生硫酸铵副产品外售。表6-5-01为美国大平原煤气化厂的主要原料和产品产能。

表6-5-01   美国大平原煤气化厂主要原料及产品产能

序号	煤质分析	指标	产品名称	单位	产能
1	$M_{t,ar}$/%	36.8	SNG	亿立方米/年	14
2	A_{ar}/%	6.5	无水液氨	万吨/年	36
3	V_{ar}/%	26.6	脱酚苯甲酸	万吨/年	1.5
4	FC_{ar}/%	29.4	液氮	万吨/年	8
5	煤灰熔融性温度/℃(HT)	1 250	石脑油	万升/年	2 650
6	典型热值/($kJ \cdot kg^{-1}$)	16 000	苯酚	万吨/年	1.5
7	C_{daf}/%	73.2	硫酸铵	万吨/年	10
8	H_{daf}/%	4.7	二氧化碳	万吨/年	140
9	O_{daf}/%	19.84	氩气和疝气	万升/年	310
10	N_{daf}/%	1.08	焦油	—	—
11	ST_{daf}/%	1.18	—	—	—

我国正在积极开发煤制天然气工程,各种技术和工艺都处于待选择状态,其中碎煤和粉煤气化联合生产天然气工艺值得思考,该工艺的原则流程示于图6-5-06。

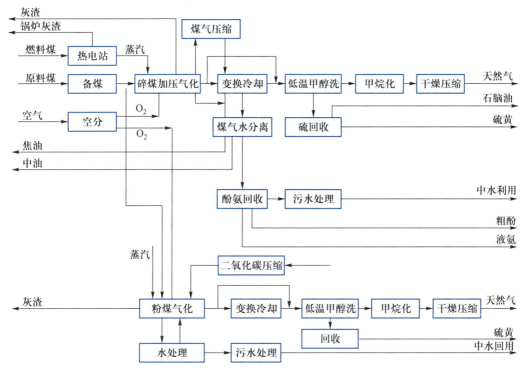

图 6-5-06　碎煤和粉煤气化联合生产天然气的总工艺流程简图

中国伊犁新天煤化工公司,采用碎煤加压气化、低温甲醇洗净化、戴维甲烷化等技术,建成年产 2 Gm³ 合成天然气及副产重芳烃 100 kt、多元烃 84 kt、轻烃 31.1 kt、多元酚 25 kt、硫铵 116 kt 天然气项目,是目前世界上单体规模最大的煤制天然气单体项目,2022年达产,并实现盈利。国产甲烷化催化剂实现工业应用,标志着我国煤制天然气产业处于世界前列。

6-6　煤炭多联产技术

煤气化制得的煤气广泛应用于国民经济的许多方面,它们包括:工业燃气、城市煤气、冶金还原气、化工原料气和用于发电技术的燃气等,见图 6-6-01。

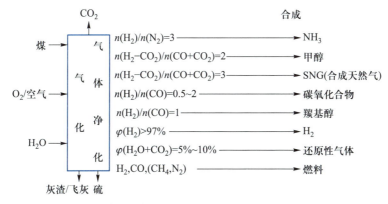

图 6-6-01　煤气化制得的煤气的主要产品方案图

一、煤气化联合循环发电

1. 煤气化联合循环发电(IGCC)的典型流程

所谓 IGCC 是指煤气化产生的燃料气送入燃气透平发电,透平排出的高温燃烧气由热回收锅炉产生水蒸气,水蒸气再用于蒸汽轮机发电。图 6-6-02 是典型的流程。这种联合循环发电由如下几个部分组成:① 空分制氧和煤的气化;② 煤气净化脱除硫化物,含氮化合物和颗粒状物质;③ 燃气轮机发电;④ 余热回收产生水蒸气;⑤ 水蒸气在蒸汽轮机中膨胀发电。煤气化用的气化剂有两种形式:一种是如图的氧—水蒸气,另一种是用压缩空气与水蒸气为气化剂。前者制取中热值煤气,后者制取低热值煤气。生产低热值煤气无需制氧装置,由燃气轮机压缩机所得的压缩空气直接送气化炉。生产中热值煤气时压缩空气进空分装置制氧,尽管需要制氧设备,但由于气化和净化系统比生产低热值煤气时的体积小得多而得到补偿。目前多数气化方案采用制氧方案,煤气净化大多采用成熟的湿法净化技术,若采用正在开发的高温煤气净化技术,可使供电效率提高 2%。燃气轮机发电量一般比蒸汽轮机大,即燃机功率/汽机功率大于 1。采用联合循环发电技术可显著提高发电效率,传统的粉煤燃烧蒸汽轮机发电技术,较为先进的发电效率为 38%~41%,而 IGCC 可达到 43%~45%,并且进一步提高发电效率的潜力还很大。

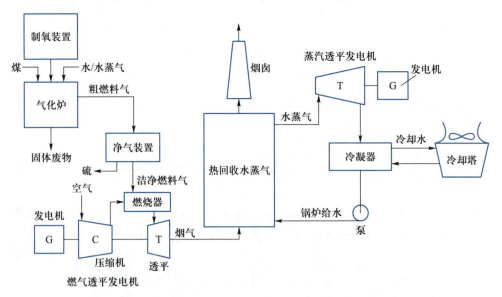

图 6-6-02   煤气化联合循环发电装置(中热值燃料气)的流程图

2. IGCC 开发现状

1972 年德国投运了第一套 IGCC 示范装置之后,20 世纪的 90 年代美国冷水(Cool Water)示范工程(Texaco 法)和 LGTI(Destec 法)示范工程又相继投运,进一步证明了 IGCC 系统是一种高效而洁净的发电技术。

美国在 1986 年率先提出洁净煤示范计划(CCTP),后来欧共体和日本也相继提出了洁净煤发展计划。这些计划都分别具体确定了 IGCC 的示范项目。我国 IGCC 示范电厂已列入我国能源领域中长期科技发展规划。

在 20 世纪 90 年代,由欧共体等的资助,采用 Prenflo 气化技术,在西班牙 Puertollano 建设净发电 30 万千瓦的 IGCC 示范厂,流程见图 6-6-03。用高灰煤[ω(灰分)= 47%] 50%和高硫石油焦[ω(硫)= 5%]50%的配合原料。气化炉直径 5 m,高 15 m,设置四个喷嘴,煤气化能力达 2 600 t/d,产气 18 万立方米/小时,煤气热值 10.6 MJ/m³。气化过程所需氧来自空分装置,工艺水蒸气来自气化炉及余热锅炉。出气化炉煤气经过除尘、脱硫及脱碱金属等一系列净化处理后进燃烧室。燃烧产生的高温高压烟气先驱动燃气轮机发电,然后进入余热锅炉产生高压过热水蒸气,用以驱动蒸汽轮机发电。燃气轮机入口温度1 250 ℃,发电 19 万千瓦,蒸汽轮机发电 14.5 万千瓦,净输出功率 30 万千瓦,净供电效率 45%。过程副产高纯度硫黄 77 t(硫黄)/d。电厂污染物排放量:$c(SO_x) < 25$ mg/m³,$c(NO_x) < 150$ mg/m³,悬浮灰尘 3 mg/m³,排放量比许可值低得多,特别是 SO_x 和固体排放值。另外与传统电站(效率 40%)相比,CO_2 排放量减少 12%。

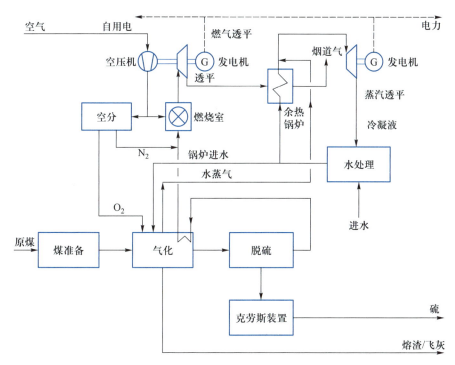

图 6-6-03 采用 Prenflo 气流床气化法的 IGCC 流程简图

与常规发电技术相比,IGCC 主要的优点是:① 具有较高的发电效率,更具有进一步提高效率的潜力。现有技术已可达到 43%,例如,若把燃气轮机燃气进口温度从现在的 1 260 ℃提高到 1 400 ℃,以及再加上其他的措施,在 2020 年以前,发电效率有望提高到 50%~54%;② 较为彻底地解决了传统煤发电技术的环境污染问题,而且特别适宜使用高硫煤,而灰渣对环境无害,被人们称为最洁净的发电技术;③ 技术已趋成熟,能确保发电系统运行的可靠性,单机容量已能达到 30 万千瓦;④ 用水量只有粉煤发电站的 50%~70%。

二、煤气化—液体产品—制氢—发电

1.背景

进入 21 世纪,化石能源在世界能源系统和社会经济发展中占有重要地位,基于中国能源资源特点,未来的能源工厂仍将以化石能源(尤其是煤炭)为主要的能源原料。

为了实现能源利用效率的最大化,未来需要的是多元化能源结构(包括原料多元化、产品多元化、转化过程多元化等),而不是单一形式的能源结构。因此,在煤气化—液体产品—制氢—发电系统,煤、气、生物质、废物质都成为可以利用的原料,产品结构也呈多元化,电力是基本产品,可同时联产燃料、化学品、蒸汽与热。目前针对煤炭洁净转化利用的模式很多,图 6-6-04、图 6-6-05 分别为美国 Vision 21 能源系统和中国坑口煤炭多联产系统等构想。

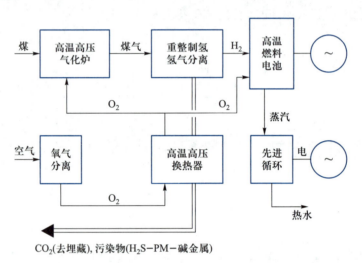

图 6-6-04　美国 Vision 21 能源系统

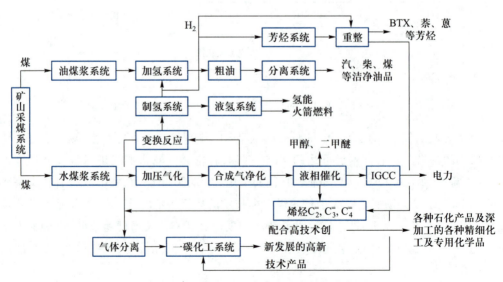

图 6-6-05　中国坑口煤炭多联产系统示意图

2. 特点

（1）Vision 21 主要特征　　Vision 21 是一个长期的研发规划，由政府、工业界和科技界共同出资完成。与传统的煤基能源工厂相比，Vision 21 具有以下特征：① 它是一个多元集成技术体系，并能根据市场需求把多种先进技术组合成不同能源体系如图 6-6-04 所示；② 考虑工业生态学，可实现颗粒物、SO_2、NO_x 和固体废物等污染物的近零排放，通过提高效率和碳封存实现 CO_2 零排放；③ 原料和产品的多元化，原料包括煤、天然气、渣油、石油焦、生物质、城市垃圾等，产品有发电联产蒸汽、液体燃料、合成气、化学品、氢等；④ 先进的系统集成及计算机控制技术以保证系统运行的可靠性和稳定性。

（2）中国坑口煤炭多联产的特征

① 坑口所采用的高硫煤可直接输至煤制备水煤浆系统。制得的水煤浆液经加压煤浆泵提高压力至 6.5 MPa，进入加压气化炉，进行气化后生成合格的粗煤气，再经气体净化系统除去 H_2S 及 CO_2 后，进入液相催化系统一次通过（不经循环），可分别制取甲醇、二甲醚及低碳烯烃等。液相催化后的尾气直接进入燃气轮机和蒸汽轮机联合发电得到电力。

② 坑口所采的高硫煤可同时进入油煤浆制备系统。从煤气化系统制备的合成气经变换反应制取氢气，所制备的氢气可以经液氢系统制取氢能和火箭燃料。同时，经变换制取的氢气可用于油煤浆加氢系统，在加压下经催化加氢制备成直接液化的粗油，该粗油经分离系统获得洁净的汽、柴、煤等油品。这一过程所分离出的大量芳烃经溶剂抽提、加氢重整等工艺获得 BTX（苯、甲苯、二甲苯）、萘、蒽等芳烃及各种含杂环的芳基化合物，它们将会成为化学工业和新材料的最佳原料。

③ 由煤的直接液化及溶剂抽提所得到的众多芳烃化合物，与液相催化或其他方式制备的低碳烯烃相结合，可制备出各种石化产品及深加工的各种精细化工及专用化学品，以满足今后将支撑各行各业的高新技术的支柱产业的发展。

④ 经变换反应及合成气净化所得到的原料气经气体分离获得纯净的 CO 及各种C/H 不同的合成气与甲醇和低碳烯烃相结合将可制备出另一系列的化工产品，即现代煤化工的另一领域"碳一化工"体系。

多联产系统除生产化工产品外还可以对外提供洁净燃料 H_2 和稀有气体 Ar 等，具有很好的综合经济效益。

3. 多联产系统的关键技术

煤炭多联产总能系统是在 IGCC 的基础上发展起来的，其关键技术的研究开发主要包含如大容量、高碳转化率的气化炉、合成煤气的高温净化技术、先进的燃气轮机联合循环发电系统等。它比常规的 IGCC 系统更复杂、涉及的相关技术科学问题更多，不仅涉及新技术、新工艺的开发，而且涉及资源、能源、环境一体化的系统科学，以及对能量转换利用机理的探索，其主要的关键技术及其科学问题有以下五方面：

（1）系统整体特性研究及综合优化　　多联产的复杂性决定了系统综合优化具有很大的潜力，影响 IGCC 多联产系统性能的因素很多：系统连接方式（并联型多联产和串联型多联产等）的选取，发电、供热和化工产品的生产比例，流程参数的确定及关键设备的优选等。目前比较先进的优化方法是流程和参数同步综合优化，如有人提出的 IGCC 系统两层次和联合循环两大块交叉迭代的整体综合优化的新思路和新方法。

（2）低成本、低能耗制氧和氢分离技术　在多联产系统的不同阶段需要各种大流量气体的分离，传统气体分离伴随着大量的消耗，从而影响多联产系统的效率与经济性。有研究者提出膜分离法与深冷法结合流程的新型空分系统，空气先通过膜分离器达到一定的纯度后再进入深冷分离装置，由于进入深冷装置的空气中氧气浓度的提高将使空气总量减小，虽然增加了真空泵耗功，但在一定条件下会减少整个空分系统耗功。此外，采用膜反应器（HSMR）从合成煤气中分离出高纯度的 H_2，成为多联产系统的关键技术。

（3）分离 CO_2 技术　采用煤气化和煤气净化可把有害的 SO_x 和 NO_x 等的排放量减少 80%~90%，只有解决了 CO_2 零排放或准零排放问题后，才能真正实现化石燃料的洁净利用。探索研究控制 CO_2 排放的可行途径有五种：① 在系统排烟中进行分离和回收 CO_2；② 在燃烧前对燃料气进行处理与分离；③ 顶置化工生产过程的多联产系统；④ 燃料气定向转移的多种热转功热力循环联合；⑤ 借助热力循环措施。

（4）能量转换利用过程新机理和系统创新　如何降低燃烧过程释放侧的品位损失，减少能的释放侧与接受侧之间的品位差是能量释放新机理研究的关键。例如，燃料电池（电化学方法）、无火焰燃烧、部分氧化燃烧等能量释放方法就是以此原理来降低品位损失的。

（5）关键设备和新工艺　① 提高大容量气化炉的碳转化率与运行可靠性是气化工艺的主要目标，发展适合于多联产的大容量煤气化装置是其核心技术；② 燃气轮机是动力系统的核心，性能先进的燃气轮机是 IGCC 多联产系统发展的主要基础；③ 化工产品（甲醇、甲醇化学品等）的新工艺流程、新的保护环境的催化剂和催化工程、反应工程；④ 煤气高温净化技术。以及其他与多联产系统相关的工艺技术，如 H_2 存储、CO_2 处理和应用、燃料电池技术等。

我国是世界上最大的产煤国和煤炭消费国，燃煤引起的污染排放（包括 SO_x，NO_x，CO_2 和粉尘）问题十分严重。同时，能源的利用和转换效率低，因而在我国，研究开发包括煤炭气化、液化、煤基甲醇制烯烃、煤制天然气和 IGCC 等的新型煤化工技术具有十分重要的意义。

 习题

1. 煤的热分解过程条件的变化对煤的干馏和气化有什么影响？
2. 实行配煤炼焦有哪些积极意义？
3. 煤化工技术的代表——煤制烯烃的技术核心？
4. 实现煤气化多联产系统有哪些好处？
5. 查阅有关资料撰写一篇"21 世纪的新型煤化工技术展望"小论文。

📖 参考文献

[1] 黄仲九，房鼎业. 化学工艺学. 2 版. 北京：高等教育出版社，2008.

［2］张德祥.煤化工工艺学.北京：煤炭工业出版社,1999.

［3］高晋生,张德祥.煤液化技术.北京：化学工业出版社,2005.

［4］虞继舜.煤化学.北京：冶金工业出版社,2000.

［5］郭树才,胡浩权.煤化工工艺学.3版.北京：化学工业出版社,2012.

［6］沙兴中,杨南星.煤的气化与应用.上海：华东理工大学出版社,1995.

［7］ Speight J G. The Chemistry and Technology of Coal. New York：Marel Dekker Inc,1994.

［8］姚昭章,郑明东.炼焦学.3版.北京：冶金工业出版社,2005.

［9］申明新.中国炼焦煤的资源与利用.北京：化学工业出版社,2007.

［10］库咸熙.化产工艺学.北京：冶金工业出版社,1995.

［11］曾蒲君.煤基合成燃料工艺学.徐州：中国矿业大学出版社,1993.

［12］ Elliott A M. Chemistry of Coal Utilization. 2nd Sup Vol. London：John Wiley & Sons,1981.

［13］曹征彦.中国洁净煤技术.北京：中国物资出版社,1998.

［14］熊谟远.电石生产工艺学.成都：成都科技大学出版社,1988.

［15］戴和武,谢可玉.褐煤利用技术.北京：煤炭工业出版社,1999.

［16］姚强,陈超.洁净煤技术.北京：化学工业出版社,2005.

［17］王曾辉,高晋生.碳素材料.上海：华东理工大学出版社,1991.

［18］钱湛芬.碳素工艺学.北京：冶金工业出版社,1996.

［19］贺永德.现代煤化工技术手册.北京：化学工业出版社,2004.

［20］李安学.现代煤制天然气工厂概念设计研究.北京：化学工业出版社,2015.

［21］吴秀章.煤制低碳烯烃工艺与工程.北京：化学工业出版社,2014.

［22］张德祥.煤制油技术基础与应用研究.上海：上海科学技术出版社,2013.

第七章 精细化工反应单元工艺

7-1 概 述

一、精细化工的定义

"精细化工"即生产精细化学品(fine chemicals)的工业,精细化学品是化学工业中用来与通用化工产品或大宗化学品(heavy chemicals)相区分的一个专用术语。前者指一些具有特定应用性能的,合成工艺中步骤繁多、反应复杂,产量小,品种多,产品附加值高的商品,如医药品、化学试剂等;后者指一些应用范围广泛,生产中化工技术要求高,产量大的产品,如石油化工中的合成树脂、合成橡胶及合成纤维等三大合成材料等。

欧美国家大多将我国和日本所称的精细化学品分为精细化学品和专用化学品(specialty chemicals)。其依据侧重于从产品的功能性来区分,销售量小的化学型产品称为"精细化学品";销售量小的功能性产品称为"专用化学品"。也就是说,精细化学品是按其分子组成(即作为化合物)来销售的小量产品,强调的是产品的规格和纯度;专用化学品也是小量产品,但却是根据它们的功能来销售的,强调的是产品的功能。下面几点可以帮助我们区别精细化学品与专用化学品。

(1)精细化学品多为单一化合物,可以用化学式表示其成分;而专用化学品很少是单一的化合物,常常是若干种化学品组成的复合物或配方物,通常不能用化学式表示其成分。

(2)精细化学品一般不是最终使用性产品,用途较广;专用化学品的加工度较高,为最终使用性产品,用途较窄。

(3)精细化学品大多是由一种方法或类似的方法制造的,不同厂家的产品基本上没有差别;而专用化学品的制造,各生产厂家各不相同,产品有差别,甚至完全不同。

(4)精细化学品是按其所含的化学成分来销售;而专用化学品是按其功能进行销售的。

(5)精细化学品的生命期相对较长;而专用化学品的生命期较短,产品更新较快。

(6)专用化学品的附加值较高,技术机密性更强,更需要依靠专利保护或对技术诀窍加以保密。

实际上,欧美国家广泛使用"专用化学品"一词,而很少使用"精细化学品"这个词,因为精细化学品是通往专用化学品的"阶梯"。

对精细化学品的定义,到现在为止,还没有一个公认的比较严格的提法;但归纳起来不外乎是从产品制造角度和从技术经济角度来下定义。其中得到较多人公认的一种定义,是指对基本化学工业生产的初级或次级化学品进行深加工而制取的具有特定功能、特定用途、小批量生产的系列产品,称为精细化学品。这些产品具备许多特点,如产品门类多,有不同的品种牌号;商品性强,生产工艺精细;有些产品的化学反应与工艺步骤复杂(如药物),附加值高、投资少、利润大,对市场的适应性强、服务性强、产品更新快、技术密集性高,适合于中小型厂家生产。

我国对精细化学品暂分为 11 类(据化学工业部 1986 年 3 月 6 日颁发的《精细化工产品分类暂行规定》),即农药、染料、涂料(含油漆和油墨)、颜料、试剂和高纯物、信息用化学品、食品和饲料添加剂、黏合剂、催化剂和各种助剂、化工系统生产的化学药品(原料药)和日用化学品、功能高分子材料等。

从上述分类中我们可以看到,精细化学品的分类主要是根据功能、行业进行分类,如果从结构组成对精细化学品进行分类,又可以分为无机精细化学品和有机精细化学品。

二、国外精细化工概况

纵观近二十多年来世界化工发展历程,各国及地区,尤其是美国、欧洲、日本等化学工业发达国家及其著名的跨国化工公司,都十分重视发展精细化工,把精细化工作为调整化工产业结构、提高产品附加值、增强国际竞争力的有效举措。世界精细化工呈现快速发展态势,产业集中度进一步提高。进入 21 世纪,世界精细化工发展的显著特征是:产业集群化,工艺清洁化、节能化,产品多样化、专用化、高性能化。

1. 精细化学品销售收入快速增长,精细化率不断提高

20 世纪 90 年代以来,基于世界高度发达的石油化工向深加工发展和高新技术的蓬勃兴起,世界精细化工得到前所未有的快速发展,其增长速度明显高于整个化学工业的发展。2015—2018 年全球精细化工行业市场规模从 12 993 亿欧元增长至 15 475 亿欧元,年均复合增长率达 6%。2019 年全球精细化工市场规模约为 16 400 亿欧元,2020 年受新冠疫情影响,增速有所放缓,2020 年全球精细化工行业市场规模约为 16 890 亿欧元。目前,世界精细化学品品种已超过 10 万种。精细化率是衡量一个国家和地区化学工业技术水平的重要标志。美国、欧洲和日本等化学工业发达国家和地区,其精细化工也最为发达,代表了当今世界精细化工的发展水平。目前,这些国家和地区的精细化率已达到 60%~70%。近几年,美国精细化学品年销售额约为 1 250 亿美元,居世界首位,其次是欧洲约为 1 000 亿美元,日本约为 600 亿美元,名列第三。三者合计约占世界总销售额的 75% 以上。

2. 加强技术创新,调整和优化精细化工产品结构

加强技术创新,调整和优化精细化工产品结构,重点开发高性能化、专用化、绿色化产品,已成为当前世界精细化工发展的重要特征,也是今后世界精细化工发展的重点方向。

以精细化工发达的日本为例,技术创新对精细化学品的发展起到至关重要的作用。过去 10 年中,日本合成染料和传统精细化学品市场缩减了一半,取而代之的是大量开发和生产功能性、绿色化等高端精细化学品,从而大大提升了精细化工的产业能级和经济

效益。例如,重点开发用于半导体和平板显示器等电子领域的功能性精细化学品,使日本在信息记录和显示材料等高端产品领域建立了主导地位。在催化剂方面,随着环保法规日趋严格,为适应无硫汽油等环境友好燃料的需要,日本积极开发新型环保型催化剂。目前超深脱硫催化剂等高性能催化剂在日本催化剂工业中已占有相当高的份额,脱硫能力从低于 50 μg/g 提高至低于 10 μg/g,由此也促进了催化剂工业的整体发展。与此同时,用于石油化学品和汽车尾气净化的催化剂销售额也以两位数的速度增长,已占催化剂市场半壁江山。

3. 联合兼并重组,增强核心竞争力

许多知名的公司通过兼并、收购或重组,调整经营结构,退出没有竞争力的行业,发挥自己的专长和优势,加大对有竞争力行业的投入,重点发展具有优势的精细化学品,以巩固和扩大市场份额,提高经济效益和国际竞争力。例如,2017 年 4 月,全球领先的特殊化学品供应商——德国朗盛(LANXESS)公司以 24 亿欧元的价格完成了对美国知名精细化工公司科聚亚(CHEMTURA)的收购。朗盛的莱茵化学添加剂业务部与原科聚亚的添加剂业务部合并,组成新的高性能添加剂业务部。通过完整的产业链,朗盛成为全球工业润滑剂的主要供应商之一和高性能阻燃剂添加剂的关键供应商之一。

又如,中国化工集团公司以 430 亿美元完成对全球第一大农药公司——瑞士先正达公司的收购,这也成为中国企业最大的海外收购案。自此,美国、欧盟和中国"三足鼎立"的全球农化行业格局形成,中国化工集团跻身全球农化行业第一梯队。

再如,2021 年 7 月,杜邦公司成功完成对莱尔德高性能材料公司(Laird Performance Materials)的收购。此次交易将杜邦在薄膜、软板材料和电镀化学品领域的技术与莱尔德高性能材料的电磁屏蔽和热管理解决方案结合在一起,合并后的事业部将为智能/电动汽车、5G、人工智能、物联网和高性能计算等快速增长市场提供先进电子应用方案。

三、国内精细化工概况

近十多年来,我国十分重视精细化工的发展,把精细化工、特别是新领域精细化工作为化学工业发展的战略重点和新材料的重要组成部分,列入多项国家计划中,从政策和资金上予以重点支持。目前,精细化工业已成为我国化学工业中一个重要的独立分支和新的经济效益增长点。可以预见,随着我国石油化工的蓬勃发展和化学工业由粗放型向精细化方向发展,以及高新技术的广泛应用,我国精细化工自主创新能力和产业技术升级将得到显著提高,成为世界精细化学品生产和消费大国。

1. 精细化工取得长足进步,部分产品居世界领先地位

我国精细化工的快速发展,不仅基本满足了国民经济发展的需要,而且部分精细化工产品,还具有一定的国际竞争能力,成为世界上重要的精细化工原料及中间体的加工地与出口地,精细化工产品已被广泛应用到国民经济的各个领域和人民日常生活中。统计表明,目前我国精细化工的产品类型涵盖了精细化工产品分类的所有大类。2021 年我国精细化工市场规模约为 5.5 万亿元,2016—2021 年的年复合增长率达 8%。随着我国精细化工产业调整升级,我国精细化工行业快速发展,相关企业注册量增速迅速。据报道,我国整个化学工业产品占全世界 40% 左右,精细化工率达 50%。精细化工已成为我

国化学工业中一个重要的独立分支和新的经济效益增长点。

截至 2020 年,我国的农药产业和染料产业规模世界排名第一、涂料产业规模位居世界第四,我国已经逐步成为世界上主要的精细化工产品生产国和出口国,同时也是较大的精细化工产品消费国。随着我国经济社会和科学技术的不断发展,新型精细化工的生产和应用也取得了巨大进步。我国新型精细化工已形成饲料添加剂、食品及医药添加剂、皮革化学品、造纸化学品、油田化学品、电子化学品等十余个门类。相较于传统精细化工,新型精细化工具有更高技术含量和应用价值,市场空间广阔。

2. 建设精细化工园区,推进产业集聚

近几年,许多省市都把建设精细化工园区,作为调整地方化工产业布局,提升产业,发展新材料产业,推进集聚的重要举措。据报道,目前全国已建和在建的精细化工园区至少有15个。

例如,浙江上虞精细化工园区规划总面积20平方公里,自1999年1月正式启动以来,共引进来自10个国家、地区和10个省市的项目80多个,资金逾75亿元。到2015年12月已经有170余家精细化工企业入驻,形成了以染料(颜料)、生物医药及中间体和专用化学品为主要门类的精细化工产业。2022年实现产值723.1亿元、营收682.2亿元、利润105.7亿元,同比分别增长11.5%、16.9%和29.2%。该园区已被科技部认定为国家火炬计划上虞精细化工特色产业基地,是国内规模最大,发展前景最好,辐射功能最强的化工制造基地之一。

3. 跨国公司加速来华投资,有力推动精细化工发展

进入21世纪以来,随着经济全球化趋势快速发展,以及我国国民经济持续稳步快速发展对精细化学品和特种化学品强大市场需求,吸引了诸多世界著名跨国公司纷纷来我国投资精细化工行业,投资领域涉及精细化工原料和中间体、催化剂、油品添加剂、塑料和橡胶助剂、纺织/皮革化学品、电子化学品、涂料和胶黏剂、发泡剂和制冷剂替代品、食品和饲料添加剂及医药等,从而有力地推动我国精细化工产业的发展。

例如,世界著名的精细化学品生产商、德国第三大化学品公司——赢创工业集团看好中国专用化学品市场,1998年以来,赢创工业集团已在我国南京、广州、上海、青岛、天津、北京等11个城市建有21家生产厂,2015年实现营业额超过12亿欧元。为了扩大中国市场,并成为中国特种化工领域的领跑者,赢创在上海设立研发中心,先后经过三次扩建,于2021年升级上海基地,并正式更名为"赢创上海创新园",为中国乃至全球市场研发专用化学品。

四、精细化工的特点和发展趋势

1. 小批量、多品种、高纯度

精细化工产品都具有一定的应用范围,功能性强,往往一种类型的产品,可以有多种规格型号,而且新品种、新剂型不断涌现。因此,品种多是精细化工的一个重要特征。例如,表面活性剂,利用其所具有的表面特性,可支撑各种洗净剂、渗透剂、分散剂、乳化剂、破乳剂、起泡剂、消泡剂、润湿剂、增溶剂、柔软剂、抗静电剂、防锈剂、防雾剂、精炼剂、脱皮剂、抑制剂等。目前国外表面活性剂的品种有5 000多种,而法国仅发

用化妆品就 2 000 多种牌号。由于大多数精细化工产品的产量较小,商品竞争性强,更新换代快,因此,不断开发新品种、新配方、新剂型、新用途,以及提高品种创新和技术创新的能力,是当前精细化工发展的总趋势。

2. 技术密集度高

精细化学品的生产过程与通用化工产品不同,属综合性较强的知识密集和技术密集型工业。

精细化学品的化学合成工艺精细,单元反应多,生产流程长,中间过程控制要求严格,精制复杂,需要精密的工程技术。例如,Pfizer 公司开发的抗菌药曲伐沙星(trovafloxacin,商品名 Trovan),其合成工艺需要七步反应,四年半的时间。在制药工业中,手性药物,特别是天然产物药物的全合成,由于其结构复杂,手性中心多,合成工艺极为精细,合成周期更长。

3. 综合性生产流程与多功能生产装置

尽管精细化学品种类繁多,但合成所涉及的单元反应,不外乎卤化、磺化、硝化、烷化、酯化、氧化、还原等;所用化工单元操作,多为蒸馏、浓缩、脱色、结晶、干燥等。为适应多品种、小批量的生产特点,可将若干单元反应、化工单元操作,按照最合理的方案组合,并采用计算机控制,使装置具有生产多个产品的功能,而生产流程具有一定的综合性,从而改变单一产品、单一流程、单一装置的不足。

例如,综合生产流程和多功能生产装置,设有自动清洗及确认清洗效果的装置,可用同一套装置生产同类产品多个品种。英国 ICI 公司在 1973 年以一套装备、三台计算机生产当时的 74 种偶氮染料中的 50 个品种,年产量 0.35 万吨。

4. 大量采用复配技术

针对各种专门用途的需要,单一组分的化合物往往难于达到使用要求,必须加入其他组分,以提高其功能性,于是大量采用复配技术必然成为精细化工的又一个重要特点。在精细化工中,采用复配技术所得到的产品,具有改性、增效和扩大应用范围等功效和特点,因此复配技术是精细化学品生产中的重要技术。例如,化妆品是由油脂、乳化剂、保湿剂、香料、色素、添加剂等复配而成,具有清洁、修饰、美容、保健等多种功能。若配方不同,其功能和应用对象自然不同。化妆品随着人民生活水平的提高发展极为迅速,五花八门,琳琅满目。

5. 具有特定的功能

精细化学品都具有特定的功能。这种功能主要表现为物理性能、化学作用和生物活性。如物理性能是指耐高温、高强度、超硬、半导、超导、磁性、吸音、吸热等,有的同时伴有化学作用;也包括表现为某种特定物理效应的,如热电、热敏、压电、光电、声光、激光、磁光等。研究这些特性,使一系列新型材料应运而生。如光学功能材料、磁性材料、形状记忆材料、精细陶瓷材料、梯度功能材料、智能材料等新型材料,在航空技术、信息技术、激光技术、海洋技术、生物工程技术等方面具有重要的应用价值。

6. 附加值高

附加值是指产品从原料经物理化学加工得到成品的过程实际增加的价值,它包括工人劳动、动力消耗、技术开发和利润等费用,所以称为附加值。由于精细化学品研究开发费用高,合成工艺精细,开发的时间长,技术密集度高,必然导致附加值高。精细化工产品的附加值一般高达 50% 以上,比化肥和石油化工的 20%~30% 的附加值高得多。

7. 商业性强

商业性是由精细化学品特定功能和专门用途决定的。消费者对精细化学品的质量和品种不断提出新的要求,使其市场寿命较短,更新换代很快。精细化学品的高技术密集度、高附加值和高利润率,使其技术保密性、专利垄断性较强,导致产品竞争激烈。提高精细化学品市场竞争性,既需要专利法的保护,更需要产品质量来保证。因此,以市场为导向研发新品种,加强应用技术研究、推广和服务,不断开拓市场,提高市场信誉是增强产品商业性的关键。

五、精细化工中的新技术

精细化工是以有机合成理论为基础,以化工过程为依托的理工密切结合的过程,它不仅需要现代的合成理论作指导,其产品的工业化还需要成熟的化工过程,同时高科技的分析技术也是必不可少的。除此之外,精细化学品的特异性也需要许多其他学科的知识,如制药合成的药物分散及吸收技术等,学科之间的交叉很多。同时,新技术的出现,也为精细化工的发展提供了更好的武器,限于篇幅,在以后的章节中,我们主要介绍一些经典的精细化工反应单元。关于精细化工方面的一些新技术,在本节中作简要介绍,以开阔思路,主要有等离子体技术、超重力技术、纳米技术、超临界流体技术、电解精细有机合成技术、现代生物技术、微反应器技术、膜过程耦合技术、离子液体技术等。

1. 等离子体技术

等离子体技术是应用等离子体发生器产生的部分电离等离子体完成一定工业生产目标的手段,等离子体富含的各种粒子等几乎都为活泼的化学活性物质。等离子体特别适合于一些热力学或动力学不利的反应等,可以非常有效地活化一些稳定的小分子,如甲烷、氮和二氧化碳,甚至可以使一些反应的活化能变为负值。这一特点使得等离子体在一些特殊无机物(如金属氮化物、金属磷化物、金属碳化物、人造金刚石等)合成强化方面得到广泛的应用。尤其在冷等离子体制氢领域,由于冷等离子体启动方便、可以在室温下操作、机动性好等优点,被认为是为燃料电池等供氢的最理想方案。等离子体技术作为一个交叉科学技术,为化学工作者解决目前化工生产存在的能源、资源与环境问题提供了新方法、新思路,潜在的经济效益和社会效益十分显著。

2. 超重力技术

在超重力环境下,不同物料在复杂流道中流动接触,强大的剪切力将液相物料撕裂成微小的膜、丝和滴,产生巨大和快速更新的相界面,使相传质速率比在传统的塔器中提高 1~3 个数量级,分子混合和传质过程得到高度强化。同时,气体的线速度也可以大幅度提高,这使单位设备体积的生产效率提高 1~2 个数量级,设备体积可以大幅缩小。因此,超重力技术被认为是强化传递和多相反应过程的一项突破性技术。由于超重力技术的广泛适用性以及具有传统设备所不具有的体积小、质量轻、能耗低、易运转、易维修、安全可靠、灵活以及更能适应环境等优点,使其在环保和材料生物化工等领域中具有广阔的商业化应用前景。目前我国超重力技术的研究已在世界上处于领先地位。

3. 纳米技术

纳米技术是一种新型的科学技术,在化学工业产品生产工作当中的应用价值相对较高,它是指利用物质自身的性质使微小的物质构成一定的系统之后,根据这些物质的运动规律,进行相应的产品生产。该技术是新时代发展中非常重要的产物,它涉及的范围比较广泛,在化工生产区域与基本的学科之间存在密切的联系。与此同时,它还成为多学科交叉的综合性科技。不管是从基本科学的角度分析,还是从高端科学的角度分析,在产品生产中,纳米技术都发挥着非常重要的作用。纳米日用化工和化妆品、纳米色素、纳米感光胶片、纳米精细化工材料等将把人们带到五彩缤纷的世界。

4. 超临界流体技术

一般在精细化工中应用超临界流体技术,主要就是对天然的化工产品进行提取,可提高化工生产的整体效率,且可以使用到有毒物质的脱臭与脱酸、药品提纯等精细化工中,提高精细化工生产效率。比如在色素、油脂、天然香料等化工产品的生产活动中,可以充分发挥超临界流体技术的优势,确保产品的提纯率,获得优质的化工产品。随着科学技术的发展,超临界流体技术在精细化工中的应用越加广泛,特别是超临界二氧化碳流体技术在生理活性物质等产品的提取中表现出较好的应用效果,可以保证精细化工生产的顺利进行。

5. 电解精细有机合成技术

20 世纪 70 年代提出的公害问题,使得各国政府制定了有关三废治理的法规,要求化工技术必须考虑无公害、省能源、省资源等。在此背景下,电解有机合成,由于其具有能量效率高,能够用于多种资源,进行清洁生产等特点而引起重视。在 20 世纪 80 年代初,电解精细有机合成技术已经工业化的有 40 多个。

电解精细有机合成可适用的反应类型很多,同一个有机原料,在不同条件下可生成多种不同产物。例如,硝基苯在不同条件下进行阴极电解还原可分别制得苯胺、对氨基酚、对氨基苯甲醚和联苯胺四个产品。另外,有些化工产品采用电解精细有机合成法,原料易得,一步直接制得产品,比非电解精细有机合成法具有更独特的优点。例如,辛酰氯的氧化氟化制全氟辛酸,呋喃醇的氧化取代制麦芽酚和乙基麦芽酚,己二酸单酯的氧化脱羧偶联制癸二酸双酯,苯的氧化/还原制对苯二酚,丙烯腈的加氢偶联制己二腈等。其中有些产品采用电解精细有机合成法,最为经济合理。例如,丙烯腈的加氢偶联制己二腈,在美、英等国已建有年产 100 000 t 的装置,连电费较贵的日本也已工业化。预计今后电解精细有机合成将会有更大的发展。

6. 现代生物技术

现代生物技术是以遗传基因重组、细胞融合、细胞大量培养、改良的发酵技术和生物反应器等为基础技术的新生物技术。它可使精细化工等产业发生大的飞跃,对于开发精细化工新产品,改造传统化工生产工艺,节省能源,治理污染等方面都有重大作用。目前实现商品化生产的药品,有胰岛素、干扰素和人生长激素等类型。在其他高附加值的精细化学品的生产中,也开始应用生物技术。正在开发各种氨基酸、酶制剂、维生素、芳烃化合物、单细胞蛋白和染料等产品的新工艺,有的已实现工业化。生物技术装备主要包括生物反应器、发酵装置、细胞壁破碎设备、膜分离系统、液固分离系统、色谱及其他辅助设备。

7. 微反应器技术

微反应器是一种建立在连续流动基础上的微管道式反应器,用以替代传统反应器,如玻璃烧瓶、漏斗,以及工业有机合成中常用的反应釜等传统间歇反应器。在微反应器中有大量的以精密加工技术制作的微型反应通道,它可以提供极大的比表面积,传质传热效率极高。另外,微反应器以连续流动代替间歇操作,使准确控制反应物的停留时间成为可能。这些特点使有机合成反应在微观尺度上得到精确控制,为提高反应选择性和操作安全性提供了可能。

微反应技术的优势包括:对反应温度的精确控制;对反应时间的精确控制;物料以精确比例瞬间均匀混合;结构保证安全;无放大效应。

在精细化工反应中,大约有 20% 的反应可以使用微反应器技术,在收率、选择性、安全性等方面得到提高,尽管只有 20%,但是考虑到精细化工反应范围广、数量大,微反应器技术的应用潜力非常大。

如微反应器技术在 Moffatt-Swern 氧化反应中就取得了令人鼓舞的成果:反应在 20 ℃下进行,取得了比常规反应器在 -70 ℃ 还要高的收率和选择性。

8. 膜过程耦合技术

膜技术是多学科交叉结合、相互渗透的产物,特别适合于现代工业对节能、低品位原材料再利用和消除环境污染的需要,成为实现经济可持续发展战略的重要组成部分。膜及膜技术的研究进展推动了耦合技术的发展,将膜与传统的分离过程或反应过程结合起来,形成新的膜耦合过程,如膜萃取过程、膜结晶过程、膜吸收过程、渗透汽化过程、膜生物反应过程等,已经成为过程耦合技术的发展方向之一,也为膜技术的广泛应用提供了全新的平台。目前我国已成功开发出成套的反应-膜分离耦合系统,并在化工与石油化工、生物化工等领域得到了推广应用。

9. 离子液体技术

离子液体是指熔点小于 100 ℃ 的盐或能与其他物质以非溶解方式的结合形态构成的结合盐,以及以该类盐为最小单位的合成盐。与传统分子溶剂和高温熔融盐相比,离子液体具有特殊的微观结构和复杂的相互作用力,在实际应用中展现了其独特的物化性质,在近几年引起了化学化工领域专家的高度重视。离子液体具有不易挥发、液态温度范围宽、溶解性能好、导电性适中、电化学窗口宽、功能可设计性的优势。作为新一代的离子介质和催化体系,离子液体在化工、冶金、能源、环境、生物、储能等众多领域逐渐展现了其惊人的应用潜力,并有望取代传统的重污染介质和催化剂,实现新一代的绿色化学化工的产业技术革命。

7-2 磺 化

一、概述

磺化(sulfonation)是向有机化合物分子引入磺基(—SO_3H,—SO_3M,—SO_3X,其中 M

表示金属,X 表示卤素)的任何化学过程。以磺酸基团取代化合物中的氢原子,称为直接磺化,几乎所有芳环和杂环化合物,都可以进行直接磺化,少数脂肪族和脂环族化合物,也可以进行这类反应。间接磺化是以磺酸基取代苯环上的非氢原子,如巯基或重氮盐。

磺化反应在有机合成中有广泛的应用,通过磺化反应引入磺酸基的主要作用有:

(1) 赋予产品水溶性、酸性、表面活性,或对纤维素具有亲和力;

(2) 将磺酸基转变成其他基团,如羟基、氨基、氰基、氯等,从而制得一系列有机中间体或精细化工产品;

(3) 利用各组分磺化难易程度的不同,可以进行分离和纯化;

(4) 利用磺酸基可以水解脱去的特点,可作为有机合成中的保护基。

二、磺化剂和主要磺化法

磺化反应一般采用浓硫酸或发烟硫酸作为磺化剂,有时也采用三氧化硫、氯磺酸、二氧化硫加氯气、二氧化硫加氧气,以及亚硫酸钠等作为磺化剂。根据磺化剂的不同可区分为以下几种主要磺化法。

1. 硫酸和发烟硫酸磺化

常用硫酸有两种规格,即质量分数为 92% ~ 93% 的绿矾油和质量分数为 98% ~ 100% 的一水化合物,后者可看成按 $n(三氧化硫):n(水) = 1:1$ 组成的络合物。如果有过量的三氧化硫存在于硫酸中就成为发烟硫酸。发烟硫酸也有两种规格,即硫酸中含 φ(游离 SO_3) = 20% ~ 25% 和 φ(游离 SO_3) = 60% ~ 65%。易磺化的化合物采用稀硫酸磺化法,大多数芳香族化合物采用过量硫酸磺化,难磺化的用发烟硫酸。

用硫酸或发烟硫酸进行的磺化也称液相磺化。硫酸或发烟硫酸在反应体系中起到磺化剂、溶剂和脱水剂三种作用。随着磺酸的生成,反应中逐步生成水,因此需要大量的硫酸,该法适用范围广,但生产能力较低。

2. 三氧化硫磺化

采用三氧化硫磺化的优点是不生成水,三氧化硫的用量可接近理论量,反应快、三废少。但三氧化硫过于活泼,磺化时易形成砜,因此常用空气或溶剂(如氯仿、二氯乙烷等)稀释。三氧化硫的氯仿溶液与苯反应极快,在 0 ~ 10 ℃时,苯磺酸的收率就可达到 90%。三氧化硫磺化有以下方法。

(1) 气体三氧化硫磺化法　为了使反应容易控制,减少副反应,需将硫酸磺化燃烧法制得的含 $\varphi(SO_3)$ = 7% ~ 10% 的转化气,用干燥空气稀释到 $\varphi(SO_3)$ = 4% ~ 5%,再送入双膜式磺化器中进行磺化。这种方法的优点是生产能力大,产品质量好,它已经代替发烟硫酸法在工业上得到广泛应用。

(2) 液体三氧化硫法　这种方法主要用于不活泼的液态有机化合物的磺化,要求生成的磺酸在反应温度下是液体。反应时慢慢将液体三氧化硫加入到反应物中,然后在一定的温度下保温。

(3) 用无机溶剂(硫酸)的磺化方法　反应时先将有机化合物溶于无水硫酸中,通入气体三氧化硫或滴加液体三氧化硫逐步进行磺化。此法技术简单,可代替一般的发烟硫酸法。

（4）使用有机溶剂（如氯甲烷、二氯乙烷、石油醚、硝基甲烷等）的磺化方法　该法可以减少砜的形成，但生成的磺酸一般都不溶于有机溶剂，反应物常变得很黏。

（5）三氧化硫络合物磺化　三氧化硫能与许多有机化合物形成络合物，其稳定性按下列顺序递减：

$$(CH_3)_3N \cdot SO_3 > \underset{}{\bigcirc}N \cdot SO_3 > O\underset{}{\bigcirc}O \cdot SO_3 > R_2O \cdot SO_3 > H_2SO_3 \cdot SO_3 > HCl \cdot SO_3 > SO_3$$

从以上顺序可以看出，有机络合物的稳定性都比发烟硫酸大，即有机络合物的反应活性都比发烟硫酸要小，适用于磺化活性大的有机化合物，有利于抑制副反应的发生。但吡啶络合物有恶臭而且毒性大，现已改用二甲基甲酰胺与三氧化硫的络合物。

3. 共沸去水磺化

在用苯和氯苯制苯磺酸的过程中，将过量 6～8 倍的苯蒸气在 120～180 ℃ 通入浓硫酸中，利用共沸原理由未反应的苯蒸气将反应生成的水不断地带出，使硫酸浓度不致下降太多，此法硫酸的利用率高。因磺化时用苯蒸气，又称气相磺化。

气相磺化器用铸铁或钢制成，外有夹套，用水蒸气或油浴加热。磺化器的长径比为 (1.5～2):1，比普通反应锅大，可以保持较高的液层使有机化合物蒸气与液相接触机会增加。

4. 烘焙磺化

该法用于某些芳伯胺的磺化，特点是将等物质的量的芳伯胺与浓硫酸先制成固态硫酸盐，然后在 180～230 ℃ 烘焙，或是将等物质的量的芳伯胺与硫酸，在三氯苯介质中加热至 180 ℃，蒸出反应的水，例如，由苯胺制对氨基苯磺酸。

在工业中，烘焙磺化可以采用烘盘在 180～230 ℃ 烘焙。此法劳动强度大，温度不均匀，易焦化，设备生产能力低。

5. 氯磺酸磺化

氯磺酸（$ClSO_3H$）是一种常见的磺化剂，可以看成是 $SO_3 \cdot HCl$ 的络合物，在 -80 ℃ 时凝固，152 ℃ 时沸腾，达到沸点时则解离成 SO_3 和 HCl。用等物质的量的氯磺酸使芳烃磺化可制得芳磺酸。用摩尔比为 1:(4～5 或更多) 的氯磺酸，可制得芳磺酰氯。氯磺酸磺化具有反应温度低，同时进行磺化和氯化的优点。其缺点是氯磺酸的价格较贵，且反应中产生的氯化氢腐蚀性强，常采用搪玻璃反应器。

通过氯磺酸磺化可从 2-萘酚制 2-萘酚-1-磺酸，从乙酰苯胺制对乙酰胺基苯磺酰氯，后者是合成磺胺类药物的重要中间体。

6. 用二氧化硫加臭氧磺化

脂肪族化合物是不用三氧化硫或浓硫酸进行磺化的，因为此时三氧化硫和浓硫酸或者不起作用，或者易使脂肪族化合物发生氧化反应。一般采用二氧化硫加臭氧（或加氯气）在紫外线作用下进行磺化。

7. 加成磺化

某些烯烃、环氧烃、醛基化合物都可以与亚硫酸盐进行加成反应，生成相应的烷基磺酸盐类。如：

$$RCH = CH_2 + NaHSO_3 \longrightarrow RCH_2CH_2SO_3Na$$

$$RCHO + NaHSO_3 \longrightarrow R\!-\!\underset{\underset{OH}{|}}{CH}\!-\!SO_3Na$$

$$R\!-\!\underset{\underset{O}{\diagdown\!\diagup}}{CH\!-\!CH_2} + NaHSO_3 \longrightarrow R\!-\!\underset{\underset{OH}{|}}{CH}\!-\!CH_2SO_3Na$$

8. 间接磺化

间接磺化是指含有卤素或硝基的有机化合物与亚硫酸钠、亚硫酸钾、亚硫酸铵及亚硫酸氢钠等在高温加压下,卤素或硝基被磺酸钠置换的反应。

三、磺化反应特点及副反应

1. 磺化反应是一种平衡反应

磺化是典型的亲电取代反应,以硫酸为磺化剂,以最常见的芳环的磺化为例,反应过程一般认为如下:

$$2H_2SO_4 \Longleftrightarrow H_3SO_4^+ + HSO_4^-$$

$$H_3SO_4^+ \Longleftrightarrow SO_3H^+ + H_2O$$

$$R\!-\!\underset{}{\bigcirc}\!-\!H + SO_3H^+ \Longleftrightarrow R\!-\!\underset{}{\bigcirc}\!-\!SO_3H + H^+$$

从上式可以看出,是正离子对芳环进行进攻,正离子的浓度和体系中的含水量有重要的关系,因为反应是平衡反应,水量越少正离子越多。

2. 磺化反应是可逆反应

芳磺酸在含水的酸性介质中,会发生水解使磺酸基脱落,是硫酸磺化历程的逆反应。

$$R\!-\!\underset{}{\bigcirc}\!-\!SO_3H + H_2O \Longleftrightarrow R\!-\!\underset{}{\bigcirc}\!-\!H + H_2SO_4$$

对于有吸电子基团的芳磺酸,芳环上的电子云密度降低,磺酸基难水解。对于有给电子基团的芳磺酸,芳环上的电子云密度较高,磺酸基容易水解。介质中酸离子浓度越高,水解速率越快,因此磺酸的水解采用中等浓度的硫酸。磺化和水解的反应速率都与温度有关,温度升高时,水解速率增加得比磺化速率快,因此一般水解的温度比磺化的温度高。

解析

磺酸异构化过程

3. 磺化产物可发生异构化反应

磺化时发现,在一定条件下,磺酸基会从原来的位置转移到其他的位置,这种现象称为"磺酸的异构化",在有水的硫酸中,磺酸的异构化反应是一个水解再磺化的过程,而在无水溶液中则是分子内的重排过程。

温度的变化对磺酸的异构化反应也有一定的影响,在苯、萘及其衍生物的磺化中将有论述。

4. 副反应

磺化反应最主要的副反应是形成砜,特别是在芳环过剩和磺化剂活性强(如发烟硫酸、三氧化硫、氯磺酸等)的时候。如:

$$+SO_3 \longrightarrow \text{苯基砜}$$

$$+ClSO_3H \longrightarrow ClO_2S—\text{联苯}—SO_2Cl$$

用三氧化硫磺化时,极易形成砜,可以用卤代烷烃为溶剂,也可以用三氧化硫和二氧六环、吡啶等的复合物来调节三氧化硫的活性。用发烟硫酸磺化时,可通过加入无水硫酸钠,抑制砜的形成。无水硫酸钠在萘酚磺化时,可抑制硫酸的氧化作用。

四、磺化反应的影响因素

磺化反应往往伴随着多磺化,磺酸基的转位、氧化或成砜等副反应的发生,为了减少磺化副反应,提高产品的质量和收率,首先要了解影响磺化反应的因素。

1. 被磺化物的结构

磺化反应是典型的亲电取代反应,当芳环上有给电子基团时,磺化反应较易进行,如—CH_3,—OH,—NH_2,磺酸基进入该类取代基的对位。磺酸基所占的空间较大,所以邻位的产品较少,特别是当芳环上的取代基所占空间较大时尤为明显。从表 7-2-01 可以看出,在烷基苯磺化时,邻位磺酸的生成量随烷基的增大而减少。

表 7-2-01 烷基苯磺化时的异构产物生成比例

$[\, w(H_2SO_4) = 89.1\%, 25\ ℃\,]$

烷基苯	异构产物比例/%			邻位/对位
	邻位	间位	对位	
甲苯	44.04	3.57	50	0.88
乙苯	26.67	4.17	68.33	0.39
异丙苯	4.85	10.12	84.84	0.057
叔丁苯	0	12.12	85.85	0

芳环上有吸电子基团时,对磺化反应不利。如硝基、羧基的存在,使其磺化的反应速率较苯环降低。

2. 磺化剂的浓度和用量

磺化动力学研究指出,硫酸浓度稍有变化对磺化速率就有显著影响。在 $w(H_2SO_4) = 92\% \sim 99\%$ 的浓硫酸中,磺化速率与硫酸中所含水分浓度的平方成反比。采用硫酸作磺化剂时,生成的水将使进一步磺化的反应速率大为减慢。当硫酸浓度降至某一程度时,反应即自行停止。此时剩余的硫酸叫做废酸,习惯把这种废酸以三氧化硫的质量分数表示,称为"π值"。显然,对于容易磺化的过程,π 值要求较低;而对于难磺化的过程,π 值要求较高。有时废酸的浓度高于质量分数为 100% 的硫酸,即 π 值大于 81.6。各种芳烃化合物的 π 值见表 7-2-02。

表 7-2-02 各种芳烃化合物的 π 值

化合物	π 值	$w(H_2SO_4)/\%$	化合物	π 值	$w(H_2SO_4)/\%$
苯单磺化	64	78.4	萘二磺化	52	63.7
蒽单磺化	43	53	萘三磺化	79.8	97.3
萘单磺化	56	68.5	硝基苯单磺化	82	100.1

利用 π 值的概念可以定向地说明磺化剂的开始浓度对磺化剂的影响。假设在酸相中被磺化物和磺酸的浓度极小，可以忽略不计，则可以推导出每摩尔被磺化物在单磺化时所需要的硫酸或发烟硫酸的用量 X 的计算公式：

$$X = 80(100-\pi)/(a-\pi)$$

式中：a——磺化剂中 SO_3 的质量分数。

由上式可以看出：当用 SO_3 作磺化剂（$a=100$）时，它的用量是 80，即相当于理论用量。当磺化剂的开始浓度 a 降低时，磺化剂的用量将增加。当 a 降低到废酸的浓度 π 时，磺化剂用量将增加到无穷大。由于废酸一般都不能回收，如果只考虑磺化剂的用量，则应采用三氧化硫或 φ（游离 SO_3）= 65% 的发烟硫酸，但是浓度过高的磺化剂会引起许多副反应；磺化剂用量过少常常使反应物过稠而难于操作。因此磺化剂的开始浓度和用量，以及磺化的温度和时间都需要通过实验来优化。

3. 磺化温度和时间

磺化反应温度的高低直接影响磺化反应的速率。一般磺化反应温度升高会加快反应速率，缩短磺化时间，但温度太高，也会引起多磺化、焦化、砜的生成等副反应，特别是对砜的生成明显有利。例如，在苯的磺化过程中，温度超过 170 ℃ 时生成的产物容易与原料苯进一步生成砜，即

实际上，磺化温度和时间，是根据对磺化产物的要求而通过大量实验优化确定的。磺化的终点一般是根据磺化液的总酸度来确定的。

五、磺化产物的分离

磺酸是一种强酸，它们和硫酸、盐酸等的酸性相仿。磺酸在水中的溶解性一般都很大，固体的磺酸吸水性极强，易于潮解，通常制得的磺酸含结晶水，大多无确切的熔点。有些磺酸是液体，和硫酸不同之处是它们的钙盐、钡盐等都易溶于水。

通常磺化产物难以用蒸馏等分离技术方法实现分离，根据磺酸或磺酸盐在酸性溶液中或无机盐溶液中溶解度的不同，一般可以采取以下几种分离技术：直接稀释法、直接盐析法、中和盐析法、脱硫酸钙法、萃取分离法等。

六、磺化物的分析

中间体磺化物的量,主要是通过分析磺化物中其他取代基的量来确定的。例如,硝基或氨基磺酸可用重氮化法测定,羟基磺酸可用偶合法测定。

在磺化过程控制中,通常需要分析磺化物中磺酸的总量,一般采用滴定法和色层法。

滴定法是将磺化物样品用 NaOH 标准溶液滴定,可测定硫酸和磺酸的总量,将它完全按硫酸总量计算时,称为总酸度。向上述滴定液中加入过量的 $BaCl_2$ 标准溶液,使硫酸阴离子转变为硫酸钡沉淀,过量的钡离子用 $K_2Cr_2O_7$ 标准溶液滴定,可测得硫酸的含量。总酸度和硫酸之差,即可计算出样品中磺酸的总量。

色层法主要用于多磺酸的定性和定量测定,纸色谱法主要用于芳磺酸的定性测定,薄板色谱和柱色谱主要用于芳磺酸的定量测定。色谱展开剂多是弱碱溶剂系统,常用的弱碱有碳酸氢盐、氨水和吡啶,有时可加入乙醇、丙醇、丁醇等。酸性展开剂有时也使用,如丁醇-盐酸-水、丁醇-乙酸-水等。高压液相色谱仪配合紫外分光光度计可用于芳磺酸的快速分析。

大多数芳磺酸没有特定的熔点,芳磺酸的定性鉴定有时将它们转变为具有固定熔点的磺酸盐或磺酸衍生物,可用于定性鉴定的磺酸衍生物主要有芳磺酰氯和芳磺酰胺。许多芳磺酸的结晶状 S-苄基硫脲盐也具有固定的熔点,使 S-苄基硫脲与磺酸在水溶液中生成沉淀,然后测定其熔点。

七、苯、萘及其衍生物的磺化

苯、萘及其衍生物的磺化产品是重要的有机化工中间体,在磺化反应中占有最重要的地位,所得磺化产品已大量用作合成洗涤剂、制革鞣剂、离子交换树脂等,在染料、医药中间体中也有广泛的应用,由苯及其衍生物制得的磺化产品,经碱熔、酸化可制得各种酚类(如苯酚、间苯二酚等)。芳族磺化的规律符合前面所述的磺化反应规律,这里不再赘述。

1. 苯及其衍生物的磺化

(1)苯的磺化 苯的磺化主要用来制造酚类。例如,苯酚曾用下列方法制得:

$$\text{苯} \xrightarrow{H_2SO_4} \text{苯磺酸(SO}_3\text{H)} \xrightarrow{\text{中和}} \text{(SO}_3\text{Na)} \xrightarrow{\text{碱熔}} \text{(ONa)} \xrightarrow{H_2SO_4} \text{(OH)}$$

此法的缺点是需消耗大量硫酸和氢氧化钠,污染严重,故被随后发展起来的氯苯水解法和异丙苯法所取代,已很少有工厂采用。现在工业上还在采用的是由苯经磺化生产间苯二酚,如美国的柯梅斯公司、西欧的赫斯特公司。苯经磺化制备间苯二酚的反应式为

$$\text{苯} \xrightarrow[Na_2SO_4]{H_2SO_4} \text{(SO}_3\text{Na, SO}_3\text{Na)} \xrightarrow{\text{碱熔}} \text{(ONa, ONa)} \xrightarrow{H_2SO_4} \text{(OH, OH)}$$

反应首先生成苯磺酸,因为磺酸基是吸电子基团,第一个磺酸基取代苯环上的氢原子后,使

苯环上的电子云密度降低,苯环被钝化,因此第二个磺酸基的取代较第一个磺酸基要困难得多。具体的磺化分为两个阶段进行:第一个阶段的磺化条件控制在 70~80 ℃,用 $w(H_2SO_4)=100\%$ 的硫酸(过量)作磺化剂,采用苯–水共沸法去水;第二个阶段采用发烟硫酸作磺化剂,反应温度为 80 ℃左右。

(2)苯的衍生物的磺化　芳烃及其衍生物用硫酸和 SO_3 磺化时的速率常数和活化能见表 7-2-03 和表 7-2-04。

表 7-2-03　芳烃及其衍生物用硫酸磺化的速率常数和活化能

被磺化物	速率常数 k （40 ℃） 10^{-6} $L \cdot mol^{-1} \cdot s^{-1}$	活化能 $E/(kJ \cdot mol^{-1})$
萘	111.3	25.5
间二甲苯	116.7	26.7
甲苯	78.7	28.0
1-硝基萘	26.1	35.1
对氯甲苯	17.1	30.9
苯	15.5	31.3
氯苯	10.6	37.4
溴苯	9.5	37.0
间二氯苯	6.7	39.5
对硝基甲苯	3.3	40.8
对二氯苯	0.98	40.0
对二溴苯	1.01	40.4
1,2,4-三氯苯	0.73	41.5
硝基苯	0.24	46.2

表 7-2-04　芳烃及其衍生物用 SO_3 磺化的速率常数和活化能

被磺化物	速率常数 k （40 ℃） $L \cdot mol^{-1} \cdot s^{-1}$	活化能 $E/(kJ \cdot mol^{-1})$
苯	48.8	20.1
氯苯	2.4	32.3
溴苯	2.1	32.8
间二氯苯	4.36×10^{-2}	38.5
硝基苯	7.85×10^{-6}	47.6
对硝基甲苯	9.53×10^{-4}	46.1
对硝基苯甲醚	6.29	18.1

2. 萘及其衍生物的磺化

萘在磺化时有 α 及 β 两种异构体,二磺化或三磺化时可能生成的异构体数目更多。定位主要取决于温度,低温有利于进入 α 位,高温有利于进入 β 位。萘磺酸及其衍生物是染料工业的重要中间体,经碱熔可制得相应的萘酚。

萘的磺化衍生物中,拉开粉(1,2-二丁基-6-萘磺酸钠)较为重要,它可用作合成橡胶生产中的乳化剂,纺织印染中的渗透剂,亦可用作洗涤剂、助染剂、分散剂、润滑剂、杀菌剂和除草剂的原料,其合成过程如下:

$$2C_4H_9OH + \text{（萘）} \xrightarrow[\text{H}_2\text{SO}_4]{\text{缩合}} \text{（1-C}_4\text{H}_9\text{-2-C}_4\text{H}_9\text{萘）} + 2H_2O$$

$$\text{（1,2-二丁基萘）} + H_2SO_4 \xrightarrow{\text{磺化}} \text{HO}_3\text{S-（1,2-二丁基萘）} + H_2O$$

$$\text{HO}_3\text{S-（1,2-二丁基萘）} + NaOH \xrightarrow{\text{中和}} \text{NaO}_3\text{S-（1,2-二丁基萘）} + H_2O$$

磺化剂为发烟硫酸$[\varphi(\text{游离 SO}_3) = 18.5\% \sim 22\%]$,经中和后的粗品再经漂白、沉降和过滤制得成品。

以萘酚为原料经磺化可制得一系列萘酚磺酸及其盐类。如 2-萘酚-3,6-二磺酸二钠盐,2-萘酚-6,8-二磺酸二钠盐,都是染料中间体,用于制造各种染料、食用色素。

$$\text{（2-萘酚）} \xrightarrow[\text{Na}_2\text{SO}_4]{\text{H}_2\text{SO}_4} \text{HO}_3\text{S-（2-萘酚-SO}_3\text{H）} \quad \left[\text{SO}_3\text{H-（萘酚-OH-HO}_3\text{S）} \right]$$

$$\text{HO}_3\text{S-（2-萘酚-SO}_3\text{H）} \xrightarrow[\text{NaCl}]{\text{盐析}} \text{NaO}_3\text{S-（2-萘酚-SO}_3\text{Na）} \xrightarrow{\text{酸化}} \text{R酸(2-萘酚-3,6-二磺酸)}$$

$$\text{SO}_3\text{H-HO}_3\text{S-（2-萘酚-OH）} \xrightarrow[\text{KCl}]{\text{盐析}} \text{SO}_3\text{K-KO}_3\text{S-（2-萘酚-OH）} \xrightarrow{\text{酸化}} \text{G酸(2-萘酚-6,8-二磺酸)}$$

八、磺化反应器

磺化反应器是磺化反应的核心装置,其中最早被应用于工业生产的是釜式间歇磺化反应器;目前工业上应用最为广泛的是膜式反应器;此外,喷射式反应器、超重力反应器和微反应器是近年来正在研究的新型磺化反应器。膜式反应器又分为单膜、双膜和双管(又称列管)三种,其中双膜磺化反应器是目前使用最多的一种膜式磺化器。以上反应器适用于 SO_3 磺化剂的场合。

膜式反应器的原理如下:反应物料在圆管表面形成薄膜,自上而下流动,SO_3-空气混合物则沿薄膜表面顺流而下,在并流中,两者进行接触反应,反应热由管壁外的冷却水带走。为控制磺化速率,有些反应器在烷基苯表面吹入二次风(又称保护风),增大气流厚度,减缓 SO_3 向反应物料表面扩散的速率,作用机理见图 7-2-01。图 7-2-02 示出的是双膜隙缝式磺化反应器,它由两个同心的不锈钢圆筒构成,并有内、外冷却夹套。两圆筒环隙的所有表面均为流动着的反应物所覆盖。反应段高度一般在 5 m 以上,SO_3-空气混合物通过环形空间的气速为 12~90 m/s,SO_3 的 $\varphi(SO_3)=4\%$ 左右。整个反应器分为三部分:顶部为分配部分,用以分配物料形成液膜;中间为反应部分,物料在环形空间完成反应;底部为尾气分离部分,反应产物磺酸与尾气在此分离。

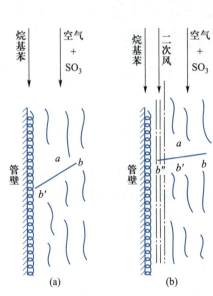

图 7-2-01　二次风作用机理示意图

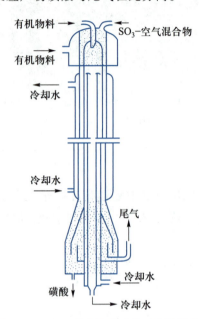

图 7-2-02　双膜隙缝式磺化反应器示意图

将物料分配成均匀液膜的分配装置,无论在单膜或双膜反应器中均十分重要。上述隙缝式磺化器是采用环形隙缝的方式作为进料分配器,其缝隙极小,为 0.12~0.38 mm。加工精度及光洁度对物料能否得到均匀分配影响很大,因此对加工的要求很高。另一种转盘式分配器主要是依靠高速转子来分配有机物料的,这在加工安装和调试时也很困难。目前,认为由日本研制的 TO 反应器(也称等温反应器)的分配系统最先进。它是一种环状的多孔材料或是覆盖有多孔网的简单装置,其孔径为 5~90 μm。它不但加工、制造、安装简单,而且穿过这些微孔漏挤出来的有机物料能更加均匀地分布于反应面上,形成均匀的液膜。此外,TO 反应器还采用了二次保护风新技术,如上所述,减缓了磺化反应速率,使整个反应段内的温度分布都比较均匀,接近于等温过程,显著地改善了产品的色泽和减少了副反应,从而提高了产品的质量。

九、磺化反应的工业实例——十二烷基苯磺酸钠的生产

十二烷基苯磺酸钠是合成洗涤剂工业中产量最大、用途最广的阴离子表面活性剂,他是由直链烷基苯经磺化、中和得到的。目前,世界上合成十二烷基苯磺酸钠大多采用

气体 SO₃ 薄膜磺化连续生产法,其特点是停留时间短,原料配比精确,热量移除迅速,能耗低和生产能力大。

图 7-2-03 是气体 SO₃ 薄膜磺化连续生产的工艺流程。

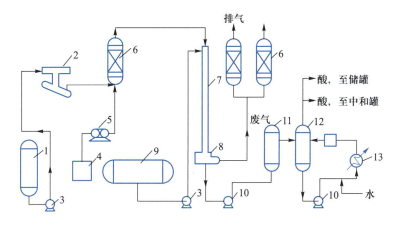

图 7-2-03　用气体 SO₃ 薄膜磺化连续生产十二烷基苯磺酸的工艺流程图
1—液体 SO₃ 储槽;2—汽化器;3—比例泵;4—干空气;5—鼓风机;
6—除沫器;7—薄膜反应器;8—分离器;9—十二烷基苯储槽;
10—泵;11—老化罐;12—水解罐;13—换热器

因 SO₃ 比较活泼,在使用中必须用干燥空气将其稀释到含量不超过 10% 的气流,原料配比为 1 mol 十二烷基苯与 1.03 mol 含量为 10% 的 SO₃ 进行反应。大约是 1 单位体积有机原料通入 800 单位体积含 SO₃ 的反应气。气体在反应器中的停留时间一般小于 0.2 s,磺化反应在瞬间即可完成,反应速度受气体扩散速度控制,故进入连续薄膜反应器的气体要保持高流速,以保证气液接触呈湍流状态。

反应过程如下:由十二烷基苯储罐用比例泵将十二烷基苯打到列管式薄膜化反应器顶部的分配区,使形成薄膜沿着反应器壁向下流动。另一台比例泵将所需要比例的液体 SO₃ 送入汽化器,出来的 SO₃ 气体经来自鼓风机的干燥空气稀释到规定浓度后,进入薄膜反应器中,当有机原料薄膜与含 SO₃ 气体接触后,反应立即发生,然后边反应边流向反应器底部的气液分离器,分出磺酸产物后的废气,经过滤和碱洗除去少量 SO₂ 副产品后放空。分离得到的磺酸再用泵送往老化罐以前,须先经过一个能控制 SO₃ 进气量的自控装置。制得的磺酸需要在老化罐中老化 5~10 min,以降低其中游离硫酸和未反应原料的含量。然后送往水解罐,约加入 0.5% 的水以破坏少量残存的酸酐。

7-3　硝　　化

一、概述

硝化(nitration)系指有机化合物分子中的氢原子或基团被硝基取代的反应,广义的包括氧硝化、氮硝化、碳硝化:

$$\underset{\text{CH}_2\text{—OH}}{\overset{\displaystyle\text{CH}_2\text{—OH}}{\underset{\displaystyle\text{CH}_2\text{—OH}}{|}}} + HNO_3 \xrightarrow{H_2SO_4} \underset{\text{CH}_2\text{—O—NO}_2}{\overset{\displaystyle\text{CH}_2\text{—O—NO}_2}{\underset{\displaystyle\text{CH}_2\text{—O—NO}_2}{|}}}$$

碳硝化是其中最主要的硝化反应,包括脂肪族硝化和芳香族硝化,又以芳香族硝化的应用最广,是有机合成中最重要的反应之一。

硝化反应在有机合成中有广泛的应用,通过硝化反应引入硝基的主要作用有:

(1)利用硝基的可还原性制备氨基化合物,而氨基经由重氮盐反应可引入羟基、氯等基团;

(2)利用硝基的极性,使芳环上的其他取代基活化,促进亲核取代反应的进行;

(3)制备各种有用的有机化合物或中间体,如主要用作炸药的硝化甘油(又称硝酸甘油或甘油三硝酸酯);

(4)利用硝基的极性,赋予精细化工产品某种特性,如在染料合成中引入硝基可加深染料的颜色。

二、硝化剂及硝化方法分类

硝化剂主要是硝酸,从无水硝酸到稀硝酸都可以作为硝化剂。由于被硝化物性质和活泼性的不同,硝化剂常常不是单独的硝酸,而是硝酸和各种质子酸(如硫酸)、有机酸、酸酐及各种路易斯酸的混合物。此外还可使用氮的氧化物、有机硝酸酯等作为硝化剂。

1. 硝化剂

(1)硝酸　硝化反应是 NO_2^+ 对芳环的亲电进攻,硝酸通过下列过程产生 NO_2^+:

$$HNO_3 \rightleftharpoons H^+ + NO_3^-$$
$$H^+ + HNO_3 \rightleftharpoons H_2NO_3^+$$
$$H_2NO_3^+ \rightleftharpoons H_2O + NO_2^+$$

这三步反应都是平衡反应,要有高浓度的 NO_2^+,水量必须减少。

浓硝酸、发烟硝酸及纯硝酸很少解离,主要以分子状态存在,如质量分数为 75%~95% 的硝酸有 99.9% 呈分子状态。100% 的纯硝酸中有 96% 以上呈分子状态,仅有 3.5% 的硝酸解离成硝酰正离子 NO_2^+ 和硝酸根。

用浓硝酸、发烟硝酸及纯硝酸进行硝化反应时,随着反应的进行,硝酸中水分增加,硝化能力大大降低。

用稀硝酸进行硝化反应时,进攻离子不是 NO_2^+,而是硝酸中痕量亚硝酸解离成的 NO^+。NO^+ 为弱亲电离子,只有高活性的芳环才能在稀硝酸中进行硝化。如酚类和取代芳胺类可在 5 mol/L 的稀硝酸中进行硝化反应,主要为对位产品。

（2）混合酸　混合酸是硝酸和硫酸的混合物,早在 1846 年首先使用混酸作为硝化剂的是穆斯普拉特。硫酸和硝酸相混合时,硫酸起酸的作用,硝酸起碱的作用,其平衡反应式为

$$H_2SO_4+HNO_3 \Longrightarrow HSO_4^-+H_2NO_3^+$$

$$H_2NO_3^+ \Longrightarrow H_2O+NO_2^+$$

$$H_2O+H_2SO_4 \Longrightarrow H_3O^++HSO_4^-$$

总的反应式为

$$2H_2SO_4+HNO_3 \Longrightarrow NO_2^++H_3O^++2HSO_4^-$$

因此在硝酸中加入强质子酸（如硫酸）可以生成更多的 NO_2^+,从而大大提高其硝化能力,混酸是应用最广泛的硝化剂,最常用的混酸是浓硝酸与浓硫酸,其 m（浓硝酸）：m（浓硫酸）= 1 ∶ 3。

用混酸硝化时,硝酸用量近于理论量。单硝化的用量有时比理论量略多,一般过量 1%～5%；多硝化时,硝酸过量 10%～20%。混酸中硫酸的浓度为 86%～90%。因此,混酸是工业生产上的首选硝化剂。

（3）硝酸与乙酸酐的混合硝化剂　Orton 于 1902 年首先使用硝酸和乙酸酐的混合物作硝化剂。这是仅次于硝酸和混酸的常用重要硝化剂,其特点是反应较缓和,使用于易被氧化和易为混酸所分解的硝化反应。它广泛地用于芳烃、杂环化合物、不饱和烃化合物、胺、醇等的硝化。

乙酸酐在此作为去水剂很有效,它对有机化合物有较好的溶解性,对于进行硝化反应较为有利。

硝酸与乙酸酐混合物放置时间太久,可能会生成四硝基甲烷,它是一种易爆炸且催泪的物质,为了避免它的产生,硝酸与乙酸酐要现混现用。

（4）有机硝酸酯　硝酸乙酰酐 $CH_3CO—O—NO_2$,是硝酸与醋酸的混合酐,也是很好的硝化剂,但是它不稳定、易爆炸。硝酸苯乙酰酐 $PhCO—O—NO_2$ 也有应用,它们的好处是可以和被硝化的有机化合物,一同溶解在有机溶剂（如乙腈、硝基甲烷等）中,形成均相反应液,这样反应就可以在无水介质中进行。

有机硝酸酯可分别在碱性介质或酸性介质中进行硝化反应,近期以来,在碱性介质中用硝酸酯对活性亚甲基化合物进行硝化的研究工作还是引人注意的。因为它可以用来硝化那些通常不能在酸性条件下进行硝化的化合物,如一些酮、腈、酰胺、甲酸酯、磺酸酯,以及杂环化合物等。

（5）氮的氧化物　氮的氧化物除了 N_2O 以外,都可以作为硝化剂,如三氧化二氮、四氧化二氮及五氧化二氮,这些氮的氧化物在一定条件下都可以和烯烃进行加成反应。

（6）硝酸盐与硫酸　硝酸盐和硫酸作用产生硝酸和硫酸盐,实际上它是无水硝酸与硫酸的混酸：

$$MNO_3+H_2SO_4 \Longrightarrow HNO_3+MHSO_4$$

M 为金属,常用的硝酸盐是硝酸钠(易潮解)和硝酸钾。硝酸盐与硫酸的质量配比通常是 0.1~0.4,此时硝酸盐几乎全部生成 NO_2^+,所以最适用于如苯甲酸、对氯苯甲酸等难硝化芳烃的硝化。

(7)其他硝化剂　除此之外,硝酸加三氟化硼,硝酸加氟化氢,硝酸加硝酸汞都可以作为硝化剂。

(8)各种硝化剂的比较　硝化剂的硝化能力视其解离生成 NO_2^+ 的难易程度而定,按硝化能力递增的硝化剂序列,如表 7-3-01 所示。

表 7-3-01　数种硝化剂硝化能力的强弱次序(硝化能力递增)

硝化剂	硝化反应时存在形式
硝酸乙酯	$EtO \cdot NO_2$
硝酸	$HO \cdot NO_2$
硝酸-醋酐(硝酸乙酸酐)	$HNO_3 - Ac_2O(AcONO_2)$
五氧化二氮(硝酸酐)	$N_2O_5(NO_3 \cdot NO_2)$
氯硝酰(氯化硝酰)	$Cl \cdot NO_2$
硝酸合氢离子(硝酸-硫酸)	$H_2O \cdot NO_2$
硝酰硼氟酸	$BF_4 \cdot NO_2$

表 7-3-01 中硝酰硼氟酸硝化能力最强,硝酸乙酯最弱。

不同结构的化合物其硝化的难易程度不同,芳烃易于硝化,有活化基团的芳烃(如苯酚、苯胺)更易硝化;脂肪烃颇难硝化;杂环化合物的硝化略难于芳烃。一般来说,易于硝化的物质可选用活性较低的硝化剂,以避免过度硝化,而难于硝化的物质就选用具有较高活性的硝化剂。例如,颇难硝化的苯甲腈,只有选用硝基阳离子的结晶盐(如 NO_2BF_4,NO_2PF_4 等)这类强硝化剂,才能得到高收率的硝化产物。

2. 硝化方法

硝化的方法很多,主要有以下两类。

(1)直接硝化法　即化合物中的氢原子被硝基直接取代的方法。主要介绍稀硝酸硝化法、浓硝酸硝化法、混酸硝化法和硝酸乙酸酐法。

稀硝酸硝化法是指用稀硝酸作为硝化剂的硝化反应,稀硝酸是较弱的硝化剂,硝化过程因生成水而被稀释,使其硝化能力不断降低,因而采用稀硝酸作硝化剂必须过量。稀硝酸只适用于易被硝化的芳香族化合物的硝化,例如,含—OH,—NH_2 的化合物可用 $w(HNO_3) \approx 20\%$ 的稀硝酸硝化,易被氧化的氨基化合物往往于硝化前预先加以保护,即将其与羧酸、酸酐或酰氯作用使氨基转化为酰氨基,然后再行硝化。

例如,2,5-二乙氧基-4-氨基-N-苯甲酰苯胺(蓝色剂 BB)的制备包括对二乙氧基苯的硝化和 2,5-二乙氧基-N-苯甲酰苯胺的硝化两个工序,它们都是用稀硝酸作硝化剂。

烷烃较难硝化,在加热加压条件下亦可用稀硝酸进行液相硝化,但较为重要的是烷烃的气相硝化,即将烷烃与硝酸的混合蒸气,在 400 ~ 500 ℃ 下进行反应。气相硝化伴有碳链的断裂及氧化反应,因而除一系列异构物外,尚生成含碳原子较少的硝基烷烃及一些含氧化合物(如醇、醛、酮、羧酸、一氧化碳、二氧化碳等)。简单的烷烃只生成单硝基化合物,相对分子质量高的烷烃亦生成多硝基化合物。

浓硝酸硝化法主要适用于芳香族化合物的硝化,应用并不是很广泛,主要是由于它有以下缺点:反应中生成的水使硝酸浓度降低,以致硝化速率不断下降或终止;硝酸浓度降低,不仅减缓硝化反应速率,而且使氧化反应显著增加,有时会发生侧链氧化反应,这主要是因为硝酸兼具硝化剂与氧化剂的双重功能,其氧化能力随着硝酸浓度的降低而增强(直至某一极限),而硝化能力随其浓度的降低而减弱。由此可见,硝酸浓度降低到一定浓度时,则无硝化能力,加之浓硝酸生成的 NO_2^+ 少,因而硝酸的利用率低。

混酸硝化法是最常用的有效硝化法,在工业上应用广泛,它克服了浓硝酸硝化的缺点,如混酸会比硝酸产生更多的 NO_2^+,所以混酸的硝化能力强、反应速率快、收率高,硝酸被硫酸稀释后,氧化能力降低,不易产生氧化的副反应;混酸中的硝酸接近理论量,硝酸几乎可得到全部利用;硫酸比热容大(1.001 J/g),可吸收硝化反应中放出的热量,可以避免硝化的局部过热现象,使反应温度易于控制;浓硫酸能溶解多数有机化合物(尤其是芳香族化合物),增加了有机化合物与硝酸的混合程度,使硝化易于进行;混酸对铸铁的腐蚀性很小,因而可使用铸铁设备作反应釜。

硝酸乙酸酐法即采用浓硝酸或发烟硝酸与醋酐反应生成的硝酸乙酰酐作为硝化剂,硝酸乙酸酐是强硝化剂,反应快且无水生成(硝化反应中生成的水与醋酐结合成醋酸),反应条件缓和,可在较低温度下进行反应。芳烃硝化时硝化产物一般进入邻、对位取代基的邻位,其硝化产物几乎全为一硝基化合物,多硝基化合物甚少。因为这种硝化剂具有酸性小、没有氧化性的特点,很适合易被强酸破坏(如呋喃类)或易与强酸成盐而难硝化的化合物(如吡啶类)的硝化。醋酐对有机化合物有良好的溶解性,能使硝化反应在均相中进行。硝酸在醋酐中可任意溶解,一般用 w(硝酸)= 10% ~ 30%。如痢特灵中间 5-硝基糠醛二乙酯的制备,就是使用硝酸在乙酸酐中进行硝化反应,避免呋喃环在强酸条件下不稳定。

(2)间接硝化法 即化合物中的原子或基团(如—Cl,—R,—SO₃H,—COOH,—N═N—等)被硝基取代的方法。这里主要介绍磺酸基的取代硝化和重氮基的取代硝化。

芳香族化合物或杂环化合物上的磺酸基,用硝酸处理,可被硝基置换生成硝基化合物:

　　酚或酚醚类是易于氧化的物质,当引入磺酸基后,由于苯环上的电子云密度下降,硝化时的副反应减少,因此这种方法对合成酚类硝基化合物有一定的实用价值,如由苯酚合成苦味酸:

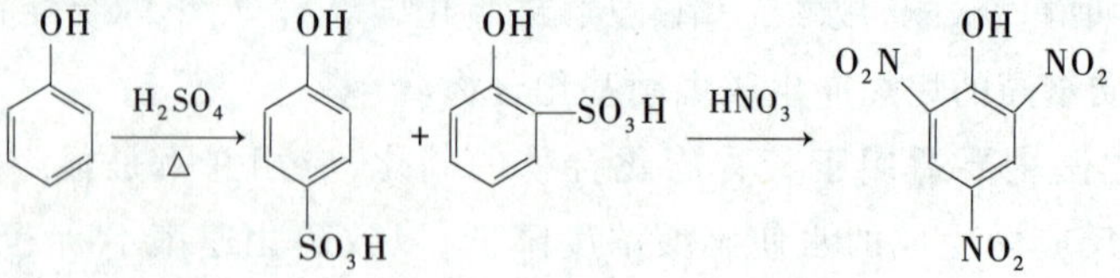

　　当苯环上同时存在羟基(或烷氧基)和醛基时,若采用先磺化后硝化的方法,则醛基不受影响:

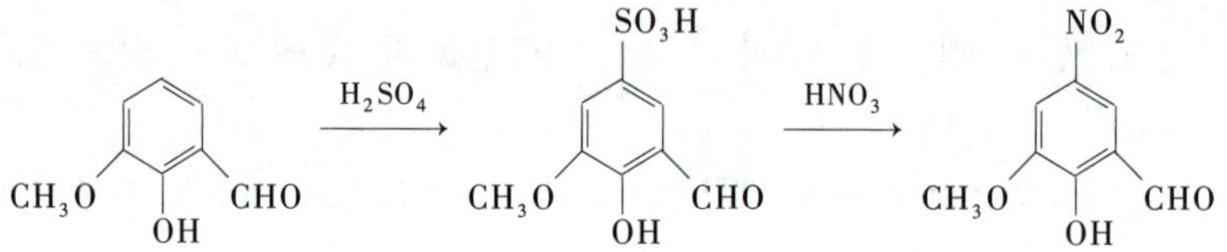

　　重氮基的取代硝化是指芳香族重氮盐用亚硝酸钠处理后,生成芳香族硝基化合物:

$$ArN_2Cl+NaNO_2 \longrightarrow ArNO_2+N_2 \uparrow +NaCl$$

本法适用于合成具有特殊取代位置的硝基化合物。例如,邻二硝基苯和对二硝基苯均不能由直接硝化法制得,因硝基是间位定位基,但它们都可由邻(或对)硝基苯胺形成的重氮盐硝化后制得。如:

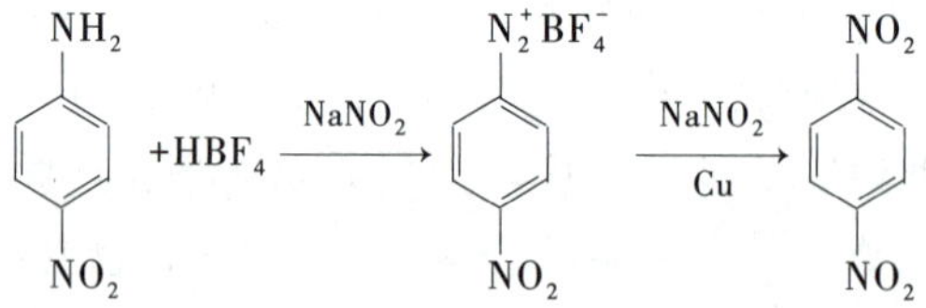

三、硝化过程

1. 硝化过程

　　硝化过程有间歇与连续两种方式。连续法有带搅拌器的罐式反应器、管式反应器、泵式循环反应器等,具有小设备、大生产、高效率及自动控制的优点。间歇法则具有灵活性和适应性的优点,适用于小批量、多品种的硝化,精细化工中大多采用此法。由于生产方式和被硝化物的性质不同,一般有三种加料顺序,即正加法、反加法、并加法。

　　正加法是将硝化剂逐渐加入被硝化物中,使反应温和,可避免多硝化,缺点是反应速率较慢,用于易被硝化的物质。反加法是将被硝化物逐渐滴加到硝化剂中,其优点是在硝化过程始终保持有过量的硝化剂和不足量的被硝化物,反应速率快,适用于制备多硝基化合物或硝化产物进一步硝化的过程。并加法是指将硝化剂和被硝化物按一定比例混合同时加入反应釜,这种加料方式常用在连续硝化中。

　　正加法和反加法的选择并非仅取决于硝化反应的难易,同时还决定于芳烃原料的物理性质和硝化产物的结构等。生产上常常采用多锅串联的办法来实现连续化,大部分硝化反应是在第一台反应锅中完成的,通常称为"主锅",小部分没有转化的被硝化物,则在其余的锅内反应,称为"副锅"或"成熟锅"。多锅串联的优点是可以提高反应温度,减少物料短路,以及在不同的反应锅中控制不同的反应温度,从而提高生产能力和产品质量。表 7-3-02 为氯苯采用三锅串联连续一硝化时的技术数据。

表 7-3-02　氯苯采用三锅串联连续一硝化时的技术数据

名称	第一硝化锅	第二硝化锅	第三硝化锅
酸相中 $w(HNO_3)$/%	13.4	4.0	2.1
有机相中 $w($氯苯$)$/%	14.4	2.8	0.7
氯苯转化率/%	80	16	3
反应速率比	26.7	5.3	1

2. 硝化物的分析

硝化物的分析有化学法,色谱分析法,气、液相色谱法和红外光谱法等。

化学法的用途最广,下面有专门介绍。色谱分析可用来鉴定硝化产物,例如,混合硝基甲苯经还原后可用纸色谱进行鉴定,有些硝基化合物不需进行还原,如苯、萘、蒽醌系的二硝基化合物在纸色谱分离后可利用化合物的荧光特征在紫外光下鉴定斑点的位置。气、液相色谱由于分析速度快、准确度高,目前已用于硝化过程的控制,如用气相色谱来测定甲苯硝化后异构体的组成。红外光谱也可用于分析及控制硝化过程。

解析

色谱法和红外光谱法

化学法主要用于以下两个方面。

(1) 硝化过程的控制分析　用混酸硝化时主要是控制酸层中硝酸的含量。目前生产中应用较多的方法是,先取一定量酸,以酚酞为指示剂,用 NaOH 标准溶液滴定,测出混酸及废酸的总酸度。然后将混酸在水浴上重复加热使硝酸分解,再用 NaOH 标准溶液滴定,从两者的差值计算混酸中硝酸的含量。废酸中硝酸的含量常用龙氏定氮计测定。硝酸在硫酸的存在下与汞定量地作用生成氧化氮气体,从生成氧化氮的体积可以测定硝酸的含量。

$$2HNO_3 + 6Hg + 3H_2SO_4 \longrightarrow 2NO\uparrow + 3Hg_2SO_4 + 4H_2O$$

此外也可以根据硝化产物的密度或熔点是否达到预定的数值来确定硝化是否达到终点。

硝基化合物大都是黄色的,而且具有特殊的气味(大多数都有杏仁气味),可以根据这些外表特性来初步判断一种物质是否引入硝基。

(2) 硝化产物的分析　硝基化合物一般用氯化亚锡、三氯化钛为还原剂,利用还原滴定法测定其含量。

$$ArNO_2 + 3SnCl_2 + 6HCl \longrightarrow ArNH_2 + 3SnCl_4 + 2H_2O$$

$$ArNO_2 + 6TiCl_3 + 6HCl \longrightarrow ArNH_2 + 6TiCl_4 + 2H_2O$$

另一种常用的定量分析方法是,使用过量的锌粉,在酸性介质中将硝基还原为氨基,然后用重氮化法测定氨基的含量,从而计算出硝基的含量。

3. 硝化产物的分离

硝化反应完成后,首先要将硝化产物与废酸分离。在常温下硝化产物为液体或低熔点的固体的情况下,可在带有水蒸气夹套的分离器中利用硝化产物与废酸有较大的密度差而实现分离。大多数硝化产物在浓硫酸中都有一定的溶解度,而且硫酸浓度越高,溶解度越大。为了减少溶解,有时在静止分层前可先加入少量水稀释,如间二硝基苯生产中,当加水稀释使废酸浓度从硝化终点的 88% 降至 65%~70%,温度从 90 ℃ 降至 70 ℃ 时,间二硝基苯的浓度从 16% 降至 2%~4%。废酸中的硝基化合物有时用有机溶剂萃取,如用二氯丙烷或 N-503 萃取含有机化合物的废酸,萃取效率较高。

在连续分离器中,加入用量为硝化产物质量的 0.001 5~0.002 5 的叔辛胺,可以加速硝化产物与废酸的分层。硝化产物的异构物需通过化学法和物理法进行分离。

4. 废酸处理

硝化废酸的回收主要采用浓缩的方法。废酸的组成大致是 73%~75% 的硫酸,0.2% 的硝酸,0.3% 的亚硝酰硫酸,0.2% 的硝基物,在用蒸浓的方法回收废酸前需脱硝,当硫酸浓度低于 75% 时,只要当温度达到一定时,硝酸及亚硝酰硫酸很易分解,逸出的氧化氮需用氢氧化钠水溶液或其他方法进行吸收处理。废酸的处理主要有以下几种:

① 如果硝化后的废酸用于下一批的硝化生产,则采用闭路循环。

② 在用芳烃对废酸进行萃取以后,再脱硝,然后用锅式或塔式设备蒸发浓缩,使硫酸浓度达到 $w = 92.5\%~95\%$,此酸可用于配制混酸。

③ 若废酸浓度只有 $w = 30\%~50\%$,则通过浸没燃烧,先提浓至 $w = 60\%~70\%$,再进行浓缩。

④ 通过萃取、吸附或过热水蒸气吹扫等手段,除去废酸中所含的有机杂质,然后再用氨水制成化肥。

四、芳烃的硝化

芳烃的硝化较易进行,应用也比较广泛,所以本节重点阐述芳烃的硝化。

1. 芳烃硝化的影响因素

影响芳烃硝化反应的因素主要由反应物的性质、硝化剂、反应温度、搅拌等,了解并掌握反应的影响因素,有助于控制硝化反应过程,得到满意的反应结果,使工业生产过程安全、顺利进行。

(1) 被硝化物的结构　芳烃的硝化是典型的亲电取代反应,芳烃上如含有给电子基团,如羟基、氨基、烷基等,就较容易被硝化,此时可选用较温和的硝化剂和较温和的硝化条件,硝基的位置主要位于取代基的邻位或对位。芳烃上如含有吸电子基团,如硝基、磺酰基、羰基、羧基等,就难于硝化,要用比较强的硝化条件和较强的硝化剂,硝基的位置主要位于取代基的间位。表 7-3-03 示出了苯的各种取代衍生物在混酸中一硝化的相对速率。由表可见,一硝化的相对速率较大者为给电子基团,较小者则为吸电子基团。

表 7-3-03 苯的各种取代衍生物在混酸中一硝化的相对速率*

取代基	相对速率	取代基	相对速率
$-N(CH_3)_2$	2×10^{11}	$-I$	0.18
$-OCH_3$	2×10^5	$-F$	0.15
$-CH_3$	24.5	$-Cl$	0.033
$-C(CH_3)_3$	15.5	$-Br$	0.030
$-CH_2CO_2C_2H_5$	3.8	$-NO_2$	6×10^{-8}
$-H$	1.0	$-N^+(CH_3)_3$	1.2×10^{-8}

* 表中的相对速率是相对于苯环硝化时的相对速率。

① 苯环上取代基的影响 在已存在给电子基团的苯环上,硝化的产物,往往是邻位异构体多于对位,如:

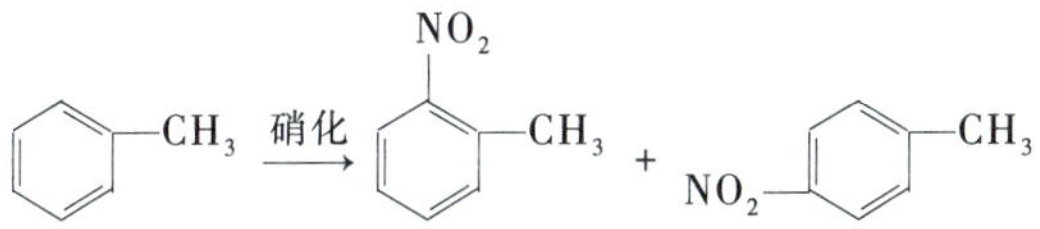

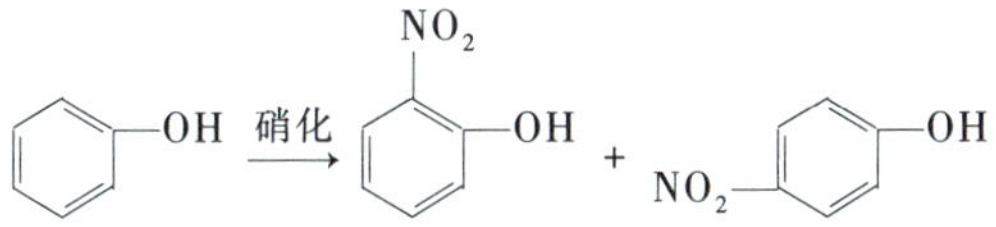

这是由于羟基或甲基中的氢原子,可以同 NO_2^+ 形成氢键或是把 NO_2^+ 吸引到它们的附近,因而容易在邻位反应。

② 苯胺的硝化 芳胺容易被硝酸氧化,需要将氨基保护起来。一种保护方法是在大量强酸中进行硝化,这时形成铵正离子,它是吸电子基团,使芳环难于取代,即使取代也是间位取代:

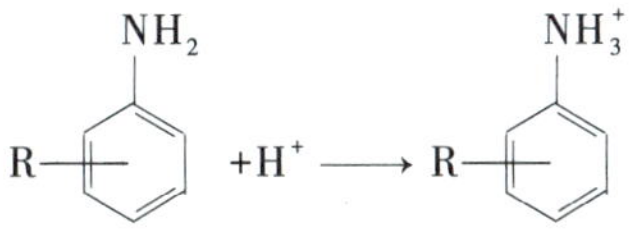

另一种保护方法是先进行乙酰化,或对甲苯磺酰化,然后再进行硝化。但是酰胺在强酸中仍然易于水解成胺,继续发生如上的反应。因此必须在温和的条件下,如较低温度下进行,以避免间位异构体的产生。

③ 苯环上的多硝化 由于硝基是吸电子基团,也是钝化基团,所以在苯环上多硝化比较困难。用直接硝化法,不论硝化剂和反应条件如何强烈,一个苯环上最多只能引入三个硝基。第四个硝基的引入,可以用间接方法,但是要在一个苯环上引入五六个硝基还是非常困难的。

(2)硝化剂 不同的硝化剂具有不同的硝化能力。通常,对于易硝化的有机化合物可选用活性较低的硝化剂,避免过度硝化和减少副反应的发生;而对于难硝化的有机化合物则选用强硝化剂进行硝化。此外,对相同的被硝化物,若采用不同的硝化剂,常常会得到不同的产物组成。因此,在进行硝化反应时,必须合理选择硝化剂。

(3)温度 温度对硝化反应是非常重要的,它不仅影响反应速率和产物组成,而且直接关系到生产安全。硝化反应是强烈的放热反应,混酸中硫酸被反应生成的水稀释时,还将产生稀释热,这部分热量相当于反应热量的 7.5%~10%。以苯为例,在硝化时的热效应可达 134 kJ/mol。这样大的热量若不及时移除,势必会使反应温度迅速升高,引起多硝化及氧化等副反应;同时还将造成硝酸的大量分解,产生大量红棕色的二氧化氮气体,甚至发生事故。

$$2HNO_3 \longrightarrow H_2O + 2NO_2 \uparrow + [O]$$

温度的安全限度取决于被硝化物的化学结构。例如,将 DNT 硝化为 TNT 或将酚硝化为苦味酸时,温度接近或超过 120 ℃ 则有危险,在将二甲基苯胺硝化为特屈儿时,超过 80 ℃ 就有危险。

有机化合物硝化时的最佳温度条件,对于芳胺、N-酰基芳胺、酚类、醚类等易硝化和易被氧化的活泼芳烃可在低温硝化(-10~90 ℃);而对于含有硝基或磺酸基的芳香族化合物,由于其稳定性较好,较难硝化,所以硝化温度比较高(30~120 ℃)。

(4)搅拌　芳烃如苯、甲苯及其一硝基衍生物在硫酸及混酸中的溶解度很低,使得硝化过程中芳烃与混酸形成液液两相。对于这类多相的硝化反应,其反应速率和传质也有一定的关系,因此良好的搅拌对反应是有利的,特别是反应的初期由于酸相与有机相的相对密度相差悬殊,加上反应开始阶段反应较为剧烈,放热量为最大,特别需要剧烈搅拌。

在硝化过程中,尤其在间歇硝化反应的加料阶段,因故中断搅拌会使两相很快分层,大量硝化剂在酸相积累,一旦启动搅拌就会突然发生剧烈反应,造成瞬间放热量大而使温度失控引起事故。因此一旦终止搅拌,加料必须停止。

2. 芳烃硝化时的副反应

芳烃硝化的副反应主要有多硝化、氧化、脱烷基、迁移和形成络合物等。

避免多硝化副反应的主要方法是控制混酸的硝化能力、硝酸比、循环废酸的用量、反应温度和采用低硝酸含量的混酸。

氧化是最主要的副反应,它常常表现为生成一定量的酚。例如,在甲苯硝化时可检出副产物硝基酚类。氟原子和甲氧基有时会被氧化成醌。硝化时酚类的副产物一般不可避免,如果让其随同硝化物进入蒸馏设备会很易引起爆炸危险,一般在洗涤过程中除去。

$$\underset{F}{\overset{OCH_3}{\underset{Br}{\bigcirc}}}Br \quad \xrightarrow[H_2SO_4]{HNO_3} \quad Br\overset{O}{\bigcirc}Br$$

氧化反应有时也会发生在侧链上,如乙苯硝化时会副产苯乙酮、苯甲醛、苯甲醇等。

脱烷基也是经常发生的副反应,如:

$$Et_3C\overset{CH_3}{\bigcirc}CH_3 \quad \xrightarrow[H_2SO_4]{HNO_3} \quad O_2N\overset{CH_3}{\underset{NO_2}{\bigcirc}}\overset{NO_2}{\underset{CH_3}{}}$$

除了烷基可以被脱去以外,一些吸电子取代基也可被脱去,如羧基:

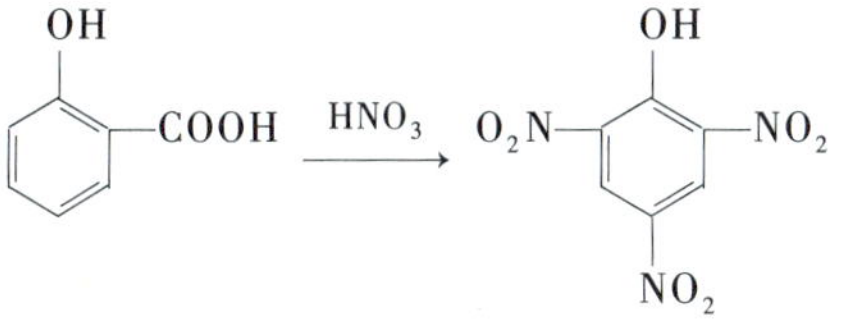

迁移有时也会发生,主要是发生在卤素原子和甲基上:

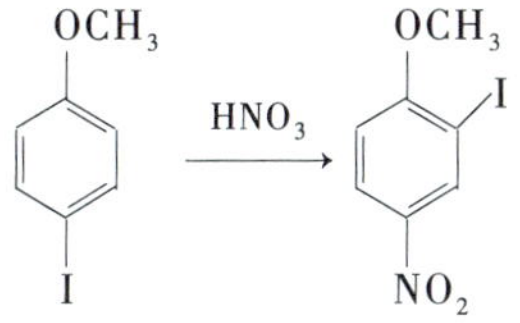

硝化过程中另一重要副反应是生成一种有色络合物,这种络合物是由烷基苯、亚硝基硫酸和硫酸形成。其结构式如下:

$$C_6H_5CH_3 \cdot 2ONOSO_3H \cdot 3H_2SO_4$$

如硝基苯在硝化时,硝化液体常常会发黑变暗,特别是接近硝化终点时,更容易出现这种情况。其原因往往是硝酸用量不足,故可在 45～55 ℃ 及时补加硝酸,很易将络合物破坏,但当温度大于 65 ℃ 时,络合物会自动沸腾,使温度上升到 85～90 ℃,此时再补加硝酸,也难于挽救,而生成深褐色的树脂状物。

许多副反应的发生,常常与反应体系中存在氮氧化物有关,因此设法减少硝化剂内的氮氧化物含量,并且严格控制反应条件以防止硝酸的分解,常常是减少副反应的重要措施之一。

五、硝化反应器

硝化反应器可分为间歇式和连续式两种,间歇式硝化反应器一般由铸铁或钢制成,近年来采用中碳钢,但当废酸内水分超过 26% 或硝酸浓度低于 2.5% 时,发现腐蚀现象严重,此时需采用耐腐蚀合金钢。为保持反应温度,一般都需要加夹套通冷却液冷却,有时还需在反应器内装置蛇管等内冷却构件。反应器装有搅拌装置,使反应物与酸液充分接触,以保证反应完全。由于反应物(烃、醇等)多系易挥发液体或气体,硝化剂也有气味释放出来,反应过程中还会产生一部分有毒、有害气体(如 CO,NO 等),故反应器应密闭操作,且能承受一定的压力。此外,为保证安全生产,反应器上还需设置放空管和防爆口。间歇式硝化反应器只用于液相硝化,优点是生产灵活,更改硝化产品品种和增减投料量都很方便,缺点是在大容器中储存大量易爆炸物料,使得安全性变差,生产能力也没有连续式大。

连续式硝化反应器若为气相硝化,则多为管状。此时可用较高的反应温度以提高反应速率,减少接触时间。例如,丙烷硝化制硝基丙烷,反应温度高达 423 ℃,接触时间仅需 1.5 s,所需反应管不会很长。

液相连续式硝化反应器颇具代表性的有两种:一种是德国 Schmid-Meissmer 设计的

硝化反应器(见图 7-3-01),另一种是瑞士 Biazzi 设计的硝化反应器(见图 7-3-02)。

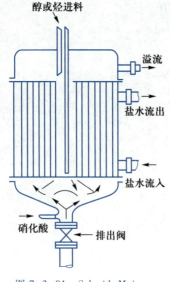

图 7-3-01　Schmid-Meissmer
硝化反应器示意图

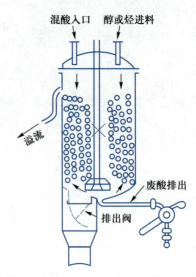

图 7-3-02　Biazzi 硝化反应器示意图

　　Schmid-Meissmer 硝化反应器的结构与换热器有点类似,中间一段进行热交换,冷冻盐水(或冷却水)走管外,反应物料走管内,醇或烃进料由顶部进料管加入,流经中央管后在底部与硝化液完全混合,新的混酸(或硝酸)由底部加入并借助搅拌器的强烈搅拌与反应物料充分混合,反应后的硝化液从上部溢流出去进入后续的分离器,将产物和废酸分离。

　　Biazzi 硝化反应器的中央装有一涡轮搅拌器;混酸和醇或烃从反应器上部加入,被吸入中央涡轮区,并被搅拌器打入下方后沿蛇形冷却管上流至溢流口流出。部分废酸可从反应器底部排出。

　　这两种反应器的共同特点是反应区无死角,热量交换效率高,物料搅拌均匀,这些对硝化反应来说都是相当重要的。

　　连续式反应器生产能力大、效率高、设备投资省,由于系统中积聚的反应物料不多,因此生产比较安全。近年来,微通道反应器在硝化反应中得到了极大的发展,例如,浙江万丰化工股份有限公司利用高通量微通道反应器,成功实现了连续硝化开车和生产。该过程的顺利实施,解决了企业的安全生产和提质增效问题,推动了硝化反应在染料行业中的应用,积极响应了国家对于高风险工艺采用连续化的号召。

解析

微通道
反应器

六、硝化反应的工业实例——硝基苯的生产

1. 传统硝化法

　　传统硝化法是将苯用硫酸和硝酸配制的混酸在釜式硝化器(硝化锅)中进行硝化,由于反应系统中存在两相,因此硝化速率由相间传质和化学动力学控制。所用硝化器一般为带有强力搅拌的耐酸铸铁或碳钢釜。硝化器内装有冷却蛇管,以导出硝化的反应热。

　　间歇生产:典型间歇硝化是将混酸慢慢加至苯液面下,所用混酸组成为 w(硫酸)=

$56\% \sim 60\%$，$w(硝酸) = 27\% \sim 32\%$，$w(水) = 8\% \sim 17\%$；硝化温度控制在 $50 \sim 55\ ℃$，反应后期可升至 $90\ ℃$。反应产物进入分离器，上层粗硝基苯经水洗、碱洗再水洗，必要时进行精馏。下层废酸送去浓缩，硝化时加料通常保持苯稍过量，以保持废酸中无硝酸或有最低的硝酸含量。间歇硝化需 $2 \sim 4\ h$，按苯计的硝基苯收率为 $95\% \sim 98\%$。

连续硝化：瑞士的 Biazzi 于 20 世纪 30 年代开发了连续硝化反应器，使单台设备能力提高了 50 倍。连续硝化时苯和混酸同时进料，所用混酸的浓度低于间歇硝化，组成为 $w(硫酸) = 56\% \sim 65\%$，$w(硝酸) = 20\% \sim 26\%$，$w(水) = 15\% \sim 18\%$。硝化反应器串联操作，通常 1# 锅容积比 2#，3#，4# 锅小，主锅转化率降低 1%，二硝基苯生成率则下降 0.81 倍。苯稍微过量，以尽量消耗混酸中的硝酸，同时减少二硝基物的生成量。硝化温度控制在 $50 \sim 100\ ℃$。反应产物由硝化器连续进入分离器或离心机，分为有机相和酸相。有机相经水洗除酸、碱洗脱硝基酚，再经水洗和蒸馏脱水、脱苯，必要时进行真空蒸馏。废酸去浓缩或部分去配酸工序循环使用。连续硝化一般需要 $10 \sim 30\ min$，理论收率为 $96\% \sim 99\%$。废水中所含硝基苯一般用进料苯萃取，溶于水中的残留苯经汽提脱除，然后进污水处理装置。苯连续硝化的工艺流程，见图 7-3-03。

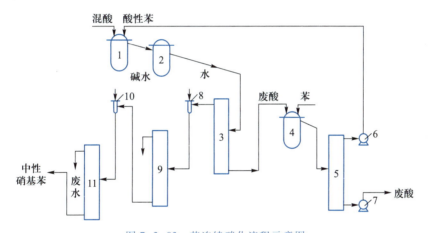

图 7-3-03　苯连续硝化流程示意图

1,2—硝化釜；3,5,9,11—分离器；4—萃取釜；6,7—泵；8,10—文丘里管混合器

三废治理：从各设备排出的废气，集中到废气洗涤塔，经洗涤后排放，以减少对操作环境的污染。排气洗涤水和硝化废水可送至污水处理塔或用高分子吸附剂吸附，以回收有机化合物。然后将废水送处理装置处理，或闭路循环。生产中排放的高沸物，可进行焚烧处理。

废酸回收：废酸浓缩装置有 SM 式、鼓式和浸没燃烧式等。废酸中有机化合物在浓缩时会形成泡沫或炭化，需用萃取、吸附或过热水蒸气吹出等方法，除去有机杂质，然后再浓缩至规定浓度。

2. 绝热硝化法

美国氰胺公司和加拿大工业公司（CIL）联合开发的绝热硝化法，于 1979 年投产。典型的工艺流程，见图 7-3-04。

其工艺过程是，从硫酸储槽用泵送循环的硫酸和补加的硫酸，并与加料硝酸混合成

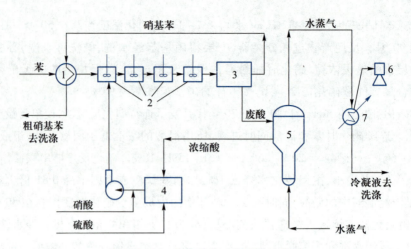

图 7-3-04   绝热硝化工艺流程示意图

1—换热器;2—硝化器;3—分离器;4—硫酸储槽;5—浓缩器;6—真空喷射泵;7—表面冷凝器

混酸 [w(硝酸)$= 3\% \sim 7.5\%$,w(硫酸)$= 58.5\% \sim 66.5\%$,w(水)$= 28\% \sim 37\%$] 进入反应器。反应器为串联式硝化锅,材质为钢壳内衬微晶玻璃,并装有推进式搅拌器。苯通过换热器进入硝化锅进行反应,反应温度从 90 ℃ 上升到 135 ℃。生成的硝基苯经分离、洗涤和汽提得产品硝基苯,未反应的苯回收再用。

从分离器出来的废酸进入一带微晶玻璃衬里的真空蒸发器(附有一台钽制式加热器)进行真空浓缩。浓缩过的 w(H_2SO_4)$= 70\%$,返回到硫酸储槽,供配制混酸使用。绝热硝化在 190 ℃ 有发生二次反应的危险,因此在分离器上装防爆膜。由于系统封闭,苯和氧化氮气体排放均经洗涤,污染物排放很少。

3. "泵循环"硝化法

瑞典 Bofors Nobel Chematur 公司提出了芳烃的"泵循环"硝化工艺,流程图见图 7-3-05。该工艺是将苯和预混的混酸加到不锈钢离心泵的入口,经泵的剧烈搅动,约 1 min 便完成硝化。反应产物经冷却器进入分离器,将硝基苯和废酸分离。

所用硫酸与反应物(硝酸和苯)比为 m(硫酸)$: m$(硝酸+苯)$= 30 : 1$。由于反应物浓度低,反应温度上升不会超过 15 ℃,从而保证安全。有机相在系统中停留时间极短,加上硝酸浓度低、硫酸浓度高,会使氧化和深度硝化副反应显著降低。废酸经萃取出硝基苯后,可直接

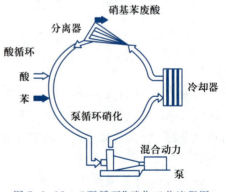

图 7-3-05   "泵循环"硝化工艺流程图

送去浓缩或制成化肥。本法具有安全、成本低、能耗低等优点。

7-4   重氮化和偶合

重氮化和偶合反应是重要的有机合成反应,在精细化工中有很重要的地位。该类反

应在染料合成中应用很广。

重氮化反应可以使氨基化合物直接或间接转变成几乎所有可能的官能团,例如,氨基可以变成卤素、氰基、羟基、肼基、氢原子、羧基等。

偶合反应可以合成酸性、冰染、直接、分散、活性、阳离子等类型的染料,还可合成各类黄色或红色偶氮型有机颜料。

一、重氮化和重氮化合物

解析

酸性、冰染、直接、分散、活性、阳离子染料

1. 重氮化反应及影响因素

芳伯胺和亚硝酸作用生成重氮盐的反应称为重氮化反应,工业上,常用亚硝酸盐作为亚硝酸的来源。反应通式为

$$ArNH_2+NaNO_2+2HX \longrightarrow ArN_2^+X^-+NaX+2H_2O$$

式中,X 可以是 Cl,Br,NO_3,HSO_3 等。

重氮化反应要在强酸中进行,实际上是亚硝酸作用于铵离子。由于亚硝酸不稳定,通常使用亚硝酸钠和盐酸或硫酸,使反应生成的亚硝酸立刻与芳伯胺反应,避免亚硝酸的分解。为了使反应能顺利进行,必须首先把芳伯胺转化为铵正离子。芳伯胺的碱性较弱,因此重氮化要在较强的酸中进行。有些芳伯胺碱性非常弱,要用特殊的方法才能进行重氮化。

重氮化是放热反应,重氮盐对热不稳定,因此要在冷却的情况下进行,一般都用冰盐浴冷却,并调节亚硝酸钠的加入速率,维持反应温度在 0 ℃附近。由于重氮盐不稳定,一般就用它们的溶液,随做随用。固体重氮盐遇热或震动、摩擦,都将发生爆炸,必须应用某些稳定性好的固体重氮盐时,也须谨慎小心。

自重氮化反应发现以来,人们为了弄清楚其反应的影响因素,对重氮化反应的机理进行了反复研究,已普遍接受了重氮化反应的亚硝化学说,即重氮化反应是由亚硝酸产生的亲电质点对游离芳伯胺基进行亲电取代反应的机理,其反应的主要影响因素如下。

(1)酸的影响 酸的影响主要考虑酸的种类、用量及浓度。

重氮化所用的酸,从反应速率来说,以盐酸或氢溴酸等最快,硫酸与硝酸次之。由反应式可以看出酸的理论用量为 2 mol,在反应中无机酸的作用是:首先是使芳伯胺溶解,其次可和亚硝酸钠生成亚硝酸,最后是生成稳定的重氮盐。重氮盐一般来讲是容易分解的,只有在过量的酸液中才稳定,所以重氮化时实际的酸用量过量很多,常达 3~4 mol。反应完毕时介质应呈强酸性,pH 为 3,对刚果红试剂呈蓝色,重氮化过程经常检查介质的 pH 是十分重要的。反应时若酸量不足,生成的重氮盐容易和未反应的芳伯胺偶合,生成重氮氨基化合物。

$$Ar—N_2Cl+ArNH_2 \longrightarrow Ar—N=N—NHAr+HCl$$

这是一种自偶合反应,是不可逆反应。一旦重氮氨基化合物生成,即使再补加酸液,也无法使重氮氨基化合物转变为重氮盐,从而使重氮盐的质量变差,收率降低。在酸量不足的情况下,重氮盐还易分解,温度越高,分解越快。

酸的浓度的影响主要考虑使芳伯胺形成铵离子的能力,铵盐水解生成游离的芳伯

胺,以及亚硝酸的电离几个方面。

$$ArNH_2+H_3O^+ \rightleftharpoons ArNH_3^+ +H_2O$$
$$HNO_2+H_2O \rightleftharpoons H_3O^+ +NO_2^-$$

当无机酸的浓度增加时,平衡向铵盐生成的方向移动,游离胺的浓度降低,重氮化的速率变慢。另一方面,反应中还存在着亚硝酸的解离平衡。

酸浓度的增加可抑制亚硝酸的解离而加速重氮化。一般来讲,当无机酸浓度较低时,这一影响是主要的,而降低游离胺的浓度的影响是次要的,此时随酸的浓度增加,重氮化速率增加。但随着酸浓度增加,使芳伯胺形成铵离子的影响逐渐变为主要的,这时继续增加酸的浓度便降低游离胺的浓度,就使反应速率下降。

(2)不同的反应物及浓度的影响　对不同的反应物,重氮化的难易程度亦不同。苯胺、萘胺,以及芳环上含有给电子基团的芳伯胺,重氮化可以在稀的无机酸的溶液中反应,在 0 ℃附近,加入等物质的量的亚硝酸钠和 3~4 mol 的无机酸即可。如果芳伯胺环上有吸电子基团,比如硝基苯胺、溴代苯胺等,它们的碱性较弱,它们的盐,特别是硫酸盐,在水中的溶解性较小。在重氮化时,可以把它们和稀酸一起加热使之溶解,随即迅速搅拌冷却到 0 ℃,这样可得到铵盐的细结晶,便于进行重氮化。还可以把这些胺和亚硝酸钠在水中调成糊状,慢慢加入冰冷的稀酸中来进行重氮化,这些重氮化物的稳定性相对好一些。

对于碱性很弱的芳伯胺,如 2,4-二硝基苯胺、2,4,6-三溴苯胺,以及杂环 α 位胺等,重氮化反应必须在强酸中进行。即把它们溶解在浓硫酸或浓磷酸中,用固体亚硫酸氢钠或亚硫酰硫酸进行重氮化反应,再稀释后使用。另一个方法是以冰醋酸(或甲醇、乙醇等)为溶剂,加入 2 mol 的浓硫酸,用亚硝酸乙酯(丁酯、戊酯)进行重氮化反应,用这个方法制成的重氮盐,可以加入大量乙醚,使其从醋酸溶液中析出,再用水溶解,能得到较纯的重氮盐。二元芳伯胺的重氮化,要看两个氨基的相对位置不同而发生不同的反应。

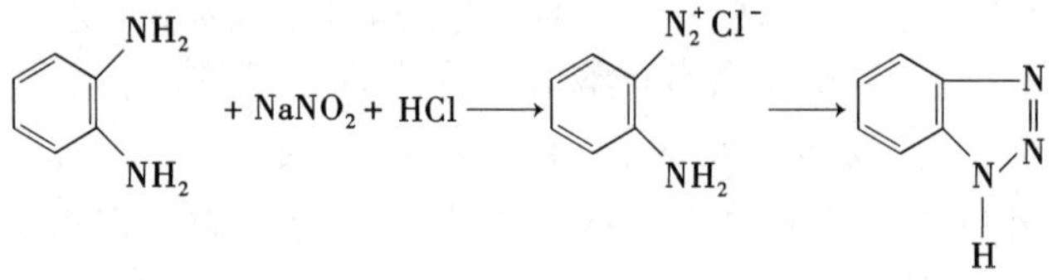

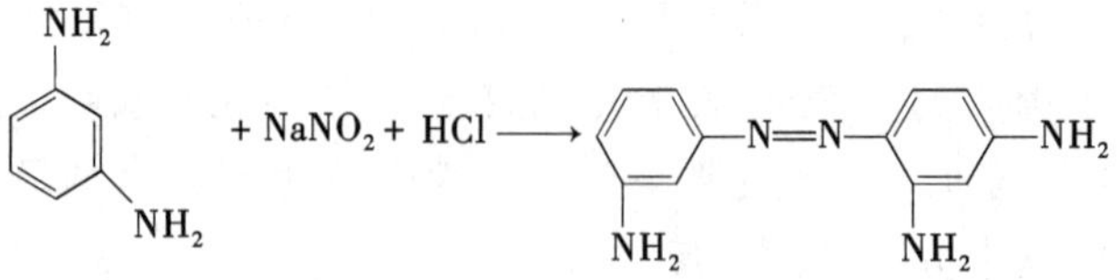

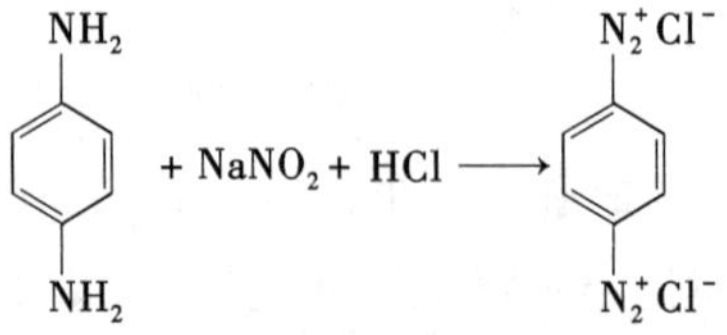

羟基苯胺也与二元苯胺类似,邻位异构体也是环状偶合体,但这个环不如三唑环稳

定。间位、对位的酚胺与亚硝酸反应,不易得到可用的重氮盐。间羟基苯胺可在氟硼酸中重氮化。与羟基类似的巯基,对氨基重氮化的影响,也和羟基类似。

$$\text{（邻氨基苯酚）} + NaNO_2 + HCl \longrightarrow \text{（重氮盐）} \Longleftrightarrow \text{（苯并氧氮杂环）}$$

$$\text{（间氨基苯酚）} + NaNO_2 + HBF_4 \longrightarrow \text{（重氮氟硼酸盐）}$$

由上可见对于不同的反应物,其重氮化的难易程度也不同,对于相同的反应物,其重氮化反应还要考虑浓度和加料速率的影响。若反应物浓度太大,反应激烈,温度难以控制,容易因为局部温度高而造成部分重氮化合物分解;若反应物浓度太小,反应速率过慢,反应不完全。一般情况是,反应完毕溶液总体积为总胺量的 $10 \sim 12$ 倍。加料速率影响反应温度和反应液中亚硝酸的量。亚硝酸量太多促使重氮化合物分解;加料太慢,生成重氮氨基化合物的可能性增加。

（3）芳伯胺的碱性　在重氮化反应中,芳伯胺存在以下两种碱性平衡:

$$ArNH_2 + H^+ \longrightarrow ArNH_3^+$$

$$ArNH_2 + N^+\!\!=\!\!O(O=\!\!N\!\!-\!\!Cl) \Longleftrightarrow Ar\!\!-\!\!NH\!\!-\!\!N\!\!=\!\!O + H^+$$

当酸度一定时,碱性较强的芳伯胺,一方面较易生成 $Ar\!\!-\!\!NH\!\!-\!\!N\!\!=\!\!O$,对重氮化有利;另一方面,由于 $ArNH_3^+$ 较稳定,较难解离出 $ArNH_2$,游离胺浓度低,不利于重氮化。芳伯胺的碱性对 $Ar\!\!-\!\!NH\!\!-\!\!N\!\!=\!\!O$ 的生成和游离胺的影响是矛盾的,统一的方法是调节酸度。酸度较低时,平衡以上式为主,碱性强的芳伯胺易反应;酸度较高时,平衡以下式为主,碱性弱的芳伯胺易解离出胺,对重氮化有利,碱性很弱的芳伯胺易在浓硫酸中反应。

（4）温度　由于重氮化反应是放热反应,而重氮盐的热稳定性很差,重氮化反应大多在低温下进行,重氮化反应的温度主要决定于芳伯胺的碱性和重氮盐的稳定性。一般来说,碱性较强的芳伯胺,重氮化反应温度低;碱性较弱的芳伯胺,其重氮盐较稳定,可适当提高温度以加速反应。重氮化反应一般在较低温度下进行这一原则不是绝对的。在间歇反应锅中重氮化反应时间长,应保持较低的温度,但在管道中进行的重氮化时,反应中生成的重氮盐很快转化,因此重氮化反应可在较高温度下进行。

2. 重氮化反应的分析

重氮化反应的分析主要是采用化学法来控制反应进程,由于重氮化反应完成后,必须有少量亚硝酸的存在,若亚硝酸的量不足,多余的芳伯胺将与重氮化合物生成重氮氨基化合物或偶氮化合物。检验重氮化反应终点的常用方法是碘化钾-淀粉法:在无机酸存在下,亚硝酸和碘化钾反应,析出的碘使淀粉变蓝。

$$HNO_2 + KI + HCl \longrightarrow \frac{1}{2}I_2 + KCl + H_2O + NO$$

实验结果显蓝色为好,若为褐色,说明亚硝酸的量太多。实验要在加完最后一次亚硝酸钠10~15 min 后进行。

3. 重氮化合物

重氮化合物具有以下性质。

（1）水溶性和解离性　重氮盐多半溶于水，只有少数杂酸盐和复盐不溶，溶于水的重氮盐解离出 $ArN=N^+$ 正离子和酸根负离子。重氮化后，水溶液是否清亮可作为反应正常与否的标志。也有一些重氮盐难溶于水，如氟硼酸盐、氟磷酸盐、1,5-萘二磺酸盐、氯化锌复盐、氯化汞复盐等。重氮盐与氢氧化银作用，生成碱性与苛性碱相当的重氮碱。

$$ArN_2X+AgOH \longrightarrow ArN_2^+OH^- +AgX \downarrow$$

（2）稳定性　重氮盐易分解是其基本性质，它的稳定性与芳环中的取代基团有关，未取代的或有烷基取代的重氮盐很不稳定，遇热或摩擦、冲撞，都能引起爆炸，只可用它们的水溶液在 0 ℃ 左右进行合成。具有吸电子基团的重氮盐，虽然它们比较难以形成，但是稳定性却较好，重氮化时温度可较高，使用时也可在室温进行。但仍使用它们的水溶液进行反应，这是由于光和热都能促进重氮盐分解，大多数干品在受热或震动时易爆炸，所以不用干燥盐类。只有那些稳定的杂酸盐和复盐，才能在合成上直接应用。

对硝基苯的重氮盐酸盐对光特别敏感，在重氮化过程中，最好避光保存。溶液的酸度对重氮盐的稳定性也有明显的影响。例如，对硝基苯的重氮盐在 5 ℃,pH 为 6.5 时，放置 47 h，重氮盐分解80%,而在同样条件下,pH 为 5.1 时,重氮盐分解约为 4%。

（3）化学活泼性　重氮盐的化学性质很活泼，可与多种试剂反应，最主要的是发生亲核取代反应。例如：

$$ArN_2X \begin{cases} \xrightarrow{HX-CuX(或\ Cu)} ArX(X=Cl,Br,I) \\ \xrightarrow{CuCN-NaCN} ArCN \\ \xrightarrow{Na_2HAs(Sb)O_3-Cu} ArAs(Sb)(OH)_2O \\ \xrightarrow{H_2O-H_2SO_4} ArOH \\ \xrightarrow{C_2H_5OH\ 或\ H_3PO_2} ArH \\ \xrightarrow{NaNO_2/SO_2-H_2O/SO_2-CH_3COOH-CuCl_2} ArNO_2/ArSO_3H/ArSO_2Cl \\ \xrightarrow{HBF_4} ArN_2BF_4 \xrightarrow{\triangle} ArF \\ \xrightarrow{SnCl_2-HCl} ArNHNH_2 \cdot HCl \\ \xrightarrow{Ar'H} Ar-N=N-Ar' \end{cases}$$

二、偶合和偶氮化合物

偶合反应是重氮基置换的重要组成，是制备偶氮染料最常用、最重要的方法。

1. 偶合反应概述

重氮盐与酚类、芳胺作用生成偶氮化合物的反应称为偶合反应。

$$ArN_2^+X^- + Ar'-OH \longrightarrow Ar-N=N-Ar'-OH$$

$$ArN_2^+X^- + Ar'-NH_2 \longrightarrow Ar-N=N-Ar'-NH_2$$

参与偶合反应的重氮盐称为重氮组分,酚类和胺类称为偶合组分。常用的偶合组分如下。

酚类:例如,苯酚、萘酚及其衍生物。

芳胺类:例如,苯胺、萘胺及其衍生物。

氨基萘酚磺酸类:例如,H 酸、J 酸、γ 酸等。

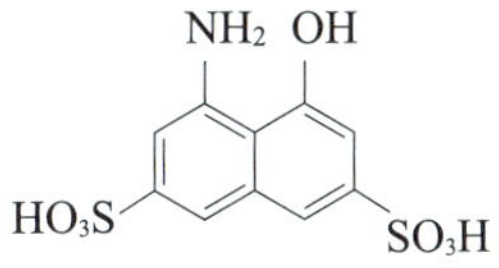

H酸 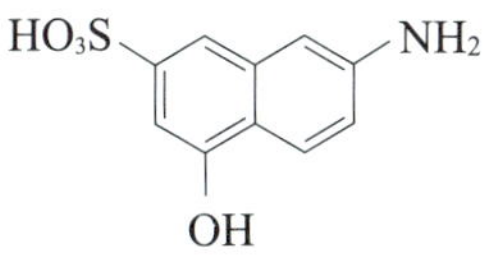　　　　　　　J酸

含有活泼亚甲基的化合物:例如,乙酰乙酰基苯胺、吡唑啉酮等。

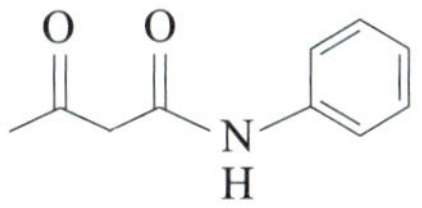

乙酰乙酰基苯胺 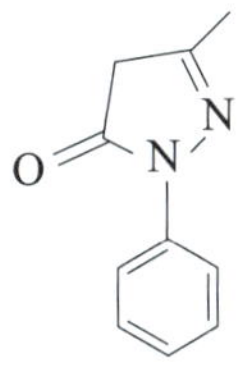　　　吡唑啉酮

偶合反应的机理为亲电取代机理,由于重氮盐的亲电能力较弱,它只能与芳环上电子云密度较大的化合物进行偶合。

2. 芳胺和酚的偶合反应

芳胺和酚的对位(和邻位)电子云密度较大,易发生偶合反应,但一般仅进攻对位,这是因为重氮正离子受羟基或氨基的位阻影响,不易进攻邻位。若对位被其他基团占据,则视该基团的性质,或进入其邻位,或是芳偶氮基取代该基团(—SO₃H,—COOH),生成对羟基偶氮化合物。若对位和两个邻位均被占据,则不发生偶合。由各种酚和芳胺经重氮盐形成的偶氮化合物,色彩鲜艳,经常作染料使用,称为偶氮染料。

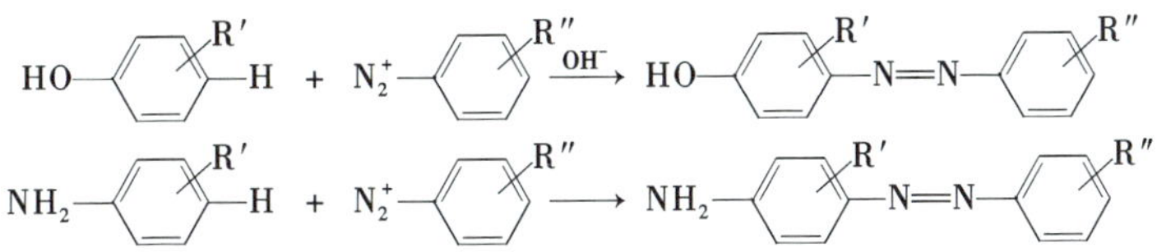

以上反应是偶氮染料化学的基本反应,酚和重氮盐的偶合,必须在弱碱性溶液中进行。在强酸性的溶液中,偶合反应一般不发生。在弱酸性介质中,重氮组分与芳胺反应有三种情况:

(1) 与芳环活性强的胺(如间甲苯胺、间苯二胺、N,N-二甲苯胺、α-萘胺等)反应,直接生成偶氮化合物。

(2) 与芳环活性弱的胺(如苯胺、对甲苯胺、邻甲苯胺、N-甲基苯胺等)反应,先生成重氮氨基化合物,然后在一定条件下重排为偶氮化合物。

(3) 与易生成难重排的重氮氨基化合物的伯胺偶合时,应将氨基保护起来,待偶合

反应完成后再把它释放出来。保护氨基常用的方法是

$$ArNH_2 + HCHO + NaHSO_3 \longrightarrow ArNHCH_2SO_3Na + H_2O$$

$$ArNH_2 + ClSO_3H \longrightarrow ArNHSO_3H + HCl$$

3. 萘系化合物的偶合反应

（1）α-萘酚（胺）作偶合组分时，偶氮产物主要在 4 位。若 4 位被占据，则进入 2 位：

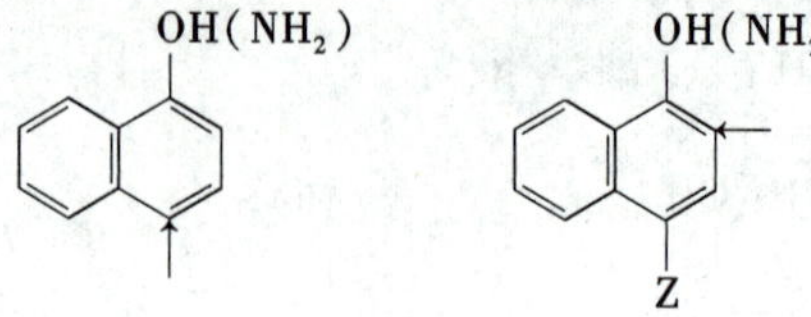

（2）β-萘酚（胺）作偶合组分时，芳偶氮基进入 α 位。若 α 位被占据，一般不发生偶合或在个别情况下发生偶合时，α 位原基团脱掉。

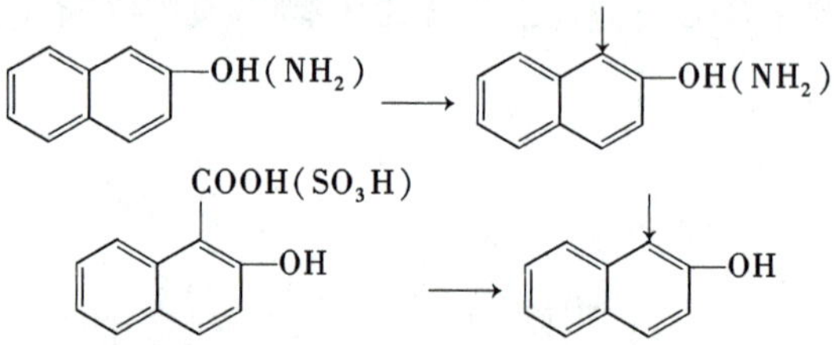

（3）α-萘酚（胺）磺酸作偶合组分时，芳偶氮基进入的位置和磺酸基所在位置有关。当磺酸基在羟基（氨基）的 3,4 或 5 位时，芳偶氮基总是进入羟基（氨基）的邻位。

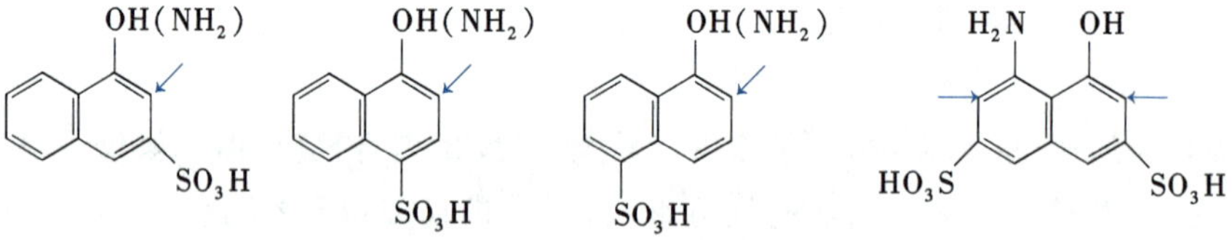

（4）氨基萘酚磺酸在酸性或碱性介质中偶合时，芳偶氮基分别进入氨基和羟基的邻位。可见，芳偶氮基进入的位置决定于介质的 pH。

氨基萘酚磺酸中，H 酸是最重要的偶合组分，偶合产物与偶合方式有关。

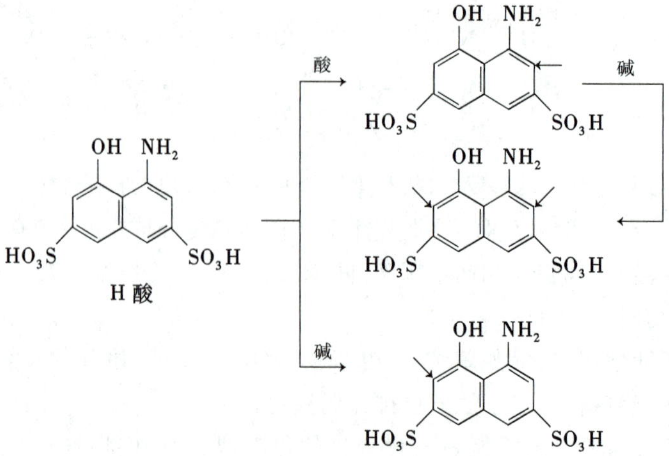

4. 脂肪族化合物重氮盐的偶合反应

重氮盐的偶合反应,不仅芳胺和酚可以发生,许多脂肪族化合物中含有活泼氢原子的,也可以和重氮正离子起偶合反应,生成偶氮化合物或是异构体腙。

以硝基甲烷为例,在弱碱性溶液中,苯基重氮盐可以同它偶合,生成偶氮化合物 A,A 随即异构化成 B。B 中仍含有活泼氢原子,还可再和苯基重氮盐偶合成 C:

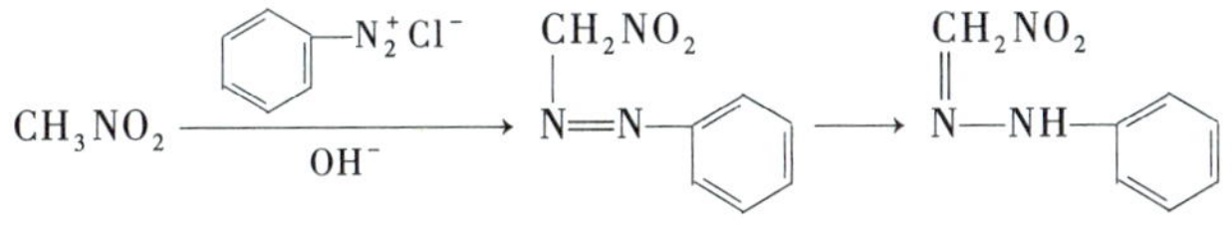

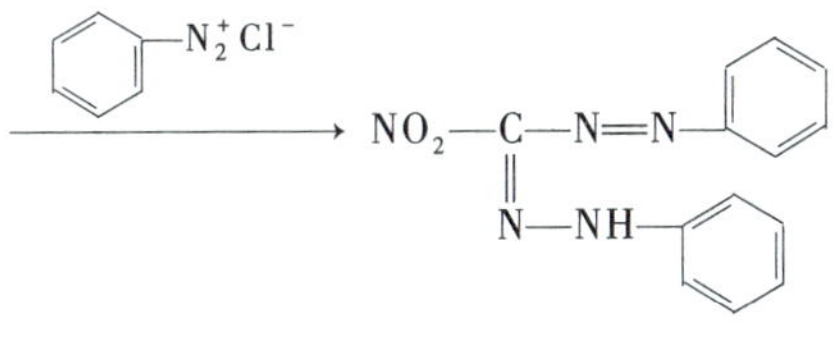

从 A 偶氮式到 B 腙式的异构化,趋向比较强烈。有时 α-碳原子上没有氢原子,由于这种趋向,使分子产生断裂(水解),以取得氢原子,再从偶氮式 A 异构化为腙式即 B。

由上例可以看出,脂肪族化合物的重氮化更易形成腙。

羰基、羧基、氰基、硝基、砜基等均能使它们的 α 位氢原子活化,与重氮盐反应。β-二酮、β-酮酯、丙二酸(酯)等更容易和重氮盐进行偶合反应。甚至杂环化合物的 α-甲基、2,4,6-三硝基甲苯的甲基等,这些甲基上的氢原子也有足够的活性,能和重氮盐进行反应:

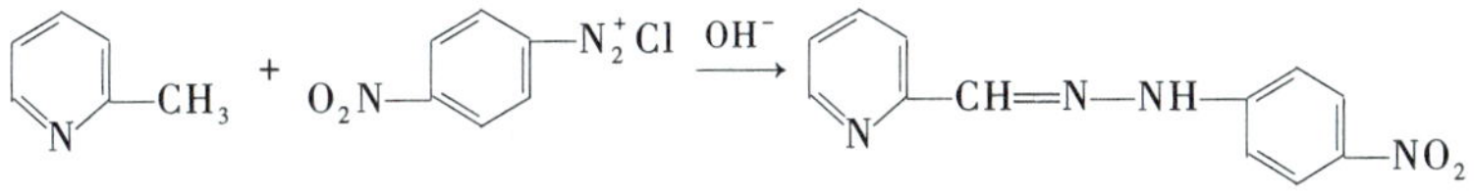

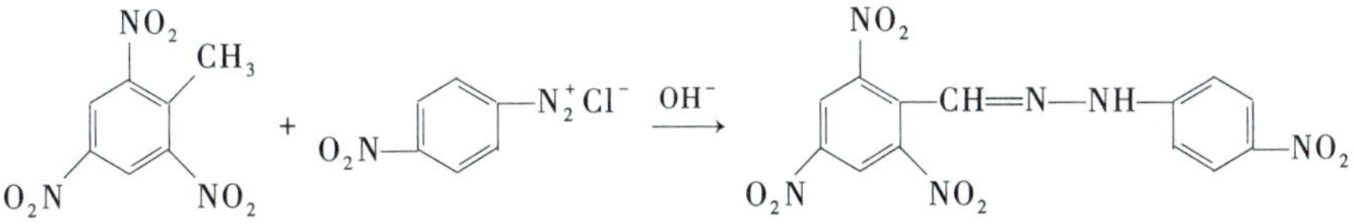

共轭双烯、炔类和茚,都有足够活性的氢原子进行这类反应:

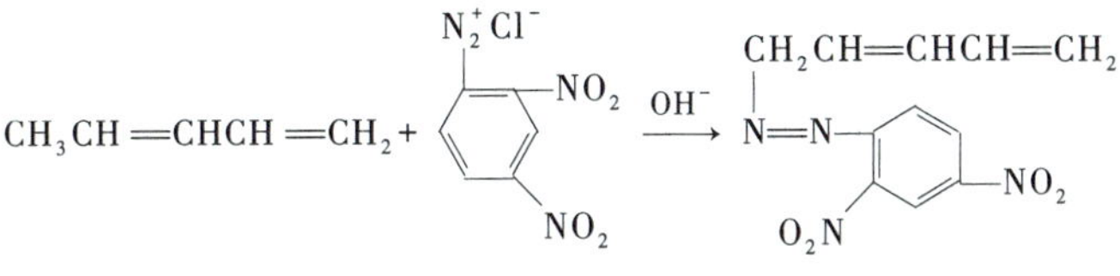

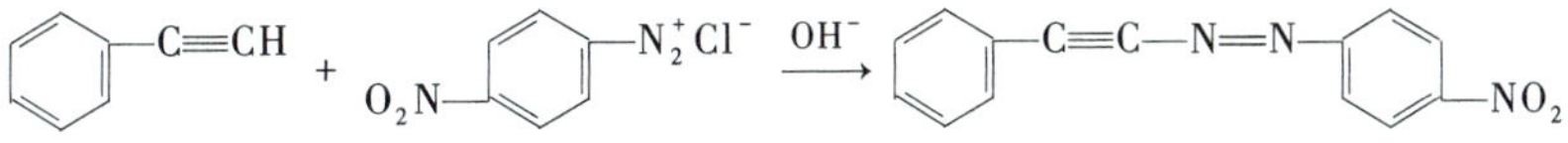

如果芳伯胺的氨基邻位带有可以和重氮盐偶合的基团,这个芳伯胺在重氮化时就会自行关闭形成杂环化合物。

5. 偶合反应的影响因素

由于重氮盐一般都在水中制备,因此偶合反应一般也在水中进行。在水中很难溶解的脂肪族化合物可以加一些乙醇、吡啶或是醋酸。如果重氮盐很活泼,像二硝基苯重氮盐之类,偶合反应也可在冰醋酸中进行。

硝基化合物可以形成假酸式的盐,因此,在碱性溶液中较易溶解,β-二酮、β-酮酯等也可形成烯醇,在碱性溶液中,也有一定的溶解度。其他具有活泼氢的化合物,也能或多或少地在碱性溶液中溶解。同时偶合反应产生等物质的量的酸,因此偶合反应在碱性介质中进行较适宜。但是重氮盐在强碱中能发生一系列的变化,反而不能偶合。最佳的反应条件是以醋酸钠缓冲溶液的弱碱性介质。

重氮盐的偶合反应温度一般都在 0 ℃左右,这样可以避免重氮盐的分解。但有些反应,特别是分子内偶合形成杂环的反应,反应速率较慢,常常需放置几天,自然室温放置比较方便。在这种情况下,由于以在苯环上带有硝基、磺酸基等的重氮盐比较稳定,可在室温下保存,用这些重氮盐更合适。

下面具体讨论影响偶合反应的因素。

(1) 芳环上的取代基

① 重氮盐芳环上的取代基　由于偶合反应是亲电取代反应,因此重氮盐芳环上的吸电子取代基对偶合反应起活化作用,反之芳环上有给电子取代基时则使偶合活性降低。

各种对位取代基的苯胺重氮盐与酚类偶合时,相对活性数据见表 7-4-01。

表 7-4-01　各种对位取代基的苯胺重氮盐与酚类偶合时的相对活性数据

对位取代基	—NO_2	—SO_3	—Br	—H	—CH_3	—OCH_3
相对速率	1 300	13	13	1	0.4	0.1

② 偶合组分芳环取代基　当偶合组分芳环上有给电子取代基时(如存在—OH,—NH_2,—OCH_3,—CH_3 等)增加芳环上电子云密度,使偶合反应更易进行。重氮盐常向电子云密度较高的取代基邻位或对位碳原子进攻。当有吸电子取代基(如—Cl,—SO_3H,—NO_2,—COOH 等)时,偶合反应便不易进行。

当偶合组分发生反应的碳原子附近的空间位阻较大,则偶合反应速率减慢。例如:

A,B 的偶合反应速率较快,C,D 则较慢。

（2）介质的 pH　实验证明,偶合反应速率与重氮离子和酚氧离子或游离胺的浓度成正比,而它们的浓度与介质的酸度有关。

$$ArN_2^+ \underset{H^+}{\overset{OH^-}{\rightleftharpoons}} ArN_2^+OH^- \rightleftharpoons Ar—N{=}N—OH \rightleftharpoons$$

重氮盐　　　　重氮碱　　　　　　　重氮氢氧化物

$$Ar—N{=}N^-—H^+ \overset{OH^-}{\rightleftharpoons} Ar—N{=}N—O^-$$

重氮酸　　　　　　　　重氮酸盐

这些在溶液中相互转化的部分（都属于重氮化合物）随介质的 pH 变化而改变其组成。在偏酸条件下,主要成分是重氮盐,有利于重氮离子的生成;在偏碱条件下,主要成分是重氮酸盐,有利于重氮酸负离子的形成,而不利于偶合反应。

（3）反应温度　偶合反应温度随反应物的活性、重氮组分的稳定性和介质的酸度不同而异,从 0～40 ℃不等或者更高,一般为 0～15 ℃。

偶合反应进行时,同时发生重氮盐分解的副反应,生成焦油状的物质。已知偶合反应的活化能（$E_{偶合}$）为 59.5～72.0 kJ/mol。重氮盐分解反应的活化能（$E_{重氮盐分解}$）为 95.4～139.0 kJ/mol,故 $E_{重氮盐分解} > E_{偶合}$,反应温度每增加 10 ℃,偶合反应速率增加 2～2.4 倍,重氮盐分解反应速率增加 3.1～5.3 倍。可见选择并控制适宜的温度对偶合反应是很重要的。

（4）盐效应　反应介质中电解质对反应速率的影响称为盐效应。若 A,B 二离子反应时,加入的电解质的质量摩尔浓度为 m,在溶液中电解质解离成离子的正负电荷数为 z,则 A,B 二离子反应速率常数和加入电解质浓度之间的关系为

$$\lg K = \lg K_0 + 1.02 z_A z_B I^{0.5}$$

式中:K_0——电解质浓度为零时的反应速率常数;

　　　K——电解质浓度为 c 时的反应速率常数;

　　　I——电解质离子强度,$I = (1/2) m z^2$;

　　z_A,z_B——离子 A,B 所带的电荷数。

偶合反应是重氮盐和偶合组分离子间发生的反应。偶合时加入电解质,它对反应速

率的影响视重氮盐和偶合组分所带电荷而定。

在食盐存在下进行偶合,若重氮盐及偶合组分所带电荷相同,则能加速偶合反应的速率。食盐的存在一般对重氮盐的分解速率影响不大。偶合时间因速率增加而减少,重氮盐的分解反应则随反应时间的减少而实际上被抑制,这对工业生产是有利的。例如,在生产酸性媒介黑时,偶合时加入食盐,可减少反应时间,增加产量,降低成本。

（5）催化剂的影响　当因空间位阻使偶合反应不易进行时,加入催化剂吡啶,常有加速反应的效果,如对氯苯胺重氮盐和2-羟基-6,8-二萘磺酸的偶合反应。而对4-羟基萘磺酸,则反应速率正常,不受吡啶的影响。前者由于空间位阻,生成的活化中间物很不稳定,容易分解成原来的反应物质。由于活化中间物的浓度小,在反应过程中其浓度可以当作不变,催化剂吡啶的存在,有利于帮助活化中间物脱去氢质子转化为反应产物,加速了整个反应。催化剂一般为碱性物质（如吡啶）,有时溶剂水分子也有催化作用。

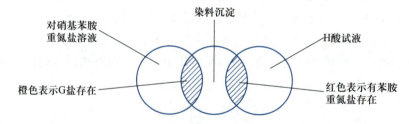

6. 偶合反应的分析控制

偶合反应的控制主要是通过测定重氮盐和偶合组分来实现,一般要求在反应终点重氮盐消失,偶合组分只有微量。以苯胺重氮盐和 G 盐的偶合为例（如图 7-4-01 所示）:用玻璃棒蘸反应液滴于滤纸上,染料沉淀的周围生成无色润圈,其中溶有重氮盐或是偶合组分。以对硝基苯胺重氮盐溶液在润圈旁点一滴,也生成润圈。若有 G 盐存在,两润圈相交处生成橙色。同样,以 H 酸试液检查,若生成红色,则表示有苯胺重氮盐存在。

图 7-4-01　苯胺重氮盐和 G 盐的偶合反应分析控制

如此每隔数分钟检查一次,直至重氮盐完全消失,反应中仅剩余微量偶合组分为止。有时重氮盐本身具有深色,溶解度不大,而且偶合很慢,若用一般指示剂往往得不到明确的表示。在这种情况下,可采用更活泼的偶合组分,如间苯二酚、间苯二胺作为指示剂。若生成的染料溶解度太大,滴在滤纸上不能得到无色润圈,则可在滤纸上先放一小堆食盐,将反应液滴在食盐上,染料即会沉淀生成无色润圈。

7. 偶氮化合物

偶氮化合物都有颜色,其中有不少可用作染料,这类染料被定名为偶氮染料。据估计,偶氮染料的总数约在 3 000 种,因此是合成染料中最重要的一种。但是,1994 年 7 月 16 日德国政府颁布法令,规定从 1995 年 1 月 1 日起,禁止生产和进口用能致癌的芳酰胺偶氮染料染色的纺织品(包括衣服和床单)、皮革制品和鞋类等,并从 1995 年 7 月 1 日起停止上述物品在德国的销售。德国政府还公布了 20 种致癌或怀疑致癌的染料中间体及其相关的 118 种染料。2002 年 9 月 11 日,欧盟委员会发出 2002 年第六十一号令,禁止使用在还原条件下分解会产生 22 种致癌芳香胺的偶氮染料;2003 年 1 月 6 日,欧盟委员会发出 2003 年第三号令,规定在欧盟的纺织品、服装和皮革制品市场上禁止使用和销售含铬偶氮染料;同时我国也在 2003 年开始加大对使用偶氮染料种类的监控和检测。有鉴于此,积极开发偶氮染料的代用品刻不容缓。

偶氮染料的例子很多,这里不再一一列举。

偶氮化合物的另一个重要用途是用作酸碱指示剂和鉴别金属元素的试剂。例如,大家熟悉的酸碱指示剂属偶氮化合物的有甲基橙、亮黄、茜素黄 GG、刚果红等。甲基橙可由对氨基苯磺酸的重氮盐与 N,N-二甲苯胺进行偶合反应制得:

$$HO_3S-\!\!\!\!\bigcirc\!\!\!\!-NH_2 \xrightarrow[HCl]{HNO_2} HO_3S-\!\!\!\!\bigcirc\!\!\!\!-N_2Cl$$

$$\bigcirc\!\!\!\!-N(CH_3)_2 + HO_3S-\!\!\!\!\bigcirc\!\!\!\!-N_2Cl \xrightarrow{NaOH} NaO_3S-\!\!\!\!\bigcirc\!\!\!\!-N\!\!=\!\!N-\!\!\!\!\bigcirc\!\!\!\!-N(CH_3)_2$$

甲基橙

用于鉴别金属元素的有酸性铬深蓝,它用于检验钙、镁和锌。它的合成工艺路线为

三、重氮盐和偶合反应的工业实例——永固黄 2G 的生产

1. 性质和用途

永固黄是黄色粉末,色泽鲜艳,在塑料中有荧光,不溶于水和亚麻仁油,能溶于丁醇和二甲苯等有机溶剂中,耐晒性和耐热性较好,但耐迁移性较差。主要用于高级透明油墨、玻璃纤维和塑料制品的着色。

2. 生产工艺

（1）双重氮化

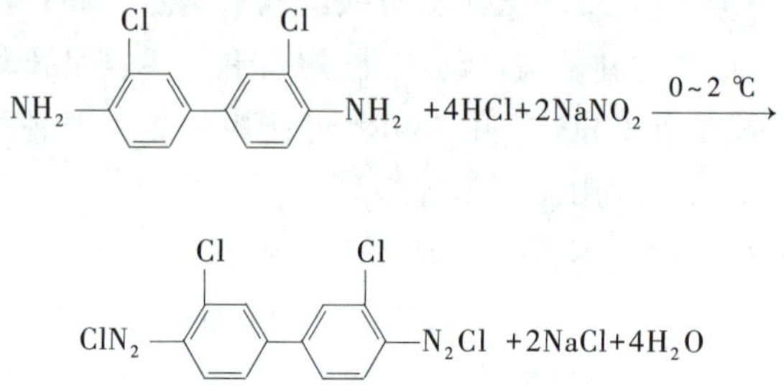

$$NH_2\text{—}C_6H_3(Cl)\text{—}C_6H_3(Cl)\text{—}NH_2 +4HCl+2NaNO_2 \xrightarrow{0\sim2\ ℃}$$

$$ClN_2\text{—}C_6H_3(Cl)\text{—}C_6H_3(Cl)\text{—}N_2Cl +2NaCl+4H_2O$$

（2）偶合

$$ClN_2\text{—}C_6H_3(Cl)\text{—}C_6H_3(Cl)\text{—}N_2Cl +2\ CH_3COCH_2CONH\text{—}C_6H_4(OCH_3) \longrightarrow$$

$$(OCH_3)C_6H_4\text{—}NHCOCH(COCH_3)\text{—}N=N\text{—}C_6H_3(Cl)\text{—}C_6H_3(Cl)\text{—}N=N\text{—}CH(COCH_3)CONH\text{—}C_6H_4(OCH_3)$$

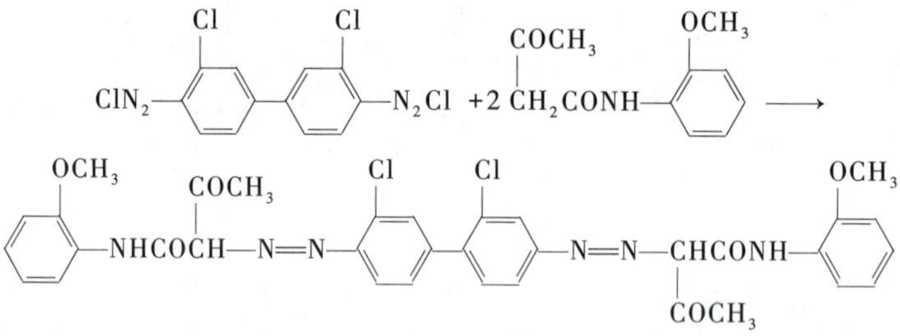

工艺流程简图如图 7-4-02 所示。

在重氮化釜内加水,加 $w=100\%$ 的 3,3′-二氯联苯胺,加 $w($ 盐酸$)=30\%$ 的盐酸、拉开粉、次氨基三乙酸,升温至沸腾,搅拌 0.5 h,用冰降温至 40 ℃ 加 $w($ 盐酸$)=30\%$ 的盐酸,然后加冰降温至 -2 ℃,快速加入亚硝酸钠（配成 $w=30\%$ 的溶液）,反应 1～2 min,进行双重氮化反应,终点保持碘化钾-淀粉试纸呈微蓝,刚果红试纸呈蓝色,保持 1 h 后,加活性炭,加太古油,过滤,温度保持 2 ℃ 以下。

在偶合釜中加清水,加含 $w($ NaOH$)=30\%$ 的液碱,搅拌下加入邻甲氧基乙酰乙酰苯胺,使其完全溶解,加冰降温至 5 ℃,用 $w($ 醋酸$)\approx97\%$ 的冰醋酸（用 5 倍的水冲淡）进行酸析,终点 pH 为 6.5～7。再加 $w($ 醋酸钠$)=58\%\sim60\%$ 的醋酸钠,搅拌 15 min,温度为 5 ℃,备偶合用。

重氮盐于 1.5～2 h 内均匀加入偶合釜中,pH 终点值为 4,温度为 8℃。重氮盐不过量,搅拌 1 h 后,升温至 80 ℃,加入升温溶解透明的松香皂溶液（松香）与 $w($ NaOH$)=30\%$ 的液碱。继续搅拌 0.5 h,于 1 h 内加入 $w($ 氯化钡$)=20\%$ 的氯化钡溶液后,继续搅拌 0.5 h,升温至 90 ℃,再搅拌 0.5 h。过滤,自来水漂洗,漂洗液用 $w=1\%$ 的硝酸银测定,与自来水相比近似即可,产品在 80 ℃ 进行烘干、粉碎。

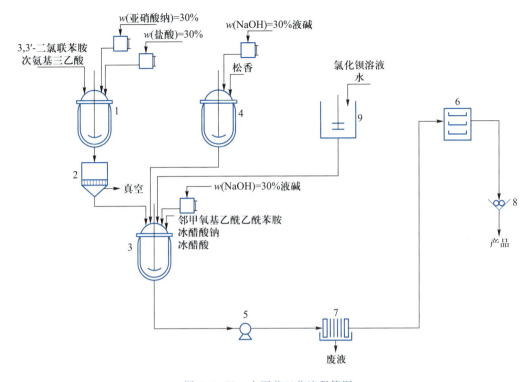

图 7-4-02　永固黄工艺流程简图

1—重氮化釜;2—吸滤器;3—偶合釜;4—溶解釜;5—泵;6—干燥箱;7—压滤机;8—粉碎机;9—溶解槽

7-5　酯　化

羧酸酯作为精细化工产品可直接作为溶剂或增塑剂使用,此外,还广泛应用于树脂、涂料、合成润滑剂、香料、化妆品、表面活性剂、医药、农药等行业。

一、概述

酯化反应通常指醇或酚与含氧的酸类(包括有机酸和无机酸)作用生成酯和水的过程,也就是在醇或酚的羟基的氧原子上引入酰基的过程,也称为氧酰化反应。其通式如下:

$$R'OH + R''COZ \rightleftharpoons R''COOR' + HZ$$

R′可以是脂肪烃基或芳香烃基。R″COZ 是酰化剂,其中的 Z 可以代表—OH,—X,—OR,—OCOR,—NHR 等。生成羧酸酯分子中的 R′和 R″可以相同或不同,酯化的方法很多,主要可以分为以下 4 类。

1. 酸和醇或酚直接酯化法

酸和醇或酚的直接酯化法是最常用的方法,具有原料易得的优点,这是一个可逆反应。

$$R'OH + R''COOH \rightleftharpoons R''COOR' + H_2O$$

2. 酸的衍生物与醇的酯化

酸的衍生物与醇的酯化主要包括醇与酸酐,醇与酰氯,醇与羧酸盐等的反应,方程式如下:

$$R'OH+(R''CO)_2O \rightleftharpoons R''COOR'+R''COOH$$

$$R'OH+R''COCl \longrightarrow R''COOR'+HCl$$

$$R'X+R''COOM \longrightarrow R''COOR'+MX$$

3. 酯交换反应

酯交换反应主要包括酯与醇,酯与酸,酯与酯之间的交换反应,化学反应方程式如下:

$$RCOOR'+R''OH \rightleftharpoons RCOOR''+R'OH$$

$$RCOOR'+R''COOH \rightleftharpoons R''COOR'+RCOOH$$

$$RCOOR'+R''COOR''' \rightleftharpoons RCOOR'''+R''COOR'$$

4. 其他

酯化方法还包括烯酮与醇的酯化,腈的醇解,酰胺的醇解,醚与一氧化碳合成酯的反应。如:

$$ROH+CH_2{=}CO \longrightarrow CH_3COOR$$

$$R'OH+RCN+H_2O \longrightarrow RCOOR'+NH_3$$

$$R'OH+RCONH_2 \longrightarrow RCOOR'+NH_3$$

$$CH_3OCH_3+CO \longrightarrow CH_3COOCH_3$$

二、几种主要的酯化反应

1. 酸和醇或酚直接酯化法

$$R'OH+R''COOH \rightleftharpoons R''COOR'+H_2O$$

上述反应的平衡点和酸、醇或酚的性质有关。

$$K=\frac{[R''COOR'][H_2O]}{[R''COOH][R'OH]}$$

直接酯化法的影响因素如下。

① 酸的结构　羧酸的酸性(即羰基碳的亲电性)越强,其酯化反应速率越快。例如,甲酸、草酸、三氟乙酸、丙酮酸等的酯化,反应相当迅速。空间位阻对反应速率也有很大的影响。从表 7-5-01 可以看出,甲酸及其他直链羧酸与醇的酯化反应速率均较大,而具有侧链的羧酸酯化就很困难。当羧酸的脂肪链的取代基中有苯基时,酯化反应并未受到明显影响;但苯基如与烯键共轭时,则酯化反应受到抑制。至于芳香族羧酸,一般比脂肪族羧酸酯化要困难得多,空间位阻的影响同样比电子效应大得多,而且更加明显,以苯甲酸为例,当邻位有取代基时,酯化反应速率减慢;如两个邻位都有取代基时,则更难酯化,但形成的酯特别不易皂化。

表 7-5-01　异丁醇与各种酸的酯化反应的转化率及平衡常数

（按等物质的量配比，155 ℃）

序号	RCOOH	转化率/%		平衡常数
		1 h 后	极限	
1	HCOOH	61.69	64.23	3.22
2	CH_3COOH	44.36	67.38	4.27
3	C_2H_5COOH	41.18	68.70	4.82
4	C_3H_7COOH	33.25	69.52	5.20
5	$(CH_3)_2CHCOOH$	29.04	69.51	5.20
6	$(CH_3)C_2H_5CHCOOH$	21.50	73.73	7.88
7	$(CH_3)_3CCOOH$	8.28	72.65	7.06
8	$(CH_3)_2C_2H_5CCOOH$	3.45	74.15	8.23
9	$(C_6H_5)CH_2COOH$	48.82	73.87	7.99
10	$(C_6H_5)C_2H_4COOH$	40.26	72.02	7.60
11	$(C_6H_5)CH=CHCOOH$	11.55	74.61	8.63
12	C_6H_5COOH	8.62	72.57	7.00
13	$p-(CH_3)C_6H_4COOH$	6.64	76.52	10.62

② 醇或酚的结构　醇对酯化反应的影响也主要受空间位阻的影响，这在表 7-5-02 可以看到。伯醇的酯化反应速率最快，仲醇较慢，叔醇最慢，伯醇中又以甲醇最快。丙烯醇虽也是伯醇，但因氧原子上的未共享电子与分子中的不饱和双键间存在着共轭效应，因而氧原子的亲核性有所减弱，所以其酯化反应速率就较碳原子数相同的饱和丙醇为慢。苯甲醇由于存在苯基，酯化反应速率受到影响。叔醇的酯化，由于空间位阻的缘故就更困难。另一方面，叔醇在反应中极易与质子作用发生消除反应，脱水生成烯烃，而得不到酯。叔醇的酯化一般采用酸酐和酰氯反应。酚羟基的亲核性低，一般不易采用直接酯化法（多采用酰氯或酸酐与酚反应的间接法）制备酚酯。

表 7-5-02　乙酸与各种醇的酯化反应的转化率及平衡常数

序号	ROH	转化率/%		平衡常数
		1 h 后	极限	
1	CH_3OH	55.59	69.59	5.24
2	C_2H_5OH	46.95	66.57	3.96
3	C_3H_7OH	46.92	66.85	4.07
4	C_4H_9OH	46.85	67.30	4.24
5	$CH_2=CHCH_2OH$	35.72	59.41	2.18
6	$C_6H_5CH_2OH$	38.64	60.75	2.39
7	$(CH_3)_2CHOH$	26.53	60.52	2.35
8	$(CH_3)(C_2H_5)CHOH$	22.59	59.28	2.12

续表

序号	ROH	转化率/%		平衡常数
		1 h 后	极限	
9	$(C_2H_5)_2CHOH$	16.93	58.66	2.01
10	$(CH_3)(C_6H_{13})CHOH$	21.19	62.03	2.67
11	$(CH_2\!=\!CHCH_2)_2CHOH$	10.31	50.12	1.01
12	$(CH_3)_3COH$	1.43	6.59	0.004 9
13	$(CH_3)_2(C_2H_5)COH$	0.81	2.53	0.000 67
14	$(CH_3)_2(C_3H_7)COH$	2.15	0.83	—
15	C_6H_5OH	1.45	8.64	0.008 9
16	$(CH_3)(C_3H_7)C_6H_3OH$	0.55	9.46	0.019 2

③ 催化剂　催化剂对酯化反应是很重要的,强酸催化剂可以降低反应的活化能从而加速反应的进行。强酸催化剂存在下的酯化反应依醇的结构可有酰氧键断裂(伯、仲醇)和烷氧键断裂(叔醇)两种机理。

酰氧键断裂机理:

$$RCOOH \underset{}{\overset{H^+}{\rightleftharpoons}} RC\!\!-\!\!O^+H_2 \overset{-H_2O}{\longrightarrow} RC^+\!\!=\!\!O \overset{H-O-R_1}{\longrightarrow} RC\!\!-\!\!O^+\!\!-\!\!R_1 \overset{-H^+}{\longrightarrow} RCOOR_1$$

烷氧键断裂机理:

$$R_3COH \overset{+H^+}{\underset{-H_2O}{\longrightarrow}} R_3C^+ \overset{HOCR}{\longrightarrow} R\!\!-\!\!C\!\!-\!\!O^+CR_3 \overset{-H^+}{\longrightarrow} RCOOCR_3$$

强酸性催化剂的应用以浓硫酸、干燥氯化氢、对甲苯磺酸为最多。除此之外,还有强酸性阳离子交换树脂、四氯化铝乙醚络合物、二环己基碳二亚胺等。

浓硫酸具有酸性强、吸水性好、性质稳定、催化效果好等优点,缺点是具有氧化性,且会导致磺化、碳化或聚合等副反应,一般温度低于 100 ℃,浓硫酸用量为羧酸量的$(1/5)\sim(1/3)$。碳链较长,相对分子质量较大的羧酸和醇的酯化反应,因其反应温度较高通常不宜使用浓硫酸作催化剂。此外,浓硫酸作催化剂还有设备腐蚀严重,酯化后处理麻烦、成本较高等缺点。

干燥氯化氢具有酸性强、无氧化性和挥发易于除去的优点,缺点主要是腐蚀性强、操作复杂。本法适用于某些以浓硫酸催化时易发生脱水等副反应的含羟基化合物的酯化反应,亦常用于氨基酸的酯化反应。例如:

$$H_2NCH_2COOH \xrightarrow[\triangle,HCl]{C_2H_5OH} HCl\cdot H_2NCOOC_2H_5 + H_2O$$

另外,用氯化亚砜代替干燥氯化氢可取得同样效果,而且操作方便,酯化收率高。例如:

$$\text{对羟基苯甲酸} + CH_3OH \xrightarrow{SOCl_2} \text{甲酯产物}$$

（图示：左侧为对羟基苯甲酸（OH、COOH 取代苯环）+ CH₃OH，SOCl₂ 条件下生成右侧 OH、COOCH₃ 取代苯环）

对甲苯磺酸具有浓硫酸的一切优点,且无氧化性,炭化作用亦较浓硫酸弱,工艺较简单,惟独价格较高,可用于温度较高和浓硫酸不能使用的场合。

强酸性阳离子交换树脂具有酸性强、易分离、副反应少的优点,同时也可再生后用,是新型的高效催化剂。如将强酸性阳离子交换树脂烘干,既能作酯化催化剂,又作脱水剂,这样酯化反应可不必另加脱水剂。例如:

$$CH_3COOH + CH_3(CH_2)_3OH \xrightarrow{\text{树脂—}SO_3H} CH_3COOC_4H_9 + H_2O$$

除此之外,四氯化铝乙醚络合物、三氟乙酸酐也是较常用的催化剂。三氟乙酸酐适于空间位阻较大的羧酸和醇的酯化。二环己基碳二亚胺(简称 DCC)具有分离简单,可以回收利用,以及反应常在室温下进行的优点,是较新型的催化剂。

④ 平衡转化率　酸和醇的直接酯化法是可逆反应,其平衡常数 K 为

$$K = \frac{[R''COOR'][H_2O]}{[R''COOH][R'OH]}$$

从上式可知,如果把水的浓度降低,则酯的浓度就会增高,酸和醇的浓度就会相应地降低来维持 K 为常数。因此酯化反应要把缩合反应所形成的水不断除去,以提高酯的收率。除去水的方法,有物理方法和化学方法。物理方法可用恒沸蒸馏法,即在反应系统(酸、醇、催化剂等)中加入和水不相混溶的溶剂,如苯、甲苯、二甲苯、氯仿、四氯化碳等,进行蒸馏。例如,有乙醇参与的酯化反应,苯、乙醇和水可形成三组分最低共沸液,沸点为 64.8 ℃,$w(苯):w(乙醇):w(水)= 74.1\%:18.5\%:7.4\%$。馏液分为两层,上层为苯-乙醇层,可使其回到反应器中,下层为水-乙醇层,可不断除去。蒸馏到不再有水生成,酯化反应即告结束。又如,用四氯化碳,它与乙醇和水形成三组分最低共沸液,沸点为 61 ℃,$w(四氯化碳):w(乙醇):w(水)= 10\%:65\%:25\%$。馏液上层为水层,要不断分去,下层回到反应液中。

化学方法除水,可以用无水盐类,如硫酸铜,它能同水化合成水合晶体:

$$CuSO_4 + 5H_2O \longrightarrow CuSO_4 \cdot 5H_2O$$

但效果不太好。硫酸和盐酸(实际上使用无水氯化氢)是催化剂,同时也是去水剂。有效的去水剂,如乙酰氯、亚硫酰氯、氯磺酸等的效果较好。另外碳二酰亚胺($R—N=C=N—R$)是极好的去水剂,可在室温下进行酯化的脱水。三氟化硼和它的乙醚络合物则既是催化剂也是去水剂。

而对于易挥发的酯(如甲酸甲酯、乙酸甲酯、甲酸乙酯等),其沸点比反应所用的醇的沸点更低,因此可以全部从反应混合物中蒸出,而剩余的是醇和水。

2. 酸的衍生物与醇或酚的酯化

除了酸和醇直接酯化以外,可以将酸转变为它们的衍生物再与醇缩合,这时除了酯

外,放出的小分子不是水而是其他化合物。这里的酸的衍生物主要是指酸酐、酰氯、羧酸盐。

（1）酸酐与醇或酚的反应

$$R'OH+(R''CO)_2O \Longrightarrow R''COOR'+R''COOH$$

酸酐为较强的酰化剂,适用于直接酯化法难以反应的酚羟基或空间位阻较大的羟基化合物,反应生成的羧酸不会使酯发生水解,所以这种酯化反应可以进行完全。常用的酸酐是乙酸酐,反应常加入少量酸性或碱性催化剂来加速反应。如硫酸、高氯酸、氯化锌、三氯化铁、吡啶、无水乙醇钠、对甲基苯磺酸或叔胺等。

强酸的催化作用可能是氢质子首先与酸酐生成酰化能力较强的酰基正离子:

$$(RCO)_2O+H^+ \Longrightarrow (RCO)_2O^+H \Longrightarrow RC^+O+RCOOH$$

$$RC^+O+R_1OH \longrightarrow RCOOR_1+H^+$$

吡啶的催化作用一般认为是吡啶与酸酐形成活性络合物:

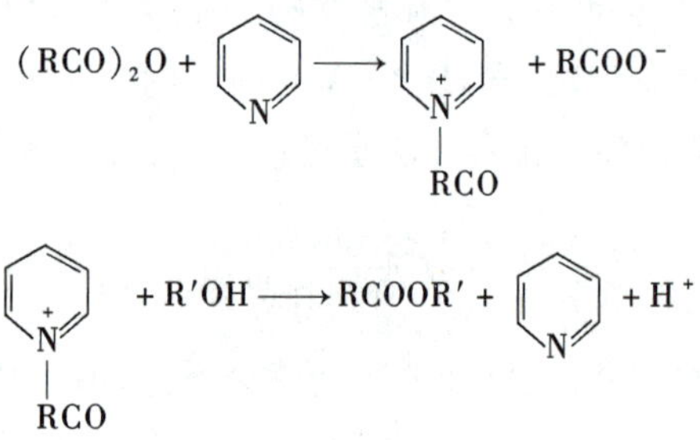

醇和酸酐酯化反应的难易程度和醇的结构有关,由表 7-5-03 可以看出,其反应速率常数为伯醇>仲醇>叔醇。

表 7-5-03　乙酸酐与各种醇的酯化反应速率常数

ROH	反应速率常数	相对速率（以 CH_3OH 为 100）
CH_3OH	0.105 3	100
CH_3CH_2OH	0.050 5	47.9
$CH_3CH_2CH_2OH$	0.048 0	45.6
$n-CH_3-(CH_2)_5-CH_2OH$	0.039 3	37.3
$n-CH_3-(CH_2)_{16}-CH_2OH$	0.024 5	23.2
$CH=CH-CH_2OH$	0.028 7	27.2
$C_6H_5-CH_2OH$	0.028 0	26.6
$(CH_3)_2CHOH$	0.014 8	14.1
$(CH_3)_3COH$	0.000 91	0.8

（2）酰氯与醇或酚的反应　酰氯与醇或酚的反应得到酯和氯化氢,是常用的酯化反应。

$$R'OH+R''COCl \longrightarrow R''COOR'+HCl$$

这是一个不可逆反应,酰氯的酯化极易进行,其酰化能力大于酸酐,可用来制备某些羧酸或酸酐难以生成的酯。

酰氯的酯化反应中有氯化氢生成,所以有时还要用碱中和反应生成的氯化氢。为了防止酰氯的分解,一般采用分批加碱,以及低温反应的方法。常用的碱类有碳酸钠、乙醇钠、吡啶、三乙胺或 N,N-二甲基苯胺等。

脂肪族酰氯活性较高,对水敏感,特别是低级脂肪酰氯,遇水极易分解,如需用溶剂,可用非水溶剂,如苯、二氯甲烷等。芳香族酰氯活泼性较次,对水不敏感,反应可在碱的水溶液中进行。

（3）羧酸盐与卤化物酯化法 羧酸盐(一般指钠盐或钾盐)可与活泼的卤化物(或苄卤)反应生成酯:

$$R'X + R''COOM \longrightarrow R''COOR' + MX$$

该反应可进行完全,操作及后处理都较简单,反应通常在乙醇、丙酮等有机溶剂中进行,为了使羧酸盐溶解,宜使用含水溶剂,有时也使用相转移催化剂,如叔胺或季铵盐等。

其催化过程如下:

$$R'X + R''_3N \longrightarrow R'N^+ \ R''_3X^- \xrightarrow[-HX-NaX]{RCOOH(Na)} [R'N^+ \ R''_3X]^- \ ^-OOCR \xrightarrow[-R'N^+R''_3X^-]{R'} RCOOR'$$

3. 酯交换反应

酯交换反应包括醇解、酸解、酯交换三种:

$$RCOOR' + R''OH \rightleftharpoons RCOOR'' + R'OH$$

$$RCOOR' + R''COOH \rightleftharpoons R''COOR' + RCOOH$$

$$RCOOR' + R''COOR''' \rightleftharpoons RCOOR''' + R''COOR'$$

这三种类型都是可逆反应,其中酯交换反应并不常用,而醇解是应用最多的。其平衡反应式如下:

$$R'\!-\!\overset{\overset{O}{\|}}{C}\!-\!OR'' + R'''OH \rightleftharpoons R'\!-\!\overset{\overset{OR'''}{\diagup}}{\underset{\diagdown}{C}}\!-\!OH \rightleftharpoons R'\!-\!\overset{\overset{O}{\|}}{C}\!-\!OR''' + R''OH$$

一般是把酯分子中的伯醇基由另一高沸点的伯醇基所替代,甚至可以由仲醇基所替代,其中伯醇最易反应,仲醇次之。反应的平衡是通过不断地将生成的醇蒸出而实现的。反应在酸或碱催化作用下均可进行,而以碱用得较多。由于酯交换的醇解在酸性或碱性条件下均易发生,因此,其他醇的酯,不宜在乙醇中重结晶,或用乙醇为溶剂进行反应(如氢化等),特别是用骨架镍催化剂的氢化,因为骨架镍催化剂中可能有微量的碱。

在硫酸或氯化氢的作用下,腈与醇也可发生醇解,由于腈的合成方法较多,容易制取,因此该法也应用较广。

$$RCN + R'OH + H_2O \longrightarrow RCOOR' + NH_3$$

这种方法的优点在于腈可以直接转变为酯,而不必先制成羧酸。工业上利用此法大量生产甲基丙烯酸甲酯,供制备有机玻璃用。丙酮与氰化钠反应生成丙酮氰醇,再在 100 ℃下用浓硫酸反应,生成相应的甲基丙烯酰胺硫酸盐,然后在 90 ℃与甲醇反应生成相应的甲基丙烯酸甲酯:

$$(CH_3)_2C(OH)CN+H_2SO_4 \longrightarrow \underset{\underset{CH_3}{|}}{CH_2=C}-CONH_2 \cdot H_2SO_4$$

$$\underset{\underset{CH_3}{|}}{CH_2=C}-CONH_2 \cdot H_2SO_4 + CH_3OH \longrightarrow \underset{\underset{CH_3}{|}}{CH_2=C}-COOCH_3 + NH_4HSO_4$$

腈的醇解还经常用于合成多官能团的酯,例如,丙二酸酯、氨基酸酯、酮酸酯等,都可通过相应的腈经醇解来制取,如用 α-氰乙酸酯合成丙二酸酯:

$$NCCH_2COOR+C_2H_5OH \xrightarrow{\ HCl\ } CH_2 \underset{\diagdown COOC_2H_5}{\overset{\diagup COOR}{}}$$

酸解是通过酯与羧酸的交换反应合成另一种酯,虽然其反应不如醇解普遍,但这种方法特别适用于合成二元酸单酯及羧酸乙烯酯等。酸解反应与其他可逆反应相似,为了获得较高的转化率,必须使一种原料超过理论量,或者使反应生成物不断地分离出来。各种有机羧酸的反应活性相差不大,只有带支链的羧酸、某些芳香族羧酸,以及空间位阻较大的羧酸(如有邻位取代基的苯甲酸衍生物)的反应活性比一般的羧酸为弱。

乙酸乙烯酯及乙酸丙烯酯都是容易得到的原料,通过酸解反应,可以合成多种羧酸乙烯酯或羧酸丙烯酯。例如,在催化剂乙酸汞及浓硫酸存在下,乙酸乙烯酯与十二酸加热回流,即酸解生成十二酸乙烯酯:

$$CH_3(CH_2)_{10}COOH+CH_3COOCH=CH_2 \rightleftharpoons CH_3(CH_2)_{10}COOCH=CH_2+CH_3COOH$$

酯交换法的应用较少,是通过两种不同的酯之间进行交换反应,生成两种新酯的反应,该法成本较高。当有些酯不能采用直接酯化法或其他酰化方法来制备时,可采用此法:

$$RCOOR'+R''COOR''' \rightleftharpoons RCOOR'''+R''COOR'$$

此反应完成的先决条件是在反应生成的酯中至少有一种酯的沸点要比另一种酯的沸点低得多,这样在反应过程中,就能不断蒸出沸点较低的生成的酯,同时获得另一种生成的酯。例如,对于其他方法不易制得的叔醇的酯,可先制成甲酸的叔醇酯,再和指定羧酸的甲酯进行反应:

$$HCOOCR_3+R''COOCH_3 \xrightarrow{\ CH_3ONa\ } HCOOCH_3+R''COOCR_3$$

因为甲酸甲酯的沸点很低(31.8 ℃),很容易从反应产物中蒸出,就能使酯互换顺利进行。

4. 其他

除了上面讲的这些常用的酯化方法,还有烯酮与醇的加成酯化法。该法适用于反应活性较差的叔醇及酚类的酯的合成,应用较广泛的烯酮是乙烯酮和双乙烯酮。

乙烯酮是由乙酸在高温下热裂脱水而成,由于其活性极高,与醇类反应可顺利制得乙

酸酯。该反应是烯酮与醇先发生加成反应,再通过互变异构而生成酯:

$$CH_2=CO + R'OH \longrightarrow CH_2-C-OR' \rightleftharpoons CH_3COOR$$
$$|$$
$$OH$$

此法收率较高,可用酸性或碱性催化剂催化,如硫酸、对甲基苯磺酸、叔丁醇钾等。当含有 α-氢的醛或酮与乙烯酮反应则生成乙酸烯醇酯,例如:

$$CH_2=CO+CH_3COCH_3 \xrightarrow{H_2SO_4} CH_3COOC \begin{array}{c} CH_3 \\ \diagup \\ \diagdown \\ CH_2 \end{array}$$

此外,乙烯酮的二聚体,即双乙烯酮,也有很高的反应活性,在酸或碱的催化下,双乙烯酮与醇能反应生成 β-酮酸酯。此法不仅收率较高,而且还可以合成用其他方法难以制取的 β-酮酸叔丁酯。例如,叔丁醇、乙酸钾和双乙烯酮一起加热,便生成乙酰乙酸叔丁酯:

$$\begin{array}{c} CH_2=C-O \\ | \quad | \\ H_2C-C=O \end{array} +(CH_3)_3COH \longrightarrow CH_3COCH_2COOC(CH_3)_3$$

又如,工业上大批量制备的乙酰乙酸乙酯就是由双乙烯酮与乙醇反应而成,合成路线较其他方法简便得多。

三、酯化反应工艺

1. 间歇酯化工艺

对小批量生产来说,间歇酯化较为灵活。如醋酸丁酯的生产,其工艺流程见图 7-5-01。

冰醋酸、丁醇及少量相对密度为 1.84 的硫酸催化剂均匀混合,反应数小时使反应趋于平衡,然后不断地蒸出生成水以提高收率。由于醋酸丁酯的沸点较低,它将随水蒸气蒸出,并在分离器中分为两层,下层水可不断放掉。当不能再蒸出水时,可认为酯化反应已达到终点。这时,分馏塔顶部的温度会升高,同时有少量的醋酸会被带入冷凝器中。向釜中加入氢氧化钠溶液中和残留的少量酸,静置放出水层,然后用水洗涤,最后蒸出产物醋酸丁酯,纯度为 75%~85%,残留的是丁醇。

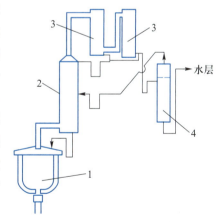

图 7-5-01　间歇生产醋酸丁酯流程图
1—酯化釜;2—分馏塔;3—冷凝器;4—分离器

大部分羧酸与醇进行的酯化过程都可以采用上述间歇酯化工艺。生成的羧酸酯用途广泛,大量用作溶剂和香料。

2. 连续酯化工艺

乙酸乙酯的生产方法有乙酸乙醇酯化法、乙醛缩合法和乙烯酮乙醇法,其中以乙酸直接酯化法最为经济。一般用连续法生产,工艺流程见图 7-5-02。

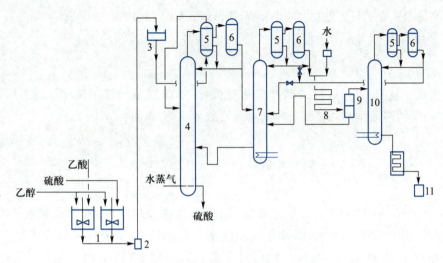

图 7-5-02　乙酸与乙醇连续酯化流程示意图

1—混合器；2—泵；3—高位槽；4—酯化反应塔；5—回流分凝器；6—全凝器；7—酯蒸出塔；
8—混合盘管；9—分离器；10—酯干燥塔；11—产品储槽

乙酸与硫酸及过量乙醇在混合器内搅拌均匀，用泵输送到高位槽，物料经预热器进入酯化反应塔的上部。塔的下部用水蒸气直接加热，生成的酯与醇、水形成三元共沸物向塔顶移动，而含水的液体物流由顶部流向塔底。从塔底排出含硫酸废水，中和以后排放。

塔顶逸出的蒸气通过回流分凝器，部分凝液回流入酯化反应塔，其余的凝液与全凝器凝液合并后进入酯蒸出塔，此塔底部间接加热，塔顶蒸出的是 $w($酯$) = 83\%$，$w($醇$) = 9\%$ 及 $w($水$) = 8\%$ 的三元共沸物，顶温为 70 ℃。共沸物中添加水，经混合盘管后进入分离器，液体便分成两层。上层含有 $w($乙酸乙酯$) = 93\%$，$w($水$) = 5\%$ 及 $w($醇$) = 2\%$；下层液体再回入酯蒸出塔，以回收少量的酯及醇。含水及醇的粗酯进入酯干燥塔，此塔顶蒸出的是三元共沸物，可以与酯蒸出塔塔顶物料合并处理。塔底得到的便是 $w($乙酸乙酯$) = 95\% \sim 100\%$ 的乙酸乙酯成品。

3. 反应装置

图 7-5-03 列举的是几种不同类型的酯化反应装置。前三种采用酯化釜，其容积较大，采用夹套或内蛇管加热。反应物料连续进入反应器，在其中沸腾，共沸物从反应体系中蒸出。第一种只带有回流冷凝器，水可直接由冷凝器底部分出，而与水不互溶的物料回流入反应器中。第二种带有蒸馏柱，可较好地由共沸混合物中分离出生成水。第三种将酯化器与分馏塔的底部连接，分馏塔本身带有再沸器，大大提高了回流比和分离效率。这三种类型的装置适用于共沸点低、中、高的不同情况。最后一种反应器为塔式。每一层塔盘可看成一个反应单元，催化剂及高沸点原料（一般是羧酸），由塔顶送入，另一种原料则严格地按原料的挥发度在尽可能高的塔层送入。液体及蒸气逆向流动。这一装置特别适用于反应速率较低，以及蒸出物与塔底物料间的挥发度差别不大的体系。

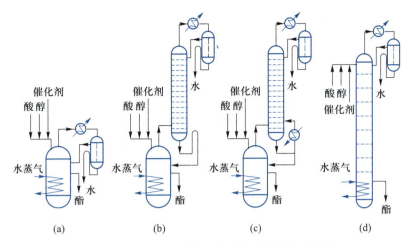

图 7-5-03　几种不同类型的酯化反应装置示意图

(a) 带回流冷凝器的酯化装置;(b) 带蒸馏柱的酯化装置;(c) 带分馏塔的酯化装置;(d) 塔式酯化装置

四、酯化反应的分析

酯化反应的分析方法是较为成熟的,下面从定性和定量两种方法进行阐述。

1. 定性分析

定性分析主要有两种:

(1) 皂化反应　酯类经碱性水解生成羧酸盐及醇(或酚),再分别检验这两种产物就可推知原来酯的结构:

$$RCOOR'+NaOH \longrightarrow RCOONa+R'OH$$

(2) 异羟肟酸铁(酰肟铁)试验　酯基与羟胺作用生成羟肟酸,后者经酸化后与 $FeCl_3$ 作用生成红色或紫色的可溶性络盐,例如:

$$CH_3COOC_2H_5+NH_2OH \longrightarrow C_2H_5OH+CH_3CONHOH$$

$$3CH_3CONHOH+FeCl_3 \longrightarrow 3HCl+(CH_3CONHO)_3Fe$$

羧酸、酸酐、酰卤、酰胺均有干扰。此法一般可用于检验 $R\!-\!\overset{\displaystyle O}{\overset{\displaystyle \|}{C}}\!-$ 基。

2. 定量分析

定量分析主要有化学分析法和仪器分析法。

化学分析法是指皂化当量的测定,此法用过量的 $0.1\ \mathrm{mol\cdot L^{-1}}$ 或 $0.5\ \mathrm{mol\cdot L^{-1}}$ 的 KOH(或 NaOH)溶液与样品 $0.5\sim1.5\ \mathrm{g}$ 作用(回流约 $0.5\ \mathrm{h}$),再在酚酞作用下,以标准酸滴定过剩的碱,从而可求出皂化当量:

$$皂化当量 = m/[(V_B-V_S)c(HCl)]$$

$$皂化当量 \times 酯基数目 = 酯的相对分子质量$$

式中: m ——待测样品的质量,mg;

　　　V_B ——滴定所用总的 KOH(或 NaOH)体积,mL;

　　　V_S ——滴定所用标准酸的体积,mL;

$c(\mathrm{HCl})$——标准酸的浓度,$\mathrm{mol \cdot L^{-1}}$。

仪器分析主要是气相色谱和高效液相色谱,已广泛用于测定酯的含量和酯化反应的控制。

五、酯化反应的工业实例——非酸性催化剂法生产 DOP

DOP(邻苯二甲酸二辛酯)是使用最广泛的增塑剂,除了醋酸纤维素、聚醋酸乙烯外,与绝大多数工业上使用的合成树脂和合成橡胶均有良好的相溶性。本品具有良好的综合性能,混合性能好,增塑效率高,挥发性较低,低温柔软性较好,电性能高,耐热性良好。它可用于硝基纤维素漆,在合成橡胶中,亦有良好的软化作用。

化学反应式:

$$
\begin{array}{c}
\text{(苯酐)} \end{array} + 2\mathrm{C_8H_{17}OH} \xrightarrow{\text{催化剂}} \begin{array}{c}\text{C}-\text{OC}_8\text{H}_{17}\\ \text{C}-\text{OC}_8\text{H}_{17}\end{array} + \mathrm{H_2O}
$$

工艺流程见图 7-5-04。将苯酐自管外网送到酯化反应釜。辛醇经板式换热器与来自降膜蒸发器的粗酯换热,再经醇加热器被加热到稍低于沸点后进入酯化反应釜,存于催化剂储槽的催化剂经计量泵进入酯化反应釜。从酯化反应釜中溢流出的物料依次进入另外 3 个酯化反应釜继续酯化。

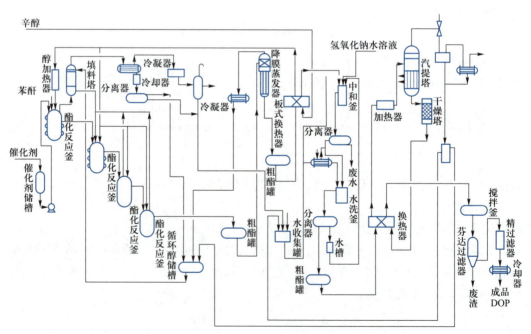

图 7-5-04　非酸性催化剂法生产 DOP 流程图

各酯化反应釜中的水与醇形成共沸物,离开反应釜后一起进入填料塔,其中一部分醇流回酯化反应釜中,另一部分出塔经冷凝器及冷却器进入分离器。在分离器中醇水分离,水从底部去中和工艺的水收集罐,醇从上部溢流至循环醇储槽,经泵打回填料塔作回流液。

　　将粗酯罐的粗酯打入降膜蒸发器中,在真空条件下连续脱醇。醇从顶部排出,经冷凝后进入醇收集槽,重复使用;粗酯依次收集在粗酯罐中,送到板式换热器与来自原料罐区的辛醇进行换热,再去中和釜,与氢氧化钠水溶液中和,然后进入分离器中,分离出的废水由罐底排出送污水处理装置,分离出的有机相溢流至水洗釜,注入脱盐水进行水洗。混合液溢流至分离器中,分离出的水相进入水槽,酯相流到粗酯罐中。

　　将粗酯从罐用泵抽出经换热器、加热器加热后去汽提塔,进行真空汽提。从塔底流出经干燥塔在高真空下进一步提纯,经热交换后进入搅拌釜。在此与活性炭混合后,送到芬达过滤器进行粗过滤,滤液再进入精过滤器进行精过滤。滤液经冷却后送至产品罐。滤渣作为燃料烧掉。

　　该装置可根据原料醇的不同而切换生产 DOP,DINP(邻苯二甲酸二异壬酯),DIDP(邻苯二甲酸二异癸酯)。也可通过改变某些工艺操作条件而生产通用级、电气级、食品级和医药级 DOP。

7-6　胺　化

　　制备胺类的化学反应称为胺化(amination)。通过胺化反应,不仅可制备多种精细有机中间体,而且可制得众多的终端产品。各种脂肪胺和芳香胺具有十分广泛的用途,例如,表面活性剂、相转移催化剂、缓蚀剂、聚合物单体、农药、医药、染料等。另外,氨基化合物在合成领域也有重要作用,通过重氮化反应可以将氨基转为羟基、氰基、硝基、磺酸基、偶氮化合物等。

　　制备胺类的方法主要有还原胺化及氨解胺化两种方法。

一、还原胺化

还原胺化主要有一般化合物的还原胺化法及直接的还原胺化法。

1. C—N 化合物的还原胺化法

硝基化合物、亚硝基化合物、肟、腈、酰胺、偶氮化合物、氧化偶氮化合物、氢化偶氮化合物、叠氮化合物等均可经还原得到胺类。

$$R{-}NO_2 \xrightarrow{[H]} R{-}NH_2$$

$$R{-}NO \xrightarrow{[H]} R{-}NH_2$$

$$R{-}CN \xrightarrow{[H]} R{-}CH_2NH_2$$

$$R{-}CONH_2 \xrightarrow{[H]} R{-}CH_2NH_2$$

$$R{-}CH{=}N{-}OH \xrightarrow{[H]} R{-}CH_2NH_2$$

$$R{-}N{=}N{-}R \xrightarrow{[H]} 2R{-}NH_2$$

$$R{-}NHNH{-}R \xrightarrow{[H]} 2R{-}NH_2$$

　　(1)硝基及亚硝基化合物的还原　硝基和亚硝基化合物的还原较易进行,主要有化学还原法和催化加氢还原法。化学还原法根据催化剂的不同，又分为铁屑还原、含硫化合物的还原、碱性介质中的锌粉还原等。铁屑还原的适用范围较广，凡能与铁泥分离的芳胺皆可采用此法，其还原过程包括还原反应、还原产物的分离与精制、芳胺废水与铁泥处理等几个基本步骤。对于容易随水蒸气蒸出的芳胺，如苯胺、邻（对）甲苯胺、邻（对）氯苯胺等，都可采用水蒸气蒸馏法将产物与铁泥分离；对于易溶于水且可蒸馏的芳胺如间（对）苯二胺、2,4-二氨基甲苯等，可用过滤法先除去铁泥，再浓缩滤液，进行真空蒸馏，得到芳胺；能溶于热水的芳胺，如邻苯二胺、邻氨基苯酚、对氨基苯酚等，用热过滤法与铁泥分离，冷却滤液即可析出产物；对含有磺基或羧基等水溶性基团的芳胺，如 1-氨基萘-8-磺酸（周位酸）、1-氨基萘-5-磺酸等，可将还原产物中和至碱性，使氨基磺酸溶解，滤去铁泥，再用酸化或盐析法析出产品；难溶于水而挥发性又小的芳胺，如 1-萘胺，在还原后用溶剂将芳胺从铁泥中萃取出来。

含硫化合物的还原主要包括硫化碱类，如硫化钠、硫氢化铵、多硫化铵等，这类反应称为齐宁反应（Zinin）。该反应比较缓和，可使多硝基化合物中的硝基选择性的部分还原或只还原硝基偶氮化合物中的硝基，而保留偶氮基，并应用于从硝基化合物获得的不溶于水的胺类。含有醚、硫醚等对酸敏感基团的硝基化合物，不易用铁粉还原时，可用硫化物还原。芳环上取代基的极性对硝基还原反应速率有很大的影响，引入给电子基团会阻碍反应，引入吸电子基团会加速反应，如间硝基苯胺的还原速率要比间二硝基苯的还原速率慢 1 000 倍以上。带有羟基、甲氧基、甲基的邻、对二硝基化合物采用硫化碱部分还原时，邻位的硝基首先被还原。采用硫化碱进行部分还原时，为避免硝基的完全还原，采用温和的反应条件，如过量 5%~10% 的硫氢化钠或二硫化钠溶液。另一类应用比较多的含硫化合物的还原是亚硫酸盐和连二亚硫酸钠的还原。亚硫酸盐（包括亚硫酸氢盐）能将硝基、亚硝基、羟胺基、偶氮基等还原成氨基，将重氮盐还原成肼，还原历程是对上述基团中的不饱和键进行加成反应，生成加成还原产物 N-磺酸胺基，经酸水解制得氨基化合物或肼。

连二亚硫酸钠，俗称保险粉，是在强碱性介质中使用的强还原剂，但价格较贵，主要应用于蒽醌及还原染料的还原。

碱性介质中的锌粉还原可制得氢化偶氮化合物，它们极易在酸中发生分子重排生成联苯胺系化合物，联苯胺系化合物是制造偶氮染料的重要中间体。工业上，将硝基化合物在氢氧化钠溶液中以锌粉为还原剂，可制得氢化偶氮化合物。

催化加氢法由于能使反应定向进行，副反应少、产品质量好、收率高，因此是胺类生产的发展方向，对含有硝基、亚硝基、氧化偶氮基及氰基的化合物都可采用加氢还原。工业上实现加氢还原有液相加氢还原法和气相加氢还原法两种工艺。液相加氢还原法是指在液相介质中进行的加氢还原，一般采用固体催化剂，而原料硝基物溶于溶剂中，还原剂为氢气，故实际上为气-液-固三相催化反应，气相加氢还原法是指以气态反应物进行的加氢还原，实际上为气-固相催化反应，此法仅适用于沸点较低、容易汽化的硝基化合物的还原。

加氢的催化剂主要有骨架镍、铜硅载体型的催化剂及贵金属附着在碳上的催化剂（如钯/碳）。

骨架镍又称雷尼镍,由铝镍合金制成,从两组分的合金中,用溶解的方法,去除其中不需要的组分铝,形成具有高度空隙结构的骨架,故称为骨架型催化剂。常采用含镍50%的铝镍合金为原料,用氢氧化钠处理,溶去合金中的铝:

$$2Al+2NaOH+2H_2O \longrightarrow 2NaAlO_2+3H_2$$

这种溶出铝的过程称为合金的"消化",消化方法不同,催化剂的活性也不同。制备好的灰黑色骨架镍催化剂在空气中会自燃,需保存在乙醇或蒸馏水中,使用时要注意安全。骨架镍是最常用的液相加氢催化剂,它能使硝基还原。镍系催化剂对硫化物敏感,可造成永久性中毒,无法再生。近年来开展了对骨架镍改性的研究,如将骨架镍经部分氧化处理,使之钝化不会自燃,而又保留较高的催化活性。

铜硅载体型的催化剂是由沉积在硅胶上的铜组成,硅胶必须具有大的表面积和孔隙率,催化剂以浸渍法制备,硅胶放入硝酸铜、氨水中浸渍、干燥、焙烧,使用前用氢气活化,得含铜量为$w(铜)=14\%\sim16\%$的金属态铜。该类催化剂具有成本低、选择性好、机械强度高的优点,但抗毒性、热稳定性较差,原料中微量的有机硫化物,极易引起催化剂中毒。在硝基苯气相加氢中,为改进铜硅催化剂的性能,制备了铜-氧化铝催化剂,具有较长的寿命。

贵金属如铂、钯、铑,都具有较好的加氢活性,它们的金属/活性炭型催化剂对硝基苯加氢的活性顺序为铂>钯>铑。

（2）肟及亚甲胺的还原

$$R-CH=N-OH \xrightarrow{[H]} R-CH_2NH_2$$

醛、酮与羟胺反应生成肟,与胺反应生成亚甲胺,肟与亚甲胺均可通过还原而得到胺。这是醛、酮基转变为相应氨基的简单而有效的途径。能还原硝基化合物为胺的还原剂,多数均能还原肟和亚甲胺。

金属氢化物,如氢化铝锂在无水醚或无水四氢呋喃中,常用于肟的还原,但硫代氢化硼钠在沸腾的四氢呋喃中,反应才能顺利进行。乙硼烷还原肟时,若与四氢呋喃在较低的温度下反应,则得羟胺,但如用双-（2-甲氧乙基）醚为溶剂,反应可在较高的温度下进行,可得到良好收率的胺,而此时如有硝基,乙硼烷可以选择性地只还原肟,而保留硝基。

$$\underset{NO_2}{\overset{CH=NOH}{\bigcirc}} \xrightarrow[105\sim110\ ℃]{B_2H_6-(CH_3OCH_2CH_2)_2O} \underset{NO_2}{\overset{CH_2NH_2}{\bigcirc}}$$

催化氢化法亦是还原肟和亚甲胺成伯胺的有效方法,常用的催化剂有钯和镍,例如:

$$\underset{O}{\overset{O}{\bigcirc}}CH_2CH=NH \xrightarrow[C_2H_5OH,3.0\sim4.0\ MPa]{雷尼镍} \underset{O}{\overset{O}{\bigcirc}}CH_2CH_2NH_2$$

金属铁亦可用于还原肟及亚甲胺,如咖啡中间体紫脲酸的还原:

$$\underset{\substack{|\\HN-C=NH}}{\overset{\substack{HN-C=O\\|}}{O=C}}\underset{\substack{|}}{\overset{\substack{|}}{C=N-OH}} \xrightarrow[\text{40~45 ℃ pH3.5~3.8}]{Fe/H_2SO_4/H_2O} \underset{\substack{|\\HN-C-NH_2}}{\overset{\substack{HN-C=O\\|}}{O=C}}\underset{\substack{|}}{\overset{\substack{|}}{C-NH_2}}$$

（3）腈的还原　腈的还原主要使用催化氢化法和金属氢化物还原法。催化氢化法可在常温常压下用钯或铂为催化剂，或在加压下用活性镍作催化剂，通常在得到主要还原产物伯胺的同时，还生成较多仲胺。

$$R-C\equiv N \xrightarrow{H_2/Ni} R-CH=NH \xrightarrow{H_2/Ni} R-CH_2NH_2$$

$$R-CH=NH + R-CH_2NH_2 \xrightarrow{H_2/Ni} (R-CH_2)_2NH$$

采用钯或镍作催化剂，在酸性溶剂中还原，使产物成为铵盐从而阻止伯胺与反应中间物亚胺发生加成副反应。或用镍为催化剂，在溶剂中加入过量的氨，使副反应减少。

氢化铝锂和乙硼烷均可使腈还原成伯胺，一般采用过量的氢化铝锂，乙硼烷可在室温下快速反应，硼氢化钠通常不能还原氰基，但在加入活性镍、氯化钯等催化剂的条件下该还原反应可以顺利进行。

（4）酰胺的还原　酰胺的还原可供选择的催化剂较少，不易用活泼金属还原，催化氢化法需在高温高压下进行，因此，金属氢化物是还原酰胺为胺的主要还原剂，氢化铝锂在温和的条件下即可反应，缺点是价格较贵，并要求无水操作。单独使用硼氢化钠不能还原酰胺为胺，但由乙酸和硼氢化钠形成的酰氧硼氢化钠却是十分有效的还原剂。乙硼烷是还原酰胺的较好试剂，反应收率极佳；与氢化铝锂不同，用乙硼烷作催化剂时，没有成醛的副反应，且不影响分子中的硝基、烷氧羰基、卤素等基团，但如有烯键存在，则同时被还原。

（5）偶氮化合物的还原　偶氮化合物是通过氮—氮键的还原氢解反应制备伯胺的。催化氢化法，活泼金属和连二亚硫酸钠是最常用的还原方法。硼烷可在温和条件下还原偶氮化合物而不影响分子中的硝基，金属氢化物通常不能还原偶氮化合物。

2. 羰基化合物的还原胺化法

在还原剂的存在下，羰基化合物与氨、伯胺或仲胺发生还原胺化反应，常用的还原剂有活泼金属与酸、金属氢化物、甲酸及其衍生物。当用甲酸类作还原剂，反应称Leuckart 反应。

（1）氢化还原胺化法　在催化剂的作用下，羰基化合物与氨发生氢化胺化反应，生成伯胺、仲胺和叔胺，也称催化氢胺化反应，是低级脂肪胺的重要工业制法之一，原料包括醛、酮、醇。

$$RCHO+NH_3+H_2 \longrightarrow RCH_2NH_2$$

$$\begin{array}{c} R \\ | \\ C{=}O \\ | \\ R' \end{array} + NH_3 + H_2 \longrightarrow \begin{array}{c} R \\ | \\ CHNH_2 \\ | \\ R' \end{array}$$

$$RCH_2OH+NH_3+H_2 \longrightarrow RCH_2NH_2$$

一般认为该反应分为两步进行:第一步先生成亚胺,第二步亚胺加氢生成相应的胺。

以丙酮生产异丙胺为例:

$$\begin{array}{c} CH_3 \\ | \\ C{=}O \\ | \\ CH_3 \end{array} \xrightarrow{+NH_3} \begin{array}{c} CH_3\ NH_2 \\ \ \backslash\ | \\ C \\ /\ \backslash \\ CH_3\ OH \end{array} \xrightarrow{-H_2O} \begin{array}{c} CH_3 \\ | \\ C{=}NH \\ | \\ CH_3 \end{array} \xrightarrow{+H_2} \begin{array}{c} CH_3 \\ | \\ CHNH_2 \\ | \\ CH_3 \end{array}$$

因此要求催化剂具有胺化、脱水和加氢三种功能。镍、钴、铜、铁等多种金属对该反应具有活性,其中以镍-氧化铝催化剂的活性最高。反应温度一般为 $100\sim200\ ℃$,常压或稍加压,以便分离反应过剩的氢和氨。$n(醇、醛或酮):n(氨):n(氢)=1:(1\sim3):(1\sim5)$。调节氢胺比及反应条件可以改变原料的转化率。对于低级脂肪醛的反应,可在气相及镍催化剂上进行,温度 $125\sim150\ ℃$;而对于高沸点的醛和酮,则往往在液相中进行反应。

（2）Leuckart 反应　在甲酸及其衍生物存在下,羰基化合物与氨、胺的还原胺化反应具有较好的选择性,一些易被还原的基团,如硝基、亚硝基、碳碳双键等不受影响。许多不溶于水的脂肪酮、芳香酮及杂环酮,用甲酸铵或甲酰胺还原,然后水解,可得良好收率的伯胺,如用 N-烷基取代或 N,N-二烷基取代的甲酰胺代替甲酸铵,则可得到仲胺和叔胺。

$$\underset{\text{COCH}_3}{\boxed{}} \xrightarrow[180\sim185\ ℃]{HCOONH_4} \underset{\text{CHCH}_3}{\overset{NH_2}{\boxed{}}}$$

$$\underset{}{\boxed{}}{=}O \xrightarrow{HCON(CH_3)_2,\ HCOOH} \underset{}{\boxed{}}{-}N(CH_3)_2$$

二、氨解胺化

氨解胺化是利用胺化剂将已有的取代基置换成氨基（或芳胺基）的反应,主要包括卤素的氨解、羟基化合物的氨解、磺酸基及硝基的氨解和直接氨解等。

胺化剂可以用液氨、氨水、溶解在有机溶剂中的氨、气态氨或者由固体化合物如尿素或铵盐中放出的氨,以及各种芳胺。

1. 卤素的氨解

卤素的氨解包括脂肪族卤素化合物的氨解和芳香族卤素化合物的氨解。脂肪族卤素化合物的氨解一般得到的是伯、仲、叔胺和少量季铵化合物的混合物:

$$RX \xrightarrow{NH_3} RNH_2 \cdot HX \longrightarrow RNH_2 \xrightarrow{RX} R_2NH \cdot HX \longrightarrow R_2NH$$

$$\xrightarrow{\ RX\ } R_3N \cdot HX \longrightarrow R_3N \xrightarrow{\ RX\ } R_4N^+X^-$$

为了避免上述多烷基化的过程,可使用过量的胺化剂,如氯乙酸经氨解得氨基乙酸,又称甘氨酸,它是医药、有机合成、生物化学研究的重要原料:

$$ClCH_2COOH \xrightarrow{\ NH_3\ } H_2NCH_2COOH$$

芳香族卤素化合物的氨解依据卤素衍生物的活性可分为非催化氨解和催化氨解。非催化氨解是指对于活泼的卤素衍生物发生的氨解,如芳环上含有硝基时,通常用氨水处理,可使卤素被氨基置换。由于芳胺的碱性不及氨,因而芳香族卤素化合物的氨解生成仲胺的比例甚小。例如,邻或对硝基氯苯与氨水溶液加热时,氯被氨基置换:

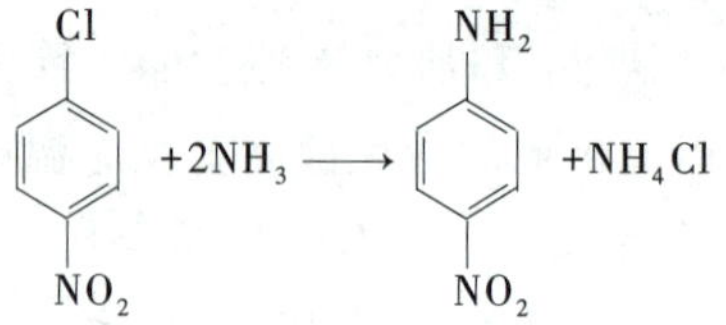

$$+2NH_3 \longrightarrow +NH_4Cl$$

硝基的影响与其在芳环上的位置有关,硝基在氯原子的邻、对位时,氨解反应具有较好的活性,而间位则影响不大:

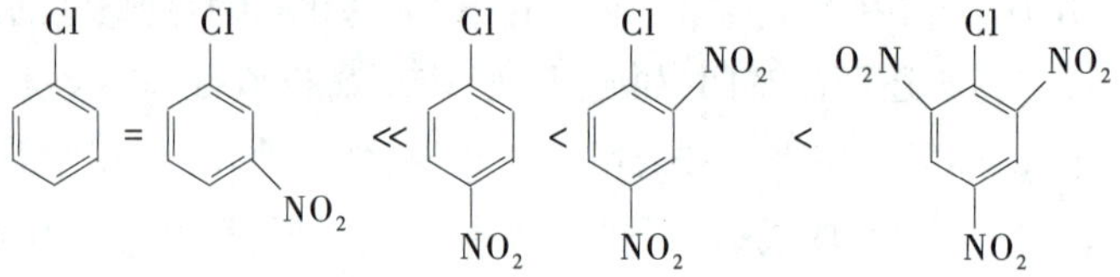

催化氨解适合于带给电子取代基或不带取代基的芳香卤化物(如氯苯、对二氯苯)的胺化。这类化合物的氨解较难进行,需在高温、高压及铜、氧化铜或铜盐的催化下才能进行。如:

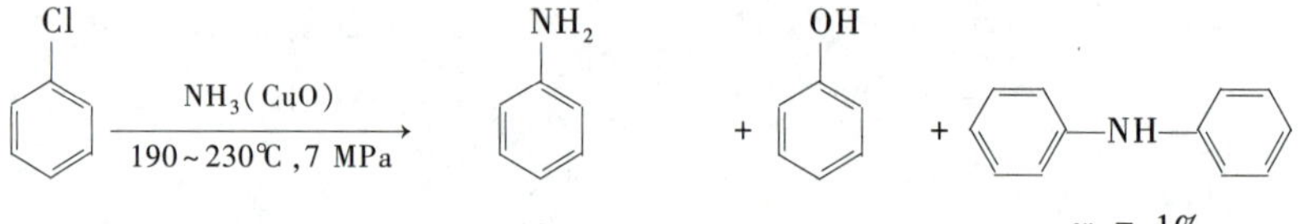

$$\xrightarrow[190\sim230℃,7\ MPa]{NH_3(CuO)}$$

$w = 80\% \sim 90\%$　　$w = 5\%$　　$w = 1\%$

2. 羟基化合物的氨解

对于某些胺类,如果通过硝基的还原或其他方法来制备并不经济,而相应的羟基化合物却有充分的供应时,则羟基化合物的氨解过程就具有很大的意义。胺类转变成羟基化合物,以及羟基化合物转变成胺类是一个可逆过程:

$$ROH + NH_3 \rightleftharpoons RNH_2 + H_2O$$

凡是羟基化合物或相应的氨基化合物越容易转变成酮式或相应的酮亚胺式互变异构体时,则上述反应越易进行。如萘的衍生物比苯的衍生物更易进行上述反应,苯二酚,尤其是对苯二酚比苯酚容易起反应,甲酚较难起反应。

羟基化合物的氨解主要分为醇类的氨解和酚类的氨解。

醇类的氨解是目前制备低级胺类最常用的方法,但生成的伯胺能与原料醇进一步反应,生成仲胺,以致最终生成叔胺。

$$RCH_2OH+NH_3 \Longleftrightarrow RCH_2NH_2+H_2O$$
$$RCH_2OH+RCH_2NH_2 \Longleftrightarrow RCH_2NHCH_2R+H_2O$$
$$RCH_2NHCH_2R+RCH_2OH \Longleftrightarrow (RCH_2)_3N+H_2O$$

醇类的氨解常在气相、350~500 ℃和1~15 MPa下通过脱水催化剂而完成。如甲醇(或乙醇)与氨在固体酸性脱水催化剂(如氧化铝)存在下,于高温氨解得一甲胺、二甲胺及三甲胺的混合物,采用连续精馏可分离产物。高级脂肪醇类的氨解,最好在加压系统中进行,如将十六醇和氨通过装有氧化铝并保持在380~400 ℃的催化反应器,在12.5 MPa压力下可制得十六胺。醇在脱氢催化剂上进行的氨解是另一重要过程,脱氢催化剂主要有载体型镍、钴、铁、铜,也可采用铂、钯;氢用于催化剂的活化。其氨解历程可能是首先生成中间物羰基化合物,进而与氨生成亚胺,再氢化得胺类。当醇、氨和氢连续通过固定床反应器中的催化剂,在0.5~20 MPa和100~200 ℃条件下进行氨解,可得胺类混合物,反应条件取决于催化剂的性质。

酚类氨解一般分为气相氨解法和液相氨解法。气相氨解法是在催化剂(常为硅酸铝)存在下,气态酚类与氨进行气-固相催化反应。苯酚气相催化氨解制苯胺是典型的、重要的氨解过程,见图7-6-01。

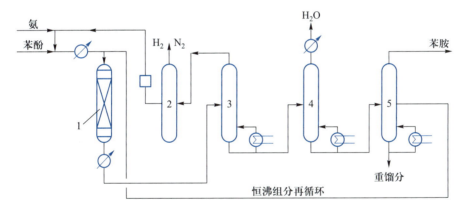

图7-6-01　苯酚气相催化氨解制苯胺的工艺流程图
1—反应器;2—分离器;3—氨回收蒸馏塔;4—干燥塔;5—提纯蒸馏塔

苯酚和氨气生成苯胺和水的反应是可逆的,该反应是一个温和的放热反应,因此采用较高的氨和苯酚摩尔比和较低的反应温度对反应是有利的。

$$\text{(OH)} +NH_3 \Longleftrightarrow \text{(NH}_2\text{)} +H_2O$$

苯酚和氨的气体进入装有催化剂的固定床绝热式反应器中,通过硅酸铝催化剂进行氨解反应,生成的苯胺和水经冷凝进入氨回收蒸馏塔,自塔顶出来的氨气经分离器除去氮、氢后,氨可循环使用,脱氨后的物料先进入干燥塔中脱水,再进入提纯蒸馏塔,塔顶得产物苯胺,塔底为含二苯胺的重馏分,塔中分出苯酚-苯胺共沸物,可返回反应器继续反应。苯酚的转化率为 95%，苯胺收率为 93%。苯酚氨解法生产苯胺的设备投资费仅为硝基苯法的 1/4，催化剂活性高、寿命长、三废量少，如有廉价苯酚供应，是有发展前途的路线。

液相氨解法是酚类与氨水在氯化锡、三氧化铝、氯化铵等催化剂存在下于高温、高压下制取胺类的过程，例如：

$$\text{（蒽醌二醇）} \xrightarrow[\substack{NH_3,94\sim96\ ℃\\0.3\sim0.4\ MPa}]{Zn,H_3BO_3} \text{（二氨基蒽醌）}$$

3. 磺酸基及硝基的氨解

（1）磺酸基的氨解　磺酸基被氨基取代只限于蒽醌系列。将蒽醌磺酸或其盐在压力釜中与氨水共热至高温，则磺酸基被氨基取代。反应如下式所示：

$$\text{（蒽醌磺酸钾）} \xrightarrow{NH_3} \text{（中间体）} \xrightarrow{-KHSO_3} \text{（氨基蒽醌）}$$

蒽醌磺酸与氨反应时所生成的亚硫酸盐将导致生成可溶性的还原产物，使氨基蒽醌的收率和质量下降，因此，在磺酸基的氨解中需要有氧化剂存在，如间硝基苯磺酸、砷酸、硝酸盐等，最常用的氧化剂是间硝基苯磺酸（防染盐），但这些氧化剂会使废水的 COD 和毒性有所提高。过去制备 1-磺酸蒽醌时，需要用有毒的汞催化剂定位，现在已改为由硝化还原法生产 1-氨基蒽醌；而由 2-磺酸蒽醌制取 2-氨基蒽醌的方法已由 2-氯蒽醌氨解法代替，故较有意义的是由 2,6-二磺酸蒽醌氨解制备 2,6-二氨基蒽醌，反应式如下：

$$3\ \text{（2,6-二磺酸蒽醌铵）} +12NH_3+2\ \text{（间硝基苯磺酸钠）} \xrightarrow[3.8\sim4\ MPa]{\substack{NH_3\\180\sim184℃,}} 3\ \text{（2,6-二氨基蒽醌）} +2\ \text{（间氨基苯磺酸钠）} +6(NH_4)_2SO_4$$

2,6-二氨基蒽醌是制备黄色染料的中间体，反应中的间硝基苯磺酸被还原成间氨基苯磺酸，使亚硫酸盐氧化成硫酸盐。

（2）硝基的氨解　硝基的氨解这里主要是硝基蒽醌经氨解成为氨基蒽醌。蒽醌分子中的硝基，由于醌阴性基的作用而呈显著活性，所以它能与苯酚盐进行苯氧基化反应，与亚硫酸盐进行磺化反应引入磺酸基，或与氨反应引入氨基。当蒽醌环上有第二类定位基存在时，能促进反应进行。

1-氨基蒽醌是由 1-硝基蒽醌采用硫化碱还原法或加氢还原法制得的。最近提出了 1-硝基蒽醌在氨水中氨解制取 1-氨基蒽醌的合成路线,反应式如下:

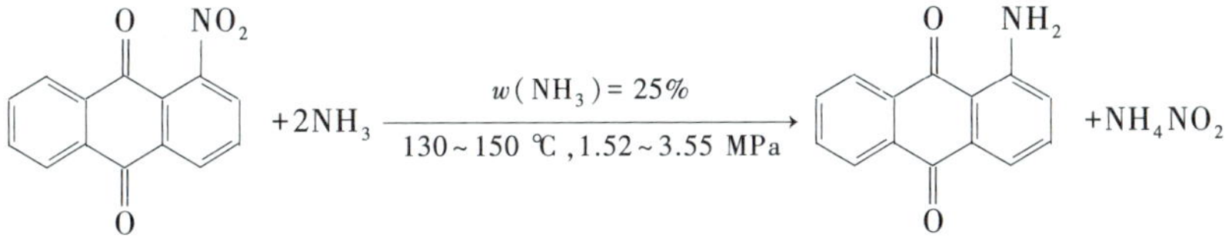

氨解反应速率随氨水浓度、温度、压力的增大而加快,但此法对设备的要求较高,氨的回收负荷较大。常用的溶剂为醇、醚或芳烃等,如苯、对二甲苯、乙醇、环丁砜、二甲基亚砜等,最好采用水作介质。氨解反应常采用釜式间歇法,生成的 NH_4NO_2 干燥时受热易爆炸,但存在于氨水中则无危险。

4. 直接氨解

按一般方法,要在芳环上引入氨基,通常先引入—Cl,—NO_2,—SO_3H 等吸电子取代基,以降低芳环的碱性,然后,再进行亲核置换成氨基。但从实用的观点看,如能对芳环上的氢直接进行亲核置换引入氨基,就可大大简化工艺过程。为了实现这一设想,首先芳环上应存在吸电子基团,以降低芳环碱性;其次,要有氧化剂或电子受体参加,以便在反应中帮助脱去 H,所以用氨基对包含有电子受体的原子或基团的芳香化合物进行氢的直接取代是可能的,这项工作目前还处于探索性的研究阶段。

最重要的直接氨解法是在碱性介质中以羟胺为胺化剂的直接氨解法。当芳环化合物中至少存在两个硝基,萘系化合物中至少存在一个硝基时,可发生亲核取代反应生成伯胺。其反应历程如下:

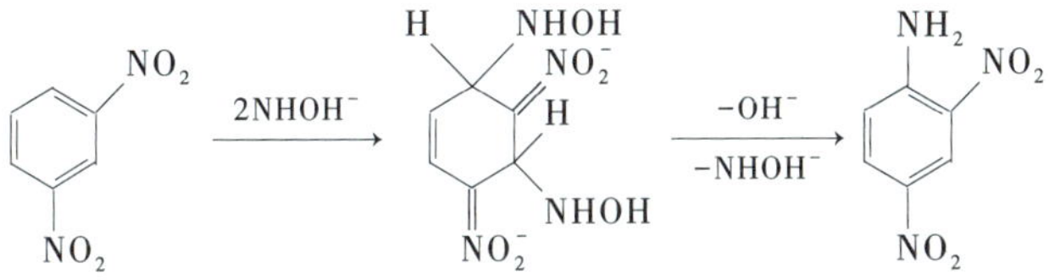

羟胺负离子首先对芳胺进行亲核进攻,生成中间络合物,负电荷分散在硝基的氧原子上,再除去 OH^-,得到氨基化合物。氨基一般进入原有硝基的邻、对位,反应常在醇溶液中加热进行,如:

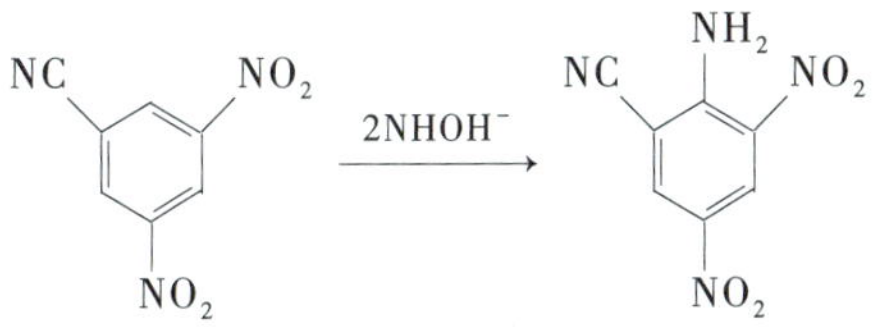

苯或其同系物用氨在高温、催化剂存在下可气相催化氨解为苯胺:

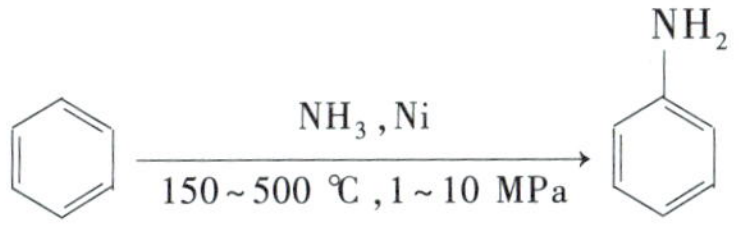

采用的催化剂为 Ni-Zr-稀土元素混合物。类似的 1-氨基蒽醌在金属盐氯化钴催化下可

直接氨解：

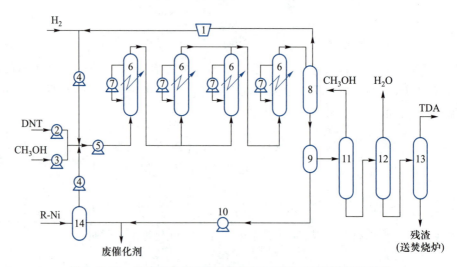

三、胺类的分析方法

脂肪族伯、仲、叔胺可采用加入亚硝酸（$NaNO_2$+HCl）的方法进行鉴别。伯胺放出氮气；仲胺得到黄色的液体或固体；叔胺不放出气体，通常得到复杂的混合产物。

工业上要求低级脂肪胺的产品纯度在 98%~99.5%，对杂质的要求，主要是指氨、水和其他胺的含量。胺含量的分析可采用酸滴定法，也可全部采用色谱法。

高级脂肪胺是碱性化合物，因此可采用酸滴定法来确定胺含量。一般采用异丙醇作溶剂，终点采用比色法或电位滴定法。工业混合高级脂肪胺含有效成分高达 90% 以上，采用分段滴定以确定其伯、仲、叔三种胺的含量。首先确定总含量，然后用水杨醛除去伯胺，用苯基硫氰酸酯或醋酸除去伯胺和仲胺，再用酸滴定即为叔胺的含量。

二胺或多胺及环胺也都用酸滴定的方法测定总胺含量。

四、还原胺化反应的工业实例——硝基化合物的加氢还原

1. 二硝基甲苯液相加氢制二氨基甲苯

由甲苯二硝化得到的产物是 2,4-二硝基甲苯与 2,6-二硝基甲苯的混合物，其中2,4-与2,6-异构化合物的质量分数比为 80/20。将此混合二硝基甲苯液相加氢还原，得到二氨基甲苯，它是生产聚氨基甲酸酯泡沫塑料的中间体，其工艺流程见图 7-6-02。

图 7-6-02   二硝基甲苯连续液相加氢还原制二氨基甲苯流程图
1—氢循环压缩机；2,3,4,5—送料泵；6—反应器；7—物料循环泵；8—气液分离器；
9—沉降分离器；10—循环泵；11—脱甲醇塔；12—脱水塔；13—精馏塔；14—储槽；
DNT（二硝基甲苯）；TDA（二氨基甲苯）；R-Ni（骨架镍）

混合二硝基甲苯与甲醇 V(二硝基甲苯)：V(甲醇)＝1∶1 的溶液用泵输入串联的高压反应器中,与此同时,向反应器中加入 w(Ni)＝0.1%~0.3% 骨架镍的浆状催化剂和适量的氢气。在每台反应器中装有两组水冷却装置,使反应温度保持在 100 ℃ 左右,氢压保持在 15~20 MPa。由第一台反应器流出的产品,分别进入并联的第二、第三台设备,当物料从最后一台反应器流出时,反应已完全。降压,在气液分离器中分出氢气,由沉降分离器中分出催化剂,分出的氢及催化剂均循环使用。粗品经脱甲醇、脱水,最后精馏得到纯度为 99% 的二氨基甲苯,从残渣中可再回收一部分产品。

2. 硝基苯气相加氢制苯胺

硝基苯催化加氢还原制苯胺,分气相法和液相法。工业生产上基本采用气相法。液相法制苯胺具有收率高、能耗低的优点。

1871 年,Saytzeff 在气相下使硝基苯通过铂黑进行加氢制得苯胺,至今此法已发展成为苯胺生产的基本方法。硝基苯气相催化还原为放热反应,工业生产中常采用固定床或流化床加氢,也有采用混合床加氢。所用催化剂有铜系、镍系及贵金属钯等。催化剂载体有硅胶、沸石、活性氧化铝及硅藻土。铜催化剂具有较高的活性和选择性;镍催化剂往往制成复合催化剂,以保持镍的高活性,同时避免苯环加氢。

(1) 固定床加氢　硝基苯气相固定床加氢制苯胺,有操作简便,不需进行催化剂分离回收等优点。它最初是由美国联合化学公司于 1954 年用硫化镍催化剂实现工业化生产的,以后各生产公司相继开发新催化剂并不断改进工艺。日本住友化学工业公司固定床生产工艺,见图 7-6-03。

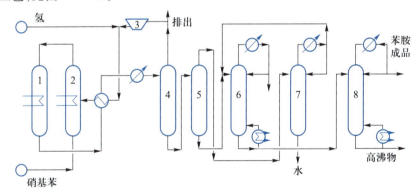

图 7-6-03　日本住友化学工业公司固定床生产工艺流程示意图
1—反应器;2—蒸发器;3—预热器;4—分离器;5—分层器;6—脱水塔;7—汽提塔;8—精馏塔

将新鲜氢和循环氢一起送至预热器中预热,器内保持一定压力。经预热的氢气和硝基苯进入蒸发器,经调整配料比后进入反应器。反应产物与进料氢换热,经冷凝分离出氢和水。粗苯胺进入脱水塔脱水,再经精馏塔脱除高沸物,由塔上部出成品苯胺。苯胺水去汽提塔脱苯胺,苯胺-水共沸物再返回脱水塔回收苯胺。固定床反应器为列管式,管内装铜-铬催化剂,必要时可掺入瓷环。管间用热载体带出反应热,该热量用于产生水蒸气。

瑞士 Lonza 公司开发的 Lonza 工艺,是以铜/沸石为催化剂,反应温度150~300 ℃,压力 0.2~1.5 MPa,硝基苯与氢的比为 n(硝基苯)∶n(氢)＝1∶(2.5~6),硝基苯经雾化与循环氢进入固定床床层,反应热由循环氢吸收,苯胺经精馏提纯。整个装置采用碳钢材质。生产中当固定床床层阻力增大时,可移出部分催化剂以减少阻力。

全球最大,最有竞争力的 MDI 供应商——万华化学集团股份有限公司,长期采用固定床加氢法生产苯胺的工艺。目前万华化学苯胺产能为 162 万吨,国内市场占有率为 40%,主要用于自身 MDI 产能配套和聚氨酯的生产。

(2) 流化床加氢　流化床加氢工艺可避免固定床的局部过热及更换催化剂所引起的频繁停车,能保持长周期连续运转。最先采用流化床加氢制苯胺的是美国氰胺公司,其流程见图 7-6-04。

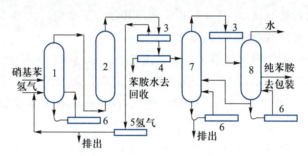

图 7-6-04　美国氰氨公司流化床加氢工艺流程图
1—硝基苯汽化器;2—流化床反应器;3—冷凝器;4—分离器;
5—循环压缩机;6—再沸器;7—粗苯胺塔;8—成品塔

将硝基苯与氢气配成 n(硝基苯):n(氢)= 1:(4~9)的混合物,由流化床反应器底部经分布板进入催化剂床层,床层为铜/硅胶催化剂,粒径 20 ~ 150 μm,床层内设冷却管以导出反应热。反应器上部扩大部分为稀相段,用于催化剂回收,为防止气体夹带催化剂,设有过滤器。

气体产物经冷凝去分层器,氢气去循环压缩机。粗苯胺[w(未反应硝基苯)≤0.5%,w(水)≈5%]经脱出重组分后,入成品塔精制得成品。催化剂由于表面积炭,活性逐渐下降,需经空气再生后继续使用。水相经回收苯胺后排放,或重复使用。废气经洗涤后排放。

为避免催化剂中毒,硝基苯中硝基噻吩含量一般控制质量分数在 10 μg·g^{-1}以下。

BASF 流化床技术采用硝基苯、氢气混合喷雾进料,喷嘴位于流化床床层不同高度。床内有冷却管以产生 1.18 MPa 的水蒸气。加氢于 250~300 ℃,0.4~1.0 MPa下进行。所用铜/硅胶催化剂用铬、锌等改性。苯胺收率大于 99%。我国自行开发的第一套千吨级流化床加氢制苯胺工艺 1978 年在南京化工厂投产。目前,国外除 BASF 采用流化床加氢法外,其他公司多采用固定床加氢。我国除万华化学(烟台)聚氨酯有限公司采用固定床加氢法外,其他公司多采用流化床加氢。开发的新工艺路线中以苯直接胺化法较有前途,但与实现工业化还有一定距离。

 习题

1. 写出芳烃磺化反应的主要副反应及克服这些副反应的方法。

2.举例说明硝化反应的注意事项。

3.在有机溶剂用三氧化硫进行磺化时,由于生成的磺酸一般都不溶于有机溶剂,反应物常变得很黏,你认为反应后的磺酸应如何分离,写出产品的后处理方案。

4.由芳烃的重氮化合物,你可以继续制备哪些有机化工中间体?

5.如何使酸醇直接酯化反应的平衡向右移动,使该反应进行完全?

6.谈谈苯环反应氨解时,苯环上原有取代基对氨解反应的影响。

7.谈谈缩合反应的共同规律。

8.查阅文献,谈谈你认为哪些化合物可以作为偶氮染料的替代品。

参考文献

[1] 章思规,辛忠.精细有机化工制备手册.北京:科学技术文献出版社,1994.

[2] 王葆仁.有机合成反应.北京:科学出版社,1981.

[3] 张铸勇.精细有机合成单元反应.上海:华东化工学院出版社,1990.

[4] 丁学杰.精细化工新品种与合成技术.广州:广东科技出版社,1993.

[5] 凯里 F A,森德伯格 R J.高等有机化学.A 卷,夏炽中,译;B 卷,王积涛,译.北京:人民教育出版社,1983.

[6] 韦瑟麦尔 K,阿普 H J.工业有机化学重要原料和中间体.白凤娥,译.北京:化学工业出版社,1982.

[7] 吴指南.基本有机化工工艺学.北京:化学工业出版社,1979.

[8] 宋启煌.精细化工工艺学.北京:化学工业出版社,1995.

[9] 成思危.中国精细化学工业的发展战略.现代化工,1997(1):3-6.

[10] 唱憬.国外精细化工装备的发展趋势及我们的对策.现代化工,1993(12):3-7.

[11] 涂伟萍,陈少棠,程江,等.中国主要精细化工产品的发展.化工进展,1997(5):20-22.

[12] 卞克建,沈慕仲.工业化学反应及应用.合肥:中国科学技术大学出版社,1999.

[13] 李和平,葛虹.精细化工工艺学.北京:科学出版社,1997.

第八章 高分子化工反应单元工艺

8-1 绪　论

一、引言

　　高分子是由碳、氢、氧、硅、硫等元素组成的相对分子质量高达 10 000 以上的有机化合物。棉花、丝麻、皮革、羊毛、木材、植物纤维素、蛋白质等为天然高分子；塑料、合成纤维、合成橡胶、油漆、涂料等是合成高分子。以合成高分子为基础制成的材料统称为高分子材料。高分子材料广泛应用于国防建设、国民经济各领域及尖端技术，与金属材料、无机材料一起称为新技术革命的三大支柱材料。高分子材料的发展，不仅对材料科学本身有重大影响，而且也直接关系到国民经济所有领域的技术发展。人们通过各种手段，用物理的或化学的方法，或者使高分子与其他物质相互作用后产生物理或化学变化，从而使高分子化合物成为能完成特殊功能的功能高分子材料。因此，高分子材料正从"量的发展"过渡到"质的提高"，以满足新时代新技术革命的需要。

　　合成高分子通常由小分子化合物通过聚合反应制得，所以又称高聚物或聚合物。由此形成了以研究高聚物合成和化学反应为主的"高分子化学"学科与研究高分子合成工艺和生产过程的"高分子合成工艺学"。这两个学科为高分子合成材料的制备与发展奠定了理论基础。人类社会的发展对高分子材料的需求，推动了高分子科学的发展，使高分子学科走向和其他学科的交叉、融合之路，不断为人类提供新材料、新技术。高分子化学的研究新领域是精确设计、精确操作，发展和完善高分子化学与高分子物理的结合，如高分子材料的纳米化、功能化高分子材料、智能高分子材料、环保高分子材料等。高分子合成工艺的研究新方向是改造生产工艺、革新生产技术、改良装备水平及革新配套工程等，致力于发展低碳、智能、高效的合成工艺。

二、聚合物的基本概念

　　聚合物是相对分子质量高达 $10^4 \sim 10^7$ 的大分子，一个大分子往往由许多简单的结构单元通过共价键重复连接而成，例如，聚氯乙烯由氯乙烯结构单元重复连接而成，聚乙烯由乙烯结构单元重复连接而成：

$$—CH_2—CH—CH_2—CH—CH_2—CH— \cdots —CH_2—CH— \cdots \atop \qquad\quad | \qquad\qquad | \qquad\qquad | \qquad\qquad\qquad\quad | \qquad\qquad\quad \atop \qquad\quad Cl \qquad\qquad Cl \qquad\qquad Cl \qquad\qquad\qquad Cl$$ (8-1-01a)

$$—CH_2—CH_2—CH_2—CH_2—CH_2—CH_2— \cdots —CH_2—CH_2—$$

为方便起见,上两式可缩写成

$$
\left[\begin{array}{c} CH_2-CH \\ | \\ Cl \end{array}\right]_n \qquad \left[CH_2-CH_2\right]_n
$$

$$\begin{array}{cc} |\leftarrow结构单元\rightarrow| & |\leftarrow结构单元\rightarrow| \\ |\leftarrow重复单元\rightarrow| & |\leftarrow重复单元\rightarrow| \end{array}$$

$$(8-1-01b)$$

式(8-1-01b)是高分子化合物的结构式,括号内是结构单元,也是重复单元;括号表示重复连接,n 代表结构单元数(或重复单元数),可称为聚合度(DP)。许多结构单元连接成线型大分子,类似一条链子,因此结构单元也称链节。

合成聚合物的小分子化合物称为单体,单体通过聚合反应,才转变成大分子的结构单元。聚氯乙烯、聚乙烯的结构单元与单体的元素组成相同,只是电子结构有所改变,因此可称为单体单元。

根据式(8-1-01b)可知,聚合物的相对分子质量 M 是重复单元相对分子质量 M_0 与聚合度 DP(或重复单元数 n)的乘积。

$$M = M_0 \times DP \qquad (8-1-02)$$

如常用聚氯乙烯的聚合度为 $600 \sim 1\,600$,其重复单元相对分子质量是 62.5,由此其相对分子质量为 3.75 万 ~ 10 万。

由一种单体聚合而成的聚合物称为均聚物,如上述的聚氯乙烯和聚乙烯。由两种以上单体共聚而成的聚合物则称为共聚物,如聚乙烯-醋酸乙烯酯共聚物、丁二烯-苯乙烯共聚物。

另一种通过官能团间的化学反应生成的高分子,如聚酰胺、聚酯一类的结构式具有另一种特征,如聚己二酰己二胺(尼龙-66)

$$
\left[NH(CH_2)_6NH-CO(CH_2)_4CO\right]_n \qquad (8-1-03)
$$

$$|\leftarrow结构单元\rightarrow|\leftarrow结构单元\rightarrow|$$
$$|\leftarrow重复单元\rightarrow|$$

式(8-1-03)中括号内的重复单元由 $-NH(CH_2)_6NH-$ 和 $-CO(CH_2)_4CO-$ 两种结构单元组成,分别为己二胺 $NH_2(CH_2)_6NH_2$ 和己二酸 $COOH(CH_2)_4COOH$ 两种单体经聚合反应后的结果。

三、聚合物的分类

聚合物的种类日益增多,迫切需要科学的分类,可以从不同角度对聚合物进分类。

1. 按主链结构分类

从高分子化学角度来看,一般应以有机化合物分类为基础,根据主链结构可将聚合物分为碳链聚合物、杂链聚合物和元素有机聚合物三类。

(1)碳链聚合物 大分子主链完全由碳原子组成。大部分烯类和双烯类聚合物为碳链聚合物,详见表 8-1-01。

表 8-1-01　碳链聚合物

聚合物	符号	重复单元	单体	玻璃化温度 T_g/℃	熔点 T_m/℃
聚乙烯	PE	$-CH_2-CH_2-$	$CH_2=CH_2$	−125	线型 135
聚丙烯	PP	$-CH_2-CH-$ 　　　$|$ 　　　CH_3	$CH_2=CH$ 　　　$|$ 　　　CH_3	−10	全同 170
聚异丁烯	PIB	CH_3 　　　$|$ $-CH_2-C-$ 　　　$|$ 　　CH_3	CH_3 　　　$|$ $CH_2=C$ 　　　$|$ 　　CH_3	−73	44
聚苯乙烯	PS	$-CH_2-CH-$ 　　　　$|$ 　　　C_6H_5	$CH_2=CH$ 　　　$|$ 　　C_6H_5	100	全同 240
聚氯乙烯	PVC	$-CH_2-CH-$ 　　　　$|$ 　　　Cl	$CH_2=CH$ 　　　$|$ 　　Cl	81	
聚偏二氯乙烯	PVDC	Cl 　　　$|$ $-CH_2-C-$ 　　　$|$ 　　Cl	Cl 　　$|$ $CH_2=C$ 　　　$|$ 　　Cl	−17	198
聚氟乙烯	PVF	$-CH_2-CH-$ 　　　　$|$ 　　　F	$CH_2=CH$ 　　　$|$ 　　F	−20	200
聚四氟乙烯	PTFE	$-CF_2-CF_2-$	$CF_2=CF_2$		327
聚三氟氯乙烯	PCTFE	$-CF_2-CF-$ 　　　　$|$ 　　　Cl	$CF_2=CF$ 　　　$|$ 　　Cl	45	218
聚丙烯酸	PAA	$-CH_2-CH-$ 　　　　$|$ 　　　$COOH$	$CH_2=CH$ 　　　$|$ 　　$COOH$		
聚丙烯酰胺	PAM	$-CH_2-CH-$ 　　　　$|$ 　　　$CONH_2$	$CH_2=CH$ 　　　$|$ 　　$CONH_2$		
聚丙烯酸甲酯	PMA	$-CH_2-CH-$ 　　　　$|$ 　　　$COOCH_3$	$CH_2=CH$ 　　　$|$ 　　$COOCH_3$	6	
聚甲基丙烯酸甲酯	PMMA	CH_3 　　　$|$ $-CH_2-C-$ 　　　$|$ 　$COOCH_3$	CH_3 　　　$|$ $CH_2=C$ 　　　$|$ 　$COOCH_3$	105	全同 160
聚丙烯腈	PAN	$-CH_2-CH-$ 　　　　$|$ 　　　CN	$CH_2=CH$ 　　　$|$ 　　CN	104	317

续表

聚合物	符号	重复单元	单体	玻璃化温度 $T_g/℃$	熔点 $T_m/℃$
聚醋酸乙烯酯	PVAc	—CH₂—CH— | OCOCH₃	CH₂=CH | OCOCH₃	28	
聚乙烯醇	PVA	—CH₂—CH— | OH	(CH₂=CH | OH) 假想	85	258
聚乙烯基烷基醚		—CH₂—CH— | OR	CH₂=CH | OR	−25	86
聚丁二烯	PB	—CH₂—CH=CH—CH₂—	CH₂=CH—CH=CH₂	−108	2
聚异戊二烯	PIP	—CH₂—C=CH—CH₂— | CH₃	CH₂=C—CH=CH₂ | CH₃	−73	
聚氯丁二烯	PCP	—CH₂—C=CH—CH₂— | Cl	CH₂=C—CH=CH₂ | Cl		

（2）杂链聚合物　大分子主链中除碳原子外,还有氧、硫、氮等杂原子,如聚酯、聚酰胺、聚醚、聚氨酯、聚硫橡胶等,详见表8-1-02。这类聚合物的主链中都含有特征基团,如醚键（—O—）、酯键（—OCO—）、酰胺键（—NHCO—）。

（3）元素有机聚合物　大分子主链中没有碳原子,主要有硅、硼、铝和氧、氮、硫、磷等原子组成,但侧基却由甲基、乙基、乙烯基、芳基等有机基团组成。有机硅橡胶是典型的元素有机聚合物。元素有机聚合物也可称为杂链的半有机高分子。

2. 按性能用途分类

聚合物主要作为合成材料,根据材料的性能与用途,可将聚合物分为塑料、合成橡胶、合成纤维、黏结剂、涂料等。

（1）塑料　塑料是以合成树脂为基本成分,加入填充剂等助剂后,可以做成各种"可塑性"的材料。它具有质轻、绝缘、耐腐蚀、美观、制品形式多样化等特点。

根据受热时行为的不同,又可将塑料分为热塑性塑料和热固性塑料。

根据生产量与使用情况,可分为量大面广的通用塑料、作为工程材料使用的工程塑料及性能优异的特种塑料。工程塑料具有质量轻、耐腐蚀、耐疲劳性好、易成型等特点,自诞生起就得到迅速发展。

（2）合成橡胶　合成橡胶是一种高弹性的高分子化合物。在外力作用下能发生较大的形变,当外力消除后能迅速恢复其原状。

合成橡胶有通用和特种橡胶两大类。性能与天然橡胶相同或接近,物理性能和加工性能较好的是通用橡胶,如丁苯橡胶、顺丁橡胶等。特种橡胶主要用于制造耐热、耐油、耐老化或耐腐蚀等特殊用途的橡胶制品,如氟橡胶、氯丁橡胶、丁腈橡胶等。

（3）合成纤维　线型结构的高相对分子质量合成树脂,经过牵引、拉伸、定型得到合成纤维,它弹性较小。合成纤维是聚合物加工纺制成的纤维,有聚酯纤维（涤纶）、聚酰胺纤维（尼龙或锦纶）、聚丙烯腈纤维（腈纶）、聚丙烯纤维（丙纶）等。

解析

热塑性塑料和热固性塑料

表 8-1-02　杂链和元素有机聚合物

类型	聚合物	结构单元	原料	玻璃化温度 T_g/℃	熔点 T_m/℃
聚醚 —O—	聚甲醛	—O—CH₂—	HCHO 或 (CH₂O)₃		195
	聚环氧乙烷	—O—CH₂CH₂—	CH₂—CH₂ / O	−85	66
	聚双(氯甲基)丁氧环	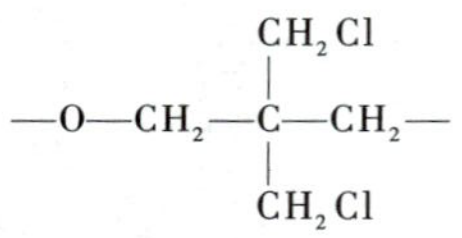 CH₂Cl / —O—CH₂—C—CH₂— / CH₂Cl	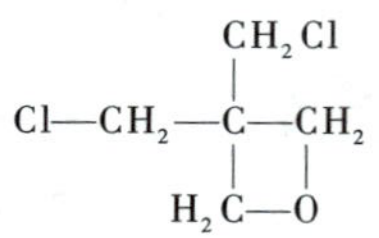 CH₂Cl / Cl—CH₂—C—CH₂—O / H₂C—O	−67	
	聚二甲基苯基醚氧	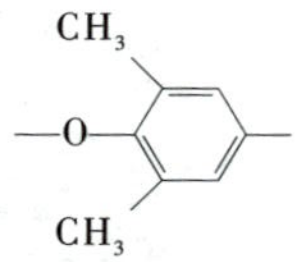 结构单元	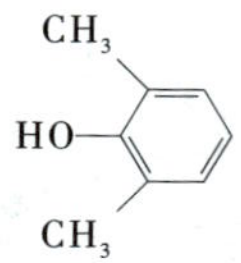 原料	235	480
	环氧树脂	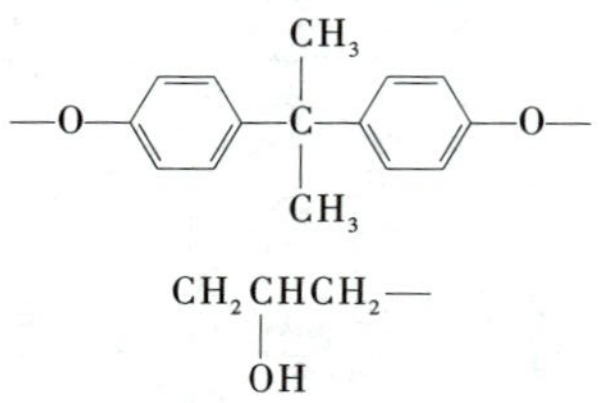 结构单元	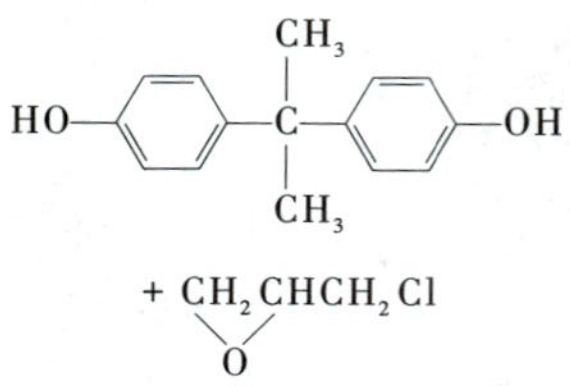 原料		
聚酯 —OCO—	涤纶	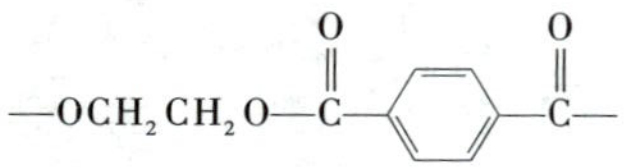 —OCH₂CH₂O—结构	 HOCH₂CH₂OH + HOOC—COOH	69	258

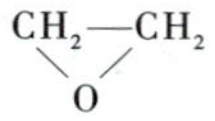

续表

类型	聚合物	结构单元	原料	玻璃化温度 $T_g/℃$	熔点 $T_m/℃$
聚酯 —OCO—	聚碳酸酯		＋COCl₂	149	265
	不饱和聚酯	—OCH₂CH₂OCOCH=CHCO—	HOCH₂CH₂OH＋CH=CH-CO-O-CO		
	醇酸树脂	—OCH₂CHCH₂O—CO...CO—	HOCH₂CHOHCH₂OH ＋C₆H₄(CO)₂O		
聚酰胺 —NHCO—	尼龙-66	—NH(CH₂)₆NH—CO(CH₂)₄CO—	NH₂(CH₂)₆NH₂＋ HOOC(CH₂)₄COOH		
	尼龙-6	—NH(CH₂)₅CO—	NH(CH₂)₅CO	49	228
聚氨酯 —NHOCO—		—O(CH₂)₂O—CNH(CH₂)₆NHC—(O)	HO(CH₂)₂OH ＋OCN(CH₂)₆NCO		
聚脲 —NHCONH—		—NH(CH₂)₆NH—CNH(CH₂)₆NHC—(O)	NH₂(CH₂)₆NH₂＋ OCN(CH₂)₆NCO		

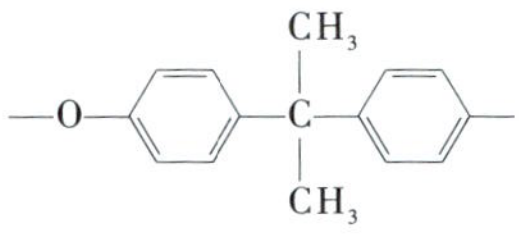

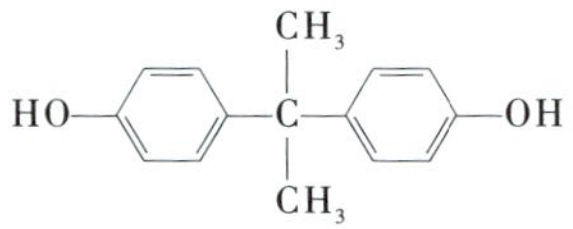

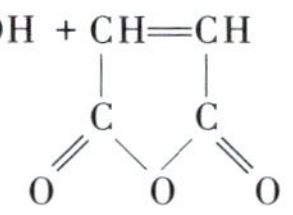

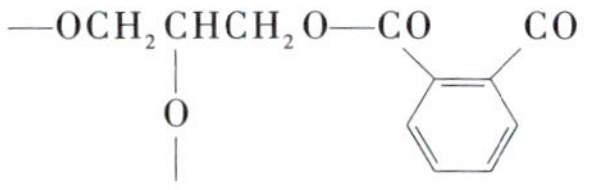

续表

类型	聚合物	结构单元	原料	玻璃化温度 T_g/℃	熔点 T_m/℃
聚砜 —SO₂—		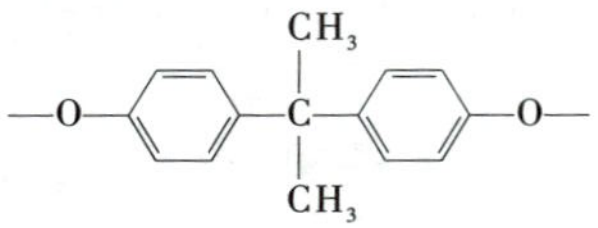 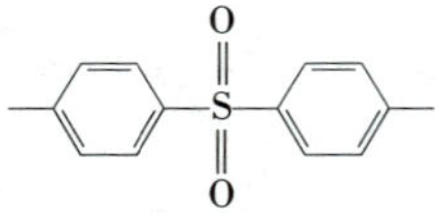 [双酚A-砜结构单元]	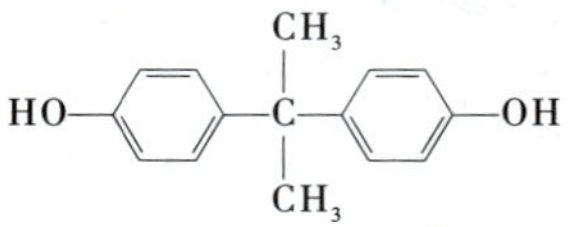 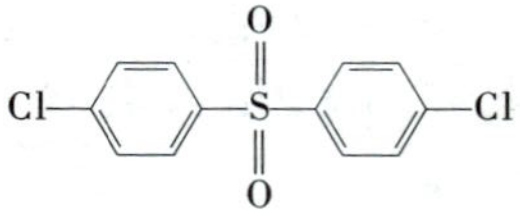 [双酚A + 二氯二苯砜结构]	195	
酚醛	酚醛树脂	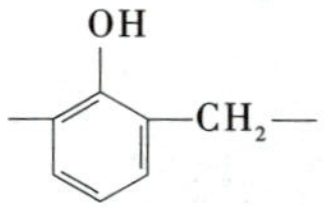 [OH—苯环—CH₂—结构]	$C_6H_5OH + HCHO$		
脲醛	脲醛树脂	—NHCNH—CH₂—（含 O）	$CO(NH_2)_2 + HCHO$		
聚硫	聚硫橡胶	—CH₂CH₂—S—S—（含 S S）	$ClCH_2CH_2Cl + Na_2S_4$	−50	
聚硅氧烷 —OSiR₂—	硅橡胶	$-O-\underset{CH_3}{\overset{CH_3}{Si}}-$	$Cl-\underset{CH_3}{\overset{CH_3}{Si}}-Cl$	−123	205

合成纤维与天然纤维相比具有强度高、耐摩擦、不被虫蛀、耐化学腐蚀等优点。

一般来说,塑料、合成橡胶、合成纤维是很难严格区分的,如聚氯乙烯是典型的塑料,但也可纺丝成合成纤维,又可在加入适量的增塑剂后加工成类合成橡胶制品;又如尼龙、涤纶是很好的合成纤维,但也是强度较好的工程塑料。

(4) 黏结剂　通过表面黏结力和内聚力把各种材料黏合在一起,并且在结合处有足够强度的物质称为黏结剂。通常是高分子合成树脂或具有反应性的低相对分子质量合成树脂。按其外观形态可分为溶液型、乳液型、膏糊型、粉末型、胶带型。

具有黏结功能的高分子材料主要有酚醛树脂类、乙烯基树脂类、合成橡胶类、环氧树脂类、丙烯酸类、热熔胶类、聚氨酯类、聚酯类,以及有机硅类等。

(5) 涂料　涂料是能涂敷于底材表面并形成坚韧连续膜的液体或固体物料的总称。它主要对被涂表面起装饰或保护作用。涂料的组成包括成膜物质、颜料、填料、涂料助剂、溶剂等。涂料的种类很多,有溶剂型涂料、水性涂料、粉末涂料、光固化涂料等。

四、高分子材料的制备

高分子材料的制备主要包括基本有机合成、高分子合成、高分子成型加工三个过程。

石油、天然气、煤炭是制造聚合物材料的最基本原料,经基本有机合成得到制备聚合物的主要原料——单体。基本有机合成工业不仅为聚合物合成提供单体,而且提供溶剂、塑料添加剂,以及橡胶配合剂等辅助原料。

将单体经过聚合反应合成聚合物是高分子合成工业的任务,而高分子材料成型加工工业是以聚合物为原料,经过适当加工方法,即成型为高分子材料制品。因此,基本有机合成工业、高分子合成工业、高分子成型加工工业是密切相联系的三个工业部门。

图片

高分子合成材料制品的主要制造过程示意图

1. 高分子合成工业

高分子合成工业是把简单的有机化合物——单体,经过聚合反应使之成为聚合物。能够发生聚合反应的单体分子应含有不饱和双键或含有两个或两个以上能够发生聚合反应的活性官能团或原子。

(1) 高分子生产过程　大型化的高分子合成生产,主要包括以下生产过程和完成这些生产过程的相应设备与装置。

① 原料准备与精制过程　单体、溶剂、去离子水等原料的储存、洗涤、精制、干燥、调整浓度等过程和设备。

② 引发剂配制过程　聚合用催化剂、引发剂和助剂的制造、溶解、储存、调整浓度等过程和设备。

③ 聚合反应过程　聚合和以聚合釜为中心的有关设备及反应物料输送过程和设备。

④ 分离过程　将未反应单体、低聚物分离,脱除溶剂、引发剂等过程和设备。

⑤ 聚合物后处理过程　聚合物的输送、干燥、造粒、储存、包装等过程和设备。

⑥ 回收过程　主要是未反应单体和溶剂的回收和精制过程和设备。

(2) 聚合过程　聚合过程是高分子合成工业中最主要的化学反应过程,高分子化合物的形态为坚硬的固体物、高黏度熔体或高黏度溶液,因此不能用一般的产品精制方法(如蒸馏、结晶、萃取等)进行精制和提纯。

又由于高分子化合物的平均相对分子质量、相对分子质量分布及其结构,对于高分子合成材料的物理、机械性能产生重大影响,因此生产中对于聚合反应工艺条件和设备的要求很严格。

不仅要求单体高纯度,且对所有分散介质(水、有机溶剂)和助剂的纯度都有严格要求,它们要不含有害于聚合反应的杂质,又要不含有影响聚合物色泽的杂质。

为了控制产品质量,反应条件应当稳定不变或控制波动在容许的最小范围之内;同时要求聚合反应设备和管道多数应当采用不锈钢、搪玻璃或不锈钢碳铜复合材料等制成,以防污染聚合物。

在工业生产中不同的聚合反应机理对于单体和反应介质,以及引发剂、催化剂等都有不同的要求,所以实现这些聚合反应的工业实施方法可分为间歇聚合与连续聚合两种操作方式。

间歇聚合操作方式是聚合物在聚合反应器中分批生产的,当反应达到要求的转化率时,聚合物从聚合反应器中放出。因此间歇聚合操作反应条件易控制,升温、恒温可精确控制,便于改变工艺条件,所以灵活性大,适于小批量生产。

连续聚合操作方式是单体和引发剂等连续进入聚合反应器,反应得到的聚合物则连续不断地流出聚合反应器,因此聚合反应条件是稳定的,容易实现操作过程的全部自动化、机械化,产品的质量规格稳定,设备密闭,减少污染,适合大规模生产。

进行聚合反应的设备叫做聚合反应器。按形态分,有管式聚合反应器、塔式聚合反应器和釜式聚合反应器等,其中以釜式聚合反应器应用最为普遍,它又称为聚合反应釜。

2. 高分子成型加工工业

高分子合成工业的产品——合成树脂往往是液态的低聚物、固态的高聚物或弹性体,须添加些合适和一定量的添加剂,再经过适当方法的混合或混炼,加工成型后才能够成为有用的材料及制品。所以,合成树脂只是高分子合成材料的最主要原料。

塑料的原料是合成树脂和添加剂,添加剂有稳定剂、润滑剂、增塑剂、填料等。塑料成型方法因制品形式不同而异,其加工成型的主要方法有注塑成型、挤出成型、吹塑成型、模压成型等。

合成橡胶加入硫化剂、硫化促进剂、软化剂、增强剂、填充剂等配合剂,使线型的高分子,经硫化后成为交联结构,制成橡胶制品。

合成纤维通常由线型高相对分子质量合成树脂经熔融纺丝或溶液纺丝制成。

五、高分子材料的发展

自古以来,人类就与高分子密切相关。远在几千年以前,人们就使用棉、麻、木、丝绸等天然高分子。20 世纪初,人工合成了第一种高分子物——酚醛树脂。以后醇酸树脂、醋酸纤维等相继投入生产。1925—1935 年期间,聚氯乙烯、聚甲基丙烯酸甲酯、聚苯乙烯、聚乙烯等一系列烯类加聚物相继实现了工业化。20 世纪三四十年代是高分子化学和工业开始兴起和蓬勃发展的时代,两者相互促进。到 20 世纪 40 年代高分子工业以更快的速度发展,又开发了丁苯橡胶、丁腈橡胶、氟树脂、聚氨酯、有机硅、环氧树脂等。20 世纪 50 年代,Ziegler,Natta 等人发现了有机金属络合物引发体系,制得了高密度聚乙烯和等规聚丙烯,使低级烯烃得到了利用,高分子合成又进入了一个新的领域,聚烯烃、顺丁橡胶、乙丙橡胶等弹性体得到大规模发展。

20世纪60年代是聚烯烃、合成橡胶、工程塑料蓬勃发展时期,大规模开发了聚砜、聚苯醚、聚酰亚胺等工程塑料。20世纪70年代发展了液晶高分子,许多耐高温和高强度的合成材料也层出不穷。

20世纪90年代,高分子化学学科更趋成熟,进入了新的时期。新聚合方法,新型聚合物,新的结构、性能和用途不断涌现。新的合成方法涉及茂金属催化聚合、活性自由基聚合、基团转移聚合、以CO_2为介质的超临界聚合。茂金属引发剂的开发及工业化应用,加速了聚烯烃工业的变革,新一代的聚烯烃——茂金属聚烯烃以其高性能、高附加值赋予聚烯烃工业新的生机。同时聚合物在纳米材料中也占着重要的地位。另外,开发了一些新型结构聚合物,如星形和树枝状聚合物,新型接枝和嵌段共聚物,无机-有机杂化聚合物等。

功能高分子除继续延伸原有的反应功能和分离功能外,更重视光电功能和生物功能的研究和开发。光电功能高分子分别有医用功能材料,电子聚合物、磁性高分子、智能高分子凝胶、高分子液晶、高分子催化剂等。社会的发展要求高分子功能材料具有纳米化和智能化的特点。

高分子材料的发展,不仅对材料科学本身有重大影响,而且也直接关系到国民经济几乎所有的领域。为满足未来新技术革命的需要,高分子材料正从"量的发展"转变为"质的提高"。未来是高度信息化、高度自动化、人类生活和医疗水平迅速提高的高新时代。高性能、高功能、复合化、精细化、智能化的高分子材料作为基础材料之一是不可缺少的角色。根据新时代的低碳发展目标,可降解高分子材料的应用前景十分广阔,聚合物的回收和再利用是未来新材料发展的重要领域。

8-2 聚 合 原 理

由低分子单体合成聚合物的反应称为聚合反应。将聚合反应分为缩聚和加聚反应两类。随着高分子化学的发展,目前还增列了开环聚合,即下列三类聚合反应的并列:官能团间的缩聚、双键的加聚、环状单体的开环聚合。

官能团之间的反应称为缩聚反应,主要产物称为缩聚物,还有小分子副产物。由烯烃单体通过双键加成得到聚合物的反应称为加聚反应,所得产物为加聚物。环状单体 σ 键断裂后聚合形成线型聚合物的反应称为开环聚合。

在20世纪50年代,根据聚合反应机理和动力学,将聚合反应分成逐步聚合和连锁聚合。这两类聚合反应的转化率和聚合物的相对分子质量随时间的变化均有很大的差别,如图8-2-01所示。

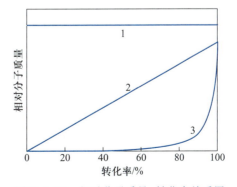

图8-2-01 相对分子质量-转化率关系图
1—自由基聚合;2—活性阴离子聚合;3—缩聚反应

逐步聚合是低分子转变成高分子的过程,是缓慢逐步进行的,每步反应的速率和活化能基本相同,相对分子质量缓慢增加,基团反应程度很高(>98%)时,相对分子质量才达到较高的数值(图 8-2-01 中的曲线 3)。多数缩聚和聚加成反应属于逐步聚合。

连锁聚合从活性种开始,活性种可以是自由基、阳离子或阴离子,因此有自由基聚合、阳离子聚合和阴离子聚合。连锁聚合历程有链引发、链增长、链终止等基元反应,各基元反应的速率和活化能差别很大。自由基聚合过程中,相对分子质量的变化如图 8-2-01 中曲线 1 所示。大多数烯类单体的加聚反应属于连锁聚合。

根据聚合机理特征,可以按照不同规律控制聚合速率和相对分子质量。

一、逐步聚合

逐步聚合反应最大的特点是在反应中逐步形成大分子链。反应是通过官能团之间进行的,同时可以分离出中间产物,相对分子质量随时间增长而逐渐增大。

缩聚反应大都属于逐步聚合机理,而且逐步聚合的绝大部分也属于缩聚,因此在此以典型的缩聚反应为代表来剖析逐步聚合反应机理和规律。

1. 缩聚反应

缩聚是缩合聚合的简称,是官能团单体多次重复缩合而形成缩聚物的过程,进行缩聚反应的两种官能团(如羟基和羧基)可以分属于两种单体分子,也可以同在一个分子上。缩聚反应的结果除主产物外,还伴有副产物产生。

分子中能参加反应的官能团称为官能度。反应体系根据参加反应的官能度数,可将其分为 1-1,2-2,2-4,3-3 等官能度体系。进行缩聚反应要得到高分子聚合物,参加反应的两单体必须是 2 官能度以上的单体,如 2-2(二元酸与二元胺),2-3(二元酸与三元醇),3-3(三元酸与三元醇)官能度体系,或者是一个单体同时带有两个不同官能团的 2 官能度体系(羟基酸)。

可进行缩聚和逐步聚合的官能团有—OH,—NH$_2$,—COOH,—COOR,—COCl,—H,—Cl,—SO$_3$H,—SO$_3$Cl 等。常用官能团单体示例,见表 8-2-01。

表 8-2-01　缩聚和逐步聚合常用官能团单体

单体种类	官能团	二元	多元
醇	—OH	乙二醇　HO(CH$_2$)$_2$OH 丁二醇　HO(CH$_2$)$_4$OH	丙三醇　C$_3$H$_5$(OH)$_3$ 季戊四醇　C(CH$_2$OH)$_4$
酚	—OH	双酚 A　HO—⟨⟩—C(CH$_3$)$_2$—⟨⟩—OH	
羧酸	—COOH	己二酸　HOOC(CH$_2$)$_4$COOH 癸二酸　HOOC(CH$_2$)$_8$COOH 对苯二甲酸　HOOC—⟨⟩—COOH	均苯四甲酸 HOOC—⟨⟩—COOH HOOC　　　COOH

续表

单体种类	官能团	二元		多元
酸酐	$\diagdown(CO)_2O$	邻苯二甲酸酐	马来酸酐 $\begin{array}{c}CH-C\\ \parallel \quad \diagdown\\ CH-C\end{array}O$	均苯四甲酸酐
酯	—COOCH₃	对苯二甲酸二甲酯 $H_3COOC—\bigcirc—COOCH_3$		
酰氯	—COCl	光气　　COCl₂ 己二酰氯　ClOC(CH₂)₄COCl		
胺	—NH₂	己二胺　H₂N(CH₂)₆NH₂ 癸二胺　H₂N(CH₂)₁₀NH₂ 间苯二胺　$H_2N—\bigcirc—NH_2$		均苯四胺 尿素 CO(NH₂)₂
异氰酸	—N=C=O	苯二异氰酸酯 甲苯二异氰酸酯		
醛	—CHO	甲醛　HCHO 糠醛		
氢	—H	甲酚		苯酚 间苯二酚
氯	—Cl	二氯乙烷　ClCH₂CH₂Cl 环氧氯丙烷　$CH_2\!-\!CHCH_2Cl$ 二氯二苯砜		

可见改变官能团种类,改变官能度,改变官能团以外的残基,就可以合成出许多类型的很多种缩聚物。

缩聚反应按生成聚合物大分子的结构可分为线型缩聚和体型缩聚两类。

2. 线型缩聚

（1）线型缩聚反应机理 线型缩聚的首要条件是需要 2-2 或 2 官能度体系的单体为原料。单体通过官能团进行反应,因此单体的活性直接依赖于官能团的活性,官能团的活性次序是酰氯>酸酐>酸>酯。另外,在选择单体时还要考虑到单体的成环倾向。三元环、四元环、八～十一元环都不稳定,难以成环,易形成线型聚合物。

拓展

线型缩聚
与成环
倾向

线型缩聚反应通式可以表示如下：

2-2 官能度体系：$naAa + nbBb \longrightarrow a\text{—}AB\text{—}_n b + (2n-1)ab$

2 官能度体系：$naRb \longrightarrow a\text{—}R\text{—}_n b + (n-1)ab$

式中：a,b 代表官能团；A,B 代表残基。

涤纶聚酯、聚酰胺-66、聚酰胺-6、聚碳酸酯、聚砜、聚苯醚等合成纤维和工程塑料都由线型缩聚或逐步聚合而成,反应规律相似。

缩聚物大分子主链中都含有特征官能团,如醚（—O—）、酯（—OCO—）、酰胺（—NHCO—）、砜（—SO$_2$—）等官能团。

线型缩聚具有典型的逐步聚合的机理特征,有些还可逆平衡。以二元醇和二元酸的缩聚为例,两者第一步缩聚,形成二聚体羟基酸：

$$HOROH + HOOCR'COOH \rightleftharpoons HORO \cdot OCR'COOH + H_2O$$

二聚体仍可以与二元酸或二元醇单体进一步反应,形成三聚体。二聚体间也可相互反应,形成四聚体：

$$HORO \cdot OCR'COOH + HOROH \rightleftharpoons HORO \cdot OCR'CO \cdot OROH + H_2O$$

$$HORO \cdot OCR'COOH + HOOCR'COOH \rightleftharpoons HOOCR'CO \cdot ORO \cdot OCR'COOH + H_2O$$

$$2HORO \cdot OCR'COOH \rightleftharpoons HORO \cdot OCR' \cdot CO \cdot ORO \cdot OCR'COOH + H_2O$$

含羟基或羧基的任何聚体都可以相互间进行缩聚反应。整个过程可表示如下：

$$nHOOCR'COOH + nHOROH \rightleftharpoons HO\text{—}OCR'CO \cdot ORO\text{—}_n H + (2n-1)H_2O$$

缩聚反应是逐步进行的,每步反应是可逆的,相对分子质量渐渐增大。由此可知缩聚反应大都是平衡反应,根据平衡常数 K 的大小,线型缩聚大致可分为三类。

① 平衡常数小,如聚酯化反应,$K \approx 4$,水的存在对相对分子质量影响大。

② 平衡常数中等,如聚酰胺反应,$K \approx 300 \sim 500$,水的存在对相对分子质量有影响。

③ 平衡常数很大,在几千以上,可看成不可逆反应。

缩聚反应无特定的活性种,各步反应速率常数和活化能基本相等。缩聚早期,单体很快消失,转变成二、三、四聚体等低聚物,转化率很高,以后则是低聚物之间的缩聚,使相对分子质量逐步增加。在此情况下,改用官能团的反应程度来描述反应的深度更为确切。

反应程度 P 的定义是参加反应的官能团数占起始官能团数的分数,可以下式表示：

$$P = \frac{N_0 - N}{N_0} = 1 - \frac{N}{N_0} \qquad (8-2-01)$$

式中：N_0——体系中起始时($t=0$)的羧基或羟基数；

N——反应到t时体系中残留羧基或羟基数。

聚合度$\overline{X}_n$是结构单元数：

$$\overline{X}_n = \frac{\text{结构单元总数}}{\text{大分子数}} = \frac{N_0}{N}$$

由以上两式，就可建立聚合度与反应程度的关系：

$$\overline{X}_n = \frac{1}{1-P} \qquad (8-2-02)$$

上式表明聚合度随反应程度的增加而增加，单体纯度和基团数相等是获得高分子缩聚物的必要条件。某一基团过量，就使缩聚物封锁，不再反应，相对分子质量受到限制。此外，可逆反应也限制了相对分子质量的提高。

综上所述，线型缩聚反应是官能团之间的多次缩合反应，链增长过程中同时包括单体与增长链之间，以及各种低聚物之间的缩合反应，聚合度随反应程度 P 的增加而增大。

线型缩聚机理具有逐步和可逆平衡的特点。

（2）线型缩聚反应动力学 缩聚反应是逐步反应，全过程包含许许多多的反应步骤。如每一步的反应速率常数不同，则动力学研究非常困难。为此，对官能团的活性进行了考察，理论与实践证明，在缩聚反应中，官能团的反应活性基本上是等同的，与链的长短无关，这就是官能团等活性理论。在此以聚酯化反应为例，研究线型缩聚反应动力学。

根据官能团等活性原理，二元醇与二元酸的聚酯化反应可以表示如下：

$$—COOH + HO— \underset{k_{-1}}{\overset{k_1}{\rightleftharpoons}} —OCO— + H_2O$$

聚酯化反应每一步都是可逆平衡反应，是通过不断脱除副产物小分子水，促使平衡向生成聚合物方向移动，因此在这种情况下，动力学处理时可把平衡缩聚反应考虑为不可逆反应。聚合反应速率可定义为羧基消耗速率，表示为

$$R_P = \frac{-\mathrm{d}[COOH]}{\mathrm{d}t} = k[COOH][OH][H^+] \qquad (8-2-03)$$

式中：$[COOH]$，$[OH]$，$[H^+]$——分别表示羧基、羟基和催化剂质子氢的浓度，mol/L。

这是典型的聚酯动力学方程通式。

（3）线型缩聚物的聚合度 影响缩聚物聚合度的因素有反应程度、平衡常数和基团数比，基团数比成为控制因素。2-2 官能度体系的缩聚物 $a[A—B]_n b$ 由两种结构单元（A，B）组成 1 个重复单元（A—B），结构单元数就是重复单元数的 2 倍。处理动力学问题时，通常以结构单元数来定义聚合度，记为 $X_n(=2n)$。

① 反应程度和平衡常数对聚合度的影响 在缩聚反应中，聚合度与反应程度的关系，如图 8-2-02 所示。

由图可见缩聚反应后期才能得到高相对分子质量的聚合物。

由于缩聚反应是可逆平衡反应,平衡常数对反应程度、聚合度将产生很大影响。

平衡常数与聚合度、反应程度间的关系如下。

封闭体系:

$$\overline{X}_n = \frac{1}{1-P} = \sqrt{K}+1 \quad (8-2-04)$$

非封闭体系:

$$\overline{X}_n = \frac{1}{1-P} = \sqrt{\frac{K}{Pc_w}} \approx \sqrt{\frac{K}{c_w}}$$

$$(8-2-05)$$

式(8-2-05)表明,在非封闭体系(不断排出低分子副产物的体系),聚合度与平衡常数的平方根成正比,与低分子副产物浓度 c_w 的平方根成反比。

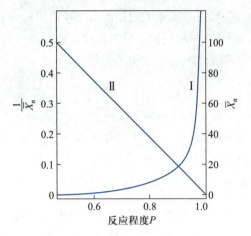

图 8-2-02　缩聚过程中反应程度 P
与平均聚合度 $\overline{X}_n$ 的关系

曲线 I :$\overline{X}_n$ 与 P 的关系;曲线 II :$\frac{1}{\overline{X}_n}$ 与 P 的关系

② 基团数比对聚合度的影响

反应程度和平衡常数对缩聚物聚合度影响的理论分析,以两种单体基团数相等(或等物质的量)为前提。实际上,总是在两基团数不相等的条件下操作,即采用某一基团数或单体稍过量,或另外加入少量单官能度物质,来封锁端基。

解析

预聚物

3. 体型缩聚

能够形成三维体型缩聚物的缩聚反应称为体型缩聚。体型缩聚的首要条件是参加反应的单体至少有一种单体的官能度大于2,生成的聚合物为非线型多支链或交联结构。其次,还要看原料配比、反应程度等外界条件。体型缩聚通常是分步进行的。第一步先生成聚合不完全的线型或支链型预聚物或者具有反应性的预聚物;第二步是预聚物的成型固化,即将预聚物用加热或者加入固化剂等方法使其转变成体型缩聚物。

体型缩聚反应进行到一定程度时,开始交联,黏度突增,气泡也难上升,出现了凝胶化现象,这时的反应程度称为凝胶点。凝胶点的定义为开始出现凝胶瞬间的临界反应程度。凝胶不溶于任何溶剂中,相当于许多线型大分子交联成一整体,相对分子质量可以看成无穷大。

体型缩聚反应是经过甲阶段和乙阶段而逐步转变为体型结构产物的过程,其结构变化示例如下:

$$A{\top}A + B{-}B \longrightarrow A{\top}AB{-}B \longrightarrow A{\top}AB{-}BA{\top}A \longrightarrow A{\top}AB{-}BA{\top}A$$

出现凝胶时的临界反应程度定义为凝胶点 P_c，它是高度支化的缩聚物分子过渡到体型缩聚物的转折点。最初出现的凝胶由两部分构成，其一是网状结构的不溶性部分成为凝胶，其二是可溶性的多支链分子，称为溶胶。溶胶还可以进一步交联成凝胶。因此在凝胶点以后交联反应仍在进行，溶胶量不断减少，凝胶量相应增加。凝胶化过程中体系物理性能发生了显著变化，如凝胶点处黏度突变；充分交联后，则刚性增加、尺寸稳定等。

热固性聚合物制品的生产过程多分成预聚物制备和成型固化两个阶段，这两阶段对凝胶点的预测和控制都很重要。因此凝胶点是体型缩聚中的首要控制指标。

二、连锁聚合

烯类单体聚合时，首先由引发剂形成活性种，再由活性种打开单体的 π 键与之加成，形成单体活性种后不断与单体加成，使链增长形成大分子链；最后大分子链失去活性，使链增长终止。因此，连锁聚合反应可分成链引发、链增长、链终止等几步基元反应。连锁聚合需要活性中心，活性中心可以是自由基、阳离子或阴离子，因而有自由基聚合、阳离子聚合、阴离子聚合等。

1. 连锁聚合的单体

单烯类、共轭双烯类、炔烃在热力学上一般都有聚合倾向，但对不同聚合机理的选择性却有差异。见表 8-2-02。

表 8-2-02　常用烯类单体对聚合类型的选择性*

	聚合类型			
	自由基	阴离子	阳离子	配位
$CH_2\!=\!CH_2$	⊕			⊕
$CH_2\!=\!CHCH_3$				⊕
$CH_2\!=\!CHCH_2CH_3$				⊕
$CH_2\!=\!C(CH_3)_2$	⊕		+	+
$CH_2\!=\!CHCH\!=\!CH_2$	+	⊕	+	⊕
$CH_2\!=\!C(CH_3)CH\!=\!CH_2$	⊕	⊕	+	⊕
$CH_2\!=\!CClCH\!=\!CH_2$	⊕			
$CH_2\!=\!CHC_6H_5$	⊕	+	+	+
$CH_2\!=\!CHCl$	⊕			+
$CH_2\!=\!CCl_2$	⊕	+		
$CH_2\!=\!CHF$	⊕			
$CF_2\!=\!CF_2$	⊕			
$CF_2\!=\!CFCF_3$				
$CH_2\!=\!CH\!-\!OR$			⊕	+
$CH_2\!=\!CHOCOCH_3$	⊕			
$CH_2\!=\!CHCOOCH_3$	⊕	+		+
$CH_2\!=\!C(CH_3)COOCH_3$	⊕	+		+
$CH_2\!=\!CHCN$	⊕	+		+

*——可以聚合；

⊕——已工业化。

单体对聚合机理的选择性与分子结构中的电子效应(共轭效应和诱导效应)有关。

给电子基团,如烷氧基、烷基、苯基、乙烯基等,使碳-碳双键电子密度增加,有利于阳离子进攻和结合;此外,某些供电基团因共振稳定作用使阳离子趋稳定,因此给电子基团的单体有利于阳离子聚合。阳离子聚合的单体有异丁烯、烷基乙烯基醚、苯乙烯等。

吸电子基团,如腈基、羰基、酯基等使双键电子密度降低,并使阴离子活性中心共轭稳定,因此有利于阴离子聚合。阴离子聚合的单体有丙烯腈、丙烯酸酯类等。

乙烯基单体对离子聚合有较高的选择性,但自由基引发剂却能使大多数烯烃聚合。许多带有吸电子基团的烯类单体能同时进行阴离子聚合和自由基聚合,但基团吸电子倾向过强时就只能进行阴离子聚合,如硝基乙烯。

具有共轭体系的烯类单体,如苯乙烯、丁二烯等,由于 π 电子云流动性大,易诱导极化,能按上述三种机理进行聚合。

取代基的体积、数量、位置等引起的空间位阻效应,在动力学上对聚合能力有显著的影响,但影响不到对不同活性种的选择性。

通常 1,1-双取代的烯类单体($CH_2=CXY$),都能按取代基的性质进行相应机理的聚合。

1,2-双取代的烯类单体($XCH=CHY$)结构对称,极化程度低,又有空间位阻效应,一般不能聚合,而三取代、四取代乙烯因空间位阻大,都不能聚合。

2. 自由基聚合

烯类单体的加聚反应大多数属于连锁聚合。活性中心是自由基的为自由基聚合。

自由基聚合产物占聚合物总量 60% 以上,聚氯乙烯、聚苯乙烯、聚甲基丙烯酸酯、聚丙烯腈、丁苯橡胶、ABS 树脂等聚合物都是通过自由基聚合生产的。

(1)自由基聚合反应的机理与特征 自由基聚合反应的历程除链引发、链增长、链终止三个主要基元反应外,还有链转移反应。各基元反应的特征简述如下。

① 链引发 形成单体自由基活性种的反应为链引发反应。用引发剂时,链引发由下列两步反应组成。

a. 引发剂 I 分解形成初级自由基 $R\cdot$:

$$I \longrightarrow 2R\cdot$$

b. 初级自由基与单体 M 加成,生成单体自由基:

$$R\cdot + M \longrightarrow RM\cdot$$

引发剂分解为吸热反应,活化能较高,为 $105\sim150\ kJ/mol$,反应速率小,而反应 b 是放热反应,活化能低,为 $20\sim34\ kJ/mol$,反应速率快,所以引发剂的分解速率决定着链引发反应速率。

② 链增长 单体自由基打开烯类分子的 π 键加成,形成新自由基,新自由基的活性并不衰减,能继续不断地和单体分子结合生成链自由基,此过程称为链增长反应。

$$RM\cdot + M \longrightarrow RMM\cdot + M \longrightarrow RMMM\cdot \longrightarrow \cdots \longrightarrow RM\cdots MM\cdot$$
$$RM\cdot + nM \longrightarrow RM\cdot_{n+1}$$

链增长反应是放热反应,烯类单体的聚合热一般是 55～95 kJ/mol。链增长活化能低,为 20～34 kJ/mol,增长速率极高,反应往往难以控制。

③ 链终止　链自由基失去活性形成稳定聚合物的反应称为链终止反应。终止反应有偶合终止和歧化终止。

偶合终止:$M_x^{\cdot} + M_y^{\cdot} \longrightarrow M_{x+y}$

歧化终止:$M_x^{\cdot} + M_y^{\cdot} \longrightarrow M_x + M_y$

两自由基的独电子相互结合成共价键的终止反应称为偶合终止,其结果所形成的大分子的聚合度为链自由基重复单元数的两倍。

某链自由基夺取另一自由基的氢原子或其他原子的终止反应,则称为歧化终止。歧化终止结果,形成两条大分子,聚合度与链自由基中重复单元数相同。

链终止活化能很低,只有 8～21 kJ/mol,因此终止速率极快。

任何自由基聚合都有上述链引发、链增长、链终止三步基元反应。其中链引发速率最小,成为控制整个聚合反应速率的关键。

④ 链转移　链自由基还可能因夺取单体、溶剂、引发剂或大分子的一个原子而终止,而使这些失去原子的分子成为自由基,继续链的增长,使聚合反应继续进行下去。这一反应称为链转移反应。

$$M_x^{\cdot} + YS \longrightarrow M_x Y + S\cdot$$

链转移的结果往往使聚合物的相对分子质量降低,如向大分子转移则有可能形成支链。

根据上述机理分析,自由基聚合有以下特征:

① 自由基聚合反应的微观历程可明显地区分为链引发、链增长、链终止、链转移等基元反应。链引发速率是控制聚合反应总聚合速率的关键。其机理特点可概括为慢引发、快增长、快终止。

② 只有链增长反应才能使聚合度增加。一个单体分子从引发,经过增长和终止转变成大分子,时间极短,不能停留在中间聚合度阶段;聚合体系仅由单体和聚合物组成。

③ 在聚合过程中,单体浓度逐步降低,聚合物浓度提高;延长聚合时间是为了提高转化率。

(2) 引发作用　链引发是控制聚合速率和相对分子质量的关键反应。在此主要介绍引发剂的种类及其对烯类单体的引发作用。

自由基聚合的引发剂是分子结构上具有弱键的、容易分解成自由基的化合物,其解离能为 100～170 kJ/mol,远低于 C—C 键能 350 kJ/mol。

① 引发剂种类　引发剂有偶氮类化合物与过氧化物两类。最常用的有偶氮二异丁腈(AIBN)和偶氮二异庚腈(ABVN)。

过氧化物引发剂是通过过氧键的热分解产生自由基引发单体聚合。过氧化物引发剂可分为有机过氧化物和无机过氧化物两大类。有机过氧化物引发剂见表 8-2-03。

表 8-2-03 有机过氧化物引发剂

引发剂	分子式	温度/℃	
		$t_{1/2} = 1\ h$	$t_{1/2} = 10\ h$
氢过氧化物	RO—OH	123~172	
异丙苯过氧化氢	$C_6H_5(CH_3)_2CO$—OH	193	159
叔丁基过氧化氢	$(CH_3)_3CO$—OH	199	171
过氧化二烷基	RO—OR′	117~133	
过氧化二异丙苯	$C_6H_5(CH_3)_2CO$—$OC(CH_3)_2C_6H_5$	128	104
过氧化二叔丁基	$(CH_3)_3CO$—$OC(CH_3)_3$	136	113
过氧化二酰	RCOO—OOCR	20~75	
过氧化二苯甲酰	C_6H_5COO—$OOCC_6H_5$	92	71
过氧化十二酰	$C_{11}H_{23}COO$—$OOCC_{11}H_{23}$	80	62
过氧化酯类	RCOO—OR′	40~107	
过氧化苯甲酸叔丁酯	C_6H_5COO—$OC(CH_3)_3$	122	101
过氧化叔戊酸叔丁酯	$(CH_3)_3CCOO$—$OC(CH_3)_3$	71	51
过氧化二碳酸酯类	ROCOO—OOCOR	43~52	
过氧化二碳酸二异丙酯	$(CH_3)_2CHOCOO$—$OOCOCH(CH_3)_2$	61	46
过氧化二碳酸二环己酯	$C_6H_{11}OCOO$—$OOCOC_6H_{11}$	60	44

过硫酸钾 $K_2S_2O_8$ 和过硫酸铵 $(NH_4)_2S_2O_8$ 是无机过氧化物,分解产物 SO_4^- 既是离子又是自由基,可称为离子自由基。此类引发剂能溶于水,称为水溶性引发剂。

偶氮类和有机过氧化物引发剂属于油溶性引发剂,而过硫酸盐的无机过氧化物是水溶性引发剂。

氧化还原引发体系的氧化剂有过氧化氢、过硫酸盐、氢过氧化物、过氧化二烷基、过氧化二酰基等。还原剂有亚铁盐、亚硫酸钠、叔胺、硫醇等。过氧化氢-硫酸亚铁体系、过硫酸钾-亚硫酸钠体系是水溶性氧化还原引发剂,过氧化二苯甲酰-N,N-二甲基苯胺是常用的油溶性氧化还原引发剂。

② 引发剂分解动力学 引发剂分解一般属于一级反应,引发剂分解速率 R_d 与引发剂浓度[I]的一次方成正比。

$$R_d = -\frac{d[I]}{dt} = -k_d t \qquad (8\text{-}2\text{-}06)$$

将上式积分得

$$\ln\frac{[I]}{[I]_0} = -k_d t \qquad \text{或} \quad \frac{[I]}{[I]_0} = e^{-k_d t} \qquad (8\text{-}2\text{-}07)$$

式中:$[I]_0$,$[I]$——引发剂起始和时间为 t 时的浓度,mol/L;

k_d——分解速率常数,s^{-1}。

对于一级反应,常用半衰期来衡量反应速率的大小,所谓半衰期是指引发剂分解到

起始浓度一半所需的时间,以 $t_{1/2}$ 表示,与分解速率常数有下列关系:

$$t_{1/2} = \frac{\ln 2}{k_d} = \frac{0.693}{k_d} \qquad (8-2-08)$$

引发剂的活性可以用引发剂分解速率常数和半衰期表示。分解速率常数越大,或半衰期越小,引发剂的活性越高。

一些典型的引发剂的分解速率常数和半衰期列于表 8-2-04。

表 8-2-04　引发剂的分解速率常数和半衰期

引发剂	溶剂	温度 /℃	$\dfrac{k_d}{s^{-1}}$	$\dfrac{t_{1/2}}{h}$	$\dfrac{E_d}{kJ \cdot mol^{-1}}$	温度/℃ $t_{1/2}=1\ h$	温度/℃ $t_{1/2}=10\ h$
偶氮二异丁腈	甲苯	50	2.64×10^{-6}	73	128.4	79	59
		60.5	1.16×10^{-5}	16.6			
		69.5	3.78×10^{-5}	5.1			
偶氮二异庚腈	甲苯	59.7	8.05×10^{-5}	2.4	121.3	64	47
		69.8	1.98×10^{-4}	0.97			
		80.2	7.1×10^{-4}	0.27			
过氧化二苯甲酰	苯	60	2.0×10^{-6}	96	124.3	92	71
		80	2.5×10^{-5}	7.7			
过氧化十二酰	苯	50	2.19×10^{-6}	88	127.2	80	62
		60	9.17×10^{-6}	21			
		70	2.86×10^{-5}	6.7			
过氧化叔戊酸叔丁酯	苯	50	9.77×10^{-6}	20		71	51
		70	1.24×10^{-4}	1.6			
过氧化二碳酸二异丙酯	甲苯	50	3.03×10^{-5}	6.4		61	46
过氧化二碳酸二环己酯	苯	50	4.4×10^{-5}	3.6		60	44
		60	1.93×10^{-4}	1			
异丙苯过氧化氢	甲苯	125	9×10^{-6}	21.4	170	193	159
		139	3×10^{-5}	6.4			
过硫酸钾	0.1 mol·L⁻¹ KOH	50	9.5×10^{-7}	212	140.2		
		60	3.16×10^{-6}	61			
		70	2.33×10^{-5}	8.3			

拓展

引发剂温度的选用范围

③ 引发剂的选择　引发剂的选择需从聚合方法、聚合温度、对聚合物性能的影响、储运安全等多方面来考虑。首先根据聚合方法选择引发剂的种类:本体聚合、溶液聚合、悬浮聚合选用油溶性引发剂,乳液聚合和水溶液聚合则选用水溶性引发剂。另外还需考虑引发剂对聚合物性能的影响。引发剂活性很大,应根据聚合温度来选用。

采用复合引发剂可以使聚合反应的全过程保持在一定的速率下进行。

引发剂的用量对聚合速率与聚合物的相对分子质量有很大影响,但至今在工业生产中,引发剂的用量大多是经多次试验后确定的。

(3)自由基聚合动力学　聚合动力学主要研究聚合速率、聚合度与引发剂浓度、单体浓度、温度间的定量关系,其目的在于探明机理和优化工艺条件的设定。

① 聚合速率　聚合过程的速率变化常用转化率-时间曲线表示。转化率-时间曲线一般呈 S 形,如图 8-2-03 所示。由此可将整个聚合过程分为诱导期、聚合初期、聚合中期、聚合后期等阶段。

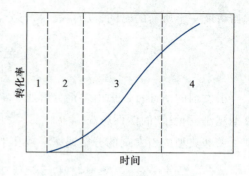

图 8-2-03　转化率-时间曲线
1—诱导期;2—聚合初期;3—聚合中期;4—聚合后期

在诱导期,初级自由基被阻聚杂质终止,无聚合物生成,聚合速率为零。诱导期过后,单体开始正常聚合,速率渐减。转化率为 5%~10% 时称为聚合初期,微观聚合动力学和机理研究都在这个阶段。转化率达 10%~20% 以后,开始出现加速现象,所谓凝胶效应,有时可延续到 50%~70%,此阶段为聚合中期。此后聚合速率逐渐减慢,进入聚合后期。

自由基聚合动力学的理论研究主要是研究聚合初期聚合速率与引发剂浓度、单体浓度、聚合温度等因素之间的定量关系,称为自由基微观动力学。根据聚合机理,导出聚合速率方程。

聚合速率以单位时间内单体的消耗量来表示。

为研究总聚合速率方程方便起见,处理自由基动力学时作以下假定:

a. 等活性理论,不管聚合物链的长短,链自由基的活性基本不变,即各步增长反应的速率常数相等。

b. 稳态假定,经一段时间后,体系中的自由基浓度不变,进入"稳定状态",也就是引发速率等于终止速率,$R_i = R_t$,构成动态平衡。

c. 由于聚合物的相对分子质量很大,用于增长的单体远大于引发所消耗的单体,即 $R_p \geq R_i$,因此聚合总速率就等于链增长速率。由此得出自由基聚合微观动力学方程如式 (8-2-09):

$$R = R_p = k_p [\,M\,] \left(\frac{R_i}{k_t} \right)^{1/2} \tag{8-2-09}$$

这是聚合速率与引发速率的普遍关系式,当用引发剂引发时,则得式(8-2-10):

$$R_p = k_p \left(\frac{f\,k_d}{k_t} \right)^{1/2} [\,I\,]^{1/2} [\,M\,] \tag{8-2-10}$$

式中:k_d, k_p, k_t——分别为引发剂分解、增长、终止速率常数;

　　　　$[\,I\,], [\,M\,]$——分别为引发剂和单体的浓度;

　　　　　　f——引发剂效率。

式(8-2-10)表明,聚合速率与引发剂浓度平方根、单体浓度一次方成正比,这个关系已得到实验证明。

② 聚合度　聚合度是表征聚合物的重要参数,影响自由基聚合速率的诸因素,如引发剂浓度、温度等,也同时影响着聚合度,但影响方向却往往相反。

在学术上,把每个活性种从链引发到链终止所消耗的单体分子数,称为动力学链长 ν。

$$\nu = \frac{R_{\mathrm{p}}}{R_{\mathrm{i}}} = \frac{k_{\mathrm{p}}}{(2k_{\mathrm{t}})^{1/2}} \cdot \frac{[\mathrm{M}]}{R_{\mathrm{i}}^{1/2}} \qquad (8\text{-}2\text{-}11)$$

$$\nu = \frac{k_{\mathrm{p}}}{2(f k_{\mathrm{d}} k_{\mathrm{t}})^{1/2}} \cdot \frac{[\mathrm{M}]}{[\mathrm{I}]^{1/2}} \qquad (8\text{-}2\text{-}12)$$

上两式表明动力学链长与引发速率、引发剂浓度的平方根成反比,与单体浓度成正比。许多实验证明了在低转化率下符合这一规律。由此可知,在自由基聚合中,引发剂浓度增加,可以使聚合速率增加,但使聚合度下降。

在不考虑链转移反应的情况下,动力学链长与聚合度之间的关系为:当链终止为偶合终止时,$\overline{X}_n = 2\nu$,歧化终止时,$\overline{X}_n = \nu$。

链转移反应下,聚合物的平均聚合度的关系如式(8-2-13)所示。

$$\frac{1}{\overline{X}_n} = \frac{2k_{\mathrm{t}}R_{\mathrm{p}}}{k_{\mathrm{p}}^2[\mathrm{M}]^2} + C_{\mathrm{M}} + C_{\mathrm{I}}\frac{[\mathrm{I}]}{[\mathrm{M}]} + C_{\mathrm{S}}\frac{[\mathrm{S}]}{[\mathrm{M}]} \qquad (8\text{-}2\text{-}13)$$

式中:$C_{\mathrm{M}} = k_{\mathrm{tr,M}}/k_{\mathrm{p}}$, $C_{\mathrm{I}} = k_{\mathrm{tr,I}}/k_{\mathrm{p}}$, $C_{\mathrm{S}} = k_{\mathrm{tr,S}}/k_{\mathrm{p}}$——分别为向单体、引发剂、溶剂的链转移常数;

$\qquad\qquad\qquad$ [S]——溶剂浓度。

在实际生产中,常利用链转移反应来控制产物相对分子质量,即在反应过程中加入适量的易发生链转移反应的物质,这物质称为相对分子质量调节剂。通常选链转移常数在 1 上下的化合物作相对分子质量调节剂,其用量可根据式(8-2-13)估算。

3. 自由基共聚合

两种或两种以上单体共同参加的聚合反应,称为共聚反应;所形成的聚合物含有两种或多种单体单元,称为共聚物。根据参加反应单体的单元数,共聚反应可分为二元、三元或多元共聚。共聚合反应机理大多为连锁聚合。

共聚物按大分子链中结构单元的排列方式可分为下列四种:

① 无规共聚物 大分子链中两结构单元 M_1,M_2 无规则排列。

② 交替共聚物 大分子链中两结构单元 M_1,M_2 有规则地严格交替排列。

③ 嵌段共聚物 大分子链中两结构单元 M_1,M_2 是成段出现的,即一段大分子链段为 M_1 再接一段 M_2 形成一条共聚物大分子。

④ 接枝共聚物 共聚物主链为结构单元 M_1 组成,支链由结构单元 M_2 组成。

共聚物是由两种以上的单体组成,可改变大分子的结构性能,增加品种,扩大应用范围。通过共聚反应,可以改进机械强度、韧性、弹性、塑性、柔软性、耐热性、染色性、表面性能等。典型共聚改性见表 8-2-05。

表 8-2-05 典型共聚物

主单体	第二单体	共聚物	改进的性能和主要用途	聚合机理
乙烯	35%醋酸乙烯酯	EVA	增加韧性,聚氯乙烯抗冲改性剂	自由基
乙烯	30%(摩尔分数)丙烯	乙丙橡胶	破坏结晶性,增加弹性,合成橡胶	配位

主单体	第二单体	共聚物	改进的性能和主要用途	聚合机理
异丁烯	3%异戊二烯	丁基橡胶	引入双键,供交联用,气密性橡胶	阳离子
丁二烯	25%苯乙烯	丁苯橡胶	增加强度,通用合成橡胶	自由基
丁二烯	26%丙烯腈	丁腈橡胶	增加极性,耐油合成橡胶	自由基
苯乙烯	40%丙烯腈	SAN 树脂	提高抗冲强度,工程塑料	自由基
氯乙烯	13%醋酸乙烯酯	氯-醋共聚物	增加塑性和溶解性能,塑料和涂料	自由基
偏氯乙烯	15%氯乙烯	偏氯共聚物	破坏结晶性,增加塑性,阻透橡胶	自由基
四氟乙烯	全氟丙烯	F-46 树脂	破坏结晶性,增加柔性,特种橡胶	自由基
甲基丙烯酸甲酯	10%苯乙烯	MMA-S 共聚物	改善流动性和加工性能,塑料	自由基
丙烯腈	7%丙烯酸甲酯	腈纶树脂	改善柔软性,有利于染色,合成纤维	自由基
醋酸乙烯	50%(摩尔分数)马来酸酐		交替共聚物,分散剂	自由基

共聚物对性能改变的程度,与各单体的种类、数量及在共聚物大分子链中各单体的组成与排列方式均有关,即共聚物性能与其组成有关。

(1) 共聚物组成　两单体共聚时,共聚物组成与单体配比不同,共聚前期和后期生成的共聚物组成并不一致,共聚物组成随转化率而变,存在着组成分布和平均组成问题。用动力学或链增长概率推导出了共聚物组成与原料组成间的定量关系——共聚物组成摩尔比微分方程(式 8-2-14)和共聚物组成摩尔分数微分方程(式 8-2-15)。

$$\frac{d[M_1]}{d[M_2]} = \frac{[M_1]}{[M_2]} \cdot \frac{r_1[M_1]+[M_2]}{r_2[M_2]+[M_1]} \qquad (8-2-14)$$

$$F_1 = \frac{r_1 f_1^2 + f_1 f_2}{r_1 f_1^2 + 2 f_1 f_2 + r_2 f_2^2} \qquad (8-2-15)$$

令

$$r_1 = \frac{k_{11}}{k_{12}} \qquad r_2 = \frac{k_{22}}{k_{21}}$$

式中:$[M_1]$,$[M_2]$——单体 1,2 的瞬间物质的量浓度;

F_1——某瞬间 M_1 占共聚物的摩尔分数;

f_1,f_2——同一瞬间 M_1,M_2 占单体混合物的摩尔分数;

r_1,r_2——均聚和共聚链增长速率常数之比,表征两单体的相对活性,称为竞聚率。

(2) 共聚行为——共聚物组成曲线　式(8-2-15)表示共聚物的瞬时组成 F_1 是单体组成 f_1 的函数,相应有 F_1-f_1 关系曲线(图 8-2-04~图 8-2-07)。竞聚率 r_1,r_2 是影响两者关系的主要参数。竞聚率变动范围广,共聚物组成曲线也相应有多种类型,差异很大。

① 理想共聚 $r_1 \cdot r_2 = 1$ 　 $r_1 = r_2 = 1$ 是极端理想情况，表明两自由基的均聚和共聚增长概率完全相同。无论单体配比与转化率如何，共聚物组成与单体组成完全相同，即 $F_1 = f_1$，共聚物组成曲线为一对角线（图 8-2-04）称为理想恒比共聚。

竞聚率乘积等于 1 的共聚合行为称为理想共聚合，共聚物组成曲线为一对称曲线（图 8-2-04）。

② 交替共聚 $r_1 \cdot r_2 = 0$ 　 $r_1 = 0, r_2 = 0$ 或 $r_1 \rightarrow 0, r_2 \rightarrow 0$ 时，是另一种极限情况，表明两单体都只能与另一单体共聚，不能同种单体均聚，因此共聚物中两单体单元是严格交替排列的，称为交替共聚。组成曲线如图 8-2-05，当 $r_1 = r_2 = 0$ 时，组成曲线是一条水平线。

③ 非理想共聚 $r_1 \cdot r_2 < 1$ 　 $r_1 < 1, r_2 < 1$ 时的共聚物组成曲线与恒比对角线有一交点，该点称为恒比点。

当 $r_1 < 1, r_2 > 1$ 或 $r_1 > 1, r_2 < 1$，且 $r_1 \cdot r_2 < 1$ 时，其共聚物组成曲线是一条不对称曲线，见图 8-2-06 与图 8-2-07；其共聚行为称非理想共聚。

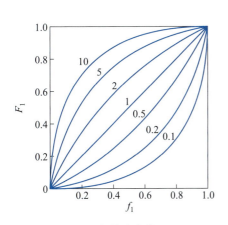

图 8-2-04　理想共聚曲线（$r_1 \cdot r_2 = 1$）
（曲线上数字为 r_1 值）

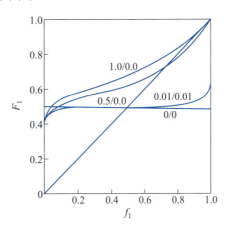

图 8-2-05　交替共聚曲线（$r_1 \cdot r_2 = 0$），
曲线上数值为 r_1 / r_2

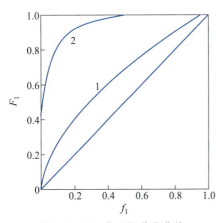

图 8-2-06　非理想共聚曲线
1— 氯乙烯（$r_1 = 1.68$）-醋酸乙烯酯（$r_2 = 0.23$）；
2— 苯乙烯（$r_1 = 55$）-醋酸乙烯酯（$r_2 = 0.01$）

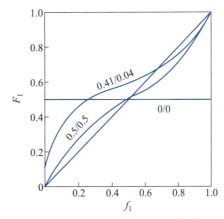

图 8-2-07　非理想恒比共聚曲线

④ 嵌段共聚 $r_1 \cdot r_2 > 1$ 　 $r_1 > 1, r_2 > 1$，表明这两种单体都易均聚，形成嵌段共聚物。

$r_1 > 1, r_2 > 1$ 的共聚曲线也有恒比点,但曲线形状和位置与 $r_1 < 1, r_2 < 1$ 时相反。

综上所述,由于单体竞聚率的不同,引起的共聚行为不同,从而使共聚物组成随转化率而变化。由图 8-2-08 可知,恒比共聚、交替共聚时,随反应的进行,转化率的增大,共聚物组成恒定,其他场合共聚物组成均随转化率而变。

因此在共聚反应中,竞聚率是一个控制反应和共聚物组成的重要因素。各单体的竞聚率列于表 8-2-06。

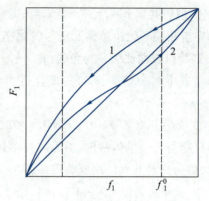

图 8-2-08　共聚物瞬时组成的变化曲线
1—$r_1 > 1$, $r_2 < 1$；2—$r_1 < 1$, $r_2 < 1$

（3）共聚物组成的控制　控制共聚物组成常用的方法是:

① 控制转化率的一次投料法　当 $r_1 > 1, r_2 < 1$,共聚物中以 M_1 为主时,采用一次投料,聚合结束的转化率一般在 90% 以下,共聚物组成分布较均一。

表 8-2-06　共聚单体的竞聚率

M_1	M_2	$t/℃$	r_1	r_2
	异戊二烯	5	0.75	0.85
	苯乙烯	50	1.35	0.58
		60	1.39	0.78
丁二烯（B）	丙烯腈	40	0.3	0.02
	甲基丙烯酸甲酯	90	0.75	0.25
	丙烯酸甲酯	5	0.76	0.05
	氯乙烯	50	8.8	0.035
	异戊二烯	50	0.80	1.68
	丙烯腈	60	0.40	0.04
	甲基丙烯酸甲酯	60	0.52	0.46
苯乙烯（S）	丙烯酸甲酯	60	0.75	0.20
	偏二氯乙烯	60	1.85	0.085
	氯乙烯	60	17	0.02
	醋酸乙烯酯	60	55	0.01
	甲基丙烯酸甲酯	80	0.15	1.224
	丙烯酸甲酯	50	1.5	0.84
丙烯腈（AN）	偏二氯乙烯	60	0.91	0.37
	氯乙烯	60	2.7	0.04
	醋酸乙烯酯	50	4.2	0.05
	丙烯酸甲酯	130	1.91	0.504
甲基丙烯酸甲酯	偏二氯乙烯	60	2.35	0.24
（MMA）	氯乙烯	68	10	0.1
	醋酸乙烯酯	60	20	0.015
丙烯酸甲酯（MA）	氯乙烯	45	4	0.06
	醋酸乙烯酯	60	9	0.1

续表

M₁	M₂	$t/℃$	r_1	r_2
氯乙烯（VC）	醋酸乙烯酯	60	1.68	0.23
	偏二氯乙烯	68	0.1	6
醋酸乙烯酯（VAc）	乙烯	130	1.02	0.97
马来酸酐	苯乙烯	50	0.04	0.015
	α-甲基苯乙烯	60	0.08	0.038
	反二苯基乙烯	60	0.03	0.03
	丙烯腈	60	0	6
	甲基丙烯酸甲酯	75	0.02	6.7
	丙烯酸甲酯	75	0.02	2.8
	醋酸乙烯酯	75	0.055	0.003
四氟乙烯（TFE）	三氟氯乙烯	60	1.0	1.0
	乙烯	80	0.85	0.15
	异丁烯	80	0.3	0.0

② 补加活泼单体　当 $r_1>1$，$r_2<1$，以 M_2 为主或 M_2 含量较多的共聚物，或 $r_1<1$，$r_2<1$，配比离恒比较远的场合，须陆续补加活性较大的单体或混合物，以保持体系中单体组成不变。连续补加或分批补加均可。

4. 离子聚合

活性中心是离子的连锁聚合简称离子聚合，根据中心离子的电荷性质又可分为阳离子聚合和阴离子聚合。离子聚合的单体列于表 8-2-07。

表 8-2-07　离子聚合的单体

阴离子聚合	阴、阳离子聚合	阳离子聚合
丙烯腈 $CH_2=CH—CN$ 甲基丙烯酸甲酯 $CH_2=C(CH_3)COOCH_3$ 亚甲基丙二酸酯 $CH_2=C(COOR)_2$ α-腈基丙烯酸酯 $CH_2=C(CN)COOR$	苯乙烯 $CH_2=CH—C_6H_5$ α-甲基苯乙烯 $CH_2=C(CH_3)C_6H_5$ 丁二烯 $CH_2=CHCH=CH_2$ 异戊二烯 $CH_2=C(CH_3)CH=CH_2$	异丁烯 $CH_2=C(CH_3)_2$ 3-甲基-1-丁烯 $CH_2=CHCH(CH_3)_2$ 4-甲基-1-戊烯 $CH_2=CHCH_2CH(CH_3)_2$ 烷基乙烯基醚 $CH_2=CH—OR$
ε-己内酰胺	甲醛 $CH_2=O$	氧杂环丁烷衍生物
$(CH_2)_5—NH$ 、 C 、 O	环氧乙烷 $CH_2—CH_2$ / O 环氧烷烃 $CH_2—CH—R$ / O	四氢呋喃
	硫化乙烯 $CH_2—CH_2$ / S	三氧六环

用离子聚合方法开发了许多性能优越的高分子材料，在制备嵌段共聚物与结构规整的聚合物方面，离子聚合起着重要作用。

（1）阳离子聚合　阳离子聚合反应通式可表示如下：

$$A^{\oplus}B^{\ominus}+M \longrightarrow AM^{\oplus}B^{\ominus}\cdots \xrightarrow{M} \cdots M_n \cdots$$

烯烃阳离子聚合的活性种是碳阳离子 $A^{\oplus}$，与反离子（或抗氧离子）$B^{\ominus}$ 形成离子对，单体插入离子对而引发聚合。

① 阳离子聚合的单体与引发剂　带有给电子取代基的烯类单体可进行阳离子聚合。

α-烯烃中按阳离子机理进行聚合的单体只有异丁烯。另外，烷基乙烯基醚和苯乙烯、α-甲基苯乙烯、丁二烯等共轭二烯烃也能进行阳离子聚合。

阳离子聚合的引发剂都是亲电试剂，常用的有下列几种。

a. 质子酸　如 H_2SO_4，H_3PO_4，$HClO_4$ 等普通质子酸，在水溶液中能解离产生 H^+，使烯烃质子化引发阳离子聚合。

b. Lewis 酸　广义上把缺电子的物质统称为 Lewis 酸，如 $AlCl_3$，BF_3，$SnCl_4$，$ZnCl_2$，$TiBr_4$ 等。Lewis 酸是阳离子聚合最常用的引发剂。大部分 Lewis 酸都需要共引发剂（如水）作为质子或碳阳离子的供给体，才能引发阳离子聚合。

阳离子共引发剂有两类，一类是能析出质子的物质，有 H_2O，ROH，HX，$RCOOH$ 等；另一类是能析出碳阳离子的物质，如 RX，$RCOX$，$R(CO)_2O$ 等。一般引发剂和共引发剂有一最佳比，才能获得最大聚合速率和最高相对分子质量。

c. 其他引发剂　其他能进行阳离子聚合的引发剂有碘、氧鎓离子，以及比较稳定的阳离子盐（如高氯酸盐、三苯基甲基盐和环庚三烯盐）、高能射线、电荷转移络合物。

② 阳离子聚合机理与特点　阳离子聚合反应是连锁聚合，也是由链引发、链增长、链终止、链转移等基元反应组成。

a. 链引发　以 Lewis 酸（C）为引发剂，它先和质子给体（RH）生成络合物，解离 $H^{\oplus}$ 再引发单体 M 生成碳阳离子活性种。

$$C+RH \Longleftrightarrow H^{\oplus}(CR)^{\ominus} \qquad H^{\oplus}(CR)^{\ominus}+M \xrightarrow{k_i} HM^{\oplus}(CR)^{\ominus}$$

阳离子聚合引发速率很快。其引发活化能 E_i = 8.4～21 kJ/mol。

b. 链增长　链引发反应生成的碳阳离子活性中心与反离子形成离子对，单体分子不断插到碳阳离子和反离子中间进行链增长。

$$HM^{\oplus}(CR)^{\ominus}+nM \xrightarrow{k_p} HM_nM^{\oplus}(CR)^{\ominus}$$

增长反应是离子与分子之间的反应，具有速率快、活化能低（E_p = 8.4～21 kJ/mol）的特点。

c. 链转移和链终止　阳离子聚合的链终止往往是通过链转移终止或单基终止。向单体转移是阳离子聚合中最主要的链终止方式，其次是向反离子转移或加成终止。另外，还可以加入某些链转移剂或终止剂，如水、醇、酸、醚等使链终止。

阳离子聚合机理的特点可以概括为快引发、快增长、易转移、难终止。

（2）阴离子聚合　阴离子聚合反应通式如下：

$$A^{\oplus}B^{\ominus}+M \longrightarrow BM^{\ominus}A^{\oplus}\cdots \xrightarrow{M} \cdots M_n \cdots$$

阴离子活性种末端 $B^{\ominus}$ 近旁往往伴有金属离子作为反离子 $A^{\oplus}$，形成离子对 $B^{\ominus}A^{\oplus}$，单体插入离子对引发聚合。活性中心可以是自由离子、离子对,甚至是处于缔合状态的阴离子活性种。

① 阴离子聚合的单体和引发剂　具有吸电子基的烯类单体可以进行阴离子聚合。同时还要求烯类单体必须是 $\pi - \pi$ 共轭体系,单体的共轭结构使阴离子活性中心趋于稳定。具有这两个条件的烯类单体才能进行阴离子聚合,如丙烯腈、甲基丙烯酸甲酯、苯乙烯、丁二烯等。

烯类单体的聚合活性与取代基的吸电子能力有关,取代基的吸电子性越强,则单体越易阴离子聚合。

阴离子聚合的引发剂是给电子体,是亲核试剂,种类很多。常用的引发剂有碱金属、有机金属化合物。碱金属是电子转移型引发剂,如 K,Na 等是将电子直接或间接转移给单体,生成单体自由基-阴离子,其中自由基末端很快偶合终止,形成双阴离子活性中心再引发聚合。

有机金属化合物有金属氨基化合物、金属烷基化合物,如 $NaNH_2$,KNH_2-液氨体系,RLi,AlR_3,它们是将阴离子直接与单体反应形成碳阴离子活性中心,再引发聚合。

其他还有 R_3P,R_2N,ROH,H_2O 等含有未共用电子对的亲核试剂,它们只能引发活性高的单体进行阴离子聚合。

阴离子聚合引发剂能否引发单体聚合,与单体和引发剂的活性有关。单体与引发剂要匹配,表现出很强的选择性。将引发剂按活性由强到弱,单体的聚合活性由弱到强的次序进行排列,示于表 8-2-08。

表中的 Q,e,σ 值分别表示取代基的共轭效应、极性效应、电子效应的程度,e,σ 值为正时,表示取代基为吸电子基。

② 阴离子聚合机理　阴离子聚合也同样具有连锁聚合机理,只是常常没有链终止反应,尤其是非极性的共轭烯烃,连链转移也不容易,成为无终止聚合,形成"活"的聚合物。要终止聚合,需通过加入水、醇、胺等终止剂使活性聚合物终止。

阴离子聚合机理具有快引发、慢增长、无终止的特点。

③ 活性聚合物　阴离子聚合中,单体一经引发成阴离子活性种,就以相同的模式进行链增长,直到单体耗尽,几天乃至几周都能保持活性,因此称为活性聚合。

典型的活性阴离子聚合具有下列特征:

a. 引发剂全部很快地转变成活性中心,碱金属形成双阴离子,烷基锂为单阴离子。

b. 正常情况下所有增长同时开始,各链的增长概率相等。

c. 无链转移和终止反应。

d. 解聚可以忽略。

阴离子活性聚合物的平均聚合度等于每活性链端基所加上的单体量,即单体浓度与活性端基浓度之比:

$$\overline{X}_n = \frac{[M]}{\underset{n}{[M^-]}} = \frac{n[M]}{[C]} \tag{8-2-16}$$

解析

单体和引发剂的匹配

表 8-2-08　阴离子聚合单体和引发剂的反应活性

引发剂	单体		Q	e	σ
	α-甲基苯乙烯	$CH_2{=}C(CH_3)C_6H_5$			-0.161
	苯乙烯	$CH_2{=}CHC_6H_5$	1	0	0.009
	丁二烯	$CH_2{=}CHCH{=}CH_2$	1.28	0	
	丙烯酸甲酯	$CH_2{=}CHCO_2CH_3$	1.33	1.41	0.385
	甲基丙烯酸甲酯	$CH_2{=}C(CH_3)CO_2CH_3$	1.92	1.20	
	丙烯腈	$CH_2{=}CHCN$	2.70	1.91	0.660
	甲基丙烯腈	$CH_2{=}C(CH_3)CN$	3.33	1.74	0.502
	甲基乙烯酮	$CH_2{=}CHCOCH_3$	3.45	1.51	
	硝基乙烯	$CH_2{=}CHNO_2$			0.778
	亚甲基丙二酸二乙酯	$CH_2{=}C(CO_2C_2H_5)_2$			
	α-氰基丙烯酸乙酯	$CH_2{=}C(CN)CO_2C_2H_5$			1.150
	α-氰基-2,4-己二烯酸乙酯	$CH_3CH{=}CHCH{=}C(CN)CO_2C_2H_5$			
	偏二氰基乙烯	$CH_2{=}C(CN_2)$	100		1.256

引发剂：SrR₂, CaR₂；Na, NaR；Li, LiR；RMgX；t-ROLi；ROK；ROLi；强碱；吡啶；NR₃；弱碱；ROR；H₂O

单体分组：A，B，C，D；引发剂分组：a，b，c，d

式中：［C］——引发剂浓度；

$\qquad$ n——引发剂引发形成的阴离子数，双阴离子的 n＝2，单阴离子的 n＝1。

活性聚合物相对分子质量分布均匀，相对分子质量随转化率线性增加。

阴离子活性聚合的特点为高分子提供了特殊的合成：

a. 可以合成相对分子质量均一的聚合物，用作凝胶色谱中测定相对分子质量时的填料标样。

b. 制备嵌段共聚物　利用阴离子活性聚合，先后加入不同种类单体的聚合，可以制得任意嵌段长度的嵌段共聚物。制备嵌段共聚物时要注意单体碱性（常用 pK_d 值表示）的大小，只有 pK_d 值大的单体能引发 pK_d 值小的单体，所以在反应时要先加碱性大（pK_d 值大）的单体，然后再加入碱性小的单体。

c. 制备遥爪聚合物　利用活性聚合结束反应要加终止剂这一特点，加入二氧化碳、环氧乙烷或二异氰酸酯进行反应，形成带有羧基、羟基、胺基等端基的聚合物。如果是双阴离子引发，则大分子链两端都有这些端基，就成为遥爪聚合物。

阴离子活性聚合的发现，使阴离子聚合的研究和应用获得了飞跃的发展。利用阴离子活性聚合技术开发了 SBS 弹性体，实现了合成橡胶工业的一次革命。活性聚合技术也推进了离子聚合的发展和应用。

④ 可控/"活性"自由基聚合　传统的自由基聚合具有适用单体范围广，合成工艺较简单、多样等优点。从 20 世纪 60 年代起，世界各地高分子科学家们就对"活性"自由基聚合进行了探索，试图通过用化学或物理的方法来稳定自由基聚合过程中的自由基活性种，抑制自由基的副反应，达到活性自由基聚合的目的。提出如能降低自由基浓度［M］或活性，就可减弱双基终止，有望成为可控/"活性"聚合。一般措施是令活性增长自由基（Pn）与某化合物反应，经链终止或链转移，使之蜕化成低活性的共价休眠种（Pn-X）。希望休眠种仍能分解成增长自由基，构成可逆平衡，并要求平衡倾向于休眠种一侧，以降低自由基浓度和链终止速率，这就成为可控/"活性"自由基聚合的关键。

可控/"活性"自由基聚合的理论及控制方法有：氮氧稳定自由基法，引发转移终止剂法，原子转移自由基聚合（ATRP）法，可逆加成-断裂转移（RAFT）法。这些可控/"活性"自由基聚合方法都在进一步发展，今后的研究方向要开发新的引发/催化体系，增加单体种类，合成结构清晰可控的新颖聚合物，更重要的是要缩短工业化进程。

（3）离子聚合的影响因素

① 溶剂　离子聚合中，聚合速率受活性中心与反离子结合方式的影响。

$$A\!-\!B \Longleftrightarrow A^{\oplus}B^{\ominus} \Longleftrightarrow A^{\oplus} \parallel B^{\ominus} \Longleftrightarrow A^{\oplus}+B^{\ominus}$$

$\quad\quad$ 共价键化合物　紧对离子　　松对离子　　自由离子

自由离子的速率大于松对离子速率和紧对离子速率。大多数离子聚合的活性种，是处于离子对和自由离子。影响活性中心与反离子结合方式的主要是溶剂的性质（极性和溶剂化能力）。溶剂性质的不同，中心离子和反离子间的结合能及两者之间的距离不同，因此改变了离子对和自由离子的相对浓度，致使聚合速率不同。溶剂极性和溶剂化能力大，自由离子和松对离子的比例增加，结果使聚合速率和聚合物相对分子质量增加。

综合考虑,阳离子聚合选用低极性溶剂卤代烃,阴离子聚合选用极性溶剂四氢呋喃、二氧六环等。

② 反离子　反离子的性质及体积对离子聚合速率有影响。反离子的亲核性如太强,则将使链终止。反离子的体积大,疏松离子对的聚合速率大。

③ 温度　阳离子聚合过程中,聚合速率和相对分子质量均随温度降低而提高,所以阳离子聚合大多在低温下进行,同时温度低也可减少异构化。温度对阴离子聚合速率与相对分子质量的影响较小。

综上所述,离子聚合的影响因素较复杂,主要与溶剂的极性、溶剂化能力有关。

5. 配位聚合

配位聚合是指单体在活性种的定向配位、络合活化,单体分子相继插入过渡金属—烷基键(Mt—R)中进行增长等过程,形成立构规整(或定向)的聚合物,因而有配位聚合、络合聚合、插入聚合、定向聚合等名称,在此选用配位聚合术语。

配位聚合从理论上讲有阳离子与阴离子之分,但常见的配位聚合大多属阴离子聚合。所得聚合物有有规立构聚合物,也有无规立构聚合物。

引发剂是影响聚合物立构规整程度的关键因素,溶剂和温度则是辅助因素。

配位聚合引发剂主要有:Ziegler-Natta 引发剂,π-烯丙基过渡金属型引发剂,烷基锂引发剂,以及新近发展的茂金属引发剂。

配位聚合引发剂的作用一是提供引发聚合的活性种,二是提供独特的配位能力。

(1) Ziegler-Natta 引发剂　最初的 Ziegler 引发剂由 $TiCl_4$(或 $TiCl_3$)和 $AlEt_3$ 组成,以后发展到由 ⅣB ~ Ⅷ族过渡金属化合物和 ⅠA ~ ⅢA 族金属有机化合物两大组分配合而成。

① ⅣB ~ Ⅷ族过渡金属化合物　包括 Ti,V,Mo,Zr,Cr 的氯(或溴、碘)化物 $MtCl_n$、氧氯化物 $MtOCl_n$、乙酰丙酮物 $Mt(acac)_n$、环戊二烯基(Cp)金属化合物 Cp_2TiCl_2 等。

② ⅠA ~ ⅢA 族金属有机化合物　如 RLi,MgR_2,AlR_3,ZnR_2 等,式中 R 为烷基或环烷基,其中有机铝化合物用得最多。

为改善引发剂的活性和提高聚合物的立构规整性,常在 Ziegler-Natta 引发剂的两组分中加入胺类、酯类、醚类化合物及含有 N,P,O,S 的给电子体作第三组分。第三组分的选择和用量对改进引发剂的定向能力和提高聚合速率是十分重要的。

采用 Ziegler-Natta 引发剂所得的聚合物有立构规整的,也有无规的。

(2) 茂金属引发剂　茂金属引发剂是由五元环的环戊二烯基类(简称茂)、ⅣB 族过渡金属、非茂配体三部分组成的有机金属络合物的简称。

茂金属引发剂已经成功地用来合成线型低密度聚乙烯(LLDPE)、高密度聚乙烯(HDPE)、等规聚丙烯(IPP)、间规聚丙烯(SPP)、间规聚苯乙烯(SPS)、乙丙橡胶、聚环烯烃等。可采用气相法、淤浆法、溶液法和高压法等聚合工艺。茂金属引发剂发展迅猛,正与 Ziegler-Natta 引发剂相竞争。

茂金属引发剂还在继续发展,其中过渡金属从 ⅣB 族的 Ti,Zr,Hf 向 ⅢB 族的稀土金属和 Ni,Pd,Fe,Co 等Ⅷ族过渡金属延伸;助引发剂还包括非 MAO 的有机硼;五元环还出现了含氮五元杂环等。

茂金属引发剂的结构,如图 8-2-09 所示。

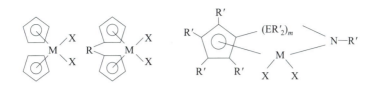

(a) 普通结构　(b) 桥链结构　　(c) 限定几何构型配位体结构

图 8-2-09　茂金属引发剂结构图

茂金属引发剂具有聚合引发活性高,聚合物相对分子质量均一、分布窄,结构规整性高的特点。由于茂金属引发剂具有单一的活性中心,能精密控制相对分子质量及其分布、聚合物的结构和制备特种聚合物,因此得到了迅速发展,目前已进入工业化应用开发阶段。

（3）配位聚合机理　　配位聚合机理研究得较多的是关于 α-烯烃在 Ziegler-Natta 引发剂作用下立构规整化的机理。

配位聚合过程:形成活性中心(或空位),吸附单体定向配位,络合活化,插入增长,类似模板地进行定向聚合,形成立构规整聚合物。聚合过程如下式表示:

$$[\,Mt\,]\text{—}R + CH_2\text{=}CH \longrightarrow [\,Mt\,]\overset{\delta^+}{\text{—}}\overset{\delta^-}{R} \longrightarrow [\,Mt\,]\overset{\delta^+}{\cdots}\overset{\delta^-}{R} \longrightarrow [\,Mt\,]\overset{\delta^+}{\text{—}}CH_2\text{—}\overset{\delta^+}{CH}\cdots R$$

关于配位聚合活性中心形成机理及聚合机理,目前主要有两种观点,即双金属活性中心机理(简称双金属机理)和单金属活性中心机理(简称单金属机理)。

6. 开环聚合

环状单体在某种引发剂的作用下开环,形成线型聚合物的过程,称为开环聚合,其通式如下:

$$n\text{R}\text{—}Z \longrightarrow [\,\text{R}\text{—}Z\,]_n$$

环烷烃、环醚、环酯、环酰胺等都可能成为开环聚合的单体。环状单体能否进行开环聚合取决于环的稳定性,在热力学上容易开环的程度是 3,4>8>7,5,6,其中六元环最稳定,不可能进行开环聚合。在动力学上带有极性键的环状单体更有利于开环聚合。

环状单体可以用离子聚合引发剂或中性分子引发剂,引发开环形成的活性种,可以是离子,也可以是中性分子,这主要取决于引发剂。

开环聚合所选用的引发剂具有离子聚合的特征,但在整个聚合过程中相对分子质量是逐步增加的,又是具有逐步聚合的特点。因此开环聚合机理是兼有连锁和逐步聚合的机理。

目前已实现工业化生产的开环聚合有:环氧乙烷、环氧丙烷阴离子开环聚合,所得聚合物称聚醚;三聚甲醛阳离子聚合成聚甲醛;己内酰胺以碱为引发剂是阴离子开环聚合,产物是铸型尼龙。

8-3　聚合物的改性

一、聚合物的结构与性能

聚合物的结构是多层次的,有大分子链的结构和聚合物凝聚态结构

1. 链结构

链结构是指一条大分子的结构,有宏观结构和微观结构之分。

（1）宏观结构　宏观结构是一条大分子的结构形态。大分子是由许多相同的结构单元重复连接而成的。最简单的连接方式是线型大分子。

结构单元也可能连接成支链型和体型大分子,如图 8-3-01 所示。除此外还可能有星形、梳形、树枝形等复杂结构。

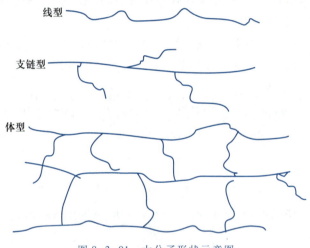

图 8-3-01　大分子形状示意图

线型或支链型大分子彼此以物理力聚集在一起。因此加热可以熔化,冷却时则固化成型;可溶于适当溶剂。聚乙烯、聚氯乙烯、涤纶、尼龙等聚合物是线型大分子。体型大分子是由许多线型或支链型大分子通过化学键连接而成的交联聚合物。交联程度浅的体型结构,受热时可以软化,但不溶解,适当的溶剂只能使之溶胀;而交联程度深的体型结构,加热时不软化,加溶剂也不溶解,不易溶胀。

（2）微观结构　大分子的微观结构又称近程结构,包括结构单元的化学组成,结构单元相互之间的连接方式,结构单元在空间的排列等分子构型有关的结构。

① 重复结构单元　大分子是由许多相同的结构单元重复连接起来的。结构单元全由 C,H 元素组成,则聚合物柔顺性好、强度低;而由 O,N,S 等元素组成的大分子链,其刚性大、强度高、耐热性又好。而无机元素有机聚合物具有无机物的耐气候、抗老化、阻燃等性能。

② 序列结构　重复单元间的连接方式为序列结构。主要有头-头、尾-尾、头-尾连接三种方式,分别称为头-头序列、尾-尾序列及头-尾序列。序列结构的不同主要影响乙烯大分子链的规整性。以聚氯乙烯大分子为例:

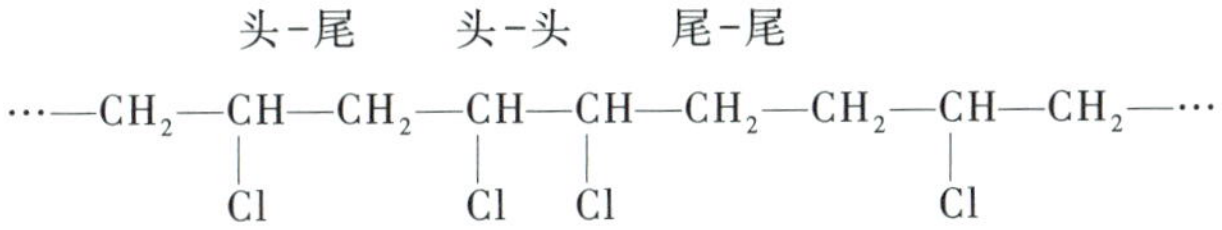

$$\underset{\text{头-尾}}{\cdots—CH_2—CH—CH_2—}\underset{\text{头-头}}{CH—CH—CH_2—}\underset{\text{尾-尾}}{CH_2—CH—CH_2—}\cdots$$
$$\quad\quad\quad\ \ |\quad\quad\quad\quad\ |\quad\ |\quad\quad\quad\quad\ |$$
$$\quad\quad\quad Cl\quad\quad\quad\ Cl\ \ Cl\quad\quad\quad\ \ Cl$$

③ 立体异构 大分子结构单元上的原子或取代基因空间排列的方式不同而引起异构现象,产生多种立体构型,主要有手性构型和几何构型两类。

a. 手性构型 聚丙烯中的叔碳原子具有手性特征,甲基在空间的排布方式如图8-3-02所示。方便说明起见,将主链拉直成锯齿形,排在一平面上,如甲基R全部处在平面的上方,则形成全同立构(等规)构型;甲基R如规则相间地处于平面的两侧,则形成间同立构(间规)构型;如果甲基R无规排布在平面的两侧,形成无规构型。

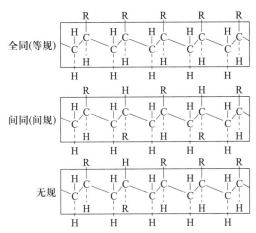

图8-3-02 聚丙烯分子的立体异构现象($R=—CH_3$)

聚合物的立体构型主要由引发体系控制。

b. 几何构型 大分子链中双键上的取代基或原子在空间的排列不同而产生的顺式异构体和反式异构体,如图8-3-03所示。

$$\underset{\cdots—CH_2}{\overset{CH_3}{\diagdown}}C=C\underset{CH_2—\cdots}{\overset{H}{\diagup}}\qquad\qquad\underset{\cdots—CH_2}{\overset{CH_3}{\diagdown}}C=C\underset{H}{\overset{CH_2—\cdots}{\diagup}}$$

(a) 顺式 (b) 反式

图8-3-03 聚异戊二烯几何异构体

双烯烃1,4-加成生成的聚合物主链中有双键,形成顺、反式几何异构体。顺式聚合物和反式聚合物的性能有很大差别,如顺式异戊二烯具有橡胶的性能,而反式异戊二烯则是塑料。

④ 构象 高分子主链由C—C单键构成,单键的内旋而引起C原子空间位置的变化,而生成不同的异构现象,有伸展链、无规线团、折叠链、螺旋链等,其示意图见图8-3-04。

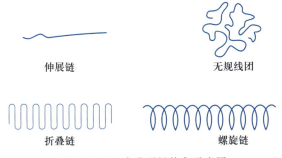

伸展链　　　　　　无规线团

折叠链　　　　　　螺旋链

图8-3-04 大分子链构象示意图

2. 凝聚态

许多大分子通过分子间力聚集在一起,高分子链之间排列和堆砌结构称为凝聚态。

聚合物凝聚态结构分为无定形态(非晶态)和结晶态。很多聚合物处于无定形态:有些部分结晶,有些高度结晶,但结晶度很少到达100%。

(1)无定形态　聚合物各大分子之间的排列或堆砌是不规整的,故称为无定形态,又称非晶态。在低温时都呈玻璃态,受热至某一较窄(2~5 ℃)温度,则转变成橡胶态或柔韧的可塑状态,这一转变温度称为玻璃化温度 T_g,代表链段开始运动的温度,玻璃化温度可由聚合物比体积-温度曲线的斜率变化看出,见图8-3-05。

玻璃化温度 T_g 是指聚合物从玻璃态转化为橡胶态时的温度,而从橡胶态转化为黏流态时的温度称为黏流温度 T_f。

玻璃化温度是无定形聚合物的使用上限温度,黏流温度是聚合物加工的一个重要指标。

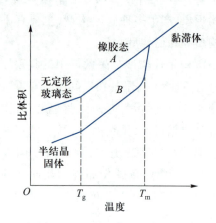

图 8-3-05　无定形聚合物比
体积与温度的关系曲线

聚合物的玻璃化温度 T_g 高于室温的,在室温下聚合物作为塑料使用,玻璃化温度 T_g 低于室温的,则在室温下聚合物作为橡胶使用。

(2)结晶态　结晶就是分子的有序排列。一般分子结构规整、分子链柔顺,容易排列紧密形成结晶,氢键的大分子链易形成结晶聚合物。

还有一类结构特殊的液晶高分子。这类晶态高分子受热熔融(热致性)或被溶剂溶解(溶致性)后,失去了固体的刚性,转变成液体,但其中晶态分子仍保留着有序排列,呈各向异性,形成兼有晶体和液体双重性质的过渡状态,特称为液晶态。

熔点 T_m 是结晶聚合物的主要热转变温度,也是结晶聚合物的使用上限温度。

T_g 和 T_m 是衡量聚合物耐热性的重要指标,与聚合物结构密切有关。在主链中引入芳杂环,提高结晶度,在大分子间引入交联剂,都是提高聚合物耐热性的途径。

二、聚合物的改性

随着人们生活水平的提高,现代科学技术的日新月异,对聚合物材料提出了日益广泛和苛刻的要求:希望聚合物材料既能耐高温又要高强度,既有卓越的韧性又要较高的硬度,既要性能优越又要易于加工,同时要求价格低廉。

为获得综合性能优异的聚合物材料,开辟了一条对原有聚合物进行改性,使之实现高性能化的卓有成效的新途径,得到了多功能的、性能优越的新型聚合物材料,或具有特殊性能的复合型热塑性工程塑料。

改进聚合物材料的性能,通常有化学改性和物理改性两类方法。化学改性是通过化学反应将不同结构的单体或聚合物结合在一起。另外还可采用合成互穿网络聚合、原位聚合等多种化学改性方法。物理改性是将两种或多种均聚物共混得到聚合物共混物,称为共混改性法。

共聚反应是聚合物化学改性常用的一种有效方法,其次就是将已有的聚合物经化学反应,使之转变为新品种或新性能材料,这也是开发高分子新材料的途径之一。

1. 聚合物的化学改性

聚合物的化学反应种类很多,范围甚广,尚难完全按化学反应机理归类,暂按结构和聚合度变化进行归类,大致归纳成基团、接枝、嵌段、扩链、交联、降解等几大类反应。基团反应时聚合度和总体结构变化较小,因此称为相似转变;许多功能高分子也可归属基团反应。接枝、嵌段、扩链、交联等反应使聚合度增大,降解反应使聚合度变小,这些都将引起聚合度和结构的变化,从而使聚合物改性。

（1）聚合物的基团反应　聚合物的基团反应与低分子化合物反应相似,有聚二烯烃的加成反应,烯烃的氯化、氢氯化、环化反应,苯环侧基的取代反应等,这些仅限于侧基或端基基团转变而聚合度基本不变的反应称为相似转变。聚合物的相似转变反应在工业上应用很多,如由醋酸乙烯酯水解生产的聚乙烯醇,纤维素的酯化,聚乙烯和聚丙烯的氯化、离子交换树脂等都是由聚合物的相似转变反应制得的。

通过聚合物相似转变可以制备功能性高分子材料,即具有特殊功能的高分子材料,如高分子试剂、高分子催化剂、高分子基质、高分子农药、水处理剂等。

（2）聚合物的共聚反应　通过接枝、嵌段、扩链、交联等反应,使聚合物的聚合度增大,所得聚合物为接枝、嵌段、交联聚合物,达到改性。

烯烃聚合物的交联可以通过双烯烃的硫化、过氧化物交联、高能辐射交联等方法使线型大分子形成交联。

通过化学反应在某聚合物主链接上结构、组成不同的支链形成的聚合物称为接枝共聚物,接枝点产生方式,分成长出支链、嫁接支链、大单体共聚接枝。

由两种或多种链段组成的线型聚合物称为嵌段共聚物,其性能与链段种类、长度、数量有关。嵌段共聚物的合成方法可采用阴离子活性聚合反应,链自由基的偶合反应,以及双端基预聚体的缩合、缩聚中的交换反应使两种组成不同的活性链键合在一起。

对相对分子质量不高(几千)的聚合物,通过适当方法,使多个大分子连接在一起,相对分子质量成倍增大,这一过程称为扩链。活性端基有羧基、羟基、氨基、环氧基等,带有羟端基和羧端基的预聚物最有实际意义。可采用自由基聚合、阴离子聚合、缩合聚合反应合成预聚物,再通过活性端基的反应,达到扩链的目的。

（3）降解反应　聚合物在使用过程中,受众多环境因素的综合影响,性能变差,这种现象称为老化。降解是使相对分子质量变小的反应,降解反应有热降解,聚合物的热降解主要有解聚、无规断链、基团脱除三种类型;另外还有力化学降解、水解、化学降解、生化降解、氧化降解、光降解和光氧化降解等。

研究降解可以有效利用废聚合物的高温裂解以回收单体;剖析降解产物,研究聚合物结构,为合成新型聚合物提供导向,如耐热高分子、易降解塑料等;探讨老化机理,提出防老措施,延长使用寿命。

2. 共混改性法

化学结构不同的均聚物或共聚物的混合物称为共混聚合物,又称聚合物合金,而严格说来,两种相容聚合物的混合物才称为聚合物合金。

共混改进法是依靠物理作用,即不同组分间依靠分子间力(包括范德华力、偶极力、氢键等)实现聚合物共混的物理共混法,是不同聚合物相互间取长补短,获得新性能聚合物的一种方便而又经济的改性方法。

从物料形态分,物理共混法分为以下五类:

(1)粉料(干粉)共混法　将两种或两种以上结构不同的细粉状聚合物在各种通用的塑料混合设备中进行混合,可同时加入必要的各种塑料助剂,形成各组分均匀分散的粉状聚合物混合物。

经粉料混合所得共混聚合物,可以直接用于压制、压延、注射或挤出成型。粉料(干粉)共混法,只适合于某些难溶难熔聚合物,如氟树脂、聚苯醚树脂等共混物的制备。

(2)熔融混合　将两种聚合物加热到熔融状态使它们在强力作用下进行混合的方法,可在捏和机或螺杆挤出机中进行,近来多采用双螺杆挤出机。两种不相混溶的聚合物经熔融混合后,可以使之相容,形成宏观上单一的材料,但实际它是两相或多相体系,可提高相容性和改性效果。

(3)溶液浇铸混合法　将两种聚合物的溶液进行混合,浇铸成型脱除溶剂后得到共混合薄膜。

(4)胶乳液混合法　将不同种的聚合物胶乳,经凝聚、分离、干燥得到共混聚合物。

(5)纳米技术　采用纳米刚性粒子填充高聚物树脂,不仅材料韧性、强度方面得到提高,而且其性能价格比也将是其他材料不能比拟的。层状无机物如黏土、云母、V_2O_5、MoO_3、层状金属盐等高聚物/碳纳米管复合材料是聚合物复合材料的增强材料。加入少量碳纳米管即可大幅度提高材料的导电性;金属或金属氧化物纳米粉与高聚物复合将会得到具有一些特异功能的高分子复合材料。

高分子纳米复合材料的制备方法分为四大类:纳米单元与高分子直接共混(内含纳米单元的制备及其表面改性方法);在高分子基体中原位生成纳米单元;在纳米单元存在下单体分子原位聚合生成高分子;纳米单元和高分子同时生成。高分子纳米复合材料既能发挥纳米粒子自身的小尺寸效应、表面效应和量子效应,以及粒子的协同效应,而且兼有高分子材料本身的优点,使得它们在催化、力学、物理功能(光、电、磁、敏感)等方面呈现出常规材料不具备的特性。

3. 其他改性方法

(1)增容和反应性增容　即采用加入增容剂的方法。增容剂的加入使共混的聚合物组分间黏结力增大,形成稳定的宏观均匀、微观多相的结构,得到具有优良性能的制品。

反应性增容是指在熔融混炼过程中,原料聚合物通过化学反应就地形成接枝共聚物或嵌段共聚物,或同时发生交联反应,改善共混体系相容性的技术。

常用于反应性增容技术的反应类型有:酰胺化、酰亚胺化、酯化、氨解、酯交换、开环反应和离子键合等。

(2)动态硫化法　即在硫化剂的存在下,使塑料和橡胶在高温下熔融混炼,使橡胶在细微分散的同时进行高度交联。该法适用于制造热塑性弹性体,目前已用该技术,利用聚丙烯和 EPDM 制造热塑性弹性体。

(3)增强材料　纤维增强及填充改性是制造复合材料的主要方法,尤其以纤维增强最重要。增强塑料能显著地提高材料的机械强度和耐热性,填充改性对改善成型加工性,提高制品的机械性能及降低成本有着显著效果。

除了采用玻璃纤维作增强剂外,还可采用高性能的增强剂,如高模量碳纤维、Kevlar聚芳酰胺纤维及液晶纤维等。

(4)原位复合和分子复合　高分子液晶化也是改性的一条有效的途径。原位复合是指高分子热致液晶与热塑性聚合物的复合。这类共混物在加工熔融时,液晶微区取向形成微纤结构;在成型后冷却时,微纤结构在原位就地冻结,因此称为原位复合。

分子复合材料与原位复合材料相似,不同的是分子复合用溶致液晶聚合物来增强热塑性塑料。由于这类共混物中的液晶微纤的分散程度接近分子水平,故称为分子复合。为了最大限度地达到分子水平分散,一般采用溶液共混沉淀法制备分子复合材料。

8-4　聚合反应实施方法

聚合物生产的实施方法,称为聚合方法。聚合方法可按单体、聚合物、引发剂、溶剂的物理性质和相互间的关系分类,单体(或溶剂)与聚合物的溶解性也是聚合方法分类的主要依据。

一、逐步聚合方法与缩聚

逐步聚合的实施方法必须考虑下列原则:原料尽可能纯净;单体按化学计量配制,加微量单官能团物质或使某双官能团单体微过量来控制相对分子质量;尽可能提高反应程度;采用减压或其他手段去除副产物,使反应向聚合物方向移动。

缩聚反应聚合方法通常有熔融缩聚、溶液缩聚、界面缩聚和固相缩聚四种方法,其中熔融缩聚和溶液缩聚方法最常用。表8-4-01列出了各种缩聚方法实施工艺的比较。

表 8-4-01　各种缩聚方法实施工艺比较

	熔融缩聚	溶液缩聚	界面缩聚	固相缩聚
优点	生产工艺过程简单,生产成本较低。可连续法生产直接纺丝。聚合设备的生产能力高	溶剂存在下可降低反应温度,避免单体和产物分解,反应平稳易控制。可与产生的小分子共沸或与之反应而脱除。聚合物溶液可直接用作产品	反应条件缓和,反应是不可逆的。对两种单体的配比要求不严格	反应温度低于熔融缩聚温度,反应条件缓和
缺点	反应温度高,要求单体和缩聚物在反应温度下不分解,单体配比要求严格,反应物料黏度高,小分子不易脱除。局部过热可能产生副反应,对聚合设备密封性要求高	溶剂可能有毒、易燃,提高了成本。增加了缩聚物分离、精制、溶剂回收等工序。生产高相对分子质量产品时须将溶剂蒸出后进行熔融缩聚	必须使用高活性单体,如酰氯。需要大量溶剂,产品不易精制	原料需充分混合,要求达一定细度,反应速率低,小分子不易扩散脱除

续表

	熔融缩聚	溶液缩聚	界面缩聚	固相缩聚
适用范围	广泛用于大品种缩聚物,如聚酯、聚酰胺的生产	适用于单体或缩聚物熔融后易分解的产品生产,主要是芳香族聚合物、芳杂环聚合物等的生产	适用于气液相、液液相界面缩聚和芳香族酰氯生产芳酰胺等特种性能聚合物	适用于提高已生产的缩聚物如聚酯、聚酰胺等的相对分子质量及难溶的芳族聚合物的生产

1. 熔融缩聚

一种在单体和聚合物的熔点以上进行的聚合方法,体系中只有单体和少量的催化剂,产物纯净,聚合热不大。熔融缩聚法用途很广,许多重要工业产品如聚酯、聚酰胺、酚醛树脂和不饱和聚酯等都是采用熔融聚合法生产的。

缩聚物的生产工艺可分为原料配制、缩聚反应、后处理等工序,有间歇操作和连续操作两种方式。连续法工艺,为多釜串联缩聚。近来有采用内装多个圆环式搅拌器的卧式分室缩聚反应釜,近几年还发明了高黏度的自清搅拌装置。如图 8-4-01、图 8-4-02 所示。

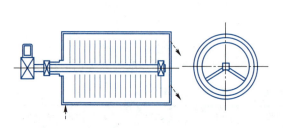

图 8-4-01　卧式分室缩聚反应釜示意图

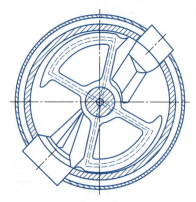

图 8-4-02　高黏度自清搅拌
装置示意图

2. 溶液缩聚

单体加适当的催化剂在溶剂中进行的缩聚反应称为溶液缩聚,所用的单体一般活性较高,聚合温度可以较低,副反应也较少。如属平衡缩聚,则可通过蒸馏或加碱成盐除去副产物。溶液缩聚的缺点是要回收溶剂,聚合物中残余溶剂的脱挥也比较困难。聚砜、聚酰亚胺等大多采用溶液缩聚法制备。

溶液缩聚中溶剂的选择很关键,选择溶剂时要注意选择对单体、聚合物的溶解性好的溶剂,使反应在均相中进行,同时应有利于反应在设定的温度下平稳地进行。

3. 界面缩聚

两单体分别溶于水和有机溶剂中,配成互不相溶的溶液,聚合就在界面处进行。界面反应称为界面缩聚,限用活性高的单体,室温下就能聚合。界面缩聚属于扩散控制,应有足够的搅拌强度,保证单体及时传递。

界面缩聚的优点有缩聚温度较低,不必严格等基团数比,相对分子质量较高等。缺点是溶剂回收成本较高。光气法合成聚碳酸酯是界面缩聚的重要应用。

4. 固相缩聚

在玻璃化温度以上,熔点以下的固态进行的缩聚。固相缩聚方法主要用于由结晶单体或某些预聚物进行固相缩聚。固相缩聚的反应速率较慢,表观活化能大,是扩散控制过程。固相缩聚可制得高相对分子质量、高纯度的聚合物。

二、自由基聚合方法

自由基聚合反应按反应体系的物理状态和自由基聚合的实施方法有本体聚合、溶液聚合、悬浮聚合、乳液聚合四种方法(见表 8-4-02)。它们的特点不同,所得产品的形态与用途也不相同。

表 8-4-02　四种聚合方法的特点

项目	本体聚合	溶液聚合	悬浮聚合	乳液聚合
配方主要成分	单体 引发剂	单体 引发剂 溶剂	单体 水 油溶性引发剂 分散剂	单体 水 水溶性引发剂 水溶性乳化剂
聚合场所	本体内	溶液内	液滴内	胶束和乳胶粒内
聚合机理	提高反应速率的因素将使相对分子质量降低	向溶剂链转移,相对分子质量和反应速率均降低	同本体聚合	同时提高反应速率和相对分子质量
生产特征	不易散热,连续聚合时要保证传热混合;间歇法生产板材或型材的设备简单	散热容易,可连续化,不宜制成干燥粉状或粒状树脂	散热容易,间歇生产,需有分离、洗涤、干燥等工序	散热容易,可连续化;制粉状树脂时,需经凝聚、洗涤、干燥
产物特性	聚合物纯净,宜生产透明浅色制品,相对分子质量分布较宽	一般聚合物溶液直接使用	比较纯净,可能留有少量分散剂	留有部分乳化剂和其他助剂

在工程上,聚合操作方式还有间歇、半连续和连续之分。

1. 本体聚合

本体聚合体系仅有单体和少量(或无)引发剂组成,产物纯净,后处理简单,是比较经济的聚合方法;适用于实验室研究。本体聚合主要特点是产物纯净,工艺过程、设备简单,适合于制备透明和电性能好的板材、型材等制品。不足之处是反应体系黏度大,自动加速显著,聚合反应热不易导出,温度不易控制,易局部过热,引起相对分子质量分布不均。

苯乙烯、甲基丙烯酸甲酯、氯乙烯、乙烯等气、液态单体均可进行本体聚合。不同单体的聚合活性,聚合物-单体的溶解情况、凝胶效应各不相同,因而其动力学行为、传递特征及聚合工艺差别很大,简例如表8-4-03。

表 8-4-03 本体聚合工业生产举例

聚合物	过程要点
聚苯乙烯	第一阶段于 80~85 ℃预聚至 33%~35%转化率,然后送入特殊聚合反应器内在 100~220 ℃温度递增的条件下聚合,最后熔体挤出造粒
聚甲基丙烯酸甲酯(有机玻璃板)	第一阶段预聚至约 10%转化率的黏稠浆液,然后浇模分段升温聚合,最后脱模成板材或型材
聚氯乙烯	第一阶段预聚至 7%~11%转化率,形成颗粒骨架,然后在第二反应器内补加单体,继续沉淀聚合,保持原有的颗粒形态,最后以粉状出料
高压聚乙烯	选用管式或釜式反应器进行连续聚合,控制单程转化率 15%~30%,最后熔体从气相中分离出来,挤出造粒,未反应单体经精制后循环使用

工业上本体聚合可采用间歇法和连续法,关键问题是聚合热的排除。为此一般多采用两段聚合:第一阶段保持较低转化率,10%~35%不等,黏度较低,可在普通聚合釜中进行;第二阶段转化率和黏度较高,则在特殊设计的反应器内聚合,或者采用分段聚合,逐步升温,提高转化率。常用的本体聚合反应器有模型式反应器、釜式反应器、管式和塔式连续聚合反应器等。

本体聚合的后处理主要是排除残存在聚合物中的单体。常采用的方法是将熔融的聚合物在真空中脱除单体和易挥发物,所用设备为螺杆或真空脱气机。

2. 溶液聚合

(1)自由基溶液聚合 单体和引发剂溶于适当溶剂中进行的聚合方法称为自由基溶液聚合法。溶液聚合体系黏度低,因此混合和传热较易,温度容易控制,凝胶效应减弱,可以避免局部过热。

由于溶液聚合过程中使用溶剂,单体浓度较低,聚合速率较慢,设备生产能力与利用率下降。同时易发生溶剂链转移反应,使聚合物相对分子质量下降。溶剂的回收费用高,难以除净聚合物中残留溶剂。溶液聚合多用于聚合物溶液直接使用的场合,如涂料、胶黏剂、浸渍剂、分散剂、增稠剂、合成纤维纺丝液、后续化学反应等,自由基溶液聚合示例列于表8-4-04。

表 8-4-04 自由基溶液聚合示例

单体	溶剂	引发剂	聚合温度/℃	聚合液用途
丙烯腈加第二、三单体	硫氰化钠水溶液水	AIBN氧化还原体系	70~80 40~50	纺丝液粉料,配制纺丝液
醋酸乙烯酯	甲醇	AIBA	50	醇解成聚乙烯醇
丙烯酸酯类	醋酸乙酯加芳烃	BPO	沸腾回流	涂料,黏结剂
丙烯酰胺	水	过硫酸铵	沸腾回流	絮凝剂

溶剂的选择在溶液聚合中是很重要的,在自由基溶液聚合中选择溶剂时首先要注意溶剂对引发剂的诱导分解作用,以及对链自由基的链转移反应。其次是溶剂对凝胶效应的影响,选用聚合物的良溶剂时,为均相聚合;选用沉淀剂时,则成为沉淀聚合,凝胶效应显著。不良溶剂的影响介于两者之间。

(2)离子型溶液聚合 离子聚合的引发剂容易被水、醇、氧、二氧化碳等含氧化合物所破坏,因此多采用有机溶剂进行溶液聚合。根据聚合物在溶液中的溶解能力,可分为均相溶液聚合和沉淀分散(或淤浆)聚合。一些络合引发剂可溶于溶剂中,另一些则不溶,构成微非均相体系。离子型溶液聚合示例列于表 8-4-05。

表 8-4-05 离子型溶液聚合示例

聚合物	引发剂	溶剂	溶解情况		聚合方法
			引发剂	聚合物	
聚乙烯	$TiCl_4-Al(C_2H_5)_3$	烷烃	不溶	沉淀	淤浆聚合
聚丙烯	$TiCl_3-Al(C_2H_5)_2Cl$	烷烃	不溶	沉淀	淤浆聚合
顺丁橡胶	Ni 盐 $-AlR_3-BF_3\cdot OEt_2$	烷烃或芳烃	不溶	均相	溶液聚合
异戊橡胶	LiC_4H_9	烷烃	溶	均相	溶液聚合
乙丙橡胶	$VOCl_3-Al(C_2H_5)_2Cl$	烷烃	溶	均相	溶液聚合
丁基橡胶	$AlCl_3$	氯甲烷	溶	沉淀	悬浮聚合

离子型溶液聚合溶剂的选择需从两方面考虑:一是溶剂化能力,即溶剂对活性种离子对紧密程度和活性的影响,这对聚合速率、相对分子质量及其分布、聚合物微结构都有深远的影响;二是对溶剂的链转移反应。

(3)超临界 CO_2 中的溶液聚合 超临界 CO_2 的临界温度为 31.1 ℃,临界压力为 7.4 MPa,呈低黏液体,可以用作聚合介质,对自由基稳定,无链转移反应,并能溶解含氟单体和聚合物。

在超临界 CO_2 中,自由基聚合可以分成均相溶液聚合和沉淀分散聚合两类。第一类均相溶液聚合,溶剂容易脱除、无毒、阻燃。适用的单体包括四氟乙烯、丙烯酸-1,1-二羟基全氟辛酯、p-氟烷基苯乙烯等。

第二类沉淀分散聚合的特点是单体和引发剂溶解,而聚合物不溶,苯乙烯、甲基丙烯酸甲酯等都属于这种情况。随着反应条件和稳定剂的不同,分散粒径可达 0.1~10 μm。该法聚合物的相对分子质量比均相溶液聚合的要高,可能的原因是自由基被包埋。

超临界 CO_2 中的溶液聚合具有环保优势。阳离子聚合、开环聚合,甚至缩聚都可以在超临界 CO_2 中进行,可见其发展前景良好。

3. 悬浮聚合

悬浮聚合是单体以小液滴状悬浮在水中的聚合方法。单体中溶有引发剂,一个小液滴就相当于一个小本体聚合单元,反应机理与本体聚合相同。从单体液滴转变为聚合物固体粒子,中间经过聚合物-单体黏性粒子阶段,为了防止粒子黏并,须加分散剂,在粒子表面形成保护层。因此,悬浮聚合体系一般由单体、油溶性引发剂、水、分散剂四个基本组分构成。

悬浮聚合产物的颗粒粒径一般在 0.05~0.2 mm。其形状、大小随搅拌强度和分散剂的性质而定。

悬浮聚合体系黏度低,传热和温度容易控制,产品相对分子质量及其分布比较稳定;产品相对分子质量比溶液聚合的高,杂质含量比乳液聚合的少;后处理工序比乳液聚合简单,生产成本也低,粒状树脂可直接成型。悬浮聚合的主要缺点是产物中多少带有少量分散剂残留物。

悬浮聚合法广泛应用于工业生产,其合成树脂的主要品种见表8-4-06。

表8-4-06　悬浮聚合法生产的合成树脂主要品种

主要品种	分散剂类别	聚合条件			
		$t/℃$	p/kPa	时间/h	转化率/%
聚氯乙烯	保护胶	45~55		6~9	85~90
ABS	保护胶	100~120	350	8~16	99
聚苯乙烯	无机分散剂	110~170	~304	5~9	>95
交联聚苯乙烯白球	保护胶	30~98	常压	3~6	>95
聚甲基丙烯酸甲酯	保护胶	75~95	常压	6~8	>95
聚醋酸乙烯酯	保护胶	70	常压	2	>95
苯乙烯-丙烯腈共聚物		60~150	~304	5	
聚偏二氯乙烯	保护胶	60	常压	30~60	85~90

(1)成粒机理　悬浮聚合的单体苯乙烯、氯乙烯等在水中溶解度很小,基本与水不相溶,只是浮在水面呈两层。在搅拌器强烈的剪切作用下,单体液层分散成液滴,大液滴受力,继续分散成小液滴。单体分散成稳态小液滴的过程示意如图8-4-03:

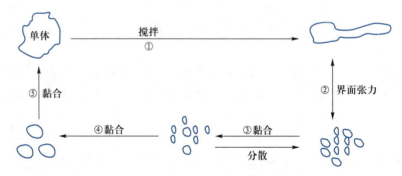

图8-4-03　悬浮单体液滴分散过程示意图

单体-水间的界面张力越小,越易分散,形成的液滴也越小。小液滴会聚并成大液滴。液-液分散和液滴聚并构成动平衡,最终达到一定的平均粒度。

(2)分散剂及其作用　在悬浮聚合中,搅拌和分散剂是两个重要因素。工业生产用的分散剂主要有保护胶类分散剂和无机粉末状分散剂两大类。

保护胶类分散剂都是水溶性高分子化合物。有明胶、蛋白质、淀粉、纤维素衍生物、藻酸钠等天然高分子化合物,部分水解的聚乙烯醇、聚丙烯酸及其盐、磺化聚苯乙烯、马来酸酐-苯乙烯共聚物等合成高分子化合物。目前多采用质量比较稳定的合成高分子化合物,并且两种以上分散剂复合使用。这类分散剂的作用机理是吸附在液滴表面,形成一层保护膜,起着保护胶体的作用。

碳酸盐、磷酸盐、滑石粉、高岭土等无机粉末状分散剂的作用机理是细粉末吸附在液滴表面起着机械隔离作用。无机分散剂较适合于高温聚合。

分散剂种类的选择与用量的确定随聚合物种类和颗粒要求而定。有时在悬浮聚合体系还加入少量的助分散剂,如十二烷基硫酸钠、聚醚等。分散剂的用量为单体总量的0.1%左右,助分散剂用量是单体总量的0.01%~0.03%。

4. 乳液聚合

单体在水中分散成乳液状态的聚合,称为乳液聚合。传统(或经典)乳液聚合的基本配方由单体、水、水溶性引发剂和水溶性乳化剂四组分构成。

乳液聚合在工业生产上应用广泛,很多合成树脂、合成橡胶都是采用乳液聚合方法合成的(详见表8-4-07),因此乳液聚合方法在高分子合成工业中具有重要意义。

表 8-4-07　乳液聚合方法生产的聚合物主要品种

主要品种	乳化剂种类	聚合条件		
		$t/℃$	反应时间/h	转化率/%
丙烯酸酯类	非离子型	25~90	>2.5	>95
ABS		55~75 常压	1~6	99
聚醋酸乙烯酯	非离子型	80~90	4~5	
聚氯乙烯	阴离子型	45~60		60
聚偏二氯乙烯	阴离子型	30	7~8	95~98
SAN	阴离子型	70~100	1~3	>97
丁苯橡胶	阴离子型	5 或 50	连续	~60
丁腈橡胶	阴离子型	5 或 50	连续	
氯丁橡胶	阴离子型	~40	连续	60~90

乳液聚合最大的特点是可同时提高聚合速率与相对分子质量,同时还具备以下优点:

① 以水为分散介质,环保安全,体系黏度低,易传热,反应温度容易控制。

② 聚合速率快、相对分子质量高,可以在低温下聚合。

③ 适合于直接使用胶乳的场合,如乳胶漆、黏结剂等的生产。

另外,乳液聚合也存在不足之处,即产品中留有乳化剂等物质,影响产物的电性能;需要得到固体产品时,乳液需经过凝聚(破乳)、洗涤、脱水、干燥等工序,生产成本较高。

(1)乳液聚合机理

① 乳化作用和乳化剂　单体在水中借助于乳化剂分散成乳液状态,这种使互不相溶的两相,即油(单体)-水转变为相当稳定难以分层的乳液,这个过程称为乳化。乳化剂在乳液体系能起乳化作用,是因为乳化剂分子是由亲水的极性基团和亲油的非极性基团构成的。

乳化剂开始形成胶束时的浓度为临界胶束浓度,简称 CMC。此时的浓度为 w(乳化剂)= 0.01%~0.03%。在大多数乳液聚合中,乳化剂的浓度[w(乳化剂)= 2%~3%]总超

解析

增溶作用

过 CMC 值 1~3 个数量级,所以大部分乳化剂处于胶束状态。在典型的乳液聚合中,胶束的数目为 $10^{17} \sim 10^{18}$ 个(胶束)/cm^3。

乳化剂的作用是降低表面张力,使单体分散成细小的液滴;在液滴表面形成保护层,防止凝聚,使乳液保持稳定;增溶作用,使部分单体溶于胶束内。

乳化剂有阳离子型、阴离子型、两性型和非离子型四类。用于乳液聚合的大多是阴离子型和非离子型的乳化剂。

极性基团是阴离子的为阴离子型乳化剂,如十二烷基硫酸钠($C_{12}H_{25}SO_4Na$)、松香皂等。它在碱性溶液中比较稳定。

非离子型乳化剂是环氧乙烷聚合物或环氧乙烷和环氧丙烷嵌段共聚物,聚乙烯醇等是具有非离子型特性的乳化剂。

② 聚合机理　乳液聚合机理也经链引发、链增长、链终止反应。

乳液聚合遵循自由基聚合的一般规律,但聚合速率和相对分子质量却可以同时增加,可见存在着独特的反应机理和成粒机理。

乳液聚合初期,单体和乳化剂分别处在水溶液、胶束、液滴三相。即微量单体和乳化剂以分子分散状态真正溶解于水中,构成水溶液连续相;大部分乳化剂形成胶束,单体增溶在胶束内,构成增溶胶束相;大部分单体分散成小液滴,液滴表面吸附有乳化剂,促使乳液稳定,构成液滴相。一般每个胶束由 50~100 个乳化剂分子组成,其中一部分为含有单体的增溶胶束。

a. 成核机理和聚合场所　胶束进行聚合后形成聚合物乳胶粒的过程,又称为成核作用。

乳液聚合粒子成核一是引发剂分解生成的初级自由基,引发溶于水中的微量单体,增长成短链自由基。由水相扩散进入胶束,引发其中的单体聚合而成核,即所谓的胶束成核。胶束成核后继续聚合,转变成单体-聚合物胶粒,增长聚合就在胶粒内进行。

另一个是增长的短链自由基从水中沉析出来,相互聚集在一起,絮凝成核(原始微粒),单体不断扩散入内,聚合成胶粒。在胶粒中引发增长,这个过程叫均相成核。

胶束成核作用和均相成核作用的相对程度将随着单体的水溶解度和表面活性剂的浓度而变化。单体较高的水溶性和低的表面活性剂浓度有利于均相成核;单体较低的水溶性和高的表面活性剂浓度则有利于胶束成核。对有一定水溶性的醋酸乙烯酯,均相成核作用是粒子形成的主要机理,而对亲油性较强的苯乙烯,主要是胶束成核机理。

另外还有两种情况导致液滴成核,一是对于液滴小而多表面积和增容胶束相当,可参与吸附水中形成的自由基引发成核;二是用油溶性引发剂,溶于单体液滴内,就地引发聚合,类似液滴内的本体聚合。

b. 聚合过程　典型的乳液聚合根据乳胶粒数的变化可将聚合过程分为三个阶段,即聚合物乳胶粒子形成阶段、聚合物乳胶粒子与单体液滴共存阶段,以及单体液滴消失和聚合物乳胶粒子内单体聚合阶段。三个阶段变化示意如图 8-4-04。

图 8-4-04(a)阶段——乳胶粒生成期,即成核期　从开始引发直到胶束消失,整个

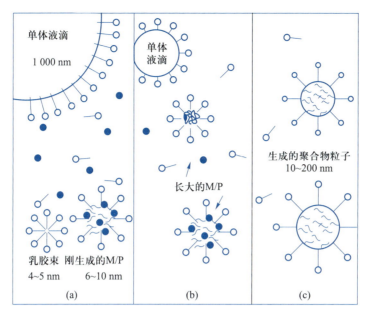

图 8-4-04　乳液聚合阶段示意图

●—单体分子；○—乳化剂分子；～—聚合物

阶段聚合速率递增，转化率可达 2%～15%。

图 8-4-04(b)阶段——恒速阶段　自胶束消失开始到单体液滴消失止。胶束消失，乳胶粒数恒定，体积增大，乳胶粒内单体浓度恒定，乳液聚合速率恒定，转化率达 50% 左右，单体液滴消失。

图 8-4-04(c)阶段——降速期　单体液滴消失后，乳胶粒内继续进行引发、增长、终止，直到乳胶粒内单体完全转化。乳胶粒数不变，体积增大，最后粒径可达 10～200 nm。聚合速率随乳胶粒内单体浓度的减少而下降。

（2）乳液聚合工艺　乳液聚合法主要用于生产合成橡胶、合成树脂、黏合剂和涂料用胶乳等。工业上用乳液聚合方法生产的产品有固体块状物、固体粉状物和流体状胶乳，如丁苯橡胶、氯丁橡胶、聚氯乙烯糊用树脂及丙烯酸酯类胶乳等。

乳液聚合过程是按配方分别向聚合釜内投入水、单体、乳化剂及其他助剂，然后升温反应。乳液聚合实施方法，可分为间歇法、半连续法和连续法。间歇法、半连续法在单釜内进行聚合反应，而连续法则采用多釜串联的方式进行聚合反应，通常由 4～12 个釜组成一组生产线。

如要得到粉状胶乳，可采用喷雾干燥的方式。将胶乳连续送入喷雾干燥塔，喷入热空气与雾化的胶乳接触，经干燥成为粉状颗粒。

另外还可用凝聚法进行后处理，简单的方法是在胶乳中加入破乳剂将聚合物分离出后，再进行洗涤、干燥即得分散性的胶乳粉末。凝聚法因能去除大部分乳化剂，产物纯度高于喷雾干燥法。

（3）乳液聚合的发展　近几十年内乳液聚合技术研究继续向纵深方向发展。在理论上，建立了乳液聚合机理和动力学模型，同时也有很多学者提出了壳层或核-壳层模型等一些有参考价值的理论。在乳液聚合技术方面也在不断发展和创新，出现了许多新的乳液聚合方法,如水溶性单体的反相乳液聚合、核壳乳液聚合、无皂乳液聚合、微乳液聚合、乳液定向聚合、乳液辐射聚合、乳液接枝共聚合及种子乳液聚合等,为乳液聚合技术领域提供了丰富的新内容,使乳液聚合在高分子合成工业中的应用更为广泛。采用无皂乳液聚合法可以得到粒子规整的单分散聚合物,核壳乳液聚合法可以通过调整核、壳两部分的化学组成、相对分子质量及玻璃化温度来达到产物所需的性能要求。

8-5 高分子合成工艺

一、聚氯乙烯(PVC)

聚氯乙烯(PVC)是应用范围很广的通用塑料,产量占第二位,仅次于 PE。PVC 是由氯乙烯(VC)通过自由基聚合而成的,其结构式是:$\{CH_2-CHCl\}_n$,相对分子质量4 万~15 万。

PVC 生产工艺路线主要是电石法与乙烯法两种方法,我国 PVC 生产以电石法为主。在 PVC 工业生产时,可采用四种聚合方式:悬浮聚合、本体聚合(含气相聚合)、乳液聚合(含微悬浮聚合)、溶液聚合(见表 8-5-01)。80%~82%的聚氯乙烯是采用悬浮聚合法生产的,本体聚合法约8%。两者颗粒结构相似,平均粒径为 100~160 μm。10%~12%糊用聚氯乙烯则用乳液聚合法和微悬浮聚合法生产,粒径分别为 0.2 μm 和 1 μm,少量涂料用氯乙烯共聚物才用溶液聚合法制备。

表 8-5-01　PVC 四种聚合方法比较

	悬浮聚合	本体聚合	乳液聚合	溶液聚合
配方组成	单体、引发剂、分散剂、水	单体、引发剂	单体、引发剂、乳化剂、水	单体、引发剂、溶剂
聚合场所	单体液滴内	本体内	胶束和乳胶粒内	溶液内
温度控制	容易	困难	容易	容易
聚合速率	较大	中等	大	小
相对分子质量控制	较困难	困难	容易	容易
生产特征	间歇生产	间歇操作	可连续生产	可连续生产
产物特性及主要用途	适合于注塑或挤塑树脂	聚合物纯净、硬质注塑品	涂料、黏结剂	涂料、黏合剂

1. 悬浮聚合法

采用部分水解的聚乙烯醇和水溶性纤维素衍生物作分散剂,可得到多孔性不规整的疏松型树脂,这是目前 PVC 树脂的主要品种。

(1)聚合工艺　氯乙烯悬浮聚合的基本配方由氯乙烯单体、水、油溶性引发剂、分散剂组成,另外还添加 pH 调节剂、相对分子质量调节剂(主要用于低聚合度品种)、防黏釜剂、消泡剂等。配方中单体和水的比例在 1:(1.2~2)。

工艺条件:氯乙烯悬浮聚合温度为 45~65 ℃,要求严格控制在±0.2 ℃。由于氯乙烯易发生单体链转移反应,因此在生产中,主要由温度来控制相对分子质量,聚合时间 4~8 h。

　　(2)工艺流程　氯乙烯悬浮聚合大多采用间歇操作。首先将去离子水经计量后加入反应釜中,在搅拌下继续加入分散剂水溶液及各种助剂,密闭抽真空,接着加计量好的氯乙烯和引发剂。加料毕开始升温到规定温度,聚合反应开始。聚合过程中要通冷却水控制反应温度。当聚合釜内压力降到 0.50~0.65 MPa 时,加入链终止剂结束反应。聚合反应终止后,泄压,将未聚合的单体排入气柜回收再使用。脱除单体后的物料经离心分离、洗涤、干燥后即得到聚氯乙烯树脂。

　　氯乙烯悬浮聚合工艺流程,见图 8-5-01。

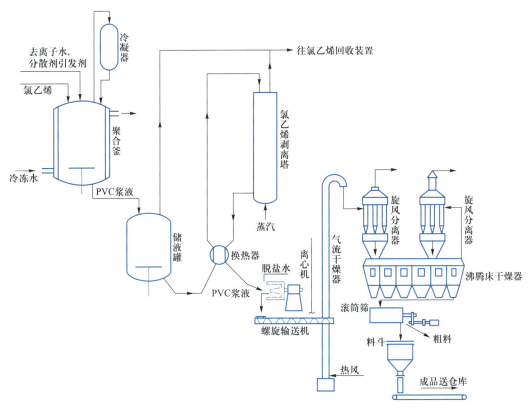

图 8-5-01　聚乙烯悬浮聚合工艺流程图

　　(3)聚合设备　氯乙烯悬浮聚合反应采用间歇操作的搅拌釜。我国采用的聚合釜容积大多是 30 m³,但也有 70~130 m³ 的复合钢板釜。目前聚合釜容积发展到 180~200 m³。

　　聚合釜的设计不仅要考虑传热问题,还须考虑到聚合物颗粒的形态与大小及其分布,所以,聚合釜的搅拌叶形状、叶片层数、转速等的设计很重要。

2. 乳液聚合法

　　氯乙烯的乳液聚合法主要用来生产聚氯乙烯糊树脂。工业生产分为两个阶段,第一阶段是氯乙烯单体经乳液聚合生成聚氯乙烯胶乳,乳胶粒径为 0.1~3 μm;第二阶段是将聚氯乙烯乳胶经喷雾干燥得到聚氯乙烯糊树脂,它是由初级粒子聚集而得到的直径为 1~100 μm 的次级粒子。次级粒子与增塑剂混合后形成不沉降的聚氯乙烯增塑糊。

　　聚氯乙烯胶乳的生产方法:

（1）无种子乳液聚合　典型的乳液聚合法得到高分散性的,粒径小于 0.1 μm 的初级粒子。该法生产的树脂糊黏度高,只适用于特殊要求的场合或用于涂布。

（2）种子乳液聚合　制得粒径 1.0 μm 左右的胶乳的最常用的生产方法。乳胶粒的大小主要取决于所用种子的粒径大小,同时在生产工艺上严格控制聚合条件,减少新粒子产生。例如,采用复合乳化剂体系,连续或半连续操作法,控制乳化剂加料速率等方法,来控制乳胶粒的粒径。

（3）微悬浮聚合　使用油溶性引发剂使单体在水中分散成粒径为 1 μm 左右的微小液滴,进行聚合生成粒径为 0.2~1.2 μm 的稳定的聚氯乙烯胶乳。技术关键是如何得到稳定的高分散单体水乳状液体系,现工业上一般选用的复合乳化剂是十二醇硫酸钠和十六醇的组合,两者用量的比是 n（十二醇硫酸钠）：n（十六醇）＝ 1：（1~3）。采用间歇法一次投料的生产工艺,其工艺流程等与种子乳液聚合基本相同。

工业生产中以种子乳液聚合和微悬浮聚合为主。

操作方式有间歇法、半连续法和连续法三种。

目前大多数厂家的聚合操作采用间歇法生产,其工艺配方见表 8-5-02。

表 8-5-02　氯乙烯乳液聚合配方

物料	份数	物料	份数
氯乙烯	100	还原剂	0.01~0.03
去离子水	110~150	氧化剂	0.05~0.1
乳化剂	0.05~1.0	Cu^{2+}	$(0.1~1.0)×10^{-4}$
引发剂	0.01~0.031 0	第一代种子	1
pH	10~10.5	第二代种子	1

3. 应用与改性

（1）聚氯乙烯性能及应用　聚氯乙烯大分子中大量的氯原子赋予了聚合物以较大的极性和刚性。聚氯乙烯的耐酸碱性好,可作防腐材料。聚氯乙烯电气性能优良,广泛用作绝缘材料;同时又具有很好的隔水性和阻燃性能。

总之,聚氯乙烯是一种综合性能良好,价格低廉,用途极广的聚合物,是当前得到广泛应用的热塑性塑料的重要品种之一,广泛用于制造水管、浴帘、电线等。

目前聚氯乙烯树脂开发的趋势,一是均聚物品种等级细化和聚合度向高或低延伸,二是开发各种专用料、混合料,三是适应市场需求,不断推出聚氯乙烯改性新品种,使通用化向高性能化、工程化或功能化扩展。

（2）聚氯乙烯的改性　聚氯乙烯树脂热稳定性差,使加工性能恶化、制品性能下降。另外聚氯乙烯的抗冲性、耐老化性、耐寒性能等均较差。为此需对聚氯乙烯树脂进行改性,以提高聚氯乙烯制品的应用性能和扩大其使用范围。

聚氯乙烯的改性方法主要有:改变聚氯乙烯大分子链结构;氯乙烯与其他单体共聚;聚氯乙烯与增强材料及其他配合剂的复合;聚氯乙烯与其他聚合物共混等方法。其共混改性情况见表 8-5-03,经过共混改性后的聚氯乙烯共混树脂,抗冲性、耐热性、耐候性和加工性都可得到改善。

表 8-5-03　聚氯乙烯共混改性情况

改性用聚合物	聚合物特征	主要改性效果
聚酯树脂	相容性低相对分子质量聚合物	增塑、软化
PMMA,AS 树脂,加工改进型 ACR	相容性较好的高相对分子质量树脂	改善一次加工性并促进凝胶化
NBR,CR	相容性较好的橡胶	增韧
CPE,EVA,E-VA-CO 共聚物 抗冲改进型 ACR	相容性较好的高相对分子质量聚合物	增韧、增柔
ABS,MBS	相容性一般的聚合物	增韧
PE,PP	非极性不相容树脂	改善流动性

二、聚乙烯(PE)

聚乙烯树脂是通用合成树脂中产量最大的品种。

聚乙烯分子结构通式是 $+CH_2{-}CH_2+_n$,聚合度在 400~50 000。各类聚乙烯的密度与结晶度见表 8-5-04。

表 8-5-04　各类聚乙烯的密度与结晶度

聚乙烯类别	$\rho/(\mathrm{g\cdot cm^{-3}})$	结晶度/%
HDPE	0.940~0.970	85~95
LLDPE	0.915~0.935	55~65
LDPE	0.910~0.940	45~65

目前工业生产的聚乙烯可以分为:① 低密度聚乙烯(LDPE),有均聚物和含有少量极性基团的由乙烯与醋酸乙烯酯、丙烯酸乙酯共聚的共聚物。② 线型低密度聚乙烯(LLDPE)为乙烯和 α-烯烃的共聚物。③ 高密度聚乙烯(HDPE),有均聚物和乙烯与 1-丁烯或 1-已烯的共聚物。④ 超高相对分子质量聚乙烯(HMW-PE),其相对分子质量在 200 万~400 万,支链甚少,密度略低于 HDPE,为 0.939 $\mathrm{g/cm^3}$ 左右,要求用特殊方法进行合成和加工。⑤ 改性聚乙烯,包括交链聚乙烯、氯化聚乙烯、氯磺化聚乙烯及接枝聚乙烯等。

1. 合成工艺

(1) 低密度聚乙烯　低密度聚乙烯是以氧或过氧化物为引发剂,在 200 ℃,120~300 MPa 高压下通过自由基聚合反应制得的。低密度聚乙烯的数均相对分子质量在 $(2.5~5.0)\times 10^4$,密度、结晶度、熔点(103~110 ℃)都较低,但熔体流动性好,适于制造薄膜。

① 聚合工艺

单体:乙烯的纯度要求应>99.95%,其中只含有微量的甲烷与乙烷。乙烯高压聚合过程中单程转化率仅为 15%~30%,大量的单体乙烯要循环使用。

引发剂:过氧化二叔丁基、过氧化十二烷酰、过氧化苯甲酸叔丁酯、过氧化 3,5,5-三甲基乙酰、过氧化碳酸二丁酯等。

相对分子质量调节剂:烷烃、烯烃、氢、丙酮和丙醛等。

其他助剂:a. 抗氧剂——4-甲基-2,6-二叔丁基苯酚;b. 润滑剂——油酸酰胺或硬脂酸铵、油酸铵、亚麻仁油酸铵三者的混合物;c. 开口剂——高分散性的硅胶($m\text{SiO}_2\cdot n\text{H}_2\text{O}$)、铝胶($m'\text{Al}_2\text{O}_3\cdot n'\text{H}_2\text{O}$)或其混合物;d. 抗静电剂——用含有氨基或羟基等极性基团而又溶于聚乙烯中,不挥发的聚合物为抗静电剂,如环氧乙烷与长链脂肪族或脂肪醇的聚合物。

聚合条件:反应温度在130~350 ℃,反应压力一般在122~320 MPa,聚合停留时间15~120 s,取决于反应器的类型。

② 工艺流程　低密度聚乙烯的生产流程,如图8-5-02所示。将混有引发剂、相对分子质量调节剂的乙烯单体压入反应器进行聚合,反应物料经适当冷却后入高压分离器,将未反应的单体与聚合物分离后作循环使用。聚乙烯树脂在低压分离器中与抗氧剂等混合后,经挤出切粒、离心干燥成一次产品。再次进行基础切粒、离心干燥得到二次成品,经包装出厂为聚乙烯商品。

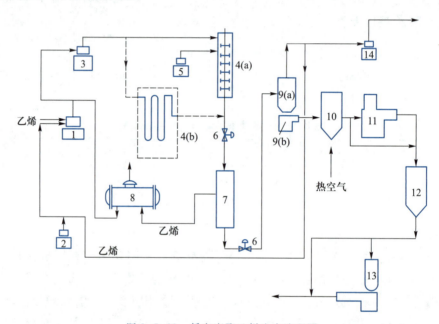

图 8-5-02　低密度聚乙烯生产流程图

1—一次压缩机;2—相对分子质量调节剂泵;3—二次高压压缩机;4(a)—釜式聚合反应器;
4(b)—管式聚合反应器;5—催化剂泵;6—减压阀;7—高压分离器;
8—废热锅炉;9(a)—低压分离器;9(b)—挤出切粒机;10—干燥器;
11—密炼机;12—混合机;13—混合物造粒机;14—压缩机

③ 聚合设备　目前工业生产采用的乙烯高压聚合反应器有两种类型:

一种是管式反应器,是内径为2.5~7.5 cm 的细长型高压合金钢管,直径与长度之比是1/40 000~1/250,目前最长的管式反应器长1 500 m 或更长些。开发大型管式反应器是生产低密度聚乙烯的趋势。管式反应器一般分为两段,第一段为聚合引发段,需加热到引发剂或氧分解引发聚合的温度;第二段为冷却段,但温度不能低于130 ℃,以防止聚乙烯凝固。管式反应器的主要特点是物料在管内呈柱塞状流动,没有返混现象;反应温度有高峰,因此所得聚乙烯的相对分子质量分布较宽。

另一种是釜式反应器,根据其外形有细长型和矮胖型两种。细长型聚合釜的内径与长度之比为 1/20~1/4,而矮胖型内径与长度之比为 1/4~1/2。低密度聚乙烯反应釜已进一步大型化,世界上最大的低密度聚乙烯反应釜容积达 1 600 L。釜式反应器内物料可以充分混合,反应温度均匀,还可以分区操作,使各反应区具有不同的温度,因而获得的聚乙烯相对分子质量分布较宽。

(2)线型低密度聚乙烯 用低压法合成的密度为 0.914~0.931 g/cm³ 的聚乙烯就是线型低密度聚乙烯。线型低密度聚乙烯分子结构的特点是仅含有由 α-烯烃共聚单体引入分子中的短支链。共聚合的 α-烯烃有丙烯、1-丁烯、1-己烯、1-辛烯,常用的是 1-丁烯。所用引发剂体系主要有 Ziegler 引发剂($TiCl_4+R_3Al$),其次为 Phillips 引发剂(CrO_3/SiO_2)。

工业生产中采用在有机溶剂中淤浆聚合法、溶液聚合法或无溶剂的低压气相聚合法进行乙烯聚合,典型的生产条件列于表 8-5-05。

表 8-5-05 线型低密度聚乙烯典型生产条件

聚合方法	反应温度/℃	反应压力/MPa	反应时间
淤浆聚合法	55~70	1.5~2.9	1~2 h
溶液聚合法	250	8	数分钟
气相聚合法	85~90	2	*

*反应时间不详,单程转化率较低,经数次循环以达到要求的转化率。

淤浆聚合法根据所用反应器类型和反应介质的不同,分为环式反应器轻(重)介质法,釜式反应器重介质法,液体沸腾法。

溶液聚合法中乙烯在烃类溶剂中高于聚乙烯的熔融温度下进行聚合。溶液聚合法有中压法、低压法、低压冷却法三种类型。

线型低密度聚乙烯在结构、结晶度、密度等方面介于高密度聚乙烯与低密度聚乙烯之间,比高密度聚乙烯短支链多,而长支链比低密度聚乙烯少,可以看成是线型结构。

(3)高密度聚乙烯 高密度聚乙烯包括密度为 0.940 g/cm³ 及其以上的乙烯均聚物与 α-烯烃的共聚物。分子中具有较少的主要由共聚单体引入的短支链,结晶度较高。

高密度聚乙烯工业生产的引发体系主要有氧化铬类的 Phillips 引发剂和 Ziegler-Natta 引发剂。生产方法和线型低密度聚乙烯相似,主要采用淤浆聚合法、溶液聚合法和气相聚合法。

典型的聚合反应条件列于表 8-5-06。

表 8-5-06 高密度聚乙烯主要生产条件

聚合方法	反应温度/℃	反应压力/MPa	反应时间
淤浆聚合法	70~110	0.5~3	1~4 h
溶液聚合法	150~250	2~4	数分钟
气相聚合法	70~110	2~3	*

*反应时间不详,需经数次循环后方可达要求的转化率。

气相聚合法选用高纯度的乙烯和少量共聚单体聚合,聚合物颗粒悬浮在气相中。在 0.7~2.0 MPa,80~100 ℃,以氢为相对分子质量调节剂,聚合 6 h。乙烯循环的量约为聚合物的50倍。

产品的特性通过调节反应条件控制,由共聚单体控制密度,氢浓度和反应温度控制熔融指数。

气相聚合法近年来发展较快,美国阿莫科公司、法国石油公司都用该法生产。

气相聚合法通常在流化床反应器中以粉状聚乙烯粒子在乙烯中进行流态化聚合反应。图 8-5-03 及图 8-5-04 是气相聚合反应器结构示意图。

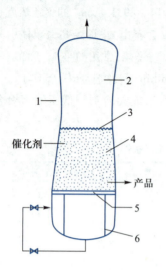

图 8-5-03　气相聚合反应器结构(1)

鼓形流化床聚合反应器结构示意图

1—流化床聚合反应器;2—流化床上部;
3—流化面;4—流化部分;
5—气体分布板;6—挡板

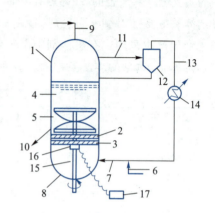

图 8-5-04　气相聚合反应器结构(2)

出光石化公司气相聚合反应器结构示意图

1—聚合釜釜体;2—固定分布板;3—活动分布板;
4—聚合室;5—搅拌叶;6—原料气体;7—原料气导入管;
8—储气室;9—催化剂导入管;10—排出管;
11—气体排出管;12—旋风分离器;13—气体返回管;
14—冷却器;15—搅拌轴;16—转动传递夹具;17—控制器

(4)茂金属引发剂在聚烯烃中的应用　在聚烯烃的合成工业中使用茂金属均相引发剂是聚烯烃工业的革命。应用于烯烃聚合中的茂金属化合物,最普遍的金属元素是 Ti,Zr,Hf 过渡金属元素及 Sr,Tm,Yb,Lu 等稀土元素。引发乙烯聚合活性达 4×10^7 g(PE)/[g(Zr)·h],高于传统的 Ziegler-Natta 引发剂。

用茂金属引发剂对原有聚烯烃工艺技术的适应性强,可以用高压聚合法、溶液聚合法、气相聚合法、淤浆聚合法和悬浮聚合法。

(5)生产工艺研究新进展　在聚乙烯生产工艺技术领域,应用最为广泛的浆液法工艺是环管工艺和搅拌釜工艺。近年来,在各工艺技术并存的同时,新技术不断涌现,如冷凝及超冷凝技术、不造粒技术、共聚技术、双峰技术、超临界烯烃聚合技术等。

随着催化剂技术的进步,现在已出现了直接由聚合釜中制得无需进一步造粒的球形聚乙烯树脂的技术。

采用熔融共混,反应器串联,在单一反应器中使用双金属催化剂或混合催化剂等方法可以得到相对分子质量分布曲线呈现两个峰值的聚乙烯树脂,双峰树脂可以在获得优越物理性能的同时改善其加工性能。这些新技术及反应器新配置等的开发,极大地促进了世界聚乙烯工业的发展。

2. 应用与改性

（1）性能与应用　聚乙烯是非极性聚合物，具有优良的耐酸碱及耐极性化学物质腐蚀的性质。绝缘性能、耐低温性能优良。由于聚乙烯的密度、相对分子质量不同，其应用范围也不同。

一般低密度聚乙烯柔性较好，适宜制包装薄膜、农用薄膜、软板、合成纸、热封材料、泡沫塑料和电线绝缘包皮等。

高密度聚乙烯主要是作日用容器、医药瓶等消耗性容器与玩具。发展趋势是制作薄壁容器和多层共挤出中空制品。还有日用杂品、容器类，工业用品如自行车、汽车零件的注射成型制品、高强度超薄膜、拉伸带、管材等。

线型低密度聚乙烯可用于农膜、重包装薄膜、复合薄膜、一般包装用薄膜、食油包装容器等制品，还可作挤出管材、电缆、电线包覆物、保护或绝缘层、吹塑制品等。

（2）乙烯改性聚合物　聚乙烯综合性能优良，但也存在着软化点低，强度不高，耐大气老化性能差，易应力开裂，不易染色，阻隔性不足等缺点。为此，常采用聚乙烯的共混改性的方法（见表 8-5-07），克服以上缺点，以拓宽聚乙烯的应用范围。

表 8-5-07　聚乙烯共混改性概况

共混改性目的	改性用的聚合物
改善高密度聚乙烯或低密度聚乙烯的综合性能	相互掺混或分别加入线型低密度聚乙烯及共同加入线型低密度聚乙烯组成的三元共聚物
改善聚乙烯的冲击性	热塑性弹性体或橡胶类物质
改善聚乙烯的印刷性	聚丙烯酸酯类、氯化聚乙烯、乙烯-醋酸乙烯酯共聚物
改善聚乙烯对油类的阻隔性	聚酰胺
改善聚乙烯的发泡成型性	聚异丁烯，乙烯-醋酸乙烯酯共聚物
改善线型低密度聚乙烯的加工成型性	低密度聚乙烯，高密度聚乙烯，线型低密度聚乙烯或低聚物类加工性改进剂

聚乙烯的共聚物有采用本体、乳液、悬浮等方法合成的用作聚氯乙烯抗冲改性剂的氯化聚乙烯；还有与丙烯及少量有二烯结构的第三单体共聚的乙丙橡胶、EVA（乙烯-醋酸乙烯酯共聚物）、乙烯（甲基）丙烯酸共聚物等。

三、聚丙烯(PP)

聚丙烯（PP）为聚 α-烯烃的代表。由丙烯聚合而制得的一种热塑性树脂，其结构式为 $\left[CH_2—CH \right]_n$，有等规聚丙烯、无规聚丙烯和间规聚丙烯三种构型，等规聚丙烯易形
　　　　　　　　　$|$
　　　　　　　　CH_3

成结晶态，赋予它具有良好的抗热和抗溶剂性，工业产品以等规聚丙烯为主要成分。工业生产的聚丙烯产品要求等规聚丙烯含量在 95% 以上。聚丙烯是仅次于聚乙烯和聚氯乙烯的第三大品种合成树脂。

商品聚丙烯中有大量共聚物，约占总产量的 30%。共聚物主要有由丙烯与其他 α-烯烃、乙烯共聚而得的无规共聚物和含有乙烯 10%~20%（质量）的乙烯-丙烯共聚弹性体的抗冲聚丙烯共聚物。

解析 三种聚丙烯的性能对照

1. 合成工艺

意大利著名化学家 Natta(1903—1979)以三氯化钛和烷基铝为引发剂,成功地合成了分子结构高度规整的聚丙烯,其聚合机理为配位聚合。等规聚丙烯的开发,开创了立体定向聚合的崭新领域,为今天广泛使用的合成聚丙烯的现代方法奠定了基础。至今聚丙烯的生产采用 Ziegler-Natta 引发剂,近几年运用茂金属引发剂得到等规聚丙烯、间规聚丙烯。工业生产方法有以下几种。

① 淤浆聚合法　淤浆聚合法为连续式操作,饱和烃己烷为反应介质,引发剂浮于反应介质中,丙烯聚合生成的聚丙烯颗粒分散于反应介质中呈淤浆状。

② 液相本体聚合法　在 70 ℃和 3 MPa 的条件下,在液体丙烯中聚合。

③ 气相聚合法　在丙烯呈气态条件下聚合。后两种方法不使用稀释剂,流程短,能耗低。液相本体聚合法现已显示出后来居上的优势。

④ 液相气相组合式连续本体聚合法　气液结合的本体法,四个串联反应釜构成连续的聚合过程,其中前两个为液相连续搅拌釜反应器,后两个是气相流化床反应器。本生产工艺的特点在于采用高效载体引发剂,革除了脱灰和脱无规聚丙烯工序,用液相本体聚合法生产均聚物直接送往乙烯-丙烯气相共聚装置与已生成的聚丙烯进行嵌段共聚,然后送往后处理工段。因此本装置既可生产均聚物又可生产共聚物。

三井油化公司开发的 Hypol 工艺也是液相-气相组合式本体聚合工艺,采用带搅拌装置的釜式反应器,两个串联。如图 8-5-05 所示,未反应的丙烯不经过加热闪蒸而是在第三个气相聚合釜中汽化,汽化的丙烯再打入气相聚合釜中进行流化床聚合。第四个聚合釜为乙烯共聚釜,必要时进行嵌段共聚。

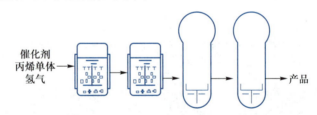

图 8-5-05　Hypol 工艺丙烯聚合反应流程简图

⑤ 茂金属和单活性中心(SSC)引发剂　该技术使聚丙烯产品性能显著改进,并进一步扩大了聚丙烯的应用领域。采用茂金属/SSC 引发剂技术生产高性能等规聚丙烯、抗冲共聚聚丙烯、无规聚丙烯、间规聚丙烯或弹性均聚聚丙烯。茂金属聚丙烯(MPP)的开发备受关注。与常规聚丙烯或茂金属等规聚丙烯相比,间规聚丙烯的分子结构使其透明度更高,间规聚丙烯也比等规聚丙烯柔软得多,它可与高乙烯含量的无规聚丙烯共聚体和其他茂金属塑料相竞争。

我国大型聚丙烯生产装置以引进技术为主,中型和小型聚丙烯生产装置以国产化技术为主。引进技术主要有釜式反应器液相本体-气相本体 Hypol 工艺及环管式反应器液相本体-气相本体组合法(是巴塞尔公司的 Speripol 工艺)。

2. 性能和应用

聚丙烯树脂通常为半透明无色固体,无臭无毒。具有优良的机械性能和耐热性能,使用温度范围-30～140 ℃。同时具有优良的电绝缘性能和化学稳定性。适于制作一般机械零件,耐腐蚀零件和绝缘零件。

等规聚丙烯是熔点高(175 ℃)、耐溶剂、比强(单位质量的强度)大的结晶性聚合物，广泛用作塑料和合成纤维(丙纶)。它耐腐蚀，抗张强度 30 MPa，强度、刚性和透明性都比聚乙烯好，可用作工程塑料。

丙烯无规共聚物改进了光学性能(增加了透明度并减少了浊雾)，提高了抗冲击性能，增加了挠性，降低了熔化温度，从而也降低了热熔接温度;应用于吹塑、注塑、薄膜和片材挤压加工领域，做食品包装材料、医药包装材料和日常消费品。

透明聚丙烯比普通聚丙烯、PVC、PET、PS 更具特色，有更多优点和开发前景。

四、聚酯

聚酯是主链上有—C(O)O—酯基团的杂链聚合物。聚酯种类很多，包括脂肪族和芳香族、饱和和不饱和、线型和体型。主要用作合成纤维和工程塑料，合成纤维是以合成树脂为原料经纺丝加工而成的。与天然纤维相比，合成纤维具有强度高，弹性好，吸水性低，保暖性，耐磨性好，耐酸碱，不被虫蛀，染色性能好等优点，因此发展很快。目前世界上生产的合成纤维已有几十种(见表 8-5-08)。其中最主要的是聚酯、聚酰胺和聚丙烯腈纤维。

表 8-5-08　合成纤维的品种及分类

杂链纤维	碳链纤维
聚酯类	聚丙烯腈类
聚酰胺类	聚乙烯醇类
聚氨酯弹性纤维	聚烯烃类
聚脲、聚甲醛	含氯类
聚酰亚胺	含氟类
聚苯丙咪唑	碳纤维

聚酯纤维是由对苯二甲酸与乙二醇缩聚反应制得聚对苯二甲酸乙二醇酯(简称PET)，经熔融纺丝制成的合成纤维。聚酯纤维由于性能优越，自 1953 年实现工业化生产以来，发展很快，目前是合成纤维中产量最大的品种。我国将其称为涤纶。

PET 树脂的合成主要采用熔融缩聚，相对分子质量控制采用原料非等摩尔比的方法，通过排出体系中小分子副产物乙二醇的量达到控制相对分子质量的目的。

1. 合成工艺

PET 树脂的合成工艺路线有三种，即酯交换法、直接酯化法(也称直接缩聚法)和环氧乙烷法。

(1) 酯交换法　酯交换法是传统生产方法，为便于对苯二甲酸二甲酯精制提纯，采用由甲酯化、酯交换、终缩聚三步形成 PET。

第一步，甲酯化:对苯二甲酸与稍过量甲醇反应，先酯化成对苯二甲酸二甲酯。蒸出水分、多余甲醇、苯甲酸甲酯等低沸物，再经精馏，即得纯的对苯二甲酸二甲酯。

第二步，酯交换:190~200 ℃下，以醋酸镉和三氧化锑作催化剂，使对苯二甲酸二甲酯与乙二醇(摩尔比约 1∶2.4)进行酯交换反应，形成聚酯低聚物。馏出甲醇，使酯交换充分。

第三步，终缩聚:在高于涤纶熔点下，如 283 ℃，以三氧化锑为催化剂，使对苯二甲酸乙二醇酯自缩聚或酯交换,借减压和高温,不断馏出副产物乙二醇,逐步提高聚合度。

① 聚合工艺

聚合原料:对苯二甲酸、甲醇、乙二醇。

催化剂:酯交换催化剂常用的是 Zn,Co,Mn 等的醋酸盐,用量约为对苯二甲酸二甲酯量的 0.01%~0.05%。缩聚反应的催化剂是三氧化锑,用量为对苯二甲酸二甲酯量的 0.03%左右。近年来也有采用溶解性好的醋酸锑或热降解作用小的锗化合物作催化剂。

稳定剂:常用的稳定剂有磷酸三甲酯(TMP)、磷酸三苯酯(TPP)和亚磷酸三苯酯。因亚磷酸三苯酯还具有抗氧化作用,故其效果最佳。

扩链剂:在缩聚后期加入草酸二苯酯作为扩链剂。

消光剂:TiO_2 可改进反光色调,TiO_2 的加入量为 PET 量的 0.5%。

着色剂:采用耐温型的酞菁蓝、炭黑等作为着色剂。

聚合条件:酯交换阶段反应温度控制在 180 ℃ 以上,酯交换结束时可 200 ℃ 以上。缩聚反应时在 270~280 ℃。在生产中必须根据具体的工艺条件和要求的相对分子质量来确定最合适的反应温度和反应时间。

另外,在反应过程中要抽高真空,一般在缩聚反应的后阶段,要求反应压力低到 0.1 kPa。

② 工艺流程　酯交换法有间歇操作和连续操作两种,其工艺流程,见图 8-5-06 与图 8-5-07。

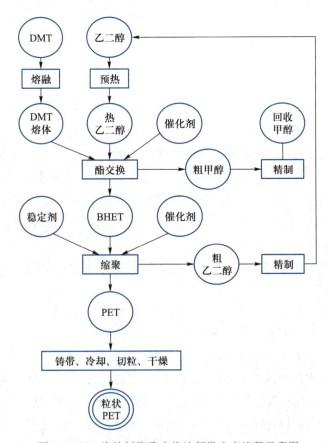

图 8-5-06　涤纶树脂酯交换法间歇生产流程示意图

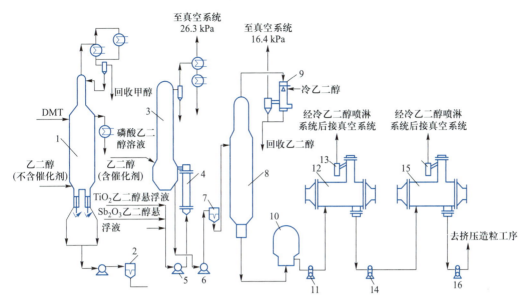

图 8-5-07　涤纶树脂酯交换法连续生产流程图

1—酯交换塔；2，7—过滤器；3—脱乙二醇塔；4—加热器；5，6，11，14，16—泵；
8—预聚塔；9—洗涤器；10—中间接受罐；12，15—缩聚釜；13—低聚物收集罐

连续熔融缩聚工艺近年来发展很快。其优点是生产能力大、产品质量稳定、自动化程度高。

（2）直接酯化法　以纯净的对苯二甲酸与乙二醇直接进行酯化后再缩聚反应制取 PET 树脂。该法省去了 DMT 的合成工序，原料较省、设备能力高，因此具有投资少、成本低的优点。工艺流程图如图 8-5-08 所示。

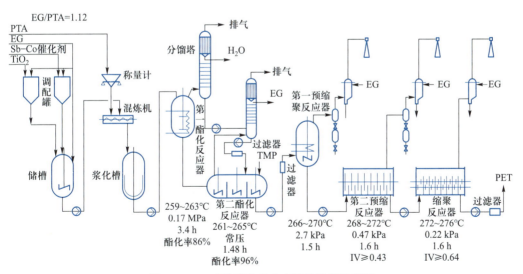

图 8-5-08　直接酯化法生产涤纶流程示意图

（3）环氧乙烷法（EO法） 由对苯二甲酸与环氧乙烷直接酯化得到对苯二甲酸乙二醇酯，再缩聚的方法。

环氧乙烷法按所用的介质分为水法、有机溶剂法和无溶剂法等。水法因容易生成醚键，对苯二甲酸乙二醇酯易水解，影响产品质量，收率低，基本上很少采用。有机溶剂法采用甲苯、二甲苯、丙酮、四氯乙烷等溶剂，它们能溶解对苯二甲酸乙二醇酯，而不溶解对苯二甲酸。溶剂的加入改善了反应体系的扩散状态，物料接触均匀，但也有使反应速率和设备利用率下降的不足。无溶剂法反应速率大、对苯二甲酸乙二醇酯收率高。

环氧乙烷法可以省去环氧乙烷制取乙二醇这一步骤，故成本低，而反应又快，优于直接酯化法。但因环氧乙烷易于开环生成聚醚，反应热大，易热分解，同时在常温下为气体，运输储存都较困难，因此此法尚未大规模采用。

2. 应用与改性

（1）PET的性能与应用 PET树脂是涤纶的主要原料之一，PET纤维具有强度高，耐热性高，弹性耐皱性好，良好的耐光性、耐腐蚀性、耐磨性及吸水性低等优点，纤维柔软有弹性、织物耐穿、包形性好、易洗易干，是理想的纺织材料。可用作纯织物，或与羊毛、棉花等纤维混纺，大量应用于衣着织物；也可用作电绝缘材料、轮胎帘子线、渔网、绳索等，应用于工农业生产。

PET也可用来生产薄膜、聚酯瓶，作为工程塑料使用，也可作录音带和录像带的基材。增强的PET可应用于汽车及机械设备的零部件。

（2）PET的改性 PET作为纤维有染色性与手感柔软性差、吸水性太低等不足。作为塑料使用有结晶速率过慢，不能适应通用的塑料加工成型技术，冲击强度不够等不足。

为改善PET纤维性能上的不足，可通过共聚改性或合成新单体的方法改变PET的化学结构，降低大分子的规整性和结晶性。也可采用与其他聚合物共熔纺丝改变纤维性能的方法。

另外，还可利用接枝、嵌段共聚的方法来改性，如接入丙烯腈、甲基丙烯酸，引入聚氧乙烯等改善PET的吸湿性和染色性。

聚酯类树脂也可作为工程塑料，除了PET外，还有聚对苯二甲酸丁二醇酯（简称PBT）。PBT的生产方法与PET基本相同。PBT具有较好的物理力学性能、耐热性、电性能和耐化学腐蚀性能，PBT主要是以玻璃纤维增强的品种应用于工程塑料领域中。

PET与PBT共混物的性能优于其各自的性能。两者共混物具有优良的化学稳定性、热稳定性和耐磨性，又有强度高、刚性好、光泽度好的特点，且可降低成本、价格便宜，故常用于制造各种家用电器的把手、车灯罩等制品。玻璃纤维增强的共混物用途更广泛。

另外还可将PET或PBT与乙烯共聚物、丁基橡胶等弹性体或聚碳酸酯等共混，所得共混物性能优越，有的可作聚合物合金。

五、聚酰胺(PA)

主链上含有酰胺基（—CONH）的聚合物统称为聚酰胺。聚酰胺强韧、结晶性好，是合成纤维的主要品种之一，产量仅次于涤纶纤维，此外聚酰胺也是高强度的热塑性工程塑料。聚酰胺纤维有尼龙-66、尼龙-1010、尼龙-6等品种。通常用作纤维的尼龙-6相对分子质量为1.4万~2万，尼龙-66的相对分子质量是2万~3万。尼龙-6（我国称锦纶）

和尼龙-66 是聚酰胺纤维中产量最大的品种。

1. 尼龙-66 的合成工艺

现今尼龙-66 的生产,都采用尼龙-66 盐在水溶液中进行缩聚的工艺路线,尼龙-66 盐先在加压下的水溶液中反应,可防止己二胺挥发而损失,保证单体量等摩尔比。待缩聚进行了一段时间生成酰胺键的低聚物后,再升温及真空脱水进行后缩聚,以获得高相对分子质量的产物。

（1）聚合工艺

单体:己二酸与己二胺。将己二酸与己二胺中和形成尼龙-66 盐,为保证原料的等摩尔比,配成 w(尼龙-66 盐)= 50% 的尼龙-66 盐水溶液。

稳定剂:常用醋酸、己二酸为相对分子质量稳定剂。

聚合条件:尼龙-66 的聚合过程分为前期的尼龙-66 盐水溶液聚合及后期的熔融缩聚。在水溶液中反应时需要足够的反应温度,反应开始要加热、加压。后期必须在高真空下进行反应,目的是排出水,提高相对分子质量。

（2）工艺流程　工业生产有间歇法和连续法两种。间歇法比较成熟、设备简单、适于小批量生产,但操作麻烦、生产率低,目前已逐步被连续法替代。

尼龙-66 连续聚合工艺分为三个工序。第一工序为分离工序,50% 的尼龙-66 盐水溶液连续进入换热器,在 1 MPa 左右下预热至 196 ℃。在分离器中加热至 230 ℃,使水溶液浓缩到 90%~95%,并进行预缩聚。此处的停留时间约为 50 min。第二工序为闪蒸工序,送来的预聚物在压力为 0.9 MPa 左右及温度 272 ℃ 的闪蒸反应器中闪蒸,放出水蒸气,停留时间约为 30 min。第三工序为后反应工序,在 40 kPa,270 ℃ 下完成缩聚反应,停留时间约为 40 min。产物可注带、切粒,或直接纺丝,示例于图 8-5-09。

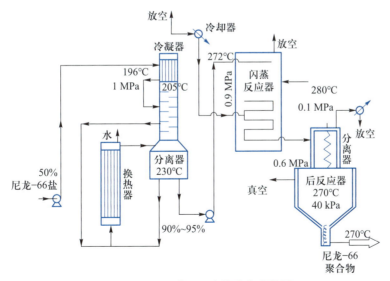

图 8-5-09　尼龙-66 连续聚合流程图

连续法工艺中总的停留时间约为 2 h,比间歇法所需的反应时间 4~6 h 要短得多。

2. 尼龙-6 的合成工艺

尼龙-6 是由己内酰胺开环聚合得到的,其产量仅次于尼龙-66。工业生产上以水为引发剂进行水解聚合反应,生产尼龙-6纤维,其机理是逐步聚合。

（1）聚合工艺

单体:己内酰胺,聚合前必须提纯。

引发剂:水,工业上称活化剂,用量为己内酰胺量的1%～3%。生产中还加入质量分数为1%～2%的 ω-氨基己酸盐或尼龙-66盐,使聚合周期缩短1/4左右。

稳定剂:己二酸或醋酸,一般加入量为己内酰胺的0.15%～0.4%。

聚合条件:温度影响聚合度与反应速率。工业生产上采用三段加热,第一段控制在230～240 ℃,主要使己内酰胺开环;第二段温度为260～265 ℃,使反应加速;第三段为使反应在较低温度下达到平衡,减少低相对分子质量物质的含量,温度在240～250 ℃。

（2）工艺流程　尼龙-6纤维是由己内酰胺经熔融缩聚反应得到尼龙-6树脂,接着直接进行熔融纺丝而成。现在工业中采用的是常压连续聚合熔融纺丝工艺。

尼龙-6的聚合设备是聚合管,常称为VK管。直形VK管为内衬不锈钢的直形圆筒体,外层有加热夹套,一般分为三至五段可分别加热。

3. 应用与改性

（1）聚酰胺的性能与应用　聚酰胺纤维性能优良,应用范围广,原料资源广泛易得。其产量逐年增大,品种也不断增加,已开发的高强度耐高热的芳族聚酰胺特种纤维,具有十分优异的力学性能、稳定的化学性能和理想的机械性能。在聚酰胺主链中引入苯环,成为半芳香族或全芳香族聚酰胺,可进一步提高耐热性和刚性。如聚对苯二甲酰己二胺（尼龙-6T）、聚对苯二甲酰对苯二胺（PPD-T）、聚对苯二甲酰间苯二胺（芳纶-1313）纤维。

聚酰胺纤维强度高、弹性好,又具有优良的耐冲击性、耐疲劳性,耐磨性特别好;不霉、耐腐蚀、染色性好。因此聚酰胺纤维可以纯纤维或混纺纤维用作衣着及家用织物,也可用作工业布、渔网、传动带、轮胎帘子线等。特种纤维可供军工、宇航用作高级轮胎的帘子线、宇航服、特种帆布和绳索等。

聚酰胺作为塑料具有优良的机械性能和耐磨性,优异的冲击韧性及耐化学性。大多用于齿轮等精密度要求高、尺寸稳定性好的零件的材料。聚酰胺工程塑料广泛应用于制作机械、化工电气绝缘等各工业部门的零部件。

（2）聚酰胺的改性　聚酰胺作为纤维、塑料也存在一些不足,如热变形温度低、吸水性较大等。为此采用共聚、接枝等化学方法改善纤维的吸湿性、耐光性和耐热性。用改变纺丝工艺及纤维状,可复制复合纤维、异形纤维等物理方法进行改性,改善纤维的伸缩性及光泽等性能。用玻璃纤维、石棉纤维、碳纤维等开发的增强尼龙,使尼龙的强度提高一倍,热变形温度升到200 ℃。

采用共混改性是改善尼龙性能的有效方法。目前采用反应性增容技术,开发了一系列聚酰胺合金,其主要品种有 PA/PE,PA/ABS,PA/PPO,PA/聚芳酯,PA/硅树脂等尼龙合金。聚酰胺与聚乙烯、聚丙烯等聚烯烃、烯烃共聚物、弹性体等共混,可以提高聚酰胺的冲击强度、韧性,降低吸湿性,主要用于汽车、机器零件和电子、电气、运动器械等方面。将高性能的工程塑料PPO、聚芳酯掺混入尼龙中,可提高尼龙的耐热性,改善综合性能,这类共混物可制作汽车外壳及内装制品。另外将不同种的尼龙相互共混得到的共混物可以平衡各种尼龙的特性,扩展尼龙的应用范围。近几年采用茂金属聚烯烃[如聚烯烃弹性体(POE)]增韧改性聚酰胺,比用弹性体改性更方便,可调范围更大。值得提到的是聚酰胺纳米复合材料是目前产量最大的工业化聚合物系纳米复合材料,纳米粒子填充量小,改性产品的密度几乎与基础晶级相同,其优越性是显而易见的。

六、丁苯橡胶

丁苯橡胶是最早工业化、综合性能良好的通用橡胶,也是通用橡胶中产量最大的品种,其产量约占合成橡胶总产量的 60%。

丁苯橡胶是由丁二烯与苯乙烯两单体共聚合而得到的弹性体。通过乳液聚合(自由基聚合)或溶液聚合(阴离子聚合),得到乳液丁苯橡胶(E-SBR)和溶液丁苯橡胶(S-SBR)。

丁苯橡胶中的丁二烯链节,其结构形式有顺式-1,4、反式-1,4 和 1,2-丁二烯三种。丁苯橡胶的主体结构不规整,不易结晶,是无定形聚合物。

丁苯橡胶的品种繁多,高温丁苯橡胶、低温丁苯橡胶、低温乳液丁苯橡胶、高苯乙烯丁苯橡胶、羧基丁苯橡胶等乳液丁苯橡胶,还有烷基锂溶液丁苯橡胶、高反式-1,4-丁苯橡胶等品种,其中以低温乳液丁苯橡胶和烷基锂溶液丁苯橡胶最重要。

1. 低温乳液丁苯橡胶的合成

丁苯橡胶一般采用乳液聚合方法生产。以过硫酸钾为引发剂在 50 ℃下进行自由基乳液聚合方法合成的丁苯橡胶称为高温丁苯橡胶。而采用氧化还原引发体系在 5 ℃进行聚合得到的丁苯橡胶称为低温丁苯橡胶。低温乳液丁苯橡胶产量约占整个乳液法丁苯橡胶生产量的 80%。

(1)聚合工艺

单体:丁二烯和苯乙烯,纯度>99%,$m($丁二烯$):m($苯乙烯$)=($70:30$)\sim($72:28$)$。

反应介质:水,要求水中钙、镁离子含量<10 mg·L^{-1}。

引发体系:氧化还原体系,常用异丙苯过氧化氢、过硫酸钾为氧化剂,亚铁盐为还原剂,再加入 EDTA 钠盐为螯合剂,雕白块(甲醛次硫酸氢钠)为还原剂。

乳化剂:油酸皂和歧化松香皂。

相对分子质量调节剂:正十二烷基硫醇或叔十二烷基硫醇。

终止剂:二甲基二硫代氨基甲酸钠及多硫化钠。

其他:pH 调节剂、乳液稳定剂等。

聚合条件:反应温度 5 ℃,聚合压力$(4\sim5)\times10^2$ kPa,转化率约 60%。

(2)工艺流程　低温乳液丁苯橡胶的生产采用连续乳液聚合法,反应在多个串联釜内连续进行。生产中乳胶胶粒的粒径与在聚合釜内的停留时间有关,串联的聚合釜越多,停留时间分布函数越窄,使乳胶粒径分布狭窄,因此生产上用 8~12 个釜串联,工艺流程如图 8-5-10 所示。

(3)橡胶的加工工艺　由乳液聚合合成的低温乳液丁苯胶乳还需进行加工,才能成为橡胶制品。橡胶加工工艺可分为生胶的塑炼、胶料的混炼、混炼胶的加工成型及硫化四个工序。

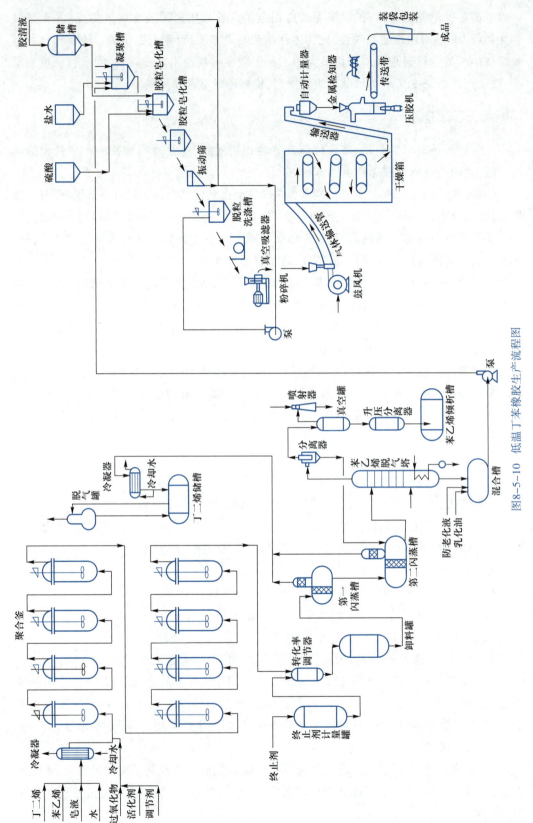

图8-5-10　低温丁苯橡胶生产流程图

2. 溶液丁苯橡胶的合成

以烷基锂为引发剂在有机溶剂中进行溶液聚合合成的弹性体共聚物称为溶液丁苯橡胶,简称溶液丁苯。生产方法有连续聚合法和分批聚合法两种。

溶液丁苯的聚合机理是阴离子聚合机理,具有活性聚合的特点。

（1）聚合工艺

引发剂:烷基锂,如加入少量烷氧基碱金属化合物,能使苯乙烯的相对活性增加,同时得到无规共聚物。

溶剂:烃类溶剂,一般是环己烷。

终止剂:加入醇、胺类化合物终止反应。

无规剂:四氢呋喃、醚类、叔丁氧基钾和亚磷酸酯等,可得到无规共聚物。

聚合条件:调节聚合反应条件,主要是反应温度（-70~-55 ℃）的不同,可以合成无规型和嵌段型两种类型的溶液丁苯。工业生产要得到无规型的溶液丁苯必须加入无规剂,为制备星型结构的聚合物,在反应末期加入偶联剂。

（2）工艺流程　溶液丁苯的合成工艺与顺丁橡胶方法相似,其工艺流程可参见顺丁橡胶。

3. 性能与应用

（1）乳液丁苯　乳液丁苯是一种通用型橡胶,具有优良的弹性,良好的介电性,对氧和热的稳定性优于天然橡胶。加入炭黑补强剂后,弹性、耐磨性、耐老化性等均可超过天然橡胶。所以乳液丁苯可替代天然橡胶,用途广泛。主要应用于汽车轮胎及各种橡胶制品。

（2）溶液丁苯　溶液丁苯的弹性、耐磨性、耐寒性、永久变形和动态性能等方面都优于乳液丁苯,但溶液丁苯的成本高。

溶液丁苯是一种应用范围很广的合成橡胶,其用途涉及多个方面。绝大多数用途是面向汽车轮胎。此外,在塑料改性、胶鞋、胶管、胶带、电线、减震橡胶、各种工业用品、胶布、海绵等方面也有应用。

嵌段型、星型的溶液丁苯主要用于制鞋和工业橡胶制品。

七、顺丁橡胶

顺丁橡胶,全名为顺式-1,4-聚丁二烯橡胶,简称 BR。由丁二烯聚合制得的结构规整的顺丁橡胶,其耐寒性、耐磨性和弹性特别优异,耐老化性能好,易与天然橡胶、氯丁橡胶或丁腈橡胶并用。根据顺式-1,4 含量的不同,顺丁橡胶又可分为低顺式（顺式-1,4 含量为 35%~40%）、中顺式（顺式-1,4 含量为 90%左右）和高顺式（顺式-1,4 含量为 96%~99%）三类。

近年来,开发了运用稀土作为合成顺丁橡胶的催化剂的稀土顺丁橡胶,它尤其适合于高性能子午线轮胎的制造。稀土顺丁橡胶的生胶强度、黏性、耐磨性等都有增强;具有链结构规整度高、自黏性好等特点,其加工和物理机械性能优异。

1. 顺丁橡胶的合成工艺

顺丁橡胶可以采用自由基、阴离子、配位阴离子方法聚合反应制备。现在工业生产中主要采取阴离子、配位阴离子方法的溶液聚合。

（1）聚合工艺

单体：丁二烯，纯度要求高，不允许体系中含微量的氧、水等杂质，甚至连设备、管道中的氧、水也必须降到 $1\ \mu L \cdot L^{-1}$ 以下。

引发体系：工业中常用的是锂、钴、钛和镍四种引发体系，各有特点。

锂系——丁基锂，是阴离子引发剂，制备低顺式顺丁橡胶。

钴系——可溶性配位阴离子聚合引发剂，制备高顺式顺丁橡胶。

钛系——配位阴离子聚合引发剂，不溶于反应介质，是非均相体系。

镍系——与钴系相似，一般用于制备高顺式顺丁橡胶。

引发体系中各组分的配比及混合次序对引发活性很重要。

溶剂：烷烃庚烷等为溶剂，溶剂的纯度要求也很严格。

调节剂：在镍引发体系可加入醇、胺、酚及其盐等。

终止剂：甲醇、乙醇、异丙醇和氨等物质终止反应。

（2）工艺流程 顺丁橡胶能溶于溶剂，是典型的溶液聚合，采用镍系引发剂生产高顺式顺丁橡胶的工艺流程如图 8-5-11 所示。主要工艺条件列于表 8-5-09。

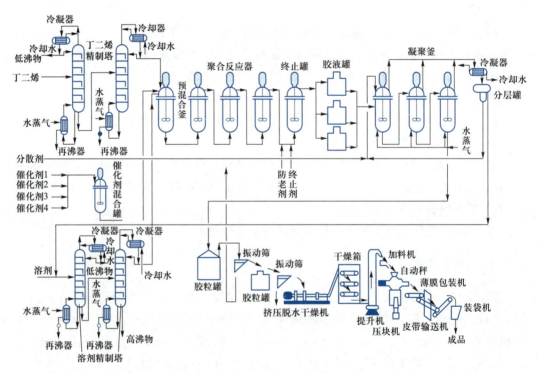

图 8-5-11 高顺式顺丁橡胶生产工艺流程图

表 8-5-09 顺丁橡胶合成主要工艺条件

单体 纯度>99.0%	反应温度 60~65 ℃
引发 环烷酸镍-BF$_3$·OEt$_3$-Al	反应压力 为单体及溶剂的蒸气压力，约 300 kPa
溶剂 甲苯-庚烷	以下

顺丁橡胶的聚合采用多釜串联连续聚合的生产工艺,装置有两条相同的生产线。

聚合釜的搅拌采用双螺带形式,为了改善聚合釜内反应物径向分布状况,现将聚合首釜下部的搅拌形式改为偏框式。

2. 性能与应用

高顺式顺丁橡胶分子链柔性大,玻璃化温度低,在常温无负荷时呈无定形态,承受外力时有很高的形变能力,是弹性和耐寒性最好的合成橡胶。且由于分子链比较规整,拉伸时可以获得结晶补强,加入炭黑又可获得显著的炭黑补强效果,是一种综合性能较好的通用橡胶。

低顺式顺丁橡胶的性能与高顺式顺丁橡胶的性能差不多,但弹性不如高顺式顺丁橡胶。低顺式顺丁橡胶中含有 35% ~ 55% 的 1,2-结构,则其耐湿滑性、耐热老化及耐磨性优于高顺式顺丁橡胶,具有良好的综合性能。

稀土顺丁橡胶材料制造的轮胎具有抗湿滑性好、滚动阻力小、生热低、耐磨性能优异等特点,汽车在高速行驶时不易爆胎,是制造当前世界上最为流行的子午线轮胎的理想胶料。

顺丁橡胶是价廉的通用型橡胶,发展迅速,应用面广;其 80% 的产量主要用于制造轮胎,其余广泛用于胶管、胶带、胶鞋及各种耐寒制品。

 讨论课四　21 世纪新材料的合成

21 世纪是一个高度信息化、高度自动化、人类生活水平不断提高的新时代,对高分子材料不仅要求高性能化、高功能化,而且又要具有智能化、精细化、复合化。同时随着合成材料产量和应用范围的不断扩大,废塑料的处理也是一个严峻的问题。面对新时代的挑战,科学工作者的任务是将高分子合成材料从"量的发展"过渡到"质的提高"。收集文献资料讨论如何来实现高分子合成材料的"质的提高"、废旧材料的处理。

1. 聚合物性能与组成、结构的关系。

2. 合成高性能化、高功能化、智能化、精细化、复合化新材料的新途径、新方法、新工艺。

3. 怎样处理与利用废旧高分子合成材料?

 习题

1. 举例说明和区别线型结构和体型结构、热塑性聚合物和热固性聚合物、无定形聚合物和结晶聚合物。

2. 举例说明合成橡胶、合成纤维、塑料间结构-性能的差别和联系。

3. 下列烯类单体适于何种机理聚合:自由基聚合、阳离子聚合或阴离子聚合? 请说明理由。

$$CH_2 \!=\! CHCl \qquad CH_2 \!=\! CCl_2 \qquad CH_2 \!=\! CHCN \qquad CH_2 \!=\! C(CN)_2$$

$$CH_2 \!=\! CHCH_3 \qquad CH_2 \!=\! C(CH_3)_2 \qquad CH_2 \!=\! CHC_6H_5 \qquad CF_2 \!=\! CF_2$$

$$CH_2=C(CN)COOR \qquad CH_2=C(CH_3)-CH=CH_2$$

4. 以过氧化二苯甲酰作引发剂,在 60 ℃进行苯乙烯聚合动力学研究,数据如下:

(1) 60 ℃苯乙烯的密度为 0.887 g/mL;

(2) 引发剂用量为单体质量的 0.109%;

(3) $R_p = 0.255 \times 10^{-4}$ mol/(L·s);

(4) 聚合度 = 2 460;

(5) $f = 0.80$;

(6) 自由基寿命 $t = 0.82$ s。

试求 k_d, k_p, k_t, 建立三个常数的数量级概念。比较 $[M]$ 和 $[M^*]$ 的大小,比较 R_i, R_p, R_t 的大小。

5. 氯乙烯、苯乙烯、甲基丙烯酸甲酯聚合时,都存在自动加速现象,三者有何异同? 氯乙烯悬浮聚合时,选用半衰期适当(如 2 h)的引发剂,基本上接近匀速反应,解释其原因。这三种单体聚合的终止方式有何不同?

6. 什么叫链转移反应? 有几种形式? 对聚合速率和相对分子质量有何影响? 什么叫链转移常数? 与链转移速率常数的关系是什么?

7. 用过氧化二苯甲酰作引发剂,苯乙烯在 60 ℃进行本体聚合,试计算引发、向引发剂转移、向单体转移三部分在聚合度倒数中各占多少百分数? 对聚合度各有什么影响? 计算时选用下列数据:

$$[I] = 0.04 \text{ mol/L} \qquad f = 0.8$$
$$k_d = 2.0 \times 10^{-6} \text{ s}^{-1} \qquad k_p = 176 \text{ L/(mol·s)}$$
$$k_t = 3.6 \times 10^7 \text{ L/(mol·s)} \qquad \rho(60 ℃) = 0.887 \text{ g/mL}$$
$$c_1 = 0.05 \qquad c_M = 0.85 \times 10^{-4}$$

8. 无规、交替、嵌段、接枝共聚物的结构有何差异? 在这些共聚物名称中,对前后单体的位置有何规定?

9. 示意画出下列各对竞聚率的共聚物组成曲线,并说明其特征。$f_1 = 0.5$ 时,低转化率阶段的 x_2 约为多少?

情况	1	2	3	4	5	6	7	8	9
r_1	0.1	0.1	0.1	0.5	0.2	0.8	0.2	0.2	0.2
r_2	0.1	1	10	0.5	0.2	0.8	0.8	5	10

10. 根据 VC—VAc 体系 $r_1 = 1.68$, $r_2 = 0.23$;MMA—St 体系 $r_1 = 0.46$, $r_2 = 0.52$,试作氯乙烯-醋酸乙烯酯、甲基丙烯酸甲酯-苯乙烯两对共聚物组成曲线,若醋酸乙烯和苯乙烯在两体系中的质量分数均为 15%,试求起始时的共聚物组成。

11. 甲基丙烯酸甲酯、丙烯酸甲酯、苯乙烯、马来酸酐、醋酸乙烯酯、丙烯腈等单体与丁二烯共聚,试以交替倾向的次序排列,说明原因。

12. 比较本体、悬浮、溶液和乳液聚合的配方、基本组分和优缺点。乳液聚合和均相聚合各有什么特点? 与沉淀聚合有何相似之处?

13. 定量比较苯乙烯在 60 ℃下本体聚合和乳液聚合的速率和聚合度。乳液体系乳

胶粒数为 1.0×10^{15} 个(乳胶粒)/mL。$[M]=5.0$ mol/L,$P_{\text{自}}=5.0\times10^{12}$ 个(乳胶粒)/(mL·s),两个体系的速率常数相同。$[k_p=176$ L/(mol·s),$k_t=3.6\times10^7$ L/(mol·s)$]$

14. 研究下列单体和引发体系:

引发体系:$(\phi CO_2)_2$,$(CH_3)_3COOH+Fe^{2+}$,Na+萘,H_2SO_4,BF_3+H_2O,n-C_4H_9Li。

单体:$CH_2\!=\!CH\!-\!\phi$,$CH_2\!=\!C(CN)_2$,$CH_2\!=\!C(CH_3)_2$,$CH_2\!=\!CH\!-\!O\!-\!nC_4H_9$,$CH_2\!=\!CH\!-\!Cl$,$CH_2\!=\!C(CH_3)\!-\!COOCH_3$,$CH_2\!=\!O$。

何种引发体系可引发何种单体聚合?聚合反应类型是什么?在聚合时,一般反应条件(如温度、溶剂)如何?

15. 某一单体在某一引发体系存在下聚合。发现:

(1) 聚合度随温度增加而降低;

(2) 溶剂对聚合度有影响;

(3) 聚合度与单体浓度一次方成正比;

(4) 聚合速率随温度增加而增加。

试回答这一聚合是按自由基聚合、阳离子聚合还是阴离子聚合机理进行的?简要加以说明。

16. 甲基丙烯酸甲酯分别在苯、四氢呋喃、硝基苯中以萘钠引发聚合。试问在哪一种溶液中聚合速率最大?为什么?

17. 什么是配位阴离子聚合?它和典型的阴离子聚合有何不同?其特点如何?BuLi引发苯乙烯聚合是不是配位阴离子聚合?

18. 聚合物的立构规整性的含意是什么?如何评价聚合物的立构规整性?光学异构体和几何异构体有何不同?它和单体的化学结构有何关系?

19. 写出并描述下列缩聚反应所形成的聚酯的结构。

(1) HO—R—COOH;

(2) HOOC—R—COOH+HO—R′—OH;

(3) HO—R—COOH + HO—R″—OH ;
          |
          OH

(4) HO—R—COOH + HO—R′—OH + HO—R″—OH 。
          |
          OH

(2),(3),(4)三例中聚合物的结构与反应物质相对量有无关系?如有关系,请说明差别。

20. 苯酚和甲醛采用酸和碱催化缩聚,原料配比、预聚体结构、缩聚时的温度条件和固化方法有哪些不同?

21. 从单体醋酸乙烯酯到维尼纶纤维,须经过哪些反应?每一反应的要点和关键是什么?写出反应式。纤维用和悬浮聚合分散剂用的聚乙烯醇有何差别?

参考文献

[1] 潘祖仁.高分子化学.5版.北京:化学工业出版社,2011.

［2］赵德仁,张慰盛. 高聚物合成工艺学. 2 版. 北京:化学工业出版社,2009.

［3］吴培熙,张留成. 聚合物共混改性. 北京:中国轻工业出版社,1996.

［4］潘祖仁,于在璋. 自由基聚合. 北京:化学工业出版社,1983.

［5］王凯,孙建中. 工业聚合反应装置. 北京:中国石化出版社,1997.

［6］张留成,李佐邦. 缩合聚合. 北京:化学工业出版社,1986.

［7］潘祖仁,翁志学,黄志明. 悬浮聚合. 北京:化学工业出版社,1997.

［8］胡金生,曹同玉,刘庆普. 乳液聚合. 北京:化学工业出版社,1987.

［9］张留成,刘玉龙. 互穿网络聚合物. 北京:烃加工出版社,1990.

［10］邓云祥,刘振云,冯开才. 高分子化学、物理和应用基础. 北京:高等教育出版社,1997.

［11］黄澄华. 展望高分子材料在世纪转换年代的发展和作用. 化工进展,1995(3): 1-10,21.

［12］孙文源. 热塑性互穿聚合物网络的技术进展. 高分子材料科学与工程,1992 (5):6-12.

［13］杨桂生. 复合型热塑性工程塑料的进展. 工程塑料应用,1995,23(3):1-6.

［14］Sperling L H. Recent advances in interpenetrating polymer networks. Polym Eng Sci,1985,25(9):517-520.

［15］Millar J R. Interpenetrating polymer networks. Styrene-divinylbenzene copolymers with 2 and 3 interpenetrating networks, and their sulphonates. J Chem Soc, 1960, 263: 1311-1317.

［16］张留成,闫卫东,王家喜. 高分子材料进展. 北京:化学工业出版社,2005.

第九章　生物化工反应单元工艺

9-1　微生物基础

一、微生物的特点

微生物是指一切肉眼看不见或看不清的微小生物的总称,包括所有形体微小的单细胞(如细菌、酵母等),个体结构简单的多细胞(如霉菌等),或没有细胞结构的低等生物(如病毒或类病毒等)。这些微生物虽然形态各不相同,大小各异,但是它们的生活习性、繁殖方式、分布范围等有许多相似之处,现就它们的共同特点作一扼要介绍。

(1) 比表面积大,体积小　微生物的个体都极其微小,一般用微米来衡量其大小。正是由于微生物体积非常小,其比表面积(单位质量物质所占有的表面积)就相当大,若以人体的"面积和体重"比值为 1,则与人等质量的大肠杆菌这一比值高达 30 万。微生物的高比表面积,导致微生物与环境广泛的相互关系,特别有利于微生物与周围环境进行物质、能量和信息交换,同时也是许多微生物具有很高代谢速度的原因。

(2) 吸收多,转化快　一些微生物具有较强的营养物质分解能力和呼吸速率,这种特性为微生物的快速生长、繁殖及合成大量代谢产物提供了充分的物质基础。因此,微生物能够在自然界和人类实践中更好地发挥其超小型"活的化工厂"的作用。

(3) 生长旺,繁殖快　在生物界中,微生物具有最高的繁殖速度,其中以二均分裂方式繁殖的细菌尤为突出,在理论上可达到几何级数的增殖速度。在适宜的条件下,大肠杆菌细胞分裂 1 次仅需 12.5~20 min。若按平均 20 min 分裂 1 次计,24 h 可繁殖 72 代,原初的一个细菌已产生了 4 722 366 500 万亿个后代。但是随着菌体数目的增加,营养物质迅速消耗,代谢产物逐渐积累,pH、温度、溶氧浓度等均随之改变,适宜的生长环境难以长期维持,因此微生物的繁殖速度很难达到上述几何级数的水平,不过比高等动植物的生长速度还是快千万倍。例如,培养酵母生产蛋白质,每 8 h 就可收获一次,若种大豆生产蛋白,最短也要 100 天;用乳酸菌来生产乳酸,每个细胞产生的乳酸为其体重的 10^3 ~ 10^4 倍。微生物这一生长迅速、繁殖快的特性在发酵工业上具有重要的实际意义。当然,对于一些病原微生物或使物品发生霉变的霉腐微生物,这个特性会给人类带来极大的危害。

(4) 适应性强,易变异　高等植物和动物的酶系是相当不灵活的,在个体发育中它们的酶系可稍作改变,但无法应付环境条件的较大变化。微生物具有极其灵活的适应性或代谢调节机制。由于微生物的体积相当小,能容纳的蛋白质分子数十分有限,某些分解代谢酶类只有当存在合适的基质时才会诱导产生。因此，环境条件变化时，微生物可通过自身的调节机制诱发某些特殊酶系的生成，以使其能适应该环境的特殊要求。在某些条件下，这类可诱导的酶含量高达细胞蛋白质总量的 10%。故微生物对环境条件特别是恶劣的极端环境具有惊人的适应力，耐高温、耐低温、耐高盐浓度、耐酸碱、耐干燥、抗辐射、抗毒物等特性在微生物中是极为常见的。

由于微生物的个体一般都是单细胞或接近于单细胞，利用物理或化学的诱变剂处理后，容易使它们的遗传特性发生变异，从而可以改变微生物的代谢途径，产生新菌种。微生物易变异的特性能使原来微生物不能过量分泌和积累的中间代谢产物等可以大量形成。例如，谷氨酸棒杆菌经过变异后，它的高丝氨酸缺陷型菌株可产生赖氨酸，它的抗乙硫氨酸变异株可产生蛋氨酸；用产黄青霉发酵青霉素的产量从最初每毫升约 20 单位上升至目前已超过 5 万单位，甚至接近 10 万单位；柠檬酸发酵最初必须在发酵液中添加黄血盐除铁离子或添加甲醇作抑制剂后才能大量积累柠檬酸，而经诱变处理改变了菌种对铁的敏感性后，直接利用糖蜜就可进行发酵。另一方面，微生物个体的易变异性对菌种的保藏、发酵过程的稳定操作等造成不利的影响。

（5）分布广，种类多　目前已发现的微生物在 50 万至 600 万种之间。微生物的种类多主要表现在微生物物种多样性、生理代谢类型多样性、代谢产物的多样性、遗传基因的多样性和生态系统类型的多样性。由于微生物的营养谱极广，生长要求不高，生长繁殖速度特别快等原因，它在自然界中的分布极其广泛，几乎是无处不在，微生物只怕明火，地球上除了火山的中心区域外，从土壤圈、水圈、大气圈直至岩石圈，到处都有微生物家族的踪迹。土壤是各种微生物的大本营。据估计，在肥沃的土壤中，每克土含有 20 亿个微生物，即使在贫瘠的土壤中，每克土中也含有 3 亿~5 亿个微生物。微生物分布广、种类多这一特点，为开发利用微生物资源提供了基础。

二、常见的工业微生物

广义的微生物包括细菌、放线菌、酵母菌、霉菌、单细胞藻类、病毒、立克次氏体、原生动物和支原体等。在发酵工业中经常遇到的是细菌、放线菌、酵母菌、霉菌及危害细菌、放线菌生长的噬菌体。

1. 细菌(bacteria)

细菌是一类细胞细而短（细胞直径约 0.5 μm，长度 0.5~5 μm），结构简单，细胞壁坚韧，以二分裂方式繁殖和水生性较强的原核微生物。细菌为单细胞生物，其细胞主要由细胞壁、细胞膜、细胞质、核区等构成。细菌具有杆状、球状、弧状和螺旋状等基本形态，一般用 1 000 倍以上的光学显微镜或电子显微镜观察。

发酵工业中常用的细菌主要是杆菌。

（1）醋杆菌属（*Acetobacter*）　醋杆菌是产醋酸的主要菌种，它有两种类型的鞭毛，一种是周生鞭毛细菌，可将乙醇氧化成醋酸，并将醋酸进一步氧化成 CO_2 和 H_2O；另一种是极生鞭毛细菌，也可将乙醇氧化成醋酸，但不能进一步氧化醋酸，二者都是革兰氏阴性杆菌。培养醋杆菌时，需要含糖和酵母膏的培养基，在肉汤蛋白胨培养基上生长不良。一般氧化法制醋所用的醋杆菌有醋化醋杆菌（*Acetobacter aceti*）、巴氏醋杆菌（*Acetobacter pas-*

teurianus）、许氏醋杆菌（*Acetobacter schutzenbachui*）等。弱氧化醋杆菌（*Acetobacter suboxydans*）可用于制造山梨糖、5-酮葡萄糖酸、酒石酸、维生素 C 等。有些醋杆菌中还有些种可引起菠萝的粉红病和苹果、梨的腐烂病。

（2）乳杆菌属（*Lactobacillus*）　乳杆菌是微好氧或厌氧的细菌，革兰氏染色阳性，营养要求复杂，需要生长因子。德氏乳杆菌（*Lactobacillus delbrueckii*）可发酵葡萄糖、麦芽糖、蔗糖、果糖、半乳糖和糊精等，但不发酵乳糖，是工业上生产乳酸的菌种。链球菌属（*Streptococcus*）、片球菌属（*Pediococcus*）、明串珠菌属（*Leuconostoc*）等亦属重要的乳酸菌，革兰氏染色阳性，不运动，兼性厌氧。乳酸为多种酿造食品的成分，乳酸菌与食品工业的关系非常密切。

解析

乳杆菌属
分类学地
位变迁

（3）芽孢杆菌属（*Bacillus*）　好氧或兼性厌氧、有孢子的杆状细菌，当环境条件不利时会形成内生孢子。枯草芽孢杆菌（*Bacillus subtilis*）是本属中最主要的菌种，革兰氏染色阳性，它可以生产 α-淀粉酶、蛋白酶（纳豆激酶等）、5′-核苷酸酶等，经过人工诱变后可以获得各种营养缺陷型变异菌株，用来生产肌苷、鸟苷等核苷。枯草芽孢杆菌 Bf 7658 是生产淀粉酶的主要菌种；枯草芽孢杆菌 AS 1.398 为生产中性蛋白酶的主要菌种。苏云金芽孢杆菌（*Bacillus thuringiensis*）的伴孢晶体是一种广泛使用的生物农药，可用于生物杀虫剂。

（4）梭菌属（*Clostridium*）　可形成梭形孢子的厌氧菌，存在于土壤中。例如，丙酮丁醇梭菌（*Clostridium acetobutylicum*），革兰氏染色阳性，可转为阴性，专性厌氧，一般生产上多用玉米粉为原料来生产丙酮丁醇，是工业发酵的重要菌种，生长适温 37 ℃，发酵适温 30~32 ℃，最适 pH 6.0~7.0。

（5）大肠杆菌（*Escherichia coli*）　革兰氏染色阴性、无孢子的杆菌，主要存在于动物和人的肠道内，是肠道内的正常菌群。在正常情况下，大肠杆菌可以合成维生素 B 和 K，供人体吸收，但是当机体处于极度衰弱时或外伤等情况下，大肠杆菌又是条件致病菌。公共卫生上常以"大肠菌群数"作为饮用水、食品、饮料等卫生检定的一个重要指标。按我国《生活饮用水卫生标准》（GB 5749—2022），生活饮用水的菌落总数不得超过 100 CFU/mL，不得检出大肠菌群和大肠杆菌。大肠杆菌也是进行微生物学、分子遗传学和基因工程很好的研究材料。工业上利用大肠杆菌的谷氨酸脱羧酶，进行谷氨酸定量分析，以及合成 γ-氨基丁酸，还可利用大肠杆菌制取天冬氨酸、苏氨酸和缬氨酸。医药方面用大肠杆菌制造治疗白血病的天冬酰胺酶。近年来利用大肠杆菌作为基因克隆的宿主在基因工程中尤为普遍。

2. 放线菌（actinomycetes）

放线菌是一类主要呈菌丝状生长和以孢子繁殖的陆生能力较强的革兰氏阳性细菌，陆生性较强，广泛分布在含水量较低、有机物较丰富和呈微碱性的土壤中。放线菌由于菌落中的菌丝在培养基的表面呈放射状而得名，大多数放线菌是腐生菌，少数是寄生菌。放线菌有发育良好的菌丝体，菌丝体分为基内菌丝和气生菌丝，但无横隔，为单细胞，菌丝和孢子内不具有完整的核，因此放线菌属于原核微生物。放线菌以无性方式繁殖，主要是形成孢子，也可通过菌丝断片繁殖。

放线菌广泛存在于泥土中，每克土壤中含有 10^4~10^6 个放线菌和 10^7 个孢子，土壤中特有的土腥味主要是这类微生物产生的代谢物引起的。放线菌的菌落特征：干燥、不透明,表面呈紧密的丝绒状,上面有一层色彩鲜艳的干粉;菌落和培养基的连接紧密,难以挑取;菌落的正反面颜色常常不一致;菌落边缘培养基的平面有变形现象等。

放线菌最大的经济价值在于它能产生大量的、种类繁多的抗生素,如链霉素、土霉素、金霉素、卡那霉素、博来霉素、春雷霉素等。据统计,从自然界中发现超过万种抗生素,约半数由放线菌产生。近年来筛选到的许多新的生化药物多数是放线菌的次生代谢产物,包括抗癌剂、抗寄生虫剂、免疫抑制剂和农用杀虫(杀菌)剂。有些放线菌还可用于生产维生素和酶制剂,此外放线菌在甾体转化、石油脱蜡、烃类发酵、污水处理等方面也有所应用。

(1) 链霉菌属(*Streptomyces*)　基内菌丝直径<1 μm,气生菌丝生长繁茂,通常比基内菌丝粗 1~2 倍,孢子丝为长链,呈直、波曲或螺旋状,在营养生长阶段,菌丝内无隔,一般呈多核的单细胞状态。自 1942 年 Waksman 发现灰色链霉菌(*Streptomyces griseus*)产生链霉素以来,至今已发现许多链霉菌能产生抗生素,例如:金霉素链霉菌(*Streptomyces aureofaciens*)(金霉素)、龟裂链霉菌(*Streptomyces rimosus*)(土霉素)、委内瑞拉链霉菌(*Streptomyces venezuelae*)(氯霉素)、卡那霉素链霉菌(*Streptomyces kanamyceticus*)(卡那霉素)、红霉素链霉菌(*Streptomyces erythraeus*)(红霉素)、轮枝链霉菌(*Streptomyces verticillus*)等。据统计,50%以上的链霉菌属都能产生抗生素,链霉菌产生的抗生素占放线菌产生抗生素的90%以上。该属产生的抗生素约 1 000 种,用于临床的已超过 100 种。链霉菌也是几种重要工业用酶的生产菌,如葡萄糖异构酶、链霉蛋白酶和胆固醇氧化酶。例如,密苏里游动放线菌(*Actinoplanes missouriensis*)就是很好的葡萄糖异构酶产生菌。

(2) 诺卡氏菌属(*Nocardia*)　菌丝体在培养过程中产生横膈膜,分支的菌丝体会突然全部断裂成长短相近的杆菌、球菌或分支杆菌状的分生孢子。此属中的多数种没有气生菌丝,只有营养菌丝。诺卡氏菌主要分布在土壤中,已报道有 100 多种,能产生 30 多种抗生素,如对结核分枝杆菌(*Mycobacterium tuberculosis*)有特效的利福霉素(Rifamycin),以及抗革兰氏阳性菌的瑞斯托霉素(Ristocetin)。

(3) 小单孢菌属(*Micromonospora*)　菌丝体纤细,直径 0.3~0.6 μm,不形成气生菌丝体,只在基内菌丝体上长出孢子梗,顶端着生一球形、椭圆形或长圆形的孢子。菌落通常呈黄橙色、红色、深褐色、黑色或蓝色。此属是产生抗生素较多的一个属,据不完全统计,产抗生素的有 30 多种,例如,绛红小单孢菌(*Micromonospora purpurea*)和棘孢小单孢菌(*Micromonospora echinospora*)均可产生庆大霉素。

3. 霉菌(mould,mold)

霉菌亦称丝状真菌,是真菌的主要代表。通常指菌丝体发达又不产生大型肉质子实体结构的真菌。霉菌的菌落特征与放线菌接近,霉菌的菌落形态较大,质地一般比放线菌疏松,外观干燥不透明,呈或紧或松的蛛网状、绒毛状或棉絮状;菌落与培养基连接紧密,不易挑取,菌落的正反面颜色及边缘与中心的颜色常不一致等。霉菌的繁殖有无性繁殖和有性繁殖两种方式。无性繁殖主要是产生孢囊孢子、分生孢子、厚壁孢子和节孢子;有性繁殖通过产生有性孢子而进行。

霉菌在自然界分布极广,同人类的生产、生活关系密切。霉菌除应用于传统的酿酒、制酱和制作其他的发酵产品外,近年来在发酵工业、农业、纺织、食品和皮革等方面也起着极重要的作用,例如,用于生产酒精、柠檬酸、青霉素、灰黄霉素、赤霉素、淀粉酶、蛋白酶、果胶酶、纤维素酶,以及利用霉菌转化甾体激素等。粗糙脉孢菌(*Neurospora crassa*)还被用于生化遗传学的基本理论研究中。但是霉菌也有对人类不利的一面,例如,有的霉菌能造成农副产品、衣物、木材等发霉变质,有的还能引起人和动植物的病害。

工业上最常用的霉菌以曲霉属及青霉属为主,其他还有根霉属、红曲霉属等。

(1) 曲霉属(*Aspergillus*) 曲霉为多细胞,菌丝有隔膜,营养菌丝大多匍匐生长,无假根。分生孢子着生在顶囊的小梗上,分生孢子梗从特化了的菌丝细胞生出,顶端膨大成顶囊。顶囊表面生辐射状小梗,小梗单层或双层,顶端分生孢子串生。曲霉在发酵工业、医药工业、食品工业和粮食储藏等方面均有重要作用。例如,由土曲霉(*Aspergillus terreus*)生产的最重要的次级代谢产物洛伐他汀及其半合成产物辛伐他汀已成为治疗心血管疾病的常用药。

黑曲霉(*Aspergillus niger*)可用于生产耐酸性蛋白酶、淀粉酶、果胶酶、葡萄糖氧化酶、纤维素酶、柚苷酶和橙皮苷酶等。黑曲霉还能生产多种有机酸,如柠檬酸、葡萄糖酸、草酸、抗坏血酸,以及选择性羟化甾体化合物。黑曲霉还能作为霉腐试验菌及用于锰、铜、锌等离子的测定。

黄曲霉(*Aspergillus flavus*)产生液化型淀粉酶(α-淀粉酶)较黑曲霉强,蛋白质分解能力次于米根霉。黄曲霉也能产生曲酸,可用作杀虫剂及胶片的脱尘剂。黄曲霉中的某些菌系能产生黄曲霉毒素,特别在花生或花生饼粕上易于形成,据证实可诱发肝癌。

米曲霉(*Aspergillus oryzae*)较多地发现于发酵食品中,能产生糖化型淀粉酶(淀粉 1,4-葡萄糖苷酶)、蛋白酶、果胶酶及溶栓酶等。目前米曲霉生产的酶制剂主要用于酿酒的糖化曲和酱油生产用的酱油曲。

(2) 青霉属(*Penicillium*) 青霉也为多细胞,菌丝有隔膜,有分枝,菌丝体产生扫帚状分支的分生孢子梗是青霉属在形态上的典型特征。人类第一个工业化生产的抗生素青霉素是由青霉属的青霉菌(*Penicillium notatum*)中生产的,至今青霉素及其衍生物仍是产量最大、用途最广的抗生素。

产黄青霉(*Penicillium chrysogenum*)属于不对称青霉组,绒状青霉亚组,产黄青霉系。此菌能产生多种酶类及有机酸,在工业生产上主要用于生产青霉素,也用于生产葡萄糖氧化酶或葡萄糖酸、柠檬酸和抗坏血酸。青霉素发酵中的菌丝废料含有丰富的蛋白质、矿物质和 B 族维生素,可作为家禽家畜的代饲料。该菌还能作为霉腐试验菌。

桔青霉(*Penicillium citrinum*),大多数菌系为绒状,有些呈絮状,培养基黄色至橙色或带粉红色,渗出液淡黄色。可产生桔霉素,也能产生脂肪酶、葡萄糖氧化酶和凝乳酶,有些菌系能产生核酸酶 P1(即 5′-磷酸二酯酶)用于降解核糖核酸为四个单核苷酸,在核酸工业上是很重要的菌种。

展开青霉(*Penicillium patulum*),主要用以生产灰黄霉素。

(3) 根霉属(*Rhizopus*) 根霉属于单细胞生物,菌丝无分隔,在培养基上生长时,营养菌丝体产生匍匐枝,匍匐枝分化出特有的假根。根霉因有假根而得名,假根的功能是附着于培养基上并吸收营养。根霉的用途很广,其淀粉酶的活力很高,酿酒工业上多用它作淀粉质原料的糖化菌。根霉能产生有机酸,如反丁烯二酸、乳酸、琥珀酸等,还能产生芳香族酯类物质,根霉亦是转化甾体化合物的重要菌类。

黑根霉(*Rhizopus nigricans*)亦名匍枝根霉,菌落初期白色,老熟后灰褐色至黑褐色,匍匐枝爬行,假根非常发达,生长适温为 30 ℃,37 ℃不能生长,不能利用硝酸盐,但能利用(NH₄)₂SO₄,能产生反丁烯二酸及微量的酒精,也能产生果胶酶,常引起果实的腐烂和甘薯的软腐。另外,黑根霉是微生物转化甾体化合物的重要真菌。

米根霉(*Rhizopus oryzae*)的菌落疏松或稠密,最初为白色,后变为灰褐色至黑褐色,匍匐枝爬行,假根发生指状分枝,孢囊梗直立或稍弯曲,有时膨大或分枝。囊托楔型,菌丝形成厚垣孢子,最适发育温度 37 ℃,41 ℃也能生长。有淀粉糖化能力,发酵生产乳酸最适温度为 30 ℃,产 L(+)乳酸量最多,达 70%左右,可利用无机氮,如尿素、硝酸铵、硫酸铵等。

华根霉(*Rhizopus chinensis*)是我国酒药和酒曲中的重要霉菌之一,耐高温,能在 45 ℃下生长,菌落疏松或稠密,初期为白色,后变为褐色或黄褐色,假根不发达,孢囊柄通常直立,孢囊光滑,浅褐至黄褐色,不形成接合孢子,但能形成大量厚垣孢子,发酵温度 15~45 ℃,最适温度为 30 ℃。此菌淀粉液化能力强,有溶胶性,能产生酒精、芳香酯类、乳酸及反丁烯二酸,也能转化甾体化合物。

(4)红曲霉属(*Monascus*)　菌丝呈红色或紫色,可由我国南方红曲中分离得到。生长温度为 26~42 ℃,最适温度 32~35 ℃,最适 pH 为 3.5~5.0。红曲霉能产生淀粉酶、麦芽糖酶、蛋白酶及柠檬酸、琥珀酸、乙醇、麦角甾醇等。有些菌种能产生红曲红色素和红曲黄色素。例如,紫色曲霉(*Monascus purpureus*)等可用以生产食用红色色素。

4. 酵母(yeast)

酵母是单细胞真核微生物,具有典型的细胞结构,有细胞壁、细胞膜、细胞质、细胞核、液泡、线粒体及各种贮藏物等。酵母的形态多种多样,其菌体细胞以卵形为主,其次有球形、椭圆形、柠檬形、腊肠形及荷藕形(假菌丝形),生长温度范围在 4~30 ℃,最适温度为 25~30 ℃。酵母在自然界分布很广,主要生长在偏酸性、糖分高的环境中。酵母的菌落特征与细菌的相仿,但菌落较不透明,且颜色比较单调,多呈乳白色或矿烛色,少数为红色,个别为黑色。另外,酵母菌菌落一般还会散发出一股悦人的酒香味。酵母菌的繁殖方式多种多样,可分为无性繁殖和有性繁殖。无性繁殖包括芽殖、裂殖和产生无性孢子,而芽殖是酵母菌最常见的繁殖方式;有性繁殖主要以形成子囊和子囊孢子的方式进行。

酵母菌与人类生活关系也十分密切,广泛应用在酿造、食品、医药等工业。工业上最常用的酵母是酵母属(*Saccharomyces*)和假丝酵母属(*Candida*)。酵母属可用于生产酒精、啤酒、白酒、各种果酒和食用单细胞蛋白。假丝酵母属中产朊假丝酵母的蛋白质和维生素含量均比较高,可用于生产供人畜食用的蛋白质;解脂假丝酵母则能利用正烷烃,使石油脱蜡,降低其凝固点,并且还能生产柠檬酸和脂肪酸。

(1)酵母属(*Saccharomyces*)　最常用的是酿酒酵母(*Saccharomyces cerevisiae*),其分布在各种水果的表皮、发酵的果汁、土壤(尤其是果园土)、酒曲,细胞大小为(2.5~10) μm×(4.5~21) μm。细胞多为圆形、卵圆形或卵形,无假菌丝或有较发达但不典型的假菌丝。酿酒酵母是酿造啤酒典型的上面发酵酵母,也是发酵工业最常用的酵母,除了酿造啤酒、酒精及其他饮料酒外,还可发酵制面包。卡尔斯伯酵母(*Saccharomyces carlsbergensis*)是一种下面发酵酵母,是酿造啤酒最早采用的酵母。酵母属菌体的维生素、蛋白质含量高,可作食用、药用和饲料用的单细胞蛋白,又可提取核酸、麦角固醇、谷胱甘肽、细胞色素 C、凝血素、辅酶 A 及三磷酸腺苷等。在维生素的微生物测定中,常用酿酒酵母测定生物素、泛酸、硫胺素、吡哆醇、肌醇等。

(2)假丝酵母属(*Candida*) 细胞呈圆形、卵形或长形,无性繁殖为多边芽殖,形成假菌丝,也有真菌丝。假丝酵母很多种具有酒精发酵能力,有的种能利用农副产品或碳氢化合物生产蛋白质,以供食用或饲用,是单细胞蛋白工业的主要生产菌。在白酒工业中,有些假丝酵母能产生酯香,作为白酒增香菌种使用,也有的能产脂肪酶,可用于绢纺原料的脱脂。

产朊假丝酵母(*Candida utilis*)可用以生产饲料酵母,其蛋白质和维生素含量都比啤酒酵母高。产朊假丝酵母能以尿素和硝酸盐作为氮源,在培养基中不需加任何刺激生长的因子即可生长,特别重要的是它能利用五碳糖和六碳糖,即能利用造纸工业的亚硫酸纸浆废液。还能利用糖蜜、土豆淀粉废液、木材水解液等生产人畜可食用的单细胞蛋白。

解脂假丝酵母(*Candida lipolytica*)不发酵任何糖,不同化硝酸盐。从黄油、人造黄油、石油井口的油黑土、一般土壤、炼油厂、生产动植物油脂车间等处取样,可分离到解脂假丝酵母。解脂假丝酵母能发酵煤油等正烷烃,是石油发酵脱蜡和制取单细胞蛋白的较优良菌种,它同化长链烷烃优于其他假丝酵母,以长链烷烃作碳源,解脂假丝酵母可产生较多的维生素 B_6,产量可达 400 μg/L。

热带假丝酵母(*Candida tropiculis*)氧化烃类能力强,可利用煤油,在正烷烃 $C_7 \sim C_{14}$ 的培养基中,只同化壬烷。在含 230~290 ℃ 石油馏分的培养基中,经 22 h 培养后,可得到相当于烃类质量92%的菌体,故为生产石油蛋白的重要酵母。农副产品和工业废料也可培养热带假丝酵母用作蛋白饲料。

(3)毕赤氏酵母属(*Pichia*)和汉逊氏酵母属(*Hansenula*) 这两属酵母均是产膜酵母,广泛分布于自然界,可在液面形成白膜,使液体混浊,消耗酒精,形成酯类。毕赤氏酵母和汉逊氏酵母的主要区别在于毕赤氏酵母不利用硝酸盐。

毕赤氏酵母属的细胞具有不同形状,多边芽殖,多数种类可形成假菌丝。此属酵母对于正癸烷、十六烷的氧化能力较强,日本曾用石油、农副产品或工业废料培养毕赤酵母来生产蛋白质。毕赤氏酵母属里的有些种能产生麦角固醇、苹果酸、磷酸甘露聚糖等。此外,毕赤酵母也是饮料酒类的污染菌。与大肠杆菌相比,巴斯德毕赤酵母(*Pichia pastoris*)作为一种新型的基因表达宿主菌有如下优点:高表达、高稳定、高分泌、高密度生长,以及可用甲醇严格控制表达。

汉逊氏酵母属(*Hansenula*)的营养细胞为多边芽殖,细胞呈圆形、椭圆形、卵形、腊肠形,有假菌丝,也有真菌丝。此属酵母多能产乙酸乙酯,可用于发酵生产酱油,增加其香味,并可利用葡萄糖发酵生产磷酸甘露聚糖,应用于纺织和食品工业。大部分汉逊酵母能利用酒精为碳源,因此也常是酒类饮料的污染菌。

5. 噬菌体(bacteriophage,phage)

噬菌体属于非细胞型微生物,是侵染细菌、放线菌等细胞型微生物的病毒,专性活细胞内寄生,具有严格的宿主特异性。其特点如下:① 形体微小,体积比细菌小得多,必须在电子显微镜下才能看到,可以通过细菌过滤器;② 噬菌体没有细胞结构,主要由核酸和蛋白质构成;③ 营专性活物寄生,由于噬菌体缺乏独立代谢的酶系,不能脱离寄主而自行生长繁殖,因而一定要在活体细胞中生长,并且对寄主细胞有严格的专一性,即只能在特异性寄主细胞中增殖。

噬菌体的化学成分绝大部分是核酸和蛋白质,占总质量的 90% 以上,其中核酸占 40% ~ 50%,多数噬菌体的核酸是脱氧核糖核酸,但近来也发现不少噬菌体所含的核酸是核糖核酸。大多数噬菌体有头部和尾部之分,也有尾部残缺不全和呈线形的噬菌体。从形态学角度可分为蝌蚪形、微球形和纤线形等,T2 噬菌体是蝌蚪形的典型代表,大肠杆菌的 φX174 噬菌体是微球形的代表。T2 噬菌体的模式图如图 9-1-01 所示。

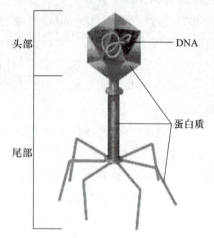

图 9-1-01　T2 噬菌体的模式图示

噬菌体在寄主细胞中的生长繁殖过程可分为吸附、侵入、增殖(复制与生物合成)、成熟(装配)和裂解(释放)五个阶段。从噬菌体核酸侵入细胞,直至出现新的噬菌体颗粒的一段时间,看不到成形的噬菌体,故称为潜伏期。当噬菌体成熟时,即在潜伏期后期,溶解寄主细胞壁的溶解酶逐渐增多,促使细胞裂解,从而释放出大量的子代噬菌体。例如,产谷氨酸的一些细胞,每个细胞平均可以释放 10 ~ 100 个噬菌体,感染 φX174 的大肠杆菌可释放 1 000 多个 φX174。

根据与宿主的关系,可将噬菌体分为烈性噬菌体和温和性噬菌体。凡是能引起寄主细胞迅速裂解的噬菌体,称为烈性噬菌体,受感染的细菌称为敏感性细菌。例如,T 系噬菌体侵染大肠杆菌的过程一般只需 15 ~ 25 min。温和性噬菌体在侵染细菌细胞之后,并不迅速增殖,而是以传递遗传信息的方式和寄主的遗传物质紧密结合在一起,随着寄主细胞的繁殖而繁殖,在子代细菌中相传,不断延续,此时细胞中无形态上可见的噬菌体粒子,而是以形成噬菌体的结构单位存在。这种温和的噬菌体侵入并不引起宿主细胞裂解,被称为溶原性或溶原现象。含有温和性噬菌体的细菌通常称为溶原性细菌。溶原性细菌可以自发地释放噬菌体,每一代有 10^{-5} ~ 10^{-2} 细胞发生裂解,释放出具有感染能力的噬菌体,也可通过诱导释放噬菌体。已知具有诱导能力的物理化学因素有紫外线、电离辐射、氮芥子气、有机过氧化物、乙烯亚胺等。

目前发酵工业中噬菌体的危害是一个非常普遍且亟待解决的问题,凡利用细菌和放线菌作为生长菌株的发酵工业,均存在噬菌体的危害问题。噬菌体在自然界中分布极为广泛,土壤、肥料、粪便、腐烂有机化合物、污水、发酵工业排出的废醪、下水道污水和四周空气等都有噬菌体存在。总之,凡有寄主细胞存在的地方,一般都能找到相应的噬菌体。

噬菌体侵染后主要出现如发酵缓慢、发酵液变清、发酵产物难以形成、发酵液含菌数下降、pH 不正常、菌体产生畸形等现象,常见于谷氨酸发酵、细菌淀粉酶或蛋白酶发酵、丙酮丁醇发酵,以及若干抗生素的发酵,给发酵工业带来了严重威胁和重大损失。由于噬菌体的感染力非常强,传播蔓延迅速,且较难防治,对发酵生产有很大的威胁。要防治噬菌体的危害,首先要建立"防重于治"的观念。至今最有效的防治噬菌体染菌的方法是以净化环境为中心的综合防治法,主要有净化生产环境,消灭污染源,改进提高空气的净化度,杜绝排放活菌体,保证纯种培养,做到种子本身不带噬菌体,轮换使用不同类型的菌种,使用抗噬菌体的菌种,改进设备装置,消灭"死角",以及药物防治等措施。

在基因工程中,噬菌体是除质粒外最好的载体。例如,*E.coli* 的 λ 噬菌体具有一半对生命活动无重大影响的非必要基因,可以被外源基因取代,构建成良好的基因工程载体,高效地感染宿主,并进行整合、复制和表达。

9-2　酶学与酶工程

一、酶的分类与命名

1. 习惯命名法

酶的名称在 1961 年以前都是习惯沿用的,称为习惯名。习惯命名的原则有:

(1) 根据被催化的底物来命名,如淀粉酶、脂肪酶、蛋白酶等;

(2) 根据酶所催化反应的性质来命名,如转氨酶、脱氢酶等;

(3) 结合酶催化的底物和催化反应类型来命名,如乳酸脱氢酶、谷丙转氨酶等;

(4) 在上述命名的基础上加上诸如酶的来源或酶的其他特点来命名,如胰蛋白酶、碱性磷酸酯酶等。

虽然习惯命名法的沿用时间很长,也比较简单,但存在严重的局限性,缺乏系统性,常常会不可避免地出现一酶数名或一名数酶的混乱情况。为了避免这种混乱,国际生物化学与分子生物学联盟(The International Union of Biochemistry and Molecular Biology,IUBMB)的命名委员会(Nomenclature Committee)于 1961 年颁布了第一个版本的酶命名法以规范酶的分类和命名,经过几次修改、补充后形成了现在已得到普遍承认的分类和命名法。

2. 国际系统分类

1961 年,国际酶学委员会根据酶催化生物化学反应的类型将其分为了六大类:氧化还原酶、转移酶、水解酶、裂合酶、异构酶、连接酶。2018 年,IUBMB 宣布在原来六类酶的基础上再增加易位酶,又称"转位酶",七大类酶的催化的反应类型如下:

(1) 氧化还原酶类　顾名思义,氧化还原酶类催化的是氧化还原反应,包括了参与催化氢和/或电子从中间代谢产物转移到氧的各种酶,也包括促成某些物质进行氧化还原转化的各种酶。这类酶在体内参与氧化产能、解毒和某些生理活性物质的合成,在生命过程中起着很重要的作用;在生产实践中,应用也十分广泛。重要的氧化还原酶类有各种脱氢酶、氧化酶、过氧化物酶、氧合酶、细胞色素氧化酶等。L-乳酸:NAD^+氧化还原酶(乳酸脱氢酶)催化乳酸氧化生成丙酮酸的反应式如下:

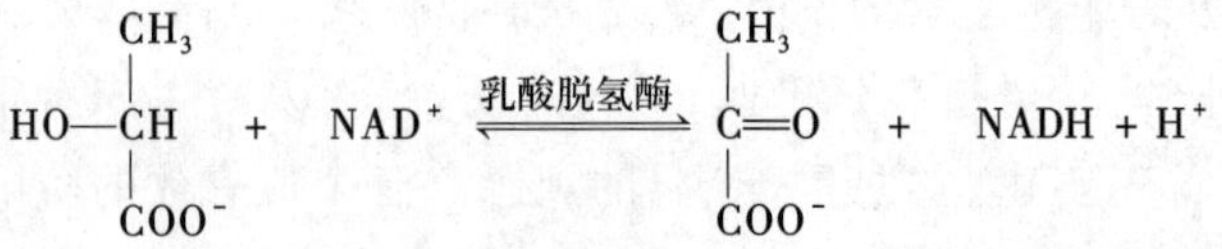

$$\underset{\underset{\text{COO}^-}{|}}{\overset{\overset{\text{CH}_3}{|}}{\text{HO}-\text{CH}}} + \text{NAD}^+ \underset{}{\overset{\text{乳酸脱氢酶}}{\rightleftharpoons}} \underset{\underset{\text{COO}^-}{|}}{\overset{\overset{\text{CH}_3}{|}}{\text{C}=\text{O}}} + \text{NADH} + \text{H}^+$$

（2）转移酶类　转移酶类可催化各种功能基团从一种化合物转移到另一种化合物，在生物体内参与核酸、蛋白质、糖类及脂肪等的代谢，对核苷酸、氨基酸、核酸、蛋白质等的生物合成有重要作用，并可为糖、脂肪酸的分解与合成准备各种关键性的中间代谢产物。此外，转移酶类还能催化诸如辅酶、激素和抗生素等的合成与转化，并能促成某些生物大分子从潜态转入功能状态。这类酶包括了一碳基转移酶、酮醛基转移酶、酰基转移酶、糖苷基转移酶、烃基转移酶、含氮基转移酶、含磷基转移酶和含硫基转移酶等。谷丙转氨酶催化氨基转移的反应式如下：

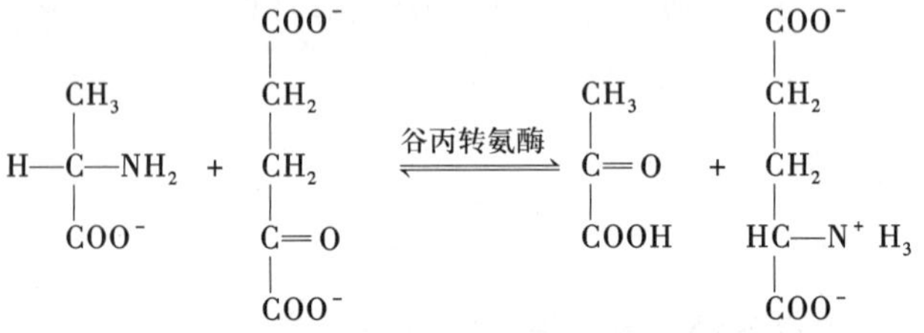

丙氨酸 + α - 酮戊二酸 ────→ 丙酮酸 + 谷氨酸

（3）水解酶类　水解酶类是目前应用最广的一类酶，催化的是水解反应或水解反应的逆反应，可催化水解酯键、硫酯键、糖苷键、肽键、酸酐键等化学键，在体内外起降解作用，包括酯酶、淀粉酶、脂肪酶、蛋白酶、糖苷酶、核酸酶、肽酶等。水解酶一般不需辅酶。青霉素酰化酶催化青霉素 G 水解生成 6-氨基青霉烷酸（6-APA）的反应式如下：

青霉素G　　　　　　　　　　　　　　　　　6-APA

（4）裂合酶类　这类酶能催化底物进行非水解性、非氧化性的分解，可脱去底物上某一基团而留下双键，或可相反地在双键处加入某一基团，催化的主要化学键有 C—C 键、C—O 键、C—N 键、C—S 键、C—X（F,Cl,Br,I）键和 P—O 键等。重要的裂合酶有谷氨酸脱羧酶、草酰乙酸脱羧酶、醛缩酶、柠檬酸裂合酶、烯醇化酶、天冬氨酸酶、顺乌头酸酶等。富马酸裂合酶催化富马酸生成苹果酸的反应式如下：

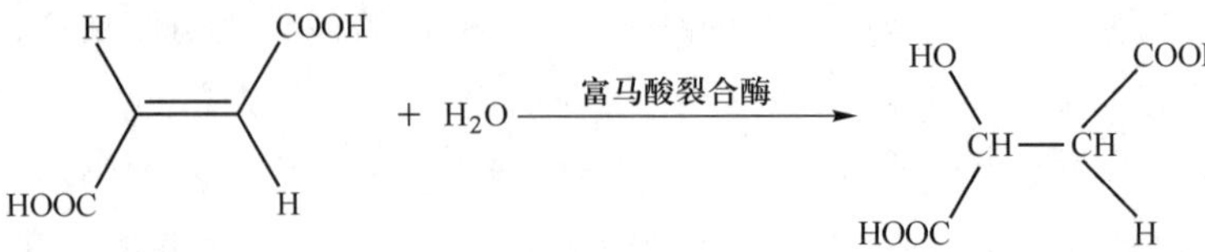

（5）异构酶类　此类酶催化某些物质进行分子异构化，可进行化合物的外消旋、差向异构、顺反异构、醛酮异构、分子内转移、分子内裂解等，包括消旋酶、差向异构酶、顺反

异构酶、醛酮异构酶、分子内转移酶等，为生物代谢所需要。重要的异构酶类有谷氨酸消旋酶、醛糖-1-差向异构酶、视黄醛异构酶、D-葡萄糖异构酶、磷酸甘油变位酶、谷氨酸变位酶、四氢叶酸甲基转移酶等。葡萄糖异构酶将葡萄糖异构化生产 D-果糖的反应式如下：

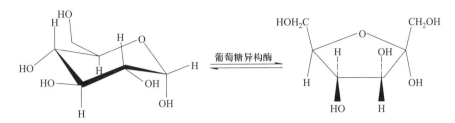

（6）合成酶或连接酶类　合成酶或连接酶类能催化利用 ATP 或其他 NTP 供能而使两个分子连接的反应，能够形成 C—N 键（与蛋白质合成有关）、C—S 键（与脂肪酸合成有关）、C—C 键和磷酸酯键等化学键。这类酶关系到很多重要的生命物质的合成，其特点是需要三磷酸腺苷（ATP）等高能磷酸酯作为结合能源，有的还需金属离子辅助因子。L-谷氨酸：氨连接酶（谷氨酰胺合成酶）催化 L-谷氨酸、ATP 和 NH_3 生成谷氨酰胺、ADP 和磷酸盐的反应式如下：

$$\underset{O^-}{\overset{O}{\parallel}}{CCH_2CH_2CHCOO^-} + ATP + NH_3 \underset{胺合成酶}{\overset{谷氨酰}{\rightleftharpoons}} \underset{NH_2}{\overset{O}{\parallel}}{CCH_2CH_2CHCOO^-} + ADP + Pi$$

（7）易位酶（又称转位酶）　易位酶能催化离子或分子跨膜转运或在细胞膜内易位反应，包括催化质子、无机阳离子及其螯合物、无机阴离子、氨基酸、肽、糖及其衍生物和其他化合物等的易位，这里易位的涵义为催化细胞膜内的离子或分子由"面 1"至"面 2"，区别于"入与出"或"顺式和反式"的概念。这类酶包括了泛醌氧化酶、抗坏血酸铁还原酶、ABC 型硫酸转运体、线粒体蛋白质转运 ATP 酶、ABC 型-葡萄糖转运体、ABC 型脂肪酰 CoA 转运体等。抗坏血酸铁还原酶的跨膜催化反应式如下：

$$抗坏血酸_{[面1]} + Fe^{3+}_{[面2]} \xrightarrow{抗坏血酸铁还原酶} 单脱氢抗坏血酸_{[面1]} + Fe^{2+}_{[面2]}$$

与此同时，国际酶学委员会建立了一套 EC（enzyme commission）编号来命名酶，尽可能准确地识别酶并显示酶的作用。EC 编号由四组数字组成，每个数字之间用"·"分开，并在此编号的前面冠以 EC。编号中的第一个数字表示该酶所属的大类，即上述的七大类酶。第二个数字表示在该大类下的亚类，亚类的划分主要根据底物的性质和催化反应类型进行定义。第三个数字表示各亚类下的亚亚类，它更精确地表明酶催化反应底物或反应物的性质，例如，氧化还原酶大类中的亚亚类区分受体的类型，具体指明受体是氧、细胞色素还是二硫化物等。第四个数字表示亚亚类下具体的个别酶的顺序号，一般按酶的发现先后次序进行排列。编号中的前三个数字表明了该酶的特性，如反应物的种类、反应的性质等。例如，EC 1.1.1.1 代表乙醇脱氢酶。第一个数字 1 表明这是一种氧化还原酶;第二个数字1说明作用于—CH—OH 基团的亚类;第三个数字1代表作用的底物是乙醇(氢受体);第四个数字1则是发现的顺序号。根据此规则,每个酶都有自己的编号,如己糖激酶为 EC 2.7.1.1,腺苷三磷酸酶是 EC 3.6.1.3,果糖二磷酸醛缩酶是 EC 4.1.2.13,磷酸丙糖异构酶是 EC 5.3.1.1 等。

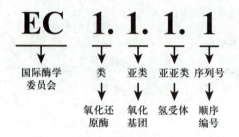

酶的系统编号(以乙醇脱氢酶为例)

3. 国际系统命名法

按照国际系统命名法,每一种酶都有一个系统名称和一个习惯名称,其命名原则如下:

(1)酶的系统名称由两部分构成。前面为底物名,如有两个以上底物则都应该写上,并用":"分开,如底物之一是水时,则可将水略去不写;后面为所催化的反应名称。例如,醇脱氢酶的系统名称为醇:NAD^+氧化还原酶,又如 ATP:己糖磷酸基转移酶等。

(2)不管酶催化的是正反应还是逆反应,都用同一名称。例如,在包含 NAD^+ 和 NADH 相互转化的所有反应中($DH_2 + NAD^+ \Longleftrightarrow D + NADH + H^+$),习惯上都命名为 DH_2:NAD^+氧化还原酶,而不采用其反方向命名。

此外,各大类酶有时还有一些特殊的命名规则,如氧化还原酶往往可命名为供体:受体氧化还原酶,转移酶命名为供体:受体被转移基团转移酶等。通常采用国际系统命名法所得的酶的名称非常长,使用起来十分不方便,因此,至今人们日常使用得最多的还是酶的习惯名称。

二、酶的化学本质、来源和生产

1. 酶的化学本质和组成

尽管迄今为止已经发现并证实了少数有催化活性的 RNA 分子,但绝大部分酶的化学本质是蛋白质。组成蛋白质的 L 型 α-氨基酸有 20 种,一个氨基酸残基的 α-羧基与另一氨基酸残基的 α-氨基之间可以形成酰胺(肽)键,通常将由一个又一个的氨基酸连接起来的长链大分子称为多肽链,多肽链的结构如图 9-2-01 所示。多肽链是由不同种类、不同数量的 L-氨基酸以不同的排列顺序,通过酰胺键连接而成,而酶蛋白分子就是由一条或多条多肽链组成的,具有一般蛋白质所具有的结构层次,如下页图 9-2-02 所示。

有些酶属于简单蛋白质,完全由氨基酸残基组成,如脲酶、溶菌酶、核糖核酸酶等;而有些酶除了蛋白质成分(酶蛋白)外,还有非蛋白质成分,如辅基或配基,只有当酶蛋白与辅助因子结合后形成的复合物才具有催化功能并表现出酶的催化活性,例如,碳酸酐酶、

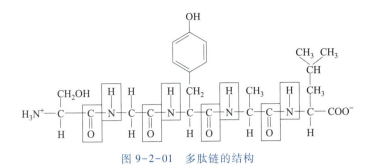

图 9-2-01 多肽链的结构

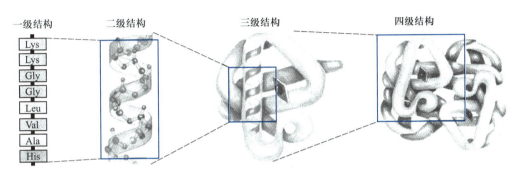

图 9-2-02 酶蛋白的结构层次

超氧化物歧化酶、细胞色素氧化酶、乳酸脱氢酶等,通常这类蛋白质称为结合蛋白质,包含辅基的酶称为全酶。酶的辅助因子本身无催化活性,但在酶促反应中起转移电子、原子或某些功能基团(如酰基、羧基)的作用。辅助因子既可以是无机离子,如 Fe^{2+},Fe^{3+},Cu^{+},Cu^{2+},Mn^{2+},Mn^{3+},Zn^{2+},Mg^{2+},K^{+},Na^{+},Mo^{6+},Co^{2+} 等,也可以是有机化合物。辅助因子都属于小分子化合物,据不完全统计,约有 25% 的酶含有紧密结合的金属离子或在催化过程中需要金属离子来维持酶的活性,并在完成酶的催化过程中起作用。有机辅助因子可依据其与酶蛋白结合的牢固程度不同分为辅酶和辅基。通常辅酶与酶蛋白的结合比较松弛,多数情况下,可以用透析或其他方法将全酶中的辅酶除去,如辅酶 Q、辅酶 A 等;而辅基与酶蛋白之间常以共价键紧密结合,不易通过透析等方法将其除去,如细胞色素氧化酶的铁卟啉辅基等。尽管如此,辅酶与辅基之间并无严格界限,人们还是常将辅酶和辅基统称为辅酶。大多数辅酶为核苷酸和维生素或它们的衍生物,常用的如辅酶 A,NAD^{+},$NADP^{+}$、焦磷酸硫胺素、四氢叶酸、脱氧腺苷、磷酸吡哆醛、维生素、生物素、硫辛酸等。

2. 酶的来源和生产

酶作为生物催化剂普遍存在于动物、植物和微生物细胞中。早期酶的生产多以动植物为主要来源,直接从生物体组织经过分离、纯化而获得,有些酶的生产至今仍采用提取法,如从颌下腺中提取激肽释放酶,从菠萝中制取菠萝蛋白酶,从木瓜汁液中制取木瓜蛋白酶等。

动植物原料的生产周期长、来源有限,并受地理、气候和季节等因素的影响,同时,还要受到技术、经济及伦理等各方面的限制,使酶的生产受到限制,不易进行大规模的生产。随着酶制剂应用范围的日益扩大,单纯依赖于动植物来源的酶已经远远不能满足当今世界对酶的需求。

工业上酶的生产一般都是以微生物为主要来源,通过液体深层发酵或固态发酵进行生产。在目前 1 000 余种正在使用的商品酶中,大多数的酶都是利用微生物生产的,淀粉酶、蛋白酶和脂肪酶是工业应用的三大主要酶制剂。产酶微生物可以从菌种保藏机构和有关研究机构获得,但大多数产酶的高产微生物是从自然界中经过分离筛选获得的。自然界中的土壤、地表水、深海、温泉、火山、森林等是产酶微生物的主要来源。筛选产酶微生物的方法主要包括含菌样品的采集、菌种分离初筛、产酶性能测定及复筛等步骤。利用产酶微生物生产酶制剂的突出优点是:① 微生物种类繁多,制备出的酶种类齐全,几乎所有的酶都能从微生物中得到;② 微生物繁殖快、生产周期短、培养简便,并可以通过控制培养条件来提高酶的产量;③ 微生物适应性强,并且易变异,可以通过适应、诱导、诱变及基因工程等方法培育出新的高产酶菌株。从目前的情况来看,几乎所有来源于动植物的酶都可以从微生物中得到,微生物产生的酶类具有种类多、产量大、稳定性好等特点,在酶制剂的生产中一直占据着十分重要的地位。

微生物细胞产生的酶可以分为两类:结构酶和诱导酶。绝大部分酶都属于结构酶,即微生物存在编码该酶蛋白的基因,在细胞的生长过程中出于其自身需要就会产生这些酶并参与细胞代谢。而诱导酶则需要加入相应的诱导剂后才会表达,诱导剂一般是该酶所催化反应的底物或产物。一般情况下,细胞所表达的酶量受到细胞的调节和控制,合成的酶量是有限的,目的是满足细胞本身生长和代谢的需要。当酶成为发酵的目标产物时,野生型微生物就无法满足酶制剂生产的需要,因此,工业酶制剂生产中,所有微生物菌种都是通过遗传改造的高产酶菌株。常规的利用物理或化学诱变育种方法都可以用于产酶高产菌株的选育,并为酶制剂工业的建立和发展做出了重要贡献。

近年来,随着基因重组技术的发展,学术界和工业界已经越来越多地采用基因工程的方法构建产酶高产菌株并已经用于大规模工业化生产。一些更加高效的新方法,如DNA 重排(DNA shuffling)及基因组重排(genome shuffling)等,也已经开始用于高产菌株的选育。

一个优良的产酶菌株应该具备以下一些特点:① 繁殖快、产酶量高、酶的性质应符合使用要求,而且最好能产生分泌到胞外的酶,产生的酶容易分离纯化;② 菌种不易变异退化,产酶性能稳定,不易受噬菌体感染侵袭;③ 易于培养,具有较高的生长速度,能够利用廉价的原料进行酶的生产;④ 菌种不是致病菌,在系统发育上与病原体无关,也不产生有毒物质或其他生理活性物质,确保酶生产和使用的安全;⑤ 除了目标产物是蛋白酶外,生产其他酶的微生物应不产或尽量少产蛋白酶,以免所产生的目标酶蛋白受到蛋白酶的攻击而水解。

有了优良的产酶菌株后,如何通过发酵实现微生物的大规模培养及产酶就成了关键。发酵法生产酶制剂是一个十分复杂的过程,由于具体的生产菌种和目的酶的不同,菌种制备、发酵方法和条件等都不尽相同,其中影响酶生产的主要因素是:培养基设计、发酵方式选择、发酵条件控制等。

培养基是人工配制的供微生物生长、繁殖、代谢和合成代谢产物的营养物质和原料。由于酶是蛋白质,大量合成蛋白质需要丰富的营养物质和能源,如碳源、氮源、无机盐及生长因子等。同时,许多酶的用途是作为工业催化剂,销售价格不高,需要尽可能利用价格便宜、来源丰富,又能满足细胞生长和酶合成需要的农副产品作为发酵原料,如淀粉、糊精、糖蜜等碳源物质,鱼粉、豆饼粉、花生饼粉及尿素等氮源物质,Ca^{2+}、Mg^{2+}、Fe^{2+} 等无机离子,少量的维生素、氨基酸、嘌呤碱、嘧啶碱等生长因子。对于诱导酶,培养基中还应该加入诱导剂。例如,在利用白腐菌生产木素过氧化物酶时,就必须加入藜芦醇或苯甲醇作为诱导剂。

微生物发酵生产酶主要有两种方式:固体发酵和液体深层发酵。固体发酵技术也称为表面培养或曲式培养,是以麸皮、米糠等为基本原料,加入适量的无机盐和水作为半固态培养基进行菌种培养的一种技术。固体发酵法根据所用设备和通气方法又可分为浅盘法、转桶法和厚层通气法。固体发酵法的特点是设备简单,便于推广,特别适合于霉菌的培养,但它的缺点是发酵条件不易控制、物料利用不完全、劳动强度大、容易染菌等,该法不适于胞内酶的生产。液体深层发酵技术也称为浸没式培养,它是利用液体培养基进行微生物的培养繁殖和产酶,发酵过程需要一定的设备和技术条件,动力消耗也较大,但是原料的利用率和酶的产量较高,培养条件容易控制。目前,工业上主要采用液体深层发酵技术生产酶,但是在酒曲(内含大量淀粉酶及糖化酶等)培养、食品工业及一些用于饲料添加剂的酶的生产中,仍在应用固体发酵技术。

菌种的产酶性能是决定发酵效果的重要因素。除了培养基组分外,其他如温度、pH、通气、搅拌、溶氧、诱导剂等对产酶的影响也是十分明显的。此外,在高剪切力条件下,酶很容易失活,因此应该对发酵体系中的剪切力适当予以控制。在通气搅拌条件下,酶在发酵液中很容易形成泡沫,泡沫影响发酵罐的正常操作,因此,在发酵罐设计中应考虑除泡沫装置并在发酵过程中及时添加消泡剂。

三、酶的固定化

1. 固定化酶的定义

固定化酶与游离酶相比,具有下列优点:① 极易将固定化酶与底物、产物分开;② 可以在较长时间内进行反复分批反应和装柱连续反应;③ 在大多数情况下,能够提高酶的稳定性;④ 酶反应过程能够加以严格控制;⑤ 产物溶液中没有酶的残留,简化了提纯工艺;⑥ 较游离酶更适合于多酶反应;⑦ 可以增加产物的收率,提高产物的质量;⑧ 酶的使用效率提高,成本降低。

与此同时,固定化酶也存在一些缺点:① 固定化时酶活力有损失;② 增加了生产的成本,工厂初始投资大;③ 只能用于可溶性底物,而且较适用于小分子底物,对大分子底物不适宜;④ 与完整菌体相比不适宜多酶反应,特别是需要辅助因子的反应;⑤ 胞内酶必须经过酶的分离手续。

2. 固定化酶的制备方法

迄今为止已发现的酶有数千种之多,但由于应用的性质与范围,保存稳定性和操作稳定性,成本的不同,以及制备的物理、化学手段、材料等不同,可以采用不同的方法进行酶的固定化。一般要根据不同情况(不同酶、不同应用目的和应用环境)来选择不同的固定化方法,但是无论如何选择,都要遵循几个基本原则:

解析

皮克林
乳液

① 必须注意维持酶的催化活性及专一性,保持酶原有的专一性、高效催化能力和在常温常压下能起催化反应的特点。酶蛋白的活性中心是酶的催化功能所必需的,酶蛋白的空间构象与酶活力密切相关。因此,在酶的固定化过程中必须注意酶活性中心的氨基酸残基不发生变化,也就是酶与载体的结合部位不应当是酶的活性部位,而且要尽量避免那些可能导致酶蛋白高级结构被破坏的条件。由于酶蛋白的高级结构是凭借氢键、疏水键和离子键等弱键维持,所以固定化时要采取尽量温和的条件(如低温、最适 pH 及水溶液中),尽可能保护好酶蛋白的活性基团。

② 固定化应该有利于生产自动化、连续化。用于固定化的载体必须有一定的机械强度,不能因机械搅拌而破碎或脱落。

③ 固定化酶应有最小的空间位阻,尽可能不妨碍酶与底物的接近,应不会引起酶的失活,以提高产品的产量,制备固定化酶时所选载体应尽可能不阻碍酶和底物的接近。

④ 酶与载体必须结合牢固,从而使固定化酶能回收贮藏,利于反复使用,因此,在制备固定化酶时,应使酶和载体尽可能地结合牢固。

⑤ 固定化酶应有最大的稳定性,在制备固定化酶时,所选载体不与底物、产物或反应液发生化学反应。

⑥ 固定化酶应能保持甚至超过原有酶液的活性,在制备固定化酶时,酶和载体结合部位不应是酶的活性中心或与维持酶高级空间结构有关的基团,因此,应尽可能预先保护这些基团。

⑦ 固定化酶应易与产物分离,即能通过简单的过滤或离心就可回收和重复使用。

⑧ 固定化酶成本要低,须综合考虑固定化酶在总成本中的比例,应为廉价的、有利于推广的产品,以便于工业使用。

⑨ 充分考虑到固定化酶制备过程和应用中的安全因素,在涉及制备过程中采用的化学反应与化学试剂等需要慎重考虑残留和有毒物质的形成等安全问题,尤其是固定化酶在食品和医药工业中应用时尤其重要。

制备固定化酶的方法有很多。按照用于结合的化学反应类型进行分类,酶固定化方法可大致概括为非化学结合法、化学结合法和包埋法。

(1) 非化学结合法 非化学结合法包括结晶法、分散法、物理吸附法和离子结合法等,分别叙述如下:

① 结晶法 结晶法固定化酶就是使酶结晶,从而实现固定化的方法。对于酶晶体来说,载体就是酶蛋白本身,酶晶体可以提供非常高的酶浓度,应用时大大缩短催化反应时间。但是结晶法固定化酶在应用时也存在局限性,在不断的重复循环中,酶会有损耗,从而使得固定化酶浓度降低。

② 分散法 分散法就是通过将酶分散于水不溶相中而实现酶固定化的方法。在实践上,对于在水不溶的有机相中进行的反应,最简单的固定化方法是将酶的干粉悬浮于溶剂中实现酶的催化作用,这样不仅能够实现酶的催化作用,而且可以通过过滤和离心的方法将酶与介质进行完全分离,进而实现酶的再利用。但该法在一些实际过程中,如果酶分散得不好将会产生传质阻力,使酶的催化活力降低。

③ 物理吸附法 通过氢键、疏水键等物理作用力将酶或含酶菌体吸附在不溶性载体

表面上而实现酶固定化的方法称为物理吸附法。常用的吸附载体包括活性炭、多孔玻璃、酸性白土、漂白土、高岭石、氧化铝、硅胶、膨润土、羟基磷灰石、磷酸钙、金属氧化物等无机载体和淀粉、谷蛋白等天然高分子载体。此外,还有大孔型合成树脂、陶瓷、具有疏水基的载体(如丁基或己基-葡聚糖凝胶)等,以及以单宁作为配基的纤维素衍生物等载体。物理吸附法具有酶活性中心不易被破坏,酶高级结构变化小,操作方便,条件温和,载体廉价易得,可反复使用等优点。但由于酶与吸附剂是依靠物理吸附作用,酶与载体的结合力较弱,使其在应用过程中受到一定的限制。

④ 离子结合法 利用酶的侧链基团通过离子键结合于水不溶性载体配基上的固定化方法。常用的载体主要有 DEAE-纤维素,DEAE-葡聚糖凝胶,Amberlite IRA-93、410、900 等阴离子交换剂和 CM-纤维素,Amberlite CG-50、IRC-50、IR-120、Dowex-50 等阳离子交换剂。迄今已有许多酶用离子结合法固定化,如 1969 年最早应用于工业生产的固定化氨基酰化酶就是使用DEAE-纤维素和 DEAE-葡聚糖凝胶固定化的。离子结合法具有操作简单,处理条件温和,酶的高级结构和活性中心的氨基酸残基不易被破坏,以及酶活回收率较高等优点,但是由于载体与酶的结合力比较弱,酶容易在不适宜的 pH 及高离子强度下解吸脱落。

(2) 化学结合法

① 共价结合法 通过共价键将酶的活性非必需侧链基团与载体上的配基结合的固定化方法称为共价结合法。与离子结合法或物理吸附法相比,共价结合法优点是酶与载体结合牢固,一般不会因底物浓度高或存在盐类等原因而轻易脱落,但是该方法反应条件苛刻、操作复杂。而且由于采用了比较激烈的反应条件,会引起酶变性失活。理想的固定化载体应具有较好的亲水性、结构疏松、表面积大、共价偶联反应温和及无专一性吸附活性等优点。常用的载体可以分为三类:多糖、蛋白质、细胞等天然有机载体,玻璃、陶瓷等无机载体和聚酯、聚胺、尼龙等合成聚合物载体。研究表明,可与载体共价结合的酶的功能团主要有:α 或 ε-氨基,α、β 或 γ-羧基、巯基、羟基、咪唑基、酚基等。

通常情况下,载体上的配基和酶分子的侧链基团不具有直接反应的能力,一般先在载体上引进活泼基团或使载体上的有关基团活化,然后再使这些活泼基团与酶有关基团发生偶联反应,通过共价键使酶与载体结合起来。常用的载体活化方法主要有重氮法、叠氮法、溴化氰法和烷化法等,先分述如下:

a. 重氮法 此反应适用于含芳香族氨基的载体。将含有芳香族氨基的水不溶性载体(Ph—NH$_2$)与亚硝酸反应,生成重氮盐衍生物,使载体引进了活泼的重氮基团,然后再与酶发生偶合反应,得到固定化酶。

$$-CH_2-PhNH_2 \xrightarrow[HCl]{NaNO_2} -CH_2-PhN_2^+Cl- \xrightarrow[His-P]{Tyr-P} -CH_2-PhN=N-P$$

酶蛋白中的游离氨基、组氨酸的咪唑基、酪氨酸的酚羟基等参与此反应。很多酶,尤其是酪氨酸含量较高的木瓜蛋白酶、脲酶、葡萄糖氧化酶、碱性磷酸酯酶、β-葡萄糖苷酶等能与多种重氮化载体连接,获得活性较高的固定化酶。

b. 叠氮法　此反应适用于含羟基、羧甲基的载体。首先含有酰肼基团的载体可用亚硝酸活化,生成叠氮衍生物,使载体引进了活泼的重氮基团,然后再与酶分子中的氨基形成肽键,使酶固定化。以羧甲基纤维素为例,各步的反应如下:

(a) 羧甲基纤维素(CMC)与甲醇反应生成羧甲基纤维素甲酯:

$$R-O-CH_2-COOH + CH_3OH \longrightarrow R-O-CH_2-\overset{\overset{\displaystyle O}{\|}}{C}-O-CH_3 + H_2O$$

CMC　　　　　　　　　　　　　　　　　　CMC 甲酯

(b) 羧甲基纤维素甲酯与肼反应生成羧甲基纤维素的酰肼衍生物:

$$R-O-CH_2-\overset{\overset{\displaystyle O}{\|}}{C}-O-CH_3 + NH_2-NH_2 \longrightarrow R-O-CH_2-\overset{\overset{\displaystyle O}{\|}}{C}-NHNH_2 + CH_3OH$$

CMC 甲酯　　　　　　肼　　　　　　CMC 酰肼衍生物

(c) 羧甲基纤维素的酰肼衍生物可与亚硝酸反应生成羧甲基纤维素的叠氮衍生物:

$$R-O-CH_2-\overset{\overset{\displaystyle O}{\|}}{C}-NH-NH_2 + HNO_2 \longrightarrow R-O-CH_2-\overset{\overset{\displaystyle O}{\|}}{C}-N_3 + 2H_2O$$

CMC 酰肼衍生物　　　　　　　　　CMC 叠氮衍生物

(d) 羧甲基纤维素的叠氮衍生物中活泼的叠氮基团可与酶分子中的氨基形成肽键,从而使酶固定化。

$$R-O-CH_2-\overset{\overset{\displaystyle O}{\|}}{C}-N_3 + H_2N-E \longrightarrow R-O-CH_2-\overset{\overset{\displaystyle O}{\|}}{C}-NH-E$$

CMC 叠氮衍生物　　　　　　　　　固定化酶

酶分子中能与载体叠氮衍生物中活泼的叠氮基团结合的还有羟基、巯基等,通过这些基团的反应就可以制成相应的固定化酶。

$$R-O-CH_2-CO-N_3 + HO-E \longrightarrow R-O-CH_2-CO-O-E$$

$$R-O-CH_2-CO-N_3 + HS-E \longrightarrow R-O-CH_2-CO-S-E$$

c. 烷基化法　含有羟基的载体在碱性的条件下可以用三氯均三嗪等多卤代物进行活化,形成含有卤素基团的活化载体,再与酶分子中的氨基、巯基、羟基等发生烷基化反应,制备成固定化酶。以酶分子中的氨基为例,反应如下:

载体　　　三氯均三嗪　　　　　　　活化载体　　　　　　固定化酶

d. 活化酯法　含有羟基的载体可以用对甲苯磺酰氯进行活化,形成含有对甲苯磺酰基团的活化载体,再与酶分子中的巯基、氨基等发生反应,制备成固定化酶,其反应如下:

$$\Big|\!\!-OH + ClSO_2C_6H_4CH_3 \longrightarrow \Big|\!\!-CH_2OSOC_6H_4CH_3 \nearrow^{P-SH} \Big|\!\!-CH_2SP$$

$$\searrow_{P-NH_2} \Big|\!\!-CH_2NHP$$

对甲苯磺酰氯

e. 环氧化法 含有羟基的载体可以用表氯醇进行活化,形成含有环氧基的活化载体,再与酶分子中的氨基、羟基、巯基等发生烷基化反应,制备成固定化酶,其反应如下:

$$\Big|\!\!-OH + CH_2\!\!-\!CH\!\!-\!CH_2Cl \longrightarrow \Big|\!\!-O\!\!-\!CH_2\!\!-\!CH\!\!-\!CH_2 \xrightarrow[\substack{P-OH \\ P-SH}]{P-NH_2} \Big|\!\!-O\!\!-\!CH_2RP$$

表氯醇

R=NH,O,S

f. 高碘酸法 将诸如纤维素葡聚糖等含有醛基的载体经过碘酸氧化或用二甲基砜氧化裂解葡萄糖环,产生二醛高聚物,每个葡萄糖分子含二个醛基,再与酶分子中的氨基、巯基、咪唑基等基团反应制成固定化酶,反应如下:

$$\xrightarrow{NaIO_4} \qquad \xrightarrow[\substack{P-NH_2 \\ P-SH \\ P-咪唑}]{}$$

此外,对于含有羧基、巯基和氨基的载体可以采用下述方法进行酶的固定化:

$$\Big|\!\!-CH_2COOH \xrightarrow{SOCl_2} \Big|\!\!-CH_2COCl \xrightarrow[pH=8\sim9]{P-NH_2} \Big|\!\!-CH_2CONH\!\!-\!P$$

$$\Big|\!\!-CH_2COOH \xrightarrow[HCl]{MeOH} \Big|\!\!-CH_2COOMe \xrightarrow{NH_2NH_2} \Big|\!\!-CH_2COONHNH_2 \xrightarrow[HCl]{NaNO_2}$$

$$\Big|\!\!-CH_2CON_3 \xrightarrow{P-NH_2} \Big|\!\!-CH_2CONH\!\!-\!P$$

$$\Big|\!\!-SH + \text{（吡啶二硫）} \longrightarrow \Big|\!\!-S\!\!-\!S\text{（吡啶）} \xrightarrow{P-SH} \Big|\!\!-S\!\!-\!S\!\!-\!P$$

$$\Big|\!\!-CH_2NH_2 \xrightarrow{Cl-CS-Cl} \Big|\!\!-CH_2\!\!-\!N\!\!=\!C\!\!=\!S \xrightarrow{P-NH_2} \Big|\!\!-CH_2\!-\!\underset{H}{N}\!-\!\overset{S}{\underset{\|}{C}}\!-\!NHP$$

② 交联法 交联法是指借助于双功能试剂或多功能试剂能使酶分子之间发生交联作用,制成网状结构固定化酶的方法。交联法与共价结合法一样也是利用共价键固定酶,所不同的是它不使用载体,而是使用多功能试剂使酶分子与酶分子之间产生交联来达到固定化的目的。常用的多功能试剂有戊二醛、己二胺、顺丁烯二酸酐、双偶氮苯、异氰酸酯、双重氮联苯胺或 N,N'-乙烯双马来亚胺等,其中应用最广泛的是戊二醛。参与交联反应的酶蛋白的功能团则主要有 N 末端的 α-氨基、赖氨酸的 ε-氨基、酪氨酸的酚

基、半胱氨酸的巯基和组氨酸的咪唑基等。最常用的交联剂是戊二醛,下式为利用戊二醛进行酶交联的反应式,其中 **E** 表示酶。

$$OH(CH_2)_3CHO + \underline{E} \longrightarrow -CH = N-\underline{E}-N = CH(CH_2)_3CH = N-\underline{E}-N = CH-$$

$$\begin{matrix} & & & & N \\ & & & & \| \\ & & & & CH \\ & & & & (CH_2)_3 \\ & & & & CH \\ & & & & \| \\ & & & & N \end{matrix}$$

$$-CH = N-\underline{E}-N = CH(CH_2)_3CH = N-\underline{E}-N = CH-$$

交联法制备的固定化酶一般比较牢固,可以长时间使用,但由于交联反应条件比较激烈,会引起酶蛋白高级结构变化,破坏酶的活性中心,因此固定化酶活力回收率较低,但可以通过尽可能降低交联剂浓度和缩短反应时间来提高固定化酶比活力。

(3)包埋法 将酶包埋在各种多孔载体中使酶固定化的方法称为包埋法。包埋法可分为网格型和微囊型两种,一般将酶或微生物包埋在高分子凝胶细微网格中的称为网格型;将酶或微生物包埋在高分子半透膜中的称为微囊型。包埋法一般不需要与酶蛋白的氨基酸残基进行结合反应,很少改变酶的高级结构,酶活回收率较高,因此可以应用于许多酶的固定化,但是在化学聚合反应中由于自由基的产生、放热及酶和试剂间可能发生化学反应,容易导致酶的失活,必须巧妙设计反应条件,以获得满意的结果。由于只有小分子可以通过高分子凝胶的网格扩散,并且这种扩散阻力还会导致固定化酶动力学行为的改变,降低酶活力。因此,包埋法只适合作用于小分子底物和产物的酶,对于那些作用于大分子底物和产物的酶是不适合的。

① 网格型 通过将酶和聚合物混合,然后加入合适的交联剂将聚合物交联形成网络结构,并将酶分子阻隔在网格内,从而完成酶的固定化;同样,也可以将酶和化学单体物质混合,然后加入合适的引发剂使单体聚合交联形成聚合网络,也可将酶分子阻留在网络孔隙,从而实现酶的固定化,如图 9-2-03 所示。

在实践上,可供选择使用的单体有很多,如甲基丙烯酸酯、丙烯酰胺等,高分子聚合物有聚丙烯

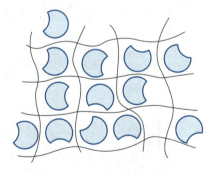

图 9-2-03 网格型固定化酶

酰胺、聚乙烯醇和光敏树脂等合成高分子化合物,以及淀粉、明胶、胶原、海藻酸和角叉菜胶等天然高分子化合物。合成高分子化合物常采用单体或预聚物在酶或微生物存在下聚合的方法,而溶胶状天然高分子化合物则在酶或微生物存在下凝胶化。值得注意的是,除单体之外,交联剂或引发剂对网格状聚合物的形成有很大的影响,通常形成的网状结构的空隙大小及强度与所添加的交联剂和单体的比例、数量有关,通过改变二者的浓度就能改变所形成的网络结构。

② 微囊型 微囊型固定化通常是用直径为几微米到几百微米的半透性膜形成的球

状体将酶分子进行包埋固定化的方法,如图 9-2-04 所示。通常半透性膜仅能容许小分子底物和产物自由进出,而大分子物质则不能自由进出,由于微囊的比表面积很大,膜内外的物质交换也可以十分迅速,因此,微囊型比网格型要更有利于底物和产物扩散,但是反应条件要求高,制备成本也高。制备微囊型固定化酶有下列几种方法:界面沉淀法、界面聚合法、二级乳化法,以及脂质体包埋法等。

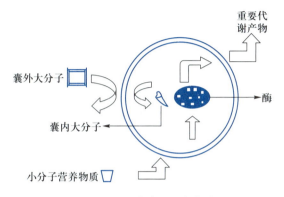

图 9-2-04 微囊型固定化酶

近年来,随着材料学科的快速发展,金属有机骨架(metal organic framework,MOF)逐渐应用于酶的固定化。MOF 材料是一类由金属节点和有机配体连接而成的多孔材料,以刚性的有机基团为配体,单金属或金属簇为配位中心,通过配位键组成具有周期性的网格结构。以酶为核,利用 MOF 等载体材料间的强相互作用促进载体材料形成于酶分子表面。该方法要求载体材料在酶分子表面的生长必须以生物相容的方式进行,避免酶的聚集或展开。载体的网格结构起到屏障作用,可有效地提高酶的稳定性,防止酶的泄露,延长酶的使用寿命。

四、酶的应用

酶作为一种高效的生物催化剂,具有催化效率高、专一性强、作用条件温和、可控性高和安全环保等优点,目前已广泛应用于不同行业,包括食品、医药及工农业其他领域,在提升相关产业技术水平、促进新产品开发、提高产品质量,以及保护环境等方面发挥了重要的作用,产生了巨大的社会、经济和生态效益。

1. 酶在食品工业中的应用

食品工业是酶的最大应用领域,目前被列入 GB 2760—2024 的食品酶制剂及其来源名单已达到 66 种。淀粉酶是水解淀粉和糖原酶类的统称,是最早实现工业化生产,并且迄今为止仍是用途最广、产量最大的酶制剂。普鲁兰酶可水解液化淀粉中的 α-1,6-D-糖苷键产生 α-1,4-D-直链多聚糖,可与淀粉酶配合生产高含量葡萄糖。目前全世界的淀粉糖产量已经高达 1.8 亿吨以上,其中 70% 以上的是果葡糖浆。果葡糖浆是由葡萄糖异构酶催化葡萄糖异构化生成部分果糖而得到的葡萄糖和果糖的混合物。由于酶法生产葡萄糖,以及用葡萄糖生产果葡糖浆的大规模工业化,淀粉酶的需要量几乎占了整个酶制剂总产量的 50% 以上。牛乳经 β-半乳糖苷酶处理后,牛乳中的乳糖水解为半乳糖和葡萄糖,无乳糖牛乳可供乳糖不耐症患者食用。双乙酰是啤酒中的主要风味物质,是啤酒质量的重要标志之一,啤酒中双乙酰的含量超过一定浓度后,就会产生一种令人不愉快的馊酸味。在生产中加入 α-乙酰乳酸脱羧酶能催化 α-乙酰乳酸直接形成羧基丁酮,减少双乙酰含量,提高啤酒质量。

脂肪酶在面粉中具有良好的乳化作用,改善面包、馒头瓤的质构,提高外观质地,可以替代或减少乳化剂的使用,同时还具有增筋作用,能增加面团过度发酵时的稳定性,使面团烘焙膨胀性增加,蒸煮品质强度提高,增大面包、馒头体积。此外,脂肪酶还可水解乳脂为低级脂肪酸,使之增加奶油风味。

此外,凝乳酶用于制造干酪;过氧化氢酶用于清除乳品中多余的过氧化氢;溶菌酶用于食品的保藏;果胶酶用于澄清果汁、果酒;葡萄糖氧化酶用于抗氧化,延长食品的保鲜保质期;木瓜蛋白酶能使肉类在烹饪过程中嫩化;纤维素酶可以减少食品中的纤维素含量,改善风味,更适合老年人和儿童食用。

2. 酶在医药工业中的应用

酶在医药工业中的应用最初是在消化药上,用于治疗消化不良和食欲不振。例如,蛋白酶、淀粉酶、纤维素酶可作为消化用酶。此外,链激酶、尿激酶、纳豆激酶及蚓激酶用于治疗血栓症;L-天冬氨酸酶可用于治疗白血病。神经氨基酸苷酶是一种良好的肿瘤免疫治疗剂。

利用酶法合成抗生素已得到广泛的应用。例如,青霉素酰化酶是抗生素生产过程中有重要作用的一种酶,它可在偏碱性环境下催化青霉素 G 或头孢霉素 G 水解生成 6-氨基青霉烷酸(6-APA)或 7-氨基头孢烷酸(7-ACA);而在酸性或中性环境中,该酶则可催化 6-APA 或 7-ACA 发生酰基化反应生成新型青霉素或新型头孢霉素等半合成抗生素。

手性药物是指只含单一对映体的药物。由于手性药物的外消旋体形式都存在或小或大的副作用,目前许多国家都出台了相应的政策和法规,明确要求一个含手性因素的化学药物必须说明其两个对映体在体内的不同生理活性、药理作用和药代动力学情况,以考虑单一对映体供药的问题。这在很大程度上促进了单一对映体手性药物的研究和生产的高速发展。酶催化在单一对映体手性药物的开发中具有很大的应用潜力,并已经有很多成功的案例。L-多巴是治疗帕金森综合征的一种重要药物,可以利用 β-酪氨酸酶(EC 4.1.99.2)催化 L-酪氨酸氧化成邻苯二酚与丙酮酸、氨反应生成 L-多巴。环氧丙醇是一个十分重要的、用途广泛的多功能手性药物中间体,可以采用猪胰脂肪酶对 2,3-环丙醇的丁酸酯进行酶催化拆分,制备手性环氧丙醇。

一些氨基酸和有机酸的生产可用酶法合成。γ-氨基丁酸是一种治疗肝昏迷的药物,制备 γ-氨基丁酸的方法主要是利用谷氨酸脱羧酶催化 L-谷氨酸或钠盐 α-脱羧生成 γ-氨基丁酸。L-天冬氨酸可由天冬氨酸氨裂合酶催化延胡索酸氨基化生成。L-苹果酸可由延胡索酸水合酶催化延胡索酸与水反应生成。

3. 酶在环境治理中的应用

随着工业的发展,人类社会产生的有毒废物日益增多,与环境污染相关的有机化合物如烷烃、芳烃、多氯联苯、有机氯、杂环化合物等造成的环境污染日益严重。目前,酶制剂在环境治理方面发挥着巨大的作用,已成为环境污染生物修复的生力军。处理食品工业废水的酶有淀粉酶、糖化酶、蛋白酶、脂肪酶、几丁质酶等;处理造纸工业废水的酶有木聚糖酶、纤维素酶、漆酶等;处理芳香族化合物的酶有各种过氧化物酶、细胞色素 P450 酶、酪氨酸酶、萘双氧合酶、漆酶等;处理氰化物的酶有氰化酶、氰化物水合酶等;处理有机磷农药的酶有硫磷水解酶、甲胺磷降解酶等;处理重金属的酶有汞还原酶、磷酸酶等。

例如,细胞色素 P450 酶不仅能催化烷基的羟基化,而且能催化烯基的环氧化,氨、氧、硫部位的脱烷基化,氨部位上的羟基化和氧化,硫部位上的氧化,氧化性脱氨、脱氢和脱卤素,氧化性的 C—C 键断裂,以及一些还原催化反应。据报道,P450 单加氧酶普遍存在于微生物中,它可以在底物的诱导下降解其他有机物质,烃类降解的初始阶段都是通过 P450 酶的作用在碳链上加上氧原子,再经一系列反应使碳链断开,并进而完成降解,多环芳烃苯环的断裂也主要靠 P450 酶的作用。

4. 酶在其他领域中的应用

在饲料工业中,饲料用酶已成为世界工业酶产业中增长最快、势头最强的酶之一。植酸酶是饲料中植酸降解为无机磷酸和肌醇的饲料添加剂,动物自身不能分泌植酸酶,所以必须外源添加植酸酶。植酸酶可提高磷和矿物质微量元素利用率,减少磷酸氢钙的使用量,降低饲料成本,同时提高蛋白质与氨基酸、饲料能量等的利用效率,从而提高动物生长性能。据我国饲料行业统计,由于饲料中添加了植酸酶,年节约饲料原料磷酸氢钙 20 万吨以上,并使动物粪便中排出的可污染环境的磷减少了约 30 万吨。在洗涤工业中利用酶高效催化的功效能去除各种污垢,蛋白酶是目前洗涤剂中最为广泛应用的酶之一,蛋白污渍(如血渍、鸡蛋清渍和人体汗液等所造成的)都可以通过蛋白水解完成除垢,蛋白酶催化水解污垢蛋白质链内的肽键使其转化成为肽和氨基酸,促进乳化和发泡,降低表面张力,阻止已降解蛋白质的再沉积,从而使织物表面清洁。在纸浆工业生产中,使用淀粉酶、蛋白酶可以去除木质纤维上的淀粉蛋白质等杂质,改善纸浆的质量,使用纤维素酶、明胶酶、硅酸酶可以改善纸张的强度和光泽。纺织工业中利用淀粉酶褪色,制革工业中应用蛋白酶加速皮革浸水、软化、脱毛等。

9-3 培养基与淀粉制糖工艺

一、培养基

微生物生长和繁殖需要六种营养要素,即碳源、氮源、能源、生长因子、无机盐和水。培养基是指由人工配制的、适合微生物生长繁殖或产生代谢物用的混合营养要素。因此,任何培养基都应具备微生物所需要的六大营养要素,并且培养基的组成和配比是合适的。培养基制作完需立即进行灭菌以避免杂菌的生长而破坏营养成分。

解析

醋酸菌筛
选培养基

1. 培养基的分类

一般情况下,不同种类微生物对培养基的要求不同,甚至同一类微生物,在不同的生长阶段对培养基的要求也不完全相同。培养基种类繁多,以下主要从 3 个大类进行介绍。

（1）根据对培养基成分的了解程度不同,培养基可分为天然培养基、组合培养基和半组合培养基。

天然培养基是指利用天然有机物配制而成的一类培养基,这类培养基化学成分不清楚或不恒定。它具有营养丰富、制备容易、来源广泛,以及适合于大规模培养微生物等特点,而不足在于营养成分不够清楚、稳定性差。这类培养基适合于实验室中的菌种培养,发酵工业中生产菌种的培养等。常见的天然培养基包括牛肉膏蛋白胨培养基、麦芽汁培养基等,主要成分有牛肉膏、蛋白胨、酵母膏、玉米浆、麦芽汁和马铃薯等。

组合培养基又称合成培养基,是一类按微生物的营养需求精确设计后用多种高纯化学试剂配制的培养基。其特点是营养成分完全清楚、重复性好。缺点是配制较为复杂、价格较贵,微生物生长比较缓慢,不适用于大规模生产,而主要用于鉴定微生物的生理生化特性及定量分析某些营养物质。例如,培养大肠杆菌用的葡萄糖铵盐培养基,培养链霉菌用的淀粉硝酸盐培养基(高氏一号),以及培养真菌用的蔗糖硝酸盐培养基(察氏培养基)。

半组合培养基又称半合成培养基,是指一类主要以化学试剂配制,同时添加某些天然成分的培养基,如培养真菌用的马铃薯蔗糖培养基。

（2）根据培养基物理状态不同,培养基可分为液体、固体、半固体和脱水培养基。

液体培养基是指将微生物所需的营养物质用水溶解并混合一起,再经调节适宜的酸碱度后制成液体状态的培养基质。这类培养基有利于氧和营养物质的传递,因此已被广泛应用于微生物的大规模培养和科学研究中。

固体培养基根据用途不同又可分为固化培养基、非可逆性固化培养基、天然固态培养基和滤膜。固化培养基指的是在配制好的液体培养基中加入一定量的凝固剂(如1.5%~2%琼脂或5%~12%明胶),经煮沸熔化并冷却后制成的培养基。固化培养基主要应用于菌种的培养和保存,也应用于产子实体真菌(如香菇、木耳)的生产。非可逆性固化培养基是指一类一旦凝固后不能再重新融化的固化培养基,如血清培养基或无机硅胶培养基等,后者专门用于化能自养细菌的分离和纯化。天然固态培养基是指由天然固态基质直接配制而成的培养基,如利用麸皮、米糠、木屑等配制而成用于培养真菌的培养基及由马铃薯、面包、大豆等直接制备的培养基等。滤膜指的是一类带有无数微孔(孔径0.22~0.45 μm)的醋酸纤维、硝酸纤维及尼龙等的薄膜。将滤膜覆盖在营养琼脂或浸有液体培养基的纤维素衬垫上,即可形成具有固化培养基性质的培养条件。

加入少量的凝固剂(如0.5%的琼脂)于液体培养基中,经煮沸熔化并冷却后制成的培养基称为半固体培养基。它们在小型容器倒置时不会流出,但在剧烈震荡后则呈破散状态。半固体培养基主要应用于菌种鉴定、细菌运动能力观察及噬菌体的效价滴定等。

脱水培养基又称脱水商品培养基,是一类含有除水以外的所有营养成分的预制培养基,使用时加入一定量水即可。此类培养基具有使用方便、成分精确和避免配制的特点。

（3）根据培养基的功能分类,可将培养基分选择性培养基和鉴别性培养基。

选择性培养基是一类根据微生物的特殊营养要求或其对化学、物理因素抗性的原理而设计的培养基,具有使混合菌样中的劣势菌变成优势菌的功能,广泛应用于菌种筛选等领域。如加富性选择培养基采用"投其所好"的原则,即在培养基中加入某种针对特定微生物的特殊的营养物质,可使原先极少量的筛选对象很快在数量上接近或超过样品中的其他微生物,达到富集的目的。抑制性选择培养基和加富性选择培养基的设计原则相反,是通过在培养基中加入一种能够抑制除筛选对象以外微生物生长的物质,达到富集培养的目的。如甘露醇可富集自生固氮菌,纤维素可富集纤维素分解菌;用于抑制其他微生物生长的物质如抗生素和叠氮化钠等。

鉴别性培养基是指添加有某种指示剂的培养基,它可使不易于区别的多种微生物经培养后,由于代谢的不同而对指示剂反应呈现出明显的差异,从而有助于鉴别不同的微生物。最常见的鉴别培养基是伊红-美蓝乳糖培养基,即 EMB(eosin methylene blue)培养基,用于检验饮用水、乳品中是否含肠道致病菌。

2. 培养基的选择

不同的微生物对培养基的需求差异很大,因此,应根据具体情况,从微生物对营养要求的特点和生产工艺的要求出发,选择合适的培养基,使之既能满足微生物生长的要求,又能获得高产的产品,同时也要符合来源丰富、价格低廉、质量稳定的原则。

(1)从微生物的特点来选择培养基 用于大规模培养的微生物主要有细菌、酵母菌、霉菌和放线菌等四大类。它们对营养物质的要求不尽相同,有共性,也有各自的特性。在实际应用时,可依据微生物的不同特性,来考虑培养基的组成,对典型的培养基配方作必要的调整。例如,细菌采用肉汤蛋白胨培养基,放线菌采用高氏1号合成培养基,酵母采用麦芽汁培养基,以及霉菌采用察氏合成培养基。

(2)液体和固体培养基的选择 液体和固体培养基各有用途,也各有优缺点。在液体培养基中,营养物质是以溶质状态溶解于水中,这样微生物就能更充分接触和利用营养物质,更有利于微生物的生长和更好地积累代谢产物。工业上,利用液体培养基进行的深层发酵具有发酵效率高、操作方便,便于机械化、自动化、降低劳动强度、占地面积小、产量高等优点,所以发酵工业中大多数采用液体培养基培养种子和进行发酵生产,并根据微生物对氧气的需求,分别作静置或通风培养。而固体培养基则常用于微生物菌种的保藏、分离、菌落特性鉴定、活细胞数测定等方面,此外,工业上也常用一些固体原料,如小米、大米、麸皮、马铃薯等直接制作成斜面或使用茄子瓶来培养霉菌、放线菌。近年来发展成熟的固态发酵技术则大规模运用固态培养基。

(3)从生产实践和科学试验的不同要求选择 生产过程中,从菌种的保藏、种子的扩大培养到发酵生产等各个阶段的目的和要求是不同的,因此,所选择的培养基成分配比也应该有区别。一般来说,种子培养基主要是供微生物菌体的生长和大量增殖。为了在较短的时间内获得数量较多、强壮的种子细胞,种子培养基要求营养丰富、完全,氮源、维生素的比例应较高,所用的原料也应是易于微生物菌体的吸收和利用,常用葡萄糖、硫酸铵、尿素、玉米浆、蛋白胨、酵母膏、麦芽汁等作为原料配制培养基。而发酵培养基除需要维持微生物菌体的正常生长外,主要是要求合成预定的发酵产物。所以,发酵培养基中碳源物质的含量往往要高于种子培养基,如果产物是含氮物质,相应地应增加氮源物质的供应量。除此之外,发酵培养基还应考虑便于发酵操作,以及不影响产物的提取分离和产品的质量。

(4)从经济效益和原材料供应选择生产原料 从科学研究的角度出发,培养基的经济性通常不那么重视,在发酵工业中,培养基用量很大,选择培养基原料时,除了必须考虑容易被微生物利用并满足生产工艺的要求外,还需考虑经济和原材料的供应问题,选择原料要价廉物美、来源丰富、运输方便、就地取材及没有毒性等为原则。

3. 培养基的配制原则

培养基的配制是一个多方面的复杂操作,它对整个发酵生产起着非常重要的作用。培养基的配制必须保证其对生产的好处不会因粗心大意的配制或不适当的灭菌而丧失。选用和设计培养基应遵循以下 4 个原则。

(1)目的明确 不同的微生物所需要的培养基成分是不同的,要确定一个合适的培养基,就需要了解生产用菌种的来源、生活习惯、生理生化特性和一般的营养要求,根据不同生产菌种的培养条件、生物合成的代谢途径、代谢产物的化学性质等确定培养基。需要明确培养基是用作实验研究还是生产用,是进行一般研究还是作精密的生理、生化或遗传学研究,是种子培养基还是发酵培养基。

(2)营养协调 配制培养基时,应注意营养物质要有合适的浓度。营养物质的浓度太低,不仅不能满足微生物生长对营养物质的需求,而且也不利于提高发酵产物的产量和提高设备的利用率。但是,培养基中营养物质的浓度也不能过高,当营养物质浓度过高时,会抑制微生物的生长。同时培养基中的各种离子的浓度比例也会影响到培养基的渗透压和微生物的代谢活动,因而培养基中各种离子的比例需要平衡。在发酵生产过程中,在不影响微生物的生理特性和代谢转化率的情况下,通常趋向在较高浓度下进行发酵,以提高产物产量,并尽可能选育耐高渗透压的生产菌株。当然,培养基浓度太高会使黏度增加和溶氧量降低。

微生物所需的营养物质之间应有适当的比例,培养基中的碳、氮的比例(C/N)在发酵工业中尤其重要。如培养基中氮源过多,会引起微生物生长过于旺盛,而不利于产物的积累;氮源不足,则微生物菌体生长过于缓慢。当培养基中的碳源供应不足时,容易引起微生物菌体的衰老和自溶。培养基的碳氮比不仅会影响微生物菌体的生长,同时也会影响到发酵的代谢途径。不同的微生物菌种、不同的发酵产物所要求的碳氮比是不同的。即使是同一微生物在不同的培养阶段,对培养基的碳氮比的要求也是不一样的。例如,在谷氨酸发酵生产过程中,C/N 比为 4∶1 时,菌体大量繁殖,谷氨酸积累量较少;当C/N 比为 3∶1 时,菌体繁殖受到抑制,谷氨酸大量积累。一般来说,真菌需要 C/N 比较高的培养基,细菌需要 C/N 比较低的培养基。

(3)理化适宜 理化适宜指培养基的 pH、渗透压、水活度和氧化还原电势等物理化学条件较为适宜。

各种微生物的正常生长繁殖均需要有合适的 pH。如细菌为 6.5~7.5,放线菌为 7.5~8.5,酵母菌为 3.8~6.0,霉菌为 4.0~5.8,藻类为 6.0~7.0,原生动物为 6.0~8.0。当培养基配制好后,若 pH 不符合微生物的合适 pH,必须加以调节。当微生物在培养过程中会引起培养基的 pH 改变而不利于自身的生长时,可及时加入磷酸盐缓冲液、$CaCO_3$ 等进行调节。

渗透压表示两种不同浓度的溶液若被一个半透性薄膜隔开,稀溶液中的水分子会因水势的推动下进入浓溶液,直至浓溶液所产生的机械压力足以使两边水分子的进出达到平衡为止,这时由浓溶液溶质所产生的机械压力,即为渗透压值。渗透压对微生物的生长影响明显,等渗溶液条件下微生物的生长最好,而高渗溶液会使细胞质壁分离,低渗溶液会使细胞吸水膨胀。水活度表示在天然或人为环境中微生物可实际利用的自由水或游离水的含量。在微生物培养时,应根据所培养微生物的特性保持培养基合适的渗透压和水活度。

对大多数微生物来说,培养基的氧化还原电位一般对其生长的影响不大,即适合它们生长的氧化还原电位范围较广。但对于厌氧性微生物,由于自由氧的存在对其有毒害作用,因而往往在培养基中加入还原剂,例如,可用铁屑、谷胱甘肽、抗坏血酸等来降低它的氧化还原电位。

(4)经济节约　在设计大生产用的培养基时,经济节约的原则显得十分重要,可以从以下方面进行考虑。

① 以粗代精指的是利用粗制的培养基原料代替纯净的原料,如糖蜜代替葡萄糖、红薯粉代替淀粉等。

② 以"野生"代"家养"指的是利用野生植物原料代替植物栽培原料。

③ 以废代好指的是将生产中营养丰富的废弃物作为培养基的原料。

④ 以纤代糖指的是在微生物碳源选择中,在可能条件下尽量以可再生的纤维素代替淀粉或糖类原料。

⑤ 以"国"代"进"即以国产原料代替进口原料。

二、淀粉制糖工艺

目前,发酵工业所用的原料以淀粉或糖质为主,而许多微生物不能直接利用淀粉,淀粉必须被水解制成淀粉糖后才能被微生物利用。目前由淀粉经水解制备葡萄糖除了广泛应用于氨基酸发酵上,制药工业(抗生素类的发酵)及葡萄糖的生产中也普遍使用,而且它已发展成为一门独立的工业——葡萄糖工业。

1. 淀粉水解糖的制备方法

用于制备淀粉的原料主要有薯类、玉米、小麦、大米等富含淀粉的农产品。淀粉一般可分为直链淀粉和支链淀粉两部分。它们的含量因淀粉品种而异,在工业生产中,使用最广泛的是玉米淀粉,也可使用来自其他谷物、马铃薯、木薯的淀粉。直链淀粉是由不分支的葡萄糖链所构成,葡萄糖分子之间以 α-1,4-糖苷键聚合而成,相对分子质量较小,聚合度在 100~12 000;支链淀粉是由多个较短的 α-1,4-糖苷键结合而成,每两个短直链之间的连接为 α-1,6-糖苷键,支链淀粉相对分子质量比较大,聚合度在 1 000~3 000 000,一般在 6 000 以上。直链淀粉和支链淀粉的部分结构式如图 9-3-01 所示。根据原料淀粉的性质及采用的催化剂不同,淀粉水解为葡萄糖的方法有酸解法、酶解法及酸酶结合法三种。

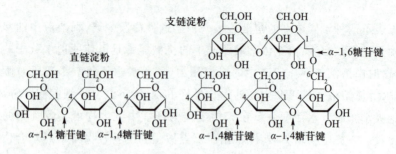

图 9-3-01　直链淀粉和支链淀粉结构的一部分

（1）酸解法　酸解法又称酸糖化法，它是以酸为催化剂在高温高压下将淀粉水解转化为葡萄糖的方法。

酸解法具有生产方便、设备要求简单、水解时间短、设备周转快等优点。但是，由于水解是在高温高压及一定酸浓度下进行的，要求设备需耐腐蚀、耐高温和耐高压，同时，酸解法在酸催化水解过程中存在一些副反应，导致淀粉转化率较低。此外，酸解法对淀粉原料要求严格，要求纯度较高的精制淀粉。同样淀粉乳浓度也不宜过高，否则对水解不利，副产物多。

（2）酶解法　酶解法是利用专一性很强的淀粉酶及糖化酶将淀粉水解为葡萄糖的方法。酶解法可分为两步：第一步，利用 α-淀粉酶将淀粉液化；第二步，利用糖化酶将糊精或低聚糖进一步水解转化为葡萄糖。生产上这两步分别称为液化和糖化。由于在该过程中淀粉的液化和糖化都是在酶的作用下进行的，因此，酶解法又称为双酶法或多酶法。相比于酸解法，酶解法反应条件温和，对设备的要求较低，同时，酶作为催化剂专一性强，副反应少，淀粉转化率高。然而，酶解法反应时间较长，同时易引起糖液过滤困难。

（3）酸酶结合法　酸酶结合法是集中了酸解法和酶解法制糖的优点而采用的生产方法，它又可分为酸酶法和酶酸法两种。

① 酸酶法　酸酶法是先将淀粉先用酸水解成糊精或低聚糖，然后再用糖化酶将其水解为葡萄糖的工艺。该法适用于玉米、小麦等谷类淀粉，这是由于这些淀粉颗粒坚实，淀粉酶液化太慢，采用此法具有酸液化速度快的优点。此外，此法酸用量少，产品色泽较浅、糖液质量高。

② 酶酸法　酶酸法是将淀粉乳先用淀粉酶液化到一定程度后，再用酸水解成葡萄糖的工艺。此法适用于一些颗粒大小很不均匀的淀粉，此类淀粉如用酸解法常导致水解不均匀，出糖率低，故采用先经淀粉酶液化，过滤除杂质后，再用酸解法制成葡萄糖的工艺。

2. 酸解法制糖工艺

淀粉是由数目众多的葡萄糖经糖苷键结合而成的多糖。在酸催化下，淀粉发生水解反应转变为葡萄糖，在水解过程中由于酸和热的作用，一部分葡萄糖产生复合反应和分解反应，通过 α-1,6-糖苷键结合生成异麦芽糖、龙胆二糖等二糖或低聚糖，通过分解反应部分葡萄糖会分解生成 5′-羟甲基糠醛、有机酸和有色物质等小分子的非糖物质。糖化过程中,复合、分解及水解这三种化学反应是同时进行的,其中水解反应是主要的,复合和分解反应是次要的。淀粉糖化过程中,这三种化学反应的关系如下:

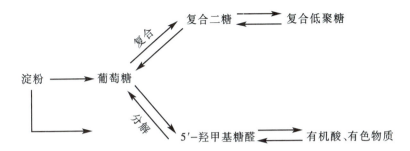

淀粉的酸水解工艺是根据淀粉在水解过程中的水解反应和复合反应规律性来决定的,既要保证淀粉的彻底水解,达到较高的葡萄糖含量,又要尽可能减少葡萄糖复合、分解反应的发生程度。此外,制定的工艺条件还要符合目的产物的发酵条件,符合发酵工艺的实际情况。酸解法水解工艺流程图如下:

由于原料淀粉的性质、淀粉乳、酸及糖化时间都对淀粉的水解、葡萄糖的复合和分解反应有影响,因此必须在淀粉酸水解过程中对这些条件进行合理的调节和控制。

图 9-3-02 为某味精厂的直接加热酸水解糖化工艺流程。

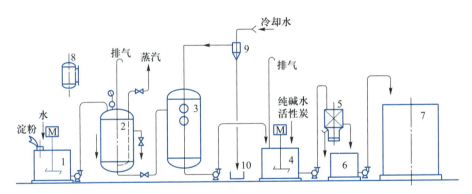

图 9-3-02 酸水解糖化工艺流程

1—调浆槽;2—糖化锅;3—冷却罐;4—中和罐;5—过滤机;6—糖液暂储罐;7—糖液储罐;
8—盐酸计量器;9—水力喷射器;10—水槽

目前国内淀粉酸水解糖化工艺基本上还属于间歇单罐糖化法。而日本和欧美一些国家的很多工厂已采用连续糖化法。如图 9-3-03 为直接加热连续糖化装置的流程图。

连续式糖化与间歇式糖化相比具有不少优点,表 9-3-01 为间歇式与连续式糖化的比较。

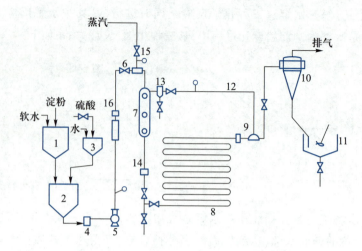

图 9-3-03　直接加热连续糖化装置流程图

1—淀粉乳储罐；2—淀粉乳调节槽；3—硫酸稀释槽；4—粗滤器；5—定量泵；
6—蒸汽喷射加热器；7—维持罐；8—蛇管；9—控制阀；10—分离器；11—储罐；
12—等压管；13—分离器；14—流量计；15—压力表；16—温度计

表 9-3-01　间歇式与连续式糖化的比较

	间歇式	连续式
设备投资	糖化罐较贵	蛇管加热器及计量器较贵
对淀粉质量的要求	可用不同质量的淀粉	要求淀粉质量稳定
操作	简单	操作条件确定后，比较简单
糖化温度	134~144 ℃	144~151 ℃
糖化时间	15~30 min	10~15 min
蒸汽量	较多	比间歇式少一半
产品质量	糖化不均匀，易产生分解反应	产品质量均匀，分解产物少

3. 酶解法制糖工艺

淀粉的酸解法工艺需要高温、高压和酸催化剂，并且会产生一些不可发酵性糖及其一系列有色物质，这不仅降低了淀粉转化率，而且生产的糖液质量差。自 20 世纪 60 年代以来，国外在酶解法制糖研究方面取得了新发展，使淀粉水解取得了重大突破，日本率先实现工业化生产，随后其他国家也相继采用了这种先进的制糖工艺。酶解法制糖工艺是以作用专一的酶制剂作为催化剂，因此反应条件温和，复合和分解反应较少，因此采用酶法生产糖液可提高淀粉的转化率及糖液的浓度，大幅度地改善了糖液的质量，是目前最为理想、应用最广的制糖方法。

淀粉酶水解包括液化和糖化两个步骤，淀粉的液化是在 α-淀粉酶的作用下完成的，α-淀粉酶能水解淀粉及其产物中的 α-1,4-糖苷键，不能水解 α-1,6-糖苷键，而将 α-1,6-糖苷键留在水解产物中；淀粉的糖化是在一定浓度的液化产物中，调整适当温度与pH，加入需要量的葡萄糖淀粉酶（糖化酶）制剂，对底物的非还原性末端水解 α-1,4-糖苷键和 α-1,6-糖苷键，使淀粉液化产物糊精及低聚糖进一步水解成葡萄糖的过程。淀粉液化的目的是为了给糖化酶的作用创造条件,而糖化酶水解糊精及低聚糖等分子时,需先与底物分子生成络合结构,然后才发生水解作用,使葡萄糖逐个从糖苷键中裂解出来,这就要求被作用的底物分子有一定的大小范围,才有利于糖化酶生成这种结构,底物分子过大或过小都会妨碍酶的结合和水解作用速率。

图 9-3-04 为双酶法制糖工艺流程图,其工艺过程如下:调浆—配料——次喷射液化—液化保温—二次喷射—高温维持—冷却—糖化—灭酶—过滤—储糖计量—发酵。

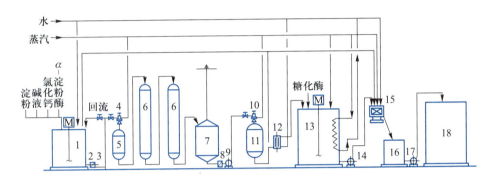

图 9-3-04 双酶法制糖工艺流程图

1—调浆配料池;2,8—过滤器;3,9,14,17—泵;4,10—喷射加热器;5—缓冲器;6—液化层流罐;
7—液化液加热槽;11—灭酶罐;12—板式换热器;13—糖化罐;15—压滤机;16—糖液暂储槽;18—储糖罐

由图 9-3-04 所示,在配料罐内先将淀粉加水调浆成淀粉乳,用 Na_2CO_3 调 pH,使 pH 在 5.0～7.0,加入 0.15% 的氯化钙作为淀粉酶的保护剂和激活剂,然后加入耐高温 α-淀粉酶,料液经搅拌均匀后用泵打入喷射加热器,在喷射加热器中出来的料液和高温蒸汽直接接触,料液在很短时间内升温至 95～97 ℃,此后料液进入保温罐保温 60 min,维持在 95～97 ℃,然后进行二次喷射,在第二只喷射器内料液和蒸汽直接接触,使温度迅速升至 145 ℃ 以上,并在维持罐内维持该温度 3～5 min,彻底杀死耐高温 α-淀粉酶,液化结束时,迅速将液化液用酸将 pH 调至 4.2～4.5,同时迅速降温至 60 ℃,然后加入糖化酶,60 ℃ 下保温数小时后,料液用无水乙醇检验无糊精存在,将料液 pH 调至 4.8～5.0,同时加热到 80 ℃,保温 20 min,然后将料液温度降低到 60～70 ℃ 时开始过滤,滤液进入储糖罐备用。

9-4 培养基的灭菌和空气除菌

一、灭菌的原理、方法及影响因素

所谓灭菌,就是采用强烈的理化因素使任何物体内外部的一切有生命物质永远丧失其生长繁殖能力的措施。常用的灭菌方法大致有以下几种:

1. 干热灭菌法

常用的干热灭菌条件在 150～170 ℃ 维持 1～2 h。在这种条件下,可使微生物的细胞膜破坏、蛋白质变性及各种细胞成分发生氧化。灼烧是一种最彻底的干热灭菌方法,但适用范围有限,仅适用于接种针、玻璃棒、三角瓶口的灭菌。干热灭菌也是杀灭微生物芽孢的主要方法。

2. 湿热灭菌法

利用饱和蒸汽进行灭菌的方法称为湿热灭菌法。由于蒸汽穿透力强,蒸汽在冷凝时会放出大量的冷凝热,而且蛋白质含水量越高越易变性,湿热灭菌比干热灭菌更为有效。蒸汽的来源方便,价格低廉,灭菌效果可靠,所以湿热灭菌是目前最基本的灭菌方法。通常蒸汽对培养基的灭菌条件在 121 ℃(表压约 0.1 MPa)维持 20~30 min。

3. 化学试剂灭菌法

某些化学试剂能抑制或杀灭微生物而具有杀菌作用。常用的化学试剂有甲醛、氯气(或次氯酸钠)、高锰酸钾、环氧乙烷、季铵盐等,但由于化学试剂也会与培养基中的一些成分作用,且加入培养基后易残留在培养基内,所以不用于培养基的灭菌。

4. 射线灭菌法

利用高能电磁波、紫外线或放射性物质产生的高能粒子可以起到灭菌的作用。波长为 $(2.1~3.1) \times 10^{-7}$ m 的紫外线具有杀死微生物的能力,但紫外线的穿透能力较弱,因此仅适用于表面消毒和空气的消毒。除紫外线外,也可利用 X 射线和 γ 射线进行灭菌。

5. 过滤除菌

对于一些不能高温灭菌的溶液或试剂,一般采用过滤的方法进行除菌。常用的过滤介质为 0.22 μm 的尼龙膜或硝酸纤维素膜等。

灭菌是一个复杂的过程,涉及热量的传递和微生物细胞内的一系列变化,归纳起来,影响灭菌的因素主要有以下几方面。

(1)培养基成分   培养基成分中含有丰富的蛋白质、脂肪和糖类,这些物质的含量越高,微生物的热死亡速率就越慢,因为这些有机物质可以在细胞表面形成保护膜。

(2)培养基的物理形态   一般情况下,固体培养基的灭菌时间长于液体培养基。原因在于液体培养基中热的传递除了传导外还有对流,而固体培养基中只有传导没有对流作用。

(3)培养基的 pH   培养基的 pH 越低,灭菌所需的时间越短。

(4)微生物数量及含水量   培养基中微生物数量越多,所需的灭菌时间越长;相反,微生物细胞含水量越高,则所需的灭菌时间越短。

(5)菌龄   菌龄指的是微生物的培养时间,菌龄越大的细胞,越不容易被杀灭,这是因为菌龄越大含水量越低。

(6)微生物的耐热性   自然界中存在一些嗜热菌,这些菌的生长环境温度高达 80 ℃以上,因此这类微生物对热抵抗力非常强。杀灭这类微生物一方面需要提高温度,同时需要延长时间。此外,有些微生物能产生芽孢,芽孢是微生物在营养条件缺乏时产生的休眠体,当环境变好时,芽孢能够复苏并分裂生长。杀灭芽孢的温度一般需要大于 120 ℃,甚至 140 ℃。

(7)泡沫   在培养基的灭菌过程中,产生的泡沫对灭菌极为不利,因为泡沫在空气中形成隔层,使得热量难以传递,不易达到微生物的致死温度,进而导致灭菌不彻底。对容易产生泡沫的培养基可以加入消泡剂从而减少泡沫的产生。

二、培养基的灭菌

培养基灭菌最基本的要求是杀死培养基中混杂的微生物,再接入菌种以达到纯种培养的目的。目前,微生物培养基的灭菌方式主要采用湿热灭菌。在湿热灭菌的过程中,水蒸气穿透力和导热性强,蒸汽冷凝时还会释放出大量的潜热,使被灭菌物体温度迅速增高,菌体细胞内的蛋白质变性或凝固而引起微生物的死亡,从而增加灭菌效力。高温虽然能杀死培养基中的杂菌,同时也会破坏培养基中的营养成分,甚至会产生不利于菌体生长的物质。因此,在工业发酵过程中,除了尽可能杀死培养基中的杂菌外,还要尽可能减少培养基中营养成分的损失。最常用的灭菌条件是 121 ℃,20~30 min。

衡量热灭菌的指标很多,最常用的是"热死时间",即在规定温度下杀死一定比例的微生物所需要的时间。杀死微生物的极限温度称为致死温度,在此温度下,杀死全部微生物所需要的时间称为致死时间。在致死温度以上,温度越高,致死时间就越短。一些细菌、芽孢菌等微生物细胞和孢子,对热的抵抗力不同,因此它们的致死温度和时间也有差别,见表 9-4-01。微生物对热的抵抗力常用"热阻"表示。热阻是指微生物在某一特定条件(主要是温度和加热方式)下的致死时间。相对热阻是指微生物在某一特定条件下的致死时间与另一微生物在相同条件下的致死时间的比值。表 9-4-02 列出了某些微生物的相对热阻。

解析

实验灭菌过程

表 9-4-01　几种细菌的致死温度及时间

细菌种类	致死温度及致死时间	细菌种类	致死温度及致死时间
维氏硝化杆菌	50 ℃,5 min	肺炎球菌	56 ℃,5~7 min
白喉棒状杆菌	50 ℃,10 min	伤寒沙门氏杆菌	58 ℃,30 min
普通变形杆菌	55 ℃,60 min	大肠杆菌	60 ℃,10 min
黏质沙雷氏杆菌	55 ℃,60 min	嗜热乳杆菌	71 ℃,30 min

表 9-4-02　某些微生物的相对热阻及其对一些灭菌剂的相对热阻(与大肠杆菌相比较)

灭菌方式	大肠杆菌	霉菌孢子	细菌芽孢	噬菌体或病毒
干热灭菌	1	2~10	1 000	1
湿热灭菌	1	2~10	3×10^6	1~5
苯酚	1	1~2	1×10^9	30
甲醛	1	2~10	250	2
紫外线	1	5~100	2~5	5~10

常见的培养基灭菌方法包括空罐灭菌、实罐灭菌和连续灭菌。空罐灭菌指的是培养基的灭菌和发酵罐的灭菌分开进行,即先用蒸汽对发酵罐管路和罐体进行灭菌,之后加入灭好菌的培养基。空罐灭菌可对罐内的死角进行彻底灭菌,同时可避免实罐灭菌带来的培养基的损耗和流失。但是空罐灭菌延长了作业时间,对于生产成本的节约不利。相比于空罐灭菌,实罐灭菌则是将发酵罐和培养基一起灭菌,好处是节约时间和成本,缩短发酵周期,而缺点则是容易导致灭菌不彻底及灭菌后溶液体积的增加。连续灭菌指的是

将配制好的培养基在向发酵罐等培养装置输送的同时进行加热、保温和冷却而进行灭菌。连续灭菌不仅可以缩短作业时间,同时培养基可在较短时间升至预设温度,从而减少营养物质的破坏。因此,工业大批量生产过程中连续灭菌得到广泛应用。

三、空气过滤除菌流程

好氧微生物在培养过程中,无论是生长还是合成代谢产物都需要消耗大量的氧气,以满足微生物的生长、繁殖及代谢的需要。这些氧气通常是由空气提供,但空气中夹带有大量的各类杂微生物,这些杂微生物如果随空气一起进入培养系统,便会在合适的条件下大量繁殖,并与目的微生物竞争性消耗培养基中的营养物质,产生各种副产物,从而干扰或破坏纯种培养过程的正常进行,甚至使培养过程彻底失败导致"倒罐",造成严重的经济损失。空气除菌不净是发酵染菌的主要原因之一。因此,空气灭菌是好氧培养过程中的一个重要环节。空气灭菌的方法很多,但是能够适用于供给发酵需要的大量空气灭菌和除菌方法主要有加热灭菌、静电除菌和过滤除菌。过滤除菌法是让含菌空气通过过滤介质,以阻截空气中所含微生物,而获得无菌空气的方法。通过过滤除菌处理的空气可达到无菌,并有足够的压力以供耗氧培养过程之用,至今工业上的空气除菌几乎都是采用过滤除菌。介质过滤是以大孔隙的介质过滤层除去较小颗粒,空气过滤所用介质的间隙一般大于微生物细胞颗粒,那么悬浮于空气中的微生物菌体何以能被过滤除去呢?这显然不是面积过滤,而是一种滞留现象。这种滞留现象是由多种作用机制引起的,主要是微生物颗粒与滤层纤维之间的惯性碰撞、阻截、布朗扩散、重力沉降和静电吸引等。常见的空气过滤除菌介质有棉花、玻璃纤维、活性炭、玻璃纤维纸、石棉滤板,以及烧结材料等。

1. 空气过滤除菌流程的要求

要制备较高无菌程度、具有一定压力的无菌空气,过滤除菌的流程必须有供气设备——空气压缩机,对空气供给足够的能量;同时还要具有高效的过滤除菌设备以除去空气中的微生物颗粒。对于其他附属设备则要求尽量采用新技术以提高效率,精简设备流程,降低设备投资、运转费用和动力消耗,并简化操作。但流程的制定要根据具体所在地的地理、气候环境和设备条件来考虑。如在环境污染比较严重的地方要改变吸风的条件(如采用高空吸风),以降低过滤器的负荷,提高空气的无菌程度;在温暖潮湿的地方则要加强除水设施以确保和发挥过滤器的最大除菌效率;在压缩机耗油严重的设备流程中则要加强消除油雾的污染。

2. 空气过滤除菌流程的分析

要保持过滤器在比较高的效率下进行过滤,并维持一定的气流速度和不受油、水的干扰,则要有一系列的加热、冷却、分离和除杂设备来保证。空气过滤除菌有多种流程,下面分别介绍几种较典型流程。

(1) 两级冷却、加热除菌流程　图 9-4-01 为两级冷却、加热除菌流程示意图。它是一个比较完善的空气除菌流程,可适应各种气候条件,能充分地分离油水,使空气达到低的相对湿度下进入过滤器,以提高过滤效率。该流程的特点是两次冷却、两次分离、适当加热。两次冷却、两次分离油水的好处是能提高传热系数,节约冷却用水,油和水分离除去比较完全,保证干过滤。经第一冷却器冷却后,大部分的水、油都已结成较大的雾粒,且雾粒浓度较大,故适宜用旋风分离器分离。第二冷却器使空气进一步冷却后析出一部分较小雾粒,宜采用丝网分离器分离,这类分离器能够分离较小直径的雾粒且分离效果好。

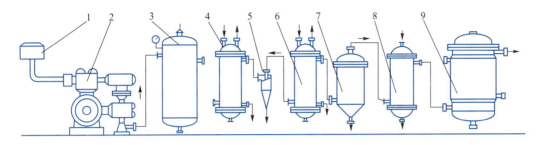

图 9-4-01 两级冷却、加热除菌流程

1—粗过滤器;2—压缩机;3—储罐;4,6—冷却器;5—旋风分离器;7—丝网分离器;8—加热器;9—过滤器

两级冷却、加热除菌流程尤其适用于潮湿的地区,其他地区可根据当地的情况,对流程中的设备作适当的增减。

(2) 冷热空气直接混合式空气除菌流程 图 9-4-02 为冷热空气直接混合式空气除菌流程示意图。由图 9-4-02 可知,压缩空气从储罐出来后分成两部分,一部分进入冷却器,冷却到较低温度,经分离器分离水、油雾后与另一部分未处理过的高温压缩空气混合,此时混合空气已达到温度为 30~35 ℃,相对湿度为 50%~60% 的要求,再进入过滤器过滤。该流程的特点是可省去第二级冷却的分离设备和空气再加热设备,流程比较简单,利用压缩空气未加热析水后的空气,冷却水用量少等。该流程适用于中等湿含量地区,但不适合于空气湿含量高的地区。

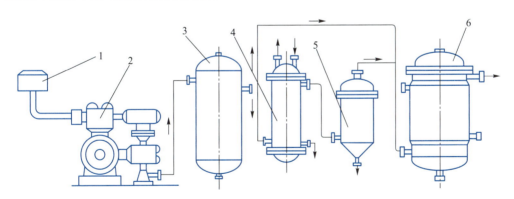

图 9-4-02 冷热空气直接混合式空气除菌流程

1—粗过滤器;2—压缩机;3—储罐;4—冷却器;5—丝网分离器;6—过滤器

(3) 高效前置过滤空气除菌流程 图 9-4-03 为高效前置过滤空气除菌的流程示意图。它采用了高效率的前置过滤设备,利用压缩机的抽吸作用,使空气先经中、高效过滤后,再进入空气压缩机,这样就降低了主过滤器的负荷。经高效前置过滤后,空气的无菌程度已经相当高,再经冷却、分离,入主过滤器过滤,就可获得无菌程度很高的空气,供培养过程使用。此流程的特点是采用了高效率的前置过滤设备,使空气经多次过滤,因而

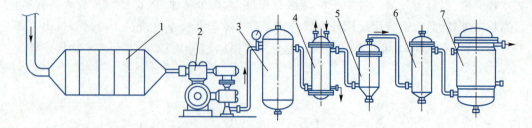

图 9-4-03　高效前置过滤空气除菌流程
1—高效前置过滤器;2—压缩机;3—储罐;4—冷却器;5—丝网分离器;6—加热器;7—过滤器

所得的空气无菌程度比较高。高效前置过滤器采用聚氨酯泡沫塑料(静电除菌)和超细纤维纸串联使用作为过滤介质。

综合分析上述各个典型的空气过滤除菌流程可知,空气过滤除菌的工艺过程一般是将吸入的空气先经前过滤,再进空气压缩机,从压缩机出来的空气先冷却至适当的温度,经分离除去油水,再加热至适当温度,使其相对湿度为 50%～60%,再通过空气过滤器除菌,得到合乎要求的无菌空气。因此,空气预处理是保证过滤器效率能否正常发挥的重要部分。

3. 提高过滤除菌效率的措施

鉴于目前所采用的过滤介质均需要在干燥条件下才能进行除菌,因此需要围绕介质来提高除菌效率。提高除菌效率的主要措施有:

(1) 减少进口空气的含菌数。

① 加强生产场地的卫生管理,减少生产环境空气中的含菌数;

② 正确选择进风口,压缩空气站应设在上风向;

③ 提高进口空气的采气位置,减少菌数和尘埃数;

④ 加强空气压缩前的预处理。

(2) 设计和安装合理的空气过滤器,选用除菌效率高的过滤介质。

(3) 设计合理的空气预处理设备,以达到除油、水和杂质的目的。

(4) 降低进入空气过滤器的空气相对湿度,保证过滤介质能在干燥状态下工作。

① 使用无油润滑的空气压缩机;

② 加强空气冷却和去油、水;

③ 提高进入过滤器的空气温度,降低其相对湿度。

四、发酵染菌及其防治

工业发酵生产过程大多为纯种培养过程,需要在无杂菌污染的条件下进行生产。生产的环节比较多,既要连续搅拌和供给无菌空气,又要排放多余空气,多次添加消泡剂,补充培养基,定时取样分析及不断改变通气量等。所有这些操作都给防止发酵染菌带来了很大困难。所谓发酵染菌是指在发酵过程中,生产菌以外的其他微生物污染了发酵液,从而使发酵过程失去了真正意义上的纯种培养。从技术上分析,染菌的途径包括以下方面:种子出问题;培养基的配制和灭菌不彻底;设备上特别是空气除菌不彻底;过程操作上的疏漏。为了防止染菌,人们使用了一系列的设备,不断改进生产工艺,对发酵罐、管道和其他附属设备,培养基及空气等严格灭菌。除对水、电、汽、无菌空气严格按无菌要求供应外,还健全了生产技术管理制度,大大降低了生产过程的染菌率。但是至今仍无法完全避免染菌的严重威胁,染菌仍是发酵生产中的一个致命弱点,轻者影响产品的收率和质量,重者会导致"倒罐",造成严重的经济损失。为了克服染菌,除了加强设备管理,还可以选育能抗杂菌的生产菌株,改进培养基的灭菌方法,以及利用化学药剂来控制污染。同时,一旦发生染菌现象,要能尽快找出染菌的原因,并采取相应的有效措施,把发酵染菌造成的损失降低到最小。

1. 染菌对发酵的影响

染菌对发酵过程的影响是很大的,它对发酵产物的收率、产品的质量和三废的排放等都有影响。但由于生产的产品不同、污染杂菌的种类和性质不同、染菌发生的时间不同,以及染菌的途径和程度不同,染菌所造成的危害及后果也不同。

(1) 染菌对不同发酵过程的影响　由于各种发酵过程所用的微生物菌种、培养基,以及发酵的条件、产物的性质不同,染菌造成的危害程度也不同。对于核苷或核苷酸的发酵过程,由于所用的生产菌种是多种营养缺陷型微生物,其生长能力差,所需的培养基营养丰富,因此,极易受杂菌的污染,且染菌后培养基中的营养成分迅速被消耗,严重抑制了生产菌的生长和代谢产物的生成。但对于柠檬酸等有机酸的发酵过程,一般在产酸后,发酵液的 pH 比较低,杂菌生长十分困难,在发酵的中、后期不太会发生染菌,因此主要是要防止发酵的前期染菌。但是,任何发酵过程一旦发生染菌,都会由于培养基中的营养成分被消耗或代谢产物被分解,严重影响到发酵产物的生成,使发酵产品的产量大为降低。

(2) 杂菌的种类和性质对发酵过程的影响　对于每一个发酵过程而言,污染的杂菌种类和性质对该过程的影响是不同的。如在抗生素的发酵过程中,青霉素的发酵污染细短产气杆菌比污染粗大杆菌的危害更大;链霉素的发酵污染细短杆菌、假单孢杆菌和产气杆菌比污染粗大杆菌更有危害;四环素的发酵过程最怕污染双球菌、芽孢杆菌和荚膜杆菌。柠檬酸的发酵最怕青霉菌的染菌。谷氨酸的发酵最怕噬菌体的染菌。

(3) 染菌发生的时间不同对发酵的影响　从发生染菌的时间来看,染菌可分为种子培养期染菌、发酵前期染菌、发酵中期染菌和发酵后期染菌等四个不同的染菌时期,不同的染菌时期对发酵所产生的影响也是有区别的。种子培养期一旦发现受到杂菌的污染,应经灭菌后弃去,并对种子罐、管道等进行仔细检查和彻底灭菌。

(4) 染菌程度对发酵的影响　应该说染菌程度对发酵的影响是很大的。染菌程度越严重,即进入发酵罐内的杂菌数量越多,对发酵的危害也就越大。当发酵过程中的生产菌已有大量的繁殖,并已在发酵液中占有优势,污染极少量的杂菌,对发酵不会带来太大的影响,因为进入发酵液的杂菌需要有一定的时间才能达到危害发酵的程度,而且此时环境对杂菌的繁殖已相当不利。当然如果染菌程度严重时,尤其是在发酵的前期或发酵的中期,对发酵将会产生严重的影响。

2. 发酵染菌的途径和防治

(1) 种子带菌及其防治　种子带菌染菌率虽然不高,但它是发酵前期染菌的重要原因之一,因而对种子染菌的检查和染菌的防治是极为重要的。种子带菌的原因主要有种子保存管染菌,培养基和器具灭菌不彻底,种子转移和接种过程染菌,以及种子培养所涉及的设备和装置染菌等。针对上述染菌原因,生产上常采用以下的一些措施予以防治:

严格控制无菌室的污染程度,根据生产工艺的要求和特点,建立相应的无菌室,间替使用各种灭菌手段对无菌室进行处理。除常用的紫外线杀菌外,如发现无菌室中已染有较多的细菌,就采用石碳酸或土霉素等进行灭菌;如发现无菌室中有较多的霉菌,则可采用制霉菌素等进行灭菌;如果污染噬菌体,通常就应用甲醛、双氧水或高锰酸钾等灭菌剂进行处理。

将种子的转移、接种等操作放在超净工作台上进行,从而保证不被杂菌污染。

在制备种子时对沙土管、斜面、三角瓶及摇瓶均严格加以限制,防止杂菌的进入而受污染。为了防止染菌,种子保存管的棉花塞应有一定的紧密度,且有一定的长度,保存温度尽量保持相对稳定,不宜有太大的变化。

对每一级种子的培养物均应进行严格的无菌检查,确保任何一级种子均未受染菌后才能使用。

对菌种培养基或器具进行严格的灭菌处理,保证在利用灭菌锅进行灭菌前,先完全排除锅内的空气,以免因假压使灭菌的温度达不到预定值,造成灭菌不彻底而使种子染菌。

对带菌的种子进行检查,包括保藏的菌种、斜面、摇瓶直到种子罐。保藏的菌种定期做复壮、单孢子分离和纯种培养;斜面、摇瓶和种子罐种子做无菌试验,可以用肉汤培养基检查有无杂菌,利用显微镜观察菌种的形态。

(2)空气带菌及其防治　无菌空气带菌是发酵染菌的主要原因之一。要杜绝无菌空气带菌,就必须从空气的净化流程和设备的设计、过滤介质的选用和装填、过滤介质的灭菌和管理等方面完善空气净化系统。生产上经常采取以下的一些措施:

加强生产场地的卫生管理,减少生产环境中空气的含菌量,正确选择采气口,采用提高采气口的位置或前置粗过滤器,加强空气压缩前的预处理等方法,提高空压机进口空气的洁净度。

设计合理的空气预处理过程,尽可能减少空气的带油、水量,提高进入过滤器的空气温度,降低空气的相对湿度,保持过滤介质的干燥状态,防止空气冷却器漏水,勿使冷却水压力大于空气压力,防止冷却水进入空气系统等。

合理设计和安装的空气过滤器,防止过滤器失效。选用除菌效率高的过滤介质,在过滤器灭菌时要防止过滤介质被冲翻而造成短路,避免过滤介质烤焦或着火,防止过滤介质装填不均而使空气流短路,保证一定的介质充填密度。当突然停止进空气时,要防止发酵液倒流入空气过滤器,在操作过程中要防止空气压力的剧变和流速的急增。

(3)设备的渗漏或"死角"造成的染菌及其防治　设备是生产的基础,发酵对接触发酵液的设备要求无菌,因此,设备运行的好坏是直接影响发酵成败的关键。设备的渗漏主要是指发酵罐、补糖罐、冷却盘管、管道阀门等,由于化学腐蚀(如发酵代谢所产生的有机酸等发生的腐蚀作用)、电化腐蚀(如氧溶解于水,使金属不断失去电子,加快腐蚀作用)、磨蚀(如金属与原料中的泥沙之间的磨损)、加工制作不良等原因形成微小漏孔后发生渗漏染菌。

　　"死角"是指由于操作、设备结构、安装及其他人为因素造成的屏障等原因,引起蒸汽不能有效到达预定的灭菌部位,从而不能达到彻底灭菌的目的。生产上常把这些不能彻底灭菌的部位称为"死角",实际过程中,"死角"包括了发酵设备或连接管道的某一部位和培养基或其他物料的某一部分等。

　　盘管是发酵过程中用于通冷却水或蒸汽进行冷却或加热的蛇形金属管,由于存在温度差(内冷却水温、外灭菌温),温度急剧变化,或发酵液的 pH 低、化学腐蚀严重等原因,使金属盘管受损,盘管是最易发生渗漏的部件之一,渗漏后带菌的冷却水会进入罐内引起染菌。生产上可采取仔细清洗,检查渗漏,或降低冷却水中 Cl⁻ 的含量等措施加以防治。

　　空气分布管一般安装于靠近搅拌桨叶的部位,受搅拌与通气的影响很大,易磨蚀穿孔造成"死角",产生染菌,尤其是采用环形空气分布管时,由于管中的空气流速不一致,靠近空气进口处流速最大,远离进口处流速减小,常被来自空气过滤器中的活性炭或培养基中的某些物质所堵塞,最易产生"死角"而染菌。通常采取频繁更换空气分布管或认真洗涤等措施加以防治,见图 9-4-04。

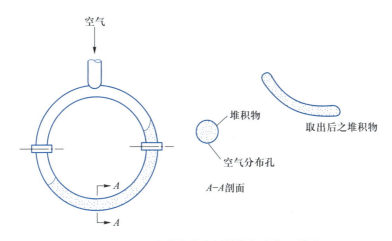

图 9-4-04　空气分布管中污垢堆积造成"死角"

　　发酵罐罐体易发生局部化学腐蚀或磨蚀,产生穿孔渗漏。罐内的部件(如挡板、扶梯、搅拌轴拉杆、联轴器、冷却管等)及其支撑件、温度计套焊接处等的周围容易堆积污垢,形成"死角"而染菌。罐内壁涂刷防腐涂料、加强清洗并定期铲除污垢等是有效消除染菌的措施。发酵罐的制作不良,如不锈钢衬里焊接质量不好,使不锈钢与碳钢之间不能紧贴,导致不锈钢与碳钢之间有空气存在,在灭菌加温时,由于不锈钢、碳钢和空气这三者的膨胀系数不同,不锈钢会鼓起,严重者还会破裂,如图 9-4-05 所示,发酵液通过裂缝进入夹层从而造成"死角"染菌。采用不锈钢或复合钢可有效克服此弊端。同时发酵罐封头上的人孔、排气管接口、照明灯口、视镜口、进料管口、

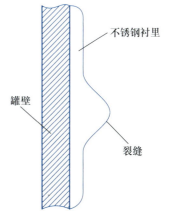

图 9-4-05　不锈钢衬里破裂
形成"死角"

压力表接口等也是造成"死角"的潜在因素,一般通过安装边阀,使灭菌彻底,并注意清洗是可以避免染菌的。除此之外,发酵罐底常有培养基中的固形物堆积,形成硬块,见图9-4-06。这些硬块包藏有脏物,且有一定的绝热性,使藏在里面的脏物杂菌不能在灭菌时被杀死而染菌,通过加强罐体清洗、适当降低搅拌桨位置都可减少罐底积垢,减少染菌。发酵罐的修补焊接位置不当也会留下"死角"而染菌。

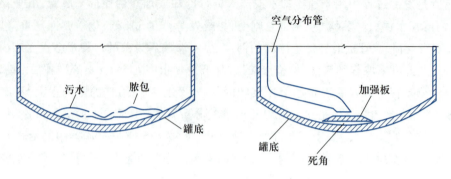

图 9-4-06　发酵罐罐底形成的"死角"

发酵过程中与发酵罐连接的管路很多,如空气、蒸汽、水、物料、排气、排污管等,一般来讲,管路的连接方式要有特殊防止微生物污染的要求,对于接种、取样和补料等管路一般要求配置单独的灭菌系统,能在发酵罐灭菌后或发酵过程中进行单独的灭菌。发酵工厂管路配置的原则是使罐体和有关管路都可用蒸汽进行灭菌,即保证蒸汽能够达到所有需要灭菌的部位。在实际生产过程中,为了减少管材,经常将一些管路汇集到一条总的管路上,如将若干只发酵罐的排气管汇集在一条总的排气管上,在使用中会产生相互串通、相互干扰,一只罐染菌往往会影响其他罐,造成其他发酵罐的连锁染菌,不利于染菌的防治。采用单独的排气、排水和排污管可有效防止染菌的发生。生产上发酵过程的管路大多数是以法兰连接,但常会发生诸如垫圈大小不配套,法兰不平整,安装未对中,法兰与管子的焊接不好,受热不均匀使法兰翘曲,以及密封面不平等现象,形成"死角"而染菌,见图9-4-07。因此,法兰的加工、焊接和安装要符合灭菌的要求,务必使各衔接处管

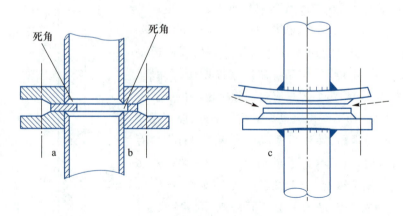

图 9-4-07　法兰的"死角"
a—垫圈内径过小;b—垫圈内径过大;c—法兰不平造成的泄漏与"死角"

道畅通、光滑、密封性好,垫片的内径与法兰内径匹配,安装时对准中心甚至尽可能减少或取消连接法兰等措施,以避免和减少管道出现"死角"而染菌。

实际上管件的渗漏主要是指阀门的渗漏,目前生产上使用的阀门不能完全满足发酵过程的工艺要求,是造成发酵染菌的主要原因之一。采用加工精度高、材料好的阀门可减少此类染菌的发生。

（4）培养基灭菌不彻底导致的染菌

① 原料性状不一造成灭菌不匀而染菌 一般来说,稀薄的培养基比较容易灭菌彻底,而淀粉质原料,在升温过快或混合不均匀时容易结块,使团块中心部位"夹生"。这些团块由于包埋有活的杂菌,蒸汽不易进入将其杀灭,但在发酵过程中这些团块会散开而造成染菌。同样,培养基中诸如麸皮、黄豆饼一类的固形物含量较多,在投料时溅到罐壁或罐内的各种支架上,容易形成堆积,这些堆积物在灭菌过程中经受的是干热灭菌,由于传热较慢,当中的一些杂菌也不易被杀灭,一旦灭菌操作完成后,通过冷却、搅拌、接种或液面升高等操作,含有杂菌的堆积物将重新回到培养液中,极易造成染菌。通常对于淀粉质培养基的灭菌采用实罐灭菌为好,一般在升温前先进行搅拌混合均匀,并加入一定量的淀粉酶进行液化;对于有大颗粒存在时应先过筛再灭菌;对于麸皮、黄豆饼一类的固形物含量较多的培养基,可采用罐外预先配料,再转至发酵罐内进行实罐灭菌较为有效。

② 灭菌时温度与压力不对应造成染菌 灭菌时由于操作不合理,未将罐内的空气完全排除,造成压力表显示"假压",使罐内温度与压力表指示的不对应,培养基的温度及罐顶局部空间的温度达不到灭菌的要求,导致灭菌不彻底而染菌。因此,在灭菌升温时,要打开排气阀门,使蒸汽能通过并排尽罐内空气,一般可避免此类染菌。

③ 灭菌过程中产生的泡沫造成染菌 培养基在灭菌过程中很容易产生泡沫,发泡严重时泡沫可上升至罐顶甚至逃逸,以致泡沫顶罐,杂菌很容易藏在泡沫中,由于泡沫的薄膜及泡沫内的空气传热差,使泡沫内的温度低于灭菌温度,一旦灭菌操作完毕并进行冷却时,这些泡沫就会破裂,杂菌就会释放到培养基中,造成染菌。因此,要严防泡沫升顶,尽可能添加消泡剂防止泡沫的大量产生。

④ 连续灭菌维持时间不够而造成染菌 在连续灭菌过程中,培养基灭菌的温度及其停留时间必须符合灭菌的要求,尤其是在灭菌结束前的最后一部分培养基也应确保彻底灭菌。

⑤ 灭菌过程中的压力剧变而造成染菌 在灭菌操作完成后,当用冷却水冷却时,由于突然冷却常会造成负压而吸入外界的带菌空气,造成染菌。一般操作上在进行冷却前需先通入无菌空气维持罐内压力,然后进行冷却,可以避免染菌的发生。

⑥ 一些仪器探头等灭菌不彻底造成的染菌 发酵过程中越来越多地采用了自动控制,一些控制仪器逐渐被应用,如用于连续测定并控制发酵液 pH 的复合玻璃电极、测定溶氧浓度的电极等,这些电极或元件如用蒸汽进行灭菌,不但容易损坏,还会因反复经受高温而大大缩短其使用寿命。因此,一般常采用化学试剂浸泡等方法来灭菌,但常会因灭菌不彻底,放入发酵液后导致染菌,需特别注意这些探头或元件的灭菌。

（5）噬菌体染菌及其防治　利用细菌或放线菌进行的发酵容易受噬菌体的污染，由于噬菌体的感染力非常强，传播蔓延迅速，且较难防治，对发酵生产有很大的威胁。通过环境污染，设备的渗漏或"死角"，空气系统、培养基灭菌不彻底，菌种带进噬菌体或本身是病原性菌株，补料过程及操作失误等途径，均能使发酵过程感染噬菌体。

由于发酵过程中噬菌体侵染的时间、程度不同，以及噬菌体的"毒力"和菌株的敏感性不同，其所表现的症状也不同。比如谷氨酸的发酵过程，感染噬菌体后，常使发酵液的光密度在发酵初期不上升或回降；pH 逐渐上升，可到 8.0 以上，且不再下降或 pH 稍有下降，停滞在 7~7.2，氨的利用停止；糖耗、温升缓慢或停止；产生大量的泡沫，有时使发酵液呈现黏胶状；谷氨酸的产量很少，增长缓慢或停止；镜检时可发现菌体数量显著减少，甚至找不到完整的菌体；排出 CO_2 量异常，含量急剧下降；发酵周期逐罐延长；二级种子和发酵对营养要求增大，但培养时间仍然延长；提取时发酵液发红、发灰，泡沫很多，难中和，谷氨酸呈糊状或泥状，分离困难，收率很低等。

一般来说，造成噬菌体污染必须要具备噬菌体、活菌体、噬菌体与活菌体接触的机会和适宜的环境。至今最有效的防治噬菌体染菌的方法是以净化环境为中心的综合防治法，主要有净化生产环境，消灭污染源，注意通气质量，保证纯种培养，决不使用可疑菌种，轮换使用不同类型的菌种，使用抗噬菌体的菌种，加强管道及发酵罐的灭菌等措施。一旦发现噬菌体污染时，应及时采取措施，如尽快提取产品，使用药物抑制，及时改用抗噬菌体生产菌株等。

9-5　生物反应器

生物反应器是为酶反应，微生物发酵或动、植物细胞培养提供良好的反应条件以完成生化反应的核心设备，常称为酶反应器（enzyme reactor）或发酵罐（fermenter），一般指离体生物反应器。与一般的化学反应器相似，生物反应器要求具有搅拌、温度和 pH 控制装置；还具有排放和溢流孔，以去除培养微生物的废弃生物质及其产物；同时有良好的传质、传热和混合性能，以提供合适的环境条件，确保生物反应的顺利进行。而与一般的化学反应明显不同的是，生物反应器在运行中要杜绝外界各种微生物的进入，避免杂菌污染造成的损失。

一、生物反应器的分类

按照所使用的生物催化剂的不同，生物反应器可分为酶催化反应器和细胞生物反应器。酶催化反应器中所进行的生化反应比较简单，酶如同化学催化剂一样，在反应过程中本身没有变化。细胞生物反应器中所进行的生化反应则十分复杂，在反应的同时，细胞本身也得到了增殖，同时为了使细胞能有效地维持催化活性，在反应过程中还必须避免受到外界各种杂菌的污染。

根据反应器的操作方式，生物反应器可分为间歇式生物反应器、连续式生物反应器和半间歇式生物反应器等。采用间歇或分批式操作方式的生物反应器称为间歇式生物反应器。间歇式生物反应器的基本特征是反应物料一次性加入和取出，反应器内物系的组成仅随时间而变化。在该类反应器内进行的反应过程是一非稳态过程。采用连续操作的反应器称为连续式生物反应器。连续式生物反应器中的反应大多属于稳态过程,反应器内任何部位的物系组成均不随时间而变化。连续式生物反应器可以一定的流量不断加入新的培养基,同时以相同的流量不断取出反应液,这样就可以不断地补充细胞需要的营养物质,而代谢产物则不断被稀释而排出,使生化反应连续稳定地进行下去。半间歇式生物反应器同时具有间歇式生物反应器和连续式生物反应器的一些特点。

根据细胞生长代谢需要,生物反应器可以分为好氧型和厌氧型。它们的主要差别在于对氧气的需要与否,前者需要强烈的通风搅拌,后者则不需要通风搅拌。

根据反应器的结构特征,生物反应器可以分成釜式、管式、塔式、膜式等类型。它们之间的主要差别反映在外形和内部结构上的不同。

根据反应器所需能量的输入方式,生物反应器可以分为通过机械搅拌输入能量的机械搅拌式生物反应器,利用气体喷射动能的气升式生物反应器和利用泵对液体的喷射作用而使液体循环的生物反应器等。

根据生物催化剂在反应器中的分布方式的不同,生物反应器可以分为生物团块反应器和生物膜反应器。生物团块反应器按催化剂的运动状态划分又可分为填充床、流化床、生物转盘等多种型式的生物反应器。

根据反应物系在反应器内的流动和混合状态进行分类,生物反应器又可分为全混流型生物反应器和活塞流型生物反应器。

根据反应器的容积分类,体积在 $0.5 \, \text{m}^3$ 以下的属于实验室反应器,体积在 $0.5 \sim 5 \, \text{m}^3$ 间的属于中试反应器,体积在 $5 \, \text{m}^3$ 以上的属于生产规模的反应器。

二、微生物细胞反应器

除了某些溶剂(如乙醇、丙酮、丁醇等)和乳酸等少数产品外,大多数发酵产品都是通过微生物好氧培养得到的。由于氧在培养基中的溶解度很小,细胞生物反应器必须不断进行通气和搅拌来增加氧的溶解,满足需氧微生物新陈代谢的需要。同时,搅拌还可使培养液保持均匀的悬浮状态,并促进发酵过程的传热和传质。

好氧液体生物反应器有机械搅拌式、自吸式、鼓泡式、气升式等多种类型。目前,工业规模的微生物细胞反应器多为搅拌通气式生物反应器。

1. 机械搅拌通气式生物反应器

机械搅拌通气式生物反应器主要组成部分包括有罐体、控温部分、搅拌部分、通气部分、进出料口、测量系统和附属系统等,其结构简图如图 9-5-01 所示。

机械搅拌通气式生物反应器是目前使用最多的一种发酵罐,它是利用机械搅拌器的旋转作用,使空气与反应液充分混合来促进氧的溶解,保证微生物生长繁殖和发酵所需要的氧气。该类型的发酵罐优点在于能使气体与反应液混合充分,溶氧系数较高;操作方便,适应性强;发酵参数易控制,工业上容易放大生产。其缺点是罐内机械搅拌产生的剪切力容易损伤娇嫩的细胞,特别是对一些长菌丝的微生物伤害较大。图 9-5-02 是通用型发酵罐的几何尺寸比例。

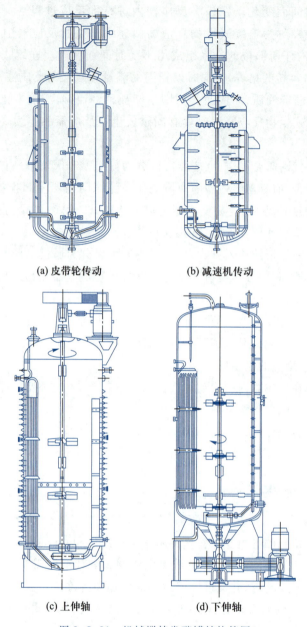

(a) 皮带轮传动　　　　　　　(b) 减速机传动

(c) 上伸轴　　　　　　　　　(d) 下伸轴

图 9-5-01　机械搅拌发酵罐结构简图

通用型发酵罐的几何尺寸如下：

$$\frac{H}{D} = 1.7 \sim 3 \qquad\qquad (9-5-01)$$

$$\frac{d}{D} = \frac{1}{2} \sim \frac{1}{3} \qquad\qquad (9-5-02)$$

$$\frac{W}{D} = \frac{1}{8} \sim \frac{1}{12} \qquad\qquad (9-5-03)$$

$$\frac{B}{D} = 0.8 \sim 1.0 \qquad\qquad (9-5-04)$$

$$\left(\frac{s}{d}\right)_2 = 1.5 \sim 2.5 \qquad (9\text{-}5\text{-}05)$$

$$\left(\frac{s}{d}\right)_3 = 1 \sim 2 \qquad (9\text{-}5\text{-}06)$$

图 9-5-02 和式（9-5-01）～式（9-5-06）中，s 为两搅拌器的间距，m；B 为下搅拌器距底部的间距，m；d 为搅拌器直径，m；H_L 为罐内的液位高度，m；W 为挡板的宽度，m；D 为发酵罐内径，m；H 为发酵罐筒身高度，m。H/D 称高径比，即罐筒身高与内径之比，是通用型发酵罐的特性尺寸参数。在抗生素工业中，种子罐采用 $H/D = 1.7 \sim 2.0$，发酵罐 $H/D = 2.0 \sim 2.5$，常用 $H/D = 2.0$。实践证明 H/D 取值不仅与发酵菌种有关，还与发酵工艺条件和厂房的土建造价有关。

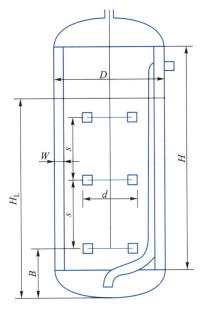

图 9-5-02　通用型发酵罐的几何尺寸比例

通用型发酵罐是密封受压设备，主要部件有罐体、控温装置、搅拌装置、通气装置、进出料口、测量系统、消泡装置及附属系统。

罐体：由圆柱形筒体和椭圆形（或碟形）封头组成。罐体材料采用碳钢或不锈钢，提供一个密封的环境，防止杂菌的污染，同时为了高温灭菌，要求罐体设计的使用压力达到 0.3 MPa 以上。

控温装置：为了将生物氧化产生的热量和机械搅拌产生的热量及时移去，保证发酵过程能在恒温条件下进行，一般在发酵罐上装有测温的传感器及冷却和加热用的夹套或盘管。一般容积在 5 m³ 以下的发酵罐采用外夹套作为传热装置；容积大于 5 m³ 的发酵罐一般采用立式蛇管作为传热装置。

搅拌装置：通用型发酵罐内设置机械搅拌器，一般在一根轴上安装多个搅拌桨，其主要功能是使罐内物料混合良好，使液体中的固形物料保持悬浮状态，从而使菌体与营养物质充分接触，并有利于打碎气泡，增加气液接触界面，提高气液间的传质速率，强化传氧及消泡。

搅拌器可以使被搅拌的液体产生轴向流动和径向流动。通用型发酵罐大多采用涡轮式搅拌器。常用的搅拌器有平叶式、弯叶式和箭叶式三种类型，叶片数量一般为六个。平叶式叶片功率消耗较大，弯叶式叶片较小，箭叶式叶片最小；在相同的搅拌功率下，平叶式叶片粉碎气泡的能力大于弯叶式叶片，弯叶式叶片又大于箭叶式叶片；对于翻动液体的能力来说，箭叶式叶片翻拌能力最强，弯叶式叶片次之，平叶式叶片最弱。为了避免气泡在阻力较小的搅拌器中心沿着轴上升逸出，在搅拌器的中央常带有圆盘。图 9-5-03 为常用的六叶圆盘涡轮式搅拌器。

为防止搅拌器运转时液体产生旋涡，可在壁面上安装挡板。挡板一般是长条形的竖

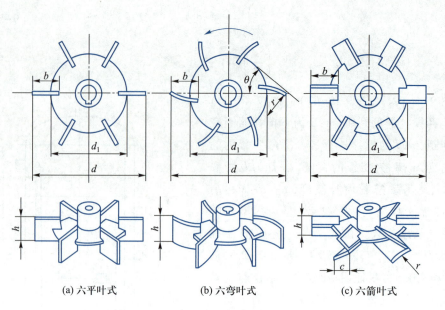

(a) 六平叶式　　　　(b) 六弯叶式　　　　(c) 六箭叶式

图 9-5-03　常用的六叶圆盘涡轮式搅拌器

向固定在罐壁上的平板,使沿壁旋转流动的液体折向中心,以消除搅拌器运转时液体生成的旋涡,同时使接近罐壁的液体内的剪切速率或速度梯度增加。需要注意的是挡板与罐壁之间留有空隙,以防止积垢。通常发酵罐液体在被搅拌时,应达到"全挡板条件"。所谓"全挡板条件"是指罐内加了挡板使旋涡基本消失,或者说是指达到消除液面旋涡的最低挡板条件。满足全挡板条件的挡板数及宽度,可由下式计算:

$$\frac{W}{D} \cdot m_b = 0.4 \tag{9-5-07}$$

式中:W——挡板的宽度,m;

　　D——发酵罐的内径,m;

　　m_b——挡板块数。

由于发酵罐内除挡板外,立式冷却蛇管等装置也起到一定的挡板作用,因此,一般发酵罐中安装 4 块挡板,挡板宽度 $W = \left(\frac{1}{8} \sim \frac{1}{12}\right) D$,已足够满足全挡板条件。

通气装置:从罐的底部通入无菌空气,罐的顶部有空气出口,一般入口空气压力为 0.1~0.2 MPa(表压)。通气管的出口位于最下层搅拌器的正下方,开口朝下并距罐底 40~50 mm。通用型发酵罐内的空气分布器是将无菌空气引入发酵液中的装置。由于气泡的粉碎主要是依靠搅拌器的剪切破碎作用,另一方面为了防止培养液中固体物料堵塞空气分布管而增加染菌机会,空气分布器一般采用单孔管,开口往下,可尽量避免固体物料在管口堆积或在管底沉降堆积,也有采用带小孔的环状空气分布器。

进出料口:主要为进料和出料用,同时还有补料口等。

测量系统:传感器系统,以测 pH、溶氧等,传感器要求能承受灭菌温度及保持长时间稳定。

消泡装置:培养液中一般含有大量的蛋白质等发泡物质,在强烈的通气搅拌下将会产生大量的泡沫,这会带来降低生产力、引起原料流失、影响菌种呼吸和侵染杂菌等问题。可通过消泡装置抑制泡沫的产生。消泡装置有耙式消泡器、半封闭式涡轮消泡器、离心式消泡器和碟片式离心消泡器等。

附属系统:包括视镜、挡板等观察发酵液的情况或强化发酵液体混合的装置。

2. 机械搅拌通气式生物反应器的搅拌功率

搅拌功率的大小对流体的混合、气液固三相间的质量传递,以及生物反应器的热量传递有很大的影响。因此,生物反应器搅拌功率的确定对于生物反应器的设计是相当重要的。计算搅拌功率的目的有两个,一是为了解决一定型式的搅拌器能否向被搅拌物质提供适宜的功率,以满足搅拌需求;二是提供进行搅拌强度计算的根据,以保证桨叶和搅拌轴的强度和刚度。

(1) 牛顿流体中的搅拌功率　将流动特性服从牛顿黏性定律的流体称为牛顿流体,对于牛顿流体而言,其剪切力与切变率(速度梯度)成正比:

$$\tau = \mu \cdot \dot{\gamma} \tag{9-5-08}$$

式中:τ——剪切力,N/m^2;

$\dot{\gamma}$——切变率,s^{-1};

μ——流体的黏度,$Pa \cdot s$。

气体、低分子的液体或溶液一般为牛顿流体。

① 不通气条件下搅拌功率　牛顿流体中的搅拌功率大小与搅拌转速,搅拌器大小,液体的密度、黏度有关,通过量纲分析,得到了几个量纲一的数群,它们之间有以下关系:

$$N_P = \frac{P}{N^3 D_i^5 \rho} \tag{9-5-09}$$

$$Re = \frac{N D_i^2 \rho}{\mu} \tag{9-5-10}$$

$$Fr = \frac{N^2 D_i}{g} \tag{9-5-11}$$

式中:P——搅拌功率,W;

N——搅拌转速,$1/s$;

D_i——搅拌器直径,m;

ρ——液体的密度,kg/m^3;

g——重力加速度,$9.81\ m/s^2$。

上述三个量纲一的数群分别称为功率数(N_P)、雷诺数(Re)和弗劳德数(Fr),它们分别表示了黏性力、惯性力与重力之间的比例关系,即

$$N_P = \frac{外力}{惯性力} \tag{9-5-12}$$

$$Re = \frac{惯性力}{黏性力} \tag{9-5-13}$$

$$Fr = \frac{惯性力}{重力} \tag{9-5-14}$$

在全挡板条件下，液面的中心部不生成旋涡，这时重力的影响可以忽略不计，$g=0$，此时的搅拌功率仅与 Re 有关：

$$N_P = K \left(\frac{ND_i^2 \rho}{\mu} \right)^x \tag{9-5-15}$$

图 9-5-04 是几种不同的搅拌器的功率数与雷诺数的关系。由图可以看出有三个不同的流动区：a. 层流区（$Re<10$）；b. 湍流区（$Re>10^4$）；c. 过渡区（$10 \leqslant Re \leqslant 10^4$）。流体处于不同的流动区的搅拌功率也是不一样的，下面我们分别予以介绍：

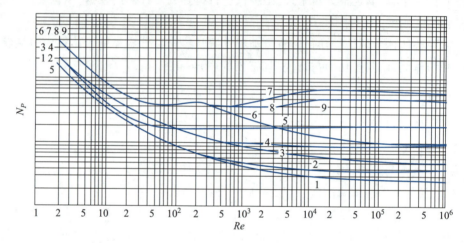

图 9-5-04　几种搅拌器的功率数 N_P 与雷诺数 Re 的关系

a. 层流区（$Re<10$），N_P 与 Re 在对数坐标中呈直线关系，斜率为 −1，这时功率与液体黏度成正比，而与密度无关，即

$$P = KN^2 D_i^3 \mu \tag{9-5-16}$$

b. 湍流区（$Re>10^4$），此时液体处于湍流状态，$x=0$，N_P 不随 Re 变化，成为一条水平直线，此时搅拌功率与液体的黏度无关，而与密度成正比，即

$$P = KN^3 D_i^5 \rho \tag{9-5-17}$$

c. 过渡区（$10 \leqslant Re \leqslant 10^4$），液体处于过渡流状态，$K$ 与 x 均随 Re 变化，搅拌功率计算较为复杂，目前尚无较好的关联式。

如果在搅拌轴上装有多个搅拌器，搅拌功率可用下式计算：

$$P_m = P(0.4+0.6m) \tag{9-5-18}$$

式中：P_m——搅拌器的功率（m 为桨层数）。

② 通气条件下的搅拌功率　在通气条件下，搅拌的功率会显著下降，这主要是因为空气进入液体后使液体的密度下降，通气量的大小与搅拌功率的消耗有明显的关系。在定量研究时，常用通气数来描述通气的影响：

$$N_A = \frac{Q_g}{ND_i^3} = \frac{\text{发酵罐截面上表观气速}}{\text{搅拌器叶尖速度}} \tag{9-5-19}$$

在 $D_t/D_i = 3$，$W_b/D_i = 0.1$ 的通气搅拌釜中，当 $H_L/D_i = 3$ 的不同搅拌器在水中的通气搅拌功率与通气准数 N_A 的关系可见图 9-5-05。

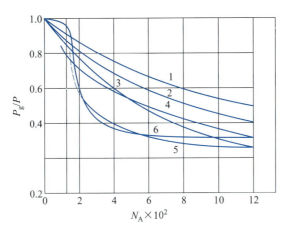

图 9-5-05　通气搅拌功率与通气准数的关系
1—八平叶涡轮;2—八叶翼碟;3—六叶翼碟;4—十六叶翼碟;
5—四叶翼碟;6—平桨

Michael 和 Miller 在 3.5~13.5 L 的通气搅拌罐中,使用密度为 800~1 650 $kg \cdot m^{-3}$,黏度为 9×10^{-3}~0.1 $Pa \cdot s$,表面张力为 0.027~0.072 $N \cdot m^{-1}$ 的多种液体研究了通气搅拌功率的规律,得出了如下公式:

$$P_g = K\left(\frac{P^2 N D_i^3}{Q_g^{0.56}}\right)^{0.45} \tag{9-5-20}$$

式中:P_g,P——通气和不通气时的搅拌功率;

　　　K——与反应器形状有关的参数。

(2) 非牛顿流体中的搅拌功率　通常将不服从牛顿黏性定律的流体称为非牛顿流体,非牛顿流体的剪应力与切变率之比不是常数,因而非牛顿流体没有确定的黏度值。丝状黏性物及高浓度颗粒物料的悬浮液常表现出非牛顿流动特性。根据剪应力与切变率的关系,非牛顿流体可分为多种类型。常见的非牛顿流体有宾厄姆塑性(Bingham plastic)流体、拟塑性(pseudoplastic)流体、胀塑性(dilatant)流体和卡森(Casson)流体等。

① 宾厄姆塑性流体　该流体的流动特性可用下式表示:

$$\tau^{\frac{1}{2}} = \tau_0 + \eta\dot{\gamma} \tag{9-5-21}$$

式中:τ_0——屈服应力,Pa;

　　　η——刚度系数,$Pa \cdot s$。

宾厄姆塑性流体的特点是当剪应力小于屈服应力时,流体不发生流动,只有当剪应力超过屈服应力时,流体才发生流动,如图 9-5-06 曲线 2。黑曲霉、产黄青霉、灰色链霉菌等丝状菌的发酵液为宾厄姆塑性流体。

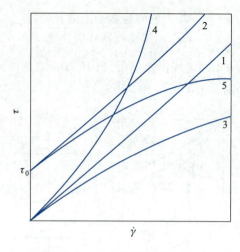

图 9-5-06　牛顿流体与一些非牛顿流体剪应力与切变率的关系
1—牛顿流体；2—宾厄姆塑性流体；3—拟塑性流体；4—胀塑性流体；5—卡森流体

② 拟塑性流体　该流体的流动特性为

$$\tau = K\dot{\gamma}^n \qquad 0 < n < 1 \tag{9-5-22}$$

式中：K——稠度系数，$Pa \cdot s^n$，稠度系数越大，流体就越稠；

　　　n——流动特性指数，n 越小，流体的非牛顿特性就越明显，与牛顿流体的差别也就越大，如图 9-5-06 曲线 3。青霉菌、曲霉菌、链霉菌等丝状菌的培养液、高浓度的植物细胞、酵母悬浮液往往表现出拟塑性流体的流动特性。此外，一些产多糖的微生物发酵液因微生物分泌的多糖而呈拟塑性流体的流动特性。

③ 胀塑性流体　与拟塑性流体的流动特性相似，胀塑性流体的流动特性也具有指数关系：

$$\tau = K\dot{\gamma}^n \qquad n > 1 \tag{9-5-23}$$

胀塑性流体的流态曲线见图 9-5-06 曲线 4。链霉素、四环素、庆大霉素的前期发酵液或培养基往往表现出胀塑性流体的流动特性。

④ 卡森流体　该流体的流动模型为

$$\tau = \tau_C^{\frac{1}{2}} + K_C \cdot \dot{\gamma}^{\frac{1}{2}} \tag{9-5-24}$$

式中：τ——屈服应力，Pa；

　　　K_C——卡森黏度，$(Pa \cdot s)^{1/2}$。青霉素、产黄青霉素的发酵液表现为卡森流体。卡森流体的流态曲线见图 9-5-06 曲线 5。

非牛顿流体中搅拌功率的计算与牛顿流体中的搅拌功率的计算方法是一样的。但是非牛顿流体的黏度是随搅拌器的转速而变化的，因而必须先知道黏度与搅拌器转速之间的关系，然后才能计算不同搅拌转速时的 Re，最后绘出 N_P-Re 曲线。非牛顿流体中功率准数与雷诺数之间的关系如图 9-5-07 所示。

当 $Re < 10$ 时，液体处于层流状态，N_P 与 Re 成为斜率为 -1 的直线；当 $Re > 500$ 时，液体处于湍流状态，N_P 保持恒定；而 $10 \leqslant Re \leqslant 500$ 时，液体为过渡流状态，此时 N_P 与 Re 之间

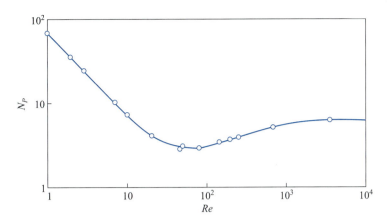

图 9-5-07　非牛顿流体中功率准数与雷诺数之间的关系

的关系比较复杂。

非牛顿流体中的通气搅拌功率也可用式(9-5-20)计算。非牛顿流体的流动与功率消耗的关系很复杂,针对一些具体的物系已取得一些规律,但不同的研究者得出的规律存在比较大的差别,要以通式表达困难很大。

3. 发酵过程中的发酵热

发酵热是发酵过程中发酵液产生的净热量。随着菌体对培养基的利用及机械搅拌的作用,将产生一定的热量,同时因罐壁散热和水分蒸发也带走一部分热量。发酵热必须除去才能保证发酵过程的顺利进行。发酵热的大小随着发酵种类、所用的菌种及发酵时间而不同。罐体和物料消毒灭菌时需通入高温蒸汽,灭菌结束时要将其冷却。同时,在正常发酵过程中也要控制罐温,因此发酵罐需要热交换装置。小型发酵罐一般采用外加套作为传热装置,大、中型发酵罐多采用排管换热器。发酵热的平衡式如下:

$$Q_{发酵热} = Q_{生物热} + Q_{搅拌热} - Q_{空气热} - Q_{辐射热} \tag{9-5-25}$$

式中:$Q_{发酵热}$——发酵过程中产生的净热量,$kJ/(m^3 \cdot h)$;

$Q_{生物热}$——微生物生长和代谢热,$kJ/(m^3 \cdot h)$;

$Q_{搅拌热}$——搅拌器搅拌产生的热量,$kJ/(m^3 \cdot h)$;

$Q_{空气热}$——发酵液水蒸气蒸发和空气升温带走的热量,$kJ/(m^3 \cdot h)$;

$Q_{辐射热}$——发酵液与外界环境的温度差引起的热量传递,$kJ/(m^3 \cdot h)$。

一般发酵热的大小因品种或发酵时间不同而异,通常发酵热的平均值为 10 500~33 500 $kJ/(m^3 \cdot h)$,有些转基因工程菌的发酵热达到 140 000 $kJ/(m^3 \cdot h)$。表 9-5-01 为一些典型生物产品发酵的最大发酵热。

4. 机械搅拌自吸式生物反应器

机械搅拌自吸式生物反应器是一种不需空气压缩机,而在搅拌器旋转时产生抽吸力自吸入空气的生物反应器。它的搅拌器是一个空心叶轮,叶轮快速旋转时液体被甩出,叶轮中形成负压,从而将罐外的空气吸到罐内,并与高速流动的液体密切接触形成细小的气泡分散在液体之中,气液混合流体通过导轮流到发酵液主体。自吸式生物反应器构造如图 9-5-08 所示。

表 9-5-01　典型生物产品发酵的最大发酵热

发酵液名称	发酵热（$Q_{发酵热}$）/ kJ/（m³·h）	发酵液名称	发酵热（$Q_{发酵热}$）/ kJ/（m³·h）
青霉素	27 000～36 000	酶制剂	12 500～21 000
庆大霉素	10 500～16 000	谷氨酸	26 500～31 500
链霉素	16 000～21 000	赖氨酸	31 500～36 500
四环素	21 000～26 500	柠檬酸	10 500～12 500
红霉素	21 000～26 500	核苷酸（鸟苷）	21 000～26 000
金霉素	16 000～21 000	多糖、生物肥料芽孢杆菌	5 200～10 500
灰黄霉素	12 500～18 500	基因工程毕赤酵母表达植酸酶	75 000～105 000
泰洛菌素	21 000～26 000	基因工程毕赤酵母表达疟疾疫苗	100 000～140 000

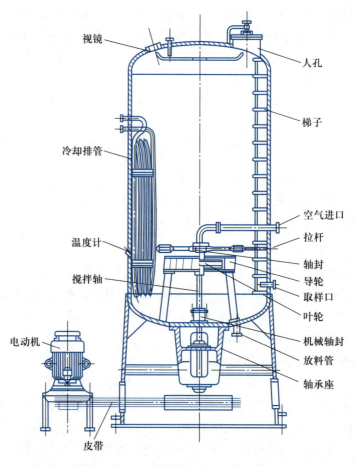

图 9-5-08　机械搅拌自吸式生物反应器

自吸式生物反应器的优点是：① 不需要空气压缩设备；② 易于自动化和连续化操作；③ 溶氧系数高,应用范围广。但这类生物反应器的缺点是：① 装料量低(40%左右)；② 进罐空气处于负压,增加了染菌机会；③ 搅拌转速快,有可能使菌丝被切断,使正常的生长受到影响；④ 吸程一般不高。

为了提高自吸式生物反应器的吸气能力,空心叶轮与吸气管间用双端面密封装置,液体深度和罐压应有所限制,并采用大面积低阻力的高效空气过滤器对吸入的空气进行无菌过滤。

5. 鼓泡式生物反应器

鼓泡式生物反应器又称空气搅拌高位生物反应器,属于非机械搅拌式发酵罐。鼓泡式生物反应器的工作原理是压缩空气从发酵罐的底部进入,通风管或喷嘴使空气破碎成小气泡并与发酵液混合,之后气泡由于自身的浮力和喷射时产生的压力继续向发酵液上部扩散。罐内装有的多孔水平筛板,目的是使空气在罐内多次聚集和分散,水平筛板上设有降液口,用来阻挡上升的气泡,延长气泡的停留时间并使气体重新分散,提高氧的利用率。鼓泡式生物反应器是以液相为连续相,气相为分散相的气液反应器,有槽型鼓泡反应器、鼓泡管式反应器、鼓泡塔等多种结构型式,鼓泡式生物反应器的构造如图9-5-09所示。

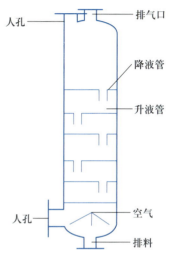

图 9-5-09　鼓泡式生物反应器

鼓泡式生物反应器的优点在于设备简单,能耗低,溶氧系数高,避免了因机械密封不良造成的杂菌污染和机械搅拌剪切力引起的细胞损伤。缺点是反应器很高,高径比一般在(6~10)∶1,不适用于高黏度、含大量固体及需氧高的微生物发酵过程。

6. 气升式发酵罐

气升式发酵罐与鼓泡式生物反应器相似,不需要机械搅拌装置。气升式发酵罐在上升管底置有空气喷嘴,空气在喷嘴口以 $250 \sim 300$ m·s^{-1} 的高速喷入环流管。由于喷射作用,气泡被分散于液体中,借助环流管内气液混合物的密度与发酵罐主体中液体密度之间的差,使管内气液混合物连续循环流动,气升式发酵罐有内循环式和外循环式两种型式,图9-5-10所示是气升式发酵罐的原始型式。罐内培养液中的溶解氧由于菌体的代谢而逐渐减小,当其通过环流管时,由于气液接触而被重新达到饱和。

气升式发酵罐的工作原理是气体从罐的下部通入,通气的液体因气含量高、密度小而上升,未通气的液体因气含量低、密度大而下降,流体在整个反应器内循环流动造成良好的混合,使反应器内整体混合均匀,而且由于不用机械搅拌桨,减少了剪切作用对细胞的伤害。同时由于液体循环流动速度较快,因此反应器内供氧及传热都较好。

气升式发酵罐的优点在于能耗低,液体中的剪切作用小,结构简单,且由于省去了机械搅拌而不需机械密封,避免了因机械密封不良造成的杂菌污染。但它不适用于高黏度或含大量固体的培养液。

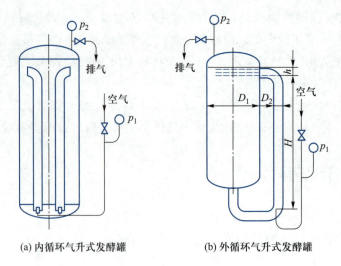

(a) 内循环气升式发酵罐   (b) 外循环气升式发酵罐

图 9-5-10   气升式发酵罐

7. 基因工程菌生物反应器

基因工程菌是通过基因操作得到的 DNA 重组微生物,为了不使基因工程菌在培养或处理过程中泄漏到周围环境而造成意想不到的危害,用于基因工程菌的生物反应器同一般的生物反应器就有相当大的不同。

造成生物反应器内微生物泄漏的一大原因是排气,基因工程菌生物反应器的排气须经加热灭菌或经微孔过滤器除菌后才能排放到大气中去。

轴封渗漏是造成菌体泄漏的另一个原因,可采用双端面密封,而且作为润滑剂的无菌水压力应高于反应器内压力。

三、微流控技术与生物反应器

1. 微流控生物反应器

近年来,研究人员致力于新型生物反应器的开发,并研发了一些生物反应器新技术。其中,具有高智能化的微流控生物反应器应运而生。微流控技术(microfluidics)是一种在微纳米尺度空间内对流体进行操控为主要特征的科学技术,具有将生物、化学等实验室的基本功能诸如样品制备、反应、分离和检测等缩微到一个微纳芯片上的能力。微流控反应器的基本特征和最大优势是多种单元技术在整体可控的微小平台上灵活组合、规模集成。微流控芯片技术总体研究模式如图 9-5-11 所示。

微流控生物反应器(microfluidic bioreactor)可将样品制备、反应和分离检测等基本操作单元集成到微纳尺度的芯片上,并自动完成全过程。其关键技术是微流控芯片的制备,需要利用精细加工技术,集成不同功能的单元(微反应池、微泵、微阀和检测单元等)。与常规生物反应器相比,微流控生物反应器具有反应效率高、参数易控、环境危害小和后处理简单等优势。因其在生物、化学、医学等领域的巨大潜力,微流控生物反应器已成为一个生物、化学、电子、材料和机械等多学科交叉的崭新的技术领域。基于微流控技术制备的检测芯片是新一代即时诊断主流技术,可直接在被检测对象周边进行快捷且有效的生化指标检测。基于高通量水平和数据采集技术,微流控反应器还可应用于连续体外

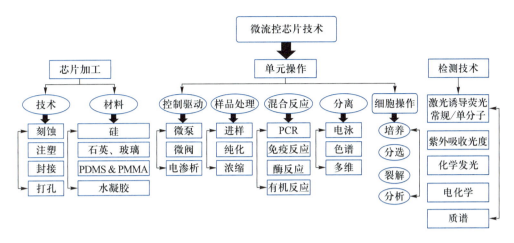

图 9-5-11　微流控芯片技术总体研究模式

mRNA 转录、克隆筛选、厌氧发酵、高通量药物筛选、生物材料合成和单细胞测序等单元操作。

2. 酶催化微流控反应器

不同于金属催化剂,酶催化剂具有专一性的特点,且酶催化依赖于与底物特定位点结合,选择性较高。在传统溶液的开放环境中,酶催化会呈现级联式放大反应,如聚合酶链式反应等。然而,生物体中的酶催化反应通常在细胞、细菌或病毒的内环境中,反应环境是受限的,与开放式的溶液环境有明显的不同。利用微流控技术可在微通道环境中快速产生和控制并形成稳定均一的微液滴。微液滴与细胞结构类似,可通过成分的改变模拟真实的细胞环境。

3. 类器官芯片生物反应器

类器官芯片应用于生物医学,主要用于模拟和研究人体器官的功能和反应。它是基于微流控芯片技术的一种应用,可以将人体细胞和组织培养在芯片上,以模拟器官的结构和功能,本质是一种生物反应器。基于细胞三维培养体系的特点和需求,类器官芯片的发展趋向于模拟器官多样性和复杂性,整合跨细胞和器官的联系;模拟人体的生理环境,同时整合疾病模型。目前,开发的类器官芯片生物反应器主要有基于支架的生物反应器、渗透式生物反应器和生物打印反应器等。

微流控类器官芯片是哺乳动物细胞及其微环境操控重要的技术平台,有望部分替代小鼠等模型动物,用于验证候选药物的药理活性,开展药物毒理和药理作用研究,实现个体化治疗。类器官芯片生物反应器逐渐在生物医疗、药物筛选等领域崭露头角。

4. 微流控反应器应用方向

(1) 微流控反应器与生物医学　经典的微流控技术,可在一张微流控芯片上构建上万个纳升级反应体系,具有通量灵活、高度自动化的特点,在单一平台上即可完美整合基因分型、基因表达、数字 PCR 和 NGS 文库制备等多种应用。由于微流控反应器的特点,在三维细胞培养、仿生器官构建、疾病模型建立、药物毒性评价等生物医学领域中展现出广阔的应用前景。

(2) 微流控反应器与精细化学品　21 世纪初期,一些化学品制造跨国公司和研究机构就将微化工技术列入化工产业发展新方向。医药中间体、精细化工产品产量小,目前普遍采用传统的反应釜等设备,单批次生产,但存在原料利用率低、污染排放量大、生产过程安全性较差等问题,难以适应可持续发展的需要。微流控技术具有低能耗、高效率、低排放、高安全性等一系列优势,是解决上述瓶颈的技术选项。微流控反应器在精细化学品制造中的应用包括选择性硝化、加氢、重氮偶合、磺化、卤化和氧化等反应,以及在材料和催化剂制备中的纳米材料合成、特种试剂(如格氏试剂和过氧化试剂)制备等。为了进一步提高微尺度过程强化技术在微流控反应器中的作用,还需要强化微流控通道的设计,实现微流控反应器芯片的升级换代。

此外,随着生物反应器技术的不断发展和应用需求的不断扩大,除微流控反应器外,近年来国内外研究人员已开发和发展了多种新型生物反应器,如中空纤维生物反应器、固定和流化床生物反应器、一次性生物反应器、波浪生物反应器、链式生物反应器和潮汐式生物反应器等,旨在解决使用过程中出现的发泡、剪切力过强和菌种返混等问题。

9-6　生物物质分离纯化

生物分离过程是生物化学工程领域的关键环节,其目的是分离、纯化和回收所需的生物物质。生物物质是一些天然存在及通过各种生物反应过程产生的物质,涉及从低分子化合物到具有复杂结构和功能的生物组织,包括氨基酸、糖类、脂质、抗生素、多肽和蛋白质等。多数生物产品在生产过程中需经微生物发酵、酶反应过程或动植物细胞大量培养,并通过包括产物捕获、粗分离、纯化及精制等处理后,才能符合一定质量标准。

生物产品的特殊性和复杂性对分离纯化技术提出了更高的要求。生物产品尤其是蛋白质类生物大分子具有如下特点:① 目的产物在原料液中的含量很低,有时甚至是极微量;② 含目的产物的初始物料组成复杂,除了产物外,还含有大量的细胞、代谢物、残留培养基、无机盐等;③ 生物活性物质的稳定性差,对 pH、温度、金属离子、有机溶剂、剪切力、表面张力等十分敏感,易失活;④ 生物产品种类繁多,包括了大、中、小相对分子质量的结构和性质复杂又各异的生物活性物质;⑤ 生物产品一般用于食品、化妆品和医药,与人生命息息相关,对含量和纯度要求高等特点。因此,应用于生物产品的分离纯化技术必须满足以下的一些要求:

(1) 分离条件温和,特别对具有生物活性的物质,在分离纯化过程中必须保持其生物活性,避免其失活;

(2) 分离纯化技术的选择性好、专一性强,能从复杂的混合物中有效地将目标产物分离出来,以达到较高的分离纯化倍数;

(3) 在提高单个分离技术效率的同时,注意各操作间的有效组合和整体协调,尽可能地减少工艺过程的步骤,增加每一步的收率。

生物产品的分离纯化过程一般包括:产品捕获、中期纯化、精制步骤。生物产品分离纯化的一般步骤及过程如图 9-6-01 所示。

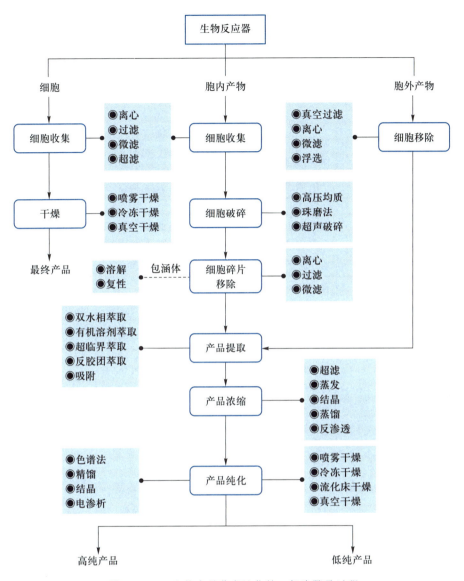

图 9-6-01　生物产品分离纯化的一般步骤及过程

一、生物物质的分离纯化原理及方法

对于一种待分离的原料,一般需要利用该原料中目标产物与共存杂质之间存在的物理、化学及生物学性质上的差异,使其在分离纯化过程中具有不同的平衡状态和(或)传质速率,从而实现分离的目的。

用于生物物质分离纯化的方法除了传统的沉淀法、吸附法、离子交换法、萃取法等之外,还有微滤、超滤、反渗透、透析、电渗析、凝胶电泳、等电点聚焦、区带电泳、凝胶过滤层析、离子交换层析、亲和层析、疏水层析、等电聚焦、双水相萃取、超临界萃取、反胶团萃取等。表 9-6-01 列出了主要的生物物质分离纯化技术的原理、特点及缺点。

图片

细胞破碎
技术

表 9-6-01　主要的生物物质分离纯化技术的原理、特点及缺点

序号	方法	原理	特点	缺点
1. 萃取法	有机溶剂萃取	依靠在水和有机溶剂中的分配系数的差异进行分离	适用于有机化合物及结合有脂质或非极性侧链的蛋白质等物质的分离	萃取条件严格,安全性低,生物大分子提取分离困难,活性收率低
	双水相萃取	聚合物或无机盐溶液可以形成互不相溶的两相体系,依据目标产物的分配系数不同而进行分离	传质速度快,条件温和,生物亲和性好,收率高,浓缩倍数和处理量大,操作稳定,极易放大	成本较高,体系易乳化
	反胶团萃取	利用表面活性剂形成的"油包水"微滴,对蛋白质等成分进行分离	适用于蛋白质的提取分离,收率高,选择性好,操作简单,萃取能力强	表面活性剂筛选工作量大,目前还缺乏应用实例
	凝胶萃取	利用凝胶可发生可逆、非连续的溶胀和皱缩及对所吸收的液体具有选择性进行物质分离	设备简单、能耗低、再生容易,萃取率和反萃取率高,应用前景良好	目前还处于实验室研究阶段
	超临界流体萃取	利用某些流体在高于其临界压力和临界温度时形成的超临界流体作为溶剂进行萃取	萃取能力强、速度快,循环利用性好,无溶剂残留,适用于分离热敏性物质	操作压力大,设备投资和维护费用高,目前应用面较窄
2. 沉淀法	有机溶剂沉淀	利用有机溶剂破坏蛋白质分子的水化层,使之聚集成更大的分子而沉淀	可用于沉淀各种蛋白质,可实现分级沉淀,达到粗分离和浓缩的目的,应用较广、简便,可大规模应用	需低温下进行,沉淀时会发生蛋白质变性失活
	盐析	利用无机盐破坏蛋白质分子的水化层,中和表面电荷,使之聚集成更大的分子团而沉淀	可用于蛋白质分级沉淀和粗分离,对生物活性有一定的保护作用,方法简便,可大规模应用	蛋白质的回收率一般,产生的废水含盐高,对环境有比较大的影响
	化学沉淀	通过化学试剂与目标产物形成新的化合物,改变溶解度而沉淀	可针对性沉淀目标产物	通用性差,需分解沉淀,回收目标产物
	等电点沉淀	利用带电物质在等电点时溶解度最小的原理,在低的离子强度下,调节 pH 至等电点,使蛋白质等所带净电荷为零,使蛋白质等物质沉淀出来,从而实现分离	方法简单、有效,成本较低,是常用的粗分离方法	酸化时,目标产物比较容易失活

序号	方法	原理	特点	缺点
3. 膜分离法	反渗透	利用膜的筛分性质,以压差为传质推动力	适用于 1 nm 以下小分子的浓缩	膜易堵塞,膜需经常清洗、再生
	超滤和微滤	利用膜的筛分性质,以压差为传质推动力,膜具有明显的孔道结构	超滤适用于分离或浓缩直径 $0.01\sim0.1\ \mu m$ 的生物大分子,微滤适用于细胞、细菌和微粒子的分离,目标产物的大小范围为 $0.1\sim10\ \mu m$	膜易堵塞,膜需经常清洗、再生
	透析	利用膜的筛分性质,以浓差为传质推动力	用于生物大分子的脱盐和复性	样品处理量小
	电渗析	利用分子的电荷性质和分子大小的差别进行分离	用于氨基酸和有机酸等生物小分子的分离纯化	设备成本较高,操作较复杂,膜易堵塞,膜需经常清洗、再生
	渗透汽化	利用溶质间透过膜的速度不同,以压差和温差为推动力	适合于乙醇和丁醇等挥发性发酵产物的分离	设备成本较高,膜易堵塞,膜需经常清洗、再生
4. 层析法	离子交换层析	依据被分离物质的各组分的电荷性质、数量及与离子交换剂的吸附和交换能力不同而达到分离的目的	适用于带有电荷的大、中、小及生物活性或非生物活性物质的分离纯化,纯化效率较高,可柱式操作和搅拌式操作。应用广泛,常用于实验室和工业生产	操作较复杂,试剂消耗量较大,成本高,放大比较困难,离子交换剂需再生后方可再用
	吸附层析法	依据范德华力、极性氢键等作用力将分离物吸附于吸附剂上,通过改变流动相条件进行洗脱,达到分离纯化的目的	吸附色谱可柱式或搅拌式操作。吸附剂种类繁多,可选择范围和应用范围广,吸附和解吸的条件温和,不需要复杂的再生	选择性较低,柱式操作放大困难
	亲和层析法	依据目标产物与配基的专一性相互作用进行分离	选择性极高,纯化倍数和效率高,可从复杂的混合物中直接分离目标产物	成本高,配基亲和稳定性差,使用寿命有限,亲和材料制备复杂,放大困难
	染料亲和层析法	依据染料分子与目标产物之间的专一性作用进行分离	选择性高,成本低,使用稳定性好,寿命长	有染料配基污染产物的可能,放大困难
	疏水层析法	依靠疏水相互作用进行分离	选择性较好,使用稳定性好,应用较广	成本较高,放大困难,需较严格控制条件,保证活性收率

续表

序号	方法	原理	特点	缺点
4.层析法	凝胶层析法	依据分子大小进行分离	分离条件温和,活性收率较高,选择性和分辨率高,应用广,适合于生物大分子的分离纯化	放大较困难,稀释度高,操作不易掌握
5.结晶法	结晶	利用只有同类分子或离子才能排列成为晶体的性质进行分离	选择性好,成本低,设备简单,操作方便,广泛应用于抗生素等的分离	要得到均匀的结晶时需要很高的操作要求,常常需要纯净的初始溶液、浓缩以及重结晶过程才能得到高品质的产物

二、生物分离工艺介绍

生物产品的商品化,除了必须有良好、高效的生物分离纯化的方法外,还必须对这些方法进行合理的安排,以得到可用于大规模生产的、具有良好经济性的生物分离工艺。设计生物分离工艺流程时应从以下几个方面考虑:

(1)产品的纯度和质量 产品的用途决定产品的纯度和质量,不同用途的产品对纯度和质量的要求是不同的;不同性质的产品和所含的杂质种类也是不同的,需要选择不同的分离纯化技术来组合成为不同的分离工艺。

(2)分离方法的合理组合 分离方法的组合包括合理组合分离技术,设计合理的分离顺序及分离过程的衔接,进行各种分离技术的集成化。

(3)分离的成本 设计生物分离工艺时,要尽可能地降低成本,设法减少操作步骤并尽可能地增加每一步的收率,缩短周期。

生物分离工艺设计的方法主要有:

(1)方法启发式 这是最为普通、简单的设计方法,它是借鉴相同或相似产品的分离工艺来进行设计。由于产品的差异,现有工艺不可能完全满足设计要求,即使从生产和文献中找到可借鉴的分离工艺,但由于原材料、生产条件等因素的差异,设计时照搬文献或实际生产的工艺尚存在不少问题。

(2)设计启发式 它是依据设计者的丰富经验,进行工艺设计的一种设计方法。该法也称经验法,是一种粗略的、近似的设计方法。

(3)专家启发式 该法是依据专家系统,根据专家的一系列要求和思路,进行定性和定量分析后,通过检查、验证、移植进行生物分离工艺的设计。

(4)数学模型式 该法依据生物分离纯化技术和生产过程中已建立的数学模型,对工艺进行检验和设计,仅适用于简单工艺的设计。对于操作条件变化大及复杂的系统,由于缺少准确的数学模型,工艺设计是困难的。

(5)合成式 该法依据上述四种方法进行合成,谨慎地考虑组成工艺的各个部分和各部分的相互连接,构成设计问题的最佳解决方案,利用专家系统,建立基本工艺,然后再用方法和设计启发式进行修改和完善,或利用数学模型对单元进行计算和验证,完成工艺设计。它可分以下四个步骤进行设计。

① 确立初始基本工艺流程;

② 按分离工艺的设计原则对基本工艺流程进行修改;

③ 对工艺进行计算、验证;

④ 进行工艺比较,完成工艺设计。

分离工艺设计时,可采用如图 9-6-02 所示的过程进行设计:

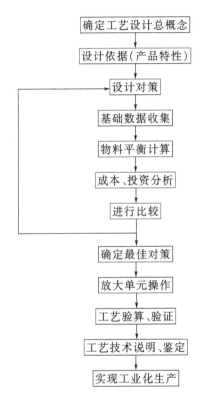

图 9-6-02　分离工艺设计常采用的过程

由于产物及杂质的种类不同,生化产品的分离纯化工艺也是不同的。但是,工业生产工艺中的分离纯化步骤的安排顺序还是有一些共同点,总是将最容易分离的物质放在前面,而将难以分离的物质留在后面进行分离。一般第一步应当是非特异性的低分辨率的分离技术,如沉淀、粗吸附;第二步采用高分辨、较高选择性的分离技术;最后选择既有高选择性分离纯化,又有澄清、脱盐等作用的凝胶层析等。这种工艺安排是基于粗分离时,物料体积较大,使用便宜、低选择性的技术来降低成本。而后面的步骤由于物料体积的减小和杂质的减少,就可以比较经济地使用更昂贵的高选择性分离步骤。

三、动物细胞培养的下游过程

动物细胞培养是指动物细胞在体外条件下的存活和生长,此时细胞不再形成组织。借助动物细胞培养而获得的生物产物在现实生活中已屡见不鲜。目前从动物细胞获得的产物主要有疫苗、单克隆抗体、免疫调节剂、酶和激素等。工业上用到的动物细胞表达系统来源于动物肿瘤。例如,我国仓鼠卵巢成纤维细胞(CHO细胞)及叙利亚幼仓鼠肾细胞(BHK细胞)广泛用于表达重组蛋白。

对于动物细胞培养的产物进行分离纯化的目的除了去除不需要的杂质之外,更重要的是要保证产物使用的安全性,使之安全地用于疾病的预防和治疗。

1. 动物细胞培养产物蛋白的分离纯化

动物细胞培养产物蛋白的分离纯化方法很多,需采取的特定的分离纯化步骤、顺序取决于特定的分离问题,如产品的种类、操作规模、产物的最终浓度、杂质性质等决定性因素。通常采用如下的工艺:培养液→净化→富集→初步纯化→精制→产品。

对于一个理想、有效的分离纯化工艺,最好起始培养液中目标产物的浓度就很高,这样只需要通过一步分离纯化就可使产品接近于纯品。一般来说,动物细胞分泌的蛋白浓度都很低,在这种情况下,工艺上首先需要将培养液进行浓缩以使所需的蛋白富集。表9-6-02为一些浓缩方式的比较。

表 9-6-02 一些浓缩方式的比较

浓缩方法	超滤	离心	吸附	沉淀
设备	简单	复杂	简单	简单
投资	低	高	低	低
维持成本	低	高	低	低
放大	极好	有限	有限	有限
纯化效果	差	好	极好	一般

初培养液的浓缩和粗分离方法的选择主要取决于方法是否简便和易于放大。当处理大量的培养液时,应避免采用需要复杂装置的复杂方法。而对于那些不稳定的产物,迅速处理培养液上清液以回收产物就显得尤为重要。这一步通常是利用不同条件下目标产物的溶解度差异来进行,如通过逐步改变无机盐浓度,或加入有机溶剂使蛋白得到分离。而对于极稀的蛋白溶液,应用上述方法时蛋白沉淀物的形成及其沉降并不充分,因而会严重影响到产品的收率。在这种情况下,通常就采用选择性吸附来进行蛋白的分离。

在动物细胞培养产物蛋白的分离纯化过程中,一旦条件合适,就应采用分离纯化效率最高的层析法进行蛋白的分离纯化。利用蛋白质的不同理化性质及生物学特性,有许多层析分离方法可供选择,如凝胶过滤层析、离子交换层析、疏水作用层析、亲和层析、制备性电泳等。但具体如何选择,就要根据目标产物和准备处理的原料情况来确定。

2. 病毒的分离纯化

病毒的生产与蛋白质的生产一样,分离纯化问题同样是整个生产过程中的重要组成部分,而不是一个孤立的技术性问题。生产细胞的方法选择、生产条件的控制等因素都会对随后的分离纯化产生很大的影响。在病毒的生产过程中,首先应考虑的因素是可得到的最大病毒浓度,在纯化过程中出现难分离的杂质及潜在的致敏性等。病毒的分离纯化步骤为:培养液→溶胞产物的澄清→病毒悬浮液的浓缩→浓缩液的纯化→产品。

细胞溶胞产物的澄清可以除去细胞碎片,不仅能简化后续的纯化步骤,而且还能保证灭活剂的正常反应,一般可采取的方法是过滤和离心。病毒悬浮液的浓缩则可采用沉淀法、吸附-洗脱法、超滤法等来进行,表9-6-03是病毒培养液常用的一些浓缩方法的比较。浓缩液的纯化可采用密度梯度离心、病毒亲和色谱、分子筛色谱等方法。

表 9-6-03　病毒培养液常用的一些浓缩方法的比较

方法	原理	优点	缺点
沉淀法	利用中性盐或有机溶剂、聚乙二醇进行沉淀	方法简单,应用广,已在较大规模的病毒纯化过程中被采用	选择性不高,纯化效率有限,对病毒的稳定性有不良影响,需要用大量的沉淀剂,带入大量的外源成分,需在后续过程中除去
吸附-洗脱法	依据病毒在吸附剂上的专一或非专一性吸附进行纯化	选择性较高,应用较广	会带入大量的外源成分,需在后续过程中除去,需耗用大量的洗脱剂
超滤法	基于分子大小,将不同分子质量的混合物在一定压力下通过一定孔径的膜,使不同物质得以分离	无须加入外源试剂,整个过程中的 pH 和离子强度保持恒定,滤膜可重复使用,已大规模、连续性生产	得到的分离物带宽比较大,分辨率比较低,不适于分子质量相近的大分子的分离

四、基因工程产物的分离纯化工艺设计

基因工程产物的分离纯化遵守一般蛋白质的分离纯化规律,但由于基因工程产物的特殊性,基因工程产物的分离纯化工艺的设计又有它的特点:

(1) 产物的表达形式不同,采取的设计策略也不同　分泌型的表达产物通常样品体积大、浓度低,因此有必要在纯化之前进行浓缩处理,以缩小样品体积,浓缩的方法包括沉淀和超滤等。

基于各种目的,常采用大肠杆菌、酵母、丝状菌、植物细胞、昆虫细胞、哺乳动物细胞和整体的转基因动物和植物等作为宿主来表达基因工程产物。由于宿主本身具有不同的蛋白质合成、转运和后加工机制,因此表达产物通常以不同的形式存在。酵母、丝状菌、植物细胞、昆虫细胞、哺乳动物细胞和整体的转基因动物和植物等一般都是以分泌的形式表达,产物表达水平在 $1 \sim 100\ \mathrm{mg \cdot L^{-1}}$。大肠杆菌由于本身的特点,其表达基因工程产物的形式多种多样,如细胞内不溶性表达(包涵体)、细胞内可溶性表达、细胞周质表达,极少数情况下也可分泌到细胞外,由于不同表达形式具有不同的表达水平及完全不同的杂质,因此分离纯化的策略有很大的差别。

大肠杆菌细胞破碎、分离细胞碎片后,目标产物的分离首选是亲和分离方法,如果没有可以利用的单克隆抗体或相对特异性的亲和配基,一般选用离子交换层析,处于极端等电点的蛋白质用离子交换分离可以除去大部分的杂质,得到较好的纯化效果。

周质表达的蛋白质是介于细胞内可溶性表达和分泌表达之间的一种表达,它可以避开细胞内可溶性蛋白和培养基中蛋白类杂质,在一定程度上有利于分离纯化。为了获得周质蛋白,大肠杆菌经低浓度溶菌酶处理后,一般用渗透压休克的方法获取,由于周质中

的蛋白仅有为数不多的几种分泌蛋白,同时又无蛋白水解酶的污染,因此通常能够回收到高质量的产物。

在大肠杆菌中表达的基因工程蛋白常常以包涵体的形式沉积于细胞内,表现为无活性的不溶性聚集物。包涵体对蛋白质分离纯化的影响有两方面,一方面是它可以很容易地与细胞内可溶性蛋白杂质分离,蛋白纯化比较容易完成;另一方面是产物经过了一个变性、复性过程才能得到有活性的产物。包涵体的分离和蛋白纯化策略包括:在溶解包涵体前用温和的表面活性剂或低浓度变性剂等处理可除去其中的脂质和部分膜蛋白,使用的浓度以不溶解包涵体中的表达产物为原则,同时硫酸链霉素沉淀和酚抽提可去除包涵体中大部分的核酸,降低溶解包涵体后的抽提液黏度,经过这些处理后,再进行包涵体的溶解;一般是在变性的条件下溶解包涵体,其目的是将表达产物转变成为可溶的形式,以利于分离纯化。出于保护蛋白质生物活性和安全性等方面的考虑,一般很少使用碱性溶剂和有机溶剂,而多采用盐酸胍、尿素和 SDS 来溶解包涵体。由于这三种试剂溶解包涵体的原理不同,它们对包涵体中蛋白产物的溶解效果也不同。选择一个最佳的洗涤和溶解包涵体的条件对分离纯化可以起到事半功倍的作用。

(2)根据蛋白性质的不同,选用不同的分离过程　几乎所有蛋白质的理化性质均会影响分离过程的选择和设计。通常是根据产物分子的理化参数和生物学特性来进行蛋白质分离纯化方法的设计。表 9-6-04 是与工艺设计有关的蛋白特性和对分离纯化的影响。

表 9-6-04　与工艺设计有关的蛋白特性和对分离纯化的影响

蛋白特性	与工艺设计的关系
等电点	决定离子交换的种类及条件。可以利用离子交换层析分离等电点相同但表面电荷分布不同的蛋白质。对于等电点处于极端位置(pI<5 或 pI>8)的基因工程产物应首选离子交换层析,往往一步即可去除几乎所有的杂质
相对分子质量	选择不同孔径及分级分离范围的介质。凝胶排阻层析就是根据蛋白质的相对分子质量和蛋白质分子的动力学体积的大小进行分离
疏水性	决定与疏水、反相介质结合的程度。利用蛋白质的疏水性的差异来分离纯化的层析方法主要有疏水层析和反相层析
特殊反应性	决定产物的氧化、还原及部分催化性能的抑制
聚合性	决定是否需要采用预防聚合、解聚及分离去除聚合体
生物特异性	决定亲和配基的选择。蛋白质的生物特异性可以帮助选择特异性的亲和配基,亲和分离由于其选择性强,在产物纯化中具有较大的潜力,但应注意选择亲和力适中而特异性较强的配基
溶解性	决定分离体系及蛋白浓度
稳定性	决定工艺采用的温度及流程操作的时间等

(3)不同分离单元之间的衔接　工艺次序的选择策略包括:应选择不同机理的分离单元组成一套工艺;应将含量最多的杂质先分离去除;尽早采用高效的分离手段;将最昂

贵、最费时的分离单元放在最后阶段。也就是说,通常先运用非特异、低分辨的操作单元,如超滤、沉淀和吸附等,在这一阶段主要的目的是尽快缩小样品体积,提高产物浓度,去除主要的杂质(包括非蛋白类杂质);随后是高分辨率的操作单元,如具有高选择性的离子交换层析或亲和层析等,而将凝胶排阻层析这类分离规模小、分离速度慢的操作单元放在最后,这样可以使分离效率提高。

当然,分离过程中层析分离操作单元的次序选择同样重要,一个合理组合的层析次序能够克服某些方面的缺点,同时很少改变条件即可进行各步骤间的过渡。离子交换、疏水和亲和层析通常可起到蛋白质的浓缩效应,而凝胶过滤常常使样品稀释。将凝胶过滤放在最后一步可以直接过渡到适当的缓冲体系中以利于产品的成形保存。

(4)分离材料的选择　适合于基因工程产物分离的分离材料应符合以下的一些要求:能达到要求的分离效率;进行分离制备时,应不引起分离对象的变性或失活;要有较高的回收率和负载量;化学和机械性能要稳定,能够经受使用、清洗、再生和消毒时的恶劣条件;分离效果要好,分离结果重现性要好;成本较低、价格合理。

9-7　生化生产工艺实例简介

一、抗生素的生产工艺

1. 抗生素概述

抗生素(antibiotics)又称"抗微生物药物"(antimicrobials),是指微生物、植物和动物等在其生命活动中产生的(或并用化学、生物或生物化学方法衍生的)低分子量有机物质,能在低微浓度下有选择性地抑制或杀灭其他微生物或肿瘤细胞。目前,已发现并鉴别结构的抗生素有几千种,根据抗生素的生物来源、作用、化学结构、作用机制和合成途径等可对抗生素进行分类,如表9-7-01所示。

拓展

关于世界提高抗微生物耐药性认识周

表 9-7-01　抗生素的分类

分类方法	抗生素种类	举例
根据抗生素的生物来源分类	放线菌产生的抗生素	链霉素、四环素、红霉素等
	真菌产生的抗生素	青霉素、头孢菌素 D 等
	细菌产生的抗生素	多黏菌素、枯草菌素等
	植物或动物产生的抗生素	蒜素、小檗碱、鱼素等
根据抗生素的作用分类	广谱抗生素	氨苄青霉素等
	抗革兰氏阳性菌的抗生素	青霉素等
	抗革兰氏阴性菌的抗生素	链霉素等
	抗真菌抗生素	制霉菌素等
	抗病毒抗生素	四环类抗生素等
	抗癌抗生素	阿霉素等

分类方法	抗生素种类	举例
根据抗生素的化学结构分类	β-内酰胺类抗生素	青霉素类、头孢菌素类等
	氨基糖苷类抗生素	链霉素、庆大霉素等
	大环内酯类抗生素	红霉素、麦迪霉素等
	四环类抗生素	四环素、土霉素等
	多肽类抗生素	多黏菌素、杆菌肽等
根据抗生素的作用机制分类	抑制细胞壁合成的抗生素	青霉素、头孢菌素等
	影响细胞膜功能的抗生素	多烯类抗生素等
	抑制病原菌蛋白质合成的抗生素	四环素等
	抑制核酸合成的抗生素	丝裂霉素 C 等
	抑制叶酸合成的抗生素	磺胺类等
根据抗生素的合成途径分类	氨基酸、肽类衍生物抗生素	青霉素、头孢菌素等
	糖类衍生物抗生素	链霉素等糖苷类抗生素
	乙酸、丙酸衍生物抗生素	四环类、红霉素等

2. 抗生素的生产工艺

目前抗生素的生产主要是用微生物发酵法来进行,少数抗生素完全采用化学法合成或采用化学法修饰。抗生素工业生产过程如下:菌种→孢子制备→种子制备→发酵→发酵液预处理→提取及精制→产品检验→成品包装。

图 9-7-01 是目前正在工业生产中采用的青霉素生产工艺。

以青霉素生产工艺为例,作以下简要介绍。

(1)菌种 青霉素生产常用菌株为产黄青霉菌(*Penicillium chrysogenum*)和点青霉(*Penicillium notatum*),根据深层培养中菌丝的形态,可分为球状菌和丝状菌。青霉素产生菌的生长发育按其生长特征可划分为六个阶段:① 第 I 期,分生孢子发芽,孢子先膨胀,再形成小的芽管;② 第 II 期,菌丝繁殖,原生质嗜碱性很强,有类脂肪小颗粒产生;③ 第 III 期,原生质嗜碱性仍很强,形成脂肪粒,积累贮藏物;④ 第 IV 期,原生质嗜碱性很弱,脂肪粒减少,形成中、小空泡的 IV 期;⑤ 第 V 期,脂肪粒消失,形成大空泡;⑥ 第 VI 期,细胞内看不到颗粒,并出现个别自溶的细胞等。其中 I—IV 期称为菌丝生长期,此时产生青霉素较少,而菌丝的浓度增加很多,处于 III 期的菌体适于作发酵用的种子;IV—V 期称为青霉素的分泌期,此时菌丝生长趋势减弱,并产生大量的青霉素;VI 即为菌丝自溶期,此时菌体开始自溶。

(2)培养基 用于青霉素发酵生产的培养基包括:

① 碳源 青霉菌可利用多种碳源和乳糖、蔗糖、葡萄糖等。目前普遍采用的是淀粉水解糖液。

② 氮源 玉米浆是青霉素发酵最好的氮源。但玉米浆的质量难以控制,常选用更便于保藏和质量稳定的花生饼粉和棉籽饼粉作为氮源,并补加无机氮源。

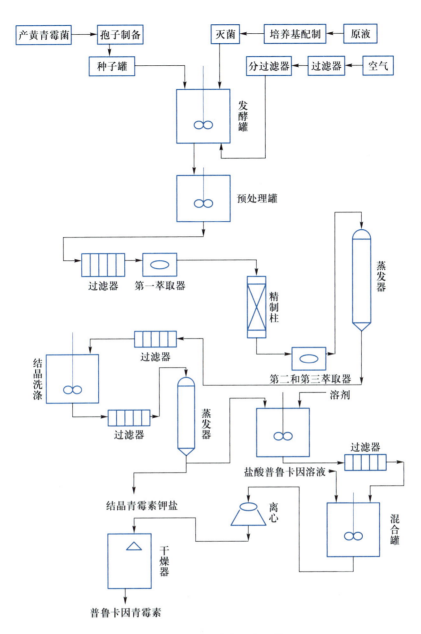

图 9-7-01　青霉素生产工艺

③ 前体　苯乙酸或苯乙酰胺等含有苄基基团的化合物均可作为青霉素 G 侧链的前体直接结合到青霉素分子中。由于这些前体物质对菌体生长和生物合成均有一定的毒性,一次加入量不能大于 0.1%,通常采用间歇或连续流加低浓度的前体物质,保持前体的供应速率略大于生物合成的速率。

④ 无机盐　发酵中通常需要加入包括硫、磷、钙、镁、钾等无机盐类。由于铁离子对青霉菌有毒害作用,需严格控制发酵液中的 Fe^{3+} 含量,铁制发酵罐在使用前进行处理,在罐壁涂上环氧树脂等保护层,使 Fe^{3+} 含量控制在 $30\ \mu g/mL$ 以下。

（3）发酵条件控制

① 加糖的控制　根据发酵液中的残糖量、发酵过程中发酵液的 pH、排气中的 CO_2 及 O_2 的含量来控制加糖。一般在残糖降至 0.6% 左右,pH 上升时开始加糖。

② 补氮　加入硫酸铵、氨水或尿素,补氮的标准是使发酵液的氨基氮控制在 0.01% ~ 0.05%。

③ 添加前体　在发酵过程的合适阶段,添加青霉素的合成前体物质,使发酵液中残留的苯乙酰胺等前体浓度保持在一定的范围内,以利于青霉素的合成。

④ pH 控制　通过添加葡萄糖、加酸或加碱来控制 pH。根据不同的菌种的要求,一般控制在 6.4 ~ 6.9;应尽量避免超过 7.0,因为青霉素在碱性条件下不稳定,容易加速水解。

⑤ 温度控制　通常采用分段变温控制法,发酵前期温度控制在 25 ~ 26 ℃,发酵后期温度控制在 23 ℃,以减少发酵后期发酵液中青霉素的降解破坏,提高产量。

⑥ 通气和搅拌　由于青霉素的发酵过程要求发酵液中溶解氧量不低于饱和情况下溶解氧浓度的 30%,通气比一般控制为 1 : 0.8 VVM。搅拌的速度根据发酵过程中各个阶段的需要进行调整。

⑦ 泡沫的控制　由于发酵过程中会产生大量的泡沫,通常采用豆油、玉米油等天然油脂或环氧丙烯、环氧乙烯聚醚类化学合成消泡剂进行消泡。应尽量控制其用量和加入方式,否则会影响菌体的代谢。

(4) 过滤　青霉素发酵液菌丝较粗大,一般采用鼓式真空过滤器进行过滤。

(5) 青霉素的提取　青霉素的提炼采用溶媒萃取法。通常需要用醋酸丁酯进行 2 ~ 3 次萃取。

(6) 脱色处理　在青霉素的醋酸丁酯萃取液中按 150 ~ 200 g/10 亿单位的量加入活性炭,进行脱色并过滤,去除活性炭。

(7) 精制　通常采用共沸蒸馏或直接结晶法进行青霉素的精制,结晶经过洗涤、烘干后,就得到了青霉素的产品。

二、微生物酶制剂的生产工艺

利用微生物进行酶生产最早是 19 世纪日本学者高峰让吉用曲霉通过固态发酵生产淀粉酶。目前工业用酶大多数来自微生物发酵产生的胞外酶或胞内酶,再经过分离、提取、精制得到酶制剂。据中国生物发酵产业协会统计,我国酶制剂行业生产的产品已有二十多个原酶品种（糖化酶、植酸酶、α-淀粉酶、蛋白酶、纤维素酶、木聚糖酶、β-葡聚糖酶、果胶酶、脂肪酶等）。五大酶种占酶制剂总产量的 82%,其中糖化酶为 30%,植酸酶为 22%,淀粉酶为 14%,蛋白酶为 7%,纤维素酶为 6%。但我国酶制剂产业主要存在以下问题:酶的品种比较单一,由不同原酶组成具有不同用途的复合酶制剂发展滞后,不能满足市场的需要;一些产品的性价比不高,发酵酶活力较低,产品还是粗制品,缺乏市场竞争力;酶制剂生产过程存在三废对环境的污染问题。表 9-7-02 中列出了一些微生物酶制剂的种类、来源和用途。

表 9-7-02　一些微生物酶制剂的种类、来源和用途

酶的名称	来源	用途
α-淀粉酶	枯草杆菌、米曲霉、麦芽、黑曲霉	织物退浆、酒精及其他发酵工业液化淀粉、消化剂等
β-淀粉酶	巨大芽孢杆菌、多黏芽孢杆菌	与异淀粉酶一起用于麦芽糖的制造
葡萄糖淀粉酶	根霉、黑曲霉、内孢霉、红曲霉	制造葡萄糖,发酵工业和酿酒行业作为糖化剂
异淀粉酶	假单胞杆菌、产气杆菌属	与β-淀粉酶一起用于麦芽糖的制造、直链淀粉的制造、淀粉糖化
苗霉多糖酶	假单胞杆菌、产气杆菌属	与β-淀粉酶一起用于麦芽糖的制造、直链淀粉的制造、淀粉糖化
纤维素酶	绿色木霉、曲霉	饲料添加剂,水解纤维素制糖,消化植物细胞壁等
半纤维素酶	曲霉、根霉	饲料添加剂,水解纤维素制糖,消化植物细胞壁等
果胶酶	木质壳霉、黑曲霉	果汁澄清、果实榨汁,植物纤维精炼,饲料添加剂等
β-半乳糖酶	曲霉、大肠杆菌	治疗不耐乳糖症,炼乳脱除乳糖等
右旋糖酐酶	青霉、曲霉、赤霉	分解葡聚糖防止龋齿,制造麦芽糖等
放线菌蛋白酶	链霉菌	食品工业,调味品制造,制革工业
细菌蛋白酶	枯草杆菌、沙雷氏杆菌、链球菌	洗涤剂,皮革工业脱毛软化,丝绸脱胶,消化剂,蛋白质水解,调味品制造等
霉菌蛋白酶	米曲霉、栖土曲霉、酱油曲霉	皮革工业脱毛软化,丝绸脱胶,消化剂,消炎剂,蛋白质水解,调味品制造等
酸性蛋白酶	黑曲霉、根霉、担子菌、青霉	食品加工,皮革工业脱毛软化等
链激酶	链球菌	清创
脂肪酶	黑曲霉、根霉、核盘菌、镰刀霉、地霉、假丝酵母	消化剂,试剂
脱氧核糖核酸酶	黑曲霉、枯草芽孢杆菌、链球菌、大肠杆菌	试剂,药物
多核苷酸磷酸酶	溶壁小球菌、固氮菌	试剂,药物
磷酸二酯酶	固氮菌、放线菌、米曲霉、青霉	调味品制造
过氧化氢酶	黑曲霉、青霉	去除过氧化氢
葡萄糖氧化酶	黑曲霉、青霉	食品去氧,血糖的测定
尿素酶	产朊假丝酵母	尿酸的测定
葡萄糖异构酶	放线菌、凝结芽孢杆菌、短乳酸杆菌、游动放线菌、节杆菌	葡萄糖异构化制造果糖
青霉素酶	蜡状芽孢杆菌、地衣芽孢杆菌	分解青霉素

微生物酶制剂的工业生产过程如下:

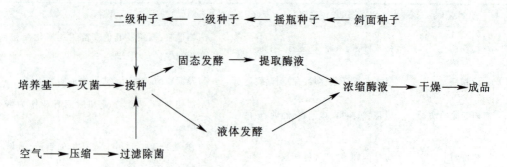

图 9-7-02 为枯草杆菌生产中性蛋白酶的工艺流程图。下面以枯草杆菌 AS1.398 中性蛋白酶的生产为例,简单介绍酶制剂的生产工艺过程。

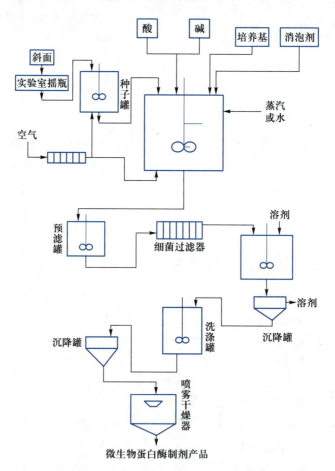

图 9-7-02　枯草杆菌生产中性蛋白酶的工艺流程图

（1）菌种　生产中性蛋白酶的枯草杆菌菌种一般为 AS1.398。

（2）培养基

① 碳源　工业上常用的碳源有葡萄糖、淀粉、玉米粉、米糠、麸皮等。

② 氮源　常选用豆饼粉、鱼粉、血粉、酵母、玉米浆等作氮源。

③ 无机盐　磷酸盐对中性蛋白酶的生产很重要。当使用麸皮、米糠等有机磷含量丰

富的原料时,添加无机磷酸盐对酶的生产有明显的促进效果。生产培养基中添加 0.1%~0.3%磷酸盐,可使酶活提高 20%~30%。除此之外,通常加入钙、镁、锌等无机盐类也是中性蛋白酶生产所必需的,这些无机盐类对蛋白酶的生成有明显的刺激作用。

④ 特殊添加剂(产物促进剂) 向培养基中加入大豆提取物、植酸钙镁或多聚磷酸盐,可以刺激枯草杆菌等的蛋白酶的生产。通常添加 0.03%~0.05%的植酸钙镁或多聚磷酸盐,可使蛋白酶的活性增加 1 倍以上。

(3)发酵条件控制

① 菌种培养 将菌种移入茄子瓶斜面,30 ℃培养 26 h,转入种子罐中,培养温度 30 ℃,通风比 1∶0.5,搅拌转速 320 r/min 下培养 15~18 h。

② 温度控制 要求在 0~4 h 期间保持 30~32 ℃,在 5~8 h 期间,每小时升温 2 ℃,在 9~12 h 期间,每小时降温 2 ℃,12 h 以后保持 30~32 ℃。

③ 通气 控制通风比 0~12 h 期间 1∶0.6,12~20 h 期间 1∶0.7,20~28 h 期间 1∶0.8。搅拌的速度根据发酵过程中各个阶段的需要进行调整。

④ 泡沫的控制 由于发酵过程中会产生大量的泡沫,通常采用豆油、玉米油等天然油脂或环氧丙烯、环氧乙烯聚醚类化学合成消泡剂进行消泡。应尽量控制其用量和加入方式,否则会影响菌体的代谢。

(4)酶的提取 根据对酶产品的用途等要求不同,采用相应的提取方法制成工业用酶、食品用酶和药用酶。

三、氨基酸发酵生产工艺

氨基酸是构成蛋白质的基本单元,广泛应用在医药、食品、饲料、化学等工业。氨基酸的生产方法起始于从水解液中提取氨基酸,后来发明了用化学法合成氨基酸,20 世纪又出现了微生物发酵法、酶法、化学合成与酶法相结合等多种氨基酸生产方法。目前为止,绝大部分氨基酸已能用微生物发酵法或酶法生产,仅少数氨基酸用提取或合成法生产。表 9-7-03 为一些氨基酸的来源和用途。

表 9-7-03 一些氨基酸的来源和用途

氨基酸名称	来源	用途
谷氨酸	棒杆菌 AS1.299、棒杆菌 7338、钝齿棒杆菌 AS1.542、棒杆菌 D110、棒杆菌 S-914、钝齿棒杆菌 HU7251、钝齿棒杆菌 B9、钝齿棒杆菌 B9-17-36、黄色短杆菌 T6-13、黄色短杆菌 FM84-415 等	主要用于制造味精,也用于预防或治疗肝昏迷,对于脑震荡和脑神经损伤也有一定的疗效
L-赖氨酸	谷氨酸棒状杆菌、黄色短杆菌、乳糖发酵短杆菌、短芽孢杆菌、黏质沙雷氏杆菌	它是人类和动物发育必需的氨基酸,饲料添加剂,食品保鲜剂,制备复方氨基酸输液等药物
L-谷氨酰胺	谷氨酸棒状杆菌、黄色短杆菌、乳糖发酵短杆菌、嗜氨小杆菌等	治疗胃溃疡和十二指肠溃疡等

续表

氨基酸名称	来源	用途
L-脯氨酸	谷氨酸棒状杆菌、黄色短杆菌、黏质沙雷氏杆菌等	配制氨基酸输液,合成抗高血压药物和治疗帕金森病的多肽类药物,食品工业的甜味剂
L-精氨酸	黏质沙雷氏杆菌、钝齿棒杆菌等	合成蛋白质和肌酸的重要原料
L-天冬氨酸	黄色短杆菌、大肠杆菌、嗜热脂肪芽孢杆菌等	生产甜味肽的主要原料
L-苏氨酸	由大肠杆菌、谷氨酸棒状杆菌、黄色短杆菌、黏质沙雷氏杆菌等获得的基因工程菌	饲料添加剂,混合氨基酸营养液原料
L-蛋氨酸	主要为酶法,发酵法尚在研究中	抗脂肪肝和解毒作用,药物或食品强化剂,饲料添加剂
L-色氨酸	枯草杆菌、黄杆菌、基因工程菌等	食品强化剂,饲料添加剂
L-苯丙氨酸	大肠杆菌、谷氨酸棒状杆菌、黄色短杆菌、乳糖发酵短杆菌等的变异株	生产甜味肽
L-酪氨酸	产气克雷伯氏菌的重组株、草生欧文氏菌	合成 L-多巴等,试剂
L-丝氨酸	嗜甘氨酸棒状杆菌、基因工程菌	供生物化学和营养学研究之用,也可作为合成环丝氨酸的原料
L-半胱氨酸	球形芽孢杆菌	食品添加剂,医药品,化妆品的添加剂
L-缬氨酸	乙酸钙不动杆菌等	药物,食品强化剂
L-亮氨酸	谷氨酸棒状杆菌、黄色短杆菌	配制复合氨基酸输液
L-组氨酸	基因工程菌	

图 9-7-03 为以淀粉为原料生产谷氨酸和味精的工艺流程图。下面以谷氨酸的发酵和生产味精的过程为例,简单介绍氨基酸发酵生产的工艺过程。

（1）淀粉水解糖的制备　淀粉酸水解工艺流程如下:原料（淀粉、水、盐酸）→调浆（液化）→糖化→冷却→中和、脱色→过滤→糖液。

（2）菌种　生产谷氨酸的菌种主要是棒状杆菌属、短杆菌属、小杆菌属及节杆菌属中的细菌。目前国内各味精厂所使用的谷氨酸生产菌主要是天津短杆菌（T_{613}）、钝齿棒杆菌 AS1.542 及北京棒状杆菌 AS1.229。

（3）菌种扩大培养　菌种扩大培养的工艺流程如下:斜面培养→一级种子培养→二级种子培养→发酵。

一级种子的培养基为葡萄糖、玉米浆、尿素、磷酸氢二钾、硫酸锰、硫酸铁及硫酸锰,二级种子的培养基与一级相仿,主要区别是用淀粉水解糖代替葡萄糖。

（4）发酵条件控制　菌体进入对数生产期（4 h 后）,流加尿素供给菌体生长必需的氮源及控制培养液的 pH 为 7.5~8.0,由于代谢旺盛放出大量发酵热,必须进行冷却,控制温度在 30~32 ℃;当菌体生长进入稳定期（12 h 后）,流加尿素供给菌体生长必需的氮源

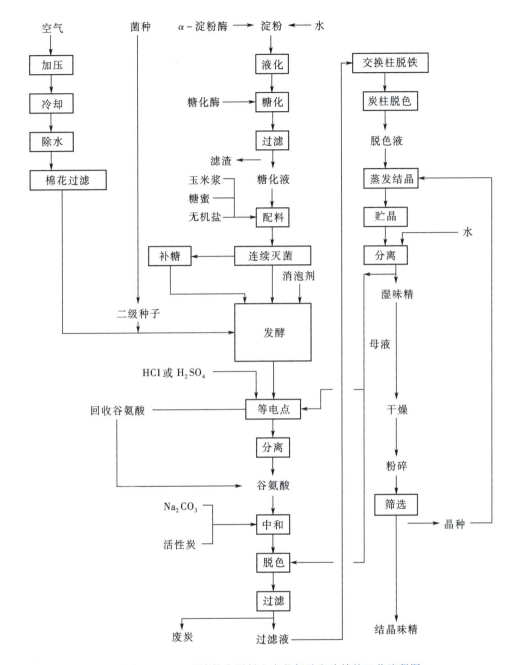

图 9-7-03 以淀粉为原料生产谷氨酸和味精的工艺流程图

及控制培养液的 pH 为 7.2~7.4，加大通气量，并将发酵温度提高到谷氨酸合成的最适温度 34~37 ℃。

（5）谷氨酸分离提纯 从谷氨酸发酵液中分离提纯谷氨酸的方法主要有等电点沉淀法、离子交换法和电渗析法。目前提取谷氨酸的新技术有电渗析和反渗透、浓缩等电点法、离子硅藻土过滤等电点法。

（6）谷氨酸精制味精 从发酵液提取的谷氨酸与适量的碱（如 Na_2CO_3）发生中和反应，生成谷氨酸单钠（味精），其溶液经过除铁、脱色，最后经过减压浓缩、结晶分离，得到谷氨酸单钠晶体。

四、单克隆抗体药物的生产工艺

单克隆抗体（monoclonal antibody，缩写 mAb），又称单株抗体，简称单抗，是仅由一种类型的免疫细胞制造出来的抗体。单抗是由 B 淋巴细胞和骨髓瘤细胞通过细胞融合形成的杂交瘤细胞产生，这种融合细胞既具有瘤细胞不断分裂的能力，又具有免疫细胞能产生抗体的能力。其重链和轻链所形成的结构域可以识别和结合特异抗原。1983 年最早上市的治疗性抗体 OKT-3 为鼠源抗体，但鼠源序列在人体内引起"人抗鼠抗体"。随着"抗体工程"技术的迅速发展，治疗性单抗从早期 100% 的鼠源单抗、嵌合抗体、人源化抗体（humanized antibody），到近年的全人源性抗体，逐步消除了异源性抗体的免疫原性问题，在保持对抗原高亲和力的同时，改善了抗体的药代动力学。另一方面，"抗体工程"技术直接促成了新型结构抗体药物进入临床，通过对抗体结构的改造或可变区的突变，可以构建靶向两（多）个抗原的双（多）特异性抗体，以及利用巯基偶联、氨基偶联技术合成抗体药物偶联物（antibody drug conjugates，ADCs）。

全球单克隆抗体药物市场规模约千亿美元，近 10 年来仍保持 10% 以上的增速。目前单抗药物在生物技术药物行业的比重已经占到 51.8%，在抗癌药物中占 35.2%。自 1997 年首个抗肿瘤抗体药物 Rituximab（靶向 B 细胞抗原 CD20 的单抗药物）上市以来，目前已有 70 余种单抗药物用于多种血液肿瘤、实体瘤的治疗。随着单抗技术的逐步成熟，以及单抗药物需求的增加，我国单抗药物市场即将进入爆发式增长期。目前我国生产企业已经有多个治疗性抗体药物上市，其中包括靶向肿瘤坏死因子 TNF-a 融合蛋白的"益赛普"、"强克"等，靶向表皮生长因子受体（EGFR）的尼妥珠单抗等。2014 年我国自主研发的新型抗血管内皮生长因子（VEGF）受体融合蛋白"康柏西普"（Conbercept），可同时结合 VEGF-A，VEGF-B 和 PIGF 等多个配基，目前已经获批上市用于治疗湿性老年黄斑变性。2022 年我国自主研发的安巴韦单抗/罗米司韦单抗注射液上市，是我国第一个靶向治疗新冠感染的"特效药"。安巴韦单抗/罗米司韦单抗属于蛋白大分子药物中的 IgG1 亚型抗体药物，从新冠病毒感染者的全人源性人免疫球蛋白 IgG1 中分离和纯化出来，靶向结合 SARS-CoV-2 刺突蛋白 RBD 的不同部位，在结合 SARS-CoV-2 的 RBD 表位上具有互补性。

单抗药物对生产制造纯化工艺的效能和成本要求非常高，其生产的关键原材料是无血清培养基和重组蛋白 A 亲和层析介质，这两种关键原材料将决定生产成本、纯度和收率。治疗用抗体一般使用动物细胞大规模高密度无血清悬浮培养进行生产，不仅对终产品的单体含量有严格的规定，还必须去除各种潜在的杂质以满足药品安全的要求。在设计下游工艺时，需多角度综合考虑抗体本身的性质、抗体的来源、发酵培养技术、发酵液蛋白浓度、宿主杂质、抗体批间的差异、潜在污染及病毒灭活等问题。不同宿主生产抗体的纯化策略如表 9-7-04 所示。

表 9-7-04　不同宿主生产抗体的纯化策略

抗体生产宿主	优缺点	主要相关杂质	针对宿主特性的纯化策略
鼠/兔等动物*	直接免疫动物,方法成熟,产量可达 1～15g/L。单抗亲和力高,但生产周期长,难以大量生产	动物腹水各种生物大分子、脂类	由于 HAMA(人抗鼠抗体)反应,鼠源单抗大多仅用于诊断试剂,规模较小,产品纯度要求极低(电泳纯 90%～95%)。Protein A 或 Protein G 亲和层析配合分子筛 Superdex 200 或 Sephacryl S-300 一般已可达到所需纯度
杂交瘤细胞*	5%～10% 小牛血清培养表达量 10 g/L,但纯化困难,并有动物源污染风险。无血清培养表达量可达 1～4 g/L	培养基内的杂蛋白,如人血白蛋白、转铁蛋白、酶、小牛 IgG、脂类及宿主蛋白和 DNA	用于诊断试剂和治疗单抗,后者纯度要求较高(95%～99%),需要多步、多维层析去除宿主杂质。转铁蛋白、小牛 IgG 与目标抗体性质接近,一般可通过优化疏水层析和离子交换层析去除。若白蛋白的量较多,可先用 Protein A,Protein G 等亲和层析法直接捕获抗体
CHO(中国仓鼠卵巢)等哺乳动物细胞*	利用基因工程技术将抗体人源化。目前上万升发酵罐的单抗表达量可达 1～10 g/L	宿主、培养基的杂蛋白、核酸、脂类等	主要为治疗性单抗。临床量大,批产量达公斤级,纯度要求极高(>99%)。约80%的下游工艺用 Protein A 亲和层析,再配合离子交换、疏水层析等进行精制,以达到治疗用要求
E.coli	利用基因工程技术表达人源化小分子抗体、特殊抗体及抗体融合蛋白。相比动物细胞,生产周期短,成本较低,但与相应抗原结合靶点减少	宿主杂蛋白、核酸、脂类、内毒素等	对于 E.coli 表达的蛋白,可以使用中空纤维结合层析进行纯化。不同孔径的中空纤维膜广泛用于菌体收集、裂解液澄清和包涵体洗涤,完全代替离心机,收率高、成本低。经过中空纤维洗涤的包涵体可考虑用离子交换层析先纯化包涵体,再进行柱上复性,提高回收率;也可用中空纤维膜做透析复性,不但容易放大,而且效率更高。融合蛋白可考虑 GST 或 HisTag 表达系统,用 GST Sepharose 或螯合镍离子的 Chelating Sepharose 纯化
酵母 Pichia pastoris	表达量高,培养规模容易放大,相比动物细胞成本低;糖基化仍然存在问题,影响比活,难以表达全分子抗体	宿主细胞蛋白及培养基中蛋白	用中空纤维膜做样品的澄清,之后用离子交换结合疏水层析进行纯化
转基因动物*	可表达全分子抗体,能正确糖基化;但转基因较困难,表达不稳定	动物蛋白及宿主抗体	转基因动物分泌表达如动物乳中,可采用中空纤维超滤技术进行分级分离,降低纯化难度,然后用高分辨率的疏水层析分离宿主抗体

续表

抗体生产宿主	优缺点	主要相关杂质	针对宿主特性的纯化策略
转基因植物*	降低了动物细胞污染的可能性,能够大规模低成本生产;但破碎细胞及抗体分离纯化难度加大	色素、植物细胞杂蛋白等	用亲和层析纯化植物表达抗体效果比较好,会有少量色素吸附在亲和介质上,但可用分子筛除去

*需考虑不同宿主病毒灭活验证问题。

抗体纯化工艺主要包括三步层析、两次除病毒、超浓缩及缓冲液置换和原液过滤(图9-7-04)。采用蛋白A(protein A)亲和层析普遍用作单克隆抗体纯化中最初的捕获步骤,再经过两步离子交换层析完成后续的中度纯化和精细纯化。此外,在通过两步专一且机制不同的病毒清除步骤:一步为亲和层析后低pH病毒灭活,有效灭活含有脂包膜的病毒;另一步为三步层析后的除病毒过滤,通过物理截留去除包括细胞病毒在内的病毒。

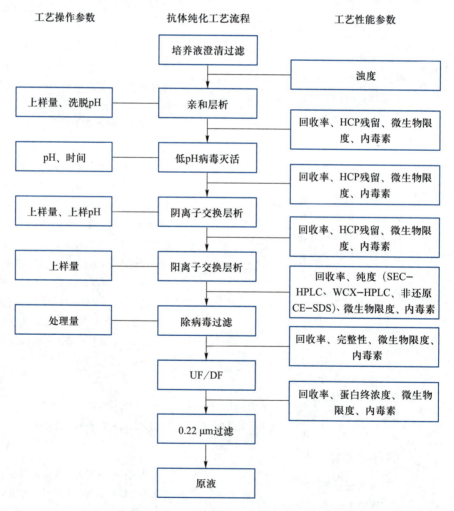

图 9-7-04 抗体纯化工艺流程与过程控制

HCP:宿主细胞蛋白;SEC-HPLC:体积排阻色谱法;WCX-HPLC:阳离子交换色谱;CE-SDS:毛细管电泳纯度分析

另外,单克隆抗体的纯化工艺中还需要采用超滤系统将单克隆抗体浓缩至制剂所需要的浓度,完成缓冲液的置换。最终的原液还需要采用 0.22 μm 滤膜过滤以控制微生物限度(图 9-7-04)。Protein A 亲和层析普遍用作单克隆抗体纯化中最初的捕获步骤,其原理是 Protein A 与许多免疫球蛋白(Ig)抗体分子的 Fc 区段结合。这种结合的特异性和选择性能够在单个步骤中产生电泳纯的产物。在中性 pH 条件下,抗体与 Protein A 配体结合,用低 pH 缓冲液(如 pH=3.5 的柠檬酸缓冲液)从树脂上洗脱下来。从柱上洗脱之后,用一种具有高缓冲能力的溶液(如高浓度的 Tris 碱)或低浓度的碱来中和洗脱的抗体溶液。Protein A 亲和层析在应用中的主要障碍是:许多抗体及其他蛋白在洗脱所需的低 pH 下不稳定。如果蛋白在低 pH 下不稳定,那么就可能在洗脱过程中或之后发生沉淀。

GE Healthcare 开发的两步层析法主导的抗体纯化最新工艺:在细胞培养表达以后,采用 0.2~0.45 μm 的中空纤维膜技术进行澄清,然后用 MabSelect SuRe 介质捕获,酸性条件洗脱后直接 pH 4.0 病毒灭活,澄清过滤后以穿透方式上 Capto Adhere 介质,该步离子交换之前或之后会通过 20 nm 滤去病毒,最后 50 kD 膜超滤浓缩和洗滤,进行缓冲液置换。整个工艺如图 9-7-05 所示,该工艺平台适合多数抗体的生产。MabSelect SuRe 介质是目前唯一耐碱的 Protein A 亲和层析介质,可耐受 0.1~0.5 mol/L 的氢氧化钠,使用高达 0.5 mol/L 的氢氧化钠进行在位清洗/消毒,大大降低了抗体产品被内毒素污染和批间交叉污染的风险,大大降低了 CIP/SIP 的成本。Capto Adhere 介质专为治疗用抗体的分离纯化而设计,其配基 *N*-Benzyl-*N*-methylethanolamine 综合了阴离子交换、氢键和疏水等多种复杂的作用方式,因此对于抗体的聚集体具有非常独特而高效的去除能力。

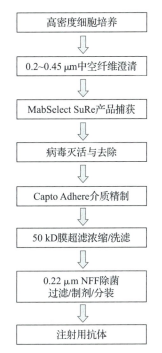

高密度细胞培养

⬇

0.2~0.45 μm中空纤维澄清

⬇

MabSelect SuRe产品捕获

⬇

病毒灭活与去除

⬇

Capto Adhere介质精制

⬇

50 kD膜超滤浓缩/洗滤

⬇

0.22 μm NFF除菌
过滤/制剂/分装

⬇

注射用抗体

图 9-7-05 两步层析法主导的
抗体纯化最新工艺

MabSelect SuRe 纯化后可以达到 >99% 的抗体纯度,亲和洗脱峰使用 Capto Adhere 的流穿模式进行精纯:抗体分子流穿,而聚合体、宿主蛋白、脱落的 Protein A 配基等杂质结合在 Adhere 柱上加以去除。这样仅用两步层析就可以得到符合药用级质量要求的高纯度抗体产品,大大缩短了工艺时间,提高了生产效率,同时增加了收率,降低了生产成本。

根据《生物组织提取制品和真核细胞表达制品的病毒安全性评价的技术审评一般原则》的要求,生产工艺中必须包含病毒去除/灭活的有效工艺步骤。病毒去除工艺的方法有很多种,常见的有低 pH 灭活、热力消毒法、辐射消毒法、化学消毒法、多因子协同消毒法、免疫中和消毒法、过滤法、层析法等。常用的基于真核细胞表达的生物制品的病毒灭活工艺包括低 pH 灭活和纳滤去病毒工艺,根据 ICH Q5A 和《血液制品去除/灭活病毒技术方法及验证指导原则》中的要求,这些步骤在病毒灭活中累积去除率在 6 个 log 的水平。2008年中国国家食品药品监督管理局(SFDA)公布的《人用单克隆抗体质量控制技术指导原则》建议加入病毒去除/灭活方法。《生物制品病毒清除验证的要求及工艺解决方案》中介绍,各种层析的病毒去除能力在2~5个log的水平,由于层析工艺是大部分生物制品产品工艺中会用到的,如抗体工艺亲和和阴阳离子交换层析的工艺,再结合低pH灭活与纳滤除病毒的工艺,如此,抗体工艺中的病毒去除能力可达到约20个log下降的水平,由此可以充分保证产品在病毒污染防控工艺的能力,有效地实现产品在此方面的安全性。如在Protein A层析后用加热与3M KSCN共处理的办法去病毒效果非常理想,对不同样本病毒的去除至少达到了13 log以上,但是要综合考虑目标抗体分子的稳定性。美国食品药品管理局(FDA)规定注射用抗体药物每剂量内毒素含量必须少于5 EU/kg(患者体重),但实际生产中内毒素的内控指标要远远低于此限,一般要低至少5~10倍。《中国药典》要求,注射用抗体药物测定,每一剂量残余宿主DNA含量不高于100 pg。核酸、内毒素常以聚体存在,相对分子质量、表面电荷等理化性质很不均一,难以用某一种手段一次性去除,但可以根据它们与抗体性质多方面的差异,在设计下游工艺纯化目标产品的同时,充分利用过滤、层析等步骤逐步加以去除,尽量避免专门去除核酸、内毒素的步骤。

五、干扰素的生产工艺

干扰素(interferon,IFN)作为一种细胞因子,它是机体感染病毒时宿主细胞通过抗病毒应答反应而产生的一组结构相似、功能相近的蛋白质(主要是糖蛋白)。干扰素具有抗病毒活性、激活自然杀伤细胞、抑制肿瘤细胞增殖及免疫调节等作用,其抗病毒活性尤为显著。干扰素作为一种天然的人体抗病毒蛋白质,近年来在国际上抗病毒和抗癌症的研究领域中,备受人们的关注。目前上市的基因重组干扰素产品为IFN-α,IFN-β,IFN-γ,已经在全球六十多个国家使用,可有效治疗三十多种疾病。

根据疾病的流行病学研究、疗效和疗程分析,国内生产的干扰素使用的适应证主要为乙型肝炎和丙型肝炎,使用量占总量的50%以上,IFN-α是迄今为止治疗慢性乙肝的首选抗病毒药物。干扰素-α2b(IFN-α2b)亚型的空间构象是最适的,IFN-α2b不但比活性高、抗体发生率低,而且其与相应受体的结合率在IFN-α各亚型中最强,是目前世界上用于抗病毒治疗公认为疗效最好、构效比最佳的药物。IFN-α2b由165个氨基酸组成的单链多肽,Cys1和Cys98,Cys29和Cys138分别构成两对二硫键,相对分子质量约为19 200,在pH 2~10内稳定,生物学比活性达1×10^8 IU/mg(蛋白)。一些研究发现:中国人白细胞经病毒刺激后,诱生的所有干扰素中最主要亚型是IFN-α1b,中国人使用干扰素后,产生中和抗体的概率以IFN-α1b最低。

国内干扰素产品主要通过$E.coli$发酵生产,国外则是以CHO细胞基因重组生产干扰素。在国内用$E.coli$生产的4种基因重组干扰素,分别是IFN-α1b,IFN-α2a,IFN-α2b,IFN-γ,CHO细胞表达的有IFN-β1a,IFN-β1b,IFN-γ1b等。两种主要的表达系统生产干扰素的特点比较如表9-7-05所示。

表 9-7-05　两种主要的表达系统生产干扰素的特点比较

表达系统	特点	产量
E.coli	遗传背景清楚,具有周期短、高密度、易操作、使用安全等特点,成为干扰素基因的首选表达系统,能够在较短时间内获得干扰素表达产物,且所需的成本相对较低。但由于用 *E.coli* 生产的蛋白质药物因缺乏糖基化而在人体内易被降解,因此它的药效低;此外,它还存在易产生内毒素和包涵体的问题	干扰素蛋白占细菌总蛋白量:胞内表达 10% ~ 70%,胞外表达 0.3% ~ 4%
CHO 细胞	具有转录后准确的糖基化、产物胞外分泌、高效扩增和表达等特点,CHO 细胞是目前重组糖基蛋白生产的首选体系。在 CHO 细胞中分泌表达的干扰素其抗原性、免疫原性和功能与天然蛋白质最接近,生物学性质最接近天然状态,但表达率低、周期长、成本高	培养液中干扰素含量 0.2 ~ 200 mg/L

国内某公司采用 *E.coli* 表达 IFN-α1b,图 9-7-06 为重组人 IFN-α1b 生产工艺流程。以 *E.coli* 发酵生产 IFN-α1b 为例,生产主要包括细菌培养和纯化(初纯和精纯)两部分,首先通过多级种子扩增,直到 2 000 L 规模的细菌培养罐进行培养,经离心得到培养菌体,细菌破胞、分离后得到粗制品,粗制品经层析纯化得到目的蛋白质。具体工艺流程(图 9-7-06)介绍如下。

(1)一代种子(*E.coli*)的培养　将 -70 ℃保存的甘油工作种子接种在 50 mL 种子培养液中,37 ℃摇床培养。

(2)二代种子　将 50 mL 一代种子培养液接种至 10 L 种子罐继续扩大培养,以期获得 5 L 的二代种子培养液。

(3)将 5 L 二代种子培养液接种至 150 L 种子罐继续扩大培养,以期获得 87.5 L 的三代种子培养液进行 2 000 L 大罐发酵,87.5 L 三代种子培养液才能保证 2 000 L 罐接种密度达到工艺要求,以保证发酵成功。

(4)2 000 L 大罐发酵　用酵母粉、硫酸铵、磷酸盐及去离子水配制成 1 250 L 培养液,在 2 000 L 发酵罐中灭菌后冷却到 37 ℃,并将 87.5 L 三代种子培养液接入,37 ℃搅拌培养,获得足够量的基因工程菌,培养结束后菌体中含有表达的目的蛋白。

(5)离心收集菌体　因目标蛋白在细菌胞内,用连续流管式离心机将培养液和菌体分离,获得菌体后进行下一步处理。产生的离心上清液,进入有菌废液杀菌罐 121 ℃灭菌后排入污水处理装置,主要污染物是残留的细胞培养代谢残留物,如碳、氮有机化合物和一些无机盐。

(6)初纯-菌体破碎分离　菌悬液通过高压匀浆破碎细菌。将菌体内的目标蛋白释放,依次使用 HCl 和硫酸铵将细菌碎片、不溶性微粒、杂蛋白及核酸等杂质沉淀,离心废弃。最后用硫酸铵盐析,使目标蛋白沉淀,离心收集沉淀,得到粗制品,进行下一步纯化。

(7)精制纯化-层析纯化　利用相对分子质量、电荷的差异等对不同的蛋白进行层析分离纯化,最后得到纯度为 95% 以上的目标蛋白原液。精制纯化主要包括以下柱层析步骤:Sephadex G50 脱盐、CM-Sepharose Fast Flow 阳离子交换层析、单克隆抗体亲和层析、Sephacryl S-100 分子筛层析。深圳科兴生物工程有限公司报道了一种纯化重组人

IFN-α1b 工艺流程：目标蛋白的捕获过程采用扩张床吸附,中间纯化过程采用亲和层析,精制过程采用凝胶过滤。

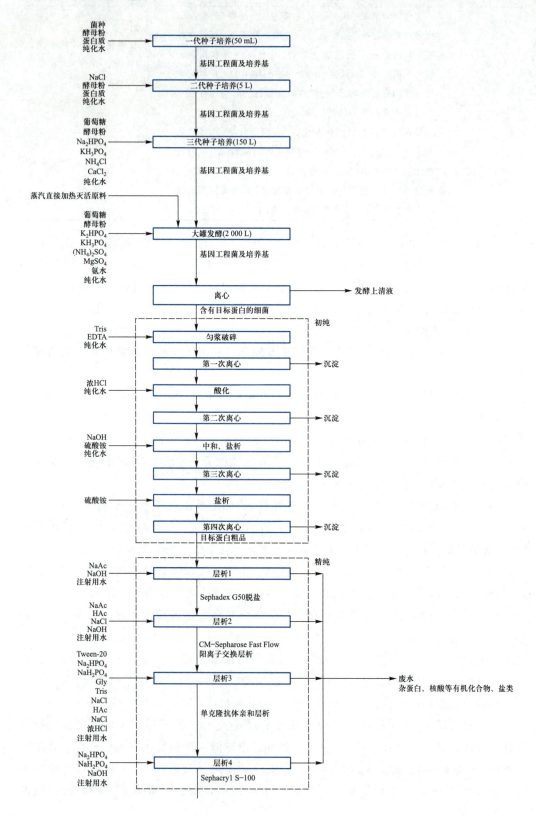

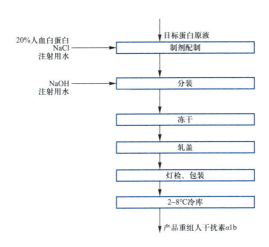

图 9-7-06　重组人 IFN-α1b 生产工艺流程

（8）制剂、分装、冻干、轧盖、包装　将纯化后的目标蛋白按照制剂要求配方，除菌过滤后进行无菌灌装，再进行冷冻干燥（冻干），去除水分，轧盖、包装后得到成品。

干扰素在 CHO 细胞中分泌表达不形成包涵体，表达的干扰素折叠方式及二硫键的形成几乎与天然蛋白质相同，在正常氨基酸位置上糖基化。CHO 细胞的大规模培养生产干扰素常采用贴壁转瓶和生物反应器进行，进入培养液中的干扰素蛋白通过离心或过滤后可直接进行下游纯化，同时 CHO 细胞属于成纤维细胞，很少分泌自身的内源蛋白，利于外源蛋白的表达和后分离。CHO 细胞表达的干扰素一般采用离心、超滤、酸沉淀、$(NH_4)_2SO_4$ 分级等初提技术和 Blue-Sepharose、CM-Sepharose Fast Flow、Sephacry S-100 等柱层析精提纯化技术。每一步干扰素收率依赖于色谱材料的选择和色谱过程的设计，离子交换柱层析和疏水相互作用层析由于处理量大、分辨效果好的特点常用作首选分离手段。单克隆抗体亲和层析分辨率高，在干扰素表达量低，杂质与干扰素的理化性质接近时常用，一般处于整个纯化工艺的中间步骤。凝胶过滤法层析处理量小，回收率高，常用于最后的精制步骤。

表 9-7-06 为 2020 版《中国药典》对上市重组干扰素 IFN-α1b 的检定要求。包括比活性、SDS-PAGE 纯度、HPLC 纯度、生物学活性等。

表 9-7-06　2020 版《中国药典》对重组干扰素 IFN-α1b 的检定要求

IFN-α1b	《中国药典》
比活性	$\geqslant 1.0 \times 10^7$ IU/mg
SDS-PAGE 纯度	$\geqslant 95.0\%$
HPLC 纯度	95.0%（分子排阻色谱）
生物学活性（为标示量的百分比）	80%～150%

六、氢化可的松的生产工艺

甾体化合物（steroids）是指分子结构中含有环戊烷多氢菲核的一类药物，在医学上应用非常广泛，特别是甾体激素类药物，应用于风湿性关节炎、控制炎症、避孕、利尿等各方面的治疗，对机体起着非常重要的调节作用。甾类激素根据其生理活性可分为肾上腺皮质激素、性激素和蛋白同化激素三大类。甾体化合物结构通式如图9-7-07所示,具有三个六元环和一个五元环组成的环戊烷多氢菲的结构,分别称为A,B,C,D环,且通常在母核的第10和第13位存在角甲基,在第3,11和17位还可能存在羟基或酮基,A环和B环存在部分双键,在第17位存在有长短不一的侧链,如此独特的结构赋予甾体化合物独特的生理功能。

解析

氢化可的松的基本性质

甾体化合物化学合成过程复杂、副产物不容易分离,且关键步骤合成难度大。1952年,Peterson和Murray发现少根根霉(*Rhizopus arrhizus*)及黑根霉(*Rhizopus nigricans*)能使黄体酮转化成11α-羟基黄体酮(11α-hydroxyprogesterone),收率达85%。这一发现为甾体激素类药物的生产找到了一条新的途径——微生物转化。在微生物对甾体转化的反应类型中,C11β-羟基化是最重要,也是最难以实现的一步。由于C11β-羟基化是抗炎药物必需的功能基团(可的松在体内是无效的,必须经体内酶的作用将C11酮还原成C11β-羟基生成氢化可的松才有生理活性),所以近年来关于生物转化引入甾体C11β-羟基的研究发展较快。氢化可的松(hydrocortisone,HC),化学名称为11β,17α,21-三羟基孕甾-4-烯-3,20-二酮,结构如图9-7-08所示,属肾上腺皮质激素类药。氢化可的松不仅是很重要的即效抗炎药和免疫抑制剂,而且具有低剂量、持续时间长、疗效确切等特点。它既可作为成药,又可作为其他药物的中间原料,是激素类药物中产量最大的品种。氢化可的松在临床上主要用于治疗结缔组织病,如风湿热、风湿性关节炎、红斑狼疮、过敏性疾病及艾迪生病,也用于昏迷、休克、严重感染的抢救等。

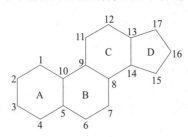

图9-7-07　甾体化合物的结构通式

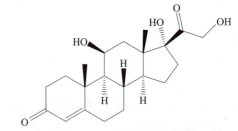

图9-7-08　氢化可的松结构示意图

氢化可的松具有环戊烷并氢菲的四环骨架,环上的取代基对甾体平面有一定的倾向,这种复杂的结构使得全合成氢化可的松需要30多步化学反应,工艺过程复杂,总收率太低,无工业化生产价值。因此,目前制备氢化可的松多采用化学合成与微生物转化相结合的半合成方法。即从天然产物中获取含有上述甾体基本骨架的化合物为原料,经化学方法进行结构改造后,进行微生物转化发酵,制得氢化可的松。生物催化生产氢化可的松的菌种主要为蓝色犁头霉(*Absidia orchidis*)和新月弯孢霉(*Curvularia lunata*),如图9-7-09所示。国外氢化可的松是以RS(17α-羟基孕甾-4-烯-3,20-二酮-21-醋酸酯的水解产物)为底物经新月弯孢霉生物转化得到,转化率达到90%,对底物RS的收率为60%。此外,利用β-环糊精包埋底物等方法提高底物的溶解性,提高羟基化速率,可使收率进一步提高。利用新月弯孢霉生产氢化可的松的特点是羟化酶专一性较强,转化率高,副产物少,菌种易于改造,但投料浓度没有蓝色犁头霉高,水解乙酰基能力弱。我国氢化可的松生产菌一般采用蓝色犁头霉,由于该菌种的羟化酶专一性较差,产物中除了

图 9-7-09 生物催化合成氢化可的松示意图

氢化可的松外,还产生 C11α-羟基化化合物,即表氢化可的松,以及少量其他位置的羟基化合物,副产物的量比较大,产品分离困难,氢化可的松转化率约为 70%,对底物乙酰化的皮质酮(RSA)收率约为 45%。2020 年,有研究者在酿酒酵母中对犁头霉菌类固醇 11β-羟基化系统进行了表征,并基于酿酒酵母中重建的真菌类固醇 11β-羟基化体系生产氢化可的松,可较大程度提升其生产率。

国内微生物转化法生产氢化可的松的生产工艺如图 9-7-10 所示。① 斜面培养。将犁头霉菌接种到土豆斜面培养基,28 ℃培养 7~9 d,成熟孢子用无菌生理盐水制成孢子悬液后。② 种子培养。采用葡萄糖、玉米浆、硫酸铵等配制种子培养基,pH 为 5.8~6.3,接入孢子悬液后,在通气搅拌下 28 ℃培养 28~32 h。待培养液 pH 达到 4.2~4.4,菌浓达到 35%以上,无杂菌污染,即可转入发酵罐。③ 发酵培养。将玉米浆、酵母膏、硫酸铵、葡萄糖及水投入发酵罐中搅拌,用氢氧化钠溶液调整物料 pH 到 5.7~6.3,加入 0.03%豆油,灭菌温度 120 ℃,通入无菌空气,降温至 27~28 ℃,接入犁头霉孢子悬浮液,维持罐压 0.6 kg/cm²,控制排气量,通气搅拌发酵 28~32 h。用氢氧化钠溶液调 pH 到 5.5~6.0,投入发酵液体积 0.15%的底物 RSA,转化 48h 后,取样作比色试验检查反应终点。④ 分

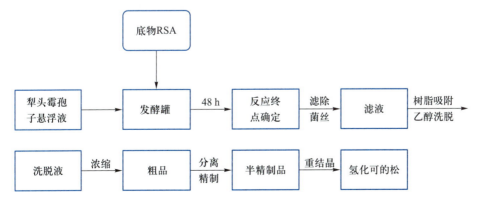

图 9-7-10 我国氢化可的松生产工艺流程简图

离纯化。到达终点后滤除菌丝,滤液用树脂吸附,然后用乙醇洗脱,洗脱液经减压浓缩至适量,冷却到 0~10 ℃,过滤、干燥得到粗品,熔点 195 ℃以上,收率 46% 左右。母液浓缩后得到粗品。以上所得粗品中主要为 β 体,并混有部分 α 体,需分离精制,可以将粗品加入 16~18 倍含 8% 甲醇的二氯乙烷溶液中,加热回流使其全溶,趁热过滤,滤液冷却至 0~5 ℃,冷冻、结晶、过滤、干燥得氢化可的松,熔点 202 ℃以上。经纸层析,α 体:β 体 = 1:8 左右,进行下一步精制。精制时可用 16 倍左右的甲醇或乙醇重结晶,即可以得到精制的氢化可的松,熔点 212 ℃以上。

随着菌种、菌株、培养基成分、发酵工艺、投料浓度、接种量等不同,底物转化率和氢化可的松收率也不相同。

国外氢化可的松采用新月弯孢霉生物转化得到。例如,德国先令公司采用的路线是 3β,17α,21-三乙酸酯化合物经黄杆菌转化得到 17α-乙酸化合物,再经新月弯孢霉转化得到 11β-羟基化合物 S-17α-乙酸酯,将其溶解于甲醇,加氢氧化钠使 17α-乙酸酯水解即得氢化可的松,收率 70%,生物转化过程如图 9-7-11 所示。

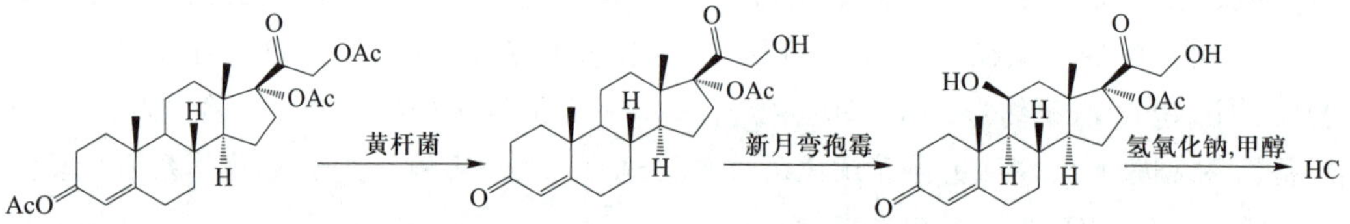

图 9-7-11   新月弯孢霉生物转化过程

七、维生素 C 的生产工艺

维生素 C(vitamin C,简称 VC),又名 L-抗坏血酸(L-ascorbic acid),化学名称:L-2,3,5,6-四羟基-乙烯酸-γ-内酯,结构如图 9-7-12 所示。由图 9-7-11 可知,维生素 C 分子中 2 位和 3 位碳原子的两个烯醇式很容易氧化成两个酮基,所生成的脱氢维生素 C 和维生素 C 作为重要的细胞代谢氧化-还原化合物,在人体内形成可逆的氧化还原系统,此系统在生物氧化、还原作用及细胞呼吸中起重要作用。维生素 C 是一种人体必需的水溶性维生素,也是一种抗氧化剂,人体不能合成维生素 C,药用维生素 C 是人工合成品,与天然维生素 C 完全相同,由于其具有广泛的生理作用和理化性质,因此在医药、食品及饲料等领域中均有重要用途。

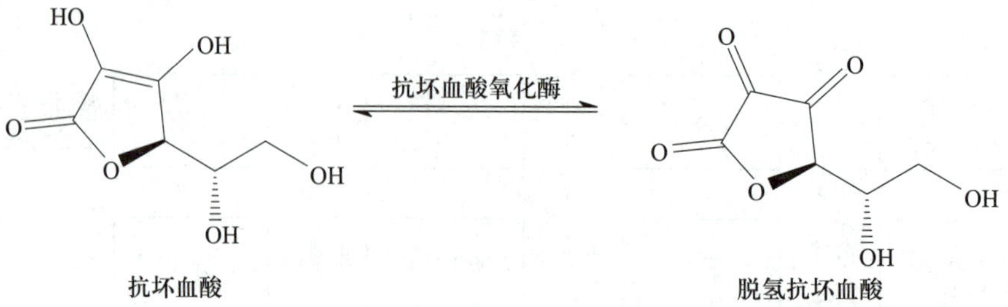

图 9-7-12   VC 的氧化还原系统

目前,维生素 C 发酵工艺有莱氏法、二步发酵法、新二步发酵法和一步发酵法,其中前两种方法已用于工业生产。莱氏法是 1933 年德国化学家 Reichstein 等发明的最早应用于工业生产维生素 C 的方法,生产工艺如图 9-7-13 所示。由图 9-7-12 可知,该法以葡萄糖为原料,经催化加氢制取 D-山梨醇,然后用醋酸菌发酵生成 L-山梨糖,再经酮化和化学氧化,水解后得到 2-酮基-L-古龙酸(2-keto-L-gulonic acid,2-KLG),再经盐酸酸化得到维生素 C。莱氏法工艺流程主要包括以下五个步骤:

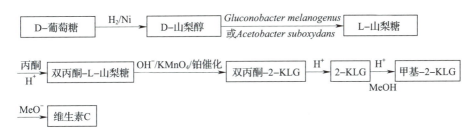

图 9-7-13　莱氏法合成维生素 C 生产工艺流程图

(1) D-葡萄糖在镍的催化作用下,高温高压催化加氢还原成 D-山梨醇;

(2) D-山梨醇经微生物如生黑葡萄糖酸杆菌(*Gluconobacter melanogenus*)或弱氧化醋酸杆菌(*Acetobacter suboxydans*)发酵氧化成 L-山梨糖;

(3) L-山梨糖在丙酮和硫酸的作用下,经酮化生成双丙酮-L-山梨糖(diacetone-L-sorbose,简称双酮糖),再用苯或甲苯提取,提取液经水法除去单酮山梨糖,蒸去溶剂而后分离出双酮糖;

(4) 双酮糖在高锰酸钾氧化、铂催化下,经水解生成 2-酮基-L-古龙酸(2-KLG);

(5) 2-KLG 通过烯醇化和内酯化,在酸性或碱性条件下,转化生成维生素 C。

莱氏法生产的维生素 C 产品质量好、收率高。由于生产原料廉价易得,中间产物的化学性质稳定,至今仍是许多国外维生素 C 生产商,如 Roche,BASF,Merck 等公司采用的主要工艺方法。但是莱氏法也存在不少缺陷,诸如生产工序多,劳动强度较大,使用大量有毒、易燃化学药品,容易造成环境污染等。

由中国科学院微生物研究所、北京制药厂、东北制药总厂尹光琳、宁文珠等发明的"二步发酵法"从 20 世纪 70 年代后期开始正式投产,逐渐在我国生产企业中普遍采用,现在国内维生素 C 生产企业大都采用此法。1985 年,上海三维制药有限公司成功地将维生素 C 二步发酵技术转让给瑞士 Roche 公司,成为新中国成立以来最大的一项医药技术出口项目。二步发酵法的主要优点是能把莱氏法中的三步化学反应简化为微生物发酵,从而大大简化了生产工序,减少了对有毒、易燃化学药品的消耗,提高了生产的安全性,降低了原料成本。二步发酵法合成维生素 C 流程图如图 9-7-14 所示。由图 9-7-14 可知,醋酸菌转化 D-山梨醇为 L-山梨糖,再由大菌巨大芽孢杆菌(*Bacillus megaterium*)和小菌氧化葡萄糖酸杆菌(*Gluconobacter oxydans*)共同完成由 L-山梨糖到 2-酮基-L-古龙酸(2-KLG)的转化。其中小菌为产酸菌,单独培养时生长微弱,产酸较少;大菌为伴生菌,本身不产酸,但促进小菌生长或产酸。我国科研工作者对该工艺的发酵优化研究从未间断,已在培养基优化、两菌关系、细胞融合、生态调节、单菌发酵等方面做了大量工

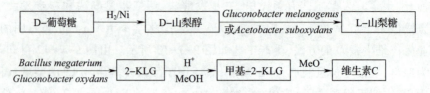

图 9-7-14　二步发酵法合成维生素 C 流程图

作。目前,国内多数厂家都采用二步发酵法工艺,菌株产酸一直很稳定,糖酸转化率在 85% 以上,维生素 C 总收率在 60% 以上。

2-KLG 是维生素 C 的前体,2-KLG 的提取是维生素 C 生产工艺中的重要环节。二步发酵法中 2-KLG 在发酵液中的含量约为 7%,并且菌丝体、蛋白质和悬浮微粒等杂质含量较多,2-KLG 的提取成本占总成本比例较大。目前的 2-KLG 提取方法主要有加热沉淀法、化学凝聚法、超滤法、溶媒萃取法和离子交换法。发酵液中 2-KLG 提取的方法:将加入絮凝剂沉降离心后的上清液 pH 调低到 2.5~3.0 后用 732 氢型阳离子交换树脂处理,收集 pH<2.0 交换液减压浓缩,抽滤脱水干燥后即可得到白色粉末状的 2-KLG 结晶。

由 2-KLG 转化为维生素 C 的方法主要采用碱转化法,流程如下图 9-7-15 所示,即先将 2-KLG 与甲醇进行酯化反应,再用碳酸氢钠将 2-酮基-L-古龙酸甲酯转化为维生素 C 钠盐,最后用硫酸酸化得粗维生素 C。

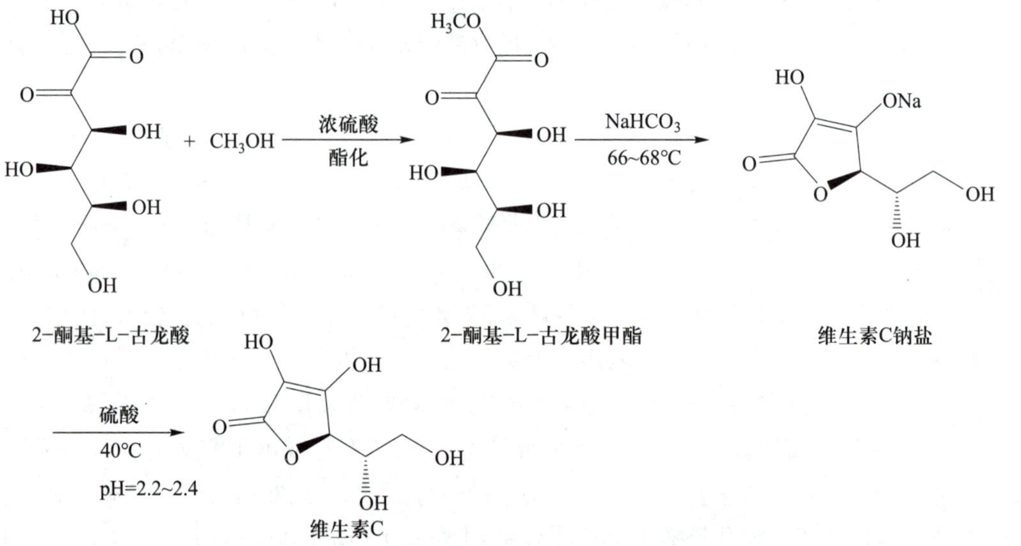

图 9-7-15　2-KLG 转化为维生素 C 的流程图

将粗维生素 C 真空干燥,加蒸馏水搅拌溶解后,加入活性炭,搅拌 5~10 min,压滤。滤液至结晶罐,向罐中加一定体积的乙醇,搅拌后降温,加晶种使其结晶。将晶体离心甩滤,用冰乙醇洗涤,再甩滤,至干燥器中干燥,即得精制维生素 C。

八、赤藓糖醇生产工艺

赤藓糖醇(erythritol),化学名为(2R,3S)-1,2,3,4-丁四醇,是一种白色、不吸湿、无光学活性、热稳定性好及易溶于水的四碳醇,广泛存在于水果、蔬菜和发酵食品中。其分子结构式如图 9-7-16 所示。赤藓糖醇由于基本不被人体和肠道微生物利用,不改变血糖浓度和胰岛素水平及不会引起腹泻等特性而格外受到人们的关注。自 1848 年被首次发现以来,赤藓糖醇于 20 世纪 90 年代先后被日本、美国及欧洲一些国家批准直接作为食品配料和甜

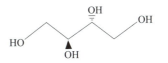

图 9-7-16　赤藓糖醇结构式

味剂使用,国内于 2008 年正式发布公告允许赤藓糖醇在食品中按实际需要适量使用。近年来,赤藓糖醇的市场需求量急剧上升,据预测,到 2025 年,其市场将达到 48.9 万吨左右。

赤藓糖醇可以通过化学法和微生物发酵法合成,然而化学合成法存在生产效率低、成本高和操作危险等缺点,因此未能得到工业化推广。通过微生物发酵法生产赤藓糖醇则解决了化学法合成带来的不利影响。目前,解脂亚罗酵母(*Yarrowia lipolytica*)是唯一用于工业化发酵生产赤藓糖醇的微生物。解脂亚罗酵母可以利用葡萄糖、甘油等为底物,通过磷酸戊糖途径代谢合成赤藓糖醇。赤藓糖醇的工艺生产流程图如图 9-7-17 所示。

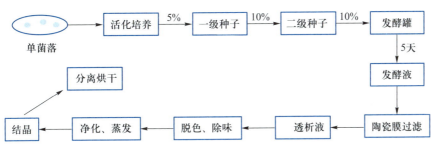

图 9-7-17　赤藓糖醇工艺生产流程图

以葡萄糖为底物时,赤藓糖醇的生产流程主要包括以下步骤。

(1)菌种活化　低温保存的菌种划线获得单菌落,之后挑取单菌落至活化培养基中培养至对数中后期。

(2)一级种子制备　活化后的菌种培养液以 5%(*V/V*)的比例接种于一级种子培养基培养 36~48 h。

(3)二级种子制备　活化后的一级种子以 10% 比例接种至二级种子培养基,培养 36~48 h。

(4)赤藓糖醇发酵　活化后的二级种子以 10% 比例接种至发酵培养基进行赤藓糖醇的发酵培养,发酵周期 100~120 h;发酵过程中控制溶氧和 pH 调控菌体的生长和代谢,底物葡萄糖浓度在 300 g/L 以上。

(5)过滤　发酵结束后发酵液过陶瓷膜,去除菌体,得到透析液。

(6)脱色　透析液在 62 ℃下,按 0.5%(*w/V*)加入普通糖醇用活性炭进行脱色,脱色时间为 45 min,过滤分离得到一次脱色液。

(7)除味　一次脱色液在 55 ℃下,按 0.05%(*w/V*)加入脱蛋白、脱小分子物质的活性炭进行蛋白质和颜色物质的去除,脱色时间 40 min,过滤得到二次脱色液。

（8）净化　脱色液利用大孔吸附树脂和阴离子及阳离子交换树脂进行提纯。

（9）蒸发　将赤藓糖醇料液蒸发浓缩至折光度大于60%。

（10）结晶　采用梯度降温法进行降温结晶,起始温度为68 ℃,降温速度为8 ℃/h。

（11）分离烘干　糖膏经离心机分离、烘干得到结晶赤藓糖醇。

目前,赤藓糖醇生产过程中存在的主要问题包括:① 原料成本较高;② 菌种生产效率偏低;③ 纯化步骤较费时。因此,未来可通过开发和选育高效的生产菌种,优化生产工艺以缩短生产周期,优化分离纯化方法,达到降低赤藓糖醇生产成本的目的。

习题

1. 微生物的定义是什么? 举例说明一些与发酵工业相关的微生物类型及用途。

2. 制备固定化酶的方法有哪些? 简要说明固定化酶的优缺点。

3. 在发酵工业中,为何常遭噬菌体的危害? 如何防治噬菌体污染?

4. 比较一下生物质分离与常规化工分离的异同点,说明生物质分离有何难点。

5. 简要说明层析法分离生物质的类型及原理。

6. 收集一些较新的生物化工产品文献资料,写一篇小论文描述它们的生产工艺。

参考文献

[1] 梅乐和,姚善泾,林东强. 生化生产工艺学. 2 版. 北京:科学出版社,2007.

[2] 梅乐和,岑沛霖. 现代酶工程. 北京:化学工业出版社,2006.

[3] 梅乐和,曹毅,姚善泾,等. 蛋白质化学与蛋白质工程基础. 北京:化学工业出版社,2011.

[4] 金志华,林建平,梅乐和. 工业微生物遗传育种学原理与应用. 北京:化学工业出版社,2006.

[5] 陈洪章. 生物过程工程与设备. 北京:化学工业出版社,2004.

[6] 欧阳平凯,曹竹安,马宏建,等. 发酵工程关键技术及其应用. 北京:化学工业出版社,2005.

[7] 岑沛霖,蔡谨. 工业微生物学. 北京:化学工业出版社,2000.

[8] 田洪涛. 现代发酵工艺原理与技术. 北京:化学工业出版社,2007.

[9] 陈国豪. 生物工程设备. 北京:化学工业出版社,2007.

[10] 俞俊棠,唐孝宣. 生物工艺学. 上海:华东化工学院出版社,1991.

[11] 俞大绂,李季伦. 微生物学. 2 版. 北京:科学出版社,1985.

[12] 诸葛健,李华钟. 微生物学. 北京:科学出版社,2004.

[13] 周德庆. 微生物学教程. 北京:高等教育出版社,1993.

[14] 邹国林,朱汝璠. 酶学. 武汉:武汉大学出版社,1997.

[15] 袁勤生,赵健. 酶与酶工程. 上海:华东理工大学出版社,2005.

[16] 焦瑞身. 生物工程概论. 北京:化学工业出版社,1991.

[17] 陈因良,陈志宏. 细胞培养工程. 上海:华东化工学院出版社,1992.

[18] 司徒镇强,吴军正. 细胞培养. 北京:世界图书出版公司,1996.

[19] 方柏山. 生物技术过程模型化与控制. 广州:暨南大学出版社,1997.

[20] 刘国诠. 生物工程下游技术:细胞培养、分离纯化、分析检测. 北京:化学工业出版社,1993.

[21] 姚汝华,周世水. 微生物工程工艺原理. 3 版. 广州:华南理工大学出版社,2013.

[22] 邬行彦,熊宗贵,胡章助. 抗生素生产工艺学. 北京:化学工业出版社,1982.

[23] 伦世仪. 生化工程. 北京:中国轻工业出版社,1993.

[24] 华南工学院,大连轻工业学院,天津轻工业学院,等. 发酵工程与设备. 北京:中国轻工业出版社,1981.

[25] 俞俊棠. 抗生素生产设备. 北京:化学工业出版社,1982.

[26] 邬显章. 酶的工业生产技术. 长春:吉林科学技术出版社,1988.

[27] 张树政. 酶制剂工业. 北京:科学出版社,1984.

[28] 于信令. 味精工业手册. 北京:中国轻工业出版社,1995.

[29] 吴思方. 发酵工厂工艺设计概论. 北京:中国轻工业出版社,1995.

[30] 陶文沂. 工业微生物生理与遗传育种学. 北京:中国轻工业出版社,1997.

[31] 沈自求,唐孝宣. 发酵工厂工艺设计. 上海:华东理工大学出版社,1994.

[32] 宋绍富,崔吉,罗一菁,等. 微生物多糖研究进展. 油田化学,2004,24(1):91-96.

[33] 罗贵明. 酶工程. 北京:化学工业出版社,2002.

[34] 陈宁. 氨基酸工艺学. 北京:中国轻工业出版社,2007.

[35] 冷欣夫,邱星辉. 细胞色素 P450 酶系的结构、功能与应用前景. 北京:科学出版社,2001.

[36] 黎高翔. 中国酶工程的兴旺与崛起. 生物工程学报,2015,31(6):805-819.

[37] 郭亚军. 基于单克隆抗体的肿瘤免疫疗法研究进展. 生物工程学报,2015,31(6):857-870.

[38] 苗景赟,孙文改. 抗体生产纯化. GE Healthcare,2008.

[39] 孙文改,苗景赟. 抗体生产纯化技术. 中国生物工程杂志,2008,28(10):141-152.

[40] 王妍,陈奋则. 主要上市干扰素产品的表达体系和质控标准的比较. 微生物学免疫学进展,2008,36(3):91-95.

[41] 何询,于德强,张为. 重组人干扰素-α1b 的纯化工艺:200410050936.1.2006-02-01.

[42] 陈建新. 氢化可的松结晶过程研究. 天津:天津大学,2005.

[43] 尹光琳,林文楚,乔春红,等. 微生物混合培养从 D-山梨醇产生维生素 C 前体——2-酮基-L-古龙酸. 微生物学报,2001,41(6):709-715.

[44] Schmid R D. Pocket Guide to Biotechnology and Genetic Engineering. Germany:Wiely-VCH,2003.

［45］Bailey J E，Ollis D F. Biochemical Engineering Fundamentals，2nd. New York：McGraw-Hill Ⅰ，1986.

［46］Moo-Young M. Comprehensive Biotechnology. New York：Pergamon Press，1985.

［47］Stanbury P F，Whitaker A，Hall S J. Principles of Fermentation Technology. New York：Pergamon Press，1984.

［48］Vogel H C. Fermentation and Biochemical Engineering Handbook-Principle，Process Design and Equipment. New York：Noyes Publications，1983.

［49］Wang D I C Cooney A E，Demain A L，et al. Fermentation and Enzyme Technology. New York：John Wiley & Sons，1979.

［50］Blanch H W，Clark D S. Biochemical Engineering. New York：Marcel Dekker，1996.

［51］叶勇. 制药工艺学. 广州：华南理工大学出版社，2014.

［52］易奎星，杨亚力，杨顺楷，等。β 环糊精包合技术在微生物转化生产 HC 中的应用. 中国医药工业杂志，2006，37（5）：311-314.

［53］JING C，FFA B，GE Q A，et al. Identification of Absidia orchidis steroid 11B-hydroxylation system and its application in engineering Saccharomyces cerevisiae for one-step biotransformation to produce hydrocortisone. Metabolic Engineering，2020，57（31-42）：3-6.

［54］张丽青，褚志义. 甾体微生物转化，甾体化学进展. 北京：科学出版社，2002：346-360.

［55］周德庆. 微生物学教程. 4 版. 北京：高等教育出版社，2020.

［56］Zheng J，Wittouck S，Salvetti E，et al. A taxonomic note on the genus Lactobacillus：Description of 23 novel genera，emended description of the genus *Lactobacillus Beijerinck* 1901，and union of *Lactobacillaceae* and *Leuconostocaceae*. International Journal of Systematic and evolutionary microbiology，2020，70（4）：2782-2858.

［57］GB 5749—2022 生活饮用水卫生标准，生活饮用水卫生标准［S］.

［58］曾庆平. 生物反应器：转基因与代谢途径工程. 北京：化学工业出版社，2010.

［59］Whitesides GM. The origins and the future of microfluidics. Nature，2006，442（7101）：368-373.

［60］林炳承，秦建华. 微流控芯片实验室. 北京：科学出版社，2006.

［61］Inseong Choi，Guk-Young Ahn，Eun Seo Kim，Se Hee Hwang，Hyo-Jung Park，Subin Yoon，Jisun Lee，Youngran Cho，Jae-Hwan Nam，Sung-Wook Choi. Microfluidic bioreactor with fibrous micromixers for *in vitro* mRNA transcription. Nano Letters，2023，23：7897-7905.

［62］Fang Mei，Hongyu Lin，Lianrui Hu，Weitao Dou，Haibo Yang，Lin Xu. Homogeneous，heterogeneous，and enzyme catalysis in microfluidics droplets. Smart Molecules，2023，1：e20220001.

［63］Yan Hu，Can-Yang Shi，Xiao-Meng Xun，Ya-Li Chai，Richard A. Herman，Shuai You，Fu-An Wu，Jun Wang. W/W droplet-based microfluidic interfacial catalysis of xylanasepolymer conjugates for xylooligosaccharides production. Chemical Engineering Science, 2022, 248:e117110.

[64] 林炳承,罗勇,刘婷姣,等. 器官芯片. 北京: 科学出版社, 2019.

[65] Maria Rafaeva, Edward R. Horton, Adina R.D. Jensen, Chris D. Madsen, Raphael Reuten, Oliver Willacy, Christian B. Brøchner, Thomas H. Jensen, Kamilla Westarp Zornhagen, Marina Crespo, Dina S. Grønseth, Sebastian R. Nielsen, Manja Idorn, Per thor Straten, Kristoffer Rohrberg, Iben Spanggaard, Martin Højgaard, Ulrik Lassen, Janine T. Erler, Alejandro E. Mayorca-Guiliani. Modeling metastatic colonization in a decellularized organ scaffold-based perfusion bioreactor. Advanced Healthcare Materials, 2022, 11: e2100684.

[66] Ismael Gomez-Martinez, R. Jarrett Bliton, Keith A. Breau, Michael J. Czerwinski, Ian A. Williamson, Jia Wen, John F. Rawls, Scott T. Magness. A planar culture model of human absorptive enterocytes reveals metformin increases fatty acid oxidation and export. Cellular and Molecular Gastroenterology and Hepatology, 2022, 2(14): 409-434.

[67] 田启凯,郑海萍,张少斌,等. 混合增强的微流控通道进展. 化工进展, 2023, 42 (4):1677-1687.

读者意见反馈

为收集对教材的意见建议，进一步完善教材编写并做好服务工作，读者可将对本教材的意见建议通过如下渠道反馈至我社。

咨询电话　400-810-0598

反馈邮箱　hepsci@pub.hep.cn

通信地址　北京市朝阳区惠新东街 4 号富盛大厦 1 座
　　　　　高等教育出版社理科事业部

邮政编码　100029

防伪查询说明

用户购书后刮开封底防伪涂层，使用手机微信等软件扫描二维码，会跳转至防伪查询网页，获得所购图书详细信息。

防伪客服电话　（010）58582300